누구나 합격할 수 있는 방법, 동일출판사와 함께 하는 것.

54년간 전기만을 연구해 온 최고의 집필진이 만든책!
동일출판사와 함께 합격의 기쁨을 누리시길 기원합니다.

수험서의 기준을 만듭니다.
합격을 위한 지름길을 안내합니다.
전 · 현직 전기인들이 가장 선호하는 수험서로 인정받았으며,
최다 누적 판매와 최다 합격자 배출의 기록을 자랑하고 있습니다.
동일출판사의 핵심은 다년간 축적된 노하우에 있습니다.
수험 과목의 핵심 개념을 명확하고 효과적으로 전달하며,
풍부한 예제와 실전 모의고사로 실력을 향상시킬 수 있는
최상의 환경을 제공합니다.
동일출판사와 함께라면 수험 고난의 시련을 극복하고
합격의 문을 두드릴 수 있습니다.
지금 동일출판사를 통해 성공적인 미래를 준비하세요.

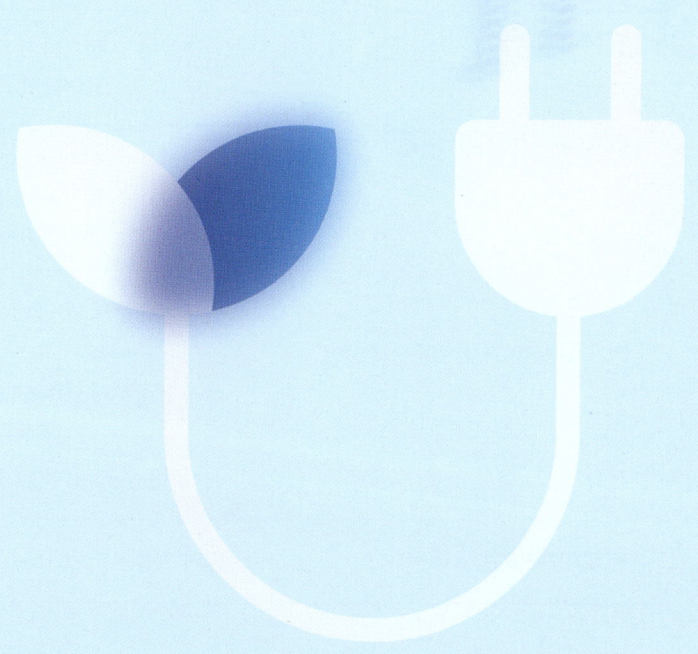

ᴅ동일출판사

무료 강의 제공

회원가입만으로 무료 강의 동영상을 제한 없이 이용할 수 있습니다.

도서 구입만으로 무료강의까지! 합격하는 날까지 평생무료!
동일출판사 홈페이지 또는  에서도 시청 가능합니다.

무료제공 동영상 강의목록

전기기사(산업기사) 이론	필기	전기자기 / 회로이론 / 전기기기 / 전력공학 제어공학 / 전기응용 공사재료 / 전기설비기술기준
	실기	전기설비설계 / 전기설비작업 전기설비의 운영관리 및 유지보수 시험점검 전기설비유지보수 및 점검 / 테이블스팩 / 감리
전기기사(산업기사) 기출문제 풀이	필기 기출문제 2007년 ~ 2025년	
	실기 기출문제 2014년 ~ 2025년	
전기기능사 이론	전기이론 / 전기기기 / 전기설비	
전기기능사 기출문제 풀이	필기 기출문제 2015년 ~ 2025년 (전기이론 / 전기기기)	

학습센터운영

홈페이지를 통한 학습센터를 운영하여
학습에 부족함이 없도록 지원합니다.

FREE

학습센터   무료동영상강의   핵심요약   질문게시판   정오게시판   자료실

질문게시판   더보기

일반 질문을 남겨주세요 :)   2025-03-18   동일출판사

질문하기

자료실   더보기

국가화재안전기준 - 소방시설의 내진설계 기준(시행 2021.2.19) - 변경...

전기기사 시리즈 1. 전기자기 유사문제 풀이

전기기사 시리즈 2. 회로이론 유사문제 풀이 (1장~9장)

전기기사 시리즈 2. 회로이론 유사문제 풀이 (10장~17장)

전기기사 시리즈 3. 전기기기 유사문제 풀이

전기기사 시리즈 4. 전력공학 유사문제 풀이

전기기사 시리즈 5. 제어공학 유사문제 풀이

전기기사 시리즈 6. 전기응용 공사재료 유사문제 풀이

정오게시판   더보기

2025 전기응용공사재료 (전기기사시리즈 6 필기 기본서) [2025.05.15]

FINAL 적중 소방설비기사 전기분야 필기 600제 (Non-stop High-Pas...

2024 국가화재안전기준(NFSC) 및 소방관련법령 (소방설비(산업)기사...

신전기설비 [2024.08.30]

최신 송배전공학 [2023.08.23]

2025 가스기능장 실기 (완벽대비 동영상 실기시험 대비) [2024.11.15]

핵심요약   더보기

기초전기수학   [복소수] 복소수의 극형식

전기자기학
[전계의 특수 해법(전기영상법)] 평면 도체와 선전하

기초전기수학   [삼각함수] 특수각의 삼각비

하루에 한문제

유전율 $\epsilon_0\epsilon_s$의 유전체 내에 있는 전하 Q에서
나오는 전기력선 수는?

① Q개   ② $\dfrac{Q}{\epsilon_0\epsilon_s}$개   ③ $\dfrac{Q}{\epsilon_0}$개   ④ $\dfrac{Q}{\epsilon_s}$개

동영상강의 / 핵심요점정리 / 질문게시판 / 정오 및 자료실
회원가입만으로 무료로 이용가능합니다.

전기기사 필기

전기기사 필기 기본서 **전기기사시리즈**

전기자기 / 회로이론 / 전기기기 / 전력공학 / 제어공학 / 전기응용 공사재료 / 전기설비기술기준   `이론` `기출문제`

51년간 과년도 및 복원문제를 완석분석하여 CBT시험에 완벽대비
어떠한 문제유형에도 대응이 가능하도록 핵심 유사문제 수록
10년간 과년도 및 복원문제 풀이 동영상 제공

기출문제 + 동영상강의
20년간 전기기사 필기
20년간 전기산업기사 필기

`기출문제`

20년간 기출문제 수록
19년간 과년도 및 복원문제 풀이 동영상 제공
가장 많은 문제를 수록하여
CBT시험에 대응할 수 있도록 구성

답이보인다 30일 단기완성
전기기사 · 산업기사 필기
전기공사기사 · 산업기사 필기

`이론` `기출문제`

51년간 과년도 및 복원문제를 완전분석, 이론과 함께 수록
5년간 과년도 및 복원문제 수록
전기기사 · 전기산업기사 풀이 동영상 제공

과년도 문제 중심의
완벽대비 전기기사 필기
완벽대비 전기산업기사 필기

`이론` `기출문제`

28년간 과년도 및 복원문제를 엄선, 이론과 함께 수록
10년간 과년도 및 복원문제 수록, 풀이 동영상 제공

과년도 문제 중심의
완벽대비 전기공사기사 필기
완벽대비 전기공사산업기사 필기

`이론` `기출문제`

28년간 과년도 및 복원문제를 엄선, 이론과 함께 수록
10년간 과년도 및 복원문제 수록

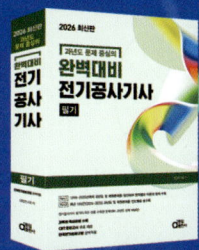

최근 7년 과년도 문제
핵심 전기기사 필기
핵심 전기산업기사 필기

`이론` `기출문제`

과목별 핵심요점 및 문제
최근 7년 과년도 및 복원문제
과년도 및 복원문제 무료 동영상 제공

전기기사 실기

기출문제 + 동영상강의
30년간 전기기사 실기

기출문제

30년간 기출문제 수록
9년간 과년도 및 복원문제 풀이 동영상 제공

기출문제 + 동영상강의
30년간 전기산업기사 실기

기출문제

30년간 기출문제 수록
9년간 과년도 및 복원문제 풀이 동영상 제공

답이보인다 30일 단기완성
전기기사 · 산업기사 실기

이론   기출문제

38년간 출제된 과년도 및 복원문제를 완전분석하여 이론과 함께 수록
15년간 과년도 및 복원문제를 연도별로 수록
9년간 과년도 및 복원문제 풀이 동영상 제공

답이보인다 30일 단기완성
전기공사기사 · 산업기사 실기

이론   기출문제

38년간 출제된 과년도 및 복원문제를 완전분석하여 이론과 함께 수록
15년간 과년도 및 복원문제를 연도별로 수록

전기기능사 필기

CBT 완벽대비 전기기능사 필기

`이론` `기출문제`

시험에 반복적으로 나오는내용을 과목별로 정리
출제되었던 과년도 및 복원문제를 완전분석하여 내용별로 수록
과년도 및 복원문제 풀이 동영상 제공[전기이론, 전기기기]

무료동영상의 전기기능사 필기

`이론` `기출문제`

본문내용 전체를 무료 동영상 강의로 완벽 제공
(핵심요점정리 + 핵심예제 +출제예상문제)
8년간 과년도 및 복원문제 수록
과년도 및 복원문제 풀이 동영상 제공[전기이론, 전기기기]

새로운 출제기준에 따른 전기기능사 필기

`이론` `기출문제`

상세한 이론, 기능사 필기의 바이블
10년간 과년도 및 복원문제 수록
출제기준에 따른 과목별 내용과 출제예상문제 수록
과년도 및 복원문제 풀이 동영상 제공[전기이론, 전기기기]

합격을 위한 지름길

동일출판사의 베스트셀러 수험서

기능장

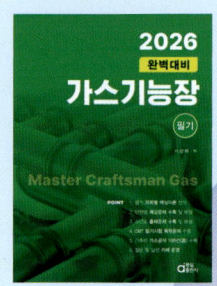

신재생

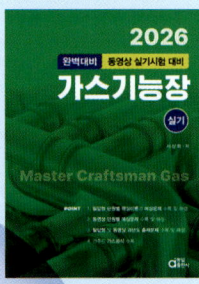

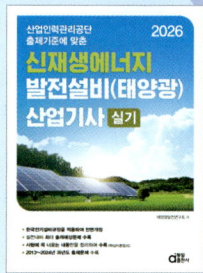

에너지관리

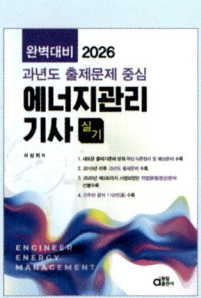

소방

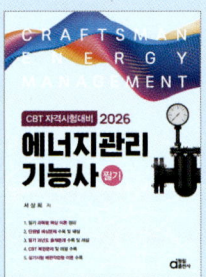

전기기사시리즈

07

전기설비 기술기준

동일출판사 홈페이지  FREE 무료 강의제공

동일 출판사

모든 산업의 기초가 되는 전기는 그 중요성에 의해 전문화된 기술을 필요로 하며 그에 따라 전기 설비의 유지 보수, 설계 및 시공 분야에서의 책임은 일정 자격을 취득한 사람에게 한정되는 추세이며 출제문제 또한 지금까지의 기 출제된 문제와 동일한 문제가 계속 반복 출제되고 있는 추세입니다.

따라서 최단 시간 내에 효과적으로 전기 분야 자격 취득을 위해서는 지금까지 출제된 문제를 집중 분석하고 출제 범위 및 난이도를 분석하여 공부하는 것이 바람직합니다.

본서는 이러한 출제 방향에 발맞추어 국가 기술 자격법이 처음으로 제정되고 시행된 1975년 이후 지금까지 출제된 문제를 총 망라하여 자격취득에 가장 효과적인 도서가 되도록 준비 하였습니다.

수험생 여러분들이 본 문제집을 조금 공부하다 보면 출제 방향 및 난이도를 용이하게 파악할 수 있으며, 또한 여러분 스스로 최단 시간 내에 자격증 취득을 위한 방향 설정 및 공부하는 방법을 습득할 수 있다고 생각하며 수험생 여러분들이 본 도서를 통하여 합격의 영광을 누리기 바랍니다.

編者 씀

이 책의 특징

과거 출제된 문제를 분야 및 유형별로 정리하여 알기 쉽고 완벽하게 풀이.

초보자도 쉽게 알 수 있도록 이론을 대폭 보강하여 시험에 나오는 내용만 공부할 수 있도록 각 내용마다 시험에 기출제 된 횟수 표기.

문제마다 출제된 빈도 표기 및 난이도 ★표시하여 출제 경향 및 출제 빈도가 높은 문제와 각 항목의 중요도를 쉽게 알 수 있게 정리. 단시간 내에 총정리 가능.

유사 기출 문제를 별도로 구성하여 학습효과를 극대화.

무료 동영상 강의를 제한 없이 이용. (단, 공사기사 및 공사산업기사에 해당하는 각 년도 4회차 문제의 동영상은 미지원)

Contents

전기설비기술기준　　　▶ FREE 무료 강의 제공

2016~2025 과년도문제 및 CBT 복원문제　　　▶ FREE 무료 강의 제공

전기설비기술기준 출제기준

구 분	출 제 기 준	검정 종목
기 사	전문적인 지식이 요구되는 사항	전 기 전기공사
	1. 기술기준 총칙	
	2. 전기의 발전 및 운용 장소의 전기 시설	
	3. 전선로	
	4. 전력 보안 통신 설비	
	5. 전기 사용 장소의 시설	
	6. 전기 철도 등에 관한 사항	
산업기사	일반적인 지식이 요구되는 사항	전 기 전기공사
	1. 기술기준 총칙	
	2. 전기의 발전 및 운용 장소의 전기 시설	
	3. 전선로	
	4. 전력 보안 통신 설비	
	5. 전기 사용 장소의 시설	
	6. 전기 철도 등에 관한 사항	

한국전기설비규정 **용어 변경**(2023.10.12)

개정 전	개정 후	개정 전	개정 후
경간	지지물 간 거리	인류(引留)할 것	잡아당길 것
교량	다리	자중	자체중량
굴곡 반지름	굽은 부분 반지름	재폐로	재연결
근가(根架)	전주 버팀대	전선의 식별	전선의 식별

개정 전	개정 후	상(문자)	색상	상(문자)	색상
동선	구리선	L2	흑색	L2	검은색
말구(末口)	위쪽 끝	N	청색	N	파란색

개정 전	개정 후	개정 전	개정 후
메시	그물망	조상기	무효 전력 보상 장치
방폭형	폭발방지형	조상설비	무효 전력 보상 설비
분진	먼지	조속기	속도조절기
섬락	불꽃 방전	지선	지지선
연접 인입선	이웃 연결 인입선	지주	지지기둥
염해	염분피해	첨가(添架)	전선 첨가
외경	바깥지름	커넥터	접속기
유희용 전차	놀이용 전차	커버	덮개
이격거리	간격	폭연성 분진	폭연성 먼지
이도(弛度)	처짐 정도		

※ 어려운 전문용어를 순화 및 표준화하기 위하여 변경하였으나, 과도기가 예상되는 바 1년간 출제되는 문제를 검토하여 개정판에 반영하도록 하겠습니다.

전기기사시리즈
07

전기설비 기술기준

동일출판사 홈페이지에서 무료 동영상 강의를 보실 수 있습니다.

CHAPTER 01

공통사항

111 통칙

이 규정에서 적용하는 전압의 구분은 다음과 같다.

분 류	전압의 범위
저 압	• **직류** : 1.5[kV] 이하 • **교류** : 1[kV] 이하
고 압	• **직류** : 1.5[kV]를 초과하고, 7[kV] 이하 • **교류** : 1[kV]를 초과하고, 7[kV] 이하
특고압	7[kV]를 초과

112 용어 정의

1. "**가공인입선**"이란 가공전선로의 지지물로부터 다른 지지물을 거치지 아니하고 수용장소의 붙임점에 이르는 가공전선을 말한다.

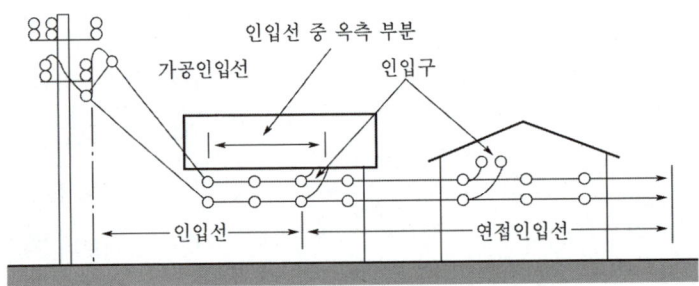

그림 1.1 연접 인입선

2. "**가섭선**(架涉線)"이란 지지물에 가설되는 모든 선류를 말한다.
3. "**계통연계**"란 둘 이상의 전력계통 사이를 전력이 상호 융통될 수 있도록 선로를 통하여 연결하는 것으로 전력계통 상호간을 송전선, 변압기 또는 직류−교류변환설비 등에 연결하는 것. 계통연락이라고도 한다.
4. "**계통접지**(System Earthing)"란 전력계통에서 돌발적으로 발생하는 이상현상에 대비하여 대지와 계통을 연결하는 것으로, 중성점을 대지에 접속하는 것을 말한다.
5. "**관등회로**"란 방전등용 안정기 또는 방전등용 변압기로부터 방전관까지의 전로를 말한다.

6. "글로벌접지시스템"이란 근접한 국부(local)접지시스템들의 상호접속에 의해 위험한 접촉 전압이 발생하지 않도록 보장하는 등가접지시스템을 말한다.

7. "**기본보호**(직접접촉에 대한 보호, Protection Against Direct Contact)"란 정상운전 시 기기의 충전부에 직접 접촉함으로써 발생할 수 있는 위험으로부터 인축을 보호하는 것을 말한다.

8. 급전선 : 전기철도차량에 사용할 전기를 변전소로부터 전차선에 공급하는 전선을 말한다.

9. "**단독운전**"이란 전력계통의 일부가 전력계통의 전원과 전기적으로 분리된 상태에서 분산형 전원에 의해서만 운전되는 상태를 말한다.

10. "**단순 병렬운전**"이란 자가용 발전설비 또는 저압 소용량 일반용 발전설비를 배전계통에 연계하여 운전하되, 생산한 전력의 전부를 자체적으로 소비하기 위한 것으로서 생산한 전력이 연계계통으로 송전되지 않는 병렬 형태를 말한다.

11. "**리플프리** (Ripple-free)**직류**"란 교류를 직류로 변환할 때 리플성분의 실효값이 10 [%] 이하로 포함된 직류를 말한다.

12. "보호도체(PE, Protective Conductor)"란 감전에 대한 보호 등 안전을 위해 제공되는 도체를 말한다.

13. "**보호접지**(Protective Earthing)"란 고장 시 감전에 대한 보호를 목적으로 기기의 한 점 또는 여러 점을 접지하는 것을 말한다.

14. "**분산형전원**"이란 중앙급전 전원과 구분되는 것으로서 전력소비지역 부근에 분산하여 배치 가능한 전원을 말한다. 상용전원의 정전시에만 사용하는 비상용 예비전원은 제외하며, 신·재생에너지 발전설비, 전기저장장치 등을 포함한다.

15. "**스트레스전압**(Stress Voltage)"이란 지락고장 중에 접지부분 또는 기기나 장치의 외함과 기기나 장치의 다른 부분 사이에 나타나는 전압을 말한다.

16. "**외부피뢰시스템**(External Lightning Protection System)"이란 수뢰부시스템, 인하도선시스템, 접지극시스템으로 구성된 피뢰시스템의 일종을 말한다.

17. "제1차 접근 상태"란 가공 전선이 다른 시설물과 접근하는 경우에 가공 전선이 다른 시설물의 위쪽 또는 옆쪽에서 수평거리로 가공 전선로의 지지물의 지표상의 높이에 상당하는 거리 안에 시설됨으로써 가공 전선로의 전선의 절단, 지지물의 도괴 등의 경우에 그 전선이 다른 시설물에 접촉할 우려가 있는 상태를 말한다.

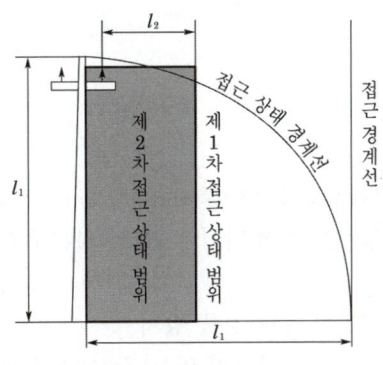

그림 1.3　접근 상태

18. "**제2차 접근상태**"란 가공 전선이 다른 시설물과 접근하는 경우에 그 가공 전선이 다른 시설물의 위쪽 또는 옆쪽에서 수평 거리로 3[m] 미만인 곳에 시설되는 상태를 말한다.

19. "**접지도체**"란 계통, 설비 또는 기기의 한 점과 접지극 사이의 도전성 경로 또는 그 경로의 일부가 되는 도체를 말한다.

20. "**접속설비**"란 공용 전력계통으로부터 특정 분산형전원 전기설비에 이르기까지의 전선로와 이에 부속하는 개폐장치, 모선 및 기타 관련 설비를 말한다.

21. "**대지전위상승**(EPR, Earth Potential Rise)"이란 접지계통과 기준대지 사이의 전위차를 말한다.

22. "**접촉범위**(Arm's Reach)"란 사람이 통상적으로 서있거나 움직일 수 있는 바닥면상의 어떤 점에서라도 보조장치의 도움 없이 손을 뻗어서 접촉이 가능한 접근구역을 말한다.

23. "**정격전압**"이란 발전기가 정격운전상태에 있을 때, 동기기 단자에서의 전압을 말한다.

24. "**지중 관로**"란 지중 전선로·지중 약전류 전선로·지중 광섬유 케이블 선로·지중에 시설하는 수관 및 가스관과 이와 유사한 것 및 이들에 부속하는 지중함 등을 말한다.

25. "**충전부**(Live Part)"란 통상적인 운전 상태에서 전압이 걸리도록 되어 있는 도체 또는 도전부를 말한다. 중성선을 포함하나 PEN 도체, PEM 도체 및 PEL 도체는 포함하지 않는다.

26. "**특별저압**(ELV, Extra Low Voltage)"이란 인체에 위험을 초래하지 않을 정도의 저압을 말한다. 여기서 SELV(Safety Extra Low Voltage)는 비접지회로에 해당되며, PELV(Protective Extra Low Voltage)는 접지회로에 해당된다.

27. "**PEN 도체**(protective earthing conductor and neutral conductor)"란 교류회로에서 중성선 겸용 보호도체를 말한다.

28. "**PEM 도체**(protective earthing conductor and a mid-point conductor)"란 직류회로에서 중간도체 겸용 보호도체를 말한다.

29. "**PEL 도체**(protective earthing conductor and a line conductor)"란 직류회로에서 선도체 겸용 보호도체를 말한다.

113- 안전을 위한 보호

113.2 감전에 대한 보호

1. 기본보호

   기본보호는 일반적으로 직접접촉을 방지하는 것으로, 전기설비의 충전부에 인축이 접촉하여 일어날 수 있는 위험으로부터 보호되어야 한다. 기본보호는 다음 중 어느 하나에 적합하여야 한다.

   가. 인축의 몸을 통해 전류가 흐르는 것을 방지

   나. 인축의 몸에 흐르는 전류를 위험하지 않는 값 이하로 제한

2. 고장 보호

고장 보호는 일반적으로 기본절연의 고장에 의한 간접접촉을 방지하는 것이다.

가. 노출도전부에 인축이 접촉하여 일어날 수 있는 위험으로부터 보호되어야 한다.

나. 고장 보호는 다음 중 어느 하나에 적합하여야 한다.

(1) 인축의 몸을 통해 고장전류가 흐르는 것을 방지

(2) 인축의 몸에 흐르는 고장전류를 위험하지 않는 값 이하로 제한

(3) 인축의 몸에 흐르는 고장전류의 지속시간을 위험하지 않은 시간까지로 제한

113.4 과전류에 대한 보호

1. 도체에서 발생할 수 있는 과전류에 의한 과열 또는 전기·기계적 응력에 의한 위험으로부터 인축의 상해를 방지하고 재산을 보호하여야 한다.

2. 과전류에 대한 보호는 과전류가 흐르는 것을 방지하거나 과전류의 지속시간을 위험하지 않는 시간까지로 제한함으로써 보호할 수 있다.

113.5 고장전류에 대한 보호

1. 고장전류가 흐르는 도체 및 다른 부분은 고장전류로 인해 허용온도 상승 한계에 도달하지 않도록 하여야 한다.

2. 도체는 고장으로 인해 발생하는 과전류에 대하여 보호되어야 한다.

113.7 전원공급 중단에 대한 보호

전원공급 중단으로 인해 위험과 피해가 예상되면, 설비 또는 설치기기에 적절한 보호장치를 구비하여야 한다.

121- 전선의 선정 및 식별

121.2 전선의 식별

1. 전선의 색상은 표에 따른다.

상(문자)	색상
L1	갈색
L2	흑색
L3	회색
N	청색
보호도체	녹색−노란색

2. 색상 식별이 종단 및 연결 지점에서만 이루어지는 나도체 등은 전선 종단부에 색상이 반영 구적으로 유지될 수 있는 도색, 밴드, 색 테이프 등의 방법으로 표시해야 한다.

122- 전선의 종류

122.5 고압 및 특고압케이블

1. 사용전압이 특고압인 전로(전기기계기구 안의 전로를 제외한다)에 전선으로 사용하는 케이블
   가. 절연체가 에틸렌 프로필렌고무혼합물 또는 가교폴리에틸렌 혼합물, 폴리프로필렌 혼합물인 케이블로서 선심 위에 금속제의 전기적 차폐층을 설치한 것.
   나. 파이프형 압력 케이블·연피케이블·알루미늄케이블
   다. 그 밖의 금속피복을 한 케이블
2. 사용전압이 고압 및 특고압인 전로(전기기계기구 안의 전로를 제외한다)의 전선으로 절연체가 폴리프로필렌 혼합물인 케이블을 사용하는 경우 다음에 적합하여야 한다.
   가. 도체의 상시 최고 허용온도는 90[℃] 이상일 것.
   나. 절연체의 인장 강도는 12.5[N/mm^2] 이상일 것.
   다. 절연체의 신장률은 350[%] 이상일 것.
   라. 절연체의 수분 흡습은 1[mg/cm^2] 이하일 것. 단, 정격전압 30[kV] 초과 특고압 케이블은 제외한다.

123- 전선의 접속

전선을 접속하는 경우에는 전선의 전기저항을 증가시키지 아니하도록 접속하여야 하며, 또한 다음에 따라야 한다.
1. 절연전선 상호·절연전선과 코드, 캡타이어 케이블과 접속하는 경우에는
   가. **전선의 세기를 20[%] 이상 감소시키지 아니할 것.**
   나. 접속부분은 접속관 기타의 기구를 사용할 것.
   다. 접속부분의 절연전선에 절연전선의 절연물과 동등 이상의 절연효력이 있는 것으로 충분히 피복할 것.
2. 코드 상호, 캡타이어 케이블 상호 또는 이들 상호를 접속하는 경우에는 코드 접속기·접속함 기타의 기구를 사용할 것.
   다만 공칭단면적이 10[mm^2] 이상인 캡타이어 케이블 상호를 규정에 준하여 접속하는 경우에는 기구를 사용하지 않을 수 있다.
3. 도체에 알루미늄(알루미늄 합금을 포함한다.)을 사용하는 전선과 동(동합금을 포함한다.)을 사용하는 전선을 접속하는 등 전기 화학적 성질이 다른 도체를 접속하는 경우에는 접속부분에 전기적 부식이 생기지 않도록 할 것.
4. 두 개 이상의 전선을 병렬로 사용하는 경우에는 다음에 의하여 시설할 것.

가. 병렬로 사용하는 각 전선의 굵기는 **동선 50[mm²] 이상** 또는 알루미늄 70[mm²] 이상으로 하고, 전선은 같은 도체, 같은 재료, 같은 길이 및 같은 굵기의 것을 사용할 것.

나. 같은 극의 각 전선은 동일한 터미널러그에 완전히 접속할 것.

다. 같은 극인 각 전선의 터미널러그는 동일한 도체에 2개 이상의 리벳 또는 2개 이상의 나사로 접속할 것.

라. 병렬로 사용하는 전선에는 각각에 퓨즈를 설치하지 말 것.

마. 교류회로에서 병렬로 사용하는 전선은 금속관 안에 전자적 불평형이 생기지 않도록 시설할 것.

131- 전로의 절연 원칙

전로는 다음 이외에는 대지로부터 절연하여야 한다.

1. **저압전로, 전로의 중성점, 계기용변성기의 2차측 전로, 다중 접지, 변압기의 2차측 전로 및 직류 계통에 접지공사를 하는 경우의 접지점**

2. 다음과 같이 절연할 수 없는 부분

   가. 시험용 변압기, 전력선 반송용 결합 리액터, 전기울타리용 전원장치, 엑스선발생장치, 전기부식방지용 양극, 단선식 전기철도의 귀선 등 전로의 일부를 대지로부터 절연하지 아니하고 전기를 사용하는 것이 부득이한 것

   나. **전기욕기 · 전기로 · 전기보일러 · 전해조 등 대지로부터 절연하는 것이 기술상 곤란한 것.**

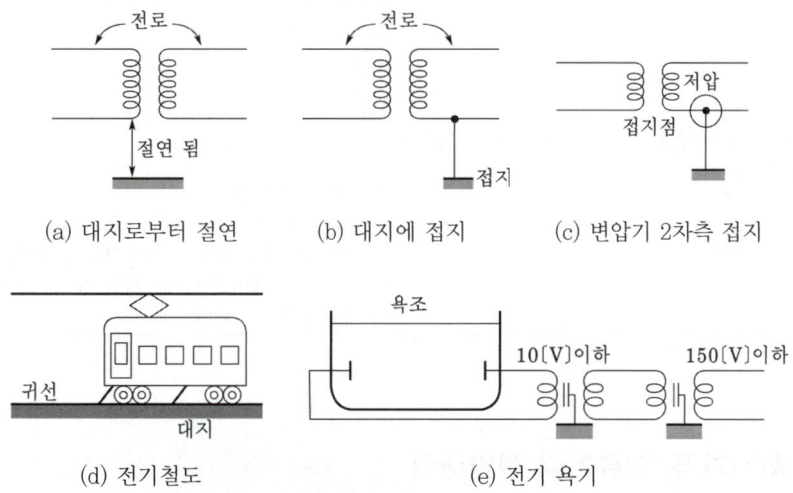

(a) 대지로부터 절연   (b) 대지에 접지   (c) 변압기 2차측 접지

(d) 전기철도   (e) 전기 욕기

그림 1.4 전로의 절연

132- 전로의 절연저항 및 절연내력

1. 사용전압이 저압인 전로에서 정전이 어려운 경우 등 절연저항 측정이 곤란한 경우에는 누설전류를 1[mA] 이하로 유지하여야 한다.
2. 고압 및 특고압의 전로는 표에서 정한 시험전압을 **전로와 대지 사이**(다심케이블은 심선 상호 간 및 심선과 대지 사이)**에 연속하여 10분간 가하여 절연내력을 시험**하였을 때에 이에 견디어야 한다. 다만, 전선에 케이블을 사용하는 **교류 전로로서 다음 표에서 정한 시험전압의 2배의 직류전압**을 전로와 대지 사이에 연속하여 10분간 가하여 절연내력을 시험하였을 때에 이에 견디는 것에 대하여는 그러하지 아니하다.

전로의 종류	접지방식	시험전압 (최대사용 전압의 배수)	최저 시험전압
1. 7[kV] 이하인 전로		1.5배	
2. 7[kV] 초과 25[kV] 이하	다중접지	0.92배	
3. 7[kV] 초과 60[kV] 이하(2란의 것을 제외한다.)		1.25배	10.5[kV]
4. 60[kV] 초과(전위 변성기를 사용하여 접지하는 것을 포함한다)	비 접 지	1.25배	
5. 60[kV] 초과(전위 변성기를 사용하여 접지하는 것 및 6란과 7란의 것을 제외한다)	접 지 식	1.1배	75[kV]
6. 60[kV] 초과(7란의 것을 제외한다)	직접접지	0.72배	
7. 170[kV] 초과(발전소 또는 변전소 혹은 이에 준하는 장소에 시설하는 것)	직접접지	0.64배	
8. 최대사용전압이 60[kV]를 초과하는 정류기에 접속되고 있는 전로	교류측 및 직류 고전압측에 접속되고 있는 전로는 교류측의 최대사용전압의 1.1배의 직류전압		
	직류측 중성선 또는 귀선이 되는 전로(직류 저압측 전로)의 시험전압값 $$E = V \times \frac{1}{\sqrt{2}} \times 0.5 \times 1.2$$ E : 교류 시험 전압[V] V : 역변환기의 전류 실패 시 중성선 또는 귀선이 되는 전로에 나타나는 교류성 이상전압의 파고값[V] 다만, 전선에 케이블을 사용하는 경우 시험전압은 E의 2배의 직류전압으로 한다.		

133- 회전기 및 정류기의 절연내력

회전기 및 정류기는 표에서 정한 시험방법으로 절연내력을 시험하였을 때에 이에 견디어야 한다. 다만, 회전변류기 이외의 교류의 회전기로 표에서 정한 시험전압의 1.6배의 직류전압으로 절연내력을 시험하였을 때 이에 견디는 것을 시설하는 경우에는 그러하지 아니하다.

종 류			시험 전압 (최대사용 전압의 배수)	최저 시험 전압	시험 방법
회 전 기	발전기 · 전동기 · 조상기 · 기타회전기 (회전변류기를 제외한다)	최대사용전압 7[kV] 이하	1.5배	500[V]	권선과 대지 사이에 연속하여 10분간 가한다.
		최대사용전압 7[kV] 초과	1.25배	10.5[kV]	
	회전변류기		직류측의 최대사용전압의 1배의 교류전압	500[V]	
정 류 기	최대사용전압이 60[kV] 이하		직류측의 최대사용전압의 1배의 교류전압	500[V]	충전부분과 외함 간에 연속하여 10분간 가한다.
	최대사용전압 60[kV] 초과		1.1배		교류측 및 직류고전압측단자와 대지 사이에 연속하여 10분간 가한다.

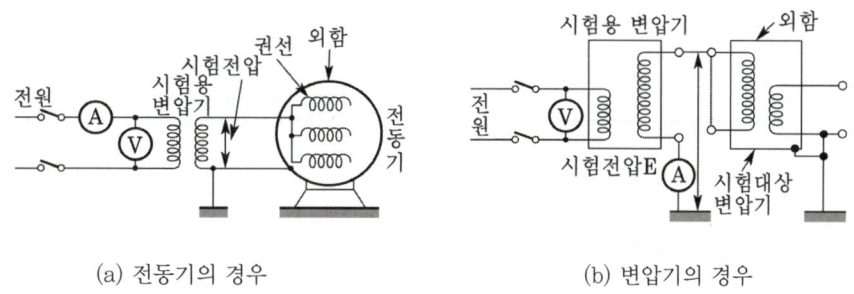

(a) 전동기의 경우   (b) 변압기의 경우

그림 1.7 전기 기계 기구의 절연 내력 시험

134- 연료전지 및 태양전지 모듈의 절연내력

1. 시험전압 : 최대사용전압의 1.5배의 직류전압 또는 1배의 교류전압(최저 500[V])
2. 시험방법 : 시험전압을 충전부분과 대지 사이에 연속하여 10분간 가하여 절연내력을 시험하였을 때에 이에 견디는 것이어야 한다.

135- 변압기 전로의 절연내력

변압기의 전로는 표에서 정하는 시험전압을 권선과 다른 권선, 철심 및 외함 간에 시험전압을 연속하여 10분간 가하여 절연내력을 시험하였을 때에 이에 견디는 것이어야 한다.

권선의 종류 (최대사용전압)	접지방식	시험 전압 (최대사용전압의 배수)	최저 시험 전압
1. 7[kV] 이하		1.5배	500 [V]
	다중접지	0.92배	500[V]
2. 7[kV] 초과 25[kV] 이하	다중접지	0.92배	
3. 7[kV] 초과 60[kV] 이하 (2란의 것을 제외한다)		1.25배	10.5[kV]
4. 60[kV] 초과(전위 변성기를 사용하여 접지하는 것을 포함한다. 8란의 것을 제외한다)	비접지	1.25	
5. 60[kV] 초과(전위 변성기를 사용하여 접지하는 것, 6란 및 8란의 것을 제외한다)	접지식	1.1배	75[kV]
6. 60[kV] 초과(8란의 것을 제외한다) 다만, 170[kV]를 초과하는 권선에는 그 중성점 에 피뢰기를 시설하는 것에 한한다.	직접접지	0.72배	
7. 170[kV] 초과(8란의 것을 제외한다)	직접접지	0.64배	
8. 60[kV]를 초과하는 정류기에 접속하는 권선	정류기의 교류측의 최대 사용전압의 1.1배의 교류전압 또는 정 류기의 직류측의 최대 사용전압의 1.1배의 직류전압		

136- 기구 등의 전로의 절연내력

개폐기 · 차단기 · 전력용 커패시터 · 유도전압조정기 · 계기용 변성기 기타의 기구의 전로 및
발전소 · 변전소 · 개폐소 또는 이에 준하는 곳에 시설하는 기계기구의 접속선 및 모선은 표에
서 정하는 시험전압을 충전 부분과 대지 사이(다심 케이블은 심선 상호 간 및 심선과 대지 사이)
에 연속하여 10분간 가하여 절연내력을 시험하였을 때에 이에 견디어야 한다.

종 류	접지방식	시험 전압 (최대사용전압의 배수)	최저 시험 전압
1. 7[kV] 이하		1.5배	500[V]
2. 7[kV] 초과 25[kV] 이하	다중접지	0.92배	
3. 7[kV] 초과 60[kV] 이하(2란의 것 제외)		1.25배	10.5[kV]
4. 60[kV] 초과	비접지	1.25배	
5. 60[kV] 초과 (7란의 것 제외)	접지식	1.1배	75[kV]
6. 170[kV] 초과 (7란의 것 제외)	직접접지	0.72배	
7. 170[kV] 초과(발전소 또는 변전소 혹은 이에 준 하는 장소에 시설하는 것)	직접접지	0.64배	

141- 접지시스템의 구분 및 종류

141.1 접지시스템의 구성요소 및 요구사항

1. 접지시스템은 계통접지, 보호접지, 피뢰시스템 접지 등으로 구분한다.
2. 접지시스템의 시설 종류에는 단독접지, 공통접지, 통합접지가 있다.

142- 접지시스템의 시설

142.1 접지시스템의 구성요소 및 요구사항

142.1.1 접지시스템 구성요소

1. 접지시스템은 접지극, 접지도체, 보호도체 및 기타 설비로 구성한다.
2. 접지극은 접지도체를 사용하여 주 접지단자에 연결하여야 한다.

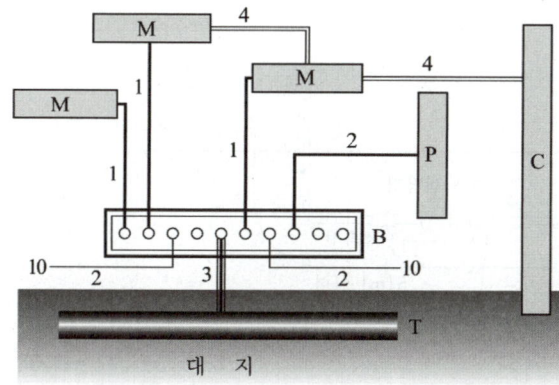

1 : 보호도체(PE)
2 : 보호 등전위 본딩용 도체
3 : 접지도체
4 : 보조 보호 등전위 본딩용 도체
10 : 기타 기기(정보통신, 피뢰시스템)
B : 주 접지단자
M : 전기기구의 노출 도전부
C : 철골, 금속덕트 등 계통외 도전부
P : 수도관, 가스관 등 계통외 도전부
T : 접지극

142.2 접지극의 시설 및 접지저항

1. 접지극의 매설은 다음에 의한다.
    가. 접지극은 지표면으로부터 지하 0.75[m] 이상으로 하되 동결 깊이를 감안하여 매설 깊이를 정해야 한다.
    나. 접지도체를 철주 기타의 금속체를 따라서 시설하는 경우에는 접지극을 철주의 밑면으로부터 0.3[m] 이상의 깊이에 매설하는 경우 이외에는 접지극을 지중에서 그 금속체로부터 1[m] 이상 떼어 매설하여야 한다.
2. 가연성 액체나 가스를 운반하는 금속제 배관은 접지설비의 접지극으로 사용할 수 없다. 다만, 보호등전위본딩은 예외로 한다.

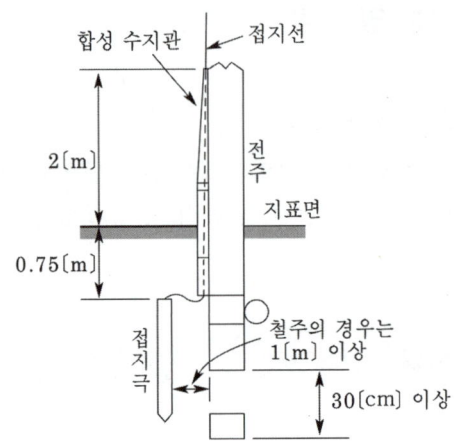

그림 1.8 접지극의 시설 및 접지저항

3. 수도관 등을 접지극으로 사용하는 경우는 다음에 의한다.

　가. 지중에 매설되어 있고 **대지와의 전기저항 값이 3[Ω] 이하의 값**을 유지하고 있는 금속제 수도관로가 다음에 따르는 경우 접지극으로 사용이 가능하다.

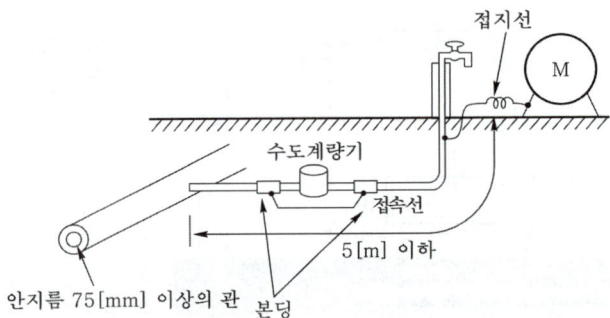

　　⑴ 접지도체와 금속제 수도관로의 접속은 **안지름 75[mm] 이상인 부분 또는 여기에서 분기한 안지름 75[mm] 미만인 분기점으로부터 5[m] 이내의 부분**에서 하여야 한다. 다만, 금속제 수도관로와 대지 사이의 전기저항 값이 **2[Ω] 이하**인 경우에는 분기점으로부터의 거리는 5[m]을 넘을 수 있다.

　　⑵ 접지도체와 금속제 수도관로의 접속부를 수도계량기로부터 수도 수용가 측에 설치하는 경우에는 수도계량기를 사이에 두고 양측 수도관로를 등전위본딩하여야 한다.

　나. **건축물·구조물의 철골** 기타의 금속제는 이를 비접지식 고압전로에 시설하는 기계기구의 철대 또는 금속제 외함의 접지공사 또는 비접지식 고압전로와 저압전로를 결합하는 변압기의 저압전로의 접지공사의 접지극으로 사용할 수 있다. 다만, 대지와의 사이에 전기저항 값이 **2[Ω] 이하인 값을 유지하는 경우**에 한한다.

142.3 접지도체·보호도체

142.3.1 접지도체

1. 접지도체의 선정
   가. 접지도체의 최소 단면적은 다음과 같다.
      (1) 구리는 6[mm²] 이상   (2) 철제는 50[mm²] 이상
   나. 접지도체에 피뢰시스템이 접속되는 경우, 접지도체의 단면적
      (1) 구리는 16[mm²] 이상   (2) 철제는 50[mm²] 이상
2. 다음과 같은 지점에는 "안전 전기 연결"라벨이 영구적으로 고정되도록 시설하여야 한다.
   가. 접지극의 모든 접지도체 연결지점
   나. 외부도전성 부분의 모든 본딩도체 연결지점
   다. 주 개폐기에서 분리된 주접지단자
3. 접지도체는 **지하 0.75[m]부터 지표 상 2[m]까지 부분은 합성수지관**(두께 2[mm] 미만의 합성수지제 전선관 및 가연성 콤바인덕트관은 제외한다) 또는 이와 동등 이상의 절연효과와 강도를 가지는 몰드로 덮어야 한다.
4. 접지도체
   가. 절연전선(옥외용 비닐절연전선은 제외) 또는 케이블(통신용 케이블은 제외)을 사용하여야 한다. 다만, 접지도체를 철주 기타의 금속체를 따라서 시설하는 경우 이외의 경우에는 접지도체의 지표상 0.6[m]를 초과하는 부분에 대하여는 절연전선을 사용하지 않을 수 있다.
5. 접지도체의 굵기는 고장 시 흐르는 전류를 안전하게 통할 수 있는 것으로서 다음에 의한다.
   가. 특고압·고압 전기설비용 접지도체 : 단면적 6[mm²] 이상의 연동선
   나. 중성점 접지용 접지도체 : 공칭단면적 16[mm²] 이상의 연동선. 다만, 다음의 경우에는 공칭단면적 6[mm²] 이상의 연동선을 사용 할 수 있다.
      (1) 7[kV] 이하의 전로
      (2) 사용전압이 25[kV] 이하인 특고압 가공전선로(다만, 중성선 다중접지식의 것으로서 전로에 지락이 생겼을 때 2초 이내에 자동적으로 이를 전로로부터 차단하는 장치가 되어 있는 것)
   다. 이동하여 사용하는 전기기계기구의 금속제 외함 등의 접지시스템의 경우는 다음의 것을 사용하여야 한다.

접지	접지도체의 종류	접지선의 단면적
특고압·고압 전기설비용 접지도체 및 중성점 접지용 접지도체	• 클로로프렌캡타이어케이블(3종 및 4종)의 1개 도체 • 클로로설포네이트폴리에틸렌캡타이어 케이블(3종 및 4종)의 1개 도체 • 다심캡타이어케이블의 차폐 기타의 금속제	10[mm²]
저압 전기설비	다심 코드 또는 다심 캡타이어케이블의 1개 도체	0.75[mm²]
	다심코드 및 다심 캡타이어케이블의 1개 도체 이외의 가요성이 있는 연동연선	1.5[mm²]

142.3.2 보호도체

1. 보호도체의 최소 단면적은 다음에 의한다.
   가. 보호도체의 최소 단면적은 표에 따라 선정해야 한다. 다만, "나"에 따라 계산한 값 이상이어야 한다.

선도체의 단면적 S ($[mm^2]$, 구리)	보호도체의 최소 단면적($[mm^2]$, 구리)	
	보호도체의 재질이 선도체와 같은 경우	보호도체의 재질이 선도체와 다른 경우
$S \leq 16$	S	$(k_1/k_2) \times S$
$16 < S \leq 35$	$16^{(a)}$	$(k_1/k_2) \times 16$
$S > 35$	$S^{(a)}/2$	$(k_1/k_2) \times (S/2)$

여기서, • k_1 : 선도체에 대한 k값
   • k_2 : 보호도체에 대한 k값
   • a : PEN 도체의 최소단면적은 중성선과 동일하게 적용한다

   나. 보호도체의 단면적은 다음의 계산 값 이상이어야 한다.
   (단, 차단시간이 5초 이하인 경우에만 다음 계산식을 적용한다.)

$$S = \frac{\sqrt{I^2 t}}{k}$$

   여기서, S : 단면적$[mm^2]$
   I : 보호장치를 통해 흐를 수 있는 예상 고장전류 실효값$[A]$
   t : 자동차단을 위한 보호장치의 동작시간$[s]$
   k : 보호도체, 절연, 기타 부위의 재질 및 초기온도와 최종온도에 따라 정해지는 계수

   다. 보호도체가 케이블의 일부가 아니거나 선도체와 동일 외함에 설치되지 않으면 단면적은 다음의 굵기 이상으로 하여야 한다.
   (1) 기계적 손상에 대해 보호가 되는 경우 : 구리 2.5$[mm^2]$, 알루미늄 16$[mm^2]$ 이상
   (2) 기계적 손상에 대해 보호가 되지 않는 경우 : 구리 4$[mm^2]$, 알루미늄 16$[mm^2]$ 이상
   (3) 케이블의 일부가 아니라도 전선관 및 트렁킹 내부에 설치되거나, 이와 유사한 방법으로 보호되는 경우 기계적으로 보호되는 것으로 간주한다.
2. 보호도체의 종류는 다음에 의한다.
   가. 보호도체는 다음 중 하나 또는 복수로 구성하여야 한다.
   (1) 다심케이블의 도체
   (2) 충전도체와 같은 트렁킹에 수납된 절연도체 또는 나도체
   (3) 고정된 절연도체 또는 나도체
   (4) 금속케이블 외장, 케이블 차폐, 케이블 외장, 전선묶음(편조전선), 동심도체, 금속관

나. 다음과 같은 금속부분은 보호도체 또는 보호본딩도체로 사용해서는 안 된다.
    ⑴ 금속 수도관
    ⑵ 가스·액체·분말과 같은 잠재적인 인화성 물질을 포함하는 금속관
    ⑶ 상시 기계적 응력을 받는 지지 구조물 일부
    ⑷ 가요성 금속배관
    ⑸ 가요성 금속전선관
    ⑹ 지지선, 케이블트레이 및 이와 비슷한 것
3. 보호도체에는 어떠한 개폐장치를 연결해서는 안 된다.
4. 접지에 대한 전기적 감시를 위한 전용장치(동작센서, 코일, 변류기 등)를 설치하는 경우, 보호도체 경로에 직렬로 접속하면 안 된다.

142.3.3 보호도체의 단면적 보강

1. 보호도체는 정상 운전상태에서 전류의 전도성 경로로 사용되지 않아야 한다.
2. 전기설비의 정상 운전상태에서 보호도체에 10[mA]를 초과하는 전류가 흐르는 경우, 다음에 의해 보호도체를 증강하여 사용하여야 한다.
    가. 보호도체가 하나인 경우 보호도체의 단면적은 구리 $10[\text{mm}^2]$ 이상 또는 알루미늄 $16[\text{mm}^2]$ 이상으로 하여야 한다.
    나. 고장 보호에 요구되는 보호도체의 단면적은 구리 $10[\text{mm}^2]$, 알루미늄 $16[\text{mm}^2]$ 이상으로 한다.

142.3.4 보호도체와 계통도체 겸용

1. 보호도체와 계통도체를 겸용하는 겸용도체(중성선과 겸용, 선도체와 겸용, 중간도체와 겸용 등)는 해당하는 계통의 기능에 대한 조건을 만족하여야 한다.
2. 겸용도체는 고정된 전기설비에서만 사용할 수 있으며 다음에 의한다.
    가. 단면적은 구리 $10[\text{mm}^2]$ 또는 알루미늄 $16[\text{mm}^2]$ 이상이어야 한다.
    나. 중성선과 보호도체의 겸용도체는 전기설비의 부하 측으로 시설하여서는 안 된다.
    다. 폭발성 분위기 장소는 보호도체를 전용으로 하여야 한다.

142.3.7 주 접지단자

접지시스템은 주 접지단자를 설치하고, 다음의 도체들을 접속하여야 한다.
가. 등전위본딩도체   나. 접지도체
다. 보호도체   라. 기능성 접지도체

142.4 전기수용가 접지

142.4.1 저압수용가 인입구 접지

1. 수용장소 인입구 부근에서 다음의 것을 접지극으로 사용하여 변압기 중성점 접지를 한 저압 전선로의 중성선 또는 접지측 전선에 추가로 접지공사를 할 수 있다.

가. 지중에 매설되어 있고 대지와의 전기저항 값이 3[Ω] 이하의 값을 유지하고 있는 금속제 수도관로

나. 대지 사이의 전기저항 값이 3[Ω] 이하인 값을 유지하는 건물의 철골

2. 제1에 따른 접지도체는 공칭단면적 6[mm²] 이상의 연동선

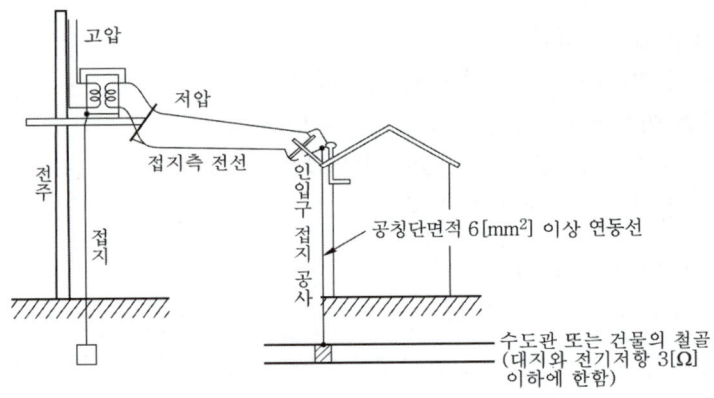

142.4.2 주택 등 저압수용장소 접지

저압수용장소에서 계통접지가 TN-C-S 방식인 경우 중성선 겸용 보호도체(PEN)의 단면적이 구리는 10[mm²] 이상, **알루미늄은 16[mm²] 이상**이어야 하며, 그 계통의 최고전압에 대하여 절연되어야 한다.

142.5 변압기 중성점 접지

변압기의 중성점접지 저항 값은 다음에 의한다.

가. 일반적으로 변압기의 고압·특고압측 전로 **1선 지락전류로 150을 나눈 값**과 같은 저항 값 이하

$$R = \frac{150}{변압기의\ 고압측\ 또는\ 특고압측의\ 1선\ 지락전류}[\Omega]$$

나. 변압기의 고압·특고압측 전로 또는 사용전압이 35[kV] 이하의 특고압전로가 저압측 전로와 혼촉하고 저압전로의 대지전압이 150[V]를 초과하는 경우는 저항 값은 다음에 의한다.

(1) **1초 초과 2초 이내에 고압·특고압 전로를 자동으로 차단하는 장치를 설치할 때는 300을 나눈 값 이하**

$$R = \frac{300}{변압기의\ 고압측\ 또는\ 특고압측의\ 1선\ 지락전류}[\Omega]$$

(2) 1초 이내에 고압·특고압 전로를 자동으로 차단하는 장치를 설치할 때는 600을 나눈 값 이하

$$R = \frac{600}{변압기의\ 고압측\ 또는\ 특고압측의\ 1선\ 지락전류}[\Omega]$$

142.6 공통접지 및 통합접지

1. 고압 및 특고압과 저압 전기설비의 접지극이 서로 근접하여 시설되어 있는 변전소 또는 이와 유사한 곳에서는 다음과 같이 공통접지시스템으로 할 수 있다.
   가. 저압 전기설비의 접지극이 고압 및 특고압 접지극의 접지저항 형성영역에 완전히 포함되어 있다면 위험전압이 발생하지 않도록 이들 접지극을 상호 접속하여야 한다.
   나. 접지시스템에서 고압 및 특고압 계통의 지락사고 시 저압계통에 가해지는 상용주파 과전압은 표에서 정한 값을 초과해서는 안 된다.

표. 저압설비 허용 상용주파 과전압

고압계통에서 지락고장시간 [초]	저압설비 허용 상용주파 과전압 [V]	비 고
> 5	$U_0 + 250$	중성선 도체가 없는 계통에서 U_0는 선간전압을 말한다.
≤ 5	$U_0 + 1200$	

2. 전기설비의 접지설비・건축물의 피뢰설비・전자통신설비 등의 접지극을 공용하는 통합접지시스템으로 하는 경우 다음과 같이 하여야 한다.
   가. 통합접지시스템은 제1에 의한다.
   나. 낙뢰에 의한 과전압 등으로부터 전기전자기기 등을 보호하기 위해 규정에 따라 서지보호장치를 설치하여야 한다.

142.7 기계기구의 철대 및 외함의 접지

1. 전로에 시설하는 기계기구의 철대 및 금속제 외함(외함이 없는 변압기 또는 계기용변성기는 철심)에는 접지공사를 하여야 한다.
2. 다음의 어느 하나에 해당하는 경우에는 접지를 생략 할 수 있다.
   가. 사용전압이 직류 300[V] 또는 교류 대지전압이 150[V] 이하인 기계기구를 건조한 곳에 시설하는 경우
   나. 저압용의 기계기구를 건조한 목재의 마루 기타 이와 유사한 절연성 물건 위에서 취급하도록 시설하는 경우
   다. 저압용이나 고압용의 기계기구를 사람이 쉽게 접촉할 우려가 없도록 목주 기타 이와 유사한 것의 위에 시설하는 경우
   라. 철대 또는 외함의 주위에 적당한 절연대를 설치하는 경우
   마. 외함이 없는 계기용변성기가 고무・합성수지 기타의 절연물로 피복한 것일 경우
   바. 2중 절연구조로 되어 있는 기계기구를 시설하는 경우
   사. 저압용 기계기구에 전기를 공급하는 전로의 전원측에 절연변압기(2차 전압이 300[V] 이하이며, 정격용량이 3[kVA] 이하인 것에 한한다)를 시설하고 또한 그 절연변압기의 부하측 전로를 접지하지 않은 경우
   아. 물기 있는 장소 이외의 장소에 시설하는 저압용의 개별 기계기구에 전기를 공급하는 전로에 **인체감전보호용 누전차단기(정격감도전류가 30[mA] 이하, 동작시간이 0.03초 이하**

의 전류동작형에 한한다)를 시설하는 경우
자. 외함을 충전하여 사용하는 기계기구에 사람이 접촉할 우려가 없도록 시설하거나 절연대를 시설하는 경우

143- 감전보호용 등전위본딩

143.1 보호등전위본딩의 적용

건축물·구조물에서 접지도체, 주 접지단자와 다음의 도전성부분은 등전위본딩 하여야 한다. 다만, 이들 부분이 다른 보호도체로 주 접지단자에 연결된 경우는 그러하지 아니하다.
가. 수도관·가스관 등 외부에서 내부로 인입되는 금속배관
나. 건축물·구조물의 철근, 철골 등 금속보강재
다. 일상생활에서 접촉이 가능한 금속제 난방배관 및 공조설비 등 계통외 도전부

143.2 등전위본딩 시설

143.2.1 보호등전위본딩

1. 건축물·구조물의 외부에서 내부로 들어오는 각종 금속제 배관은 다음과 같이 하여야 한다.
   가. 1 개소에 집중하여 인입하고, 인입구 부근에서 서로 접속하여 등전위본딩 바에 접속하여야 한다.
   나. 대형 건축물 등으로 1 개소에 집중하여 인입하기 어려운 경우에는 본딩도체를 1 개의 본딩 바에 연결한다.
2. 수도관·가스관의 경우 내부로 인입된 최초의 밸브 후단에서 등전위본딩을 하여야 한다.
3. 건축물·구조물의 철근, 철골 등 금속보강재는 등전위본딩을 하여야 한다.

143.2.3 비접지 국부등전위본딩

절연성 바닥으로 된 비접지 장소에서 다음의 경우 국부등전위본딩을 하여야 한다.
1. 전기설비 상호 간이 2.5[m] 이내인 경우
2. 전기설비와 이를 지지하는 금속체 사이

143.3 등전위본딩 도체

143.3.1 보호등전위본딩 도체

주접지단자에 접속하기 위한 등전위본딩 도체는 설비 내에 있는 가장 큰 보호접지도체 단면적의 1/2 이상의 단면적을 가져야 하고 다음의 단면적 이상이어야 한다.
1. 구리도체 6[mm^2]
2. 알루미늄 도체 16[mm^2]
3. 강철 도체 50[mm^2]

151 피뢰시스템의 적용범위 및 구성

151.1 적용범위

다음에 시설되는 피뢰시스템에 적용한다.
1. 전기전자설비가 설치된 건축물·구조물로서 낙뢰로부터 보호가 필요한 것 또는 지상으로부터 높이가 20[m] 이상인 것.
2. 전기설비 및 전자설비 중 낙뢰로부터 보호가 필요한 설비

151.2 피뢰시스템의 구성

1. 직격뢰로 부터 대상물을 보호하기 위한 외부 피뢰시스템
2. 간접뢰 및 유도뢰로부터 대상물을 보호하기 위한 내부 피뢰시스템

152 외부피뢰시스템

152.1 수뢰부시스템

1. 수뢰부시스템의 선정은 돌침, 수평도체, 메시도체의 요소 중에 한 가지 또는 이를 조합한 형식으로 시설하여야 한다.
2. 수뢰부시스템의 배치는 다음에 의한다.
   가. 보호각법, 회전구체법, 메시법 중 하나 또는 조합된 방법으로 배치하여야 한다.
   나. 건축물·구조물의 뾰족한 부분, 모서리 등에 우선하여 배치한다.
3. 건축물·구조물과 분리되지 않은 수뢰부시스템의 시설은 다음에 따른다.
   가. 지붕 마감재가 불연성 재료로 된 경우 지붕표면에 시설할 수 있다.
   나. 지붕 마감재가 높은 가연성 재료로 된 경우 지붕재료와 다음과 같이 이격하여 시설한다.
   (1) 초가지붕 또는 이와 유사한 경우 0.15[m] 이상
   (2) 다른 재료의 가연성 재료인 경우 0.1[m] 이상

152.2 인하도선시스템

1. 수뢰부시스템과 접지시스템을 연결하는 것으로 다음에 의한다.
   가. 복수의 인하도선을 병렬로 구성해야 한다. 다만, 건축물·구조물과 분리된 피뢰시스템인 경우 예외로 한다.
   나. 도선경로의 길이가 최소가 되도록 한다.
2. 수뢰부시스템과 접지극시스템 사이에 전기적 연속성이 형성되도록 다음에 따라 시설하여야 한다.
   가. 경로는 가능한 한 루프 형성이 되지 않도록 하고, 최단거리로 곧게 수직으로 시설하여야 하며, 처마 또는 수직으로 설치 된 홈통 내부에 시설하지 않아야 한다.

나. 철근콘크리트 구조물의 철근을 자연적구성부재의 인하도선으로 사용하기 위해서는 해당 철근 전체 길이의 전기저항 값은 0.2[Ω] 이하가 되어야한다.

다. 시험용 접속점을 접지극시스템과 가까운 인하도선과 접지극시스템의 연결부분에 시설하고, 이 접속점은 항상 폐로 되어야 하며 측정 시에 공구 등으로만 개방할 수 있어야 한다.

152.3 접지극시스템

1. 뇌전류를 대지로 방류시키기 위한 접지극시스템은 다음에 의한다.

가. A형 접지극(수평 또는 수직접지극) 또는 B형 접지극(환상도체 또는 기초접지극) 중 하나 또는 조합하여 시설할 수 있다.

2. 접지극은 다음에 따라 시설한다.

가. 지표면에서 0.75[m] 이상 깊이로 매설 하여야 한다. 다만, 필요시는 해당 지역의 동결심도를 고려한 깊이로 할 수 있다.

나. 대지가 암반지역으로 대지저항이 높거나 건축물·구조물이 전자통신시스템을 많이 사용하는 시설의 경우에는 환상도체접지극 또는 기초접지극으로 한다.

다. 접지극 재료는 대지에 환경오염 및 부식의 문제가 없어야 한다.

통칙

★★★☆【16. 기사, 74. 92. 93. 94. 95. 96. 00. 산업기사】
01 교류 저압의 한계는 몇 [V]인가?

① 600　　　　　② 750　　　　　③ 1,000　　　　　④ 1,500

해설 111 통칙

분　류	전압의 범위
저　압	• 직류 : 1.5[kV] 이하 • 교류는 1[kV] 이하
고　압	• 직류 : 1.5[kV]를 초과하고, 7[kV] 이하 • 교류 : 1[kV]를 초과하고, 7[kV] 이하
특 고 압	7[kV]를 초과

☆【96. 산업기사】
02 전압의 종별을 구분할 때 직류로는 몇 [V] 이하의 전압을 저압으로 구분하는가?

① 600　　　　　② 750　　　　　③ 1,000　　　　　④ 1,500

해설 111 통칙

분　류	전압의 범위
저　압	• 직류 : 1.5[kV] 이하 • 교류는 1[kV] 이하
고　압	• 직류 : 1.5[kV]를 초과하고, 7[kV] 이하 • 교류 : 1[kV]를 초과하고, 7[kV] 이하
특 고 압	7[kV]를 초과

★★☆【74. 94. 95. 96. 99. 산업기사】
03 고압 교류 전압 E[V]의 범위는?

① $7,000 \geqq E > 600$　② $7,000 \geqq E > 750$

③ $7,000 \geqq E > 1,000$　　　　　④ $3,500 \geqq E > 1,500$

해설 111 통칙

분　류	전압의 범위
저　압	• 직류 : 1.5[kV] 이하 • 교류는 1[kV] 이하
고　압	• 직류 : 1.5[kV]를 초과하고, 7[kV] 이하 • 교류 : 1[kV]를 초과하고, 7[kV] 이하
특 고 압	7[kV]를 초과

답 1. ③　2. ④　3. ③

⤨ 유사문제

‖ 유사문제 원문 및 해설 : 동일출판사 홈페이지》고객센터》자료실

01. 특고압은 몇 [V]를 넘는 전압인가?

🔑 7[kV]

02. 고압에 해당하는 전압은?

🔑 직류에 있어서는 1.5[kV]를, 교류에 있어서는 1[kV]를 넘고 7[kV] 이하인 것

▍ 용어 정의

★★☆【90. 96. 기사, 86. 산업기사】

04 전기설비기술기준은 발전, 송전, 변전, 배전 또는 전기 사용을 위하여 시설하는 기계, 기구, ( ), ( ), 기타 시설물의 기술 기준을 규정한 것이다. ( ) 속에 맞는 내용은?

① 급전소, 개폐소
② 전선로, 보안통신선로
③ 궤전 선로, 약전류 전선로
④ 옥내 배선, 옥외 배선

[해설] 기술기준 제1조 (목적 등)

★★★★★【94. 99. 기사, 84. 93. 99. 00. 02. 04. 05. 08. 11. 산업기사】

05 한 수용 장소의 인입구에서 분기하여 지지물을 거치지 않고 다른 수용 장소의 인입구에 이르는 부분을 무엇이라 하는가?

① 가공 인입선
② 연접 인입선
③ 옥상 배선
④ 옥측 배선

[해설] 기술기준 제3조(정의)

★★★★★【89. 90. 91. 98. 01.기사, 89. 96. 98. 00. 02. 03. 04. 05. 11. 산업기사, ⊕ : 00. 기사】

06 관등 회로라고 하는 것은?

① 분기점으로부터 안정기까지의 전로
② 스위치로부터 방전등까지의 전로
③ 스위치로부터 안정기까지의 전로
④ 방전등용 안정기로부터 방전관까지의 전로

[해설] 112 용어 정의
관등 회로란 방전등용 안정기 또는 방전등용 변압기로부터 방전관까지의 전로를 말한다.

🔑 4. ② 5. ② 6. ④

07 ★ 【01. 기사】

"지중 관로"에 대한 정의로 옳은 것은?

① 지중 전선로, 지중 약전류 전선로와 지중 매설지선 등을 말한다.

② 지중 전선로, 지중 약전류 전선로와 복합 케이블 선로, 기타 이와 유사한 것 및 이들에 부속하는 지중함을 말한다.

③ 지중 전선로, 지중 약전류 전선로, 지중에 시설하는 수관 및 가스관과 지중 매설지선을 말한다.

④ 지중 전선로, 지중 약전류 전선로, 지중 광섬유 케이블 선로, 지중에 시설하는 수관 및 가스관과 기타 이와 유사한 것 및 이들에 부속하는 지중함 등을 말한다.

해설〉 112 용어 정의

08 ★★ 【04. 05. 기사, 92. 01. 산업기사】

다음 중 "제2차 접근 상태"를 바르게 설명한 것은 어느 것인가?

① 가공 전선이 전선의 절단 또는 지지물의 도괴 등이 되는 경우에 당해 전선이 다른 시설물에 접속될 우려가 있는 상태를 말한다.

② 가공 전선이 다른 시설물과 접근하는 경우에 당해 가공 전선이 다른 시설물의 위쪽 또는 옆쪽에서 수평 거리로 3[m] 미만인 곳에 시설되는 상태를 말한다.

③ 가공 전선이 다른 시설물과 접근하는 경우에 가공 전선이 다른 시설물의 위쪽 또는 옆쪽에서 수평 거리로 3[m] 이상에 시설되는 것을 말한다.

④ 가공 선로 중 제1차 접근 시설로 접근할 수 없는 시설로서 제2차 보호 조치나 안전 시설을 하여야 접근할 수 있는 상태의 시설을 말한다.

해설〉 112 용어 정의

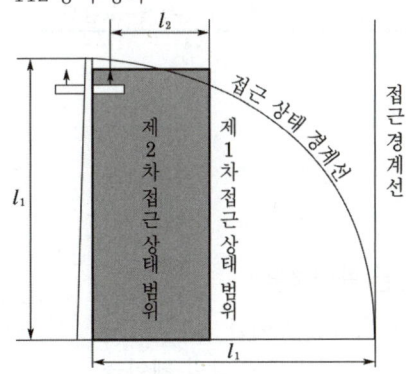

09 ★★ 【93. 00. 기사, 05. 산업기사】

전력 계통의 운용에 관한 지시를 하는 곳은?

① 급전소   ② 개폐소   ③ 변전소   ④ 발전소

해설〉 기술기준 제3조 (정의)

10 ★★★★★【77. 92. 05. 기사, 79. 85. 90. 91. 94. 98. 00. 01. 산업기사】

"제2차 접근 상태"라 함은 가공 전선이 다른 시설물과 접근하는 경우에 그 가공 전선이 다른 시설물의 위쪽 또는 옆쪽에서 수평 거리로 몇 [m] 미만인 곳에 시설되는 상태를 말하는가?

① 0.5　　　　　② 1　　　　　③ 2　　　　　④ 3

해설, 112 용어 정의

유사문제

‖유사문제 원문 및 해설 : 동일출판사 홈페이지≫고객센터≫자료실

01. 방전등용 안정기로부터 방전관까지의 전로는?

답 관등 회로

전선의 선정 및 식별

11 전선의 색 구별에 있어서 중성선은 어떤 색을 쓰고 있는가?

① 청색　　　　　② 검은색
③ 노란색　　　　④ 갈색

해설, 121.2 전선의 식별

상(문자)	L1	L2	L3	N	보호도체
색상	갈색	흑색	회색	청색	녹색-노란색

전선의 종류

12 ★☆【84. 기사, 93. 07. 산업기사】

다음 중 특고압 전선로용으로 사용할 수 있는 케이블은?

① 비닐 외장 케이블　　　② MI 케이블
③ CD 케이블　　　　　　④ 파이프형 압력 케이블

해설, 122.5 고압 및 특고압케이블
사용전압이 **특고압인 전로**에 전선으로 사용하는 케이블은
① 절연체가 에틸렌 프로필렌고무혼합물 또는 가교폴리에틸렌 혼합물, 폴리프로필렌 혼합물인 케이블로서 선심 위에 금속제의 전기적 차폐층을 설치한 것
② **파이프형 압력 케이블 · 연피 케이블 · 알루미늄피 케이블**
③ 그 밖의 금속피복을 한 케이블

답 10. ④ 11. ① 12. ④

전선의 접속

13 ★★【96. 00. 기사】
전선을 접속한 경우 전선의 세기를 최소 몇 [%] 이상 감소시키지 않아야 하는가?

① 10　　　　　② 15　　　　　③ 20　　　　　④ 25

해설 123 전선의 접속
전선의 세기를 20[%] 이상 감소시키지 말아야 한다.

14 ★【02. 기사】
전선의 접속법을 열거한 것 중 잘못 설명한 것은?

① 전선의 세기를 30[%] 이상 감소시키지 않는다.
② 접속 부분은 절연 전선의 절연물과 동등 이상의 절연 효력이 있도록 충분히 피복한다.
③ 접속 부분은 접속관, 기타의 기구를 사용한다.
④ 알루미늄 도체의 전선과 동도체의 전선을 접속할 때에는 전기적 부식이 생기지 않도록 한다.

해설 123 전선의 접속
전선의 세기를 20[%] 이상 감소시키지 말아야 한다.

15 ★【75. 79. 산업기사】
61[kV] 가공 송전선에 있어서 전선의 인장 하중이 2.15[kN]으로 되어 있다. 지지물과 지지물 사이에 이 전선을 접속할 경우 이 전선 접속 부분의 세기는 최소 몇 [kN] 이상인가?

① 0.63　　　　② 1.72　　　　③ 1.83　　　　④ 1.94

해설 123 전선의 접속
전선의 세기(인장하중)를 20[%] 이상 감소시키면 안 되므로
접속점의 전선의 세기 = 전선의 인장 세기 × 0.8 = 2.15 × 0.8 = 1.72[kN]

16 ★【24. 25. 기사】
두 개 이상의 전선을 병렬로 사용하는 각 전선의 굵기는 동선을 사용하는 경우 몇 [mm²] 이상 이어야 하는가?(단, 같은 도체, 같은 재료, 같은 길이 및 같은 굵기의 전선이다.)

① 35　　　　　② 50　　　　　③ 70　　　　　④ 95

해설 123 전선의 접속
두 개 이상의 전선을 병렬로 사용하는 경우에는 다음에 의하여 시설할 것.
가. 병렬로 사용하는 각 전선의 굵기는 **동선 50[mm²]** 이상 또는 알루미늄 70[mm²] 이상으로 하고, 전선은 같은 도체, 같은 재료, 같은 길이 및 같은 굵기의 것을 사용할 것.
나. 같은 극의 각 전선은 동일한 터미널러그에 완전히 접속할 것.
다. 같은 극인 각 전선의 터미널러그는 동일한 도체에 2개 이상의 리벳 또는 2개 이상의 나사로 접속할 것.
라. 병렬로 사용하는 전선에는 각각에 퓨즈를 설치하지 말 것.
마. 교류회로에서 병렬로 사용하는 전선은 금속관 안에 전자적 불평형이 생기지 않도록 시설할 것.

↗ 유사문제

▌유사문제 원문 및 해설 : 동일출판사 홈페이지≫고객센터≫자료실

01. 전선을 접속한 경우 접속 부분의 인장 세기는 전선 인장 몇 [%] 이상이어야 하는가?

답 80[%]

전로의 절연 원칙

★【94. 24. 기사, 24. 산업기사】

17 전로를 대지로부터 절연을 하여야 하는 것은 다음 중 어느 것인가?

① 전기 보일러　　　　　　　　　② 전기 다리미

③ 전기 욕기　　　　　　　　　　④ 전기로

해설　131 전로의 절연 원칙

다음과 같이 절연할 수 없는 부분

① 시험용 변압기, 전력선 반송용 결합 리액터, 전기울타리용 전원장치, 엑스선발생장치, 전기부식방지용 양극, 단선식 전기 철도의 귀선 등 전로의 일부를 대지로부터 절연하지 아니하고 전기를 사용하는 것이 부득이한 것.

② **전기욕기・전기로・전기보일러**・전해조 등 대지로부터 절연하는 것이 기술상 곤란한 것.

★【16. 기사, 96. 산업기사】

18 전로의 절연 원칙에 따라 대지로부터 반드시 절연하여야 하는 것은?

① 전로의 중성점에 접지 공사를 하는 경우의 접지점

② 계기용 변성기의 2차측 전로에 접지 공사를 하는 경우의 접지점

③ 저압 가공 전선로에 접속되는 변압기

④ 시험용 변압기

해설　131 전로의 절연 원칙

전로는 다음 이외에는 대지로부터 절연하여야 한다.

가. 저압전로에 **접지공사를 하는 경우의 접지점**

나. **전로의 중성점에 접지공사를 하는 경우의 접지점**

다. **계기용변성기의 2차측 전로에 접지공사를 하는 경우의 접지점**

라. 다중 접지를 하는 경우의 접지점

마. 변압기의 2차측 전로에 접지공사를 하는 경우의 접지점

바. 직류계통에 접지공사를 하는 경우의 접지점

사. 다음과 같이 절연할 수 없는 부분

① **시험용 변압기**, 전력선 반송용 결합 리액터, 전기울타리용 전원장치, 엑스선발생장치, 전기부식방지용 양극, 단선식 전기 철도의 귀선 등 전로의 일부를 대지로부터 절연하지 아니하고 전기를 사용하는 것이 부득이한 것.

② 전기욕기・전기로・전기보일러・전해조 등 대지로부터 절연하는 것이 기술상 곤란한 것

답 17. ②　18. ③

19 ★【80. 00. 산업기사】

전로의 절연 원칙에 따라 반드시 절연하여야 하는 것은?

① 전로의 중성점에 접지 공사를 하는 경우의 접지점

② 계기용 변성기의 2차측 전로의 접지점

③ 저압 가공 전선로의 접지측 전선

④ 22.9[kV] 중성선의 다중 접지의 접지점

해설 ▸ 131 전로의 절연 원칙

전로의 절연저항 및 절연내력

20 ★★★★☆【91. 99. 00. 01. 04. 23. 기사, 93. 산업기사】

배전 선로의 전압이 22,900[V]이며 중성선에 다중 접지하는 전선로의 절연 내력 시험 전압은 최대 사용 전압의 몇 배인가?

① 0.72 ② 0.92

③ 1.1 ④ 1.25

해설 ▸ 132 전로의 절연저항 및 절연내력

전로의 종류	접지방식	시험전압 (최대사용 전압의 배수)	최저 시험전압
1. 7[kV] 이하인 전로		1.5배	
2. 7[kV] 초과 25[kV] 이하	다중접지	0.92배	
3. 7[kV] 초과 60[kV] 이하(2란의 것 제외)		1.25배	10.5[kV]
4. 60[kV] 초과	비접지	1.25배	
5. 60[kV] 초과(6란, 7란의 것 제외)	접지식	1.1배	75[kV]
6. 60[kV] 초과(7란의 것 제외)	직접접지	0.72배	
7. 170[kV] 초과(발전소 또는 변전소 혹은 이에 준하는 장소에 시설하는 것)	직접접지	0.64배	

21 ★☆【95. 05. 기사, 01. 산업기사】

최대 사용 전압이 154,000[V]인 중성점 직접 접지식 전로의 절연 내력 시험 전압은 몇 [V]인가?

① 110,880 ② 141,680

③ 169,400 ④ 192,500

해설 ▸ 132 전로의 절연저항 및 절연내력

60[kV] 초과 직접접지이므로 최대 사용 전압에 0.72배를 곱한다.

∴ 시험 전압 = 154,000×0.72 = 110,880[V]

22 ★☆ 【94. 기사, 83. 산업기사】

최대 사용 전압이 69[kV]인 중성점 비접지식 지중 케이블 선로의 절연 내력 시험을 직류 전압으로 실시하는 경우 전압의 값은?

① 126.8[kV]   ② 151.8[kV]

③ 172.5[kV]   ④ 207.4[kV]

해설 132 전로의 절연저항 및 절연내력

전로의 종류	접지방식	시험전압 (최대사용 전압의 배수)	최저 시험전압
1. 7[kV] 이하인 전로		1.5배	
2. 7[kV] 초과 25[kV] 이하	다중접지	0.92배	
3. 7[kV] 초과 60[kV] 이하(2란의 것 제외)		1.25배	10.5[kV]
4. 60[kV] 초과	비접지	1.25배	
5. 60[kV] 초과(6란, 7란의 것 제외)	접지식	1.1배	75[kV]
6. 60[kV] 초과(7란의 것 제외)	직접접지	0.72배	
7. 170[kV] 초과(발전소 또는 변전소 혹은 이에 준하는 장소에 시설하는 것.)	직접접지	0.64배	

※ 전로에 케이블을 사용하는 경우에는 직류로 시험할 수 있으며, 시험 전압은 교류의 경우의 2배가 된다.

∴ 시험 전압 $= 69 \times 1.25 \times 2 = 172.5$[kV]

회전기 및 정류기의 절연내력

23 ★★★★★ 【84. 87. 92. 95. 10. 기사, 89. 91. 산업기사】

발전기, 전동기, 조상기, 기타 회전기(회전 변류기 제외)의 절연 내력 시험시 시험 전압은 어느 곳에 가하면 되는가?

① 권선과 대지   ② 외함과 전선

③ 외함과 대지   ④ 회전자와 고정자

해설 133 회전기 및 정류기의 절연내력

종류			시험전압	시험 방법
회전기	발전기·전동기·조상기·기타 회전기	7[kV] 이하	1.5배(최저 500[V])	권선과 대지 사이에 연속하여 10분간
		7[kV] 초과	1.25배(최저 10,500[V])	
	회전 변류기		직류 측의 최대 사용전압의 1배의 교류전압(최저 500[V])	

24 ★★★☆ 【05. 기사, 91. 92. 95. 98. 99. 산업기사, ㉠ : 98. 기사】

발전기, 전동기 등 회전기의 절연 내력은 규정된 시험 전압을 권선과 대지간에 계속하여 몇 분간 가하여 견디어야 하는가?

① 5분   ② 10분   ③ 15분   ④ 20분

답 22. ③ 23. ① 24. ②

해설 ▶ 133 회전기 및 정류기의 절연내력
　　　 회전기의 절연내력은 권선과 대지 사이에 연속하여 10분간 가하여 견디어야 한다.

★★ 【86. 기사, 94. 01. 산업기사】
25 최대 사용 전압 440[V]인 전동기의 절연 내력 시험 전압[V]은?

① 330　　　　　　② 440　　　　　　③ 500　　　　　　④ 660

해설 ▶ 133 회전기 및 정류기의 절연내력

종　　류		시험전압	시험 방법
회전기	발전기 · 전동기 · 조상기 · 기타회전기　7[kV] 이하	1.5배(최저 500[V])	권선과 대지 사이에 연속하여 10분간
	7[kV] 초과	1.25배(최저 10,500[V])	
	회전 변류기	직류 측의 최대 사용전압의 1배의 교류전압(최저 500[V])	

∴ 시험 전압 $= 440 \times 1.5 = 660[V]$

★★★☆ 【94. 기사, 96. 00. 03. 10. 11. 산업기사, ⊕ : 11. 기사】
26 최대 사용 전압이 6,600[V]인 3상 유도 전동기의 권선과 대지 사이의 절연 내력 시험 전압은 몇 [V]인가?

① 7,260　　　　　　② 7,920　　　　　　③ 8,250　　　　　　④ 9,900

해설 ▶ 133 회전기 및 정류기의 절연내력

종　　류		시험전압	시험 방법
회전기	발전기 · 전동기 · 조상기 · 기타 회전기　7[kV] 이하	1.5배(최저 500[V])	권선과 대지 사이에 연속하여 10분간
	7[kV] 초과	1.25배(최저 10,500[V])	
	회전 변류기	직류 측의 최대 사용전압의 1배의 교류전압(최저 500[V])	

최대 사용전압이 7[kV] 이하이므로 최대 사용 전압에 1.5배를 곱한다.
따라서 절연내력시험전압 $= 6,600 \times 1.5 = 9,900[V]$

★★☆ 【87. 96. 기사, 88. 산업기사】
27 2개의 단상 변압기(200/6,000[V])를 그림과 같이 연결하여 최대 사용 전압 6,600[V]의 고압 전동기의 권선과 대지 사이의 절연 내력 시험을 하는 경우에 전압계의 전압(V)과 시험 전압 (E)의 값으로 옳은 것은?

① $V = 82.5[V]$, $E = 8,250[V]$
② $V = 165[V]$, $E = 13,200[V]$
③ $V = 165[V]$, $E = 9,900[V]$
④ $V = 200[V]$, $E = 12,000[V]$

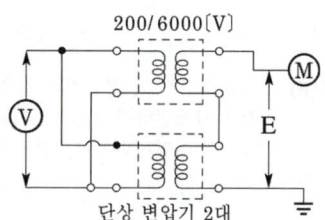

단상 변압기 2대

> 해설, 133 회전기 및 정류기의 절연내력
> ① 최대 사용 전압 6,600[V] 전동기이므로 절연 내력 시험은 6,600×1.5=9,900[V]를 전동기 권선과 대지 간에 가한다.
> $E=9,900[V]$
> ② 2차측 변압기 1대의 전압은
> 9,900/2=4,950[V]
> 변압기 권수비 200/6,000[V]이며 1차측 변압기 2대는 병렬로 접속되어 있으므로 전압계 V의 지시값은
> $$V=4,950 \times \frac{200}{6,000} = 165[V]$$

☆【99. 산업기사】

28 고압용 수은정류기의 절연내력 시험은 직류측 최대 사용 전압의 몇 배의 교류전압을 충전부분과 외함 간에 연속하여 10분간 가하여 이에 견디어야 하는가?

① 1배   ② 1.1배   ③ 1.25배   ④ 1.5배

> 해설, 133 회전기 및 정류기의 절연내력

종 류		시험 전압 (최대사용 전압의 배수)	최저 시험 전압	시험 방법
정류기	최대사용전압 60[kV] 이하	직류측의 최대사용전압의 1배의 교류전압	500[V]	충전부분과 외함 간에 연속하여 10분간 가한다.
	최대사용전압 60[kV] 초과	1.1배		교류측 및 직류고전압측 단자와 대지 사이에 연속하여 10분간 가한다.

★☆【83. 90. 93. 산업기사】

29 고압용 SCR의 절연 내력 시험 전압은 직류측 최대 사용 전압의 몇 배의 교류 전압인가?

① 1배   ② 1.25배   ③ 1.5배   ④ 2배

> 해설, 133 회전기 및 정류기의 절연내력

★【97. 기사】

30 직류 전기 철도에 전력을 공급하는 최대 사용 전압 1,500[V]인 실리콘 정류기는 몇 [V]의 절연 내력 시험 전압에 견디어야 하는가?

① 500   ② 1,000   ③ 1,500   ④ 2,000

> 해설, 133 회전기 및 정류기의 절연내력
> 최대 사용전압이 60[kV] 이하이므로 최대 사용 전압에 1배를 곱한다.
> 따라서 절연내력시험전압=1,500×1=1,500[V]

변압기 전로의 절연내력

31 ★★【84. 98. 20. 기사】
중성점 직접 접지식 전로에 접속되는 최대사용전압 161[kV]인 3상 변압기 권선(성형결선)의 절연내력시험을 할 때 접지시켜서는 안 되는 것은?

① 철심 및 외함

② 시험되는 변압기의 부싱

③ 시험되는 권선의 중성점 단자

④ 시험되지 않는 각 권선(다른 권선이 2개 이상 있는 경우에는 각 권선)의 임의의 1단자

해설 135 변압기 전로의 절연내력

권선의 종류	시험 전압	시험 방법
최대 사용전압이 60[kV]를 초과하는 권선(성형결선의 것에 한한다)으로서 중성점 직접접지식전로에 접속하는 것.	최대 사용전압의 0.72배의 전압	시험되는 권선의 중성점단자, 다른 권선(다른 권선이 2개 이상 있는 경우에는 각 권선)의 임의의 1단자, 철심 및 외함을 접지하고 시험되는 권선의 중성점 단자이외의 임의의 1단자와 대지 사이에 시험전압을 연속하여 10분간 가한다.

32 ★【02. 기사】
최대 사용 전압이 170[kV]를 넘는 권선(성형 결선)으로서 중성점 직접 접지식 전로에 접속하고 또한 그 중성점을 직접 접지하는 변압기 전로의 절연 내력 시험 전압은 최대 사용 전압의 몇 배의 전압인가?

① 0.3 　　　　② 0.64

③ 0.72 　　　　④ 1.1

해설 135 변압기 전로의 절연내력

권선의 종류(최대 사용전압)	접지방식	시험전압 (최대 사용전압의 배수)	최저 시험전압
1. 7[kV] 이하		1.5배	500[V]
	다중접지	0.92배	500[V]
2. 7[kV] 초과 25[kV] 이하	다중접지	0.92배	
3. 7[kV] 초과 60[kV] 이하(2란의 것 제외)		1.25배	10.5[kV]
4. 60[kV] 초과	비접지	1.25배	
5. 60[kV] 초과(6란의 것 제외)	접지식	1.1배	75 [kV]
6. 60[kV] 초과	직접접지	0.72배	
7. 170[kV] 초과	직접접지	0.64배	

33 ☆【99. 산업기사】

최대 사용전압이 3,300[V]이며, 중성점이 접지되고 다중접지된 중성선을 가지는 전로에 접속되는 변압기 전로의 절연 내력을 규정된 시험방법에 의하여 시험할 때 몇 [V]의 시험전압에 견디어야 하는가?

① 2,376   ② 3,036   ③ 4,125   ④ 4,950

> 해설 135 변압기 전로의 절연내력
> 최대 사용전압이 7[kV] 이하의 다중접지 이므로 최대 사용 전압에 0.92배를 곱한다.
> ∴ 시험 전압 = 3,300 × 0.92 = 3,036[V]

34 ★★☆【95. 08. 11. 기사, 96. 09. 산업기사】

최대 사용 전압이 1차 22,000[V], 2차 6,600[V]의 권선으로서 중성점 비접지식 전로에 접속하는 변압기의 특고압측의 절연 내력 시험 전압은 몇 [V]인가?

① 44,000   ② 33,000   ③ 27,500   ④ 24,000

> 해설 135 변압기 전로의 절연내력
>
> | 권선의 종류(최대 사용전압) | 접지방식 | 시험전압 (최대 사용전압의 배수) | 최저 시험전압 |
> |---|---|---|---|
> | 1. 7[kV] 이하 | | 1.5배 | 500[V] |
> | | 다중접지 | 0.92배 | 500[V] |
> | 2. 7[kV] 초과 25[kV] 이하 | 다중접지 | 0.92배 | |
> | 3. 7[kV] 초과 60[kV] 이하(2란의 것 제외) | | 1.25배 | 10.5[kV] |
> | 4. 60[kV] 초과 | 비접지 | 1.25배 | |
> | 5. 60[kV] 초과(6란의 것 제외) | 접지식 | 1.1배 | 75[kV] |
> | 6. 60[kV] 초과 | 직접접지 | 0.72배 | |
> | 7. 170[kV] 초과 | 직접접지 | 0.64배 | |
>
> ∴ 시험 전압 = 22,000 × 1.25 = 27,500[V]

35 ★★★★☆【79. 90. 92. 95. 11. 18. 기사, 97. 18. 산업기사】

중성선 다중 접지 방식의 전로에 접속된 최대 사용 전압 23,000[V]의 변압기 권선을 절연 내력 시험할 때 시험되는 권선과 다른 권선, 철심 및 외함 사이에 인가할 시험 전압은 몇 [V]인가?

① 21,160   ② 25,300   ③ 28,750   ④ 34,500

> 해설 135 변압기 전로의 절연내력
>
> | 권선의 종류(최대 사용전압) | 접지방식 | 시험전압 (최대 사용전압의 배수) | 최저 시험전압 |
> |---|---|---|---|
> | 1. 7[kV] 이하 | | 1.5배 | 500[V] |
> | | 다중접지 | 0.92배 | 500[V] |
> | 2. 7[kV] 초과 25[kV] 이하 | 다중접지 | 0.92배 | |
> | 3. 7[kV] 초과 60[kV] 이하(2란의 것 제외) | | 1.25배 | 10.5[kV] |
> | 4. 60[kV] 초과 | 비접지 | 1.25배 | |
> | 5. 60[kV] 초과(6란의 것 제외) | 접지식 | 1.1배 | 75[kV] |
> | 6. 60[kV] 초과 | 직접접지 | 0.72배 | |
> | 7. 170[kV] 초과 | 직접접지 | 0.64배 | |
>
> ∴ 시험 전압 = 23,000 × 0.92 = 21,160[V]

답 33. ② 34. ③ 35. ①

36 ★☆ 【89. 12. 기사, 82. 산업기사】
주상 변압기의 1차 전압 탭이 6,900[V], 6,600[V], 6,300[V], 6,000[V], 5,700[V]이다. 이 변압기의 절연 내력 시험 전압[V]은?

① 10,000 ② 11,750 ③ 10,350 ④ 12,500

해설, 135 변압기 전로의 절연내력
최대 사용 전압이 7[kV] 이하이므로 최대 사용 전압에 1.5배를 곱한다.
∴ 시험 전압 = 6,900 × 1.5 = 10,350[V]이다.

37 ★★ 【93. 기사, 79. 82. 산업기사 ⊕ : 05. 기사】
최대 사용 전압이 7,200[V]인 중성점 비접지식 변압기의 절연 내력 시험 전압[V]은?

① 90,000 ② 10,500 ③ 12,500 ④ 20,500

해설, 135 변압기 전로의 절연내력
최대 사용 전압이 7[kV] 초과인 비접지식인 경우, 최대사용전압에 1.25배를 곱한다.
시험 전압 = 7,200 × 1.25 = 9,000[V]
그러나 최저시험전압이 10,500[V]이므로 10,500[V]의 시험전압을 가하여야 한다.

38 ★★★ 【85. 98. 기사, 79. 93. 산업기사】
중성점 접지식 전선로에 접속한 66[kV] 변압기의 절연 내력 시험 전압[kV]은?

① 72.6 ② 75.0 ③ 82.5 ④ 99.0

해설, 135 변압기 전로의 절연내력
최대 사용 전압이 60[kV] 초과인 중성점 접지식인 경우 최대사용전압의 1.1배를 곱한다.
시험 전압 = 66 × 1.1 = 72.6[kV]
그러나 최저시험전압이 75[kV]이므로 75[kV]의 시험전압을 가하여야 한다.

39 ★★★★★ 【83. 88. 93. 94. 98. 기사, 94. 10. 산업기사】
중성점 직접 접지식으로서 최대 사용 전압이 161,000[V]인 변압기 권선의 절연 내력 시험 전압은 몇[V]인가?

① 103,040 ② 115,920 ③ 148,120 ④ 177,100

해설, 135 변압기 전로의 절연내력
최대 사용 전압이 60[kV] 초과하는 중성점 직접접지식인 경우 최대사용전압의 0.72배를 곱한다.
∴ 시험 전압 = 161,000 × 0.72 = 115,920[V]

40 ★☆ 【85. 기사, 97. 산업기사】
중성점 직접 접지식 전로에 접속하는 것으로 성형 결선으로 된 변압기의 최대 사용 전압이 345,000[V]라 하면 이 변압기의 내압 시험 전압은 얼마가 되는가?

① 220,800[V] ② 248,400[V] ③ 379,500[V] ④ 431,250[V]

답 36. ③ 37. ② 38. ② 39. ② 40. ①

해설　135 변압기 전로의 절연내력
최대 사용 전압이 170[kV]를 넘는 중성점 직접접지식인 경우 최대사용전압의 0.64배를 곱한다.
∴ 시험 전압 =345,000×0.64=220,800[V

🔀 유사문제

∥유사문제 원문 및 해설 : 동일출판사 홈페이지≫고객센터≫자료실

01. 고압 및 특고압의 전로에 절연 내력 시험을 하는 경우 시험 전압을 연속 얼마 동안 가하는가?
　답 10분

02. 최대 사용 전압이 25[V] 이하인 권선으로서 중성점이 접지되고 다중 접지된 중성선을 가지는 전로에 접속하는 변압기 전로의 절연 내력 시험 전압은 최대 사용 전압의 몇 배인가?
　답 0.92배

03. 최대 사용 전압 22,000[V]의 변압기가 비접지식으로 되어 있다. 이 변압기 전선의 절연 내력 시험 전압은 몇 [V]인가?
　답 27,500[V]

04. 3상 4선식 22.9[kV] 중성점 다중 접지식 가공 전선로의 전로와 대지간의 절연 내력 시험 전압[V]은?
　답 21,068[V]

05. 최대 사용 전압 3,300[V]의 고압 전동기가 있다. 이 전동기의 절연 내력 시험 전압은 몇 [V]인가?
　답 4,950[V]

06. 22[kV]의 전선로의 절연 내력 시험은 전로와 대지 사이에 시험 전압을 계속 몇 분간 가하게 되는가?
　답 10분

07. 최대 사용 전압이 69[kV]인 중성점 비접지식 전로의 절연 내력 시험 전압은 몇 [kV]인가?
　답 86.25[kV]

08. 6.6[kV] 지중 전선로의 케이블을 직류 전원으로 절연 내력 시험을 하자면 시험 전압은 직류 몇 [V]인가?
　답 19.8[kV]

09. 3,300[V] 고압 유도 전동기의 절연 내력 시험 전압은 최대 사용 전압의 몇 배를 10분간 가하는가?
　답 1.5배

10. 중성점 직접 접지식으로서 최대 사용 전압이 161,000[V]인 변압기 권선의 절연 내력 시험 전압은 몇 [V]인가?
　답 115,920[V]

11. 최대 사용 전압이 7,000[V]를 넘는 회전기의 절연 내력 시험은 최대 사용 전압의 (　)배의 전압에서 10분간 견디어야 한다. (　) 안에 알맞는 말은?
　답 1.25

12. 1차측 3,300[V], 2차측 200[V]의 비접지식 변압기 내압 시험 전압은 어느 것에서 10분간 견디어야 하는가?

　🔁 1차측 4,950[V], 2차측 500[V]

13. 최대 사용 전압 6,000[V]의 고압 비접지식 전로의 대지와 전선과의 사이에 절연 내력 시험을 직류로 하는 경우의 시험 전압[V]은 얼마로 하는가?

　🔁 18,000[V]

14. 220[V]용 전동기의 절연 내력 시험 시 시험 전압은 몇 [V]인가?

　🔁 500[V]

▌접지시스템의 시설

★★【97. 18. 기사, 85. 09. 산업기사】

41 접지공사의 접지극을 시설할 때 동결 깊이를 감안하여 지하 몇 [cm] 이상의 깊이로 매설하여야 하는가?

① 30　　　　　② 50　　　　　③ 75　　　　　④ 100

해설 142.2 접지극의 시설 및 접지저항
접지극의 매설은 다음에 의한다.
　가. 접지극은 지표면으로부터 **지하 0.75[m] 이상**으로 하되 **동결 깊이를 감안하여 매설 깊이를 정해야 한다.**
　나. 접지도체를 철주 기타의 금속체를 따라서 시설하는 경우에는 접지극을 철주의 밑면으로부터 0.3[m] 이상의 깊이에 매설하는 경우 이외에는 접지극을 지중에서 그 금속체로부터 1[m] 이상 떼어 매설하여야 한다.

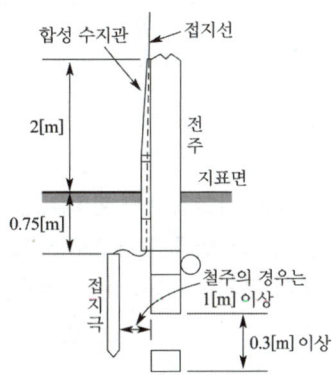

★★☆【92. 11. 기사, 91. 산업기사, ⊕ : 99. 기사】

42 접지공사에 사용되는 접지도체를 사람이 닿을 우려가 있는 장소에 철주 등에 시설하는 경우 접지극을 그 금속체로부터 지중에서 몇 [m] 이상 이격시켜야 하는가?

① 1.5　　　　　② 1.25　　　　　③ 1　　　　　④ 0.75

해설 142.2 접지극의 시설 및 접지저항
　가. 접지극의 매설은 다음에 의한다.
　　① 접지극은 지표면으로부터 지하 0.75[m] 이상으로 하되 동결 깊이를 감안하여 매설 깊이를 정해야 한다.
　　② 접지도체를 철주 기타의 금속체를 따라서 시설하는 경우에는 접지극을 철주의 밑면으로부터 0.3[m] 이상의 깊이에 매설하는 경우 이외에는 접지극을 지중에서 그 **금속체로부터 1[m] 이상 떼**

🔁 41. ③　42. ③

어 매설하여야 한다.
나. 지중에 매설되어 있고 대지와의 전기저항 값이 3[Ω] 이하의 값을 유지하고 있는 금속제 수도관로가 규정에 따르는 경우 접지극으로 사용이 가능하다.
다. 대지와의 사이에 전기저항 값이 2[Ω] 이하인 값을 유지하는 건축물·구조물의 철골 기타의 금속제는 접지공사의 접지극으로 사용할 수 있다.

★★ 【91. 기사, 79. 90. 11. 산업기사】
43 지중에 매설된 금속제 수도관로는 각종 접지공사의 접지극으로 사용할 수 있다. 다음 중에서 접지극으로 사용할 수 없는 것은?

① 안지름 75[mm] 이상이고 전기저항값이 3[Ω] 이하인 것
② 안지름 75[mm] 이상이고 전기저항값이 2[Ω] 이하인 것
③ 안지름 75[mm]에서 분기한 안지름 50[mm]의 수도관으로 길이가 6[m]이고, 전기저항값이 3[Ω] 이하인 것
④ 안지름 75[mm]에서 분기한 안지름 30[mm]의 수도관으로 길이가 5[m] 이내이고, 전기저항값이 3[Ω] 이하인 것

해설 142.2 접지극의 시설 및 접지저항
지중에 매설되어 있고 대지와의 전기저항 값이 3[Ω] 이하의 값을 유지하고 있는 금속제 수도관로가 다음에 따르는 경우 접지극으로 사용이 가능하다.
가. 접지도체와 금속제 수도관로의 접속은 안지름 75 [mm] 이상인 부분 또는 여기에서 분기한 안지름 75[mm] 미만인 분기점으로부터 5[m] 이내의 부분에서 하여야 한다. 다만, 금속제 수도관로와 대지 사이의 전기저항 값이 2[Ω] 이하인 경우에는 분기점으로부터의 거리는 5[m]를 넘을 수 있다.
나. 접지도체와 금속제 수도관로의 접속부를 수도계량기로부터 수도 수용가 측에 설치하는 경우에는 수도계량기를 사이에 두고 양측 수도 관로를 등전위본딩하여야 한다.

★ 【92. 기사】
44 지중에 매설되고 또한 대지간의 전기 저항이 몇 [Ω] 이하인 경우에 그 금속제 수도관을 각종 접지 공사의 접지극으로 사용할 수 있는가? 단, 접지선을 내경 75[mm]의 금속제 수도관으로부터 분기한 50[mm]의 금속제 수도관에 분기점으로부터 6[m] 거리에 접촉하였다.

① 1   ② 2   ③ 3   ④ 5

해설 142.2 접지극의 시설 및 접지저항
접지도체와 금속제 수도관로의 접속은 안지름 75[mm] 이상인 부분 또는 여기에서 분기한 안지름 75[mm] 미만인 분기점으로부터 5[m] 이내의 부분에서 하여야 한다. 다만, 금속제 수도관로와 대지 사이의 전기저항 값이 2[Ω] 이하인 경우에는 분기점으로부터의 거리는 5[m]을 넘을 수 있다.

★ 【83. 11. 기사, 16. 산업기사】
45 비접지식 고압전로에 시설하는 금속제 외함에 실시하는 접지공사의 접지극으로 사용할 수 있는 건물의 철골기타의 금속제는 대지와의 사이에 전기저항 값을 얼마 이하로 유지하여야 하는가?

① 2   ② 3   ③ 5   ④ 10

해설 142.2 접지극의 시설 및 접지저항
건축물·구조물의 철골 기타의 금속제는 이를 비접지식 고압전로에 시설하는 기계기구의 철대 또는 금속제 외함의 접지공사 또는 비접지식 고압전로와 저압전로를 결합하는 변압기의 저압전로의 접지공사의 접지극으로 사용할 수 있다. 다만, **대지와의 사이에 전기저항 값이 2[Ω] 이하인** 값을 유지하는 경우에 한한다.

★★☆ 【82. 93. 기사, 90. 산업기사 ⊕ : 05 산업기사】
46 접지 공사의 접지극으로 사용되는 수도관 접지 저항의 최댓값[Ω]은?

① 2 　　　　② 3 　　　　③ 5 　　　　④ 10

해설 142.2 접지극의 시설 및 접지저항
　가. 지중에 매설되어 있고 대지와의 전기저항 값이 3[Ω] 이하의 값을 유지하고 있는 금속제 수도관로가 규정에 따르는 경우 접지극으로 사용이 가능하다.
　나. 대지와의 사이에 전기저항 값이 2[Ω] 이하인 값을 유지하는 건축물·구조물의 철골 기타의 금속제는 접지공사의 접지극으로 사용할 수 있다.

★★ 【94. 95. 96. 01. 산업기사】
47 지중에 매설되어 있고 대지와의 전기 저항값이 최대 몇 [Ω] 이하의 값을 유지하고 있는 금속제 수도 관로는 이를 각종 접지 공사의 접지극으로 사용할 수 있는가?

① 2 　　　　② 3 　　　　③ 5 　　　　④ 10

해설 142.2 접지극의 시설 및 접지저항
　가. 지중에 매설되어 있고 대지와의 전기저항 값이 3[Ω] 이하의 값을 유지하고 있는 금속제 수도관로가 규정에 따르는 경우 접지극으로 사용이 가능하다.
　나. 대지와의 사이에 전기저항 값이 2[Ω] 이하인 값을 유지하는 건축물·구조물의 철골 기타의 금속제는 접지공사의 접지극으로 사용할 수 있다.

★★★ 【83. 94. 02. 기사, 79. 85. 11. 산업기사】
48 접지공사에 사용하는 접지선을 사람이 접촉할 우려가 있는 곳에 시설하는 접지도체는 최소 어느 부분에 대하여 합성수지관 또는 이와 동등 이상의 절연 효력 및 강도를 가지는 몰드로 덮게 되어 있는가?

① 지하 30[cm]로부터 지표상 1.5[m]까지의 부분
② 지하 50[cm]로부터 지표상 1.6[m]까지의 부분
③ 지하 75[cm]로부터 지표상 2[m]까지의 부분
④ 지하 90[cm]로부터 지표상 2.5[m]까지의 부분

해설 142.3.1 접지도체
접지도체는 지하 0.75[m]부터 지표 상 2[m]까지 부분은 합성수지관(**두께 2[mm] 미만의 합성수지제 전선관 및 가연성 콤바인덕트관은 제외한다**) 또는 이와 동등 이상의 절연효과와 강도를 가지는 몰드로 덮어야 한다.

49 ★★ 【94. 기사, 95. 96. 산업기사】
접지도체에 사람이 닿을 우려가 있으므로 접지도체를 합성수지관 또는 이와 동등 이상의 절연
효력 및 강도를 가지는 몰드로 했어야 하는데 그 부분은 어떻게 규정되어 있는가?

① 지하 30[cm]−지표상 1[m]

② 지하 50[cm]−지표상 1.2[m]

③ 지하 60[cm]−지표상 1.8[m]

④ 지하 75[cm]−지표상 2[m]

해설 142.3.1 접지도체
접지도체는 지하 0.75[m] 부터 지표 상 2[m] 까지 부분은 합성수지관(두께 2[mm] 미만의 합성수지제 전
선관 및 가연성 콤바인덕트관은 제외한다) 또는 이와 동등 이상의 절연효과와 강도를 가지는 몰드로 덮어야
한다.

50 ★☆ 【00. 기사, 91. 산업기사】
수용장소의 인입구 부근에서 변압기 중성점 접지를 한 저압전로의 중성선에 추가로 접지공사
를 하려고 할 때, 접지도체는 몇 [mm^2] 이상의 연동선이어야 하는가?

① 1.0

② 2.5

③ 6

④ 10

해설 142.4.1 저압수용가 인입구 접지
수용장소 인입구 부근에서 다음의 것을 접지극으로 사용하여 변압기 중성점 접지를 한 저압전선로의 중
성선 또는 접지측 전선에 추가로 접지공사를 할 수 있다.
가. 지중에 매설되어 있고 대지와의 전기저항 값이 3[Ω] 이하의 값을 유지하고 있는 금속제 수도관로
나. 대지 사이의 전기저항 값이 3[Ω] 이하인 값을 유지하는 건물의 철골
다. 접지도체는 공칭단면적 6[mm^2] 이상의 연동선

51 ★★★ 【93. 96. 기사, 87. 99. 04. 산업기사】
수용 장소의 인입구 부근에 금속제 수도 관로가 있는 경우 또는 대지간의 전기 저항값이 몇
[Ω] 이하인 값을 유지하는 건물의 철골이 있는 경우에는 이것을 접지극으로 사용하여 저압 전
선로의 접지측 전선에 추가 접지할 수 있는가?

① 1[Ω]

② 2[Ω]

③ 3[Ω]

④ 4[Ω]

해설 142.4.1 저압수용가 인입구 접지
수용장소 인입구 부근에서 다음의 것을 접지극으로 사용하여 변압기 중성점 접지를 한 저압전선로의 중
성선 또는 접지측 전선에 추가로 접지공사를 할 수 있다.
가. 지중에 매설되어 있고 대지와의 전기저항 값이 3[Ω] 이하의 값을 유지하고 있는 금속제 수도관로
나. 대지 사이의 전기저항 값이 3[Ω] 이하인 값을 유지하는 건물의 철골
다. 접지도체는 공칭단면적 6[mm^2] 이상의 연동선

답 49. ④ 50. ③ 51. ③

☆ 【15. 기사, 00. 산업기사】

52 변압기 중성점 접지공사의 접지저항값을 $\frac{150}{I}$[Ω]으로 정하고 있는데, 이때 I에 해당하는 것은?

① 변압기의 고압측 또는 특고압측 전로의 1선 지락 전류의 암페어 수
② 변압기의 고압측 또는 특고압측 전로의 단락 사고 시의 고장 전류의 암페어 수
③ 변압기의 1차측과 2차측의 혼촉에 의한 단락 전류의 암페어 수
④ 변압기의 1차와 2차에 해당되는 전류의 합

해설 142.5 변압기 중성점 접지

접지 저항값	비 고
• $\frac{150}{I}$[Ω] 이하 • 자동 차단 설비가 1초 이내 동작하면 $\frac{600}{I}$[Ω] • 자동 차단 설비가 1초를 넘어 2초 이내 동작하면 $\frac{300}{I}$[Ω]	I : 변압기의 고압·특고압측 전로 1선 지락 전류

★★ 【84. 19. 기사, 95. 11. 산업기사】

53 변압기의 고압측 전로와의 혼촉에 의하여 저압측 전로의 대지전압이 150[V]를 넘는 경우에 2초 이내에 고압전로를 자동 차단하는 장치가 되어 있는 6,600/220[V] 배전선로에 있어서 1선 지락 전류가 2[A]이면 접지저항 값의 최대는 몇 [Ω]인가?

① 50[Ω]   ② 75[Ω]
③ 150[Ω]   ④ 300[Ω]

해설 142.5 변압기 중성점 접지
변압기의 중성점접지 저항 값은 다음에 의한다.
가. 변압기의 고압·특고압측 전로 1선 지락전류로 150을 나눈 값 과 같은 저항 값 이하

$$R = \frac{150}{\text{변압기의 고압측 또는 특고압측의 1선 지락전류}}[\Omega]$$

나. 사용전압이 35[kV] 이하의 특고압전로가 저압측 전로와 혼촉하고 저압전로의 대지전압이 150[V]를 초과하는 경우는 저항 값은 다음에 의한다.
① 1초 초과 2초 이내에 고압·특고압 전로를 자동으로 차단하는 장치를 설치할 때는 300을 나눈 값 이하

$$R = \frac{300}{\text{변압기의 고압측 또는 특고압측의 1선 지락전류}}[\Omega]$$

② 1초 이내에 고압·특고압 전로를 자동으로 차단하는 장치를 설치할 때는 600을 나눈 값 이하

$$R = \frac{600}{\text{변압기의 고압측 또는 특고압측의 1선 지락전류}}[\Omega]$$

$$\therefore R = \frac{300}{\text{1선 지락 전류}} = \frac{300}{2} = 150[\Omega]$$

54 ★★★★ 【75. 94. 기사, 76. 90. 97. 산업기사, ⊕ : 05. 기사, 99. 산업기사】
변압기 고압측 전로의 1선 지락 전류가 5[A]일 때 접지 저항값의 최댓값[Ω]은? 단, 혼촉에 의한 대지 전압은 150[V]이다.

① 25 　　　　② 30 　　　　③ 35 　　　　④ 40

해설 142.5 변압기 중성점 접지

접지 저항값 $= \dfrac{150}{1선\ 지락\ 전류} = \dfrac{150}{5} = 30[\Omega]$

55 ★ 【88. 90. 05. 산업기사】
변압기의 고압측 1선 지락 전류가 60[A]라 할 때 접지 저항값은 최대 몇 [Ω]인가? 단, 2초 내에 자동적으로 고압전로를 차단하는 장치가 없다고 한다.

① 2.5 　　　　② 5 　　　　③ 7.5 　　　　④ 10

해설 142.5 변압기 중성점 접지

접지 저항값 $= \dfrac{150}{1선\ 지락\ 전류} = \dfrac{150}{60} = 2.5[\Omega]$

56 ★☆ 【83. 기사, 80. 산업기사】
220[V] 전동기의 철대를 접지하여 절연 파괴로 인한 철대와 대지 사이에 위험 접촉 전압을 25[V] 이하로 하고자 한다. 공급 변압기의 중성점 접지저항값이 10[Ω], 저압 전로의 임피던스를 무시할 경우, 전동기의 접지 저항 최댓값[Ω]은?

① 0.6
② 1.2
③ 5
④ 10

6600/220[V]

해설 142.7 기계기구의 철대 및 외함의 접지
접지 저항값을 R_g라 하면 다음 조건이 성립되어야 한다.

$$25[V] = I_g \times R_g = \frac{V}{R_T + R_3} \times R_g = \frac{220}{10 + R_g} \times R_g$$

$$220 R_g = 25(10 + R_g)$$

$$\therefore R_g = \frac{250}{195} = 1.28[\Omega]$$

57 ★★☆ 【85. 89. 기사, 91. 산업기사】
다음의 곳에서 접지 공사를 생략하여도 기술 기준에 저촉되지 않는 것은?

① 22,900/100[V] 변압기의 저압측 중성점 또는 1단자
② 6,600[V] 고압 전동기의 외함
③ 목주에 시설한 주상 변압기 외함
④ 154[kV] 전선 밑에 있는 보호망

해설 142.7 기계기구의 철대 및 외함의 접지
특고압 전선로에 접속하는 배전용 변압기나 이에 접속하는 전선에 시설하는 기계기구 또는 특고압 가공
전선로의 전로에 시설하는 기계기구를 사람이 쉽게 접촉할 우려가 없도록 **목주 기타 이와 유사한 것의 위
에 시설하는 경우**에는 접지공사를 생략할 수 있다.

★★★ 【86. 88. 97. 04. 기사】
58 저압용 기계 기구에서 전기를 공급하는 전로에 누전 차단기를 시설하면 외함의 접지를 생략할
수 있다. 이 경우의 누전 차단기의 정격이 기술 기준에 적합한 것은?

① 정격 감도 전류 15[mA] 이하, 동작 시간 0.1초 이하의 전류 동작형
② 정격 감도 전류 15[mA] 이하, 동작 시간 0.2초 이하의 전압 동작형
③ 정격 감도 전류 30[mA] 이하, 동작 시간 0.1초 이하의 전류 동작형
④ 정격 감도 전류 30[mA] 이하, 동작 시간 0.03초 이하의 전류 동작형

해설 142.7 기계기구의 철대 및 외함의 접지
전로에 시설하는 기계기구의 철대 및 금속제 외함에는 접지공사를 하여야 한다.
그러나 물기 있는 장소 이외의 장소에 시설하는 저압용의 개별 기계기구에 전기를 공급하는 전로에 **인체
감전보호용 누전차단기(정격감도전류가 30[mA] 이하, 동작시간이 0.03[초] 이하의 전류동작형에 한한다)**를 시
설하는 경우에는 **접지를 생략** 할 수 있다.

★ 【92. 기사】
59 전로에 시설하는 기계기구 중에서 외함 접지공사를 생략할 수 없는 경우는?

① 사용전압이 직류 300[V] 또는 교류 대지전압이 150[V] 이하인 기계기구를 건조한 장소
에 시설하는 경우
② 정격감도전류 40[mA], 동작시간이 0.5초인 전류 동작형의 인체감전 보호용 누전차단기
를 시설하는 경우
③ 외함이 없는 계기용변성기가 고무·합성수지 기타의 절연물로 피복한 것일 경우
④ 철대 또는 외함의 주위에 적당한 절연대를 설치하는 경우

해설 142.7 기계기구의 철대 및 외함의 접지
전로에 시설하는 기계기구의 철대 및 금속제 외함에는 접지공사를 하여야 하나 다음의 어느 하나에 해
당하는 경우에는 접지를 생략할 수 있다.
가. 사용전압이 직류 300[V] 또는 교류 대지전압이 150[V] 이하인 기계기구를 건조한 곳에 시설하는 경
우
나. 철대 또는 외함의 주위에 적당한 절연대를 설치하는 경우
다. 외함이 없는 계기용변성기가 고무·합성수지 기타의 절연물로 피복한 것일 경우
라. 2중 절연구조로 되어 있는 기계기구를 시설하는 경우
마. 저압용 기계기구에 전기를 공급하는 전로의 전원측에 절연변압기(2차 전압이 300[V] 이하이며, 정
격용량이 3[kVA] 이하인 것에 한한다)를 시설하고 또한 그 절연변압기의 부하측 전로를 접지하지
않은 경우
바. 물기 있는 장소 이외의 장소에 시설하는 저압용의 개별 기계기구에 전기를 공급하는 전로에 **인체감
전보호용 누전차단기(정격감도전류가 30[mA] 이하, 동작시간이 0.03[초] 이하의 전류동작형에 한한다)**를
시설하는 경우

유사문제

∥ 유사문제 원문 및 해설 : 동일출판사 홈페이지≫고객센터≫자료실

01. 접지 공사를 생략할 수 있는 경우에 해당되지 않는 것은?

📋 사용전압이 직류 600[V]인 기계·기구를 습기가 있는 곳에 시설하는 경우

02. 특고압과 저압을 결합하는 변압기에서 계산된 1선 지락 전류가 4[A]일 때 접지 저항의 최댓값은 몇 [Ω]인가?

📋 10[Ω]

03. 특고압과 저압을 결합한 특고압측 1선 지락 전류가 6[A]라 한다. 변압기 중성점 접지공사의 저항값은 몇 [Ω] 이하로 하여야 하는가?

📋 10[Ω]

04. 고저압 혼촉시에 저압 전로의 대지 전압이 150[V]를 넘는 경우에 2초 이내에 자동 차단 장치가 있는 고압 전로의 1선 지락 전류가 30[A]인 경우에 이에 결합된 변압기 중성점 접지저항값[Ω]은 최대 얼마 이하로 유지하여야 하는가?

📋 10[Ω]

05. 고압을 저압으로 변성하는 15[kVA] 주상 변압기의 고압측 1선 지락 전류가 10[A]로 되었을 경우에 변압기 중성점 접지공사의 저항값[Ω] 최대한도는?

📋 15[Ω]

06. 고압 전로에 연결된 변압기의 고저압 혼촉시 위험 방지 시설로 저압측에 변압기 중성점 접지공사를 할 때 접지 저항값은 고압측 1선 지락 전류값으로 150을 나눈 값 이하이어야 한다. 1선 지락 전류가 최솟값일 때 접지 저항의 최댓값[Ω]은?

📋 75[Ω]

07. 혼촉 사고 시에 2초 안에 자동 차단되는 22.9[kV] 전로에 결합된 220[V]측의 제2종 접지 저항값의 최대는 몇 [Ω]인가? 단, 특고압측 1선 지락 전류는 25[A]라 한다.

📋 12[Ω]

08. 고압 전로의 중성점을 접지할 때 접지선으로 연동선을 사용하는 경우의 공칭단면적은 최소 몇 [mm²]인가?

📋 16[mm²]

09. 인가에 인접한 22.9[kV] 주상변압기의 중성점 접지공사에 적합한 시공은? 단, 중성선 다중 접지식의 것으로서 전로에 지락이 생겼을 때 2초 이내에 자동적으로 이를 전로로부터 차단하는 장치가 되어 있다.

📋 접지극은 단면적 6[mm²] 연동선에 연결, 지하 75[cm] 이상에 매설

10. 접지도체는 지하 75[cm]로부터 지표상 2[m]까지의 부분은 어느 것을 사용하여 보호하는가?

📋 합성수지관

CHAPTER 02

저압 전기설비

202- 배전방식

202.1 교류 회로

1. 3상 4선식의 중성선 또는 PEN 도체는 충전도체는 아니지만 운전전류를 흘리는 도체이다.
2. 3상 4선식에서 파생되는 단상 2선식 배전방식의 경우 두 도체 모두가 선도체이거나 하나의 선도체와 중성선 또는 하나의 선도체와 PEN 도체이다.
3. 모든 부하가 선간에 접속된 전기설비에서는 중성선의 설치가 필요하지 않을 수 있다.

202.2 직류 회로

PEL과 PEM 도체는 충전도체는 아니지만 운전전류를 흘리는 도체이다. 2선식 배전방식이나 3선식 배전방식을 적용한다.

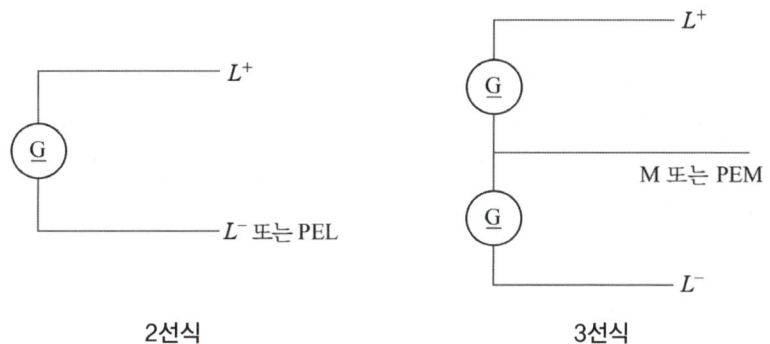

2선식   3선식

203- 계통접지의 방식

203.1 계통접지 구성

1. 저압전로의 보호도체 및 중성선의 접속 방식에 따라 접지계통은 다음과 같이 분류한다.
   가. TN 계통   나. TT 계통   다. IT 계통
2. 계통접지에서 사용되는 문자의 정의는 다음과 같다.
   가. 제1문자 – 전원계통과 대지의 관계
      T : 한 점을 대지에 직접 접속
      I : 모든 충전부를 대지와 절연시키거나 높은 임피던스를 통하여 한 점을 대지에 직접 접속

나. 제2문자 – 전기설비의 노출도전부와 대지의 관계

 T : 노출도전부를 대지로 직접 접속. 전원계통의 접지와는 무관

 N : 노출도전부를 전원계통의 접지점(교류 계통에서는 통상적으로 중성점, 중성점이 없을 경우는 선도체)에 직접 접속

다. 그 다음 문자(문자가 있을 경우) – 중성선과 보호도체의 배치

 S : 중성선 또는 접지된 선도체 외에 별도의 도체에 의해 제공되는 보호 기능

 C : 중성선과 보호 기능을 한 개의 도체로 겸용(PEN 도체)

3. 각 계통에서 나타내는 그림의 기호는 다음과 같다.

표. 기호 설명

기호 설명	
	중성선(N), 중간도체(M)
	보호도체(PE)
	중성선과 보호도체겸용(PEN)

203.2 TN 계통

전원측의 한 점을 직접접지하고 설비의 노출도전부를 보호도체로 접속시키는 방식으로 중성선 및 보호도체(PE 도체)의 배치 및 접속방식에 따라 다음과 같이 분류한다.

1. TN-S 계통은 계통 전체에 대해 별도의 중성선 또는 PE 도체를 사용한다. 배전계통에서 PE 도체를 추가로 접지할 수 있다.

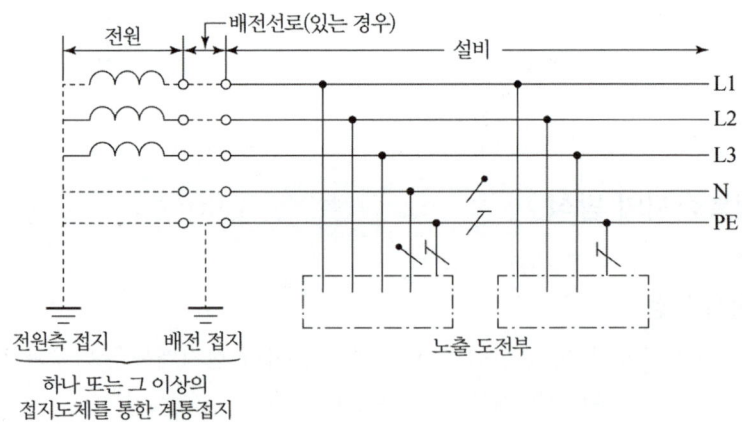

계통 내에서 별도의 중성선과 보호도체가 있는 TN-S 계통

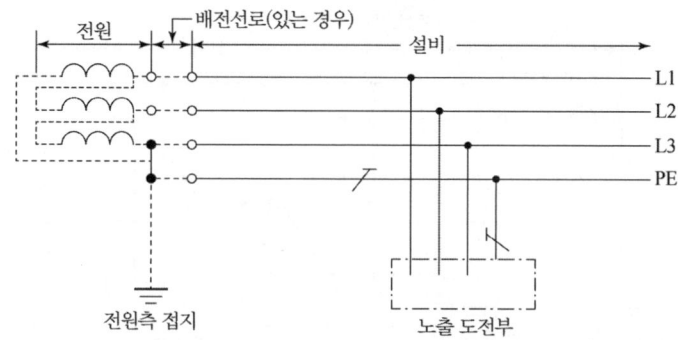

계통 내에서 별도의 접지된 선도체와 보호도체가 있는 TN-S 계통

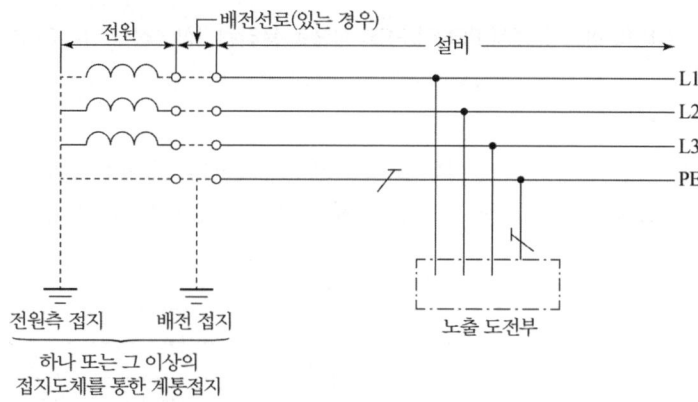

계통 내에서 접지된 보호도체는 있으나 중성선의 배선이 없는 TN-S 계통

2. TN-C 계통은 그 계통 전체에 대해 중성선과 보호도체의 기능을 동일도체로 겸용한 PEN 도체를 사용한다. 배전계통에서 PEN 도체를 추가로 접지할 수 있다.

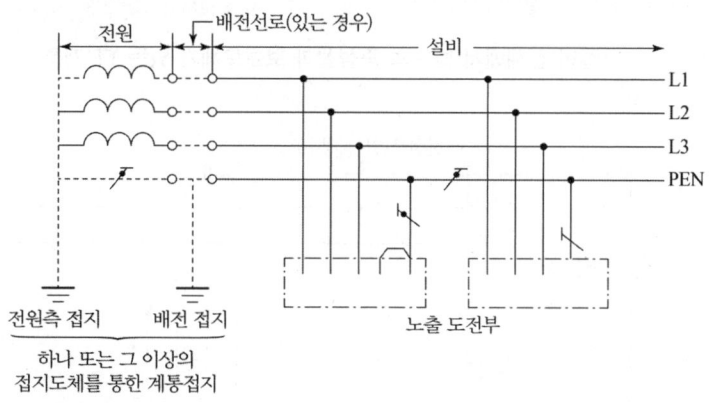

TN-C 계통

3. TN-C-S계통은 계통의 일부분에서 PEN 도체를 사용하거나, 중성선과 별도의 PE 도체를 사용하는 방식이 있다. 배전계통에서 PEN 도체와 PE 도체를 추가로 접지할 수 있다.

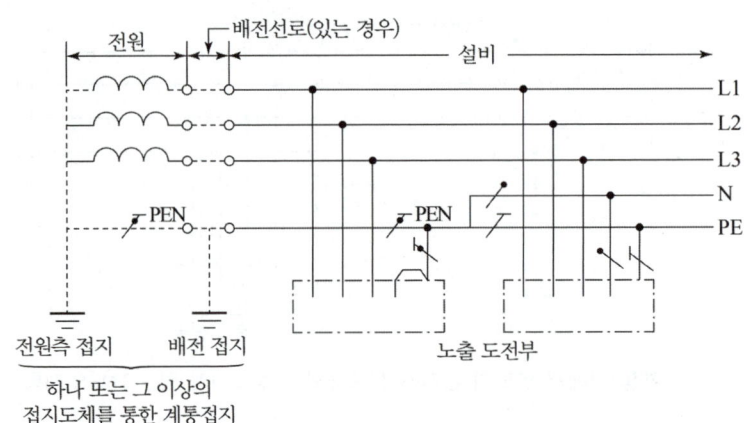

설비의 어느 곳에서 PEN이 PE와 N으로 분리된 3상 4선식 TN-C-S 계통

203.3 TT 계통

전원의 한 점을 직접 접지하고 설비의 노출도전부는 전원의 접지전극과 전기적으로 독립적인 접지극에 접속시킨다. 배전계통에서 PE 도체를 추가로 접지할 수 있다.

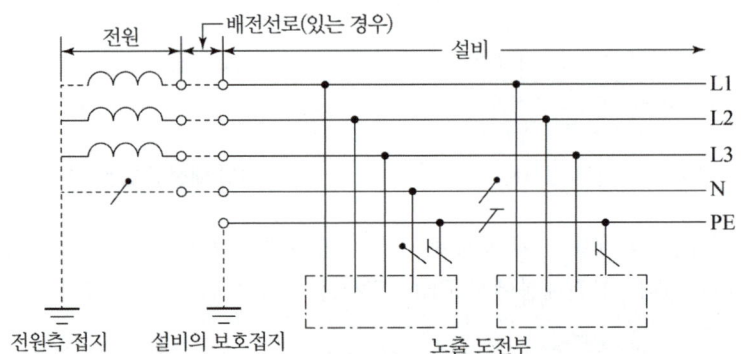

설비 전체에서 별도의 중성선과 보호도체가 있는 TT 계통

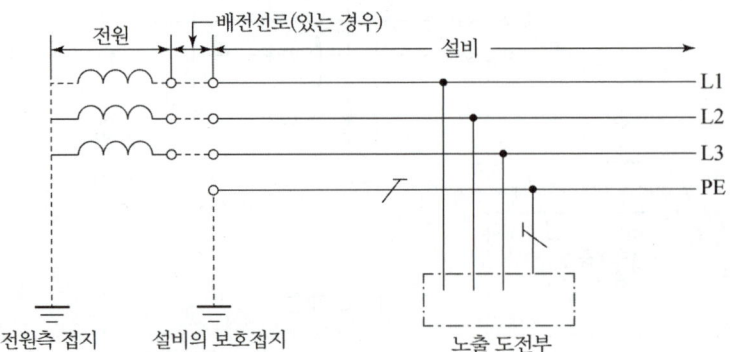

설비 전체에서 접지된 보호도체가 있으나 배전용 중성선이 없는 TT 계통

203.4 IT 계통

1. 충전부 전체를 대지로부터 절연시키거나, 한 점을 임피던스를 통해 대지에 접속시킨다. 전기설비의 노출도전부를 단독 또는 일괄적으로 계통의 PE 도체에 접속시킨다. 배전계통에서 추가접지가 가능하다.

2. 계통은 충분히 높은 임피던스를 통하여 접지할 수 있다. 이 접속은 중성점, 인위적 중성점, 선도체 등에서 할 수 있다. 중성선은 배선할 수도 있고, 배선하지 않을 수도 있다.

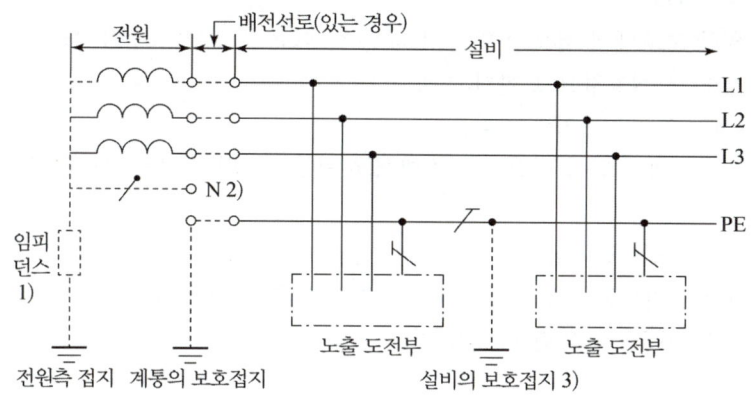

계통 내의 모든 노출도전부가 보호도체에 의해 접속되어 일괄 접지된 IT 계통

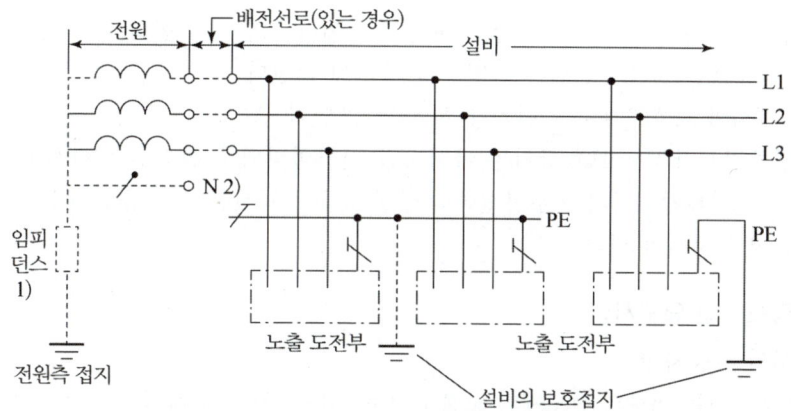

노출도전부가 조합으로 또는 개별로 접지된 IT 계통

211 — 감전에 대한 보호

211.1 보호대책 일반 요구사항

211.1.1 적용범위

인축에 대한 기본보호와 고장보호를 위한 필수 조건을 규정하고 있다.

211.1.2 일반 요구사항

1. 안전을 위한 보호에서 별도의 언급이 없는 한 다음의 전압 규정에 따른다.
   가. 교류전압은 실효값으로 한다.
   나. 직류전압은 리플프리로 한다.
2. 설비의 각 부분에서 하나 이상의 보호대책은 외부영향의 조건을 고려하여 적용하여야 한다.
   가. 전원의 자동차단
   나. 이중절연 또는 강화절연
   다. 한 개의 전기사용기기에 전기를 공급하기 위한 전기적 분리
   라. SELV와 PELV에 의한 특별저압

211.2 전원의 자동차단에 의한 보호대책

211.2.1 보호대책 일반 요구사항

1. 전원의 자동차단에 의한 보호대책
   가. 기본보호는 충전부의 기본절연 또는 격벽이나 외함에 의한다.
   나. 고장보호는 보호등전위본딩 및 자동차단에 의한다.
   다. 추가적인 보호로 누전차단기를 시설할 수 있다.
2. 누설전류감시장치는 보호장치는 아니지만 전기설비의 누설전류를 감시하는데 사용된다. 다만, 누설전류감시장치는 누설전류의 설정 값을 초과하는 경우 음향 또는 음향과 시각적인 신호를 발생시켜야 한다.

211.2.3 고장보호의 요구사항

1. 고장시의 자동차단
   가. 보호장치는 회로의 선도체와 노출도전부 또는 선도체와 기기의 보호도체 사이의 임피던스가 무시할 정도로 되는 고장의 경우 규정된 차단시간 내에서 회로의 선도체 또는 설비의 전원을 자동으로 차단하여야 한다.
   나. 표에 최대차단시간은 32[A] 이하 분기회로에 적용한다.

표. 32[A] 이하 분기회로의 최대 차단시간 　　　　[단위: 초]

계통	50[V]< U_0 ≤120[V]		120[V]< U_0 ≤230[V]		230[V]< U_0 ≤400[V]		U_0 >400[V]	
	교류	직류	교류	직류	교류	직류	교류	직류
TN	0.8	[비고1]	0.4	5	0.2	0.4	0.1	0.1
TT	0.3	[비고1]	0.2	0.4	0.07	0.2	0.04	0.1

U_0는 대지에서 공칭교류전압 또는 직류 선간전압이다.
[비고1] 차단은 감전보호 외에 다른 원인에 의해 요구될 수도 있다.

　　다. TN 계통에서 배전회로(간선)와 "나"의 경우를 제외하고는 5초 이하의 차단시간을 허용한다.
　　라. TT 계통에서 배전회로(간선)와 "나"의 경우를 제외하고는 1초 이하의 차단시간을 허용한다.

2. 추가적인 보호
　　다음에 따른 교류계통에서는 누전차단기에 의한 추가적 보호를 하여야 한다.
　　가. 일반인이 사용하는 정격전류 20[A] 이하 콘센트
　　나. 옥외에서 사용되는 정격전류 32[A] 이하 이동용 전기기기

211.2.4 누전차단기의 시설

1. 전원의 자동차단에 의한 저압전로의 보호대책으로 누전차단기를 시설해야할 대상은 다음과 같다.
　　가. 금속제 외함을 가지는 사용전압이 50[V]를 초과하는 저압의 기계 기구로서 사람이 쉽게 접촉할 우려가 있는 곳에 시설하는 것에 전기를 공급하는 전로. 다만, 다음의 어느 하나에 해당하는 경우에는 적용하지 않는다.
　　　⑴ 기계기구를 발전소·변전소·개폐소 또는 이에 준하는 곳에 시설하는 경우
　　　⑵ 기계기구를 건조한 곳에 시설하는 경우
　　　⑶ 대지전압이 150[V] 이하인 기계기구를 물기가 있는 곳 이외의 곳에 시설하는 경우
　　　⑷ 이중 절연구조의 기계기구를 시설하는 경우
　　　⑸ 그 전로의 전원측에 절연변압기(2차 전압이 300[V] 이하인 경우에 한한다.)를 시설하고 또한 그 절연 변압기의 부하측의 전로에 접지하지 아니하는 경우
　　　⑹ 기계기구가 고무·합성수지 기타 절연물로 피복된 경우
　　　⑺ 기계기구가 유도전동기의 2차측 전로에 접속되는 것일 경우
　　나. 주택의 인입구 등 다른 절에서 누전차단기 설치를 요구하는 전로
　　다. 특고압전로, 고압전로 또는 저압전로와 변압기에 의하여 결합되는 사용전압 400[V] 초과의 저압전로 또는 발전기에서 공급하는 사용전압 400[V] 초과의 저압전로(발전소 및 변전소와 이에 준하는 곳에 있는 부분의 전로를 제외한다.)
　　라. 다음의 전로에는 자동복구 기능을 갖는 누전차단기를 시설할 수 있다.
　　　⑴ 독립된 무인 통신중계소·기지국
　　　⑵ 관련법령에 의해 일반인의 출입을 금지 또는 제한하는 곳

(3) 옥외의 장소에 무인으로 운전하는 통신중계기 또는 단위기기 전용회로. 단, 일반인 이 특정한 목적을 위해 지체하는(머물러 있는) 장소로서 버스정류장, 횡단보도 등에 는 시설할 수 없다.

2. 일반인이 접촉할 우려가 있는 장소(세대 내 분전반 및 이와 유사한 장소)에는 주택용 누전차 단기를 시설하여야 하고, 주택용 누전차단기를 정방향(세로)으로 부착할 경우에는 차단기 의 위쪽이 켜짐(on)으로, 차단기의 아래쪽은 꺼짐(off)으로 시설하여야 한다.

211.2.5 TN 계통

1. 전원 공급계통의 중성점이나 중간점은 접지하여야 한다. 중성점이나 중간점을 접지할 수 없 는 경우에는 선도체 중 하나를 접지하여야 한다. 설비의 노출도전부는 보호도체로 전원공급 계통의 접지점에 접속하여야 한다.

2. 고정설비에서 보호도체와 중성선을 겸하여(PEN 도체) 사용될 수 있다. 이러한 경우에는 PEN 도체에는 어떠한 개폐장치나 단로장치가 삽입되지 않아야 한다.

3. 보호장치의 특성과 회로의 임피던스는 다음 조건을 충족하여야 한다.

$$Z_s \times I_a \leq U_0$$

Z_s : 다음과 같이 구성된 고장 루프 임피던스[Ω]
- 전원의 임피던스
- 고장점까지의 선도체 임피던스
- 고장점과 전원 사이의 보호도체 임피던스

I_a : 제시된 시간 내에 차단장치 또는 누전차단기를 자동으로 동작하게 하는 전류[A]

U_0 : 공칭대지전압[V]

4. TN 계통에서 과전류보호장치 및 누전차단기는 고장보호에 사용할 수 있다. 누전차단기를 사용하는 경우 과전류보호 겸용의 것을 사용해야 한다.

5. TN-C 계통에는 누전차단기를 사용해서는 아니 된다. TN-C-S 계통에 누전차단기를 설치 하는 경우에는 누전차단기의 부하측에는 PEN 도체를 사용할 수 없다. 이러한 경우 PE도체 는 누전차단기의 전원측에서 PEN 도체에 접속하여야 한다.

211.2.6 TT 계통

1. 전원계통의 중성점이나 중간점은 접지하여야 한다. 중성점이나 중간점을 이용할 수 없는 경 우, 선도체 중 하나를 접지하여야 한다.

2. TT 계통은 누전차단기를 사용하여 고장보호를 하여야 한다.
다만, 고장 루프임피던스가 충분히 낮을 때는 과전류보호장치에 의하여 고장보호를 할 수 있다.

3. 누전차단기를 사용하여 TT 계통의 고장보호를 하는 경우에는 다음에 적합하여야 한다.

$$R_A \times I_{\Delta n} \leq 50 \, [V]$$

R_A : 노출도전부에 접속된 보호도체와 접지극 저항의 합[Ω]

$I_{\Delta n}$: 누전차단기의 정격동작 전류[A]

4. 과전류보호장치를 사용하여 TT 계통의 고장보호를 할 때에는 다음의 조건을 충족하여야 한다.

$$Z_s \times I_a \leq U_0$$

Z_s : 다음과 같이 구성된 고장 루프 임피던스[Ω]

- 전원
- 고장점까지의 선도체
- 노출도전부의 보호도체
- 접지도체
- 설비의 접지극
- 전원의 접지극

I_a : 요구하는 차단시간 내에 차단장치가 자동 작동하는 전류[A]

U_0 : 공칭 대지전압[V]

211.2.7 IT 계통

1. 노출도전부는 개별 또는 집합적으로 접지하여야 하며, 다음 조건을 충족하여야 한다.

　가. 교류계통 : $R_A \times I_d \leq 50\,[\mathrm{V}]$

　나. 직류계통 : $R_A \times I_d \leq 120\,[\mathrm{V}]$

　　R_A : 접지극과 노출도전부에 접속된 보호도체 저항의 합[Ω]

　　I_d : 고장전류[A]

2. IT 계통은 다음과 같은 감시장치와 보호장치를 사용할 수 있으며, 1차 고장이 지속되는 동안 작동되어야 한다. 절연감시장치는 음향 및 시각신호를 갖추어야 한다.

　가. 절연감시장치　　　　　나. 누설전류감시장치

　다. 절연고장점검출장치　　라. 과전류보호장치

　마. 누전차단기

211.2.8 기능적 특별저압(FELV)

기능상의 이유로 교류 50[V], 직류 120[V] 이하인 공칭전압을 사용하지만, SELV 또는 PELV에 대한 모든 요구조건이 충족되지 않고 SELV와 PELV가 필요치 않은 경우에는 기본보호 및 고장보호의 보장을 위해 다음에 따라야 한다. 이러한 조건의 조합을 FELV라 한다.

1. 기본보호는 다음 중 어느 하나에 따른다.

　가. 전원의 1차 회로의 공칭전압에 대응하는 기본절연

　나. 격벽 또는 외함

2. FELV 계통용 플러그와 콘센트는 다음의 모든 요구사항에 부합하여야 한다.

　가. 플러그를 다른 전압 계통의 콘센트에 꽂을 수 없어야 한다.

　나. 콘센트는 다른 전압 계통의 플러그를 수용할 수 없어야 한다.

　다. 콘센트는 보호도체에 접속하여야 한다.

211.5 SELV와 PELV를 적용한 특별저압에 의한 보호

211.5.1 보호대책 일반 요구사항

1. 특별저압에 의한 보호는 다음의 특별저압 계통에 의한 보호대책이다.
   가. SELV(Safety Extra-Low Voltage) : 비접지회로 보호수단
   나. PELV(Protective Extra-Low Voltage) : 접지회로 보호수단
2. 보호대책의 요구사항
   가. 특별저압 계통의 전압한계는 교류 50[V] 이하, 직류 120[V] 이하이어야 한다.
   나. 특별저압 회로를 제외한 모든 회로로부터 특별저압 계통을 보호 분리하고, 특별저압 계통과 다른 특별저압 계통 간에는 기본절연을 하여야 한다.
   다. SELV 계통과 대지간의 기본절연을 하여야 한다.

211.5.3 SELV와 PELV용 전원

특별저압 계통에는 다음의 전원을 사용해야 한다.
1. 안전절연변압기 및 이와 동등한 절연의 전원
2. 축전지 및 디젤발전기 등과 같은 독립전원
3. 내부고장이 발생한 경우에도 출력단자의 전압이 규정된 값을 초과하지 않도록 적절한 표준에 따른 전자장치
4. 안전절연변압기, 전동발전기 등 저압으로 공급되는 이중 또는 강화절연된 이동용전원

211.5.4 SELV와 PELV 회로에 대한 요구사항

1. SELV 및 PELV 회로는 다음을 포함하여야 한다.
   가. 충전부와 다른 SELV와 PELV 회로 사이의 기본절연
   나. SELV 회로는 충전부와 대지 사이에 기본절연
   다. PELV 회로 및 PELV 회로에 의해 공급되는 기기의 노출도전부는 접지
2. SELV와 PELV 계통의 플러그와 콘센트는 다음에 따라야 한다.
   가. 플러그는 다른 전압 계통의 콘센트에 꽂을 수 없어야 한다.
   나. 콘센트는 다른 전압 계통의 플러그를 수용할 수 없어야 한다.
   다. SELV 계통에서 플러그 및 콘센트는 보호도체에 접속하지 않아야 한다.
3. 건조한 상태에서 다음의 경우는 기본보호를 하지 않아도 된다.
   가. SELV 회로에서 공칭전압이 교류 25[V] 또는 직류 60[V]를 초과하지 않는 경우
   나. PELV 회로에서 공칭전압이 교류 25[V] 또는 직류 60[V]를 초과하지 않고 노출도전부 및 충전부가 보호도체에 의해서 주접지단자에 접속된 경우
4. SELV 또는 PELV 계통의 공칭전압이 교류 12[V] 또는 직류 30[V]를 초과하지 않는 경우에는 기본보호를 하지 않아도 된다.

212- 과전류에 대한 보호

212.2 회로의 특성에 따른 요구사항

212.2.1 선도체의 보호

1. 과전류의 검출은 모든 선도체에 대하여 과전류 검출기를 설치하여 과전류가 발생할 때 전원을 안전하게 차단해야 한다. 다만, 과전류가 검출된 도체 이외의 다른 선도체는 차단하지 않아도 된다.
2. 3상 전동기 등과 같이 단상 차단이 위험을 일으킬 수 있는 경우 적절한 보호 조치를 해야 한다.

212.2.2 중성선의 보호

1. TT 계통 또는 TN 계통
   가. 중성선의 단면적이 선도체의 단면적과 동등 이상의 크기이고, 그 중성선의 전류가 선도체의 전류보다 크지 않을 것으로 예상될 경우 : 중성선에는 과전류 검출기 또는 차단장치를 설치하지 않아도 된다.
   나. 중성선의 단면적이 선도체의 단면적보다 작은 경우
   - 과전류 검출기를 설치할 필요가 있다.
   - 검출된 과전류가 설계전류를 초과하면 선도체를 차단해야 하지만, 중성선을 차단할 필요까지는 없다.
2. IT 계통
   가. 중성선을 배선하는 경우 중성선에 과전류검출기를 설치해야 한다.
   나. 과전류가 검출되면 중성선을 포함한 해당 회로의 모든 충전도체를 차단해야 한다.

212.2.3 중성선의 차단 및 재폐로

중성선을 차단 및 재폐로하는 회로의 경우에 설치하는 개폐기 및 차단기는
- 차단 시 : 중성선이 선도체보다 늦게 차단되어야 한다.
- 재폐로 시 : 선도체와 동시 또는 그 이전에 재폐로 되는 것을 설치하여야 한다.

212.3 보호장치의 종류 및 특성

212.3.1 과부하전류 및 단락전류 겸용 보호장치

과부하전류 및 단락전류 모두를 보호하는 장치는 그 보호장치 설치 점에서 예상되는 단락전류를 포함한 모든 과전류를 차단 및 투입할 수 있는 능력이 있어야 한다.

212.3.2 과부하전류 전용 보호장치

과부하전류 전용 보호장치의 차단용량은 그 설치 점에서의 예상 단락전류 값 미만으로 할 수 있다.

212.3.3 단락전류 전용 보호장치

이 보호장치는 예상 단락전류를 차단할 수 있어야 하며, 차단기인 경우에는 이 단락전류를 투입할 수 있는 능력이 있어야 한다.

212.3.4 보호장치의 특성

1. 과전류 보호장치는 KS C 또는 KS C IEC 관련 표준(배선차단기, 누전차단기, 퓨즈 등의 표준)의 동작특성에 적합하여야 한다.
2. 과전류차단기로 저압전로에 사용하는 범용의 퓨즈는 표에 적합한 것이어야 한다.

표. 퓨즈(gG)의 용단특성

정격전류의 구분	시 간	정격전류의 배수	
		불용단전류	용단전류
4[A] 이하	60분	1.5배	2.1배
4[A] 초과 16[A] 미만	60분	1.5배	1.9배
16[A] 이상 63[A] 이하	60분	1.25배	1.6배
63[A] 초과 160[A] 이하	120분	1.25배	1.6배
160[A] 초과 400[A] 이하	180분	1.25배	1.6배
400[A] 초과	240분	1.25배	1.6배

3. 과전류차단기로 저압전로에 사용하는 산업용 배선차단기는 표 1에, 주택용 배선차단기는 표 2 및 표 3에 적합한 것이어야 한다. 다만, 일반인이 접촉할 우려가 있는 장소(세대내 분전반 및 이와 유사한 장소)에는 주택용 배선차단기를 시설하여야 하고.주택용 배선차단기를 정방향(세로)으로 부착할 경우에는 차단기의 위쪽이 켜짐(on)으로, 차단기의 아래쪽은 꺼짐(off)으로 시설하여야 한다.

표 1. 과전류트립 동작시간 및 특성(산업용 배선용 차단기)

정격전류의 구분	시 간	정격전류의 배수(모든 극에 통전)	
		부동작 전류	동작 전류
63[A] 이하	60분	1.05배	1.3배
63[A] 초과	120분	1.05배	1.3배

표 2. 순시트립에 따른 구분(주택용 배선용 차단기)

형	순시트립범위
B	$3I_n$ 초과~$5I_n$ 이하
C	$5I_n$ 초과~$10I_n$ 이하
D	$10I_n$ 초과~$20I_n$ 이하

비고 1. B, C, D : 순시트립전류에 따른 차단기 분류
    2. I_n : 차단기 정격전류

표 3. 과전류트립 동작시간 및 특성(주택용 배선용 차단기)

정격전류의 구분	시 간	정격전류의 배수(모든 극에 통전)	
		부동작 전류	동작 전류
63[A] 이하	60분	1.13배	1.45배
63[A] 초과	120분	1.13배	1.45배

212.4 과부하전류에 대한 보호

212.4.1 도체와 과부하 보호장치 사이의 협조

과부하에 대해 케이블(전선)을 보호하는 장치의 동작특성은 다음의 조건을 충족해야 한다.

$$I_B \leq I_n \leq I_Z, \qquad I_2 \leq 1.45 \times I_Z$$

I_B : 회로의 설계전류(선도체를 흐르는 설계전류 또는 함유율이 높은 영상분 고조파, 특히 제3고
조파가 지속적으로 흐르는 경우 중성선에 흐르는 전류이다.)
I_Z : 케이블의 허용전류
I_n : 보호장치의 정격전류(사용현장에 적합하게 조정된 전류의 설정 값)
I_2 : 보호장치가 규약시간 이내에 유효하게 동작하는 것을 보장하는 전류

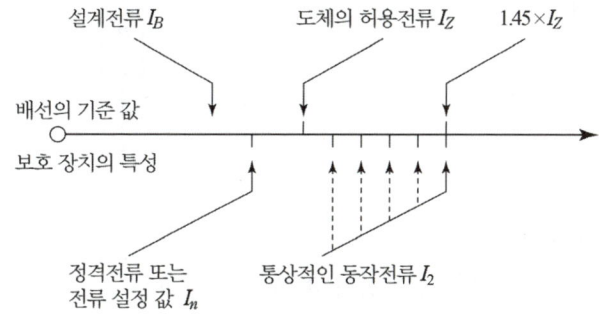

과부하 보호 설계 조건도

212.4.2 과부하 보호장치의 설치 위치

1. 설치위치
   과부하 보호장치는 분기점에 설치해야 한다.
2. 설치위치의 예외
   과부하 보호장치는 분기점(O)에 설치해야 하나, 분기점(O)점과 분기회로의 과부하 보호장
   치(P_2) 설치점 사이의 배선 부분에 다른 분기회로나 콘센트 회로가 접속되어 있지 않고, 다
   음 중 하나를 충족하는 경우에는 변경이 있는 배선에 설치할 수 있다.

가. 분기회로에 대한 단락보호가 이루어지고 있는 경우

P_2는 분기회로의 분기점(O)으로부터 부하 측으로 거리에 구애 받지 않고 이동하여 설치할 수 있다.

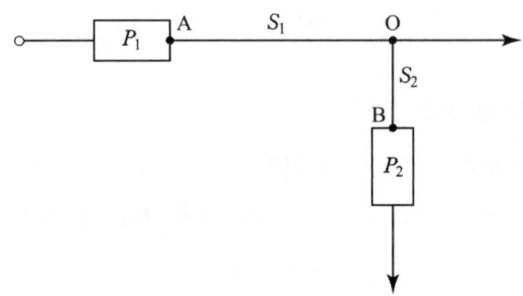

나. **단락의 위험과 화재 및 인체에 대한 위험성이 최소화 되도록 시설된 경우**

분기회로의 보호장치(P_2)는 분기회로의 분기점(O)으로부터 3[m]까지 이동하여 설치할 수 있다.

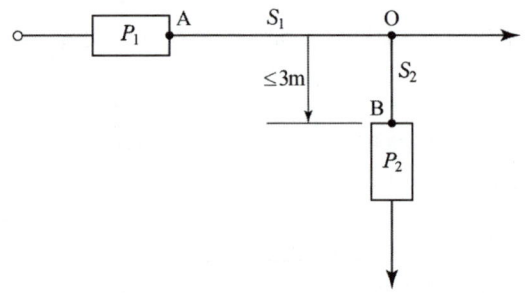

212.4.3 과부하보호장치의 생략

1. IT 계통에서 과부하 보호장치 설치위치 변경 또는 생략

   가. 이중절연 또는 강화절연에 의한 보호수단 적용

   나. 2차 고장이 발생할 때 즉시 작동하는 누전차단기로 각 회로를 보호

   다. 지속적으로 감시되는 시스템의 경우 다음 중 어느 하나의 기능을 구비한 절연 감시 장치의 사용

   　(1) 최초 고장이 발생한 경우 회로를 차단하는 기능

   　(2) 고장을 나타내는 신호를 제공하는 기능

2. 안전을 위해 과부하 보호장치를 생략할 수 있는 경우

   사용 중 예상치 못한 회로의 개방이 위험 또는 큰 손상을 초래할 수 있는 다음과 같은 부하에 전원을 공급하는 회로에 대해서는 과부하 보호장치를 생략할 수 있다.

   가. 회전기의 여자회로

   나. 전자석 크레인의 전원회로

다. 전류변성기의 2차회로

라. 소방설비의 전원회로

마. 안전설비(주거침입경보, 가스누출경보 등)의 전원회로

212.5 단락전류에 대한 보호

212.5.2 단락보호장치의 설치위치

1. 설치위치

   단락전류 보호장치는 분기점(O)에 설치해야 한다.

2. 설치위치의 예외

   가. 분기회로의 단락보호장치 설치점(B)과 분기점(O) 사이에 다른 분기회로 또는 콘센트의
      접속이 없고 단락, 화재 및 인체에 대한 위험이 최소화될 경우, 분기 회로의 단락 보호장
      치 P_2는 분기점(O)으로 부터 3[m]까지 이동하여 설치할 수 있다.

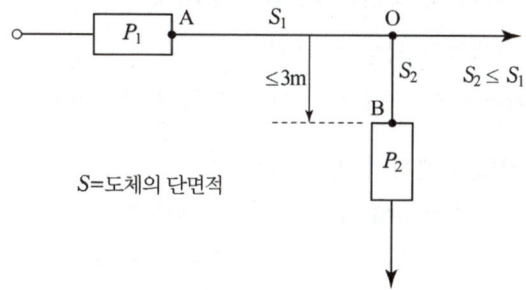

   나. 분기회로의 시작점(O)과 이 분기회로의 단락보호장치(P_2) 사이에 있는 도체가 전원측에
      설치되는 보호장치(P_1)에 의해 단락보호가 되는 경우에, P_2의 설치위치는 분기점(O)로
      부터 거리제한이 없이 설치할 수 있다.

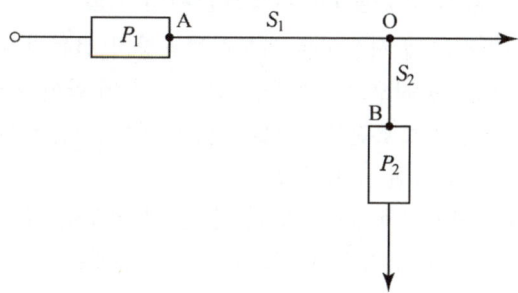

212.5.5 단락보호장치의 특성

1. 차단용량

   정격차단용량은 단락전류보호장치 설치 점에서 예상되는 최대 크기의 단락전류 보다 커야
   한다.

2. 케이블 등의 단락전류
    가. 회로의 임의의 지점에서 발생한 모든 단락전류는 케이블 및 절연도체의 허용온도를 초과하지 않는 시간 내에 차단되도록 해야 한다.
    나. 단락지속시간이 5초 이하인 경우, 통상 사용조건에서의 단락전류에 의해 절연체의 허용온도에 도달하기까지의 시간 t 는 식과 같이 계산할 수 있다.

$$t = \left(\frac{kS}{I}\right)^2$$

t : 단락전류 지속시간 [초]
S : 도체의 단면적[mm^2]
I : 유효 단락전류 [A, rms]
k : 도체 재료의 저항률, 온도계수, 열용량, 해당 초기온도와 최종온도를 고려한 계수

212.6 저압전로 중의 개폐기 및 과전류차단장치의 시설

212.6.1 저압전로 중의 개폐기의 시설
사용전압이 다른 개폐기는 상호 식별이 용이하도록 시설하여야 한다.

212.6.2 저압 옥내전로 인입구에서의 개폐기의 시설
1. 저압 옥내전로(화약류 저장소에 시설하는 것을 제외한다)에는 인입구에 가까운 곳으로서 쉽게 개폐할 수 있는 곳에 개폐기를 각 극에 시설하여야 한다.
2. 사용전압이 400[V] 이하인 옥내 전로로서 다른 옥내전로(정격전류가 16[A] 이하인 과전류차단기 또는 정격전류가 16[A]를 초과하고 20[A] 이하인 배선용 차단기로 보호되고 있는 것)에 접속하는 길이 15[m] 이하의 전로에서 전기의 공급을 받는 것은 제1의 규정에 의하지 아니할 수 있다.

212.6.3 저압전로 중의 전동기 보호용 과전류보호장치의 시설
1. 과전류차단기로 저압전로에 시설하는 과부하보호장치(전동기가 손상될 우려가 있는 과전류가 발생했을 경우에 자동적으로 이것을 차단하는 것에 한한다)와 단락보호 전용차단기 또는 과부하보호장치와 단락보호전용퓨즈를 조합한 장치는 전동기에만 연결하는 저압전로에 사용하고 다음 각각에 적합한 것이어야 한다.
    가. 과부하 보호장치, 단락보호전용 차단기 및 단락보호전용 퓨즈는 다음에 따라 시설할 것.
        (1) 과부하 보호장치로 전자접촉기를 사용할 경우에는 반드시 과부하계전기가 부착되어 있을 것.
        (2) 단락보호전용 차단기의 단락동작설정 전류 값은 전동기의 기동방식에 따른 기동돌입전류를 고려할 것.
        (3) 단락보호전용 퓨즈는 표의 용단 특성에 적합한 것일 것.

표. 단락보호전용 퓨즈(aM)의 용단특성

정격전류의 배수	불용단시간	용단시간
4배	60초 이내	–
6.3배	–	60초 이내
8배	0.5초 이내	–
10배	0.2초 이내	–
12.5배	–	0.5초 이내
19배	–	0.1초 이내

나. 과부하 보호장치와 단락보호 전용 차단기 또는 단락보호 전용 퓨즈를 하나의 전용함 속에 넣어 시설한 것일 것.

다. 과부하 보호장치가 단락전류에 의하여 손상되기 전에 그 단락전류를 차단하는 능력을 가진 단락보호 전용 차단기 또는 단락보호 전용 퓨즈를 시설한 것일 것.

라. 과부하 보호장치와 단락보호 전용 퓨즈를 조합한 장치는 단락보호 전용 퓨즈의 정격전류가 과부하 보호장치의 설정 전류(setting current) 값 이하가 되도록 시설한 것일 것.

2. 옥내에 시설하는 전동기에는 전동기가 손상될 우려가 있는 과전류가 생겼을 때에 자동적으로 이를 저지하거나 이를 경보하는 장치를 하여야 한다. 다만, 다음의 어느 하나에 해당하는 경우에는 그러하지 아니하다.

가. 전동기를 운전 중 상시 취급자가 감시할 수 있는 위치에 시설하는 경우

나. 전동기의 구조나 부하의 성질로 보아 전동기가 손상될 수 있는 과전류가 생길 우려가 없는 경우

다. 단상전동기로써 그 전원측 전로에 시설하는 과전류 차단기의 정격전류가 16[A](배선차단기는 20[A]) 이하인 경우

라. 정격 출력이 0.2[kW] 이하인 것

221- 구내 · 옥측 · 옥상 · 옥내전선로의 시설

221.1 구내인입선

221.1.1 저압 인입선의 시설

1. 저압 가공인입선은 다음에 따라 시설하여야 한다.

가. 전선은 절연전선 또는 케이블일 것.

나. 전선이 절연전선인 경우

(1) 경간이 15[m] 초과 : 인장강도 2.30[kN] 이상의 것 또는 지름 2.6 [mm] 이상의 인입용 비닐절연전선일 것.

(2) 경간이 15[m] 이하 : 인장강도 1.25[kN] 이상의 것 또는 지름 2[mm] 이상의 인입용 비닐절연전선일 것.

다. 전선이 옥외용 비닐 절연 전선인 경우에는 사람이 접촉할 우려가 없도록 시설할 것.

라. 전선이 케이블인 경우에 길이가 1[m] 이하인 경우에는 조가 하지 않아도 된다.

마. 전선의 높이는 다음에 의할 것.

 (1) 도로(차도와 보도의 구별이 있는 도로인 경우에는 차도)를 횡단하는 경우 : **노면상 5[m]**(기술상 부득이한 경우에 교통에 지장이 없을 때에는 3[m]) 이상

 (2) 철도 또는 궤도를 횡단하는 경우 : 레일면상 6.5[m] 이상

 (3) 횡단보도교의 위에 시설하는 경우 : 노면상 3[m] 이상

 (4) (1)에서 (3)까지 이외의 경우 : 지표상 4[m] 이상

 (기술상 부득이한 경우에 교통에 지장이 없을 때에는 2.5[m] 이상)

2. 저압 가공인입선과 다른 시설물 사이의 이격거리는 표에서 정한 값 이상이어야 한다.

표. 저압 가공인입선 조영물의 구분에 따른 이격거리

시설물의 구분		이격거리
조영물의 상부 조영재	위 쪽	2[m] (전선이 옥외용 비닐절연전선 이외의 저압 절연전선인 경우는 1.0[m], 고압절연전선, 특고압 절연전선 또는 케이블인 경우는 0.5[m])
	옆 쪽 또는 아래 쪽	0.3[m] (전선이 고압절연전선, 특고압 절연전선 또는 케이블인 경우는 0.15[m])
조영물의 상부 조영재 이외의 부분 또는 조영물 이외의 시설물		0.3[m] (전선이 고압절연전선, 특고압 절연전선 또는 케이블인 경우는 0.15[m])

221.1.2 연접 인입선의 시설

저압 연접인입선은 다음에 따라 시설하여야 한다.

1. 전선은 절연전선 또는 케이블일 것.

2. 전선이 절연전선인 경우

 가. 경간이 15[m] 초과 : 인장강도 2.30[kN] 이상의 것 또는 지름 2.6[mm] 이상의 인입용 비닐절연전선일 것.

 나. 경간이 15[m] 이하 : 인장강도 1.25[kN] 이상의 것 또는 지름 2[mm] 이상의 인입용 비닐절연전선일 것.

3. 인입선에서 분기하는 점으로부터 100[m]를 초과하는 지역에 미치지 아니할 것.

4. **폭 5[m]를 초과하는 도로를 횡단하지 아니할 것.**

5. 옥내를 통과하지 아니할 것.

221.2 옥측전선로

1. 저압 옥측전선로는 다음에 따라 시설하여야 한다.

 가. 저압 옥측전선로는 다음의 공사방법에 의할 것.

  (1) 애자공사(전개된 장소에 한한다.)

  (2) 합성수지관공사

  (3) 금속관공사(목조 이외의 조영물에 시설하는 경우에 한한다.)

⑷ 버스덕트공사[목조 이외의 조영물(점검할 수 없는 은폐된 장소는 제외한다)에 시설하는 경우에 한한다.]

⑸ 케이블공사(연피 케이블·알루미늄피 케이블 또는 무기물 절연 케이블을 사용하는 경우에는 목조 이외의 조영물에 시설하는 경우에 한한다.)

나. 애자공사에 의한 저압 옥측전선로는 다음에 의하고 또한 사람이 쉽게 접촉될 우려가 없도록 시설할 것.

⑴ 전선은 공칭단면적 4[mm²] 이상의 연동 절연전선(옥외용 비닐절연전선 및 인입용 절연전선은 제외한다)일 것.

⑵ 전선 상호 간의 간격 및 전선과 그 저압 옥측전선로를 시설하는 조영재 사이의 이격거리는 표에서 정한 값 이상일 것.

표. 시설장소별 조영재 사이의 이격거리

시설장소	전선 상호간의 간격		전선과 조영재사이의 이격거리	
	사용전압이 400[V] 이하	사용전압이 400[V] 초과	사용전압이 400[V] 이하	사용전압이 400[V] 초과
비나 이슬에 젖지 않는 장소	0.06[m]	0.06[m]	0.025[m]	0.025[m]
비나 이슬에 젖는 장소	0.06[m]	0.12[m]	0.025[m]	0.045[m]

⑶ 전선의 지지점 간의 거리는 2[m] 이하일 것.

⑷ 애자는 절연성·난연성 및 내수성이 있는 것일 것.

2. 애자공사에 의한 저압 옥측전선로의 전선이 다른 시설물의 위나 아래에 시설되는 경우에 저압 옥측전선로의 전선과 다른 시설물 사이의 이격거리는 표에서 정한 값 이상이어야 한다.

시설물의 구분		이격거리
조영물의 상부 조영재	위 쪽	2[m] (전선이 고압절연전선, 특고압 절연전선 또는 케이블인 경우는 1[m])
	옆 쪽 또는 아래 쪽	0.6[m] (전선이 고압절연전선, 특고압 절연전선 또는 케이블인 경우는 0.3[m])
조영물의 상부 조영재 이외의 부분 또는 조영물 이외의 시설물		0.6[m] (전선이 고압절연전선, 특고압 절연전선 또는 케이블인 경우는 0.3[m])

3. 애자공사에 의한 저압 옥측전선로의 전선과 식물 사이의 이격거리는 0.2[m] 이상이어야 한다. 다만, 저압 옥측전선로의 전선이 고압 절연전선 또는 특고압 절연전선인 경우에 그 전선을 식물에 접촉하지 않도록 시설하는 경우에는 적용하지 아니한다.

221.3 옥상전선로

1. 저압 옥상전선로는 전개된 장소에 다음에 따르고 또한 위험의 우려가 없도록 시설하여야 한다.

가. 전선은 인장강도 2.30[kN] 이상의 것 또는 지름 2.6[mm] 이상의 경동선을 사용할 것.

나. 전선은 절연전선(OW전선을 포함한다.) 또는 이와 동등 이상의 절연효력이 있는 것을 사용할 것.

다. 전선은 절연성·난연성 및 내수성이 있는 애자를 사용하여 지지하고 또한 그 **지지점 간의 거리는 15[m] 이하**일 것.

라. 전선과 그 저압 옥상 전선로를 시설하는 조영재와의 이격거리는 2[m](전선이 고압절연전선, 특고압 절연전선 또는 케이블인 경우에는 1[m]) 이상일 것.

2. 저압 옥상전선로의 전선은 상시 부는 바람 등에 의하여 식물에 접촉하지 아니하도록 시설하여야 한다.

222- 저압 가공전선로

222.5 저압 가공전선의 굵기 및 종류

1. 저압 가공전선은 나전선(중성선 또는 다중접지된 접지측 전선으로 사용하는 전선에 한한다), 절연전선, 다심형 전선 또는 케이블을 사용하여야 한다.

2. 전선의 굵기

전 압	조 건	전선의 굵기 및 인장강도
400[V] 이하	절연전선	인장강도 2.3[kN] 이상의 것 또는 **지름 2.6[mm] 이상**
	절연전선 이외	인장강도 3.43[kN] 이상의 것 또는 지름 3.2[mm] 이상
400[V] 초과 저압 또는 고압	시가지에 시설	인장강도 8.01[kN]이상의 것 또는 **지름 5[mm] 이상**
	시가지 외에 시설	인장강도 5.26[kN]이상의 것 또는 **지름 4[mm] 이상**

3. 사용전압이 400[V] 초과인 저압 가공전선에는 인입용 비닐절연전선을 사용하여서는 안 된다.

222.10 저압 보안공사

저압 보안공사는 다음에 따라야 한다.

1. 전선은 케이블인 경우 이외에는

가. 저압 : 인장강도 8.01[kN] 이상의 것 또는 지름 5[mm] 이상의 경동선

나. 사용전압이 **400[V] 이하** : 인장강도 5.26[kN] 이상의 것 또는 지름 4[mm] 이상의 경동선이어야 한다.

2. **목주**는 다음에 의할 것.

가. **풍압하중에 대한 안전율은 1.5 이상**일 것.

나. **말구의 지름 0.12[m] 이상**일 것.

3. 경간은 표에서 정한 값 이하일 것.

지지물의 종류	경 간
목주·A종 철주 또는 A종 철근 콘크리트주	100[m]
B종 철주 또는 B종 철근 콘크리트주	150[m]
철탑	400[m]

222.16 저압 가공전선 상호 간의 접근 또는 교차

구분	저압 가공전선	
	일 반	고압·특고압 절연전선 또는 케이블
저압가공전선	0.6[m]	0.3[m]
저압가공전선로의 지지물	0.3[m]	

222.18 저압 가공전선과 다른 시설물의 접근 또는 교차

저압 가공전선과 다른 시설물 사이의 이격거리는 표에서 정한 값 이상이어야 한다.

다른 시설물의 구분		이격거리
조영물의 상부 조영재	위 쪽	2[m] (전선이 고압 절연전선, 특고압 절연전선 또는 케이블인 경우는 1.0[m])
	옆 쪽 또는 아래 쪽	0.6[m] (전선이 고압 절연전선, 특고압 절연전선 또는 케이블인 경우는 0.3[m])
조영물의 상부 조영재 이외의 부분 또는 조영물 이외의 시설물		0.6[m] (전선이 고압 절연전선, 특고압 절연전선 또는 케이블인 경우는 0.3[m])

222.19 저압 가공전선과 식물의 이격거리

저압 가공전선은 상시 부는 바람 등에 의하여 식물에 접촉하지 않도록 시설하여야 한다.

222.22 농사용 저압 가공전선로의 시설

농사용 전등·전동기 등에 공급하는 저압 가공전선로의 시설기준
1. 사용전압은 저압일 것.
2. 저압 가공전선은 인장강도 1.38[kN] 이상의 것 또는 지름 2[mm] 이상의 경동선일 것.
3. 저압 가공전선의 지표상의 높이는 3.5[m] 이상일 것. 다만, 저압 가공전선을 사람이 쉽게 출입하지 못하는 곳에 시설하는 경우에는 3[m]까지로 감할 수 있다.
4. 목주의 굵기는 말구 지름이 0.09[m] 이상일 것.
5. 전선로의 **지지점 간 거리는 30[m] 이하**일 것.

222.23 구내에 시설하는 저압 가공전선로

1. 전선은 지름 2[mm] 이상의 경동선의 절연전선 또는 이와 동등 이상의 세기 및 굵기의 절연 전선일 것. 다만, 경간이 10[m] 이하인 경우에 한하여 공칭단면적 4[mm²] 이상의 연동 절연전선을 사용할 수 있다.
2. 전선로의 **경간은 30[m] 이하**일 것
3. 전선과 다른 시설물과의 이격거리는 표에서 정한 값 이상일 것.

다른 시설물의 구분	접근형태	이격거리
조영물의 상부 조영재	위쪽	1[m]
	옆쪽 또는 아래쪽	0.6[m] (전선이 고압 절연전선 또는 케이블인 경우에는 0.3[m])
조영물의 상부 조영재 이외의 부분 또는 조영물 이외의 시설물		0.6[m] (전선이 고압 절연전선 또는 케이블인 경우에는 0.3[m])

   4. 1구내에만 시설하는 사용전압이 400[V] 이하인 저압 가공전선로의 높이

     가. 도로(폭이 5[m] 이하)를 횡단하는 경우 : 4[m] 이상이고 교통에 지장이 없는 높이일 것

     나. 도로를 횡단하지 않는 경우 : 3[m] 이상의 높이일 것

222.24 저압 직류 가공전선로

사용전압 1.5[kV] 이하인 직류 가공전선로는 다음과 같이 시설하여야 한다.

   1. 전로의 전선 상호간 및 전로와 대지 사이의 절연저항은 표에서 정한 값 이상이어야 한다.

전로의 사용전압[V]	DC 시험전압[V]	절연저항[MΩ]
SELV 및 PELV	250	0.5
FELV, 500[V] 이하	500	1.0
500[V] 초과	1,000	1.0

   2. 전로에 지락이 생겼을 때에는 자동으로 전선로를 차단하는 장치를 시설하여야 하며IT 계통인 경우에는 다음 각 호에 따라 시설하여야 한다.

     가. 전로의 절연상태를 지속적으로 감시할 수 있는 장치를 설치하고 지락 발생 시 전로를 차단하거나 고장이 제거되기 전까지 관리자가 확인할 수 있는 음향 또는 시각적인 신호를 지속적으로 보낼 수 있도록 시설하여야 한다.

     나. 한 극의 지락고장이 제거되지 않은 상태에서 다른 상의 전로에 지락이 발생했을 때에는 전로를 자동적으로 차단하는 장치를 시설하여야 한다.

   3. 전로에는 과전류차단기를 설치하여야 하고 이를 시설하는 곳을 통과하는 단락전류를 차단하는 능력을 가지는 것이어야 한다.

   4. 낙뢰 등의 서지로부터 전로 및 기기를 보호하기 위해 서지보호장치를 설치하여야 한다.

   5. 기기 외함은 충전부에 일반인이 쉽게 접촉하지 못하도록 공구 또는 열쇠에 의해서만 개방할 수 있도록 설치하고, 옥외에 시설하는 기기 외함은 충분한 방수 보호등급(IPX4 이상)을 갖는 것이어야 한다.

   6. 교류 전로와 동일한 지지물에 시설되는 경우 직류 전로를 구분하기 위한 표시를 하고, 모든 전로의 종단 및 접속점에서 극성을 식별하기 위한 표시(양극 – 적색, 음극 – 백색, 중점선/중성선 – 청색)를 하여야 한다.

231- 배선 및 조명설비 등

231.3 저압 옥내배선의 사용전선 및 중성선의 굵기

231.3.1 저압 옥내배선의 사용전선

   1. 저압 옥내배선의 전선 : **단면적 2.5[mm²] 이상의 연동선**

   2. 옥내배선의 사용 전압이 400[V] 이하인 경우는 다음에 의하여 시설할 수 있다.

     가. 전광표시 장치 또는 제어 회로

- 단면적 1.5[mm^2] 이상의 연동선
- 단면적 0.75[mm^2] 이상인 다심케이블 또는 다심 캡타이어 케이블을 사용하고 또한 과전류가 생겼을 때에 자동적으로 전로에서 차단하는 장치를 시설
나. 진열장 또는 이와 유사한 것의 내부 배선 : 단면적 0.75[mm^2] 이상인 코드 또는 캡타이어케이블
다. 엘리베이터·덤웨이터 등의 승강로 안의 저압 옥내배선 : 리프트 케이블

231.3.2 중성선의 단면적

1. 다음의 경우는 중성선의 단면적은 최소한 선도체의 단면적 이상이어야 한다.
가. 2선식 단상회로
나. 선도체의 단면적이 구리선 16[mm^2], 알루미늄선 25[mm^2] 이하인 다상 회로
다. 제3고조파 및 제3고조파의 홀수배수의 고조파 전류가 흐를 가능성이 높고 전류 종합고조파왜형률이 15~33[%]인 3상회로
2. 제3고조파 및 제3고조파 홀수배수의 전류 종합고조파왜형률이 33[%]를 초과하는 경우 아래와 같이 중성선의 단면적을 증가시켜야 한다.
가. 다심케이블의 경우 선도체의 단면적은 중성선의 단면적과 같아야 하며, 이 단면적은 선도체의 1.45×I_B(회로 설계전류)를 흘릴 수 있는 중성선을 선정한다.
나. 단심케이블은 선도체의 단면적이 중성선 단면적보다 작을 수도 있다. 계산은 다음과 같다.
    ⑴ 선 : I_B(회로 설계전류)
    ⑵ 중성선 : 선도체의 1.45I_B와 동등 이상의 전류

231.4 나전선의 사용 제한

옥내에 시설하는 저압전선에는 나전선을 사용하여서는 아니 된다. 다만, 다음 중 어느 하나에 해당하는 경우에는 그러하지 아니하다.
1. 애자공사에 의하여 전개된 곳에 다음의 전선을 시설하는 경우
가. 전기로용 전선
나. 전선의 피복 절연물이 부식하는 장소에 시설하는 전선
다. 취급자 이외의 자가 출입할 수 없도록 설비한 장소에 시설하는 전선
2. 버스덕트공사에 의하여 시설하는 경우
3. 라이팅덕트공사에 의하여 시설하는 경우
4. 접촉 전선을 시설하는 경우

231.5 고주파 전류에 의한 장해의 방지

전기기계기구가 무선설비의 기능에 계속적이고 또한 중대한 장해를 주는 고주파 전류를 발생시킬 우려가 있는 경우에는 이를 방지하기 위하여 다음 각 호에 따라 시설하여야 한다.
1. 형광 방전등에는 적당한 곳에 정전용량이 0.006[μF] 이상 0.5[μF] 이하(예열시동식의 것으로 글로우램프에 병렬로 접속할 경우에는 0.006[μF] 이상 0.01[μF] 이하)인 커패시터를

　시설할 것.
2. 사용전압이 저압이고 정격 출력이 1[kW] 이하인 전기드릴용의 소형 교류직권전동기에는
　가. 단자 상호 간 : 정전용량이 0.1[μF] 무유도형 커패시터
　나. 각 단자와 대지와의 사이 : 정전용량이 0.003[μF]인 충분한 측로효과가 있는 관통형 커
　　패시터를 시설할 것.

231.6 옥내전로의 대지 전압의 제한

1. 백열전등 또는 방전등에 전기를 공급하는 **옥내의 전로의 대지전압은 300[V] 이하**여야 하며
다음에 따라 시설하여야 한다.
다만, 대지전압 150[V] 이하의 전로인 경우에는 다음에 따르지 않을 수 있다.
　가. 백열전등 또는 방전등 및 이에 부속하는 전선은 사람이 접촉할 우려가 없도록 시설하여
　　야 한다.
　나. 백열전등(기계 장치에 부속하는 것을 제외한다) 또는 방전등용 안정기는 저압의 옥내배
　　선과 직접 접속하여 시설하여야 한다.
　다. 백열전등의 전구소켓은 키나 그 밖의 점멸기구가 없는 것이어야 한다.
2. 주택의 옥내전로(전기기계기구내의 전로를 제외한다)의 대지전압은 300[V] 이하이어야 하
며 다음 각 호에 따라 시설하여야 한다. 다만, 대지전압 150[V] 이하의 전로인 경우에는 다음
에 따르지 않을 수 있다.
　가. 사용전압은 400[V] 이하여야 한다.
　나. 주택의 전로 인입구에는 감전보호용 누전차단기를 시설하여야 한다. 다만, 전로의 전원
　　측에 정격용량이 3[kVA] 이하인 절연변압기(1차 전압이 저압이고 2차 전압이 300[V]
　　이하인 것에 한한다)를 사람이 쉽게 접촉할 우려가 없도록 시설하고 또한 그 절연변압기
　　의 부하측 전로를 접지하지 않는 경우에는 예외로 한다.
　다. **백열전등의 전구소켓은 키나 그 밖의 점멸기구가 없는 것**이어야 한다.
　라. 정격 소비 전력 3[kW] 이상의 전기기계기구에 전기를 공급하기 위한 전로에는 전용의
　　개폐기 및 과전류 차단기를 시설하고 그 전로의 옥내배선과 직접 접속하거나 적정 용량
　　의 전용콘센트를 시설하여야 한다.

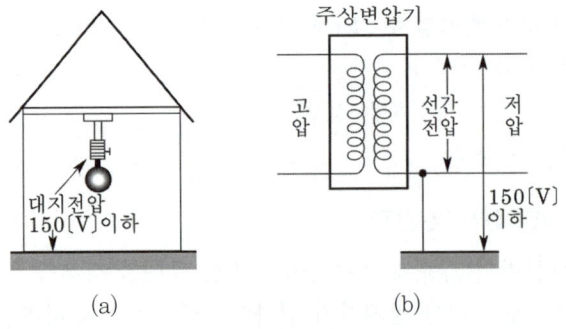

옥내 전로의 대지 전압 제한

마. 주택의 옥내를 통과하여 그 주택 이외의 장소에 전기를 공급하기 위한 옥내배선은 사람
　이 접촉할 우려가 없는 은폐된 장소에 합성수지관 공사, 금속관 공사 또는 케이블 공사
　에 의하여 시설하여야 한다.

232- 배선설비

232.3 배선설비 적용 시 고려사항

232.3.1 회로 구성

1. 하나의 회로도체는 다른 다심케이블, 다른 전선관, 다른 케이블덕팅시스템 또는 다른 케이
　블트렁킹 시스템을 통해 배선해서는 안 된다. 또한 다심케이블을 병렬로 포설하는 경우 각
　케이블은 각상의 1가닥의 도체와 중성선이 있다면 중성선도 포함하여야 한다.
2. 여러 개의 주회로에 공통 중성선을 사용하는 것은 허용되지 않는다. 다만, 단상 교류 최종
　회로는 하나의 선 도체와 한 다상 교류회로의 중성선으로부터 형성될 수도 있다. 이 다상회
　로는 모든 선도체를 단로하도록 단로장치에 의해 설치하여야 한다.

232.3.3 전기적 접속

1. 도체상호간, 도체와 다른 기기와의 접속은 내구성이 있는 전기적 연속성이 있어야 하며, 적
　절한 기계적 강도와 보호를 갖추어야 한다.
2. 접속 방법은 다음 사항을 고려하여 선정한다.
　가. 도체와 절연재료
　나. 도체를 구성하는 소선의 가닥수와 형상
　다. 도체의 단면적
　라. 함께 접속되는 도체의 수

232.3.4 교류회로-전기자기적 영향(맴돌이 전류 방지)

1. 강자성체(강제금속관 또는 강제덕트 등) 안에 설치하는 교류회로의 도체는 보호도체를 포함
　하여 각 회로의 모든 도체를 동일한 외함에 수납하도록 시설하여야 한다.
2. 강선외장 또는 강대외장 단심 케이블은 교류 회로에 사용해서는 안 된다. 이러한 경우 알루
　미늄 외장을 권장한다.

232.3.7 배선설비와 다른 공급설비와의 접근

1. 애자사용 공사에 의하여 시설하는 저압 옥내배선과 다른 저압 옥내배선, 약전류 전선, 수관
　·가스관 또는 관등회로의 배선 사이의 이격거리
　가. 절연전선 : 0.1[m] 이상
　나. 나전선 : 0.3[m] 이상
2. 지중 통신케이블과 지중 전력케이블이 교차하거나 접근하는 경우 이격거리 : 0.1[m] 이상

3. 저압 지중전선이 지중약전류 전선 등과 접근하거나 교차하는 경우에 상호 간의 이격거리가 0.3[m] 이하인 때에는 견고한 내화성의 격벽을 설치하여야 한다.

4. 가스계량기 및 가스관의 이음부(용접이음매를 제외)와 전력량계 및 개폐기의 이격거리 : 0.6[m] 이상

5. 가스계량기와 점멸기 및 접속기의 이격거리는 0.3[m] 이상

6. 가스관의 이음부와 점멸기 및 접속기의 이격거리는 0.15[m] 이상

232.3.9 수용가 설비에서의 전압 강하

1. 수용가 설비의 인입구로부터 기기까지의 전압강하는 표의 값 이하이어야 한다.

설비의 유형	조명 [%]	기타 [%]
A – 저압으로 수전하는 경우	3	5
B – 고압 이상으로 수전하는 경우[a]	6	8

a 가능한 한 최종회로 내의 전압강하가 A 유형의 값을 넘지 않도록 하는 것이 바람직하다. 사용자의 배선설비가 100[m]를 넘는 부분의 전압강하는 미터 당 0.005[%] 증가할 수 있으나 이러한 증가분은 0.5[%]를 넘지 않아야 한다.

2. 다음의 경우에는 표 보다 더 큰 전압강하를 허용할 수 있다.

가. 기동 시간 중의 전동기

나. 돌입전류가 큰 기타 기기

232.10 전선관시스템

232.11 합성수지관공사

232.11.1 시설조건

1. 전선은 절연전선(옥외용 비닐 절연전선을 제외한다)일 것.

2. 전선은 연선일 것. 다만, 다음의 것은 적용하지 않는다.

가. 짧고 가는 합성수지관에 넣은 것.

나. 단면적 10[mm²](알루미늄선은 단면적 16[mm²]) 이하의 것.

3. 전선은 합성수지관 안에서 접속점이 없도록 할 것.

4. 중량물의 압력 또는 현저한 기계적 충격을 받을 우려가 없도록 시설할 것.

5. 이중천장(반자 속 포함)내에는 시설할 수 없다.

232.11.2 합성수지관 및 부속품의 시설

1. 관 상호 간 및 박스와는 관을 삽입하는 깊이를 관의 바깥지름의 1.2배(접착제를 사용하는 경우에는 0.8배) 이상으로 하고 또한 꽂음 접속에 의하여 견고하게 접속할 것.

2. 관의 지지점 간의 거리는 1.5[m] 이하로 하고, 또한 그 지지점은 관의 끝·관과 박스의 접속점 및 관 상호 간의 접속점 등에 가까운 곳에 시설할 것.

3. 습기가 많은 장소 또는 물기가 있는 장소에 시설하는 경우에는 방습 장치를 할 것.

4. 콤바인 덕트관은 직접 콘크리트에 매입(埋入)하여 시설하거나 옥내 전개된 장소에 시설하는 경우 이외에는 불연성 마감재 내부, 전용의 불연성 관 또는 덕트에 넣어 시설할 것.

232.12 금속관공사

232.12.1 시설조건

1. 전선은 절연전선(옥외용 비닐절연전선을 제외한다)일 것.
2. 전선은 연선일 것. 다만, 다음의 것은 적용하지 않는다.
   가. 짧고 가는 금속관에 넣은 것.
   나. 단면적 10[mm²](알루미늄선은 단면적 16[mm²]) 이하의 것.
3. 전선은 금속관 안에서 접속점이 없도록 할 것.

232.12.2 금속관 및 부속품의 선정

1. 금속관의 방폭형 부속품
   가. 재료는 건식아연도금법에 의하여 아연도금을 한 위에 투명한 도료를 칠하거나 기타 적당한 방법으로 녹이 스는 것을 방지하도록 한 강 또는 가단주철일 것.
   나. 안쪽 면 및 끝부분은 전선을 넣거나 바꿀 때에 전선의 피복을 손상하지 아니하도록 매끈한 것일 것.
   다. 전선관과의 접속부분의 나사는 5턱 이상 완전히 나사결합이 될 수 있는 길이일 것.
2. 관의 두께는 다음에 의할 것.
   가. 콘크리트에 매설하는 것 : 1.2[mm] 이상
   나. 콘크리트 매설 이외의 것 : 1[mm] 이상
   다만, 이음매가 없는 길이 4[m] 이하인 것을 건조하고 전개된 곳에 시설하는 경우에는 0.5[mm]까지로 감할 수 있다.
3. 관의 끝부분 및 안쪽 면은 전선의 피복을 손상하지 아니하도록 매끈한 것일 것.

232.12.3 금속관 및 부속품의 시설

1. 관의 끝 부분에는 전선의 피복을 손상하지 아니하도록 적당한 구조의 부싱을 사용할 것. 다만, 금속관공사로부터 애자공사로 옮기는 경우에는 그 부분의 관의 끝부분에는 절연부싱 또는 이와 유사한 것을 사용하여야 한다.
2. 습기가 많은 장소 또는 물기가 있는 장소에 시설하는 경우에는 방습 장치를 할 것.
3. 관에는 접지공사를 할 것. 다만, 사용전압이 400[V] 이하로서 다음 중 하나에 해당하는 경우에는 그러하지 아니하다.
   가. 관의 길이가 4[m] 이하인 것을 건조한 장소에 시설하는 경우
   나. 옥내배선의 사용전압이 직류 300[V] 또는 교류 대지 전압 150[V] 이하로서 그 전선을 넣는 관의 길이가 8[m] 이하인 것을 사람이 쉽게 접촉할 우려가 없도록 시설하는 경우 또는 건조한 장소에 시설하는 경우

232.13 금속제 가요전선관공사

232.13.1 시설조건

1. 전선은 절연전선(옥외용 비닐 절연전선을 제외한다)일 것.

2. 전선은 연선일 것. 다만, **단면적 10[mm²](알루미늄선은 단면적 16[mm²]) 이하인 것은 그러하지 아니하다.**

3. 가요전선관 안에는 전선에 접속점이 없도록 할 것.

4. 가요전선관은 **2종 금속제 가요전선관일 것**. 다만, 전개된 장소이거나 점검할 수 있는 은폐된 장소 또는 점검 불가능한 은폐장소에 기계적 충격을 받을 우려가 없는 조건일 경우에는 1종 가요전선관(습기가 많은 장소 또는 물기가 있는 장소에는 비닐 피복 1종 가요전선관에 한한다)을 사용할 수 있다.

5. 가요전선관공사는 규정에 준하여 접지공사를 할 것.

232.13.2 금속제 가요전선관 및 부속품의 시설

1. 2종 금속제 가요전선관을 사용하는 경우에 습기 많은 장소 또는 물기가 있는 장소에 시설하는 때에는 비닐 피복 2종 가요전선관일 것.

2. 1종 금속제 가요전선관에는 단면적 2.5[mm²] 이상의 나연동선을 전체 길이에 걸쳐 삽입 또는 첨가하여 그 나연동선과 1종 금속제가요전선관을 양쪽 끝에서 전기적으로 완전하게 접속할 것. 다만, 관의 길이가 4[m] 이하인 것을 시설하는 경우에는 그러하지 아니하다.

가요전선관

가요 전선관

232.20 케이블트렁킹시스템

232.21 합성수지 몰드공사

1. 전선은 절연전선(옥외용 비닐 절연전선을 제외한다)일 것.

2. **합성수지 몰드 안에는 전선에 접속점이 없도록 할 것**.
   다만, 합성수지 몰드 안의 전선을 합성수지제의 조인트 박스를 사용하여 접속할 경우에는 그러하지 아니하다.

3. 합성수지 몰드는 홈의 폭 및 깊이가 35[mm] 이하, **두께는 2[mm] 이상**의 것일 것. 다만, 사람이 쉽게 접촉할 우려가 없도록 시설하는 경우에는 폭이 50[mm] 이하, 두께 1[mm] 이상의 것을 사용할 수 있다.

232.22 금속몰드공사

232.22.1 시설조건

1. 전선은 절연전선(옥외용 비닐절연 전선을 제외한다)일 것.

2. 금속몰드 안에는 전선에 접속점이 없도록 할 것. 다만, 금속제 조인트 박스를 사용할 경우에는 접속할 수 있다.

3. 금속몰드의 사용전압이 400[V] 이하로 옥내의 건조한 장소로 전개된 장소 또는 점검할 수 있는 은폐장소에 한하여 시설할 수 있다

232.22.2 금속몰드 및 박스 기타 부속품의 선정

황동제 또는 동제의 몰드는 폭이 50[mm] 이하, 두께 0.5[mm] 이상인 것일 것.

232.22.3 금속몰드 및 박스 기타 부속품의 시설

몰드에는 규정에 준하여 접지공사를 할 것. 다만, 다음 중 하나에 해당하는 경우에는 그러하지 아니하다.

가. 몰드의 길이가 4[m] 이하인 것을 시설하는 경우

나. 옥내배선의 사용전압이 직류 300[V] 또는 교류 대지 전압이 150[V] 이하로서 그 전선을 넣는 관의 길이가 8[m] 이하인 것을 사람이 쉽게 접촉할 우려가 없도록 시설하는 경우 또는 건조한 장소에 시설하는 경우

232.30 케이블덕팅시스템

232.31 금속덕트공사

232.31.1 시설조건

1. 전선은 절연전선(옥외용 비닐절연전선을 제외한다)일 것.
2. 금속덕트에 넣은 전선의 단면적(절연피복의 단면적을 포함한다)의 합계
   가. 일반적인 경우 : 덕트 내부 단면적의 20[%] 이하
   나. 전광표시장치 기타 이와 유사한 장치 또는 **제어회로 만의 배선만을 넣는 경우 : 50[%] 이하**
3. 금속덕트 안에는 전선에 접속점이 없도록 할 것. 다만, 전선을 분기하는 경우에는 그 접속점을 쉽게 점검할 수 있는 때에는 그러하지 아니하다.

232.31.2 금속덕트의 선정

1. 폭이 40[mm] 이상, 두께가 1.2[mm] 이상인 철판 또는 동등 이상의 기계적 강도를 가지는 금속제의 것으로 견고하게 제작한 것일 것.
2. 안쪽 면은 전선의 피복을 손상시키는 돌기(突起)가 없는 것일 것.
3. 안쪽 면 및 바깥 면에는 산화 방지를 위하여 아연도금 한 것일 것.

232.31.3 금속덕트의 시설

1. 덕트를 조영재에 붙이는 경우에는 **덕트의 지지점 간의 거리를 3[m]**(취급자 이외의 자가 출입할 수 없도록 설비한 곳에서 수직으로 붙이는 경우에는 6[m]) 이하
2. 덕트의 끝부분은 막을 것.
3. 덕트는 접지공사를 할 것.

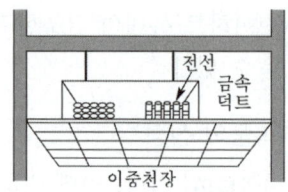

금속덕트 공사

232.32 플로어덕트공사

232.32.1 시설조건

1. 전선은 절연전선(옥외용 비닐 절연전선을 제외한다)일 것.
2. 전선은 연선일 것. 다만, 단면적 10[mm²](알루미늄선은 단면적 16[mm²]) 이하인 것은 그러하지 아니하다.
3. 플로어덕트 안에는 전선에 접속점이 없도록 할 것. 다만, 전선을 분기하는 경우에 접속점을 쉽게 점검할 수 있을 때(플로어덕트에 설치하는 지름 100[mm] 이상의 구멍은 접속점을 쉽게 점검할 수 있는 것으로 본다)에는 그러하지 아니하다.

232.32.2 플로어덕트 및 부속품의 시설

1. 덕트 및 박스 기타의 부속품은 물이 고이는 부분이 없도록 시설하여야 한다.
2. 박스 및 인출구는 마루 위로 돌출하지 아니하도록 시설하고 또한 물이 스며들지 아니하도록 밀봉할 것.
3. 덕트의 끝부분은 막을 것.
4. 덕트는 접지공사를 할 것.

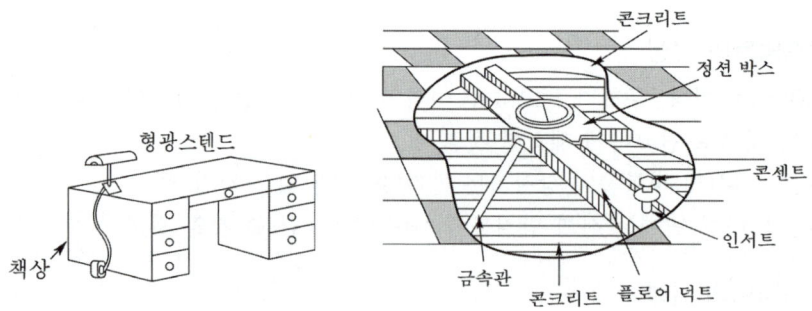

플로어 덕트 공사

232.33 셀룰러덕트공사

232.33.1 시설조건

1. 전선은 절연전선(옥외용 비닐 절연전선을 제외한다)일 것.
2. 전선은 연선일 것. 다만, 단면적 10[mm²](알루미늄선은 단면적 16[mm²]) 이하의 것은 그러하지 아니하다.

3. 셀룰러덕트 안에는 전선에 접속점을 만들지 아니할 것. 다만, 전선을 분기하는 경우 그 접속점을 쉽게 점검할 수 있을 때(셀룰러덕트에 설치하는 지름 100[mm] 이상의 구멍은 접속점을 쉽게 점검할 수 있는 것으로 본다)에는 그러하지 아니하다.

232.33.2 셀룰러덕트 및 부속품의 선정

1. 강판으로 제작한 것일 것.
2. 덕트 끝과 안쪽 면은 전선의 피복이 손상하지 아니하도록 매끈한 것일 것.
3. 덕트의 안쪽 면 및 외면은 방청을 위하여 도금 또는 도장을 한 것일 것.
4. 셀룰러덕트의 판 두께는 표에서 정한 값 이상일 것.

표. 셀룰러덕트의 선정

덕트의 최대 폭	덕트의 판 두께
150[mm] 이하	1.2[mm]
150[mm] 초과 200[mm] 이하	1.4[mm]
200[mm] 초과하는 것	1.6[mm]

5. 부속품의 판 두께는 1.6[mm] 이상일 것.

232.33.3 셀룰러덕트 및 부속품의 시설

1. 덕트 및 부속품은 물이 고이는 부분이 없도록 시설할 것.
2. 인출구는 바닥 위로 돌출하지 아니하도록 시설하고 또한 물이 스며들지 아니하도록 할 것.
3. 덕트의 끝부분은 막을 것.
4. 덕트는 접지공사를 할 것.

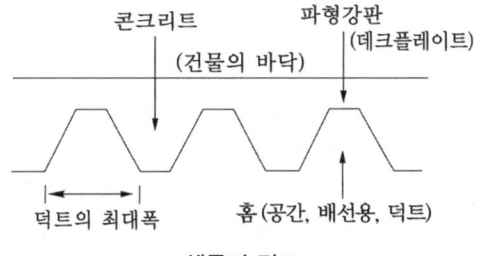

셀룰러 덕트

232.40 케이블트레이시스템
232.41 케이블트레이공사

케이블트레이배선은 케이블을 지지하기 위하여 사용하는 금속재 또는 불연성 재료로 제작된 유닛 또는 유닛의 집합체 및 그에 부속하는 부속재 등으로 구성된 견고한 구조물을 말하며 사다리형, 펀칭형, 메시형, 바닥밀폐형 기타 이와 유사한 구조물을 포함하여 적용한다.

232.41.1 시설 조건

1. 전선
   가. 연피케이블, 알루미늄피 케이블 등 난연성 케이블

나. 기타 케이블(적당한 간격으로 연소(延燒) 방지 조치를 하여야 한다.)

다. 금속관 혹은 합성수지관 등에 넣은 절연전선

2. 저압 케이블과 고압 또는 특고압 케이블은 동일 케이블 트레이 안에 시설하여서는 아니 된다. 다만, 견고한 불연성의 격벽을 시설하는 경우 또는 금속 외장 케이블인 경우에는 그러하지 아니하다.

3. 수평 트레이에 케이블 시설 시 다음에 적합하여야 한다.

가. 케이블의 지름(케이블의 완성품의 바깥지름을 말한다.)의 합계는 트레이의 내측폭 이하로 하고 단층으로 포설할 것.

나. 벽면과의 간격은 20[mm] 이상, 트레이 간 수직간격은 300[mm] 이상 이격하여 설치하여야 한다.

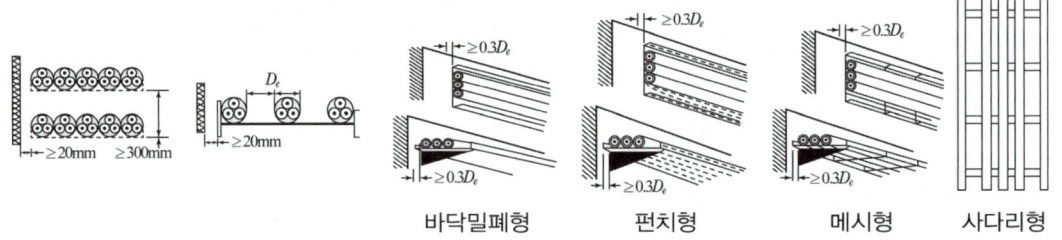

| 바닥밀폐형 | 펀치형 | 메시형 | 사다리형 |

수평트레이의 다심케이블 공사방법

4. 수직 트레이에 케이블을 시설시 다음에 적합하여야 한다.

가. 케이블을 시설하는 경우 이들 케이블의 지름의 합계는 트레이의 내측폭 이하로 하고 단층으로 포설할 것.

나. 벽면과의 간격은 가장 굵은 케이블의 바깥지름의 0.3배 이상 이격하여 설치하여야 한다.

232.41.2 케이블트레이의 선정

1. 케이블 트레이의 안전율은 1.5 이상으로 하여야 한다.
2. 전선의 피복 등을 손상시킬 돌기 등이 없이 매끈하여야 한다.
3. 금속재의 것은 적절한 방식처리를 한 것이거나 내식성 재료의 것이어야 한다.
4. 비금속제 케이블 트레이는 난연성 재료의 것이어야 한다.
5. 금속제 케이블 트레이 계통은 기계적 및 전기적으로 완전하게 접속하여야 하며 금속제 트레이는 접지공사를 하여야 한다.
6. 케이블트레이가 방화구획의 벽, 마루, 천장 등을 관통하는 경우에 관통부는 불연성의 물질로 충전하여야 한다.

232.51 케이블공사

232.51.1 시설조건

케이블공사에 의한 저압 옥내배선은 다음에 따라 시설하여야 한다.

1. **전선은 케이블 및 캡타이어케이블일 것**
2. 전선을 조영재의 아랫면 또는 옆면에 따라 붙이는 경우 전선의 지지점 간의 거리

가. 케이블 : 2[m](사람이 접촉할 우려가 없는 곳에서 수직으로 붙이는 경우에는 6[m]) 이하

나. 캡타이어 케이블 : 1[m] 이하

232.51.3 수직케이블의 시설

1. 전선을 건조물의 전기 배선용의 파이프 샤프트 안에 수직으로 매어 달아 시설하는 저압 옥내배선은 다음에 따라 시설하여야 한다.

가. 전선은 다음 중 하나에 적합한 케이블일 것.

　　⑴ 비닐외장케이블 또는 클로로프렌외장케이블로서

　　　　• 도체에 동을 사용하는 경우 : 공칭단면적 25[mm²] 이상

　　　　• 도체에 알루미늄을 사용한 경우 : 공칭단면적 35[mm²] 이상의 것.

　　⑵ 강심알루미늄 도체 케이블

　　⑶ 수직조가용선 부(付) 케이블

　　⑷ 철선 개장 케이블

나. 전선 및 그 지지부분의 안전율은 4 이상일 것.

다. 전선 및 그 지지부분은 충전부분이 노출되지 아니하도록 시설할 것.

라. 전선과의 분기부분에 시설하는 분기선은 케이블일 것.

마. 분기선은 장력이 가하여지지 아니하도록 시설하고 또한 전선과의 분기부분에는 진동 방지장치를 시설할 것.

232.56 애자공사

232.56.1 시설조건

1. 전선은 절연전선(옥외용 비닐 절연전선 및 인입용 비닐 절연전선을 제외한다)일 것.
2. 이격거리

전 압		전선과 조영재와의 이격거리		전 선 상 호 간 격	전선 지지점간의 거리	
					조영재의 윗면 또는 옆면에 따라 시설	조영재에 따라 시설하지 않는 경우
저 압	400[V] 이하	2.5[cm] 이상		6[cm] 이상	2[m] 이하	–
	400[V] 초과	건조한 장소	2.5[cm] 이상			6[m] 이하
		기타의 장소	4.5[cm] 이상			

3. 전선이 조영재를 관통하는 경우에는 그 관통하는 부분의 전선을 전선마다 각각 별개의 난연성 및 내수성이 있는 절연관에 넣을 것. 다만, 사용전압이 150[V] 이하인 전선을 건조한 장소에 시설하는 경우로서 관통하는 부분의 전선에 내구성이 있는 절연 테이프를 감을 때에는 그러하지 아니하다.

232.60 버스바트렁킹시스템

232.61 버스덕트공사

232.61.1 시설조건

1. 덕트를 조영재에 붙이는 경우에는 덕트의 **지지점 간의 거리를 3[m]**(수직으로 붙이는 경우에

는 6[m]) 이하로 할 것.

2. 덕트(환기형의 것을 제외한다)의 끝부분은 막을 것.

3. 덕트(환기형의 것을 제외한다)의 내부에 먼지가 침입하지 아니하도록 할 것.

4. 덕트는 접지공사를 할 것.

5. 습기가 많은 장소 또는 물기가 있는 장소에 시설하는 경우에는 옥외용 버스덕트를 사용하고 버스덕트 내부에 물이 침입하여 고이지 아니하도록 할 것.

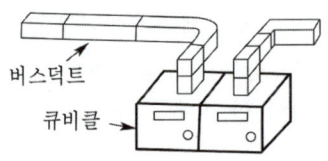

버스 덕트 공사

232.61.2 버스덕트의 선정

1. 도체는 단면적 20[mm²] 이상의 띠 모양, 지름 5[mm] 이상의 관모양이나 둥글고 긴 막대 모양의 동 또는 단면적 30[mm²] 이상의 띠 모양의 알루미늄을 사용한 것일 것.

2. 도체 지지물은 절연성·난연성 및 내수성이 있는 견고한 것일 것.

3. 덕트는 표의 두께 이상의 강판 또는 알루미늄판으로 견고히 제작한 것일 것.

덕트의 최대 폭[mm]	덕트의 판 두께[mm]		
	강판	알루미늄판	합성수지판
150 이하	1.0	1.6	2.5
150 초과 300 이하	1.4	2.0	5.0
300 초과 500 이하	1.6	2.3	–
500 초과 700 이하	2.0	2.9	–
700 초과하는 것	2.3	3.2	–

232.70 파워트랙시스템
232.71 라이팅덕트공사

232.71.1 시설조건

1. 덕트는 조영재에 견고하게 붙일 것.

2. 덕트의 **지지점 간의 거리는 2[m] 이하**로 할 것.

3. 덕트의 끝부분은 막을 것.

4. 덕트의 개구부(開口部)는 아래로 향하여 시설할 것. 다만, 사람이 쉽게 접촉할 우려가 없는 장소에서 덕트의 내부에 먼지가 들어가지 아니하도록 시설하는 경우에 한하여 옆으로 향하여 시설할 수 있다.

5. 덕트는 조영재를 관통하여 시설하지 아니할 것.

6. 덕트를 사람이 용이하게 접촉할 우려가 있는 장소에 시설하는 경우에는 전로에 지락이 생겼을 때에 자동적으로 전로를 차단하는 장치를 시설할 것.

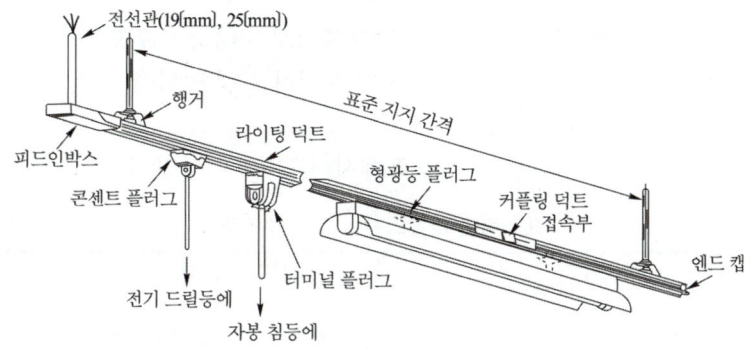

라이팅 덕트의 구성

232.81 옥내에 시설하는 저압 접촉전선 배선

1. 이동기중기·자동청소기 그 밖에 이동하며 사용하는 저압의 전기기계기구에 전기를 공급하기 위하여 사용하는 접촉전선을 옥내에 시설하는 경우에는 전개된 장소 또는 점검할 수 있는 은폐된 장소에 애자 공사 또는 버스덕트 공사 또는 절연 트롤리 공사에 의하여야 한다.
2. 저압 접촉전선을 애자 공사에 의하여 옥내의 전개된 장소에 시설하는 경우에는 기계기구에 시설하는 경우 이외에는 다음에 따라야 한다.
   가. 전선의 바닥에서의 높이는 3.5[m] 이상으로 하고 또한 사람이 접촉할 우려가 없도록 시설할 것.
   나. **전선은 인장강도 11.2[kN] 이상의 것 또는 지름 6[mm]의 경동선으로 단면적이 28[mm²] 이상**인 것일 것. 다만, 사용전압이 400[V] 이하인 경우에는 인장강도 3.44[kN] 이상의 것 또는 지름 3.2[mm] 이상의 경동선으로 단면적이 8[mm²] 이상인 것을 사용할 수 있다.
   다. 전선의 지지점간의 거리는 6[m] 이하일 것. 다만, 전선을 수평으로 배열하고 전선 상호 간의 간격이 0.4[m] 이상(가요성이 없는 도체를 사용하는 경우 0.28[m] 이상)인 경우 지지점간의 거리는 12[m] 이하로 할 수 있다.
   라. 전선 상호 간의 간격은 전선을 수평으로 배열하는 경우에는 0.14[m] 이상, 기타의 경우에는 0.2[m] 이상일 것.
   마. 전선과 조영재 사이의 이격거리 및 집전장치의 충전부분과 조영재 사이의 이격거리

습기가 많은 곳 또는 물기가 있는 곳	45[mm] 이상
기타의 곳	25[mm] 이상

   바. 애자는 절연성, 난연성 및 내수성이 있는 것일 것.
3. 저압 접촉전선을 절연 트롤리 공사에 의하여 시설하는 경우에는 기계기구에 시설하는 경우 이외에는 다음에 따라 시설하여야 한다.
   가. 절연 트롤리선은 사람이 쉽게 접할 우려가 없도록 시설할 것.
   나. 절연트롤리선의 도체는 지름 6[mm]의 경동선 또는 이와 동등 이상의 세기의 것으로서 단면적이 28[mm²] 이상의 것일 것.

다. 절연 트롤리선의 개구부는 아래 또는 옆으로 향하여 시설할 것.

라. 절연 트롤리선의 **끝 부분은 충전부분이 노출되지 아니하는 구조**의 것일 것.

마. 절연 트롤리선은 각 지지점에서 견고하게 시설하는 것 이외에 그 양쪽 끝을 내장 인류장치에 의하여 견고하게 인류할 것.

바. 절연 트롤리선 지지점 간의 거리는 표에서 정한 값 이상일 것.

표. 절연 트롤리선의 지지점 간격

도체 단면적의 구분	지지점 간격
500[mm²] 미만	2[m] (굴곡 반지름이 3[m] 이하의 곡선 부분에서는 1[m])
500[mm²] 이상	3[m] (굴곡 반지름이 3[m] 이하의 곡선 부분에서는 1[m])

사. 절연 트롤리선 및 그 절연 트롤리선에 접촉하는 집전장치는 조영재와 접촉되지 아니하도록 시설할 것.

아. 절연 트롤리선을 습기가 많은 장소 또는 물기가 있는 장소에 시설하는 경우에는 "나"에서 정하는 표준에 적합한 옥외용 행거 또는 옥외용 내장 인류장치를 사용할 것.

232.84 옥내에 시설하는 저압용 배분전반 등의 시설

옥내에 시설하는 저압용 배·분전반의 기구 및 전선은 쉽게 점검할 수 있도록 하고 다음에 따라 시설할 것.

1. 노출된 충전부가 있는 배전반 및 분전반은 취급자 이외의 사람이 쉽게 출입할 수 없도록 설치하여야 한다.

2. 한 개의 분전반에는 한 가지 전원(1회선의 간선)만 공급하여야 한다. 다만, 안전 확보가 충분하도록 격벽을 설치하고 사용전압을 쉽게 식별할 수 있도록 그 회로의 과전류차단기 가까운 곳에 그 사용전압을 표시하는 경우에는 그러하지 아니하다.

3. 주택용 분전반은 독립된 장소(신발장, 옷장 등의 은폐된 장소는 제외한다)에 시설하여야 한다.

4. 옥내에 설치하는 배전반 및 분전반은 불연성 또는 난연성이 있도록 시설할 것.

234- 조명설비

234.1 등기구의 시설

234.1.2 설치 요구사항

등기구는 다음을 고려하여 설치하여야 한다.

1. 기동 전류   2. 고조파 전류   3. 보상
4. 누설 전류   5. 최초 점화 전류   6. 전압강하

234.1.5 등기구의 집합

하나의 공통 중성선만으로 3상회로의 3개 선도체 사이에 나뉘어진 등기구의 집합은 모든 선도체가 하나의 장치로 동시에 차단되어야 한다.

234.2 코드의 사용

1. 코드는 조명용 전원코드 및 이동전선으로만 사용할 수 있으며, 고정배선으로 사용하여서는 안 된다. 다만, 내부를 건조한 상태로 사용하는 진열장 등의 내부에 배선할 경우는 고정배선으로 사용할 수 있다.
2. 코드는 사용전압 400[V] 이하의 전로에 사용한다.

234.3 코드 및 이동전선

1. 조명용 전원코드 또는 이동전선은 단면적 0.75[mm^2] 이상의 코드 또는 캡타이어케이블을 용도에 따라서 선정하여야 한다.
2. 옥내에서 **조명용 전원코드** 또는 이동전선을 습기가 많은 장소에 시설할 경우에는 고무코드(**사용전압이 400[V] 이하인 경우에 한함**) 또는 0.6/1[kV] EP 고무 절연 클로로프렌캡타이어케이블로서 단면적이 **0.75[mm^2] 이상**인 것이어야 한다.

234.5 콘센트의 시설

1. 욕조나 샤워시설이 있는 욕실 또는 화장실 등 인체가 물에 젖어있는 상태에서 전기를 사용하는 장소에 콘센트를 시설하는 경우에는 다음에 따라 시설하여야한다.
   가. 인체감전보호용 누전차단기(**정격감도전류 15[mA] 이하, 동작시간 0.03[초] 이하의 전류 동작형의 것에 한한다**) 또는 절연변압기(**정격용량 3[kVA] 이하인 것에 한한다**)로 보호된 전로에 접속하거나, 인체감전보호용 누전차단기가 부착된 콘센트를 시설하여야 한다.
   나. 콘센트는 접지극이 있는 방적형 콘센트를 사용하여 규정에 준하여 접지하여야 한다.
2. 주택의 옥내전로에는 접지극이 있는 콘센트를 사용하여 규정에 준하여 접지하여야 한다.

234.6 점멸기의 시설

점멸기는 다음에 의하여 설치하여야 한다.
1. 점멸기는 전로의 비접지측에 시설하고 분기개폐기에 배선용차단기를 사용하는 경우는 이것을 점멸기로 대용할 수 있다
2. 욕실 내는 점멸기를 시설하지 말 것.
3. 가정용전등은 매 등기구마다 점멸이 가능하도록 할 것.
4. 다음의 경우에는 센서등(타임스위치 포함)을 시설하여야 한다.
   가. **관광숙박업 또는 숙박업(여인숙업을 제외한다)에 이용되는 객실의 입구등은 1분 이내에 소등되는 것.**
   나. **일반주택 및 아파트 각 호실의 현관등은 3분 이내에 소등되는 것.**

234.8 진열장 또는 이와 유사한 것의 내부 배선

1. 건조한 장소에 시설하고 또한 내부를 건조한 상태로 사용하는 진열장 내부에 사용전압이 400[V] 이하의 배선을 외부에서 잘 보이는 장소에 한하여 코드 또는 캡타이어케이블로 직접 조영재에 밀착하여 배선할 수 있다.
2. 배선은 단면적 0.75[mm²] 이상의 코드 또는 캡타이어케이블일 것.

234.9 옥외등

234.9.1 사용전압

옥외등에 전기를 공급하는 전로의 사용전압은 대지전압을 300[V] 이하로 하여야 한다.

234.9.2 분기회로

옥외등에 전기를 공급하는 분기회로는 옥내용의 것을 사용해서는 안 된다. 다만, 다음에 의하여 시설할 경우는 적용하지 않는다.

1. 옥외등과 옥내등을 병용하는 분기회로는 20[A] 과전류 차단기 분기회로로 할 것.
2. 옥내등 분기회로에서 옥외등 배선을 인출할 경우는 인출점 부근에 개폐기 및 과전류차단기를 시설할 것.

234.9.4 옥외등의 인하선

옥외등 또는 그의 점멸기에 이르는 인하선은 사람의 접촉과 전선피복의 손상을 방지하기 위하여 다음 배선방법으로 시설하여야 한다.

1. 애자공사(지표상 2[m] 이상의 높이에서 노출된 장소에 시설할 경우에 한한다.)
2. 금속관공사
3. 합성수지관공사
4. 케이블공사(알루미늄피 등 금속제 외피가 있는 것은 목조 이외의 조영물에 시설하는 경우에 한한다)

234.10 전주외등

234.10.1 적용범위

이 규정은 대지전압 300[V] 이하의 형광등, 고압방전등, LED등 등을 배전선로의 지지물 등에 시설하는 경우에 적용한다.

234.10.3 배선

배선은 단면적 2.5[mm²] 이상의 절연전선 또는 이와 동등 이상의 절연효력이 있는 것을 사용하고 다음 배선방법 중에서 시설하여야 한다.

1. 케이블공사
2. 합성수지관공사
3. 금속관공사

234.10.4 누전차단기

가로등, 보안등, 조경등 등으로 시설하는 방전등에 공급하는 전로의 사용전압이 150[V]를 초과하는 경우에는 다음에 따라 시설하여야 한다.

1. 전로에 지락이 생겼을 때에 자동적으로 전로를 차단하는 장치를 각 분기회로에 시설하여야 한다.
2. 전로의 길이는 상시 충전전류에 의한 누설전류로 인하여 누전차단기가 불필요하게 동작하지 않도록 시설할 것.
3. 가로등, 보안등, 조경등 등의 금속제 등주에는 규정에 의한 접지공사를 할 것.

234.11 1[kV] 이하 방전등

234.11.1 적용범위

1. 관등회로의 사용전압이 1[kV] 이하인 방전등을 옥내에 시설할 경우에 적용한다.
2. 제1의 방전등에 전기를 공급하는 **전로의 대지전압은 300[V] 이하**로 하여야 한다.

234.11.3 방전등용 변압기

1. 관등회로의 사용전압이 400[V] 초과인 경우는 방전등용 변압기를 사용할 것.
2. 방전등용 변압기는 절연변압기를 사용할 것.

234.11.4 관등회로의 배선

1. 관등회로의 사용전압이 400[V] 이하인 배선은 전선에 조명용 전원코드 또는 공칭단면적 2.5[mm^2] 이상의 연동선과 이와 동등 이상의 세기 및 굵기의 절연전선(옥외용 비닐절연전선 및 인입용 비닐절연전선은 제외한다), 캡타이어 케이블 또는 케이블을 사용하여 시설하여야 한다.
2. 관등회로의 사용전압이 400[V] 초과이고, 1[kV] 이하인 배선은 그 시설장소에 따라 합성수지관공사 · 금속관공사 · 가요전선관공사나 케이블공사 또는 표 중 어느 한 방법에 의하여야 한다.

표. 관등회로의 배선방식

시설장소의 구분		배선방법
전개된 장소	건조한 장소	애자공사 · 합성수지 몰드공사 또는 금속몰드공사
	기타의 장소	애자공사
점검할 수 있는 은폐된 장소	건조한 장소	금속몰드공사

234.11.5 진열장 또는 이와 유사한 것의 내부 관등회로 배선

진열장 안의 관등회로의 배선을 외부로부터 보기 쉬운 곳의 조영재에 접촉하여 시설하는 경우에는 다음에 의하여야 한다.

1. 전선에는 방전등용 안정기의 리드선 또는 방전등용 소켓 리드선과의 접속점 이외에는 접속

점을 만들지 말 것.

2. 전선의 접속점은 조영재에서 이격하여 시설할 것.
3. 전선은 절연성이 있는 조영재에 그 피복을 손상하지 아니하도록 적당한 기구로 붙일 것.
4. 전선의 부착점간의 거리는 1[m] 이하로 할 것.

234.11.9 접지

1. 방전등용 안정기의 외함 및 전등기구의 금속제부분에는 규정에 준하여 접지공사를 하여야 한다.
2. 상기의 접지공사는 다음에 해당될 경우는 생략할 수 있다.
   가. 관등회로의 사용전압이 대지전압 150[V] 이하의 것을 건조한 장소에서 시공할 경우
   나. 관등회로의 사용전압이 400[V] 이하 또는 변압기의 정격 2차 단락전류 혹은 회로의 동작전류가 50[mA] 이하의 것으로 안정기를 외함에 넣고, 이것을 조명기구와 전기적으로 접속되지 않도록 시설할 경우

234.12 네온방전등

234.12.1 적용범위

네온방전등에 공급하는 전로의 대지전압은 300[V] 이하로 하여야 한다.

234.12.3 관등회로의 배선

관등회로의 배선은 애자공사로 다음에 따라서 시설하여야 한다.
1. 전선은 네온관용전선을 사용할 것.
2. 배선은 외상을 받을 우려가 없고 사람이 접촉될 우려가 없는 노출장소에 시설할 것.
3. 전선은 자기 또는 유리제 등의 애자로 견고하게 지지하여 조영재의 아랫면 또는 옆면에 부착하고 또한 다음과 같이 시설할 것.
   가. 전선 상호간의 이격거리는 60[mm] 이상일 것.
   나. 전선과 조영재 이격거리는 노출장소에서 표에 따를 것

표. 전선과 조영재의 이격거리

전압 구분	이격거리
6[kV] 이하	20[mm] 이상
6[kV] 초과 9[kV] 이하	30[mm] 이상
9[kV] 초과	40[mm] 이상

   다. 전선지지점간의 거리는 1[m] 이하로 할 것.

234.14 수중조명등

234.14.1 사용전압

수영장 기타 이와 유사한 장소에 사용하는 수중조명등에 전기를 공급하기 위해서는 절연변압

기를 사용하고, 그 사용전압은 다음에 의하여야 한다.
1. 절연변압기의 1차측 전로의 사용전압은 400[V] 이하일 것.
2. 절연변압기의 2차측 전로의 사용전압은 150[V] 이하일 것.

234.14.2 전원장치

수중조명등에 전기를 공급하기 위한 절연변압기의 2차 측 전로는 접지하지 말 것.

234.14.3 2차측 배선 및 이동전선

수중조명등의 절연변압기의 2차측 배선 및 이동전선은 다음에 의하여 시설하여야 한다.
1. 절연변압기의 2차측 배선은 금속관공사에 의하여 시설할 것.
2. 수중조명등에 전기를 공급하기 위하여 사용하는 이동전선은 접속점이 없는 단면적 2.5[mm^2] 이상의 0.6/1[kV] EP 고무절연 클로프렌 캡타이어 케이블일 것.

234.14.6 접지

수중조명등의 절연변압기는 그 2차측 전로의 사용전압이 30[V] 이하인 경우는 1차권선과 2차권선 사이에 금속제의 혼촉방지판을 설치하고, 규정에 준하여 접지공사를 하여야 한다.

234.14.7 누전차단기

수중조명등의 절연변압기의 2차측 전로의 사용전압이 30[V]를 초과하는 경우에는 그 전로에 지락이 생겼을 때에 자동적으로 전로를 차단하는 정격감도전류 30[mA] 이하의 누전차단기를 시설하여야 한다.

234.15 교통신호등

234.15.1 사용전압

교통신호등 제어장치의 2차측 배선의 최대사용전압은 300[V] 이하이어야 한다.

234.15.2 2차측 배선

교통신호등의 2차측 배선(인하선을 제외한다)은 다음에 의하여 시설하여야 한다.
1. 전선은 케이블인 경우 이외에는 공칭단면적 2.5[mm^2] 연동선과 동등 이상의 세기 및 굵기의 450/750[V] 일반용 단심 비닐절연전선 또는 450/750 [V] 내열성에틸렌아세테이트 고무절연전선일 것.
2. 제어장치의 2차측 배선 중 전선(케이블은 제외한다)을 조가용선으로 조가하여 시설하는 경우 조가용선은 인장강도 3.7[kN]의 금속선 또는 지름 4[mm] 이상의 아연도철선을 2가닥 이상 꼰 금속선을 사용할 것.

234.15.4 교통신호등의 인하선

교통신호등의 전구에 접속하는 인하선은 다음에 의하여 시설하여야 한다.
1. 전선의 지표상의 높이는 2.5[m] 이상일 것.

2. 전선을 애자공사에 의하여 시설하는 경우에는 전선을 적당한 간격마다 묶을 것.

234.15.4 누전차단기

교통신호등 회로의 사용전압이 150[V]를 넘는 경우는 전로에 지락이 생겼을 경우 자동적으로 전로를 차단하는 누전차단기를 시설할 것.

241 특수 시설

241.1 전기울타리

241.1.2 사용전압

전기울타리용 전원장치에 전원을 공급하는 **전로의 사용전압은 250[V] 이하**이어야 한다.

241.1.3 전기울타리의 시설

1. 전기울타리는 사람이 쉽게 출입하지 아니하는 곳에 시설할 것.
2. 전선은 인장강도 1.38[kN] 이상의 것 또는 **지름 2[mm] 이상의 경동선**일 것.
3. 전선과 이를 지지하는 기둥 사이의 **이격거리는 25[mm] 이상**일 것.
4. 전선과 다른 시설물(가공 전선을 제외한다) 또는 수목과의 이격거리는 0.3[m] 이상일 것.

241.1.7 접지

1. 전기울타리 전원장치의 외함 및 변압기의 철심은 규정에 준하여 접지공사를 하여야 한다.
2. 전기울타리의 접지전극과 다른 접지 계통의 접지전극의 거리는 2[m] 이상이어야 한다. 다만, 충분한 접지망을 가진 경우에는 그러하지 아니 한다.
3. 가공전선로의 아래를 통과하는 전기울타리의 금속부분은 교차지점의 양쪽으로부터 5[m] 이상의 간격을 두고 접지하여야 한다.

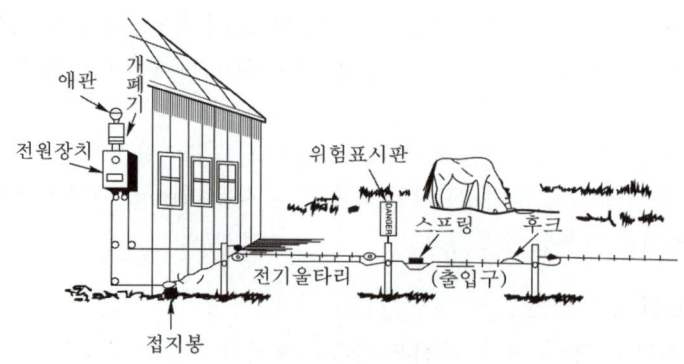

전기 울타리 시설 예

241.2 전기욕기

241.2.1 전원장치

전기욕기에 전기를 공급하기 위한 전기욕기용 전원장치(내장되는 전원 변압기의 **2차측 전로의 사용전압이 10[V] 이하의 것에 한한다**)는 안전기준에 적합하여야 한다.

241.2.2 2차측 배선

전기욕기용 전원장치로부터 욕기안의 전극까지의 배선은

1. 공칭단면적 2.5[mm²] 이상의 연동선과 이와 동등이상의 세기 및 굵기의 절연전선(옥외용 비닐절연전선을 제외한다.)이나 케이블
2. 공칭단면적이 1.5[mm²] 이상의 캡타이어 케이블을 합성수지관공사, 금속관공사 또는 케이블공사에 의하여 시설
3. 공칭단면적이 1.5[mm²] 이상의 캡타이어 코드를 합성수지관(두께가 2[mm] 미만의 합성수지제 전선관 및 난연성이 없는 콤바인 덕트관을 제외한다.)이나 금속관에 넣고 관을 조영재에 견고하게 고정

241.2.3 욕기 내의 시설

욕기 내의 전극간의 거리는 1[m] 이상일 것.

241.4 전극식 온천온수기

241.4.1 사용전압

수관을 통하여 공급되는 온천수의 온도를 올려서 수관을 통하여 욕탕에 공급하는 전극식 온천온수기의 **사용전압은 400[V] 이하**이어야 한다.

241.4.3 전극식 온천온수기의 시설

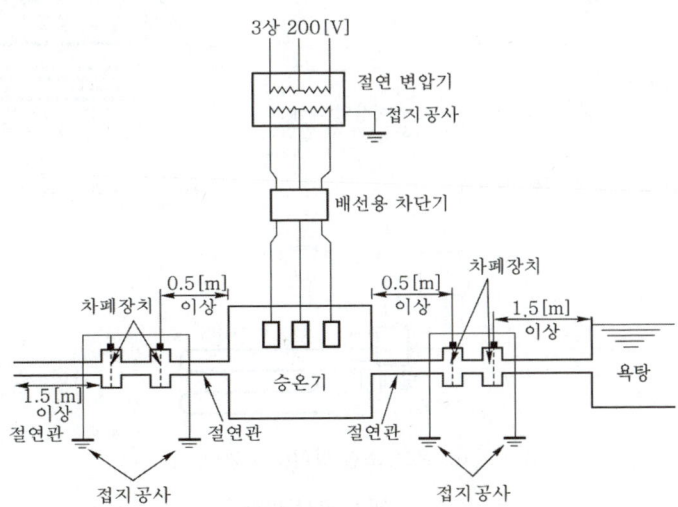

전극식 온천용 승온기의 시설 예

1. 전극식 온천온수기의 온천수 유입구 및 유출구에는 차폐장치를 설치할 것. 이 경우 차폐 장치와 전극식 온천온수기 및 차폐장치와 욕탕 사이의 거리는 각각 수관에 따라 0.5[m], 이상 및 1.5[m] 이상이어야 한다.
2. 전극식 온천온수기에 접속하는 수관 중 전극식 온천온수기와 차폐장치 사이 및 차폐장치에서 서관에 따라 1.5[m]까지의 부분은 절연성 및 내수성이 있는 견고한 것일 것. 이 경우 그 부분에는 수도꼭지 등을 시설해서는 안 된다.

241.4.4 개폐기 및 과전류차단기

전극식 온천온수기 전원장치의 절연변압기 1차측 전로에는 개폐기 및 과전류차단기를 각 극 (과전류차단기는 다선식의 중성극을 제외한다)에 시설하여야 한다.

241.5 전기온상 등

241.5.1 사용전압

전기온상(식물의 재배 또는 양잠·부화·육추 등의 용도로 사용하는 전열장치)에 전기를 공급하는 전로의 대지전압은 300[V] 이하일 것.

241.5.2 발열선의 시설

1. 발열선은 그 온도가 80[℃]를 넘지 않도록 시설할 것.
2. 발열선을 공중에 시설하는 전기온상 등은 발열선을 애자로 지지하고 또한 다음에 의하여 시설할 것.

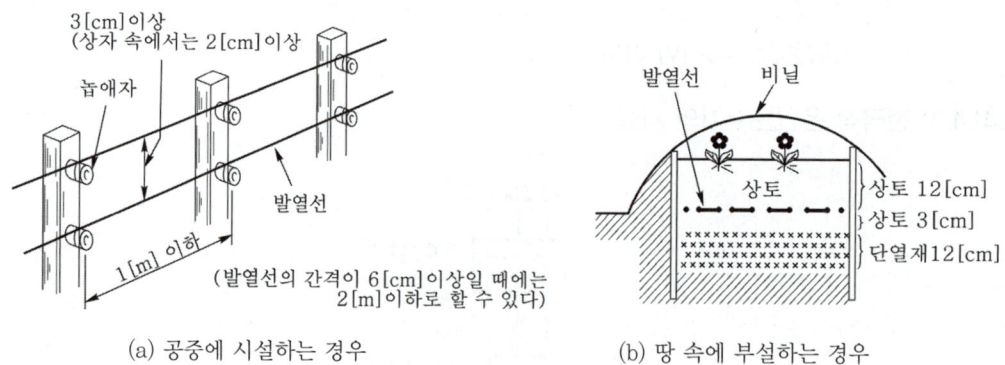

(a) 공중에 시설하는 경우   (b) 땅 속에 부설하는 경우

(c) 온도 조절 장치(3상 200[V])

전기 온상 설비

가. 발열선 상호 간의 간격은 0.03[m](함 내에 시설하는 경우는 0.02[m]) 이상일 것.

나. 발열선과 조영재 사이의 이격거리는 0.025[m] 이상으로 할 것.

다. 발열선의 지지점 간의 거리는 1[m] 이하일 것. 다만, 발열선 상호 간의 간격이 0.06[m] 이상인 경우에는 2[m] 이하로 할 수 있다.

라. 애자는 절연성·난연성 및 내수성이 있는 것일 것.

241.7 전격살충기

241.7.1 전격살충기의 시설

전격살충기는 다음에 의하여 시설하여야 한다.

1. 전격살충기의 전격격자는 지표 또는 바닥에서 3.5[m] 이상의 높은 곳에 시설할 것. 다만, 2차측 개방 전압이 7[kV] 이하의 절연변압기를 사용하고 또한 보호격자의 내부에 사람의 손이 들어갔을 경우 또는 보호격자에 사람이 접촉될 경우 절연변압기의 1차측 전로를 자동적으로 차단하는 보호장치를 시설한 것은 지표 또는 바닥에서 1.8[m]까지 감할 수 있다.

2. 전격살충기의 전격격자와 다른 시설물(가공전선은 제외한다) 또는 식물과의 이격거리는 0.3[m] 이상일 것.

241.8 유희용 전차

241.8.1 사용전압

유희용 전차에 전기를 공급하기 위하여 사용하는 변압기의 1차 전압은 400[V] 이하이어야 한다.

241.8.2 전원장치

유희용 전차에 전기를 공급하는 전원장치는 다음에 의하여 시설하여야 한다.

1. 전원장치의 2차측 단자의 최대사용전압은 직류의 경우 60[V] 이하, 교류의 경우 40[V] 이하일 것.

2. 전원장치의 변압기는 절연변압기일 것.

241.8.3 2차측 배선

유희용 전차의 전원장치에 있어서 2차측 회로의 배선은 다음에 의하여 시설하여야 한다.

1. 접촉전선은 제3레일 방식에 의하여 시설할 것.

2. 귀선용 레일은 용접에 의하는 경우 이외에는 적당한 본드로 전기적으로 완전하게 접속할 것.

241.8.4 전차 내 전로의 시설

유희용 전차의 전차 내에서 승압하여 사용하는 경우는 다음에 의하여 시설하여야 한다.

1. 변압기는 절연변압기를 사용하고 2차 전압은 150[V] 이하로 할 것.

2. 전차의 금속제 구조부는 레일과 전기적으로 완전하게 접촉되게 할 것.

241.8.6 전로의 절연

1. 유희용 전차에 전기를 공급하는 접촉전선과 대지 사이의 절연저항은 사용전압에 대한 누설 전류가 레일의 연장 1[km]마다 100[mA]를 넘지 않도록 유지하여야 한다.
2. 유희용 전차안의 전로와 대지 사이의 절연저항은 사용전압에 대한 누설전류가 규정 전류의 5,000분의 1을 넘지 않도록 유지하여야 한다.

241.9 전기 집진장치 등

241.9.1 전기집진 응용장치 및 전원공급 설비의 시설

전기집진 응용장치 및 이에 특고압의 전기를 공급하기 위한 전기설비는 다음에 따라 시설하여 야 한다.

1. 전기집진 응용장치에 전기를 공급하기 위한 변압기의 1차측 전로에는 그 변압기에 가까운 곳으로 쉽게 개폐할 수 있는 곳에 개폐기를 시설할 것.
2. 특고압의 전기설비 및 전기집진 응용장치는 취급자 이외의 사람이 출입할 수 없도록 설비한 곳 에 시설할 것.
3. 잔류전하에 의하여 사람에게 위험을 줄 우려가 있는 경우에는 변압기의 2차측 전로에 잔류 전하를 방전하기 위한 장치를 할 것.

241.9.2 2차측 배선

변압기로부터 정류기에 이르는 전선 및 정류기로부터 전기집진 응용장치에 이르는 전선은 케 이블을 사용하여야 한다.

241.10 아크 용접기

가반형(可搬型)의 용접 전극을 사용하는 아크 용접장치는 다음에 따라 시설하여야 한다.

1. 용접변압기는 절연변압기일 것.
2. 용접변압기의 1차측 전로의 대지전압은 300[V] 이하일 것.
3. 용접변압기의 1차측 전로에는 용접 변압기에 가까운 곳에 쉽게 개폐할 수 있는 개폐기를 시 설할 것.
4. 용접변압기의 2차측 전로 중 용접변압기로부터 용접전극에 이르는 부분 및 용접변압기로부 터 피용접재에 이르는 전선은 용접용 케이블 또는 캡타이어 케이블(용접변압기로부터 용접 전극에 이르는 전로는 0.6/1[kV] EP 고무 절연 클로로프렌 캡타이어 케이블에 한한다)일 것.
5. 용접기 외함 및 피용접재 또는 이와 전기적으로 접속되는 받침대·정반 등의 금속체는 규정 에 준하여 접지공사를 하여야 한다.

241.11 파이프라인 등의 전열장치

241.11.1 사용전압

파이프라인 등의 전열장치 중 발열선(發熱線)을 파이프라인 등 자체에 고정하여 시설하는 경우 발열선에 전기를 공급하는 전로의 사용전압은 400[V] 이하로 하여야 한다.

241.11.2 전원장치의 시설

직접 가열장치에 전기를 공급하기 위해 전용의 절연변압기를 사용하고 또한 그 변압기의 부하 측 전로는 접지해서는 안 된다.

241.11.3 발열선 등의 시설

직접 가열장치에 있어서 발열체는 그 온도가 피 가열 액체의 발화 온도의 80[%]를 넘지 아니하도록 시설할 것.

241.12 도로 등의 전열장치

241.12.1 도로, 주차장 또는 조영물의 조영재에 고정시켜 시설하는 경우

1. 발열선에 전기를 공급하는 전로의 대지전압은 300[V] 이하일 것.
2. 발열선은 무기물 절연 케이블 등 규정된 발열선으로서 기계적 손상 위험이 낮은 설치용 케이블(M1)을 사용한다.
3. 발열선은 그 온도가 80[℃]를 넘지 아니하도록 시설할 것. 다만, 도로 또는 옥외주차장에 금속피복을 한 발열선을 시설할 경우에는 발열선의 온도를 120[℃] 이하로 할 수 있다.
4. 발열선은 다른 전기설비·약전류전선 등 또는 수관·가스관이나 이와 유사한 것에 전기적·자기적 또는 열적인 장해를 주지 아니하도록 시설할 것.

241.13 비행장 등화배선

1. 직접 매설에 의하여 차량 기타 중량물의 압력을 받을 우려가 없는 장소에 저압 또는 고압배선을 다음에 의하여 시설하는 경우
   가. 전선은 클로로프렌 외장 케이블일 것.
   나. 전선의 매설장소를 표시하는 적당한 표시를 할 것.
   다. 매설깊이는 항공기 이동지역에서 0.5[m], 그 밖의 지역에서 0.75[m] 이상으로 할 것.
2. 활주로·유도로 기타 포장된 노면에 만든 배선통로에 저압배선을 다음에 의하여 시설하는 경우 전선은 공칭단면적 4[mm²] 이상의 연동선을 사용한 450/750[V] 일반용 단심 비닐절연전선 또는 450/750[V] 내열성 에틸렌아세테이트 고무절연전선일 것.

241.14 소세력 회로

전자 개폐기의 조작회로 또는 초인벨·경보벨 등에 접속하는 전로로서 최대 사용전압이 60[V] 이하인 것

241.14.1 사용전압

소세력 회로에 전기를 공급하기 위한 절연변압기의 사용전압은 대지전압 300[V] 이하로 하여야 한다.

241.14.2 전원장치

1. 소세력 회로에 전기를 공급하기 위한 변압기는 절연변압기이어야 한다.

2. 절연변압기의 2차 단락전류는 소세력 회로의 최대사용전압에 따라 표에서 정한 값 이하의 것일 것.

표. 절연변압기의 2차 단락전류 및 과전류차단기의 정격전류

소세력 회로의 최대 사용전압의 구분	2차 단락전류	과전류 차단기의 정격전류
15[V] 이하	8[A]	5[A]
15[V] 초과 30[V] 이하	5[A]	3[A]
30[V] 초과 60[V] 이하	3[A]	1.5[A]

241.14.3 소세력 회로의 배선

1. 소세력 회로의 전선을 조영재에 붙여 시설하는 경우
   가. 전선은 케이블(통신용 케이블을 포함한다)인 경우 이외에는 공칭단면적 $1[mm^2]$ 이상의 연동선 또는 이와 동등 이상의 세기 및 굵기의 것일 것.
   나. 전선은 코드·캡타이어 케이블 또는 케이블일 것.
2. 소세력 회로의 전선을 지중에 시설하는 경우는 다음에 의하여 시설하여야 한다.
   가. 전선은 450/750[V] 일반용 단심 비닐절연전선, 캡타이어 케이블(외장이 천연고무혼합물의 것은 제외한다) 또는 케이블을 사용할 것.
   나. 전선을 차량 기타 중량물의 압력에 견디는 견고한 관·트라프 기타의 방호장치에 넣어서 시설하는 경우를 제외하고는 매설깊이를 0.3[m](차량 기타 중량물의 압력을 받을 우려가 있는 장소에 시설하는 경우는 1.0[m]) 이상
3. 소세력 회로의 전선을 가공으로 시설하는 경우에는 다음에 의하여 시설하여야 한다.
   가. 전선은 인장강도 $508[N/mm^2]$ 이상의 것 또는 지름 1.2[mm]의 경동선일 것.
   나. 전선은 절연전선 및 캡타이어 케이블 또는 케이블을 사용할 것.
   다. 전선의 지지점간의 거리는 15[m] 이하일 것.
   라. 전선에 나전선을 사용하는 경우는 전선과 식물과의 이격거리를 0.3[m] 이상 유지할 것.

241.16 전기부식방지 시설

241.16.3 전기부식방지 회로의 전압 등

1. 전기부식방지 회로(전기부식방지용 전원장치로부터 양극 및 피방식체까지의 전로를 말한다. 이하 같다)의 사용전압은 **직류 60[V] 이하**일 것.
2. 양극은 지중에 매설하거나 수중에서 쉽게 접촉할 우려가 없는 곳에 시설할 것.
3. 지중에 매설하는 양극의 매설깊이는 0.75[m] 이상일 것.
4. 수중에 시설하는 양극과 그 **주위 1[m] 이내의** 거리에 있는 임의점과의 사이의 **전위차는 10[V]를 넘지 아니할 것**.
5. 지표 또는 수중에서 1[m] 간격의 임의의 2점간의 전위차가 5[V]를 넘지 아니할 것.

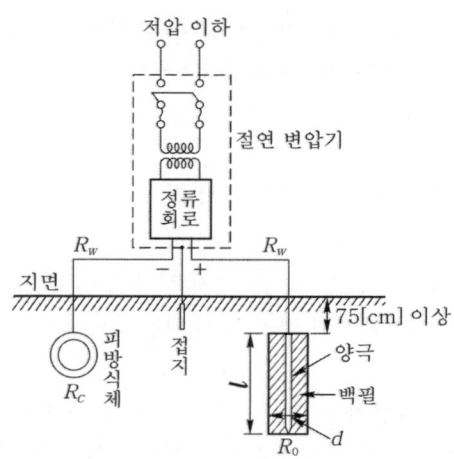

전기 방식 시설의 예

241.16.4 2차측 배선

전기부식방지용 전원장치의 2차측 단자에서 부터 양극·피방식체 및 대지를 포함한 전기부식
방지 회로의 배선은 다음에 의하여 시설하여야 한다.

1. 전기부식방지 회로의 전선중 가공으로 시설하는 부분은 저압 가공전선로 규정에 준하는 이
   외에 다음에 의하여 시설할 것.

   가. 전선은 지름 2[mm]의 경동선 또는 이와 동등 이상의세기 및 굵기의 옥외용 비닐절연전
   　선 이상의 절연효력이 있는 것일 것.

   나. 전기부식방지 회로의 전선과 저압 가공전선을 동일 지지물에 시설하는 경우는 전기부식
   　방지 회로의 전선을 하단에 별개의 완금류에 의하여 시설하고, 또한 저압 가공전선과의
   　이격거리는 0.3[m] 이상으로 할 것.

2. 전기부식방지 회로의 전선 중 지중에 시설하는 부분은 다음에 의하여 시설할 것.

   가. 전선은 공칭단면적 4.0[mm²]의 연동선 또는 이와 동등 이상의 세기 및 굵기의 것일 것.
   　다만, 양극에 부속하는 전선은 공칭단면적 2.5[mm²] 이상의 연동선 또는 이와 동등 이
   　상의 세기 및 굵기의 것을 사용할 수 있다.

   나. 전선은 450/750[V] 일반용 단심 비닐절연전선·클로로프렌 외장 케이블·비닐외장
   　케이블 또는 폴리에틸렌 외장 케이블일 것.

   다. 전선을 직접 매설식에 의하여 시설하는 경우 매설깊이

   　⑴ 차량 기타의 중량물의 압력을 받을 우려가 있는 곳에서는 1.0[m] 이상, 기타의 곳에
   　　서는 0.3[m] 이상으로 하고 또한 전선을 돌·콘크리트 등의 판이나 몰드로 전선의
   　　위와 옆을 덮거나 합성수지관이나 이와 동등 이상의 절연효력 및 강도를 가지는 관
   　　에 넣어 시설할 것.

   　⑵ 차량 기타의 중량물의 압력을 받을 우려가 없는 것에 매설깊이를 0.6[m] 이상으로
   　　하고 또한 전선의 위를 견고한 판이나 몰드로 덮어 시설하는 경우에는 그러하지 아
   　　니하다.

라. 입상부분의 전선 중 깊이 0.6[m] 미만인 부분은 사람이 접촉할 우려가 없고 또한 손상을 받을 우려가 없도록 적당한 방호장치를 할 것.

241.17 전기자동차 전원설비

241.17.2 전기자동차 전원공급 설비의 저압전로 시설

전기자동차를 충전하기 위한 저압전로는 다음에 따라 시설하여야 한다.

1. 전용의 개폐기 및 과전류 차단기를 각 극(과전류 차단기는 다선식 전로의 중성극을 제외한다)에 시설하고 또한 전로에 지락이 생겼을 때 자동적으로 그 전로를 차단하는 장치를 시설하여야 한다.
2. 옥내에 시설하는 저압용 배선기구의 시설은 다음에 따라 시설하여야 한다.
    가. 옥내에 시설하는 저압용의 비포장 퓨즈는 불연성의 함의 내부에 시설하여야 한다.
    나. 옥내의 습기가 많은 곳 또는 물기가 있는 곳에 시설하는 저압용의 배선기구에는 방습 장치를 하여야 한다.
    다. 저압 콘센트는 접지극이 있는 콘센트를 사용하여 접지하여야 한다.

241.17.4 전기자동차의 충전 케이블 및 부속품 시설

충전 케이블 및 부속품(플러그와 커플러를 말한다)은 다음에 따라 시설하여야 한다.

1. 충전장치와 전기자동차의 접속에는 연장코드를 사용하지 말 것.
2. 충전 케이블은 유연성이 있는 것으로서 통상의 충전전류를 흘릴 수 있는 충분한 굵기의 것일 것.
3. 전기자동차 커플러[충전 케이블과 전기자동차를 접속 가능하게 하는 장치로서 충전 케이블에 부착된 커넥터와 전기자동차의 접속구 두 부분으로 구성되어 있다]는 다음에 적합할 것.
    가. 다른 배선기구와 대체 불가능한 구조로서 극성이 구분이 되고 접지극이 있는 것일 것.
    나. 접지극은 투입 시 제일 먼저 접속되고, 차단 시 제일 나중에 분리되는 구조일 것.
    다. 의도하지 않은 부하의 차단을 방지하기 위해 잠금 또는 탈부착을 위한 기계적 장치가 있는 것일 것.
    라. 전기자동차 커넥터가 전기자동차 접속구로부터 분리될 때 충전 케이블의 전원공급을 중단시키는 인터록 기능이 있는 것일 것.

242- 특수 장소

242.1 방전등 공사의 시설 제한

관등회로의 사용전압이 400[V] 초과인 방전등은 분진 위험장소, 가연성 가스 등의 위험장소, 위험물 등이 존재하는 장소 및 화약류 저장소 등의 위험장소에 시설해서는 안 된다.

242.2 분진 위험장소

242.2.1 폭연성 분진 위험장소

폭연성 분진 또는 화약류의 분말이 전기설비가 발화원이 되어 폭발할 우려가 있는 곳에 시설하는 저압 옥내 전기설비(사용전압이 400[V] 초과인 방전등을 제외한다.)는 다음에 따르고 또한 위험의 우려가 없도록 시설하여야 한다.

1. 저압 옥내배선, 저압 관등회로 배선, 소세력 회로의 전선은 **금속관공사 또는 케이블공사**(캡타이어 케이블을 사용하는 것을 제외한다)에 의할 것.
2. 금속관공사에 의하는 때에는 다음에 의하여 시설할 것.
   가. 금속관은 박강 전선관 또는 이와 동등 이상의 강도를 가지는 것일 것.
   나. 관 상호 간 및 관과 박스 기타의 부속품·풀박스 또는 전기기계기구와는 5턱 이상 나사 조임으로 접속 할 것
3. 케이블공사에 의하는 때에는 전선은 개장된 케이블 또는 무기물 절연 케이블을 사용하는 경우 이외에는 관 기타의 방호 장치에 넣어 사용할 것.
4. 이동 전선은 "0.6/1[kV] EP 고무절연 클로로프렌 캡타이어 케이블을 사용하고 또한 손상을 받을 우려가 없도록 시설할 것.

242.2.2 가연성 분진 위험장소

가연성 분진에 전기설비가 발화원이 되어 폭발할 우려가 있는 곳에 시설하는 저압 옥내 전기설비는 다음에 따르고 또한 위험의 우려가 없도록 시설하여야 한다.

1. 저압 옥내배선 등은 **합성수지관공사**(두께 2[mm] 미만의 합성수지 전선관 및 난연성이 없는 콤바인 덕트관을 사용하는 것을 제외한다)·**금속관공사 또는 케이블공사에 의할 것**.
2. 합성수지관공사에 의하는 때에는 관과 전기기계기구는 관 상호간 및 박스와는 관을 삽입하는 깊이를 관의 바깥지름의 1.2배(접착제를 사용하는 경우에는 0.8배) 이상으로 하고 또한 꽂음 접속에 의하여 견고하게 접속할 것.
3. 금속관공사에 의하는 때에는 관 상호 간 및 관과 박스 기타 부속품·풀 박스 또는 전기기계기구와는 5턱 이상 나사 조임으로 접속 할 것.
4. 이동 전선은 접속점이 없는 0.6/1[kV] EP 고무절연 클로로프렌 캡타이어 케이블 또는 0.6/1[kV] 비닐절연 비닐 캡타이어 케이블을 사용하고 또한 손상을 받을 우려가 없도록 시설할 것.

242.4 위험물 등이 존재하는 장소

1. **셀룰로이드·성냥·석유류** 기타 타기 쉬운 위험한 물질(이하 "위험물"이라 한다)을 **제조하거나 저장하는 곳**에 시설하는 저압 이동전선은 접속점이 없는 0.6/1[kV] EP 고무 절연 클로로프렌 캡타이어 케이블 또는 0.6/1[kV] 비닐 절연 비닐캡타이어 케이블을 사용하여야 한다.
2. 위험한 물질을 제조하거나 저장하는 곳에 시설하는 저압 옥내 전기설비는 **금속관공사, 케이블공사 및 합성수지관공사**의 규정에 따르고 또한 위험의 우려가 없도록 시설하여야 한다.

242.5 화약류 저장소 등의 위험장소

242.5.1 화약류 저장소에서 전기설비의 시설

1. 화약류 저장소 안에는 전기설비를 시설해서는 안 된다. 다만, 조명기구에 전기를 공급하기 위한 전기설비(개폐기 및 과전류 차단기를 제외한다)는 다음에 따라 시설하는 경우에는 그러하지 아니하다.

   가. 전로에 대지전압은 300[V] 이하일 것.

   나. **전기기계기구는 전폐형의 것일 것.**

   다. 케이블을 전기기계기구에 인입할 때에는 인입구에서 케이블이 손상될 우려가 없도록 시설할 것.

   라. 금속관공사 또는 케이블공사(캡타이어 케이블을 사용하는 것을 제외한다)에 의할 것.

2. 화약류 저장소 안의 전기설비에 전기를 공급하는 전로에는 화약류 저장소 이외의 곳에 전용 개폐기 및 과전류 차단기를 각 극(과전류 차단기는 다선식 전로의 중성극을 제외한다)에 취급자 이외의 자가 쉽게 조작할 수 없도록 시설하고 또한 전로에 지락이 생겼을 때에 자동적으로 전로를 차단하거나 경보하는 장치를 시설하여야 한다.

242.6 전시회, 쇼 및 공연장의 전기설비

242.6.2 사용전압

무대 · 무대마루 밑 · 오케스트라 박스 · 영사실 기타 사람이나 무대 도구가 접촉할 우려가 있는 곳에 시설하는 저압 옥내배선, 전구선 또는 이동전선은 **사용전압이 400[V] 이하**이어야 한다.

242.6.3 배선 설비

1. 배선용 케이블은 구리 도체로 최소 단면적이 1.5[mm²]이며, 정격전압 450/750[V] 이하 염화비닐 절연 케이블 또는 정격전압 450/750[V] 이하 고무 절연케이블에 적합하여야 한다.

2. 무대마루 밑에 시설하는 전구선은 300/300[V] 편조 고무코드 또는 0.6/1[kV] EP 고무 절연 클로로프렌 캡타이어 케이블이어야 한다.

242.6.7 개폐기 및 과전류 차단기

1. 무대 · 무대마루 밑 · 오케스트라 박스 및 영사실의 전로에는 전용 개폐기 및 과전류 차단기를 시설하여야 한다.

2. 비상 조명을 제외한 조명용 분기회로 및 정격 32[A] 이하의 콘센트용 분기회로는 정격 감도전류 30[mA] 이하의 누전차단기로 보호하여야 한다.

242.7 터널, 갱도 기타 이와 유사한 장소

242.7.1 사람이 상시 통행하는 터널 안의 배선의 시설

1. 전압 : 저압

2. 전선 : 공칭단면적 2.5[mm²]의 연동선과 동등 이상의 세기 및 굵기의 절연전선(옥외용 비

닐 절연전선 및 인입용 비닐 절연전선을 제외한다.)

3. 배선 : 합성수지관공사, 금속관공사, 금속제 가요전선관공사, 케이블 공사 및 애자공사

4. 높이 : 노면상 2.5[m] 이상의 높이

5. 전로에는 터널의 입구에 가까운 곳에 전용 개폐기를 시설할 것.

242.7.4 터널 등의 전구선 또는 이동전선 등의 시설

1. 터널 등에 시설하는 사용전압이 400[V] 이하인 저압의 전구선 또는 이동전선은 다음과 같이 시설하여야 한다.

   가. 전구선은 단면적 0.75[mm^2] 이상의 300/300[V] 편조 고무코드 또는 0.6/1[kV] EP 고무 절연 클로로프렌 캡타이어 케이블일 것.

   나. 이동전선은 300/300[V] 편조 고무코드, 비닐 코드 또는 캡타이어 케이블일 것.

2. 터널 등에 시설하는 사용전압이 400[V] 초과인 저압의 이동전선은 0.6/1 [kV] EP 고무 절연 클로로프렌 캡타이어 케이블로서 단면적이 0.75[mm^2] 이상인 것일 것.

3. 특고압의 이동전선은 터널 등에 시설해서는 안 된다.

242.8 이동식 숙박차량 정박지, 야영지 및 이와 유사한 장소

242.8.2 일반특성의 평가

1. TN 접지계통에서는 레저용 숙박차량·텐트 또는 이동식 주택에 전원을 공급하는 최종 분기회로에는 PEN 도체가 포함되어서는 아니 된다.

2. 표준전압은 220/380[V]를 초과해서는 아니 된다.

242.8.5 배선방식

1. 이동식 숙박차량 정박지에 전원을 공급하기 위하여 시설하는 배선은 지중케이블 및 가공케이블 또는 가공절연전선을 사용하여야 한다.

2. 지중케이블은 추가적인 기계적 보호가 제공되지 않는 한 손상(텐트 고정말뚝, 지면 고정앵커 또는 차량의 이동에 의한 손상 등)을 방지하기 위하여 매설 깊이를 차량 기타 중량물의 압력을 받을 우려가 있는 장소에는 1.0[m] 이상, 기타 장소에는 0.6[m] 이상으로 하여야 한다.

3. 가공전선은 차량이 이동하는 모든 지역에서 지표상 6[m], 다른 모든 지역에서는 4[m] 이상의 높이로 시설하여야 한다.

242.8.6 전원자동차단에 의한 고장보호장치

1. 누전차단기

   가. 모든 콘센트는 정격감도전류가 30[mA] 이하인 누전차단기(중성선을 포함한 모든 극이 차단되는 것)에 의하여 개별적으로 보호되어야 한다.

   나. 이동식 주택 또는 이동식 조립주택에 공급하기 위해 고정 접속되는 최종분기회로는 정격감도전류가 30[mA] 이하인 누전차단기(중성선을 포함한 모든 극이 차단되는 것)에 의하여 개별적으로 보호되어야 한다.

2. 과전류에 대한 보호장치

    가. 모든 콘센트는 과전류보호장치로 개별적으로 보호하여야 한다.

    나. 이동식 주택 또는 이동식 조립주택에 전원 공급을 위한 고정 접속용의 최종분기회로는 과전류보호장치로 개별적으로 보호하여야 한다.

242.8.7 단로장치

각 배전반에는 적어도 하나의 단로장치를 설치하여야 한다. 이 장치는 중성선을 포함하여 모든 충전도체를 분리하여야 한다.

242.8.8 콘센트 시설

콘센트는 다음에 따라 시설하여야 한다.

1. 모든 콘센트는 최소한 IP44의 보호등급을 충족하거나 외함에 의해 그와 동등한 보호등급 이상이 되도록 시설하여야 한다.

2. 긴 연결코드로 인한 위험을 방지하기 위하여 하나의 외함 내에는 4개 이하의 콘센트를 조합 배치하여야 한다.

3. 모든 이동식 숙박차량의 정박구획 또는 텐트구획은 적어도 하나의 콘센트가 공급되어야 한다.

4. 정격전압 200[V]~250[V], 정격전류 16[A] 단상 콘센트가 제공되어야 한다. 다만, 보다 큰 수요가 예상되는 경우에는 더 높은 정격의 콘센트를 제공하여야 한다.

5. 콘센트는 지면으로부터 0.5[m]~1.5[m] 높이에 설치하여야 한다.

242.9 마리나 및 이와 유사한 장소

242.9.2 계통접지 및 전원공급

1. 마리나에서 TN 계통을 사용 시 TN-S 계통만을 사용하여야 한다. 육상의 절연변압기를 통하여 보호하는 경우를 제외하고 누전차단기를 사용하여야 한다. 또한, 놀이용 수상 기계기구 또는 선상가옥에 전원을 공급하는 최종회로는 PEN 도체를 포함해서는 아니 된다.

2. 표준전압은 220/380[V]를 초과해서는 아니 된다.

242.9.5 배선방식

1. 지중케이블의 매설 깊이를 차량 기타 중량물의 압력을 받을 우려가 있는 장소에는 1.0[m] 이상, 기타 장소에는 0.6[m] 이상으로 하여야 한다.

2. 가공케이블 또는 가공절연전선은 다음에 따라 시설하여야 한다.

    가. 모든 가공전선은 절연되어야 한다.

    나. 가공전선은 수송매체가 이동하는 모든 지역에서 지표상 6[m], 다른 모든 지역에서는 4[m] 이상의 높이로 시설하여야 한다.

242.9.6 전원의 자동차단에 의한 고장보호

누전차단기는 다음에 따라 개별적으로 보호되어야 하며 중성극을 포함한 모든 극을 차단하여야 한다.

1. 정격전류가 63[A] 이하 : 정격감도전류가 30[mA] 이하
2. 정격전류가 63[A]를 초과 : 정격감도전류 300[mA] 이하
3. 주거용 선박에 전원을 공급하는 접속장치 : 30[mA]를 초과하지 않는 개별 누전차단기로 보호되어야 한다.

242.9.7 단로장치

각 배전반에는 적어도 하나의 단로장치를 설치하여야 한다. 이 장치는 중성선을 포함하여 모든 충전도체를 분리하여야 한다.

242.9.8 콘센트 시설

정격전압 200[V]~250[V], 정격전류 16[A] 단상 콘센트가 제공되어야 한다. 다만, 보다 큰 수요가 예상되는 경우에는 더 높은 정격의 콘센트를 제공하여야 한다.

242.10 의료장소

242.10.1 적용범위

의료장소는 의료용 전기기기의 장착부(의료용 전기기기의 일부로서 환자의 신체와 필연적으로 접촉되는 부분)의 사용방법에 따라 다음과 같이 구분한다.

1. 그룹 0 : 일반병실, 진찰실, 검사실, 처치실, 재활치료실 등 장착부를 사용하지 않는 의료장소
2. 그룹 1 : 분만실, MRI실, X선 검사실, 회복실, 구급처치실, 인공투석실, 내시경실 등 장착부를 환자의 신체 외부 또는 심장 부위를 제외한 환자의 신체 내부에 삽입시켜 사용하는 의료장소
3. 그룹 2 : 관상동맥질환 처치실(심장카테터실), 심혈관조영실, 중환자실(집중치료실), 마취실, 수술실, 회복실 등 장착부를 환자의 심장 부위에 삽입 또는 접촉시켜 사용하는 의료장소

242.10.2 의료장소별 접지 계통

의료장소별로 다음과 같이 계통접지를 적용한다.

1. **그룹 0 : TT 계통 또는 TN 계통**
2. 그룹 1 : TT 계통 또는 TN 계통. 다만, 전원자동차단에 의한 보호가 의료행위에 중대한 지장을 초래할 우려가 있는 의료용 전기기기를 사용하는 회로에는 의료 IT 계통을 적용할 수 있다.
3. 그룹 2 : 의료 IT 계통. 다만, 이동식 X-레이 장치, 정격출력이 5[kVA] 이상인 대형 기기용 회로, 생명유지 장치가 아닌 일반 의료용 전기기기에 전력을 공급하는 회로 등에는 TT 계통 또는 TN 계통을 적용할 수 있다.
4. 의료장소에 TN 계통을 적용할 때에는 주배전반 이후의 부하 계통에서는 TN-C 계통으로 시설하지 말 것.

242.10.3 의료장소의 안전을 위한 보호 설비

의료장소의 안전을 위한 보호설비는 다음과 같이 시설한다.

1. 그룹 1 및 그룹 2의 의료 IT 계통은 다음과 같이 시설할 것.

    가. 전원측에 이중 또는 강화절연을 한 비단락보증 절연변압기를 설치하고 그 2차측 전로는 접지하지 말 것.

    나. 비단락 보증 절연변압기의 2차측 정격전압은 교류 250[V] 이하로 하며 공급방식 및 정격출력은 단상 2선식, 10[kVA] 이하로 할 것.

    다. 비단락 보증 절연변압기의 과부하 및 온도를 지속적으로 감시하는 장치를 적절한 장소에 설치할 것.

    라. 의료 IT 계통의 절연상태를 지속적으로 계측, 감시하는 장치를 다음과 같이 설치할 것.

    　　(1) 절연 감시장치를 설치하여 절연저항이 50[kΩ]까지 감소하면 표시설비 및 음향설비로 경보를 발하도록 할 것.

    　　(2) 표시설비 및 음향설비를 적절한 장소에 배치하여 의료진에 의하여 지속적으로 감시될 수 있도록 할 것.

    　　(3) 수술실 등의 내부에 설치되는 음향설비가 의료행위에 지장을 줄 우려가 있는 경우에는 기능을 정지시킬 수 있는 구조일 것.

    마. 의료 IT 계통의 분전반은 의료장소의 내부 혹은 가까운 외부에 설치할 것.

2. 그룹 1과 그룹 2의 의료장소에 무영등 등을 위한 특별저압(SELV 또는 PELV)회로를 시설하는 경우에는 사용전압은 교류 실효값 25[V] 또는 리플프리(ripple-free)직류 60[V] 이하로 할 것.

3. 의료장소의 전로에는 정격 감도전류 30[mA] 이하, 동작시간 0.03초 이내의 누전차단기를 설치할 것. 다만, 다음의 경우는 그러하지 아니하다.

    가. 의료 IT 계통의 전로

    나. TT 계통 또는 TN 계통에서 전원자동차단에 의한 보호가 의료행위에 중대한 지장을 초래할 우려가 있는 회로에 누전경보기를 시설하는 경우

    다. 의료장소의 바닥으로부터 2.5[m]를 초과하는 높이에 설치된 조명기구의 전원회로

    라. 건조한 장소에 설치하는 의료용 전기기기의 전원회로

242.10.4 의료장소 내의 접지 설비

의료장소와 의료장소 내의 전기설비 및 의료용 전기기기의 노출도전부, 그리고 계통외도전부에 대하여 다음과 같이 접지설비를 시설하여야 한다.

1. 의료장소마다 그 내부 또는 근처에 등전위본딩 바를 설치할 것. 다만, 인접하는 의료장소와의 바닥 면적 합계가 50[m²] 이하인 경우에는 등전위본딩 바를 공용할 수 있다.

2. 의료장소 내에서 사용하는 모든 전기설비 및 의료용 전기기기의 노출도전부는 보호도체에 의하여 등전위본딩 바에 각각 접속되도록 할 것.

3. 보호도체, 등전위 본딩도체 및 접지도체의 종류는 450/750[V] 일반용 단심 비닐 절연전선으로서 절연체의 색이 녹/황의 줄무늬이거나 녹색인 것을 사용할 것.

242.10.5 의료장소내의 비상전원

상용전원 공급이 중단될 경우 의료행위에 중대한 지장을 초래할 우려가 있는 전기설비 및 의료용 전기기기에는 다음에 따라 비상전원을 공급하여야 한다.

1. **절환시간 0.5초 이내에 비상전원을 공급**하는 장치 또는 기기

   가. 0.5초 이내에 전력공급이 필요한 생명유지장치

   나. 그룹 1 또는 그룹 2의 의료장소의 **수술등, 내시경, 수술실 테이블, 기타 필수 조명**

2. 절환시간 15초 이내에 비상전원을 공급하는 장치 또는 기기

   가. 15초 이내에 전력공급이 필요한 생명유지장치

   나. 그룹 2의 의료장소에 최소 50[%]의 조명, 그룹 1의 의료장소에 최소 1개의 조명

3. 절환시간 15초를 초과하여 비상전원을 공급하는 장치 또는 기기

   가. 병원기능을 유지하기 위한 기본 작업에 필요한 조명

   나. 그 밖의 병원 기능을 유지하기 위하여 중요한 기기 또는 설비

242.11 엘리베이터·덤웨이터 등의 승강로 안의 저압 옥내배선 등의 시설

엘리베이터·덤웨이터 등의 승강로 내에 시설하는 사용전압이 400[V] 이하인 저압 옥내배선, 저압의 이동전선 및 이에 직접 접속하는 리프트 케이블은 비닐 리프트 케이블 또는 고무 리프트 케이블을 사용하여야 한다.

243- 저압 옥내 직류전기설비

243.1 저압 옥내직류 전기설비

243.1.3 저압 직류과전류차단장치

1. 저압 직류전로에 과전류차단장치를 시설하는 경우 직류단락전류를 차단하는 능력을 가지는 것이어야 하고 "직류용" 표시를 하여야 한다.
2. 다중전원전로의 과전류차단기는 모든 전원을 차단할 수 있도록 시설하여야 한다.

243.1.7 축전지실 등의 시설

1. 30[V]를 초과하는 축전지는 비접지측 도체에 쉽게 차단할 수 있는 곳에 개폐기를 시설하여야 한다.
2. 옥내전로에 연계되는 축전지는 비접지측 도체에 과전류보호장치를 시설하여야 한다.
3. 축전지실 등은 폭발성의 가스가 축적되지 않도록 환기장치 등을 시설하여야 한다.

243.1.8 저압 옥내 직류전기설비의 접지

1. 직류 2선식의 임의의 한 점 또는 변환장치의 직류측 중간점, 태양전지의 중간점 등을 접지하여야 한다. 다만, 직류 2선식을 다음에 따라 시설하는 경우는 그러하지 아니하다.

   가. 사용전압이 60[V] 이하인 경우

나. 접지검출기를 설치하고 특정구역내의 산업용 기계기구에만 공급하는 경우

다. 교류전로로부터 공급을 받는 정류기에서 인출되는 직류계통

라. 최대전류 30[mA] 이하의 직류화재경보회로

마. 절연감시장치 또는 절연고장점검출장치를 설치하여 관리자가 확인할 수 있도록 경보장치를 시설하는 경우

2. 직류전기설비를 시설하는 경우는 감전에 대한 보호를 하여야 한다.

3. 직류전기설비의 접지시설은 전기부식방지를 하여야 한다.

4. 직류접지계통은 교류접지계통과 같은 방법으로 금속제 외함, 교류접지도체 등과 본딩하여야 하며, 교류접지가 피뢰설비·통신접지 등과 통합접지되어 있는 경우는 함께 통합접지공사를 할 수 있다. 이 경우 낙뢰 등에 의한 과전압으로부터 전기설비 등을 보호하기 위해 서지보호장치(SPD)를 설치하여야 한다.

244- 비상용 예비전원설비

244.1 일반 요구사항

244.1.2 비상용 예비전원설비의 조건 및 분류

1. 비상용 예비전원설비는 상용전원의 고장 또는 화재 등으로 정전되었을 때 수용장소동 전원에 전력을 공급하도록 시설하여야 한다.

2. 비상용 예비전원설비의 전원 공급방법은 다음과 같이 분류한다.

가. 수동 전원공급

나. 자동 전원공급

3. 자동 전원공급은 절환 시간에 따라 다음과 같이 분류된다.

가. 무순단 : 과도시간 내에 전압 또는 주파수 변동 등 정해진 조건에서 연속적인 전원공급이 가능한 것.

나. 순단 : 0.15초 이내 자동 전원공급이 가능한 것.

다. 단시간 차단 : 0.5초 이내 자동 전원공급이 가능한 것.

라. 보통 차단 : 5초 이내 자동 전원공급이 가능한 것.

마. 중간 차단 : 15초 이내 자동 전원공급이 가능한 것.

바. 장시간 차단 : 자동 전원공급이 15초 이후에 가능한 것.

244.2 시설기준

244.2.1 비상용 예비전원의 시설

상용전원의 정전으로 비상용전원이 대체되는 경우에는 상용전원과 병렬운전이 되지 않도록 다음 중 하나 또는 그 이상의 조합으로 격리조치를 하여야 한다.

1. 조작기구 또는 절환 개폐장치의 제어회로 사이의 전기적, 기계적 또는 전기 기계적 연동

2. 단일 이동식 열쇠를 갖춘 잠금 계통
3. 차단-중립-투입의 3단계 절환 개폐장치
4. 적절한 연동기능을 갖춘 자동 절환 개폐장치
5. 동등한 동작을 보장하는 기타 수단

244.2.2 비상용 예비전원설비의 배선

1. 비상용 예비전원설비의 전로는 다른 전로로부터 독립되어야 한다.
2. 비상용 예비전원설비의 전로는 그들이 내화성이 아니라면, 어떠한 경우라도 화재의 위험과 폭발의 위험에 노출되어 있는 지역을 통과해서는 안 된다.
3. 다음 배선설비 중 하나 또는 그 이상을 화재상태에서 운전하는 것이 요구되는 비상용 예비 전원설비에 적용하여야 한다.
   가. 무기물 절연(MI) 케이블
   나. 내화 케이블
   다. 화재 및 기계적 보호를 위한 배선설비
4. 직류로 공급될 수 있는 비상용 예비전원설비 전로는 2극 과전류 보호장치를 구비하여야 한다.
5. 교류전원과 직류전원 모두에서 사용하는 개폐장치 및 제어장치는 교류조작 및 직류조작 모두에 적합하여야 한다.

감전에 대한 보호

01 ★★★★ 【83. 85. 95. 20. 25. 기사, 79. 93. 산업기사】
금속제 외함을 가진 저압의 기계기구로서 사람이 쉽게 접촉될 우려가 있는 곳에 시설하는 경우 전기를 공급받는 전로에 지락이 생겼을 때 자동적으로 전로를 차단하는 장치를 설치하여야 하는 기계기구의 사용전압이 몇 [V]를 초과하는 경우인가?

① 30   ② 50   ③ 100   ④ 150

해설 211.2.4 누전차단기의 시설
금속제 외함을 가지는 사용전압이 50[V]를 초과하는 저압의 기계 기구로서 사람이 쉽게 접촉할 우려가 있는 곳에 시설하는 것에 전기를 공급하는 전로에는 전원의 자동차단에 의한 저압전로의 보호대책으로 누전 차단기를 시설하여야 한다.

02 ★★ 【97. 00. 기사】
금속제 외함을 가지는 사용 전압 50[V]를 넘는 저압의 기계 기구에 전기를 공급하는 전로로서 지락 차단 장치를 시설하여야 되는 것은?

① 기계기구가 고무, 합성수지, 기타 절연물로 피복된 경우
② 기계기구를 건조한 장소에 시설하는 경우
③ 기계기구에 설치한 접지공사의 접지저항값이 10[Ω]인 경우
④ 전원측에 절연 변압기를 시설하고 변압기의 부하측을 비접지로 시설하는 경우

해설 211.2.4 누전차단기의 시설
금속제 외함을 가지는 사용전압이 50[V]를 초과하는 저압의 기계기구로서 사람이 쉽게 접촉할 우려가 있는 곳에 시설하는 것에 전기를 공급하는 전로. 다만, 다음의 어느 하나에 해당하는 경우에는 적용하지 않는다.
가. 기계기구를 발전소·변전소·개폐소 또는 이에 준하는 곳에 시설하는 경우
나. 기계기구를 건조한 곳에 시설하는 경우
다. 그 전로의 전원측에 절연변압기를 시설하고 또한 그 절연 변압기의 부하측의 전로에 접지하지 아니하는 경우
라. 기계기구가 고무·합성수지 기타 절연물로 피복된 경우

03 ☆ 【87. 산업기사】
누설차단기 시설이 제외된 사항이 아닌 것은?

① 기계 기구를 건조한 장소에 시설하는 경우
② 기계 기구를 발전소, 변전소 또는 개폐소나 이에 준하는 곳에 시설하는 경우
③ 기계 기구가 유도 전동기의 2차측 전로에 접속되는 경우
④ 금속제 외함으로 50[V]를 넘는 저압의 기계 기구에 사람의 접촉 우려가 있는 경우

답 1. ② 2. ③ 3. ④

해설 211.2.4 누전차단기의 시설
금속제 외함을 가지는 사용전압이 50[V]를 초과하는 저압의 기계기구로서 사람이 쉽게 접촉할 우려가 있는 곳에 시설하는 것에 전기를 공급하는 전로에는 누전차단기를 시설하여야 한다.

과전류에 대한 보호

★【14. 기사】
04 과전류차단기로 저압전로에 사용하는 15[A] 퓨즈를 수평으로 붙인 경우 이 퓨즈는 정격전류의 몇 배의 전류에 견딜 수 있어야 하는가?

① 1.5　　　　② 1.6　　　　③ 1.9　　　　④ 2

해설 212.3.4 보호장치의 특성
1. 과전류 보호장치는 KS C 또는 KS C IEC 관련 표준(배선차단기, 누전차단기, 퓨즈 등의 표준)의 동작 특성에 적합하여야 한다.
2. 과전류차단기로 저압전로에 사용하는 범용의 퓨즈는 표에 적합한 것이어야 한다.

표. 퓨즈(gG)의 용단특성

정격전류의 구분	시간	정격전류의 배수	
		불용단전류	용단전류
4[A] 이하	60분	1.5배	2.1배
4[A] 초과 16[A] 미만	60분	1.5배	1.9배
16[A] 이상 63[A] 이하	60분	1.25배	1.6배
63[A] 초과 160[A] 이하	120분	1.25배	1.6배
160[A] 초과 400[A] 이하	180분	1.25배	1.6배
400[A] 초과	240분	1.25배	1.6배

★★★☆【84. 92. 99. 기사, 01. 산업기사】
05 과전류차단기로 저압전로에 사용하는 50[A] 퓨즈를 붙인 경우 이 퓨즈는 정격전류의 몇 배의 전류에 견딜 수 있어야 하는가?

① 1.1배　　　　② 1.2배　　　　③ 1.25배　　　　④ 1.5배

해설 212.3.4 보호장치의 특성
1. 과전류 보호장치는 KS C 또는 KS C IEC 관련 표준(배선차단기, 누전차단기, 퓨즈 등의 표준)의 동작 특성에 적합하여야 한다.
2. 과전류차단기로 저압전로에 사용하는 범용의 퓨즈는 표에 적합한 것이어야 한다.

표. 퓨즈(gG)의 용단특성

정격전류의 구분	시간	정격전류의 배수	
		불용단전류	용단전류
4[A] 이하	60분	1.5배	2.1배
4[A] 초과 16[A] 미만	60분	1.5배	1.9배
16[A] 이상 63[A] 이하	60분	1.25배	1.6배
63[A] 초과 160[A] 이하	120분	1.25배	1.6배
160[A] 초과 400[A] 이하	180분	1.25배	1.6배
400[A] 초과	240분	1.25배	1.6배

답 4. ①　5. ③

★★★【95. 01. 09. 기사, 95. 99. 산업기사, ⊕ : 11. 기사】

06 과전류차단기로 저압전로에 사용하는 80[A] 퓨즈는 수평으로 붙일 경우 정격전류의 1.6배 전류를 통한 경우에 몇 분 안에 용단되어야 하는가?

① 30   ② 60   ③ 120   ④ 180

해설 212.3.4 보호장치의 특성
1. 과전류 보호장치는 KS C 또는 KS C IEC 관련 표준(배선차단기, 누전차단기, 퓨즈 등의 표준)의 동작 특성에 적합하여야 한다.
2. 과전류차단기로 저압전로에 사용하는 범용의 퓨즈는 표에 적합한 것이어야 한다.

표. 퓨즈(gG)의 용단특성

정격전류의 구분	시간	정격전류의 배수	
		불용단전류	용단전류
4[A] 이하	60분	1.5배	2.1배
4[A] 초과 16[A] 미만	60분	1.5배	1.9배
16[A] 이상 63[A] 이하	60분	1.25배	1.6배
63[A] 초과 160[A] 이하	120분	1.25배	1.6배
160[A] 초과 400[A] 이하	180분	1.25배	1.6배
400[A] 초과	240분	1.25배	1.6배

★☆【09. 11. 기사, 14. 산업기사】

07 과전류 차단기로서 저압 전로에 사용하는 400[A] 퓨즈를 수평으로 붙여서 시험할 때 정격전류의 1.6배의 전류를 통하는 경우 몇 분 안에 용단되어야 하는가?

① 30분   ② 60분   ③ 120분   ④ 180분

해설 212.3.4 보호장치의 특성
1. 과전류 보호장치는 KS C 또는 KS C IEC 관련 표준(배선차단기, 누전차단기, 퓨즈 등의 표준)의 동작 특성에 적합하여야 한다.
2. 과전류차단기로 저압전로에 사용하는 범용의 퓨즈는 표에 적합한 것이어야 한다.

표. 퓨즈(gG)의 용단특성

정격전류의 구분	시간	정격전류의 배수	
		불용단전류	용단전류
4[A] 이하	60분	1.5배	2.1배
4[A] 초과 16[A] 미만	60분	1.5배	1.9배
16[A] 이상 63[A] 이하	60분	1.25배	1.6배
63[A] 초과 160[A] 이하	120분	1.25배	1.6배
160[A] 초과 400[A] 이하	180분	1.25배	1.6배
400[A] 초과	240분	1.25배	1.6배

★【94. 02. 기사, 01. 산업기사】

08 과전류 차단기로 저압전로에 사용하는 30[A] 퓨즈를 설치할 경우의 동작 특성으로 옳은 것은?

① 정격전류의 1.25배의 전류에 견딜 것
② 정격전류의 1.6배로 60분 이상 견딜 것
③ 정격전류의 1.8배로 120분 이내에 용단될 것
④ 정격전류의 2배의 전류로 10분 안에 용단될 것

📖 6. ③ 7. ④ 8. ①

해설 212.3.4 보호장치의 특성
1. 과전류 보호장치는 KS C 또는 KS C IEC 관련 표준(배선차단기, 누전차단기, 퓨즈 등의 표준)의 동작 특성에 적합하여야 한다.
2. 과전류차단기로 저압전로에 사용하는 범용의 퓨즈는 표에 적합한 것이어야 한다.

표. 퓨즈(gG)의 용단특성

정격전류의 구분	시간	정격전류의 배수	
		불용단전류	용단전류
4[A] 이하	60분	1.5배	2.1배
4[A] 초과 16[A] 미만	60분	1.5배	1.9배
16[A] 이상 63[A] 이하	60분	1.25배	1.6배
63[A] 초과 160[A] 이하	120분	1.25배	1.6배
160[A] 초과 400[A] 이하	180분	1.25배	1.6배
400[A] 초과	240분	1.25배	1.6배

☆【18. 기사】
09 저압 옥내간선에서 분기하여 전기사용 기계기구에 이르는 저압 옥내전로는 분기점에서 전선의 길이가 몇 [m] 이하인 곳에 개폐기 및 과전류차단기를 시설하여야 하는가? 단, 단락의 위험과 화재 및 인체에 대한 위험성이 최소화 되도록 시설된 경우

① 2　　　② 3　　　③ 4　　　④ 5

해설 212.4.2 과부하 보호장치의 설치 위치
가. 과부하 보호장치는 전로 중 도체의 단면적, 특성, 설치방법, 구성의 변경으로 도체의 허용전류 값이 줄어드는 곳(이하 분기점이라 함)에 설치해야 한다.
나. 과부하 보호장치는 분기점(O)에 설치해야 하나, 분기점(O)점과 분기회로의 과부하 보호장치(P_2) 설치점 사이의 배선 부분에 다른 분기회로나 콘센트 회로가 접속되어 있지 않고, 다음 중 하나를 충족하는 경우에는 변경이 있는 배선에 설치할 수 있다.
① 분기회로에 대한 단락보호가 이루어지고 있는 경우 : 분기회로의 보호장치 P_2는 분기회로의 분기점(O)으로부터 부하 측으로 거리에 구애 받지 않고 이동하여 설치할 수 있다.

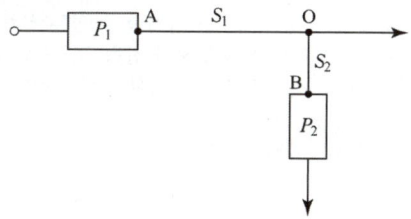

② 단락의 위험과 화재 및 인체에 대한 위험성이 최소화 되도록 시설된 경우 : 분기회로의 보호장치 (P_2)는 분기회로의 분기점(O)으로부터 3[m]까지 이동하여 설치할 수 있다.

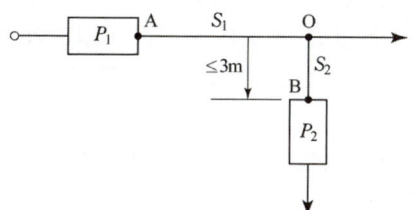

전동기 과부하 보호장치

★★☆ 【83. 90. 17. 기사, 83. 산업기사】
10 전동기의 과부하 보호장치의 시설에서 전원측 전로에 시설한 배선용 차단기의 정격전류가 몇 [A] 이하의 것이면 이 전로에 접속하는 단상전동기에는 과부하 보호장치를 생략할 수 있는가?

① 16　　　　　　　② 20　　　　　　　③ 30　　　　　　　④ 50

해설 212.6.3 저압전로 중의 전동기 보호용 과전류보호장치의 시설
옥내에 시설하는 전동기에는 전동기가 손상될 우려가 있는 과전류가 생겼을 때에 자동적으로 이를 저지하거나 이를 경보하는 장치를 하여야 한다. 다만, 다음의 어느 하나에 해당하는 경우에는 그러하지 아니하다.
가. 전동기를 운전 중 상시 취급자가 감시할 수 있는 위치에 시설하는 경우
나. 전동기의 구조나 부하의 성질로 보아 전동기가 손상될 수 있는 과전류가 생길 우려가 없는 경우
다. 단상전동기로써 그 전원측 전로에 시설하는 과전류 차단기의 정격전류가 16[A](배선용 차단기는 20[A]) 이하인 경우
라. 정격 출력이 0.2[kW] 이하의 전동기

☆ 【98. 05. 산업기사】
11 옥내에 시설하는 전동기가 소손되는 것을 방지하기 위한 과부하 보호 장치를 하지 않아도 되는 것은?

① 전동기 출력이 0.4[kW]이며, 취급자가 감시할 수 없는 경우
② 정격 출력이 0.2[kW] 이하인 경우
③ 전류 차단기가 없는 경우
④ 정격 출력이 10[kW] 이상인 경우

해설 212.6.3 저압전로 중의 전동기 보호용 과전류보호장치의 시설
옥내에 시설하는 전동기에는 전동기가 손상될 우려가 있는 과전류가 생겼을 때에 자동적으로 이를 저지하거나 이를 경보하는 장치를 하여야 한다. 다만, 다음의 어느 하나에 해당하는 경우에는 그러하지 아니하다.
가. 전동기를 운전 중 상시 취급자가 감시할 수 있는 위치에 시설하는 경우
나. 전동기의 구조나 부하의 성질로 보아 전동기가 손상될 수 있는 과전류가 생길 우려가 없는 경우
다. 단상전동기로써 그 전원측 전로에 시설하는 과전류 차단기의 정격전류가 16[A](배선용 차단기는 20[A]) 이하인 경우
라. 정격 출력이 0.2[kW] 이하의 전동기

★★ 【92. 02. 09. 기사, 12. 산업기사】
12 옥내에 시설하는 전동기에 과부하 보호 장치의 시설을 생략할 수 없는 경우는?

① 전동기의 정격 출력이 0.75[kW]인 전동기
② 타인이 출입할 수 없고, 전동기가 소손할 정도의 과전류가 생길 우려가 없는 경우
③ 전동기가 단상의 것으로 그 전원측 전로에 시설하는 배선용 차단기의 정격 전류가 20[A] 이하인 경우
④ 전동기가 단상의 것으로 그 전원측 전로에 시설하는 과전류 차단기의 정격 전류가 16[A] 이하인 경우

답 10. ②　11. ②　12. ①

해설 212.6.3 저압전로 중의 전동기 보호용 과전류보호장치의 시설
전동기의 출력이 0.2[kW] 이하일 경우 과부하 보호 장치 생략 가능

⧓ 유사문제

‖유사문제 원문 및 해설 : 동일출판사 홈페이지≫고객센터≫자료실

01. 옥내에 시설하는 전동기(0.2[kW] 이하는 제외)는 원칙적으로 과부하 보호 장치를 시설하도록 규정하고 있다. 다음 중 과부하 보호 장치를 생략할 수 없는 사항은?

답 전동기의 정격 출력이 7.5[kW] 이하로서 취급자가 감시할 수 있는 위치에 전동기에 흐르는 전류값을 표시하는 계기를 시설하는 경우

저압 인입선 시설

★★★★【95. 00. 기사, 95. 96. 98. 99. 산업기사】
13 저압 가공 인입선의 전선으로 사용해서는 아니되는 것은?

① 나전선   ② 절연전선
③ 옥외용 비닐절연전선   ④ 케이블

해설 221.1.1 저압 인입선의 시설
저압 가공인입선은 다음에 따라 시설하여야 한다.
가. 전선은 절연전선 또는 케이블일 것
나. 전선이 절연전선인 경우
    ① 경간이 15[m] 초과 : 인장강도 2.30[kN] 이상의 것 또는 지름 2.6[mm] 이상의 인입용 비닐절연전선일 것
    ② 경간이 15[m] 이하 : 인장강도 1.25[kN] 이상의 것 또는 지름 2[mm] 이상의 인입용 비닐절연전선일 것
다. 전선이 옥외용 비닐절연전선인 경우에는 사람이 접촉할 우려가 없도록 시설할 것

★【00. 기사, 11. 산업기사】
14 저압 가공인입선의 시설에 대한 설명으로 틀린 것은?

① 전선은 절연 전선, 케이블일 것
② 전선은 지름 1.6[mm]의 경동선 또는 이와 동등 이상의 세기 및 굵기일 것
③ 전선의 높이는 철도 및 궤도를 횡단하는 경우에는 궤조면상 6.5[m] 이상일 것
④ 전선의 높이는 횡단 보도교의 위에 시설하는 경우에는 노면상 3[m] 이상일 것

해설 221.1.1 저압 인입선의 시설
가. 전선은 절연전선 또는 케이블일 것
나. 전선이 절연전선인 경우
    ① 경간이 15[m] 초과 : 인장강도 2.30[kN] 이상의 것 또는 지름 2.6[mm] 이상의 인입용 비닐절연전선일 것

② 경간이 15[m] 이하 : 인장강도 1.25[kN] 이상의 것 또는 **지름 2[mm] 이상의 인입용 비닐절연전선**
일 것

다. 전선이 옥외용 비닐절연전선인 경우에는 사람이 접촉할 우려가 없도록 시설할 것

★★ 【87. 기사, 93. 96. 산업기사】
15 저압 인입선의 시설에서 도로 횡단시 노면 상 높이는 몇 [m] 이상이어야 하는가?

① 6   ② 5   ③ 4   ④ 3

해설 221.1.1 저압 인입선의 시설
전선의 높이는 다음에 의할 것.
가. **도로**(차도와 보도의 구별이 있는 도로인 경우에는 차도)**를 횡단하는 경우** : 노면상 5[m](기술상 부득이
한 경우에 교통에 지장이 없을 때에는 3[m]) 이상
나. 철도 또는 궤도를 횡단하는 경우 : 레일면상 6.5[m] 이상
다. 횡단보도교의 위에 시설하는 경우 : 노면상 3[m] 이상
라. 가에서 나까지 이외의 경우 : 지표상 4[m] 이상(기술상 부득이한 경우에 교통에 지장이 없을 때에는
2.5[m] 이상)

★★ 【01. 기사, 80. 97. 산업기사】
16 저압 연접 인입선이 횡단할 수 있는 최대의 도로 폭[m]은?

① 3.5   ② 4.0   ③ 5.0   ④ 5.5

해설 221.1.2 연접 인입선의 시설
저압 연접인입선은 다음에 따라 시설하여야 한다.
가. 인입선에서 **분기하는 점으로부터 100[m]**를 초과하는 지역에 미치지 아니할 것.
나. **폭 5[m]를 초과하는 도로를 횡단하지 아니할 것.**
다. 옥내를 통과하지 아니할 것.

★☆ 【84. 90. 98. 산업기사】
17 다음 저압 연접 인입선의 시설 규정 중 틀린 것은?

① 경간이 20[m]인 곳에 직경 2.0[mm] DV 전선을 사용하였다.

② 인입선에서 분기하는 점으로부터 100[m]를 넘지 않았다.

③ 폭 4.5[m]의 도로를 횡단하였다.

④ 옥내를 통과하지 않도록 했다.

해설 221.1.2 연접 인입선의 시설
가. 전선은 절연전선 또는 케이블일 것.
나. 전선이 절연전선인 경우
① **경간이 15[m] 초과** : 인장강도 2.30[kN] 이상의 것 또는 **지름 2.6[mm] 이상의 인입용 비닐절연전선**
일 것.
② 경간이 15[m] 이하 : 인장강도 1.25[kN] 이상의 것 또는 지름 2[mm] 이상의 인입용 비닐절연전
선일 것.
다. 전선이 옥외용 비닐절연전선인 경우에는 사람이 접촉할 우려가 없도록 시설할 것.

저압 옥측전선로

★★【88. 01. 기사】
18 다음은 저압 옥측 전선로의 종별에 따르는 시설 장소를 설명한 것이다. 장소에 따른 부적정한 공사의 종별을 택한 것은 어느 것인가?

① 버스덕트공사를 철골조로 된 공장 건물에 시설하고자 한다.
② 합성수지관공사를 목조로 된 건축물에 시설하고자 한다.
③ 금속관공사를 목조로 된 건축물에 시설하고자 한다.
④ 애자공사를 전개된 장소가 있는 공장 건물에 시설하고자 한다.

해설 221.2 옥측전선로
저압 옥측전선로는 다음의 공사방법에 의할 것.
가. 애자공사(전개된 장소에 한한다.)
나. 합성수지관공사
다. 금속관공사(목조 이외의 조영물에 시설하는 경우에 한한다)
라. 버스덕트공사[목조 이외의 조영물(점검할 수 없는 은폐된 장소는 제외한다)에 시설하는 경우에 한한다.]
마. 케이블공사(연피 케이블·알루미늄피 케이블 또는 무기물 절연 케이블을 사용하는 경우에는 목조 이외의 조영물에 시설하는 경우에 한한다)

★★【95. 04. 11. 기사】
19 저압 옥측 전선로의 시설로 잘못된 것은?

① 철골조 조영물로 버스덕트공사로 시설
② 목조 조영물로 합성수지관공사로 시설
③ 목조 조영물에 금속관공사로 시설
④ 전개된 장소에 애자공사로 시설

해설 221.2 옥측전선로
애자공사(전개된 장소에 한함), 합성수지관공사, 금속관공사, 버스덕트공사, 케이블공사에 의하여 시설할 수 있으나 애자공사는 전개된 장소에 한하여 시설하며 금속관공사, 버스덕트공사, 케이블공사는 목조 이외에 조영물에 한하여 시설할 수 있다.

저압 옥상전선로

★【97. 23. 기사】
20 저압 옥상전선로에 시설하는 전선은 지름 몇 [mm]의 경동선 또는 이와 동등 이상의 세기 및 굵기의 것이어야 하는가?

① 1.6　　　　② 2.0　　　　③ 2.6　　　　④ 3.2

해설 221.3 옥상전선로
전선은 인장강도 2.30[kN] 이상의 것 또는 지름 2.6[mm] 이상의 경동선을 사용할 것.

답 18. ③ 19. ③ 20. ③

21 ★ 【86. 87. 23. 산업기사】

저압 옥상전선로의 시설에 대한 설명이다. 옳지 못한 시설 방법은?

① 전선은 절연 전선을 사용하였다.

② 전선은 지름 2.6[mm]의 경동선을 사용하였다.

③ 전선은 지지점간의 거리를 20[m]로 하였다.

④ 전선과 식물과의 이격거리를 20[cm] 이상으로 유지시켰다.

> 해설 221.3 옥상전선로
> 전선은 조영재에 견고하게 붙인 지지주 또는 지지대에 절연성·난연성 및 내수성이 있는 애자를 사용하여 지지하고 또한 그 지지점 간의 거리는 15[m] 이하일 것.

저압 가공전선의 굵기

22 ★★☆ 【95. 99. 기사, 97. 산업기사】

일반적으로 저압 가공전선으로 사용할 수 없는 것은?

① 케이블   ② 절연 전선   ③ 다심형 전선   ④ 나동복강선

> 해설 222.5 저압 가공전선의 굵기 및 종류
> 저압 가공 전선은 나전선, 절연전선, 다심형 전선 또는 케이블을 사용한다.

23 ★★★★ 【01. 05. 14. 기사, 83. 93. 04. 11. 산업기사】

교량 위에 시설하는 220[V] 조명용 저압 가공전선로에 사용되는 경동선의 최소 굵기는 몇 [mm]인가? 단, 전선은 절연전선을 사용한다.

① 1.6   ② 2.0   ③ 2.3   ④ 2.6

> 해설 222.5 저압 가공전선의 굵기 및 종류

전 압	조 건	전선의 굵기 및 인장강도
400[V] 이하	절연전선	인장강도 2.3[kN] 이상의 것 또는 지름 2.6[mm]이상의 경동선
	케이블 이외	인장강도 3.43[kN] 이상의 것 또는 지름 3.2[mm] 이상의 경동선
400[V] 초과인 저압(케이블 이외)	시가지에 시설	인장강도 8.01[kN]이상의 것 또는 지름 5[mm] 이상의 경동선
	시가지 외에 시설	인장강도 5.26[kN] 이상의 것 또는 지름 4[mm]이상의 경동선

24 ★★★☆ 【94. 00. 기사, 86. 93. 96. 산업기사】

시가지 내에 가설되는 200[V] 가공전선을 절연전선으로 사용할 경우 그 최소 굵기는 지름 몇 [mm]인가?

① 2   ② 2.6   ③ 3.2   ④ 4

> 해설 222.5 저압 가공전선의 굵기 및 종류

25 ★☆【93. 기사, 99. 산업기사】 시가지에서 400[V] 이하의 저압 가공 전선로의 나경동선의 경우 최소 굵기[mm]는?

① 1.6   ② 2.8   ③ 2.6   ④ 3.2

해설 222.5 저압 가공전선의 굵기 및 종류

전 압	조 건	전선의 굵기 및 인장강도
400[V] 이하	절연전선	인장강도 2.3[kN] 이상의 것 또는 지름 2.6[mm]이상의 경동선
	케이블 이외	인장강도 3.43[kN] 이상의 것 또는 지름 3.2[mm] 이상의 경동선
400[V] 초과인 저압(케이블 이외)	시가지에 시설	인장강도 8.01[kN]이상의 것 또는 지름 5[mm] 이상의 경동선
	시가지 외에 시설	인장강도 5.26[kN] 이상의 것 또는 지름 4[mm]이상의 경동선

저압 보안공사

26 ★★【86. 기사, 93. 97. 05. 산업기사】 저압 보안 공사 시에 사용되는 전선으로 경동선을 사용할 경우 그 지름은 몇 [mm]의 것을 사용하여야 하는가?(단, 400[V] 이하임)

① 4   ② 3.5   ③ 2.6   ④ 1.2

해설 222.10 저압 보안공사
저압 보안공사 시 전선은 케이블인 경우 이외에는 인장강도 8.01 [kN] 이상의 것 또는 지름 5[mm](사용전압이 400[V] 이하인 경우에는 인장강도 5.26[kN] 이상의 것 또는 지름 4[mm] 이상의 경동선) 이상의 경동선이어야 한다.

27 ☆【97. 산업기사】 저압 보안 공사에 사용되는 목주의 굵기는 말구의 지름이 몇 [cm] 이상이어야 하는가?

① 8   ② 10   ③ 12   ④ 14

해설 222.10 저압 보안공사
목주의 굵기는 말구의 지름 0.12[m] 이상이고 풍압 하중의 안전율은 1.5 이상이어야 한다.

28 ★☆【77. 기사, 95. 산업기사】 저압 보안 공사에 있어서 A종 철근 콘크리트주의 최대 경간[m]은?

① 50   ② 75   ③ 100   ④ 150

해설 222.10 저압 보안공사

지지물의 종류	경 간
목주·A종 철주 또는 A종 철근 콘크리트주	100[m]
B종 철주 또는 B종 철근 콘크리트주	150[m]
철탑	400[m]

답 25. ④ 26. ① 27. ③ 28. ③

☆ 【89. 산업기사】

29 저압 가공전선이 다른 저압 가공전선과 접근 교차 상태로 시설할 때 저압 가공전선 상호의 최소 이격거리[m]는?

① 0.6   ② 1.0

③ 1.2   ④ 2.0

해설 222.16 저압 가공전선 상호 간의 접근 또는 교차

구분	저압 가공전선	
	일 반	고압·특고압 절연전선 또는 케이블
저압가공전선	0.6[m]	0.3[m]
저압가공전선로의 지지물	0.3[m]	

저압 가공전선과 식물과의 이격거리

★★★★☆ 【95. 97. 기사, 91. 95. 99. 산업기사, ㉫ : 98. 기사】

30 저압 가공 전선과 식물과의 이격거리는 저압 가공 전선에 있어서는 몇 [cm] 이상이어야 하는가?

① 20

② 30

③ 60

④ 상시불고 있는 바람에 접촉하지 않도록

해설 222.19 저압 가공전선과 식물의 이격거리
저압 가공전선은 상시 부는 바람 등에 의하여 식물에 접촉하지 않도록 시설하여야 한다.

옥측 전선로

★ 【91. 기사】

31 저압 옥측 전선로에 인접하는 가공 전선의 굵기[mm]는?

① 2.6   ② 3.2

③ 4.0   ④ 5.0

해설 222.20 저압 옥측전선로 등에 인접하는 가공전선의 시설
전선이 케이블인 경우 이외에는 인장강도 2.30[kN] 이상의 것 또는 지름 2.6[mm] 이상의 인입용 비닐절연전선 일 것.(단, 경간 15[m] 이하 시 인장강도 1.25[kN] 이상의 것 또는 지름 2[mm]이상의 인입용 비닐절연전선)

답 29. ① 30. ④ 31. ①

농사용 전선로

32 ★★★ 【88. 02. 기사, 94. 99. 00. 05. 07. 11. 산업기사】
농사용 저압 가공 전선로의 최대 경간은 몇 [m]인가?

① 30　　　　　② 60　　　　　③ 50　　　　　④ 100

[해설] 222.22 농사용 저압 가공전선로의 시설
　가. 사용전압은 저압일 것.
　나. 저압 가공전선은 인장강도 1.38[kN] 이상의 것 또는 지름 2[mm] 이상의 경동선일 것.
　다. 저압 가공전선의 지표상의 높이는 3.5[m] 이상일 것. 다만, 저압 가공전선을 사람이 쉽게 출입하지
　　못하는 곳에 시설하는 경우에는 3[m]까지로 감할 수 있다.
　라. 목주의 굵기는 말구 지름이 0.09[m] 이상일 것.
　마. 전선로의 지지점 간 거리는 30[m] 이하일 것.

구내 전선로

33 ★☆ 【00. 09. 기사, 86. 05. 11. 산업기사】
방직 공장의 구내 도로에 조명등용 저압 가공전선로를 설치하고자 한다. 전선로의 최대 경간은
몇 [m]인가?

① 20　　　　　② 30　　　　　③ 40　　　　　④ 50

[해설] 222.23 구내에 시설하는 저압 가공전선로
　가. 전선은 지름 2[mm] 이상의 경동선의 절연전선 일 것. 다만, 경간이 10[m] 이하인 경우에 한하여 공
　　칭단면적 4[mm²] 이상의 연동 절연전선을 사용할 수 있다.
　나. 전선로의 경간은 30[m] 이하일 것
　다. 1구 내에만 시설하는 사용전압이 400[V] 이하인 저압 가공전선로의 높이
　　① 도로(폭이 5[m] 이하)를 횡단하는 경우 : 4[m] 이상
　　② 도로를 횡단하지 않는 경우 : 3[m] 이상의 높이일 것

옥내배선의 사용전선

34 ★★★★★ 【90. 92. 98. 99. 10. 기사, 82. 91. 93. 94. 95. 99. 01. 11. 산업기사】
옥내 저압 배선용 전선의 굵기는 연동선을 사용할 때 원칙적으로 몇 [mm²] 이상으로 규정되고
있는가?

① 6.0　　　　　② 4.0　　　　　③ 2.5　　　　　④ 1.5

[해설] 231.3 저압 옥내배선의 사용전선
　가. 저압 옥내배선의 전선 : 단면적 2.5[mm²] 이상의 연동선
　나. 옥내배선의 사용 전압이 400[V] 이하인 경우는 다음에 의하여 시설할 수 있다.

[답] 32. ① 33. ② 34. ③

① 전광표시 장치 또는 제어 회로
  • 단면적 1.5[mm²] 이상의 연동선
  • 단면적 0.75[mm²] 이상인 다심케이블 또는 다심 캡타이어 케이블을 사용하고 또한 과전류가 생겼을 때에 자동적으로 전로에서 차단하는 장치를 시설
② 진열장 또는 이와 유사한 것의 내부 배선 : 단면적 0.75[mm²] 이상인 코드 또는 캡타이어케이블

☆ 【17. 기사】
35 저압 옥내배선에 적용하는 사용전선의 내용 중 틀린 것은?

① 단면적 2.5[mm²] 이상의 연동선이어야 한다.
② 무기물 절연 케이블로 옥내배선을 하려면 케이블 단면적은 2[mm²] 이상이어야 한다.
③ 진열장 등 사용전압이 400[V] 이하인 경우 0.75[mm²] 이상인 코드 또는 캡타이어케이블을 사용할 수 있다.
④ 전광표시장치 또는 제어회로에 사용전압이 400[V] 이하인 경우 사용하는 배선은 단면적 1.5[mm²] 이상의 연동선을 사용하고 합성수지관 공사로 할 수 있다.

해설 231.3.1 저압 옥내배선의 사용전선
  가. 저압 옥내배선의 전선 : 단면적 2.5[mm²] 이상의 연동선
  나. 옥내배선의 사용 전압이 400[V] 이하인 경우는 다음에 의하여 시설할 수 있다.
    ① 전광표시 장치 또는 제어 회로
      • 단면적 1.5[mm²] 이상의 연동선
      • 단면적 0.75[mm²] 이상인 다심케이블 또는 다심 캡타이어 케이블을 사용하고 또한 과전류가 생겼을 때에 자동적으로 전로에서 차단하는 장치를 시설
    ② 진열장 또는 이와 유사한 것의 내부 배선 : 단면적 0.75[mm²] 이상인 코드 또는 캡타이어케이블
    ③ 엘리베이터·덤웨이터 등의 승강로 안의 저압 옥내배선 : 리프트 케이블

★★ 【93. 99. 기사】
36 사용 전압이 440[V]인 저압 옥내배선용 전선으로 연동선을 사용한다면 그 굵기는 단면적 몇 [mm²] 이상이어야 하는가?

① 1.0　　　② 1.5
③ 2.5　　　④ 4.0

해설 231.3.1 저압 옥내배선의 사용전선
  저압 옥내배선의 전선 : 단면적 2.5[mm²] 이상의 연동선

⤳ 유사문제
∥유사문제 원문 및 해설 : 동일출판사 홈페이지≫고객센터≫자료실

01. 저압 옥내 배선에서 사용되는 전선은 공칭단면적 몇 [mm²]의 연동선을 사용해야 하는가?
  답 2.5[mm²]

나전선의 사용제한

37 ★★ 【85. 기사, 91. 99. 12. 산업기사】
옥내의 저압 전선으로 나전선의 사용이 기본적으로 허용되지 않는 경우는?

① 전기로용 전선
② 이동 기중기용 접촉 전선
③ 제분 공장의 전선
④ 전선 피복 절연물이 부식하는 장소에 시설하는 전선

해설 231.4 나전선의 사용 제한
옥내에 시설하는 저압전선에는 나전선을 사용하여서는 아니 된다. 다만, 다음 중 어느 하나에 해당하는 경우에는 그러하지 아니하다.
가. 애자공사에 의하여 전개된 곳에 다음의 전선을 시설하는 경우
① 전기로용 전선
② 전선의 피복 절연물이 부식하는 장소에 시설하는 전선
나. 버스덕트공사에 의하여 시설하는 경우
다. 라이팅덕트공사에 의하여 시설하는 경우
라. 접촉 전선을 시설하는 경우

38 ★★ 【00. 기사, 94. 99. 10. 산업기사】
나전선의 사용제한에 관한 사항으로 옥내에 시설하는 저압전선으로 나전선을 사용할 수 없는 경우는?

① 금속덕트공사에 의하여 시설하는 경우
② 버스덕트공사에 의하여 시설하는 경우
③ 애자공사에 의하여 전개된 곳에 전기로용 전선을 시설하는 경우
④ 라이팅덕트공사에 의하여 시설하는 경우

해설 231.4 나전선의 사용 제한
옥내에 시설하는 저압전선에는 나전선을 사용하여서는 아니 된다. 다만, 다음 중 어느 하나에 해당하는 경우에는 그러하지 아니하다.
가. 애자공사에 의하여 전개된 곳에 다음의 전선을 시설하는 경우
① 전기로용 전선
② 전선의 피복 절연물이 부식하는 장소에 시설하는 전선
나. 버스덕트공사에 의하여 시설하는 경우
다. 라이팅덕트공사에 의하여 시설하는 경우
라. 접촉 전선을 시설하는 경우

39 ★★★★ 【90. 98. 기사, 82. 83. 89. 00. 03. 산업기사】
다음 배전 공사 중 전선이 반드시 절연선이 아니더라도 상관없는 것은 어느 것인가?

① 합성수지관공사　　② 금속관공사
③ 버스덕트공사　　④ 플로어덕트공사

해설, 231.4 나전선의 사용 제한
옥내에 시설하는 저압전선에는 나전선을 사용하여서는 아니 된다. 다만, 다음 중 어느 하나에 해당하는 경우에는 그러하지 아니하다.
가. 애자공사에 의하여 전개된 곳에 다음의 전선을 시설하는 경우
  ① 전기로용 전선
  ② 전선의 피복 절연물이 부식하는 장소에 시설하는 전선
나. 버스덕트공사에 의하여 시설하는 경우
다. 라이팅덕트공사에 의하여 시설하는 경우
라. 접촉 전선을 시설하는 경우

★★★★【97. 99. 00. 02. 05. 기사, 94. 00. 산업기사 ㉤ : 04. 05 기사】
40 옥내에 시설하는 저압전선으로 나전선을 절대로 사용할 수 없는 것은?

① 금속덕트공사에 의하여 시설하는 경우

② 버스덕트공사에 의하여 시설하는 경우

③ 애자공사에 의하여 전개된 곳에 전기로용 전선을 시설하는 경우

④ 유희용 전차에 전기를 공급하기 위하여 접촉 전선을 사용하는 경우

해설, 231.4 나전선의 사용 제한
옥내에 시설하는 저압전선에는 나전선을 사용하여서는 아니 된다. 다만, 다음 중 어느 하나에 해당하는 경우에는 그러하지 아니하다.
가. 애자공사에 의하여 전개된 곳에 다음의 전선을 시설하는 경우
  ① 전기로용 전선
  ② 전선의 피복 절연물이 부식하는 장소에 시설하는 전선
나. 버스덕트공사에 의하여 시설하는 경우
다. 라이팅덕트공사에 의하여 시설하는 경우
라. 접촉 전선을 시설하는 경우

⟨⟩ 유사문제

‖유사문제 원문 및 해설 : 동일출판사 홈페이지≫고객센터≫자료실

01. 옥내에 시설하는 저압 전선에 나전선을 사용할 수 있는 경우는 다음 중 어느 것인가?
  답 버스 덕트 공사에 의하여 시설하는 경우

█ 고주파 전류에 의한 장해방지

★【82. 기사】
41 예열 기동식 형광 방전등에 무선 설비에 대한 고주파 전류에 의한 장해 방지용으로 글로 램프와 병렬로 접속하는 콘덴서의 정전 용량[μF]은?

① $0.1\sim1$ ② $0.06\sim0.1$

③ $0.006\sim0.01$ ④ $0.6\sim10$

해설 231.5 고주파 전류에 의한 장해의 방지
형광 방전등에는 적당한 곳에 정전용량 0.006[μF] 이상 0.5[μF] 이하(예열시동식의 것으로 글로우램프에 병렬로 접속할 경우에는 0.006[μF] 이상 0.01[μF] 이하)인 커패시터를 시설할 것.

옥내의 대지전압

★★★★★ 【94. 97. 00. 07. 09. 11. 기사, 84. 89. 98. 04. 05. 06. 08. 10. 산업기사】
42 백열 전등 또는 방전등 및 이에 부속하는 전선은 사람이 접촉할 우려가 없는 경우 대지 전압이 최대 몇 [V]인가?

① 100　　　　② 150　　　　③ 300　　　　④ 450

해설 231.6 옥내전로의 대지 전압의 제한
백열전등 또는 방전등에 전기를 공급하는 옥내의 전로의 대지전압은 300[V] 이하여야 한다.

★★★★★ 【09. 12. 15. 기사, 94. 96. 98. 99. 05. 06. 08. 09. 10. 11. 산업기사】
43 백열 전등 또는 방전등에 전기를 공급하는 옥내 전로의 대지 전압은 몇 [V] 이하이어야 하는가? 단, 백열 전등 또는 방전등에 부속하는 전선을 사람이 접촉할 우려가 없도록 시설하였다.

① 100　　　　② 150　　　　③ 200　　　　④ 300

해설 231.6 옥내전로의 대지 전압의 제한
백열전등 또는 방전등에 전기를 공급하는 옥내의 전로의 대지전압은 300[V] 이하여야 한다.

★★ 【83. 기사, 95. 98. 산업기사】
44 중성점 접지식 옥내 전로 대지 전압의 최댓값[V]은?

① 380　　　　② 300　　　　③ 150　　　　④ 110

해설 231.6 옥내전로의 대지 전압의 제한
백열전등 또는 방전등에 전기를 공급하는 옥내의 선로의 대지전압은 300[V] 이하여야 한다.

★ 【97. 기사】
45 대지 전압 220[V]의 백열 전등 또는 방전등에 전기를 공급하는 사무실용 건물에 시설되는 옥내 전로의 시설 방법이 잘못된 것은?

① 전선은 사람이 접촉할 우려가 없도록 시설
② 백열 전등의 전구 소켓은 키나 그 밖의 점멸 기구가 있는 것을 사용
③ 백열 전등은 저압의 옥내 배선과 직접 접속하여 시설
④ 방전등용 안정기는 저압의 옥내 배선과 직접 접속하여 시설

해설 231.6 옥내전로의 대지 전압의 제한
가. 백열전등 또는 방전등 및 이에 부속하는 전선은 사람이 접촉할 우려가 없도록 시설하여야 한다.

나. 백열전등 또는 방전등용 안정기는 저압의 옥내배선과 직접 접속하여 시설하여야 한다.
다. 백열전등의 전구소켓은 키나 그 밖의 점멸기구가 없는 것이어야 한다.

배선설비

☆【82. 산업기사】
46 저압 옥내배선에 있어서 애자공사에 의한 절연전선과 전화선과의 최소 이격거리[cm]는?

① 6 　　　　　 ② 10 　　　　　 ③ 20 　　　　　 ④ 30

해설 232.3.7 배선설비와 다른 공급설비와의 접근
애자사용 공사에 의하여 시설하는 저압 옥내배선과 다른 저압 옥내배선, 약전류 전선, 수관·가스관 또는 관등회로의 배선 사이의 이격거리
　가. 절연전선 : 0.1[m] 이상
　나. 나전선 : 0.3[m] 이상

합성수지관공사

★☆【94. 기사, ⊕ : 99. 산업기사】
47 합성수지관공사에 의한 저압 옥내 배선의 시설 기준으로 옳지 않은 것은?

① 습기가 많은 장소에 방습 장치를 하여 사용하였다.
② 전선은 옥외용 비닐 절연 전선을 사용하였다.
③ 전선은 연선을 사용하였다.
④ 관의 지지점간의 거리는 1.5[m]로 하였다.

해설 232.11 합성수지관공사
전선은 옥외용 비닐 절연전선을 제외한 절연전선으로 연선이어야 한다.

☆【88. 05. 산업기사】
48 합성수지관공사에 대한 설명 중 옳은 것은?

① 합성수지관 안에 전선의 접속점이 있어야 한다.
② 전선은 반드시 옥외용 절연 전선을 사용하여야 한다.
③ 합성수지관 내 $6.0[\text{mm}^2]$ 경동선은 넣을 수 있다.
④ 합성수지관의 지지점간의 거리는 3[m]로 한다.

해설 232.11 합성수지관공사
전선은 절연전선(OW 제외)으로 연선일 것 다만 짧고 가는 합성수지관에 넣은 것 또는 단면적 10[mm²] (알루미늄선은 16[mm²]) 이하인 것은 단선을 사용할 수 있다.

답 46. ② 47. ② 48. ③

★★★★★ 【79. 90. 93. 94. 95. 99. 00. 기사, 91. 23. 산업기사】

49 저압 옥내 배선을 합성수지관공사에 의하여 실시하는 경우 사용할 수 있는 단선(동선)의 단면적은 최대 몇 $[mm^2]$인가?

① 2.5 　　　　② 6.0 　　　　③ 10 　　　　④ 16

해설 232.11 합성수지관공사
전선은 절연전선(OW 제외)으로 연선일 것 다만 짧고 가는 합성수지관에 넣은 것 또는 단면적 $10[mm^2]$ (알루미늄선은 $16[mm^2]$)이하인 것은 단선을 사용할 수 있다.

★ 【84. 90. 산업기사】

50 합성수지관공사 시 관 상호간과 박스와의 접속은 관의 삽입하는 깊이를 관 바깥지름의 몇 배 이상으로 하여야 하는가?

① 0.5배 　　　　② 0.9배 　　　　③ 1.0배 　　　　④ 1.2배

해설 232.11 합성수지관공사
관 상호 간 및 박스와는 관을 삽입하는 깊이를 관의 바깥지름의 1.2배(접착제를 사용하는 경우에는 0.8배) 이상으로 하고 또한 꽂음 접속에 의하여 견고하게 접속할 것.

★ 【93. 98. 산업기사】

51 합성수지관공사 시에 관의 지지점간의 거리는 몇 [m] 이하로 하여야 하는가?

① 1.0 　　　　② 1.5 　　　　③ 2.0 　　　　④ 2.5

해설 232.11 합성수지관공사
관의 지지점간의 거리는 1.5[m] 이하로 하고, 또한 그 지지점은 관의 끝, 관과 박스와의 접속점 및 관 상호 간의 접속점 등에 가까운 곳에 시설할 것

★ 【94. 기사】

52 일반 주택의 저압 옥내 배선을 점검하였더니 다음과 같이 시공되어 있었다. 잘못 시공된 것은?

① 욕실의 전등으로 방습 형광등이 시설되어 있다.
② 단상 3선식 인입 개폐기의 중성선에 동판이 접속되어 있었다.
③ 합성수지관 공사의 지지점간의 거리가 2.0[m]로 되어 있었다.
④ 금속관 공사로 시공하였고 NR전선이 사용되어 있었다.

해설 232.11 합성수지관공사
가. 전선은 절연전선(옥외용 비닐 절연전선을 제외한다)일 것.
나. 전선은 연선일 것. 다만, 다음의 것은 적용하지 않는다.
　① 짧고 가는 합성수지관에 넣은 것.
　② 단면적 $10[mm^2]$(알루미늄선은 단면적 $16[mm^2]$) 이하의 것.
다. 전선은 합성수지관 안에서 접속점이 없도록 할 것.
라. 중량물의 압력 또는 현저한 기계적 충격을 받을 우려가 없도록 시설할 것.
마. 관 상호 간 및 박스와는 관을 삽입하는 깊이를 관의 바깥지름의 1.2배(접착제를 사용하는 경우 0.8 배) 이상으로 할 것.
바. 관의 지지점 간의 거리는 1.5[m] 이하로 할 것.

금속관공사

53 ★★ 【94. 99. 기사】
금속관공사에 의한 저압 옥내 배선에 사용할 수 없는 것은?

① 인입용 비닐 절연 전선
② 옥외용 비닐 절연 전선
③ 450/750[V] 이하 염화비닐절연전선
④ 450/750[V] 이하 고무절연전선

해설, 232.12 금속관공사
전선은 옥외용 비닐 절연전선을 제외한 절연전선으로 연선이어야 한다.

54 ★★ 【94. 99. 기사, 18. 23. 산업기사】
금속관 공사에 의한 저압 옥내 배선의 방법으로 틀린 것은?

① 옥외용 비닐 절연 전선을 사용하였다.
② 전선으로 연선을 사용하였다.
③ 콘크리트에 매설하는 금속관의 두께는 1.2[mm]를 사용하였다.
④ 관에 접지공사를 하였다.

해설, 232.12 금속관공사
전선은 옥외용 비닐 절연전선을 제외한 절연전선으로 연선이어야 한다.

55 ★★★★★ 【92. 94. 98. 99. 00. 02. 기사, 79. 96. 98. 01. 04. 산업기사】
금속관공사에 의한 저압 옥내 배선 시 콘크리트에 매설하는 경우 관의 최소 두께[mm]는?

① 0.8   ② 1.0
③ 1.2   ④ 1.4

해설, 232.12 금속관공사
관의 두께는 다음에 의할 것.
① 콘크리트에 매입하는 것은 1.2[mm] 이상
② 콘크리트 매입 이외의 것은 1[mm] 이상

56 ★☆ 【87. 00. 11. 산업기사】
저압 옥내 배선을 금속관공사에 의하여 시설하는 경우에 대한 설명 중 옳은 것은?

① 전선에 옥외용 비닐 절연 전선을 사용하였다.
② 전선은 굵기에 관계없이 연선을 사용하여야 한다.
③ 콘크리트에 매설하는 금속관의 두께는 1.2[mm] 이상이어야 한다.
④ 관에는 접지공사를 하면 안 된다.

해설 232.12 금속관공사

가. 전선은 절연전선(옥외용 비닐절연전선을 제외한다)일 것.

나. 전선은 연선일 것. 다만, 다음의 것은 적용하지 않는다.

　① 짧고 가는 금속관에 넣은 것.

　② 단면적 10[mm²](알루미늄선은 단면적 16[mm²]) 이하의 것.

다. 전선은 금속관 안에서 접속점이 없도록 할 것

라. 관의 두께는 다음에 의할 것.

　① 콘크리트에 매입하는 것은 1.2[mm] 이상

　② 콘크리트 매입 이외의 것은 1[mm] 이상

마. 방폭형 부속품의 경우 전선관과의 접속부분의 나사는 5턱 이상 완전히 나사결합이 될 수 있는 길이일 것.

바. 관에는 접지공사를 할 것.

☆ 【02. 산업기사】

57 금속관 공사에 의한 저압 옥내 배선의 방법으로 옳은 것은?

① 옥외용 비닐 절연 전선을 사용하였다.

② 전선으로는 지름 5[mm]의 단선을 사용하였다.

③ 콘크리트에 매설하는 금속관의 두께는 1.2[mm]를 사용하였다.

④ 관 안에서는 전선의 접속점을 1개소만 허용하였다.

해설 232.12 금속관공사

가. 전선은 절연전선(옥외용 비닐절연전선을 제외한다)일 것.

나. 전선은 연선일 것. 다만, 다음의 것은 적용하지 않는다.

　① 짧고 가는 금속관에 넣은 것.

　② 단면적 10[mm²](알루미늄선은 단면적 16[mm²]) 이하의 것.

다. 전선은 금속관 안에서 접속점이 없도록 할 것

라. 관의 두께는 다음에 의할 것.

　① 콘크리트에 매입하는 것은 1.2[mm] 이상

　② 콘크리트 매입 이외의 것은 1[mm] 이상

★★★ 【94. 기사, 93. 99. 23. 산업기사 ⊕ : 05. 산업기사】

58 저압 옥내 배선을 위한 금속관을 콘크리트에 매설할 때 적합한 관의 두께[mm]와 전선의 종류는?

① 1.0[mm] 이상, 옥외용 비닐 절연 전선

② 1.2[mm] 이상, 450/750[V] 이하 염화비닐절연전선

③ 1.0[mm] 이상, 450/750[V] 이하 염화비닐절연전선

④ 1.2[mm] 이상, 옥외용 비닐 절연 전선

해설 232.12 금속관공사

금속관 공사는 옥외용 비닐절연전선을 제외한 절연전선으로 10[mm²](알루미늄선은 단면적 16[mm²]) 이하에 한하여 단선을 사용할 수 있으며 콘크리트에 매설하는 금속관은 1.2[mm] 이상이어야 한다.

59 ★☆ 【05. 기사, 91. 22. 24. 산업기사】

금속관공사에서 절연 부싱을 쓰는 목적은?

① 관의 끝이 터지는 것을 방지
② 관의 단구에서 조영재의 접촉 방지
③ 관내 해충 및 이물질 출입 방지
④ 관의 단구에서 전선 손상 방지

해설 232.12 금속관공사
관의 끝 부분에는 전선의 피복을 손상하지 아니하도록 적당한 구조의 부싱을 사용해야 한다.

금속제 가요전선관공사

60 ★★☆ 【95. 01. 기사, 97. 05. 산업기사】

금속제 가요전선관공사에 사용할 수 없는 전선은?

① 인입용 비닐절연전선
② 옥외용 비닐절연전선
③ 450/750[V] 이하 염화비닐절연전선
④ 450/750[V] 이하 고무절연전선

해설 232.13 금속제 가요전선관공사
전선은 옥외용 비닐 절연전선을 제외한 절연전선으로 연선이어야 한다.

61 ★★ 【95. 05. 11. 23. 기사】

금속제 가요전선관공사에 의한 저압 옥내 배선으로 잘못된 것은?

① 2종 금속제 가요전선관을 사용하였다.
② 규격에 적당한 단면적 10[mm²]의 단선을 사용하였다.
③ 전선으로 옥외용 비닐절연전선을 사용하였다.
④ 관에 접지공사를 하였다.

해설 232.13 금속제 가요전선관공사
가. 전선은 절연전선(옥외용 비닐 절연전선을 제외한다)일 것.
나. 전선은 연선일 것. 다만, 단면적 10[mm²](알루미늄선은 단면적 16[mm²]) 이하인 것은 그러하지 아니하다.
다. 가요전선관 안에는 전선에 접속점이 없도록 할 것.
라. 가요전선관은 2종 금속제 가요전선관일 것
마. 가요전선관공사는 접지공사를 할 것.

답 59. ④ 60. ② 61. ③

62 ★★ 【89. 04 기사, 85. 97. 산업기사】
옥내 저압 배선을 금속제 가요전선관공사에 의해 시공하고자 한다. 가요전선관에 설치할 전선이 단선일 경우 그 단면적은 최대 몇 [mm²]이어야 하는가?

① 2.5[mm²]   ② 4.0[mm²]
③ 6.0[mm²]   ④ 10[mm²]

해설 232.13 금속제 가요전선관공사
저압 옥내 배선을 금속관, 합성수지관, 금속제 가요전선관, 플로어덕트 공사에 의하여 시설하는 경우 사용할 수 있는 단선은 단면적 10[mm²](알루미늄선은 단면적 16[mm²]) 이하이어야 한다.

63 ★★★★ 【94. 95. 98. 02. 05. 기사, 97. 00. 23. 산업기사】
금속제 가요전선관공사에 의한 저압 옥내 배선을 다음과 같이 시행하였다. 옳은 것은?

① 옥외용 비닐절연전선을 사용하였다.
② 단면적 25[mm²]의 단선을 사용하였다.
③ 2종 금속제 가요전선관을 사용하였다.
④ 가요전선관에 접지공사를 하였다.

해설 232.13 금속제 가요전선관공사
금속제 가요전선관공사의 가요전선관은 2종 금속제 가요전선관일 것.

64 ★☆ 【84. 기사, 91. 산업기사】
모양 변경, 배치 변경 등 전기 배선이 변경되는 장소에 쉽게 응할 수 있게 마련한 저압 옥내 배선 공사는?

① 가요전선관공사   ② 금속덕트공사
③ 합성수지관공사   ④ 버스덕트공사

몰드공사

65 ★☆ 【01. 기사, 91. 산업기사】
합성수지 몰드 공사에 의한 저압 옥내 배선은 다음과 같이 시설하여야 한다. 옳지 못한 것은?

① 합성수지 몰드는 홈의 폭 및 깊이가 3.5[cm] 이하
② 두께는 2[mm] 이상
③ 사람이 쉽게 접촉할 우려가 없도록 시설하는 경우에는 폭이 5[cm] 이하
④ 합성수지 몰드 안에서는 전선에 접속점이 있어도 무방

해설 232.21 합성수지 몰드공사
가. 전선은 절연전선(옥외용 비닐 절연전선을 제외한다)일 것

답 62. ④ 63. ③ 64. ① 65. ④

나. 합성수지 몰드 안에는 전선에 접속점이 없도록 할 것. 다만, 합성수지 몰드 안의 전선을 합성수지제의 조인트 박스를 사용하여 접속할 경우에는 그러하지 아니하다.

다. 합성수지 몰드는 홈의 폭 및 깊이가 35[mm] 이하의 것일 것. 다만, 사람이 쉽게 접촉할 우려가 없도록 시설하는 경우에는 폭이 50[mm] 이하의 것을 사용할 수 있다.

★ 【02. 산업기사】

66 합성수지 몰드 공사에 의한 저압 옥내 배선의 시설 방법으로 옳은 것은?

① 전선으로는 단선만을 사용하고 연선을 사용하여서는 안된다.

② 전선으로 옥외용 비닐 절연 전선을 사용하였다.

③ 합성수지 몰드 안에 전선의 접속점을 두기 위하여 합성수지제의 조인트 박스를 사용하였다.

④ 합성수지 몰드 안에는 전선의 접속점을 최소 2개소 두어야 한다.

해설 232.21 합성수지 몰드공사

합성수지 몰드 안에는 전선에 접속점이 없도록 할 것. 다만, 합성수지 몰드 안의 전선을 합성수지제의 조인트 박스를 사용하여 접속할 경우에는 그러하지 아니하다.

★ 【92. 기사】

67 합성수지 몰드 공사에 의한 저압 옥내 배선에서 합성수지 몰드의 두께는 몇 [mm] 이상이어야 하는가?

① 0.8 ② 1.0

③ 1.6 ④ 2.0

해설 232.21 합성수지 몰드공사

합성수지 몰드는 홈의 폭 및 깊이가 35[mm] 이하, 두께는 2[mm] 이상의 것일 것. 다만, 사람이 쉽게 접촉할 우려가 없도록 시설하는 경우에는 폭이 50[mm] 이하, 두께 1[mm] 이상의 것을 사용할 수 있다.

★☆ 【82. 83. 94. 산업기사】

68 저압 옥내 배선에서, 점검할 수 없는 은폐 장소에 시설할 수 없는 공사는?

① 금속 몰드 공사 ② 금속관 공사

③ 케이블 공사 ④ 합성수지관 공사

해설 232.22 금속몰드공사

가. 전선은 절연전선(옥외용 비닐절연 전선을 제외한다)일 것.

나. 금속 몰드 안에는 전선에 접속점이 없도록 할 것. 다만, 금속제 조인트 박스를 사용할 경우에는 접속할 수 있다.

다. 금속 몰드의 사용전압이 400[V] 이하로 옥내의 건조한 장소로 전개된 장소 또는 점검할 수 있는 은폐 장소에 한하여 시설할 수 있다

덕트 공사

69 ★★★【08. 10. 기사, 88. 03. 11. 산업기사】
금속덕트공사에 의한 저압 옥내배선공사 중 시설 기준에 적합하지 않는 것은?

① 금속 덕트에 넣은 전선의 단면적의 합계가 덕트의 내부 단면적의 20[%] 이하가 되게 하였다.
② 덕트 상호 및 덕트와 금속관과는 전기적으로 완전하게 접속했다.
③ 덕트를 조영재에 붙이는 경우 덕트의 지지점 간의 거리를 4[m] 이하로 견고하게 붙였다.
④ 덕트에는 접지공사를 한다.

[해설] 232.31 금속덕트공사
가. 전선은 절연전선(옥외용 비닐절연전선을 제외한다)일 것.
나. 금속덕트에 넣은 전선의 단면적(절연피복의 단면적을 포함한다)의 합계는 덕트의 내부 단면적의 20[%](전광표시 장치 기타 이와 유사한 장치 또는 제어회로 등의 배선만을 넣는 경우에는 50[%]) 이하일 것.
다. 금속 덕트 안에는 전선에 접속점이 없도록 할 것.
라. 덕트 상호 간은 견고하고 또한 전기적으로 완전하게 접속할 것.
마. 덕트를 조영재에 붙이는 경우에는 덕트의 지지점 간의 거리를 3[m](취급자 이외의 자가 출입할 수 없도록 설비한 곳에서 수직으로 붙이는 경우에는 6[m]) 이하로 할 것.
바. 덕트는 접지공사를 할 것.

70 ★★★★【83. 93. 99. 01. 기사, 90. 04. 11. 산업기사】
제어 회로용 절연 전선을 금속 덕트 공사에 의하여 시설하고자 한다. 절연 피복을 포함한 전선의 총 면적은 덕트의 내부 단면적의 몇 [%]까지 할 수 있는가?

① 20   ② 30   ③ 40   ④ 50

[해설] 232.31 금속덕트공사
금속덕트에 넣은 전선의 단면적(절연피복의 단면적을 포함한다)의 합계는 덕트의 내부 단면적의 20[%](전광표시 장치 기타 이와 유사한 장치 또는 제어회로 등의 배선만을 넣는 경우에는 50[%]) 이하일 것

유사문제
‖유사문제 원문 및 해설 : 동일출판사 홈페이지≫고객센터≫자료실

01. 금속 덕트 공사에 적당하지 않은 것은?
[답] 덕트의 종단부에는 개방시킬 것

71 ★★【00. 기사, 83. 91. 95. 산업기사】
플로어덕트공사에 의한 저압 옥내 배선에서 절연 전선으로 연선을 사용하지 않아도 되는 것은 전선의 굵기가 단면적 몇 [mm²] 이하의 경우인가?

① 2.5   ② 4.0   ③ 6.0   ④ 10

해설 232.32 플로어덕트공사
　가. 전선은 절연전선(옥외용 비닐 절연전선을 제외한다)일 것
　나. 전선은 연선일 것. 다만, 단면적 10[mm²](알루미늄선은 단면적 16[mm²]) 이하인 것은 그러하지 아니하다.
　다. 플로어덕트 안에는 전선에 접속점이 없도록 할 것. 다만, 전선을 분기하는 경우에 접속점을 쉽게 점검할 수 있을 때에는 그러하지 아니하다.
　라. 덕트 상호 간 및 덕트와 박스 및 인출구와는 견고하고 또한 전기적으로 완전하게 접속할 것
　마. 박스 및 인출구는 마루 위로 돌출하지 아니하도록 시설하고 또한 물이 스며들지 아니하도록 밀봉할 것.
　바. 덕트의 끝부분은 막을 것
　사. 덕트는 접지공사를 할 것

케이블공사

★ 【82. 기사】
72 단면적 8[mm²] 이상의 캡타이어 케이블을 조영재의 측면에 따라 붙이는 경우에 전선 지지점 간의 거리의 최댓값은?

① 60　　　　　　　　　　　　　② 1
③ 1.5　　　　　　　　　　　　　④ 2

해설 232.51 케이블공사
전선을 조영재의 아랫면 또는 옆면에 따라 붙이는 경우에는 전선의 지지점 간의 거리를 케이블은 2[m] 이하, 캡타이어 케이블은 1[m] 이하로 한다.

애자공사

★ 【96. 기사】
73 저압 옥내 배선을 할 때 인입용 비닐 절연 전선을 사용할 수 없는 것은?

① 합성수지관공사　　　　　　　② 금속관공사
③ 애자공사　　　　　　　　　　④ 금속제 가요선관공사

해설 232.56 애자공사
전선은 절연전선일 것. 단, 옥외용 비닐 절연 전선(OW) 및 인입용 비닐 절연전선(DV)은 제외한다.

★☆ 【98. 기사, 94. 산업기사 ⊕ : 05 산업기사】
74 사용 전압 200[V]인 경우에 애자공사에서 전선과 조영재와의 이격거리는 최소 몇 [cm] 이상이어야 하는가?

① 2.5　　　　② 4.5　　　　③ 6　　　　④ 8

답 72. ② 73. ③ 74. ①

해설 232.56 애자공사
① 전선의 종류 : 절연 전선. 단, 옥외용 비닐 절연 전선(OW) 및 인입용 비닐 절연 전선(DV)은 제외한다.
② 이격거리

전 압		전선과 조영재와의 이격거리		전 선 상 호 간 격	전선 지지점간의 거리	
					조영재의 윗면 또는 옆면에 따라 시설	조영재에 따라 시설하지 않는 경우
저압	400[V] 이하	2.5[cm] 이상		6[cm] 이상	2[m] 이하	−
	400[V] 초과	건조한 장소	2.5[cm] 이상			6[m] 이하
		기타의 장소	4.5[cm] 이상			

★★★ 【98. 기사, 84. 96. 99. 01. 산업기사】
75 옥내에 시설하는 애자공사 시 사용 전압이 400[V] 이하인 경우 전선 상호간의 이격거리는? 단, 비와 이슬에 젖지 아니하는 장소이다.

① 4.5[cm]   ② 6[cm]
③ 10[cm]   ④ 12[cm]

해설 232.56 애자공사
① 전선의 종류 : 절연 전선. 단, 옥외용 비닐 절연 전선(OW) 및 인입용 비닐 절연 전선(DV)은 제외한다.
② 이격거리

전 압		전선과 조영재와의 이격거리		전 선 상 호 간 격	전선 지지점간의 거리	
					조영재의 윗면 또는 옆면에 따라 시설	조영재에 따라 시설하지 않는 경우
저압	400[V] 이하	2.5[cm] 이상		6[cm] 이상	2[m] 이하	−
	400[V] 초과	건조한 장소	2.5[cm] 이상			6[m] 이하
		기타의 장소	4.5[cm] 이상			

★☆ 【92. 94. 97. 산업기사】
76 옥내에 시설하는 애자공사 시 사용 전압이 400[V]를 넘는 경우 전선과 조영재와의 이격거리는? 단, 전개된 장소로서 건조한 장소임

① 2.5[cm] 이상   ② 5[cm] 이상
③ 7.5[cm] 이상   ④ 10[cm] 이상

해설 232.56 애자공사
① 전선의 종류 : 절연 전선. 단, 옥외용 비닐 절연 전선(OW) 및 인입용 비닐 절연 전선(DV)은 제외한다.
② 이격거리

전 압		전선과 조영재와의 이격거리		전 선 상 호 간 격	전선 지지점간의 거리	
					조영재의 윗면 또는 옆면에 따라 시설	조영재에 따라 시설하지 않는 경우
저압	400[V] 이하	2.5[cm] 이상		6[cm] 이상	2[m] 이하	−
	400[V] 초과	건조한 장소	2.5[cm] 이상			6[m] 이하
		기타의 장소	4.5[cm] 이상			

77 ★☆ 【90. 04. 기사, 83. 산업기사】
점검할 수 있는 은폐 장소로서 건조한 곳에 시설하는 애자공사에 있어서 사용 전압 440[V]의 경우 전선과 조영재와의 이격거리는?

① 2.5[cm] 이상   ② 3[cm] 이상
③ 4.5[cm] 이상   ④ 5[cm] 이상

> **해설** 232.56 애자공사
> 사용 전압이 400[V] 이하인 경우에는 2.5[cm] 이상이고, 400[V] 초과인 경우에는 4.5[cm], 전개된 장소 또는 점검할 수 있는 은폐 장소로서 건조한 장소에 시설하는 경우에는 2.5[cm] 이상

78 ★★ 【96. 99. 기사】
사용 전압 220[V]의 애자공사에서 전선의 지지점간의 거리는 최대 몇 [m]인가? 단, 전개된 장소로서 전선을 조영재의 상면에 따라 붙일 경우

① 1.5   ② 2   ③ 3.5   ④ 4

> **해설** 232.56 애자공사
> ① 전선의 종류 : 절연 전선. 단, 옥외용 비닐 절연 전선(OW) 및 인입용 비닐 절연 전선(DV)은 제외한다.
> ② 이격거리

전 압		전선과 조영재와의 이격거리		전 선 상 호 간 격	전선 지지점간의 거리	
					조영재의 윗면 또는 옆면에 따라 시설	조영재에 따라 시설하지 않는 경우
저압	400[V] 이하	2.5[cm] 이상		6[cm] 이상	2[m] 이하	−
	400[V] 초과	건조한 장소	2.5[cm] 이상			6[m] 이하
		기타의 장소	4.5[cm] 이상			

79 ★★★ 【82. 01. 기사, 95. 00. 산업기사】
사용 전압 480[V]인 옥내 저압 절연 전선을 애자공사에 의해서 점검할 수 있는 은폐 장소에 시설하는 경우에 전선 상호간의 거리는 몇 [cm] 이상이어야 하는가?

① 6   ② 10   ③ 12   ④ 15

> **해설** 232.56 애자공사
> 전선 상호간의 간격은 6[cm] 이상으로 한다.

80 ★★★★☆ 【83. 90. 95. 기사, 80. 94. 99. 05. 09. 11. 산업기사】
습기가 많은 장소에서 440[V] 애자공사의 전선과 조영재와의 최소 이격거리[cm]는?

① 2   ② 2.5   ③ 4.5   ④ 6

> **해설** 232.56 애자공사
> 전선과 조영재의 이격거리가 400[V] 이하는 2.5[cm], 400[V]를 넘는 경우에는 4.5[cm]로 되어 있으나 400[V]를 넘는 경우에도 전개된 장소 또는 점검할 수 있는 은폐 장소로서 건조한 곳은 2.5[cm] 이상으로 할 수 있다.

⟨ - 유사문제

‖ 유사문제 원문 및 해설 : 동일출판사 홈페이지≫고객센터≫자료실

01. 저압 옥내 배선에 있어서 애자공사에 의한 절연 전선과 전화선과의 최소 이격거리[cm]는?

답 10[cm]

라이팅덕트공사

★ 【85. 91. 산업기사】

81 라이팅덕트공사에 의한 저압 옥내 배선은 덕트의 지지점간의 거리는 몇 [m] 이하로 하여야 하는가?

① 2   ② 3   ③ 4   ④ 5

해설 232.71 라이팅덕트공사
　　가. 덕트는 조영재에 견고하게 붙일 것.
　　나. 덕트의 지지점 간의 거리는 2[m] 이하로 할 것.
　　다. 덕트의 끝부분은 막을 것.
　　라. 덕트의 개구부는 아래로 향하여 시설할 것.
　　마. 덕트는 조영재를 관통하여 시설하지 아니할 것.
　　바. 덕트를 사람이 용이하게 접촉할 우려가 있는 장소에 시설하는 경우에는 전로에 지락이 생겼을 때에
　　　　자동적으로 전로를 차단하는 장치를 시설할 것.

저압 접촉전선

★★ 【83. 00. 20. 25. 기사】

82 사용전압이 440[V]인 이동기중기용 접촉전선을 애자공사에 의하여 옥내의 전개된 장소에 시설하는 경우 사용하는 전선으로 옳은 것은?

① 인장강도가 3.44[kN] 이상인 것 또는 지름 2.6[mm]의 경동선으로 단면적이 8[mm²] 이상인 것

② 인장강도가 3.44[kN] 이상인 것 또는 지름 3.2[mm]의 경동선으로 단면적이 18[mm²] 이상인 것

③ 인장강도가 11.2[kN] 이상인 것 또는 지름 6[mm]의 경동선으로 단면적이 28[mm²] 이상인 것

④ 인장강도가 11.2[kN] 이상인 것 또는 지름 8[mm]의 경동선으로 단면적이 18[mm²] 이상인 것

해설 232.81 옥내에 시설하는 저압 접촉전선 배선
　　전선은 인장강도 11.2[kN] 이상의 것 또는 지름 6[mm]의 경동선으로 단면적이 28[mm²] 이상인 것일 것. 다만, 사용전압이 400[V] 이하인 경우에는 인장강도 3.44[kN] 이상의 것 또는 지름 3.2[mm]이상의 경동선으로 단면적이 8[mm²] 이상인 것을 사용할 수 있다.

답 81. ① 82. ③

코드 및 이동전선

83 ★★☆ 【99. 기사, 79. 97. 00. 산업기사】
사용 전압 400[V] 이하의 이동 전선으로 목욕탕에 시설하여 사용되는 것은?
① 면절연 전선
② 고무 절연 전선
③ 면코드
④ 0.6/1[kV] EP 고무절연 클로로프렌 캡타이어 케이블

해설 234.3 코드 및 이동전선
옥내에서 조명용 전원코드 또는 이동전선을 습기가 많은 장소 또는 수분이 있는 장소에 시설할 경우에는 고무코드(사용전압이 400[V] 이하인 경우에 한함) 또는 0.6/1[kV] EP 고무 절연 클로로프렌캡타이어케이블로서 단면적이 0.75[mm²] 이상인 것이어야 한다.

84 ★★★☆ 【81. 90. 92. 02. 기사, ⊕ : 00. 03. 산업기사】
옥내에 시설하는 사용 전압이 400[V] 이하인 조명용 전원코드로 0.6/1[kV] EP 고무 절연 클로로프렌 캡타이어 케이블을 시설할 경우, 단면적이 몇 [mm²] 이상인 것을 사용하여야 하는가?
① 0.75   ② 2   ③ 3.5   ④ 5.5

해설 234.3 코드 및 이동전선
가. 조명용 전원코드 또는 이동전선은 단면적 0.75[mm²] 이상의 코드 또는 캡타이어케이블을 용도에 따라서 선정하여야 한다.
나. 옥내에서 조명용 전원코드 또는 이동전선을 습기가 많은 장소에 시설할 경우에는 고무코드(사용전압이 400[V] 이하인 경우에 한함) 또는 0.6/1[kV] EP 고무 절연 클로로프렌 캡타이어 케이블로서 단면적이 0.75[mm²] 이상인 것이어야 한다.

점멸 스위치

85 ★★★★★ 【91. 95. 02. 04. 09. 23. 기사, 84. 89. 94. 95. 96. 97. 98. 99. 09. 02. 11. 23. 산업기사】
일반 주택 및 아파트 각 호실의 현관에 조명용 백열 전등을 설치할 때 사용하는 타임 스위치는 몇 [분] 이내에 소등되는 것을 시설하여야 하는가?
① 1분   ② 3분   ③ 10분   ④ 20분

해설 234.6 점멸기의 시설
다음의 경우에는 센서등(타임스위치 포함)을 시설하여야 한다.
가. 관광숙박업 또는 숙박업(여인숙업을 제외한다)에 이용되는 객실의 입구등은 1분 이내에 소등되는 것.
나. 일반주택 및 아파트 각 호실의 현관등은 3분 이내에 소등되는 것.

86 ★★★★【97. 기사, 85. 89. 91. 92. 99. 00. 산업기사】
호텔 또는 여관 각 객실의 입구에 조명용 백열 전등을 설치할 경우 몇 분 이내에 소등되는 타임 스위치를 시설하여야 하는가?

① 1분 ② 2분 ③ 3분 ④ 5분

> **해설** 234.6 점멸기의 시설
> 관광숙박업 또는 숙박업 각 객실 입구등은 1분, 일반주택 및 아파트 현관등은 3분

87 ☆【88. 산업기사】
조명용 백열 전등을 설치할 때 타임 스위치를 설치하지 않아도 되는 곳은?

① 호텔 각 객실의 입구등 ② 병원의 출입구 등
③ 일반 주택의 현관등 ④ 아파트 각 호실의 현관등

> **해설** 234.6 점멸기의 시설
> 다음의 경우에는 센서등(타임스위치 포함)을 시설하여야 한다.
> 가. 관광숙박업 또는 숙박업(여인숙업을 제외한다)에 이용되는 객실의 입구등은 1분 이내에 소등되는 것.
> 나. 일반주택 및 아파트 각 호실의 현관등은 3분 이내에 소등되는 것.

진열장

88 ★★★☆【88. 00. 기사, 84. 89. 91. 산업기사】
진열장 안의 저압 옥내 배선에 옳지 않은 것은?

① 건조한 상태에서 시설할 것
② 전선은 단면적이 0.75[mm²] 이상인 코드 또는 캡타이어 케이블일 것
③ 코드선의 지지점간의 간격은 2[m]로 할 것
④ 전선은 건조한 목재, 콘크리트, 석재 등의 조영재에 그 피복을 손상하지 아니하도록 적당한 기구로 붙일 것

> **해설** 234.8 진열장 또는 이와 유사한 것의 내부 배선
> 가. 건조한 장소에 시설하고 또한 내부를 건조한 상태로 사용하는 진열장 또는 이와 유사한 것의 내부에 사용전압이 400[V] 이하의 배선을 외부에서 잘 보이는 장소에 한하여 코드 또는 캡타이어케이블로 직접 조영재에 밀착하여 배선할 수 있다.
> 나. 배선은 단면적 0.75[mm²] 이상의 코드 또는 캡타이어케이블일 것.
> 다. 배선 또는 이것에 접속하는 이동전선과 다른 사용전압이 400[V] 이하인 배선과의 접속은 꽂음 플러그 접속기 기타 이와 유사한 기구를 사용하여 시공하여야 한다.

89 ☆【89. 산업기사】
진열장 또는 진열장 안의 저압 옥내 배선에서 사용 전압[V]은 얼마 이하인가?

① 100 ② 200 ③ 400 ④ 600

해설▸ 234.8 진열장 또는 이와 유사한 것의 내부 배선
건조한 장소에 시설하고 또한 내부를 건조한 상태로 사용하는 진열장 또는 이와 유사한 것의 내부에 사용전압이 400[V] 이하의 배선을 외부에서 잘 보이는 장소에 한하여 코드 또는 캡타이어케이블로 직접 조영재에 밀착하여 배선할 수 있다.

★【98. 05. 기사, 03. 산업기사 ⊕ : 05. 기사】
90 건조한 곳에 시설하고 또한 내부를 건조한 상태로 사용하는 진열장 안의 사용전압이 400[V] 이하인 저압 옥내배선의 전선은?

① 단면적이 0.75[mm²] 이상인 절연전선 또는 캡타이어 케이블
② 단면적이 1.25[mm²] 이상인 코드 또는 절연전선
③ 단면적이 0.75[mm²] 이상인 코드 또는 캡타이어 케이블
④ 단면적이 1.25[mm²] 이상인 코드 또는 다심형 전선

해설▸ 234.8 진열장 또는 이와 유사한 것의 내부 배선
배선은 단면적 0.75[mm²] 이상의 코드 또는 캡타이어케이블일 것.

1[kV] 이하 방전등 공사

☆【94. 산업기사】
91 옥내에 시설하는 관등회로의 사용전압이 1000[V] 이하인 방전관 등을 전개된 곳에 시설하는 경우 외함을 가연성의 조영재로부터 몇 [cm] 이상 격리시켜야 하는가?

① 1　　　　　② 2　　　　　③ 3　　　　　④ 4

해설▸ 234.11 1[kV] 이하 방전등
방전등용 안정기를 견고한 내화성의 외함 속에 넣어 노출장소에 시설할 경우는 외함을 가연성의 조영재에서 0.01 [m] 이상 이격하여 견고하게 부착할 것.

★★★★【00. 04. 05. 08. 11. 기사, 92. 98. 02. 산업기사】
92 옥내에 1[kV] 이하 방전등 공사를 할 때 접지 공사를 하지 않으려고 한다. 방전등용 변압기의 2차 단락 전류나 관등 회로의 동작 전류가 몇 [mA] 이하인 방전등을 시설하는 경우에 접지 공사를 하지 않아도 되는가?

① 25　　　　　② 50　　　　　③ 75　　　　　④ 100

해설▸ 234.11 1[kV] 이하 방전등
방전등용 안정기는 방전등용 전등기구에 넣는 경우 이외에는 견고한 내화성의 외함에 넣은 것을 사용하고 또한 다음에 의하여 시설할 것
① 전개된 곳에 시설하는 경우에는 외함을 가연성의 조영재로부터 1[cm] 이상 이격하여 견고하게 붙일 것
② 관등회로의 사용전압이 400[V] 이하 또는 변압기의 정격 2차 단락전류 혹은 회로의 동작전류가 50[mA] 이하의 것으로 안정기를 외함에 넣고, 이것을 등기구와 전기적으로 접속되지 않도록 시설할 경우에는 는 접지공사를 하지 않아도 된다.

🔟 90. ③　91. ①　92. ②

네온방전등 공사

☆ 【91. 산업기사】
93 옥내의 네온 방전등 공사에서 전선의 지지점간의 거리는 몇 [m] 이하로 시설하여야 하는가?

① 1　　　　　　　② 2　　　　　　　③ 3　　　　　　　④ 4

해설 234.12 네온방전등
네온방전등에 공급하는 전로의 대지전압은 300[V] 이하로 하여야 하며, 다음에 의하여 시설하여야 한다. 다만, 네온방전등에 공급하는 전로의 대지전압이 150[V] 이하인 경우는 적용하지 않는다.
가. 네온변압기는 옥내배선과 직접 접촉하여 시설할 것.
나. 관등회로의 배선은 애자공사로 다음에 따라서 시설하여야 한다.
　① 전선은 네온관용전선을 사용할 것.
　② 전선은 자기 또는 유리제 등의 애자로 견고하게 지지하여 조영재의 아랫면 또는 옆면에 부착하고 전선 상호간의 이격거리는 60[mm] 이상일 것.
　③ 전선지지점간의 거리는 1[m] 이하로 할 것.
　④ 애자는 절연성·난연성 및 내수성이 있는 것일 것.

★☆ 【92. 기사, 99. 산업기사】
94 옥내의 네온 방전등 공사 방법으로 옳은 것은?

① 방전등용 변압기는 절연 변압기일 것
② 관등회로의 배선은 점검할 수 없는 은폐장소에 시설할 것
③ 관등회로의 배선은 애자공사에 의할 것
④ 전선의 지지점간의 거리는 2[m] 이하일 것

해설 234.12 네온방전등
관등회로의 배선은 애자공사로 다음에 따라서 시설하여야 한다.
가. 전선은 네온관용 전선을 사용할 것.
나. 배선은 외상을 받을 우려가 없고 사람이 접촉될 우려가 없는 노출장소에 시설할 것.
다. 전선지지점간의 거리는 1[m] 이하로 할 것.

☆ 【88. 산업기사】
95 네온방전등 회로의 배선 공사에서 적합하지 않은 것은?

① 관등회로의 배선은 사람이 접촉될 우려가 없는 노출장소에 시설할 것
② 전선은 네온관용 전선일 것.
③ 전선은 조영재의 옆면 또는 아랫면에 붙일 것
④ 전선 상호간의 간격은 60[mm] 이상이고, 지지점간의 거리는 50[cm] 이하일 것

해설 234.12 네온방전등
관등회로의 배선은 애자공사로 다음에 따라서 시설하여야 한다.
가. 전선은 네온관용 전선을 사용할 것.
나. 배선은 외상을 받을 우려가 없고 사람이 접촉될 우려가 없는 노출장소에 시설할 것.
다. 전선은 조영재의 아랫면 또는 옆면에 부착하고 또한 다음과 같이 시설할 것.

① 전선 상호간의 이격거리는 60[mm] 이상일 것.
② 전선지지점간의 거리는 1[m] 이하로 할 것.

수중조명등

★★☆ 【85. 88. 95. 02. 19. 기사】

96 풀용 수중 조명등의 사용 전압이 몇 [V]를 넘으면 누전 차단기를 시설하여야 하는가?

① 30[V] ② 60[V]

③ 150[V] ④ 300[V]

> **해설** 234.14 수중조명등
> 가. 수영장 기타 이와 유사한 장소에 사용하는 수중조명등에 전기를 공급하기 위해서는 절연변압기를 사용하여야 한다.
> 나. 절연변압기의 2차측 전로의 사용전압이 30[V]를 초과하는 경우, 그 전로에 지락이 생겼을 때에 자동적으로 전로를 차단하는 정격감도전류 30[mA] 이하의 누전차단기를 시설하여야 한다.

★ 【23. 기사, 82. 95. 산업기사】

97 풀용 수중 조명등에 전기를 공급하기 위하여 사용되는 절연 변압기 1차측 및 2차측 전로의 사용 전압은 각각 최대 몇 [V]인가?

① 300, 100 ② 400, 150

③ 200, 150 ④ 600, 300

> **해설** 234.14 수중조명등
> 수영장 기타 이와 유사한 장소에 사용하는 수중조명등에 전기를 공급하기 위해서는 절연변압기를 사용하고, 그 사용전압은 다음에 의하여야 한다.
> ① 1차측 전로의 사용전압은 400[V] 이하일 것.
> ② 2차측 전로의 사용전압은 150[V] 이하일 것.

★★★ 【00. 09. 기사, 93. 98. 20. 산업기사】

98 다음은 수영장용 수중 조명 설비 부하용 변압기에 대한 것이다. 옳지 않은 것은?

① 2차측 전로의 사용 전압이 150[V] 이하인 절연 변압기를 반드시 사용하여야 한다.

② 2차측 전로의 사용 전압이 25[V]인 절연 변압기는 1차와 2차 권선 사이에 금속제 혼촉 방지판이 있어야 한다.

③ 절연 변압기의 2차측 전로에는 반드시 접지공사를 하고 그 저항값은 5[Ω] 이하가 되도록 하여야 한다.

④ 절연 변압기의 2차측 전로의 사용전압이 30[V]를 초과하는 경우에는 그 전로에 지락이 생겼을 때에 자동적으로 전로를 차단하는 장치가 있어야 한다.

해설 234.14 수중조명등
절연 변압기의 2차측 전로는 접지하지 아니한다.

99 ★【02. 기사】
풀용 수중 조명등에 전기를 공급하는 절연 변압기의 시설에 관한 사항 중 옳지 않은 것은?

① 절연변압기의 2차측 전로는 접지하지 않는다.
② 2차측 전로의 사용전압이 30[V] 이하인 경우에는 1차 및 2차 권선 사이에 금속제의 혼촉방지판을 설치한다.
③ 1차권선과 2차권선 사이의 혼촉방지판은 접지공사를 한다.
④ 2차측 전로의 전압이 150[V] 이하인 경우에만 혼촉방지판을 설치한다.

해설 234.14 수중조명등
2차측 전로의 사용전압이 30[V] 이하인 경우 1차 권선과 2차 권선 사이에 금속제의 혼촉방지판을 설치하고 이를 접지공사를 하여야 한다.

교통신호등

100 ★☆【89. 기사, 77. 15. 산업기사】
교통 신호등의 시설을 다음과 같이 하였다. 이 공사 중 옳지 못한 것은?

① 전선은 450/750[V] 일반용 단심 비닐절연전선을 사용하였다.
② 신호등의 인하선은 지표상 2.5[m]로 하였다.
③ 사용전압을 300[V] 이하로 하였다.
④ 교통신호등의 제어장치의 금속제외함 및 신호등을 지지하는 철주는 접지공사를 하면 안 된다.

해설 234.15 교통신호등
교통신호등의 제어장치의 금속제외함 및 신호등을 지지하는 철주에는 규정에 준하여 접지공사를 하여야 한다.

101 ★★★★★【83. 91. 94. 02. 기사, 78. 94. 97. 98. 99. 04. 25. 산업기사】
교통신호등 회로의 사용전압은 최대 몇 [V]인가?

① 100 　　　　　② 200
③ 300 　　　　　④ 400

해설 234.15 교통신호등
사용전압은 300[V] 이하로서, 전선은 케이블을 제외하고 2.5[mm²]의 연동선 일 것.

전기 울타리

★ 【88. 90. 24. 산업기사】
102 전기 울타리의 시설에 관한 다음 사항 중 틀린 것은?

① 사람이 쉽게 출입하지 아니하는 곳에 시설한다.
② 전선은 2[mm]의 경동선 또는 동등 이상의 것을 사용할 것
③ 수목과의 이격거리는 30[cm] 이상일 것
④ 전원을 공급하는 전로의 사용 전압은 600[V] 이하일 것

해설 ► 241.1 전기울타리
　　가. 전기울타리용 전원장치에 전원을 공급하는 전로의 사용전압은 250[V] 이하이어야 한다.
　　나. 전기울타리는 사람이 쉽게 출입하지 아니하는 곳에 시설할 것.
　　다. 전선은 인장강도 1.38[kN] 이상의 것 또는 지름 2[mm] 이상의 경동선일 것.
　　라. 전선과 이를 지지하는 기둥 사이의 이격거리는 25[mm] 이상일 것.
　　마. 전선과 다른 시설물(가공 전선을 제외한다) 또는 수목과의 이격거리는 0.3[m] 이상일 것.

☆ 【91. 18. 산업기사】
103 전기 울타리의 시설에서 전기 울타리용 전원 장치에 전기를 공급하는 전로의 사용 전압은 몇 [V] 이하인가?

① 250　　　　② 500　　　　③ 600　　　　④ 700

해설 ► 241.1 전기울타리
　　전기울타리용 전원장치에 전기를 공급하는 전로의 사용전압은 250[V] 이하일 것.

★★★★☆ 【95. 99. 00. 기사, 77. 79. 01. 산업기사】
104 목장에서 가축의 탈출을 방지하기 위하여 전기 울타리에 사용한 전선의 최소 지름[mm]은?

① 1.2　　　　② 1.6　　　　③ 2.0　　　　④ 2.6

해설 ► 241.1 전기울타리
　　전선은 인장강도 1.38[kN] 이상의 것 또는 지름 2[mm] 이상의 경동선일 것.

☆ 【91. 산업기사】
105 전기 울타리의 시설에서 전선과 이를 지지하는 기둥과의 이격거리는 최소 몇 [cm] 이상인가?

① 1.5　　　　② 2.5　　　　③ 3.5　　　　④ 4.5

해설 ► 241.1 전기울타리
　　전선과 이를 지지하는 기둥 사이의 이격거리는 25[mm] 이상일 것.

답 102. ④ 103. ① 104. ③ 105. ②

전기욕기

106 ★★☆ 【97. 05. 06. 기사, 96. 99. 00. 04. 23. 24. 산업기사】

전기 욕기의 전원 변압기의 2차측 전압의 최대 한도는 몇 [V]인가?

① 6   ② 10   ③ 12   ④ 15

해설 241.2 전기욕기
전기욕기에 전기를 공급하기 위한 전기욕기용 전원장치(내장되는 전원 변압기의 2차측 전로의 사용전압이 10[V] 이하의 것에 한한다)는 안전기준에 적합하여야 한다.

107 ★★★★☆ 【91. 96. 00. 기사, 87. 88. 96. 산업기사】

전기 욕기를 시설하였다. 욕탕 안의 전극과 절연 변압기와의 사이의 2차 전압이 몇 [V] 이하인 전원 변압기를 사용하여야 하는가?

① 10볼트 이하   ② 25볼트 이하
③ 30볼트 이하   ④ 60볼트 이하

해설 241.2 전기욕기
전기욕기에 전기를 공급하기 위한 전기욕기용 전원장치(내장되는 전원 변압기의 2차측 전로의 사용전압이 10[V] 이하의 것에 한한다)는 안전기준에 적합하여야 한다.

전기온상

108 ★★★★★ 【89. 96. 99. 00. 기사, 87. 93. 99. 00. 산업기사】

전기 온상용 발열선의 최고 사용 전압은 섭씨 몇 도를 넘지 않도록 시설하여야 하는가?

① 50   ② 60   ③ 80   ④ 100

해설 241.5 전기온상 등
가. 전기온상에 전기를 공급하는 전로의 대지전압은 300[V] 이하일 것.
나. 발열선은 그 온도가 80[℃]를 넘지 않도록 시설할 것.
다. 발열선과 조영재 사이의 이격거리는 0.025[m] 이상으로 할 것.
라. 발열선의 지지점 간의 거리는 1[m] 이하일 것. 다만, 발열선 상호 간의 간격이 0.06[m] 이상인 경우에는 2[m] 이하로 할 수 있다.

병원

109 ★☆ 【93. 기사, 01. 산업기사】

제1종 X선관의 최대 사용 전압이 154,000[V]인 경우에 전선 상호의 간격은 몇 [cm]인가?

① 45   ② 63   ③ 67   ④ 70

해설 241.6.2 제1종 엑스선 발생장치의 시설
- 100[kV] 이하의 것은 45[cm] 이상, 100[kV] 초과하는 것에는 45[cm]에 초과분 10[kV] 또는 단수마다 3[cm]를 가산한 값 이상으로 할 것
- 단수 $= \dfrac{154-100}{10} = 5.4 \rightarrow 6$단
- 간격 $= 45 + 6 \times 3 = 63$[cm]

전격살충기

★★ 【95. 23. 기사, 87. 11. 산업기사】
110 2차측 개방 전압이 1만 볼트인 절연 변압기를 사용한 전격 살충기는 전격 격자가 지표 상 또는 마루 위 몇 [m] 이상의 높이에 설치하여야 하는가?

① 3.5[m]　　　　② 3.0[m]　　　　③ 2.8[m]　　　　④ 2.5[m]

해설 241.7 전격살충기
전격살충기의 전격격자는 지표 또는 바닥에서 3.5[m] 이상의 높은 곳에 시설할 것. 다만, 2차측 개방 전압이 7[kV] 이하의 절연변압기를 사용하고 보호격자에 사람이 접촉될 경우 절연변압기의 1차측 전로를 자동적으로 차단하는 보호장치를 시설한 것은 지표 또는 바닥에서 1.8[m]까지 감할 수 있다.

유희용 전차

☆ 【91. 산업기사】
111 유희용 전차 안의 전로 및 이격에 전기를 공급하기 위하여 사용하는 전기 설비는 다음에 의하여 시설하여야 한다. 옳지 않은 것은?

① 유희용 전차에 전기를 공급하는 전로에는 전용 개폐기를 시설할 것
② 유희용 전차에 전기를 공급하기 위하여 사용하는 접촉 전선은 제3 궤조 방식에 의하여 시설할 것
③ 유희용 전차에 전기를 공급하는 전로의 사용 전압은 직류에 있어서는 80[V] 이하, 교류에 있어서는 60[V] 이하일 것
④ 유희용 전차에 전기를 공급하는 전로의 사용 전압에 전기를 변성하기 위하여 사용하는 변압기의 1차 전압은 400[V] 이하일 것

해설 241.8 유희용 전차
가. 유희용 전차에 전기를 공급하기 위하여 사용하는 변압기의 1차 전압은 400[V] 이하이어야 한다.
나. 유희용 전차에 전기를 공급하는 전원장치의 2차측 단자의 최대사용전압은 직류의 경우 60[V] 이하, 교류의 경우 40[V] 이하일 것.
다. 접촉전선은 제3레일 방식에 의하여 시설할 것.
라. 유희용 전차의 전차 내에서 승압하여 사용하는 경우 변압기는 절연변압기를 사용하고 2차 전압은 150[V] 이하로 할 것.

112 ★★【92. 기사, 87. 90. 산업기사】
유희용 전차에 전기를 공급하는 전로의 사용 전압은 교류에 있어서는 몇 [V] 이하이어야 하는가?

① 20　　　　　② 40　　　　　③ 60　　　　　④ 100

해설, 241.8 유희용 전차
사용전압 직류(DC) 60[V] 이하, **교류(AC) 40[V] 이하**

전기집진장치

113 ★☆【11. 기사】
특고압의 전기집진장치, 정전도장장치 등에 전기를 공급하는 전기설비 시설로 적합하지 아니한 것은?
① 전기집진 응용장치에 전기를 공급하는 변압기 1차측 전로에는 그 변압기 가까운 곳에 개폐기를 시설할 것
② 케이블을 넣는 방호장치의 금속체 부분에는 접지공사를 하지 않도록 한다.
③ 잔류전하에 의하여 사람에게 위험을 줄 우려가 있으면 변압기 2차측에 잔류전하를 방전하기 위한 장치를 할 것
④ 전기집진장치는 그 충전부에 사람이 접촉할 우려가 없도록 시설할 것

해설, 241.9 전기 집진장치 등
금속제 외함 또한 케이블을 넣은 방호장치의 금속제 부분 및 방식케이블 이외의 케이블의 피복에 사용하는 금속체 에는 **규정에 준하여 접지공사**를 하여야 한다.

아크용접기

114 ★☆【07. 기사, 92. 03. 산업기사】
가반형의 용접 전극을 사용하는 아크 용접 장치의 시설에 대한 설명으로 옳은 것은?
① 용접 변압기의 1차측 전로의 대지 전압은 600[V] 이하일 것
② 용접 변압기의 1차측 전로에는 리액터를 시설할 것
③ 용접 변압기는 절연 변압기일 것
④ 피용접재 또는 이와 전기적으로 접속되는 기구, 정반 등의 금속체에는 접지공사를 하지 말 것

해설, 241.10 아크 용접기
가. **용접변압기는 절연변압기일 것.**
나. 용접변압기의 1차측 전로의 대지전압은 300[V] 이하일 것
다. 용접변압기의 1차측 전로에는 용접 변압기에 가까운 곳에 쉽게 개폐할 수 있는 개폐기를 시설할 것
라. 용접기 외함 및 피용접재 또는 이와 전기적으로 접속되는 받침대·정반 등의 금속체는 규정에 준하여 접지공사를 하여야 한다.

115 ☆ 【18. 기사, 02. 05. 산업기사】

가반형의 용접 전극을 사용하는 아크 용접 장치를 시설할 때 용접 변압기의 1차측 전로의 대지 전압은 몇 [V] 이하이어야 하는가?

① 200   ② 250   ③ 300   ④ 600

해설 241.10 아크 용접기
용접변압기의 1차측 전로의 대지전압은 300[V] 이하일 것.

116 ★★★★★ 【83. 97. 99. 01. 기사, 90. 91. 93. 00. 05. 산업기사】

공사 현장 등에서 사용하는 이동용 전기 아크 용접기용 절연 변압기의 1차측 대지 전압은 얼마 이하이어야 하는가?

① 150   ② 220   ③ 300   ④ 480

해설 241.10 아크 용접기
용접변압기의 1차측 전로의 대지전압은 300[V] 이하일 것.

도로 등의 전열장치

117 ★★★ 【98. 00. 23. 기사, 95. 00. 산업기사】

전기 온돌 등의 전열 장치를 시설할 때 발열선을 도로, 주차장 또는 조영물의 조영재에 고정시켜 시설하는 경우, 발열선에 전기를 공급하는 전로의 대지 전압은 몇 [V] 이하이어야 하는가?

① 150   ② 300   ③ 380   ④ 440

해설 241.12 도로 등의 전열장치
가. 발열선에 전기를 공급하는 전로의 대지전압은 300[V] 이하일 것.
나. 발열선은 그 온도가 80[℃]를 넘지 아니하도록 시설할 것. 다만, 도로 또는 옥외주차장에 금속피복을 한 발열선을 시설할 경우에는 발열선의 온도를 120[℃]이하로 할 수 있다.

소세력

118 ★ 【80. 95. 산업기사】

전자 개폐기의 조작 회로, 벨, 경보기 등의 전로 전압은 최대 몇 [V]인가?

① 15   ② 60   ③ 50   ④ 300

해설 241.14 소세력 회로
가. 전자 개폐기의 조작회로 또는 초인벨·경보벨 등에 접속하는 전로로서 최대 사용전압이 60[V] 이하인 것
나. 소세력 회로에 전기를 공급하기 위한 절연변압기의 사용전압은 대지전압 300[V] 이하로 하여야 한다.

119 ★【98. 기사】

최대 사용전압 30[V]를 넘고 60[V] 이하인 소세력 회로에 사용하는 절연 변압기의 2차 단락 전류값이
제한을 받지 않을 경우는 2차측에 시설하는 과전류 차단기의 정격전류가 몇 [A] 이하일 경우인가?

① 0.5　　　　　　③ 1.5　　　　　　③ 3　　　　　　④ 5

해설 241.14 소세력 회로

소세력 회로의 최대 사용전압의 구분	2차 단락 전류	과전류 차단기의 정격 전류
15[V] 이하	8[A]	5[A]
15[V] 초과 30[V] 이하	5[A]	3[A]
30[V] 초과 60[V] 이하	3[A]	1.5[A]

120 ★★★★【91. 97. 03. 기사, 80. 91. 92. 01. 산업기사】

전자 개폐기의 조작 회로, 벨, 경보기 등의 전로로서 60[V] 이하의 소세력 회로용으로 사용하
는 변압기의 1차 대지 전압[V]의 최대 크기는?

① 100　　　　　　② 150　　　　　　③ 300　　　　　　④ 600

해설 241.14 소세력 회로
소세력 회로에 전기를 공급하기 위한 절연변압기의 사용전압은 대지전압 300[V] 이하로 하여야 한다.

전기부식방지

121 ★★☆【94. 96. 기사, 99. 산업기사】

전기 방식 시설을 할 때 전기 방식 회로의 사용 전압은 직류 몇 [V] 이하이어야 하는가?

① 40　　　　　　② 60　　　　　　③ 80　　　　　　④ 100

해설 241.16 전기부식방지 시설
① 사용 전압은 직류 60[V] 이하일 것
② 지중에 매설하는 양극의 매설 깊이는 75[cm] 이상일 것

122 ★★【98. 기사, 94. 98. 02. 산업기사】

지중 또는 수중에 시설되는 금속체의 부식을 방지하기 위하여 지중 또는 수중에 시설하는 전기
방식 회로의 사용 전압은 다음의 어느 것 이하로 제한하고 있는가?

① DC 60[V]　　　　　　② DC 120[V]
③ AC 60[V]　　　　　　④ AC 100[V]

해설 241.16 전기부식방지 시설

답 119. ② 120. ③ 121. ② 122. ①

123 ★ 【88. 11. 산업기사】

철제 물 탱크에 전기 방식 시설을 하였다. 지표 또는 수중에서의 1[m]의 간격을 가지는 임의의 두 점 간의 전위차는 몇 볼트를 넘으면 안 되는가?

① 10볼트   ② 30볼트

③ 5볼트   ④ 25볼트

> **해설** 241.16 전기부식방지 시설
> 전기 방식 시설은 직류 60[V] 이하를 사용하며 수중에 시설하는 양극과 그 주위 1[m] 안에 있는 점과의 전위차는 10[V] 이하, 1[m] 간격을 갖는 임의의 2점간의 전위차는 5[V] 이하이어야 한다.

위험물 저장소, 취급소

124 ★★★★★ 【99. 00. 02. 06. 19. 기사, 82. 93. 03. 04. 08. 09. 12. 24. 산업기사】

폭연성 분진 또는 화약류의 분말이 존재하는 곳의 저압 옥내 배선은 어느 공사에 의하는가?

① 애자공사 또는 금속제 가요전선관공사

② 캡타이어케이블공사

③ 합성수지관공사

④ 금속관공사

> **해설** 242.2.1 폭연성 분진 위험장소
> 폭연성 분진(마그네슘・알루미늄・티탄・지르코늄)
> 또는 화약류의 분말이 전기설비가 발화원이 되어 폭발할 우려가 있는 곳에 시설하는 저압 옥내배선, 저압 관등회로 배선, 소세력 회로의 전선은 금속관공사 또는 케이블공사(캡타이어 케이블을 사용하는 것을 제외한다)에 의할 것.

125 ★☆ 【85. 기사, 97. 산업기사】

티탄을 제조하는 공장으로 먼지가 쌓여진 상태에서 착화된 때는 폭발할 우려가 있는 곳에 저압 옥내 배선을 설치하고자 한다. 다음 중 적절한 공사 방법은 어느 것인가?

① 애자공사 또는 금속제 가요전선관공사

② 캡타이어 케이블 공사

③ 합성수지관공사

④ 금속관공사 또는 케이블공사

> **해설** 242.2.1 폭연성 분진 위험장소
> 폭연성 분진(마그네슘・알루미늄・티탄・지르코늄) 또는 화약류의 분말이 전기설비가 발화원이 되어 폭발할 우려가 있는 곳에 시설하는 저압 옥내배선, 저압 관등회로 배선, 소세력 회로의 전선은 금속관공사 또는 케이블공사(캡타이어 케이블을 사용하는 것을 제외한다)에 의할 것.

126 ★★【97. 14. 기사, 83. 91. 산업기사】
소맥분, 전분, 기타의 가연성 분진이 존재하는 곳의 저압 옥내 배선으로 적합하지 않은 공사 방법은?

① 합성수지관공사　　　② 금속제 가요전선관공사
③ 금속관공사　　　④ 케이블공사

해설　242.2.2 가연성 분진 위험장소
가연성 분진에 전기설비가 발화원이 되어 폭발할 우려가 있는 곳에 시설하는 저압 옥내 전기설비는 다음에 따르고 또한 위험의 우려가 없도록 시설하여야 한다.
가. 합성수지관공사(두께 2[mm] 미만의 합성수지 전선관 및 난연성이 없는 콤바인 덕트관을 사용하는 것을 제외한다.)
나. 금속관공사
다. 케이블공사

127 ★☆【85. 기사, 99. 산업기사】
에탄올을 이용하여 물품을 제조하는 제조 공장으로 에탄올 가스가 공기 중에 체류하는 곳에 케이블을 노출로 배선하고자 한다. 이 경우 관이나 방호 장치에 넣지 않고 노출로 설치할 수 있는 케이블은 어느 것인가?(단, 사용 전압은 3상 3선식의 380[V]로 본다)

① 부틸 고무 절연 비닐 시스 케이블
② 폴리에틸렌 절연 비닐 시스 케이블
③ 무기물 절연 케이블
④ 3종 부틸 고무 절연, 클로로프렌 캡타이어 케이블

해설　242.3.1 가스증기 위험장소
가연성 가스 또는 인화성 물질의 증기가 누출되거나 체류하여 전기설비가 발화원이 되어 폭발할 우려가 있는 곳(프로판 가스 등의 가연성 액화 가스를 다른 용기에 옮기거나 나누는 등의 작업을 하는 곳, 에탄올·메탄올 등의 인화성 액체를 옮기는 곳 등)에 있는 저압 옥내전기설비는 금속관 또는 케이블 공사에 의하여야 하며, 전선은 개장된 케이블 또는 무기물 절연 케이블을 사용하는 경우 이외에는 방호 장치에 넣어야 한다.

128 ★★★☆【86. 97. 02. 기사, 94. 99. 00. 04. 산업기사】
석유류를 저장하는 장소의 전등 배선에서 사용할 수 없는 방법은?

① 애자공사　　　② 케이블공사
③ 금속관공사　　　④ 합성수지관공사

해설　242.4 위험물 등이 존재하는 장소
셀룰로이드·성냥·석유류 기타 타기 쉬운 위험한 물질을 제조하거나 저장하는 곳에 시설하는 저압 옥내 전기설비는 다음에 따르고 또한 위험의 우려가 없도록 시설하여야 한다.
가. 이동전선은 접속점이 없는 0.6/1[kV] EP 고무 절연 클로로프렌 캡타이어 케이블 또는 0.6/1[kV] 비닐 절연 비닐캡타이어 케이블을 사용할 것.
나. 저압 옥내배선 등은 합성수지관공사(두께 2[mm] 미만의 합성수지 전선관 및 난연성이 없는 콤바인 덕트관을 사용하는 것을 제외한다)·금속관공사 또는 케이블공사에 의할 것.

☆【91. 14. 산업기사】

129 화약류 저장 장소에 있어서의 전기 설비의 시설이 적당하지 않은 것은?

① 전로의 대지전압은 300[V] 이하일 것

② 전기 기계 기구는 개방형일 것

③ 지락차단장치 또는 경보장치를 시설할 것

④ 전용개폐기 또는 과전류 차단장치를 시설할 것

해설 242.5 화약류 저장소 등의 위험장소

가. 화약류 저장소 안에는 전기설비를 시설해서는 안 된다. 다만, 백열전등이나 형광등 또는 이들에 전기를 공급하기 위한 전기설비(개폐기 및 과전류 차단기를 제외한다)는 다음에 따라 시설하는 경우에는 그러하지 아니하다.
  ① 전로에 대지전압은 300[V] 이하일 것
  ② 전기기계기구는 전폐형의 것일 것

나. 화약류 저장소 이외의 곳에 전용 개폐기 및 과전류 차단기를 각 극에 취급자 이외의 자가 쉽게 조작할 수 없도록 시설하고 또한 전로에 지락이 생겼을 때에 자동적으로 전로를 차단하거나 경보하는 장치를 시설하여야 한다.

⤬ 유사문제

‖ 유사문제 원문 및 해설 : 동일출판사 홈페이지≫고객센터≫자료실

01. 화약류 저장소의 전기 설비 시설에 있어서 틀린 사항은 다음 중 어느 것인가?

🔒 전로의 대지전압은 150[V] 이하일 것

▌전시회, 쇼 및 공연장

★★★【95. 18. 기사, 94. 00. 02. 05. 산업기사】

130 흥행장의 저압 전기 설비 공사로 무대, 무대 마루 밑, 오케스트라 박스, 영사실, 기타 사람이나 무대 도구가 접촉할 우려가 있는 곳에 시설하는 저압 옥내 배선, 전구선 또는 이동 전선은 사용 전압이 몇 [V] 이하이어야 하는가?

① 100   ② 200

③ 300   ④ 400

해설 242.6 전시회, 쇼 및 공연장의 전기설비

무대 · 무대마루 밑 · 오케스트라 박스 · 영사실 기타 사람이나 무대 도구가 접촉할 우려가 있는 곳에 시설하는 저압 옥내배선, 전구선 또는 이동전선은 사용전압이 400[V] 이하이어야 한다.

☆【03. 산업기사】

131 옥내 저압용의 전구선을 시설하려고 한다. 사용 전압이 몇 [V]를 초과하는 전구선은 옥내에 시설할 수 없는가?

① 250   ② 300

③ 350   ④ 400

해설 242.6 전시회, 쇼 및 공연장의 전기설비
무대 · 무대마루 밑 · 오케스트라 박스 · 영사실 기타 사람이나 무대 도구가 접촉할 우려가 있는 곳에 시설하는 저압 옥내배선, 전구선 또는 이동전선은 사용전압이 400[V] 이하이어야 한다.

CHAPTER 03

고압 · 특고압 전기설비

301 적용범위

교류 1[kV] 초과 또는 직류 1.5[kV]를 초과하는 고압 및 특고압 전기를 공급하거나 사용하는 전기설비에 적용한다.

302 기본원칙

302.1 일반사항

설비 및 기기는 그 설치장소에서 예상되는 전기적, 기계적, 환경적인 영향에 견디는 능력이 있어야 한다.

302.2 전기적 요구사항

1. 중성점 접지방식의 선정시 다음을 고려하여야 한다.
   가. 전원공급의 연속성 요구사항
   나. 지락고장에 의한 기기의 손상제한
   다. 고장부위의 선택적 차단
   라. 고장위치의 감지
   마. 접촉 및 보폭전압
   바. 유도성 간섭
   사. 운전 및 유지보수 측면
2. 단락전류
   가. 설비는 단락전류로부터 발생하는 열적 및 기계적 영향에 견딜 수 있도록 설치되어야 한다.
   나. 설비는 단락을 자동으로 차단하는 장치에 의하여 보호되어야 한다.
   다. 설비는 지락을 자동으로 차단하는 장치 또는 지락상태 자동표시장치에 의하여 보호되어야 한다.

302.3 기계적 요구사항

1. 기기 및 지지구조물	2. 인장하중	3. 빙설하중
4. 풍압하중	5. 개폐전자기력	6. 단락전자기력
7. 도체 인장력의 상실	8. 지진하중	

321- 고압 · 특고압 접지계통

321.1 일반사항

1. 고압 또는 특고압 기기는 접촉전압 및 보폭전압의 허용값 이내의 요건을 만족하도록 시설하여야 한다.
2. 모든 케이블의 금속 시스(sheath) 부분은 접지를 하여야 한다.

322- 혼촉에 의한 위험방지시설

322.1 고압 또는 특고압과 저압의 혼촉에 의한 위험방지 시설

1. 고압전로 또는 특고압전로와 저압전로를 결합하는 변압기의 저압측의 중성점에는 142.5의 규정에 의하여 계산한 값이 10[Ω]을 넘을 때에는 접지저항치가 10[Ω] 이하가 되도록 할 것.
   (단, 사용전압이 35[kV] 이하의 특고압전로로서 전로에 지락이 생겼을 때에 1초 이내에 자동적으로 이를 차단하는 장치가 되어 있는 것 및 사용전압이 25[kV] 이하인 특고압 가공전선로로서 중성선 다중접지식의 것으로서 전로에 지락이 생겼을 때 2초 이내에 자동적으로 이를 전로로부터 차단하는 장치가 되어 있는 것은 제외한다.)
   다만, 그 접지공사를 변압기의 중성점에 하기 어려울 때에는 저압전로의 사용전압이 300[V] 이하인 경우에 한해 저압 측의 1단자에 시행할 수 있다.
2. 제1의 접지공사는 변압기의 시설장소마다 시행하여야 한다. 다만, 토지의 상황에 의하여 변압기의 시설장소에서 변압기 중성점 접지저항의 규정에 의한 접지저항 값을 얻기 어려운 경우, 인장강도 5.26[kN] 이상 또는 지름 4[mm] 이상의 가공 접지도체를 저압가공전선에 관한 규정에 준하여 시설할 때에는 변압기의 **시설장소로부터 200[m]까지 떼어놓을 수 있다.**

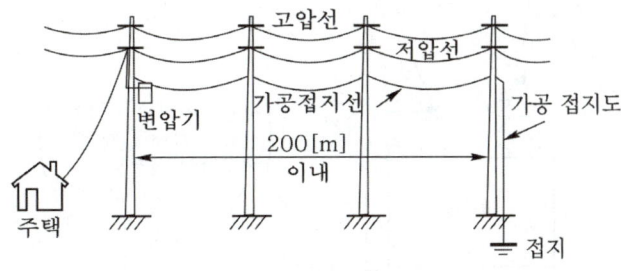

가공 접지도체

3. 제1의 접지공사를 하는 경우에 토지의 상황에 의하여 제2의 규정에 의하기 어려울 때에는 다음에 따라 가공공동지선을 설치하여 2 이상의 시설장소에 142.5의 규정에 의하여 접지공사를 할 수 있다.

　가. 가공공동지선은 인장강도 5.26[kN] 이상 또는 지름 4[mm] 이상의 경동선을 사용하여 저압가공전선에 관한 규정에 준하여 시설할 것.

　나. 접지공사는 각 변압기를 중심으로 하는 지름 400[m] 이내의 지역으로서 그 변압기에 접속되는 전선로 바로 아래의 부분에서 각 변압기의 양쪽에 있도록 할 것.

　다. 가공공동지선과 대지 사이의 합성 전기저항 값은 1[km]를 지름으로 하는 지역 안마다 142.6의 규정에 의해 접지저항 값을 가지는 것으로 하고 또한 각 접지도체를 가공공동지선으로부터 분리하였을 경우의 각 접지도체와 대지 사이의 전기저항 값은 300[Ω] 이하로 할 것.

322.2 혼촉방지판이 있는 변압기에 접속하는 저압 옥외전선의 시설 등

고압전로 또는 특고압전로와 비접지식의 저압전로를 결합하는 변압기로서 그 고압권선 또는 특고압권선과 저압권선 간에 금속제의 혼촉방지판이 있고 또한 그 혼촉방지판에 규정에 의하여 접지공사를 한 것에 접속하는 저압전선을 옥외에 시설할 때에는 다음에 따라 시설하여야 한다.

1. 저압전선은 1구내에만 시설할 것.
2. 저압 가공전선로 또는 저압 옥상전선로의 전선은 케이블일 것.
3. 저압 가공전선과 고압 또는 특고압의 가공전선을 동일 지지물에 시설하지 아니할 것. 다만, 고압 가공전선로 또는 특고압 가공전선로의 전선이 케이블인 경우에는 그러하지 아니하다.

322.3 특고압과 고압의 혼촉 등에 의한 위험방지 시설

변압기에 의하여 특고압전로에 결합되는 고압전로에는 사용전압의 3배 이하인 전압이 가하여진 경우에 방전하는 장치를 그 변압기의 단자에 가까운 1극에 설치하여야 한다.

다만, 다음의 경우 그러하지 아니하다.

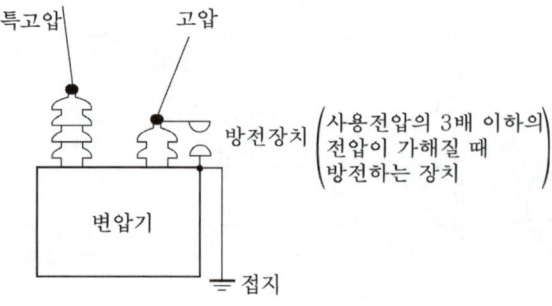

방전기의 시설

1. 사용전압의 3배 이하인 전압이 가하여진 경우에 방전하는 피뢰기를 고압전로의 모선의 각 상에 시설 한 경우
2. 특고압권선과 고압권선 간에 혼촉방지판을 시설하여 접지저항 값이 10[Ω] 이하 또는 변압기 중성점 접지의 규정에 따른 접지공사를 한 경우에는 그러하지 아니하다.

322.5 전로의 중성점의 접지

1. 전로의 보호 장치의 확실한 동작의 확보, 이상 전압의 억제 및 대지전압의 저하를 위하여 특히 필요한 경우에 전로의 중성점에 접지공사를 할 경우 접지도체는 공칭단면적 16[mm²] 이상의 연동선으로서 고장시 흐르는 전류가 안전하게 통할 수 있는 것을 사용하고 또한 손상을 받을 우려가 없도록 시설할 것.
2. 저압전로에 시설하는 보호 장치의 확실한 동작을 확보하기 위하여 특히 필요한 경우에 전로의 중성점에 접지공사를 할 경우 접지도체는 공칭단면적 6[mm²] 이상의 연동선으로서 고장시 흐르는 전류가 안전하게 통할 수 있는 것을 사용하여야 한다.
3. 변압기의 안정권선이나 유휴권선 또는 전압조정기의 내장권선을 이상전압으로부터 보호하기 위하여 특히 필요할 경우에 그 권선에 접지공사를 할 때에는 규정에 의하여 접지공사를 하여야 한다.

331 전선로 일반 및 구내·옥측·옥상전선로

331.3 가공전선의 분기

가공전선의 분기는 분기점에서 전선에 장력이 가하여지지 않도록 시설하는 경우 이외에는 그 전선의 지지점에서 하여야 한다.

331.4 가공전선로 지지물의 철탑오름 및 전주오름 방지

가공전선로의 지지물에 취급자가 오르고 내리는 데 사용하는 발판 볼트 등을 지표상 1.8[m] 미만에 시설하여서는 아니 된다.

331.6 풍압하중의 종별과 적용

1. 가공 전선로에 사용하는 지지물의 강도 계산에 적용하는 풍압 하중은 다음의 3종으로 한다.
   가. 갑종 풍압하중
      표에서 정한 구성재의 수직 투영면적 1[m²]에 대한 풍압을 기초로 하여 계산한 것.

표. 구성재의 수직 투영면적 1[m²]에 대한 풍압

풍압을 받는 구분				구성재의 수직 투영면적 1[m²]에 대한 풍압
목 주				588[Pa]
지지물	철 주	원형의 것		588[Pa]
		삼각형 또는 마름모형의 것		1,412[Pa]
		강관에 의하여 구성되는 4각형의 것		1,117[Pa]
		기타의 것		목재가 전·후면에 겹치는 경우에는 1,627[Pa], 기타의 경우에는 1,784[Pa]
	철근 콘크리트주	원형의 것		588[Pa]
		기타의 것		882[Pa]
	철 탑	단주 (완철류는 제외함)	원형의 것	588[Pa]
			기타의 것	1,117[Pa]
		강관으로 구성되는 것 (단주는 제외함)		1,255[Pa]
		기타의 것		2,157[Pa]
전선 기타 가섭선	다도체(구성하는 전선이 2가닥마다 수평으로 배열되고 또한 그 전선 상호간의 거리가 전선의 바깥지름의 20배 이하인 것에 한한다.)를 구성하는 전선			666[Pa]
	기타의 것			745[Pa]
애자장치(특고압 전선용의 것에 한한다)				1,039[Pa]
목주·철주(원형의 것에 한한다) 및 철근 콘크리트주의 완금류(특고압 전선로용의 것에 한한다)				단일재로서 사용하는 경우에는 1,196[Pa], 기타의 경우에는 1,627[Pa]

나. **을종 풍압하중**

전선 기타의 가섭선 주위에 두께 6[mm], 비중 0.9의 빙설이 부착된 상태에서 수직 투영면적 372[Pa](다도체를 구성하는 전선은 333[Pa]), 그 이외의 것은 **갑종풍압하중의 2분의 1을 기초로 하여 계산한 것**.

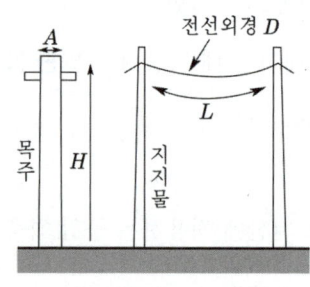

S:수직 투영면적
목주의 S: AH [m²]
전주의 S : DL [m²]

수직 투영면적

다. **병종 풍압하중**

갑종풍압하중의 2분의 1을 기초로 하여 계산한 것.

2. 제1의 풍압하중의 적용은 다음에 따른다.

지 역		고온계절	저온계절
빙설이 많은 지방이외의 지방		갑종	병종
빙설이 많은 지방	일반지역	갑종	을종
	해안지방, 기타 저온 계절에 최대 풍압이 생기는 지역	갑종	갑종과 을종 중 큰 값 선정
인가가 많이 연접되어 있는 장소		병종	병종

3. 인가가 많이 연접되어 있는 장소에 시설하는 가공전선로의 구성재 중 다음의 풍압하중에 대하여는 규정에 불구하고 갑종 풍압하중 또는 을종 풍압하중 대신에 병종 풍압하중을 적용할 수 있다.

   가. 저압 또는 고압 가공전선로의 지지물 또는 가섭선

   나. 사용전압이 35[kV] 이하의 전선에 특고압 절연전선 또는 케이블을 사용하는 특고압 가공전선로의 지지물, 가섭선 및 특고압 가공전선을 지지하는 애자장치 및 완금류

331.7 가공전선로 지지물의 기초의 안전율

가공전선로의 지지물에 하중이 가하여지는 경우에 그 하중을 받는 지지물의 기초의 안전율은 2(단, 이상 시 상정하중이 가하여지는 철탑의 기초에 대하여는 1.33) 이상이어야 한다.

다만, 땅에 묻히는 깊이를 다음의 표에서 정한 값 이상의 깊이로 시설하는 경우에는 그러하지 아니하다.

설계하중 전장	6.8[kN] 이하	6.8[kN] 초과~ 9.8[kN] 이하	9.8[kN] 초과~ 14.72[kN] 이하
15[m] 이하	전장×1/6[m] 이상	전장×1/6+0.3[m] 이상	전장×1/6+0.5[m] 이상
15[m] 초과	2.5[m] 이상	2.8[m] 이상	–
16[m] 초과~20[m] 이하	2.8[m] 이상	–	–
15[m] 초과~18[m] 이하	–	–	3[m] 이상
18[m] 초과~20[m] 이하	–	–	3.2[m] 이상

331.10 목주의 강도 계산

지표면의 목주지름([cm]를 단위로 한다) D_0는 다음과 같다.

$$D_0 = D + 0.9H$$

D : 목주의 말구([cm]를 단위로 한다.)

331.11 지선의 시설

1. 가공전선로의 지지물로 사용하는 철탑은 지선을 사용하여 그 강도를 분담시켜서는 안 된다.

2. 가공전선로의 지지물로 사용하는 철주 또는 철근 콘크리트주는 지선을 사용하지 않는 상태에서 2분의 1 이상의 풍압하중에 견디는 강도를 가지는 경우 이외에는 지선을 사용하여 그 강도를 분담시켜서는 안 된다.

3. 가공전선로의 지지물에 시설하는 지선은 다음에 따라야 한다.

　가. **지선의 안전율은 2.5 이상**일 것. 이 경우에 **허용 인장하중의 최저는 4.31[kN]**으로 한다.

　나. 지선에 연선을 사용할 경우에는 다음에 의할 것.

　　⑴ **소선 3가닥 이상의 연선일 것**.

　　⑵ 소선의 지름이 2.6[mm] 이상의 금속선을 사용한 것일 것. 다만, 소선의 지름이 2[mm] 이상인 아연도강연선으로서 소선의 인장강도가 0.68[kN/mm^2] 이상인 것을 사용하는 경우에는 적용하지 않는다.

　다. 지중부분 및 지표상 0.3[m]까지의 부분에는 내식성이 있는 것 또는 아연도금을 한 철봉을 사용하고 쉽게 부식되지 않는 근가에 견고하게 붙일 것. 다만, 목주에 시설하는 지선에 대해서는 적용하지 않는다.

　라. 지선근가는 지선의 인장하중에 충분히 견디도록 시설할 것.

4. 도로를 횡단하여 시설하는 지선의 높이는 **지표상 5[m] 이상**으로 하여야 한다. 다만, 기술상 부득이한 경우로서 교통에 지장을 초래할 우려가 없는 경우에는 지표상 4.5[m] 이상, 보도의 경우에는 2.5[m] 이상으로 할 수 있다.

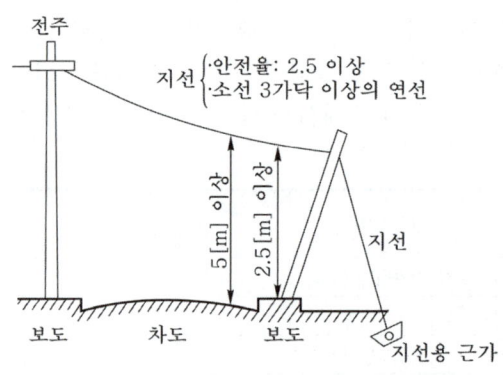

지선의 시설

331.12 구내인입선

331.12.1 고압 가공인입선의 시설

1. 고압 가공인입선의 전선

　가. 인장강도 8.01[kN] 이상의 고압 절연전선, 특고압 절연전선

　나. **지름 5[mm] 이상의 경동선**의 고압 절연전선, 특고압 절연전선, 인하용 절연전선을 애자사용공사에 의하여 시설하거나 케이블을 가공케이블의 시설 기준에 따라 시설하여야 한다.

2. 고압 가공인입선의 높이는 지표상 5[m]로 하여야 한다. 그러나 그 고압 가공인입선이 케이블 이외의 것인 때에는 그 전선의 아래쪽에 **위험 표시를 하면** 고압 가공인입선의 높이는 **지표상 3.5[m] 까지로 감할 수 있다.**

3. **고압 연접인입선은 시설하여서는 아니 된다.**

331.12.2 특고압 가공인입선의 시설

1. 변전소 또는 개폐소에 준하는 곳에 인입하는 특고압 가공 인입선의 높이는 333.7 특고압 가공전선의 높이의 규정에 준하여 시설한다.
2. 변전소 또는 개폐소에 준하는 곳 이외의 곳에 인입하는 특고압 가공 인입선은 사용전압이 100[kV]이하 이어야 한다.
3. 사용전압이 35[kV] 이하이고 또한 전선에 케이블을 사용하는 경우에 특고압 가공 인입선의 높이는 그 특고압 가공 인입선이 도로·횡단보도교·철도 및 궤도를 횡단하는 이외의 경우에 한하여 지표상 4[m] 까지로 감할 수 있다.
4. 특고압 연접 인입선은 시설하여서는 아니 된다.

331.13 옥측전선로

331.13.1 고압 옥측전선로의 시설

고압 옥측전선로는 전개된 장소에는 다음에 따라 시설하여야 한다.

1. 전선은 케이블일 것.
2. 케이블은 견고한 관 또는 트라프에 넣거나 사람이 접촉할 우려가 없도록 시설할 것.
3. 케이블을 조영재의 옆면 또는 아랫면에 따라 붙일 경우에는 케이블의 지지점 간의 거리를 2[m] (수직으로 붙일 경우에는 6[m]) 이하로 하고 또한 피복을 손상하지 아니하도록 붙일 것.
4. 관 기타의 케이블을 넣는 방호장치의 금속제 부분·금속제의 전선 접속함 및 케이블의 피복에 사용하는 금속제에는 이들의 방식조치를 한 부분 및 대지와의 사이의 전기저항 값이 10[Ω] 이하인 부분을 제외하고 규정에 준하여 접지공사를 할 것.

331.13.2 특고압 옥측전선로의 시설

특고압 옥측전선로(특고압 인입선의 옥측부분을 제외한다.)는 시설하여서는 아니 된다. 다만, 사용전압이 100[kV] 이하이고 규정에 준하여 시설하는 경우에는 그러하지 아니하다.

331.14 옥상전선로

331.14.1 고압 옥상전선로의 시설

1. 고압 옥상전선로(고압 인입선의 옥상부분은 제외한다.)는 케이블을 사용하고 전선을 전개된 장소에서 조영재에 견고하게 붙인 지지주 또는 지지대에 의하여 지지하고 또한 조영재 사이의 이격거리를 1.2[m] 이상으로 시설 하여야 한다.
2. 고압 옥상 전선로의 전선이 다른 시설물(가공전선을 제외한다)과 접근하거나 교차하는 경우에는 고압 옥상 전선로의 전선과 이들 사이의 이격거리는 0.6[m] 이상이어야 한다.
3. 고압 옥상전선로의 전선은 상시 부는 바람 등에 의하여 식물에 접촉하지 아니하도록 시설하여야 한다.

331.14.2 특고압 옥상전선로의 시설

특고압 옥상전선로(특고압의 인입선의 옥상부분을 제외한다)는 시설하여서는 아니 된다.

332- 가공전선로

332.1 가공약전류전선로의 유도장해 방지

저압 가공전선로 또는 고압 가공전선로와 기설 가공약전류전선로가 병행하는 경우에는 유도작용에 의하여 통신상의 장해가 생기지 않도록 전선과 기설 약전류전선간의 이격거리는 2[m] 이상이어야 한다.

332.2 가공케이블의 시설

저압 가공전선 또는 고압 가공전선에 케이블을 사용하는 경우에는 다음에 따라 시설하여야 한다.

1. 케이블은 조가용선에 행거로 시설할 것. 이 경우에는 사용전압이 고압인 때에는 행거의 간격은 0.5[m] 이하로 하는 것이 좋다.
2. 조가용선은 인장강도 5.93[kN] 이상의 것 또는 단면적 22[mm^2] 이상인 아연도강연선일 것.
3. 조가용선 및 케이블의 피복에 사용하는 금속체에는 접지공사를 할 것.
4. 조가용선을 케이블에 접촉시켜 금속 테이프를 감는 경우에는 20[cm] 이하의 간격으로 나선상으로 한다.

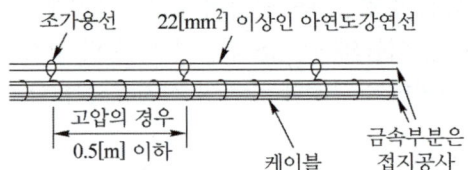

332.3 고압 가공전선의 굵기 및 종류

고압 가공전선은 인장강도 8.01[kN] 이상의 고압 절연전선, 특고압 절연전선 또는 지름 5[mm] 이상의 경동선의 고압 절연전선, 특고압 절연전선을 사용하여야 한다.

332.4 고압 가공전선의 안전율
222.6 저압 가공전선의 안전율

가공전선이 케이블 이외인 경우 안전율이 다음 이상이 되는 이도로 시설하여야 한다.

1. 경동선 또는 내열 동합금선 : 2.2 이상
2. 그 밖의 전선 : 2.5

332.5 고압 가공전선의 높이
222.7 저압 가공전선의 높이

1. 저 · 고압 가공전선의 높이는 다음에 따라야 한다.

설치장소		가공전선의 높이
도로횡단 (번잡하지 않은 도로 제외)		지표상 6[m] 이상
철도 또는 궤도 횡단		레일면상 6.5[m] 이상
횡단보도교 위	저압	노면상 3.5[m] 이상(단, 절연전선의 경우 3[m] 이상)
	고압	노면상 3.5[m] 이상
일반장소		지표상 5[m] 이상. 단, 저압의 경우 절연전선 또는 케이블을 사용하여 교통에 지장이 없도록 하여 옥외조명용에 공급하는 경우 4[m]까지 감할 수 있다.
다리의 하부 기타 이와 유사한 장소		저압의 전기철도용 급전선은 지표상 3.5[m] 까지로 감할 수 있다.

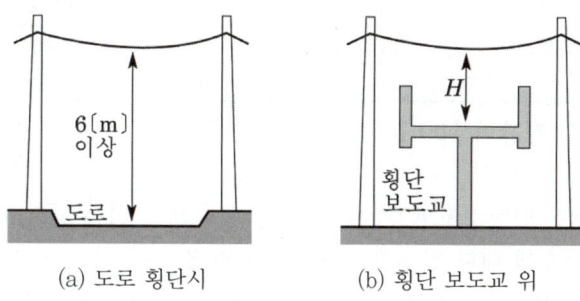

(a) 도로 횡단시   (b) 횡단 보도교 위

2. 저압 · 고압 가공전선을 수면 상에 시설하는 경우에는 전선의 수면 상의 높이를 선박의 항해 등에 위험을 주지 않도록 유지하여야 한다.

332.6 고압 가공전선로의 가공지선

고압 가공전선로에 사용하는 가공지선은 인장강도 5.26 [kN] 이상의 것 또는 지름 4[mm] 이상의 나경동선을 사용한다.

332.8 고압 가공전선 등의 병행설치

1. 저압 가공전선(다중접지된 중성선은 제외한다. 이하 같다)과 고압 가공전선을 동일 지지물에 시설하는 경우에는 다음에 따라야 한다.
   가. 저압 가공전선을 고압 가공전선의 아래로 하고 별개의 완금류에 시설할 것.
   나. 저압 가공전선과 고압 가공전선 사이의 이격거리는 0.5[m] 이상일 것.

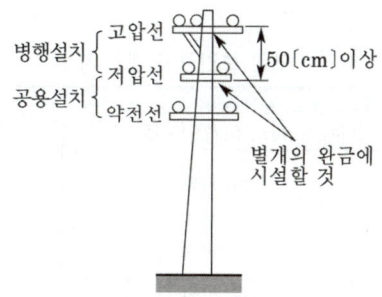

가공전선의 병행설치

2. 다음의 어느 하나에 해당하는 경우에는 제1에 의하지 아니할 수 있다.

　　가. 고압 가공전선에 케이블을 사용하고, 또한 그 케이블과 저압 가공전선 사이의 이격거리를
　　　　0.3 [m] 이상으로 하여 시설하는 경우

　　나. 저압 가공인입선을 분기하기 위하여 저압 가공전선을 고압용의 완금류에 견고하게 시설
　　　　하는 경우

332.9 고압 가공전선로 경간의 제한

1. 고압 가공전선로의 경간은 표에서 정한 값 이하이어야 한다.

지지물의 종류	경　간
목주·A종 철주 또는 A종 철근 콘크리트주	150[m]
B종 철주 또는 B종 철근 콘크리트주	250[m]
철 탑	600[m]

2. 고압 가공전선로의 경간이 100[m]를 초과하는 경우에는 그 부분의 전선로는 다음에 따라
　시설하여야 한다.

　　가. 고압 가공전선은 인장강도 8.01 [kN] 이상의 것 또는 지름 5[mm] 이상의 경동선의 것.

　　나. 목주의 풍압하중에 대한 안전율은 1.5 이상일 것.

3. 고압 가공전선로의 전선에 인장강도 8.71[kN] 이상의 것 또는 단면적 22 [mm^2] 이상의 경동
　연선의 것을 다음에 따라 지지물을 시설하는 때에는 제1의 규정에 의하지 아니할 수 있다.
　이 경우에 그 전선로의 경간은 다음과 같다.

지지물의 종류	단면적 22[mm^2] 이상의 경동연선의 것
목주·A종 철주 또는 A종 철근 콘크리트 주	300[m]
B종 철주 또는 B종 철근 콘크리트 주	500[m]
철탑	600[m]

332.10 고압 보안공사

고압 보안공사는 다음에 따라야 한다.

1. 전선은 케이블인 경우 이외에는 인장강도 8.01[kN] 이상의 것 또는 지름 5[mm] 이상의 경
　동선일 것.

2. 목주의 풍압하중에 대한 안전율은 1.5 이상일 것.

3. 경간은 표에서 정한 값 이하일 것.

표. **고압 보안공사 경간 제한**

지지물의 종류	인장강도 8.01[kN] 이상 또는 지름 5[mm] 이상의 경동선	인장강도 14.51[kN] 이상 또는 단면적 38[mm^2] 이상의 경동연선
목주·A종 철주 또는 A종 철근 콘크리트주	100[m] 이하	100[m] 이하
B종 철주 또는 B종 철근 콘크리트주	150[m] 이하	250[m] 이하
철탑	400[m] 이하	600[m] 이하

332.11　고압 가공전선과 건조물의 접근

222.11　저압 가공전선과 건조물의 접근

1. 저압 가공전선 또는 고압 가공전선이 건조물과 접근 상태로 시설되는 경우에는 다음에 따라 야 한다.

　가. 고압 가공전선로는 고압 보안공사에 의할 것.

　나. 저·고압 가공전선과 건조물의 조영재 사이의 이격거리는 표에서 정한 값 이상일 것.

사용 전압 부분 공작물의 종류			저압[m]	고압[m]
건조물	상부 조영재 위쪽	일반적인 경우	2	2
		전선이 고압절연전선	1	2
		전선이 케이블인 경우	1	1
	기타 조영재 또는 상부조영재의 옆쪽 또는 아래쪽	일반적인 경우	1.2	1.2
		전선이 고압절연전선	0.4	1.2
		전선이 케이블인 경우	0.4	0.4
		사람이 쉽게 접근 할 수 없도록 시설한 경우	0.8	0.8

2. 저고압 가공전선이 건조물과 접근하는 경우에 저고압 가공전선이 건조물의 아래쪽에 시설 될 때에는 저고압 가공전선과 건조물 사이의 이격거리는 표에서 정한 값 이상으로 하고 또 한 위험의 우려가 없도록 시설하여야 한다.

가공 전선의 종류	이 격 거 리
저압 가공 전선	0.6[m] (전선이 고압 절연전선, 특고압 절연전선 또는 케이블인 경우에는 0.3[m])
고압 가공 전선	0.8[m] (전선이 케이블인 경우에는 0.4[m])

332.12　고압 가공전선과 도로 등의 접근 또는 교차

222.12　저압 가공전선과 도로 등의 접근 또는 교차

저압 가공전선 또는 고압 가공전선이 도로·횡단보도교·철도·궤도·삭도 또는 저압 전차선 (이하 "도로 등"이라 한다)과 접근상태로 시설되는 경우에는 다음에 따라야 한다.

1. 고압 가공전선로는 고압 보안공사에 의할 것.

2. 저·고압 가공전선과 도로 등의 이격거리는 표에서 정한 값 이상일 것. 다만, 가공전선과 도 로·횡단보도교·철도 또는 궤도와의 수평 이격거리가 저압에서 1[m] 이상, 고압에서 1.2[m] 이상인 경우에는 그러하지 아니하다.

도로 등의 구분		저압	고압
도로 · 횡단보도교 · 철도 또는 궤도		3[m]	3[m]
삭도나 그 지주 또는 저압 전차선	고압절연 전선	0.3[m]	0.8[m]
	케이블	0.3[m]	0.4[m]
	기 타	0.6[m]	0.8[m]
저압 전차선로의 지지물	케이블	0.3[m]	0.3[m]
	기 타	0.3[m]	0.6[m]

332.13 고압 가공전선과 가공약전류전선 등의 접근 또는 교차

222.13 저압 가공전선과 가공약전류전선 등의 접근 또는 교차

저압 가공전선 또는 고압 가공전선이 가공약전류전선 또는 가공 광섬유 케이블과 접근상태로 시설되는 경우에는 다음에 따라야 한다.

1. 고압 가공전선은 고압 보안공사에 의할 것.

2. 저 · 고압 가공전선과 가공약전류 전선과의 이격거리는 표에서 정한 값 이상일 것.

가공 약전류 전선	저압 가공전선		고압 가공전선	
	저압 절연전선	고압 및 특고압 절연전선 또는 케이블	절연전선	케이블
일반	0.6[m]	0.3[m]	0.8[m]	0.4[m]
절연전선 또는 통신용 케이블인 경우	0.3[m]	0.15[m]		

3. 가공전선과 약전류전선로 등의 지지물 사이의 이격거리는 저압은 0.3[m] 이상, 고압은 0.6[m] (전선이 케이블인 경우에는 0.3[m]) 이상일 것.

332.14 고압 가공전선과 안테나의 접근 또는 교차

222.14 저압 가공전선과 안테나의 접근 또는 교차

저압 가공전선 또는 고압 가공전선이 안테나와 접근상태로 시설되는 경우에는 다음에 따라야 한다.

1. 고압 가공전선로는 고압 보안공사에 의할 것.

2. 가공전선과 안테나 사이의 이격거리

	가공전선로 전선	저압	고압
안테나	일반적인 경우 저압 0.6[m] 고압 0.8[m]	0.6[m]	0.8[m]
	고압 · 특고압 절연전선	0.3[m]	0.8[m]
	케이블	0.3[m]	0.4[m]

332.15 고압 가공전선과 교류전차선 등의 접근 또는 교차

222.15 저압 가공전선과 교류전차선 등의 접근 또는 교차

저압 가공전선 또는 고압 가공전선이 교류 전차선 등과 교차하는 경우에 저압 가공전선 또는 고압 가공전선이 교류 전차선 등의 위에 시설되는 때에는 다음에 따라야 한다.

1. 저압 가공전선에는 케이블을 사용하고 또한 이를 단면적 35[mm²] 이상인 아연도강연선으로서 인장강도 19.61[kN] 이상인 것으로 조가하여 시설할 것.

2. 고압 가공전선은 케이블인 경우 이외에는 인장강도 14.51[kN] 이상의 것 또는 단면적 38[mm²] 이상의 경동연선일 것.

3. 고압 가공전선이 케이블인 경우에는 이를 **단면적 38[mm²] 이상**인 아연도강연선으로서 인장강도 19.61[kN] 이상인 것으로 조가하여 시설할 것.

4. 가공전선로 지지물에 사용하는 목주의 풍압하중에 대한 안전율은 2 이상일 것.

5. 가공전선로의 경간

지지물의 종류	경 간
목주 · A종 철주 또는 A종 철근 콘크리트주	60[m] 이하
B종 철주 또는 B종 철근 콘크리트주	120[m] 이하

332.16 고압 가공전선 등과 저압 가공전선 등의 접근 또는 교차

1. 고압 가공전선과 저압 가공전선 등 또는 그 지지물 사이의 이격거리는 표에서 정한 값 이상일 것.

저압 가공전선 등 또는 그 지지물의 구분	고압가공전선	
	일반	케이블
저압 가공전선 등	0.8[m]	0.4[m]
저압 가공전선 등의 지지물	0.6[m]	0.3[m]

2. 저압 가공전선과 고압 가공전선 등 또는 그 지지물 사이의 이격거리는 표에서 정한 값 이상일 것.

고압 가공전선 등 또는 그 지지물의 구분	이격거리
고압 전차선	1.2[m]
고압 가공전선 등의 지지물	0.3[m]

332.17 고압 가공전선 상호 간의 접근 또는 교차

고압 가공전선이 다른 고압 가공 전선과 접근상태로 시설되거나 교차하여 시설되는 경우에는 다음에 따라 시설하여야 한다.

1. 위쪽 또는 옆쪽에 시설되는 고압 가공전선로는 고압 보안공사에 의할 것.

2. 고압 가공전선과 다른 고압 가공 전선과의 이격거리

구분	고압 가공전선	
	일 반	케이블
고압가공전선	0.8[m]	0.4[m]
고압가공전선로의 지지물	0.6[m]	0.3[m]

332.18 고압 가공전선과 다른 시설물의 접근 또는 교차

고압 가공전선과 다른 시설물의 이격거리는 표에서 정한 값 이상으로 하여야 한다.

표. 고압 가공전선과 다른 시설물의 이격거리

다른 시설물의 구분	접근형태	이격거리
조영물의 상부 조영재	위쪽	2[m] (전선이 케이블인 경우에는 1[m])
	옆쪽 또는 아래쪽	0.8[m] (전선이 케이블인 경우에는 0.4[m])
조영물의 상부조영재 이외의 부분 또는 조영물 이외의 시설물		0.8[m] (전선이 케이블인 경우에는 0.4[m])

332.19 고압 가공전선과 식물의 이격거리

고압 가공전선은 상시 부는 바람 등에 의하여 식물에 접촉하지 않도록 시설하여야 한다.

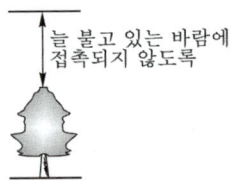

늘 불고 있는 바람에 접촉되지 않도록

332.21 고압 가공전선과 가공약전류전선 등의 공용설치

222.21 저압 가공전선과 가공 약전류전선 등의 공용설치

저압 가공전선 또는 고압 가공전선과 가공약전류전선 등을 동일 지지물에 시설하는 경우에는 다음에 따라 시설하여야 한다.

1. 전선로의 지지물로서 사용하는 목주의 풍압하중에 대한 안전율은 1.5 이상일 것.
2. 가공전선을 가공약전류전선 등의 위로하고 별개의 완금류에 시설할 것.
3. 가공전선과 가공약전류전선 등 사이의 이격거리
   가. 저압(다중 접지된 중성선을 제외한다)은 0.75[m] 이상
   나. 고압은 1.5[m] 이상일 것.
      다만, 가공약전류전선 등이 절연전선 또는 통신용 케이블인 경우에 이격거리를 저압 가공전선이 고압 절연전선, 특고압 절연전선 또는 케이블인 경우에는 0.3 [m], 고압 가공전선이 케이블인 때에는 0.5[m]까지로 감할 수 있다.
4. 가공전선이 가공약전류전선에 대하여 유도작용에 의한 통신상의 장해를 줄 우려가 있는 경

우에는 다음의 규정에 준하여 시설할 것.

가. 가공전선과 가공약전류전선간의 이격거리를 증가시킬 것.

나. 교류식 가공전선로의 경우에는 가공전선을 적당한 거리에서 연가할 것.

다. 가공전선과 가공약전류전선 사이에 인장강도 5.26[kN] 이상의 것 또는 지름 4[mm] 이상인 경동선의 금속선 2가닥 이상을 시설하고 규정에 준하여 접지공사를 할 것.

333- 특고압 가공전선로

333.1 시가지 등에서 특고압 가공전선로의 시설

특고압 가공전선로는 전선이 케이블인 경우 또는 전선로를 다음과 같이 시설하는 경우에는 시가지 그 밖에 인가가 밀집한 지역에 시설할 수 있다.

1. 사용전압이 170[kV] 이하인 전선로를 다음에 의하여 시설하는 경우

   가. 특고압 가공전선을 지지하는 애자장치는 다음 중 어느 하나에 의할 것.

   ⑴ 50[%] 충격섬락전압 값이 그 전선의 근접한 다른 부분을 지지하는 애자장치 값의 110[%](사용전압이 130[kV]를 초과하는 경우는 105[%]) 이상인 것.

   ⑵ 아킹혼을 붙인 현수애자·장간애자 또는 라인포스트애자를 사용하는 것.

   ⑶ 2련 이상의 현수애자 또는 장간애자를 사용하는 것.

   ⑷ 2개 이상의 핀애자 또는 라인포스트애자를 사용하는 것.

   나. 특고압 가공전선로의 경간은 표에서 정한 값 이하일 것.

지지물의 종류	경 간
A종 철주 또는 A종 철근 콘크리트주	75[m]
B종 철주 또는 B종 철근 콘크리트주	150[m]
철탑	400[m] (단주인 경우에는 300[m]) 다만, 전선이 수평으로 2이상 있는 경우에 전선 상호 간의 간격이 4[m] 미만인 때에는 250[m]

   다. 지지물에는 철주·철근 콘크리트주 또는 철탑을 사용할 것(목주 사용불가).

   라. 전선은 단면적이 표에서 정한 값 이상일 것.

사용전압의 구분	전선의 단면적
100[kV] 미만	인장강도 21.67[kN] 이상의 연선 또는 단면적 55[mm²] 이상의 경동연선
100[kV] 이상	인장강도 58.84[kN] 이상의 연선 또는 단면적 150[mm²] 이상의 경동연선

   마. 전선의 지표상의 높이는 표에서 정한 값 이상일 것.

사용전압의 구분	지표상의 높이
35[kV] 이하	10[m] (전선이 특고압 절연전선인 경우에는 8 [m])
35[kV] 초과	10[m]에 35[kV]를 초과하는 10[kV] 또는 그 단수마다 0.12[m]를 더한 값

   바. 사용전압이 100[kV]를 초과하는 특고압 가공전선에 지락 또는 단락이 생겼을 때에는 1초 이내에 자동적으로 이를 전로로부터 차단하는 장치를 시설할 것.

2. 사용전압이 170[kV] 초과하는 전선로를 다음에 의하여 시설하는 경우
　가. 전선로는 회선수 2 이상
　나. 전선을 지지하는 애자장치에는 아킹혼을 부착한 현수애자 또는 장간애자를 사용할 것.
　다. 전선을 인류하는 경우에는 압축형 클램프, 쐐기형 클램프 또는 이와 동등 이상의 성능을 가지는 클램프를 사용할 것.
　라. 현수애자 장치에 의하여 전선을 지지하는 부분에는 아머로드를 사용할 것.
　마. 경간 거리는 600[m] 이하일 것.
　바. 지지물은 철탑을 사용할 것.
　사. 전선은 단면적 240[mm²] 이상의 강심알루미늄선 또는 이와 동등 이상의 인장강도 및 내(耐)아크 성능을 가지는 연선을 사용할 것.
　아. 전선로에는 가공지선을 시설할 것.
　자. 전선은 압축접속에 의하는 경우 이외에는 경간 도중에 접속점을 시설하지 아니할 것.
　차. 전선의 지표상의 높이는 10[m]에 35[kV]를 초과하는 10[kV]마다 0.12 [m]를 더한 값 이상일 것.
　타. 지지물에는 위험표시를 보기 쉬운 곳에 시설할 것.
　카. 전선로에 지락 또는 단락이 생겼을 때에는 1초 이내에 그리고 전선이 아크전류에 의하여 용단될 우려가 없도록 자동적으로 전로에서 차단하는 장치를 시설할 것.

333.2 유도장해의 방지

특고압 가공 전선로는 기설 가공 전화선로에 대하여 상시정전유도작용에 의한 통신상의 장해가 없도록 시설하여야 한다.
1. 사용전압이 60[kV] 이하인 경우에는 전화선로의 길이 12[km]마다 유도전류가 2[μA]를 넘지 아니하도록 할 것.
2. 사용전압이 60[kV]를 초과하는 경우에는 전화선로의 길이 40[km]마다 유도전류가 3[μA]을 넘지 아니하도록 할 것.

333.3 특고압 가공케이블의 시설

특고압 가공전선로는 그 전선에 케이블을 사용하는 경우에는 다음에 따라 시설하여야 한다.
1. 케이블은 다음의 어느 하나에 의하여 시설할 것.
　가. 조가용선에 행거에 의하여 시설할 것. 이 경우에 행거의 간격은 0.5[m] 이하로 하여 시설하여야 한다.
　나. 조가용선에 접촉시키고 그 위에 쉽게 부식되지 아니하는 금속 테이프 등을 0.2[m] 이하의 간격을 유지시켜 나선형으로 감아 붙일 것.
2. 조가용선은 인장강도 13.93[kN] 이상의 연선 또는 단면적 22[mm²] 이상의 아연도강연선일 것.
3. 조가용선 및 케이블의 피복에 사용하는 금속체에는 규정에 준하여 접지공사를 할 것.

333.4 특고압 가공전선의 굵기 및 종류

특고압 가공전선은 케이블인 경우 이외에는 인장강도 8.71[kN] 이상의 연선 또는 단면적이 22[mm²] 이상의 경동연선 또는 동등이상의 인장강도를 갖는 알루미늄 전선이나 절연전선이어야 한다.

333.5 특고압 가공전선과 지지물 등의 이격거리

특고압 가공전선(케이블은 제외한다)과 그 지지물·완금류·지주 또는 지선 사이의 이격거리는 표에서 정한 값 이상이어야 한다. 다만, 기술상 부득이한 경우에 위험의 우려가 없도록 시설한 때에는 표에서 정한 값의 0.8배까지 감할 수 있다.

사용 전압	이격거리[m]	사용 전압	이격거리[m]
15[kV] 미만	0.15	70[kV] 이상 80[kV] 미만	0.45
15[kV] 이상 25[kV] 미만	0.2	80[kV] 이상 130[kV] 미만	0.65
25[kV] 이상 35[kV] 미만	0.25	130[kV] 이상 160[kV] 미만	0.9
35[kV] 이상 50[kV] 미만	0.3	160[kV] 이상 200[kV] 미만	1.1
50[kV] 이상 60[kV] 미만	0.35	200[kV] 이상 230[kV] 미만	1.3
60[kV] 이상 70[kV] 미만	0.4	230[kV] 이상	1.6

333.7 특고압 가공전선의 높이

특고압 가공전선의 지표상(철도 또는 궤도를 횡단하는 경우에는 레일면상, 횡단보도교를 횡단하는 경우에는 그 노면상)의 높이는 표에서 정한 값 이상이어야 한다.

전압의 범위	일반 장소	도로 횡단	철도 또는 궤도횡단	횡단보도교
35[kV] 이하	5[m]	6[m]	6.5[m]	4[m] (특고압절연전선 또는 케이블 사용)
35[kV] 초과 160[kV] 이하	6[m]	6[m]	6.5[m]	5[m](케이블 사용)
	산지 등에서 사람이 쉽게 들어갈 수 없는 장소 ; 5[m] 이상			
160[kV] 초과	일반장소		가공전선의 높이=6+단수×0.12[m]	
	철도 또는 궤도횡단		가공전선의 높이=6.5+단수×0.12[m]	
	산지		가공전선의 높이=5+단수×0.12[m]	

※ 단수= $\dfrac{(전압[kV]-160)}{10}$ … 단수 계산에서 소수점 이하는 절상

특고압 가공전선의 높이와 이격거리(단수)정리

특고압 가공전선의 높이 160[kV] 초과	일반장소	가공전선의 높이=6+단수×0.12[m]
	철도 또는 궤도횡단	가공전선의 높이=6.5+단수×0.12[m]
	산지	가공전선의 높이=5+단수×0.12[m]
병행설치 시 이격거리 60[kV] 초과		이격거리=2+단수×0.12[m]
특고압 가공전선과 삭도의 접근 또는 교차 60[kV] 초과		이격거리=2+단수×0.12[m]
특고압 가공전선 상호간의 접근 또는 교차 60[kV] 초과		이격거리=2+단수×0.12[m]

특고압 가공전선과 식물의 이격거리 60[kV] 초과	이격거리=2+단수×0.12[m]
특고압 가공전선과 도로 등 사이의 이격거리 35[kV] 초과	이격거리=3+단수×0.15[m]
특고압 가공전선과 건조물의 접근 사용전압이 35[kV]를 초과하는 경우	이격거리=35[kV] 이하인 경우 이격거리+단수×0.15[m]

※ 단수= $\dfrac{(문제의\ 전압[kV]-KEC의\ 전압[kV])}{10}$ … 단수 계산에서 소수점 이하는 절상

333.8 특고압 가공전선로의 가공지선

특고압 가공전선로에 사용하는 가공지선은 다음과 같다.
1. 인장강도 8.01[kN] 이상의 나선
2. 지름 5[mm] 이상의 나경동선
3. 단면적 22[mm^2] 이상의 나경동연선
4. 아연도강연선 22[mm^2]
5. OPGW 전선

333.10 특고압 가공전선로의 목주 시설

332.7 고압 가공전선로의 지지물의 강도

222.8 저압 가공전선로의 지지물의 강도

지지물이 목주인 경우 안전율 및 말구의 지름

전압의 종별	안전율	말구의 지름
저 압	1.2	–
고 압	1.3	0.12[m] 이상
특고압	1.5	0.12[m] 이상

333.11 특고압 가공전선로의 철주·철근 콘크리트주 또는 철탑의 종류

특고압 가공전선로의 지지물로 사용하는 B종 철근·B종 콘크리트주 또는 철탑의 종류는 다음과 같다.
1. 직선형 : 전선로의 직선부분(3도 이하인 수평각도를 이루는 곳을 포함한다. 이하 같다)에 사용하는 것. 다만, 내장형 및 보강형에 속하는 것을 제외한다.
2. 각도형 : 전선로 중 3도를 초과하는 수평각도를 이루는 곳에 사용하는 것.
3. 인류형 : 전가섭선을 인류하는 곳에 사용하는 것.
4. 내장형 : 전선로의 지지물 양쪽의 경간의 차가 큰 곳에 사용하는 것.
5. 보강형 : 전선로의 직선부분에 그 보강을 위하여 사용하는 것

333.13 상시 상정하중

1. 철주·철근 콘크리트주 또는 철탑의 강도계산에 사용하는 상시 상정하중은 풍압이 전선로에 직각 방향으로 가하여지는 경우의 하중, 전선로의 방향으로 가하여지는 경우의 하중 및

전선로에 경사 방향으로 가하여지는 경우의 하중을 계산하여 각 부재에 대한 이들의 하중 중 그 부재에 큰 응력이 생기는 쪽의 하중을 채택한다.

2. 인류형·내장형 또는 보강형·직선형·각도형의 철주·철근 콘크리트주 또는 철탑의 경우에는 1의 하중에 다음에 따라 가섭선 불평균 장력에 의한 수평 종하중을 가산한다.

　가. 인류형의 경우에는 전가섭선에 관하여 각 가섭선의 상정 최대장력과 같은 불평균장력의 수평 종분력에 의한 하중

　나. 내장형·보강형의 경우에는 전가섭선에 관하여 **각 가섭선의 상정 최대장력의 33[%]와** 같은 불평균 장력의 수평 종분력에 의한 하중

　다. 직선형의 경우에는 전가섭선에 관하여 **각 가섭선의 상정 최대장력의 3[%]와** 같은 불평균 장력의 수평 종분력에 의한 하중.(단 내장형은 제외한다)

　라. 각도형의 경우에는 전가섭선에 관하여 각 가섭선의 상정 최대장력의 10[%]와 같은 불평균 장력의 수평 종분력에 의한 하중

333.16 특고압 가공전선로의 내장형 등의 지지물 시설

1. 목주, A종 철주, A종 철근 콘크리트주를 사용한 특고압 가공 전선로 직선 부분은 5기 이하마다 지선을 전선로와 직각 방향으로 시설하고 15기 이하마다 전선로 방향으로 양측에 지선을 설치한다.

2. 특고압 가공전선로 중 지지물로서 B종 철주 또는 B종 철근 콘크리트주를 연속하여 10기 이상 사용하는 부분에는 **10기 이하마다 장력에 견디는 형태의 철주 또는 철근 콘크리트주 1기를 시설**하거나 5기 이하마다 보강형의 철주 또는 철근 콘크리트주 1기를 시설하여야 한다.

3. 특고압 가공전선로 중 지지물로서 직선형의 철탑을 연속하여 10기 이상 사용하는 부분에는 10기 이하마다 장력에 견디는 애자장치가 되어 있는 철탑 또는 이와 동등 이상의 강도를 가지는 철탑 1기를 시설하여야 한다.

333.17 특고압 가공전선과 저고압 가공전선 등의 병행설치

1. 사용전압이 35[kV] 이하인 특고압 가공전선과 저압 또는 고압의 가공전선을 동일 지지물에 시설하는 경우

　가. 특고압 가공전선은 저압 또는 고압 가공전선의 위에 시설하고 별개의 완금류에 시설할 것.

　나. 특고압 가공전선은 연선일 것.

　다. 저압 또는 고압 가공전선은 인장강도 8.31[kN] 이상의 것 또는 케이블인 경우 이외에는 다음에 해당하는 것.

　　⑴ 가공전선로의 경간이 50[m] 이하인 경우에는 인장강도 5.26[kN] 이상의 것 또는 지름 4[mm] 이상의 경동선

　　⑵ 가공전선로의 경간이 50[m]을 초과하는 경우에는 인장강도 8.01[kN] 이상의 것 또는 지름 5[mm] 이상의 경동선

2. 사용전압이 35[kV]을 초과하고 100[kV] 미만인 특고압 가공전선과 저압 또는 고압 가공전선을 동일 지지물에 시설하는 경우

　가. 특고압 가공전선로는 제2종 특고압 보안공사에 의할 것.

　나. 특고압 가공전선은 케이블인 경우를 제외하고는 인장강도 21.67[kN] 이상의 연선 또는 **단면적이 50[mm²] 이상인 경동연선**일 것.

　다. 특고압 가공전선로의 지지물은 철주·철근 콘크리트주 또는 철탑일 것.

3. 특고압 가공전선(100[kV] 미만)과 저·고압 가공전선을 동일 지지물에 설치 시 이격거리

전 압	표 준	특고압에 케이블 사용 및 저·고압에 절연전선 또는 케이블 사용
35[kV] 이하	1.2[m] 이상	0.5[m] 이상
35[kV] 초과 100[kV] 미만	2[m] 이상	1[m] 이상

4. 사용전압이 100[kV] 이상인 특고압 가공전선과 저압 또는 고압 가공전선은 동일 지지물에 시설하여서는 아니 된다. (단, 아래의 5. 의 경우에는 예외로 한다.)

5. 특고압 가공전선과 특고압 가공전선로의 지지물에 시설하는 저압의 전기기계기구에 접속하는 저압 가공전선을 동일 지지물에 시설하는 경우 이격거리

전 압	표 준	특고압에 케이블 사용 및 저·고압에 절연전선 또는 케이블 사용
35[kV] 이하	1.2[m] 이상	0.5[m] 이상
35[kV] 초과 60[kV] 이하	2[m] 이상	1[m] 이상
60[kV] 초과	이격거리=2+단수×0.12	• 이격거리=1+단수×0.12 • 단수=$\dfrac{(전압[kV]-60)}{10}$ 단수 계산에서 소수점 이하는 절상

333.19 특고압 가공전선과 가공약전류전선 등의 공용설치

1. **사용전압이 35[kV] 이하인** 특고압 가공전선과 가공약전류전선 등을 동일 지지물에 시설하는 경우에는 다음에 따라야 한다.

　가. 특고압 가공전선로는 제2종 특고압 보안공사에 의할 것.

　나. 특고압 가공전선은 가공약전류전선 등의 위로하고 별개의 완금류에 시설할 것.

　다. 특고압 가공전선은 케이블인 경우 이외에는 인장강도 21.67[kN] 이상의 연선 또는 **단면적이 50[mm²] 이상인 경동연선**일 것.

　라. 특고압 가공전선과 가공약전류전선 등 사이의 이격거리는 2[m] 이상으로 할 것. 다만, 특고압 가공전선이 케이블인 경우에는 0.5[m] 까지로 감할 수 있다.

　마. 특고압 가공전선로의 접지도체 및 접지극과 가공약전류전선로 등의 접지도체 및 접지극은 각각 별개로 시설할 것.

2. 사용전압이 35[kV]를 초과하는 특고압 가공전선과 가공약전류전선 등은 동일 지지물에 시설하여서는 아니 된다.

333.20 특고압 가공전선로의 지지물에 시설하는 저압 기계기구 등의 시설

특고압 가공전선로의 지지물에 저압의 기계기구를 시설하는 경우에는 특고압 가공전선이 케이블인 경우 이외에는 다음에 따라야 한다.

가. 저압의 기계기구에 접속하는 전로에는 다른 부하를 접속하지 아니할 것

나. 절연 변압기를 사용할 것

다. 절연 변압기의 부하측의 1단자 또는 중성점 및 기계기구의 금속제 외함에는 접지공사를 하여야 한다.

333.21 특고압 가공전선로의 경간 제한

특고압 가공전선로의 경간은 표에서 정한 값 이하이어야 한다.

지지물의 종류	표준 경간 22[mm²] 이상의 경동연선	인장강도 21.67[kN] 이상 또는 단면적 50[mm²] 이상의 경동연선
목주·A종 철주 또는 A종 철근 콘크리트주	150[m] 이하	300[m] 이하
B종 철주 또는 B종 철근 콘크리트주	250[m] 이하	500[m] 이하
철 탑	600[m] 이하 (단주인 경우 400[m])	600[m] 이하

333.22 특고압 보안공사

1. **제1종 특고압 보안공사는** 다음에 따라야 한다.

   가. 전선은 케이블인 경우 이외에는 단면적이 표에서 정한 값 이상일 것.

사용전압	전　　　　　선
100[kV] 미만	인장강도 21.67[kN] 이상의 연선 또는 단면적 55[mm²] 이상의 경동연선
100[kV] 이상 300[kV] 미만	인장강도 58.84[kN] 이상의 연선 또는 단면적 150[mm²] 이상의 경동연선
300[kV] 이상	인장강도 77.47[kN] 이상의 연선 또는 단면적 200[mm²] 이상의 경동연선

   나. 전선로의 지지물에는 B종 철주·B종 철근 콘크리트주 또는 철탑을 사용할 것.(목주나 A종은 사용 불가)

   다. 경간은 표에서 정한 값 이하일 것.

지지물의 종류	표준 경간	제1종 특고압 보안공사	인장강도 58.84[kN] 이상 또는 150[mm²] 이상인 경동연선
B종 철주 또는 B종 철근 콘크리트주	250[m]	150[m]	250[m]
철탑	600[m] (단주인 경우에는 400[m])	400[m] (단주인 경우 300[m])	600[m] (단주인 경우에는 400[m])

   라. 특고압 가공전선에 지락 또는 단락이 생겼을 경우에 3초(사용전압이 100 [kV] 이상인 경우에는 2초) 이내에 자동적으로 이것을 전로로부터 차단하는 장치를 시설할 것.

2. **제2종 특고압 보안공사**는 다음에 따라야 한다.

   가. 특고압 가공전선은 연선일 것.

   나. 지지물로 사용하는 목주의 풍압하중에 대한 안전율은 2 이상일 것.

   다. 경간은 표에서 정한 값 이하일 것.

지지물의 종류	표준 경간	제2종 특고압 보안공사	인장강도38.05[kN] 이상 또는 95[mm²] 이상인 경동연선
목주·A종 철주 또는 A종 철근 콘크리트주	150[m]	100[m]	100[m]
B종 철주 또는 B종 철근 콘크리트주	250 [m]	200[m]	250[m]
철탑	600[m] 이하 (단주인 경우에는 400[m])	400[m] (단주인 경우에는 300[m])	600[m] 이하

3. **제3종 특고압 보안공사**는 다음에 따라야 한다.

　가. 특고압 가공전선은 연선일 것.

　나. 경간은 표에서 정한 값 이하일 것.

지지물의 종류	제3종 특고압 보안공사	전선의 굵기에 따른 경간	
목주·A종 철주 또는 A종 철근 콘크리트주	100[m]	인장강도14.51[kN] 이상 또는 38[mm²] 이상인 경동연선	150[m]
B종 철주 또는 B종 철근 콘크리트주	200[m]	인장강도 21.67[kN] 이상 또는 55[mm²] 이상인 경동연선	250[m]
철 탑	400[m] (단주인 경우에는 300[m])		600[m] 이하 (단주인 경우에는 400[m])

333.23 특고압 가공전선과 건조물의 접근

1. 특고압 가공전선이 건조물과 제1차 접근상태로 시설되는 경우에는 다음에 따라야 한다.

　가. 특고압 가공전선로는 제3종 특고압 보안공사에 의할 것.

　나. 사용전압이 35[kV] 이하인 특고압 가공전선과 건조물의 조영재 이격거리는 표에서 정한 값 이상일 것.

건조물과 조영재의 구분	전선종류	접근형태	이격거리
상부 조영재	특고압 절연전선	위쪽	2.5[m]
		옆쪽 또는 아래쪽	1.5[m](전선에 사람이 쉽게 접촉할 우려가 없도록 시설한 경우는 1[m])
	케이블	위쪽	1.2[m]
		옆쪽 또는 아래쪽	0.5[m]
	기타 전선		3[m]
기타 조영재	특고압 절연전선		1.5[m](전선에 사람이 쉽게 접촉할 우려가 없도록 시설한 경우는 1[m])
	케이블		0.5[m]
	기타 전선		3[m]

　다. 사용전압이 35[kV]를 초과하는 경우

　　• 이격거리=35[kV] 이하인 경우 이격거리+단수×0.15[m]

- 단수= $\dfrac{(사용전압[kV]-35)}{10}$ … 단수계산에서 소수점 이하는 절상

2. 사용전압이 35[kV] 이하인 특고압 가공전선이 건조물과 제2차 접근상태로 시설되는 경우에는 다음에 따라야 한다.

   가. 특고압 가공전선로는 제2종 특고압 보안공사에 의할 것.

   나. 특고압 가공전선과 건조물 사이의 이격거리는 제1의 "나"의 규정에 준할 것.

3. 사용전압이 35[kV] 초과 400[kV] 미만인 특고압 가공전선이 건조물과 제2차 접근상태에 있는 경우

   가. 특고압 가공전선로는 제1종 특고압 보안공사에 의할 것.

   나. 특고압 가공전선과 건조물 사이의 이격거리는 제1의 "나" 및 "다"의 규정에 준할 것.

4. 사용전압이 400[kV] 이상의 특고압 가공전선이 건조물과 제2차 접근상태에 있는 경우에는 다음에 따라 시설하여야 한다.

   가. 전선높이가 최저상태일 때 가공전선과 건조물 상부와의 수직거리가 28[m] 이상일 것.

   나. 독립된 주거생활을 할 수 있는 단독주택, 공동주택 및 학교, 병원 등 불특정 다수가 이용하는 다중 이용 시설의 건조물이 아닐 것.

   다. 폭연성 분진, 가연성 가스, 인화성물질, 석유류, 화학류 등 위험물질을 다루는 건조물에 해당되지 아니할 것.

   라. 건조물 최상부에서 전계(3.5[kV/m]) 및 자계(83.3[μT])를 초과하지 아니할 것.

333.24 특고압 가공전선과 도로 등의 접근 또는 교차

1. 특고압 가공전선이 도로·횡단보도교·철도 또는 궤도(이하 "도로 등"이라 한다)와 제1차 접근 상태로 시설되는 경우에는 다음에 따라야 한다.

   가. 특고압 가공전선로는 제3종 특고압 보안공사에 의할 것.

   나. 특고압 가공전선과 도로 등 사이의 이격거리는 표에서 정한 값 이상일 것.
   다만, 특고압 절연전선을 사용하는 사용전압이 35[kV] 이하의 특고압 가공전선과 도로 등 사이의 수평 이격거리가 1.2[m] 이상인 경우에는 그러하지 아니하다.

사용전압의 구분	이격거리
35[kV] 이하	3[m]
35[kV] 초과	• 이격거리=3+단수×0.15[m] • 단수= $\dfrac{(전압[kV]-35)}{10}$ 단수 계산에서 소수점 이하는 절상

2. 특고압 가공전선이 도로 등과 제2차 접근상태로 시설되는 경우

   가. 특고압 가공전선로는 제2종 특고압 보안공사에 의할 것.

   나. 특고압 가공전선과 도로 등 사이의 이격거리는 제1의"나"의 규정에 준할 것.

   다. 특고압 가공전선중 도로 등에서 수평거리 3[m] 미만으로 시설되는 부분의 길이가 연속하여 100[m] 이하이고 또한 1경간 안에서의 그 부분의 길이의 합계가 100[m] 이하일 것.

3. 특고압 가공전선이 도로 등과 교차하는 경우에 특고압 가공전선이 도로 등의 위에 시설되는 때에는 특고압 가공전선로는 제2종 특고압 보안공사에 의할 것. 다만, 특고압 가공전선과 도로 등 사이에 다음에 의하여 보호망을 시설하는 경우에는 제2종 특고압 보안공사에 의하지 아니할 수 있다.

　가. 보호망은 규정에 준하여 접지공사를 한 금속제의 망상장치로 하고 견고하게 지지할 것.

　나. 보호망을 구성하는 금속선은 그 외주(外周) 및 특고압 가공전선의 직하에 시설하는 금속선에는 인장강도 8.01[kN] 이상의 것 또는 지름 5[mm] 이상의 경동선을 사용하고 그 밖의 부분에 시설하는 금속선에는 인장강도 5.26[kN] 이상의 것 또는 지름 4[mm] 이상의 경동선을 사용할 것.

　다. 보호망을 구성하는 금속선 상호의 간격은 가로, 세로 각 1.5[m] 이하일 것.

333.25 특고압 가공전선과 삭도의 접근 또는 교차

1. 특고압 가공전선이 삭도와 제1차 접근상태로 시설되는 경우에는 다음에 따라야 한다.

　가. 특고압 가공전선로는 제3종 특고압 보안공사에 의할 것.

　나. 특고압 가공전선과 삭도 또는 삭도용 지주 사이의 이격거리는 표에서 정한 값 이상일 것.

사용전압	전선의 종류	이격거리
35[kV] 이하	표준	2[m]
	특고압 절연전선 사용	1[m]
	케이블	0.5[m]
35[kV] 초과 60[kV] 이하		2[m]
60[kV] 초과	• 이격거리=2+단수×0.12[m] • 단수=$\dfrac{(전압[kV]-60)}{10}$ 단수 계산에서 소수점 이하는 절상	

2. 특고압 가공전선이 삭도와 제2차 접근상태로 시설되는 경우에는 다음에 따라야 한다.

　가. 특고압 가공전선로는 제2종 특고압 보안공사에 의할 것.

　나. 특고압 가공전선과 삭도 또는 그 지주 사이의 이격거리는 제1의 "나"의 규정에 준할 것.

　다. 특고압 가공전선 중 삭도에서 수평거리로 3[m] 미만으로 시설되는 부분의 길이가 연속하여 50[m] 이하이고 또한 1경간 안에서의 그 부분의 길이의 합계가 50[m] 이하일 것.

333.26 특고압 가공전선과 저고압 가공전선 등의 접근 또는 교차

1. 특고압 가공전선이 가공약전류전선 등 저압 또는 고압의 가공전선이나 저압 또는 고압의 전차선(이하에서 "저고압 가공전선 등"이라 한다)과 제1차 접근상태로 시설되는 경우

　가. 특고압 가공전선로는 제3종 특고압 보안공사에 의할 것.

　나. 특고압 가공전선과 저고압 가공 전선 등 또는 이들의 지지물이나 지주 사이의 이격거리는 표에서 정한 값 이상일 것.

사용전압의 구분	이격거리
60[kV] 이하	2[m]
60[kV] 초과	• 이격거리=2+단수×0.12[m] • 단수= $\dfrac{(전압[kV]-60)}{10}$ 단수 계산에서 소수점 이하는 절상

2. 특고압 가공전선이 저고압 가공전선 등과 제2차 접근상태로 시설되는 경우
  가. 특고압 가공전선로는 제2종 특고압 보안공사에 의할 것. 다만, 사용전압이 35[kV] 이하인 특고압 가공전선과 저고압 가공전선 등 사이에 보호망을 시설하는 경우에는 제2종 특고압 보안공사(애자장치에 관한 부분에 한한다)에 의하지 아니할 수 있다.
  나. 특고압 가공전선과 저고압 가공전선 등 또는 이들의 지지물이나 지주 사이의 이격거리는 제1의 "나"의 규정에 준할 것.
  다. 특고압 가공전선중 저고압 가공전선 등에서 수평거리로 3[m] 미만으로 시설되는 부분의 길이가 연속하여 50[m] 이하이고 또한 1경간 안에서의 그 부분의 길이의 합계가 50[m] 이하일 것.
3. 보호망은 규정에 준하여 접지공사를 한 금속제의 망상장치로 하고 또한 다음에 따라 시설하여야 한다.
  가. 보호망을 구성하는 금속선은 그 외주 및 특고압 가공전선의 바로 아래에 시설하는 금속선에 인장강도 8.01[kN] 이상의 것 또는 지름 5[mm] 이상의 경동선을 사용하고 기타 부분에 시설하는 금속선에 인장강도 3.64 [kN] 이상 또는 지름 4[mm] 이상의 아연도 철선을 사용할 것.
  나. 보호망을 구성하는 금속선 상호 간의 간격은 가로세로 각 1.5[m] 이하일 것.
  다. 보호망과 저고압 가공전선 등과의 수직 이격거리는 60[cm] 이상일 것.

333.27 특고압 가공전선 상호 간의 접근 또는 교차

특고압 가공전선이 다른 특고압 가공전선과 접근상태로 시설되거나 교차하여 시설되는 경우에는 다음에 따라야 한다.
1. 위쪽 또는 옆쪽에 시설되는 특고압 가공전선로는 제3종 특고압 보안공사에 의할 것.
2. 특고압 가공전선과 다른 특고압 가공전선 사이의 이격거리

사용전압의 구분	이격거리
35[kV] 이하	• 특고압 가공전선에 케이블을 사용하고 다른 특고압 가공전선에 특고압 절연전선 또는 케이블을 사용하는 경우 : 0.5[m] • 각각의 특고압 가공전선에 특고압 절연전선을 사용하는 경우 : 1[m]
60[kV] 이하	2[m]
60[kV] 초과	• 이격거리=2+단수×0.12[m] • 단수= $\dfrac{(전압[kV]-60)}{10}$ … 단수계산에서 소수점 이하는 절상

333.28 특고압 가공전선과 다른 시설물의 접근 또는 교차

특고압 절연전선 또는 케이블을 사용하는 사용전압이 35[kV] 이하의 특고압 가공전선과 다른
시설물 사이의 이격거리

다른 시설물의 구분	접근형태	이격거리
조영물의 상부조영재	위쪽	2[m] (전선이 케이블인 경우는 1.2[m])
	옆쪽 또는 아래쪽	1[m] (전선이 케이블인 경우는 0.5[m])
조영물의 상부조영재 이외의 부분 또는 조영물 이외의 시설물		1[m] (전선이 케이블인 경우는 0.5[m])

333.30 특고압 가공전선과 식물의 이격거리

1. 특고압 가공전선과 식물 사이의 이격거리

사용전압의 구분	이격거리
60[kV] 이하	2[m]
60[kV] 초과	• 이격거리=2+단수×0.12[m] •단수= $\dfrac{(전압[kV]-60)}{10}$ … 단수계산에서 소수점 이하는 절상

2. 사용전압이 35[kV] 이하인 특고압 가공전선과 식물과의 이격거리

   가. 고압 절연전선을 사용하는 경우 이격거리는 0.5[m] 이상

   나. 특고압 절연전선 또는 케이블을 사용하는 특고압 가공전선의 경우는 식물과 접촉하지
   않도록 시설

333.32 25[kV] 이하인 특고압 가공전선로의 시설

1. 사용전압이 15[kV] 이하인 특고압 가공전선로의 중성선의 다중접지 및 중성선의 시설은 다
   음에 의할 것.

   가. 접지도체는 공칭단면적 6[mm²] 이상의 연동선

   나. 접지한 곳 상호 간의 거리는 전선로에 따라 300[m] 이하일 것.

   다. 특고압 가공전선로의 다중접지를 한 중성선은 저압 가공전선의 규정에 준하여 시설할 것.

   라. 다중접지한 중성선은 저압전로의 접지측 전선이나 중성선과 공용할 수 있다.

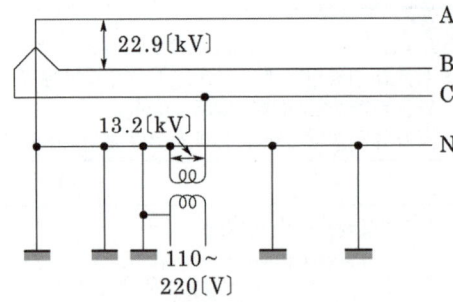

그림 3.4 공통 중선선 다중 접지

2. 사용전압이 15[kV] 이하의 특고압 가공전선로의 전선과 저압 또는 고압의 가공전선과를 동일 지지물에 시설하는 경우
   가. 특고압 가공전선과 저압 또는 고압의 가공전선 사이의 이격거리는 0.75[m] 이상일 것.
   나. 특고압 가공전선은 저압 또는 고압의 가공전선의 위로하고 별개의 완금류에 시설할 것.
3. 사용전압이 15[kV]를 초과하고 25[kV] 이하인 특고압 가공전선로(중성선 다중접지식의 것으로서 전로에 지락이 생겼을 때에 2초 이내에 자동적으로 이를 전로로부터 차단하는 장치가 되어 있는 것에 한한다)를 다음에 따라 시설하여야 한다.
   가. 특고압 가공전선이 건조물·도로·횡단보도교·철도·궤도·삭도·가공약전류전선 등·안테나·저압이나 고압의 가공전선 또는 저압이나 고압의 전차선과 접근 또는 교차상태로 시설되는 경우의 경간은 표에서 정한 값 이하일 것.

지지물의 종류	경 간
목주·A종 철주 또는 A종 철근 콘크리트주	100[m]
B종 철주 또는 B종 철근 콘크리트주	150[m]
철탑	400[m]

   나. 특고압 가공전선(다중접지를 한 중성선을 제외한다. 이하 같다)이 건조물과 접근하는 경우에 특고압 가공전선과 건조물의 조영재 사이의 이격거리는 표에서 정한 값 이상일 것.

건조물의 조영재	접근형태	전선의 종류	이격거리
상부 조영재	위쪽	나전선	3.0[m]
		특고압 절연전선	2.5[m]
		케이블	1.2[m]
	옆쪽 또는 아래쪽	나전선	1.5[m]
		특고압 절연전선	1.0[m]
		케이블	0.5[m]
기타의 조영재		나전선	1.5[m]
		특고압 절연전선	1.0[m]
		케이블	0.5[m]

   다. 특고압 가공전선이 삭도와 접근상태로 시설되는 경우에 삭도 또는 그 지주 사이의 이격거리는 표에서 정한 값 이상일 것.

전선의 종류	이격거리
나전선	2.0[m]
특고압 절연전선	1.0[m]
케이블	0.5[m]

   라. 특고압 가공전선이 가공약전류전선 등·저압 또는 고압의 가공전선·안테나저압 또는 고압의 전차선(이하"저고압 가공전선 등"이라 한다)과 접근 또는 교차하는 경우에는 다음에 의할 것.
   ⑴ 특고압 가공전선이 저고압 가공전선 등과 접근상태로 시설되는 경우에 이의 이격거리는 표에서 정한 값 이상일 것.

구 분	가공전선의 종류	이격(수평이격)거리
가공약류전선 등·저압 또는 고압의 가공전선·저압 또는 고압의 전차선·안테나	나전선	2.0[m]
	특고압 절연전선	1.5[m]
	케이블	0.5[m]
가공약류전선로 등·저압 또는 고압의 가공전선로·저압 또는 고압의 전차선로의 지지물	나전선	1.0[m]
	특고압 절연전선	0.75[m]
	케이블	0.5[m]

마. 특고압 가공전선이 교류 전차선과 교차하는 경우에 특고압 가공전선이 교류 전차선의 위에 시설되는 경우에는 다음에 의하여야 한다.

(1) 특고압 가공전선은 케이블인 경우 이외에는 인장강도 14.5[kN] 이상의 특고압 절연전선 또는 단면적 38[mm²] 이상의 경동선일 것.

(2) 특고압 가공전선로의 지지물에 사용하는 목주의 풍압하중에 대한 안전율은 2.0 이상일 것.

(3) 특고압 가공전선로의 경간은 표에서 정한 값 이하일 것.

지지물의 종류	경 간
목주·A종 철주·A종 철근 콘크리트주	60[m]
B종 철주·B종 철근 콘크리트주	120[m]

(4) 특고압 가공전선로의 전선, 완금류, 지지물, 지선 또는 지주와 교류 전차선 사이의 이격거리는 2.5[m] 이상일 것.

바. 특고압 가공전선로가 상호 간 접근 또는 교차하는 경우에는 다음에 의할 것.

(1) 특고압 가공전선이 다른 특고압 가공전선과 접근 또는 교차하는 경우의 이격거리는 표에서 정한 값 이상일 것.

사용전선의 종류	이격거리
어느 한쪽 또는 양쪽이 나전선인 경우	1.5[m]
양쪽이 특고압 절연전선인 경우	1.0[m]
한쪽이 케이블이고 다른 한쪽이 케이블이거나 특고압 절연전선인 경우	0.5[m]

(2) 특고압 가공전선과 다른 특고압 가공전선로의 지지물 사이의 이격거리는 1[m](사용전선이 케이블인 경우에는 0.6[m]) 이상일 것.

사. 특고압 가공전선과 식물 사이의 이격거리는 1.5[m] 이상일 것. 다만, 특고압 가공전선이 특고압 절연전선이거나 케이블인 경우로서 특고압 가공전선을 식물에 접촉하지 아니하도록 시설하는 경우에는 그러하지 아니하다.

아. 특고압 가공전선로의 중성선의 다중 접지는 다음에 의할 것.

(1) 접지도체는 공칭단면적 6[mm²] 이상의 연동선

(2) 접지공사는 각각 접지한 곳 상호 간의 거리는 전선로에 따라 150[m] 이하일 것.

(3) 각 접지도체를 중성선으로부터 분리하였을 경우의 각 접지점의 대지 전기저항 값과 1[km]마다 중성선과 대지 사이의 합성전기저항 값은 표에서 정한 값 이하일 것.

사용전압	각 접지점의 대지 전기저항 치	1[km] 마다의 합성 전기저항 치
15[kV] 이하	300[Ω]	30[Ω]
15[kV] 초과 25[kV] 이하	300[Ω]	15[Ω]

　자. 특고압 가공전선로의 다중접지를 한 중성선은 저압 가공전선의 규정에 준하여 시설할 것.

4. 특고압 가공전선과 저압 또는 고압의 가공전선을 동일 지지물에 병행설치 하여 시설하는 경우 이격거리는 표에서 정한 값 이상일 것.

구　분	이격거리
일　반	1[m] 이상
특고압 가공전선이 케이블이고 저압·고압 가공전선이 저압·고압 절연전선 또는 케이블인 경우	0.5[m] 이상

334─ 지중전선로

334.1 지중전선로의 시설

1. 지중 전선로는 **전선에 케이블을 사용**하고 또한 **관로식·암거식(暗渠式) 또는 직접 매설식에 의하여 시설**하여야 한다.

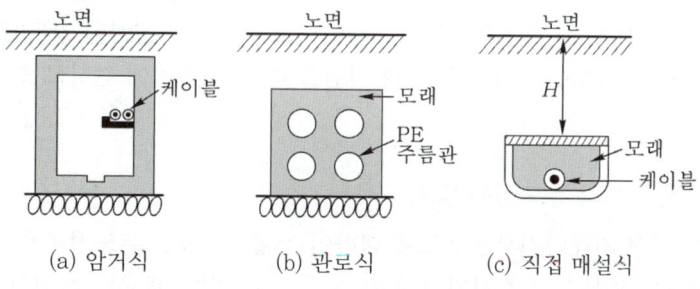

(a) 암거식　　　　(b) 관로식　　　　(c) 직접 매설식

2. 지중 전선로를 관로식 또는 암거식에 의하여 시설하는 경우에는 다음에 따라야 한다.

　가. **관로식**에 의하여 시설하는 경우에는 **매설 깊이를 1.0[m] 이상**으로 하되, 매설 깊이가 충분하지 못한 장소에는 견고하고 차량 기타 중량물의 압력에 견디는 것을 사용할 것. 다만 중량물의 압력을 받을 우려가 없는 곳은 0.6[m] 이상으로 한다.

　나. 암거식에 의하여 시설하는 경우에는 견고하고 차량 기타 중량물의 압력에 견디는 것을 사용할 것.

3. 지중 전선로를 **직접 매설식**에 의하여 시설하는 경우에는 매설 깊이를 차량 기타 중량물의 **압력을 받을 우려가 있는 장소에는 1.0[m] 이상, 기타 장소에는 0.6[m] 이상**으로 하고 또한 지중전선을 견고한 트라프 기타 방호물에 넣어 시설하여야 한다. 다만, 다음의 어느 하나에 해당하는 경우에는 지중전선을 견고한 트라프 기타 방호물에 넣지 아니하여도 된다.

가. 저압 또는 고압의 지중전선을 차량 기타 중량물의 압력을 받을 우려가 없는 경우에 그 위를 견고한 판 또는 몰드로 덮어 시설하는 경우

나. 저압 또는 고압의 지중전선에 **콤바인덕트 케이블** 또는 개장한 케이블을 사용하여 시설하는 경우

다. 지중 전선에 파이프형 압력케이블을 사용하거나 최대사용전압이 60[kV]를 초과하는 연피케이블, 알루미늄피케이블 그 밖의 금속피복을 한 특고압 케이블을 사용하고 또한 지중전선의 위를 견고한 판 또는 몰드 등으로 덮어 시설하는 경우

334.2 지중함의 시설

지중전선로에 사용하는 지중함은 다음에 따라 시설하여야 한다.

1. 지중함은 견고하고 차량 기타 중량물의 압력에 견디는 구조일 것.
2. 지중함은 그 안의 고인 물을 제거할 수 있는 구조로 되어 있을 것.
3. 폭발성 또는 연소성의 가스가 침입할 우려가 있는 것에 시설하는 지중함으로서 그 크기가 **1[m³] 이상인 것**에는 통풍장치 기타 가스를 방산시키기 위한 적당한 장치를 시설할 것.
4. 지중함의 뚜껑은 시설자이외의 자가 쉽게 열 수 없도록 시설할 것.
5. 저압지중함의 경우에는 절연성능이 있는 고무판을 주철(강)재의 뚜껑 아래에 설치할 것.
6. 차도 이외의 장소에 설치하는 저압 지중함은 절연성능이 있는 재질의 뚜껑을 사용할 수 있다.

334.3 케이블 가압장치의 시설

압축 가스 또는 압유를 통하는 관, 압축 가스탱크 또는 압유탱크 및 압축기는 각각의 **최고 사용 압력의 1.5배의 유압 또는 수압(유압 또는 수압으로 시험하기 곤란한 경우에는 최고사용압력의 1.25배의 기압)을 연속하여 10분간** 가하여 시험을 하였을 때 이에 견디고 또한 누설되지 아니하는 것일 것.

334.5 지중약전류전선의 유도장해 방지

지중전선로는 기설 지중약전류전선로에 대하여 **누설전류 또는 유도작용**에 의하여 통신상의 장해를 주지 않도록 충분히 이격시키거나 기타 적당한 방법으로 시설하여야 하다.

334.6 지중전선과 지중약전류전선 등 또는 관과의 접근 또는 교차

지중전선이 다음 조건의 이격거리 이하로 설치되는 경우에는 상호간에 내화성의 격벽을 설치하여야 한다.

조 건	전 압	이격거리
지중 약전류 전선과 접근 또는 교차하는 경우	저압 또는 고압	0.3[m]
	특고압	0.6[m]
가연성, 유독성의 유체를 내포하는 관과 접근 또는 교차	특고압	1[m]
	25[kV] 이하, 다중접지방식	0.5[m]
기타의 관과 접근 또는 교차	특고압	0.3[m]

334.7 지중전선 상호 간의 접근 또는 교차

지중전선이 다른 지중전선과 접근하거나 교차하는 경우에 지중함 내 이외의 곳에서 상호 간의 거리가 저압 지중전선과 고압 지중전선에 있어서는 0.15[m] 미만, 저압이나 고압의 지중전선과 특고압 지중전선에 있어서는 0.3[m] 미만인 때에는 다음의 어느 하나에 해당하는 경우에 한하여 시설할 수 있다.

1. 각각의 지중전선이 다음 중 어느 하나에 해당하는 경우
    가. 규정된 시험에 합격한 난연성의 피복이 있는 것을 사용하는 경우
    나. 견고한 난연성의 관에 넣어 시설하는 경우
2. 어느 한쪽의 지중전선에 불연성의 피복으로 되어 있는 것을 사용하는 경우
3. 어느 한쪽의 지중전선을 견고한 불연성의 관에 넣어 시설하는 경우
4. 지중전선 상호 간에 견고한 내화성의 격벽을 설치할 경우
5. 사용전압이 25[kV] 이하인 다중접지방식 지중전선로를 관에 넣어 0.1[m] 이상 이격하여 시설하는 경우

335- 특수장소의 전선로

335.1 터널 안 전선로의 시설

1. 철도 · 궤도 또는 자동차도 전용터널 안의 전선로

전 압	전선의 굵기	시공방법	애자사용 공사 시 높이
저 압	인장강도2.30[kN] 이상 또는 2.6[mm] 이상의 경동선의 절연전선	• 합성수지관 공사 • 금속관공사 • 금속제가요전선관 공사 • 케이블공사 • 애자사용공사	노면상, 레일면상 2.5[m] 이상
고 압	인장강도 5.26[kN] 이상 또는 4[mm] 이상의 경동선	• 케이블공사 • 애자사용공사	노면상, 레일면상 3[m] 이상
특고압		• 케이블공사	

2. 사람이 상시 통행하는 터널 안의 전선로 사용전압은 저압 또는 고압에 한하며, 다음에 따라 시설하여야 한다.

전 압	전선의 굵기	시공방법	애자사용 공사 시 높이
저 압	인장강도 2.30[kN] 이상 또는 2.6[mm] 이상의 경동선의 절연전선	• 합성수지관 공사 • 금속관공사 • 금속제가요전선관 공사 • 케이블공사 • 애자사용공사	노면상 2.5[m] 이상
고 압		• 케이블공사	

335.2 터널 안 전선로의 전선과 약전류전선 등 또는 관 사이의 이격거리

1. 터널 안의 전선로의 고압 전선 또는 특고압 전선이 그 터널 안의 저압 전선·고압 전선·약
전류전선 등 또는 수관·가스관이나 이와 유사한 것과 접근하거나 교차하는 경우에 이들 사
이의 이격거리는 0.15[m] 이상이어야 한다.

335.3 수상전선로의 시설

1. 수상전선로를 시설하는 경우에는 그 사용전압은 저압 또는 고압인 것에 한 한다.
   가. 전선
      (1) **저압 : 클로로프렌 캡타이어 케이블**
      (2) 고압 : 캡타이어 케이블
   나. 수상전선로의 전선과 가공전선로 접속점의 높이
      (1) 접속점이 육상에 있는 경우 : 지표상 5[m] 이상. 다만, 저압인 경우에 도로상 이외의
          곳에 있을 때에는 지표상 4[m]
      (2) 접속점이 수면상에 있는 경우 : 저압 4[m] 이상, 고압 5[m] 이상
2. 수상전선로의 사용전압이 고압인 경우에는 전로에 지락이 생겼을 때에 자동적으로 전로를
   차단하기 위한 장치를 시설하여야 한다.

335.5 지상에 시설하는 전선로

1. 지상에 시설하는 저압 또는 고압의 전선로는 다음의 어느 하나에 해당하는 경우 이외에는
   시설하여서는 아니 된다.
   가. 1구내에만 시설하는 전선로의 전부 또는 일부로 시설하는 경우
   나. 1구내 전용의 전선로 중 그 구내에 시설하는 부분의 전부 또는 일부로 시설하는 경우
2. 전선로는 교통에 지장을 줄 우려가 없는 곳에서는 다음에 따르고 또한 위험의 우려가 없도
   록 시설하여야 한다.
   가. 전선은 케이블 또는 클로로프렌 캡타이어 케이블일 것.
   나. 전선이 케이블인 경우에는 철근 콘크리트제의 견고한 개거 또는 트라프에 넣어야 한다.
   다. 전선이 캡타이어 케이블인 경우에는 다음에 의할 것.
      (1) **전선의 도중에는 접속점을 만들지 아니할 것**.
      (2) 전선은 손상을 받을 우려가 없도록 개거 등에 넣을 것.
      (3) 전선로의 전원측 전로에는 전용의 개폐기 및 과전류 차단기를 각 극(과전류 차단기
          는 다선식 전로의 중성극을 제외한다)에 시설할 것.
      (4) 사용전압이 0.4[kV] 초과하는 저압 또는 고압의 전로 중에는 전로에 지락이 생겼을
          때에 자동적으로 전로를 차단하는 장치를 시설할 것.
3. 지상에 시설하는 특고압 전선로는 사용전압이 100[kV] 이하인 경우 이외에는 시설하여서
   는 아니 된다.

335.6 교량에 시설하는 전선로

1. 교량에 시설하는 저압전선로는 다음에 따라 시설하여야 한다.

가. 교량의 윗면에 시설하는 것은 다음에 의하는 이외에 전선의 높이를 교량의 노면상 5[m] 이상으로 하여 시설할 것.
　　⑴ 전선은 케이블인 경우 이외에는 인장강도 2.30[kN] 이상의 것 또는 지름 2.6 [mm] 이상의 경동선의 절연전선일 것.
　　⑵ 전선과 조영재 사이의 이격거리는 전선이 케이블인 경우 이외에는 0.3[m] 이상일 것.
　　⑶ 전선은 케이블인 경우 이외에는 조영재에 견고하게 붙인 완금류에 절연성·난연성 및 내수성의 애자로 지지할 것.
　　⑷ 전선이 케이블인 경우에는 전선과 조영재 사이의 이격거리를 0.15[m] 이상으로 하여 시설할 것.
나. 교량의 아랫면에 시설하는 것은 합성수지관공사, 금속관공사, 금속제가요전선관공사 또는 케이블공사에 의하여 시설할 것.

335.8 급경사지에 시설하는 전선로의 시설

1. 급경사지에 시설하는 저압 또는 고압의 전선로는 기술상 부득이한 경우 이외에는 시설하여서는 안 된다.
2. 전선로는 다음에 따르고 시설하여야 한다.
　가. 전선의 지지점 간의 거리는 15[m] 이하일 것.
　나. 저압 전선로와 고압 전선로를 같은 벼랑에 시설하는 경우에는 고압 전선로를 저압 전선로의 위로하고 또한 고압전선과 저압전선 사이의 이격거리는 0.5[m] 이상일 것.

340- 기계·기구 시설 및 옥내배선

341.1 특고압용 변압기의 시설 장소

특고압용 변압기는 발전소·변전소·개폐소 또는 이에 준하는 곳에 시설하여야 한다. 다만, 다음의 변압기는 각각의 규정에 따라 필요한 장소에 시설할 수 있다.
1. 배전용 변압기
2. 다중접지식 특고압 가공전선로에 접속하는 변압기
3. 교류식 전기철도용 신호회로 등에 전기를 공급하기 위한 변압기

341.2 특고압 배전용 변압기의 시설

특고압 전선로에 접속하는 배전용 변압기(발전소·변전소·개폐소 또는 이에 준하는 곳에 시설하는 것을 제외한다.)를 시설하는 경우에는 특고압 전선에 특고압 절연전선 또는 케이블을 사용하고 또한 다음에 따라야 한다.
1. 변압기의 1차 전압은 35[kV] 이하, 2차 전압은 저압 또는 고압일 것.
2. 변압기의 특고압측에 개폐기 및 과전류차단기를 시설할 것.

3. 변압기의 2차 전압이 고압인 경우에는 고압측에 개폐기를 시설하고 또한 쉽게 개폐할 수 있도록 할 것.

341.3 특고압을 직접 저압으로 변성하는 변압기의 시설

특고압을 직접 저압으로 변성하는 변압기는 다음의 것 이외에는 시설하여서는 아니 된다.
1. 전기로 등 전류가 큰 전기를 소비하기 위한 변압기
2. 발전소・변전소・개폐소 또는 이에 준하는 곳의 소내용 변압기
3. 25[kV] 이하인 특고압 가공전선로(중성선 다중접지식의 것으로서 전로에 지락이 생겼을 때에 2초 이내에 자동적으로 이를 전로로부터 차단하는 장치가 되어 있는 것에 한한다.)에 접속하는 변압기
4. 사용전압이 35[kV] 이하인 변압기로서 그 특고압측 권선과 저압측 권선이 혼촉한 경우에 자동적으로 변압기를 전로로부터 차단하기 위한 장치를 설치한 것.
5. 사용전압이 100[kV] 이하인 변압기로서 그 특고압측 권선과 저압측 권선사이에 접지저항 값이 10[Ω] 이하인 금속제의 혼촉방지판이 있는 것.
6. 교류식 전기철도용 신호회로에 전기를 공급하기 위한 변압기

341.4 특고압용 기계기구의 시설

특고압용 기계기구는 다음의 규정에 의하여 시설하는 경우 이외에는 시설하여서는 아니 된다.
1. 기계기구의 주위에 규정에 준하여 울타리・담 등을 시설하는 경우
   - 울타리・담 등의 높이 : 2[m] 이상
   - 지표면과 울타리・담 등의 하단사이의 간격 : 0.15[m] 이하
2. 기계기구를 지표상 5[m] 이상의 높이에 시설하고 충전부분의 지표상의 높이를 표에서 정한 값 이상으로 하고 또한 사람이 접촉할 우려가 없도록 시설하는 경우

사용전압의 구분	울타리・담등의 높이와 울타리・담등으로부터 충전 부분까지의 거리의 합계
35[kV] 이하	5[m]
35[kV] 초과 160[kV] 이하	6[m]
160[kV] 초과	• 거리의 합계=6+단수×0.12[m] • 단수= $\dfrac{\text{사용전압}[kV]-160}{10}$ 단수 계산에서 소수점 이하는 절상

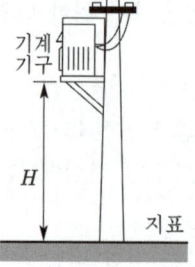

지표상의 높이
① 고압용 : H≥4.5[m] (시가지 외에는 4[m])
② 특고압 : 35[kV] 이하　　　　　　　 H≥5[m]
　　　　　 35[kV] 초과 160[kV] 이하 H≥6[m]

기계 기구의 설치 높이

341.5 고주파 이용 전기설비의 장해방지

고주파 이용 전기설비에서 다른 고주파 이용 전기설비에 누설되는 고주파 전류의 허용한도는 측정 장치로 2회 이상 연속하여 10분간 측정하였을 때에 각각 측정값의 최댓값에 대한 평균값이 -30[dB](1[mW]를 0[dB]로 한다)일 것

341.7 아크를 발생하는 기구의 시설

고압용 또는 특고압용의 개폐기·차단기·피뢰기 기타 이와 유사한 기구로서 동작 시에 아크가 생기는 것은 목재의 벽 또는 천장 기타의 **가연성 물체로부터** 표에서 정한 값 이상 이격하여 시설하여야 한다.

기구 등의 구분	이격거리
고압용의 것	1[m] 이상
특고압용의 것	2[m] 이상(사용전압 35[kV] 이하의 특고압용의 기구 등으로서 동작할 때에 생기는 아크의 방향과 길이를 화재가 발생할 우려가 없도록 제한하는 경우에는 1[m] 이상)

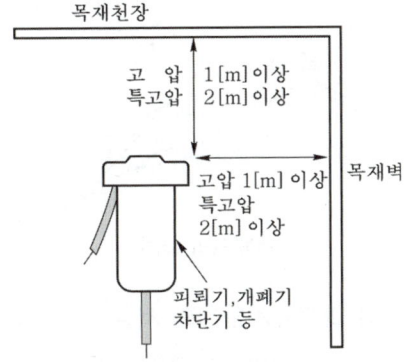

아크를 발생하는 기구의 시설

341.8 고압용 기계기구의 시설

고압용 기계기구는 다음의 어느 하나에 해당하는 경우와 발전소·변전소·개폐소 또는 이에 준하는 곳에 시설하는 경우 이외에는 시설하여서는 아니 된다.

1. 기계기구의 주위에 규정에 준하여 울타리·담 등을 시설하는 경우
   • 울타리·담 등의 높이 : 2[m] 이상
   • 지표면과 울타리·담 등 의 하단사이의 간격 : 15[cm] 이하
2. 기계기구를 지표상 4.5[m](**시가지 외에는 4[m]**) 이상의 높이에 시설하고 또한 사람이 쉽게 접촉할 우려가 없도록 시설하는 경우
3. 옥내에 설치한 기계기구를 취급자 이외의 사람이 출입할 수 없도록 설치한 곳에 시설하는 경우
4. 기계기구를 콘크리트제의 함 또는 규정에 따른 접지공사를 한 금속제 함에 넣고 또한 충전부분이 노출하지 아니하도록 시설하는 경우

341.9 개폐기의 시설

1. 전로 중에 개폐기를 시설하는 경우에는 그곳의 각 극에 설치하여야 한다.
2. 고압용 또는 특고압용의 개폐기는 그 작동에 따라 그 개폐상태를 표시하는 장치가 되어 있는 것이어야 한다.
3. 고압용 또는 특고압용의 개폐기로서 중력 등에 의하여 자연히 작동할 우려가 있는 것은 자물쇠장치 기타 이를 방지하는 장치를 시설하여야 한다.
4. 고압용 또는 특고압용의 개폐기로서 부하전류를 차단하기 위한 것이 아닌 개폐기는 부하전류가 통하고 있을 경우에는 개로할 수 없도록 시설하여야 한다. 다만, 다음의 경우에는 예외로 한다.

   가. 개폐기를 조작하는 곳의 보기 쉬운 위치에 부하전류의 유무를 표시한 장치
   나. 전화기 기타의 지령 장치를 시설
   다. 터블렛 등을 사용함으로서 부하전류가 통하고 있을 때에 개로조작을 방지하기 위한 조치를 하는 경우

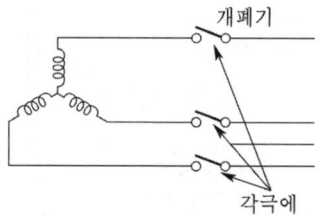

개폐기의 설치

341.10 고압 및 특고압 전로 중의 과전류차단기의 시설

1. 과전류차단기로 시설하는 퓨즈 중 고압전로에 사용하는 **포장 퓨즈는 정격전류의 1.3배의 전류에 견디고 또한 2배의 전류로 120분 안에 용단**되는 것 또는 규정에 적합한 고압전류제한퓨즈이어야 한다.
2. 과전류차단기로 시설하는 퓨즈 중 고압전로에 사용하는 **비포장 퓨즈는 정격전류의 1.25배의 전류에 견디고 또한 2배의 전류로 2분 안에 용단**되는 것이어야 한다.
3. 고압 또는 특고압의 전로에 단락이 생긴 경우에 동작하는 과전류차단기는 이것을 시설하는 곳을 통과하는 단락전류를 차단하는 능력을 가지는 것이어야 한다.
4. 고압 또는 특고압의 과전류차단기는 그 동작에 따라 그 개폐상태를 표시하는 장치가 되어있는 것이어야 한다.

341.11 과전류차단기의 시설 제한

접지공사의 접지도체, 다선식 전로의 중성선 및전로의 일부에 접지공사를 한 저압 가공전선로의 접지측 전선에는 과전류차단기를 시설하여서는 안 된다.
다만, 다음의 경우에는 예외로 한다.

1. 다선식 전로의 중성선에 시설한 과전류차단기가 동작한 경우에 각 극이 동시에 차단될 때

2. 저항기·리액터 등을 사용하여 접지공사를 한 때에 과전류차단기의 동작에 의하여 그 접지
도체가 비접지 상태로 되지 아니할 때

341.12 지락차단장치 등의 시설

특고압전로 또는 고압전로에 변압기에 의하여 결합되는 사용전압 400[V] 초과의 저압전로 또
는 발전기에서 공급하는 사용전압 400[V] 초과의 저압전로에는 전로에 지락이 생겼을 때에 자
동적으로 전로를 차단하는 장치를 시설하여야 한다.

341.13 피뢰기의 시설

1. 고압 및 특고압의 전로 중 다음에 열거하는 곳 또는 이에 근접한 곳에는 피뢰기를 시설하여
   야 한다.
   가. 발전소·변전소 또는 이에 준하는 장소의 **가공전선 인입구 및 인출구**
   나. 특고압 가공전선로에 접속하는 **배전용 변압기의 고압측 및 특고압측**
   다. 고압 및 특고압 가공전선로로부터 공급을 받는 **수용장소의 인입구**
   라. **가공전선로와 지중전선로가 접속되는 곳**

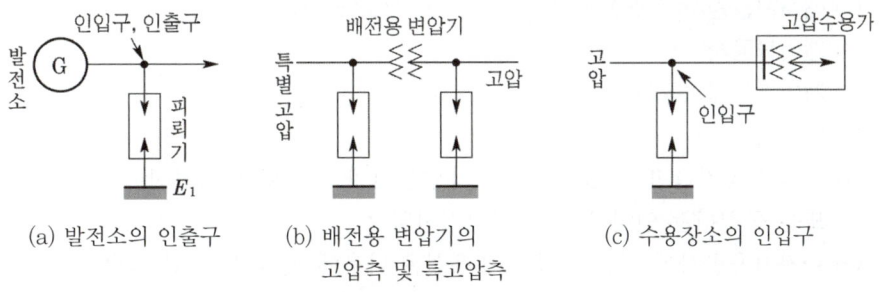

(a) 발전소의 인출구   (b) 배전용 변압기의   (c) 수용장소의 인입구
                                고압측 및 특고압측

피뢰기의 시설 장소

2. 다음의 어느 하나에 해당하는 경우에는 피뢰기를 설치하지 않아도 된다.
   가. 직접 접속하는 전선이 짧은 경우
   나. 피보호기기가 보호범위 내에 위치하는 경우

341.14 피뢰기의 접지

고압 및 특고압의 전로에 시설하는 **피뢰기 접지저항 값은 10[Ω] 이하**로 하여야 한다. 다만, 고
압가공전선로에 시설하는 피뢰기의 접지도체가 그 접지공사 전용의 것인 경우에 그 접지공사
의 접지저항 값이 **30[Ω] 이하**인 때에는 그 피뢰기의 접지저항 값이 **10[Ω] 이하가 아니어도 된
다**.

341.15 압축공기계통

발전소·변전소·개폐소 또는 이에 준하는 곳에서 개폐기 또는 차단기에 사용하는 압축공기
장치는 다음에 따라 시설하여야 한다.
1. 공기압축기는 최고 사용압력의 **1.5배의 수압**(수압을 연속하여 10분간 가하여 시험을 하기

어려울 때에는 최고 사용압력의 1.25배의 기압)을 연속하여 10분간 가하여 시험을 하였을 때에 이에 견디고 또한 새지 아니할 것.

2. 주 공기탱크의 압력이 저하한 경우에 자동적으로 압력을 회복하는 장치를 시설할 것.
3. 주 공기탱크 또는 이에 근접한 곳에는 사용압력의 1.5배 이상 3배 이하의 최고 눈금이 있는 압력계를 시설할 것.
4. 사용 압력에서 공기의 보급이 없는 상태로 개폐기 또는 차단기의 투입 및 차단을 연속하여 1회 이상 할 수 있는 용량을 가지는 것일 것.

342- 고압 · 특고압 옥내 설비의 시설

342.1 고압 옥내배선 등의 시설

1. 고압 옥내배선은 다음에 따라 시설하여야 한다.
    가. 고압 옥내배선은 다음 중 하나에 의하여 시설할 것.
    　　(1) 애자사용공사(건조한 장소로서 전개된 장소에 한한다)
    　　(2) 케이블공사
    　　(3) 케이블트레이공사
    나. 애자사용공사
    　　(1) 전선은 공칭단면적 6[mm²] 이상의·연동선 또는 고압 절연전선이나 특고압 절연전선 또는 규정하는 인하용 고압 절연전선일 것.
    　　(2) 애자사용공사에 의한 고압 옥내배선은 다음에 의하고, 또한 사람이 접촉할 우려가 없도록 시설할 것.

전 압	전선과 조영재와의 이격거리	전 선 상 호 간 격	전선 지지점간의 거리	
			조영재의 면을 따라 붙이는 경우	조영재에 따라 시설하지 않는 경우
고 압	0.05[m] 이상	0.08[m] 이상	2[m] 이하	6[m] 이하

    　　(3) 고압 옥내배선은 저압 옥내배선과 쉽게 식별되도록 시설할 것.
2. 고압 옥내배선이 다른 고압 옥내배선·저압 옥내전선·관등회로의 배선·약전류 전선 등 또는 수관·가스관이나 이와 유사한 것과 접근하거나 교차하는 경우 이격거리
    가. 다른 고압 옥내배선·저압 옥내전선·관등회로의 배선·약전류 전선 : 15[cm]
    나. 수관·가스관이나 이와 유사한 것과 접근하거나 교차하는 경우 : 15[cm]
    다. 애자사용공사에 의하여 시설하는 저압 옥내전선이 나전선인 경우 : 30[cm]
    라. 가스계량기 및 가스관의 이음부와 전력량계 및 개폐기 : 60[cm]

342.2 옥내 고압용 이동전선의 시설

옥내에 시설하는 고압의 이동전선은 다음에 따라 시설하여야 한다.

1. 전선은 **고압용의 캡타이어케이블**일 것.
2. 이동전선에 전기를 공급하는 전로에는 전용 개폐기 및 과전류 차단기를 각극(과전류 차단기는 다선식 전로의 중성극을 제외한다)에 시설하고, 또한 전로에 지락이 생겼을 때에 **자동적으로 전로를 차단하는 장치를 시설**할 것.

342.4 특고압 옥내 전기설비의 시설

1. 특고압 옥내배선은 다음에 따르고 또한 위험의 우려가 없도록 시설하여야 한다.
   가. **사용전압은 100[kV] 이하일 것.** 다만, 케이블트레이공사에 의하여 시설하는 경우에는 35[kV] 이하일 것.
   나. 전선은 케이블일 것.
   다. 케이블은 철재 또는 철근 콘크리트제의 관·덕트 기타의 견고한 방호장치에 넣어 시설할 것.
   라. 관 그 밖에 케이블을 넣는 방호장치의 금속제 부분·금속제의 전선 접속함 및 케이블의 피복에 사용하는 금속체에는 규정에 의한 접지공사를 하여야 한다.
2. 특고압 옥내배선의 이격거리
   가. 특고압 옥내배선과 저압 옥내전선·관등회로의 배선 또는 고압 옥내전선 사이 : **0.6[m] 이상**
   나. 특고압 옥내배선과 약전류 전선 등 또는 수관·가스관이나 이와 유사한 것과 접촉하지 아니하도록 시설할 것.

351- 발전소, 변전소, 개폐소 등의 전기설비

351.1 발전소 등의 울타리·담 등의 시설

1. 고압 또는 특고압의 기계기구·모선 등을 옥외에 시설하는 발전소·변전소·개폐소 또는 이에 준하는 곳에는 다음에 따라 구내에 취급자 이외의 사람이 들어가지 아니하도록 시설하여야 한다.
   가. 울타리·담 등을 시설할 것.
   나. 출입구에는 출입금지의 표시를 할 것.
   다. 출입구에는 자물쇠장치 기타 적당한 장치를 할 것.
2. 울타리·담 등은 다음에 따라 시설하여야 한다.
   가. **울타리·담 등의 높이는 2[m] 이상**으로 하고 지표면과 울타리·담 등의 하단 사이의 간격은 0.15[m] 이하로 할 것.
   나. 울타리·담 등과 고압 및 특고압의 충전 부분이 접근하는 경우에는 울타리·담 등의 높이와 울타리·담 등으로부터 충전부분까지 거리의 합계는 표에서 정한 값 이상으로 할 것.

사용전압의 구분	울타리 · 담등의 높이와 울타리 · 담등으로부터 충전 부분까지의 거리의 합계
35[kV] 이하	5[m]
35[kV] 초과 160[kV] 이하	6[m]
160[kV] 초과	• 거리=6+단수×0.12[m] • 단수= $\dfrac{\text{사용전압[kV]}-160}{10}$ 단수 계산에서 소수점 이하는 절상

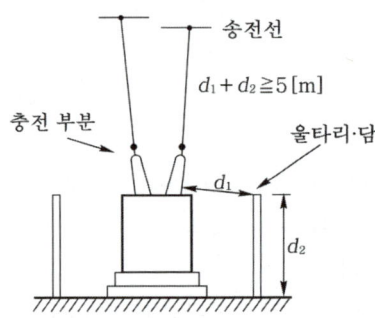

울타리 · 담 등의 높이와 울타리 · 담 등으로부터 충전부분까지의 거리의 합

351.2 특고압전로의 상 및 접속 상태의 표시

1. 발전소 · 변전소 또는 이에 준하는 곳의 특고압전로에는 그의 보기 쉬운 곳에 상별 표시를 하여야 한다.
2. 발전소 · 변전소 또는 이에 준하는 곳의 특고압전로에 대하여는 그 접속 상태를 모의모선의 사용 기타의 방법에 의하여 표시하여야 한다. 다만, 이러한 전로에 접속하는 특고압전선로의 회선수가 2 이하이고 또한 특고압의 모선이 단일모선인 경우에는 그러하지 아니하다.

351.3 발전기 등의 보호장치

1. 발전기에는 다음의 경우에 자동적으로 이를 전로로부터 차단하는 장치를 시설하여야 한다.
   가. 발전기에 과전류나 과전압이 생긴 경우
   나. 용량이 500 [kVA] 이상의 발전기를 구동하는 수차의 압유 장치의 유압이 현저히 저하한 경우
   다. 용량이 100 [kVA] 이상의 발전기를 구동하는 풍차의 압유장치의 유압이 현저히 저하한 경우
   라. 용량이 2,000 [kVA] 이상인 수차 발전기의 스러스트 베어링의 온도가 현저히 상승한 경우
   마. 용량이 10,000 [kVA] 이상인 발전기의 내부에 고장이 생긴 경우
   바. 정격출력이 10,000 [kW]를 초과하는 증기터빈은 그 스러스트 베어링이 현저하게 마모되거나 그의 온도가 현저히 상승한 경우
2. 연료전지는 다음의 경우에 자동적으로 이를 전로에서 차단하고 연료전지에 연료가스 공급

을 자동적으로 차단하며 연료전지내의 연료가스를 자동적으로 배제하는 장치를 시설하여야 한다.

가. 연료전지에 과전류가 생긴 경우

나. 발전전압에 이상이 생겼을 경우 또는 연료가스 출구에서의 산소농도 또는 공기 출구에서의 연료가스 농도가 현저히 상승한 경우

다. 연료전지의 온도가 현저하게 상승한 경우

라. 개질기를 사용하는 연료전지에서 개질기 버너에 이상이 발생한 경우

마. 연료전지의 화재나 폭발 방지를 위한 환기장치에 이상이 발생한 경우

3. 상용 전원으로 쓰이는 축전지에는 이에 과전류가 생겼을 경우에 자동적으로 이를 전로로부터 차단하는 장치를 시설하여야 한다.

351.4 특고압용 변압기의 보호장치

특고압용의 변압기에는 그 내부에 고장이 생겼을 경우에 보호하는 장치를 표와 같이 시설하여야 한다.

뱅크용량의 구분	동작조건	장치의 종류
5,000[kVA] 이상 10,000[kVA] 미만	변압기내부고장	자동차단장치 또는경보장치
10,000[kVA] 이상	변압기내부고장	자동차단장치
타냉식변압기(변압기의 권선 및 철심을 직접 냉각시키기 위하여 봉입한 냉매를 강제 순환시키는 냉각 방식을 말한다.)	냉각장치에 고장이 생긴 경우 또는 변압기의 온도가 현저히 상승한 경우	경보장치

351.5 조상설비의 보호장치

조상설비에는 그 내부에 고장이 생긴 경우에 보호하는 장치를 표와 같이 시설하여야 한다.

설비종별	뱅크용량의 구분	자동적으로 전로로부터 차단하는 장치
전력용 커패시터 및 분로리액터	500[kVA] 초과 15,000[kVA] 미만	• 내부에 고장이 생긴 경우 • 과전류가 생긴 경우
	15,000[kVA] 이상	• 내부에고장이 생긴경우 • 과전류가 생긴 경우 • 과전압이 생긴 경우
조상기	15,000[kVA] 이상	• 내부에 고장이 생긴 경우

351.6 계측장치

1. 발전소에서는 다음의 사항을 계측하는 장치를 시설하여야 한다. 다만, 태양전지 발전소는 연계하는 전력계통에 그 발전소 이외의 전원이 없는 것에 대하여는 그러하지 아니하다.

가. 발전기·연료전지 또는 태양전지 모듈(복수의 태양전지 모듈을 설치하는 경우에는 그 집합체)의 전압 및 전류 또는 전력

나. 발전기의 베어링(수중 메탈을 제외한다) 및 고정자의 온도

다. 정격출력이 10,000[kW]를 초과하는 증기터빈에 접속하는 발전기의 진동의 진폭

라. 주요 변압기의 전압 및 전류 또는 전력

마. 특고압용 변압기의 온도

2. **동기발전기**를 시설하는 경우에는 **동기검정장치**를 시설하여야 한다. 다만, 동기발전기의 용량이 그 발전기를 연계하는 전력계통의 용량과 비교하여 현저히 적은 경우에는 그러하지 아니하다.

3. **변전소** 또는 이에 준하는 곳에는 다음의 사항을 계측하는 장치를 시설하여야 한다.
   가. **주요 변압기의 전압 및 전류 또는 전력**
   나. **특고압용 변압기의 온도**

4. 동기조상기를 시설하는 경우에는 다음의 사항을 계측하는 장치 및 동기검정장치를 시설하여야 한다. 다만, 동기조상기의 용량이 전력계통의 용량과 비교하여 현저히 적은 경우에는 동기검정장치를 시설하지 아니할 수 있다.
   가. 동기조상기의 전압 및 전류 또는 전력
   나. 동기조상기의 베어링 및 고정자의 온도

351.7 배전반의 시설

배전반에 고압용 또는 특고압용의 기구 또는 전선을 시설하는 경우에는 취급자에게 위험이 미치지 아니하도록 방호장치를 시설하여야 하며, 조작 또는 보수·점검할 수 있는 점검통로를 확보하여야 한다.

351.8 상주 감시를 하지 아니하는 발전소의 시설

1. 발전소의 운전에 필요한 지식 및 기능을 가진 자(이하 "기술원"이라 한다)가 그 발전소에서 상주 감시를 하지 아니하는 발전소는 다음의 어느 하나에 의하여 시설하여야 한다.
   가. 전기공급에 지장을 주지 아니하고 또한 기술원이 그 발전소를 수시 순회하는 경우
   나. 발전소를 원격감시 제어하는 제어소(이하 "발전제어소"라 한다)에 기술원이 상주하여 감시하는 경우

2. 발전소는 비상용 예비 전원을 얻을 목적으로 시설하는 것 이외에는 다음에 따라 시설하여야 한다.
   가. 다음과 같은 경우에는 발전기를 전로에서 자동적으로 차단하고 또한 수차 또는 풍차를 자동적으로 정지하는 장치 또는 내연기관에 연료 유입을 자동적으로 차단하는 장치를 시설할 것.
      (1) 원동기 제어용의 압유장치의 유압, 압축 공기장치의 공기압 또는 전동 제어 장치의 전원 전압이 현저히 저하한 경우
      (2) 원동기의 회전속도가 현저히 상승한 경우
      (3) 발전기에 과전류가 생긴 경우
      (4) 정격 출력이 500[kW] 이상의 원동기(풍차를 시가지 그 밖에 인가가 밀집된 지역에 시설하는 경우에는 100[kW] 이상) 또는 그 발전기의 베어링의 온도가 현저히 상승한 경우
      (5) **용량이 2,000[kVA] 이상의 발전기의 내부에 고장이 생긴 경우**
      (6) 내연기관의 냉각수 온도가 현저히 상승한 경우 또는 냉각수의 공급이 정지된 경우

⑺ 내연기관의 윤활유 압력이 현저히 저하한 경우

⑻ 내연력 발전소의 제어회로 전압이 현저히 저하한 경우

⑼ 시가지 그 밖에 인가 밀집지역에 시설하는 것으로서 정격 출력이 10[kW] 이상의 풍차의 중요한 베어링 또는 그 부근의 축에서 회전 중에 발생하는 진동의 진폭이 현저히 증대된 경우

나. 다음의 경우에 연료전지를 자동적으로 전로로부터 차단하여 연료전지, 연료 개질계통 설비 및 연료기화기에의 연료의 공급을 자동적으로 차단하고 또한 연료전지 및 연료 개질계통 설비의 내부의 연료가스를 자동적으로 배제하는 장치를 시설할 것.

⑴ 발전소의 운전 제어 장치에 이상이 생긴 경우

⑵ 발전소의 제어용 압유장치의 유압, 압축 공기 장치의 공기압 또는 전동식 제어장치의 전원전압이 현저히 저하한 경우

⑶ 설비내의 연료가스를 배제하기 위한 불활성 가스 등의 공급 압력이 현저히 저하한 경우

다. 다음의 경우에 발전소에서는 발전 제어소에 경보하는 장치를 시설할 것.

⑴ 원동기가 자동정지한 경우

⑵ 운전조작에 필요한 차단기가 자동적으로 차단된 경우(차단기가 자동적으로 재폐로된 경우를 제외한다)

⑶ 수력발전소 또는 풍력발전소의 제어회로 전압이 현저히 저하한 경우

⑷ 특고압용의 타냉식 변압기의 온도가 현저히 상승한 경우 또는 냉각장치가 고장인 경우

⑸ 발전소 안에 화재가 발생한 경우

⑹ 내연기관의 연료유면이 이상 저하된 경우

⑺ 가스절연기기(압력의 저하에 따라 절연파괴 등이 생길 우려가 없는 것을 제외한다)의 절연가스의 압력이 현저히 저하한 경우

라. 발전 제어소에 다음의 장치를 시설할 것.

⑴ 원동기 및 발전기, 연료전지의 부하를 조정하는 장치

⑵ 운전 및 정지를 조작하는 장치 및 감시하는 장치

⑶ 운전 조작에 상시 필요한 차단기를 조작하는 장치 및 개폐상태를 감시하는 장치

⑷ 고압 또는 특고압의 배전선로용 차단기를 조작하는 장치 및 개폐를 감시하는 장치

351.9 상주 감시를 하지 아니하는 변전소의 시설

1. 변전소의 운전에 필요한 지식 및 기능을 가진 자(이하 "기술원"이라고 한다)가 그 변전소에 상주하여 감시를 하지 아니하는 변전소는 다음에 따라 시설하는 경우에 한한다.

가. 사용전압이 170[kV] 이하의 변압기를 시설하는 변전소로서 기술원이 수시로 순회하거나 그 변전소를 원격감시 제어하는 제어소에서 상시 감시하는 경우

나. 사용전압이 170[kV]를 초과하는 변압기를 시설하는 변전소로서 변전제어소에서 상시 감시하는 경우

2. 제1의"가"에 규정하는 변전소는 다음에 따라 시설하여야 한다.
    가. 다음의 경우에는 변전제어소 또는 기술원이 상주하는 장소에 경보장치를 시설할 것.
        ⑴ 운전조작에 필요한 차단기가 자동적으로 차단한 경우(차단기가 재폐로한 경우를 제외한다)
        ⑵ 주요 변압기의 전원측 전로가 무전압으로 된 경우
        ⑶ 제어 회로의 전압이 현저히 저하한 경우
        ⑷ 옥내 및 옥외변전소에 화재가 발생한 경우
        ⑸ 출력 3,000[kVA]를 초과하는 특고압용변압기는 그 온도가 현저히 상승한 경우
        ⑹ 특고압용 타냉식변압기는 그 냉각장치가 고장난 경우
        ⑺ 조상기는 내부에 고장이 생긴 경우
        ⑻ 수소냉각식조상기는 그 조상기 안의 수소의 순도가 90[%] 이하로 저하한 경우, 수소의 압력이 현저히 변동한 경우 또는 수소의 온도가 현저히 상승한 경우
        ⑼ 가스절연기기(압력의 저하에 의하여 절연파괴 등이 생길 우려가 없는 경우를 제외한다)의 절연가스의 압력이 현저히 저하한 경우
    나. 수소냉각식 조상기를 시설하는 변전소는 그 조상기 안의 수소의 순도가 85[%] 이하로 저하한 경우에 그 조상기를 전로로부터 자동적으로 차단하는 장치를 시설할 것.
3. 제1의"나"에 규정하는 변전소는 제2의 규정에 준하는 외에 2 이상의 신호전송경로[적어도 1경로가 무선, 전력선(특고압 전선에 의하는 것에 한한다) 통신용 케이블 또는 광섬유 케이블인 것에 한한다]에 의하여 원격감시제어 하도록 시설하여야 한다.

351.10 수소냉각식 발전기 등의 시설

수소냉각식의 발전기ㆍ조상기 또는 이에 부속하는 수소 냉각 장치는 다음 각 호에 따라 시설하여야 한다.
가. 발전기 또는 조상기는 기밀구조의 것이고 또한 수소가 대기압에서 폭발하는 경우에 생기는 압력에 견디는 강도를 가지는 것일 것.
나. 발전기축의 밀봉부에는 질소 가스를 봉입할 수 있는 장치 또는 발전기 축의 밀봉부로부터 누설된 수소 가스를 안전하게 외부에 방출할 수 있는 장치를 시설할 것.
다. 발전기 내부 또는 조상기 내부의 수소의 순도가 85 [%] 이하로 저하한 경우에 이를 경보하는 장치를 시설할 것.
라. 발전기 내부 또는 조상기 내부의 수소의 압력을 계측하는 장치 및 그 압력이 현저히 변동한 경우에 이를 경보하는 장치를 시설할 것.
마. 발전기 내부 또는 조상기 내부의 수소의 온도를 계측하는 장치를 시설할 것.
바. 발전기 내부 또는 조상기 내부로 수소를 안전하게 도입할 수 있는 장치 및 발전 기안 또는 조상기안의 수소를 안전하게 외부로 방출할 수 있는 장치를 시설할 것.
사. 발전기 또는 조상기에 붙인 유리제의 점검 창 등은 쉽게 파손되지 아니하는 구조로 되어 있을 것.

362- 전력보안통신설비의 시설

362.1 전력보안통신설비의 시설 요구사항

1. 발전소, 변전소 및 변환소에서 전력보안통신설비의 시설 장소
   가. 원격감시제어가 되지 아니하는 발전소·변전소·개폐소, 전선로 및 이를 운용하는 급전소 및 급전분소 간
   나. **2개 이상의 급전소(분소) 상호 간**과 이들을 통합 운용하는 급전소(분소) 간
   다. 수력설비의 안전상 필요한 양수소 및 강수량 관측소와 수력발전소 간
   라. 동일 수계에 속하고 안전상 긴급 연락의 필요가 있는 수력발전소 상호 간
   마. 동일 전력계통에 속하고 또한 안전상 긴급연락의 필요가 있는 발전소·변전소및 개폐소 상호 간
   바. 발전소·변전소 및 개폐소와 기술원 주재소 간. 다만, 다음 어느 항목에 적합하고 또한 휴대용 이거나 이동형 전력보안통신 설비에 의하여 연락이 확보된 경우에는 그러하지 아니하다.
      (1) 발전소로서 전기의 공급에 지장을 미치지 않는 곳.
      (2) 상주감시를 하지 않는 변전소(사용전압이 35[kV] 이하의 것에 한한다.)로서 그 변전소에 접속되는 전선로가 동일 기술원 주재소에 의하여 운용되는 곳.
   사. 발전소·변전소·개폐소·급전소 및 기술원 주재소와 전기설비의 안전상 긴급 연락의 필요가 있는 기상대·측후소·소방서 및 방사선 감시계측 시설물 등의 사이
2. 전력보안통신설비는 정전 시에도 그 기능을 잃지 않도록 비상용 예비전원을 구비하여야 한다.
3. 전력보안통신선 시설기준은 다음에 따른다.
   가. 통신선의 종류는 광섬유케이블, 동축케이블 및 차폐용 실드케이블(STP) 또는 이와 동등 이상일 것.
   나. 가공 통신선은 반드시 조가선에 시설할 것. 다만, 통신선 자체가 지지 기능을 가진 경우는 조가선을 생략할 수 있다.

362.2 전력보안통신선의 시설 높이와 이격거리

1. 전력 보안 가공통신선(이하 "가공통신선"이라 한다)의 높이는 다음을 따른다.

구 분		지상고	비 고
도로(차도)	일반적인 경우	5.0[m] 이상	
	교통에 지장을 안 주는 경우	4.5[m] 이상	
철도 또는 궤도 횡단 시		6.5[m] 이상	레일면상
횡단보도교 위		3.0[m] 이상	그 노면상
기 타		3.5[m] 이상	

2. 가공전선로의 지지물에 시설하는 통신선 또는 이에 직접 접속하는 가공 통신선의 높이는 다음에 따라야 한다.

시설 장소		가공전선로의 지지물에 시설	
		고·저압[m]	특고압[m]
도로횡단	일반적인 경우	6[m] 이상	6[m] 이상
	교통에 지장을 안 주는 경우	5[m] 이상	
철도 횡단(레일면상)		6.5[m] 이상	6.5[m] 이상
횡단 보도교 위	노면상	3.5[m] 이상	5[m] 이상
	절연전선 사용	3[m] 이상	
	광섬유 케이블 사용		4[m] 이상
기타의 장소	일반적인 경우 (절연전선 사용)	4[m] 이상	5[m] 이상
	광섬유 케이블 사용	3.5[m] 이상	

3. 가공전선과 첨가 통신선과의 이격거리
   가. 통신선은 가공전선의 아래에 시설할 것.
   나. 이격거리

가공전선		통신선		
		일반	절연전선	광섬유케이블
중성선	25[kV]이하, 다중 접지 중성선	0.6[m] 이상		
저압가공전선	일 반	0.6[m] 이상		
	절연전선 또는 케이블		0.3[m] 이상	
	인입선			0.15[m] 이상
고압가공전선	일 반	0.6[m] 이상		
	케이블		0.3[m] 이상	
특고압가공전선	일 반	1.2[m] 이상		
	케이블		0.3[m] 이상	
	25[kV]이하, 다중 접지방식	0.75[m] 이상		

4. 특고압 가공전선로의 지지물에 시설하는 통신선 또는 이에 직접 접속하는 통신선이 도로·횡단보도교·철도의 레일·삭도·가공전선·다른 가공약전류 전선 등 또는 교류 전차선 등과 교차하는 경우에는 다음에 따라 시설하여야 한다.
   가. 통신선이 도로·횡단보도교·철도의 레일 또는 삭도와 교차하는 경우에는 통신선은 연선의 경우 단면적 16[mm²](단선의 경우 지름 4[mm])의 절연전선과 동등 이상의 절연효력이 있는 것, 인장강도 8.01[kN] 이상의 것 또는 연선의 경우 단면적 25[mm²](단선의 경우 지름 5[mm])의 경동선일 것.
   나. 통신선과 삭도 또는 다른 가공약전류 전선 등 사이의 이격거리는 0.8[m](통신선이 케이블 또는 광섬유 케이블일 때는 0.4[m]) 이상으로 할 것.

362.3 조가선 시설기준

조가선은 단면적 38[mm²] 이상의 아연도강연선을 사용할 것.

362.4 전력유도의 방지

전력보안통신설비는 가공전선로로부터의 정전유도작용 또는 전자유도작용에 의하여 사람에게 위험을 줄 우려가 없도록 시설하여야 한다. 다음의 제한값을 초과하거나 초과할 우려가 있는 경우에는 이에 대한 방지조치를 하여야 한다.

1. 이상 시 유도위험전압 : 650[V]
   (다만, 고장 시 전류 제거시간이 0.1초 이상인 경우에는 430[V]로 한다)
2. 상시 유도 위험종전압 : 60[V]
3. 기기 오동작 유도 종전압 : 15[V]
4. 잡음전압 : 0.5[mV]

362.5 특고압 가공전선로 첨가설치 통신선의 시가지 인입 제한

1. 시가지에 시설하는 통신선은 특고압 가공전선로의 지지물에 시설하여서는 아니 된다. 다만, 통신선이 절연전선과 동등 이상의 절연효력이 있고 인장강도 5.26[kN] 이상의 것. 또는 단면적 16[mm²](지름 4[mm]) 이상의 절연전선 또는 광섬유 케이블인 경우에는 그러하지 아니하다.
2. 저압 가공전선로의 지지물에 시설하는 통신선 또는 이것에 직접 접속하는 통신선인 경우에는 다음의 저압용 보안장치일 것.

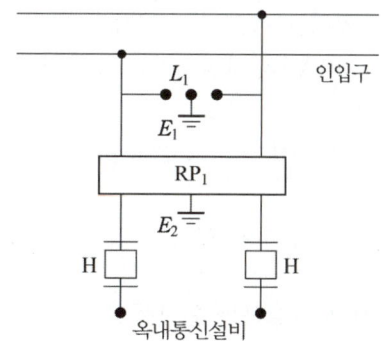

- H : 250[mA] 이하에서 동작하는 열 코일
- RP₁ : 교류 300[V] 이하에서 동작하고, 최소 감도 전류가 3[A] 이하로서 최소 감도전류 때의 응동시간이 1사이클 이하이고 또한 전류 용량이 50[A], 20초 이상인 자복성이 있는 릴레이 보안기
- L_1 : 교류 1[kV] 이하에서 동작하는 피뢰기
- E_1 및 E_2 : 접지

3. 고압 가공전선로의 지지물에 시설하는 통신선 또는 이것에 직접 접속하는 통신선의 경우에는 다음의 보안장치일 것.

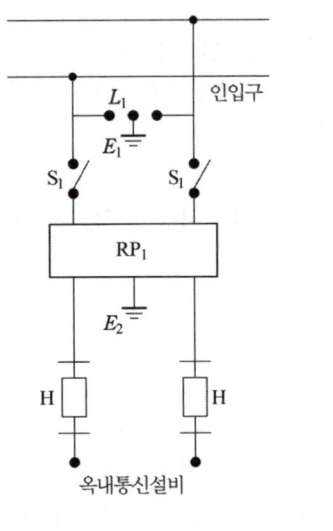

고압용 제1종 보안장치

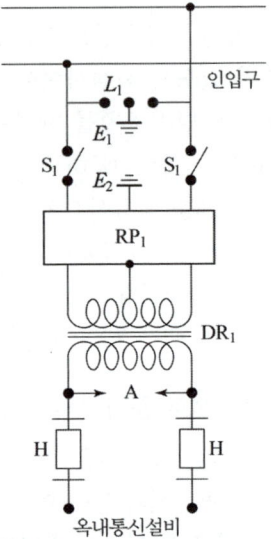

고압용 제2종 보안장치

- S_1 : 인입용 개폐기
- A : 교류 300[V] 이하에서 동작하는 방전갭
- DR_1 : 고압용 배류 중계 코일(선로측 코일과 옥내측 코일사이 및 선로측 코일과 대지 사이의 절연내력은 교류 3[kV]의 시험전압으로 시험하였을 때 연속하여 1분간 이에 견디는 것일 것.)
- H : 고압용 제2종 보안장치에 RP1이 최소 감도전류 0.5[A] 이하인 것일 때는 H를 생략할 수 있다.
- S_1 : L_1보다 인입구 측에 시설할 수가 있다.

4. 특고압 가공전선로의 지지물에 시설하는 통신선 또는 이것에 직접 접속하는 통신선인 경우에는 다음의 보안장치일 것.

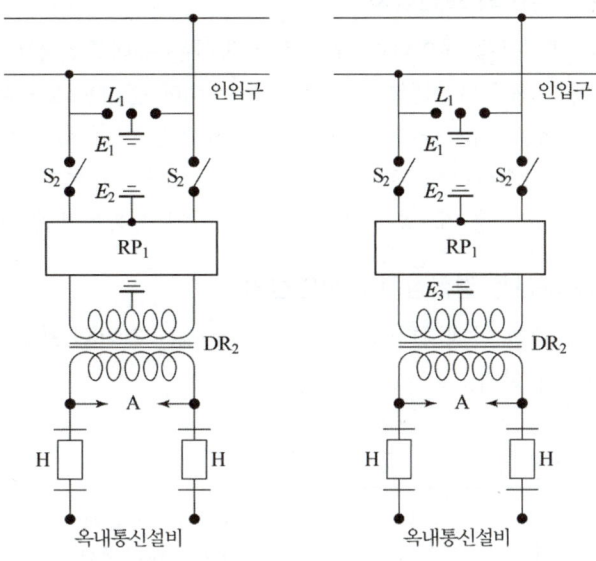

특고압용 제1종 보안장치   특고압용 제2종 보안장치

- S_2 : 인입용 고압개폐기
- DR_2 : 특고압용 배류 중계 코일(선로측 코일과 옥내측 코일 사이 및 선로측 코일과 대지사이의 절연내력은 교류 6[kV]의 시험전압으로 시험하였을 때 연속하여 1분간 이에 견디는 것일 것.)
- E_3 : 접지

362.6 25[kV] 이하인 특고압 가공전선로 첨가 통신선의 시설에 관한 특례

특고압 가공전선로의 지지물에 시설하는 통신선은 광섬유 케이블일 것. 다만, 표준에 적합한 특고압용 제2종 보안장치 또는 이에 준하는 보안장치를 시설할 때에는 그러하지 아니하다.

362.7 특고압 가공전선로 첨가설치 통신선에 직접 접속하는 옥내 통신선의 시설

특고압 가공전선로의 지지물에 시설하는 통신선(광섬유 케이블을 제외한다) 또는 이에 직접 접속하는 통신선 중 옥내에 시설하는 부분은 400[V] 초과의 저압옥내 배선시설에 준하여 시설하여야 한다.

362.9 전원공급기의 시설

1. 전원공급기는 다음에 따라 시설하여야 한다.
    가. 지상에서 4[m] 이상 유지할 것.
    나. 누전차단기를 내장할 것.
    다. 시설방향은 인도측으로 시설하며 외함은 접지를 시행할 것.
2. 기기주, 변대주 및 분기주 등 설비 복잡개소에는 전원공급기를 시설할 수 없다.

362.10 전력보안통신설비의 보안장치

1. 통신선(광섬유 케이블을 제외한다)에 직접 접속하는 옥내통신 설비를 시설하는 곳에는 통신선의 구별에 따라 표준에 **적합한 보안장치 또는 이에 준하는 보안장치를 시설**하여야 한다.
2. 특고압 가공전선로의 지지물에 시설하는 통신선 또는 이에 직접 접속하는 통신선에 접속하는 휴대전화기를 접속하는 곳 및 옥외전화기를 시설하는 곳에는 표준에 적합한 특고압용 제1종 보안장치, 특고압용 제2종 보안장치 또는 이에 준하는 보안장치를 시설하여야 한다.

362.11 전력선 반송 통신용 결합장치의 보안장치

전력선 반송통신용 결합 커패시터에 접속하는 회로에는 그림의 보안장치 또는 이에 준하는 보안장치를 시설하여야 한다.

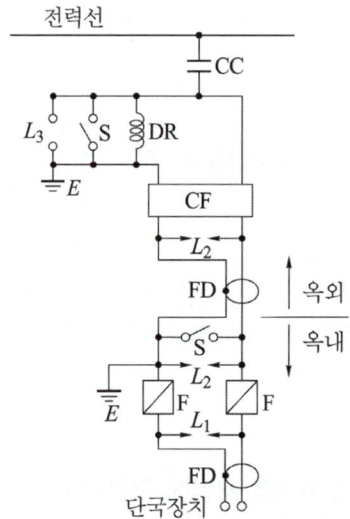

- FD : 동축케이블
- F : 정격전류 10[A] 이하의 포장 퓨즈
- DR : 전류 용량 2[A] 이상의 배류 선륜
- L_1 : 교류 300[V] 이하에서 동작하는 피뢰기
- L_2 : 동작 전압이 교류 1.3[kV]를 초과하고 1.6[kV] 이하로 조정된 방전갭
- L_3 : 동작 전압이 교류 2[kV]를 초과하고 3[kV] 이하로 조정된 구상 방전갭
- S : 접지용 개폐기
- CF : 결합 필타
- CC : 결합 커패시터(결합 안테나를 포함한다.)
- E : 접지

전력선 반송 통신용 결합장치의 보안장치

362.12 가공통신 인입선 시설

1. 교통에 지장을 줄 우려가 없을 경우 가공통신 인입선 부분의 높이
   ① 차량이 통행하는 노면상의 높이 : 4.5[m] 이상
   ② 조영물의 붙임점에서의 지표상의 높이 : 2.5[m] 이상
2. 특고압 가공전선로의 지지물에 시설하는 통신선
   ① 교통에 지장이 없고 또한 위험의 우려가 없을 때 : 5[m] 이상
   ② 조영물의 붙임점에서의 지표상의 높이 : 3.5[m] 이상
   ③ 다른 가공약전류 전선 사이의 이격거리 : 60[cm] 이상

364.1 무선용 안테나 등을 지지하는 철탑 등의 시설

전력보안통신설비인 무선통신용 안테나 또는 반사판을 지지하는 목주·철주·철근 콘크리트

주 또는 철탑은 다음에 따라 시설하여야 한다. 다만, 무선용 안테나 등이 전선로의 주위상태를 감시할 목적으로 시설되는 것일 경우에는 그러하지 아니하다.

가. 목주는 풍압하중에 대한 안전율은 1.5 이상이어야 한다.

나. 철주·철근 콘크리트주 또는 철탑의 기초 안전율은 1.5 이상이어야 한다.

364.2 무선용 안테나 등의 시설 제한

무선용 안테나 등은 전선로의 주위 상태를 감시하거나 배전자동화, 원격검침 등 지능형전력망을 목적으로 시설하는 것 이외에는 가공전선로의 지지물에 시설하여서는 아니 된다.

혼촉에 의한 위험방지시설

01 ★☆【89. 기사, 79. 12. 산업기사】
66[kV] 특고압전로와 저압전로를 결합한 변압기에 실시한 접지공사의 저항 값은 몇 [Ω] 이하로 하여야 하는가? (단, 전로에 지락이 생겼을 때 1초 이내에 차단하는 장치가 되어있으며, 1선 지락전류는 6[A]이다.)

① 10　　　　　② 20　　　　　③ 25　　　　　④ 30

해설 322.1 고압 또는 특고압과 저압의 혼촉에 의한 위험방지 시설
고압전로 또는 특고압전로와 저압전로를 결합하는 변압기의 저압측의 중성점에는 규정에 의하여 계산한 값이 10[Ω]을 넘을 때에는 접지저항치가 10[Ω] 이하가 되도록 할 것
(단, 사용전압이 35[kV] 이하의 특고압전로로서 전로에 지락이 생겼을 때에 1초 이내에 자동적으로 이를 차단하는 장치가 되어 있는 것 및 사용전압이 25[kV] 이하인 특고압 가공전선로로서 중성선 다중접지식의 것으로서 전로에 지락이 생겼을 때 2초 이내에 자동적으로 이를 전로로부터 차단하는 장치가 되어 있는 것은 제외한다.)

02 ★★【95. 기사, 83. 92. 산업기사】
고압 또는 특고압과 저압의 혼촉에 의한 위험방지시설로 가공공동지선을 설치하여 2 이상의 시설 장소에 접지공사를 할 때, 가공공동지선은 지름 몇 [mm] 이상의 경동선을 사용하여야 하는가?

① 2.6　　　　　② 3.2　　　　　③ 4　　　　　④ 5

해설 322.1 고압 또는 특고압과 저압의 혼촉에 의한 위험방지 시설
가공공동지선을 설치하여 2 이상의 시설장소에 규정에 의하여 다음과 같이 접지공사를 할 수 있다.
가. 가공공동지선은 인장강도 5.26[kN] 이상 또는 지름 4[mm] 이상의 경동선을 사용하여 저압가공전선에 관한 규정에 준하여 시설할 것
나. 접지공사는 각 변압기를 중심으로 하는 지름 400[m] 이내의 지역으로서 그 변압기에 접속되는 전선로 바로 아래의 부분에서 각 변압기의 양쪽에 있도록 할 것
다. 가공공동지선과 대지 사이의 합성 전기저항 값은 1[km]를 지름으로 하는 지역 안마다 규정에 의해 접지저항 값을 가지는 것으로 하고 또한 각 접지도체를 가공공동지선으로부터 분리하였을 경우의 각 접지도체와 대지 사이의 전기저항값은 300[Ω] 이하로 할 것

03 ★☆【95. 03. 12. 기사, 83. 산업기사】
가공공동지선에 의한 접지공사에 있어 가공공동지선과 대지 간의 합성 전기저항값은 몇 [m]를 지름으로 하는 지역마다 규정하는 접지저항값을 가지는 것으로 하여야 하는가?

① 400　　　　　② 600　　　　　③ 800　　　　　④ 1,000

답 1. ①　2. ③　3. ④

해설 322.1 고압 또는 특고압과 저압의 혼촉에 의한 위험방지 시설
가공공동지선과 대지 사이의 합성 전기저항 값은 1[km]를 지름으로 하는 지역 안마다 규정에 의해 접지저항
값을 가지는 것으로 하고 또한 각 접지도체를 가공공동지선으로부터 분리하였을 경우의 각 접지도체와
대지 사이의 전기저항값은 300[Ω] 이하로 할 것.

04 ★★★★ 【83. 94. 99. 11. 기사, 94. 99. 02. 산업기사】
특고압과 저압의 혼촉에 의한 위험 방지 시설로 가공 공동 지선을 설치하여 4개소에 공통의 접지 공사를 하였다. 각 접지선을 가공 공동 지선으로부터 분리한다면 각 접지도체와 대지 사이의 전기 저항은 몇 [Ω] 이하이어야 하는가?

① 37.5　　　　② 75　　　　③ 120　　　　④ 300

해설 322.1 고압 또는 특고압과 저압의 혼촉에 의한 위험방지 시설
가공공동지선과 대지 사이의 합성 전기저항 값은 1[km]를 지름으로 하는 지역 안마다 규정에 의해 접지
저항 값을 가지는 것으로 하고 또한 각 접지도체를 가공공동지선으로부터 분리하였을 경우의 각 접지도
체와 대지 사이의 전기저항값은 300[Ω] 이하로 할 것.

05 ★☆ 【89. 기사, 80. 산업기사】
1[km]를 지름으로 하는 지역 내에 있어서 도면과 같이 가공 공동 지선으로 다른 접지선과 접속되어 있다. 계산된 1선 지락 전류의 값이 5[A]일 경우 각 접지선을 가공 공동 지선으로부터 분리하였다면 각 접지선과 대지간 접지 저항의 최댓값[Ω]은?

① 300
② 150
③ 60
④ 30

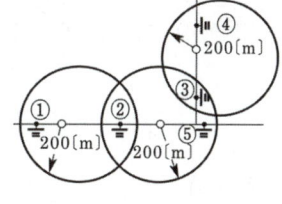

○ 주상 변압기가 있는 장소
● 접지 장소

해설 322.1 고압 또는 특고압과 저압의 혼촉에 의한 위험방지 시설
가공공동지선과 대지 사이의 합성 전기저항 값은 1[km]를 지름으로 하는 지역 안마다 규정에 의해 접지
저항 값을 가지는 것으로 하고 또한 각 접지도체를 가공공동지선으로부터 분리하였을 경우의 각 접지도
체와 대지 사이의 전기저항값은 300[Ω] 이하로 할 것.

06 ★★ 【93. 기사, 79. 94. 산업기사】
가공 공동 지선에 의한 접지 공사에서 각 변압기의 양측에 있도록 시설되어야 하는 지역의 지름[m]은?

① 800　　　　② 400　　　　③ 200　　　　④ 600

해설 322.1 고압 또는 특고압과 저압의 혼촉에 의한 위험방지 시설
접지 공사는 각 변압기를 중심으로 하는 지름 400[m] 이내의 지역으로서 그 변압기에 접속되는 전선로
바로 아래의 부분에서 각 변압기의 양측에 있도록 할 것.

07 ★★★【84. 85. 92. 94. 기사, 85. 92. 산업기사】
접지 공사를 가공 접지선을 써서 변압기의 시설 장소로부터 몇[m]까지 떼어놓을 수 있는가?

① 50[m]   ② 57[m]
③ 100[m]   ④ 200[m]

해설▸ 322.1 고압 또는 특고압과 저압의 혼촉에 의한 위험방지 시설
접지공사는 변압기의 시설장소마다 시행하여야 한다. 다만, 토지의 상황에 의하여 변압기의 시설장소에서 규정에 의한 접지 저항 값을 얻기 어려운 경우, 인장강도 5.26[kN] 이상 또는 지름 4[mm] 이상의 가공 접지도체를 변압기의 시설장소로부터 200[m]까지 떼어놓을 수 있다.

08 ★【02. 09. 산업기사】
특고압 전로와 비접지식 저압 전로를 결합하는 변압기로서 그 특고압 권선과 저압 권선 간에 혼촉 방지판이 있는 변압기에 접속하는 저압 옥상 전선로의 전선으로 사용할 수 있는 것은?

① 절연 전선   ② 케이블
③ 경동 연선   ④ 강심 알루미늄선

해설▸ 322.2 혼촉방지판이 있는 변압기에 접속하는 저압 옥외전선의 시설 등
가. 저압전선은 1구내에만 시설할 것.
나. 저압 가공전선로 또는 저압 옥상전선로의 전선은 케이블일 것.
다. 저압 가공전선과 고압 또는 특고압의 가공전선을 동일 지지물에 시설하지 아니할 것. 다만, 고압 가공전선로 또는 특고압 가공전선로의 전선이 케이블인 경우에는 그러하지 아니하다.

09 ★★【95. 99. 04. 기사】
고압전로와 비접지식의 저압전로를 결합하는 변압기로서 그 고압권선과 저압권선 사이에 금속제의 혼촉방지판이 있고 또한 그 혼촉 방지판에 접지공사를 한 것에 접속하는 저압전선을 옥외에 시설할 때 잘못된 것은?

① 저압 가공전선로의 전선은 케이블을 사용하였다.
② 저압 전선은 1구내에만 시설하였다.
③ 저압 옥상전선로의 전선으로는 절연전선을 사용하였다.
④ 저압 가공전선과 고압 가공전선은 별개의 지지물에 시설하였다.

해설▸ 322.2 혼촉방지판이 있는 변압기에 접속하는 저압 옥외전선의 시설 등
가. 저압전선은 1구내에만 시설할 것.
나. 저압 가공전선로 또는 저압 옥상전선로의 전선은 케이블일 것.
다. 저압 가공전선과 고압 또는 특고압의 가공전선을 동일 지지물에 시설하지 아니할 것. 다만, 고압 가공전선로 또는 특고압 가공전선로의 전선이 케이블인 경우에는 그러하지 아니하다.

10
고압 전로와 비접지식의 저압 전로를 결합하는 변압기로 금속제의 혼촉 방지판이 붙어 있고 또한 이 혼촉 방지판에 접지 공사를 한 것에 접촉하는 저압 전선을 옥외에 시설할 때 저압 가공 전선로의 전선으로 사용할 수 있는 것은?

① 450/750[V] 일반용 단심 비닐절연전선
② 옥외용 비닐 절연 전선
③ 케이블
④ 다심형 전선

해설 322.2 혼촉방지판이 있는 변압기에 접속하는 저압 옥외전선의 시설 등
저압 가공전선로 또는 저압 옥상전선로의 전선은 케이블일 것.

11
접지 공사를 한 혼촉 방지판을 부착한 변압기로서 특고압 전로 또는 고압 전로와 비접지식의 저압 전로를 결합하는 변압기 2차측 저압 전로를 옥외에 시설하는 경우 전기설비기술기준령에 부합되지 않는 것은?

① 저압 전선은 1구내에만 시설할 것
② 저압 가공 전선로 또는 저압 옥상 전선로의 전선은 케이블일 것
③ 저압 가공 전선과 또는 특고압의 가공 전선을 동일 지지물에 시설하지 아니할 것
④ 저압 전선의 구외에의 연장 범위는 200[m] 이하일 것

해설 322.2 혼촉방지판이 있는 변압기에 접속하는 저압 옥외전선의 시설 등
고압전로 또는 특고압전로와 비접지식의 저압전로를 결합하는 변압기로서 그 고압권선 또는 특고압권선과 저압권선 간에 금속제의 혼촉방지판이 있고 또한 그 혼촉방지판에 규정에 의하여 접지공사를 한 것에 접속하는 저압전선을 옥외에 시설할 때에는 다음에 따라 시설하여야 한다.
가. 저압전선은 1구내에만 시설할 것.
나. 저압 가공전선로 또는 저압 옥상전선로의 전선은 케이블일 것.
다. 저압 가공전선과 고압 또는 특고압의 가공전선을 동일 지지물에 시설하지 아니할 것. 다만, 고압 가공전선로 또는 특고압 가공전선로의 전선이 케이블인 경우에는 그러하지 아니하다.

12
고압과 비접지식의 저압이 결합된 변압기로 혼촉 방지판이 붙어 있고, 또한 이 혼촉 방지판이 접지공사가 되었다. 저압 전선을 옥외에 시설할 때에 기술 기준에 위반되는 사항은?

① 저압 전선은 1구내에만 시설한다.
② 저압 가공 전선은 케이블을 사용한다.
③ 고·저압을 병행설치 할 때는 그 어느 한쪽이 케이블로 되어야 한다.
④ 고·저압을 병행설치 할 때는 고·저압 다 같이 케이블로 되어야 한다.

해설 322.2 혼촉방지판이 있는 변압기에 접속하는 저압 옥외전선의 시설 등
고압전로 또는 특고압전로와 비접지식의 저압전로를 결합하는 변압기로서 그 고압권선 또는 특고압권선과 저압권선 간에 금속제의 혼촉방지판이 있고 또한 그 혼촉방지판에 규정에 의하여 접지공사를 한 것에 접속하는 저압전선을 옥외에 시설할 때에는 다음에 따라 시설하여야 한다.

가. 저압전선은 1구내에만 시설할 것.

나. 저압 가공전선로 또는 저압 옥상전선로의 전선은 케이블일 것.

다. 저압 가공전선과 고압 또는 특고압의 가공전선을 동일 지지물에 시설하지 아니할 것. 다만, 고압 가공전선로 또는 특고압 가공전선로의 전선이 케이블인 경우에는 그러하지 아니하다.

★★【00. 05. 기사, 97. 00. 산업기사】

13 변압기에 의하여 특고압 전로에 결합되는 고압 전로에는 사용 전압의 3배 이하인 전압이 가하여진 어떤 장치를 그 변압기 단자의 가까운 1극에 설치하여야 하는가?

① 스위치 장치   ② 계전 보호 장치

③ 누설 전류 검지 장치   ④ 방전하는 장치

해설 322.3 특고압과 고압의 혼촉 등에 의한 위험방지 시설

변압기에 의하여 특고압전로에 결합되는 고압전로에는 사용전압의 3배 이하인 전압이 가하여진 경우에 방전하는 장치를 그 변압기의 단자에 가까운 1극에 설치하여야 한다.

★【96. 기사 ⊕ 05. 25. 산업기사】

14 변압기에 의하여 특고압 전로에 결합되는 고압 전로에는 사용 전압의 몇 배 이하인 전압이 가하여진 경우에 방전하는 장치를 그 변압기의 단자에 가까운 1극에 설치하여야 하는가?

① 6   ② 5   ③ 4   ④ 3

해설 322.3 특고압과 고압의 혼촉 등에 의한 위험방지 시설

변압기에 의하여 특고압전로에 결합되는 고압전로에는 사용전압의 3배 이하인 전압이 가하여진 경우에 방전하는 장치를 그 변압기의 단자에 가까운 1극에 설치하여야 한다.

★★【91. 01. 기사】

15 변압기로서 특고압과 결합되는 고압 전로의 혼촉에 의한 위험 방지 시설로 옳은 것은?

① 프라이머리 컷 아웃 스위치 장치

② 접지저항값 100[Ω] 이하의 접지공사

③ 퓨즈

④ 사용 전압 3배의 전압에서 방전하는 방전 장치

해설 322.3 특고압과 고압의 혼촉 등에 의한 위험방지 시설

변압기에 의하여 특고압전로에 결합되는 고압전로에는 사용전압의 3배 이하인 전압이 가하여진 경우에 방전하는 장치를 그 변압기의 단자에 가까운 1극에 설치하여야 한다.

★★★【83. 89. 91. 기사】

16 154/3.3[kV]의 변압기를 시설할 때 고압측에 방전기를 시설하고자 한다. 몇 [V] 이하에서 방전하는 것이 기술 기준에 적합한가?

① 4,125[V]   ② 4,950[V]   ③ 6,600[V]   ④ 9,900[V]

13. ④   14. ④   15. ④   16. ④

> **해설** ▶ 322.3 특고압과 고압의 혼촉 등에 의한 위험방지 시설
> 변압기에 의하여 특고압전로에 결합되는 고압전로에는 사용전압의 3배 이하인 전압이 가하여진 경우에
> 방전하는 장치를 그 변압기의 단자에 가까운 1극에 설치하여야 한다.
> 사용 전압이 3배 이하인 전압이므로 $3,300 \times 3 = 9,900[\text{V}]$

17 ★★★☆【83. 93. 기사, 75. 79. 82. 산업기사】

154[kV]에서 6,600[V]로 변성하는 변압기의 고압측 단자에 시설하는 정전 방전기는 몇 [V]에서 방전을 개시하여야 하는가?

① 15,600
② 16,800
③ 18,500
④ 19,800

> **해설** ▶ 322.3 특고압과 고압의 혼촉 등에 의한 위험방지 시설
> 혼촉 방지용으로 고압측의 사용 전압의 3배 이하에서 동작하는 정전 방전기를 설치한다.
> 여기서, 고압 6,600[V]이므로 $6,600 \times 3 = 19,800[\text{V}]$가 된다.

18 ★★☆【79. 기사, 92. 산업기사, ⊕ : 98. 기사】

변압기에 의해 특고압 전로에 결합되는 고압 전로에 설치하는 방전 장치를 생략할 수 있는 것은 피뢰기를 어느 곳에 시설할 경우인가?

① 변압기의 단자
② 변압기 단자에 가까운 곳
③ 고압 전로의 모선
④ 고압 전로의 모선에 가까운 곳

> **해설** ▶ 322.3 특고압과 고압의 혼촉 등에 의한 위험방지 시설
> 사용전압의 3배 이하인 전압이 가하여진 경우에 방전하는 피뢰기를 고압전로의 모선의 각상에 시설하거나
> 특고압권선과 고압권선 간에 혼촉방지판을 시설하여 접지저항 값이 10[Ω] 이하 또는 변압기 중성점 접
> 지공사를 한 경우에는 방전하는 장치를 생략할 수 있다.

✄ 유사문제

‖ 유사문제 원문 및 해설 : 동일출판사 홈페이지≫고객센터≫자료실

01. 변압기에 의하여 특고압 전로에 결합되는 고압 전로에는 어느 전압의 3배 이하에서 방전하는 장치를 변압기의 단자에 가까운 1극에 시설하여야 하는가?

🔁 사용 전압

📋 17. ④ 18. ③

전로의 중성점 접지

★★【03. 23. 기사, 25. 산업기사】
19 전로의 중성점 접지의 목적으로 볼 수 없는 것은?

① 대지 전압의 저하　　　　　　② 이상 전압의 억제
③ 손실 전력의 감소　　　　　　④ 보호 장치의 확실한 동작의 확보

[해설] 322.5 전로의 중성점의 접지(중성점 접지공사의 목적)
① 보호 장치의 확실한 동작의 확보
② 이상 전압의 억제
③ 대지전압의 저하

★★★★★【91. 94. 95. 97. 00. 02. 기사, 86. 89. 91. 98. 08. 11. 산업기사, ⊕ : 00. 산업기사】
20 전로의 중성점을 접지하는 목적에 해당되지 않는 것은 어느 것인가?

① 보호 장치의 확실한 동작의 확보
② 부하 전류의 일부를 대지로 흐르게 함으로써 전선을 절약
③ 이상 전압의 억제
④ 대지 전압의 저하

[해설] 322.5 전로의 중성점의 접지(중성점 접지공사의 목적)
① 보호 장치의 확실한 동작의 확보
② 이상 전압의 억제
③ 대지전압의 저하

★★★【94. 97. 99. 기사】
21 3300[V] 전로의 중성점을 접지하는 경우의 접지선에 연동선을 사용할 때 그 최소 공칭단면적은 몇 [mm²]인가?

① 6.0　　　　　　② 10　　　　　　③ 16　　　　　　④ 25

[해설] 322.5 전로의 중성점의 접지
접지도체는 **공칭단면적 16[mm²] 이상의 연동선**(저압 전로의 중성점에 시설하는 것은 공칭단면적 6[mm²] 이상의 연동선)으로서 고장시 흐르는 전류가 안전하게 통할 수 있는 것을 사용하고 또한 손상을 받을 우려가 없도록 시설할 것.

⤝ - 유사문제

∥유사문제 원문 및 해설 : 동일출판사 홈페이지≫고객센터≫자료실

01. 목주 상에 설치한 3,150/210~105[V] 배전용 변압기의 외함에는 전기설비 기술상 어떤 접지공사를 하게 되어 있는가?

🗒 생략할 수 있다.

가공전선로의 일반시설

22 ★★★★★【95. 98. 99. 04. 07. 12. 18. 기사, 82. 97. 00. 01. 05. 08. 10. 23. 산업기사】
가공 전선로의 지지물에 취급자가 오르고 내리는 데 사용하는 발판 볼트 등은 일반적으로 지표 상 몇 [m] 미만에 시설하여서는 아니되는가?

① 1.2　　　　　② 1.5　　　　　③ 1.8　　　　　④ 2.0

해설 331.4 가공전선로 지지물의 철탑오름 및 전주오름 방지
가공전선로의 지지물에 취급자가 오르고 내리는데 사용하는 발판 볼트 등을 지표상 1.8 [m] 미만에 시설하여서는 아니 된다.

풍압하중

23 ★【95. 96. 산업기사】
가공 전선로에 사용하는 지지물의 강도 계산에 적용하는 풍압 하중의 종류는?

① 갑종, 을종, 병종　　　　　② A종, B종, C종
③ 1종, 2종, 3종　　　　　④ 수평, 수직, 각도

해설 331.6 풍압하중의 종별과 적용
① 갑종 풍압하중 : 구성재의 수직 투영 면적 1[m²]에 대한 풍압을 기초로 하여 계산한 것
② 을종 풍압하중 : 전선 기타 가섭선의 주위에 두께 6[mm], 비중 0.9의 빙설이 부착한 상태에서 갑종 풍압 하중의 1/2을 기초로 하여 계산한 것
③ 병종 풍압하중 : 갑종 풍압하중의 1/2을 기초로 하여 계산한 것

24 ★★★★【95. 00. 03. 09. 11. 12. 14. 기사, 02. 04. 07. 06. 12. 산업기사】
가공 전선로에 사용하는 지지물의 강도 계산에 적용하는 풍압 하중 중 병종 풍압 하중은 갑종 풍압 하중에 대한 얼마를 기초로 하여 계산한 것인가?

① $\frac{1}{2}$　　　　　② $\frac{1}{3}$　　　　　③ $\frac{2}{3}$　　　　　④ $\frac{1}{4}$

해설 331.6 풍압하중의 종별과 적용
병종 풍압 하중은 갑종 풍압 하중의 $\frac{1}{2}$ 값이다.

25 ☆【00. 산업기사】
빙설이 많은 지방의 저온 계절에는 어떤 종류의 풍압 하중을 적용하는가?

① 갑종 풍압하중　　　　　② 을종 풍압하중
③ 병종 풍압하중　　　　　④ 갑종 풍압하중과 을종 풍압하중 중 큰 것

답 22. ③　23. ①　24. ①　25. ②

해설 331.6 풍압하중의 종별과 적용

지 역		고온 계절	저온 계절
빙설이 많은 지방 이외의 지방		갑종	병종
빙설이 많은 지방	일반지역	갑종	을종
	해안지방 기타 저온계절에 최대풍압이 생기는 지역	갑종	갑종과 을종 중 큰 값 선정
인가가 많이 연접되어 있는 장소		병종	병종

★★★★☆ 【91. 92. 98. 00. 기사, 82. 산업기사】
26 빙설이 적고 인가가 밀집한 도시에 시설하는 고압 가공 전선로 설계에 사용하는 풍압 하중은?

① 갑종 풍압 하중
② 을종 풍압 하중
③ 병종 풍압 하중
④ 갑종 풍압 하중과 을종 풍압 하중을 각 설비에 따라 혼용

해설 331.6 풍압하중의 종별과 적용

지 역		고온 계절	저온 계절
빙설이 많은 지방 이외의 지방		갑종	병종
빙설이 많은 지방	일반지역	갑종	을종
	해안지방 기타 저온계절에 최대풍압이 생기는 지역	갑종	갑종과 을종 중 큰 값 선정
인가가 많이 연접되어 있는 장소		병종	병종

★☆ 【96. 기사, 98. 산업기사】
27 다도체 가공 전선의 을종 풍압 하중은 수직 투영 면적 1[m²]당 얼마로 규정되어 있는가? 단, 전선, 기타의 가섭선 주위에 두께 6[mm], 비중 0.9의 빙설이 부착한 상태이다.

① 333[Pa] ② 588[Pa] ③ 666[Pa] ④ 882[Pa]

해설 331.6 풍압하중의 종별과 적용
을종 풍압하중 : 전선 기타의 가섭선(架涉線) 주위에 두께 6[mm], 비중 0.9의 빙설이 부착된 상태에서 수직 투영면적 372[Pa](다도체를 구성하는 전선은 333[Pa]), 그 이외의 것은 갑종 풍압하중의 2분의 1을 기초로 하여 계산한 것.

★★★☆ 【79. 91. 00. 기사, 01. 산업기사】
28 원형 철근 콘크리트주의 갑종 풍압 하중[Pa]은 수직 투영 면적 1[m²]당 얼마인가?

① 588 ② 745 ③ 882 ④ 1,117

해설 331.6 풍압하중의 종별과 적용

철근 콘크리트주	원형의 것	588[Pa]
	기타의 것	882[Pa]

29 ★☆【98. 12. 기사, 05. 산업기사】
철주가 강관에 의하여 구성되는 사각형의 것일 때 갑종 풍압 하중을 계산하려 한다. 수직 투영 면적 1[m²]에 대한 풍압을 몇 [Pa]으로 기초하여 계산하는가?

① 588　　　　② 882　　　　③ 1117　　　　④ 1627

[해설] 331.6 풍압하중의 종별과 적용

	원형의 것	588[Pa]
	삼각형 또는 마름모형의 것	1,412[Pa]
철주	강관에 의하여 구성되는 4각형의 것	1,117[Pa]
	기타의 것	목재가 전·후면에 겹치는 경우에는 1,627[Pa], 기타의 경우에는 1,784[Pa]

30 ★★【08. 12. 기사, 97. 산업기사, ✇ : 00. 산업기사】
강관으로 구성된 철탑의 갑종 풍압 하중은 수직 투영 면적 1[m²]에 대한 풍압을 기초로 하여 계산한 값이 몇 [Pa]인가?

① 1255　　　　② 588　　　　③ 1117　　　　④ 2157

[해설] 331.6 풍압하중의 종별과 적용

	단주	원형의 것	588[Pa]
철탑	(완철류는 제외함)	기타의 것	1,117[Pa]
	강관으로 구성되는 것(단주는 제외함)		1,255[Pa]
	기타의 것		2,157[Pa]

31 ★【95. 기사】
가공 전선로의 지지물을 구성재가 강관으로 구성되는 철탑으로 할 경우의 병종 풍압 하중은 몇 [Pa]를 기초로 하여 계산한 것인가?

① 588　　　　② 627　　　　③ 558　　　　④ 1,078

[해설] 331.6 풍압하중의 종별과 적용

	단주	원형의 것	588[Pa]
철탑	(완철류는 제외함)	기타의 것	1,117[Pa]
	강관으로 구성되는 것(단주는 제외함)		1,255[Pa]
	기타의 것		2,157[Pa]

병종 풍압하중은 갑종 풍압하중의 2분의 1을 기초로 계산한다.
따라서 병종 풍압하중 $=\dfrac{1,255}{2}=627[Pa]$

32 ☆【97. 산업기사】
단도체 전선의 갑종 풍압 하중은 몇 [Pa]로 계산하는가?

① 666　　　　② 745　　　　③ 1,117　　　　④ 1,250

해설, 331.6 풍압하중의 종별과 적용

전선 기타 가섭선	다도체(구성하는 전선이 2가닥마다 수평으로 배열되고 또한 그 전선 상호간의 거리가 전선의 바깥지름의 20배 이하인 것에 한한다.)를 구성하는 전선	666[Pa]
	기타의 것	745[Pa]

★★【92. 99. 04. 기사】

33 특고압 전선로에 사용되는 특고압 전선로용의 애자 장치에 대한 갑종 풍압 하중은 그 구성재의 수직 투영 면적 1[m²]에 대하여 몇 [Pa]을 기초로 하여 계산하여야 하는가?

① 588　　　　　　　　　　　② 666
③ 882　　　　　　　　　　　④ 1,039

해설, 331.6 풍압하중의 종별과 적용

애자장치(특고압 전선용의 것에 한한다)	1,039[Pa]
목주·철주(원형의 것에 한한다) 및 철근 콘크리트주의 완금류(특고압 전선로용의 것에 한한다)	단일재로서 사용하는 경우에는 1,196 [Pa], 기타의 경우에는 1,627[Pa]

★【78. 89. 산업기사】

34 고저압 가공 전선로의 지지물을 인가가 많이 연접된 장소에 시설할 때 적용하는 적합한 풍압 하중은?

① 갑종 풍압 하중값의 30[%]　　　　② 을종 풍압 하중값
③ 갑종 풍압 하중값의 50[%]　　　　④ 병종 풍압 하중값의 1.1배

해설, 331.6 풍압하중의 종별과 적용
인가가 많이 연접되어 있는 장소에 시설하는 가공전선로의 구성재 중, 고·저압 가공 전선로의 지지물 또는 가섭선에는 병종 풍압하중, 즉 **갑종 풍압하중의 1/2**을 적용할 수 있다.

★【02. 산업기사, ⊕ : 11. 기사】

35 빙설이 많고 인가가 많이 연접된 장소에 시설하는 가공 전선로의 구성재 중 병종 풍압 하중의 적용을 할 수 있는 것은?

① 특고압 가공 전선로의 가섭선
② 사용 전압이 45,000[V] 이상인 특고압 가공 전선로의 지지물에 시설하는 고압 가공 전선
③ 저압 가공 전선로의 가섭선
④ 사용 전압이 45,000[V] 이상인 특고압 가공 전선로에 사용하는 케이블

해설, 331.6 풍압하중의 종별과 적용(병종 풍압하중의 적용)
가. **저압 또는 고압 가공전선로의** 지지물 또는 **가섭선**
나. 사용전압이 35[kV] 이하의 전선에 특고압 절연전선 또는 케이블을 사용하는 특고압 가공전선로의 지지물, 가섭선 및 특고압 가공전선을 지지하는 애자장치 및 완금류

지지물의 기초안전율

★★★☆ 【94. 99. 01. 기사, 82. 산업기사】
36 가공 전선로의 지지물로 사용되는 철탑 기초 강도의 안전율은 얼마 이상인가?

① 1.5　　　　② 2　　　　③ 2.5　　　　④ 3

해설 331.7 가공전선로 지지물의 기초의 안전율
가공전선로의 지지물에 하중이 가하여지는 경우에 그 하중을 받는 **지지물의 기초의 안전율은 2**(이상 시 상 정하중에 대한 철탑의 기초에 대하여는 1.33) 이상이어야 한다.

★★★ 【79. 99. 00. 18. 기사】
37 이상 시 상정 하중에 대한 철탑의 기초에 대한 안전율은?

① 1.33　　　　② 1.5　　　　③ 2　　　　④ 2.5

해설 331.7 가공전선로 지지물의 기초의 안전율
가공전선로의 지지물에 하중이 가하여지는 경우에 그 하중을 받는 **지지물의 기초의 안전율은 2**(이상 시 상 정하중에 대한 철탑의 기초에 대하여는 1.33) 이상이어야 한다.

★★★★☆ 【85. 93. 97. 99. 02. 11. 기사, 86. 산업기사 ⊕ : 05. 기사, 18. 산업기사】
38 설계 하중 8.82[kN]인 철근 콘크리트주의 길이가 16[m]라 한다. 이 지지물을 지반이 연약한 곳 이외에 시설하는 경우, 땅에 묻히는 깊이는 몇 [m] 이상으로 하여야 하는가?

① 2.0　　　　② 2.3　　　　③ 2.5　　　　④ 2.8

해설 331.7 가공전선로 지지물의 기초의 안전율

설계 하중　　전장	6.8[kN] 이하	6.8[kN] 초과~9.8[kN] 이하	9.8[kN] 초과~14.72[kN] 이하
15[m] 이하	전장×1/6[m] 이상	전장×1/6+0.3[m] 이상	전장×1/6+0.5[m] 이상
15[m] 초과	2.5[m] 이상	2.8[m] 이상	–
16[m] 초과~20[m] 이하	2.8[m] 이상	–	–
15[m] 초과~18[m] 이하	–	–	3[m] 이상
18[m] 초과	–	–	3.2[m] 이상

☆ 【91. 산업기사】
39 가공 전선로의 지지물로서 사용하는 철탑 또는 철주의 고시하는 규격에 구성 재료가 아닌 것은?

① 강관　　　　② 형강　　　　③ 평강　　　　④ 난강

해설 331.8 철주 또는 철탑의 구성 등
가공 전선로의 지지물로 사용하는 철주 또는 철탑은 강판(鋼板)·형강(形鋼)·평강(平鋼)·봉강(棒鋼)(볼트재를 포함한다. 이하 같다)·강관(鋼管)(콘크리트 또는 몰탈을 충전한 것을 포함한다. 이하 같다) 또는 리벳재로서 구성하여야 한다.

답 36. ② 37. ① 38. ④ 39. ④

지선의 사용

★☆【96. 98. 01. 산업기사】

40 가공 전선로의 지지물이 아닌 것은?

① 목주
② 지선
③ 철탑
④ 철근 콘크리트주

해설▸ 지선은 지지물의 강도를 보강하고자 할 때 사용하는 것으로 **가공전선로의 지지물이 아니다.**

★☆【15. 기사, 03. 05. 11. 산업기사】

41 지선의 시설 목적으로 합당하지 않은 것은?

① 유도장해를 방지하기 위하여
② 지지물의 강도를 보강하기 위하여
③ 전선로의 안전성을 증가시키기 위하여
④ 불평형 장력을 줄이기 위하여

해설▸ (1) 지선의 시설목적
　　　① 지지물의 강도를 보강하고자 할 경우
　　　② 전선로의 안전성을 증대하고자 할 경우
　　　③ 불평형 하중에 대한 평형을 이루고자 할 경우
　　　④ 전선로가 건조물 등과 접근할 때 보안상 필요한 경우
　　(2) 유도장해를 방지하기 위해서는 차폐선을 설치한다.

☆【86. 산업기사】

42 고압 가공전선로의 직선 부분이란 수평 각도 몇 [°] 이하의 장소에 사용하는 것을 말하는가? (단, 목주 등의 경우)

① 3
② 5
③ 10
④ 15

해설▸ 331.11 지선의 시설
고압 가공전선로 또는 특고압 전선로의 지지물로 사용하는 목주·A종 철주 또는 A종 철근 콘크리트주(이하 "목주 등"이라 한다)에는 다음에 따라 지선을 시설하여야 한다.
가. 전선로의 직선 부분(5° 이하의 수평각도를 이루는 곳을 포함한다)에서 그 양쪽의 경간차가 큰 곳에 사용하는 목주 등에는 양쪽의 경간 차에 의하여 생기는 불평형 장력에 의한 수평력에 견디는 지선을 그 전선로의 방향으로 양쪽에 시설할 것. 다만, 하중조건의 변화에 관계없이 장경간 측의 하중이 항상 클 경우나 상시 불평형 장력의 방향이 일정할 경우에는 불평형 장력 방향 측의 지선은 생략할 수 있다.
나. 전선로 중 5°를 초과하는 수평각도를 이루는 곳에 사용하는 목주 등에는 전 가섭선(全架涉線)에 대하여 각 가섭선의 상정 최대장력에 의하여 생기는 수평횡분력(水平橫分力)에 견디는 지선을 시설할 것
다. 전선로 중 가섭선을 인류(引留)하는 곳에 사용하는 목주 등에는 전 가섭선에 대하여 각 가섭선의 상정 최대장력에 상당하는 불평균 장력에 의한 수평력에 견디는 지선을 그 전선로의 방향에 시설할 것.

43 ★★ 【93. 98. 99. 00. 12. 산업기사 ⊕ : 05. 기사, 18. 산업】
지선으로 보강하여서는 안 되는 지지물은?

① 목주
② 판자 마스트
③ 철근 콘크리트주
④ 철탑

해설 331.11 지선의 시설
가공전선로의 지지물로 사용하는 **철탑**은 지선을 사용하여 그 강도를 분담시켜서는 안 된다.

44 ★☆ 【95. 기사, 99. 산업기사】
가공 전선로의 지지물에 시설하는 지선의 안전율은 2.5 이상이어야 한다. 이 경우에 허용 인장 하중의 최저는 몇 [kN]으로 하여야 하는가?

① 3.33
② 3.61
③ 3.92
④ 4.31

해설 331.11 지선의 시설
지선의 **안전율은 2.5 이상**일 것. 이 경우에 **허용 인장하중의 최저는 4.31[kN]**으로 한다.

45 ★★☆ 【91. 기사, 79. 92. 00. 산업기사】
지선의 전선로에서 지지물에 시설하는 지선의 안전율 최솟값은?

① 1.5
② 2.2
③ 2.5
④ 2.7

해설 331.11 지선의 시설
지선의 **안전율은 2.5 이상**일 것. 이 경우에 **허용 인장하중의 최저는 4.31[kN]**으로 한다.

46 ★★★☆ 【94. 95. 97. 기사, 95. 05. 산업기사】
가공 전선로의 지지물에 시설하는 지선은 소선이 최소 몇 가닥 이상의 연선이어야 하는가?

① 3
② 5
③ 7
④ 9

해설 331.11 지선의 시설
가. 가공전선로의 지지물로 사용하는 철탑은 지선을 사용하여 그 강도를 분담시켜서는 안 된다.
나. 지선의 안전율은 2.5 이상일 것. 이 경우에 허용 인장하중의 최저는 4.31[kN]으로 한다.
다. 지선에 연선을 사용할 경우에는 다음에 의할 것.
  ① **소선 3가닥 이상**의 연선일 것.
  ② 소선의 지름이 2.6[mm] 이상의 금속선을 사용한 것일 것.

47 ★★★★ 【94. 99. 00. 11. 기사, 99. 01. 04. 11. 산업기사 ⊕ : 05. 기사】
가공 전선로의 지지물에 시설하는 지선의 설치 기준으로 옳은 것은?

① 지선의 안전율은 1.2 이상일 것
② 소선은 3조 이상을 꼬아서 합친 것일 것
③ 소선은 지름 1.2[mm] 이상인 금속선을 사용한 것일 것
④ 허용 인장 하중의 최저는 2.15[kN]으로 할 것

해설 331.11 지선의 시설
가. 가공전선로의 지지물로 사용하는 철탑은 지선을 사용하여 그 강도를 분담시켜서는 안 된다.
나. 지선의 안전율은 2.5 이상일 것. 이 경우에 허용 인장하중의 최저는 4.31[kN]으로 한다.
다. 지선에 연선을 사용할 경우에는 다음에 의할 것.
　① 소선 3가닥 이상의 연선일 것.
　② 소선의 지름이 2.6[mm] 이상의 금속선을 사용한 것일 것.

48 ★★★ 【01. 02. 05. 11. 12. 23. 기사】
가공 전선로의 지지물에 지선을 시설하려고 한다. 이 지선의 최저 기준으로 옳은 것은?
① 소선 굵기 : 2.0[mm], 안전율 : 3.0, 허용 인장 하중 : 2.15[kN]
② 소선 굵기 : 2.6[mm], 안전율 : 2.5, 허용 인장 하중 : 4.31[kN]
③ 소선 굵기 : 1.6[mm], 안전율 : 2.0, 허용 인장 하중 : 4.31[kN]
④ 소선 굵기 : 2.6[mm], 안전율 : 1.5, 허용 인장 하중 : 3.23[kN]

해설 331.11 지선의 시설
가. 가공전선로의 지지물로 사용하는 철탑은 지선을 사용하여 그 강도를 분담시켜서는 안 된다.
나. 지선의 안전율은 2.5 이상일 것. 이 경우에 허용 인장하중의 최저는 4.31[kN]으로 한다.
다. 지선에 연선을 사용할 경우에는 다음에 의할 것.
　① 소선 3가닥 이상의 연선일 것.
　② 소선의 지름이 2.6[mm] 이상의 금속선을 사용한 것일 것.

유사문제
‖유사문제 원문 및 해설 : 동일출판사 홈페이지≫고객센터≫자료실

01. 가공 전선로의 지지물에 시설하는 지선의 시설 기준에 대한 설명 중 맞는 것은?
답 자동차 왕래가 많은 도로를 횡단하여 시설하는 지선의 높이는 지표상 5[m] 이상으로 할 것

구내 인입선

49 ★★ 【97. 99. 12. 기사, 09. 산업기사】
고압 가공 인입선의 전선으로는 지름 몇 [mm]의 경동선을 사용하는가?
① 1.6　　② 2.6　　③ 3.5　　④ 5.0

해설 331.12.1 고압 가공인입선의 시설
① 인장강도 8.01[kN] 이상의 고압 절연전선, 특고압 절연전선
② 지름 5[mm] 이상의 경동선의 고압 절연전선, 특고압 절연전선

답 48. ② 49. ④

50 ★★★★ 【96. 05. 09. 11. 18. 기사, 83. 99. 03. 04. 산업기사】
고압 가공인입선은 그 아래에 위험 표시를 하였을 경우에는 전선의 지표상 높이[m]를 얼마까지 낮출 수 있는가?

① 5.5　　　　　　　　　② 4.5
③ 3.5　　　　　　　　　④ 2.5

해설 331.12.1 고압 가공인입선의 시설
고압 가공인입선의 높이는 지표상 5[m]로 하여야 한다. 그러나 그 고압 가공인입선이 케이블 이외의 것인 때에는 그 전선의 아래쪽에 위험 표시를 하면 고압 가공인입선의 높이는 지표상 3.5[m]까지로 감할 수 있다.

51 ★★★☆ 【84. 91. 99. 04. 기사, 96. 산업기사】
고압 인입선 등의 시설 기준에 맞지 않는 것은?

① 고압 가공 인입선 아래에 위험 표시를 하고 지표상 3.5[m] 높이에 설치하였다.
② 전선은 5.0[mm] 경동선과 동등한 세기의 고압 절연 전선을 사용하였다.
③ 애자 사용 공사로 시설하였다.
④ 15[m] 떨어진 다른 수용가에 고압 연접인입선을 시설하였다.

해설 331.12.1 고압 가공인입선의 시설
고압 연접인입선은 시설하여서는 아니 된다.

52 ★☆ 【02. 기사, 97. 산업기사】
22.9[kV-Y] 중성선 다중 접지 방식의 특고압 가공인입선이 도로를 횡단하는 경우 노면 상 높이는 최소 몇 [m] 이상이어야 하는가?

① 4.5　　　　　　　　　② 5
③ 5.5　　　　　　　　　④ 6

해설 331.12.2 특고압 가공인입선의 시설

전압의 범위	일반 장소	도로 횡단	철도 또는 궤도횡단	횡단보도교
35[kV] 이하	5[m]	6[m]	6.5[m]	4[m](특고압 절연전선 또는 케이블 사용)
35[kV] 초과 160[kV] 이하	6[m]	6[m]	6.5[m]	5[m](케이블 사용)
	산지 등에서 사람이 쉽게 들어갈 수 없는 장소 : 5[m] 이상			
160[kV] 초과	일반장소		가공전선의 높이 = 6+단수×0.12[m]	
	철도 또는 궤도횡단		가공전선의 높이 = 6.5+단수×0.12[m]	
	산지		가공전선의 높이 = 5+단수×0.12[m]	

특고압 옥측 전선로

53 ☆【99. 산업기사】
고압 옥측전선로의 전선으로 사용할 수 있는 것은?

① 케이블
② 절연전선
③ 다심형 전선
④ 나경동선

해설 331.13.1 고압 옥측전선로의 시설
고압 옥측전선로는 전개된 장소에는 다음에 따라 시설하여야 한다.
가. 전선은 케이블일 것
나. 케이블은 견고한 관 또는 트라프에 넣거나 사람이 접촉할 우려가 없도록 시설할 것
다. 케이블을 조영재의 옆면 또는 아랫면에 따라 붙일 경우에는 케이블의 지지점 간의 거리를 2[m] (수직으로 붙일 경우에는 6[m]) 이하로 하고 또한 피복을 손상하지 아니하도록 붙일 것

54 ☆【90. 산업기사】
특고압 옥측 전선로의 사용 제한 전압[V]은?

① 10,000
② 17,000
③ 100,000
④ 170,000

해설 331.13.2 특고압 옥측전선로의 시설
특고압 옥측전선로(특고압 인입선의 옥측 부분은 제외)는 시설하여서는 아니 되나, 사용전압이 100[kV] 이하이고 331.13.1의 규정에 준하여 시설하는 경우에는 그러하지 아니하다.

특고압 옥상 전선로

55 ★☆【84. 기사, 93. 산업기사】
특고압을 가설할 수 없는 것은?

① 가공전선로
② 옥상전선로
③ 지중전선로
④ 수중전선로

해설 331.14.2 특고압 옥상전선로의 시설
특고압 옥상전선로(특고압의 인입선의 옥상부분을 제외한다)는 시설하여서는 아니 된다.

56 ★☆【87. 기사, 94. 산업기사】
시·도지사의 인가를 받아 특고압 옥상 전선로를 시설할 수 있는 전압의 한계값[V]은?

① 할 수 없다.
② 22,900 미만
③ 66,000 미만
④ 170,000 미만

해설 331.14.2 특고압 옥상전선로의 시설
특고압 옥상전선로(특고압의 인입선의 옥상부분을 제외한다)는 시설하여서는 아니 된다.

답 53. ① 54. ③ 55. ② 56. ①

유도장해의 방지

☆【96. 04. 산업기사】

57 저압 또는 고압 가공 전선로(궤전 선로를 제외)와 기설 가공 약전류 전선로(다선식 전화선로 제외)가 병행할 때 유도 작용에 의한 통신상의 장해가 생기지 아니하도록 하려면 양자의 이격거리는 최소 몇 [m] 이상으로 하여야 하는가?

① 2 　　　　　　② 4 　　　　　　③ 6 　　　　　　④ 8

해설 332.1 가공약전류전선로의 유도장해 방지

저압 가공전선로 또는 고압 가공전선로와 기설 가공약전류전선로가 병행하는 경우에는 유도작용에 의하여 통신상의 장해가 생기지 않도록 전선과 기설 약전류전선간의 이격거리는 2[m] 이상이어야 한다.

유사문제

‖ 유사문제 원문 및 해설 : 동일출판사 홈페이지≫고객센터≫자료실

01. 고압 가공 전선로의 가공 약전류 전선로가 병행하는 경우, 유도 작용에 의하여 통신상의 장해가 미치지 아니하도록 하기 위한 최소 이격거리[m]는?

답 2.0[m]

케이블 공사

★☆【96. 기사, 80. 산업기사】

58 고압 가공 케이블을 설치하기 위한 조가용선은 단면적 몇 [mm²]인 아연도 철연선 또는 이와 동등 이상의 세기 및 굵기의 연선을 사용하여야 하는가?

① 8 　　　　　　② 14 　　　　　　③ 22 　　　　　　④ 30

해설 332.2 가공케이블의 시설

저압 가공전선 또는 고압 가공전선에 케이블을 사용하는 경우에는 다음에 따라 시설하여야 한다.

가. 케이블은 조가용선에 행거로 시설할 것. 이 경우에는 사용전압이 고압인 때에는 행거의 간격은 0.5[m] 이하로 하는 것이 좋다.

나. 조가용선은 인장강도 5.93[kN] 이상의 것 또는 단면적 22[mm²] 이상인 아연도강연선일 것

다. 조가용선 및 케이블의 피복에 사용하는 금속체에는 접지공사를 할 것

라. 조가용선을 케이블에 접촉시켜 금속 테이프를 감는 경우에는 20[cm] 이하의 간격으로 나선상으로 한다.

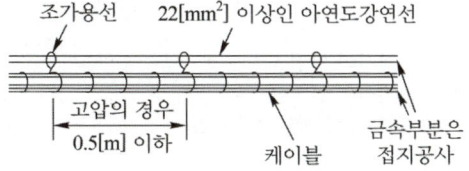

조가용선　　22[mm²] 이상인 아연도강연선
고압의 경우 0.5[m] 이하　　케이블　　금속부분은 접지공사

★【85. 05. 기사, 03. 산업기사】
59 10경간의 고압 가공 전선으로 케이블을 사용할 때 이용되는 조가용선에 대한 설명으로 옳은 것은?

① 조가용선은 아연도 철연선으로 14[mm²] 이상으로 하여야 하며, 접지공사를 시행한다.
② 조가용선은 아연도 철연선으로 30[mm²] 이상으로 하여야 하며, 접지공사를 시행한다.
③ 조가용선은 아연도 철연선으로 22[mm²] 이상으로 하여야 하며, 접지공사를 시행한다.
④ 조가용선은 아연도 철연선으로 8[mm²] 이상으로 하여야 하며, 접지공사를 시행한다.

해설 332.2 가공케이블의 시설
저압 가공전선 또는 고압 가공전선에 케이블을 사용하는 경우에는 다음에 따라 시설하여야 한다.
가. 케이블은 조가용선에 행거로 시설할 것. 이 경우에는 사용전압이 고압인 때에는 행거의 간격은 0.5[m] 이하로 하는 것이 좋다.
나. 조가용선은 인장강도 5.93[kN] 이상의 것 또는 단면적 22[mm²] 이상인 아연도강연선일 것.
다. 조가용선 및 케이블의 피복에 사용하는 금속체에는 접지공사를 할 것.
라. 조가용선을 케이블에 접촉시켜 금속 테이프를 감는 경우에는 20[cm] 이하의 간격으로 나선상으로 한다.

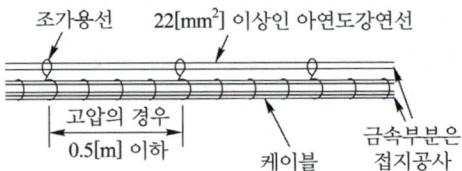

★★★【93. 11. 기사, ㉮ : 98. 05. 기사】
60 시가지에 시설하는 고압 가공전선으로 사용하는 경동선의 최소 굵기는?

① 2.6[mm]   ② 3.2[mm]
③ 4.0[mm]   ④ 5.0[mm]

해설 332.3 고압 가공전선의 굵기 및 종류
고압 가공전선은 인장강도 8.01[kN] 이상의 고압 절연전선, 특고압 절연전선 또는 지름 5[mm] 이상의 경동선의 고압 절연전선, 특고압 절연전선을 사용하여야 한다.

가공전선의 안전율

★★★★★【79. 90. 93. 03. 10. 12. 15. 18. 기사, 91. 92. 97. 99. 05. 산업기사】
61 고압 가공 전선이 경동선 또는 내열 동합금선인 경우 안전율의 최솟값은?

① 2.2   ② 2.5   ③ 2.8   ④ 4.0

해설 332.4 고압 가공전선의 안전율
222.6 저압 가공전선의 안전율
가. 경동선 또는 내열 동합금선 : 2.2 이상
나. 그 밖의 전선 : 2.5

62 ★☆ 【00. 기사, 83. 04. 산업기사】
고압 가공 전선에 경알루미늄선을 사용하는 경우 안전율의 최솟값은 얼마인가?

① 2.0　　　　② 2.2　　　　③ 2.5　　　　④ 4.0

해설
332.4 고압 가공전선의 안전율
222.6 저압 가공전선의 안전율
가. 경동선 또는 내열 동합금선 : 2.2 이상
나. 그 밖의 전선 : 2.5

유사문제
‖ 유사문제 원문 및 해설 : 동일출판사 홈페이지≫고객센터≫자료실

01. 고압 가공 전선에 경동선을 사용할 때 이도 계산에 적용하는 안전율은 최소 얼마 이상인가?
답 2.2

02. 고압 가공 전선에 ACSR 선으로 쓸 때 안전율은?
답 2.5

저·고압 가공전선의 높이

63 ★★☆ 【95. 98. 기사, 95. 산업기사】
시가지의 도로에 300[V] 이하의 저압 가공 전선로를 도로에 따라 시설할 경우 지표상의 최저 높이는 몇 [m] 이상이어야 하는가?

① 4.5　　　　② 5.0　　　　③ 5.5　　　　④ 6.0

해설
332.5 고압 가공전선의 높이
222.7 저압 가공전선의 높이

설치장소		가공전선의 높이
도로횡단 (번잡하지 않은 도로 제외)		지표상 6[m] 이상
철도 또는 궤도횡단		레일면상 6.5[m] 이상
횡단보도교 위	저압	노면상 3.5[m] 이상. 단, 절연전선의 경우 3[m] 이상
	고압	노면상 3.5[m] 이상
일반장소		지표상 5[m] 이상. 단, 저압의 경우 절연전선 또는 케이블을 사용하여 교통에 지장이 없도록 하여 옥외조명용에 공급하는 경우 4[m]까지 감할 수 있다.
다리의 하부 기타 이와 유사한 장소		저압의 전기철도용 급전선은 지표상 3.5[m]까지로 감할 수 있다.

64 ★★★☆ 【85. 95. 99. 02. 기사, 97. 12. 산업기사】

옥외용 비닐절연전선을 사용한 저압 가공 전선이 횡단 보도교에 시설하는 경우에 그 전선의 노면 상 높이는 몇 [m] 이상이어야 하는가?

① 2.5　　　　　　　② 3　　　　　　　③ 3.5　　　　　　　④ 4

해설 332.5 고압 가공전선의 높이
222.7 저압 가공전선의 높이

설치장소		가공전선의 높이
횡단보도교 위	저압	노면상 3.5[m] 이상. 단, 절연전선의 경우 3[m] 이상
	고압	노면상 3.5[m] 이상

65 ★★★ 【82. 97. 기사, 93. 98. 산업기사】

110[V] 가공 전선이 철도를 횡단할 때 레일면 상의 최저 높이[m]는?

① 5　　　　　　　② 5.5　　　　　　　③ 6　　　　　　　④ 6.5

해설 332.5 고압 가공전선의 높이
222.7 저압 가공전선의 높이
① 도로 횡단(번잡하지 않은 도로 제외) : 지표상 6[m] 이상
② 철도 또는 궤도 횡단 : 레일면상 6.5[m] 이상
③ 횡단 보도교 위 : 3.5[m] 이상
④ 기타 : 5[m] 이상

66 ★★★★★ 【88. 97. 99. 01. 기사, 76. 89. 93. 산업기사 ㊉ 05. 산업기사】

고저압 가공전선이 도로를 횡단할 때 지표상 높이의 최저값은 얼마인가?
(단, 번잡하지 않은 도로는 제외한다.)

① 4[m]　　　　　　② 5[m]　　　　　　③ 6[m]　　　　　　④ 7[m]

해설 332.5 고압 가공전선의 높이
222.7 저압 가공전선의 높이
도로 횡단(번잡하지 않은 도로 제외) : 지표상 6[m] 이상

67 ★★★★★ 【94. 99. 01. 02. 07. 08. 10. 기사, 79. 98. 99. 12. 산업기사】

고압 가공 전선로에 사용하는 가공 지선으로 나경동선을 사용할 경우 그 굵기는 몇 [mm] 이상이어야 하는가?

① 3.2　　　　　　　② 3.5　　　　　　　③ 4.0　　　　　　　④ 5.0

해설 332.6 고압 가공전선로의 가공지선
333.8 특고압 가공전선로의 가공지선
• 고압 가공전선로의 가공지선 : 인장강도 5.26[kN] 이상의 것 또는 4[mm] 이상의 나동경선
• 특고압 가공전선로의 가공지선 : 인장강도 8.01[kN] 이상의 나선 또는 5[mm] 이상의 나경동선

68 ★★★☆【99. 기사, 78. 85. 90. 91. 00. 산업기사】
고압 가공 전선로의 지지물로서 사용하는 목주의 풍압 하중에 대한 안전율은?

① 1.1 이상　　　　　　　　　　② 1.2 이상
③ 1.3 이상　　　　　　　　　　④ 1.5 이상

해설 333.10 특고압 가공전선로의 목주 시설
332.7 고압 가공전선로의 지지물의 강도
222.8 저압 가공전선로의 지지물의 강도
지지물이 목주인 경우 안전율 및 말구의 지름

전압의 종별	안전율	말구의 지름
저　　압	1.2	–
고　　압	1.3	0.12[m] 이상
특 고 압	1.5	0.12[m] 이상

고 · 저압 병행설치

69 ★★★【01. 04. 11. 기사, 92. 99. 01. 11. 산업기사】
동일 지지물에 고·저압을 병행설치 할 때 저압선의 위치는?

① 상부에 시설　　　　　　　　② 동일 완금에 평행되게 시설
③ 하부에 시설　　　　　　　　④ 옆쪽으로 평행되게 시설

해설 332.8 고압 가공전선 등의 병행설치
저압 가공전선과 고압 가공전선을 동일 지지물에 시설하는 경우,
가. 저압 가공전선을 고압 가공전선의 아래로 하고 별개의 완금류에 시설할 것.
나. 이격거리는 50[cm] 이상으로 한다. (단, 고압 가공 전선이 케이블인 경우는 30[cm] 이상 이격하면
된다.)

70 ★★★★☆【96. 99. 기사, 80. 89. 96. 97. 98. 산업기사】
동일 목주에 고저압을 병행설치 할 때 전선간의 이격거리는 몇 [cm] 이상이어야 하는가?

① 50　　　　　　② 60　　　　　　③ 80　　　　　　④ 100

해설 332.8 고압 가공전선 등의 병행설치
가. 저압 가공전선을 고압 가공전선의 아래로 하고 별개의 완금류에 시설할 것.
나. 저압 가공전선과 고압 가공전선 사이의 이격거리는 0.5[m] 이상일 것.

71 ★【02. 기사】
저압 가공 전선과 고압 가공 전선을 동일 지지물에 시설하는 경우 저압 가공 전선과 고압 가공
전선과의 이격거리는 몇 [cm] 이상이어야 하는가?

① 40　　　　　　② 50　　　　　　③ 60　　　　　　④ 70

답 68. ③　69. ③　70. ①　71. ②

해설 332.8 고압 가공전선 등의 병행설치
　　가. 저압 가공전선을 고압 가공전선의 아래로 하고 별개의 완금류에 시설할 것.
　　나. 저압 가공전선과 고압 가공전선 사이의 이격거리는 0.5[m] 이상일 것.

★★ 【83. 93. 산업기사】
72 저압 가공 전선과 고압 가공 전선을 동일 지지물에 병행설치 하는 경우 고압 가공 전선에 케이블을 사용하면 그 케이블과 저압 가공 전선의 최소 이격거리는 얼마인가?

① 30[cm]　　　　　　　　　　② 50[cm]
③ 60[cm]　　　　　　　　　　④ 75[cm]

해설 332.8 고압 가공전선 등의 병행설치
　　고압 가공전선에 케이블을 사용하고, 또한 그 케이블과 저압 가공전선 사이의 이격거리를 0.3[m] 이상으로 하여 시설

☆ 【85. 산업기사】
73 저 · 고압 가공 전선을 동일 지지물에 시설하는 경우의 설명 중 맞는 것은?

① 저압 가공선을 고압 가공선의 아래로 하여야 한다(단, 이격거리는 60[cm] 이상이어야 한다).
② 저압 가공선과 고압 가공 전선의 이격거리는 30[cm] 이상이어야 한다.
③ 저압 가공선과 고압 가공선의이격거리는 40[cm] 이상이어야 한다.
④ 저압 가공 전선과 고압 가공 전선의 이격거리는 50[cm] 이상이어야 한다.

해설 332.8 고압 가공전선 등의 병행설치
　　저압 가공전선과 고압 가공전선을 동일 지지물에 시설하는 경우,
　　가. 저압 가공전선을 고압 가공전선의 아래로 하고 별개의 완금류에 시설할 것.
　　나. 이격거리는 50[cm] 이상으로 한다.(단, 고압 가공 전선이 케이블인 경우는 30[cm] 이상 이격하면 된다.)

✄ 유사문제

‖ 유사문제 원문 및 해설 : 동일출판사 홈페이지≫고객센터≫자료실

01. 저압 가공 전선과 교류 전차선을 동일 지지물에 시설하는 경우 저압 가공 전선은 지지물의 교류 전차선을 지지하는 측의 반대측에 수평거리 몇 [m] 이상으로 시설하는가?
　　답 1[m]

02. 22.9[kV-Y] 중성점 다중접지식 가공전선로와 3,300[V] 고압선을 병행설치 하는 경우 상호의 최소 이격거리는 몇 [m]인가?
　　답 1[m]

답 72. ① 73. ④

고압 가공전선로의 경간

★☆【96. 02. 기사, 99. 산업기사】

74 목주를 사용한 고압 가공전선로의 최대 경간은?

① 50[m] ② 100[m] ③ 150[m] ④ 200[m]

해설 332.9 고압 가공전선로 경간의 제한

지지물의 종류	경 간
목주·A종 철주 또는 A종 철근 콘크리트주	150[m]
B종 철주 또는 B종 철근 콘크리트주	250[m]
철 탑	600[m]

★☆【98. 기사, 80. 12. 산업기사】

75 고압 가공전선로의 지지물로서 B종 철주 또는 B종 철근 콘크리트주를 시설하는 경우의 최대 경간[m]은?

① 150 ② 200 ③ 250 ④ 300

해설 332.9 고압 가공전선로 경간의 제한

지지물의 종류	경 간
목주·A종 철주 또는 A종 철근 콘크리트주	150[m]
B종 철주 또는 B종 철근 콘크리트주	250[m]
철 탑	600[m]

★★【84. 96. 기사】

76 고압 가공 전선로의 경간은 지지물이 목주 또는 A종 콘크리트주일 때에는 최대 몇 [m]인가?

① 150[m] ② 250[m] ③ 400[m] ④ 600[m]

해설 332.9 고압 가공전선로 경간의 제한
목주 A종 : 150[m], B종 철주, 철근 콘크리트주 : 250[m], 철탑 : 600[m]

★☆【11. 기사, 92. 05. 산업기사】

77 고압 가공 전선로의 지지물로 A종 철근 콘크리트주를 시설하고 전선으로는 단면적 22[mm²]의 경동연선을 사용하였을 경우, 경간은 몇 [m]까지로 할 수 있는가?

① 150 ② 250 ③ 300 ④ 500

해설 332.9 고압 가공전선로 경간의 제한

지지물의 종류	경간	
	일반	22[mm²] 이상의 경동선 사용
목주·A종 철주 또는 A종 철근 콘크리트주	150[m]	300[m]
B종 철주 또는 B종 철근 콘크리트주	250[m]	500[m]
철탑	600[m]	600[m]

78 ★ 【88. 기사】

A종 철근 콘크리트주를 사용한 고압 가공 전선로의 전선에 22[mm²]의 경동연선을 사용하여 경간을 250[m]로 하였을 경우 전선로 방향으로 지지물의 양측에 시설하는 지선(支線)은 전 가섭선마다 각 가섭선의 상정 최대 장력의 얼마에 상당하는 불평균 장력에 의한 수평력에 견디는 것이어야 하는가?

① 1/6　　　　　② 1/4　　　　　③ 1/3　　　　　④ 1/2

[해설] 332.9 고압 가공전선로 경간의 제한

지지물의 종류	22[mm²] 이상의 경동선 사용
목주·A종 철주 또는 A종 철근 콘크리트주	300[m] 이하
B종 철주 또는 B종 철근 콘크리트주	500[m] 이하
철탑	600[m] 이하

목주·A종 철주 또는 A종 철근 콘크리트주에는 전 가섭선마다 각 가섭선의 상정 최대장력의 3분의 1에 상당하는 불평균 장력에 의한 수평력에 견디는 지선을 그 전선로의 방향으로 양쪽에 시설할 것.

⤜ 유사문제

‖유사문제 원문 및 해설 : 동일출판사 홈페이지≫고객센터≫자료실

01. 특고압 가공 전선로의 지지물로서 사용하는 철탑의 강도에 대한 설명 중 옳은 것은?

📋 상시 상정 하중 또는 이상시 상정 하중의 2/3배의 하중 중 큰 것에 견딜 것

02. 풍압에 의한 수직하중, 수평 횡하중, 수평 종하중에 전가섭선에 관하여 각 가섭선의 상정 최대장력의 33[%]와 같은 불평균 장력의 수평 종분력에 의한 하중을 더 고려하여야 할 철탑은?

📋 내장형

█ 고압 보안공사

79 ★☆ 【94. 98. 99. 산업기사】

고압 보안공사 시 목주의 풍압 하중에 대한 안전율은 얼마 이상이어야 하는가?

① 1.1　　　　　② 1.25　　　　　③ 1.5　　　　　④ 2.0

[해설] 332.10 고압 보안공사
가. 전선은 케이블인 경우 이외에는 인장강도 8.01[kN] 이상의 것 또는 지름 5[mm] 이상의 경동선일 것.
나. 목주의 풍압하중에 대한 안전율은 1.5 이상일 것.

---

80 ★★☆ 【92. 94. 기사, 98. 산업기사】

고압 보안 공사에 의하여 시설하는 A종 철근 콘크리트주를 지지물로 사용하는 고압 가공 전선로의 경간의 최대 한도는?

① 100[m]   ② 150[m]   ③ 250[m]   ④ 400[m]

해설 332.10 고압 보안공사

지지물의 종류	경 간
목주·A종 철주 또는 A종 철근 콘크리트주	100[m] 이하
B종 철주 또는 B종 철근 콘크리트주	150[m] 이하
철 탑	400[m] 이하

81 ★★☆ 【96. 기사, 82. 87. 92. 산업기사】

고압 보안 공사에 있어서 지지물에 B종 철근 콘크리트주를 사용하면 그 경간[m]의 최대는?

① 100   ② 150   ③ 200   ④ 250

해설 332.10 고압 보안공사

지지물의 종류	경 간
목주·A종 철주 또는 A종 철근 콘크리트주	100[m] 이하
B종 철주 또는 B종 철근 콘크리트주	150[m] 이하
철 탑	400[m] 이하

유사문제

▌유사문제 원문 및 해설 : 동일출판사 홈페이지≫고객센터≫자료실

01. 고압 가공 전선로의 전선에 단면적 14[mm²]의 경동연선을 사용하는 경우로서 그 지지물이 B종 철주인 경우의 경간의 최대 한도는 몇 [m]인가?
답 250[m]

02. 고압 가공 전선로의 전선에 단면적 22[mm²]의 경동연선을 사용할 경우, B종 철주 또는 B종 철근 콘크리트주를 시설하는 경우의 최대 경간은 몇 [m]인가?
답 500[m]

03. 특고압 가공 전선이 건조물 등과 접근 상태로 시설되는 경우에 지지물에 A종 철근 콘크리트주를 사용하면 그 경간[m]의 최댓값은?
답 100[m]

04. 고압 보안 공사에 있어서 가공 전선로의 경동선 최소 굵기[mm]와 목주의 최대 경간[m]은?
답 5.0, 100

05. 저압 보안공사에 의하여 시설하는 A종 철주의 경간을 150[m]로 하려면 전선에는 몇 [m²] 이상 굵기의 경동연선을 사용하여야 하는가?
답 22[mm²]

답 80. ① 81. ②

06. B종 철근 콘크리트주를 사용하는 특고압 가공 전선로의 표준 경간[m]의 한도는?

답 250[m]

07. 고압 보안 공사에 있어서 A종 콘크리트주의 최대 경간[m]은?

답 100[m]

고저압 가공전선과 건조물과의 접근

★★☆ 【96. 98. 기사, 80. 산업기사】

82 고압 가공 전선이 인가 옆쪽의 조영재에 접근할 때 전선과 조영재와의 최소 이격거리[m]는?

① 2.5   ② 2.0   ③ 1.6   ④ 1.2

해설 332.11 고압 가공전선과 건조물의 접근
222.11 저압 가공전선과 건조물의 접근

사용전압 부분 공작물의 종류			저압[m]	고압[m]
건 조 물	상부 조영재 위쪽	일반적인 경우	2	2
		전선이 고압절연전선	1	2
		전선이 케이블인 경우	1	1
	기타 조영재 또는 상부조영재의 옆쪽 또는 아래쪽	일반적인 경우	1.2	1.2
		전선이 고압절연전선	0.4	1.2
		전선이 케이블인 경우	0.4	0.4
		사람이 쉽게 접근할 수 없도록 시설한 경우	0.8	0.8

★★☆ 【90. 기사, 79. 96. 01. 산업기사】

83 450/750[V] 일반용 단심 비닐절연전선을 사용한 저압 가공전선이 위쪽에서는 상부 조영재와 접근하는 경우의 전선과 상부 조영재 상호간의 최소 이격거리[m]는? (단, 전선에 사람이 쉽게 접촉할 우려가 없도록 시설한 경우와 전선이 고압 절연전선, 특고압 절연전선 또는 케이블인 경우는 제외한다.)

① 1.0   ② 1.2   ③ 2.0   ④ 2.5

해설 332.11 고압 가공전선과 건조물의 접근
222.11 저압 가공전선과 건조물의 접근

사용전압 부분 공작물의 종류			저압[m]	고압[m]
건 조 물	상부 조영재 위쪽	일반적인 경우	2	2
		전선이 고압절연전선	1	2
		전선이 케이블인 경우	1	1
	기타 조영재 또는 상부조영재의 옆쪽 또는 아래쪽	일반적인 경우	1.2	1.2
		전선이 고압절연전선	0.4	1.2
		전선이 케이블인 경우	0.4	0.4
		사람이 쉽게 접근할 수 없도록 시설한 경우	0.8	0.8

답 82. ④ 83. ③

84 ★★☆【92. 00. 04. 10. 12. 25. 기사, 96. 산업기사】
고압 가공 전선과 건조물의 상부 조영재와의 옆쪽 이격거리는 일반적인 경우 최소 몇 [m] 이상이어야 하는가?

① 1.5　　　　② 1.2　　　　③ 0.9　　　　④ 0.6

> **해설** 332.11 고압 가공전선과 건조물의 접근
> 상부 조영재의 위쪽에서는 2[m], 상부 조영재의 옆쪽 또는 아래쪽에서는 1.2[m]이다.

유사문제
‖유사문제 원문 및 해설 : 동일출판사 홈페이지≫고객센터≫자료실

01. 나선을 사용한 고압 가공 전선이 조영재의 옆쪽에 접근해서 시설되는 경우의 전선과 조영재 이격거리의 최솟값[m]은?
답 1.2[m]

02. 절연 전선을 사용한 3300[V] 가공 전선이 조영물 위쪽으로 접근할 때 조영물 상부와 전선간의 최소 이격거리[m]는?
답 2.0[m]

03. 저·고압 가공 전선이 건조물에 접근할 때 조영물의 상부 조영재와의 위쪽에 있어서의 이격거리는 몇 [m] 이상인가?
답 2.0[m]

85 ★【78. 99. 산업기사】
저압 가공전선을 가공 전화선에 접근하여 시설하는 경우 수평 이격거리의 최솟값[m]은? (단, 가공전선으로는 저압 절연전선을 사용한다고 한다.)

① 0.3　　　　② 0.6　　　　③ 1　　　　④ 1.5

> **해설** 332.13 고압 가공전선과 가공약전류전선 등의 접근 또는 교차
> 222.13 저압 가공전선과 가공약전류전선 등의 접근 또는 교차

가공전선 약전류전선	저압가공전선		고압가공전선	
	저압 절연전선	고압 절연전선 또는 케이블	절연전선	케이블
일반	0.6[m]	0.3[m]	0.8[m]	0.4[m]
절연전선 또는 통신용 케이블인 경우	0.3[m]	0.15[m]		

86 ★★★【00. 기사, 79. 83. 산업기사, ㉾ : 98. 기사】
고압 절연전선을 사용한 고압 가공전선이 가공 약전류전선과 접근하는 경우의 고압 가공전선과 가공 약전류전선과의 이격거리[cm]의 최솟값은?

① 60　　　　② 80　　　　③ 1　　　　④ 1.2

답 84. ② 85. ② 86. ②

해설 332.13 고압 가공전선과 가공약전류전선 등의 접근 또는 교차
222.13 저압 가공전선과 가공약전류전선 등의 접근 또는 교차

가공전선 약전류전선	저압가공전선		고압가공전선	
	저압 절연전선	고압 절연전선 또는 케이블	절연전선	케이블
일반	0.6[m]	0.3[m]	0.8[m]	0.4[m]
절연전선 또는 통신용 케이블인 경우	0.3[m]	0.15[m]		

안테나와의 이격거리

★【92. 기사】
87 3000[V] 가공 전선으로 OC ACSR을 사용한 경우 안테나와의 최소 수평 이격거리는 몇 [m]인가?

① 0.4   ② 0.8   ③ 1.0   ④ 1.2

해설 332.14 고압 가공전선과 안테나의 접근 또는 교차

사용전압 부분 공작물의 종류		저압	고압
안테나	일반적인 경우	0.6[m]	0.8[m]
	고압·특고압 절연전선	0.3[m]	0.8[m]
	케이블	0.3[m]	0.4[m]

★★★★【99. 00. 02. 05. 06. 기사, 83. 92. 00. 05. 11. 산업기사 ⊕ 05. 산업기사】
88 고압 절연전선을 사용한 6600[V] 배전선이 안테나와 접근 상태로 시설되는 경우, 그 이격거리 [cm]는?

① 60 이상   ② 80 이상   ③ 100 이상   ④ 120 이상

해설 332.14 고압 가공전선과 안테나의 접근 또는 교차

사용전압 부분 공작물의 종류		저압	고압
안테나	일반적인 경우	0.6[m]	0.8[m]
	고압·특고압 절연전선	0.3[m]	0.8[m]
	케이블	0.3[m]	0.4[m]

★★【94. 기사, 87. 00. 산업기사】
89 가섭선에 의하여 시설되는 안테나가 있다. 이 안테나 주위에 고압 가공 케이블이 지나가고 있다면 수평 이격거리는 몇 [m] 이상으로 하여야 하는가?

① 0.4   ② 0.6   ③ 0.8   ④ 1.0

답 87. ② 88. ② 89. ①

해설▶ 332.14 고압 가공전선과 안테나의 접근 또는 교차

사용전압 부분 공작물의 종류		저압	고압
안테나	일반적인 경우	0.6[m]	0.8[m]
	고압·특고압 절연전선	0.3[m]	0.8[m]
	케이블	0.3[m]	0.4[m]

★★ 【94. 99. 기사, ㉕ : 00. 12. 산업기사】

90 전선에 저압 절연 전선을 사용한 220[V] 저압 가공 전선이 안테나와 접근 상태로 시설되는 경우의 이격거리는 몇 [cm] 이상이어야 하는가?

① 30　　　　　　② 60　　　　　　③ 100　　　　　　④ 120

해설▶ 332.14 고압 가공전선과 안테나의 접근 또는 교차

사용전압 부분 공작물의 종류		저압	고압
안테나	일반적인 경우	0.6[m]	0.8[m]
	고압·특고압 절연전선	0.3[m]	0.8[m]
	케이블	0.3[m]	0.4[m]

고·저압 전선로의 접근 교차

☆ 【82. 산업기사】

91 고압 가공전선과 저압 가공전선이 교차할 때 이격거리는 최소 몇 [m] 이상이 되는가?

① 0.6　　　　　　② 0.8　　　　　　③ 1.0　　　　　　④ 1.2

해설▶ 332.16 고압 가공전선 등과 저압 가공전선 등의 접근 또는 교차

저압 가공전선 등 또는 그 지지물의 구분	고압가공전선	
	일반	케이블
저압 가공전선 등	0.8[m]	0.4[m]
저압 가공전선 등의 지지물	0.6[m]	0.3[m]

고압 가공전선과 식물과의 이격거리

★★★★★ 【79. 83. 90. 92. 기사, 79. 98. 산업기사】

92 6,600[V]의 가공 배전 선로와 식물과의 최소 이격거리[m]는?

① 0.3

② 0.6

③ 1.0

④ 상시 불고 있는 바람 등에 의하여 식물에 접촉하지 않도록 시설

답 90. ②　91. ②　92. ④

해설 ▸ 332.19 고압 가공전선과 식물의 이격거리

고압 가공전선은 상시 부는 바람 등에 의하여 식물에 접촉하지 않도록 시설하여야 한다.

고 · 저압 공용설치

★★★ 【87. 01. 기사, 93. 99. 산업기사】

93 고압 가공전선과 가공 약전류전선을 공용 설치 할 경우 최소 이격거리[m]는?

① 50   ② 75
③ 1.5   ④ 2.0

해설 ▸ 332.21 고압 가공전선과 가공약전류전선 등의 공용설치

가공전선과 가공약전류전선 등 사이의 이격거리는 저압(다중접지된 중성선을 제외한다)은 0.75[m] 이상, 고압은 1.5[m] 이상일 것.

특고압 전선로의 시가지 시설제한

★★★★★ 【82. 95. 98. 00. 02. 기사, 90. 92. 00. 04. 산업기사】

94 시가지에 시설하는 특고압 가공 전선로용 지지물로 사용해서는 안 되는 것은?

① 철주   ② 철탑
③ 목주   ④ 철근 콘크리트주

해설 ▸ 333.1 시가지 등에서 특고압 가공전선로의 시설

시가지에 시설하는 특고압 가공 전선로용 지지물은 철주, 철근 콘크리트주, 또는 철탑을 사용하고 목주를 사용할 수 없다.

★★★☆ 【90. 00. 기사, 83. 96. 99. 산업기사】

95 특고압 가공 전선로를 시가지에서 A종 철주를 사용하여 시설하는 경우 경간의 최대는 몇 [m]인가?

① 50   ② 75
③ 150   ④ 200

해설 ▸ 333.1 시가지 등에서 특고압 가공전선로의 시설

지지물의 종류	경 간
A종 철주 또는 A종 철근 콘크리트주	75[m]
B종 철주 또는 B종 철근 콘크리트주	150[m]
철 탑	400[m](단주인 경우에는 300[m]) 다만, 전선이 수평으로 2 이상 있는 경우에 전선 상호간의 간격이 4[m] 미만인 때에는 250[m]

답 93. ③ 94. ③ 95. ②

96
시가지에 시설하는 철탑 사용 특고압 가공 전선로의 전선이 수평 배치이고, 또한 전선 상호간의 간격이 4[m] 미만이면 전선로의 경간[m]은 얼마 이하이어야 하는가?

① 400　　　② 350　　　③ 300　　　④ 250

해설 333.1 시가지 등에서 특고압 가공전선로의 시설

지지물의 종류	경 간
A종 철주 또는 A종 철근 콘크리트주	75[m]
B종 철주 또는 B종 철근 콘크리트주	150[m]
철 탑	400[m](단주인 경우에는 300[m]) 다만, 전선이 수평으로 2 이상 있는 경우에 전선 상호간의 간격이 4[m] 미만인 때에는 250[m]

97
154[kV] 특고압 가공 전선로를 경동연선으로 시가지에 시설하려고 한다. 애자장치는 50[%] 충격섬락전압의 값이 다른 부분의 몇 [%] 이상으로 되어야 하는가?

① 100　　　② 115　　　③ 110　　　④ 105

해설 333.1 시가지 등에서 특고압 가공전선로의 시설
사용전압이 170[kV] 이하인 특고압 가공전선을 지지하는 애자장치는 50[%] 충격섬락전압 값이 그 전선의 근접한 다른 부분을 지지하는 애자장치 값의 110[%](사용전압이 130[kV]를 초과하는 경우는 105[%]) 이상인 것.

98
시가지에 시설하는 154[kV] 가공 전선로에는 전선로에 지락 또는 단락이 생긴 경우 몇 초 안에 자동적으로 이를 전선로로부터 차단하는 장치를 시설하는가?

① 1　　　② 2　　　③ 3　　　④ 5

해설 333.1 시가지 등에서 특고압 가공전선로의 시설
사용전압이 100[kV]를 초과하는 특고압 가공전선에 지락 또는 단락이 생겼을 때에는 1초 이내에 자동적으로 이를 전로로부터 차단하는 장치를 시설할 것.

99
다음 사항은 특고압 가공 전선로를 시가지, 기타 인가가 밀집된 지역에 시설한 경우의 시설 기준이다. 이 중에서 사용 전압이 10만[V]를 넘는 것에만 해당되는 것은?

① 지지물에는 철주, 철근 콘크리트 또는 철탑을 사용한다.
② 전선로의 경간은 A종은 75[m], B종은 150[m], 철탑은 400[m] 이하이다.
③ 지락 또는 단락이 생긴 경우 또는 단락한 경우에 1초 안에 자동 차단한다.
④ 지지물에는 위험 표시를 보기 쉬운 곳에 설치한다.

해설 333.1 시가지 등에서 특고압 가공전선로의 시설
사용전압이 100[kV]를 초과하는 특고압 가공전선에 지락 또는 단락이 생겼을 때에는 1초 이내에 자동적으로 이를 전로로부터 차단하는 장치를 시설할 것.

★★★★★ 【79. 90. 92. 95. 99. 기사, 98. 99. 산업기사】
100 시가지에 시설되는 69,000[V] 가공 송전 선로 경동연선의 최소 굵기[mm²]는?
① 22 　　　② 35 　　　③ 55 　　　④ 100

해설 333.1 시가지 등에서 특고압 가공전선로의 시설

사용전압의 구분	전선의 단면적
100[kV] 미만	인장강도 21.67[kN] 이상의 연선 또는 단면적 55[mm²] 이상의 경동연선
100[kV] 이상	인장강도 58.84[kN] 이상의 연선 또는 단면적 150[mm²] 이상의 경동연선

★★ 【82. 97. 05. 11. 기사】
101 154[kV] 가공 전선을 시가지에 시설할 경우의 경동연선의 최소 단면적[mm²]은?
① 22 　　　② 38 　　　③ 55 　　　④ 150

해설 333.1 시가지 등에서 특고압 가공전선로의 시설

사용전압의 구분	전선의 단면적
100[kV] 미만	인장강도 21.67[kN] 이상의 연선 또는 단면적 55[mm²] 이상의 경동연선
100[kV] 이상	인장강도 58.84[kN] 이상의 연선 또는 단면적 150[mm²] 이상의 경동연선

★★★★☆ 【83. 93. 95. 99. 04. 기사, 98. 산업기사】
102 사용 전압 154000[V]의 가공 전선을 시가지에 시설하는 경우에 케이블인 경우를 제외하고 전선의 지표 상의 최소 높이는 얼마인가?
① 7.44[m] 　　② 7.80[m] 　　③ 9.44[m] 　　④ 11.44[m]

해설 333.1 시가지 등에서 특고압 가공전선로의 시설

사용전압의 구분	지표상의 높이
35[kV] 이하	10[m](전선이 특고압 절연전선인 경우에는 8[m])
35[kV] 초과	10[m]에 35[kV]를 초과하는 10[kV] 또는 그 단수마다 12[cm]를 더한 값

- 단수 $= \frac{154-35}{10} = 11.9 \rightarrow 12$단
- 지표상의 높이 $= 10+12 \times 0.12 = 11.44$[m]

★★★ 【98. 02. 기사, 82. 83. 93. 97. 산업기사】
103 22,900[V]의 전선로를 시가지에 시설하는 경우 그 전선의 지표상의 최소 높이[m]는? (단, 전선으로는 나경동선을 사용한다고 한다.)
① 5 　　　② 6 　　　③ 8 　　　④ 10

답 100. ③ 101. ④ 102. ④ 103. ④

해설, 333.1 시가지 등에서 특고압 가공전선로의 시설
  • 35[kV] 이하 : 10[m](특고압 절연 전선 : 8[m])
  • 35[kV] 넘는 것 : 10[m]에 35[kV]를 넘는 10[kV]는 그 단수마다 12[cm]를 가한 값.

유사문제

‖ 유사문제 원문 및 해설 : 동일출판사 홈페이지≫고객센터≫자료실

01. 22.9[kV]의 특고압 가공 절연 전선로를 시가지에 시설할 경우 지표 상의 최저 높이는 몇 [m]이어야 하는가?
답 8[m]

02. 60[kV] 특고압 가공 전선로를 시가지 등에 시설하는 경우 전선의 지표상 최소 높이[m]는?
답 10.36[m]

유도장해방지

★★☆ 【96. 15. 기사, 80. 82. 93. 04. 산업기사】
104 사용 전압 60,000[V]를 넘는 특고압 가공 전선로에서 상시 정전 유도는 전화 선로의 길이 40[km]마다 유도 전류[μA]가 얼마를 넘지 아니하여야 하는가?

① 1   ② 2
③ 3   ④ 4

해설, 333.2 유도장해의 방지
  가. 사용전압이 60[kV] 이하인 경우에는 전화선로의 길이 12[km] 마다 유도전류가 2[μA]를 넘지 아니하도록 할 것.
  나. 사용전압이 60[kV]를 초과하는 경우에는 전화선로의 길이 40[km]마다 유도전류가 3[μA]를 넘지 아니하도록 할 것.

★★★★★ 【92. 96. 01. 02. 05. 10. 11. 18. 기사, 80. 98. 08. 09. 산업기사, ⊕ : 98. 기사】
105 사용 전압 60[kV] 이하의 특고압 가공 전선로에서 전화 선로의 길이 12[km]마다의 유도 전류는 몇 [μA]로 제한하였는가?

① 1   ② 1.5
③ 2   ④ 3

해설, 333.2 유도장해의 방지
  사용 전압 60[kV] 이하인 경우는 전화선의 길이가 12[km]마다 2[μA]이고, 60[kV]가 넘는 경우에는 40[km]마다 3[μA]이다.

답 104. ③ 105. ③

106 ★★★★ 【91. 99. 01. 05. 10. 기사, 93. 94. 07. 08. 09. 11. 산업기사】
사용 전압이 25,000[V] 이하의 특고압 가공 선로에서 전화 선로의 유도되는 유도 전류는 전화 선로의 길이 12[km]마다 몇 [μA] 이하의 값이어야 하는가?

① 1 　　　　　　 ② 2 　　　　　　 ③ 3 　　　　　　 ④ 5

해설 | 333.2 유도장해의 방지
사용 전압 60[kV] 이하인 경우는 전화선의 길이가 12[km]마다 2[μA]이고, 60[kV]가 넘는 경우에는 40[km]마다 3[μA]이다.

특고압 가공전선로

107 ★☆ 【97. 02. 기사, 00. 산업기사】
특고압 가공 전선로를 가공 케이블로 시설하는 경우 잘못된 것은?

① 조가용선에 행거의 간격은 1[m]로 시설하였다.
② 조가용선을 케이블의 외장에 견고하게 붙여 시설하였다.
③ 조가용선은 단면적 22[mm²]의 아연도 강연선을 사용하였다
④ 조가용선에 접촉시켜 금속 테이프를 간격 20[cm] 이하의 간격을 유지시켜 나선형으로 감아 붙였다.

해설 | 333.3 특고압 가공케이블의 시설
특고압 가공전선로는 그 전선에 케이블을 사용하는 경우에는 다음에 따라 시설하여야 한다.
가. 케이블은 다음의 어느 하나에 의하여 시설할 것.
① 조가용선에 행거에 의하여 시설할 것. 이 경우에 행거의 간격은 0.5[m] 이하로 하여 시설하여야 한다.
② 조가용선에 접촉시키고 그 위에 쉽게 부식되지 아니하는 금속 테이프 등을 0.2[m] 이하의 간격을 유지시켜 나선형으로 감아 붙일 것.
나. 조가용선은 인장강도 13.93[kN] 이상의 연선 또는 단면적 22[mm²] 이상의 아연도강연선일 것.
다. 조가용선 및 케이블의 피복에 사용하는 금속체에는 규정에 준하여 접지공사를 할 것.

108 ★★ 【93. 00. 11. 23. 기사】
특고압 가공 전선로의 전선으로 케이블을 사용하는 경우의 시설로서 틀린 것은?

① 케이블은 조가용선에 행거로서 시설한다.
② 케이블은 조가용선에 접촉시키고 비닐 테이프 등을 30[cm] 이상의 간격으로 감아 붙인다.
③ 조가용선은 단면적 22[mm²]의 아연도 강연선 이상의 세기 및 굵기의 연선을 사용한다.
④ 조가용선 및 케이블의 피복에 사용한 금속체에는 접지 공사를 한다.

해설 | 333.3 특고압 가공케이블의 시설
특고압 가공전선로는 그 전선에 케이블을 사용하는 경우에는 다음에 따라 시설하여야 한다.
가. 케이블은 다음의 어느 하나에 의하여 시설할 것.
① 조가용선에 행거에 의하여 시설할 것. 이 경우에 행거의 간격은 0.5[m] 이하로 하여 시설하여야 한다.

② 조가용선에 접촉시키고 그 위에 쉽게 부식되지 아니하는 금속 테이프 등을 0.2[m] 이하의 간격을 유지시켜 나선형으로 감아 붙일 것.

나. 조가용선은 인장강도 13.93[kN] 이상의 연선 또는 단면적 22[mm²] 이상의 아연도강연선일 것.

다. 조가용선 및 케이블의 피복에 사용하는 금속체에는 규정에 준하여 접지공사를 할 것.

유사문제

∥유사문제 원문 및 해설 : 동일출판사 홈페이지≫고객센터≫자료실

01. 특고압 가공 전선로의 전선에 케이블을 사용하는 경우 그 시설에 대한 설명 중 옳지 않은 것은?

🗒 조가용선에 행거에 의하여 시설하고 행거의 간격을 75[cm] 이하로 하였다.

02. 특고압 가공 전선로의 전선에 케이블을 사용하는 경우 케이블은 조가용선의 행거에 의하여 시설하는데, 이때 행거의 간격은 몇 [cm] 이하인가?

🗒 50[cm]

특고압 가공전선과 지지물 등과의 이격거리

★☆【11. 기사, 78. 96. 09. 산업기사】

109 최대 사용 전압 22.9[kV]인 가공 전선과 지지물과의 이격거리는 일반적으로 몇 [cm] 이상이어야 하는가?

① 5   ② 10   ③ 15   ④ 20

해설 333.5 특고압 가공전선과 지지물 등의 이격거리

사용전압	이격거리[cm]
15[kV] 미만	15
15[kV] 이상 25[kV] 미만	20
25[kV] 이상 35[kV] 미만	25
60[kV] 이상 70[kV] 미만	40
130[kV] 이상 160[kV] 미만	90

★★☆【87. 99. 기사, 96. 산업기사】

110 66[kV] 가공 전선로의 전선과 그 지지물과의 최소 이격거리는 몇 [cm]인가?

① 20   ② 30   ③ 40   ④ 65

해설 333.5 특고압 가공전선과 지지물 등의 이격거리
• 15~25[kV] 미만 : 20[cm] 이상
• 25~35[kV] 미만 : 25[cm] 이상
• 60~70[kV] 미만 : 40[cm] 이상
• 130~160[kV] 미만 : 90[cm] 이상

🗒 109. ④ 110. ③

111 ★★☆ 【83. 97. 기사, 83. 산업기사】

최대 사용 전압 69[kV]인 가공 전선로에서 전선과 그 지지물과의 이격거리[cm]는 얼마 이상인가?

① 35　　　　　　② 40　　　　　　③ 55　　　　　　④ 60

해설 333.5 특고압 가공전선과 지지물 등의 이격거리
· 60~70[kV] 미만 : 40[cm] 이상

⤭ 유사문제

▌유사문제 원문 및 해설 : 동일출판사 홈페이지≫고객센터≫자료실

01. 사용 전압 22,000[V]의 특고압 가공 전선과 그 지지물과의 최솟값[cm]은?
🔖 20[cm]

02. 최대 사용 전압 161[kV]인 가공 전선과 지지물과의 최소 이격거리[cm]는?
🔖 110[cm]

03. 공칭 전압 60,000[V]인 특고압 가공 전선과 그 지지물, 완금류, 지주 또는 지선과의 이격거리[cm]의 최솟값은?
🔖 40[cm]

---

112 ★★★ 【79. 94. 기사, 94. 99. 산업기사】

154[kV] 가공 송전선을 산 중에 건설하는 경우 지표상의 최소 높이[m]는?

① 5　　　　　　② 6　　　　　　③ 7　　　　　　④ 8

해설 333.7 특고압 가공전선의 높이

전압의 범위	일반 장소	도로 횡단	철도 또는 궤도횡단	횡단보도교
35[kV] 초과 160[kV] 이하	6[m]	6[m]	6.5[m]	5[m](케이블 사용)
	산지 등에서 사람이 쉽게 들어갈 수 없는 장소 : 5[m] 이상			

---

113 ★★★★ 【93. 98. 02. 11. 23. 기사, 79. 01. 04. 산업기사】

공칭 전압 20,000[V]의 가공 전선이 철도를 횡단하는 경우 전선의 레일면 상 최저 높이[m]는?

① 5　　　　　　② 5.5　　　　　　③ 6　　　　　　④ 6.5

해설 333.7 특고압 가공전선의 높이

전압의 범위	일반 장소	도로 횡단	철도 또는 궤도횡단	횡단보도교
35[kV] 이하	5[m]	6[m]	6.5[m]	4[m](특고압 절연전선 또는 케이블 사용)

🔖 111. ②　112. ①　113. ④

전압의 범위	일반 장소	도로 횡단	철도 또는 궤도횡단	횡단보도교
35[kV] 초과 160[kV] 이하	6[m]	6[m]	6.5[m]	5[m](케이블 사용)
	산지 등에서 사람이 쉽게 들어갈 수 없는 장소 : 5[m] 이상			
160[kV] 초과	일반장소		가공전선의 높이=6+단수×0.12[m]	
	철도 또는 궤도횡단		가공전선의 높이=6.5+단수×0.12[m]	
	산지		가공전선의 높이=5+단수×0.12[m]	

※ 단수= $\dfrac{(전압[kV]-160)}{10}$ … 단수 계산에서 소수점 이하는 절상

☆ 【91. 산업기사】

114 35[kV] 특고압 가공 전선로가 도로를 횡단할 때의 지표상 최저 높이[m]는?

① 5   ② 5.5   ③ 6   ④ 6.5

해설 333.7 특고압 가공전선의 높이

전압의 범위	일반 장소	도로 횡단	철도 또는 궤도횡단	횡단보도교
35[kV] 이하	5[m]	6[m]	6.5[m]	4[m](특고압 절연전선 또는 케이블 사용)

★★★★☆ 【79. 91. 01. 기사, 80. 96. 01. 18. 산업기사】

115 345[kV] 초고압 가공 송전 선로를 평야에 건설할 경우 전선의 지표상 높이는 몇 [m] 이상인가?

① 5.5   ② 6   ③ 7.5   ④ 8.28

해설 333.7 특고압 가공전선의 높이

전압의 범위	일반 장소	도로 횡단	철도 또는 궤도횡단	횡단보도교
160[kV] 초과	일반장소		가공전선의 높이=6+단수×0.12[m]	
	철도 또는 궤도횡단		가공전선의 높이=6.5+단수×0.12[m]	
	산지		가공전선의 높이=5+단수×0.12[m]	

※ 단수= $\dfrac{(전압[kV]-160)}{10}$ … 단수 계산에서 소수점 이하는 절상

• 단수= $\dfrac{345-160}{10}=18.5 \ \rightarrow \ 19$단

∴ 전선의 지표상 높이= $6+19×0.12=8.28$[m]

★★★ 【82. 83. 기사, 95. 00. 09. 11. 산업기사】

116 345[kV] 특고압 송전선을 사람이 용이하게 들어가지 않는 산지에 시설할 때 전선의 최소 높이는 지표상 얼마인가?

① 7.28[m]   ② 7.85[m]   ③ 8.28[m]   ④ 9.28[m]

탑 114. ③ 115. ④ 116. ①

해설 333.7 특고압 가공전선의 높이

전압의 범위	일반 장소	도로 횡단	철도 또는 궤도횡단	횡단보도교
160[kV] 초과	일반장소		가공전선의 높이=6+단수×0.12[m]	
	철도 또는 궤도횡단		가공전선의 높이=6.5+단수×0.12[m]	
	산지		가공전선의 높이=5+단수×0.12[m]	

※ 단수= $\dfrac{(전압[kV]-160)}{10}$ … 단수 계산에서 소수점 이하는 절상

• 단수= $\dfrac{345-160}{10}$ =18.4 → 19단

∴ 지표상 높이=5+19×0.12=7.28[m]

지지물

★★★★★ 【85. 89. 90. 91. 00. 기사, 83. 85. 89. 92. 98. 산업기사】

117 철주, 철근 콘크리트주 또는 철탑을 사용한 전선로에서 지지물 양측의 경간의 차가 큰 곳에 사용하는 지지물은?

① 직선형
② 인류형
③ 내장형
④ 보강형

해설 333.11 특고압 가공전선로의 철주·철근 콘크리트주 또는 철탑의 종류
특고압 가공전선로의 지지물로 사용하는 B종 철근·B종 콘크리트주 또는 철탑의 종류는 다음과 같다.
가. 직선형 : 전선로의 직선 부분(3° 이하의 수평 각도 이루는 곳 포함)에 사용되는 것
나. 각도형 : 전선로 중 수평 각도 3°를 넘는 곳에 사용되는 것
다. 인류형 : 전 가섭선을 인류하는 곳에 사용하는 것
라. 내장형 : 전선로 지지물 양측의 경간차가 큰 곳에 사용하는 것
마. 보강형 : 전선로 직선 부분을 보강하기 위하여 사용하는 것

★★★★★ 【93. 97. 99. 02. 05. 11. 12. 23. 기사, 95. 96. 00. 03. 05. 12. 24. 산업기사】

118 특고압 가공 전선로에 사용하는 철탑의 종류 중에서 전선로 지지물의 양측 경간의 차가 큰 곳에 사용하는 철탑은?

① 각도형 철탑
② 인류형 철탑
③ 보강형 철탑
④ 내장형 철탑

해설 333.11 특고압 가공전선로의 철주·철근 콘크리트주 또는 철탑의 종류
특고압 가공전선로의 지지물로 사용하는 B종 철근·B종 콘크리트주 또는 철탑의 종류는 다음과 같다.
가. 직선형 : 전선로의 직선 부분(3° 이하의 수평 각도 이루는 곳 포함)에 사용되는 것
나. 각도형 : 전선로 중 수평 각도 3°를 넘는 곳에 사용되는 것
다. 인류형 : 전 가섭선을 인류하는 곳에 사용하는 것
라. 내장형 : 전선로 지지물 양측의 경간차가 큰 곳에 사용하는 것
마. 보강형 : 전선로 직선 부분을 보강하기 위하여 사용하는 것

119 ★★★★ 【93. 95. 99. 04. 기사, 82. 83. 12. 산업기사】
특고압 가공 전선로의 B종 철주 중 각도형은 전선로 중 몇 [°]를 넘는 수평 각도를 이루는 곳에 사용되는가?

① 1°　　　　　② 2°　　　　　③ 3°　　　　　④ 5°

해설) 333.11 특고압 가공전선로의 철주·철근 콘크리트주 또는 철탑의 종류
각도형 : 전선로 중 수평 각도 3°를 넘는 곳에 사용되는 것

120 ★ 【95. 기사】
보강형 철탑은 전가섭선에 관하여 각 가섭선의 상정 최대 장력의 얼마와 같은 불평균 장력의 수평 종분력에 의한 하중을 가산하여야 하는가?

① 33[%]　　　　② 25[%]　　　　③ 20[%]　　　　④ 17[%]

해설) 333.13 상시 상정하중
내장형·보강형의 경우에는 전가섭선에 관하여 각 가섭선의 상정 최대장력의 33[%]와 같은 불평균 장력의 수평 종분력에 의한 하중

121 ★ 【91. 기사】
다음 중에서 이상 시 상정 하중에 속하는 것은?

① 태풍에 의한 풍압 하중　　　　　② 단선으로 인한 불평균 장력
③ 각도주에 있어서의 수평 횡하중　　④ 양측 경간의 차에 의한 불평균 장력

해설) 333.14 이상 시 상정하중
가섭선의 절단에 의하여 생기는 각 부재에 대한 불평균장력의 크기는 가섭선의 상정 최대장력과 같은 값으로 계산한다.

122 ★★★☆ 【82. 92. 기사, 93. 98. 99. 산업기사】
특고압 가공 전선로 중 지지물로서 직선형 철탑을 연속하여 10기 이상 사용하는 부분에서 내장 애자장치를 갖는 철탑은 몇 기 이하마다 시설해야 하는가?

① 20　　　　　② 15　　　　　③ 10　　　　　④ 5

해설) 333.16 특고압 가공전선로의 내장형 등의 지지물 시설
특고압 가공전선로 중 지지물로서 직선형의 철탑을 연속하여 10기 이상 사용하는 부분에는 10기 이하마다 장력에 견디는 애자장치가 되어 있는 철탑 또는 이와 동등 이상의 강도를 가지는 철탑 1기를 시설하여야 한다.

123 ★★ 【89. 기사, 85. 89. 11. 산업기사】
특고압 가공 전선로 중 지지물로 하여 직선형의 철탑을 계속하여 10기 이상 사용하는 부분에는 10기 이하마다 내장 애자 장치를 가지는 철탑 또는 이와 동등 이상의 강도를 가지는 철탑 몇 기를 시설하여야 하는가?

① 1기　　　　　② 3기　　　　　③ 6기　　　　　④ 8기

해설 333.16 특고압 가공전선로의 내장형 등의 지지물 시설
특고압 가공전선로 중 지지물로서 직선형의 철탑을 연속하여 10기 이상 사용하는 부분에는 10기 이하마다 장력에 견디는 애자장치가 되어 있는 철탑 또는 이와 동등 이상의 강도를 가지는 철탑 1기를 시설하여야 한다.

특고압 · 저고압 병행설치

★★☆ 【86. 95. 02. 기사, 83. 산업기사】
124 사용 전압 66000[V]인 특고압 가공 전선로에 고압 가공 전선을 병행설치 하는 경우 특고압 가공 전선로는 어느 종류의 보안 공사를 하여야 하는가?

① 고압 보안 공사   ② 제1종 특고압 보안 공사
③ 제2종 특고압 보안 공사   ④ 제3종 특고압 보안 공사

해설 333.17 특고압 가공전선과 저고압 가공전선 등의 병행설치
사용전압이 35[kV] 을 초과하고 100[kV] 미만인 특고압 가공전선과 저압 또는 고압 가공전선을 동일 지지물에 시설하는 경우에는 다음에 따라 시설하여야 한다.
가. 특고압 가공전선로는 제2종 특고압 보안공사에 의할 것.
나. 특고압 가공전선은 케이블인 경우를 제외하고는 인장강도 21.67[kN] 이상의 연선 또는 단면적이 50[mm²] 이상인 경동연선일 것.
다. 특고압 가공전선로의 지지물은 철주·철근 콘크리트주 또는 철탑일 것

★★★★★ 【95. 97. 99. 01. 04. 05. 11. 12. 25. 기사, 83. 95. 산업기사】
125 66[kV] 가공 전선과 6[kV] 가공 전선을 동일 지지물에 병행설치 하는 경우에 특고압 가공 전선의 굵기는 몇 [mm²] 이상의 경동연선을 사용하여야 하는가?

① 22   ② 38   ③ 50   ④ 100

해설 333.17 특고압 가공전선과 저고압 가공전선 등의 병행설치
사용전압이 35[kV]를 초과하고 100[kV] 미만인 특고압 가공전선과 저압 또는 고압 가공전선을 동일 지지물에 시설하는 경우에는 다음에 따라 시설하여야 한다.
가. 특고압 가공전선로는 제2종 특고압 보안공사에 의할 것.
나. 특고압 가공전선은 케이블인 경우를 제외하고는 인장강도 21.67[kN] 이상의 연선 또는 단면적이 50[mm²] 이상인 경동연선일 것.
다. 특고압 가공전선로의 지지물은 철주·철근 콘크리트주 또는 철탑일 것

☆ 【90. 산업기사】
126 사용 전압이 22[kV]의 특고압 가공 전선과 고압 가공 전선을 동일 지지물에 병행설치 하는 경우의 이격거리는 최소 몇 [m]인가?

① 1.0   ② 1.2   ③ 1.5   ④ 2.0

해설 333.17 특고압 가공전선과 저고압 가공전선 등의 병행설치

전 압	표 준	특고압에 케이블 사용 및 저·고압에 절연전선 또는 케이블 사용
35[kV] 이하	1.2[m] 이상	0.5[m] 이상
35[kV] 초과 100[kV] 미만	2[m] 이상	1[m] 이상

☆ 【94. 산업기사】
127 35[kV]를 넘고 100[kV] 미만의 특고압 가공 전선로의 지지물에 고·저압선을 병행 설치 할 수 있는 조건으로 틀린 것은?

① 특고압 가공 전선로는 제2종 특고압 보안 공사에 의한다.
② 특고압 가공 전선과 고·저압선과의 이격거리는 1.2[m] 이상으로 한다.
③ 특고압 가공 전선은 50[mm²] 경동연선 또는 이외 동등 이상의 세기 및 굵기의 연선을 사용한다.
④ 지지물에는 강관 조립주를 제외한 철주, 철근 콘크리트주 또는 철탑을 사용한다.

해설 333.17 특고압 가공전선과 저고압 가공전선 등의 병행설치
사용전압이 35[kV]을 초과하고 100[kV] 미만인 특고압 가공전선과 저압 또는 고압 가공전선을 동일 지지물에 시설하는 경우에는 다음에 따라 시설하여야 한다.
가. 특고압 가공전선로는 제2종 특고압 보안공사에 의할 것.
나. 특고압 가공전선은 케이블인 경우를 제외하고는 인장강도 21.67[kN] 이상의 연선 또는 단면적이 50 [mm²] 이상인 경동연선일 것.
다. 특고압 가공전선로의 지지물은 철주·철근 콘크리트주 또는 철탑일 것
라. 특고압 가공전선(100[kV] 미만)과 저·고압 가공전선을 동일 지지물에 설치 시 이격거리

전 압	표 준	특고압에 케이블 사용 및 저·고압에 절연전선 또는 케이블 사용
35[kV] 이하	1.2[m] 이상	0.5[m] 이상
35[kV] 초과 100[kV] 미만	2[m] 이상	1[m] 이상

특고압 공용설치

★★ 【85. 96. 기사】
128 가공 약전류전선(전력 보안 통신선 및 전기 철도의 전용 부지 안에 시설하는 전기 철도용 통신선은 제외한다)을 사용 전압이 22,900[V]인 가공 전선과 동일 지지물에 공용설치 하고자 할 때 가공 전선으로 경동연선을 사용한다면 다음의 전선 규격 중 사용할 수 있는 경동연선은 어느 것인가?

① 55[mm²]의 경동연선 ② 50[mm²]의 경동연선
③ 38[mm²]의 경동연선 ④ 22[mm²]의 경동연선

> **해설** 333.19 특고압 가공전선과 가공약전류전선 등의 공용설치

┌ 35[kV]
│ 이하   ⎞ 2[m]   ⎛ 35[kV] 이하의 특고압 전로에는 2종 특고압 보안 공사를 실 ⎞
│   ⎠ 이상   ⎝ 시하고, **단면적 50[mm²] 이상인 경동연선일 것**   ⎠
└ 약전선

★★★【82. 89. 기사, 92. 96. 산업기사】

129 가공 전선의 지지물에 약전류 전선을 공용설치 할 때 사용전압이 몇 [V]를 초과하여서는 아니되는가?

① 15,000
② 25,000
③ 35,000
④ 50,000

> **해설** 333.19 특고압 가공전선과 가공약전류전선 등의 공용설치
> 사용전압이 35[kV]를 초과하는 특고압 가공전선과 가공약전류전선 등은 동일 지지물에 시설하여서는 아니된다.

★★★★★【83. 89. 94. 96. 기사, 80. 00. 산업기사】

130 35,000[V]의 특고압 가공전선과 가공 약전류전선을 동일 지지물에 공용설치 하는 경우, 다음보안공사의 종류 중 해당되는 것은?

① 특고압 가공선로는 제2종 특고압 보안공사에 의하여 시설한다.
② 특고압 가공선로는 보안공사에 의하여 시설한다.
③ 특고압 가공선로는 제1종 특고압 보안공사에 의하여 시설한다.
④ 특고압 가공선로는 제3종 특고압 보안공사에 의하여 시설한다.

> **해설** 333.19 특고압 가공전선과 가공 약전류전선 등의 공용설치
> 사용전압이 35[kV] 이하인 특고압 가공전선과 가공 약전류전선 등을 동일 지지물에 시설하는 경우에는 다음에 따라야 한다.
> 가. 특고압 가공전선로는 제2종 특고압 보안공사에 의할 것.
> 나. 특고압 가공전선은 가공약전류전선 등의 위로하고 별개의 완금류에 시설할 것.

특고압 가공전선의 경간

★★☆【97. 00. 02. 기사, 99. 산업기사】

131 B종 철주를 사용하는 특고압 가공 전선로의 표준 경간의 최댓값은 몇 [m] 이하이어야 하는가? (단, 시가지 외에 시설되는 일반 공사의 경우임)

① 250
② 300
③ 350
④ 400

해설 333.21 특고압 가공전선로의 경간 제한

지지물의 종류	경 간
목주·A종 철주 또는 A종 철근 콘크리트주	150[m]
B종 철주 또는 B종 철근 콘크리트주	250[m]
철 탑	600[m] (단주인 경우에는 400[m])

★★【84. 89. 94. 95. 15. 산업기사】
132 특고압 가공전선로에서 단주를 제외한 철탑의 경간은 몇 [m] 이하로 하여야 하는가?

① 400[m]　　　　　　② 500[m]
③ 600[m]　　　　　　④ 800[m]

해설 333.21 특고압 가공전선로의 경간 제한
특고압 가공전선로의 경간은 표에서 정한 값 이하이어야 한다.

지지물의 종류	경 간
목주·A종 철주 또는 A종 철근 콘크리트주	150[m]
B종 철주 또는 B종 철근 콘크리트주	250[m]
철 탑	600[m] (단주인 경우에는 400[m])

★★【00. 기사, 83. 01. 산업기사】
133 단면적 38[mm²]의 경동연선을 사용한 A종 철근 콘크리트주 66[kV] 가공 전선로의 경간의 한도는 몇 [m]인가?

① 100　　② 150　　③ 200　　④ 250

해설 333.21 특고압 가공전선로의 경간 제한

지지물의 종류	표준 경간 22[mm²] 이상의 경동연선	인장강도 21.67[kN] 이상 또는 단면적 50[mm²] 이상의 경동연선
목주·A종 철주 또는 A종 철근 콘크리트주	150[m] 이하	300[m] 이하
B종 철주 또는 B종 철근 콘크리트주	250[m] 이하	500[m] 이하
철 탑	600[m] 이하 (단주인 경우 400[m])	600[m] 이하

★☆【88. 기사, 93. 07. 산업기사】
134 전선의 단면적 50[mm²]인 경동연선을 사용하는 B종 (내장형) 특고압 가공전선로의 경간의 최대 한도는 얼마인가?

① 250[m]　　　　　　② 400[m]
③ 500[m]　　　　　　④ 600[m]

해설 333.21 특고압 가공전선로의 경간 제한

지지물의 종류	표준 경간 22[mm²] 이상의 경동연선	인장강도 21.67[kN] 이상 또는 단면적 50[mm²] 이상의 경동연선
목주 · A종 철주 또는 A종 철근 콘크리트주	150[m] 이하	300[m] 이하
B종 철주 또는 B종 철근 콘크리트주	250[m] 이하	500[m] 이하
철 탑	600[m] 이하 (단주인 경우 400[m])	600[m] 이하

★★ 【07. 11. 기사, 94. 01. 산업기사】

135 지지물로서 B종 철주를 사용하는 특고압 가공 전선로의 경간을 250[m]보다 더 넓게 하고자 하는 경우에 사용되는 경동연선의 굵기는 최소 얼마 이상의 것이어야 하는가?

① 38[mm²] ② 50[mm²]
③ 100[mm²] ④ 150[mm²]

해설 333.21 특고압 가공전선로의 경간 제한

지지물의 종류	표준 경간 22[mm²] 이상의 경동연선	인장강도 21.67[kN] 이상 또는 단면적 50[mm²] 이상의 경동연선
목주 · A종 철주 또는 A종 철근 콘크리트주	150[m] 이하	300[m] 이하
B종 철주 또는 B종 철근 콘크리트주	250[m] 이하	500[m] 이하
철 탑	600[m] 이하 (단주인 경우 400[m])	600[m] 이하

특고압 보안공사

★★★★ 【92. 97. 99. 00. 05. 11. 기사, 10. 산업기사】

136 보안 공사 중에서 목주, A종 철주 및 A종 철근 콘크리트주를 사용할 수 없는 것은?

① 고압 보안 공사
② 제1종 특고압 보안 공사
③ 제2종 특고압 보안 공사
④ 제3종 특고압 보안 공사

해설 333.22 특고압 보안공사
제1종 특고압 보안 공사의 지지물에는 B종 철주, B종 철근 콘크리트주 또는 철탑을 사용할 것.
(목주나 A종은 사용 불가)

137 ★★★★☆【82. 95. 89. 03. 12. 기사, 83. 99. 산업기사, ⊕ : 00. 산업기사】
제1종 특고압 보안 공사에 의해서 시설하는 전선로의 지지물로 사용할 수 없는 것은?

① 철탑
② B종 철주
③ B종 철근 콘크리트주
④ A종 철근 콘크리트주

> **해설** 333.22 특고압 보안공사
> 제1종 특고압 보안 공사의 지지물에는 B종 철주, B종 철근 콘크리트주 또는 철탑을 사용할 것.
> (목주나 A종은 사용 불가)

138 ★★★★★【85. 90. 92. 94. 99. 기사】
사용 전압이 35000 [V] 이하인 특고압 가공 전선이 건조물과 제2차 접근 상태로 시설된 경우 규정에 맞지 않는 것은?

① 특고압 가공 전선은 제2종 특고압 보안 공사로 시설한다.
② 특고압 가공 전선과 건조물과의 이격거리는 3[m] 이상으로 시설한다.
③ 특고압 가공 전선에 케이블을 사용하여 건조물의 상부 조영재에서 위쪽인 경우 1.2[m] 이상으로 시설한다.
④ 지지물로 사용하는 목주의 풍압 하중에 대한 안전율은 1.5 이상으로 한다.

> **해설** 333.22 특고압 보안공사
> 제2종 특고압 보안 공사에 사용하는 목주의 안전율은 2 이상이어야 한다.
> 333.23 특고압 가공전선과 건조물의 접근
> 사용 전압이 35[kV] 이하인 특고압 가공 전선이 건조물과 제2차 접근 상태로 시설되는 경우에는 다음에 의하여야 한다.
> ① 특고압 가공 전선로는 제2종 특고압 보안 공사에 의할 것.
> ② 건조물과의 이격거리는 3[m] 이상일 것
> ③ 케이블을 사용하는 경우에는 상부 조영재의 위쪽에서는 1.2[m] 이상, 옆쪽, 아래쪽에서는 0.5[m] 이상일 것

139 ★【95. 96. 산업기사】
22.9[kV] 전선로를 제1종 특고압 보안공사로 시설한 경우 전선으로 경동연선을 사용한다면 그 단면적은 [mm²] 이상의 것을 사용하여야 하는가?

① 38
② 55
③ 80
④ 100

> **해설** 333.22 특고압 보안공사
> 제1종 특고압 보안공사 시 전선의 단면적

사용전압	전선
100[kV] 미만	인장강도 21.67[kN] 이상의 연선 또는 단면적 55[mm²] 이상의 경동연선
100[kV] 이상 300[kV] 미만	인장강도 58.84[kN] 이상의 연선 또는 단면적 150[mm²] 이상의 경동연선
300[kV] 이상	인장강도 77.47[kN] 이상의 연선 또는 단면적 200[mm²] 이상의 경동연선

★★★★★【87. 90. 92. 93. 04. 10. 기사, 82. 90. 94. 98. 00. 05. 08. 15. 산업기사】
140 154[kV] 가공 송전선로를 제1종 특고압 보안공사에 의할 때 사용되는 경동연선의 굵기는 몇 [mm²] 이상이어야 하는가?

① 100   ② 150
③ 200   ④ 250

해설, 333.22 특고압 보안공사
제1종 특고압 보안공사는 다음에 따라야 한다.

사용전압	전선
100[kV] 미만	인장강도 21.67[kN] 이상의 연선 또는 단면적 55[mm²] 이상의 경동연선
100[kV] 이상 300[kV] 미만	인장강도 58.84[kN] 이상의 연선 또는 단면적 150[mm²] 이상의 경동연선
300[kV] 이상	인장강도 77.47[kN] 이상의 연선 또는 단면적 200[mm²] 이상의 경동연선

★★★☆【83. 88. 94. 기사, 98. 산업기사】
141 제1종 특고압 보안 공사에 의하여 시설한 154[kV] 가공 송전 선로는 전선에 지락 또는 단락이 생긴 경우에 몇 초 안에 자동적으로 이를 전로로부터 차단하는 장치를 시설하는가?

① 0.5   ② 1.0
③ 2.0   ④ 3.0

해설, 333.22 특고압 보안공사
제1종 특고압 보안공사에서 특고압 가공전선에 지락 또는 단락이 생겼을 경우에 3초(사용전압이 100[kV] 이상인 경우에는 2초) 이내에 자동적으로 이것을 전로로부터 차단하는 장치를 시설할 것.

★★★★★【84. 91. 96. 98. 00. 기사, 90. 산업기사】
142 지지물로 목주를 사용하는 제2종 특고압 보안공사의 시설 기준으로 옳지 않은 것은?

① 전선은 연선일 것
② 목주의 풍압 하중에 대한 안전율은 2 이상일 것
③ 지지물의 경간은 150[m] 이하일 것
④ 전선은 바람 또는 눈에 의한 요동에 의하여 단락될 우려가 없도록 시설할 것

해설, 333.22 특고압 보안공사
제2종 특고압 보안공사는 다음에 따라야 한다.
가. 특고압 가공전선은 연선일 것.
나. 지지물로 사용하는 목주의 풍압하중에 대한 안전율은 2 이상일 것.
다. 경간은 표에서 정한 값 이하일 것

지지물의 종류	경간
목주 · A종 철주 또는 A종 철근 콘크리트주	100[m]
B종 철주 또는 B종 철근 콘크리트주	200[m]
철탑	400[m](단주인 경우에는 300[m])

라. 전선은 바람 또는 눈에 의한 요동으로 단락될 우려가 없도록 시설할 것.

답 140. ② 141. ③ 142. ③

★☆【94. 기사, 91. 산업기사】
143 제2종 특고압 보안 공사에 있어서 B종 철근 콘크리트주를 사용하는 경우에 최대 경간은 몇 [m]인가?

① 100[m]   ② 150[m]
③ 200[m]   ④ 400[m]

해설 ▸ 333.22 특고압 보안공사
제2종 특고압 보안공사는 다음에 따라야 한다.
가. 특고압 가공전선은 연선일 것.
나. 지지물로 사용하는 목주의 풍압하중에 대한 안전율은 2 이상일 것.
다. 경간은 표에서 정한 값 이하일 것

지지물의 종류	경 간
목주·A종 철주 또는 A종 철근 콘크리트주	100[m]
B종 철주 또는 B종 철근 콘크리트주	200[m]
철탑	400[m](단주인 경우에는 300[m])

★【83. 92. 산업기사】
144 제2종 특고압 보안 공사에 의한 철탑 사용 특고압 가공 전선로의 경간을 600[m]로 하려면 전선에는 경동선으로 얼마 이상 굵기[mm²]의 것을 사용하여야 하는가?

① 38   ② 55
③ 82   ④ 95

해설 ▸ 333.22 특고압 보안공사

지지물의 종류	제2종 특고압 보안공사	인장강도 38.05[kN] 이상 또는 95[mm²] 이상인 경동연선
목주·A종 철주 또는 A종 철근 콘크리트주	100[m]	100[m]
B종 철주 또는 B종 철근 콘크리트주	200[m]	250[m]
철탑	400[m] (단주인 경우에는 300[m])	600[m]이하

★【96. 기사】
145 전선의 단면적이 38[mm²]인 경동연선을 사용하고 지지물로는 철탑을 사용하는 특고압 가공 전선로를 제3종 특고압 보안공사에 의하여 시설하는 경우의 경간의 한도는 몇 [m]인가?

① 300   ② 400
③ 500   ④ 600

해설 ▸ 333.22 특고압 보안공사
제3종 특고압 보안공사는 다음에 따라야 한다.
가. 특고압 가공전선은 연선일 것.
나. 경간은 표에서 정한 값 이하일 것.

지지물의 종류	제3종 특고압 보안공사	전선의 굵기에 따른 경간	
목주·A종 철주 또는 A종 철근 콘크리트주	100[m]	인장강도14.51[kN] 이상 또는 38[mm²] 이상인 경동연선	150[m]
B종 철주 또는 B종 철근 콘크리트주	200[m]	인장강도 21.67[kN] 이상 또는 55[mm²] 이상인 경동연선	250[m]
철 탑	400[m] (단주인 경우에는 300[m])		600[m]이하 (단주인 경우에는 400[m])

유사문제

‖유사문제 원문 및 해설 : 동일출판사 홈페이지≫고객센터≫자료실

01. 사용 전압 22.9[kV] 이하인 특고압 가공 전선이 건조물과 제2차 접근 상태에 시설되는 경우에 22.9[kV] 가공 전선로의 보안 공사 종류는?

답 제2종 특고압 보안 공사

02. 특고압 가공 전선이 삭도와 제2차 접근 상태로 시설할 경우에 특고압 가공 전선로는 어느 보안 공사를 하여야 하는가?

답 제2종 특고압 보안 공사

03. 지지물로 목주를 사용할 수 없는 보안 공사는?

답 제1종 특고압 보안 공사

04. 345[kV] 가공 전선로를 제1종 특고압 보안 공사에 의하여 시설하는 경우에 사용하는 전선은 단면적 몇 [mm²]의 경동연선 또는 동등 이상의 세기 및 굵기의 것이어야 하는가?

답 200[mm²]

특고압 가공전선과 건조물과의 접근

146 ★【87. 97. 산업기사】

특고압 가공 전선이 건조물과 제1차 접근 상태에 시설되는 경우에 특고압 가공 전선로는 몇 종 특고압 보안 공사를 하여야 하는가?

① 제1종　　　　② 제2종
'③ 제3종　　　　④ 제4종

해설▸ 333.23 특고압 가공전선과 건조물의 접근
특고압 가공전선이 건조물과 제1차 접근상태로 시설되는 경우에 특고압 가공전선로는 제3종 특고압 보안공사에 의할 것.

147 ★★☆ 【95. 02. 기사, 88. 92. 99. 산업기사】
사용 전압이 35,000[V] 이하인 특고압 가공 전선이 건조물과 제2차 접근 상태에 시설되는 경우에 특고압 가공 전선로는 어떤 보안공사를 하여야 하는가?

① 제4종 특고압 보안공사　　　　② 제3종 특고압 보안공사
③ 제2종 특고압 보안공사　　　　④ 제1종 특고압 보안공사

> **해설** 333.23 특고압 가공전선과 건조물의 접근
> • 제1차 접근 상태 : 제3종 특고압 보안공사
> • 제2차 접근 상태(35[kV] 이하) : 제2종 특고압 보안공사
> 　　　　　(35[kV] 초과 400[kV] 미만) : 제1종 특고압 보안공사

148 ★ 【82. 83. 산업기사】
제3종 특고압 보안공사는 다음의 어느 경우에 해당하는 것인가?

① 특고압 가공전선이 건조물과 제1차 접근상태로 시설되는 경우
② 35[kV] 이하인 특고압 가공전선이 건조물과 제2차 접근상태로 시설되는 경우
③ 35[kV]를 넘고 170[kV] 미만의 특고압 가공전선이 건조물과 제2차 접근상태로 시설되는 경우
④ 170[kV] 이상의 특고압 가공전선이 건조물과 제2차 접근상태로 시설되는 경우

> **해설** 333.23 특고압 가공전선과 건조물의 접근
> 가. 특고압 가공전선이 건조물과 제1차 접근상태 : 특고압 가공전선로는 제3종 특고압 보안공사에 의할 것.
> 나. 사용전압이 35[kV] 이하인 특고압 가공전선이 건조물과 제2차 접근상태 : 제2종 특고압 보안공사에 의할 것.

149 ★★★☆ 【82. 93. 96. 02. 24. 기사, 94. 산업기사】
35[kV] 이하의 특고압 가공 전선이 건조물과 제1차 접근 상태로 시설되는 경우의 이격거리는 일반적인 경우 몇 [m] 이상이어야 하는가?

① 3　　　　② 3.5　　　　③ 4　　　　④ 4.5

> **해설** 333.23 특고압 가공전선과 건조물의 접근
> 특고압 가공전선이 건조물과 제1차 접근상태로 시설되는 경우에는 다음에 따라야 한다.
> 가. 특고압 가공전선로는 제3종 특고압 보안공사에 의할 것.
> 나. 사용전압이 35[kV] 이하인 특고압 가공전선과 건조물의 조영재 이격거리는 표에서 정한 값 이상일 것.

건조물과 조영재의 구분	전선종류	접근형태	이격거리
상부 조영재	특고압 절연전선	위쪽	2.5[m]
		옆쪽 또는 아래쪽	1.5[m](전선에 사람이 쉽게 접촉할 우려가 없도록 시설한 경우는 1[m])
	케이블	위쪽	1.2[m]
		옆쪽 또는 아래쪽	0.5[m]
	기타전선		3[m]

건조물과 조영재의 구분	전선종류	접근형태	이격거리
기타 조영재	특고압 절연전선		1.5[m](전선에 사람이 쉽게 접촉할 우려가 없도록 시설한 경우는 1[m])
	케이블		0.5[m]
	기타전선		3[m]

150 ★☆ 【96. 기사, 01. 산업기사】
전압 22900[V]의 특고압 가공 전선이 건조물과 제1차 접근 상태로 시설되는 경우 특고압 가공 전선과 건조물 사이의 이격거리는 몇 [m] 이상이어야 하는가?

① 3　　　　　　② 6　　　　　　③ 9　　　　　　④ 12

해설 333.23 특고압 가공전선과 건조물의 접근
특고압 가공전선이 건조물과 제1차 접근상태로 시설되는 경우에는 다음에 따라야 한다.
가. 특고압 가공전선로는 제3종 특고압 보안공사에 의할 것.
나. 사용전압이 35[kV] 이하인 특고압 가공전선과 건조물의 조영재 이격거리는 표에서 정한 값 이상일 것.

건조물과 조영재의 구분	전선종류	접근형태	이격거리
기타 조영재	특고압 절연전선		1.5[m](전선에 사람이 쉽게 접촉할 우려가 없도록 시설한 경우는 1[m])
	케이블		0.5[m]
	기타전선		3[m]

151 ★★★★★ 【79. 94. 98. 99. 기사, 80. 83. 98. 00. 01. 05. 산업기사】
66[kV] 가공 송전선과 건조물이 제1차 접근 상태로 시설하는 경우 전선과 건조물간의 최소 이격거리는?

① 3.2　　　　　　② 3.4　　　　　　③ 3.6　　　　　　④ 3.8

해설 333.23 특고압 가공전선과 건조물의 접근

건조물과 조영재의 구분	전선종류	접근형태	이격거리
기타 조영재	특고압 절연전선		1.5[m](전선에 사람이 쉽게 접촉할 우려가 없도록 시설한 경우는 1[m])
	케이블		0.5[m]
	기타전선		3[m]

사용전압이 35[kV]를 초과하는 경우 이격거리는 다음에 따를 것.
• 이격거리=35[kV] 이하인 경우 이격거리+단수×0.15[m]
• 단수= $\dfrac{(사용전압[kV]-35)}{10}$ … 단수계산에서 소수점 이하는 절상
• 단수= $\dfrac{66-35}{10}$ =3.1 → 4단
• 이격거리=3+4×0.15=3.6[m]

152 ★☆ 【04. 기사, 92. 09. 산업기사】
시가지에 시설하는 154[kV] 가공 전선로를 도로와 제1차 접근 상태에 시설하는 경우에 전선과 도로와의 이격거리는 몇 [m] 이상이어야 하는가?

① 4.4　　　　② 4.8　　　　③ 5.2　　　　④ 5.6

해설 ▸ 333.23 특고압 가공전선과 건조물의 접근
사용전압이 35[kV]를 초과하는 경우 이격거리는 다음에 따를 것.
- 이격거리=35[kV] 이하인 경우 이격거리+단수×0.15[m]
- 단수= $\dfrac{(사용전압[kV]-35)}{10}$ ⋯ 단수계산에서 소수점 이하는 절상
- 단수= $\dfrac{154-35}{10}$ =11.9 → 12단
- 이격거리= $3+12×0.15=4.8[m]$

153 ★★★☆ 【88. 93. 98. 05. 기사, 95. 산업기사】
345[kV] 가공 전선이 건조물과 제1차 접근 상태로 시설되는 경우 양자간의 최소 이격거리는 얼마이어야 하는가?

① 6.75[m]　　　　② 7.65[m]
③ 7.80[m]　　　　④ 9.48[m]

해설 ▸ 333.23 특고압 가공전선과 건조물의 접근
사용전압이 35[kV]를 초과하는 경우 이격거리는 다음에 따를 것.
- 이격거리=35[kV] 이하인 경우 이격거리+단수×0.15[m]
- 단수= $\dfrac{(사용전압[kV]-35)}{10}$ ⋯ 단수계산에서 소수점 이하는 절상
- 단수= $\dfrac{345-35}{10}$ =31단
- 이격거리= $3+31×0.15=7.65[m]$

154 ★☆ 【82. 83. 94. 산업기사】
최대 사용 전압이 161[kV]인 가공 전선로를 건조물과 접근해서 시설하는 경우 가공 전선과 건조물과의 최소 이격거리[m]는?

① 약 4.5　　　　② 약 4.9
③ 약 5.3　　　　④ 약 5.7

해설 ▸ 333.23 특고압 가공전선과 건조물의 접근
사용전압이 35[kV]를 초과하는 경우 이격거리는 다음에 따를 것.
- 이격거리=35[kV] 이하인 경우 이격거리+단수×0.15[m]
- 단수= $\dfrac{(사용전압[kV]-35)}{10}$ ⋯ 단수계산에서 소수점 이하는 절상
- 단수= $\dfrac{161-35}{10}$ =12.6 → 13단
- 이격거리= $3+13×0.15=4.95[m]$

답 152. ②　153. ②　154. ②

155 ★☆ 【00. 기사, 93. 산업기사】
최대 사용 전압 360[kV] 가공 전선이 교량과 제1차 접근 상태로 시설되는 경우에 전선과 교량과의 최소 이격거리는 몇 [m]인가?

① 5.96 　　② 6.96 　　③ 7.95 　　④ 8.95

해설 333.23 특고압 가공전선과 건조물의 접근
사용전압이 35[kV]를 초과하는 경우 이격거리는 다음에 따를 것.
- 이격거리＝35[kV] 이하인 경우 이격거리＋단수×0.15[m]
- 단수＝$\dfrac{(사용전압[kV]-35)}{10}$ … 단수계산에서 소수점 이하는 절상
- 단수＝$\dfrac{360-35}{10}=32.5 \rightarrow 33$단
- 이격거리＝$3+33\times0.15=7.95$[m]

🔗 유사문제

‖유사문제 원문 및 해설 : 동일출판사 홈페이지≫고객센터≫자료실

01. 154[kV] 가공 전선이 도로와 제2차 접근 상태로 시설되는 경우, 가공 전선 중 도로와의 이격거리가 3[m] 미만으로 시설되는 부분의 길이는 계속해서 몇 [m] 이하이어야 하는가?
🔑 100[m]

02. 어떤 공장에서 22[kV] 케이블 가공 전선을 건물 옆쪽에 접근 상태로 시설하는 경우에 케이블선과 건물과의 이격거리는 몇 [m] 이상이어야 하는가?
🔑 0.5[m]

▌보호망

156 ★ 【83. 기사】
154[kV] 가공 전선과 가공 약전류 전선이 교차하는 경우에 시설하는 보호망을 보호하는 금속선 중 가공 전선의 직하에 시설되는 것 이외의 다른 부분에 시설되는 금속선은 굵기 몇 [mm] 이상의 경동선이어야 하는가?

① 2.6 　　② 3.2 　　③ 4.0 　　④ 5.0

해설 333.24 특고압 가공전선과 도로 등의 접근 또는 교차
특고압 가공전선과 도로 등 사이에 다음에 의하여 보호망을 시설하는 경우에는 제2종 특고압 보안공사에 의하지 아니할 수 있다.
- 가. 보호망은 규정에 준하여 접지공사를 한 금속제의 망상장치로 하고 견고하게 지지할 것.
- 나. 보호망을 구성하는 금속선은 그 외주 및 특고압 가공전선의 직하에 시설하는 금속선에는 인장강도 8.01[kN] 이상의 것 또는 지름 5[mm] 이상의 경동선을 사용하고 그 밖의 부분에 시설하는 금속선에는 인장강도 5.26[kN] 이상의 것 또는 지름 4[mm] 이상의 경동선을 사용할 것.
- 다. 보호망을 구성하는 금속선 상호의 간격은 가로, 세로 각 1.5 [m] 이하일 것.

🔑 155. ③ 156. ③

157 ★★ 【03. 12. 기사, 80. 09. 산업기사】

특고압 가공 전선과 약전류 전선 사이에 사용하는 보호망에 있어서 보호망을 구성하는 금속선의 상호의 간격[m]은 얼마 이하로 시설하여야 하는가?

① 60 ② 75 ③ 1.2 ④ 1.5

해설 333.24 특고압 가공전선과 도로 등의 접근 또는 교차
보호망을 구성하는 금속선 상호의 간격은 가로, 세로 각 1.5[m] 이하일 것.

삭도와의 이격거리

158 ☆ 【92. 산업기사】

최대 사용 전압이 161[kV]인 가공 전선이 삭도와 제1차 접근 상태에 시설되는 경우, 이 고압 가공 전선과 삭도 또는 삭도용 지주와의 최소 이격거리는 얼마인가?

① 3.32[m] ② 3.84[m]
③ 4.28[m] ④ 4.95[m]

해설 333.25 특고압 가공전선과 삭도의 접근 또는 교차

사용전압	전선의 종류	이격거리
35[kV] 이하	표 준	2[m]
	특고압 절연전선 사용	1[m]
	케이블	0.5[m]
35[kV] 초과 60[kV] 이하		2[m]
60[kV] 초과	• 이격거리＝2+단수×0.12[m] • 단수＝$\dfrac{(전압[kV]-60)}{10}$ … 단수 계산에서 소수점 이하는 절상	

• 단수＝$\dfrac{161-60}{10}=10.1 \rightarrow 11$단

∴ 이격거리＝$2+11\times0.12=3.32$[m]

---

159 ★★ 【96. 기사, 98. 00. 산업기사】

나전선을 사용한 69000[V] 가공 전선이 삭도와 제1차 접근 상태에 시설되는 경우 전선과 삭도와의 최소 이격거리는?

① 2.12[m] ② 2.24[m]
③ 2.36[m] ④ 2.48[m]

해설 333.25 특고압 가공전선과 삭도의 접근 또는 교차
사용전압 60[kV] 초과 시 2[m]에 사용전압이 60[kV]를 초과하는 10[kV] 또는 그 단수마다 12[cm]를 더한 값일 것

• 단수＝$\dfrac{69-60}{10}=0.9 \rightarrow 1$단

∴ 이격거리＝$2+1\times0.12=2.12$[m]

---

160 ☆【94. 산업기사】
특고압 가공 전선과 가공 약전류전선이 교차하는 경우에 특고압 가공 전선의 양외선이 바로 아래에 접지공사를 한 지름 몇 [mm]의 경동선을 가공 약전류 전선과 이격시켜 시설하여야 하는가?

① 3.2   ② 3.5   ③ 4.0   ④ 5.0

해설, 333.26 특고압 가공전선과 저고압 가공전선 등의 접근 또는 교차
특고압 가공전선이 가공약전류전선(통신용 케이블을 사용하는 것은 제외한다)이나 저압 또는 고압 가공전선과 교차하는 경우에는 특고압 가공전선의 양외선이 바로 아래에 접지공사를 한 인장강도 8.01 kN 이상 또는 지름 5[mm] 이상의 경동선을 약전류 전선이나 저압 또는 고압의 가공전선과 0.6[m] 이상의 이격거리를 유지하여 시설할 것.

특고압 전선로 상호 간의 접근 교차

161 ★【97. 기사】
154[kV] 가공 송전선이 66[kV] 가공 송전선의 상방에 교차되어 시설되는 경우, 154[kV] 가공 송전 선로는 제 몇 종 특고압 보안 공사에 의하여야 하는가?

① 1   ② 2   ③ 3   ④ 4

해설, 333.27 특고압 가공전선 상호 간의 접근 또는 교차
특고압 가공전선이 다른 특고압 가공전선과 접근상태로 시설되거나 교차하여 시설되는 경우, 위쪽 또는 옆쪽에 시설되는 특고압 가공전선로는 제3종 특고압 보안공사에 의할 것.

162 ☆【80. 산업기사】
33[kV] 특고압선과 11[kV] 특고압선이 케이블로 된 경우 가공 전선로에서 서로 교차할 때의 이격거리[cm]는?

① 50   ② 60   ③ 90   ④ 120

해설, 333.27 특고압 가공전선 상호 간의 접근 또는 교차

사용전압의 구분	이격거리
35[kV] 이하	• 특고압 가공전선에 케이블을 사용하고 다른 특고압 가공전선에 특고압 절연전선 또는 케이블을 사용하는 경우 : 0.5[m] • 각각의 특고압 가공전선에 특고압 절연전선을 사용하는 경우 : 1[m]

163 ★★☆【79. 91. 기사, 94. 산업기사】
154,000[V] 가공 송전선이 66,000[V] 가공 송전선과 교차할 경우 상호간의 최소 이격거리[m]는?

① 1   ② 2   ③ 3.2   ④ 4

답 160. ④ 161. ③ 162. ① 163. ③

해설 333.27 특고압 가공전선 상호 간의 접근 또는 교차

특고압 가공전선이 다른 특고압 가공전선과 접근상태로 시설되거나 교차하여 시설되는 경우에는 다음에 따라야 한다.

가. 위쪽 또는 옆쪽에 시설되는 특고압 가공전선로는 제3종 특고압 보안공사에 의할 것.

나. 특고압 가공전선과 다른 특고압 가공전선 사이의 이격거리

사용전압의 구분	이격거리
35[kV] 이하	• 특고압 가공전선에 케이블을 사용하고 다른 특고압 가공전선에 특고압 절연전선 또는 케이블을 사용하는 경우 : 0.5[m] • 각각의 특고압 가공전선에 특고압 절연전선을 사용하는 경우 : 1[m]
60[kV] 이하	2[m]
60[kV] 초과	• 이격거리＝2＋단수×0.12[m] • 단수＝$\dfrac{(전압[kV]-60)}{10}$ … 단수 계산에서 소수점 이하는 절상

이격거리＝2＋10×0.12＝3.2[m]

(∵ $\dfrac{154-60}{10}=9.4 \Rightarrow 10$단)

★☆【98. 기사, 83. 산업기사】

164 최대 사용 전압 360[kV]의 가공 전선이 최대 사용 전압 161[kV] 가공 전선과 교차하여 시설되는 경우 양자간의 최소 이격거리는 몇 [m]인가?

① 5.6　　　　② 6.4　　　　③ 7.2　　　　④ 8.0

해설 333.27 특고압 가공전선 상호 간의 접근 또는 교차

사용전압 60[kV] 초과 시 2[m]에 사용전압이 60[kV]를 초과하는 10[kV] 또는 그 단수마다 12[cm]를 더한 값일 것

• 단수＝$\dfrac{360-60}{10}=30$단

∴ 이격거리＝2＋30×0.12＝5.6[m]

특고압 가공전선과 식물과의 이격거리

★☆【92. 기사, 96. 산업기사】

165 60[kV]의 송전 선로의 송전선과 수목과의 최소 이격거리는 몇 [m]인가?

① 2.0　　　　② 2.2　　　　③ 2.12　　　　④ 3.45

해설 333.30 특고압 가공전선과 식물의 이격거리

사용전압의 구분	이격거리
60[kV] 이하	2[m]
60[kV] 초과	2[m]에 사용전압이 60[kV]를 초과하는 10[kV] 또는 그 단수마다 12[cm]를 더한 값

★★★ 【96. 04. 06. 10. 기사, 99. 11. 산업기사】
166 사용 전압 154[kV]의 가공 송전선과 식물과의 최소 이격거리는 몇 [m]인가?

① 3.0[m] ② 3.12[m]
③ 3.2[m] ④ 3.4[m]

해설 333.30 특고압 가공전선과 식물의 이격거리

사용전압의 구분	이격거리
60[kV] 이하	2[m]
60[kV] 초과	2[m]에 사용전압이 60[kV]를 초과하는 10[kV] 또는 그 단수마다 12[cm]를 더한 값

• 단수 $= \dfrac{154-60}{10} = 9.4 \to 10$단
• 이격거리 $= 2 + 0.12 \times 10 = 3.2$[m]

🔗 유사문제

‖ 유사문제 원문 및 해설 : 동일출판사 홈페이지≫고객센터≫자료실

01. 275[kV]의 가공 전선과 수목과의 접근 거리[m]의 최솟값은?

답 4.64[m]

다중접지선로

★ 【83. 92. 산업기사】
167 3상 4선식 22,900[Ⅴ] 중성선 다중 접지 방식의 가공 전선로에 있어서 그 중성선은 어느 전선의 규정에 준하여 시설하여야 하는가?

① 저압 가공 전선
② 고압 가공 전선
③ 15,000[Ⅴ] 이하인 특고압 가공 전선
④ 25,000[Ⅴ] 이하인 특고압 가공 전선

해설 333.32 25[kV] 이하인 특고압 가공전선로의 시설
특고압 가공전선로의 다중접지를 한 중성선은 저압 가공전선의 규정에 준하여 시설할 것

168 ★ 【95. 90. 산업기사】
22.9[kV] 가공 전선로(중성점 다중 접지식)가 그림과 같이 교통이 번잡한 도로를 횡단하고 있다. 중성선(N선)의 도로면 상의 높이 H는 최소한 몇 미터 이상으로 시설하여야 하는가?

① 8[m] 이상
② 7[m] 이상
③ 6[m] 이상
④ 5[m] 이상

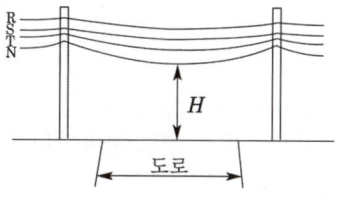

해설▶ 333.32 25[kV] 이하인 특고압 가공전선로의 시설
- 특고압 가공전선로의 다중접지를 한 중성선은 저압 가공전선의 규정에 준하여 시설할 것
- 저압 가공전선의 높이는 도로(농로 기타 교통이 번잡하지 않은 도로 및 횡단보도교를 제외한다.)를 횡단하는 경우에는 **지표상 6[m] 이상**이어야 한다.

169 ★★ 【79. 89. 기사】
15,000[V]를 넘고 25,000[V] 이하인 중성점 다중 접지식 3상 4선식 가공 전선이 건조물의 상부 조영재의 위쪽 및 옆쪽에서 접근하는 경우의 최소 이격거리[m]는 각각 얼마인가? 단, 전선은 케이블을 사용하였다.

① 2.5, 1.5　　　　　　　　② 1.25, 0.5
③ 3, 1.5　　　　　　　　　④ 1.2, 0.5

해설▶ 333.32 25[kV] 이하인 특고압 가공전선로의 시설

건조물의 조영재	접근 형태	전선의 종류	이격거리
상부 조영재	위쪽	나전선	3.0[m]
		특고압 절연전선	2.5[m]
		케이블	1.2[m]
	옆쪽 또는 아래쪽	나전선	1.5[m]
		특고압 절연전선	1.0[m]
		케이블	0.5[m]
기타의 조영재		나전선	1.5[m]
		특고압 절연전선	1.0[m]
		케이블	0.5[m]

170 ★ 【01 기사】
22.9[kV] 3상 4선식 중성선 다중 접지식 가공 전선로에서 각 접지선을 중성선으로부터 분리하였을 경우 매 1[km]마다의 중성선과 대지 사이의 합성 전기 저항값은 몇 [Ω] 이하이어야 하는가?

① 15　　　　　　② 20　　　　　　③ 25　　　　　　④ 30

해설▶ 333.32 25[kV] 이하인 특고압 가공전선로의 시설
각 접지도체를 중성선으로부터 분리하였을 경우의 각 접지점의 대지 전기저항 값과 1[km]마다 중성선과 대지 사이의 합성전기저항 값은 표에서 정한 값 이하일 것.

사용 전압	각 접지점의 대지 전기 저항값	1[km]마다의 합성 전기 저항값
15[kV] 이하	300[Ω]	30[Ω]
15[kV] 초과 25[kV] 이하	300[Ω]	15[Ω]

★★★★★ 【79. 83. 90. 93. 97. 기사, 90. 95. 00. 01. 04. 산업기사】

171 22.9[kV] 배전 선로 중성선 다중 접지 계통에서 1[km]마다 중성선과 대지간 합성 전기의 최대 저항값[Ω]은?

① 5　　　　　　② 10　　　　　　③ 15　　　　　　④ 30

해설, 333.32 25[kV] 이하인 특고압 가공전선로의 시설

사용 전압	각 접지점의 대지 전기 저항값	1[km]마다의 합성 전기 저항값
15[kV] 이하	300[Ω]	30[Ω]
15[kV] 초과 25[kV] 이하	300[Ω]	15[Ω]

★★ 【02. 기사, 92. 00. 05. 산업기사】

172 중성선 다중 접지식의 것으로서 전로에 지락 또는 단락이 생긴 경우에 2초 안에 자동적으로 차단하는 장치를 가지는 22.9[kV] 가공 전선로에서 1[km]당 중성선과 대지간의 합성 전기 저항값은 몇 [Ω] 이하이어야 하는가?

① 10　　　　　　② 15　　　　　　③ 20　　　　　　④ 30

해설, 333.32 25[kV] 이하인 특고압 가공전선로의 시설

사용 전압	각 접지점의 대지 전기 저항값	1[km]마다의 합성 전기 저항값
15[kV] 이하	300[Ω]	30[Ω]
15[kV] 초과 25[kV] 이하	300[Ω]	15[Ω]

★★☆ 【83. 기사, 81. 83. 90. 산업기사】

173 25[kV] 이하인 특고압 가공 전선로의 시설에 있어서 중성선을 다중 접지하는 경우 각 접지점 상호의 거리[m]는 얼마 이하로 되어야 하는가?

① 100　　　　　　② 150　　　　　　③ 250　　　　　　④ 300

해설, 333.32 25[kV] 이하인 특고압 가공전선로의 시설
15[kV] 초과 25[kV] 이하인 특고압 가공전선로의 중성선을 다중 접지하는 경우 각각 접지한 곳 상호 간의 거리는 전선로에 따라 150[m] 이하일 것

★★★☆ 【83. 90. 93. 기사, 91. 산업기사】

174 22.9[kV] 배전 선로(나전선)와 건조물에 설치된 안테나와의 최소 수평 이격거리[m]는?

① 1　　　　　　② 1.25　　　　　　③ 1.5　　　　　　④ 2.0

답 171. ③ 172. ② 173. ② 174. ④

해설 333.32 25[kV] 이하인 특고압 가공전선로의 시설

구 분	가공전선의 종류	이격(수평이격)거리
가공약전류전선 등·저압 또는 고압의 가공전선·저압 또는 고압의 전차선·안테나	나전선	2.0[m]
	특고압 절연전선	1.5[m]
	케이블	0.5[m]

★ 【95. 00. 산업기사】
175 22.9[kV] 3상 4선식 중성점 다중 접지 방식의 가공 전선에 특고압 절연전선을 사용한 경우 안테나와의 최소 이격거리는 몇 [m]인가?

① 0.75　　　　② 1　　　　③ 1.5　　　　④ 2

해설 333.32 25[kV] 이하인 특고압 가공전선로의 시설

구 분	가공전선의 종류	이격(수평이격)거리
가공약전류전선 등·저압 또는 고압의 가공전선·저압 또는 고압의 전차선·안테나	나전선	2.0[m]
	특고압 절연전선	1.5[m]
	케이블	0.5[m]

★★ 【87. 90. 91. 99. 산업기사】
176 3상 4선식 중성선 다중접지한 22900[V] 특고압 가공전선과 식물과의 최소 이격거리는 얼마인가?

① 1.2[m]　　　② 1.5[m]　　　③ 2[m]　　　④ 2.5[m]

해설 333.32 25[kV] 이하인 특고압 가공전선로의 시설
사용전압이 15[kV]를 초과하고 25[kV] 이하인 특고압 가공전선로와 식물 사이의 이격거리는 1.5[m] 이상일 것.
다만, 특고압 가공전선이 특고압 절연전선이거나 케이블인 경우로서 특고압 가공전선을 식물에 접촉하지 아니하도록 시설하는 경우에는 그러하지 아니하다.

★★★☆ 【95. 99. 00. 02. 12. 기사, 99. 산업기사】
177 중성선 다중접지식으로서 전로에 지락 또는 단락이 생겼을 때에 2초 이내에 자동적으로 이를 전로로부터 차단하는 장치가 되어 있는 22,900[V] 특고압 가공 전선과 식물과의 이격거리는 몇 [m] 이상이어야 하는가?

① 1.2　　　　② 1.5　　　　③ 2　　　　④ 2.5

해설 333.32 25[kV] 이하인 특고압 가공전선로의 시설
사용전압이 15[kV]를 초과하고 25[kV] 이하인 특고압 가공전선로와 식물 사이의 이격거리는 1.5[m] 이상일 것.
다만, 특고압 가공전선이 특고압 절연전선이거나 케이블인 경우로서 특고압 가공전선을 식물에 접촉하지 아니하도록 시설하는 경우에는 그러하지 아니하다.

178 ★ 【23. 기사, 82. 19. 산업기사】

중성선 다중접지식의 것으로 전로에 지락이 생겼을 때에 2초 이내에 자동적으로 이를 전로로부터 차단하는 장치가 되어 있는 22.9 [kV] 가공전선로를 상부 조영재의 위쪽에서 접근상태로 시설하는 경우, 가공전선과 건조물과의 이격거리는 몇 [m] 이상이어야 하는가? (단, 전선으로는 나전선을 사용한다고 한다.)

① 1.2　　　　　② 2.0　　　　　③ 2.5　　　　　④ 3.0

해설▶ 333.32 25[kV] 이하인 특고압 가공전선로의 시설

사용전압이 15[kV]를 초과하고 25[kV] 이하인 특고압 가공전선로(중성선 다중접지식의 것으로서 전로에 지락이 생겼을 때에 2초 이내에 자동적으로 이를 전로로부터 차단하는 장치가 되어 있는 것에 한한다)가 건조물과 접근하는 경우에 특고압 가공전선과 건조물의 조영재 사이의 이격거리는 표에서 정한 값 이상일 것.

건조물의 조영재	접근 형태	전선의 종류	이격거리
상부 조영재	위쪽	나전선	3[m]
		특고압 절연전선	2.5[m]
		케이블	1.2[m]
	옆쪽 또는 아래쪽	나전선	1.5[m]
		특고압 절연전선	1.0[m]
		케이블	0.5[m]
기타의 조영재		나전선	1.5[m]
		특고압 절연전선	1.0[m]
		케이블	0.5[m]

179 ★★★ 【91. 97. 11. 24. 기사, 79. 90. 04. 산업기사】

사용전압 22.9[kV]인 가공전선로의 중성선 다중접지식에 사용되는 접지선의 굵기는 단면적 몇 [mm²]의 연동선 또는 이와 동등이상의 굵기로서 고장전류를 안전하게 통할 수 있는 것이어야 하는가? 단, 전로에 지기가 생긴 경우 2초안에 전로로부터 자동 차단하는 장치를 하였다.

① 2.5　　　　　② 4.0　　　　　③ 6.0　　　　　④ 16

해설▶ 333.32 25[kV] 이하인 특고압 가공전선로의 시설

사용전압이 15[kV]를 초과하고 25[kV] 이하인 특고압 가공전선로(중성선 다중접지식의 것으로서 전로에 지락이 생겼을 때에 2초 이내에 자동적으로 이를 전로로부터 차단하는 장치가 되어 있는 것에 한한다.)의 중성선의 접지도체는 공칭단면적 6[mm²] 이상의 연동선 또는 이와 동등 이상의 세기 및 굵기의 쉽게 부식하지 않는 금속선으로서 고장 시에 흐르는 전류가 안전하게 통할 수 있는 것일 것.

지중전선로

180 ★★★★ 【95. 96. 02. 기사, 94. 96. 98. 99. 05. 산업기사】

지중 전선로에 사용되는 전선은?

① 절연 전선　　　　　② 동복강선
③ 케이블　　　　　④ 나경동선

답 178. ④ 179. ③ 180. ③

해설 334.1 지중전선로의 시설
지중 전선로는 **전선에 케이블을 사용**하고 또한 관로식·암거식 또는 직접 매설식에 의하여 시설하여야 한다.

★★ 【15. 25. 기사, 15. 25. 산업기사】
181 지중전선로를 직접 매설식에 의하여 시설할 때, 중량물의 압력을 받을 우려가 있는 장소에 지중전선을 견고한 트라프 기타 방호물에 넣지 않고도 부설할 수 있는 케이블은?

① 염화비닐 절연 케이블   ② 폴리에틸렌 외장 케이블
③ 콤바인 덕트 케이블   ④ 알루미늄피 케이블

해설 334.1 지중전선로의 시설
지중 전선로를 직접 매설식에 의하여 시설하는 경우에 지중 전선을 견고한 트라프 기타 방호물에 넣어 시설하여야 한다. 단, 다음의 어느 하나에 해당하는 경우에는 지중전선을 견고한 트라프 기타 방호물에 넣지 아니하여도 된다.
가. 저압 또는 고압의 지중전선을 차량 기타 중량물의 압력을 받을 우려가 없는 경우에 그 위를 견고한 판 또는 몰드로 덮어 시설하는 경우
나. 저압 또는 고압의 **지중전선에 콤바인덕트 케이블 또는 개장한 케이블을 사용**하여 시설하는 경우
다. 특고압 지중전선은 개장한 케이블을 사용하고 또한 견고한 판 또는 몰드로 지중 전선의 위와 옆을 덮어 시설하는 경우

★★☆ 【92. 00. 03. 기사, 98. 산업기사】
182 고압 지중 케이블로서 직접 매설식에 의하여 견고한 트라프 기타 방호물에 넣지 않고 시설할 수있는 케이블은? (단, "보기"항의 케이블은 개장(改裝)하지 않은 것임)

① 무기물 절연 케이블   ② 콤바인덕트 케이블
③ 클로로프렌 외장 케이블   ④ 고무 외장 케이블

해설 334.1 지중전선로의 시설
저압 또는 고압의 **지중전선에 콤바인덕트 케이블 또는 개장한 케이블을 사용**하여 시설하는 경우에는 지중전선을 견고한 트라프 기타 방호물에 넣지 아니하여도 된다.

★ 【03. 산업기사】
183 지중 전선로의 시설에 관한 사항으로 옳은 것은?

① 전선은 케이블을 사용하고 관로식, 암거식 또는 직접 매설식에 의하여 시설한다.
② 전선은 절연전선을 사용하고 관로식, 암거식 또는 직접 매설식에 의하여 시설한다.
③ 전선은 케이블을 사용하고 내화성능이 있는 비닐관에 인입하여 시설한다.
④ 전선은 절연전선을 사용하고 내화성능이 있는 비닐관에 인입하여 시설한다.

해설 334.1 지중전선로의 시설
지중 전선로는 **전선에 케이블을 사용**하고 또한 **관로식·암거식 또는 직접 매설식**에 의하여 시설하여야 한다.

★★★★★【89. 96. 99. 04. 05. 09. 12. 15. 18. 23. 기사, 79. 89. 95. 00. 산업기사】
184 차량, 기타 중량물의 압력을 받을 우려가 없는 장소에 지중 전선을 직접 매설식에 의하여 매설하는 경우의 최소 깊이[m]는?

① 0.3　　　　　② 0.6　　　　　③ 1.0　　　　　④ 1.2

해설, 334.1 지중전선로의 시설
　가. 지중 전선로는 전선에 케이블을 사용하고 또한 관로식·암거식 또는 직접 매설식에 의하여 시설하여야 한다.
　나. 지중 전선로를 직접 매설식에 의하여 시설하는 경우에는 매설 깊이는
　　① 차량 기타 중량물의 압력을 받을 우려가 있는 장소 : 1.0 [m] 이상
　　② 기타 장소 : 0.6[m] 이상

★★★【95. 00. 11. 기사, 93. 99. 17. 24. 산업기사】
185 중량물이 통과하는 장소에 비닐 외장 케이블을 직접 매설식으로 매설하고자 할 때 매설의 최소 깊이는 몇 [m]인가?

① 0.8　　　　　② 1.0　　　　　③ 1.2　　　　　④ 1.5

해설, 334.1 지중전선로의 시설
　가. 지중 전선로는 전선에 케이블을 사용하고 또한 관로식·암거식 또는 직접 매설식에 의하여 시설하여야 한다.
　나. 지중 전선로를 직접 매설식에 의하여 시설하는 경우에는 매설 깊이는
　　① 차량 기타 중량물의 압력을 받을 우려가 있는 장소 : 1.0[m] 이상
　　② 기타 장소 : 0.6[m] 이상

★★★★【97. 99. 01. 기사, 93. 99. 산업기사】
186 지중 전선로를 차도에 시설하는 경우 직접 매설식으로 하면 깊이 몇 [m] 이상 매설하는가?

① 1.0　　　　　② 1.2　　　　　③ 1.5　　　　　④ 2.0

해설, 334.1 지중전선로의 시설
　가. 지중 전선로는 전선에 케이블을 사용하고 또한 관로식·암거식 또는 직접 매설식에 의하여 시설하여야 한다.
　나. 지중 전선로를 직접 매설식에 의하여 시설하는 경우에는 매설 깊이는
　　① 차량 기타 중량물의 압력을 받을 우려가 있는 장소 : 1.0 [m] 이상
　　② 기타 장소 : 0.6[m] 이상

★★☆【88. 01. 11. 기사, 97. 18. 23. 산업기사】
187 지중전선로에 사용하는 지중함의 시설기준으로 옳지 않은 것은?

① 견고하고 차량 기타중량물의 압력에 견딜수 있을 것
② 그 안의 고인물을 제거할 수 있는 구조일 것
③ 뚜껑은 시설자 이외의 자가 쉽게 열수 없도록 할 것
④ 조명 및 세척이 가능한 장치를 하도록 할 것

해설 334.2 지중함의 시설
가. 지중함은 견고하고 차량 기타 중량물의 압력에 견디는 구조일 것.
나. 지중함은 그 안의 고인 물을 제거할 수 있는 구조로 되어 있을 것.
다. 폭발성 또는 연소성의 가스가 침입할 우려가 있는 것에 시설하는 지중함으로서 그 크기가 1[m³] 이상인 것에는 통풍장치 기타 가스를 방산시키기 위한 적당한 장치를 시설할 것.
라. 지중함의 뚜껑은 시설자 이외의 자가 쉽게 열 수 없도록 시설할 것.

★★★【96. 03. 09. 12. 기사, 86. 90. 12. 24. 산업기사】
188 폭발성 또는 연소성의 가스가 침입할 우려가 있는 곳에 시설하는 지중함으로서 그 크기가 몇 m³ 이상인 것에는 통풍장치 기타 가스를 방산시키기 위한 적당한 장치를 시설하여야 하는가?
① 0.5 　　　　　② 0.75
③ 1 　　　　　④ 2

해설 334.2 지중함의 시설
폭발성 또는 연소성의 가스가 침입할 우려가 있는 것에 시설하는 지중함으로서 그 크기가 1[m³] 이상인 것에는 통풍장치 기타 가스를 방산시키기 위한 적당한 장치를 시설할 것.

★【94. 기사】
189 압축 가스를 사용하여 케이블에 압력을 가할 때 압축 가스 탱크는 최고 사용 압력의 몇 배의 유압을 몇 분간 가하는가?
① 1.1, 10 　　　　　② 1.25, 10
③ 1.5, 10 　　　　　④ 2.0, 10

해설 334.3 케이블 가압장치의 시설
압축 가스를 사용하여 케이블에 압력을 가하는 장치는 압축 가스 또는 압유가 통하는 관, 압출 가스 탱크 또는 압유 탱크 및 압축기는 각각의 최고 사용 압력의 1.5배의 유압 또는 수압(유압 또는 수압으로 시험하기 곤란한 경우에는 최고 사용압력의 1.25배의 기압)을 연속하여 10분간 가하여 시험을 하였을 때 이에 견디고 또한 누설되지 아니할 것.

★★★【09. 19. 기사, 03. 09. 12. 23. 산업기사】
190 "지중 전선로는 기설 지중 약전류 전선로에 대하여 (㉮) 또는 (㉯)에 대하여 통신상의 장해를 주지 않도록 기설 약전류 전선로로부터 충분히 이격시키거나 적당한 방법으로 시설하여야 한다." ㉮, ㉯에 알맞은 말은?
① ㉮ 정전용량 ㉯ 표피작용 　　② ㉮ 정전용량 ㉯ 유도작용
③ ㉮ 누설전류 ㉯ 표피작용 　　④ ㉮ 누설전류 ㉯ 유도작용

해설 334.5 지중약전류전선의 유도장해 방지
지중전선로는 기설 지중약전류전선로에 대하여 누설전류 또는 유도작용에 의하여 통신상의 장해를 주지 않도록 기설 약전류전선로로부터 충분히 이격시키거나 기타 적당한 방법으로 시설하여야 한다.

★★☆ 【78. 00. 기사, 91. 산업기사】
191 지중전선과 지중 약전류 전선이 접근 또는 교차되는 경우에 고·저압에서의 이격거리[cm]는?

① 30   ② 40   ③ 50   ④ 60

해설 334.6 지중전선과 지중약전류전선 등 또는 관과의 접근 또는 교차

조 건	전 압	이격거리
지중 약전류 전선과 접근 또는 교차하는 경우	저압 또는 고압	0.3[m]
	특고압	0.6[m]

★★★★ 【77. 80. 04. 06. 10. 기사, 77. 80. 90. 01. 11. 12. 산업기사】
192 고압 지중 전선이 지중 약전류 전선과 접근하거나 교차되는 경우 상호간에 견고한 내화성 격벽을 설치하지 않으면 안 되는 이격거리는 몇 [cm] 이하인가?

① 15   ② 30   ③ 60   ④ 80

해설 334.6 지중전선과 지중약전류전선 등 또는 관과의 접근 또는 교차

조 건	전 압	이격거리
지중 약전류 전선과 접근 또는 교차하는 경우	저압 또는 고압	0.3[m]
	특고압	0.6[m]

★★★☆ 【77. 80. 83. 기사, 93. 산업기사】
193 특고압 지중 전선이 지중 약전류 전선과 접근하거나 교차되는 경우 상호간에 견고한 내화성 격벽을 설치하지 않으면 안 되는 이격거리는?

① 15[cm] 이하   ② 30[cm] 이하
③ 60[cm] 이하   ④ 80[cm] 이하

해설 334.6 지중전선과 지중약전류전선 등 또는 관과의 접근 또는 교차
지중전선이 다음 조건의 이격거리 이하로 설치되는 경우에는 상호 간에 내화성의 격벽을 설치하여야 한다.

조 건	전 압	이격거리
지중 약전류 전선과 접근 또는 교차하는 경우	저압 또는 고압	0.3[m]
	특고압	0.6[m]

★★★ 【86. 99. 기사, 90. 93. 11. 16. 산업기사】
194 특고압 지중 전선이 유독성의 유체를 내포하는 관과 접근하거나 교차하는 경우에 상호간에 견고한 내화성 격벽을 설치하지 않으면 안 되는 최소 이격거리는?

① 30[cm]   ② 60[cm]   ③ 80[cm]   ④ 100[cm]

해설 334.6 지중전선과 지중약전류전선 등 또는 관과의 접근 또는 교차
지중전선이 다음 조건의 이격거리 이하로 설치되는 경우에는 상호 간에 내화성의 격벽을 설치하여야 한다.

답 191. ①   192. ②   193. ③   194. ④

조 건	전 압	이격거리
가연성, 유독성의 유체를 내포하는 관과 접근 또는 교차	특고압	1[m]
	25[kV] 이하, 다중접지방식	0.5[m]

★ 【90. 91. 산업기사】

195 특고압 지중전선과 고압 지중전선이 서로 교차할 때의 최소 이격거리는 몇 [m] 미만 인가?

① 0.3　　　　　② 0.6　　　　　③ 1.0　　　　　④ 1.2

해설 334.7 지중전선 상호 간의 접근 또는 교차
　　　지중함 내 이외의 곳에서 상호 간의 거리
　　　가. 저압 지중전선과 고압 지중전선 : 0.15[m] 미만
　　　나. 저압이나 고압의 지중전선과 특고압 지중전선 : 0.3[m] 미만

🔗 유사문제

‖ 유사문제 원문 및 해설 : 동일출판사 홈페이지≫고객센터≫자료실

01. 지중 전선로 중에 직접 매설식에 의하여 시설할 경우에는 토관의 깊이를 차량 및 기타 중량물의 압력을 받을 우려가 없는 장소에서는 몇 [m] 이상으로 하여야 하는가?
　　답 0.6[m]

02. 30[kV]의 지중 전선로를 직접 매설식에 의해 중량물이 통과하는 도로 밑에 시설하는 경우 지표로부터의 최소 깊이[m]는?
　　답 1.0[m]

03. 22.9[kV]의 지중 전선과 지중 약전선과의 최소 이격거리[m]는?
　　답 60[cm]

04. 300[V]의 지중 케이블의 지중 약전류 전선과 접근 또는 교차하는 경우에 상호의 이격거리가 몇 [cm] 이하인 경우에 내화성의 격벽을 설치하는가?
　　답 30[cm]

▌터널 안 전선로

★☆ 【93. 기사, 85. 산업기사】

196 터널 안 고압 전선로의 시설에서 경동선의 최소 굵기는 몇 [mm]인가?

① 2　　　　　② 2.6　　　　　③ 3.2　　　　　④ 4.0

해설 335.1 터널 안 전선로의 시설
　　　철도·궤도 또는 자동차도 전용터널 안의 전선로

전압	전선의 굵기	시공방법	애자사용공사 시 높이
저압	인장강도 2.30[kN] 이상 또는 2.6[mm] 이상의 경동선의 절연전선	• 합성수지관공사 • 금속관공사 • 금속제가요전선관 공사 • 케이블공사 • 애자사용공사	노면상, 레일면상 2.5[m] 이상
고압	인장강도 5.26[kN] 이상 또는 4[mm] 이상의 경동선	• 케이블공사 • 애자사용공사	노면상, 레일면상 3[m] 이상
특고압		• 케이블공사	

★ 【02. 12. 산업기사】
197 사람이 상시 통행하는 터널 안의 배선을 애자공사에 의하여 시설할 경우 노면상 몇 [m] 이상의 높이로 시설하는가?

① 2.0   ② 2.5
③ 3.0   ④ 3.5

해설 335.1 터널 안 전선로의 시설
사람이 상시 통행하는 터널 안의 전선로 사용전압은 저압 또는 고압에 한하며, 다음에 따라 시설하여야 한다.

전압	전선의 굵기	시공방법	애자사용공사 시 높이
저압	인장강도 2.30[kN] 이상 또는 2.6[mm] 이상의 경동선의 절연전선	• 합성수지관 공사 • 금속관 공사 • 금속제 가요전선관 공사 • 케이블 공사 • 애자 사용 공사	노면상 2.5[m] 이상
고압		• 케이블 공사	

★★★★☆ 【88. 95. 99. 00. 01. 04. 기사, 90. 산업기사】
198 터널 안 전선로의 시설 방법으로 옳지 않은 것은?

① 저압 전선은 직경 2.0[mm]의 경동선이나 동등 이상의 세기 및 굵기의 절연 전선을 사용하였다.
② 고압 전선은 케이블공사로 하였다.
③ 저압 전선을 애자공사에 의하여 시설하고 이를 궤조면 상 또는 노면 상 2.5[m] 이상으로 하였다.
④ 저압 전선을 금속제 가요전선관공사에 의해 시설하였다.

해설 335.1 터널 안 전선로의 시설
저압 전선은 인장강도 2.30[kN] 이상의 절연전선 또는 2.6[mm] 이상의 경동선의 절연전선을 사용한다.

199 ★☆【10. 기사, 95. 06. 산업기사】
터널 내에 3,300[V] 전선로를 케이블 공사로 시행하려고 한다. 케이블을 조영재의 옆면 또는 아래면에 따라 붙일 경우에는 케이블의 지지점 간의 거리를 몇 [m] 이하로 하여야 하는가?

① 1　　　　② 1.5　　　　③ 2　　　　④ 5

해설　335.1 터널 안 전선로의 시설
고압전선은 케이블을 조영재의 옆면 또는 아랫면에 따라 붙일 경우에는 케이블의 지지점 간의 거리를 2[m](수직으로 붙일 경우에는 6[m])이하로 하고 또한 피복을 손상하지 아니하도록 붙일 것.

200 ★【82. 기사】
서울 남산 1호 터널 내에 교류 220[V]의 애자공사를 시설하려 한다. 노면으로부터 몇 [m] 이상의 높이에 전선을 시설하여야 하는가?

① 2　　　　② 2.5　　　　③ 3　　　　④ 4

해설　335.1 터널 안 전선로의 시설
저압 전선은 지름 2.6[mm] 이상의 경동선, 높이는 노면 상 2.5[m] 이상이다.

수상 전선로

201 ★★【79. 00. 20. 기사】
다음 중 저압 수상 전선로에 사용되는 전선은?

① 450/750[V] 일반용 단심비닐절연전선
② 옥외용 비닐절연전선
③ 600[V] 고무절연전선
④ 클로로프렌 캡타이어 케이블

해설　335.3 수상전선로의 시설
① 저압 : 클로로프렌 캡타이어 케이블
② 고압 : 캡타이어 케이블

교량의 전선로

202 ☆【25. 기사, 86. 산업기사】
교량의 윗면에 시설하는 고압 전선로는 교량의 노면상 몇 [m] 이상이어야 하는가?

① 3　　　　② 4　　　　③ 5　　　　④ 6

해설　335.6 교량에 시설하는 전선로
가. 교량의 윗면에 시설하는 것은 전선의 높이를 교량의 노면상 5[m] 이상으로 하여 시설할 것.
나. 전선과 조영재 사이의 이격거리는 전선이 케이블인 경우 이외에는 0.3[m] 이상일 것.

答　199. ③　200. ②　201. ④　202. ③

기계 · 기구 시설 및 옥내배선

203 ★【85. 07. 기사】

특고압 배전용 변압기의 특고압측에 시설하는 기기는 다음 중 어느 것인가?

① 개폐기 및 과전류 차단기　　　　② 방전하는 장치
③ 계기용 변류기　　　　　　　　　④ 계기용 변압기

해설 341.2 특고압 배전용 변압기의 시설
특고압 전선로에 접속하는 배전용 변압기를 시설하는 경우에는 특고압 전선에 특고압 절연전선 또는 케이블을 사용하고 또한 다음에 따라야 한다.
가. 변압기의 1차 전압은 35[kV] 이하, 2차 전압은 저압 또는 고압일 것.
나. 변압기의 특고압측에 개폐기 및 과전류차단기를 시설할 것.
다. 변압기의 2차 전압이 고압인 경우에는 고압측에 개폐기를 시설하고 또한 쉽게 개폐할 수 있도록 할 것.

204 ★★★★★【79. 83. 95. 기사, 79. 93. 94. 98. 00. 산업기사】

특고압 전선로에 접속하는 배전용 변압기의 1차 전압은 몇 [V] 이하이어야 하는가?

① 35,000　　　　② 30,000　　　　③ 25,000　　　　④ 20,000

해설 341.2 특고압 배전용 변압기의 시설
변압기의 1차 전압은 35[kV] 이하, 2차 전압은 저압 또는 고압일 것.

205 ★★【85. 96. 기사】

다음의 변압기는 특고압을 직접 저압으로 변성하는 변압기이다. 이들 중 시설할 수 없는 것은 어느 것인가?

① 중성점 접지식으로 전로에 지기가 생긴 경우에 2초 안에 자동적으로 이를 전로로부터 차단하는 차단 장치가 된 22,900[V] 가공 전선로에 연결된 변압기
② 1차 전압이 22,900[V]이고, 1차측과 2차측 권선이 혼촉한 경우에 자동적으로 전로로부터 차단되는 차단기가 설치된 변압기
③ 1차 전압이 66,000[V]의 변압기로서 1차측과 2차측 권선 사이에 혼촉 방지판이 있고 이에 10[Ω] 이하의 접지공사가 된 변압기
④ 1차 전압이 22,000[V]이고 델타(△) 결선된 비접지 변압기로서 2차측 부하 설비가 항상 일정하게 유지되도록 된 변압기

해설 341.3 특고압을 직접 저압으로 변성하는 변압기의 시설
특고압을 직접 저압으로 변성하는 변압기는 다음의 것 이외에는 시설하여서는 아니 된다.
가. 전기로 등 전류가 큰 전기를 소비하기 위한 변압기
나. 발전소 · 변전소 · 개폐소 또는 이에 준하는 곳의 소내용 변압기
다. 25[kV] 이하인 특고압 가공전선로(중성선 다중접지식의 것으로서 전로에 지락이 생겼을 때에 2초 이내에 자동적으로 이를 전로로부터 차단하는 장치가 되어 있는 것에 한한다.)에 접속 하는 변압기
라. 사용전압이 35[kV] 이하인 변압기로서 그 특고압측 권선과 저압측 권선이 혼촉한 경우에 자동적으로 변압기를 전로로부터 차단하기 위한 장치를 설치한 것.

마. 사용전압이 100[kV] 이하인 변압기로서 그 특고압측 권선과 저압측 권선사이에 접지저항 값이 10
　　[Ω] 이하인 금속제의 혼촉방지판이 있는 것.
바. 교류식 전기철도용 신호회로에 전기를 공급하기 위한 변압기

☆【18. 기사, 85. 산업기사】
206 특고압을 직접 저압으로 변성한 변압기를 시설할 수 없는 경우는?

① 전기로용　　　　　　　　　　② 광산 양수기용
③ 전기 철도 신호용　　　　　　　④ 발·변전소내용

해설　341.3 특고압을 직접 저압으로 변성하는 변압기의 시설
특고압을 직접 저압으로 변성하는 변압기는 다음의 것 이외에는 시설하여서는 아니 된다.
가. 전기로 등 전류가 큰 전기를 소비하기 위한 변압기
나. 발전소·변전소·개폐소 또는 이에 준하는 곳의 소내용 변압기
다. 25[kV] 이하인 특고압 가공전선로(중성선 다중접지식의 것으로서 전로에 지락이 생겼을 때에 2초
이내에 자동적으로 이를 전로로부터 차단하는 장치가 되어 있는 것에 한한다.)에 접속 하는 변압기
라. 사용전압이 35[kV] 이하인 변압기로서 그 특고압측 권선과 저압측 권선이 혼촉한 경우에 자동적으
로 변압기를 전로로부터 차단하기 위한 장치를 설치한 것.
마. 사용전압이 100[kV] 이하인 변압기로서 그 특고압측 권선과 저압측 권선사이에 접지저항 값이 10
　　[Ω] 이하인 금속제의 혼촉방지판이 있는 것.
바. 교류식 전기철도용 신호회로에 전기를 공급하기 위한 변압기

☆【93. 산업기사】
207 사용 전압이 100,000[V] 이하로서 특고압을 직접 저압으로 변성하는 변압기를 시설할 때 특
고압측 권선과 저압측 권선 사이에 접지공사를 한 금속제의 혼촉 방지판이 있는 경우의 접지저
항의 최댓값은 몇[Ω]인가?

① 5　　　　　　　② 10　　　　　　　③ 75　　　　　　　④ 150

해설　341.3 특고압을 직접 저압으로 변성하는 변압기의 시설
사용전압이 100[kV] 이하인 변압기로서 그 특고압측 권선과 저압측 권선사이에 접지저항 값이 10[Ω] 이
하인 금속제의 혼촉방지판이 있는 것.

⚡ 유사문제
‖ 유사문제 원문 및 해설 : 동일출판사 홈페이지≫고객센터≫자료실

01. 발전소, 변전소, 개폐소 또는 이에 준하는 곳 이외에 시설하는 특고압 배전용 변압기를 시가지 외에
서 시설하는 경우 변압기의 1차 전압은 특별한 경우를 제외하고 몇 [V] 이하이어야 하는가?
　답 35[kV]

02. 특고압 전선로에 접속하는 배전용 변압기의 1, 2차 전압은?
　답 1차 : 35[kV] 이하, 2차 : 저압 또는 고압

답 206. ②　207. ②

208 ★ 【86. 09. 기사】
고주파 이용 설비에서 다른 고주파 이용 설비에 누설되는 고주파 전류의 허용한도는 기준에 따라 측정하였을 때 각각 측정치의 최대치의 평균치가 몇 [dB]이어야 하는가? (단, 1[mW]를 0[dB]로 한다.)

① 20　　　　　　　　　　　　　② −20

③ −30　　　　　　　　　　　　④ 30

> 해설 ► 341.5 고주파 이용 전기설비의 장해방지
> 고주파 이용 전기설비에서 다른 고주파 이용 전기설비에 누설되는 고주파 전류의 허용한도는 측정 장치로 2회 이상 연속하여 10분간 측정하였을 때에 각각 측정값의 **최댓값에 대한 평균값이 −30[dB]**(1[mW]를 0[dB]로 한다)일 것

아크를 발생하는 기구의 시설

209 ★☆ 【93. 기사, 85. 23. 산업기사】
고압용 또는 특고압용의 개폐기, 차단기, 피뢰기, 기타 이와 유사한 기구는 목재의 벽 또는 천장, 기타 가연성 물질로부터 고압용의 것과 특고압용의 것은 각각 몇 [m] 이상 이격하여야 하는가?

① 0.75, 1　　　　　　　　　　② 0.75, 1.5

③ 1, 1.5　　　　　　　　　　　④ 1, 2

> 해설 ► 341.7 아크를 발생하는 기구의 시설
>
> | 기구 등의 구분 | 이격거리 |
> | --- | --- |
> | 고압용의 것 | 1[m] 이상 |
> | 특고압용의 것 | 2[m] 이상 |

210 ★★ 【96. 09. 기사, 94. 23. 산업기사】
고압용의 개폐기, 차단기, 피뢰기 기타 이와 유사한 기구로서 동작시에 아크가 생기는 것은 목재의 벽 또는 천장, 기타의 가연성 물체로부터 몇 [m] 이상 떼어놓아야 하는가?

① 1　　　　　　　　　　　　　② 0.8

③ 0.5　　　　　　　　　　　　④ 0.3

> 해설 ► 341.7 아크를 발생하는 기구의 시설
> • 고압용 – 1[m] 이상
> • 특고압용 – 2[m] 이상

고압용 기계기구의 시설

211 ★★★【94. 기사, 79. 82. 91. 96. 산업기사】
고압 가공 전선로에 접속하는 변압기를 시가지에서 전주 위에 설치하는 경우 지표상 높이의 최솟값[m]은?

① 4.0　　　　　　② 4.5　　　　　　③ 5.0　　　　　　④ 5.5

해설　341.8 고압용 기계기구의 시설
고압용 기계기구는 다음의 어느 하나에 해당하는 경우와 발전소·변전소·개폐소 또는 이에 준하는 곳에 시설하는 경우 이외에는 시설하여서는 아니 된다.
가. 기계기구의 주위에 규정에 준하여 울타리·담 등을 시설하는 경우
나. 기계기구를 지표상 4.5[m](시가지 외에는 4[m]) 이상의 높이에 시설하고 또한 사람이 쉽게 접촉할 우려가 없도록 시설하는 경우
다. 옥내에 설치한 기계기구를 취급자 이외의 사람이 출입할 수 없도록 설치한 곳에 시설하는 경우
라. 기계기구를 콘크리트제의 함 또는 규정에 따른 접지공사를 한 금속제 함에 넣고 또한 충전부분이 노출하지 아니하도록 시설하는 경우

212 ★★★【91. 96. 기사, 97. 99. 산업기사】
다음에서 고압용 기계 기구를 시설하여서는 안 되는 경우는?

① 발전소, 변전소, 개폐소 또는 이에 준하는 곳에 시설하는 경우
② 시가지 외로서 지표상 3[m]인 경우
③ 공장 등의 구내에서 기계 기구의 주위에 사람이 쉽게 접촉할 우려가 없도록 적당한 울타리를 설치하는 경우
④ 옥내에 설치한 기계 기구를 취급자 이외의 사람이 출입할 수 없도록 설치한 곳에 시설하는 경우

해설　341.8 고압용 기계기구의 시설
고압용 기계 기구의 시설 높이 : 시가지는 4.5[m] 이상일 것, 시가지 외는 4[m] 이상일 것

개폐기의 시설

213 ★★☆【83. 95. 기사, 79. 24. 산업기사】
고압용 또는 특고압용 개폐기의 시설에 있어서 법규상의 규정이 아닌 사항은?

① 그 동작에 따라 개폐 상태를 표시하는 장치를 가져야 한다.
② 중력 등에 의하여 자연히 작동할 우려가 있는 것은 자물쇠 장치 등이 있어야 한다.
③ 고압용 또는 특고압용이라는 위험 표시를 하여야 한다.
④ 부하 전로를 차단하기 위한 것이 아닌 단로기 등은 부하 전류가 통하고 있을 경우에 개로될 수 없도록 시설한다.

해설 341.9 개폐기의 시설
1. 전로 중에 개폐기를 시설하는 경우에는 그곳의 각 극에 설치하여야 한다.
2. 고압용 또는 특고압용의 개폐기는 그 작동에 따라 그 개폐상태를 표시하는 장치가 되어 있는 것이어야 한다.
3. 고압용 또는 특고압용의 개폐기로서 중력 등에 의하여 자연히 작동할 우려가 있는 것은 자물쇠장치 기타 이를 방지하는 장치를 시설하여야 한다.
4. 고압용 또는 특고압용의 개폐기로서 부하전류를 차단하기 위한 것이 아닌 개폐기는 부하전류가 통하고 있을 경우에는 개로할 수 없도록 시설하여야 한다

★★★★ 【98. 00. 01. 기사, ㉯ : 99. 기사】
214 고압용 또는 특고압용 단로기로서 부하 전류의 차단을 방지하기 위한 조치가 아닌 것은?

① 단로기의 조작 위치에 부하 전류 유무 표시
② 단로기 설치 위치의 1차측에 방전 장치 시설
③ 단로기의 조작 위치에 전화기, 기타의 지령 장치 시설
④ 터블렛 등을 사용함으로써 부하 전류가 통하고 있을 때에 개로 조작을 방지하기 위한 조치

해설 341.9 개폐기의 시설
고압용 또는 특고압용의 개폐기로서 부하전류를 차단하기 위한 것이 아닌 개폐기는 부하전류가 통하고 있을 경우에는 개로할 수 없도록 시설하여야 한다. 다만, 다음의 경우에는 예외로 한다.
가. 개폐기를 조작하는 곳의 보기 쉬운 위치에 부하전류의 유무를 표시한 장치
나. 전화기 기타의 지령 장치를 시설
다. 터블렛 등을 사용함으로서 부하전류가 통하고 있을 때에 개로 조작을 방지하기 위한 조치를 하는 경우

★★ 【93. 기사, 88. 01. 산업기사】
215 고압용 또는 특고압용의 개폐기로서 중력 등에 의하여 자연히 작동할 우려가 있는 것은 다음 중 어떤 장치를 시설하여야 하는가?

① 차단 장치   ② 제어 장치   ③ 단락 장치   ④ 자물쇠 장치

해설 341.9 개폐기의 시설
고압용 또는 특고압용의 개폐기로서 중력 등에 의하여 자연히 작동할 우려가 있는 것은 자물쇠장치 기타 이를 방지하는 장치를 시설하여야 한다.

★★★★★ 【83. 89. 96. 00. 01. 기사, 94. 산업기사】
216 고압 또는 특고압용 개폐기로서 부하 전류의 차단 능력이 없는 것은 부하 전류가 통하고 있을 때 개로될 수 없도록 시설하는 것이 원칙이다. 그러나 부하 전류가 통하고 있을 때 개로 조작을 할 수 있는 것을 방지하면 된다. 다음에서 그 방지 조치가 기술 기준에 적합하지 못한 것은?

① 터블렛 등을 사용하는 것
② 자물쇠 장치를 하는 것
③ 전화기, 기타의 지시 장치를 하는 것
④ 보기 쉬운 곳에 부하 전류의 유무를 표시하는 장치를 하는 것

해설 341.9 개폐기의 시설
고압용 또는 특고압용의 개폐기로서 부하전류를 차단하기 위한 것이 아닌 개폐기는 부하전류가 통하고 있을 경우에는 개로할 수 없도록 시설하여야 한다. 다만, 다음의 경우에는 예외로 한다.
가. 개폐기를 조작하는 곳의 보기 쉬운 위치에 부하전류의 유무를 표시한 장치
나. 전화기 기타의 지령 장치를 시설
다. 터블렛 등을 사용함으로서 부하전류가 통하고 있을 때에 개로 조작을 방지하기 위한 조 치를 하는 경우

과전류차단기의 시설

★★☆ 【96. 기사, 79. 95. 01. 04. 09. 산업기사】
217 고압 또는 특고압 전로 중 기계 기구 및 전선을 보호하기 위하여 필요한 곳에는 무엇을 시설하여야 하는가?

① 영상 변류기   ② 과전류 차단기
③ 콘덴서형 변성기   ④ 지락 차단기

해설 341.10 고압 및 특고압 전로 중의 과전류차단기의 시설

★★★☆ 【79. 83. 94. 97. 18. 기사, 91. 95. 12. 산업기사】
218 고압 전로에 사용하는 포장 퓨즈는 정격 전류의 몇 배에 견디어야 하는가?

① 1.1   ② 1.25   ③ 1.3   ④ 2

해설 341.10 고압 및 특고압 전로 중의 과전류차단기의 시설
가. 과전류차단기로 시설하는 퓨즈 중 고압전로에 사용하는 포장 퓨즈는 정격전류의 1.3배의 전류에 견디고 또한 2배의 전류로 120분 안에 용단되는 것이어야 한다.
나. 과전류차단기로 시설하는 퓨즈 중 고압전로에 사용하는 비포장 퓨즈는 정격전류의 1.25배의 전류에 견디고 또한 2배의 전류로 2분 안에 용단되는 것이어야 한다.

★☆ 【12. 기사, 82. 92. 96. 산업기사】
219 과전류 차단기로 시설하는 퓨즈 중 고압 전로에 사용하는 포장 퓨즈는 정격 전류의 2배의 전류를 계속 흘렸을 때에 몇 분 안에 용단되어야 하는가?

① 2   ② 20   ③ 60   ④ 120

해설 341.10 고압 및 특고압 전로 중의 과전류차단기의 시설
과전류차단기로 시설하는 퓨즈 중 고압전로에 사용하는 포장 퓨즈는 정격전류의 1.3배의 전류에 견디고 또한 2배의 전류로 120분 안에 용단되는 것이어야 한다.

★★★☆ 【95. 98. 99. 기사, 94. 산업기사】
220 과전류 차단기로 시설하는 퓨즈 중 고압 전로에 사용하는 비포장 퓨즈는 정격 전류의 몇 배의 전류에 견디고 또한 2배의 전류로 2분 안에 용단되는 것이어야 하는가?

① 1.1   ② 1.25   ③ 1.5   ④ 1.75

답 217. ② 218. ③ 219. ④ 220. ②

해설, 341.10 고압 및 특고압 전로 중의 과전류차단기의 시설
과전류차단기로 시설하는 퓨즈 중 고압전로에 사용하는 비포장 퓨즈는 정격전류의 1.25배의 전류에 견디고 또한 2배의 전류로 2분 안에 용단되는 것이어야 한다.

★★★☆【08. 기사, 79. 93. 99. 04. 11. 산업기사】
221 고압용 비포장 퓨즈는 정격 전류 몇 배의 전류에 의하여 몇 분 이내에 용단되어야 하는가?

① 1.25, 10 ② 1.45, 5
③ 2, 1 ④ 2, 2

해설, 341.10 고압 및 특고압 전로 중의 과전류차단기의 시설
과전류차단기로 시설하는 퓨즈 중 고압전로에 사용하는 비포장 퓨즈는 정격전류의 1.25배의 전류에 견디고 또한 2배의 전류로 2분 안에 용단되는 것이어야 한다.

🔀 유사문제

‖유사문제 원문 및 해설 : 동일출판사 홈페이지≫고객센터≫자료실

01. 특고압 배전용 변압기의 특고압측에 반드시 시설하여야 하는 것은?
> 개폐기 및 과전류 차단기

02. 정격전류 60[A] 이하의 저압용 퓨즈를 수평으로 붙이고 정격전류 1.6배의 전류를 통한 경우에 용단시간의 최대한도는 얼마인가?
> 60분

03. 과전류 차단기로 저압 전로에 사용하는 퓨즈의 동작 특성으로 옳은 것은? 단, 정격 전류는 30[A]라고 한다.
> 정격전류의 1.25배의 전류에 견딜 것

04. 과전류 차단기로 시설하는 퓨즈 중 고압 전로에 사용하는 포장 퓨즈는 정격 전류 몇 배의 전류에 견디고 몇 배의 전류에서 120분 안에 용단되는 것이어야 하는가?
> 1.3배, 2분

05. 과전류 차단기로 시설하는 퓨즈 중 고압 전로에 사용하는 비포장 퓨즈는 정격 전류의 몇 배의 전류로 몇 분 안에 용단되는 것이어야 하는가?
> 2배로 2분

★★★【94. 96. 기사, 94. 98. 산업기사】
222 전로 중에서 기계기구 및 전선을 보호하기 위한 과전류 차단기의 시설 제한 사항이 아닌 것은?
① 다선식 전로의 중성선
② 저압 옥내배선의 접지측 전선
③ 전로의 일부에 접지공사를 한 저압가공 전선로의 접지측 전선
④ 접지공사의 접지선

> 221. ④ 222. ②

해설 341.11 과전류차단기의 시설 제한
접지공사의 접지도체, 다선식 전로의 중성선 및 전로의 일부에 접지공사를 한 저압 가공전선로의 접지측 전선
에는 과전류차단기를 시설하여서는 안 된다.

★☆ 【83. 기사, ⊕ : 99. 산업기사】
223 전로 중에 있어서 기계 기구 및 전선을 보호하기 위하여 필요한 곳에는 과전류 차단기를 시설
하나 과전류 차단기의 시설을 금한 곳도 있다. 다음 중에서 과전류 차단기의 시설 제한을 받지
않는 곳은?
① 접지공사의 접지도체
② 다선식 전로의 중성선
③ 고압 전로의 방전 장치를 시설한 전선
④ 저압 가공 전선로의 접지측 전선

해설 341.11 과전류차단기의 시설 제한
접지공사의 접지도체, 다선식 전로의 중성선 및 전로의 일부에 접지공사를 한 저압 가공전선로의 접지측 전선
에는 과전류차단기를 시설하여서는 안 된다.

★★☆ 【94. 01. 기사, 88. 16. 산업기사】
224 과전류 차단기를 설치하지 않아야 하는 곳은?
① 직접 접지 계통에 설치한 변압기의 접지선
② 역률 조정용 고압 병렬 콘덴서 뱅크의 분기선
③ 고압 배전 선로의 인출 장소
④ 수용가의 인입선 부분

해설 341.11 과전류차단기의 시설 제한
접지공사의 접지도체, 다선식 전로의 중성선 및 전로의 일부에 접지공사를 한 저압 가공전선로의 접지측
전선에는 과전류차단기를 시설하여서는 안 된다.

★☆ 【99. 02. 16. 기사, 78. 산업기사】
225 그림 1, 2, 3, 4의 ×는 과전류 차단기를 시설한 것이다. 이 중에서 전기설비기술기준에 저촉되
는 곳은?

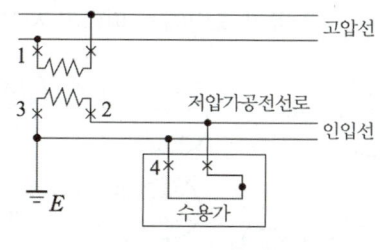

① 1　　　　② 2　　　　③ 3　　　　④ 4

해설 341.11 과전류차단기의 시설 제한
접지공사의 접지도체, 다선식 전로의 중성선 및전로의 일부에 접지공사를 한 저압 가공전선로의 접지측 전선에
는 과전류차단기를 시설하여서는 안 된다.

피뢰기의 시설

★★☆ 【94. 96. 07. 기사, 97. 산업기사】

226 피뢰기를 설치하지 않아도 되는 곳은?

① 발·변전소의 가공 전선 인입구 및 인출구

② 가공 전선로의 말구 부분

③ 가공 전선로에 접속한 1차측 전압이 35[kV] 이하인 배전용 변압기의 고압측 및 특고압측

④ 특고압 가공 전선로로부터 공급을 받는 수용 장소의 인입구

> **해설** 341.13 피뢰기의 시설
> 고압 및 특고압의 전로 중 다음에 열거하는 곳 또는 이에 근접한 곳에는 피뢰기를 시설하여야 한다.
> ① 발전소·변전소 또는 이에 준하는 장소의 가공전선 인입구 및 인출구
> ② 특고압 가공전선로에 접속하는 배전용 변압기의 고압측 및 특고압측
> ③ 고압 및 특고압 가공전선로로부터 공급을 받는 수용장소의 인입구
> ④ 가공전선로와 지중전선로가 접속되는 곳

★★★★★ 【94. 96. 79. 89. 01. 기사, 04 산업기사】

227 다음 중 피뢰기를 시설하지 아니하여도 되는 것은?

① 습뢰 빈도가 적은 지역으로서 방출 보호통을 장치한 곳

② 발전소, 변전소 또는 이에 준하는 장소의 가공 전선 인입구

③ 특고압 가공 전선로로부터 공급받는 수용 장소의 인입구

④ 특고압 배전용 변압기의 특고압측 및 고압측

> **해설** 341.13 피뢰기의 시설
> 고압 및 특고압의 전로 중 다음에 열거하는 곳 또는 이에 근접한 곳에는 피뢰기를 시설하여야 한다.
> ① 발전소·변전소 또는 이에 준하는 장소의 가공전선 인입구 및 인출구
> ② 특고압 가공전선로에 접속하는 배전용 변압기의 고압측 및 특고압측
> ③ 고압 및 특고압 가공전선로로부터 공급을 받는 수용장소의 인입구
> ④ 가공전선로와 지중전선로가 접속되는 곳

☆ 【80. 산업기사】

228 피뢰기의 시설을 해야 되는 경우 옆의 도면에서 피뢰기 시설 장소의 수는?

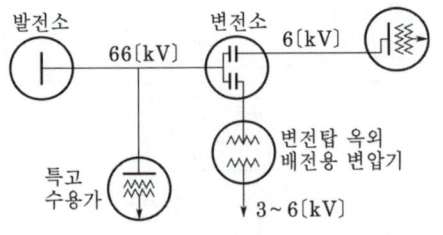

① 7   ② 6   ③ 5   ④ 4

해설 341.13 피뢰기의 시설
고압 및 특고압의 전로 중 다음에 열거하는 곳 또는 이에 근접한 곳에는 피뢰기를 시설하여야 한다.
① 발전소·변전소 또는 이에 준하는 장소의 **가공전선 인입구 및 인출구**
② 특고압 가공전선로에 접속하는 **배전용 변압기의 고압측 및 특고압측**
③ 고압 및 특고압 가공전선로로부터 공급을 받는 **수용장소의 인입구**
④ 가공전선로와 지중전선로가 접속되는 곳

229 가공 전선로와 지중 전선로가 접속되는 곳에 시설하여야 하는 것은?

① 조상기 　　　　　　　　　② 분로 리액터
③ 피뢰기 　　　　　　　　　④ 정류기

해설 341.13 피뢰기의 시설
고압 및 특고압의 전로 중 다음에 열거하는 곳 또는 이에 근접한 곳에는 **피뢰기를 시설**하여야 한다.
① 발전소·변전소 또는 이에 준하는 장소의 가공전선 인입구 및 인출구
② 특고압 가공전선로에 접속하는 배전용 변압기의 고압측 및 특고압측
③ 고압 및 특고압 가공전선로로부터 공급을 받는 수용장소의 인입구
④ **가공전선로와 지중전선로가 접속되는 곳**

230 피뢰기를 시설하지 않는 곳은?

① 변전소의 가공전선 인입구
② 수용 장소에서 분기되는 분기점
③ 가공 전선로와 지중 전선로가 접속되는 곳
④ 고압 및 특고압 가공 전선로로부터 공급을 받는 수용장소의 인입구

해설 341.13 피뢰기의 시설
고압 및 특고압의 전로 중 다음에 열거하는 곳 또는 이에 근접한 곳에는 피뢰기를 시설하여야 한다.
① 발전소·변전소 또는 이에 준하는 장소의 **가공전선 인입구 및 인출구**
② 특고압 가공전선로에 접속하는 배전용 변압기의 고압측 및 특고압측
③ 고압 및 특고압 가공전선로로부터 공급을 받는 **수용장소의 인입구**
④ **가공전선로와 지중전선로가 접속되는 곳**

231 고압 가공 전선로로부터 수전하는 수용가의 인입구에 시설하는 피뢰기의 접지 공사에 있어서 접지선이 피뢰기 접지 공사 전용의 것이면 접지 저항[Ω]은 얼마까지 허용되는가?

① 5 　　　　　　② 10 　　　　　　③ 30 　　　　　　④ 75

해설 341.14 피뢰기의 접지
가. 고압 및 특고압의 전로에 시설하는 피뢰기 접지저항 값은 10[Ω] 이하로 하여야 한다.
나. 고압가공전선로에 시설하는 피뢰기의 접지공사의 **접지선이 전용의 것인 경우에는 접지 저항치가 30[Ω] 까지 허용**된다.

🔀 **유사문제**　　　　　▮유사문제 원문 및 해설 : 동일출판사 홈페이지≫고객센터≫자료실

01. 고압 및 특고압 선로 중에서 필요한 곳에는 피뢰기를 시설하여야 한다. 다음에 열거한 곳 중에서 법규상으로 시설 의무가 없는 곳은?
답 지중 전선로로부터 수전하는 특고압 수용 장소의 인입구

고압 옥내배선

★★★☆ 【93. 95. 기사, 79. 97. 00. 산업기사】
232 6600[V] 고압 옥내배선에 사용하는 고압 절연 전선의 최소 굵기[mm²]는?

① 2.5　　　② 4.0　　　③ 6.0　　　④ 10

해설 342.1 고압 옥내배선 등의 시설
고압 옥내배선의 애자사용공사는 6.0[mm²]의 연동선 이상의 것으로서 고압 절연전선을 사용하여야 한다.

★★★★★ 【94. 98. 99. 기사, 79. 89. 95. 00. 산업기사, ㊉ 11. 기사】
233 다음 공사 방법 중 고압 옥내 배선을 할 수 있는 것은?

① 애자사용공사　　　② 금속관공사
③ 합성수지관공사　　④ 덕트공사

해설 342.1 고압 옥내배선 등의 시설
고압 옥내배선은 애자사용공사(건조한 장소로서 전개된 장소에 한함) 및 케이블공사, 케이블트레이공사에 의하여야 한다.

★ 【92. 11. 기사】
234 건조하며 전개된 장소에 시설할 수 있는 고압 옥내 배선은?

① 금속관 공사　　　② 금속 덕트 공사
③ 합성수지관 공사　④ 애자사용공사

해설 342.1 고압 옥내배선 등의 시설
고압 옥내배선은 케이블 공사, 케이블 트레이 공사에 의한다. 다만, 건조하고 전개된 곳에 한하여 애자사용공사를 할 수 있다.

★★★★ 【95. 00. 기사, 95. 96. 97. 99. 산업기사 ㊉ 05. 산업기사】
235 건조한 전개 장소에 시설할 수 있는 사용 전압이 3300[V]인 옥내 배선 공사는?

① 금속관공사　　　② 플로어덕트공사
③ 케이블공사　　　④ 합성수지관공사

답 232. ③　233. ①　234. ④　235. ③

> **해설** 342.1 고압 옥내배선 등의 시설
> 고압 옥내배선은 애자사용공사(건조한 장소로서 전개된 장소에 한함) 및 케이블공사, 케이블트레이공사에 의하여야 한다.

★★★★★ 【82. 91. 98. 00. 기사, 91. 94. 96. 99. 산업기사】
236 절연 전선을 사용하는 고압 옥내배선을 애자사용공사에 의하여 조영재 면에 따라 시설하는 경우에 전선 지지점 간의 거리는 몇 [m] 이하이어야 하는가?

① 5　　　　　　② 4　　　　　　③ 3　　　　　　④ 2

> **해설** 342.1 고압 옥내배선 등의 시설(애자사용공사에 의한 고압 옥내배선)
> ① 전선의 지지점 간의 거리는 6 [m] 이하일 것. 다만, 전선을 조영재의 면을 따라 붙이는 경우에는 2 [m] 이하이어야 한다.
> ② 전선 상호 간의 간격은 0.08 [m] 이상, 전선과 조영재 사이의 이격거리는 0.05 [m] 이상일 것

★★★★ 【79. 00. 01. 기사, 79. 92. 산업기사】
237 고압 옥내배선공사 중 애자사용공사에 있어서 전선 지지점간의 최대 거리[m]는? 단, 전선은 조영재의 면에 따라 시설하지 않았다.

① 2　　　　　　② 4　　　　　　③ 4.5　　　　　　④ 6

> **해설** 342.1 고압 옥내배선 등의 시설(애자사용공사에 의한 고압 옥내배선)
> ① 전선의 지지점 간의 거리는 6 [m] 이하일 것. 다만, 전선을 조영재의 면을 따라 붙이는 경우에는 2 [m] 이하이어야 한다.
> ② 전선 상호 간의 간격은 0.08 [m] 이상, 전선과 조영재 사이의 이격거리는 0.05 [m] 이상일 것

☆ 【83. 산업기사】
238 고압 옥내배선을 애자사용공사에 의하여 가공으로 시설하는 경우, 전선 상호의 간격은 몇 [cm] 이상인가?

① 2　　　　　　② 1.5　　　　　　③ 6　　　　　　④ 8

> **해설** 342.1 고압 옥내배선 등의 시설(애자사용공사에 의한 고압 옥내배선)
> 전선 상호 간의 간격은 0.08 [m] 이상, 전선과 조영재 사이의 이격거리는 0.05 [m] 이상일 것

★☆ 【25. 기사, 85. 87. 89. 23. 산업기사】
239 다음 중 고압 옥내배선의 시설에 있어서 적당하지 않은 것은?

① 애자사용공사에 사용하는 애자는 난연성일 것
② 고압 옥내배선과 저압 옥내배선을 다르게 하기 위하여 색깔 있는 것을 사용할 것
③ 전선이 관통할 때 절연관에 넣을 것
④ 전선과 조영재와의 이격거리는 4.5[cm]로 할 것

> **해설** 342.1 고압 옥내배선 등의 시설(애자사용공사에 의한 고압 옥내배선)
> ① 전선 상호 간의 간격은 0.08 [m] 이상, 전선과 조영재 사이의 이격거리는 0.05 [m] 이상일 것
> ② 애자사용공사에 사용하는 애자는 절연성·난연성 및 내수성의 것일 것.

답 236. ④　237. ④　238. ④　239. ④

③ 고압 옥내배선은 저압 옥내배선과 쉽게 식별되도록 시설할 것.

④ 전선이 조영재를 관통하는 경우에는 그 관통하는 부분의 전선을 전선마다 각각 별개의 난연성 및 내수성이 있는 견고한 절연관에 넣을 것.

240 ★★★★ 【90. 99. 기사, 77. 83. 97. 01. 03. 산업기사】

애자공사의 고압 옥내배선과 수도관의 최소 이격거리[cm]는?

① 10　　　　　② 15　　　　　③ 30　　　　　④ 60

해설 ▸ 342.1 고압 옥내배선 등의 시설

고압 옥내배선이 다른 고압 옥내배선 · 저압 옥내전선 · 관등회로의 배선 · 약전류 전선 등 또는 수관 · 가스관이나 이와 유사한 것과 접근하거나 교차하는 경우 이격거리

가. 다른 고압 옥내배선 · 저압 옥내전선 · 관등회로의 배선 · 약전류 전선 : 15[cm]

나. 수관 · 가스관이나 이와 유사한 것과 접근하거나 교차하는 경우 : 15[cm]

다. 애자사용공사에 의하여 시설하는 저압 옥내전선이 나전선인 경우 30[cm]

라. 가스계량기 및 가스관의 이음부와 전력량계 및 개폐기 : 60[cm]

241 ★★★☆ 【91. 97. 00. 기사, 83. 산업기사】

애자공사에 대하여 시설한 고압 옥내배선과 전화선의 최소 이격거리[cm]는?

① 6　　　　　② 12　　　　　③ 15　　　　　④ 30

해설 ▸ 342.1 고압 옥내배선 등의 시설

고압 옥내배선과 다른 고압 옥내배선 · 저압 옥내전선 · 관등회로의 배선 · 약전류 전선 등 또는 수관 · 가스관이나 이와 유사한 것 사이의 이격거리는 15[cm] 이상 이격하여야 한다.

242 ★★★★ 【82. 85. 87. 18. 기사, 94. 99. 산업기사】

옥내에 시설하는 고압 이동 전선용 전선은?

① 0.6/1[kV] EP 고무 절연 클로로프렌 캡타이어 케이블

② 450/750[V] 일반용 단심 비닐절연전선

③ 고압용 캡타이어 케이블

④ 고압용 클로로프렌 캡타이어 케이블

해설 ▸ 342.2 옥내 고압용 이동전선의 시설

옥내에 시설하는 고압의 이동전선은 다음에 따라 시설하여야 한다.

가. 전선은 고압용의 캡타이어케이블일 것.

나. 이동전선에 전기를 공급하는 전로에는 전용 개폐기 및 과전류 차단기를 각극(과전류 차단기는 다선식 전로의 중성극을 제외한다)에 시설하고, 또한 전로에 지락이 생겼을 때에 자동적으로 전로를 차단하는 장치를 시설할 것.

243 ★★★ 【07. 11. 기사, 91. 00. 01. 09. 산업기사】

옥내에 시설하는 고압의 이동 전선은?

① 2.5[mm]　　　　　② 비닐 캡타이어 케이블

③ 고압용 캡타이어 케이블　　　　　④ 600[V] 고무절연전선

해설 342.2 옥내 고압용 이동전선의 시설
옥내에 시설하는 고압의 이동전선은 **고압용의 캡타이어케이블일 것**.

★☆【02. 기사】
244 옥내 고압용 이동용 전선의 시설 방법으로 옳은 것은?

① 전선을 MI 케이블을 사용하였다.
② 다선식 선로의 중성선에 과전류 차단기를 시설하였다.
③ 이동 전선과 전기 사용 기계 기구와는 해체가 쉽게 되도록 느슨하게 접속하였다.
④ 전로에 지락이 생겼을 때에 자동적으로 전로를 차단하는 장치를 시설하였다.

해설 342.2 옥내 고압용 이동전선의 시설
옥내에 시설하는 고압의 이동전선은 다음에 따라 시설하여야 한다.
가. 전선은 고압용의 캡타이어케이블일 것.
나. 이동전선에 전기를 공급하는 전로에는 전용 개폐기 및 과전류 차단기를 각극(과전류 차단기는 다선식 전로의 중성극을 제외한다)에 시설하고, 또한 **전로에 지락이 생겼을 때에 자동적으로 전로를 차단하는 장치를 시설할 것**.

⤲ 유사문제

‖ 유사문제 원문 및 해설 : 동일출판사 홈페이지≫고객센터≫자료실

01. 애자사용공사에 의한 고압 옥내 배선시 연동선의 최소 굵기[mm²]는?
답 6.0[mm²]

02. 6[kV] 고압 옥내 배선을 애자공사로 하는 경우 전선의 지지점간의 거리는 전선을 조영재의 면을 따라 붙이는 경우에는 몇 [m] 이하로 하여야 하는가?
답 2[m]

▎특고압 옥내배선

★★★★【93. 97. 99. 01. 09. 11. 18. 기사, 11. 24. 산업기사】
245 특고압선을 옥내에 시설하는 경우 그 사용 전압의 최대 한도는?

① 100,000[V]
② 170,000[V]
③ 220,000[V]
④ 350,000[V]

해설 342.4 특고압 옥내 전기설비의 시설
특고압 옥내배선의 사용전압은 100[kV] 이하일 것. 다만, 케이블트레이공사에 의하여 시설하는 경우에는 35[kV] 이하일 것.

246 ★ 【96. 98. 산업기사】
특고압 옥내배선과 저압 옥내전선, 관등회로의 배선 또는 고압 옥내전선 사이의 이격거리는 몇 [cm] 이상이어야 하는가?

① 15　　　　　　　② 30　　　　　　　③ 45　　　　　　　④ 60

해설 342.4 특고압 옥내 전기설비의 시설
특고압 옥내배선은 다음에 따르고 또한 위험의 우려가 없도록 시설하여야 한다.
가. 사용전압은 100[kV] 이하일 것. 다만, 케이블트레이배선에 의하여 시설하는 경우에는 35[kV] 이하
　　 일 것.
나. 전선은 케이블일 것.
다. **특고압 옥내배선과 저압 옥내전선·관등회로의 배선 또는 고압 옥내전선 사이 : 0.6[m] 이상**

유사문제

‖ 유사문제 원문 및 해설 : 동일출판사 홈페이지≫고객센터≫자료실

01. 특고압선을 옥내에 시설하는 경우 그 사용 전압의 최대 한도는?
🔲 100[kV]

02. 특고압 옥내배선과 고저압 옥내배선과의 이격거리[cm]는?
🔲 60[cm]

▌발전소, 변전소, 개폐소 등의 전기설비

247 ★ 【00. 기사】
345,000[V]의 전압을 변전하는 변전소가 있다. 이 변전소에 울타리를 시설하고자 하는 경우 울타리의 높이는 몇 [m] 이상으로 하여야 하는가?

① 1.8　　　　　　　② 2　　　　　　　③ 2.2　　　　　　　④ 2.4

해설 351.1 발전소 등의 울타리·담 등의 시설
울타리·담 등의 높이는 **2[m] 이상**으로 하고 지표면과 울타리·담 등의 하단 사이의 간격은 0.15[m] 이하로 할 것.

248 ★★★ 【06. 10. 기사, 00. 06. 08. 11. 산업기사】
"고압 또는 특고압의 기계 기구, 모선 등을 옥외에 시설하는 발전소, 변전소, 개폐소 또는 이에 준하는 곳에 시설하는 울타리, 담 등의 높이는 (㉮)[m] 이상으로 하고, 지표면과 울타리, 담 등의 하단 사이의 간격은 (㉯)[cm] 이하로 하여야 한다"에서 ㉮, ㉯에 알맞은 것은?

① ㉮ 3　㉯ 15　　　　　　　② ㉮ 2　㉯ 15
③ ㉮ 3　㉯ 25　　　　　　　④ ㉮ 2　㉯ 25

🔲 246. ④　247. ②　248. ②

> **해설** 351.1 발전소 등의 울타리 · 담 등의 시설
> 울타리 · 담 등의 높이는 2[m] 이상으로 하고 지표면과 울타리 · 담 등의 하단 사이의 간격은 0.15[m] 이하로 할 것.

★★★★★ 【83. 96. 00. 기사, 79. 92. 산업기사, ㉺ : 99. 기사, 99. 산업기사】

249 23[kV] 변압기의 충전부와 울타리 높이를 가산한 충전부까지 거리의 최솟값은 몇 [m]인가? 단, 위험하다는 내용의 표시를 할 경우임.

① 4　　　　　② 5　　　　　③ 6　　　　　④ 7

> **해설** 351.1 발전소 등의 울타리 · 담 등의 시설

사용전압의 구분	울타리 · 담 등의 높이와 울타리 · 담 등으로부터 충전 부분까지의 거리의 합계
35[kV] 이하	5[m]
35[kV] 초과 160[kV] 이하	6[m]
160[kV] 초과	• 거리의 합계 $=6+$ 단수 $\times 0.12$[m] • 단수 $=\dfrac{\text{사용전압[kV]}-160}{10}$ … 단수 계산에서 소수점 이하는 절상

★☆ 【86. 02. 기사, 91. 산업기사】

250 66[kV] 모선에 접속되는 전력용 콘덴서에 울타리를 시설하는 경우에 울타리의 높이와 울타리로부터 충전부까지의 합계는 얼마 이상이 되어야 하는가?

① 5[m]　　　　② 6[m]　　　　③ 7[m]　　　　④ 8[m]

> **해설** 351.1 발전소 등의 울타리 · 담 등의 시설
> 35[kV] 이하인 경우는 5[m], 35[kV]를 넘고 160[kV] 이하는 6[m] 이상이 되도록 하여야 한다.

★★☆ 【92. 기사, 92. 93. 98. 산업기사】

251 수전 전압 150[kV]인 수전 변전소의 주변압기에 울타리를 하고자 한다. 울타리의 높이와 울타리로부터 충전부까지의 거리의 합계는 몇 [m]이면 되겠는가?

① 4[m]　　　　② 5[m]　　　　③ 6[m]　　　　④ 7[m]

> **해설** 351.1 발전소 등의 울타리 · 담 등의 시설
> 35[kV] 이하인 경우는 5[m], 35[kV]를 넘고 160[kV] 이하는 6[m] 이상이 되도록 하여야 한다.

★★★★ 【78. 89. 93. 94. 기사 ㉺ : 05. 11. 기사】

252 345[kV]의 옥외 변전소에 있어서 울타리의 높이와 울타리에서 충전 부분까지 거리[m]의 합계는?

① 6.48　　　　② 8.16　　　　③ 8.40　　　　④ 8.28

해설▶ 351.1 발전소 등의 울타리 · 담 등의 시설

사용전압의 구분	울타리 · 담 등의 높이와 울타리 · 담 등으로부터 충전 부분까지의 거리의 합계
35[kV] 이하	5[m]
35[kV] 초과 160[kV] 이하	6[m]
160[kV] 초과	• 거리의 합계 = 6 + 단수 × 0.12[m] • 단수 = $\dfrac{\text{사용전압[kV]} - 160}{10}$ … 단수 계산에서 소수점 이하는 절상

• 단수 = $\dfrac{345 - 160}{10} = 18.5 \rightarrow 19$단

• 충전 부분까지의 거리 = $6 + 19 \times 0.12 = 8.28$[m]

★★★★ 【87. 93. 96. 99. 기사, 11 18. 산업기사】
253 345[kV] 변전소의 충전 부분에서 5.78[m] 거리에 울타리를 설치하고자 한다. 울타리의 최소 높이는 얼마인가?

① 2[m]　　　　　　　　　② 2.25[m]
③ 2.5[m]　　　　　　　　④ 3[m]

해설▶ 351.1 발전소 등의 울타리 · 담 등의 시설

사용전압의 구분	울타리 · 담 등의 높이와 울타리 · 담 등으로부터 충전 부분까지의 거리의 합계
35[kV] 이하	5[m]
35[kV] 초과 160[kV] 이하	6[m]
160[kV] 초과	• 거리의 합계 = 6 + 단수 × 0.12[m] • 단수 = $\dfrac{\text{사용전압[kV]} - 160}{10}$ … 단수 계산에서 소수점 이하는 절상

• 단수 = $\dfrac{345 - 160}{10} = 18.5 \rightarrow 19$단
• 거리의 합계 = $6 + (19 \times 0.12) = 8.28$[m]
• 울타리에서 충전 부분까지 거리는 5.78[m]이므로
　울타리 최소 높이 = $8.28 - 5.78 = 2.5$[m]

⤳ 유사문제
‖유사문제 원문 및 해설 : 동일출판사 홈페이지≫고객센터≫자료실

01. 사용 전압이 170[kV]에서 울타리, 담 등과 충전 부분까지의 거리[m]의 합계는?
　답 6.12[m]

02. 345[kV]급 변전소에서 시설할 기계 기구의 지표상의 높이는 최소 몇 [m] 이상으로 하는가?
　답 8.28[m]

발전기 등 보호장치 시설

★【96. 11. 기사】

254 발전기를 자동적으로 전로로부터 차단하는 장치를 반드시 시설하여야 하는 경우가 아닌 것은?

① 발전기에 과전류가 생긴 경우

② 용량 2,000[kVA]인 수차 발전기의 스러스트 베어링의 온도가 현저히 상승하는 경우

③ 용량 5,000[kVA]인 발전기의 내부에 고장이 생긴 경우

④ 용량 500[kVA]인 발전기를 구동하는 수차의 압유 장치의 유압이 현저히 저하한 경우

해설 351.3 발전기 등의 보호장치

발전기에는 다음의 경우에 자동적으로 이를 전로로부터 차단하는 장치를 시설하여야 한다.

가. 발전기에 과전류나 과전압이 생긴 경우

나. 용량이 500[kVA] 이상의 발전기를 구동하는 수차의 압유장치의 유압이 현저히 저하한 경우

다. 용량이 2,000[kVA] 이상인 수차 발전기의 스러스트 베어링의 온도가 현저히 상승한 경우

라. 용량이 10,000[kVA] 이상인 발전기의 내부에 고장이 생긴 경우

★★★★★【92. 98. 99. 01. 05. 09. 기사, 94. 99. 산업기사】

255 발·변전소의 특고압 전로에 대해서는 그의 접속 상태를 모의 모선 등으로 표시하여야 한다. 그러나 어느 규모 이하의 것은 그러한 의무가 없다. 다음 중 모의 모선을 요하지 않는 것은?

① 1회선의 복모선   ② 2회선의 단모선

③ 3회선의 단모선   ④ 3회선의 복모선

해설 351.2 특고압전로의 상 및 접속 상태의 표시

가. 발전소·변전소 또는 이에 준하는 곳의 특고압전로에는 그의 보기 쉬운 곳에 상별 표시를 하여야 한다.

나. 발전소·변전소 또는 이에 준하는 곳의 특고압전로에 대하여는 그 접속 상태를 모의모선의 사용 기타의 방법에 의하여 표시하여야 한다. 다만, 이러한 전로에 접속하는 특고압전선로의 회선수가 2 이하이고 또한 특고압의 모선이 단일모선인 경우에는 그러하지 아니하다.

★★【13. 기사, 00. 15. 23. 산업기사】

256 발전기의 용량에 관계없이 자동적으로 이를 전로로부터 차단하는 장치를 시설하여야 하는 경우는?

① 베어링 과열   ② 과전류 인입

③ 유압의 과팽창   ④ 발전기 내부 고장

해설 351.3 발전기 등의 보호장치

발전기에는 다음의 경우에 자동적으로 이를 전로로부터 차단하는 장치를 시설하여야 한다.

가. 발전기에 과전류나 과전압이 생긴 경우

나. 용량이 2,000[kVA] 이상인 수차 발전기의 스러스트 베어링의 온도가 현저히 상승한 경우

다. 용량이 10,000[kVA] 이상인 발전기의 내부에 고장이 생긴 경우

라. 정격출력이 10,000[kW]를 초과하는 증기터빈은 그 스러스트베어링이 현저하게 마모되거나 그의 온도가 현저히 상승한 경우

257 ★★★☆ 【92. 96. 04. 11. 기사, 79. 91. 99. 08. 산업기사】

발전기 내부에 고장이 생긴 경우 발전기를 자동적으로 차단하는 장치가 꼭 필요한 발전기 용량의 최솟값[kVA]은?

① 500 ② 1,000 ③ 5,000 ④ 10,000

해설 351.3 발전기 등의 보호장치
발전기에는 다음의 경우에 자동적으로 이를 전로로부터 차단하는 장치를 시설하여야 한다.
가. 발전기에 과전류나 과전압이 생긴 경우
나. 용량이 2,000[kVA] 이상인 수차 발전기의 스러스트 베어링의 온도가 현저히 상승한 경우
다. 용량이 10,000[kVA] 이상인 발전기의 내부에 고장이 생긴 경우
라. 정격출력이 10,000[kW]를 초과하는 증기터빈은 그 스러스트베어링이 현저하게 마모되거나 그의 온도가 현저히 상승한 경우

258 ★☆ 【01. 기사, 83. 05. 25. 산업기사】

수차 발전기는 스러스트 베어링의 온도가 현저히 상승하는 경우 자동적으로 이를 전로로부터 차단하는 장치를 시설하는데, 이때 수차 발전기의 최소 용량은?

① 500[kVA] 이상 ② 1,000[kVA] 이상
③ 1,500[kVA] 이상 ④ 2,000[kVA] 이상

해설 351.3 발전기 등의 보호장치
발전기 고장 시 자동 차단
① 수차 압유 장치의 유압이 저하 : 500[kVA] 이상
② 수차 발전기의 스러스트 베어링의 온도 상승 : 2,000[kVA] 이상
③ 발전기 내부 고장이 발생 : 10,000[kVA] 이상

259 ☆ 【94. 산업기사】

증기 터빈의 스러스트 베어링이 현저하게 마모되거나 온도가 현저하게 상승한 경우 그 발전기를 전로로부터 자동 차단하는 장치를 시설하는 것은 정격 출력이 몇 [kW]를 넘었을 경우인가?

① 1,000 ② 2,000 ③ 5,000 ④ 10,000

해설 351.3 발전기 등의 보호장치
정격출력이 10,000[kW]를 초과하는 증기터빈은 그 스러스트 베어링이 현저하게 마모되거나 그의 온도가 현저히 상승한 경우 자동차단하는 장치를 시설하여야 한다.

260 ★★☆ 【88. 98. 기사, 96. 산업기사】

발전기의 보호 장치에 있어서 그 발전기를 구동하는 수차의 압유 장치의 유압이 현저히 저하한 경우 자동 차단시켜야 하는 발전기 용량은 얼마 이상으로 되어 있는가?

① 500[kVA] ② 1,000[kVA] ③ 5,000[kVA] ④ 10,000[kVA]

해설 351.3 발전기 등의 보호장치
용량 500[kVA] 이상인 발전기를 구동하는 수차의 압유 장치의 유압이 현저히 저하한 경우 자동 차단하여야한다.

답 257. ④ 258. ④ 259. ④ 260. ①

261 ★★★☆ 【98. 기사, 81. 90. 94. 99. 00. 산업기사】

특고압용 변압기로서 내부 고장이 발생할 경우 경보만 하여도 좋은 것은 어느 범위의 용량인가?

① 500[kVA] 이상 1,000[kVA] 미만　　② 1,000[kVA] 이상 5,000[kVA] 미만

③ 5,000[kVA] 이상 10,000[kVA] 미만　　④ 10,000[kVA] 이상 15,000[kVA] 미만

해설 351.4 특고압용 변압기의 보호장치

특고압용의 변압기에는 그 내부에 고장이 생겼을 경우에 보호하는 장치를 표와 같이 시설하여야 한다.

뱅크 용량의 구분	동작조건	장치의 종류
5,000[kVA] 이상 10,000[kVA] 미만	변압기 내부고장	자동차단장치 또는 경보장치
10,000[kVA] 이상	변압기 내부고장	자동차단장치
타냉식 변압기(변압기의 권선 및 철심을 직접 냉각시키기 위하여 봉입한 냉매를 강제 순환시키는 냉각방식을 말한다.)	냉각장치에 고장이 생긴 경우 또는 변압기의 온도가 현저히 상승한 경우	경보장치

262 ★★ 【83. 00. 11. 기사】

특고압용 변압기로서 내부 고장에 반드시 자동 차단되어야 하는 변압기의 뱅크 용량은 몇 [kVA] 이상인가?

① 5000　　　② 7500　　　③ 10,000　　　④ 15,000

해설 351.4 특고압용 변압기의 보호장치

뱅크 용량이 10,000[kVA] 이상인 특고압용의 변압기의 내부 고장 시에는 자동 차단 장치를 시설하여야 한다.

263 ★★★★★ 【86. 89. 97. 98. 기사, 80. 91. 93. 97. 98. 00. 산업기사】

송유 풍냉식 특고압용 변압기의 송풍기가 고장이 생길 경우에는 어느 보호 장치가 필요한가?

① 경보 장치　　　　　　② 자동 차단 장치

③ 전압 계전기　　　　　④ 속도 조정 장치

해설 351.4 특고압용 변압기의 보호장치

변압기의 온도가 상승할 경우 경보 장치는 타냉식(수냉식, 송유 풍냉식, 송유 자냉식)에 한하여 그 시설 의무가 정해져 있다.

264 ☆ 【05. 기사, 00. 산업기사】

특고압용 변압기의 냉각 방식 중 냉각 장치에 고장이 생긴 경우 또는 변압기의 온도가 현저히 상승한 경우에 이를 경보하는 장치를 반드시 하지 않아도 되는 것은?

① 유입 자냉식　　　　　② 수냉식

③ 송유 타냉식　　　　　④ 송유 풍냉식

해설 351.4 특고압용 변압기의 보호장치

변압기의 온도가 상승할 경우 경보 장치는 타냉식(수냉식, 송유 풍냉식, 송유 자냉식)에 한하여 그 시설 의무가 정해져 있다.

★★☆ 【82. 기사, 89. 97. 01. 산업기사】
265 과전압이 생긴 경우 자동적으로 전로로부터 차단하는 장치를 하여야 하는 전력용 콘덴서의 최소 뱅크 용량[kVA]은?

① 500　　　　　　② 5,000　　　　　　③ 10,000　　　　　　④ 15,000

해설 351.5 조상설비의 보호장치
조상 설비에는 그 내부에 고장이 생긴 경우에 보호하는 장치를 표와 같이 시설하여야 한다.

설비 종별	뱅크 용량의 구분	자동적으로 전로로부터 차단하는 장치
전력용 커패시터 및 분로 리액터	500[kVA] 초과 15,000[kVA] 미만	• 내부에 고장이 생긴 경우 • 과전류가 생긴 경우
	15,000[kVA] 이상	• 내부에고장이 생긴경우 • 과전류가 생긴 경우 • 과전압이 생긴 경우
조상기	15,000[kVA] 이상	• 내부에 고장이 생긴 경우

★★★★ 【84. 96. 기사, 98. 02. 06. 10. 11. 16. 24. 산업기사, ⊕ : 99. 기사】
266 전력용 콘덴서의 용량 15000[kVA] 이상은 자동적으로 전로로부터 자동 차단하는 장치가 필요하다. 다음 중 옳지 않은 것은?

① 내부에 고장이 생긴 경우에 동작하는 장치
② 절연유의 압력이 변화할 때 동작하는 장치
③ 과전류가 생긴 경우에 동작하는 장치
④ 과전압이 생긴 경우에 동작하는 장치

해설 351.5 조상설비의 보호장치
조상 설비에는 그 내부에 고장이 생긴 경우에 보호하는 장치를 표와 같이 시설하여야 한다.

설비 종별	뱅크 용량의 구분	자동적으로 전로로부터 차단하는 장치
전력용 커패시터 및 분로 리액터	500[kVA] 초과 15,000[kVA] 미만	• 내부에 고장이 생긴 경우 • 과전류가 생긴 경우
	15,000[kVA] 이상	• 내부에고장이 생긴경우 • 과전류가 생긴 경우 • 과전압이 생긴 경우
조상기	15,000[kVA] 이상	• 내부에 고장이 생긴 경우

★★★★★ 【82. 85. 89. 97. 98. 99. 00. 02. 기사, 94. 96. 산업기사】
267 전력용 콘덴서의 내부에 고장이 생긴 경우 및 과전류 또는 과전압이 생긴 경우에 자동적으로 전로로부터 차단하는 장치가 필요한 뱅크 용량은 몇 [kVA] 이상인 것인가?

① 8,000　　　　　　② 10,000　　　　　　③ 12,000　　　　　　④ 15,000

해설 351.5 조상설비의 보호장치
15,000[kVA] 이상인 전력용 커패시터는 내부에 고장이 생긴 경우나 과전류 또는 과전압이 생긴 경우에 자동적으로 전로로부터 차단하는 장치를 시설하여야 한다.

★ 【02. 산업기사】
268 뱅크 용량이 20,000[kVA]인 전력용 콘덴서에 자동적으로 전로로부터 차단하는 보호장치를 하려고 한다. 반드시 시설하여야 할 보호 장치가 아닌 것은?

① 내부에 고장이 생긴 경우에 동작하는 장치
② 절연유의 압력이 변화할 때 동작하는 장치
③ 과전류가 생긴 경우에 동작하는 장치
④ 과전압이 생긴 경우에 동작하는 장치

해설 351.5 조상설비의 보호장치
15,000[kVA] 이상인 전력용 커패시터는 내부에 고장이 생긴 경우나 과전류 또는 과전압이 생긴 경우에 자동적으로 전로로부터 차단하는 장치를 시설하여야 한다.

⤲ 유사문제

‖유사문제 원문 및 해설 : 동일출판사 홈페이지≫고객센터≫자료실

01. 전로에는 그것을 보기 쉬운 곳에 상별 표시를 해야 한다. 기술 기준에서 표시 의무가 없는 곳은?
　📘 수전 설비의 고압 전로

02. 콘덴서에 내부 고장이 생기거나 과전류가 흐르는 경우 자동 차단 장치가 필요한 뱅크 용량은 몇 [kVA]인가?
　📘 1,000[kVA]

03. 용량 몇 [kVA] 이상의 조상기에는 그 내부에 고장이 생긴 경우에 자동적으로 이를 전로로부터 차단하는 장치를 하여야 하는가?
　📘 15,000[kVA]

04. 다음 기계 기구 또는 전선 중에서 단락 전류에 의하여 생기는 기계적 충격에 견디는 것을 요구하지 않는 것은?
　📘 접지선

▌발전소 등의 계측장치

★★★★★ 【83. 93. 94. 99. 01. 02. 05. 07. 09. 10. 12. 기사, 01. 06. 94. 98. 12. 산업기사】
269 발전소에 시설하지 않아도 되는 계측 장치는?

① 발전기의 고정자 온도
② 주요 변압기의 역률
③ 주요 변압기의 전압 및 전류 또는 전력
④ 특고압용 변압기의 온도

📘 268. ② 269. ②

> **해설** 351.6 계측장치
> 발전소에서는 다음의 사항을 계측하는 장치를 시설하여야 한다.
> 가. 발전기의 전압 및 전류 또는 전력
> 나. 발전기의 베어링 및 고정자의 온도
> 다. 주요 변압기의 전압 및 전류 또는 전력
> 라. 특고압용 변압기의 온도

★★★★★ 【92. 97. 01. 03. 07. 08. 12. 기사, 79. 99. 01. 06. 12. 산업기사, ⊕ : 99. 기사, 00. 12. 산업기사】

270 발전소에서 계측 장치를 시설하지 않아도 되는 것은?

① 발전기의 전압 및 전류 또는 전력
② 발전기의 베어링 및 고정자의 온도
③ 특고압 모선의 전압 및 전류 또는 전력
④ 특고압용 변압기의 온도

> **해설** 351.6 계측장치
> 발전소에서는 다음의 사항을 계측하는 장치를 시설하여야 한다.
> 가. 발전기의 전압 및 전류 또는 전력
> 나. 발전기의 베어링 및 고정자의 온도
> 다. 주요 변압기의 전압 및 전류 또는 전력
> 라. 특고압용 변압기의 온도

★ 【84. 기사】

271 발전소나 변전소의 주요 변압기에 있어서 계측하는 장치가 꼭 필요치 않는 것은?

① 유량   ② 온도
③ 전압   ④ 전력

> **해설** 351.6 계측장치
> 발전소에서는 다음의 사항을 계측하는 장치를 시설하여야 한다.
> 가. 발전기의 전압 및 전류 또는 전력   나. 발전기의 베어링 및 고정자의 온도
> 다. 주요 변압기의 전압 및 전류 또는 전력   라. 특고압용 변압기의 온도

★☆ 【99. 산업기사 ⊕ 17. 기사, 05. 산업기사】

272 일반 변전소 또는 이에 준하는 곳의 주요 변압기에 시설하여야 하는 계측장치로 옳은 것은?

① 전류, 전력 및 주파수   ② 전압, 주파수 및 역률
③ 전압 및 전류 또는 전력   ④ 전력, 역률 또는 주파수

> **해설** 351.6 계측장치
> 변전소 또는 이에 준하는 곳에는 다음의 사항을 계측하는 장치를 시설하여야 한다. 다만, 전기철도용 변전소는 주요 변압기의 전압을 계측하는 장치를 시설하지 아니할 수 있다.
> 가. 주요 변압기의 전압 및 전류 또는 전력
> 나. 특고압용 변압기의 온도

273 ★★【83. 00. 기사】
다음 동기조상기의 각 계측 장치 중에서 동기 조상기의 용량이 전력 계통의 용량과 비교하여 현저히 작은 경우에 그 시설을 생략할 수 있는 것은?

① 전압, 전류 및 전력의 측정장치
② 고정자의 온도측정장치
③ 베어링의 온도측정장치
④ 동기검정장치

해설 351.6 계측장치
동기발전기 및 동기조상기를 시설하는 경우 동기검정장치를 시설하여야 하나, 동기발전기 및 동기조상기의 용량이 전력계통의 용량과 비교하여 현저히 적은 경우에는 시설하지 아니할 수 있다.

274 ★★【93. 00. 05. 기사 ⊕ 05. 기사】
전력 계통의 용량과 비슷한 동기조상기를 시설하는 경우에 반드시 시설되어야 할 검정 장치나 계측 장치가 아닌 것은?

① 동기검정장치
② 동기 조상기의 역률
③ 동기 조상기의 전압 및 전류 또는 전력
④ 동기 조상기의 베어링 및 고정자의 온도

해설 351.6 계측장치
동기조상기의 용량이 전력 계통의 용량과 비교하여 비슷한 경우 동기검정장치, 동기조상기의 전압 및 전류 또는 전력, 동기조상기의 베어링 및 고정자의 온도를 계측하는 장치를 시설하여야 한다.

유사문제
‖유사문제 원문 및 해설 : 동일출판사 홈페이지≫고객센터≫자료실

01. 변전소 또는 이에 준하는 장소에 반드시 시설하지 않아도 되는 계측 장치는?
답 특고압용 변압기의 역률 계측 장치

배전반

275 ☆【84. 산업기사】
발·변전소 또는 이에 준하는 곳에 배전반 시설이 적당하지 않은 것은?

① 취급에 위험을 주지 않도록 보호 장치를 할 것
② 점검에 용이하게 시설할 것
③ 회로 설비는 반드시 관에 넣어 시설할 것
④ 통로를 시설할 것

해설 ▸ 351.7 배전반의 시설
1. 발전소·변전소·개폐소 또는 이에 준하는 곳에 시설하는 배전반에 붙이는 기구 및 전선은 **점검할 수 있도록 시설**하여야 한다.
2. 제1의 배전반에 고압용 또는 특고압용의 기구 또는 전선을 시설하는 경우에는 **취급자에게 위험이 미치지 아니하도록 적당한 방호장치** 또는 **통로를 시설**하여야 하며, 기기조작에 필요한 공간을 확보하여야 한다.

발·변전 시설의 감시

276 ★【99. 기사】
어떤 규모, 어떤 시설, 어떤 장치가 있더라도 발전소 운전에 필요한 지식 및 기능이 있는 기술원이 상시 감시를 하여야 하는 발전소는?

① 원자력발전소   ② 수로식발전소
③ 태양전지발전소   ④ 내연력발전소

해설 ▸ 351.8 상주 감시를 하지 아니하는 발전소의 시설
상주 감시를 하지 아니하는 발전소
수력발전소, 풍력발전소, **내연력발전소**, 연료전지발전소(출력 500 kW 미만으로서 연료개질계통설비의 압력이 100 kPa 미만의 인산형의 것) 및 **태양전지발전소**

277 ★【83. 기사】
상주 감시를 요하지 아니하는 발전소에서 발전기 안에 고장이 발생한 경우 발전기를 전로에서 자동적으로 차단하는 장치가 필요한 경우는?

① 1,000[kVA] 넘는 것   ② 2,000[kVA] 넘는 것
③ 3,000[kVA] 넘는 것   ④ 5,000[kVA] 넘는 것

해설 ▸ 351.8 상주 감시를 하지 아니하는 발전소의 시설
다음과 같은 경우 등에는 발전기를 전로에서 자동적으로 차단하는 장치를 시설할 것.
가. 정격 출력이 500[kW] 이상의 원동기 또는 그 발전기의 베어링의 온도가 현저히 상승한 경우
나. 용량이 2,000[kVA] 이상의 발전기의 내부에 고장이 생긴 경우

278 ★【93. 기사】
구외로부터 전송된 전압이 몇 [V] 초과의 전기를 변성하기 위한 변압기, 기타 전기 설비의 통합체를 변전소라 하는가?

① 30,000   ② 38,000
③ 50,000   ④ 55,000

해설 ▸ 351.9 상주 감시를 하지 아니하는 변전소의 시설
변전소 : 이에 준하는 곳으로서 **50[kV]를 초과**하는 특고압의 전기를 변성하기 위한 것을 포함한다.

279 ★ 【83. 24. 기사】
상주 감시를 요하지 아니하는 변전소에서 그 온도가 현저히 상승한 경우 기술원 주재소에 경보하는 장치를 시설하여야 할 특고압용 변압기의 출력은 얼마인가?

① 1,000[kVA] 넘는 것
② 2,000[kVA] 넘는 것
③ 3,000[kVA] 넘는 것
④ 5,000[kVA] 넘는 것

해설 ▶ 351.9 상주 감시를 하지 아니하는 변전소의 시설
다음의 경우에는 변전제어소 또는 기술원이 상주하는 장소에 경보장치를 시설할 것.
가. 운전조작에 필요한 차단기가 자동적으로 차단한 경우
나. 주요 변압기의 전원측 전로가 무전압으로 된 경우
다. 제어 회로의 전압이 현저히 저하한 경우
라. 출력 3,000 [kVA]를 초과하는 특고압용변압기는 그 온도가 현저히 상승한 경우
마. 특고압용 타냉식변압기는 그 냉각장치가 고장난 경우
바. 조상기는 내부에 고장이 생긴 경우
사. 수소냉각식조상기는 그 조상기 안의 수소의 순도가 90[%] 이하로 저하한 경우, 수소의 압력이 현저히 변동한 경우 또는 수소의 온도가 현저히 상승한 경우

수소냉각 발전기

280 ★★★★★ 【93. 99. 00. 01. 06. 08. 12. 기사, 83. 91. 01. 03. 07. 09. 10. 11. 산업기사, ⊕ : 98. 기사】
수소 냉각식 발전기 안의 수소 순도가 어느 경우에 경보하여야 하는가?

① 65[%] 이하
② 65[%] 이상
③ 85[%] 이하
④ 85[%] 이상

해설 ▶ 351.10 수소냉각식 발전기 등의 시설
발전기 내부 또는 조상기 내부의 수소의 순도가 85 [%] 이하로 저하한 경우에 이를 경보하는 장치를 시설할 것.

281 ★★★☆ 【97. 23. 기사, 92. 96. 04. 23. 25. 산업기사, ⊕ : 00. 산업기사】
수소 냉각식 발전기 및 이에 부속하는 수소 냉각 장치에 관한 기술 기준에서 잘못 표현된 것은?

① 발전기는 기밀 구조의 것이고 또한 수소가 대기압에서 폭발하는 경우에 생기는 압력에 견디는 강도를 가지는 것일 것
② 발전기 안의 수소의 순도가 70[%] 이하로 저하한 경우에 경보하는 장치를 시설할 것
③ 발전기 안의 수소의 온도를 계측하는 장치를 시설할 것
④ 수소의 압력 계측 장치 및 압력 변동에 대한 경보 장치를 시설할 것

해설 ▶ 351.10 수소냉각식 발전기 등의 시설
발전기 내부 또는 조상기 내부의 수소의 순도가 85 [%] 이하로 저하한 경우에 이를 경보하는 장치를 시설할 것.

★【83. 기사, 11. 산업기사】

282 수소 냉각 발전기에서 필요 없는 장치는?

① 수소 순도의 저하를 경보하는 장치
② 수소의 압력을 계측하는 장치
③ 수소의 온도를 계측하는 장치
④ 수소의 유량을 계측하는 장치

해설 351.10 수소냉각식 발전기 등의 시설
수소냉각식의 발전기·조상기 또는 이에 부속하는 수소 냉각 장치는 다음 각 호에 따라 시설하여야 한다.
가. 발전기 또는 조상기는 기밀구조의 것이고 또한 수소가 대기압에서 폭발하는 경우에 생기는 압력에 견디는 강도를 가지는 것일 것.
나. 발전기축의 밀봉부에는 질소 가스를 봉입할 수 있는 장치 또는 발전기 축의 밀봉부로부터 누설된 수소 가스를 안전하게 외부에 방출할 수 있는 장치를 시설할 것.
다. 발전기 내부 또는 조상기 내부의 수소의 순도가 85 [%] 이하로 저하한 경우에 이를 경보하는 장치를 시설할 것.
라. 발전기 내부 또는 조상기 내부의 수소의 압력을 계측하는 장치 및 그 압력이 현저히 변동한 경우에 이를 경보하는 장치를 시설할 것.
마. 발전기 내부 또는 조상기 내부의 수소의 온도를 계측하는 장치를 시설할 것.
바. 발전기 내부 또는 조상기 내부로 수소를 안전하게 도입할 수 있는 장치 및 발전기안 또는 조상기안의 수소를 안전하게 외부로 방출할 수 있는 장치를 시설할 것.

유사문제
‖유사문제 원문 및 해설 : 동일출판사 홈페이지≫고객센터≫자료실

01. 수소 냉각 방식 발전기에서 수소의 순도가 몇 [%] 이상이 되어야 하는가?
답 85[%]

압축공기장치

★★★★【83. 85. 91. 97. 04. 기사】

283 발전소의 개폐기 또는 차단기에 사용하는 압축 공기 장치의 주 공기탱크에는 어떠한 최대 눈금이 있는 압력계를 시설해야 하는가?

① 사용 압력의 1배 이상 1.5배 이하
② 사용 압력의 1.25배 이상 2배 이하
③ 사용 압력의 1.5배 이상 3배 이하
④ 사용 압력의 2배 이상 3배 이하

해설 341.15 압축공기계통
주 공기탱크 또는 이에 근접한 곳에는 사용압력의 1.5배 이상 3배 이하의 최고 눈금이 있는 압력계를 시설할 것.

답 282. ④ 283. ③

284 ★★☆ 【88, 94. 기사, 01. 산업기사】
발·변전소의 차단기에 사용하는 압축 공기 탱크는 사용 압력에서 공기의 보급 없이 차단기의 투입 및 차단을 계속 최소 몇 회 계속할 수 있는 용량을 가져야 하는가?

① 1회   ② 2회   ③ 3회   ④ 4회

해설 ▸ 341.15 압축공기계통
사용 압력에서 공기의 보급이 없는 상태로 개폐기 또는 차단기의 투입 및 차단을 연속하여 1회 이상 할 수 있는 용량을 가지는 것일 것.

285 ★★★★★ 【91, 98, 00, 01, 03, 08, 10. 기사, 79, 91, 92, 99, 01, 03, 05, 12. 산업기사 ⊕ 05. 산업기사】
발전소, 변전소 등에 시설하는 가스압축기에 접속하여 사용하는 가스 절연기기는 1[kg/cm²]를 넘는 절연가스의 압력을 받는 부분으로 외기에 접하는 부분은 최고 사용 압력의 몇 배의 수압을 연속하여 10분간 가하였을 때에 이에 견디고 새지 아니하여야 하는가?

① 1.1   ② 1.3   ③ 1.5   ④ 2

해설 ▸ 341.15 압축공기계통
발전소·변전소·개폐소 또는 이에 준하는 곳에서 개폐기 또는 차단기에 사용하는 압축공기장치는 **최고 사용압력의 1.5배의 수압(최고 사용압력의 1.25배의 기압)을 연속하여 10분간** 가하여 시험을 하였을 때에 이에 견디고 또한 새지 아니할 것.

전력보안통신설비의 시설

286 ★☆ 【88. 기사, 94. 산업기사】
다음 중 보안 통신용 전화 설비를 시설하여야 하는 곳은?

① 원격 감시 제어가 되는 변전소   ② 2개 이상의 발전소 상호간
③ 원격 감시 제어가 되는 발전소   ④ 2개 이상의 급전소 상호간

해설 ▸ 362.1 전력보안통신설비의 시설 요구사항
발전소, 변전소 및 변환소 에서의 전력보안통신설비의 시설 장소는 다음에 따른다.
가. 원격감시제어가 되지 아니하는 발전소·변전소·개폐소·전선로 및 이를 운용하는 급전소 및 급전분소 간
나. **2개 이상의 급전소(분소) 상호 간**과 이들을 통합 운용하는 급전소(분소) 간
다. 수력설비의 안전상 필요한 양수소 및 강수량 관측소와 수력발전소 간
라. 동일 수계에 속하고 안전상 긴급 연락의 필요가 있는 수력발전소 상호 간
마. 동일 전력계통에 속하고 또한 안전상 긴급연락의 필요가 있는 발전소·변전소 및 개폐소 상호 간

287 ★ 【83, 90. 산업기사】
중성점 다중 접지식 22.9[kV] 3상 4선식 전로에 첨가 통신선으로 케이블이 아닌 전선을 시설하는 경우 전력선과 통신선의 최소 이격거리[m]는?

① 0.75   ② 1   ③ 1.2   ④ 1.5

해설 362.2 전력보안통신선의 시설 높이와 이격거리

가공전선		통신선		
		일반	절연전선	광섬유 케이블
특고압 가공전선	일반	1.2[m] 이상		
	케이블		0.3[m] 이상	
	25[kV] 이하, 다중 접지방식	0.75[m] 이상		

☆【93. 산업기사】

288 3상 4선식 22.9[kV], 중성선 다중 접지 방식의 특고압 가공 전선 밑에 전력 보안 통신선을 첨가하고자 한다. 특고압 가공 전선과 전력 보안 통신선과의 이격거리는 몇 [cm] 이상으로 되어야 하는가? 단, 특고압 가공 전선로는 다중 접지식의 것으로서 전로에 자기가 생긴 경우에 2초 안에 자동적으로 이를 전로로부터 차단하는 장치를 가지는 것임.

① 30　　　　　② 60　　　　　③ 75　　　　　④ 120

해설 362.2 전력보안통신선의 시설 높이와 이격거리

가공전선		통신선		
		일반	절연전선	광섬유 케이블
특고압 가공전선	일반	1.2[m] 이상		
	케이블		0.3[m] 이상	
	25[kV] 이하, 다중 접지방식	0.75[m] 이상		

★☆【00. 기사, ⊕ : 01. 산업기사】

289 특고압 가공 전선로의 지지물에 시설하는 통신선 또는 이에 직접 접속하는 통신선이 도로, 횡단 보도교, 철도, 궤도, 삭도 또는 교류 전차선 등과 교차하는 경우에 통신선과 삭도 또는 다른 가공 약전류 전선 등 사이의 이격거리는 몇 [cm] 이상으로 하여야 하는가? (단, 통신선은 광섬유 케이블이라고 한다.)

① 30　　　　　② 40　　　　　③ 50　　　　　④ 60

해설 362.2 전력보안통신선의 시설 높이와 이격거리
통신선과 삭도 또는 다른 가공 약전류 전선 등 사이의 이격거리는 80[cm] (통신선이 케이블 또는 광섬유 케이블일 때는 40[cm]) 이상으로 할 것.

★☆【99. 기사, 92. 11. 산업기사】

290 22.9[kV] 가공 전선로의 다중 접지한 중성선과 보안 통신선과 최소 이격거리는 몇 [cm] 이상이어야 하는가? 단, 특고압 가공 전선로는 중성선 다중 접지식의 것으로서 전로에 지기가 생긴 경우에 2초 안에 자동적으로 이를 전로로부터 차단하는 장치를 가지는 것임.

① 60　　　　　② 80　　　　　③ 100　　　　　④ 120

해설 362.2 전력보안통신선의 시설 높이와 이격거리

	가공전선	통신선		
		일반	절연전선	광섬유 케이블
중성선	25[kV] 이하, 다중접지중성선	0.6[m] 이상		

전력보안통신설비의 굵기 및 높이

291 사용 전압이 22.9[kV]인 가공 전선로의 지지물에 시설하는 통신선과 철도의 레일이 교차하는 경우 경동선을 통신선으로 사용할 때 그 최소 굵기[mm]는?

① 3.2 ② 4.0 ③ 4.5 ④ 5.0

해설 362.2 전력보안통신선의 시설 높이와 이격거리
특고압 가공 전선로의 지지물에 시설하는 통신선이 도로 횡단 보도교, 철도의 레일 또는 삭도와 교차하는 경우 통신선은 단면적 16[mm²](단선의 경우 지름 4[mm])의 절연전선과 동등 이상의 절연 효력이 있는 것, 인장강도 8.01[kN] 이상의 것 또는 단면적 25[mm²](단선의 경우 지름 5[mm])의 경동선일 것

☆ 【99. 04. 산업기사】
292 전력보안 가공통신선을 교통에 지장을 줄 우려가 있는 곳의 도로 위에 시설할 경우에는 지표상 몇 [m] 이상으로 시설하여야 하는가?

① 4 ② 4.5 ③ 5 ④ 5.5

해설 362.2 전력보안통신선의 시설 높이와 이격거리
전력 보안 가공통신선(이하 "가공통신선"이라 한다)의 높이는 다음을 따른다.

구 분		지상고	비고
도로(차도)	일반적인 경우	5.0[m] 이상	
	교통에 지장을 안 주는 경우	4.5[m] 이상	
철도 또는 궤도 횡단 시		6.5[m] 이상	레일면상
횡단보도교 위		3.0[m] 이상	그 노면상
기타		3.5[m] 이상	

★ 【09. 기사, 80. 99. 산업기사】
293 교통에 지장을 줄 우려가 없는 경우 가공 통신선의 지표상 최저 높이[m]는 얼마인가?

① 4.0 ② 4.5 ③ 5.0 ④ 5.5

해설 362.2 전력보안통신선의 시설 높이와 이격거리
전력 보안 가공통신선(이하 "가공통신선"이라 한다)의 높이는 다음을 따른다.

구 분		지상고	비고
도로(차도)	일반적인 경우	5.0[m] 이상	
	교통에 지장을 안 주는 경우	4.5[m] 이상	
철도 또는 궤도 횡단 시		6.5[m] 이상	레일면상
횡단보도교 위		3.0[m] 이상	그 노면상
기타		3.5[m] 이상	

★★★ 【00. 01. 12. 23. 기사, 99. 00. 05. 산업기사, ⊕ : 11. 기사】

294 가공 전선로의 지지물에 시설하는 통신선 또는 이에 직접 접속하는 가공 통신선의 높이는 철도 또는 궤도를 횡단하는 경우에는 레일면상 몇 [m] 이상으로 하여야 하는가?

① 5 ② 5.5 ③ 6 ④ 6.5

해설 362.2 전력보안통신선의 시설 높이와 이격거리
가공전선로의 지지물에 시설하는 통신선 또는 이에 직접 접속하는 가공 통신선의 높이는 다음에 따라야 한다.

시설 장소		가공전선로의 지지물에 시설	
		고·저압[m]	특고압[m]
도로횡단	일반적인 경우	6[m] 이상	6[m] 이상
	교통에 지장을 안 주는 경우	5[m] 이상	
철도 횡단(레일면상)		6.5[m] 이상	6.5[m] 이상
횡단보도교 위	노면상	3.5[m] 이상	5[m] 이상
	절연전선 사용	3[m] 이상	
	광섬유 케이블 사용		4[m] 이상
기타의 장소	일반적인 경우(절연전선 사용)	4[m] 이상	5[m] 이상
	광섬유 케이블 사용	3.5[m] 이상	

★★★☆ 【99. 00. 02. 04. 산업기사】

295 고압 가공 전선로의 지지물에 시설하는 통신선 또는 이에 직접 접속하는 가공 통신선의 높이는 횡단 보도교의 위에 시설하는 경우에는 그 노면상 최소 몇 [m] 이상으로 시설하면 되는가?

① 3.5 ② 4 ③ 4.5 ④ 5

해설 362.2 전력보안통신선의 시설 높이와 이격거리
가공전선로의 지지물에 시설하는 통신선 또는 이에 직접 접속하는 가공 통신선의 높이는 다음에 따라야 한다.

시설 장소		가공전선로의 지지물에 시설	
		고·저압[m]	특고압[m]
도로횡단	일반적인 경우	6[m] 이상	6[m] 이상
	교통에 지장을 안 주는 경우	5[m] 이상	
철도 횡단(레일면상)		6.5[m] 이상	6.5[m] 이상

시설 장소		가공전선로의 지지물에 시설	
		고 · 저압[m]	특고압[m]
횡단보도교 위	노면상	3.5[m] 이상	5[m] 이상
	절연전선 사용	3[m] 이상	
	광섬유 케이블 사용		4[m] 이상
기타의 장소	일반적인 경우(절연전선 사용)	4[m] 이상	5[m] 이상
	광섬유 케이블 사용	3.5[m] 이상	

★★ 【99. 00. 11. 기사】

296 고압 가공전선로의 지지물에 시설하는 통신선 또는 이에 직접 접속하는 가공통신선을 횡단보도교 위에 시설할 때 그 높이는 노면상 몇 [m] 이상으로 시설하여도 되는가? 단, 통신선은 절연전선과 동등 이상의 절연효력이 있는 것임

① 3   ② 3.5   ③ 4   ④ 4.5

해설 362.2 전력보안통신선의 시설 높이와 이격거리
가공전선로의 지지물에 시설하는 통신선 또는 이에 직접 접속하는 가공 통신선의 높이는 다음에 따라야 한다.

시설 장소		가공전선로의 지지물에 시설	
		고 · 저압[m]	특고압[m]
도로횡단	일반적인 경우	6[m] 이상	6[m] 이상
	교통에 지장을 안 주는 경우	5[m] 이상	
철도 횡단(레일면상)		6.5[m] 이상	6.5[m] 이상
횡단보도교 위	노면상	3.5[m] 이상	5[m] 이상
	절연전선 사용	3[m] 이상	
	광섬유 케이블 사용		4[m] 이상
기타의 장소	일반적인 경우(절연전선 사용)	4[m] 이상	5[m] 이상
	광섬유 케이블 사용	3.5[m] 이상	

보안장치

★☆ 【00. 16. 기사, 00. 15. 산업기사】

297 특고압용 제2종 보안 장치 또는 이에 준하는 보안 장치 등이 되어 있지 않은 25[kV] 이하인 특고압 가공 전선로의 지지물에 시설하는 통신선 또는 이에 직접 접속하는 통신선으로 사용할 수 있는 것은?

① 캡타이어 케이블   ② 단면적 6[mm²] 이상의 절연 전선
③ 광섬유 케이블   ④ CV-CN 케이블

해설 362.6 25[kV] 이하인 특고압 가공전선로 첨가 통신선의 시설에 관한 특례
특고압 가공전선로의 지지물에 시설하는 **통신선은 광섬유 케이블일 것**. 다만, 표준에 적합한 특고압용 제2종 보안장치 또는 이에 준하는 보안장치를 시설할 때에는 그러하지 아니하다.

★ 【02. 23. 산업기사】

298 통신선에 직접 접속하는 옥내 통신 설비를 시설하는 곳에 반드시 하여야 하는 것은? 단, 통신 선은 광섬유 케이블을 제외하며, 뇌 또는 전선과의 혼촉에 의하여 사람에게 위험의 우려는 있 다고 한다.

① 유도 조절 장치 ② 전류 제한 장치

③ 전력 절감 장치 ④ 보안 장치

해설 362.10 전력보안통신설비의 보안장치
통신선(광섬유 케이블을 제외한다)에 직접 접속하는 옥내통신 설비를 시설하는 곳에는 **통신선의 구별에 따라 적합한 보안장치 또는 이에 준하는 보안장치를 시설하여야 한다.** 다만, 통신선이 통신용 케이블인 경우에 뇌(雷) 또는 전선과의 혼촉에 의하여 사람에게 위험을 줄 우려가 없도록 시설하는 경우에는 그러하지 아니하다.

★★ 【00. 01. 18. 기사】

299 그림은 전력선 반송 통신용 결합 장치의 보안 장치이다. 여기에서 CC는 어떤 콘덴서인가?

① 전력용 콘덴서

② 정류용 콘덴서

③ 결합용 콘덴서

④ 축전용 콘덴서

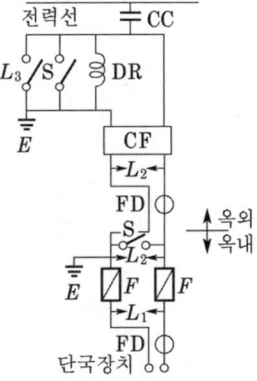

해설 362.11 전력선 반송 통신용 결합장치의 보안장치
전력선 반송통신용 결합 커패시터에 접속하는 회로에는 그림의 보안장치 또는 이에 준하는 보안장치를 시설하여 야 한다.
전력선 반송 통신용 결합 장치의 보안장치
- FD : 동축 케이블
- F : 정격 전류 10[A] 이하의 포장 퓨즈
- DR : 전류 용량 2[A] 이상의 배류 선륜
- L_1 : 교류 300[V] 이하에서 동작하는 피뢰기
- L_2 : 동작 전압이 교류 1,300[V]를 넘고 1,600[V] 이하 로 조정된 방전갭
- L_3 : 동작 전압이 교류 2[kV]를 넘고 3[kV] 이하로 구상 방전갭
- S : 접지용 개폐기
- CF : 결합 필터
- **CC : 결합 콘덴서(결합 안테나를 포함한다)**
- E : 접지

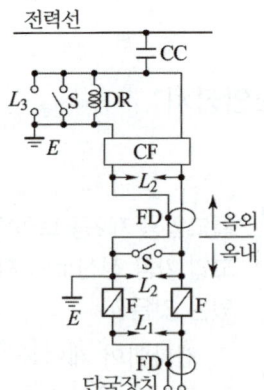

★★★★★【04. 07. 08. 19. 기사, 02. 09. 10. 12. 16. 18. 20. 21. 24. 산업기사】

300 무선용 안테나 등을 지지하는 철탑의 기초 안전율은 얼마 이상이어야 하는가?

① 1.0 ② 1.5

③ 2.0 ④ 2.5

해설 364.1 무선용 안테나 등을 지지하는 철탑 등의 시설

전력보안통신설비인 무선통신용 안테나 또는 반사판 을 지지하는 목주·철주·철근 콘크리트주 또는 철탑은 다음에 따라 시설하여야 한다. 다만, 무선용 안테나 등이 전선로의 주위상태를 감시할 목적으로 시설되는 것일 경우에는 그러지 아니하다.

가. 목주는 풍압하중에 대한 안전율은 1.5 이상이어야 한다.

나. 철주·철근 콘크리트주 또는 철탑의 기초 안전율은 1.5 이상이어야 한다.

전기철도설비

400 통칙

402 전기철도의 용어 정의

1. **전기철도설비** : 전기철도설비는 전철 변전설비, 급전설비, 부하설비(전기철도차량 설비 등) 로 구성된다.
2. **궤도** : 레일·침목 및 도상과 이들의 부속품으로 구성된 시설을 말한다.
3. **차량** : 전동기가 있거나 또는 없는 모든 철도의 차량(객차, 화차 등)을 말한다.
4. **열차** : 동력차에 객차, 화차 등을 연결하고 본선을 운전할 목적으로 조성된 차량을 말한다.
5. **레일** : 철도에 있어서 차륜을 직접 지지하고 안내해서 차량을 안전하게 주행시키는 설비를 말한다.
6. **전차선** : 전기철도차량의 집전장치와 접촉하여 전력을 공급하기 위한 전선을 말한다.
7. **전차선로** : 전기철도차량에 전력을 공급하기 위하여 선로를 따라 설치한 시설물로서 전차 선, 급전선, 귀선과 그 지지물 및 설비를 총괄한 것을 말한다.
8. **장기 과전압** : 지속시간이 20[ms] 이상인 과전압을 말한다.

410 전기철도의 전기방식

411.1 전력수급조건

1. 수전선로의 전력수급조건은 부하의 크기 및 특성, 지리적 조건, 환경적 조건, 전력조류, 전 압강하, 수전 안정도, 회로의 공진 및 운용의 합리성, 장래의 수송수요, 전기사업자 협의 등 을 고려하여 표의 공칭전압(수전전압)으로 선정하여야 한다.

표 공칭전압(수전전압)

공칭전압(수전전압)[kV]	교류 3상 22.9, 154, 345

2. 수전선로의 계통구성에는 **3상 단락전류, 3상 단락용량, 전압강하, 전압불평형 및 전압왜형율, 플리커 등을 고려**하여 시설하여야 한다.

411.2 전차선로의 전압

1. **직류방식** : 비지속성 최고전압은 지속시간이 5분 이하로 예상되는 전압의 **최고값**으로 하되, 기존 운행 중인 전기철도차량과의 인터페이스를 고려한다.
2. **교류방식** : 비지속성 최고전압은 지속시간이 2분 이하로 예상되는 전압의 **최고값**으로 하되, 기존 운행 중인 전기철도차량과의 인터페이스를 고려한다.

420─ 전기철도의 변전방식

421.2 변전소 등의 계획

1. 전기철도 노선, 전기철도차량의 특성, 차량운행계획 및 철도망건설계획 등 부하특성과 연장급전 등을 고려하여 변전소 등의 용량을 결정하고, 급전계통을 구성하여야 한다.
2. 변전소의 위치는 가급적 **수전선로의 길이가 최소화** 되도록 하며, **전력수급이 용이**하고, 변전소 앞 절연구간에서 **전기철도차량의 타행운행이 가능한 곳을 선정**하여야 한다.

421.3 변전소의 용량

변전소의 용량은 급전구간별 정상적인 열차부하 조건에서 1시간 최대출력 또는 순시최대출력을 기준으로 결정하고, 연장급전 등 부하의 증가를 고려하여야 한다.

421.4 변전소의 설비

1. 급전용변압기는 **직류 전기철도의 경우 3상 정류기용 변압기, 교류 전기철도의 경우 3상 스코트 결선 변압기**의 적용을 원칙으로 하고, 급전계통에 적합하게 선정하여야 한다.
2. 개폐기는 선로 중 **중요한 분기점, 고장발견이 필요한 장소, 빈번한 개폐를 필요로 하는 곳에 설치**하며, 개폐상태의 표시, 쇄정장치 등을 설치하여야 한다.
3. 제어용 교류전원은 상용과 예비의 2계통으로 구성하여야 한다.

430─ 전기철도의 전차선로

431.1 전차선 가선방식

전차선의 가선방식은 열차의 속도 및 노반의 형태, 부하전류 특성에 따라 적합한 방식을 채택하여야 하며, **가공방식, 강체방식, 제3레일방식을 표준**으로 한다.

431.2 전차선로의 충전부와 건조물 간의 절연이격

전차선과 건조물 간의 최소 절연이격거리

시스템 종류	공칭전압(V)	동적(mm)		정적(mm)	
		비오염	오염	비오염	오염
직류	750	25	25	25	25
	1,500	100	110	150	160
단상교류	25,000	170	220	270	320

431.3 전차선로의 충전부와 차량 간의 절연이격

전차선과 차량 간의 최소 절연이격거리

시스템 종류	공칭전압(V)	동적(mm)	정적(mm)
직류	750	25	25
	1,500	100	150
단상교류	25,000	170	270

431.4 급전선로

급전선은 나전선을 적용하여 가공식으로 가설을 원칙으로 한다.

431.5 귀선로

1. 귀선로는 비절연보호도체, 매설접지도체, 레일 등으로 구성하여 단권변압기 중성점과 공통접지에 접속한다.
2. 비절연보호도체의 위치는 통신유도장해 및 레일전위의 상승의 경감을 고려하여 결정하여야 한다.
3. 귀선로는 사고 및 지락 시에도 충분한 허용전류용량을 갖도록 하여야 한다.

431.6 전차선 및 급전선의 높이

전차선 및 급전선의 최소 높이

시스템 종류	공칭전압(V)	동적(mm)	정적(mm)
직류	750	4,800	4,400
	1,500	4,800	4,400
단상교류	25,000	4,800	4,570

431.10 전차선로 설비의 안전율

하중을 지탱하는 전차선로 설비의 강도는 작용이 예상되는 하중의 최악 조건 조합에 대하여 다음의 최소 안전율이 곱해진 값을 견디어야 한다.

1. 합금전차선의 경우 2.0 이상
2. 경동선의 경우 2.2 이상
3. 조가선 및 조가선 장력을 지탱하는 부품에 대하여 2.5 이상
4. 복합체 자재(고분자 애자 포함)에 대하여 2.5 이상

5. 지지물 기초에 대하여 2.0 이상

6. 장력조정장치 2.0 이상

7. 빔 및 브래킷은 소재 허용응력에 대하여 1.0 이상

8. 철주는 소재 허용응력에 대하여 1.0 이상

9. 브래킷의 애자는 최대 만곡하중에 대하여 2.5 이상

10. 지선은 선형일 경우 2.5 이상, 강봉형은 소재 허용응력에 대하여 1.0 이상

431.11 전차선 등과 식물 사이의 이격거리

교류 전차선 등 충전부와 식물사이의 이격거리는 5[m] 이상이어야 한다. 다만, 5[m] 이상 확보하기 곤란한 경우에는 현장여건을 고려하여 방호벽 등 안전조치를 하여야 한다.

440- 전기철도의 전기철도차량 설비

441.1 절연구간

1. 교류 구간에서는 변전소 및 급전구분소 앞에서 서로 다른 위상 또는 공급점이 다른 전원이 인접하게 될 경우 전원이 혼촉되는 것을 방지하기 위한 절연구간을 설치하여야 한다.

2. 전기철도차량의 교류-교류 절연구간을 통과하는 방식은 역행 운전방식, 타행 운전방식, 변압기 무부하 전류방식, 전력소비 없이 통과하는 방식이 있으며, 각 통과방식을 고려하여 가장 적합한 방식을 선택하여 시설한다.

3. 교류-직류(직류-교류) 절연구간은 교류구간과 직류 구간의 경계지점에 시설한다. 이 구간에서 전기철도차량은 노치 오프(notch off) 상태로 주행한다.

4. 절연구간의 소요길이는 구간 진입 시의 아크 시간, 잔류전압의 감쇄시간, 팬터그래프 배치간격, 열차속도 등에 따라 결정한다.

441.4 전기철도차량의 역률

1. 전기철도차량이 전차선로와 접촉한 상태에서 견인력을 끄고 보조전력을 가동한 상태로 정지해 있는 경우, 가공 전차선로의 유효전력이 200 [kW] 이상일 경우 총 역률은 0.8보다는 작아서는 안된다.

441.5 회생제동

1. 전기철도차량은 다음과 같은 경우에 회생제동의 사용을 중단해야 한다.

　가. 전차선로 지락이 발생한 경우

　나. 전차선로에서 전력을 받을 수 없는 경우

　다. 선로전압이 장기 과전압 보다 높은 경우

2. 회생전력을 다른 전기장치에서 흡수할 수 없는 경우에는 전기철도차량은 다른 제동시스템으로 전환되어야 한다.

3. 전기철도 전력공급시스템은 회생제동이 상용제동으로 사용이 가능하고 다른 전기철도차량과 전력을 지속적으로 주고받을 수 있도록 설계되어야 한다.

441.6 전기철도차량 전기설비의 전기위험방지를 위한 보호대책

1. 감전을 일으킬 수 있는 충전부는 직접접촉에 대한 보호가 있어야 한다.
2. 간접 접촉에 대한 보호대책은 노출된 도전부는 고장 조건하에서 부근 충전부와의 유도 및 접촉에 의한 감전이 일어나지 않아야 한다. 그 목적은 위험도가 노출된 도전부가 같은 전위가 되도록 보장하는데 있다. 이는 보호용 본딩으로만 달성될 수 있으며 또는 자동급전 차단 등 적절한 방법을 통하여 달성할 수 있다.
3. 주행레일과 분리되어 있거나 또는 공동으로 되어있는 보호용 도체를 채택한 시스템에서 운행되는 모든 전기철도차량은 차체와 고정 설비의 보호용 도체 사이에는 최소 2개 이상의 보호용 본딩 연결로가 있어야 하며, 한쪽 경로에 고장이 발생하더라도 감전 위험이 없어야 한다.
4. 차체와 주행 레일과 같은 고정설비의 보호용 도체 간의 임피던스는 이들 사이에 위험 전압이 발생하지 않을 만큼 낮은 수준인 표에 따른다. 이 값은 적용전압이 50[V]를 초과하지 않는 곳에서 50[A]의 일정 전류로 측정하여야 한다.

차량 종류	최대 임피던스[Ω]
기관차, 객차	0.05
화차	0.15

450- 전기철도의 설비를 위한 보호

451.3 피뢰기 설치장소

1. 다음의 장소에 피뢰기를 설치하여야 한다.
   가. 변전소 인입측 및 급전선 인출측
   나. 가공전선과 직접 접속하는 지중케이블에서 낙뢰에 의해 절연파괴의 우려가 있는 케이블 단말
2. 피뢰기는 가능한 한 보호하는 기기와 가깝게 시설하되 누설전류 측정이 용이하도록 지지대와 절연하여 설치한다.

451.4 피뢰기의 선정

피뢰기는 다음의 조건을 고려하여 선정한다.
1. 피뢰기는 밀봉형을 사용하고 유효 보호거리를 증가시키기 위하여 방전개시전압 및 제한전압이 낮은 것을 사용한다.
2. 유도뢰서지에 대하여 2선 또는 3선의 피뢰기 동시동작이 우려되는 변전소 근처의 단락 전류가 큰 장소에는 속류차단능력이 크고 또한 차단성능이 회로조건의 영향을 받을 우려가 적은 것을 사용한다.

460 　전기철도의 안전을 위한 보호

461.2 레일 전위의 위험에 대한 보호

1. 레일 전위는 고장 조건에서의 접촉전압 또는 정상 운전조건에서의 접촉전압으로 구분하여 야 한다.
2. 교류 전기철도 급전시스템에서의 레일 전위의 최대 허용 접촉전압은 표의 값 이하여야 한 다. 단, **작업장 및 이와 유사한 장소에서는 최대 허용 접촉전압을 25[V](실효값)를 초과하지 않 아야 한다.**

시간 조건	최대 허용 접촉전압(실효값)
순시조건($t \leq 0.5$초)	670[V]
일시적 조건(0.5초$< t \leq 300$초)	65[V]
영구적 조건($t > 300$초)	60[V]

3. 직류 전기철도 급전시스템에서의 레일 전위의 최대 허용 접촉전압은 표의 값 이하여야 한 다. 단, **작업장 및 이와 유사한 장소에서 최대 허용 접촉전압은 60[V]를 초과하지 않아야 한다.**

시간 조건	최대 허용 접촉전압(실효값)
순시조건($t \leq 0.5$초)	535[V]
일시적 조건(0.5초$< t \leq 300$초)	150[V]
영구적 조건($t > 300$초)	120[V]

461.3 레일 전위의 접촉전압 감소 방법

1. 교류 전기철도 급전시스템은 규정된 값을 초과하는 경우 다음 방법을 고려하여 접촉전압을 감소시켜야 한다.
   가. 접지극 추가 사용
   나. 등전위 본딩
   다. 전자기적 커플링을 고려한 귀선로의 강화
   라. 전압제한소자 적용
   마. 보행 표면의 절연
   바. 단락전류를 중단시키는데 필요한 트래핑 시간의 감소
2. 직류 전기철도 급전시스템은 규정된 값을 초과하는 경우 다음 방법을 고려하여 접촉전압을 감소시켜야 한다.
   가. 고장조건에서 레일 전위를 감소시키기 위해 전도성 구조물 접지의 보강
   나. 전압제한소자 적용
   다. 귀선 도체의 보강
   라. 보행 표면의 절연
   마. 단락전류를 중단시키는데 필요한 트래핑 시간의 감소

461.4 전기부식방지

1. 주행레일을 귀선으로 이용하는 경우에는 누설전류에 의하여 케이블, 금속제 지중관로 및 선로 구조물 등에 영향을 미치는 것을 방지하기 위한 적절한 시설을 하여야 한다.
2. 전기철도 측의 전기부식방지를 위해서는 다음 방법을 고려하여야 한다.
    가. 변전소 간 간격 축소
    나. 레일본드의 양호한 시공
    다. 장대레일채택
    라. 절연도상 및 레일과 침목 사이에 절연층의 설치
    마. 기타
3. 매설금속체 측의 누설전류에 의한 전식의 피해가 예상되는 곳은 다음 방법을 고려하여야 한다.
    가. 배류장치 설치
    나. 절연코팅
    다. 매설금속체 접속부 절연
    라. 저준위 금속체를 접속
    마. 궤도와의 이격거리 증대
    바. 금속판 등의 도체로 차폐

461.5 누설전류 간섭에 대한 방지

1. 직류 전기철도 시스템의 누설전류를 최소화하기 위해 귀선전류를 금속귀선로 내부로만 흐르도록 하여야 한다.
2. 심각한 누설전류의 영향이 예상되는 지역에서는 정상운전 시 단위 길이 당 컨덕턴스 값은 표의 값 이하로 유지될 수 있도록 하여야 한다.

견인시스템	옥외(S/km)	터널(S/km)
철도선로(레일)	0.5	0.5
개방 구성에서의 대량수송 시스템	0.5	0.1
폐쇄 구성에서의 대량수송 시스템	2.5	-

3. 귀선시스템의 종 방향 전기저항을 낮추기 위해서는 레일 사이에 저저항 레일본드를 접합 또는 접속하여 전체 종 방향 저항이 5[%] 이상 증가하지 않도록 하여야 한다.
4. 귀선시스템의 어떠한 부분도 대지와 절연되지 않은 설비, 부속물 또는 구조물과 접속되어서는 안 된다.
5. 직류 전기철도 시스템이 매설 배관 또는 케이블과 인접할 경우 누설전류를 피하기 위해 최대한 이격시켜야 하며, 주행레일과 최소 1[m] 이상의 거리를 유지하여야 한다.

461.7 통신상의 유도 장해방지 시설

교류식 전기철도용 전차선로는 기설 가공약전류 전선로에 대하여 유도작용에 의한 통신상의 장해가 생기지 않도록 시설하여야 한다.

출제예상문제_전기철도설비

통칙

01 한국전기설비규정에서 정의하는 전기철도설비에 속하지 않는 것은?

① 전철 변전설비
② 전차선로
③ 부하설비(전기철도차량 설비 등)
④ 급전설비

> **해설** 402 전기철도의 용어 정의
> 전기철도설비는 **전철 변전설비, 급전설비, 부하설비(전기철도차량 설비 등)**로 구성된다.

전차선 가선방식

★【21. 23. 기사, 21. 23. 산업기사】

02 다음 중 전차선 가선방식의 표준이 아닌 것은?

① 강체방식
② 제3레일방식
③ 지중방식
④ 가공방식

> **해설** 431.1 전차선 가선방식
> 전차선의 가선방식은 열차의 속도 및 노반의 형태, 부하전류 특성에 따라 적합한 방식을 채택하여야 하며, **가공방식, 강체방식, 제3레일방식을 표준으로 한다.**

★【22. 기사, 23. 산업기사】

03 교류 전차선 등 충전부와 식물 사이의 이격거리는 몇 [m] 이상이어야 하는가?
(단, 현장여건을 고려한 방호벽 등의 안전조치를 하지 않은 경우이다.)

① 1
② 3
③ 5
④ 10

> **해설** 431.11 전차선 등과 식물 사이의 이격거리
> **교류 전차선 등 충전부와 식물 사이의 이격거리는 5[m] 이상**이어야 한다. 다만, 5[m] 이상 확보하기 곤란한 경우에는 현장여건을 고려하여 방호벽 등 안전조치를 하여야 한다.

503- 분산형전원 계통 연계설비의 시설

503.2 시설기준

503.2.1 전기 공급방식 등

분산형전원설비의 전기 공급방식, 측정 장치 등은 다음과 같은 기준에 따른다.
1. 분산형전원설비의 전기 공급방식은 전력계통과 연계되는 전기 공급방식과 동일할 것
2. 분산형전원설비 사업자의 한 사업장의 설비 용량 합계가 250[kVA] 이상일 경우에는 송·배전계통과 연계지점의 연결 상태를 감시 또는 유효전력, 무효전력 및 전압을 측정할 수 있는 장치를 시설할 것

503.2.2 저압계통 연계 시 직류유출방지 변압기의 시설

분산형전원설비를 인버터를 이용하여 전력판매사업자의 저압 전력계통에 연계하는 경우 인버터로부터 직류가 계통으로 유출되는 것을 방지하기 위하여 접속점(접속설비와 분산형전원설비 설치자 측 전기설비의 접속점을 말한다)과 인버터 사이에 상용주파수 변압기(단권변압기를 제외한다)를 시설하여야 한다. 다만, 다음을 모두 충족하는 경우에는 예외로 한다.
1. 인버터의 직류 측 회로가 비접지인 경우 또는 고주파 변압기를 사용하는 경우
2. 인버터의 교류출력 측에 직류 검출기를 구비하고, 직류 검출 시에 교류출력을 정지하는 기능을 갖춘 경우

503.2.4 계통 연계용 보호장치의 시설

1. 계통 연계하는 분산형전원설비를 설치하는 경우 다음에 해당하는 이상 또는 고장 발생 시 자동적으로 분산형전원설비를 전력계통으로부터 분리하기 위한 장치 시설 및 해당 계통과의 보호협조를 실시하여야 한다.
   가. 분산형전원설비의 이상 또는 고장
   나. 연계한 전력계통의 이상 또는 고장
   다. 단독운전 상태
2. 단순 병렬운전 분산형전원설비의 경우에는 역전력 계전기를 설치한다. 단, 신·재생에너지를 이용하여 동일 전기사용장소에서 전기를 생산하는 합계 용량이 50[kW] 이하의 소규모 분산형전원(단, 해당 구내계통 내의 전기사용 부하의 수전계약전력이 분산형전원 용량을 초과하는 경우에 한한다)으로서 단독운전 방지기능을 가진 것을 단순 병렬로 연계하는 경우에는 역전력계전기 설치를 생략할 수 있다.

510- 전기저장장치

511.1 일반사항

이차전지를 이용한 전기저장장치는 이차전지, 전력변환장치, 제어, 통신 및 보호설비 등으로 구성되며, 다음에 따라 시설하여야 한다.

511.1.1 시설장소의 요구사항

1. 전기저장장치의 이차전지, 제어반, 배전반의 시설은 기기 등을 조작 또는 보수·점검할 수 있는 충분한 공간을 확보하고 조명설비를 설치하여야 한다.
2. 전기저장장치를 시설하는 장소는 폭발성 가스의 축적을 방지하기 위한 환기시설을 갖추고 제조사가 권장하는 온도·습도·수분·분진 등 적정 운영환경을 상시 유지하여야 한다.

511.1.2 설비의 안전 요구사항

1. 전기저장장치의 고장이나 외부 환경요인으로 인하여 비상상황 발생 또는 출력에 문제가 있을 경우 안전하게 작동하기 위한 비상정지 스위치 등을 시설하여야 한다.
2. 동일 구획 내에 직병렬로 연결된 전기저장장치는 식별이 용이하도록 그룹별로 명판을 부착하고, 이차전지, 전력변환장치 및 감시·보호장치 간의 오결선이 되지 않도록 시설하여야 한다.

511.1.3 옥내전로의 대지전압 제한

주택에 시설하는 전기저장장치는 이차전지에서 전력변환장치에 이르는 옥내 직류 전로를 다음에 따라 시설하는 경우 옥내전로의 대지전압은 직류 600[V]까지 적용할 수 있다.

가. 전로에 지락이 생겼을 때 자동적으로 전로를 차단하는 장치를 시설할 것

나. 사람이 접촉할 우려가 없는 은폐된 장소에 시설하여야 하며, 합성수지관공사, 금속관공사 및 케이블공사의 규정에 준하여 시설할 것. 다만, 사람이 접촉할 우려가 있는 장소에 케이블공사에 의하여 시설하는 경우에는 전선에 방호장치를 시설할 것

511.2 전기저장장치의 시설

511.2.1 전기배선

전선은 공칭단면적 2.5[mm²] 이상의 연동선 또는 이와 동등 이상의 세기 및 굵기의 것일 것.

511.2.4 이차전지의 시설

1. 다음과 같이 이차전지에 대한 정보를 기록하고 관리하여야 한다.
   가. 교체이력(사유, 교체일 등)
   나. 제조이력(생산지, 생산시기, 용량, 제조번호 등)
2. 이차전지의 출력 배선은 극성별로 확인할 수 있도록 표시하여야 한다.

511.2.5 재사용 이차전지의 시설

재사용 이차전지는 운송에 관한 기준을 준용하고 「전기용품 및 생활용품 안전관리법」에 적용을 받는 것 이외의 재사용 이차전지는 다음 사항을 준수하여야 한다.

가. '재사용 이차전지' 표기

나. 이차전지 용량(초기용량, 잔존용량) 표기

다. 제조사가 정하는 적합성 요구사항

511.2.6 전력변환장치의 시설

1. 전력변환장치는 전기 공급에 지장을 주지 않도록 시설해야 하고, 「전기용품 및 생활용품 안전관리법」에 적용을 받는 것 이외에는 한국산업표준(이하 "KS"라 한다)에 적합하거나 동등 이상의 성능의 것을 사용하여야 한다.

2. 이차전지의 절연파괴가 일어나지 않도록 CMV(Common Mode Voltage) 등을 감안한 절연 대책을 강구하여 시설하여야 한다.

511.2.7 제어 및 보호장치의 시설

1. 전기저장장치가 비상용 예비전원 용도를 겸하는 경우에는 다음에 따라 시설하여야 한다.

   가. 상용전원이 정전되었을 때 비상용 부하에 전기를 안정적으로 공급할 수 있는 시설을 갖출 것

   나. 관련 법령에서 정하는 전원유지시간 동안 비상용 부하에 전기를 공급할 수 있는 충전용량을 상시 보존하도록 시설할 것

2. 전기저장장치의 접속점에는 쉽게 개폐할 수 있는 곳에 개방상태를 육안으로 확인할 수 있는 전용의 개폐기를 시설하여야 한다.

3. 전기저장장치는 정격 운전 범위를 초과하는 다음의 경우가 발생했을 때 자동으로 전로를 차단하는 보호장치를 시설하여야 한다.

   가. 과전압, 저전압, 과전류가 발생한 경우

   나. 제어장치에 이상이 발생한 경우

   다. 이차전지 모듈의 내부 온도가 상승할 경우

4. 직류 전로에 과전류차단기를 설치하는 경우 직류 단락전류를 차단하는 능력을 가지는 것이어야 하고 "직류용" 표시를 하여야 한다.

5. 전기저장장치의 직류 전로에는 지락이 생겼을 때에 자동적으로 전로를 차단하는 장치를 시설하여야 한다. IT 계통의 경우, 절연저항을 감시할 수 있는 장치를 설치하여 제조사가 정하는 절연저항 기준치 이하일 경우 관리자에게 경보하고 자동으로 전로를 차단하는 장치를 시설하여야 한다.

6. 전력변환장치의 동작상태, 전지관리시스템과의 통신상태, 전력, 전류, 전압 등을 표시할 수 있는 전력관리시스템을 시설하여야 한다.

511.2.10 계측장치

전기저장장치를 시설하는 곳에는 다음의 사항을 계측하는 장치를 시설하여야 한다.

가. 이차전지 출력 단자의 **전압, 전류, 전력 및 충방전 상태**

나. **주요변압기의 전압, 전류 및 전력**

512- 이차전지 용량 및 종류에 따른 시설

512.1 리튬계 · 나트륨계 이차전지의 시설

512.1.1 적용범위

20[kWh]를 초과하는 리튬계 · 나트륨계의 이차전지를 사용한 전기저장장치에 적용한다.

512.1.2 이차전지 용량 및 운영

1. 전기저장장치 이차전지 용량은 **수명보증기간 동안 정격방전용량**(전기저장장치 설치 시 소유자가 요구하는 이차전지의 용량)이 확보되도록 하여야 한다.
2. 전기저장장치 이차전지는 안전이 확보되도록 **정격방전용량 이하로 운영**하여야 한다.

512.1.3 열폭주 및 폭발 방지

1. 이차전지실 내부에는 제조사가 제시한 **기준 이상의 가연성가스 농도 및 내부압력이 발생**하는 경우 파열 또는 폭발을 방지하기 위한 **급속배기장치를 시설**하여야 한다.
2. 이차전지는 「전기용품 및 생활용품 안전관리법」에 적용을 받는 것 이외에는 한국산업표준(이하 "KS"라 한다)에 적합하거나 동등 이상의 성능의 것을 사용하여야 한다.
3. 이차전지 모듈 또는 랙에 화재확산을 방지할 수 있는 구조이거나 소화장치를 시설하여야 한다.

512.1.4 제어, 감시 및 보호장치 등

1. 낙뢰 및 서지 등 과도과전압으로부터 주요 설비를 보호하기 위해 **직류 전로에 직류 서지보호장치(SPD)를 설치**하여야 한다.
2. 제조사가 정하는 정격 이상의 과충전, 과방전, 과전압, 과전류, 지락전류 및 온도 상승, 냉각장치 고장, 통신불량, 가연성 · 인화성가스 발생 등 **긴급상황이 발생한 경우에는 관리자에게 경보할 수 있는 시설**을 하여야 하며 다음의 요건을 만족하여야 한다.
   가. 긴급상황이 발생하였을 때 전기저장장치를 자동 및 수동으로 정지시킬 수 있는 비상정지장치를 설치하여야 하며, 자동 비상정지는 5초 이내로 동작하여야 한다.
   나. 수동 조작을 위한 비상정지장치는 신속한 접근 및 조작이 가능한 장소에 설치하여야 한다.
3. 이차전지를 시설하는 장소의 내부 및 외부에는 가능한 한 사각지대가 없도록 감시하기 위한 **CCTV를 시설**하여야 한다.
4. 전기저장장치의 상시 운영정보 및 CCTV 영상정보, 제2의 긴급상황 관련 계측정보에서 기록되는 시간을 실시간으로 동기화하고, 이차전지실 외부의 안전한 장소에 전송되어 **최소 1개월 이상 보관**하여야 한다. 다만, **CCTV 영상정보는 7일간 보관**하여야 한다.

512.1.5 전용건물에 시설하는 경우

전기저장장치를 일반인이 출입하는 건물에서 분리된 별도의 장소에 시설하는 경우에는 다음에 따라 시설하여야 한다.

가. 전기저장장치 시설장소의 바닥, 천장(지붕), 벽면 재료는 불연재료이어야 한다. 단, 단열재는 준불연재료 또는 이와 동등 이상의 것을 사용할 수 있다.

나. 전기저장장치 시설장소는 지표면을 기준으로 높이 22[m] 이내로 하고 해당 장소의 출구가 있는 바닥면을 기준으로 깊이 9[m] 이내로 하여야 한다.

다. 이차전지는 전력변환장치 등의 다른 전기설비와 분리된 격실(이차전지실)에 설치하고 다음에 따라야 한다.

    (1) 이차전지는 벽면으로부터 1[m] 이상 이격하여 설치하여야 한다. 다만, 옥외의 전용 컨테이너 및 인클로저는 제조사가 정하는 적정 거리를 이격한 경우에는 예외로 할 수 있으며, 컨테이너 및 인클로저의 면적은 42[m²] 이하여야 한다.

    (2) 이차전지와 물리적으로 인접 시설해야 하는 제어장치 및 보조설비(공조설비 및 조명설비 등)는 이차전지실 내에 설치할 수 있다.

    (3) 이차전지실 내부와 가스 또는 열배출 경로에는 가연성 물질을 두지 않아야 한다.

    (4) 이차전지, 전력변환장치, 배전반 등은 침수의 우려가 없도록 하며, 지표면에서부터 최소 0.3[m] 이상 높이에 설치하여야 하며, 염전 또는 간척지 등에 시설하는 경우 지표면에서 최소 0.6[m] 이상 높이에 설치하여야 한다.

라. 이차전지실은 이차전지 용량의 5[MWh] 이하 단위로 「건축물의 피난·방화구조 등의 기준에 관한 규칙」에 따른 내화구조의 격벽을 설치하여야 한다.

512.1.6 전용건물 이외의 장소에 시설하는 경우

전기저장장치를 일반인이 출입하는 건물의 부속공간에 시설(옥상에는 설치할 수 없다)하는 경우에는 다음에 따라 시설하여야 한다.

가. 전기저장장치 시설장소는 「건축물의 피난·방화구조 등의 기준에 관한 규칙」에 따른 내화구조이어야 한다.

나. 이차전지모듈의 직렬 연결체(이차전지랙)의 용량은 50[kWh] 이하로 하고 건물 내 시설 가능한 이차전지의 총 용량은 600[kWh] 이하이어야 한다.

다. 이차전지랙과 랙 사이는 1[m] 이상 이격하고, 랙과 벽면 사이는 전면부의 경우 1[m] 이상, 측면과 후면부의 경우 0.8[m] 이상 이격하여야 한다.

라. 이차전지실은 건물 내 다른 시설(수전설비, 가연물질 등)로부터 1.5[m] 이상 이격하고 각 실의 출입구나 피난계단 등 이와 유사한 장소로부터 3[m] 이상 이격하여야 한다.

512.2 납계 · 니켈계 · 바나듐계 이차전지의 시설

70[kWh]를 초과하는 납계 · 니켈계 · 바나듐계 이차전지를 적용한 전기저장장치의 경우 CCTV를 시설하고 영상정보를 안전한 장소에 최소 7일간 보관하여야 한다.

512.3 흐름전지의 시설

512.3.1 적용범위

20[kWh]를 초과하는 흐름전지를 사용한 전기저장장치에 적용한다.

512.3.2 설비의 안전 요구사항

1. 흐름전지 시스템의 회로는 다른 부위의 도전부와 절연되어야 하며, 최소 절연저항은 공칭전압의 100[Ω/V] 이상이어야 한다.
2. 전해질과 접촉하는 부품은 내부식성 및 내구성을 갖추어야 한다.
3. CCTV를 시설하고 영상정보를 안전한 장소에 최소 7일간 보관하여야 한다.

512.3.3 전해질 유출방지 및 중화장치

전해질은 유출이 없도록 밀봉하고 유해가스로 인한 사고를 방지하기 위해 다음과 같은 장치를 시설하여야 한다.

가. 전해질 용기와 전기저장장치를 갖춘 장소에는 전해질 유출 제어장치를 시설하여야 한다.

나. 전해질 유출을 감지하고 수집하는 장치를 시설하여야 한다.

다. pH 5.0~9.0 사이의 전해질 유출물을 중화할 수 있는 중화장치를 시설하여야 한다.

520- 태양광발전설비

521.1 설치장소의 요구사항

1. 인버터, 제어반, 배전반 등의 시설은 기기 등을 조작 또는 보수점검할 수 있는 충분한 공간을 확보하고 필요한 조명설비를 시설하여야 한다.
2. 인버터 등을 수납하는 공간에는 실내온도의 과열 상승을 방지하기 위한 환기시설을 갖추어야하며 적정한 온도와 습도를 유지하도록 시설하여야 한다.
3. 배전반, 인버터, 접속장치 등을 옥외에 시설하는 경우 침수의 우려가 없도록 시설하여야 한다.

521.2 설비의 안전 요구사항

1. 태양전지 모듈, 전선, 개폐기 및 기타 기구는 충전부분이 노출되지 않도록 시설하여야 한다.
2. 모든 접속함에는 내부의 충전부가 인버터로부터 분리된 후에도 여전히 충전상태일 수 있음을 나타내는 경고가 붙어 있어야 한다.
3. 태양광설비의 고장이나 외부 환경요인으로 인하여 계통연계에 문제가 있을 경우 회로분리를 위한 안전시스템이 있어야 한다.

522- 태양광설비의 시설

522.1 간선의 시설기준

522.1.1 전기배선

전선은 다음에 의하여 시설하여야 한다.
1. 모듈 및 기타 기구에 전선을 접속하는 경우는 나사로 조이고, 기타 이와 동등 이상의 효력이 있는 방법으로 기계적·전기적으로 안전하게 접속하고, 접속점에 장력이 가해지지 않도록 할 것
2. 모듈의 출력배선은 극성별로 확인할 수 있도록 표시할 것
3. 전선은 공칭단면적 2.5[mm²] 이상의 연동선 또는 이와 동등 이상의 세기 및 굵기의 것일 것.
4. 배선설비 공사는 옥내에 시설할 경우에는 합성수지관공사, 금속관공사, 금속제가요전선관공사, 케이블공사의 규정에 준하여 시설할 것.

522.2 태양광설비의 시설기준

522.2.1 태양전지 모듈의 시설

태양광설비에 시설하는 태양전지 모듈(이하 "모듈"이라 한다)의 각 직렬군은 동일한 단락전류를 가진 모듈로 구성하여야 하며 1대의 인버터(멀티스트링 인버터의 경우 1대의 MPPT 제어기)에 연결된 모듈 직렬군이 2병렬 이상일 경우에는 각 직렬군의 출력전압 및 출력전류가 동일하게 형성되도록 배열할 것

522.2.2 전력변환장치의 시설

인버터, 절연변압기 및 계통 연계 보호장치 등 전력변환장치의 시설은 다음에 따라 시설하여야 한다.
1. 인버터는 실내·실외용을 구분할 것
2. 각 직렬군의 태양전지 개방전압은 인버터 입력전압 범위 이내일 것
3. 옥외에 시설하는 경우 방수등급은 IPX4 이상일 것

522.3 제어 및 보호장치 등

522.3.1 어레이 출력 개폐기

태양전지 모듈에 접속하는 부하측의 태양전지 어레이에서 전력변환장치에 이르는 전로에는 그 접속점에 근접하여 개폐기 기타 이와 유사한 기구(부하전류를 개폐할 수 있는 것에 한한다)를 시설할 것

522.3.2 과전류 및 지락보호장치

모듈을 병렬로 접속하는 전로에는 그 주된 전로에 단락전류가 발생할 경우에 전로를 보호하는 과전류차단기 또는 기타 기구를 시설할 것

522.3.6 태양광설비의 계측장치

태양광설비에는 전압, 전류 및 전력을 계측하는 장치를 시설하여야 한다.

532- 풍력설비의 시설

532.1 간선의 시설기준

풍력발전기에서 출력배선에 쓰이는 전선은 CV선 또는 TFR-CV선을 사용하거나 동등 이상의 성능을 가진 제품을 사용하여야 한다.

532.3 제어 및 보호장치 등

532.3.1 제어 및 보호장치 시설의 일반 요구사항

제어 및 보호장치는 다음과 같이 시설하여야 한다.
1. 제어장치는 다음과 같은 기능 등을 보유하여야 한다.
    가. 풍속에 따른 출력 조절
    나. 출력제한
    다. 회전속도제어
    라. 계통과의 연계
    마. 기동 및 정지
    바. 계통 정전 또는 부하의 손실에 의한 정지
    사. 요잉에 의한 케이블 꼬임 제한
2. 보호장치는 다음의 조건에서 풍력발전기를 보호하여야 한다.
    가. 과풍속
    나. 발전기의 과출력 또는 고장
    다. 이상진동
    라. 계통 정전 또는 사고
    마. 케이블의 꼬임 한계

532.3.2 주전원 개폐장치

풍력터빈은 작업자의 안전을 위하여 유지, 보수 및 점검 시 전원 차단을 위해 풍력터빈 타워의 기저부에 개폐장치를 시설하여야 한다.

532.3.4 접지설비

접지설비는 풍력발전설비 타워기초를 이용한 통합접지공사를 하여야 하며, 설비 사이의 전위차가 없도록 등전위본딩을 하여야 한다.

532.3.5 피뢰설비

1. 피뢰설비는 별도의 언급이 없다면 피뢰레벨(Lightning Protection Level : LPL)은 I 등급을 적용하여야 한다.
2. 풍향 · 풍속계가 보호범위에 들도록 나셀 상부에 피뢰침을 시설하고 피뢰도선은 나셀프레임에 접속하여야 한다.
3. 전력기기 · 제어기기 등의 피뢰설비는 다음에 따라 시설하여야 한다.
    가. 전력기기는 금속시스케이블, 내뢰변압기 및 서지보호장치(SPD)를 적용할 것
    나. 제어기기는 광케이블 및 포토커플러를 적용할 것

532.3.7 계측장치의 시설

풍력터빈에는 설비의 손상을 방지하기 위하여 운전 상태를 계측하는 다음의 계측장치를 시설하여야 한다.

1. **회전속도계**
2. 나셀(nacelle) 내의 진동을 감시하기 위한 **진동계**
3. **풍속계**
4. **압력계**
5. **온도계**

01 ★★ 【21. 22. 23. 25. 기사】

주택의 전기저장장치의 축전지에 접속하는 부하 측 옥내전로에 지락이 생겼을 때 자동적으로 전로를 차단하는 장치를 시설한 경우에 주택의 옥내전로의 대지전압은 직류 몇 [V]까지 적용할 수 있는가?

① 150　　　　② 300　　　　③ 400　　　　④ 600

해설 511.3 옥내전로의 대지전압 제한

주택의 전기저장장치의 축전지에 접속하는 부하 측 옥내배선을 다음에 따라 시설하는 경우에 **주택의 옥내전로의 대지전압은 직류 600[V]까지 적용**할 수 있다.

가. 전로에 지락이 생겼을 때 자동적으로 전로를 차단하는 장치를 시설할 것

나. 사람이 접촉할 우려가 없는 은폐된 장소에 합성수지관배선, 금속관배선 및 케이블배선에 의하여 시설하거나, 사람이 접촉할 우려가 없도록 케이블배선에 의하여 시설하고 전선에 적당한 방호장치를 시설할 것

02 ★ 【23. 25. 기사】

전기저장장치를 전용건물 이외의 장소에 시설하는 경우로서 일반인이 출입하는 건물의 부속공간에 시설하는 경우 이차전지랙과 랙 사이는 몇 [m] 이상 이격하여야 하는가? (단, 옥상에는 설치하지 않는 경우이다.)

① 0.8　　　　② 1　　　　③ 1.5　　　　④ 3

해설 512.1.6 전용건물 이외의 장소에 시설하는 경우

전기저장장치를 일반인이 출입하는 건물의 부속공간에 시설(옥상에는 설치할 수 없다)하는 경우에는 다음에 따라 시설하여야 한다.

가. 전기저장장치 시설장소는 내화구조이어야 한다.

나. 이차전지모듈의 직렬 연결체의 용량은 50[kWh] 이하로 하고 건물 내 시설 가능한 이차전지의 총 용량은 600[kWh] 이하이어야 한다.

다. **이차전지랙과 랙 사이는 1[m] 이상 이격**하고, 랙과 벽면 사이는 전면부의 경우 1[m] 이상, 측면과 후면부의 경우 0.8[m] 이상 이격하여야 한다.

라. 이차전지실은 건물 내 다른 시설(수전설비, 가연물질 등)로부터 1.5[m] 이상 이격하고 각 실의 출입구나 피난계단 등 이와 유사한 장소로부터 3[m] 이상 이격하여야 한다.

마. 배선설비가 이차전지실 벽면을 관통하는 경우 관통부는 해당 구획부재의 내화성능을 저하시키지 않도록 충전(充塡)하여야 한다.

CHAPTER 06

전기설비기술기준

01 - 유도장해 방지(기술기준 제17조)

1. 교류 특고압 가공전선로에서 발생하는 극저주파 전자계는 지표상 1[m]에서 전계가 3.5[kV/m] 이하, 자계가 83.3[μT] 이하가 되도록 시설하고, 직류 특고압 가공전선로에서 발생하는 직류전계는 지표면에서 25[kV/m] 이하, 직류자계는 지표상 1[m]에서 400,000 [μT] 이하가 되도록 시설하는 등 상시 정전유도 및 전자유도 작용에 의하여 사람에게 위험을 줄 우려가 없도록 시설하여야 한다. 다만, 논밭, 산림 그 밖에 사람의 왕래가 적은 곳에서 사람에 위험을 줄 우려가 없도록 시설하는 경우에는 그러하지 아니하다.
2. 특고압의 가공전선로는 전자유도작용이 약전류전선로(전력보안 통신설비는 제외한다)를 통하여 사람에 위험을 줄 우려가 없도록 시설하여야 한다.
3. 전력보안 통신설비는 가공전선로로부터의 정전유도작용 또는 전자유도작용에 의하여 사람에 위험을 줄 우려가 없도록 시설하여야 한다.

02 - 절연유(기술기준 제20조)

1. 사용전압이 100[kV] 이상의 중성점 직접접지식 전로에 접속하는 변압기를 설치하는 곳에는 절연유의 구외 유출 및 지하 침투를 방지하기 위한 설비를 갖추어야 한다.
2. 폴리염화비페닐을 함유한 절연유를 사용한 전기기계기구는 전로에 시설하여서는 아니 된다.
3. 모든 부하가 선간에 접속된 전기설비에서는 중성선의 설치가 필요하지 않을 수 있다.

03 - 발전기 등의 기계적 강도(기술기준 제23조)

1. 발전기 · 변압기 · 조상기 · 계기용변성기 · 모선 및 이를 지지하는 애자는 단락전류에 의하여 생기는 기계적 충격에 견디는 것이어야 한다.
2. 수차 또는 풍차에 접속하는 발전기의 회전하는 부분은 부하를 차단한 경우에 일어나는 속도에 대하여, 증기터빈, 가스터빈 또는 내연기관에 접속하는 발전기의 회전하는 부분은 비상 조속장치 및 그 밖의 비상 정지장치가 동작하여 도달하는 속도에 대하여 견디는 것이어야 한다.

3. 증기터빈에 접속하는 발전기의 진동에 대한 기계적 강도는 가스의 온도가 현저하게 상승하여 연료의 유입을 자동적으로 차단하는 장치가 작동했을 때의 가스온도에 대해서 구조상 충분한 기계적강도 및 열적강도를 가지는 것이어야 한다.

04 - 전선로의 전선 및 절연성능(기술기준 제27조)

저압 전선로 중 절연 부분의 전선과 대지사이 및 전선의 심선 상호 간의 절연 저항은 사용전압에 대한 누설 전류(I_g)가 **최대 공급전류의 1/2000**을 넘지 않도록 하여야 한다.

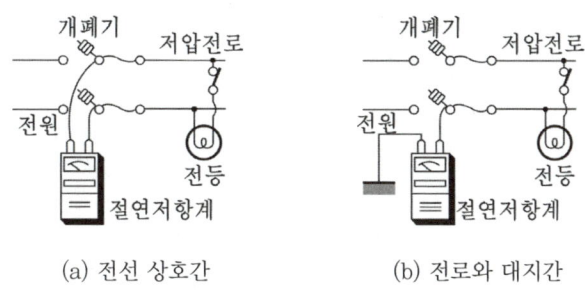

(a) 전선 상호간   (b) 전로와 대지간

저압 전로의 절연 저항 측정 개소

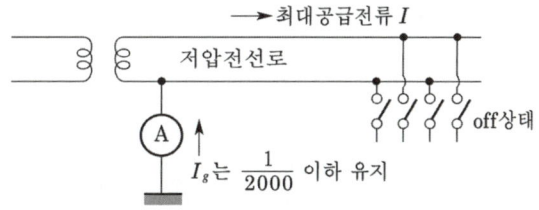

단상 2선식 저압 전선로의 절연 저항

05 - 저압전로의 절연성능(기술기준 제52조)

전기사용 장소의 사용전압이 저압인 전로의 전선 상호간 및 전로와 대지 사이의 절연저항은 개폐기 또는 과전류차단기로 구분할 수 있는 전로마다 다음 표에서 정한 값 이상이어야 한다. 다만, 전선 상호간의 절연저항은 기계기구를 쉽게 분리가 곤란한 분기회로의 경우 기기 접속 전에 측정할 수 있다. 또한, 측정 시 영향을 주거나 손상을 받을 수 있는 SPD 또는 기타 기기 등은 측정 전에 분리시켜야 하고, 부득이하게 분리가 어려운 경우에는 시험전압을 250[V] DC로 낮

추어 측정할 수 있지만 절연저항 값은 1[MΩ] 이상이어야 한다.

전로의 사용전압[V]	DC 시험전압[V]	절연저항[MΩ]
SELV 및 PELV	250	0.5
FELV, 500[V]이하	500	1.0
500[V] 초과	1,000	1.0

[주] 특별저압(extra low voltage : 2차 전압이 AC 50[V], DC 120[V] 이하)으로 SELV(비접지회로 구성) 및
PELV(접지회로 구성)은 1차와 2차가 전기적으로 절연된 회로, FELV는 1차와 2차가 전기적으로 절연되지
않은 회로

유도장해 방지

01 ★ 【02. 09. 기사】
전력 보안 통신 설비는 가공 전선로로부터의 어떤 작용에 의하여 사람에게 위험을 주지 않도록 시설해야 하는가?

① 정전 유도 작용 또는 전자 유도 작용
② 표피 작용 또는 부식 작용
③ 부식 작용 또는 정전 유도 작용
④ 전압 강하 작용 또는 전자 유도 작용

해설 ▸ 유도장해 방지(기술기준 제17조)
전력보안 통신설비는 가공전선로로부터의 정전유도작용 또는 전자유도작용에 의하여 사람에 위험을 줄 우려가 없도록 시설하여야 한다.

발전기 등의 기계적 강도

02 ★★★★★ 【78. 79. 95. 00. 01. 02. 04. 기사, 78. 79. 91. 93. 05. 11. 23. 산업기사, ㉿ : 99. 기사】
발전기, 변압기, 조상기, 모선 또는 이를 지지하는 애자는 어느 전류에 의하여 생기는 기계적 충격에 견디는 강도를 가져야 하는가?

① 정격 전류   ② 단락 전류
③ 1.25 × 정격 전류   ④ 과부하 전류

해설 ▸ 발전기 등의 기계적 강도(기술기준 제23조)
발전기, 변압기, 조상기, 모선 또는 이를 지지하는 애자는 단락 전류에 의하여 생긴 기계적 충격에 견디는 것이어야 한다.

저압전로의 절연성능

03 ★★★☆ 【89. 96. 05. 기사, 83. 96. 98. 05. 산업기사】
저압의 전선로 중 절연 부분의 전선과 대지간의 절연 저항은 사용 전압에 대한 누설 전류가 최대 공급 전류의 몇 분의 1을 넘지 않도록 유지하는가?

① $\dfrac{1}{1,000}$ ② $\dfrac{1}{2,000}$ ③ $\dfrac{1}{3,000}$ ④ $\dfrac{1}{4,000}$

답 1. ① 2. ② 3. ②

해설 전선로의 전선 및 절연성능(기술기준 제27조)
저압의 전선로 중 대지간의 절연 저항은 사용 전압에 대한 누설 전류가 최대 공급 전류의 1/2000을 넘지 않도록 유지하여야 한다.

★☆ 【94. 기사, 83. 산업기사】

04 1차 전압 6,600[V], 2차 전압 210[V]인 주상 변압기 용량이 15[kVA]이다. 이 변압기에서 공급하는 저압 전선로 누설 전류[mA]의 최대 한도는?

① 35.7 ② 37.5
③ 71.4 ④ 74.1

해설 전선로의 전선 및 절연성능(기술기준 제27조)

최대 공급 전류$= \dfrac{용량}{정격\ 전압} = \dfrac{15 \times 10^3}{210}$[A]

누설 전류$= \dfrac{15 \times 10^3}{210} \times \dfrac{1}{2,000} = 35.7 \times 10^{-3}$[A]

★ 【80. 83. 산업기사】

05 6,600/100[V], 10[kVA]인 주상 변압기의 저압 전선로의 누설 전류는 최대 몇 [mA] 이하이어야 하는가?

① 20 ② 30
③ 40 ④ 50

해설 전선로의 전선 및 절연성능(기술기준 제27조)

10[kVA]의 최대 공급 전류는 $\dfrac{10 \times 10^3}{100} = 100$[A]이므로

누설 전류의 한도는 $\dfrac{100}{2,000} = 0.05$[A]$= 50$[mA]

★☆ 【87. 기사, 79. 산업기사】

06 22,900/220[V], 20[kVA]의 배전용 변압기에서 공급하는 지중 전선로가 있다. 이 케이블의 심선 상호간 및 심선과 대지 사이의 절연 저항[Ω]은 얼마 이상으로 되어야 하는가?

① 2,420 ② 4,000
③ 4,400 ④ 4,840

해설 전선로의 전선 및 절연성능(기술기준 제27조)

최대 공급 전류$= \dfrac{20,000}{220} = \dfrac{1,000}{11}$[A]

허용 누설 전류 $I_g = \dfrac{1}{2,000} \times \dfrac{1,000}{11} = \dfrac{1}{22}$[A]

따라서 절연 저항$= \dfrac{V}{I_g} = \dfrac{220}{\frac{1}{22}} = 4,840$[Ω]

답 4. ① 5. ④ 6. ④

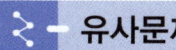 **유사문제**

∥유사문제 원문 및 해설 : 동일출판사 홈페이지≫고객센터≫자료실

01. 1차 전압 22.9[kV], 2차 전압 100[V]로서 용량 15[kVA]의 변압기에서 공급하는 저압 전선로의 허용 누설 전류의 최댓값은 몇 [mA]로 되는가?

　답 75[mA]

02. 저압 가공 전선의 누설 전류는 최대 공급 전류에 대하여 얼마로 제한하고 있는가?

　답 1/2,000 이하

03. 22,900/220[V]의 30[kVA] 변압기로 공급되는 저압 가공 전선로의 절연 부분의 전선에서 대지로 누설하는 전류의 최고 한도는?

　답 약 68[mA]

04. 6,600/100[V], 15[kVA]의 변압기에서 공급하는 저압 전선로 절연 저항[Ω]의 최솟값은 대략 얼마인가?

　답 1333[Ω]

전기기사 · 공사기사

2016-2025

전기설비기술기준
과년도문제 및 CBT 복원문제

동일출판사 홈페이지에서 무료 동영상 강의를 보실 수 있습니다.
– 각 년도 4회차 문제의 동영상은 지원하지 않습니다.

문제의 번호는 실제 시험문제의 번호와 같게 하였습니다.

2016년 - 1회_ 전기기사·공사기사

81 동일 지지물에 고압 가공전선과 저압 가공전선을 병행설치 할 경우 일반적으로 양 전선 간의 이격거리는 몇 [cm] 이상인가?

① 50 　　② 60
③ 70 　　④ 80

풀이 332.8 고압 가공전선 등의 병행설치
저압 가공전선(다중접지된 중성선은 제외한다. 이하 같다)과 고압 가공전선을 동일 지지물에 시설하는 경우에는 다음에 따라야 한다.
가. 저압 가공전선을 고압 가공전선의 아래로 하고 별개의 완금류에 시설할 것.
나. 저압 가공전선과 고압 가공전선 사이의 이격거리는 0.5[m] 이상일 것. 단, 고압 가공 전선이 케이블인 경우는 30[cm] 이상 이격 **답** ①

82 전압의 종별에서 교류 600[V]는 무엇으로 분류하는가?

① 저압 　　② 고압
③ 특고압 　　④ 초고압

풀이 111 통칙
전압의 구분은 다음과 같다.

분류	전압의 범위
저압	• 직류 : 1.5[kV] 이하 • 교류 : 1[kV] 이하
고압	• 직류 : 1.5[kV]를 초과하고, 7[kV] 이하 • 교류 : 1[kV]를 초과하고, 7[kV] 이하
특고압	7[kV]를 초과

답 ①

83 저압 옥상전선로의 시설에 대한 설명으로 틀린 것은?

① 전선은 절연 전선을 사용한다.
② 전선은 지름 2.6[mm] 이상의 경동선을 사용한다.

③ 전선과 옥상전선로를 시설하는 조영재와의 이격거리를 0.5[m]로 한다.
④ 전선은 상시 부는 바람 등에 의하여 식물에 접촉하지 않도록 시설한다.

풀이 221.3 옥상전선로
저압 옥상전선로는 전개된 장소에 다음에 따르고 또한 위험의 우려가 없도록 시설하여야 한다.
가. 전선은 인장강도 2.30[kN] 이상의 것 또는 지름 2.6[mm] 이상의 경동선을 사용할 것.
나. 전선은 절연전선(OW전선을 포함한다.) 또는 이와 동등 이상의 절연효력이 있는 것을 사용할 것.
다. 전선은 조영재에 견고하게 붙인 지지주 또는 지지대에 절연성·난연성 및 내수성이 있는 애자를 사용하여 지지하고 또한 그 지지점 간의 거리는 15[m] 이하일 것.
라. 전선과 그 저압 옥상 전선로를 시설하는 조영재와의 이격거리는 2[m](전선이 고압절연전선, 특고압절연전선 또는 케이블인 경우에는 1[m]) 이상일 것.
마. 저압 옥상전선로의 전선은 상시 부는 바람 등에 의하여 식물에 접촉하지 아니하도록 시설하여야 한다. **답** ③

84 저압 및 고압 가공전선의 높이에 대한 기준으로 틀린 것은?

① 철도를 횡단하는 경우는 레일면상 6.5[m] 이상이다.
② 횡단 보도교 위에 시설하는 경우는 저압의 경우는 그 노면 상에서 3[m] 이상이다.
③ 횡단 보도교 위에 시설하는 경우는 고압의 경우는 그 노면 상에서 3.5[m] 이상이다.
④ 다리의 하부 기타 이와 유사한 장소에 시설하는 저압의 전기철도용 급전선은 지표상 3.5[m]까지로 감할 수 있다.

풀이 332.5 고압 가공전선의 높이
222.7 저압 가공전선의 높이
저·고압 가공전선의 높이는 다음에 따라야 한다.

설치장소	가공전선의 높이
도로횡단(번잡하지 않은 도로 제외)	지표상 6[m] 이상
철도 또는 궤도횡단	레일면상 6.5[m] 이상

설치장소		가공전선의 높이
횡단 보도교 위	저압	노면상 3.5[m] 이상. 단, 절연전선의 경우 3[m] 이상
	고압	노면상 3.5[m] 이상
일반장소		지표상 5[m] 이상. 단, 저압의 경우 절연전선 또는 케이블을 사용하여 교통에 지장이 없도록 하여 옥외조명용에 공급하는 경우 4[m]까지 감할 수 있다.
다리의 하부 기타 이와 유사한 장소		저압의 전기철도용 급전선은 지표상 3.5[m]까지로 감할 수 있다.

답 ②

85 35[kV] 기계 기구, 모선 등을 옥외에 시설하는 변전소의 구내에 취급자 이외의 사람이 들어가지 않도록 울타리를 시설하는 경우에 울타리의 높이와 울타리로부터 충전 부분까지의 거리의 합계는 몇 [m]인가?

① 5   ② 6
③ 7   ④ 8

풀이 351.1 발전소 등의 울타리·담 등의 시설
가. 울타리·담 등의 높이는 2[m] 이상으로 하고 지표면과 울타리·담 등의 하단사이의 간격은 0.15[m] 이하로 할 것.
나. 울타리·담 등의 높이와 울타리·담 등으로부터 충전부분까지 거리의 합계는 표에서 정한 값 이상으로 할 것.

사용전압의 구분	울타리·담 등의 높이와 울타리·담 등으로부터 충전 부분까지의 거리의 합계
35[kV] 이하	5[m]
35[kV] 초과 160[kV] 이하	6[m]
160[kV] 초과	• 거리의 합계 = 6 + 단수 × 0.12[m] • 단수 = $\frac{사용전압[kV]-160}{10}$ 단수 계산에서 소수점 이하는 절상

답 ①

86 최대사용전압이 22900[V]인 3상4선식 중성선 다중접지식 전로와 대지 사이의 절연내력 시험전압은 몇 [V]인가?

① 21068   ② 25229
③ 28752   ④ 32510

풀이 132 전로의 절연저항 및 절연내력

전로의 종류	접지방식	시험전압 (최대사용전압의 배수)	최저 시험전압
1. 7[kV] 이하인 전로		1.5배	
2. 7[kV] 초과 25[kV] 이하	다중접지	0.92배	
3. 7[kV] 초과 60[kV] 이하 (2란의 것 제외)		1.25배	10.5[kV]
4. 60[kV] 초과	비접지	1.25배	
5. 60[kV] 초과 (6란, 7란의 것 제외)	접지식	1.1배	75[kV]
6. 60[kV] 초과(7란의 것 제외)	직접접지	0.72배	
7. 170[kV] 초과(발전소 또는 변전소 혹은 이에 준하는 장소에 시설하는 것.)	직접접지	0.64배	

※ 전로에 케이블을 사용하는 경우에는 직류로 시험할 수 있으며, 시험전압은 교류의 경우의 2배가 된다.
∴ 시험전압 = 22900 × 0.92 = 21068[V]

답 ①

87 터널 등에 시설하는 사용전압이 220[V]인 저압의 전구선으로 편조 고무코드를 사용하는 경우 단면적은 몇 [mm²] 이상인가?

① 0.5   ② 0.75
③ 1.0   ④ 1.25

풀이 242.7.4 터널 등의 전구선 또는 이동전선 등의 시설
터널 등에 시설하는 사용전압이 400[V] 이하인 저압의 전구선 또는 이동전선은 다음과 같이 시설하여야 한다.
가. 전구선은 단면적 0.75[mm²] 이상의 300/300[V] 편조 고무코드 또는 0.6/1[kV] EP 고무 절연 클로로프렌 캡타이어 케이블일 것.
나. 이동전선은 300/300 [V] 편조 고무코드, 비닐 코드 또는 캡타이어 케이블일 것.

답 ②

88 고압 가공전선과 건조물의 상부 조영재와의 옆쪽 이격거리는 몇 [m] 이상인가? (단, 전선에 사람이 쉽게 접촉할 우려가 있고 케이블이 아닌 경우이다.)

① 1.0   ② 1.2
③ 1.5   ④ 2.0

풀이 332.11 고압 가공전선과 건조물의 접근
222.11 저압 가공전선과 건조물의 접근
저압 가공전선 또는 고압 가공전선이 건조물과 접근 상태로 시설되는 경우에는 다음에 따라야 한다.
가. 고압 가공전선로는 고압 보안공사에 의할 것.

나. 저·고압 가공전선과 건조물의 조영재 사이의 이격거리는 표에서 정한 값 이상일 것.

사용전압 부분 공작물의 종류		저압[m]	고압[m]
건조물	상부 조영재 위쪽 – 일반적인 경우	2	2
	상부 조영재 위쪽 – 전선이 고압절연전선	1	2
	상부 조영재 위쪽 – 전선이 케이블인 경우	1	1
	기타 조영재 또는 상부조영재의 옆쪽 또는 아래쪽 – 일반적인 경우	1.2	1.2
	기타 조영재 또는 상부조영재의 옆쪽 또는 아래쪽 – 전선이 고압절연전선	0.4	1.2
	기타 조영재 또는 상부조영재의 옆쪽 또는 아래쪽 – 전선이 케이블인 경우	0.4	0.4
	기타 조영재 또는 상부조영재의 옆쪽 또는 아래쪽 – 사람이 쉽게 접근할 수 없도록 시설한 경우	0.8	0.8

답 ②

89 특고압용 제2종 보안 장치 또는 이에 준하는 보안 장치 등이 되어 있지 않은 25[kV] 이하인 특고압 가공 전선로의 지지물에 시설하는 통신선 또는 이에 직접 접속하는 통신선으로 사용할 수 있는 것은?

① 광섬유 케이블
② CN/CV 케이블
③ 켐타이어 케이블
④ 지름 2.6[mm] 이상의 절연 전선

풀이 362.6 25[kV] 이하인 특고압 가공전선로 첨가 통신선의 시설에 관한 특례
특고압 가공전선로의 지지물에 시설하는 통신선은 광섬유 케이블일 것. 다만, 표준에 적합한 특고압용 제2종 보안장치 또는 이에 준하는 보안장치를 시설할 때에는 그러하지 아니하다.
답 ①

90 765[kV] 가공전선 시설 시 2차 접근 상태에서 건조물을 시설하는 경우 건조물 상부와 가공전선 사이의 수직거리는 몇 [m] 이상인가? (단, 전선의 높이가 최저상태로 사람이 올라갈 우려가 있는 개소를 말한다.)

① 15
② 20
③ 25
④ 28

풀이 333.23 특고압 가공전선과 건조물의 접근
사용전압이 400 [kV] 이상의 특고압 가공전선이 건조물과 제2차 접근상태로 있는 경우에는 다음에 따라 시설하여야 한다.
가. 전선높이가 최저상태일 때 가공전선과 건조물 상부와의 수직 거리가 28[m] 이상일 것.

나. 독립된 주거생활을 할 수 있는 단독주택, 공동주택 및 학교, 병원 등 불특정 다수가 이용하는 다중 이용 시설의 건조물이 아닐 것.
다. 폭연성 분진, 가연성 가스, 인화성물질, 석유류, 화학류 등 위험 물질을 다루는 건조물에 해당되지 아니할 것.
라. 건조물 최상부에서 전계(3.5[kV/m]) 및 자계(83.3 [μT])를 초과하지 아니할 것.
답 ④

91 폭발성 또는 연소성의 가스가 침입할 우려가 있는 것에 시설하는 지중전선로의 지중함은 그 크기가 최소 몇 [m³] 이상인 경우에는 통풍장치 기타 가스를 방산시키기 위한 적당한 장치를 시설하여야 하는가?

① 1
② 3
③ 5
④ 10

풀이 334.2 지중함의 시설
폭발성 또는 연소성의 가스가 침입할 우려가 있는 것에 시설하는 지중함으로서 그 크기가 1[m³] 이상인 것에는 통풍장치 기타 가스를 방산시키기 위한 적당한 장치를 시설할 것.
답 ①

92 의료 장소에서 인접하는 의료장소와의 바닥면적 합계가 몇 [m²] 이하인 경우 등전위본딩 바를 공용으로 할 수 있는가?

① 30
② 50
③ 80
④ 100

풀이 242.10.4 의료장소 내의 접지 설비
의료장소마다 그 내부 또는 근처에 등전위본딩 바를 설치할 것. 다만, 인접하는 의료장소와의 바닥 면적 합계가 50[m²] 이하인 경우에는 등전위본딩 바를 공용할 수 있다.
답 ②

93 배선공사 중 전선이 반드시 절연전선이 아니라도 상관없는 공사방법은?

① 금속관공사
② 합성수지관공사
③ 버스덕트공사
④ 플로어덕트공사

풀이 231.4 나전선의 사용 제한
옥내에 시설하는 저압전선에는 나전선을 사용하여서는 아니 된다. 다만, 다음 중 어느 하나에 해당하는 경우에는 그러하지 아니하다.

가. 애자공사에 의하여 전개된 곳에 다음의 전선을 시설하는 경우
① 전기로용 전선
② 전선의 피복 절연물이 부식하는 장소에 시설하는 전선
나. 버스덕트공사에 의하여 시설하는 경우
다. 라이팅덕트공사에 의하여 시설하는 경우
라. 접촉 전선을 시설하는 경우 　답 ③

94 가공 전선로의 지지물에 시설하는 지선의 안전율은 일반적인 경우 얼마 이상이어야 하는가?

① 2.0 　② 2.2
③ 2.5 　④ 2.7

풀이 331.11 지선의 시설
가. 지선의 안전율은 2.5 이상일 것. 이 경우에 허용 인장하중의 최저는 4.31[kN]으로 한다.
나. 지선에 연선을 사용할 경우에는 다음에 의할 것.
① 소선 3가닥 이상의 연선일 것.
② 소선의 지름이 2.6[mm] 이상의 금속선을 사용한 것일 것. 　답 ③

95 저압 가공전선로의 지지물에 시설하는 통신선 또는 이에 직접 접속하는 가공통신선이 도로를 횡단하는 경우, 일반적으로 지표상 몇 [m] 이상의 높이로 시설하여야 하는가?

① 6.0 　② 4.0
③ 5.0 　④ 3.0

풀이 362.2 전력보안통신선의 시설 높이와 이격거리
가공전선로의 지지물에 시설하는 통신선 또는 이에 직접 접속하는 가공 통신선의 높이는 다음에 따라야 한다.

시설 장소		가공전선로의 지지물에 시설	
		고·저압[m]	특고압[m]
도로횡단	일반적인 경우	6[m] 이상	6[m] 이상
	교통에 지장을 안 주는 경우	5[m] 이상	
철도 횡단(레일면상)		6.5[m] 이상	6.5[m] 이상
횡단 보도교 위	노면상	3.5[m] 이상	5[m] 이상
	절연전선 사용	3[m] 이상	
	광섬유 케이블 사용		4[m] 이상
기타의 장소	일반적인 경우 (절연전선 사용)	4[m] 이상	5[m] 이상
	광섬유 케이블 사용	3.5[m] 이상	

답 ①

96 고·저압 혼촉에 의한 위험을 방지하려고 시행하는 접지공사에 대한 기준으로 틀린 것은?

① 접지공사는 변압기의 시설장소마다 시행하여야 한다.
② 토지의 상황에 의하여 접지저항 값을 얻기 어려운 경우, 가공 접지선을 사용하여 접지극을 100[m]까지 떼어 놓을 수 있다.
③ 가공 공동지선을 설치하여 접지공사를 하는 경우, 각 변압기를 중심으로 지름 400[m] 이내의 지역에 접지를 하여야 한다.
④ 저압 전로의 사용전압이 300[V] 이하인 경우, 그 접지공사를 중성점에 하기 어려우면 저압측의 1단자에 시행할 수 있다.

풀이 322.1 고압 또는 특고압과 저압의 혼촉에 의한 위험방지 시설
가. 고압전로 또는 특고압전로와 저압전로를 결합하는 변압기의 저압측의 중성점에는 접지공사를 하여야 한다. 다만, 저압전로의 사용전압이 300[V] 이하인 경우에 그 접지공사를 변압기의 중성점에 하기 어려울 때에는 저압측의 1단자에 시행할 수 있다.
나. 접지공사는 변압기의 시설장소마다 시행하여야 한다. 다만, 토지의 상황에 의하여 변압기의 시설장소에서 규정에 의한 접지 저항 값을 얻기 어려운 경우, 인장강도 5.26[kN] 이상 또는 지름 4[mm] 이상의 가공 접지도체를 변압기의 시설장소로부터 200[m]까지 떼어놓을 수 있다.
다. 접지공사를 하는 경우에 토지의 상황에 의하여 규정에 의하기 어려울 때에는 가공공동지선을 설치하여 2 이상의 시설장소에 다음과 같이 접지공사를 할 수 있다.
① 접지공사는 각 변압기를 중심으로 하는 지름 400[m] 이내의 지역으로서 그 변압기에 접속되는 전선로 바로 아래의 부분에서 각 변압기의 양쪽에 있도록 할 것.
② 가공공동지선과 대지 사이의 합성 전기저항 값은 1[km]를 지름으로 하는 지역 안마다 규정에 의해 접지저항 값을 가지는 것으로 하고 또한 각 접지도체를 가공공동지선으로부터 분리하였을 경우의 각 접지도체와 대지 사이의 전기저항 값은 300[Ω] 이하로 할 것. 　답 ②

97 사용전압이 22.9[kV]인 특고압 가공전선이 도로를 횡단하는 경우, 지표상 높이는 최소 몇 [m] 이상인가?

① 4.5 　② 5
③ 5.5 　④ 6

풀이 333.7 특고압 가공전선의 높이

전압의 범위	일반 장소	도로 횡단	철도 또는 궤도횡단	횡단보도교
35[kV] 이하	5[m]	6[m]	6.5[m]	4[m](특고압 절연전선 또는 케이블 사용)
35[kV] 초과 160[kV] 이하	6[m]	6[m]	6.5[m]	5[m](케이블 사용)
	산지 등에서 사람이 쉽게 들어갈 수 없는 장소 : 5[m] 이상			
160[kV] 초과	일반장소		가공전선의 높이 = 6 + 단수 × 0.12[m]	
	철도 또는 궤도횡단		가공전선의 높이 = 6.5 + 단수 × 0.12[m]	
	산지		가공전선의 높이 = 5 + 단수 × 0.12[m]	

※ 단수 = $\dfrac{\text{전압[kV]}-160}{10}$ ⋯ 단수 계산에서 소수점 이하는 절상

답 ④

출제기준 변경 및 개정된 관계 법규에 따라
삭제된 문제가 있어 20문항이 안됩니다.

2016년 - 2회 _ 전기기사·공사기사

81 발전소 · 변전소 또는 이에 준하는 곳의 특고압
전로에 대한 접속상태를 모의모선의 사용 또는
기타의 방법으로 표시 하여야 하는데, 그 표시
의 의무가 없는 것은?

① 전선로의 회선수가 3회선 이하로서 복모선
② 전선로의 회선수가 2회선 이하로서 복모선
③ 전선로의 회선수가 3회선 이하로서 단일모
선
④ 전선로의 회선수가 2회선 이하로서 단일모
선

풀이 351.2 특고압전로의 상 및 접속 상태의 표시
발·변전소, 개폐소 등에 있어서는 보수의 편의를 도모
하고 오조작, 오접속을 방지하기 위하여 특고압 전로에
는 다음의 시설이 필요하다.
가. 보기 쉬운 곳에 상별표시를 한다.
나. 접속 상태를 모의 모선 등으로 표시한다. 다만, 단모
선으로 회선수가 2 이하의 간단한 것은 예외로 한
다.　**답** ④

82 가공 약전류전선을 사용 전압이 22.9[kV]인 특
고압 가공전선과 동일 지지물에 공용설치 하고
자 할 때 가공 전선으로 경동연선을 사용한다
면 단면적이 몇 [mm²] 이상인가?

① 22　　　　　　② 38
③ 45　　　　　　④ 50

풀이 333.19 특고압 가공전선과 가공약전류전선 등의 공용
설치
사용전압이 35[kV] 이하인 특고압 가공전선과 가공약
전류전선 등 을 동일 지지물에 시설하는 경우에는 다음
에 따라야 한다.
가. 특고압 가공전선로는 제2종 특고압 보안공사에 의
할 것.
나. 특고압 가공전선은 가공약전류전선 등의 위로하고
별개의 완금류에 시설할 것.
다. 특고압 가공전선은 케이블인 경우 이외에는 인장강
도 21.67[kN] 이상의 연선 또는 단면적이 50[mm²]
이상인 경동연선일 것.
라. 특고압 가공전선과 가공약전류전선 등 사이의 이격
거리는 2[m] 이상으로 할 것. 다만, 특고압 가공전선
이 케이블인 경우에는 0.5[m]까지로 감할 수 있다.
답 ④

83 ACSR 전선을 사용전압 직류 1500[V]의 가공
급전선으로 사용할 경우 안전율은 얼마 이상이
되는 이도로 시설하여야 하는가?

① 2.0　　　　　　② 2.1
③ 2.2　　　　　　④ 2.5

풀이 332.4 고압 가공전선의 안전율
222.6 저압 가공전선의 안전율
가공전선이 케이블 이외인 경우 안전율이 다음 이상이
되는 이도로 시설하여야 한다.
가. 경동선 또는 내열 동합금선 : 2.2 이상
나. 그 밖의 전선 : 2.5　　　　　　**답** ④

84 154[kV] 가공전선과 가공 약전류 전선이 교차
하는 경우에 시설하는 보호망을 구성하는 금속
선 중 가공 전선의 바로 아래에 시설되는 것 이
외의 다른 부분에 시설되는 금속선은 지름 몇
[mm] 이상의 아연도 철선이어야 하는가?

① 2.6　　　　　　② 3.2
③ 4.0　　　　　　④ 5.0

풀이 333.26 특고압 가공전선과 저고압 가공전선 등의 접근 또는 교차

보호망은 규정에 준하여 접지공사를 한 금속제의 망상 장치로 하고 또한 다음에 따라 시설하여야 한다.

가. 보호망을 구성하는 금속선은 그 외주 및 특고압 가공전선의 바로 아래에 시설하는 금속선에 인장강도 8.01[kN] 이상의 것 또는 지름 5[mm] 이상의 경동선을 사용하고 기타 부분에 시설하는 금속선에 인장강도 3.64[kN] 이상 또는 지름 4[mm] 이상의 아연도철선을 사용할 것.

나. 보호망을 구성하는 금속선 상호 간의 간격은 가로 세로 각 1.5[m] 이하일 것.

다. 보호망과 저고압 가공전선 등과의 수직 이격거리는 60[cm] 이상일 것. **답** ③

85 사용전압이 161[kV]인 가공전선로를 시가지내에 시설 할 때 전선의 지표상의 높이는 몇 [m] 이상이어야 하는가?

① 8.65 ② 9.56
③ 10.47 ④ 11.56

풀이 333.1 시가지 등에서 특고압 가공전선로의 시설

사용전압의 구분	지표상의 높이
35[kV] 이하	10[m] (전선이 특고압 절연전선인 경우에는 8[m])
35[kV] 초과	10[m]에 35[kV]를 초과하는 10[kV] 또는 그 단수마다 12[cm]를 더한 값

• 단수 = $\frac{161-35}{10} = 12.6 \rightarrow 13$단

• 지표상의 높이 = $10 + 13 \times 0.12 = 11.56$[m] **답** ④

86 특고압 가공 전선이 삭도와 제2차 접근 상태로 시설할 경우에 특고압 가공 전선로의 보안 공사는?

① 고압 보안 공사
② 제1종 특고압 보안 공사
③ 제2종 특고압 보안 공사
④ 제3종 특고압 보안 공사

풀이 333.25 특고압 가공전선과 삭도의 접근 또는 교차

가. 특고압 가공전선이 삭도와 제1차 접근상태 : 특고압 가공전선로는 제3종 특고압 보안공사에 의할 것.

나. 특고압 가공전선이 삭도와 제2차 접근상태 : 특고압 가공전선로는 제2종 특고압 보안공사에 의할 것. **답** ③

87 갑종 풍압하중을 계산 할 때 강관에 의하여 구성된 철탑에서 구성재의 수직 투영면적 1[m²]에 대한 풍압하중은 몇 [Pa]를 기초로 하여 계산한 것인가? (단, 단주는 제외한다.)

① 588 ② 1117
③ 1255 ④ 2157

풀이 331.6 풍압하중의 종별과 적용

풍압을 받는 구분		풍압[Pa]
철탑	단주 (완철류는 제외함) 원형의 것	588[Pa]
	기타의 것	1,117[Pa]
	강관에 의하여 구성 (단주는 제외함)	1,255[Pa]
	기타의 것	2,157[Pa]

답 ③

88 설계하중이 6.8[kN]인 철근 콘크리트주의 길이가 17[m]라 한다. 이 지지물을 지반이 연약한 곳 이외의 곳에서 안전율을 고려하지 않고 시설하려고 하면 땅에 묻히는 깊이는 몇 [m] 이상으로 하여야 하는가?

① 2.0[m] ② 2.3[m]
③ 2.5[m] ④ 2.8[m]

풀이 331.7 가공전선로 지지물의 기초의 안전율

가공전선로의 지지물에 하중이 가하여지는 경우에 그 하중을 받는 지지물의 기초의 안전율은 2(이상 시 상정하중이 가하여지는 철탑의 기초에 대하여는 1.33) 이상이어야 한다. 다만, 다음에 따라 시설하는 경우에는 적용하지 않는다.

설계 하중 / 전장	6.8[kN] 이하	6.8[kN] 초과 ~9.8[kN] 이하	9.8[kN] 초과 ~14.72[kN] 이하
15[m] 이하	전장 × 1/6[m] 이상	전장 × 1/6 + 0.3[m] 이상	전장 × 1/6 + 0.5[m] 이상
15[m] 초과	2.5[m] 이상	2.5[m] + 0.3[m] 이상	–
16[m] 초과 ~20[m] 이하	2.8[m] 이상	–	–
15[m] 초과 ~18[m] 이하	–	–	3[m] 이상
18[m] 초과	–	–	3.2[m] 이상

답 ④

89 특고압 가공전선로에서 발생하는 극저주파 전자계는 자계의 경우 지표상 1[m]에서 측정 시 몇 [μT] 이하인가?

① 28.0　　　　　　② 46.5
③ 70.0　　　　　　④ 83.3

풀이 유도장해 방지(기술기준 제17조)
특고압 가공전선로에서 발생하는 극저주파 전자계는 지표상 1[m]에서 전계가 3.5[kV/m] 이하, **자계가 83.3 [μT] 이하**가 되도록 시설하는 등 상시 정전유도 및 전자유도 작용에 의하여 사람에게 위험을 줄 우려가 없도록 시설하여야 한다. **답** ④

90 전로를 대지로부터 반드시 절연하여야 하는 것은?

① 시험용 변압기
② 저압 가공전선로의 접지측 전선
③ 전로의 중성점에 접지공사를 하는 경우의 접지점
④ 계기용변성기의 2차측 전로에 접지공사를 하는 경우의 접지점

풀이 131 전로의 절연 원칙
전로는 다음 이외에는 대지로부터 절연하여야 한다.
가. 저압전로에 **접지공사를 하는 경우의 접지점**
나. **전로의 중성점에 접지공사를 하는 경우의 접지점**
다. **계기용변성기의 2차측 전로에 접지공사를 하는 경우의 접지점**
라. 다중 접지를 하는 경우의 접지점
마. 변압기의 2차측 전로에 접지공사를 하는 경우의 접지점
바. 직류계통에 접지공사를 하는 경우의 접지점
사. 다음과 같이 절연할 수 없는 부분
　① **시험용 변압기**, 전력선 반송용 결합 리액터, 전기울타리용 전원장치, 엑스선발생장치, 전기부식방지용 양극, 단선식 전기 철도의 귀선 등 전로의 일부를 대지로부터 절연하지 아니하고 전기를 사용하는 것이 부득이한 것.
　② 전기욕기·전기로·전기보일러·전해조 등 대지로부터 절연하는 것이 기술상 곤란한 것. **답** ②

91 가공전선과 첨가 통신선과의 시공방법으로 틀린 것은?

① 통신선은 가공전선의 아래에 시설 할 것
② 통신선과 고압 가공전선 사이의 이격거리는 60[cm] 이상일 것

③ 통신선과 특고압 가공전선로의 다중접지한 중성선 사이의 이격거리는 1.2[m] 이상일 것
④ 통신선은 특고압 가공전선로의 지지물에 시설하는 기계기구에 부속되는 전선과 접촉 할 우려가 없도록 지지물 또는 완금류에 견고하게 시설할 것

풀이 362.2 전력보안통신선의 시설 높이와 이격거리
가. 통신선은 가공전선의 아래에 시설할 것.
나. 이격거리

가공전선		통신선		
		일반	절연전선	광섬유케이블
중성선	25[kV] 이하, 다중접지중성선	0.6[m] 이상		
저압 가공전선	일반	0.6[m] 이상		
	절연전선 또는 케이블		0.3[m] 이상	
	인입선			0.15[m] 이상
고압 가공전선	일반	0.6[m] 이상		
	케이블		0.3[m] 이상	
특고압 가공전선	일반	1.2[m] 이상		
	케이블		0.3[m] 이상	
	25[kV] 이하, 다중 접지방식	0.75[m] 이상		

답 ③

92 일반 주택 및 아파트 각 호실의 현관등은 몇 분 이내에 소등 되도록 타임스위치를 시설하여야 하는가?

① 3　　　　　　② 4
③ 5　　　　　　④ 6

풀이 234.6 점멸기의 시설
다음의 경우에는 센서등(타임스위치 포함)을 시설하여야 한다.
가. 관광숙박업 또는 숙박업(여인숙업을 제외한다)에 이용되는 객실의 입구등은 1분 이내에 소등되는 것.
나. **일반주택 및 아파트 각 호실의 현관등은 3분 이내에 소등되는 것.** **답** ①

93 전기 울타리의 시설에 사용되는 전선은 지름 몇 [mm] 이상의 경동선인가?

① 2.0　　　　　　② 2.6
③ 3.2　　　　　　④ 4.0

풀이 241.1 전기울타리

가. 전기울타리용 전원장치에 전원을 공급하는 전로의 사용전압은 250[V] 이하이어야 한다.

나. 전기울타리는 사람이 쉽게 출입하지 아니하는 곳에 시설할 것.

다. 전선은 인장강도 1.38[kN] 이상의 것 또는 **지름 2[mm] 이상의 경동선**일 것.

라. 전선과 이를 지지하는 기둥 사이의 이격거리는 25[mm] 이상일 것.

마. 전선과 다른 시설물(가공 전선을 제외한다) 또는 수목과의 이격거리는 0.3[m] 이상일 것. **답** ①

94 애자공사에 의한 저압 옥내배선 시 전선 상호간의 간격은 몇 [cm] 이상인가?

① 2   ② 4
③ 6   ④ 8

풀이 232.56 애자공사

가. 전선의 종류 : 절연 전선. 단, 옥외용 비닐 절연 전선(OW) 및 인입용 비닐 절연 전선(DV)은 제외한다.

나. 이격 거리

전 압		전선과 조영재와의 이격 거리	전선 상호 간격	전선 지지점 간의 거리	
				조영재의 윗면 또는 옆면에 따라 시설	조영재에 따라 시설하지 않는 경우
저압	400[V] 이하	2.5[cm] 이상	**6[cm] 이상**	2[m] 이하	–
	400[V] 초과	건조한 장소 2.5[cm] 이상			6[m] 이하
		기타의 장소 4.5[cm] 이상			

답 ③

95 철도 또는 궤도를 횡단하는 저고압가공전선의 높이는 레일면상 몇 [m] 이상인가?

① 5.5   ② 6.5
③ 7.5   ④ 8.5

풀이 332.5 고압 가공전선의 높이
222.7 저압 가공전선의 높이
저·고압 가공전선의 높이는 다음에 따라야 한다.

설치장소	가공전선의 높이
도로횡단(번잡하지 않은 도로 제외)	지표상 6[m] 이상
철도 또는 궤도횡단	**레일면상 6.5[m] 이상**

설치장소		가공전선의 높이
횡단 보도교 위	저압	노면상 3.5[m] 이상. 단, 절연전선의 경우 3[m] 이상
	고압	노면상 3.5[m] 이상
일반장소		지표상 5[m] 이상. 단, 저압의 경우 절연전선 또는 케이블을 사용하여 교통에 지장이 없도록 하여 옥외조명용에 공급하는 경우 4[m]까지 감할 수 있다.
다리의 하부 기타 이와 유사한 장소		저압의 전기철도용 급전선은 지표상 3.5[m]까지로 감할 수 있다.

답 ②

96 지중전선로는 기설 지중 약전류 전선로에 대하여 다음의 어느 것에 의하여 통신상의 장해를 주지 아니하도록 기설 약전류 전선로로부터 충분히 이격시키는가?

① 충전전류 또는 표피작용
② 누설전류 또는 유도작용
③ 충전전류 또는 유도작용
④ 누설전류 또는 표피작용

풀이 334.5 지중약전류전선의 유도장해 방지
지중전선로는 기설 지중약전류전선로에 대하여 **누설전류 또는 유도작용에 의하여 통신상의 장해를 주지 않도록** 기설 약전류전선로로부터 충분히 이격시키거나 기타 적당한 방법으로 시설하여야 한다. **답** ②

97 발전소의 계측요소가 아닌 것은?

① 발전기의 고정자 온도
② 저압용 변압기의 온도
③ 발전기의 전압 및 전류
④ 주요 변압기의 전류 및 전압

풀이 351.6 계측장치
발전소에서는 다음의 사항을 계측하는 장치를 시설하여야 한다.

가. 발전기의 전압 및 전류 또는 전력
나. 발전기의 베어링 및 고정자의 온도
다. 주요 변압기의 전압 및 전류 또는 전력
라. 특고압용 변압기의 온도 **답** ②

> **출제기준 변경 및 개정된 관계 법규에 따라 삭제된 문제가 있어 20문항이 안됩니다.**

2016년 - 3회 _ 전기기사

81 태양전지 발전소에 시설하는 태양전지 모듈, 전선 및 개폐기의 시설에 대한 설명으로 틀린 것은?

① 전선은 공칭단면적 $2.5[\text{mm}^2]$ 이상의 연동선을 사용할 것
② 태양전지 모듈에 접속하는 부하측 전로에는 개폐기를 시설할 것
③ 태양전지 모듈을 병렬로 접속하는 전로에 과전류차단기를 시설할 것
④ 옥측에 시설하는 경우 금속관공사, 합성수지관공사, 애자공사로 배선할 것

풀이 520 태양광발전설비
가. 태양전지 모듈에 접속하는 부하측의 태양전지 어레이에서 전력변환장치에 이르는 전로에는 그 **접속점에 근접하여 개폐기 기타 이와 유사한 기구**(부하전류를 개폐할 수 있는 것에 한한다)를 시설할 것
나. 모듈을 **병렬로 접속하는 전로**에는 그 주된 전로에 **단락전류가 발생할 경우에 전로를 보호하는 과전류차단기** 또는 기타 기구를 시설할 것
다. 전선은 **공칭단면적 $2.5[\text{mm}^2]$ 이상의 연동선** 또는 이와 동등 이상의 세기 및 굵기의 것일 것.
라. 배선설비 공사는 옥내에 시설할 경우에는 **합성수지관공사, 금속관공사, 금속제가요전선관공사, 케이블공사 의 규정**에 준하여 시설할 것. **답** ④

82 금속제가요전선관공사에 대한 설명 중 틀린 것은?

① 가요전선관 안에서는 전선의 접속점이 없어야 한다.
② 1종 금속제 가요전선관을 사용 하여야 한다.
③ 가요전선관 내에 수용되는 전선은 연선이어야 하며 단면적 $10[\text{mm}^2]$ 이하는 단선을 사용하여도 무방하다.
④ 가요전선관 내에 수용되는 전선은 옥외용 비닐 절연전선을 제외하고는 절연전선이어야 한다.

풀이 232.13 금속제가요전선관공사
가. 전선은 절연전선(옥외용 비닐 절연전선을 제외한다)일 것.
나. 전선은 연선일 것. 다만, 단면적 $10[\text{mm}^2]$(알루미늄선은 단면적 $16[\text{mm}^2]$) 이하인 것은 그러하지 아니하다.
다. 가요전선관 안에는 전선에 접속점이 없도록 할 것.
라. **가요전선관은 2종 금속제 가요전선관일 것** **답** ②

83 가공 전선로의 지지물에 시설하는 지선의 시방세목을 설명 한 것 중 옳은 것은?

① 안전율은 1.2 이상일 것
② 허용 인장하중의 최저는 $5.26[\text{kN}]$으로 할 것
③ 소선은 지름 1.6[mm] 이상인 금속선을 사용할 것
④ 지선에 연선을 사용할 경우 소선 3가닥 이상의 연선일 것

풀이 331.11 지선의 시설
가. 가공전선로의 지지물로 사용하는 철탑은 지선을 사용하여 그 강도를 분담시켜서는 안 된다.
나. 지선의 안전율은 2.5 이상일 것. 이 경우에 **허용 인장하중의 최저는 $4.31[\text{kN}]$으로** 한다.
다. 지선에 연선을 사용할 경우에는 다음에 의할 것.
  ① **소선 3가닥 이상의 연선일 것.**
  ② 소선의 **지름이 2.6[mm] 이상의 금속선을 사용**한 것일 것. **답** ④

84 특고압 가공전선이 도로 · 횡단보도교 · 철도 또는 궤도와 제1차 접근상태로 시설되는 경우 특고압 가공전선로에는 제 몇 종 보안공사에 의하여야 하는가?

① 제1종 특고압 보안공사
② 제2종 특고압 보안공사
③ 제3종 특고압 보안공사
④ 제4종 특고압 보안공사

풀이 333.24 특고압 가공전선과 도로 등의 접근 또는 교차
가. 특고압 가공전선이 도로 · 횡단보도교 · 철도 또는 궤도와 **제1차 접근 상태로 시설 : 특고압 가공전선로는 제3종 특고압 보안**
나. 특고압 가공전선이 도로 등과 제2차 접근상태로 시설 : 특고압 가공전선로는 제2종 특고압 보안공사에 의할 것. **답** ③

85 가공 전선로에 사용하는 지지물의 강도 계산에 적용하는 갑종 풍압 하중을 계산할 때 구성재의 수직 투영 면적 1[m²]에 대한 풍압 값[Pa]의 기준으로 틀린 것은?

① 목주 : 588[Pa]

② 원형 철주 : 588[Pa]

③ 원형 철근 콘크리트주 : 1038[Pa]

④ 강관으로 구성된 철탑(단주는 제외) : 1255[Pa]

풀이 331.6 풍압하중의 종별과 적용

풍압을 받는 구분			풍압[Pa]
목주			588
지지물	철주	원형의 것	588
		삼각형 또는 마름모형의 것	1,412
		강관에 의하여 구성되는 4각형의 것	1,117
		기타의 것으로 복재가 전후면에 겹치는 경우	1,627
		기타의 것으로 겹치지 않은 경우	1,784
	철근 콘크리트주	원형의 것	588
		기타의 것	882
	철탑	단주 (완철류는 제외함) 원형의 것	588
		단주 (완철류는 제외함) 기타의 것	1,117
		강관으로 구성되는 것(단주는 제외함)	1,255
		기타의 것	2,157

답 ③

86 시가지내에 시설하는 154[kV] 가공 전선로에 지락 또는 단락이 생겼을 때 몇 초 안에 자동적으로 이를 전로로부터 차단하는 장치를 시설하여야 하는가?

① 1 　 ② 3 　 ③ 5 　 ④ 10

풀이 333.1 시가지 등에서 특고압 가공전선로의 시설
사용전압이 100[kV]를 초과하는 특고압 가공전선에 지락 또는 단락이 생겼을 때에는 1초 이내에 자동적으로 이를 전로로부터 차단하는 장치를 시설할 것. **답** ①

87 발전소, 변전소, 개폐소의 시설부지조성을 위해 산지를 전용할 경우에 전용하고자 하는 산지의 평균 경사도는 몇 도 이하이어야 하는가?

① 10 　 ② 15 　 ③ 20 　 ④ 25

풀이 발전소 등의 부지 시설조건
(전기설비기술기준 제21조의 2)
부지조성을 위해 산지를 전용할 경우에는 전용하고자 하는 산지의 평균 경사도가 25도 이하여야 하며, 산지 전용면적 중 산지전용으로 발생되는 절·성토 경사면의 면적이 100분의 50을 초과해서는 아니 된다.
답 ④

88 통신선과 저압 가공전선 또는 특고압 가공전선로의 다중 접지를 한 중성선 사이의 이격거리는 몇 [cm] 이상인가?

① 15 　 　 ② 30

③ 60 　 　 ④ 90

풀이 362.2 전력보안통신선의 시설 높이와 이격거리
가. 통신선은 가공전선의 아래에 시설할 것.
나. 이격거리

가공전선		통신선		
		일반	절연전선	광섬유 케이블
중성선	25[kV] 이하, 다중접지중성선	0.6[m] 이상		
저압 가공전선	일반	0.6[m] 이상		
	절연전선 또는 케이블		0.3[m] 이상	
	인입선			0.15[m] 이상
고압 가공전선	일반	0.6[m] 이상		
	케이블		0.3[m] 이상	
특고압 가공전선	일반	1.2[m] 이상		
	케이블		0.3[m] 이상	
	25[kV] 이하, 다중 접지방식	0.75[m] 이상		

답 ③

89 사용전압 22.9[kV]인 가공전선과 지지물과의 이격거리는 일반적으로 몇 [cm] 이상이어야 하는가?

① 5 　 　 ② 10

③ 15 　 　 ④ 20

풀이 333.5 특고압 가공전선과 지지물 등의 이격거리
특고압 가공전선과 그 지지물·완금류·지주 또는 지선 사이의 이격거리는 표에서 정한 값 이상이어야 한다. 다만, 기술상 부득이한 경우에 위험의 우려가 없도록 시설할 때에는 표에서 정한 값의 0.8배까지 감할 수 있다.

사용전압	이격거리[cm]
15[kV] 미만	15
15[kV] 이상 25[kV] 미만	20
25[kV] 이상 35[kV] 미만	25
60[kV] 이상 70[kV] 미만	40
130[kV] 이상 160[kV] 미만	90

답 ④

90 철탑의 강도계산에 사용하는 이상 시 상정하중이 가하여지는 경우의 그 이상 시 상정 하중에 대한 철탑의 기초에 대한 안전율은 얼마 이상이어야 하는가?

① 1.2   ② 1.33
③ 1.5   ④ 2

풀이 331.7 가공전선로 지지물의 기초의 안전율
가공전선로의 지지물에 하중이 가하여지는 경우에 그 하중을 받는 지지물의 기초의 안전율은 2(이상 시 상정 하중이 가하여지는 철탑의 기초에 대하여는 1.33) 이상이어야 한다.   **답** ②

91 전동기의 절연내력시험은 권선과 대지 간에 계속하여 시험전압을 가할 경우, 최소 몇 분간은 견디어야 하는가?

① 5   ② 10
③ 20   ④ 30

풀이 133 회전기 및 정류기의 절연내력

종 류		시험전압	시험 방법
회전기	발전기 · 전동기 · 조상기 · 기타회전기	7[kV] 이하	1.5배 (최저 500[V])	권선과 대지 사이에 연속하여 10분간
		7[kV] 초과	1.25배 (최저 10.5[kV])	
	회전 변류기	직류측의 최대 사용 전압의 1배의 교류 전압(최저 500[V])	

답 ②

92 고압 가공전선이 안테나와 접근상태로 시설되는 경우에 가공전선과 안테나 사이의 수평 이격 거리는 최소 몇 [cm] 이상이어야 하는가? (단, 가공 전선으로는 케이블을 사용하지 않는다고 한다.)

① 60   ② 80
③ 100   ④ 120

풀이 332.14 고압 가공전선과 안테나의 접근 또는 교차
저압 가공전선 또는 고압 가공전선이 안테나와 접근상태로 시설되는 경우에는 다음에 따라야 한다.
가. 고압 가공전선로는 고압 보안공사에 의할 것.
나. 가공전선과 안테나 사이의 이격거리

사용전압 부분 공작물의 종류		저압	고압
안 테 나	일반적인 경우	0.6[m]	0.8[m]
	고압 · 특고압 절연전선	0.3[m]	0.8[m]
	케이블	0.3[m]	0.4[m]

답 ②

93 수소냉각식 발전기 또는 이에 부속하는 수소냉각장치에 관한 시설 기준으로 틀린 것은?

① 발전기 안의 수소의 온도를 계측하는 장치를 시설할 것
② 조상기안의 수소의 압력 계측 장치 및 압력 변동에 대한 경보장치를 시설 할 것
③ 발전기 안의 수소의 순도가 70[%] 이하로 저하할 경우에 경보하는 장치를 시설할 것
④ 발전기는 기밀구조의 것이고 또한 수소가 대기압에서 폭발하는 경우에 생기는 압력에 견디는 강도를 가지는 것일 것

풀이 351.10 수소냉각식 발전기 등의 시설
수소냉각식의 발전기 · 조상기 또는 이에 부속하는 수소 냉각 장치는 다음 각 호에 따라 시설하여야 한다.
가. 발전기 또는 조상기는 기밀구조의 것이고 또한 수소가 대기압에서 폭발하는 경우에 생기는 압력에 견디는 강도를 가지는 것일 것.
나. 발전기축의 밀봉부에는 질소 가스를 봉입할 수 있는 장치 또는 발전기 축의 밀봉부로부터 누설된 수소 가스를 안전하게 외부에 방출할 수 있는 장치를 시설할 것.
다. 발전기 내부 또는 조상기 내부의 수소의 순도가 85[%] 이하로 저하한 경우에 이를 경보하는 장치를 시설할 것.
라. 발전기 내부 또는 조상기 내부의 수소의 압력을 계측하는 장치 및 그 압력이 현저히 변동한 경우에 이를 경보하는 장치를 시설할 것.
마. 발전기 내부 또는 조상기 내부의 수소의 온도를 계측하는 장치를 시설할 것.
바. 발전기 내부 또는 조상기 내부로 수소를 안전하게 도입할 수 있는 장치 및 발전기안 또는 조상기안의 수소를 안전하게 외부로 방출할 수 있는 장치를 시설할 것.   **답** ③

94 주택의 옥내를 통과하여 그 주택 이외의 장소에 전기를 공급하기 위한 옥내배선을 공사하는 방법이다. 사람이 접촉 할 우려가 없는 은폐된 장소에서 시행하는 공사 종류가 아닌 것은? (단, 주택의 옥내전로의 대지전압은 300[V]이다.)

① 금속관공사　　② 케이블공사
③ 금속덕트공사　④ 합성수지관공사

풀이 231.6 옥내전로의 대지 전압의 제한
주택의 옥내를 통과하여 그 주택 이외의 장소에 전기를 공급하기 위한 옥내배선은 사람이 접촉할 우려가 없는 은폐된 장소에 합성수지관 공사, 금속관 공사 또는 케이블 공사에 의하여 시설하여야 한다.　**답** ③

95 전기울타리의 시설에 관한 규정 중 틀린 것은?

① 전선과 수목 사이의 이격거리는 50[cm]이상이어야 한다.
② 전기울타리는 사람이 쉽게 출입하지 아니하는 곳에 시설하여야 한다.
③ 전선은 인장강도 1.38[kN]이상의 것 또는 지름 2[mm] 이상의 경동선이어야 한다.
④ 전기울타리용 전원 장치에 전기를 공급하는 전로의 사용전압은 250[V]이하이어야 한다.

풀이 241.1 전기울타리
가. 전기울타리용 전원장치에 전원을 공급하는 전로의 사용전압은 250[V] 이하이어야 한다.
나. 전기울타리는 사람이 쉽게 출입하지 아니하는 곳에 시설할 것.
다. 전선은 인장강도 1.38[kN] 이상의 것 또는 지름 2[mm] 이상의 경동선일 것.
라. 전선과 이를 지지하는 기둥 사이의 이격거리는 25[mm] 이상일 것.
마. 전선과 다른 시설물(가공 전선을 제외한다) 또는 수목과의 이격거리는 0.3[m] 이상일 것.　**답** ①

96 주택 등 저압 수용 장소에서 고정 전기설비에 TN-C-S 접지방식으로 접지공사 시 중성선 겸용 보호도체(PEN)를 알루미늄으로 사용 할 경우 단면적은 몇 [mm²] 이상이어야 하는가?

① 2.5　② 6　③ 10　④ 16

풀이 142.4.2 주택 등 저압수용장소 접지

저압수용장소에서 계통접지가 TN-C-S 방식인 경우 중성선 겸용 보호도체(PEN)는 고정 전기설비에만 사용할 수 있고, 그 도체의 단면적이 구리는 10[mm²] 이상, 알루미늄은 16[mm²] 이상이어야 하며, 그 계통의 최고전압에 대하여 절연되어야 한다.　**답** ④

97 전기방식시설의 전기방식 회로의 전선 중 지중에 시설하는 것으로 틀린 것은?

① 전선은 공칭단면적 $4.0[mm^2]$의 연동선 또는 이와 동등 이상의 세기 및 굵기의 것일 것
② 양극에 부속하는 전선은 공칭단면적 $2.5[mm^2]$ 이상의 연동선 또는 이와 동등 이상의 세기 및 굵기의 것을 사용 할 수 있을 것
③ 전선을 직접 매설식에 의하여 시설하는 경우 차량 기타의 중량물의 압력을 받을 우려가 없는 것에 매설 깊이를 1.2[m] 이상으로 할 것
④ 입상 부분의 전선 중 깊이 60[cm] 미만인 부분은 사람이 접촉 할 우려가 없고 또한 손상을 받을 우려가 없도록 적당한 방호장치를 할 것

풀이 241.16 전기부식방지 시설
전기부식방지 회로의 전선중 지중에 시설하는 부분은 다음에 의하여 시설할 것.
가. 전선은 공칭단면적 4.0[mm²]의 연동선일 것. 다만, 양극에 부속하는 전선은 공칭단면적 2.5[mm²] 이상의 연동선을 사용할 수 있다.
나. 전선은 450/750[V] 일반용 단심 비닐절연전선·클로로프렌 외장 케이블·비닐외장 케이블 또는 폴리에틸렌 외장 케이블일 것.
다. 전선을 직접 매설식에 의하여 시설하는 경우에는 매설깊이를 차량 기타의 중량물의 압력을 받을 우려가 있는 곳에서는 1.0[m] 이상, 기타의 곳에서는 0.3[m] 이상
라. 입상부분의 전선 중 깊이 0.6[m] 미만인 부분은 사람이 접촉할 우려가 없고 또한 손상을 받을 우려가 없도록 적당한 방호장치를 할 것.　**답** ③

98 유도장해의 방지를 위한 규정으로 사용전압 60[kV] 이하인 가공 전선로의 유도전류는 전화선로의 길이 12[km] 마다 몇 [μA]를 넘지 않도록 하여야 하는가?

① 1[μA]　　② 2[μA]
③ 3[μA]　　④ 4[μA]

풀이 333.2 유도장해의 방지
가. 사용전압이 60[kV] 이하인 경우에는 전화선로의 길이 12[km]마다 유도전류가 2[μA]를 넘지 아니하도록 할 것.
나. 사용전압이 60[kV]를 초과하는 경우에는 전화선로의 길이 40[km]마다 유도전류가 3[μA]를 넘지 아니하도록 할 것.
다. 특고압 가공전선로는 기설 통신선로에 대하여 상시 정전 유도작용에 의하여 통신상의 장해를 주지 아니하도록 시설하여야 한다. **답** ②

┌─────────────────────────────────────┐
│ 출제기준 변경 및 개정된 관계 법규에 따라 │
│ 삭제된 문제가 있어 20문항이 안됩니다. │
└─────────────────────────────────────┘

2016년 - 4회 _ 공사기사

81 옥내 고압용 이동전선의 시설방법으로 옳은 것은?

① 전선은 무기물 절연 케이블을 사용하였다.
② 다선식 전로의 중성극에 과전류차단기를 시설하였다.
③ 이동전선과 전기사용기계기구와는 해체가 쉽게 되도록 느슨하게 접속하였다.
④ 전로에 지락이 생겼을 때 자동적으로 전로를 차단하는 장치를 시설하였다.

풀이 342.2 옥내 고압용 이동전선의 시설
옥내에 시설하는 고압의 이동전선은 다음에 따라 시설하여야 한다.
가. 전선은 **고압용의 캡타이어케이블**일 것.
나. 이동전선에 전기를 공급하는 전로에는 전용 개폐기 및 과전류 차단기를 각극(**과전류 차단기는 다선식 전로의 중성극을 제외한다**)에 시설하고, 또한 **전로에 지락이 생겼을 때에 자동적으로 전로를 차단하는 장치**를 시설할 것. **답** ④

82 고압 가공전선에 ACSR을 쓸 때의 안전율은 최소 얼마 이상이 되는 이도로 시설하여야 하는가?

① 2.0   ② 2.5
③ 3.0   ④ 3.5

풀이 332.4 고압 가공전선의 안전율,
222.6 저압 가공전선의 안전율
가공전선이 케이블 이외인 경우 안전율이 다음 이상이 되는 이도로 시설하여야 한다.
가. 경동선 또는 내열 동합금선 : 2.2 이상
나. **그 밖의 전선 : 2.5** **답** ②

83 그림에서 1, 2, 3, 4의 ×표시 중 과전류차단기를 시설할 수 있는 장소로 틀린 것은?

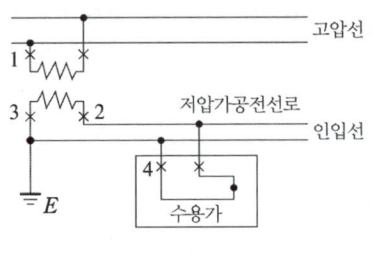

① 1   ② 2
③ 3   ④ 4

풀이 341.11 과전류차단기의 시설 제한
접지공사의 접지도체, 다선식 전로의 중성선 및 **전로의 일부에 접지공사를 한 저압 가공전선로의 접지측 전선에는 과전류차단기를 시설하여서는 안 된다.**
다만, 다음의 경우에는 예외로 한다.
가. 다선식 전로의 중성선에 시설한 과전류차단기가 동작한 경우에 각 극이 동시에 차단될 때
나. 저항기 · 리액터 등을 사용하여 접지공사를 한 때에 과전류차단기의 동작에 의하여 그 접지도체가 비접지 상태로 되지 아니할 때 **답** ③

84 지중전선로에 사용하는 지중함은 폭발성 또는 연소성의 가스가 침입할 우려가 있는 것에 시설하는 지중함으로서 그 크기가 최소 몇 [m³] 이상인 것에는 통풍장치를 설치하여야 하는가?

① 1   ② 2
③ 3   ④ 4

풀이 334.2 지중함의 시설
폭발성 또는 연소성의 가스가 침입할 우려가 있는 것에 시설하는 지중함으로서 그 **크기가 1 [m³] 이상**인 것에는 통풍장치 기타 가스를 방산시키기 위한 적당한 장치를 시설할 것. **답** ①

85 가공전선로의 지지물에 사용하는 지선의 시설과 관련된 내용으로 틀린 것은?

① 지선에 연선을 사용하는 경우 소선(素線) 3가닥 이상의 연선 일 것
② 지선의 안전율은 2.5 이상, 허용 인장하중의 최저는 3.31[kN]으로 할 것
③ 지선에 연선을 사용하는 경우 소선의 지름이 2.6[mm] 이상의 금속선을 사용한 것일 것
④ 가공전선로의 지지물로 사용하는 철탑은 지선을 사용하여 그 강도를 분담시키지 않을 것

풀이 331.11 지선의 시설
가. 가공전선로의 지지물로 사용하는 철탑은 지선을 사용하여 그 강도를 분담시켜서는 안 된다.
나. 지선의 안전율은 2.5 이상일 것. 이 경우에 **허용 인장하중의 최저는 4.31[kN]으로** 한다.
다. 지선에 연선을 사용할 경우에는 다음에 의할 것.
　① 소선 3가닥 이상의 연선일 것.
　② 소선의 지름이 2.6[mm] 이상의 금속선을 사용한 것일 것.　**답** ②

86 목조 조영물의 전개된 장소에 있어서 저압 인입선의 옥측 부분 공사로서 옳은 것은?

① 금속관공사　　② 버스덕트공사
③ 애자공사　　④ 금속제 가요전선관공사

풀이 221.2 옥측전선로
저압 옥측전선로는 다음의 공사방법에 의할 것.
가. **애자공사(전개된 장소에 한한다.)**
나. 합성수지관공사
다. 금속관공사(목조 이외의 조영물에 시설하는 경우에 한한다.)
라. 버스덕트공사[목조 이외의 조영물(점검할 수 없는 은폐된 장소는 제외한다)에 시설하는 경우에 한한다]
마. 케이블공사(연피 케이블·알루미늄피 케이블 또는 무기물 절연 케이블을 사용하는 경우에는 목조 이외의 조영물에 시설하는 경우에 한한다)　**답** ③

87 흥행장의 전압 전기설비 공사로 무대, 무대 마루 밑, 오케스트라 박스, 영사실, 기타 사람이나 무대 도구가 접촉할 우려가 있는 곳에 시설하는 저압 옥내 배선, 전구선 또는 이동전선은 사용 전압이 몇 [V] 이하여야 하는가?

① 100　　② 200
③ 300　　④ 400

풀이 242.6 전시회, 쇼 및 공연장의 전기설비
무대·무대마루 밑·오케스트라 박스·영사실 기타 사람이나 무대 도구가 접촉할 우려가 있는 곳에 시설하는 저압 옥내배선, 전구선 또는 이동전선은 **사용전압이 400[V] 이하**이어야 한다.　**답** ④

88 옥내에 시설하는 전동기에 과부하 보호 장치의 시설을 생략할 수 없는 경우는?

① 정격출력 0.75[kW]인 전동기를 사용하는 경우
② 타인이 출입할 수 없고 전동기가 소손할 정도의 과전류가 생길 우려가 없는 경우
③ 단상전동기로써 그 전원측 전로에 시설하는 과전류 차단기의 정격전류가 16[A] 이하인 경우
④ 단상전동기로써 그 전원측 전로에 시설하는 배선용 차단기의 정격전류가 20[A] 이하인 경우

풀이 212.6.3 저압전로 중의 전동기 보호용 과전류보호장치의 시설
옥내에 시설하는 전동기에는 전동기가 손상될 우려가 있는 과전류가 생겼을 때에 자동적으로 이를 저지하거나 이를 경보하는 장치를 하여야 한다. 다만, 다음의 어느 하나에 해당하는 경우에는 그러하지 아니하다.
가. 전동기를 운전 중 상시 취급자가 감시할 수 있는 위치에 시설하는 경우
나. 전동기의 구조나 부하의 성질로 보아 전동기가 손상될 수 있는 과전류가 생길 우려가 없는 경우
다. 단상전동기로써 그 전원측 전로에 시설하는 과전류 차단기의 정격전류가 16[A](배선용 차단기는 20[A]) 이하인 경우
라. **정격 출력이 0.2[kW] 이하의 전동기**　**답** ①

89 220[V] 용 전동기의 절연내력 시험 시 시험전압은 몇 [V]로 하여야 하는가?

① 300　　② 330
③ 450　　④ 500

풀이 133 회전기 및 정류기의 절연내력

종 류		시험 전압	시험 방법
회전기	발전기·전동기·조상기·기타회전기	7[kV] 이하	1.5배 (최저 500[V])	권선과 대지 사이에 연속하여 10분간
		7[kV] 초과	1.25배 (최저 10.5[kV])	
	회전 변류기	직류측의 최대 사용 전압의 1배의 교류전압(최저 500[V])	

시험 전압 = 220×1.5 = 330[V]이나
500[V] 미만으로 되는 경우에는 500[V]이다. **답** ④

---

90 전선 기타의 가섭선(架涉線) 주위에 두께 6 [mm], 비중 0.9의 빙설이 부착된 상태에서 을종 풍압하중은 구성재의 수직 투영면적 1[m²] 당 몇 [Pa]을 기초로 하여 계산하는가? (단, 다도체를 구성하는 전선이 아니라고 한다.)

① 333　　　　② 372
③ 588　　　　④ 666

풀이 331.6 풍압하중의 종별과 적용
　가. 갑종 풍압하중 : 구성재의 수직 투영면적 1[m²]에 대한 풍압을 기초로 하여 계산한 것.
　나. 을종 풍압하중 : 전선 기타의 가섭선 주위에 두께 6[mm], 비중 0.9의 빙설이 부착된 상태에서 수직 투영면적 372[Pa](다도체를 구성하는 전선은 333 [Pa]), 그 이외의 것은 갑종풍압하중의 2분의 1을 기초로 하여 계산한 것.
　다. 병종 풍압하중 : 갑종풍압하중의 2분의 1을 기초로 하여 계산한 것. **답** ②

---

91 발전소, 변전소, 개폐소 또는 이에 준하는 곳에서 차단기에 사용하는 압축공기장치는 사용압력의 몇 배의 수압으로 몇 분간 연속하여 가했을 때 이에 견디고 새지 않아야 하는가?

① 1.25배, 15분　　② 1.25배, 10분
③ 1.5배, 15분　　④ 1.5배, 10분

풀이 341.15 압축공기계통
　발전소·변전소·개폐소 또는 이에 준하는 곳에서 개폐기 또는 차단기에 사용하는 압축공기장치는 최고 사용압력의 1.5배의 수압(수압을 연속하여 10분간 가하여 시험을 하기 어려울 때에는 최고 사용압력의 1.25배의 기압)을 연속하여 10분간 가하여 시험을 하였을 때에 이에 견디고 또한 새지 아니할 것. **답** ④

---

92 사용전압이 220[V]인 경우 애자공사에서 전선과 조영재 사이의 이격거리는 몇 [cm] 이상이어야 하는가?

① 2.5　　　　② 4.5
③ 6.0　　　　④ 8.0

풀이 232.3 애자공사
　가. 전선의 종류 : 절연 전선. 단, 옥외용 비닐 절연 전선 (OW) 및 인입용 비닐 절연 전선(DV)은 제외한다.
　나. 이격 거리

전 압		전선과 조영재와의 이격 거리	전선 상호 간격	전선 지지점 간의 거리	
				조영재의 윗면 또는 옆면에 따라 시설	조영재에 따라 시설하지 않는 경우
저압	400[V] 이하	2.5[cm] 이상			–
	400[V] 초과	건조한 장소	2.5[cm] 이상	6[cm] 이상	2[m] 이하	6[m] 이하
		기타의 장소	4.5[cm] 이상			

답 ①

---

93 전선의 단면적 50[mm²]인 경동연선을 사용하는 경우 특고압 가공전선로 경간의 최대한도는 몇 [m]인가? (단, 지지물은 목주 또는 A종 철주이다.)

① 150　　　　② 250
③ 300　　　　④ 500

풀이 333.21 특고압 가공전선로의 경간 제한
　특고압 가공전선로의 경간은 표에서 정한 값 이하이어야 한다.

지지물의 종류	표준 경간 22[mm²] 이상의 경동연선	인장강도 21.67[kN] 이상 또는 단면적 50[mm²] 이상의 경동연선
목주·A종 철주 또는 A종 철근 콘크리트주	150[m] 이하	300[m] 이하
B종 철주 또는 B종 철근 콘크리트주	250[m] 이하	500[m] 이하
철 탑	600[m] 이하 (단주인 경우 400[m])	600[m] 이하

답 ③

94 물기 있는 장소 이외의 장소에 시설하는 저압용의 개별 기계기구에 전기를 공급하는 전로에 「전기용품안전 관리법」의 적용을 받는 인체감전보호용 누전차단기의 정격으로 알맞은 것은?

① 정격감도전류 30[mA] 이하,
   동작시간 0.03초 이하의 전류동작형
② 정격감도전류 45[mA] 이하,
   동작시간 0.01초 이하의 전류동작형
③ 정격감도전류 300[mA] 이하,
   동작시간 0.3초 이하의 전류동작형
④ 정격감도전류 450[mA] 이하,
   동작시간 0.1초 이하의 전류동작형

풀이 142.7 기계기구의 철대 및 외함의 접지
전로에 시설하는 기계기구의 철대 및 금속제 외함(외함이 없는 변압기 또는 계기용변성기는 철심)에는 접지공사를 하여야 한다.
그러나, 물기 있는 장소 이외의 장소에 시설하는 저압용의 개별 기계기구에 전기를 공급하는 전로에 **인체감전보호용 누전차단기(정격감도전류가 30[mA] 이하, 동작시간이 0.03초 이하의 전류동작형에 한한다)**를 시설하는 경우에는 접지를 생략 할 수 있다. **답** ①

95 제2종 특고압 보안공사의 기준으로 틀린 것은?

① 특고압 가공전선은 연선일 것
② 지지물이 목주일 경우 그 경간은 100[m] 이하일 것
③ 지지물이 A종 철주일 경우 그 경간은 150[m] 이하일 것
④ 지지물로 사용하는 목주의 풍압하중에 대한 안전율은 2 이상일 것

풀이 333.22 특고압 보안공사
제2종 특고압 보안공사는 다음에 따라야 한다.
가. 특고압 가공전선은 연선일 것.
나. 지지물로 사용하는 목주의 풍압하중에 대한 안전율은 2 이상일 것.
다. 경간은 표에서 정한 값 이하일 것

지지물의 종류	경 간
목주 · A종 철주 또는 A종 철근 콘크리트주	100[m]
B종 철주 또는 B종 철근 콘크리트주	200[m]
철탑	400[m](단주인 경우에는 300[m])

답 ③

96 가공 전선로에 사용하는 지지물의 강도 계산에 적용하는 풍압하중 중에서 병종 풍압하중은 갑종 풍압하중에 대한 얼마의 풍압을 기초로 하여 계산한 것인가?

① $\frac{1}{2}$　　② $\frac{1}{3}$
③ $\frac{2}{3}$　　④ $\frac{1}{4}$

풀이 331.6 풍압하중의 종별과 적용
가. 갑종 풍압하중 : 구성재의 수직 투영면적 1[m²]에 대한 풍압을 기초로 하여 계산한 것.
나. 을종 풍압하중 : 전선 기타의 가섭선 주위에 두께 6[mm], 비중 0.9의 빙설이 부착된 상태에서 수직 투영면적 372[Pa](다도체를 구성하는 전선은 333[Pa]), 그 이외의 것은 갑종풍압하중의 2분의 1을 기초로 하여 계산한 것.
다. **병종 풍압하중 : 갑종풍압하중의 2분의 1(50[%])을 기초로 하여 계산한 것.** **답** ①

97 풀용 수중조명등에 사용되는 절연변압기의 2차측 전로의 사용전압이 최소 몇 [V]를 초과하는 경우에는 그 전로에 지락이 생겼을 때 자동적으로 전로를 차단하는 장치를 하여야 하는가?

① 30　　② 60
③ 150　　④ 300

풀이 234.14 수중조명등
가. 수영장 기타 이와 유사한 장소에 사용하는 수중조명등에 전기를 공급하기 위해서는 절연변압기를 사용하여야 한다.
나. 절연변압기의 2차측 전로의 **사용전압이 30[V]를 초과하는 경우, 그 전로에 지락이 생겼을 때에 자동적으로 전로를 차단하는 정격감도전류 30[mA] 이하의 누전차단기를 시설하여야 한다.** **답** ①

98 사용전압이 380[V]인 저압 보안공사에 사용되는 경동선은 그 지름이 최소 몇 [mm] 이상의 것을 사용하여야 하는가?

① 2.0
② 2.6
③ 4.0
④ 5.0

풀이 222.10 저압 보안공사
저압 보안공사시 전선은 케이블인 경우 이외에는 인장강도 8.01 [kN] 이상의 것 또는 지름 5[mm](사용전압이 400[V] 이하인 경우에는 인장강도 5.26[kN] 이상의 것 또는 지름 4[mm] 이상의 경동선) 이상의 경동선이어야 한다. **답** ③

> 출제기준 변경 및 개정된 관계 법규에 따라
> 삭제된 문제가 있어 20문항이 안됩니다.

문제의 번호는 실제 시험문제의 번호와 같게 하였습니다.

2017년 - 1회 _ 전기기사·공사기사

81 가섭선에 의하여 시설하는 안테나가 있다. 이 안테나 주위에 경동연선을 사용한 고압가공전선이 지나가고 있다면 수평 이격거리는 몇 [cm] 이상이어야 하는가?

① 40   ② 60
③ 80   ④ 100

풀이 332.14 고압 가공전선과 안테나의 접근 또는 교차
저압 가공전선 또는 고압 가공전선이 안테나와 접근상태로 시설되는 경우에는 다음에 따라야 한다.
가. 고압 가공전선로는 고압 보안공사에 의할 것.
나. 가공전선과 안테나 사이의 이격거리

사용전압 부분 공작물의 종류		저압	고압
안테나	일반적인 경우	0.6[m]	0.8[m]
	고압·특고압 절연전선	0.3[m]	0.8[m]
	케이블	0.3[m]	0.4[m]

답 ③

82 옥내의 저압전선으로 나전선 사용이 허용되지 않는 경우는?

① 금속관공사에 의하여 시설하는 경우
② 버스 덕트 공사에 의하여 시설하는 경우
③ 라이팅 덕트 공사에 의하여 시설하는 경우
④ 애자공사에 의하여 전개된 곳에 전기로용 전선을 시설하는 경우

풀이 231.4 나전선의 사용 제한
옥내에 시설하는 저압전선에는 나전선을 사용하여서는 아니 된다. 다만, 다음 중 어느 하나에 해당하는 경우에는 그러하지 아니하다.
가. 애자공사에 의하여 전개된 곳에 다음의 전선을 시설하는 경우
① 전기로용 전선
② 전선의 피복 절연물이 부식하는 장소에 시설하는 전선
나. 버스덕트공사에 의하여 시설하는 경우
다. 라이팅덕트공사에 의하여 시설하는 경우
라. 접촉 전선을 시설하는 경우 **답** ①

83 지중에 매설되어 있는 금속제 수도관로를 각종 접지공사의 접지극으로 사용하려면 대지와의 전기저항 값이 몇 [Ω] 이하의 값을 유지하여야 하는가?

① 1   ② 2
③ 3   ④ 5

풀이 142.2 접지극의 시설 및 접지저항
가. 지중에 매설되어 있고 대지와의 전기저항 값이 3 [Ω] 이하의 값을 유지하고 있는 금속제 수도관로가 규정에 따르는 경우 접지극으로 사용이 가능하다.
나. 대지와의 사이에 전기저항 값이 2[Ω] 이하인 값을 유지하는 건축물·구조물의 철골 기타의 금속제는 접지공사의 접지극으로 사용할 수 있다. **답** ③

84 가공전선로의 지지물에 시설하는 지선으로 연선을 사용할 경우에는 소선이 최소 몇 가닥 이상이어야 하는가?

① 3   ② 4
③ 5   ④ 6

풀이 331.11 지선의 시설
가. 지선의 안전율은 2.5 이상일 것. 이 경우에 허용 인장하중의 최저는 4.31[kN]으로 한다.
나. 지선에 연선을 사용할 경우에는 다음에 의할 것.
① 소선 3가닥 이상의 연선일 것.
② 소선의 지름이 2.6[mm] 이상의 금속선을 사용한 것일 것. **답** ①

85 가공전선로의 지지물에 취급자가 오르고 내리는데 사용하는 발판 볼트 등은 지표상 몇 [m] 미만에 시설하여서는 아니 되는가?

① 1.2   ② 1.5
③ 1.8   ④ 2.0

풀이 331.4 가공전선로 지지물의 철탑오름 및 전주오름 방지
가공전선로의 지지물에 취급자가 오르고 내리는데 사용하는 발판 볼트 등을 지표상 1.8[m] 미만에 시설하여서는 아니 된다. **답** ③

86 과전류차단기로 저압전로에 사용하는 80[A] 퓨즈를 수평으로 붙이고, 정격전류의 1.6배 전류를 통한 경우에 몇 분 안에 용단되어야 하는가? (단, IEC 표준을 도입한 과전류차단기로 저압전로에 사용하는 퓨즈는 제외한다.)

① 30분   ② 60분
③ 120분   ④ 180분

풀이 212.3 보호장치의 종류 및 특성
1. 과전류 보호장치는 KS C 또는 KS C IEC 관련 표준 (배선차단기, 누전차단기, 퓨즈 등의 표준)의 동작특성에 적합하여야 한다.
2. 과전류차단기로 저압전로에 사용하는 범용의 퓨즈는 표에 적합한 것이어야 한다.

정격전류의 구분	시간	정격전류의 배수	
		불용단전류	용단전류
4[A] 이하	60분	1.5배	2.1배
4[A] 초과 16[A] 미만	60분	1.5배	1.9배
16[A] 이상 63[A] 이하	60분	1.25배	1.6배
63[A] 초과 160[A] 이하	120분	1.25배	1.6배
160[A] 초과 400[A] 이하	180분	1.25배	1.6배
400[A] 초과	240분	1.25배	1.6배

답 ③

87 철도·궤도 또는 자동차도의 전용터널 안의 전선로의 시설방법으로 틀린 것은?

① 고압전선은 케이블 공사로 하였다.
② 저압전선을 가요전선관공사에 의하여 시설하였다.
③ 저압전선으로 지름 2.0[mm]의 경동선을 사용하였다.
④ 저압전선을 애자사용공사에 의하여 시설하고 이를 레일면상 또는 노면상 2.5[m] 이상의 높이로 유지하였다.

풀이 335.1 터널 안 전선로의 시설
철도·궤도 또는 자동차도 전용터널 안의 전선로

전압	전선의 굵기	시공방법	애자사용 공사 시 높이
저압	인장강도 2.30[kN] 이상 또는 2.6[mm] 이상의 경동선의 절연전선	• 합성수지관공사 • 금속관공사 • 금속제가요전선관 공사 • 케이블공사 • 애자사용공사	노면상, 레일면상 2.5[m] 이상

전압	전선의 굵기	시공방법	애자사용 공사 시 높이
고압	인장강도 5.26[kN] 이상 또는 4[mm] 이상의 경동선	• 케이블공사 • 애자사용공사	노면상, 레일면상 3[m] 이상
특고압		• 케이블공사	

답 ③

88 수소냉각식 발전기 등의 시설기준으로 틀린 것은?

① 발전기 안의 수소의 온도를 계측하는 장치를 시설할 것
② 수소를 통하는 관은 수소가 대기압에서 폭발하는 경우에 생기는 압력에 견디는 강도를 가질 것
③ 발전기 안의 수소의 순도가 95[%] 이하로 저하한 경우에 이를 경보하는 장치를 시설할 것
④ 발전기 안의 수소의 압력을 계측하는 장치 및 그 압력이 현저히 변동한 경우에 이를 경보하는 장치를 시설할 것

풀이 351.10 수소냉각식 발전기 등의 시설
발전기 내부 또는 조상기 내부의 수소의 순도가 85[%] 이하로 저하한 경우에 이를 경보하는 장치를 시설할 것.
답 ③

89 조상기의 내부에 고장이 생긴 경우 자동적으로 전로로부터 차단하는 장치는 조상기의 뱅크용량이 몇 [kVA] 이상이어야 시설하는가?

① 5000   ② 10000
③ 15000   ④ 20000

풀이 351.5 조상설비의 보호장치
조상 설비에는 그 내부에 고장이 생긴 경우에 보호하는 장치를 표와 같이 시설하여야 한다.

설비 종별	뱅크 용량의 구분	자동적으로 전로로부터 차단하는 장치
전력용 커패시터 및 분로리액터	500[kVA] 초과 15,000[kVA] 미만	• 내부에 고장이 생긴 경우 • 과전류가 생긴 경우
	15,000[kVA] 이상	• 내부에 고장이 생긴 경우 • 과전류가 생긴 경우 • 과전압이 생긴 경우
조상기	15,000[kVA] 이상	• 내부에 고장이 생긴 경우

답 ③

90 발열선을 도로, 주차장 또는 조영물의 조영재에 고정시켜 시설하는 경우 발열선에 전기를 공급하는 전로의 대지전압은 몇 [V] 이하이어야 하는가?

① 100   ② 150
③ 200   ④ 300

풀이 241.12 도로 등의 전열장치
가. 발열선에 전기를 공급하는 전로의 대지전압은 300 [V] 이하일 것.
나. 발열선은 그 온도가 80[℃]를 넘지 아니하도록 시설할 것. 다만, 도로 또는 옥외주차장에 금속피복을 한 발열선을 시설할 경우에는 발열선의 온도를 120[℃]이하로 할 수 있다.
다. 발열선은 다른 전기설비·약전류전선 등 또는 수관·가스관이나 이와 유사한 것에 전기적·자기적 또는 열적인 장해를 주지 아니하도록 시설할 것.
답 ④

91 사람이 접촉할 우려가 있는 경우 고압가공전선과 상부 조영재의 옆쪽에서의 이격거리는 몇 [m] 이상이어야 하는가? (단, 전선은 경동연선이라고 한다.)

① 0.6   ② 0.8
③ 1.0   ④ 1.2

풀이 332.11 고압 가공전선과 건조물의 접근
222.11 저압 가공전선과 건조물의 접근
저압 가공전선 또는 고압 가공전선이 건조물과 접근 상태로 시설되는 경우에는 다음에 따라야 한다.
가. 고압 가공전선로는 고압 보안공사에 의할 것.
나. 저·고압 가공전선과 건조물의 조영재 사이의 이격거리는 표에서 정한 값 이상일 것.

사용전압 부분 공작물의 종류			저압[m]	고압[m]
건조물	상부 조영재 위쪽	일반적인 경우	2	2
		전선이 고압절연전선	1	2
		전선이 케이블인 경우	1	1
	기타 조영재 또는 상부조영재의 옆쪽 또는 아래쪽	일반적인 경우	1.2	1.2
		전선이 고압절연전선	0.4	1.2
		전선이 케이블인 경우	0.4	0.4
		사람이 쉽게 접근할 수 없도록 시설한 경우	0.8	0.8

답 ④

92 특고압가공전선로에서 사용전압이 60[kV]를 넘는 경우, 전화선로의 길이 몇 [km]마다 유도전류가 3[μA]를 넘지 않도록 하여야 하는가?

① 12   ② 40
③ 80   ④ 100

풀이 333.2 유도장해의 방지
가. 사용전압이 60[kV] 이하인 경우에는 전화선로의 길이 12 [km] 마다 유도전류가 2[μA]를 넘지 아니하도록 할 것.
나. 사용전압이 60[kV]를 초과하는 경우에는 전화선로의 길이 40[km] 마다 유도전류가 3[μA]을 넘지 아니하도록 할 것.
다. 특고압 가공전선로는 기설 통신선로에 대하여 상시 정전 유도작용에 의하여 통신상의 장해를 주지 아니하도록 시설하여야 한다.
답 ②

93 직선형의 철탑을 사용한 특고압 가공전선로가 연속하여 10기 이상 사용하는 부분에는 몇 기 이하마다 내장 애자장치가 되어 있는 철탑 1기를 시설하여야 하는가?

① 5   ② 10
③ 15   ④ 20

풀이 333.16 특고압 가공전선로의 내장형 등의 지지물 시설
특고압 가공전선로 중 지지물로서 직선형의 철탑을 연속하여 10기 이상 사용하는 부분에는 10기 이하마다 장력에 견디는 애자장치가 되어 있는 철탑 또는 이와 동등 이상의 강도를 가지는 철탑 1기를 시설하여야 한다.
답 ②

94 옥외용 비닐절연전선을 사용한 저압가공전선이 횡단보도교 위에 시설되는 경우에 그 전선의 노면상 높이는 몇 [m] 이상으로 하여야 하는가?

① 2.5   ② 3.0
③ 3.5   ④ 4.0

풀이 332.5 고압 가공전선의 높이.
222.7 저압 가공전선의 높이
저·고압 가공전선의 높이는 다음에 따라야 한다.

설치장소		가공전선의 높이
도로횡단(번잡하지 않은 도로 제외)		지표상 6[m] 이상
철도 또는 궤도횡단		레일면상 6.5[m] 이상
횡단 보도교 위	저압	노면상 3.5[m] 이상. 단, 절연전선의 경우 3[m] 이상
	고압	노면상 3.5[m] 이상
일반장소		지표상 5[m] 이상. 단, 저압의 경우 절연전선 또는 케이블을 사용하여 교통에 지장이 없도록 하여 옥외조명용에 공급하는 경우 4[m]까지 감할 수 있다.
다리의 하부 기타 이와 유사한 장소		저압의 전기철도용 급전선은 지표상 3.5[m]까지로 감할 수 있다.

답 ②

---

95 애자공사를 습기가 많은 장소에 시설하는 경우 전선과 조영재 사이의 이격거리는 몇 [cm] 이상 이어야 하는가? (단, 사용전압은 440[V]인 경우이다.)

① 2.0 　　　　　② 2.5
③ 4.5 　　　　　④ 6.0

풀이 232.56 애자공사
　가. 전선의 종류 : 절연 전선. 단, 옥외용 비닐 절연 전선(OW) 및 인입용 비닐 절연 전선(DV)은 제외한다.
　나. 이격 거리

전 압		전선과 조영재와의 이격 거리	전선 상호 간격	전선 지지점 간의 거리	
				조영재의 윗면 또는 옆면에 따라 시설	조영재에 따라 시설하지 않는 경우
저압	400[V] 이하	2.5[cm] 이상	6[cm] 이상	2[m] 이하	－
	400[V] 초과	건조한 장소 2.5[cm] 이상			6[m] 이하
		기타의 장소 4.5[cm] 이상			

답 ③

---

96 터널 등에 시설하는 사용전압이 220[V]인 전구선이 0.6/1[kV] EP 고무 절연 클로로프렌 캡타이어 케이블일 경우 단면적은 최소 몇 [mm^2] 이상이어야 하는가?

① 0.5 　　　　　② 0.75
③ 1.25 　　　　　④ 1.4

풀이 242.7.4 터널 등의 전구선 또는 이동전선 등의 시설
터널 등에 시설하는 사용전압이 400[V] 이하인 저압의 전구선 또는 이동전선은 다음과 같이 시설하여야 한다.
　가. 전구선은 단면적 0.75[mm^2] 이상의 300/300[V] 편조 고무코드 또는 0.6/1[kV] EP 고무 절연 클로로프렌 캡타이어 케이블일 것.
　나. 이동전선은 300/300[V] 편조 고무코드, 비닐 코드 또는 캡타이어 케이블일 것.

답 ②

> 출제기준 변경 및 개정된 관계 법규에 따라 삭제된 문제가 있어 20문항이 안됩니다.

2017년 ─ 2회 _ 전기기사·공사기사

81 가공전선로의 지지물에 시설하는 지선에 관한 사항으로 옳은 것은?

① 소선은 지름 2.0[mm] 이상인 금속선을 사용한다.
② 도로를 횡단하여 시설하는 지선의 높이는 지표상 6.0[m] 이상이다.
③ 지선의 안전율은 1.2 이상이고 허용인장하중의 최저는 4.31[kN]으로 한다.
④ 지선에 연선을 사용할 경우에는 소선은 3가닥 이상의 연선을 사용한다.

풀이 331.11 지선의 시설
　가. 가공전선로의 지지물로 사용하는 철탑은 지선을 사용하여 그 강도를 분담시켜서는 안 된다.
　나. 지선의 안전율은 2.5 이상일 것. 이 경우에 허용 인장하중의 최저는 4.31[kN]으로 한다.
　다. 지선에 연선을 사용할 경우에는 다음에 의할 것.
　　① 소선 3가닥 이상의 연선일 것.
　　② 소선의 지름이 2.6[mm] 이상의 금속선을 사용한 것일 것
　라. 도로를 횡단하여 시설하는 지선의 높이는 지표상 5[m] 이상으로 하여야 한다.

답 ④

82 옥내배선의 사용 전압이 400[V] 이하일 때 전광표시 장치, 기타 이와 유사한 장치 또는 제어회로 등의 배선에 다심케이블을 시설하는 경우 배선의 단면적은 몇 [mm²] 이상인가? (단, 배선에 과전류가 생긴 경우 자동 차단 장치를 시설한 경우이다.)

① 0.75　　　　② 1.5
③ 1　　　　　④ 2.5

풀이 231.3 저압 옥내배선의 사용전선
　가. 저압 옥내배선의 전선 : 단면적 2.5[mm²] 이상의 연동선
　나. 옥내배선의 사용 전압이 400[V] 이하인 경우는 다음에 의하여 시설할 수 있다.
　　① 전광표시 장치 또는 제어 회로
　　　• 단면적 1.5[mm²] 이상의 연동선
　　　• 단면적 0.75[mm²] 이상인 다심케이블 또는 다심 캡타이어 케이블을 사용하고 또한 과전류가 생겼을 때에 자동적으로 전로에서 차단하는 장치를 시설
　　② 진열장 또는 이와 유사한 것의 내부 배선 : 단면적 0.75[mm²] 이상인 코드 또는 캡타이어케이블
　　　　　　　　　　　　　　　답 ①

83 전동기의 과부하 보호장치의 시설에서 전원측 전로에 시설한 배선용 차단기의 정격전류가 몇 [A] 이하의 것이면 이 전로에 접속하는 단상전동기에는 과부하 보호장치를 생략할 수 있는가?

① 15　　　　　② 20
③ 30　　　　　④ 50

풀이 212.6.3 저압전로 중의 전동기 보호용 과전류보호장치의 시설
옥내에 시설하는 전동기에는 전동기가 손상될 우려가 있는 과전류가 생겼을 때에 자동적으로 이를 저지하거나 이를 경보하는 장치를 하여야 한다. 다만, 다음의 어느 하나에 해당하는 경우에는 그러하지 아니하다.
　가. 전동기를 운전 중 상시 취급자가 감시할 수 있는 위치에 시설하는 경우
　나. 전동기의 구조나 부하의 성질로 보아 전동기가 손상될 수 있는 과전류가 생길 우려가 없는 경우
　다. 단상전동기로써 그 전원측 전로에 시설하는 과전류 차단기의 정격전류가 16[A](배선용 차단기는 20[A]) 이하인 경우
　라. 정격 출력이 0.2[kW] 이하의 전동기　　**답** ②

84 154[kV] 가공 송전선로를 제1종 특고압 보안공사로 할 때 사용되는 경동연선의 굵기는 몇 [mm²] 이상이어야 하는가?

① 100　　　　② 150
③ 200　　　　④ 250

풀이 333.22 특고압 보안공사
　제1종 특고압 보안공사는 다음에 따라야 한다.

사용전압	전　　　선
100[kV] 미만	인장강도 21.67[kN] 이상의 연선 또는 단면적 55[mm²] 이상의 경동연선
100[kV] 이상 300[kV] 미만	인장강도 58.84[kN] 이상의 연선 또는 단면적 150[mm²] 이상의 경동연선
300[kV] 이상	인장강도 77.47[kN] 이상의 연선 또는 단면적 200[mm²] 이상의 경동연선

　　　　　　　　　　　　　　　답 ②

85 일반적으로 저압 옥내간선에서 분기하여 전기사용기계기구에 이르는 저압 옥내전로는 저압 옥내간선과의 분기점에서 전선의 길이가 몇 [m] 이하인 곳에 개폐기 및 과전류차단기를 시설하여야 하는가?(단, 단락의 위험과 화재 및 인체에 대한 위험성이 최소화 되도록 시설된 경우)

① 0.5　　　　② 1.0
③ 2.0　　　　④ 3.0

풀이 212.4.2 과부하 보호장치의 설치 위치
　가. 과부하 보호장치는 전로 중 도체의 단면적, 특성, 설치방법, 구성의 변경으로 도체의 허용전류 값이 줄어드는 곳(이하 분기점이라 함)에 설치해야 한다.
　나. 과부하 보호장치는 분기점(O)에 설치해야 하나, 분기점(O)점과 분기회로의 과부하 보호장치(P_2) 설치점 사이의 배선 부분에 다른 분기회로나 콘센트 회로가 접속되어 있지 않고, 다음 중 하나를 충족하는 경우에는 변경이 있는 배선에 설치할 수 있다.
　　① 분기회로에 대한 단락보호가 이루어지고 있는 경우 : 분기 회로의 보호장치 P_2는 분기회로의 분기점(O)으로부터 부하측으로 거리에 구애 받지 않고 이동하여 설치할 수 있다.

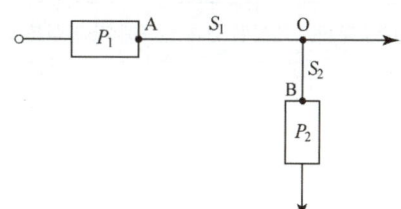

② 단락의 위험과 화재 및 인체에 대한 위험성이 최소화 되도록 시설된 경우 : 분기회로의 보호장치 (P_2)는 분기회로의 분기점(O)으로부터 3[m]까지 이동하여 설치할 수 있다.

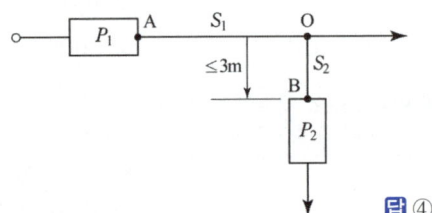

답 ④

---

86 사용전압이 35[kV] 이하인 특고압가공전선과 가공약전류전선 등을 동일 지지물에 시설하는 경우, 특고압 가공전선로는 어떤 종류의 보안공사로 하여야 하는가?

① 고압보안공사
② 제1종 특고압 보안공사
③ 제2종 특고압 보안공사
④ 제3종 특고압 보안공사

풀이 333.19 특고압 가공전선과 가공약전류전선 등의 공용설치
사용전압이 35[kV] 이하인 특고압 가공전선과 가공약전류전선 등 을 동일 지지물에 시설하는 경우에는 다음에 따라야 한다.
가. 특고압 가공전선로는 제2종 특고압 보안공사에 의할 것.
나. 특고압 가공전선은 가공약전류전선 등의 위로하고 별개의 완금류에 시설할 것.
다. 특고압 가공전선은 케이블인 경우 이외에는 인장강도 21.67[kN] 이상의 연선 또는 단면적이 50[mm²] 이상인 경동연선일 것.
라. 특고압 가공전선과 가공약전류전선 등 사이의 이격거리는 2[m] 이상으로 할 것. 다만, 특고압 가공전선이 케이블인 경우에는 0.5[m]까지 감할 수 있다.

답 ③

87번 문제는 개정된 관계 법규에 따라 삭제 되었습니다.

---

88 금속관공사에서 절연부싱을 사용하는 가장 주된 목적은?

① 관의 끝이 터지는 것을 방지
② 관내 해충 및 이물질 출입 방지
③ 관의 단구에서 조영재의 접촉 방지
④ 관의 단구에서 전선 피복의 손상 방지

풀이 232.12 금속관공사
관의 끝 부분에는 전선의 피복을 손상하지 아니하도록 적당한 구조의 부싱을 사용할 것. 다만, 금속관공사로부터 애자공사로 옮기는 경우에는 그 부분의 관의 끝부분에는 절연부싱 또는 이와 유사한 것을 사용하여야 한다.

답 ④

---

89 최대사용전압이 3.3[kV]인 차단기 전로의 절연내력 시험전압은 몇 [V]인가?

① 3036   ② 4125
③ 4950   ④ 6600

풀이 136 기구 등의 전로의 절연내력
개폐기·차단기·전력용 커패시터·유도전압조정기·계기용변성기 기타의 기구의 전로 및 발전소·변전소·개폐소 또는 이에 준하는 곳에 시설하는 기계기구의 접속선 및 모선은 표에서 정하는 시험전압을 충전부분과 대지 사이(다심케이블은 심선 상호 간 및 심선과 대지 사이)에 연속하여 10분간 가하여 절연내력을 시험하였을 때에 이에 견디어야 한다.

전로의 종류	접지방식	시험전압 (최대사용전압의 배수)	최저 시험전압
1. 7[kV] 이하인 전로		1.5배	500[V]
2. 7[kV] 초과 25[kV] 이하	다중접지	0.92배	
3. 7[kV] 초과 60[kV] 이하 (2란의 것 제외)		1.25배	10.5[kV]
4. 60[kV] 초과	비접지	1.25배	
5. 60[kV] 초과 (6란, 7란의 것 제외)	접지식	1.1배	75[kV]
6. 60[kV] 초과(7란의 것 제외)	직접접지	0.72배	
7. 170[kV] 초과(발전소 또는 변전소 혹은 이에 준하는 장소에 시설하는 것.)	직접접지	0.64배	

※ 전로에 케이블을 사용하는 경우에는 직류로 시험할 수 있으며, 시험전압은 교류의 경우의 2배가 된다.
∴ 시험전압 $= 3300 \times 1.5 = 4950$[V]

답 ③

90 가반형(이동형)의 용접전극을 사용하는 아크용접장치를 시설할 때 용접변압기의 1차측 전로의 대지전압은 몇 [V] 이하이어야 하는가?

① 200 　　　② 250
③ 300 　　　④ 600

풀이 241.10 아크 용접기
가반형의 용접 전극을 사용하는 아크 용접장치는 다음에 따라 시설하여야 한다.
가. 용접변압기는 절연변압기일 것.
나. 용접변압기의 1차측 전로의 대지전압은 300[V] 이하일 것.
다. 용접변압기의 1차측 전로에는 용접 변압기에 가까운 곳에 쉽게 개폐할 수 있는 개폐기를 시설할 것.
라. 용접기 외함 및 피용접재 또는 이와 전기적으로 접속되는 받침대·정반 등의 금속체는 규정에 준하여 접지공사를 하여야 한다.　　**답** ③

91 지중전선로를 직접 매설식에 의하여 차량 기타 중량물의 압력을 받을 우려가 있는 장소에 시설할 경우에는 그 매설 깊이를 최소 몇 [m] 이상으로 하여야 하는가?

① 1 　　　② 1.2
③ 1.5 　　　④ 1.8

풀이 334.1 지중전선로의 시설
가. 지중 전선로는 전선에 케이블을 사용하고 또한 관로식·암거식 또는 직접 매설식에 의하여 시설하여야 한다.
나. 지중 전선로를 직접 매설식에 의하여 시설하는 경우에는 매설 깊이는
① 차량 기타 중량물의 압력을 받을 우려가 있는 장소 : 1.0 [m] 이상
② 기타 장소 : 0.6[m] 이상　　**답** ①

92 사용전압이 22.9[kV]인 특고압 가공전선과 그 지지물·완금류·지주 또는 지선 사이의 이격거리는 몇 [cm] 이상이어야 하는가?

① 15 　　　② 20
③ 25 　　　④ 30

풀이 333.5 특고압 가공전선과 지지물 등의 이격거리
특고압 가공전선과 그 지지물·완금류·지주 또는 지선 사이의 이격거리는 표에서 정한 값 이상이어야 한다. 다만, 기술상 부득이한 경우에 위험의 우려가 없도록 시설한 때에는 표에서 정한 값의 0.8배까지 감할 수 있다.

사용전압	이격거리[cm]
15[kV] 미만	15
15[kV] 이상 25[kV] 미만	20
25[kV] 이상 35[kV] 미만	25
60[kV] 이상 70[kV] 미만	40
130[kV] 이상 160[kV] 미만	90

답 ②

93 건조한 장소로서 전개된 장소에 고압옥내배선을 시설할 수 있는 공사방법은?

① 덕트 공사 　　　② 금속관공사
③ 애자공사 　　　④ 합성수지관공사

풀이 342.1 고압 옥내배선 등의 시설
가. 고압 옥내배선은 다음에 따라 시설하여야 한다.
① 애자사용공사(건조한 장소로서 전개된 장소에 한한다.)
② 케이블공사
③ 케이블트레이공사
나. 전선은 공칭단면적 6[mm²] 이상의 연동선　**답** ③

94 고압가공전선에 케이블을 사용하는 경우 케이블을 조가용선에 행거로 시설하고자 할 때 행거의 간격은 몇 [cm] 이하로 하여야 하는가?

① 30 　　　② 50
③ 80 　　　④ 100

풀이 332.2 가공케이블의 시설
저압 가공전선 또는 고압 가공전선에 케이블을 사용하는 경우에는 다음에 따라 시설하여야 한다.
가. 케이블은 조가용선에 행거로 시설할 것. 이 경우에는 사용전압이 고압인 때에는 행거의 간격은 0.5[m] 이하로 하는 것이 좋다.
나. 조가용선은 인장강도 5.93[kN] 이상의 것 또는 단면적 22[mm²] 이상인 아연도강연선일 것.
다. 조가용선 및 케이블의 피복에 사용하는 금속체에는 접지공사를 할 것.
라. 조가용선을 케이블에 접촉시켜 금속 테이프를 감는 경우에는 20[cm] 이하의 간격으로 나선상으로 한다.

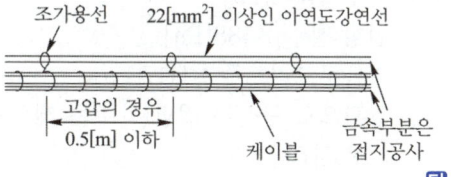

답 ②

95 고압가공전선로의 지지물에 시설하는 통신선의 높이는 도로를 횡단하는 경우 교통에 지장을 줄 우려가 없다면 지표상 몇 [m]까지로 감할 수 있는가?

① 4   ② 4.5
③ 5   ④ 6

풀이 362.2 전력보안통신선의 시설 높이와 이격거리
가공전선로의 지지물에 시설하는 통신선 또는 이에 직접 접속하는 가공 통신선의 높이는 다음에 따라야 한다.

시설 장소		가공전선로의 지지물에 시설	
		고 · 저압[m]	특고압[m]
도로횡단	일반적인 경우	6[m] 이상	6[m] 이상
	교통에 지장을 안 주는 경우	5[m] 이상	
철도 횡단(레일면상)		6.5[m] 이상	6.5[m] 이상
횡단 보도교 위	노면상	3.5[m] 이상	5[m] 이상
	절연전선 사용	3[m] 이상	
	광섬유 케이블 사용		4[m] 이상
기타의 장소	일반적인 경우 (절연전선 사용)	4[m] 이상	5[m] 이상
	광섬유 케이블 사용	3.5[m] 이상	

답 ③

> 출제기준 변경 및 개정된 관계 법규에 따라 삭제된 문제가 있어 20문항이 안됩니다.

2017년 3회 _ 전기기사

81 가공전선로에 사용하는 지지물의 강도 계산 시 구성재의 수직 투영면적 1[m³]에 대한 풍압을 기초로 적용하는 갑종풍압하중 값의 기준으로 틀린 것은?

① 목주 : 588[Pa]
② 원형 철주 : 588[Pa]
③ 철근콘크리트주 : 1117[Pa]
④ 강관으로 구성된 철탑(단주는 제외) : 1255[Pa]

풀이 331.6 풍압하중의 종별과 적용

풍압을 받는 구분			풍압[Pa]
목주			588
지지물	철주	원형의 것	588
		삼각형 또는 마름모형의 것	1,412
		강관에 의하여 구성되는 4각형의 것	1,117
		기타의 것으로 복재가 전후면에 겹치는 경우	1,627
		기타의 것으로 겹치지 않은 경우	1,784
	철근 콘크리트주	원형의 것	588
		기타의 것	882
	철탑	단주 (완철류는 제외함) 원형의 것	588
		단주 (완철류는 제외함) 기타의 것	1,117
		강관으로 구성되는 것(단주는 제외함)	1,255
		기타의 것	2,157

답 ③

82 최대 사용전압 7[kV] 이하 전로의 절연내력을 시험할 때 시험전압을 연속하여 몇 분간 가하였을 때 이에 견디어야 하는가?

① 5분   ② 10분
③ 15분   ④ 30분

풀이 132 전로의 절연저항 및 절연내력
고압 및 특고압의 전로는 시험전압을 전로와 대지 사이에 연속하여 10분간 가하여 절연내력을 시험하였을 때에 이에 견디어야 한다.   **답** ②

83 고압 인입선 시설에 대한 설명으로 틀린 것은?

① 15[m] 떨어진 다른 수용가에 고압 연접인입선을 시설하였다.
② 전선은 5[mm] 경동선과 동등한 세기의 고압 절연전선을 사용하였다.
③ 고압 가공인입선 아래에 위험표시를 하고 지표상 3.5[m]의 높이에 설치하였다.
④ 횡단 보도교 위에 시설하는 경우 케이블을 사용하여 노면상에서 3.5[m]의 높이에 시설하였다.

풀이 331.12.1 고압 가공인입선의 시설
가. 고압 가공인입선의 전선
　　① 인장강도 8.01[kN] 이상의 고압 절연전선, 특고

압 절연전선

② 지름 5[mm] 이상의 경동선의 고압 절연전선, 특고압 절연전선

나. 고압 가공인입선의 높이는 지표상 5[m]로 하여야 한다. 그러나 그 고압 가공인입선이 케이블 이외의 것인 때에는 그 전선의 아래쪽에 위험 표시를 하면 고압 가공인입선의 높이는 지표상 3.5[m]까지로 감할 수 있다.

다. 횡단보도교의 위에 시설하는 경우에는 그 노면상 3.5[m] 이상

라. 고압 연접인입선은 시설하여서는 아니 된다.

답 ①

84 공통접지공사 적용시 선도체의 단면적이 16 [mm²]인 경우 보호도체(PE)에 적합한 단면적은? (단, 보호도체의 재질이 선도체와 같은 경우)

① 4　　② 6　　③ 10　　④ 16

풀이 142.3.2 보호도체

보호도체의 최소 단면적은 다음에 의한다.

선도체의 단면적 $S(mm^2,$ 구리)	보호도체의 최소 단면적$(mm^2,$ 구리)	
	보호도체의 재질	
	선도체와 같은 경우	선도체와 다른 경우
$S \leq 16$	S	$(k_1/k_2) \times S$
$16 < S \leq 35$	$16^{(a)}$	$(k_1/k_2) \times 16$
$S > 35$	$S^{(a)}/2$	$(k_1/k_2) \times (S/2)$

여기서,
－k_1: 선도체에 대한 k값
－k_2: 보호도체에 대한 k값
－ a : PEN 도체의 최소단면적은 중성선과 동일하게 적용한다

답 ④

85 일반 변전소 또는 이에 준하는 곳의 주요 변압기에 반드시 시설하여야 하는 계측장치가 아닌 것은?

① 주파수　　② 전압
③ 전류　　　④ 전력

풀이 351.6 계측장치

변전소 또는 이에 준하는 곳에는 다음의 사항을 계측하는 장치를 시설하여야 한다. 다만, 전기철도용 변전소는 주요 변압기의 전압을 계측하는 장치를 시설하지 아니할 수 있다.

가. 주요 변압기의 전압 및 전류 또는 전력
나. 특고압용 변압기의 온도

답 ①

86 345[kV] 가공전선이 154[kV] 가공전선과 교차하는 경우 이들 양 전선 상호 간의 이격거리는 몇 [m] 이상이어야 하는가?

① 4.48　　　② 4.96
③ 5.48　　　④ 5.82

풀이 333.27 특고압 가공전선 상호 간의 접근 또는 교차

사용전압의 구분	이격거리
35[kV] 이하	• 특고압 가공전선에 케이블을 사용하고 다른 특고압 가공전선에 특고압 절연전선 또는 케이블을 사용하는 경우 : 0.5[m] • 각각의 특고압 가공전선에 특고압 절연전선을 사용하는 경우 : 1[m]
60[kV] 이하	2[m]
60[kV] 초과	• 이격거리 = 2 + 단수 × 0.12[m] • 단수 = $\dfrac{(전압[kV]-60)}{10}$ 단수계산에서 소수점 이하는 절상

• 단수 $= \dfrac{345-60}{10} = 28.5 \rightarrow 29$단
• 이격거리 $= 2 + 29 \times 0.12 = 5.48$[m]

답 ③

87 애자공사에 의한 저압 옥내배선을 시설할 때 전선의 지지점 간의 거리는 전선을 조영재의 윗면 또는 옆면에 따라 붙일 경우 몇 [m] 이하인가?

① 1.5　　　② 2
③ 2.5　　　④ 3

풀이 232.56 애자공사

가. 전선의 종류 : 절연 전선. 단, 옥외용 비닐 절연 전선(OW) 및 인입용 비닐 절연 전선(DV)은 제외한다.

나. 이격 거리

전 압		전선과 조영재와의 이격 거리		전선 상호 간격	전선 지지점 간의 거리	
					조영재의 윗면 또는 옆면에 따라 시설	조영재에 따라 시설하지 않는 경우
저압	400[V] 이하	2.5[cm] 이상		6[cm] 이상	2[m] 이하	－
	400[V] 초과	건조한 장소	2.5[cm] 이상			6[m] 이하
		기타의 장소	4.5[cm] 이상			

답 ②

88 고압가공전선으로 경동선을 사용하는 경우 안전율은 얼마 이상이 되는 이도(弛度)로 시설하여야 하는가?

① 2.0 　　　　② 2.2
③ 2.5 　　　　④ 4.0

풀이 332.4 고압 가공전선의 안전율, 222.6 저압 가공전선의 안전율
가공전선이 케이블 이외인 경우 안전율이 다음 이상이 되는 이도로 시설하여야 한다.
가. **경동선 또는 내열 동합금선 : 2.2 이상**
나. 그 밖의 전선 : 2.5 　　**답** ②

89 백열전등 또는 방전등에 전기를 공급하는 옥내전로의 대지전압은 몇 [V] 이하인가?

① 120 　　　　② 150
③ 200 　　　　④ 300

풀이 231.6 옥내전로의 대지 전압의 제한
백열전등 또는 방전등에 전기를 공급하는 옥내의 전로의 **대지전압은 300[V] 이하**여야 한다. 　　**답** ④

90 특수장소에 시설하는 전선로의 기준으로 틀린 것은?

① 교량의 윗면에 시설하는 저압전선로는 교량 노면상 5[m] 이상으로 할 것
② 교량에 시설하는 고압전선로에서 전선과 조영재 사이의 이격거리는 20[cm] 이상일 것
③ 저압전선로와 고압전선로를 같은 벼랑에 시설하는 경우 고압전선과 저압전선 사이의 이격거리는 50[cm] 이상일 것
④ 벼랑과 같은 수직부분에 시설하는 전선로는 부득이한 경우에 시설하며, 이 때 전선의 지지점간의 거리는 15[m] 이하이어야 한다.

풀이 335.6 교량에 시설하는 전선로
가. 교량의 윗면에 시설하는 것은 전선의 높이를 교량의 노면상 5[m] 이상으로 하여 시설할 것.
나. **전선과 조영재 사이의 이격거리**는 전선이 케이블인 경우 이외에는 **0.3[m] 이상**일 것.

335.8 급경사지에 시설하는 전선로의 시설
가. 전선의 지지점 간의 거리는 15[m] 이하일 것.
나. 저압 전선로와 고압 전선로를 같은 벼랑에 시설하는 경우에는 고압 전선로를 저압 전선로의 위로하고 또한 고압전선과 저압 전선 사이의 이격거리는 0.5[m] 이상일 것. 　　**답** ②

91 고압 옥내배선의 시설 공사로 할 수 없는 것은?

① 케이블공사
② 금속제가요전선관공사
③ 케이블트레이공사
④ 애자공사(건조한 장소로서 전개된 장소)

풀이 342.1 고압 옥내배선 등의 시설
가. 고압 옥내배선은 다음에 따라 시설하여야 한다.
　① **애자사용공사**(건조한 장소로서 전개된 장소에 한한다)
　② **케이블공사**
　③ **케이블트레이공사**
나. 전선은 공칭단면적 6[mm²] 이상의 연동선 　**답** ②

92 사용전압 154[kV]의 특고압가공전선로를 시가지에 시설하는 경우 지표상 몇 [m] 이상에 시설하여야 하는가?

① 7 　　　　② 8
③ 9.44 　　　　④ 11.44

풀이 333.1 시가지 등에서 특고압 가공전선로의 시설

사용전압의 구분	지표상의 높이
35[kV] 이하	10[m] (전선이 특고압 절연전선인 경우에는 8[m])
35[kV] 초과	**10[m]에 35[kV]를 초과하는 10[kV] 또는 그 단수마다 12[cm]를 더한 값**

• 단수 = $\frac{154-35}{10}$ = 11.9 → 12단
• 지표상의 높이 = 10 + 12 × 0.12 = 11.44[m] 　**답** ④

93 가공전선로 지지물 기초의 안전율은 일반적으로 얼마 이상인가?

① 1.5 　　　　② 2
③ 2.2 　　　　④ 2.5

풀이 331.7 가공전선로 지지물의 기초의 안전율
가공전선로의 지지물에 하중이 가하여지는 경우에 그 하중을 받는 지지물의 **기초의 안전율은 2**(이상 시 상정 하중이 가하여지는 철탑의 기초에 대하여는 1.33) **이상** 이어야 한다.   **답** ②

94 "지중관로"에 대한 정의로 가장 옳은 것은?

① 지중전선로·지중 약전류 전선로와 지중 매설지선 등을 말한다.
② 지중전선로·지중 약전류 전선로와 복합 케이블선로·기타 이와 유사한 것 및 이들에 부속되는 지중함을 말한다.
③ 지중전선로·지중 약전류 전선로·지중에 시설하는 수관 및 가스관과 지중매설지선을 말한다.
④ 지중전선로·지중 약전류 전선로·지중 광섬유 케이블 선로·지중에 시설하는 수 관 및 가스관과 기타 이와 유사한 것 및 이들에 부속하는 지중함 등을 말한다.

풀이 112 용어 정의
"지중 관로"란 지중 전선로·지중 약전류 전선로·지 중 광섬유 케이블 선로·지중에 시설하는 수관 및 가스관과 이와 유사한 것 및 이들에 부속하는 지중함 등을 말한다.   **답** ④

95 가공전선로의 지지물에 시설하는 지선의 시설 기준으로 옳은 것은?

① 지선의 안전율은 1.2 이상일 것
② 소선은 최소 5가닥 이상의 연선일 것
③ 도로를 횡단하여 시설하는 지선의 높이는 일반적으로 지표상 5[m] 이상으로 할 것
④ 지중부분 및 지표상 60[cm]까지의 부분은 아연도금을 한 철봉 등 부식하기 어려운 재료를 사용할 것

풀이 331.11 지선의 시설
가. 지선의 안전율은 2.5 이상일 것. 이 경우에 허용 인 장하중의 최저는 4.31[kN]으로 한다.
나. 지선에 연선을 사용할 경우에는 다음에 의할 것.
  ① 소선 3가닥 이상의 연선일 것.

② 소선의 지름이 2.6[mm] 이상의 금속선을 사용한 것일 것.
다. 지중부분 및 지표상 0.3[m]까지의 부분에는 내식성 이 있는 것 또는 아연도금을 한 철봉을 사용하고 쉽 게 부식되지 않는 근가에 견고하게 붙일 것.
라. 도로를 횡단하여 시설하는 지선의 높이는 **지표상 5[m] 이상**으로 하여야 한다.   **답** ③

96 저압 옥내배선에 적용하는 사용전선의 내용 중 틀린 것은?

① 단면적 2.5[mm²] 이상의 연동선이어야 한다.
② 무기물 절연 케이블로 옥내배선을 하려면 케이블 단면적은 2[mm²] 이상이어야 한다.
③ 진열장 등 사용전압이 400[V] 이하인 경우 0.75[mm²] 이상인 코드 또는 캡타이어케이 블을 사용할 수 있다.
④ 전광표시장치 또는 제어회로에 사용전압이 400[V] 이하인 경우 사용하는 배선은 단면 적 1.5[mm²] 이상의 연동선을 사용하고 합 성수지관 공사로 할 수 있다.

풀이 231.3.1 저압 옥내배선의 사용전선
가. 저압 옥내배선의 전선 : 단면적 2.5[mm²] 이상의 연 동선
나. 옥내배선의 사용 전압이 400[V] 이하인 경우는 다 음에 의하여 시설할 수 있다.
  ① 전광표시 장치 또는 제어 회로
    • 단면적 1.5[mm²] 이상의 연동선
    • 단면적 0.75[mm²] 이상인 다심케이블 또는 다 심 캡타이어 케이블을 사용하고 또한 과전류 가 생겼을 때에 자동적으로 전로에서 차단하는 장치를 시설
  ② 진열장 또는 이와 유사한 것의 내부 배선 : 단면 적 0.75[mm²] 이상인 코드 또는 캡타이어케이블   **답** ②

97 지중전선로의 시설에서 관로식에 의하여 시설 하는 경우 매설깊이는 몇 [m] 이상으로 하여야 하는가?

① 0.6   ② 1.0
③ 1.2   ④ 1.5

풀이 334.1 지중전선로의 시설

가. 지중 전선로는 전선에 케이블을 사용하고 또한 관로식·암거식 또는 직접 매설식에 의하여 시설하여야 한다.

나. 지중 전선로를 관로식 또는 암거식에 의하여 시설하는 경우에는 다음에 따라야 한다.

① 관로식에 의하여 시설하는 경우에는 매설 깊이를 1.0[m] 이상, 중량물의 압력을 받을 우려가 없는 곳은 0.6[m] 이상

② 암거식에 의하여 시설하는 경우에는 견고하고 차량 기타 중량물의 압력에 견디는 것을 사용할 것.

다. 지중 전선로를 직접 매설식에 의하여 시설하는 경우에는 매설 깊이를 차량 기타 중량물의 압력을 받을 우려가 있는 장소에는 1.0[m] 이상, 기타 장소에는 0.6[m] 이상 **답** ②

98 케이블 트레이공사 적용 시 적합한 사항은?

① 난연성 케이블을 사용한다.

② 케이블 트레이의 안전율은 2.0 이상으로 한다.

③ 케이블 트레이 안에서 전선접속은 허용하지 않는다.

④ 사용전압이 400[V] 미만인 경우 접지공사를 하지 않는다.

풀이 232.41 케이블트레이공사

가. 전선은 연피케이블, 알루미늄피 케이블 등 난연성 케이블 또는 기타 케이블(적당한 간격으로 연소방지 조치를 하여야 한다) 또는 금속관 혹은 합성수지관 등에 넣은 절연전선을 사용하여야 한다.

나. 케이블트레이 안에서 전선을 접속하는 경우에는 전선 접속부분에 사람이 접근할 수 있고 또한 그 부분이 측면 레일 위로 나오지 않도록 하고 그 부분을 절연처리 하여야 한다.

다. 케이블 트레이의 안전율은 1.5 이상으로 하여야 한다.

라. 금속재의 것은 적절한 방식처리를 한 것이거나 내식성 재료의 것이어야 한다.

마. 비금속제 케이블 트레이는 난연성 재료의 것이어야 한다.

바. 금속제 케이블 트레이 계통은 기계적 및 전기적으로 완전하게 접속하여야 하며 금속제 트레이는 접지공사를 하여야 한다. **답** ①

99 가공 접지선을 사용하여 접지공사를 하는 경우 변압기의 시설 장소로부터 몇 [m]까지 떼어 놓을 수 있는가?

① 50   ② 100

③ 150   ④ 200

풀이 322.1 고압 또는 특고압과 저압의 혼촉에 의한 위험방지 시설

접지공사는 변압기의 시설장소마다 시행하여야 한다. 다만, 토지의 상황에 의하여 변압기의 시설장소에서 규정에 의한 접지 저항 값을 얻기 어려운 경우, 인장강도 5.26[kN] 이상 또는 지름 4[mm] 이상의 가공 접지도체를 변압기의 시설장소로부터 200[m]까지 떼어놓을 수 있다. **답** ④

> 출제기준 변경 및 개정된 관계 법규에 따라 삭제된 문제가 있어 20문항이 안됩니다.

2017년 4회 _ 공사기사

81 전선의 접속법으로 틀린 것은?

① 나전선 상호간의 접속인 경우에는 전선의 세기를 20[%] 이상 감소시키지 않아야 한다.

② 두 개 이상의 전선을 병렬로 사용할 때 각 전선의 굵기를 35[mm²] 이상의 동선을 사용한다.

③ 알루미늄과 동을 사용하는 전선을 접속하는 경우에는 접속 부분에 전기적 부식이 생기지 않아야 한다.

④ 절연전선 상호간을 접속하는 경우에는 접속부분을 절연효력이 있는 것으로 충분히 피복하여야 한다.

풀이 123 전선의 접속

전선을 접속하는 경우에는 전선의 전기저항을 증가시키지 아니하도록 접속 하여야 하며, 또한 다음에 따라야 한다.

가. 절연전선 상호·절연전선과 코드, 캡타이어 케이블과 접속하는 경우에는
  ① 전선의 세기를 20[%] 이상 감소시키지 아니할 것.
  ② 접속부분의 절연전선에 절연전선의 절연물과 동등 이상의 절연효력이 있는 것으로 충분히 피복할 것.

나. 코드 상호, 캡타이어 케이블 상호 또는 이들 상호를 접속하는 경우에는 코드 접속기·접속함 기타의 기구를 사용할 것.
  다만 공칭단면적이 10[mm²] 이상인 캡타이어 케이블 상호를 규정에 준하여 접속하는 경우에는 기구를 사용하지 않을 수 있다.

다. 도체에 알루미늄(알루미늄 합금을 포함한다.)을 사용하는 전선과 동(동합금을 포함한다.)을 사용하는 전선을 접속하는 등 전기 화학적 성질이 다른 도체를 접속하는 경우에는 접속부분에 전기적 부식이 생기지 않도록 할 것.

라. **두 개 이상의 전선을 병렬로 사용**하는 경우에는 다음에 의하여 시설할 것.
  ① 병렬로 사용하는 각 **전선의 굵기는 동선 50[mm²] 이상** 또는 알루미늄 70[mm²] 이상으로 하고, 전선은 같은 도체, 같은 재료, 같은 길이 및 같은 굵기의 것을 사용할 것.
  ② 병렬로 사용하는 전선에는 각각에 퓨즈를 설치하지 말 것.
  ③ 교류회로에서 병렬로 사용하는 전선은 금속관 안에 전자적 불평형이 생기지 않도록 시설할 것.

답 ②

82 사용전압이 몇 [V]를 초과하는 특고압 가공전선과 가공 약전류 전선 등은 동일 지지물에 시설하여서는 아니 되는가?

① 6600 ② 22900
③ 30000 ④ 35000

풀이 333.19 특고압 가공전선과 가공약전류전선 등의 공용설치

가. 사용전압이 35[kV] 이하인 특고압 가공전선과 가공약전류전선 등을 동일 지지물에 시설하는 경우에는 특고압 가공전선로는 제2종 특고압 보안공사에 의할 것.

나. **사용전압이 35[kV]를 초과**하는 특고압 가공전선과 가공약전류전선 등은 **동일 지지물에 시설하여서는 아니 된다.** **답** ④

83 주상변압기 전로의 절연내력을 시험할 때 최대 사용전압이 23000[V]인 권선으로서 중성점 접지식 전로(중성선을 가지는 것으로서 그 중성선에 다중접지를 한 것)에 접속하는 것의 시험전압은?

① 16560 ② 21160
③ 25300 ④ 28750

풀이 135 변압기 전로의 절연내력

권선의 종류 (최대사용전압)	접지방식	시험전압 (최대사용 전압의 배수)	최저 시험전압
1. 7[kV] 이하		1.5배	500[V]
	다중접지	0.92배	500[V]
2. 7[kV] 초과 25[kV] 이하	다중접지	0.92배	
3. 7[kV] 초과 60[kV] 이하 (2란의 것 제외)		1.25배	10.5[kV]
4. 60[kV] 초과	비접지	1.25배	
5. 60[kV] 초과 (6란의 것 제외)	접지식	1.1배	75 [kV]
6. 60[kV] 초과	직접접지	0.72배	
7. 170[kV] 초과	직접접지	0.64배	

∴ 시험 전압 = $23,000 \times 0.92 = 21,160[V]$
(시험 전압은 최대 사용 전압에 배수를 곱하고 그 값을 권선과 대지 사이 10분간 시험한다.) **답** ②

84 고압 가공전선으로 사용한 경동선은 안전율이 얼마 이상인 이도로 시설하여야 하는가?

① 2.0 ② 2.2
③ 2.5 ④ 3.0

풀이 332.4 고압 가공전선의 안전율
222.6 저압 가공전선의 안전율
가공전선이 케이블 이외인 경우 **안전율**이 다음 이상이
되는 이도로 시설하여야 한다.
가. **경동선 또는 내열 동합금선 : 2.2 이상**
나. 그 밖의 전선 : 2.5   **답** ②

85 철도·궤도 또는 자동차도 전용터널 안 전선로
에 경동선을 저압 및 고압 전선으로 사용하는
경우 경동선의 지름은 몇 [mm]인가?

① 저압 : 2.6[mm] 이상, 고압 : 3.2[mm] 이상
② 저압 : 2.6[mm] 이상, 고압 : 4[mm] 이상
③ 저압 : 3.2[mm] 이상, 고압 : 4[mm] 이상
④ 저압 : 3.2[mm] 이상, 고압 : 4.5[mm] 이상

풀이 335.1 터널 안 전선로의 시설
철도·궤도 또는 자동차도 전용터널 안의 전선로

전압	전선의 굵기	시공방법	애자사용 공사 시 높이
저압	인장강도 2.30[kN] 이상 또는 2.6[mm] 이상의 경동선의 절연전선	• 합성수지관공사 • 금속관공사 • 금속제가요전선 관 공사 • 케이블공사 • 애자사용공사	노면상, 레일면상 2.5[m] 이상
고압	인장강도 5.26[kN] 이상 또는 4[mm] 이상의 경동선	• 케이블공사 • 애자사용공사	노면상, 레일면상 3[m] 이상
특고압		• 케이블공사	

답 ②

86 특고압 가공전선이 건조물과 제1차 접근상태로
시설되는 경우에 특고압 가공전선로는 어떤 보
안공사를 하여야 하는가?

① 고압 보안공사
② 제1종 특고압 보안공사
③ 제2종 특고압 보안공사
④ 제3종 특고압 보안공사

풀이 333.23 특고압 가공전선과 건조물의 접근
가. **특고압 가공전선이 건조물과 제1차 접근상태로 시설되는 경우 : 제3종 특고압 보안공사**
나. 특고압 가공전선이 건조물과 제2차 접근상태로 시설되는 경우

① 사용전압이 35[kV] 이하 : 제2종 특고압 보안
② 사용전압이 35[kV] 초과 400 [kV] 미만 : 제1종 특고압 보안공사   **답** ④

87 특고압 가공전선로의 지지물로 사용하는 철탑
은 상시 상정하중 또는 이상 시 상정하중의 몇
배의 하중 중 큰 것에 견뎌야 하는가?
(단, 완금류는 제외한다.)

① $\frac{1}{2}$ ② $\frac{2}{3}$ ③ 1 ④ $\frac{3}{2}$

풀이 333.12 특고압 가공전선로의 철주·철근 콘크리트주 또는 철탑의 강도
특고압 가공전선로의 지지물로 사용하는 철탑은 고온
계절이나 저온계절의 어느 계절에서도 **상시 상정하중 또는 이상 시 상정하중의 3분의 2배**(완금류에 대하여는 1배)의 하중 중 큰 것에 견디는 강도의 것이어야 한다.   **답** ②

88 라이팅덕트공사에 의한 저압 옥내배선에서 덕
트의 지지점 간의 거리는 몇 [m] 이하인가?

① 2 ② 3
③ 4 ④ 5

풀이 232.71 라이팅덕트공사
가. **덕트의 지지점 간의 거리는 2[m] 이하**로 할 것.
나. 덕트의 끝부분은 막을 것.
다. 덕트의 개구부는 아래로 향하여 시설할 것.
라. 덕트를 사람이 용이하게 접촉할 우려가 있는 장소에 시설하는 경우에는 전로에 지락이 생겼을 때에 자동적으로 전로를 차단하는 장치를 시설할 것.   **답** ①

89 특고압 가공전선로의 지지물에 시설하는 통신
선 또는 이에 직접 접속하는 통신선과 삭도 또
는 다른 가공약전류 전선 등 사이의 이격 거리
는 몇 [cm]인가? (단, 통신선은 케이블이다.)

① 30 ② 40
③ 50 ④ 60

풀이 362.2 전력보안통신선의 시설 높이와 이격거리
통신선과 삭도 또는 다른 가공약전류 전선 등 사이의
이격거리는 0.8[m](통신선이 케이블 또는 광섬유 케이
블일 때는 0.4[m]) 이상으로 할 것.   **답** ②

90 피뢰기 설치기준으로 틀린 것은?

① 가공전선로와 특고압 전선로가 접속되는 곳

② 고압 및 특고압 가공전선로로부터 공급 받는 수용장소의 인입구

③ 발전소·변전소 또는 이에 준하는 장소의 가공전선의 인입구 및 인출구

④ 가공 전선로에 접속한 1차측 전압이 35 [kV] 이하인 배전용 변압기의 고압측 및 특고압측

풀이 341.13 피뢰기의 시설

고압 및 특고압의 전로 중 다음에 열거하는 곳 또는 이에 근접한 곳에는 피뢰기를 시설하여야 한다.

가. 발전소·변전소 또는 이에 준하는 장소의 **가공전선 인입구 및 인출구**

나. 특고압 가공전선로에 접속하는 **배전용 변압기의 고압측 및 특고압측**

다. 고압 및 특고압 가공전선로로부터 공급을 받는 **수용장소의 인입구**

라. **가공전선로와 지중전선로가 접속되는 곳**　**답** ①

91 길이 16[m], 설계하중 8.2[kN]의 철근 콘크리트주를 지반이 튼튼한 곳에 시설하는 경우 지지물 기초의 안전율과 무관하려면 땅에 묻는 깊이를 몇 [m] 이상으로 하여야 하는가?

① 2.0　　　　② 2.5
③ 2.8　　　　④ 3.2

풀이 331.7 가공전선로 지지물의 기초의 안전율

가공전선로의 지지물에 하중이 가하여지는 경우에 그 하중을 받는 지지물의 기초의 안전율은 2(이상 시 상정하중이 가하여지는 철탑의 기초에 대하여는 1.33) 이상이어야 한다. 다만, 다음에 따라 시설하는 경우에는 적용하지 않는다.

설계 하중 전장	6.8[kN] 이하	6.8[kN] 초과 ~9.8[kN] 이하	9.8[kN] 초과 ~14.72[kN] 이하
15[m] 이하	전장 ×1/6[m] 이상	전장 ×1/6 +0.3[m] 이상	전장 ×1/6 +0.5[m] 이상
15[m] 초과	2.5[m] 이상	2.8[m] 이상	–
16[m] 초과 ~20[m] 이하	2.8[m] 이상	–	–
15[m] 초과 ~18[m] 이하	–	–	3[m] 이상
18[m] 초과	–	–	3.2[m] 이상

답 ③

92 고압 보안공사를 할 때 지지물로 B종 철근 콘크리트주를 사용하면 그 경간은 몇 [m] 이하인가?

① 75　　　　② 100
③ 150　　　　④ 200

풀이 332.10 고압 보안공사

고압 보안공사는 다음에 따라야 한다.

가. 전선은 케이블인 경우 이외에는 인장강도 8.01[kN] 이상의 것 또는 지름 5[mm] 이상의 경동선일 것.

나. 목주의 풍압하중에 대한 안전율은 1.5 이상일 것.

다. 경간은 표에서 정한 값 이하일 것.

지지물의 종류	경 간
목주·A종 철주 또는 A종 철근 콘크리트주	100[m] 이하
B종 철주 또는 **B종 철근 콘크리트주**	**150[m] 이하**
철 탑	400[m] 이하

답 ③

93 애자공사에 의한 저압 옥내배선을 시설할 때 사용전압이 400[V] 초과인 경우 전선과 조영재와의 이격거리는 몇 [cm] 이상이어야 하는가? (단, 건조한 장소임)

① 2.5　　　　② 5
③ 7.5　　　　④ 10

풀이 232.56 애자공사

가. 전선의 종류 : 절연 전선. 단, 옥외용 비닐 절연 전선(OW) 및 인입용 비닐 절연 전선(DV)은 제외한다.

나. 이격 거리

전 압		전선과 조영재와의 이격 거리	전선 상호 간격	전선 지지점 간의 거리	
				조영재의 윗면 또는 옆면에 따라 시설	조영재에 따라 시설하지 않는 경우
저압	400[V] 이하	2.5[cm] 이상	6[cm] 이상	2[m] 이하	–
	400[V] 초과	건조한 장소 / 2.5[cm] 이상			6[m] 이하
		기타의 장소 / 4.5[cm] 이상			

답 ①

94 건조한 곳에 시설하고 또한 내부를 건조한 상태로 사용하는 진열장 안의 저압 옥내배선공사에 사용할 수 있는 전압은 몇 [V] 이하인가?

① 110　　　　　② 220
③ 400　　　　　④ 380

풀이 234.8 진열장 또는 이와 유사한 것의 내부 배선
　가. 사용전압 : 400[V] 이하
　나. 전선의 굵기 : 단면적 0.75[mm²] 이상
　다. 전선의 종류 : 코드 또는 캡타이어 케이블　**답** ③

95 저압 옥내배선용 전선의 굵기는 연동선을 사용할 때 몇 [mm²] 이상의 것을 사용하여야 하는가?

① 0.75　　　　② 1
③ 1.5　　　　　④ 2.5

풀이 231.3.1 저압 옥내배선의 사용전선
　가. 저압 옥내배선의 전선 : 단면적 2.5[mm²] 이상의 연동선
　나. 옥내배선의 사용 전압이 400[V] 이하인 경우는 다음에 의하여 시설할 수 있다.
　　① 전광표시 장치 또는 제어 회로
　　　• 단면적 1.5[mm²] 이상의 연동선
　　　• 단면적 0.75[mm²] 이상인 다심케이블 또는 다심 캡타이어 케이블을 사용하고　또한 과전류가 생겼을 때에 자동적으로 전로에서 차단하는 장치를 시설
　　② 진열장 또는 이와 유사한 것의 내부 배선 : 단면적 0.75 [mm²] 이상인 코드 또는 캡타이어케이블　**답** ④

> 출제기준 변경 및 개정된 관계 법규에 따라
> 삭제된 문제가 있어 20문항이 안됩니다.

문제의 번호는 실제 시험문제의 번호와 같게 하였습니다.

2018년 - 1회 _ 전기기사·공사기사

81 태양전지 모듈의 시설에 대한 설명으로 옳은 것은?

① 충전부분은 노출하여 시설할 것
② 출력배선은 극성별로 확인 가능토록 표시할 것
③ 전선은 공칭단면적 1.5[mm²] 이상의 연동선을 사용할 것
④ 전선을 옥내에 시설할 경우에는 애자공사에 준하여 시설할 것

풀이 520 태양광발전설비
가. 태양전지 모듈, 전선, 개폐기 및 기타 기구는 **충전부분이 노출되지 않도록** 시설하여야 한다.
나. 모듈의 **출력배선은 극성별로 확인할 수 있도록** 표시할 것
다. 전선은 **공칭단면적 2.5[mm²] 이상의 연동선 또는** 이와 동등 이상의 세기 및 굵기의 것일 것.
라. 모듈을 병렬로 접속하는 전로에는 그 주된 전로에 단락전류가 발생할 경우에 전로를 보호하는 과전류차단기 또는 기타 기구를 시설할 것
마. 배선설비 공사는 옥내에 시설할 경우에는 **합성수지관공사, 금속관공사, 금속제가요전선관공사, 케이블공사의 규정에** 준하여 시설할 것. **답** ②

82 저압 옥상전선로를 전개된 장소에 시설하는 내용으로 틀린 것은?

① 전선은 절연전선일 것
② 전선은 단면적 2.5[mm²] 이상의 경동선의 것
③ 전선과 그 저압 옥상전선로를 시설하는 조영재와의 이격거리는 2[m] 이상일 것
④ 전선은 조영재에 내수성이 있는 애자를 사용하여 지지하고 그 지지점 간의 거리는 15[m] 이하일 것

풀이 221.3 옥상전선로
저압 옥상전선로는 전개된 장소에 다음에 따르고 또한 위험의 우려가 없도록 시설하여야 한다.
가. 전선은 인장강도 2.30[kN] 이상의 것 또는 **지름 2.6**
[mm] **이상의 경동선을** 사용할 것.
나. 전선은 **절연전선(OW전선을 포함한다.)** 또는 이와 동등 이상의 절연효력이 있는 것을 사용할 것.
다. 전선은 조영재에 견고하게 붙인 지지주 또는 지지대에 절연성·난연성 및 내수성이 있는 애자를 사용하여 지지하고 또한 그 **지지점 간의 거리는 15[m] 이하일 것.**
라. 전선과 그 저압 옥상 전선로를 시설하는 **조영재와의 이격거리는 2[m]**(전선이 고압절연전선, 특고압 절연전선 또는 케이블인 경우에는 1[m]) **이상일 것.**
마. 저압 옥상전선로의 전선은 상시 부는 바람 등에 의하여 식물에 접촉하지 아니하도록 시설하여야 한다. **답** ②

83 무대, 무대마루 밑, 오케스트라 박스, 영사실 기타 사람이나 무대 도구가 접촉할 우려가 있는 곳에 시설하는 저압 옥내배선·전구선 또는 이동전선은 사용전압이 몇 [V] 이하이어야 하는가?

① 60 ② 110
③ 220 ④ 400

풀이 242.6 전시회, 쇼 및 공연장의 전기설비
무대·무대마루 밑·오케스트라 박스·영사실 기타 사람이나 무대 도구가 접촉할 우려가 있는 곳에 시설하는 저압 옥내배선, 전구선 또는 이동전선은 **사용전압이 400[V] 이하**이어야 한다. **답** ④

84 과전류차단기로 시설하는 퓨즈 중 고압전로에 사용하는 포장퓨즈는 정격전류의 몇 배의 전류에 견디어야 하는가?

① 1.1 ② 1.25
③ 1.3 ④ 1.6

풀이 341.10 고압 및 특고압 전로 중의 과전류차단기의 시설
가. 과전류차단기로 시설하는 퓨즈 중 고압전로에 사용하는 **포장 퓨즈는 정격전류의 1.3배의 전류에 견디고 또한 2배의 전류로 120분 안에 용단되는** 것이어야 한다.
나. 과전류차단기로 시설하는 퓨즈 중 고압전로에 사용하는 비포장 퓨즈는 정격전류의 1.25배의 전류에 견디고 또한 2배의 전류로 2분 안에 용단되는 것이어야 한다. **답** ③

85 터널 안 전선로의 시설방법으로 옳은 것은?

① 저압전선은 지름 2.6[mm]의 경동선의 절연전선을 사용하였다.

② 고압전선은 절연전선을 사용하여 합성수지관공사로 하였다.

③ 저압전선을 애자사용공사에 의하여 시설하고 이를 레일면상 또는 노면상 2.2[m]의 높이로 시설하였다.

④ 고압전선을 금속관공사에 의하여 시설하고 이를 레일면상 또는 노면상 2.4[m]의 높이로 시설하였다.

풀이 335.1 터널 안 전선로의 시설
철도·궤도 또는 자동차도 전용터널 안의 전선로

전압	전선의 굵기	시공방법	애자사용 공사 시 높이
저압	인장강도 2.30[kN] 이상 또는 2.6[mm] 이상의 경동선의 절연전선	• 합성수지관공사 • 금속관공사 • 금속제가요전선 관 공사 • 케이블공사 • 애자사용공사	노면상, 레일면상 2.5[m] 이상
고압	인장강도 5.26[kN] 이상 또는 4[mm] 이상의 경동선	• 케이블공사 • 애자사용공사	노면상, 레일면상 3[m] 이상
특고압		• 케이블공사	

답 ①

86 저압 옥측전선로에서 목조의 조영물에 시설할 수 있는 공사방법은?

① 금속관공사

② 버스덕트공사

③ 합성수지관공사

④ 연피 또는 알루미늄 케이블공사

풀이 221.2 옥측전선로
저압 옥측전선로는 다음의 공사방법에 의할 것.
가. 애자공사(전개된 장소에 한한다.)
나. 합성수지관공사
다. 금속관공사(목조 이외의 조영물에 시설하는 경우에 한한다)
라. 버스덕트공사[목조 이외의 조영물(점검할 수 없는 은폐된 장소는 제외한다)에 시설하는 경우에 한한다]
마. 케이블공사(연피 케이블·알루미늄피 케이블 또는 무기물 절연 케이블을 사용하는 경우에는 목조 이외의 조영물에 시설하는 경우에 한한다.)

답 ③

87 특고압을 직접 저압으로 변성하는 변압기를 시설하여서는 아니 되는 변압기는?

① 광산에서 물을 양수하기 위한 양수기용 변압기

② 전기로 등 전류가 큰 전기를 소비하기 위한 변압기

③ 교류식 전기철도용 신호회로에 전기를 공급하기 위한 변압기

④ 발전소·변전소·개폐소 또는 이에 준하는 곳의 소내용 변압기

풀이 341.3 특고압을 직접 저압으로 변성하는 변압기의 시설
특고압을 직접 저압으로 변성하는 변압기는 다음의 것 이외에는 시설하여서는 아니 된다.
가. 전기로 등 전류가 큰 전기를 소비하기 위한 변압기
나. 발전소·변전소·개폐소 또는 이에 준하는 곳의 소내용 변압기
다. 25[kV] 이하인 특고압 가공전선로(중성선 다중접지식의 것으로서 전로에 지락이 생겼을 때에 2초 이내에 자동적으로 이를 전로로부터 차단하는 장치가 되어 있는 것에 한한다.)에 접속 하는 변압기
라. 사용전압이 35[kV] 이하인 변압기로서 그 특고압측 권선과 저압측 권선이 혼촉한 경우에 자동적으로 변압기를 전로로부터 차단하기 위한 장치를 설치한 것.
마. 사용전압이 100[kV] 이하인 변압기로서 그 특고압측 권선과 저압측 권선사이에 접지저항 값이 10[Ω] 이하인 금속제의 혼촉방지판이 있는 것.
바. 교류식 전기철도용 신호회로에 전기를 공급하기 위한 변압기

답 ①

88 케이블 트레이공사에 사용하는 케이블트레이의 시설기준으로 틀린 것은?

① 케이블 트레이 안전율은 1.3 이상이어야 한다.

② 비금속제 케이블 트레이는 난연성 재료의 것이어야 한다.

③ 전선의 피복 등을 손상시킬 돌기 등이 없이 매끈해야 한다.

④ 금속제 트레이에 접지공사를 하여야 한다.

풀이 232.41 케이블트레이공사
가. 전선은 연피케이블, 알루미늄피 케이블 등 난연성 케이블 또는 기타 케이블(적당한 간격으로 연소방지 조치를 하여야 한다) 또는 금속관 혹은 합성수지관 등에 넣은 절연전선을 사용하여야 한다.

나. 케이블 트레이의 안전율은 1.5 이상으로 하여야 한다.

다. 금속재의 것은 적절한 방식처리를 한 것이거나 내식성 재료의 것이어야 한다.

라. 비금속제 케이블 트레이는 난연성 재료의 것이어야 한다.

마. 금속제 케이블 트레이 계통은 기계적 및 전기적으로 완전하게 접속하여야 하며 금속제 트레이는 접지공사를 하여야 한다. **답** ①

89 전로에 대한 설명 중 옳은 것은?

① 통상의 사용 상태에서 전기를 절연한 곳
② 통상의 사용 상태에서 전기를 접지한 곳
③ 통상의 사용 상태에서 전기가 통하고 있는 곳
④ 통상의 사용 상태에서 전기가 통하고 있지 않은 곳

풀이 전로 : 통상의 사용 상태에서 전기가 통하고 있는 곳 **답** ③

90 최대 사용전압 23[kV]의 권선으로 중성점접지식전로(중성선을 가지는 것으로 그 중성선에 다중접지를 하는 전로)에 접속되는 변압기는 몇 [V]의 절연내력시험전압에 견디어야 하는가?

① 21160 ② 25300
③ 38750 ④ 34500

풀이 135 변압기 전로의 절연내력

권선의 종류 (최대사용전압)	접지방식	시험전압 (최대사용전압의 배수)	최저 시험전압
1. 7[kV] 이하		1.5배	500[V]
	다중접지	0.92배	500[V]
2. 7[kV] 초과 25[kV] 이하	다중접지	0.92배	
3. 7[kV] 초과 60[kV] 이하 (2란의 것 제외)		1.25배	10.5[kV]
4. 60[kV] 초과	비접지	1.25배	
5. 60[kV] 초과 (6란의 것 제외)	접지식	1.1배	75 [kV]
6. 60[kV] 초과	직접접지	0.72배	
7. 170[kV] 초과	직접접지	0.64배	

• 절연내력시험전압 : $23000 \times 0.92 = 21160$[V] **답** ①

91 고압가공전선으로 경동선 또는 내열 동합금선을 사용할 때 그 안전율은 최소 얼마 이상이 되는 이도로 시설하여야 하는가?

① 2.0 ② 2.2
③ 2.5 ④ 3.3

풀이 332.4 고압 가공전선의 안전율, 222.6 저압 가공전선의 안전율
가공전선이 케이블 이외인 경우 안전율이 다음 이상이 되는 이도로 시설하여야 한다.
가. 경동선 또는 내열 동합금선 : 2.2 이상
나. 그 밖의 전선 : 2.5 **답** ②

92 고압 보안공사에서 지지물이 A종 철주인 경우 경간은 몇 [m] 이하인가?

① 100 ② 150
③ 250 ④ 400

풀이 332.10 고압 보안공사
고압 보안공사는 다음에 따라야 한다.
가. 전선은 케이블인 경우 이외에는 인장강도 8.01[kN] 이상의 것 또는 지름 5[mm] 이상의 경동선일 것.
나. 목주의 풍압하중에 대한 안전율은 1.5 이상일 것.
다. 경간은 표에서 정한 값 이하일 것.

지지물의 종류	경 간
목주·A종 철주 또는 A종 철근 콘크리트주	100[m] 이하
B종 철주 또는 B종 철근 콘크리트주	150[m] 이하
철 탑	400[m] 이하

답 ①

93 가공전선로 지지물의 승탑 및 승주방지를 위한 발판 볼트는 지표상 몇 [m] 미만에 시설하여서는 아니 되는가?

① 1.2 ② 1.5
③ 1.8 ④ 2.0

풀이 331.4 가공전선로 지지물의 철탑오름 및 전주오름 방지
가공전선로의 지지물에 취급자가 오르고 내리는데 사용하는 발판 볼트 등을 지표상 1.8[m] 미만에 시설하여서는 아니 된다. **답** ③

94 저압 옥내간선에서 분기하여 전기사용 기계기구에 이르는 저압 옥내전로는 분기점에서 전선의 길이가 몇 [m] 이하인 곳에 개폐기 및 과전류차단기를 시설하여야 하는가? 단, 단락의 위험과 화재 및 인체에 대한 위험성이 최소화 되도록 시설된 경우

① 2
② 3
③ 4
④ 5

풀이 212.4.2 과부하 보호장치의 설치 위치
가. 과부하 보호장치는 전로 중 도체의 단면적, 특성, 설치방법, 구성의 변경으로 도체의 허용전류 값이 줄어드는 곳(이하 분기점이라 함)에 설치해야 한다.
나. 과부하 보호장치는 분기점(O)에 설치해야 하나, 분기점(O)점과 분기회로의 과부하 보호장치(P_2) 설치점 사이의 배선 부분에 다른 분기회로나 콘센트 회로가 접속되어 있지 않고, 다음 중 하나를 충족하는 경우에는 변경이 있는 배선에 설치할 수 있다.
① 분기회로에 대한 단락보호가 이루어지고 있는 경우 : 분기회로의 보호장치 P_2는 분기회로의 분기점(O)으로부터 부하 측으로 거리에 구애 받지 않고 이동하여 설치할 수 있다.

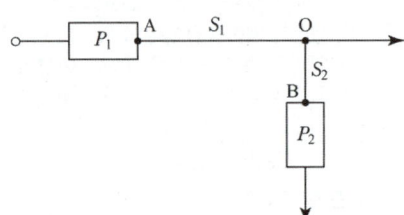

② 단락의 위험과 화재 및 인체에 대한 위험성이 최소화 되도록 시설된 경우 : 분기회로의 보호장치(P_2)는 분기회로의 분기점(O)으로부터 3[m]까지 이동하여 설치할 수 있다.

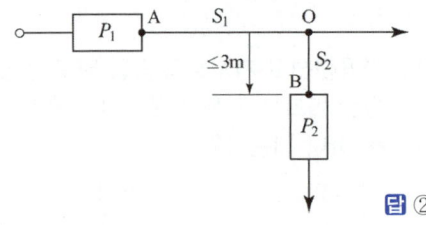

답 ②

95 사용전압이 60[kV] 이하인 경우 전화선로의 길이 12[km] 마다 유도전류는 몇 [μA]를 넘지 않도록 하여야 하는가?

① 1
② 2
③ 3
④ 4

풀이 333.2 유도장해의 방지
가. 사용전압이 60[kV] 이하인 경우에는 전화선로의 길이 12[km] 마다 유도전류가 2[μA]를 넘지 아니하도록 할 것.
나. 사용전압이 60[kV]를 초과하는 경우에는 전화선로의 길이 40[km]마다 유도전류가 3[μA]을 넘지 아니하도록 할 것.

답 ②

96 발전소·변전소·개폐소 또는 이에 준하는 곳에서 개폐기 또는 차단기에 사용하는 압축공기장치의 공기압축기는 최고 사용압력의 1.5배의 수압을 연속하여 몇 분간 가하여 시험을 하였을 때에 이에 견디고 또한 새지 아니하여야 하는가?

① 5
② 10
③ 15
④ 20

풀이 341.15 압축공기계통
발전소·변전소·개폐소 또는 이에 준하는 곳에서 개폐기 또는 차단기에 사용하는 압축공기장치는 최고 사용압력의 1.5배의 수압(최고 사용압력의 1.25배의 기압)을 연속하여 10분간 가하여 시험을 하였을 때에 이에 견디고 또한 새지 아니할 것.

답 ②

97 금속덕트공사에 의한 저압 옥내배선공사시설에 대한 설명으로 틀린 것은?

① 덕트에 접지공사를 한다.
② 금속 덕트는 두께 1.0[mm] 이상인 철판으로 제작하고 덕트 상호간에 완전하게 접속한다.
③ 덕트를 조영재에 붙이는 경우 덕트 지지점 간의 거리를 3[m] 이하로 견고하게 붙인다.
④ 금속 덕트에 넣은 전선의 단면적의 합계가 덕트의 내부 단면적의 20[%] 이하가 되도록 한다.

풀이 232.31 금속덕트공사
가. 전선은 절연전선(옥외용 비닐절연전선을 제외한다)일 것.
나. 금속덕트에 넣은 전선의 단면적(절연피복의 단면적을 포함한다)의 합계는 덕트의 내부 단면적의 20[%](전광표시 장치, 기타 이와 유사한 장치 또는 제어회로 등의 배선만을 넣는 경우에는 50[%]) 이하

일 것.

다. 덕트 상호 간은 견고하고 또한 전기적으로 완전하게 접속할 것.

라. 덕트를 조영재에 붙이는 경우에는 덕트의 지지점 간의 거리를 3[m](수직으로 붙이는 경우에는 6[m]) 이하로 할 것.

마. 덕트의 끝부분은 막을 것.

바. 폭이 50[mm]를 초과하고 또한 두께가 1.2[mm] 이상인 철판 또는 금속제의 것.

사. 덕트는 접지공사를 할 것. **답** ②

98 그림은 전력선 반송통신용 결합장치의 보안장치를 나타낸 것이다. S의 명칭으로 옳은 것은?

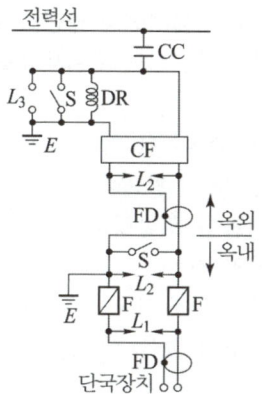
전력선

① 동축 케이블 ② 결합 콘덴서
③ 접지용 개폐기 ④ 구상용 방전갭

풀이 362.11 전력선 반송통신용 결합장치의 보안장치
전력선 반송통신용 결합 커패시터에 접속하는 회로에는 그림의 보안장치 또는 이에 준하는 보안장치를 시설하여야 한다.

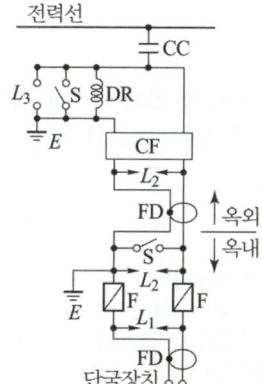
전력선

전력선 반송통신용 결합장치의 보안장치

- FD : 동축 케이블
- F : 정격 전류 10[A] 이하의 포장 퓨즈
- DR : 전류 용량 2[A] 이상의 배류 선륜
- L_1 : 교류 300[V] 이하에서 동작하는 피뢰기
- L_2 : 동작 전압이 교류 1,300[V]를 넘고 1,600[V] 이하로 조정된 방전갭
- L_3 : 동작 전압이 교류 2[kV]를 넘고 3[kV] 이하로 조성된 구상 방전갭
- **S : 접지용 개폐기**
- CF : 결합 필터
- CC : 결합 콘덴서(결합 안테나를 포함한다)
- E : 접지 **답** ③

> 출제기준 변경 및 개정된 관계 법규에 따라
> 삭제된 문제가 있어 20문항이 안됩니다.

2018년 — 2회_ 전기기사·공사기사

81 애자공사에 의한 저압 옥내배선 시설 중 틀린 것은?

① 전선은 인입용 비닐 절연전선일 것
② 전선 상호 간의 간격은 6[cm] 이상일 것
③ 전선의 지지점 간의 거리는 전선을 조영재의 윗면에 따라 붙일 경우에는 2[m] 이하일 것
④ 전선과 조영재 사이의 이격거리는 사용전압이 400[V] 이하인 경우에는 2.5[cm] 이상일 것

풀이 232.56 애자공사
가. 전선의 종류 : 절연 전선. 단, 옥외용 비닐 절연 전선(OW) 및 인입용 비닐 절연 전선(DV)은 제외한다.
나. 이격 거리

전 압		전선과 조영재와의 이격 거리		전선 상호 간격	전선 지지점 간의 거리	
					조영재의 윗면 또는 옆면에 따라 시설	조영재에 따라 시설하지 않는 경우
저압	400[V] 이하	2.5[cm] 이상		6[cm] 이상	2[m] 이하	–
	400[V] 초과	건조한 장소	2.5[cm] 이상			6[m] 이하
		기타의 장소	4.5[cm] 이상			

답 ①

82 저압 및 고압가공전선의 높이는 도로를 횡단하는 경우와 철도를 횡단하는 경우에 각각 몇 [m] 이상이어야 하는가?

① 도로 : 지표상 5, 철도 : 레일면상 6
② 도로 : 지표상 5, 철도 : 레일면상 6.5
③ 도로 : 지표상 6, 철도 : 레일면상 6
④ 도로 : 지표상 6, 철도 : 레일면상 6.5

풀이 332.5 고압 가공전선의 높이,
222.7 저압 가공전선의 높이
저·고압 가공전선의 높이는 다음에 따라야 한다.

설치장소		가공전선의 높이
도로횡단(번잡하지 않은 도로 제외)		지표상 6[m] 이상
철도 또는 궤도횡단		레일면상 6.5[m] 이상
횡단 보도교 위	저압	노면상 3.5[m] 이상. 단, 절연전선의 경우 3[m] 이상
	고압	노면상 3.5[m] 이상
일반장소		지표상 5[m] 이상. 단, 저압의 경우 절연전선 또는 케이블을 사용하여 교통에 지장이 없도록 하여 옥외조명용에 공급하는 경우 4[m]까지 감할 수 있다.
다리의 하부 기타 이와 유사한 장소		저압의 전기철도용 급전선은 지표상 3.5[m]까지 감할 수 있다.

답 ④

83 접지공사의 접지극을 시설할 때 동결 깊이를 감안하여 지하 몇 [cm] 이상의 깊이로 매설하여야 하는가?

① 60 ② 75
③ 90 ④ 100

풀이 142.2 접지극의 시설 및 접지저항
접지극의 매설은 다음에 의한다.
가. 접지극은 지표면으로부터 지하 0.75[m] 이상으로 하되 동결 깊이를 감안하여 매설 깊이를 정해야 한다.
나. 접지도체를 철주 기타의 금속체를 따라서 시설하는 경우에는 접지극을 철주의 밑면으로부터 0.3[m] 이상의 깊이에 매설하는 경우 이외에는 접지극을 지중에서 그 금속체로부터 1[m] 이상 떼어 매설하여야 한다.

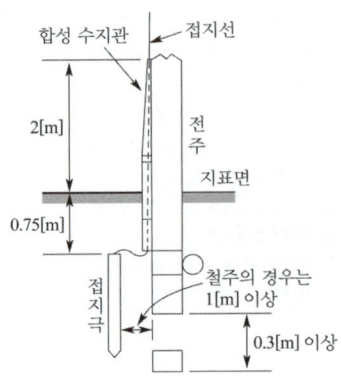

답 ②

84 발전용 수력 설비에서 필댐의 축제재료로 필댐의 본체에 사용하는 토질재료로 적합하지 않은 것은?

① 묽은 진흙으로 되지 않을 것
② 댐의 안정에 필요한 강도 및 수밀성이 있을 것
③ 유기물을 포함하고 있으며 광물성분은 불용성일 것
④ 댐의 안정에 지장을 줄 수 있는 팽창성 또는 수축성이 없을 것

풀이 (기술기준 제145조) 필댐 축제재료
필댐의 본체에 사용하는 토질재료는 다음에 적합한 것이어야 한다.
① 댐의 안정에 필요한 강도 및 수밀성이 있을 것.
② 댐의 안정에 지장을 줄 수 있는 팽창성 또는 수축성이 없을 것.
③ 묽은 진흙으로 되지 않을 것.
④ 유기물을 포함하지 않으며 광물성분은 불용성일 것.

답 ③

85 전기울타리용 전원 장치에 전기를 공급하는 전로의 사용전압은 몇 [V] 이하이어야 하는가?

① 150 ② 200
③ 250 ④ 300

풀이 241.1 전기울타리
가. 전기울타리용 전원장치에 전원을 공급하는 전로의 사용전압은 250[V] 이하이어야 한다.
나. 전기울타리는 사람이 쉽게 출입하지 아니하는 곳에 시설할 것.
다. 전선은 인장강도 1.38[kN] 이상의 것 또는 지름 2[mm] 이상의 경동선일 것.

라. 전선과 이를 지지하는 기둥 사이의 이격거리는 25 [mm] 이상일 것.

마. 전선과 다른 시설물(가공 전선을 제외한다) 또는 수목과의 이격거리는 0.3[m] 이상일 것. **답** ③

86 사용전압이 22.9[kV]인 특고압 가공전선로(중성선 다중접지식의 것으로서 전로에 지락이 생겼을 때에 2초 이내에 자동적으로 이를 전로로부터 차단하는 장치가 되어 있는 것에 한한다.)가 상호 간 접근 또는 교차하는 경우 사용전선이 양쪽 모두 케이블인 경우 이격거리는 몇 [m] 이상인가?

① 0.25   ② 0.5   ③ 0.75   ④ 1.0

풀이 333.32 25[kV] 이하인 특고압 가공전선로의 시설
사용전압이 15[kV]를 초과하고 25[kV] 이하인 특고압 가공전선로(중성선 다중접지식의 것으로서 전로에 지락이 생겼을 때에 2초 이내에 자동적으로 이를 전로로부터 차단하는 장치가 되어 있는 것에 한한다.)가 상호 간 접근 또는 교차하는 경우 이격거리

사용 전선의 종류	이격거리
어느 한쪽 또는 양쪽이 나전선인 경우	1.5 [m]
양쪽이 특고압 절연전선인 경우	1 [m]
한쪽이 케이블이고 다른 한쪽이 케이블이거나 특고압 절연전선인 경우	0.5 [m]

답 ②

87 전력계통의 일부가 전력계통의 전원과 전기적으로 분리된 상태에서 분산형전원에 의해서만 가압되는 상태를 무엇이라 하는가?

① 계통연계   ② 접속설비
③ 단독운전   ④ 단순 병렬운전

풀이 112 용어 정의
가. "계통연계"란 둘 이상의 전력계통 사이를 전력이 상호 융통될 수 있도록 선로를 통하여 연결하는 것으로 전력계통 상호간을 송전선, 변압기 또는 직류－교류변환설비 등에 연결하는 것. 계통연락이라고도 한다.
나. "단독운전"이란 전력계통의 일부가 전력계통의 전원과 전기적으로 분리된 상태에서 분산형전원에 의해서만 가압되는 상태를 말한다.
다. "단순 병렬운전"이란 자가용 발전설비 또는 저압 소용량 일반용 발전설비를 배전계통에 연계하여 운전하되, 생산한 전력의 전부를 자체적으로 소비

하기 위한 것으로서 생산한 전력이 연계계통으로 송전되지 않는 병렬 형태를 말한다. **답** ③

88 고압가공인입선이 케이블 이외의 것으로서 그 전선의 아래쪽에 위험표시를 하였다면 전선의 지표상 높이는 몇 [m]까지 감할 수 있는가?

① 2.5   ② 3.5   ③ 4.5   ④ 5.5

풀이 331.12.1 고압 가공인입선의 시설
가. 고압 가공인입선의 전선
① 인장강도 8.01[kN] 이상의 고압 절연전선, 특고압 절연전선
② 지름 5[mm] 이상의 경동선의 고압 절연전선, 특고압 절연전선
나. 고압 가공인입선의 높이는 지표상 5[m]로 하여야 한다. 그러나 그 고압 가공인입선이 케이블 이외의 것인 때에는 그 전선의 아래쪽에 위험 표시를 하면 고압 가공인입선의 높이는 지표상 3.5[m]까지로 감할 수 있다.
다. 횡단보도교의 위에 시설하는 경우에는 그 노면상 3.5[m] 이상
라. 고압 연접인입선은 시설하여서는 아니 된다.
답 ②

89 특고압의 기계기구·모선 등을 옥외에 시설하는 변전소의 구내에 취급자 이외의 자가 들어가지 못하도록 시설하는 울타리·담 등의 높이는 몇 [m] 이상으로 하여야 하는가?

① 2   ② 2.2   ③ 2.5   ④ 3

풀이 351.1 발전소 등의 울타리·담 등의 시설
가. 울타리·담 등의 높이는 2[m] 이상으로 하고 지표면과 울타리·담 등의 하단 사이의 간격은 0.15[m] 이하로 할 것.
나. 울타리·담 등의 높이와 울타리·담 등으로부터 충전부분까지 거리의 합계는 표에서 정한 값 이상으로 할 것.

사용전압의 구분	울타리·담 등의 높이와 울타리·담 등으로부터 충전 부분까지의 거리의 합계
35[kV] 이하	5[m]
35[kV] 초과 160[kV] 이하	6[m]
160[kV] 초과	• 거리의 합계 = 6 + 단수 × 0.12[m] • 단수 = $\dfrac{\text{사용전압[kV]}-160}{10}$ 단수 계산에서 소수점 이하는 절상

답 ①

90 가반형의 용접 전극을 사용하는 아크 용접장치의 용접변압기의 1차측 전로의 대지전압은 몇 [V] 이하이어야 하는가?

① 60　　　　　　　② 150
③ 300　　　　　　　④ 400

풀이 241.10 아크 용접기
가반형의 용접 전극을 사용하는 아크 용접장치는 다음에 따라 시설하여야 한다.
가. 용접변압기는 절연변압기일 것.
나. 용접변압기의 1차측 전로의 대지전압은 300[V] 이하일 것.
다. 용접변압기의 1차측 전로에는 용접 변압기에 가까운 곳에 쉽게 개폐할 수 있는 개폐기를 시설할 것.
답 ③

91 지중전선로를 직접 매설식에 의하여 시설하는 경우에 차량 기타 중량물의 압력을 받을 우려가 없는 장소의 매설 깊이는 몇 [cm] 이상이어야 하는가?

① 60　　　　　　　② 100
③ 120　　　　　　　④ 150

풀이 334.1 지중전선로의 시설
가. 지중 전선로는 전선에 케이블을 사용하고 또한 관로식·암거식 또는 직접 매설식에 의하여 시설하여야 한다.
나. 지중 전선로를 직접 매설식에 의하여 시설하는 경우에는 매설 깊이는
① 차량 기타 중량물의 압력을 받을 우려가 있는 장소 : 1.0 [m] 이상
② 기타 장소 : 0.6 [m] 이상
답 ①

92 특고압을 옥내에 시설하는 경우 그 사용전압의 최대한도는 몇 [kV] 이하인가?
(단, 케이블 트레이공사는 제외)

① 25　　　　　　　② 80
③ 100　　　　　　　④ 160

풀이 342.4 특고압 옥내 전기설비의 시설
특고압 옥내배선의 사용전압은 100[kV] 이하일 것. 다만, 케이블트레이공사에 의하여 시설하는 경우에는 35[kV] 이하일 것.
답 ③

93 샤워시설이 있는 욕실 등 인체가 물에 젖어있는 상태에서 전기를 사용하는 장소에 콘센트를 시설할 경우 인체감전보호용 누전차단기의 정격감도전류는 몇 [mA] 이하인가?

① 5　　② 10　　③ 15　　④ 30

풀이 234.5 콘센트의 시설
욕조나 샤워시설이 있는 욕실 또는 화장실 등 인체가 물에 젖어있는 상태에서 전기를 사용하는 장소에 콘센트를 시설하는 경우에는 다음에 따라 시설하여야한다.
가. 인체감전보호용 누전차단기(정격감도전류 15[mA] 이하, 동작시간 0.03[초] 이하의 전류동작형의 것에 한한다) 또는 절연 변압기(정격용량 3[kVA] 이하인 것에 한한다)로 보호된 전로에 접속하거나, 인체감전보호용 누전차단기가 부착된 콘센트를 시설하여야 한다.
나. 콘센트는 접지극이 있는 방적형 콘센트를 사용하여 규정에 준하여 접지하여야 한다.
답 ③

94 (　　) 안에 들어갈 내용으로 옳은 것은?

> 유희용 전차에 전기를 공급하는 전로의 사용전압은 직류의 경우는 (　ⓐ　) [V] 이하, 교류의 경우는 (　ⓑ　) [V] 이하이어야 한다.

① ⓐ 60, ⓑ 40　　　② ⓐ 40, ⓑ 60
③ ⓐ 30, ⓑ 60　　　④ ⓐ 60, ⓑ 30

풀이 241.8 유희용 전차
가. 유희용 전차에 전기를 공급하기 위하여 사용하는 변압기의 1차 전압은 400[V] 이하이어야 한다.
나. 유희용 전차에 전기를 공급하는 전원장치의 2차측 단자의 최대사용전압은 직류의 경우 60[V] 이하, 교류의 경우 40[V] 이하일 것.
다. 접촉전선은 제3레일 방식에 의하여 시설할 것.
라. 유희용 전차의 전차 내에서 승압하여 사용하는 경우 변압기는 절연변압기를 사용하고 2차 전압은 150[V] 이하로 할 것.
답 ①

95 철탑의 강도 계산을 할 때 이상 시 상정하중이 가하여지는 경우 철탑의 기초에 대한 안전율은 얼마 이상이어야 하는가?

① 1.33　　　　　　② 1.83
③ 2.25　　　　　　④ 2.75

풀이 331.7 가공전선로 지지물의 기초의 안전율
가공전선로의 지지물에 하중이 가하여지는 경우에 그

하중을 받는 지지물의 기초의 안전율은 2(이상 시 상정하중이 가하여지는 철탑의 기초에 대하여는 1.33) 이상이어야 한다. **답 ①**

96 발전기를 자동적으로 전로로부터 차단하는 장치를 반드시 시설하지 않아도 되는 경우는?

① 발전기에 과전류나 과전압이 생긴 경우
② 용량 5000[kVA] 이상인 발전기의 내부에 고장이 생긴 경우
③ 용량 500[kVA] 이상의 발전기를 구동하는 수차의 압유 장치의 유압이 현저히 저하한 경우
④ 용량 2000[kVA] 이상인 수차 발전기의 스러스트 베어링의 온도가 현저히 상승하는 경우

풀이 351.3 발전기 등의 보호장치
발전기에는 다음의 경우에 자동적으로 이를 전로로부터 차단하는 장치를 시설하여야 한다.
가. 발전기에 과전류나 과전압이 생긴 경우
나. 용량이 500[kVA] 이상의 발전기를 구동하는 수차의 압유 장치의 유압이 현저히 저하한 경우
다. 용량이 100[kVA] 이상의 발전기를 구동하는 풍차의 압유장치의 유압이 현저히 저하한 경우
라. 용량이 2,000[kVA] 이상인 수차 발전기의 스러스트 베어링의 온도가 현저히 상승한 경우
마. 용량이 10,000[kVA] 이상인 발전기의 내부에 고장이 생긴 경우
바. 정격출력이 10,000[kW]를 초과하는 증기터빈은 그 스러스트 베어링이 현저하게 마모되거나 그의 온도가 현저히 상승한 경우 **답 ②**

> 출제기준 변경 및 개정된 관계 법규에 따라 삭제된 문제가 있어 20문항이 안됩니다.

2018년 – 3회 _ 전기기사

81 최대사용전압이 220[V]인 전동기의 절연내력 시험을 하고자 할 때 시험전압은 몇 [V]인가?

① 300   ② 330
③ 450   ④ 500

풀이 133 회전기 및 정류기의 절연내력

종 류		시험전압	시험 방법
회전기	발전기·전동기·조상기·기타회전기	7[kV] 이하	1.5배 (최저 500[V])	권선과 대지 사이에 연속하여 10분간
		7[kV] 초과	1.25배 (최저 10,500[V])	
	회전 변류기	직류측의 최대 사용 전압의 1배의 교류 전압(최저 500[V])	

시험전압 = $220 \times 1.5 = 330$[V]이나, 500[V] 미만으로 되는 경우에는 500[V]이다. **답 ④**

82 66[kV] 가공전선과 6[kV] 가공전선을 동일 지지물에 병행설치하는 경우에 특고압가공전선은 케이블인 경우를 제외하고는 단면적이 몇 [mm²] 이상인 경동연선을 사용하여야 하는가?

① 22   ② 38
③ 50   ④ 100

풀이 333.17 특고압 가공전선과 저고압 가공전선 등의 병행설치
사용전압이 35[kV]을 초과하고 100[kV] 미만인 특고압 가공전선과 저압 또는 고압 가공전선을 동일 지지물에 시설하는 경우에는 다음에 따라 시설하여야 한다.
가. 특고압 가공전선로는 제2종 특고압 보안공사에 의할 것.
나. 특고압 가공전선은 케이블인 경우를 제외하고는 인장강도 21.67[kN] 이상의 연선 또는 단면적이 50[mm²] 이상인 경동연선일 것.
다. 특고압 가공전선로의 지지물은 철주·철근 콘크리트주 또는 철탑일 것 **답 ③**

83 발전소의 개폐기 또는 차단기에 사용하는 압축 공기장치의 주 공기탱크에 시설하는 압력계의 최고 눈금의 범위로 옳은 것은?

① 사용압력의 1배 이상 2배 이하
② 사용압력의 1.15배 이상 2배 이하
③ 사용압력의 1.5배 이상 3배 이하
④ 사용압력의 2배 이상 3배 이하

풀이 341.15 압축공기계통
발전소·변전소·개폐소 또는 이에 준하는 곳에서 개폐기 또는 차단기에 사용하는 압축공기장치는 다음에 따라 시설하여야 한다.

가. 공기압축기는 최고 사용압력의 1.5배의 수압(수압을 연속하여 10분간 가하여 시험을 하기 어려울 때에는 최고 사용압력의 1.25배의 기압)을 연속하여 10분간 가하여 시험을 하였을 때에 이에 견디고 또한 새지 아니할 것.

나. 주 공기탱크 또는 이에 근접한 곳에는 **사용압력의 1.5배 이상 3배 이하의 최고 눈금이 있는 압력계를 시설**할 것.

다. 사용 압력에서 공기의 보급이 없는 상태로 개폐기 또는 차단기의 투입 및 차단을 연속하여 1회 이상 할 수 있는 용량을 가지는 것일 것. 🔖 ③

84 고압가공전선로의 지지물로서 사용하는 목주의 풍압하중에 대한 안전율은 얼마 이상이어야 하는가?

① 1.2 ② 1.3
③ 2.2 ④ 2.5

🔖풀이 333.10 특고압 가공전선로의 목주 시설
332.7 고압 가공전선로의 지지물의 강도
222.8 저압 가공전선로의 지지물의 강도
지지물이 목주인 경우 안전율 및 말구의 지름

전압의 종별	안전율	말구의 지름
저 압	1.2	–
고 압	1.3	0.12 [m] 이상
특고압	1.5	0.12 [m] 이상

🔖 ②

85 다음 그림에서 L_1은 어떤 크기로 동작하는 기기의 명칭인가?

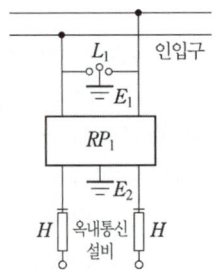

① 교류 1000[V] 이하에서 동작하는 단로기
② 교류 1000[V] 이하에서 동작하는 피뢰기
③ 교류 1500[V] 이하에서 동작하는 단로기
④ 교류 1500[V] 이하에서 동작하는 피뢰기

🔖풀이 362.5 특고압 가공전선로 첨가설치 통신선의 시가지 인입 제한

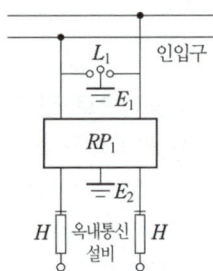

- H : 250[mA] 이하에서 동작하는 열 코일
- RP_1 : 교류 300[V] 이하에서 동작하고, 최소 감도 전류가 3[A] 이하로서 최소 감도전류 때의 응동시간이 1사이클 이하이고 또한 전류 용량이 50[A], 20초 이상인 자복성(自復性)이 있는 릴레이 보안기
- L_1 : **교류 1 [kV] 이하에서 동작하는 피뢰기**
- E_1 및 E_2 : 접지 🔖 ②

86 지중전선로에 있어서 폭발성 가스가 침입할 우려가 있는 장소에 시설하는 지중함은 크기가 몇 [m³] 이상일 때 가스를 방산시키기 위한 장치를 시설하여야 하는가?

① 0.25 ② 0.5
③ 0.75 ④ 1.0

🔖풀이 334.2 지중함의 시설
폭발성 또는 연소성의 가스가 침입할 우려가 있는 것에 시설하는 지중함으로서 그 **크기가 1 [m³] 이상**인 것에는 통풍장치 기타 가스를 방산시키기 위한 적당한 장치를 시설할 것. 🔖 ④

87 최대사용전압 22.9[kV]인 3상 4선식 다중접지방식의 지중전선로의 절연내력시험을 직류로 할 경우 시험전압은 몇 [V]인가?

① 16448 ② 21068
③ 32796 ④ 42136

🔖풀이 132 전로의 절연저항 및 절연내력

전로의 종류	접지방식	시험전압 (최대사용전압의 배수)	최저 시험전압
1. 7[kV] 이하인 전로		1.5배	
2. 7[kV] 초과 25[kV] 이하	다중접지	0.92배	

전로의 종류	접지방식	시험전압 (최대사용 전압의 배수)	최저 시험전압
3. 7[kV] 초과 60[kV] 이하 (2란의 것 제외)		1.25배	10.5[kV]
4. 60[kV] 초과	비접지	1.25배	
5. 60[kV] 초과 (6란, 7란의 것 제외)	접지식	1.1배	75[kV]
6. 60[kV] 초과(7란의 것 제외)	직접접지	0.72배	
7. 170[kV] 초과(발전소 또는 변전소 혹은 이에 준하는 장 소에 시설하는 것.)	직접접지	0.64배	

※ 전로에 케이블을 사용하는 경우에는 **직류로 시험할 수 있으며, 시험전압은 교류의 경우의 2배**가 된다.

∴ 시험전압 $= 22900 \times 0.92 \times 2 = 42136[V]$ 　**답** ④

88 특고압용 타냉식 변압기의 냉각장치에 고장이 생긴 경우를 대비하여 어떤 보호장치를 하여야 하는가?

① 경보장치　　　② 속도조정장치
③ 온도시험장치　④ 냉매흐름장치

풀이 351.4 특고압용 변압기의 보호장치
특고압용의 변압기에는 그 내부에 고장이 생겼을 경우에 보호하는 장치를 표와 같이 시설하여야 한다.

뱅크 용량의 구분	동작조건	장치의 종류
5,000[kVA] 이상 10,000[kVA] 미만	변압기 내부고장	자동차단장치 또는 경보장치
10,000[kVA] 이상	변압기 내부고장	자동차단장치
타냉식 변압기(변압기의 권선 및 철심을 직접 냉 각시키기 위하여 봉입한 냉매를 강제 순환시키는 냉각 방식을 말한다.)	냉각장치에 고장 이 생긴 경우 또는 변압기의 온도가 현저히 상승한 경 우	경보장치

답 ①

89 금속덕트공사에 적당하지 않은 것은?

① 전선은 절연전선을 사용한다.
② 덕트의 끝부분은 항시 개방시킨다.
③ 덕트 안에는 전선의 접속점이 없도록 한다.
④ 덕트의 안쪽 면 및 바깥 면에는 산화방지를 위하여 아연도금을 한다.

풀이 232.31 금속덕트공사
가. **전선은 절연전선**(옥외용 비닐절연전선을 제외한다)일 것.

나. 금속덕트에 넣은 전선의 단면적(절연피복의 단면적을 포함한다)의 합계는 **덕트의 내부 단면적의 20[%]**(전광표시 장치 기타 이와 유사한 장치 또는 제어회로 등의 배선만을 넣는 경우에는 50[%]) 이하일 것.
다. 금속덕트 안에는 전선에 접속점이 없도록 할 것. 다만, 전선을 분기하는 경우에는 그 접속점을 쉽게 점검할 수 있는 때에는 그러하지 아니하다.
라. 덕트를 조영재에 붙이는 경우에는 덕트의 지지점 간의 거리를 3[m](수직으로 붙이는 경우에는 6[m]) 이하로 할 것.
마. **덕트의 끝부분은 막을 것.**
바. 폭이 50[mm]를 초과하고 또한 두께가 1.2[mm] 이상인 철판 또는 금속제의 것.
사. **안쪽 면 및 바깥 면에는 산화 방지를 위하여 아연도금 또는 이와 동등 이상의 효과를 가지는 도장을 한 것일 것.**
아. 덕트는 접지공사를 할 것. 　**답** ②

90 특고압 옥외 배전용 변압기가 1대일 경우 특고압 측에 일반적으로 시설하여야 하는 것은?

① 방전기
② 계기용 변류기
③ 계기용 변압기
④ 개폐기 및 과전류차단기

풀이 341.2 특고압 배전용 변압기의 시설
특고압 전로에 접속하는 배전용 변압기를 시설하는 경우에는 특고압 전선에 특고압 절연전선 또는 케이블을 사용하고 또한 다음에 따라야 한다.
가. 변압기의 1차 전압은 35[kV] 이하, 2차 전압은 저압 또는 고압일 것.
나. **변압기의 특고압측에 개폐기 및 과전류차단기를 시설할 것.**
다. 변압기의 2차 전압이 고압인 경우에는 고압측에 개폐기를 시설하고 또한 쉽게 개폐할 수 있도록 할 것. 　**답** ④

91 가공전선로에 사용하는 지지물의 강도계산에 적용하는 갑종 풍압하중을 계산할 때 구성재의 수직 투영면적 1[m²]에 대한 풍압의 기준으로 틀린 것은?

① 목주 : 588[Pa]
② 원형 철주 : 588[Pa]
③ 원형 철근콘크리트주 : 882[Pa]
④ 강관으로 구성(단주는 제외)된 철탑
　 : 1255[Pa]

풀이 331.6 풍압하중의 종별과 적용

풍압을 받는 구분			풍압[Pa]
목주			588
지지물	철주	원형의 것	588
		삼각형 또는 마름모형의 것	1,412
		강관에 의하여 구성되는 4각형의 것	1,117
		기타의 것으로 복재가 전후면에 겹치는 경우	1,627
		기타의 것으로 겹치지 않은 경우	1,784
	철근 콘크리트주	원형의 것	588
		기타의 것	882
	철탑	단주 (완철류는 제외함) 원형의 것	588
		단주 (완철류는 제외함) 기타의 것	1,117
		강관으로 구성되는 것(단주는 제외함)	1,255
		기타의 것	2,157

답 ③

92 3상 4선식 22.9[kV], 중성선 다중접지방식의 특고압가공전선 아래에 통신선을 첨가 하고자 한다. 특고압가공전선과 통신선과의 이격거리는 몇 [cm] 이상인가?

① 60 　　② 75
③ 100 　　④ 120

풀이 362.2 전력보안통신선의 시설 높이와 이격거리
가공전선과 첨가 통신선과의 이격거리
가. 통신선은 가공전선의 아래에 시설할 것.
나. 이격거리

가공전선		통신선		
		일반	절연전선	광섬유케이블
중성선	25[kV] 이하, 다중접지중성선	0.6[m] 이상		
저압 가공전선	일반	0.6[m] 이상		
	절연전선 또는 케이블		0.3[m] 이상	
	인입선			0.15[m] 이상
고압 가공전선	일반	0.6[m] 이상		
	케이블		0.3[m] 이상	
특고압 가공전선	일반	1.2[m] 이상		
	케이블		0.3[m] 이상	
	25[kV] 이하, 다중 접지방식	0.75[m] 이상		

답 ②

93 특고압 가공전선이 도로 등과 교차하는 경우에 특고압 가공전선이 도로 등의 위에 시설되는 때에 설치하는 보호망에 대한 설명으로 옳은 것은?

① 보호망은 접지공사를 하지 않는다.
② 보호망을 구성하는 금속선의 인장강도는 6[kN] 이상으로 한다.
③ 보호망을 구성하는 금속선은 지름 1.0[mm] 이상의 경동선을 사용한다.
④ 보호망을 구성하는 금속선 상호의 간격은 가로, 세로 각 1.5[m] 이하로 한다.

풀이 333.24 특고압 가공전선과 도로 등의 접근 또는 교차
특고압 가공전선과 도로 등 사이에 다음에 의하여 보호망을 시설하는 경우에는 제2종 특고압 보안공사에 의하지 아니할 수 있다.
가. 보호망은 규정에 준하여 접지공사를 한 금속제의 망상장치로 하고 견고하게 지지할 것.
나. 보호망을 구성하는 금속선은 그 외주 및 특고압 가공전선의 직하에 시설하는 금속선에는 인장강도 8.01[kN] 이상의 것 또는 지름 5[mm] 이상의 경동선을 사용하고 그 밖의 부분에 시설하는 금속선에는 인장강도 5.26[kN] 이상의 것 또는 지름 4[mm] 이상의 경동선을 사용할 것.
다. 보호망을 구성하는 금속선 상호의 간격은 가로, 세로 각 1.5[m] 이하일 것.
답 ④

94 옥내에 시설하는 고압용 이동전선으로 옳은 것은?

① 6[mm] 연동선
② 비닐외장케이블
③ 옥외용 비닐절연전선
④ 고압용의 캡타이어케이블

풀이 342.2 옥내 고압용 이동전선의 시설
옥내에 시설하는 고압의 이동전선은 다음에 따라 시설하여야 한다.
가. 전선은 고압용의 캡타이어케이블일 것.
나. 이동전선에 전기를 공급하는 전로에는 전용 개폐기 및 과전류 차단기를 각극(과전류 차단기는 다선식 전로의 중성극을 제외한다)에 시설하고, 또한 전로에 지락이 생겼을 때에 자동적으로 전로를 차단하는 장치를 시설할 것.
답 ④

95 교통이 번잡한 도로를 횡단하여 저압가공전선을 시설하는 경우 지표상 높이는 몇 [m] 이상으로 하여야 하는가?

① 4.0   ② 5.0
③ 6.0   ④ 6.5

풀이 332.5 고압 가공전선의 높이,
222.7 저압 가공전선의 높이
저·고압 가공전선의 높이는 다음에 따라야 한다.

설치장소	가공전선의 높이
도로횡단(번잡하지 않은 도로 제외)	지표상 6[m] 이상
철도 또는 궤도횡단	레일면상 6.5[m] 이상
횡단 보도교 위 저압	노면상 3.5[m] 이상. 단, 절연전선의 경우 3[m] 이상
횡단 보도교 위 고압	노면상 3.5[m] 이상
일반장소	지표상 5[m] 이상. 단, 저압의 경우 절연전선 또는 케이블을 사용하여 교통에 지장이 없도록 하여 옥외조명용에 공급하는 경우 4[m]까지 감할 수 있다.
다리의 하부 기타 이와 유사한 장소	저압의 전기철도용 급전선은 지표상 3.5[m]까지 감할 수 있다.

답 ③

96 1[kV] 이하인 방전등용 안정기를 저압의 옥내배선과 직접 접속하여 시설할 경우 옥내전로의 대지전압은 최대 몇 [V]인가?

① 100   ② 150
③ 300   ④ 450

풀이 234.11 1[kV] 이하 방전등
관등회로의 사용전압이 1[kV] 이하인 방전등을 시설할 경우 방전등에 전기를 공급하는 **전로의 대지전압은 300[V] 이하**로 하여야 하며 다음에 따른다. 다만, 대지전압이 150[V] 이하의 것은 적용하지 않는다.
가. 방전등은 사람이 접촉될 우려가 없도록 시설할 것.
나. 방전등용 안정기는 **옥내배선과 직접 접속**하여 시설할 것. 답 ③

97 사용전압이 22.9[kV]인 특고압 가공전선이 도로를 횡단하는 경우, 지표상 높이는 최소 몇 [m] 이상인가?

① 4.5   ② 5
③ 5.5   ④ 6

풀이 333.7 특고압 가공전선의 높이

전압의 범위	일반 장소	도로 횡단	철도 또는 궤도횡단	횡단보도교
35[kV] 이하	5[m]	6[m]	6.5[m]	4[m](특고압 절연전선 또는 케이블 사용)
35[kV] 초과 160[kV] 이하	6[m]	6[m]	6.5[m]	5[m](케이블 사용)
	산지 등에서 사람이 쉽게 들어갈 수 없는 장소 : 5[m] 이상			
160[kV] 초과	일반장소		가공전선의 높이 = 6 + 단수 × 0.12[m]	
	철도 또는 궤도횡단		가공전선의 높이 = 6.5 + 단수 × 0.12[m]	
	산지		가공전선의 높이 = 5 + 단수 × 0.12[m]	

※ 단수 = $\frac{(전압[kV]-160)}{10}$ … 단수 계산에서 소수점 이하는 절상

답 ④

98 관광숙박업 또는 숙박업을 하는 객실의 입구 등에 조명용 전등을 설치할 때는 몇 분 이내에 소등되는 타임스위치를 시설하여야 하는가?

① 1   ② 3
③ 5   ④ 10

풀이 234.6 점멸기의 시설
다음의 경우에는 센서등(타임스위치 포함)을 시설하여야 한다.
가. **관광숙박업 또는 숙박업**(여인숙업을 제외한다)에 이용되는 **객실의 입구등은 1분 이내에 소등**되는 것.
나. 일반주택 및 아파트 각 호실의 현관등은 3분 이내에 소등되는 것. 답 ①

> 출제기준 변경 및 개정된 관계 법규에 따라 삭제된 문제가 있어 20문항이 안됩니다.

2018년 · 4회 _ 공사기사

81 사용전압 15[kV] 이하인 특고압 가공전선로의 중성선 다중접지식에 사용되는 접지선의 공칭 단면적은 몇 [mm²]의 연동선 또는 이와 동등 이상의 굵기로서 고장전류를 안전하게 통할 수 있는 것이어야 하는가? (단, 전로에 지락이 생긴 경우 2초 이내에 전로로부터 자동차단하는 장치를 하였다.)

① 2.5   ② 6
③ 8   ④ 16

풀이 333.32 25[kV] 이하인 특고압 가공전선로의 시설
사용전압이 15[kV] 이하인 특고압 가공전선로의 중성선의 **다중접지 및 중성선에 사용되는 접지도체는 공칭 단면적 6[mm²] 이상의 연동선** 또는 이와 동등 이상의 세기 및 굵기의 쉽게 부식하지 않는 금속선으로서 고장 시에 흐르는 전류를 안전하게 통할 수 있는 것일 것.
답 ②

82 22[kV]의 특고압 가공전선로의 전선을 특고압 절연전선으로 시가지에 시설할 경우, 전선의 지표상의 높이는 최소 몇 [m] 이상인가?

① 8   ② 10
③ 12   ④ 14

풀이 333.1 시가지 등에서 특고압 가공전선로의 시설

사용전압의 구분	지표상의 높이
35[kV] 이하	10[m] (전선이 특고압 절연전선인 경우에는 8[m])
35[kV] 초과	10[m]에 35[kV]를 초과하는 10[kV] 또는 그 단수마다 12[cm]를 더한 값

답 ①

83 35[kV] 이하의 모선에 접속되는 전력용 콘덴서에 울타리를 시설하는 경우에 울타리의 높이와 울타리로부터 충전부분까지의 거리의 합계는 최소 몇 [m] 이상이 되어야 하는가?

① 3   ② 4
③ 5   ④ 6

풀이 351.1 발전소 등의 울타리·담 등의 시설
가. 울타리·담 등의 높이는 2[m] 이상으로 하고 지표면과 울타리·담 등의 하단 사이의 간격은 0.15[m] 이하로 할 것.
나. 울타리·담 등의 높이와 울타리·담 등으로부터 충전부분까지 거리의 합계는 표에서 정한 값 이상으로 할 것.

사용전압의 구분	울타리·담 등의 높이와 울타리·담 등으로부터 충전 부분까지의 거리의 합계
35[kV] 이하	5[m]
35[kV] 초과 160[kV] 이하	6[m]
160[kV] 초과	• 거리의 합계 = 6 + 단수 × 0.12[m] • 단수 = $\dfrac{\text{사용전압[kV]}-160}{10}$ 단수 계산에서 소수점 이하는 절상

답 ③

84 지중 전선로를 관로식에 의하여 시설하는 경우 매설 깊이를 최소 몇 [m] 이상으로 하여야 하는가?

① 0.6   ② 1
③ 1.2   ④ 1.5

풀이 334.1 지중전선로의 시설
가. 지중 전선로는 전선에 케이블을 사용하고 또한 관로식·암거식 또는 직접 매설식에 의하여 시설하여야 한다.
나. 지중 전선로를 **관로식 또는 암거식**에 의하여 시설하는 경우에는 다음에 따라야 한다.
① **관로식에 의하여 시설하는 경우에는 매설 깊이를 1.0[m] 이상**, 중량물의 압력을 받을 우려가 없는 곳은 0.6[m] 이상
② 암거식에 의하여 시설하는 경우에는 견고하고 차량 기타 중량물의 압력에 견디는 것을 사용할 것.
다. 지중 전선로를 직접 매설식에 의하여 시설하는 경우에는 매설 깊이를 차량 기타 중량물의 압력을 받을 우려가 있는 장소에는 1.0[m] 이상, 기타 장소에는 0.6[m] 이상
답 ②

85 특고압용 변압기의 내부에 고장이 생겼을 경우에 자동차단장치 또는 경보장치를 하여야 하는 최소 뱅크용량은 몇 [kVA]인가?

① 1000   ② 3000
③ 5000   ④ 10000

풀이 351.4 특고압용 변압기의 보호장치

특고압용의 변압기에는 그 내부에 고장이 생겼을 경우에 보호하는 장치를 표와 같이 시설하여야 한다.

뱅크 용량의 구분	동작조건	장치의 종류
5,000[kVA] 이상 10,000[kVA] 미만	변압기 내부고장	자동차단장치 또는 경보장치
10,000[kVA] 이상	변압기 내부고장	자동차단장치
타냉식 변압기(변압기의 권선 및 철심을 직접 냉각시키기 위하여 봉입한 냉매를 강제 순환시키는 냉각 방식을 말한다.)	냉각장치에 고장이 생긴 경우 또는 변압기의 온도가 현저히 상승한 경우	경보장치

답 ③

86 사람이 상시 통행하는 터널 안의 저압배선을 애자공사에 의하여 시설하는 경우 설치 높이는 노면상 몇 [m] 이상이어야 하는가?

① 1.5 　　　② 2.0
③ 2.5 　　　④ 3.0

풀이 335.1 터널 안 전선로의 시설

사람이 상시 통행하는 터널 안의 전선로 사용전압은 저압 또는 고압에 한하며, 다음에 따라 시설하여야 한다.

전압	전선의 굵기	시공방법	애자사용 공사 시 높이
저압	인장강도 2.30[kN] 이상 또는 2.6[mm] 이상의 경동선의 절연전선	• 합성수지관공사 • 금속관공사 • 금속제가요전선관 공사 • 케이블공사 • 애자사용공사	노면상 2.5[m] 이상
고압		• 케이블공사	

답 ③

87 사무실 건물의 조명설비에 사용되는 백열전등 또는 방전등에 전기를 공급하는 옥내전로의 대지전압은 몇 [V] 이하인가?

① 250 　　　② 300
③ 350 　　　④ 400

풀이 231.6 옥내전로의 대지 전압의 제한

백열전등 또는 방전등에 전기를 공급하는 옥내의 전로의 대지전압은 300[V] 이하여야 한다. **답** ②

88 전력 보안 가공통신선을 시설할 때 철도의 궤도를 횡단하는 경우에는 레일면상 몇 [m] 이상의 높이이어야 하는가?

① 5 　　　② 5.5
③ 6 　　　④ 6.5

풀이 362.2 전력보안통신선의 시설 높이와 이격거리

전력 보안 가공통신선(이하 "가공통신선"이라 한다)의 높이는 다음을 따른다.

구 분		지상고	비고
도로 (차도)	일반적인 경우	5.0[m] 이상	
	교통에 지장을 안 주는 경우	4.5[m] 이상	
철도 또는 궤도 횡단 시		6.5[m] 이상	레일면상
횡단보도교 위		3.0[m] 이상	그 노면상
기타		3.5[m] 이상	

답 ④

89 금속제 가요전선관공사에 의한 저압 옥내배선으로 틀린 것은?

① 2종 금속제 가요전선관을 사용하였다.
② 전선으로 옥외용 비닐 절연전선을 사용하였다.
③ 규격에 적당한 지름 4[mm²]의 단선을 사용하였다.
④ 접지공사를 하였다.

풀이 232.13 금속제 가요전선관공사

가. 전선은 절연전선(옥외용 비닐 절연전선을 제외한다)일 것.

나. 전선은 연선일 것. 다만, 단면적 10[mm²](알루미늄선은 단면적 16[mm²]) 이하인 것은 그러하지 아니하다.

다. 가요전선관 안에는 전선에 접속점이 없도록 할 것.

라. 가요전선관은 2종 금속제 가요전선관일 것.

마. 규정에 준하여 접지공사를 할 것. **답** ②

90 고압 또는 특고압의 전로 중에서 기계 기구 및 전선을 보호하기 위하여 필요한 곳에 시설하는 것은?

① 단로기 　　　② 리액터
③ 전력용콘덴서 　　　④ 과전류차단기

풀이 341.10 고압 및 특고압 전로 중의 과전류차단기의 시설
고압 또는 특고압의 전로에 단락이 생긴 경우에 동작하는 과전류차단기는 이것을 시설하는 곳을 통과하는 단락전류를 차단하는 능력을 가지는 것이어야 한다.
답 ④

91 발전기 · 전동기 · 조상기 · 기타 회전기(회전변류기 제외)의 절연내력 시험 시 시험전압은 권선과 대지 사이에 연속하여 몇 분간 가하여야 하는가?

① 10   ② 15
③ 20   ④ 30

풀이 133 회전기 및 정류기의 절연내력

종 류		시험전압	시험 방법
회 전 기	발전기 · 전동기 · 조상기 · 기타회전기 7[kV] 이하	1.5배 (최저 500[V])	권선과 대지 사이에 연속하여 10분간
	7[kV] 초과	1.25배 (최저 10,500[V])	
	회전 변류기	직류측의 최대 사용전압의 1배의 교류전압(최저 500[V])	

답 ①

92 가공인입선 및 수용장소의 조영물의 옆면 등에 시설하는 전선으로서 그 수용장소의 인입구에 이르는 부분의 전선을 무엇이라고 하는가?

① 인입선   ② 옥외배선
③ 옥측배선   ④ 배전간선

풀이 112 용어 정의
"가공인입선"이란 가공전선로의 지지물로부터 다른 지지물을 거치지 아니하고 수용장소의 붙임점에 이르는 가공전선을 말한다.
답 ①

93 옥내에 시설하는 저압전선에 나전선을 사용할 수 있는 경우는?

① 금속관공사에 의하여 시설
② 합성수지관공사에 의하여 시설
③ 라이팅덕트공사에 의하여 시설
④ 취급자 이외의 자가 쉽게 출입할 수 있는 장소에 시설

풀이 231.4 나전선의 사용 제한
옥내에 시설하는 저압전선에는 나전선을 사용하여서는 아니 된다. 다만, 다음 중 어느 하나에 해당하는 경우에는 그러하지 아니하다.
가. 애자공사에 의하여 전개된 곳에 다음의 전선을 시설하는 경우
  ① 전기로용 전선
  ② 전선의 피복 절연물이 부식하는 장소에 시설하는 전선
나. 버스덕트공사에 의하여 시설하는 경우
다. 라이팅덕트공사에 의하여 시설하는 경우
라. 접촉 전선을 시설하는 경우
답 ③

94 발전소, 변전소 또는 이에 준하는 곳의 최소 몇 [V]를 초과하는 전로에는 그의 보기 쉬운 곳에 상별 표시를 하여야 하는가?

① 7000   ② 13200
③ 22900   ④ 35000

풀이 351.2 특고압전로의 상 및 접속 상태의 표시
발 · 변전소, 개폐소 등에 있어서는 보수의 편의를 도모하고 오조작, 오접속을 방지하기 위하여 특고압 전로(7[kV]초과)에는 다음의 시설이 필요하다.
가. 보기 쉬운 곳에 상별표시를 한다.
나. 접속 상태를 모의 모선 등으로 표시한다. 다만, 단모선으로 회선수가 2 이하의 간단한 것은 예외로 한다.
답 ①

95 사용전압 60[kV] 이하의 특고압 가공전선로는 가공전화선로에 통신상의 장해를 방지하기 위하여 전화선로의 길이 12[km]마다 유도전류가 최대 몇 [μA]를 넘지 않도록 시설하여야 하는가?

① 1   ② 2
③ 4   ④ 6

풀이 333.2 유도장해의 방지
가. 사용전압이 60[kV] 이하인 경우에는 전화선로의 길이 12 [km] 마다 유도전류가 2[μA]를 넘지 아니하도록 할 것.
나. 사용전압이 60[kV]를 초과하는 경우에는 전화선로의 길이 40[km] 마다 유도전류가 3[μA]을 넘지 아니하도록 할 것.
다. 특고압 가공전선로는 기설 통신선로에 대하여 상시 정전 유도작용에 의하여 통신상의 장해를 주지 아니하도록 시설하여야 한다.
답 ②

96 철주가 강관에 의하여 구성되는 사각형의 것일 때 갑종 풍압하중을 계산하려 한다. 수직 투영 면적 1[m²]에 대한 풍압하중은 몇 [Pa]를 기초 하여 계산하는가?

① 588   ② 882
③ 1117   ④ 1255

풀이 331.6 풍압하중의 종별과 적용

풍압을 받는 구분			풍압[Pa]
목주			588
지지물	철주	원형의 것	588
		삼각형 또는 마름모형의 것	1,412
		강관에 의하여 구성되는 4각형의 것	1,117
		기타의 것으로 복재가 전후면에 겹치는 경우	1,627
		기타의 것으로 겹치지 않은 경우	1,784
	철근 콘크리트주	원형의 것	588
		기타의 것	882

답 ③

97 고압 가공전선로를 가공케이블로 시설하는 경우 틀린 것은?

① 조가용선은 단면적 22[mm²]인 아연도철연선을 사용하였다.
② 조가용선 및 케이블의 피복에 사용하는 금속체에는 접지공사를 하였다.
③ 케이블은 조가용선에 행거로 시설할 경우 그 행거의 간격을 60[cm]로 시설하였다.
④ 조가용선의 케이블에 접촉시켜 그 위에 쉽게 부식하지 아니하는 금속 테이프 등을 20[cm] 이하의 간격을 유지하며 나선상으로 감아 붙였다.

풀이 332.2 가공케이블의 시설
저압 가공전선 또는 고압 가공전선에 케이블을 사용하는 경우에는 다음에 따라 시설하여야 한다.
가. 케이블은 조가용선에 행거로 시설할 것. 이 경우에는 사용전압이 고압인 때에는 행거의 간격은 0.5[m] 이하로 하는 것이 좋다.
나. 조가용선은 인장강도 5.93[kN] 이상의 것 또는 단면적 22[mm²] 이상인 아연도강연선일 것.
다. 조가용선 및 케이블의 피복에 사용하는 금속체에는 접지공사를 할 것.
라. 조가용선을 케이블에 접촉시켜 금속 테이프를 감는 경우에는 20[cm] 이하의 간격으로 나선상으로 한다.

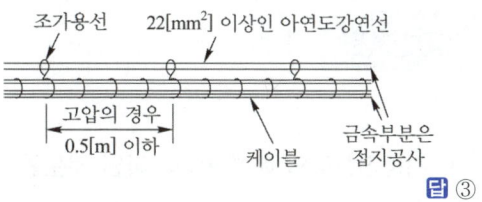

답 ③

> 출제기준 변경 및 개정된 관계 법규에 따라 삭제된 문제가 있어 20문항이 안됩니다.

문제의 번호는 실제 시험문제의 번호와 같게 하였습니다.

2019년 - 1회 _ 전기기사·공사기사

81 지중전선로의 매설방법이 아닌 것은?

① 관로식 ② 인입식
③ 암거식 ④ 직접 매설식

풀이 334.1 지중전선로의 시설
가. 지중 전선로는 전선에 케이블을 사용하고 또한 관로식·암거식 또는 직접 매설식에 의하여 시설하여야 한다.
나. 지중 전선로를 직접 매설식에 의하여 시설하는 경우에는 매설 깊이는
① 차량 기타 중량물의 압력을 받을 우려가 있는 장소 : 1.0[m] 이상
② 기타 장소 : 0.6[m] 이상 **답** ②

82 특고압용 변압기로서 그 내부에 고장이 생긴 경우에 반드시 자동차단되어야 하는 변압기의 뱅크용량은 몇 [kVA] 이상인가?

① 5000 ② 10000
③ 50000 ④ 100000

풀이 351.4 특고압용 변압기의 보호장치
특고압용의 변압기에는 그 내부에 고장이 생겼을 경우에 보호하는 장치를 표와 같이 시설하여야 한다.

뱅크 용량의 구분	동작조건	장치의 종류
5,000[kVA] 이상 10,000[kVA] 미만	변압기 내부고장	자동차단장치 또는 경보장치
10,000[kVA] 이상	변압기 내부고장	자동차단장치
타냉식 변압기(변압기의 권선 및 철심을 직접 냉각시키기 위하여 봉입한 냉매를 강제 순환시키는 냉각 방식을 말한다.)	냉각장치에 고장이 생긴 경우 또는 변압기의 온도가 현저히 상승한 경우	경보장치

답 ②

83 풀용 수중조명등에 사용되는 절연변압기의 2차측 전로의 사용전압이 몇 [V]를 초과하는 경우에는 그 전로에 지락이 생겼을 때에 자동적으로 전로를 차단하는 장치를 하여야 하는가?

① 30 ② 60
③ 150 ④ 300

풀이 234.14 수중조명등
가. 수영장 기타 이와 유사한 장소에 사용하는 수중조명등에 전기를 공급하기 위해서는 절연변압기를 사용하여야 한다.
나. 절연변압기의 2차측 전로의 사용전압이 30[V]를 초과하는 경우, 그 전로에 지락이 생겼을 때에 자동적으로 전로를 차단하는 정격감도전류 30[mA] 이하의 누전차단기를 시설하여야 한다. **답** ①

84 전력보안가공통신선(광섬유 케이블은 제외)을 조가할 경우 조가용 선은?

① 금속으로 된 단선
② 강심 알루미늄 연선
③ 금속선으로 된 연선
④ 알루미늄으로 된 단선

풀이 362.3 조가선 시설기준
조가선은 단면적 38[mm^2] 이상의 아연도강연선을 사용할 것. **답** ③

85 저고압 가공전선과 가공약전류 전선 등을 동일 지지물에 시설하는 기준으로 틀린 것은?

① 가공전선을 가공약전류전선 등의 위로하고 별개의 완금류에 시설할 것
② 전선로의 지지물로서 사용하는 목주의 풍압하중에 대한 안전율은 1.5 이상일 것
③ 가공전선과 가공약전류전선 등 사이의 이격거리는 저압과 고압 모두 75[cm] 이상일 것
④ 가공전선이 가공약전류전선에 대하여 유도작용에 의한 통신상의 장해를 줄 우려가 있는 경우에는 가공전선을 적당한 거리에서 연가할 것

풀이 332.21 고압 가공전선과 가공약전류전선 등의 공용설치
222.21 저압 가공전선과 가공약전류전선 등의 공용설치
저압 가공전선 또는 고압 가공전선과 가공약전류전선

등을 동일 지지물에 시설하는 경우에는 다음에 따라 시설하여야 한다.

가. 전선로의 지지물로서 사용하는 목주의 풍압하중에 대한 안전율은 1.5 이상일 것.

나. 가공전선을 가공약전류전선 등의 위로하고 별개의 완금류에 시설할 것.

다. 가공전선과 가공약전류전선 등 사이의 이격거리
- 저압(다중 접지된 중성선을 제외한다)은 0.75[m] 이상
- 고압은 1.5[m] 이상일 것.

라. 가공전선이 가공약전류전선에 대하여 유도작용에 의한 통신상의 장해를 줄 우려가 있는 경우에는 다음의 규정에 준하여 시설할 것.
① 가공전선과 가공약전류전선간의 이격거리를 증가시킬 것.
② 교류식 가공전선로의 경우에는 가공전선을 적당한 거리에서 연가할 것.
③ 가공전선과 가공약전류전선 사이에 인장강도 5.26[kN] 이상의 것 또는 지름 4[mm] 이상인 경동선의 금속선 2가닥 이상을 시설하고 규정에 준하여 접지공사를 할 것. **답** ③

---

86 석유류를 저장하는 장소의 전등배선에 사용하지 않는 공사방법은?

① 케이블 공사　　② 금속관공사
③ 애자공사　　　④ 합성수지관공사

풀이 242.4 위험물 등이 존재하는 장소
셀룰로이드·성냥·석유류 기타 타기 쉬운 위험한 물질을 제조하거나 저장하는 곳에 시설하는 저압 옥내 전기설비는 다음에 따르고 또한 위험의 우려가 없도록 시설하여야 한다.

가. 이동전선은 접속점이 없는 0.6/1[kV] EP 고무 절연 클로로프렌 캡타이어 케이블 또는 0.6/1[kV] 비닐 절연 비닐캡타이어 케이블을 사용할 것.

나. 저압 옥내배선 등은 합성수지관공사(두께 2[mm] 미만의 합성수지 전선관 및 난연성이 없는 콤바인 덕트관을 사용하는 것을 제외한다)·금속관공사 또는 케이블공사에 의할 것. **답** ③

---

87 사용전압이 154[kV]인 가공 송전선의 시설에서 전선과 식물과의 이격거리는 일반적인 경우에 몇 [m] 이상으로 하여야 하는가?

① 2.8　　　　② 3.2
③ 3.6　　　　④ 4.2

풀이 333.30 특고압 가공전선과 식물의 이격거리

사용전압의 구분	이격거리
60[kV] 이하	2[m]
60[kV] 초과	• 이격거리 = 2 + 단수 × 0.12[m] • 단수 = $\dfrac{(전압[kV]-60)}{10}$ 단수 계산에서 소수점 이하는 절상

- 단수 $= \dfrac{154-60}{10} = 9.4 \rightarrow 10$단
- 이격거리 $= 2 + 10 \times 0.12 = 3.2$[m] **답** ②

---

88 과전류차단기로 저압전로에 사용하는 50[A] 퓨즈를 붙인 경우 이 퓨즈는 정격전류의 몇 배의 전류에 견딜 수 있어야 하는가?

① 1.1　　　　② 1.25
③ 1.6　　　　④ 2

풀이 212.3.4 보호장치의 특성
1. 과전류 보호장치는 KS C 또는 KS C IEC 관련 표준 (배선차단기, 누전차단기, 퓨즈 등의 표준)의 동작특성에 적합하여야 한다.
2. 과전류차단기로 저압전로에 사용하는 범용의 퓨즈는 표에 적합한 것이어야 한다.

표. 퓨즈(gG)의 용단특성

정격전류의 구분	시간	정격전류의 배수	
		불용단전류	용단전류
4[A] 이하	60분	1.5배	2.1배
4[A] 초과 16[A] 미만	60분	1.5배	1.9배
16[A] 이상 63[A] 이하	60분	1.25배	1.6배
63[A] 초과 160[A] 이하	120분	1.25배	1.6배
160[A] 초과 400[A] 이하	180분	1.25배	1.6배
400[A] 초과	240분	1.25배	1.6배

답 ②

---

89 농사용 저압가공전선로의 시설 기준으로 틀린 것은?

① 사용전압이 저압일 것
② 전선로의 경간은 40[m] 이하일 것
③ 저압가공전선의 인장강도는 1.38[kN] 이상일 것
④ 저압가공전선의 지표상 높이는 3.5[m] 이상일 것

풀이 222.22 농사용 저압 가공전선로의 시설
가. 사용전압은 저압일 것.
나. 저압 가공전선은 인장강도 1.38[kN] 이상의 것 또는 지름 2[mm] 이상의 경동선일 것.
다. 저압 가공전선의 지표상의 높이는 3.5[m] 이상일 것. 다만, 저압 가공전선을 사람이 쉽게 출입하지 못하는 곳에 시설하는 경우에는 3[m]까지로 감할 수 있다.
라. 목주의 굵기는 말구 지름이 0.09[m] 이상일 것.
마. 전선로의 지지점 간 거리는 30[m] 이하일 것.
답 ②

90 고압 옥측전선로에 사용할 수 있는 전선은?

① 케이블
② 나경동선
③ 절연전선
④ 다심형 전선

풀이 331.13 옥측전선로
고압 옥측전선로는 전개된 장소에는 다음에 따라 시설하여야 한다.
가. 전선은 케이블일 것.
나. 케이블은 견고한 관 또는 트라프에 넣거나 사람이 접촉할 우려가 없도록 시설할 것.
다. 케이블을 조영재의 옆면 또는 아랫면에 따라 붙일 경우에는 케이블의 지지점 간의 거리를 2[m](수직으로 붙일 경우에는 6[m]) 이하로 하고 또한 피복을 손상하지 아니하도록 붙일 것.
답 ①

91 발전기를 전로로부터 자동적으로 차단하는 장치를 시설하여야 하는 경우에 해당 되지 않는 것은?

① 발전기에 과전류가 생긴 경우
② 용량이 5000[kVA] 이상인 발전기의 내부에 고장이 생긴 경우
③ 용량이 500[kVA] 이상의 발전기를 구동하는 수차의 압유장치의 유압이 현저히 저하한 경우
④ 용량이 100[kVA] 이상의 발전기를 구동하는 풍차의 압유장치의 유압, 압축공기장치의 공기압이 현저히 저하한 경우

풀이 351.3 발전기 등의 보호장치
발전기에는 다음의 경우에 자동적으로 이를 전로로부터 차단하는 장치를 시설하여야 한다.
가. 발전기에 과전류나 과전압이 생긴 경우
나. 용량이 500[kVA] 이상의 발전기를 구동하는 수차의 압유 장치의 유압이 현저히 저하한 경우

다. 용량이 100[kVA] 이상의 발전기를 구동하는 풍차의 압유장치의 유압이 현저히 저하한 경우
라. 용량이 2,000[kVA] 이상인 수차 발전기의 스러스트 베어링의 온도가 현저히 상승한 경우
마. 용량이 10,000[kVA] 이상인 발전기의 내부에 고장이 생긴 경우
바. 정격출력이 10,000[kW]를 초과하는 증기터빈은 그 스러스트 베어링이 현저하게 마모되거나 그의 온도가 현저히 상승한 경우
답 ②

92 최대사용전압이 22900[V]인 3상 4선식 중성선 다중접지식 전로와 대지 사이의 절연내력시험전압은 몇 [V]인가?

① 32510
② 28752
③ 25229
④ 21068

풀이 132 전로의 절연저항 및 절연내력

전로의 종류	접지방식	시험전압 (최대사용 전압의 배수)	최저 시험전압
1. 7[kV] 이하인 전로		1.5배	
2. 7[kV] 초과 25[kV] 이하	다중접지	0.92배	
3. 7[kV] 초과 60[kV] 이하 (2란의 것 제외)		1.25배	10.5[kV]
4. 60[kV] 초과	비접지	1.25배	
5. 60[kV] 초과 (6란, 7란의 것 제외)	접지식	1.1배	75[kV]
6. 60[kV] 초과(7란의 것 제외)	직접접지	0.72배	
7. 170[kV] 초과(발전소 또는 변전소 혹은 이에 준하는 장 소에 시설하는 것.)	직접접지	0.64배	

※ 전로에 케이블을 사용하는 경우에는 직류로 시험할 수 있으며, 시험전압은 교류의 경우의 2배가 된다.
∴ 시험전압 = 22900×0.92 = 21068[V]
답 ④

93 라이팅덕트공사에 의한 저압 옥내배선 공사 시설 기준으로 틀린 것은?

① 덕트의 끝부분은 막을 것
② 덕트는 조영재에 견고하게 붙일 것
③ 덕트는 조영재를 관통하여 시설할 것
④ 덕트의 지지점 간의 거리는 2[m] 이하로 할 것

풀이 232.71 라이팅덕트공사
가. 덕트는 조영재에 견고하게 붙일 것.
나. 덕트의 지지점 간의 거리는 2 [m] 이하로 할 것.
다. 덕트의 끝부분은 막을 것.
라. 덕트의 개구부는 아래로 향하여 시설할 것.
마. 덕트는 조영재를 관통하여 시설하지 아니할 것.
바. 덕트를 사람이 용이하게 접촉할 우려가 있는 장소에 시설하는 경우에는 전로에 지락이 생겼을 때에 자동적으로 전로를 차단하는 장치를 시설할 것.
답 ③

94 금속덕트공사에 의한 저압 옥내배선에서, 금속덕트에 넣은 전선의 단면적의 합계는 일반적으로 덕트 내부 단면적의 몇 [%] 이하이어야 하는가? (단, 전광표시 장치 기타 이와 유사한 장치 또는 제어회로 등의 배선만을 넣는 경우에는 50[%])

① 20   ② 30
③ 40   ④ 50

풀이 232.31 금속덕트공사
금속덕트에 넣은 전선의 단면적(절연피복의 단면적을 포함한다)의 합계는 덕트의 내부 단면적의 20[%](전광표시 장치 기타 이와 유사한 장치 또는 제어회로 등의 배선만을 넣는 경우에는 50[%]) 이하일 것.
답 ①

95 지중전선로에 사용하는 지중함의 시설기준으로 틀린 것은?
① 조명 및 세척이 가능한 적당한 장치를 시설할 것
② 견고하고 차량 기타 중량물의 압력에 견디는 구조일 것
③ 그 안의 고인 물을 제거할 수 있는 구조로 되어 있을 것
④ 뚜껑은 시설자 이외의 자가 쉽게 열 수 없도록 시설할 것

풀이 334.2 지중함의 시설
지중전선로에 사용하는 지중함은 다음에 따라 시설하여야 한다.
가. 지중함은 견고하고 차량 기타 중량물의 압력에 견디는 구조일 것.
나. 지중함은 그 안의 고인 물을 제거할 수 있는 구조로 되어 있을 것.

다. 폭발성 또는 연소성의 가스가 침입할 우려가 있는 것에 시설하는 지중함으로서 그 크기가 1[m³] 이상인 것에는 통풍장치 기타 가스를 방산시키기 위한 적당한 장치를 시설할 것.
라. 지중함의 뚜껑은 시설자 이외의 자가 쉽게 열 수 없도록 시설할 것.
답 ①

96 고압 옥내배선이 수관과 접근하여 시설되는 경우에는 몇 [cm] 이상 이격시켜야 하는가?
① 15   ② 30
③ 45   ④ 60

풀이 342.1 고압 옥내배선 등의 시설
고압 옥내배선이 다른 고압 옥내배선·저압 옥내전선·관등회로의 배선·약전류 전선 등 또는 수관·가스관이나 이와 유사한 것과 접근하거나 교차하는 경우 이격거리
가. 다른 고압 옥내배선·저압 옥내전선·관등회로의 배선·약전류 전선 : 15[cm]
나. 수관·가스관이나 이와 유사한 것과 접근하거나 교차하는 경우 : 15[cm]
다. 애자사용공사에 의하여 시설하는 저압 옥내전선이 나전선인 경우 30[cm]
라. 가스계량기 및 가스관의 이음부와 전력량계 및 개폐기 : 60[cm]
답 ①

97 철탑의 강도계산에 사용하는 이상 시 상정하중을 계산하는데 사용되는 것은?
① 미진에 의한 요동과 철구조물의 인장하중
② 뇌가 철탑에 가하여졌을 경우의 충격하중
③ 이상전압이 전선로에 내습하였을 때 생기는 충격하중
④ 풍압이 전선로에 직각방향으로 가하여지는 경우의 하중

풀이 333.14 이상 시 상정하중
철탑의 강도계산에 사용하는 이상 시 상정하중은 풍압이 전선로에 직각방향으로 가하여지는 경우의 하중과 전선로의 방향으로 가하여지는 경우의 하중을 계산하여 부재에 큰 응력이 생기는 쪽의 하중을 채택한다.
답 ④

98 고압 가공전선로에 시설하는 피뢰기의 접지저항 값은 몇 [Ω] 까지 허용되는가? 단, 피뢰기 접지공사의 접지선은 전용의 것으로 한다.

① 20　　　　　　② 30
③ 50　　　　　　④ 75

풀이 341.14 피뢰기의 접지
가. 고압 및 특고압의 전로에 시설하는 피뢰기 접지저항 값은 10[Ω] 이하로 하여야 한다.
나. 고압가공전선로에 시설하는 피뢰기의 접지공사의 **접지선이 전용의 것인 경우에는 접지 저항치가 30 [Ω]까지 허용**된다.　　**답** ②

┌─────────────────────────────────────┐
│ 출제기준 변경 및 개정된 관계 법규에 따라 │
│ 삭제된 문제가 있어 20문항이 안됩니다. │
└─────────────────────────────────────┘

2019년 - 2회 _ 전기기사·공사기사

81 고압용 기계기구를 시설하여서는 안 되는 경우는?

① 시가지 외로서 지표상 3[m]인 경우
② 발전소, 변전소, 개폐소 또는 이에 준하는 곳에 시설하는 경우
③ 옥내에 설치한 기계기구를 취급자 이외의 사람이 출입할 수 없도록 설치한 곳에 시설하는 경우
④ 공장 등의 구내에서 기계기구의 주위에 사람이 쉽게 접촉할 우려가 없도록 적당한 울타리를 설치하는 경우

풀이 341.8 고압용 기계기구의 시설
고압용 기계기구는 다음의 어느 하나에 해당하는 경우와 발전소·변전소·개폐소 또는 이에 준하는 곳에 시설하는 경우 이외에는 시설하여서는 아니 된다.
가. 기계기구의 주위에 규정에 준하여 울타리·담 등을 시설하는 경우
나. **기계기구를 지표상 4.5[m](시가지 외에는 4[m]) 이상**의 높이에 시설하고 또한 사람이 쉽게 접촉할 우려가 없도록 시설하는 경우
다. 옥내에 설치한 기계기구를 취급자 이외의 사람이 출입할 수 없도록 설치한 곳에 시설하는 경우

라. 기계기구를 콘크리트제의 함 또는 규정에 따른 접지공사를 한 금속제 함에 넣고 또한 충전부분이 노출하지 아니하도록 시설하는 경우　**답** ①

82 어떤 공장에서 케이블을 사용하는 사용전압이 22[kV]인 가공전선을 건물 옆쪽에서 1차 접근상태로 시설하는 경우, 케이블과 건물의 조영재 이격거리는 몇 [cm] 이상이어야 하는가?

① 50　　　　　　② 80
③ 100　　　　　　④ 120

풀이 333.23 특고압 가공전선과 건조물의 접근
특고압 가공전선이 건조물과 제1차 접근상태로 시설되는 경우에는 다음에 따라야 한다.
가. 특고압 가공전선로는 제3종 특고압 보안공사에 의할 것.
나. 사용전압이 35[kV] 이하인 특고압 가공전선과 건조물의 조영재 이격거리는 표에서 정한 값 이상일 것.

건조물과 조영재의 구분	전선종류	접근형태	이격거리
상부 조영재	특고압 절연전선	위쪽	2.5[m]
		옆쪽 또는 아래쪽	1.5[m] (전선에 사람이 쉽게 접촉할 우려가 없도록 시설한 경우는 1[m])
	케이블	위쪽	1.2[m]
		옆쪽 또는 아래쪽	**0.5[m]**
	기타전선		3[m]
기타 조영재	특고압 절연전선		1.5[m] (전선에 사람이 쉽게 접촉할 우려가 없도록 시설한 경우는 1[m])
	케이블		**0.5[m]**
	기타전선		3[m]

답 ①

83 옥내에 시설하는 전동기가 소손되는 것을 방지하기 위한 과부하 보호 장치를 하지 않아도 되는 것은?

① 정격 출력이 7.5[kW] 이상인 경우
② 정격 출력이 0.2[kW] 이하인 경우
③ 정격 출력이 2.5[kW]이며, 과전류 차단기가 없는 경우
④ 전동기 출력이 4[kW]이며, 취급자가 감시할 수 없는 경우

풀이 212.6.3 저압전로 중의 전동기 보호용 과전류보호장치의 시설

옥내에 시설하는 전동기에는 전동기가 손상될 우려가 있는 과전류가 생겼을 때에 자동적으로 이를 저지하거나 이를 경보하는 장치를 하여야 한다. 다만, 다음의 어느 하나에 해당하는 경우에는 그러하지 아니하다.

가. 전동기를 운전 중 상시 취급자가 감시할 수 있는 위치에 시설하는 경우

나. 전동기의 구조나 부하의 성질로 보아 전동기가 손상될 수 있는 과전류가 생길 우려가 없는 경우

다. 단상전동기로써 그 전원측 전로에 시설하는 과전류차단기의 정격전류가 16[A](배선용 차단기는 20[A]) 이하인 경우

라. **정격 출력이 0.2[kW] 이하의 전동기**   **답** ②

---

84 사용전압 66[kV]의 가공전선로를 시가지에 시설할 경우 전선의 지표상 최소 높이는 몇 [m]인가?

① 6.48 ② 8.36
③ 10.48 ④ 12.36

풀이 333.1 시가지 등에서 특고압 가공전선로의 시설

사용전압의 구분	지표상의 높이
35[kV] 이하	10[m] (전선이 특고압 절연전선인 경우에는 8[m])
35[kV] 초과	10[m]에 35[kV]를 초과하는 10[kV] 또는 그 단수마다 12[cm]를 더한 값

• 단수 $= \dfrac{66-35}{10} = 3.1 \rightarrow 4$단

• 지표상의 높이 $= 10 + 4 \times 0.12 = 10.48$[m]   **답** ③

---

85 차량 기타 중량물의 압력을 받을 우려가 있는 장소에 지중전선로를 직접 매설식으로 시설하는 경우 매설깊이는 몇 [m] 이상이어야 하는가?

① 0.8 ② 1.0
③ 1.2 ④ 1.5

풀이 334.1 지중전선로의 시설

가. 지중 전선로는 전선에 케이블을 사용하고 또한 관로식·암거식 또는 직접 매설식에 의하여 시설하여야 한다.

나. 지중 전선로를 직접 매설식에 의하여 시설하는 경우에는 매설 깊이는

① **차량 기타 중량물의 압력을 받을 우려가 있는 장소 : 1.0 [m] 이상**

② 기타 장소 : 0.6[m] 이상   **답** ②

---

86 저압 옥상전선로의 시설에 대한 설명으로 틀린 것은?

① 전선은 절연전선을 사용한다.

② 전선은 지름 2.6[mm] 이상의 경동선을 사용한다.

③ 전선은 상시 부는 바람 등에 의하여 식물에 접촉하지 않도록 시설한다.

④ 전선과 옥상 전선로를 시설하는 조영재와의 이격거리를 0.5[m]로 한다.

풀이 221.3 옥상전선로

저압 옥상전선로는 전개된 장소에 다음에 따르고 또한 위험의 우려가 없도록 시설하여야 한다.

가. 전선은 인장강도 2.30[kN] 이상의 것 또는 지름 2.6[mm] 이상의 경동선을 사용할 것.

나. 전선은 절연전선(OW전선을 포함한다.) 또는 이와 동등 이상의 절연효력이 있는 것을 사용할 것.

다. 전선은 조영재에 견고하게 붙인 지지주 또는 지지대에 절연성·난연성 및 내수성이 있는 애자를 사용하여 지지하고 또한 그 지지점 간의 거리는 15[m] 이하일 것.

라. 전선과 그 저압 옥상 전선로를 시설하는 **조영재와의 이격거리는 2[m]**(전선이 고압절연전선, 특고압 절연전선 또는 케이블인 경우에는 1[m]) 이상일 것.

마. 저압 옥상전선로의 전선은 상시 부는 바람 등에 의하여 식물에 접촉하지 아니하도록 시설하여야 한다.   **답** ④

---

87 가공전선로의 지지물에 취급자가 오르고 내리는데 사용하는 발판 볼트 등은 지표상 몇 [m] 미만에 시설하여서는 아니 되는가?

① 1.2 ② 1.8
③ 2.2 ④ 2.5

풀이 331.4 가공전선로 지지물의 철탑오름 및 전주오름 방지

가공전선로의 지지물에 취급자가 오르고 내리는데 사용하는 **발판 볼트 등을 지표상 1.8[m] 미만에 시설하여서는 아니 된다.**   **답** ②

---

88 고압가공전선로에 사용하는 가공지선으로 나경동선을 사용할 때의 최소 굵기[mm]는?

① 3.2 ② 3.5
③ 4.0 ④ 5.0

풀이 332.6 고압 가공전선로의 가공지선
고압 가공전선로에 사용하는 가공지선은 인장강도 5.26 [kN] 이상의 것 또는 지름 4[mm] 이상의 나경동선을 사용한다. **답** ③

89 특고압용 변압기의 보호장치인 냉각장치에 고장이 생긴 경우 변압기의 온도가 현저하게 상승한 경우에 이를 경보하는 장치를 반드시 하지 않아도 되는 경우는?

① 유입 풍냉식 ② 유입 자냉식
③ 송유 풍냉식 ④ 송유 수냉식

풀이 351.4 특고압용 변압기의 보호장치
특고압용의 변압기에는 그 내부에 고장이 생겼을 경우에 보호하는 장치를 표와 같이 시설하여야 한다.

뱅크 용량의 구분	동작조건	장치의 종류
5,000[kVA] 이상 10,000[kVA] 미만	변압기 내부고장	자동차단장치 또는 경보장치
10,000[kVA] 이상	변압기 내부고장	자동차단장치
타냉식 변압기(변압기의 권선 및 철심을 직접 냉각시키기 위하여 봉입한 냉매를 강제 순환시키는 냉각 방식을 말한다.)	냉각장치에 고장이 생긴 경우 또는 변압기의 온도가 현저히 상승한 경우	경보장치

※ 유입 자냉식 변압기는 타냉식 변압기가 아니므로 반드시 경보장치를 설치할 필요 없다. **답** ②

90 무선용 안테나 등을 지지하는 철탑의 기초 안전율은 얼마 이상이어야 하는가?

① 1.0 ② 1.5
③ 2.0 ④ 2.5

풀이 364.1 무선용 안테나 등을 지지하는 철탑 등의 시설
전력보안통신설비인 무선통신용 안테나 또는 반사판을 지지하는 목주·철주·철근 콘크리트주 또는 철탑은 다음에 따라 시설하여야 한다. 다만, 무선용 안테나 등이 전선로의 주위상태를 감시할 목적으로 시설되는 것일 경우에는 그러하지 아니하다.
가. 목주는 풍압하중에 대한 안전율은 1.5 이상이어야 한다.
나. 철주·철근 콘크리트주 또는 철탑의 기초 안전율은 1.5 이상이어야 한다. **답** ②

91 빙설의 정도에 따라 풍압하중을 적용하도록 규정하고 있는 내용 중 옳은 것은? (단, 빙설이 많은 지방 중 해안지방 기타 저온계절에 최대풍압이 생기는 지방은 제외한다.)

① 빙설이 많은 지방에서는 고온계절에는 갑종 풍압하중, 저온계절에는 을종 풍압하중을 적용한다.
② 빙설이 많은 지방에서는 고온계절에는 을종 풍압하중, 저온계절에는 갑종 풍압하중을 적용한다.
③ 빙설이 적은 지방에서는 고온계절에는 갑종 풍압하중, 저온계절에는 을종 풍압하중을 적용한다.
④ 빙설이 적은 지방에서는 고온계절에는 을종 풍압하중, 저온계절에는 갑종 풍압하중을 적용한다.

풀이 331.6 풍압하중의 종별과 적용

지 역		고온계절	저온계절
빙설이 많은 지방 이외의 지방		갑종	병종
빙설이 많은 지방	일반지역	갑종	을종
	해안지방, 기타 저온 계절에 최대 풍압이 생기는 지역	갑종	갑종과 을종 중 큰 값 선정
인가가 많이 연접되어 있는 장소		병종	병종

답 ①

92 가공전선로의 지지물에 시설하는 지선의 시설기준으로 옳은 것은?

① 지선의 안전율은 2.2 이상이어야 한다.
② 연선을 사용할 경우에는 소선(素線) 3가닥 이상이어야 한다.
③ 도로를 횡단하여 시설하는 지선의 높이는 지표상 4[m] 이상으로 하여야 한다.
④ 지중부분 및 지표상 20[cm] 까지의 부분에는 내식성이 있는 것 또는 아연도금을 한다.

풀이 331.11 지선의 시설
가. 지선의 안전율은 2.5 이상일 것. 이 경우에 허용 인장하중의 최저는 4.31[kN]으로 한다.
나. 지선에 연선을 사용할 경우에는 다음에 의할 것.
  ① 소선 3가닥 이상의 연선일 것.
  ② 소선의 지름이 2.6[mm] 이상의 금속선을 사용한 것일 것.

다. 지중부분 및 지표상 0.3[m] 까지의 부분에는 내식성이 있는 것 또는 아연도금을 한 철봉을 사용하고 쉽게 부식되지 않는 근가에 견고하게 붙일 것.

라. 도로를 횡단하여 시설하는 지선의 높이는 지표상 5[m] 이상으로 하여야 한다. 답 ②

93 조상설비의 조상기(調相機) 내부에 고장이 생긴 경우에 자동적으로 전로로부터 차단하는 장치를 시설해야 하는 뱅크용량[kVA]으로 옳은 것은?

① 1000 ② 1500
③ 10000 ④ 15000

풀이 351.5 조상설비의 보호장치
조상 설비에는 그 내부에 고장이 생긴 경우에 보호하는 장치를 표와 같이 시설하여야 한다.

설비 종별	뱅크 용량의 구분	자동적으로 전로로부터 차단하는 장치
전력용 커패시터 및 분리리액터	500[kVA] 초과 15,000[kVA] 미만	• 내부에 고장이 생긴 경우 • 과전류가 생긴 경우
	15,000[kVA] 이상	• 내부에 고장이 생긴 경우 • 과전류가 생긴 경우 • 과전압이 생긴 경우
조상기	15,000[kVA] 이상	• 내부에 고장이 생긴 경우

답 ④

94 특고압가공전선로의 지지물로 사용하는 B종 철주에서 각도형은 전선로 중 몇 도를 넘는 수평 각도를 이루는 곳에 사용되는가?

① 1 ② 2 ③ 3 ④ 5

풀이 333.11 특고압 가공전선로의 철주·철근 콘크리트주 또는 철탑의 종류
특고압 가공전선로의 지지물로 사용하는 B종 철근·B종 콘크리트주 또는 철탑의 종류는 다음과 같다.
가. 직선형 : 전선로의 직선 부분(3° 이하의 수평 각도 이루는 곳 포함)에 사용되는 것
나. 각도형 : 전선로 중 수평 각도 3°를 넘는 곳에 사용되는 것
다. 인류형 : 전 가섭선을 인류하는 곳에 사용하는 것
라. 내장형 : 전선로 지지물 양측의 경간차가 큰 곳에 사용하는 것
마. 보강형 : 전선로 직선 부분을 보강하기 위하여 사용하는 것 답 ③

┌─────────────────────────────────┐
│ 출제기준 변경 및 개정된 관계 법규에 따라 │
│ 삭제된 문제가 있어 20문항이 안됩니다. │
└─────────────────────────────────┘

2019년 - 3회 _ 전기기사

81 고압가공전선로의 지지물로 철탑을 사용한 경우 최대경간은 몇 [m] 이하이어야 하는가?

① 300 ② 400
③ 500 ④ 600

풀이 332.9 고압 가공전선로 경간의 제한
고압 가공전선로의 경간은 표에서 정한 값 이하이어야 한다.

지지물의 종류	경 간
목주·A종 철주 또는 A종 철근 콘크리트주	150[m]
B종 철주 또는 B종 철근 콘크리트주	250[m]
철 탑	600[m] (단주인 경우에는 400[m])

답 ④

82 폭발성 또는 연소성의 가스가 침입할 우려가 있는 것에 시설하는 지중함으로서 그 크기가 몇 [m³] 이상의 것은 통풍장치 기타 가스를 방산시키기 위한 적당한 장치를 시설하여야 하는가?

① 0.9 ② 1.0
③ 1.5 ④ 2.0

풀이 334.2 지중함의 시설
폭발성 또는 연소성의 가스가 침입할 우려가 있는 것에 시설하는 지중함으로서 그 크기가 1[m³] 이상인 것에는 통풍장치 기타 가스를 방산시키기 위한 적당한 장치를 시설할 것 답 ②

83 다음의 ⓐ, ⓑ에 들어갈 내용으로 옳은 것은?

┌─────────────────────────────────┐
│ 과전류차단기로 시설하는 퓨즈 중 고압전로 │
│ 에 사용하는 비포장퓨즈는 정격전류의 (ⓐ) │
│ 배의 전류에 견디고 또한 2배의 전류로 (ⓑ) │
│ 분 안에 용단되는 것이어야 한다. │
└─────────────────────────────────┘

① ⓐ 1.1, ⓑ 1 ② ⓐ 1.2, ⓑ 1
③ ⓐ 1.25, ⓑ 2 ④ ⓐ 1.3, ⓑ 2

풀이 341.10 고압 및 특고압 전로 중의 과전류차단기의 시설
　가. 과전류차단기로 시설하는 퓨즈 중 고압전로에 사용하는 포장 퓨즈는 정격전류의 1.3배의 전류에 견디고 또한 2배의 전류로 120분 안에 용단되는 것이어야 한다.
　나. 과전류차단기로 시설하는 퓨즈 중 고압전로에 사용하는 비포장 퓨즈는 정격전류의 1.25배의 전류에 견디고 또한 2배의 전류로 2분 안에 용단되는 것이어야 한다.　　**답** ③

84 지중전선로를 직접 매설식에 의하여 시설하는 경우에는 매설 깊이를 차량 기타 중량물의 압력을 받을 우려가 있는 장소에서는 몇 [cm] 이상으로 하면 되는가?

① 40　　② 60　　③ 80　　④ 100

풀이 334.1 지중전선로의 시설
　가. 지중 전선로는 전선에 케이블을 사용하고 또한 관로식·암거식 또는 직접 매설식에 의하여 시설하여야 한다.
　나. 지중 전선로를 직접 매설식에 의하여 시설하는 경우에는 매설 깊이는
　　① 차량 기타 중량물의 압력을 받을 우려가 있는 장소 : 1.0[m] 이상
　　② 기타 장소 : 0.6[m] 이상　　**답** ④

85 사용전압 35000[V]인 기계기구를 옥외에 시설하는 개폐소의 구내에 취급자 이외의 자가 들어가지 않도록 울타리를 설치할 때 울타리와 특고압의 충전부분이 접근하는 경우에는 울타리의 높이와 울타리로부터 충전부분까지의 거리의 합은 최소 몇 [m] 이상이어야 하는가?

① 4　　② 5　　③ 6　　④ 7

풀이 351.1 발전소 등의 울타리·담 등의 시설
　가. 울타리·담 등의 높이는 2[m] 이상으로 하고 지표면과 울타리·담 등의 하단 사이의 간격은 0.15[m] 이하로 할 것.
　나. 울타리·담 등의 높이와 울타리·담 등으로부터 충전부분까지 거리의 합계는 표에서 정한 값 이상으로 할 것.

사용전압의 구분	울타리·담 등의 높이와 울타리·담 등으로부터 충전 부분까지의 거리의 합계
35[kV] 이하	5[m]
35[kV] 초과 160[kV] 이하	6[m]

사용전압의 구분	울타리·담 등의 높이와 울타리·담 등으로부터 충전 부분까지의 거리의 합계
160[kV] 초과	• 거리의 합계 = 6 + 단수 × 0.12[m] • 단수 = $\dfrac{\text{사용전압[kV]}-160}{10}$ 단수 계산에서 소수점 이하는 절상

답 ②

86 저압가공전선이 건조물의 상부 조영재 옆쪽으로 접근하는 경우 저압가공전선과 건조물의 조영재 사이의 이격거리는 몇 [m] 이상이어야 하는가? (단, 전선에 사람이 쉽게 접촉할 우려가 없도록 시설한 경우와 전선이 고압 절연전선, 특고압 절연전선 또는 케이블인 경우는 제외한다.)

① 0.6　　② 0.8
③ 1.2　　④ 2.0

풀이 332.11 고압 가공전선과 건조물의 접근
　222.11 저압 가공전선과 건조물의 접근
　저압 가공전선 또는 고압 가공전선이 건조물과 접근 상태로 시설되는 경우에는 다음에 따라야 한다.
　가. 고압 가공전선로는 고압 보안공사에 의할 것.
　나. 저·고압 가공전선과 건조물의 조영재 사이의 이격 거리는 표에서 정한 값 이상일 것.

사용전압 부분 공작물의 종류			저압[m]	고압[m]
건조물	상부 조영재 위쪽	일반적인 경우	2	2
		전선이 고압절연전선	1	2
		전선이 케이블인 경우	1	1
	기타 조영재 또는 상부조영재의 옆쪽 또는 아래쪽	일반적인 경우	1.2	1.2
		전선이 고압절연전선	0.4	1.2
		전선이 케이블인 경우	0.4	0.4
		사람이 쉽게 접근할 수 없도록 시설한 경우	0.8	0.8

답 ③

87 변압기의 고압측 전로와의 혼촉에 의하여 저압측 전로의 대지전압이 150[V]를 넘는 경우에 2초 이내에 고압전로를 자동 차단하는 장치가 되어 있는 6600/ 220[V] 배전선로에 있어서 1선 지락 전류가 2[A]이면 접지저항 값의 최대는 몇 [Ω]인가?

① 50　　② 75
③ 150　　④ 300

풀이 142.5 변압기 중성점 접지
변압기의 중성점접지 저항 값은 다음에 의한다.
가. 변압기의 고압·특고압측 전로 1선 지락전류로 150
을 나눈 값 과 같은 저항 값 이하

$$R = \frac{150}{\text{변압기의 고압측 또는}\atop \text{특고압측의 1선 지락전류}} [\Omega]$$

나. 사용전압이 35[kV] 이하의 특고압전로가 저압측 전
로와 혼촉하고 저압전로의 대지전압이 150[V]를 초
과하는 경우는 저항 값은 다음에 의한다.
① 1초 초과 2초 이내에 고압·특고압 전로를 자동
으로 차단하는 장치를 설치할 때는 300을 나눈
값 이하

$$R = \frac{300}{\text{변압기의 고압측 또는}\atop \text{특고압측의 1선 지락전류}} [\Omega]$$

② 1초 이내에 고압·특고압 전로를 자동으로 차단
하는 장치를 설치할 때는 600을 나눈 값 이하

$$R = \frac{600}{\text{변압기의 고압측 또는}\atop \text{특고압측의 1선 지락전류}} [\Omega]$$

$$\therefore R = \frac{300}{1선\ 지락\ 전류} = \frac{300}{2} = 150[\Omega]$$ **답** ③

88 폭연성 분진 또는 화약류의 분말이 존재하는
곳의 저압 옥내배선은 어느 공사에 의하는가?

① 금속관공사
② 애자공사
③ 합성수지관공사
④ 캡타이어케이블공사

풀이 242.2.1 폭연성 분진 위험장소
폭연성 분진(마그네슘·알루미늄·티탄·지르코늄)
또는 화약류의 분말이 전기설비가 발화원이 되어 폭발
할 우려가 있는 곳에 시설하는 저압 옥내배선, 저압 관
등회로 배선, 소세력 회로의 전선은 금속관공사 또는
케이블공사(캡타이어 케이블을 사용하는 것을 제외한
다)에 의할 것. **답** ①

89 저압 옥내전로의 인입구에 가까운 곳으로서 쉽
게 개폐할 수 있는 곳에 개폐기를 시설하여야
한다. 그러나 사용전압이 400[V] 이하인 옥내
전로로서 다른 옥내전로에 접속하는 길이가 몇
[m] 이하인 경우는 개폐기를 생략할 수 있는
가? (단, 정격전류가 16[A] 이하인 과전류 차단

기 또는 정격전류가 16[A]를 초과하고 20[A]
이하인 배선용 차단기로 보호되고 있는 것에
한한다.)

① 15　　　　　② 20
③ 25　　　　　④ 30

풀이 212.6.2 저압 옥내전로 인입구에서의 개폐기의 시설
가. 저압 옥내전로에는 인입구에 가까운 곳으로서 쉽게
개폐할 수 있는 곳에 개폐기를 각 극에 시설하여야
한다.
나. 사용전압이 400[V] 이하인 옥내 전로로서 다른 옥
내전로(정격전류가 16[A] 이하인 과전류 차단기 또
는 정격전류가 16[A]를 초과하고 20[A] 이하인 배
선용 차단기로 보호되고 있는 것에 한한다)에 접속
하는 길이 15[m] 이하의 전로에서 전기의 공급을
받는 것은 개폐기를 생략 할 수 있다. **답** ①

90 지중전선로는 기설 지중 약전류 전선로에 대하
여 다음의 어느 것에 의하여 통신상의 장해를
주지 아니하도록 기설 약전류 전선로로부터 충
분히 이격시키는가?

① 충전전류 또는 표피작용
② 충전전류 또는 유도작용
③ 누설전류 또는 표피작용
④ 누설전류 또는 유도작용

풀이 334.5 지중약전류전선의 유도장해 방지
지중전선로는 기설 지중약전류전선로에 대하여 누설
전류 또는 유도작용에 의하여 통신상의 장해를 주지 않
도록 기설 약전류전선로로부터 충분히 이격시키거나
기타 적당한 방법으로 시설하여야 한다. **답** ④

91 일반주택 및 아파트 각 호실의 현관등은 몇 분
이내에 소등되는 타임스위치를 시설하여야 하
는가?

① 1분　　　　　② 3분
③ 5분　　　　　④ 10분

풀이 234.6 점멸기의 시설
다음의 경우에는 센서등(타임스위치 포함)을 시설하여
야 한다.
가. 관광숙박업 또는 숙박업(여인숙업을 제외한다)에
이용되는 객실의 입구등은 1분 이내에 소등되는 것.
나. 일반주택 및 아파트 각 호실의 현관등은 3분 이내에
소등되는 것. **답** ②

92 발전소에서 장치를 시설하여 계측하지 않아도 되는 것은?

① 발전기의 회전자 온도
② 특고압용 변압기의 온도
③ 발전기의 전압 및 전류 또는 전력
④ 주요 변압기의 전압 및 전류 또는 전력

풀이 351.6 계측장치
발전소에서는 다음의 사항을 계측하는 장치를 시설하여야 한다.
가. 발전기의 전압 및 전류 또는 전력
나. 발전기의 베어링 및 고정자의 온도
다. 주요 변압기의 전압 및 전류 또는 전력
라. 특고압용 변압기의 온도　　　　　**답** ①

93 백열전등 또는 방전등에 전기를 공급하는 옥내 전로의 대지전압은 몇 [V] 이하이어야 하는가?

① 440　　　　　② 380
③ 300　　　　　④ 100

풀이 231.6 옥내전로의 대지 전압의 제한
백열전등 또는 방전등에 전기를 공급하는 옥내의 전로의 대지전압은 300[V] 이하여야 한다.　　**답** ③

94 66[kV] 가공전선과 6[kV] 가공전선을 동일 지지물에 병행설치하는 경우, 특고압가공전선으로 사용하는 경동연선의 굵기는 몇 [mm²] 이상이어야 하는가?

① 22　　　　　② 38
③ 50　　　　　④ 100

풀이 333.17 특고압 가공전선과 저고압 가공전선 등의 병행설치
사용전압이 35[kV]을 초과하고 100[kV] 미만인 특고압 가공전선과 저압 또는 고압 가공전선을 동일 지지물에 시설하는 경우에는 다음에 따라 시설하여야 한다.
가. 특고압 가공전선로는 제2종 특고압 보안공사에 의할 것.
나. 특고압 가공전선은 케이블인 경우를 제외하고는 인장강도 21.67[kN] 이상의 연선 또는 단면적이 50[mm²] 이상인 경동연선일 것.
다. 특고압 가공전선로의 지지물은 철주·철근 콘크리트주 또는 철탑일 것　　　　　**답** ③

95 저압 또는 고압의 가공전선로와 기설 가공 약전류 전선로가 병행할 때 유도작용에 의한 통신상의 장해가 생기지 않도록 전선과 기설 약전류 전선 간의 이격거리는 몇 [m] 이상이어야 하는가? (단, 전기철도용 급전선로는 제외한다.)

① 2　　　　　② 3
③ 4　　　　　④ 6

풀이 332.1 가공약전류전선로의 유도장해 방지
저압 가공전선로 또는 고압 가공전선로와 기설 가공약전류전선로가 병행하는 경우에는 유도작용에 의하여 통신상의 장해가 생기지 않도록 전선과 기설 약전류전선간의 이격거리는 2[m] 이상이어야 한다.　　**답** ①

96 가공전선로의 지지물에 하중이 가하여지는 경우에 그 하중을 받는 지지물의 기초 안전율은 특별한 경우를 제외하고 최소 얼마 이상인가?

① 1.5　　　　　② 2
③ 2.5　　　　　④ 3

풀이 331.7 가공전선로 지지물의 기초의 안전율
가공전선로의 지지물에 하중이 가하여지는 경우에 그 하중을 받는 지지물의 기초의 안전율은 2(이상 시 상정하중이 가하여지는 철탑의 기초에 대하여는 1.33) 이상이어야 한다.　　　　　**답** ②

> 출제기준 변경 및 개정된 관계 법규에 따라 삭제된 문제가 있어 20문항이 안됩니다.

2019년 - 4회 _ 공사기사

81 발전기 등의 보호장치의 기준과 관련하여 발전기를 자동적으로 전로로부터 차단하는 장치를 시설하여야 하는 경우로 옳은 것은?

① 발전기에 과전류가 생긴 경우
② 발전기에 역상전류가 생긴 경우
③ 발전기의 전류에 고조파가 포함된 경우
④ 발전기의 부하에 누설전류가 포함된 경우

풀이 351.3 발전기 등의 보호장치
발전기에는 다음의 경우에 자동적으로 이를 전로로부터 차단하는 장치를 시설하여야 한다.
가. **발전기에 과전류나 과전압이 생긴 경우**
나. 용량이 500[kVA] 이상의 발전기를 구동하는 수차의 압유 장치의 유압이 현저히 저하한 경우
다. 용량이 100[kVA] 이상의 발전기를 구동하는 풍차의 압유장치의 유압이 현저히 저하한 경우
라. 용량이 2,000[kVA] 이상인 수차 발전기의 스러스트 베어링의 온도가 현저히 상승한 경우
마. 용량이 10,000[kVA] 이상인 발전기의 내부에 고장이 생긴 경우
바. 정격출력이 10,000[kW]를 초과하는 증기터빈은 그 스러스트 베어링이 현저하게 마모되거나 그의 온도가 현저히 상승한 경우 **답 ①**

82 고압 가공전선과 건조물의 상부 조영재와의 옆쪽 이격거리는 몇 [m] 이상인가? (단, 전선에 사람이 쉽게 접촉할 우려가 있고 케이블이 아닌 경우이다.)

① 1.0   ② 1.2
③ 1.5   ④ 2.0

풀이 332.11 고압 가공전선과 건조물의 접근
222.11 저압 가공전선과 건조물의 접근
저압 가공전선 또는 고압 가공전선이 건조물과 접근 상태로 시설되는 경우에는 다음에 따라야 한다.
가. 고압 가공전선로는 고압 보안공사에 의할 것.
나. 저·고압 가공전선과 건조물의 조영재 사이의 이격거리는 표에서 정한 값 이상일 것.

사용전압 부분 공작물의 종류		저압[m]	고압[m]
건조물	상부 조영재 위쪽 - 일반적인 경우	2	2
	전선이 고압절연전선	1	2
	전선이 케이블인 경우	1	1
	기타 조영재 또는 **상부조영재의 옆쪽** 또는 아래쪽 - **일반적인 경우**	1.2	**1.2**
	전선이 고압절연전선	0.4	1.2
	전선이 케이블인 경우	0.4	0.4
	사람이 쉽게 접근할 수 없도록 시설한 경우	0.8	0.8

답 ②

83 지중 전선로의 시설에 관한 기준으로 옳은 것은?

① 전선은 케이블을 사용하고 관로식, 암거식 또는 직접 매설식에 의하여 시설한다.

② 전선은 절연전선을 사용하고 관로식, 암거식 또는 직접 매설식에 의하여 시설한다.
③ 전선은 나전선을 사용하고 내화성능이 있는 비닐관에 인입하여 시설한다.
④ 전선은 절연전선을 사용하고 내화성능이 있는 비닐관에 인입하여 시설한다.

풀이 334.1 지중전선로의 시설
가. 지중 전선로는 **전선에 케이블을 사용하고 또한 관로식·암거식 또는 직접 매설식에 의하여 시설**하여야 한다.
나. 지중 전선로를 직접 매설식에 의하여 시설하는 경우에는 매설 깊이는
① 차량 기타 중량물의 압력을 받을 우려가 있는 장소 : 1.0[m] 이상
② 기타 장소 : 0.6[m] 이상 **답 ①**

84 154[kV] 가공전선과 가공약전류 전선이 교차하는 경우에 시설하는 보호망을 구성하는 금속선 중 가공전선의 바로 아래에 시설되는 것 이외의 다른 부분에 시설되는 금속선은 지름 몇 [mm] 이상의 아연도철선이어야 하는가?

① 2.6   ② 3.2
③ 3.6   ④ 4.0

풀이 333.26 특고압 가공전선과 저고압 가공전선 등의 접근 또는 교차
보호망은 규정에 준하여 접지공사를 한 금속제의 망상 장치로 하고 또한 다음에 따라 시설하여야 한다.
가. 보호망을 구성하는 금속선은 그 외주 및 **특고압 가공전선의 바로 아래에 시설**하는 금속선에 인장강도 8.01[kN] 이상의 것 또는 **지름 5[mm] 이상의 경동선**을 사용하고 **기타 부분**에 시설하는 금속선에 인장강도 3.64[kN] 이상 또는 **지름 4[mm] 이상의 아연도철선**을 사용할 것.
나. 보호망을 구성하는 금속선 상호 간의 간격은 가로 세로 각 1.5[m] 이하일 것.
다. 보호망과 저고압 가공전선 등과의 수직 이격거리는 60[cm] 이상일 것. **답 ④**

85 최대사용전압이 360[kV]인 가공전선이 교량과 제1차 접근상태로 시설되는 경우에 전선과 교량과의 이격거리는 최소 몇 [m] 이상이어야 하는가?

① 5.96   ② 6.96
③ 7.95   ④ 8.95

풀이 333.24 특고압 가공전선과 도로 등의 접근 또는 교차
특고압 가공전선이 도로・횡단보도교・철도 또는 궤도(이하 "도로 등"이라 한다)와 제1차 접근 상태로 시설되는 경우에는 다음에 따라야 한다.
가. 특고압 가공전선로는 제3종 특고압 보안공사에 의할 것.
나. 특고압 가공전선과 도로 등 사이의 이격거리는 표에서 정한 값 이상일 것. 다만, 특고압 절연전선을 사용하는 사용전압이 35[kV] 이하의 특고압 가공전선과 도로 등 사이의 수평 이격거리가 1.2[m] 이상인 경우에는 그러하지 아니하다.

사용전압의 구분	이격거리
35[kV] 이하	3[m]
35[kV] 초과	• 이격거리 = 3 + 단수 × 0.15[m] • 단수 = $\dfrac{(전압[kV]-35)}{10}$ 단수 계산에서 소수점 이하는 절상

• 단수 = $\dfrac{360-35}{10} = 32.5 \rightarrow 33$단
• 이격 거리 = $3 + 33 \times 0.15 = 7.95$[m]   **답** ③

86 동일 지지물에 고압 가공전선과 저압 가공전선(다중접지 된 중성선은 제외한다.)을 병행설치할 때 저압 가공전선의 위치는?

① 동일 완금류에 평행되게 시설
② 별도의 규정이 없으므로 임의로 시설
③ 저압 가공전선을 고압 가공전선의 위에 시설
④ 저압 가공전선을 고압 가공전선의 아래에 시설

풀이 332.8 고압 가공전선 등의 병행설치
저압 가공전선(다중접지된 중성선은 제외한다. 이하 같다)과 고압 가공전선을 동일 지지물에 시설하는 경우에는 다음에 따라야 한다.
가. 저압 가공전선을 고압 가공전선의 아래로 하고 별개의 완금류에 시설할 것.
나. 저압 가공전선과 고압 가공전선 사이의 이격거리는 0.5[m] 이상일 것.
다. 다음의 어느 하나에 해당하는 경우에는 "가" 및 "나"에 의하지 아니할 수 있다.
　① 고압 가공전선에 케이블을 사용하고, 또한 그 케이블과 저압 가공전선 사이의 이격거리를 0.3[m] 이상으로 하여 시설하는 경우
　② 저압 가공인입선을 분기하기 위하여 저압 가공전선을 고압용의 완금류에 견고하게 시설하는 경우

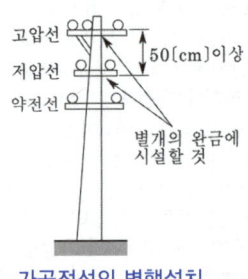

고압선
저압선
약전선
50[cm]이상
별개의 완금에 시설할 것

가공전선의 병행설치   **답** ④

87 사용전압 22.9[kV]의 가공전선이 철도를 횡단하는 경우, 전선의 레일면상의 높이는 몇 [m] 이상인가?

① 5　　　　　② 5.5
③ 6　　　　　④ 6.5

풀이 333.7 특고압 가공전선의 높이

전압의 범위	일반 장소	도로 횡단	철도 또는 궤도횡단	횡단보도교
35[kV] 이하	5[m]	6[m]	6.5[m]	4[m](특고압 절연전선 또는 케이블 사용)
35[kV] 초과 160[kV] 이하	6[m]	6[m]	6.5[m]	5[m](케이블 사용)
	산지 등에서 사람이 쉽게 들어갈 수 없는 장소 : 5[m] 이상			
160[kV] 초과	일반장소		가공전선의 높이 = 6 + 단수 × 0.12[m]	
	철도 또는 궤도횡단		가공전선의 높이 = 6.5 + 단수 × 0.12[m]	
	산지		가공전선의 높이 = 5 + 단수 × 0.12[m]	

※ 단수 = $\dfrac{(전압[kV]-160)}{10}$
… 단수 계산에서 소수점 이하는 절상   **답** ④

88 변압기 전로의 절연내력시험에서 최대사용전압이 22.9[kV]인 경우 시험전압은 최대사용전압의 몇 배인가? [단, 권선은 중성점 접지식 전로(중성선을 가지는 것으로서 그 중성선에 다중 접지를 하는 것에 한한다.)에 접속하였다.]

① 0.92　　　　② 1.1
③ 1.25　　　　④ 1.5

풀이 135 변압기 전로의 절연내력

권선의 종류 (최대사용전압)	접지방식	시험전압 (최대사용 전압의 배수)	최저 시험전압
1. 7[kV] 이하		1.5배	500[V]
	다중접지	0.92배	500[V]
2. 7[kV] 초과 25[kV] 이하	다중접지	0.92배	
3. 7[kV] 초과 60[kV] 이하 (2란의 것 제외)		1.25배	10.5[kV]
4. 60[kV] 초과	비접지	1.25배	
5. 60[kV] 초과 (6란의 것 제외)	접지식	1.1배	75 [kV]
6. 60[kV] 초과	직접접지	0.72배	
7. 170[kV] 초과	직접접지	0.64배	

답 ①

89 22000[V]의 특고압 가공전선으로 경동연선을 시가지에 시설할 경우 전선의 지표상 높이는 몇 [m] 이상이어야 하는가?

① 4 ② 6
③ 8 ④ 10

풀이 333.1 시가지 등에서 특고압 가공전선로의 시설

사용전압의 구분	지표상의 높이
35[kV] 이하	10[m] (전선이 특고압 절연전선인 경우에는 8[m])
35[kV] 초과	10[m]에 35[kV]를 초과하는 10[kV] 또는 그 단수마다 12[cm]를 더한 값

답 ④

90 사용전압이 22.9[kV]의 특고압 가공전선로에는 전화선로의 길이 12[km]마다 유도전류가 몇 [μA]를 넘지 않아야 하는가?

① 1.5 ② 2
③ 2.5 ④ 3

풀이 333.2 유도장해의 방지
가. 사용전압이 60[kV] 이하인 경우에는 전화선로의 길이 12[km] 마다 유도전류가 2[μA]를 넘지 아니하도록 할 것.
나. 사용전압이 60[kV]를 초과하는 경우에는 전화선로의 길이 40[km] 마다 유도전류가 3[μA]을 넘지 아니하도록 할 것.

다. 특고압 가공전선로는 기설 통신선로에 대하여 상시 정전 유도작용에 의하여 통신상의 장해를 주지 아니하도록 시설하여야 한다. **답 ②**

91 발전소의 압축공기장치의 사용압력이 10[kg/cm²]이다. 주 공기탱크 압력계의 눈금은 최대 몇 [kg/cm²]까지 사용할 수 있는가?

① 15 ② 20
③ 25 ④ 30

풀이 341.15 압축공기계통
주 공기탱크 또는 이에 근접한 곳에는 사용압력의 1.5배 이상 3배 이하의 최고 눈금이 있는 압력계를 시설할 것.
따라서 10 × 3배 = 30[kg/cm²] **답 ④**

92 3300[V] 고압 가공전선을 교통이 번잡한 도로를 횡단하여 시설하는 경우 지표상 높이를 몇 [m] 이상으로 하여야 하는가?

① 5.0 ② 5.5
③ 6.0 ④ 6.5

풀이 332.5 고압 가공전선의 높이
222.7 저압 가공전선의 높이
저·고압 가공전선의 높이는 다음에 따라야 한다.

설치장소		가공전선의 높이
도로횡단(번잡하지 않은 도로 제외)		지표상 6[m] 이상
철도 또는 궤도횡단		레일면상 6.5[m] 이상
횡단 보도교 위	저압	노면상 3.5[m] 이상. 단, 절연전선의 경우 3[m] 이상
	고압	노면상 3.5[m] 이상
일반장소		지표상 5[m] 이상. 단, 저압의 경우 절연전선 또는 케이블을 사용하여 교통에 지장이 없도록 하여 옥외조명용에 공급하는 경우 4[m]까지 감할 수 있다.
다리의 하부 기타 이와 유사한 장소		저압의 전기철도용 급전선은 지표상 3.5[m]까지로 감할 수 있다.

답 ③

93 그림은 전력선 반송통신용 결합장치의 보안장치이다. 여기에서 FD는 무엇인가?

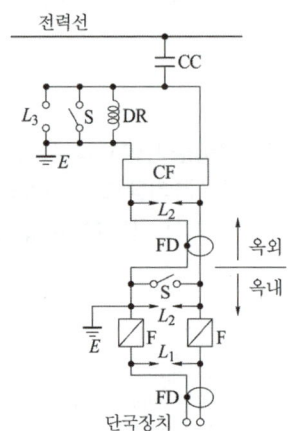

전력선

① 절연전선   ② 결합필터
③ 동축케이블   ④ 배류중계선륜

풀이 362.11 전력선 반송 통신용 결합장치의 보안장치
- **FD : 동축 케이블**
- F : 정격 전류 10[A] 이하의 포장 퓨즈
- DR : 전류 용량 2[A] 이상의 배류 선륜
- L_1 : 교류 300[V] 이하에서 동작하는 피뢰기
- L_2 : 동작 전압이 교류 1,300[V]를 넘고 1,600[V] 이하로 조정된 방전갭
- L_3 : 동작 전압이 교류 2[kV]를 넘고 3[kV] 이하로 조성된 구상 방전갭
- S : 접지용 개폐기
- CF : 결합 필터
- CC : 결합 콘덴서(결합 안테나를 포함한다)
- E : 접지   **답** ③

94 전로의 중성점 접지의 접지도체를 연동선으로 할 경우 공칭 단면적은 몇 [mm²] 이상인가? (단, 저압 전로의 중성점에 시설하는 것은 제외한다.)

① 6   ② 10
③ 16   ④ 25

풀이 322.5 전로의 중성점의 접지
접지도체는 공칭단면적 16[mm²] 이상의 연동선(저압 전로의 중성점에 시설하는 것은 공칭단면적 6[mm²] 이상의 연동선)으로서 고장시 흐르는 전류가 안전하게 통할 수 있는 것을 사용하고 또한 손상을 받을 우려가 없도록 시설할 것.   **답** ③

95 사용전압이 35,000[V] 이하이고 또한 전선에 케이블을 사용하는 경우에 특고압 가공인입선의 높이는 그 특고압 가공 인입선이 도로 · 횡단보도교 · 철도 및 궤도를 횡단하는 이외의 경우에 한하여 지표상 몇 [m] 까지로 감할 수 있는가?

① 3   ② 4
③ 5   ④ 6

풀이 331.12.2 특고압 가공인입선의 시설
사용전압이 35[kV] 이하이고 또한 전선에 케이블을 사용하는 경우에 특고압 가공 인입선의 높이는 그 특고압 가공 인입선이 도로 · 횡단보도교 · 철도 및 궤도를 횡단하는 이외의 경우에 한하여 지표상 4[m] 까지로 감할 수 있다.   **답** ②

96 저압전로에 사용하는 과전류차단기로 정격전류 30[A]의 퓨즈에 48[A]의 전류를 통했을 경우 몇 분 내에 자동적으로 동작하여야 하는가?

① 20   ② 60
③ 100   ④ 150

풀이 212.3.4 보호장치의 특성
1. 과전류 보호장치는 KS C 또는 KS C IEC 관련 표준(배선차단기, 누전차단기, 퓨즈 등의 표준)의 동작특성에 적합하여야 한다.
2. 과전류차단기로 저압전로에 사용하는 범용의 퓨즈는 표에 적합한 것이어야 한다.

표. 퓨즈(gG)의 용단특성

정격전류의 구분	시간	정격전류의 배수	
		불용단전류	용단전류
4[A] 이하	60분	1.5배	2.1배
4[A] 초과 16[A] 미만	60분	1.5배	1.9배
16[A] 이상 63[A] 이하	60분	1.25배	1.6배
63[A] 초과 160[A] 이하	120분	1.25배	1.6배
160[A] 초과 400[A] 이하	180분	1.25배	1.6배
400[A] 초과	240분	1.25배	1.6배

답 ②

출제기준 변경 및 개정된 관계 법규에 따라 삭제된 문제가 있어 20문항이 안됩니다.

문제의 번호는 실제 시험문제의 번호와 같게 하였습니다.

2020년 - 1,2회 _ 전기기사·공사기사

81 지중 전선로를 직접 매설식에 의하여 시설할 때, 중량물의 압력을 받을 우려가 있는 장소에 저압 또는 고압의 지중전선을 견고한 트라프 기타 방호물에 넣지 않고도 부설할 수 있는 케이블은?

① PVC 외장 케이블
② 콤바인 덕트 케이블
③ 염화비닐 절연 케이블
④ 폴리에틸렌 외장 케이블

풀이 334.1 지중전선로의 시설
지중 전선로를 직접 매설식에 의하여 시설하는 경우에 지중 전선을 견고한 트라프 기타 방호물에 넣어 시설하여야 한다. 단, 다음의 어느 하나에 해당하는 경우에는 지중전선을 견고한 트라프 기타 방호물에 넣지 아니하여도 된다.
① 저압 또는 고압의 지중전선을 차량 기타 중량물의 압력을 받을 우려가 없는 경우에 그 위를 견고한 판 또는 몰드로 덮어 시설하는 경우
② 저압 또는 고압의 지중전선에 **콤바인덕트 케이블 또는 개장한 케이블을 사용**하여 시설하는 경우 **답** ②

82 수소냉각식 발전기 등의 시설기준으로 틀린 것은?

① 발전기안 또는 조상기안의 수소의 온도를 계측하는 장치를 시설할 것
② 발전기축의 밀봉부로부터 수소가 누설될 때 누설된 수소를 외부로 방출하지 않을 것
③ 발전기안 또는 조상기안의 수소의 순도가 85[%] 이하로 저하한 경우에 이를 경보하는 장치를 시설할 것
④ 발전기 또는 조상기는 수소가 대기압에서 폭발하는 경우에 생기는 압력에 견디는 강도를 가지는 것일 것

풀이 351.10 수소냉각식 발전기 등의 시설
수소냉각식의 발전기·조상기 또는 이에 부속하는 수소 냉각 장치는 다음 각 호에 따라 시설하여야 한다.
가. 발전기 또는 조상기는 **기밀구조** 것이고 또한 수소가 대기압에서 폭발하는 경우에 생기는 **압력에 견디는 강도를 가지는 것일 것.**
나. 발전기축의 밀봉부에는 질소 가스를 봉입할 수 있는 장치 또는 발전기 축의 밀봉부로부터 **누설된 수소 가스를 안전하게 외부에 방출할 수 있는 장치를** 시설할 것.
다. 발전기 내부 또는 조상기 내부의 수소의 **순도가 85[%] 이하로 저하한 경우에 이를 경보하는 장치를** 시설할 것.
라. 발전기 내부 또는 조상기 내부의 **수소의 압력을 계측하는 장치 및 그 압력이 현저히 변동한 경우에 이를 경보하는 장치를 시설할 것.
마. 발전기 내부 또는 조상기 내부의 **수소의 온도를 계측**하는 장치를 시설할 것.
바. 발전기 내부 또는 조상기 내부로 수소를 안전하게 도입할 수 있는 장치 및 발전기안 또는 조상기안의 **수소를 안전하게 외부로 방출할 수 있는 장치를** 시설할 것.
사. 발전기 또는 조상기에 붙인 유리제의 점검 창 등은 쉽게 파손되지 아니하는 구조로 되어 있을 것.
답 ②

83 어느 유원지의 어린이 놀이기구인 유희용 전차에 전기를 공급하는 전로의 사용전압은 교류인 경우 몇 [V] 이하이어야 하는가?

① 20
② 40
③ 60
④ 100

풀이 241.8 유희용 전차
가. 유희용 전차에 전기를 공급하기 위하여 사용하는 **변압기의 1차 전압은 400[V] 이하**이어야 한다.
나. 유희용 전차에 전기를 공급하는 전원장치의 **2차측 단자의 최대사용전압은 직류의 경우 60[V] 이하, 교류의 경우 40[V] 이하**일 것.
다. 접촉전선은 제3레일 방식에 의하여 시설할 것.
라. 유희용 전차의 전차 내에서 승압하여 사용하는 경우 변압기는 절연변압기를 사용하고 2차 전압은 150 [V] 이하로 할 것. **답** ②

84 연료전지 및 태양전지 모듈의 절연내력시험을 하는 경우 충전부분과 대지 사이에 인가하는 시험전압은 얼마인가? (단, 연속하여 10분간 가하여 견디는 것이어야 한다.)

① 최대사용전압의 1.25배의 직류전압 또는 1배의 교류전압(500[V] 미만으로 되는 경우에는 500[V])

② 최대사용전압의 1.25배의 직류전압 또는 1.25배의 교류전압(500[V] 미만으로 되는 경우에는 500[V])

③ 최대사용전압의 1.5배의 직류전압 또는 1배의 교류전압(500[V] 미만으로 되는 경우에는 500[V])

④ 최대사용전압의 1.5배의 직류전압 또는 1.25배의 교류전압(500[V] 미만으로 되는 경우에는 500[V])

풀이 134 연료전지 및 태양전지 모듈의 절연내력
연료전지 및 태양전지 모듈은 **최대사용전압의 1.5배의 직류전압** 또는 1배의 교류전압(500[V] 미만으로 되는 경우에는 500[V])을 충전부분과 대지사이에 **연속하여 10분간** 가하여 절연내력을 시험하였을 때에 이에 견디는 것이어야 한다. **답** ③

85 전개된 장소에서 저압 옥상전선로의 시설기준으로 적합하지 않은 것은?

① 전선은 절연전선을 사용하였다.
② 전선 지지점 간의 거리를 20[m]로 하였다.
③ 전선은 지름 2.6[mm]의 경동선을 사용하였다.
④ 저압 절연전선과 그 저압 옥상 전선로를 시설하는 조영재와의 이격거리를 2[m]로 하였다.

풀이 221.3 옥상전선로
저압 옥상전선로는 전개된 장소에 다음에 따르고 또한 위험의 우려가 없도록 시설하여야 한다.
가. 전선은 인장강도 2.30[kN] 이상의 것 또는 지름 2.6 [mm] 이상의 경동선을 사용할 것.
나. 전선은 절연전선(OW전선을 포함한다.) 또는 이와 동등 이상의 절연효력이 있는 것을 사용할 것.
다. 전선은 조영재에 견고하게 붙인 지지주 또는 지지대에 절연성·난연성 및 내수성이 있는 애자를 사용하여 지지하고 또한 그 **지지점 간의 거리는**

15[m] 이하일 것.
라. 전선과 그 저압 옥상 전선로를 시설하는 조영재와의 이격거리는 2[m](전선이 고압절연전선, 특고압 절연전선 또는 케이블인 경우에는 1[m]) 이상일 것.
마. 저압 옥상전선로의 전선은 상시 부는 바람 등에 의하여 식물에 접촉하지 아니하도록 시설하여야 한다. **답** ②

86 저압 수상전선로에 사용되는 전선은?

① 옥외 비닐케이블
② 600[V] 비닐절연전선
③ 600[V] 고무절연전선
④ 클로로프렌 캡타이어 케이블

풀이 335.3 수상전선로의 시설
수상전선로를 시설하는 경우에는 그 사용전압은 저압 또는 고압인 것에 한 한다.
가. 전선
① 저압 : **클로로프렌 캡타이어 케이블**
② 고압 : 캡타이어 케이블
나. 수상전선로의 전선과 가공전선로 접속점의 높이
① 접속점이 육상에 있는 경우 : 지표상 5[m] 이상. 다만, 저압인 경우에 도로상 이외의 곳에 있을 때에는 지표상 4[m]
② 접속점이 수면상에 있는 경우 : 저압 4[m] 이상. 고압 5[m] 이상
다. 수상전선로의 사용전압이 고압인 경우에는 전로에 지락이 생겼을 때에 자동적으로 전로를 차단하기 위한 장치를 시설하여야 한다. **답** ④

87 케이블트레이공사에 사용하는 케이블 트레이에 적합하지 않은 것은?

① 비금속제 케이블 트레이는 난연성 재료가 아니어도 된다.
② 금속재의 것은 적절한 방식처리를 한 것이거나 내식성 재료의 것이어야 한다.
③ 금속제 케이블 트레이 계통은 기계적 및 전기적으로 완전하게 접속하여야 한다.
④ 케이블 트레이가 방화구획의 벽 등을 관통하는 경우에 관통부는 불연성의 물질로 충전하여야 한다.

풀이 232.41 케이블트레이공사
케이블트레이공사는 케이블을 지지하기 위하여 사용하는 금속재 또는 불연성 재료로 제작된 유닛 또는 유

닛의 집합체 및 그에 부속하는 부속재 등으로 구성된 견고한 구조물을 말하며 사다리형, 펀칭형, 메시형, 바닥밀폐형 기타 이와 유사한 구조물을 포함하여 적용한다.

가. 케이블 트레이의 안전율은 1.5 이상으로 하여야 한다.

나. 금속재의 것은 적절한 방식처리를 한 것이거나 내식성 재료의 것이어야 한다.

다. 비금속제 케이블 트레이는 난연성 재료의 것이어야 한다.

라. 금속제 케이블 트레이 계통은 기계적 및 전기적으로 완전하게 접속하여야 하며 금속제 트레이는 접지공사를 하여야 한다. **답 ①**

88 고압 가공전선을 시설할 때 사용되는 경동선의 굵기는 지름 몇 [mm] 이상인가?

① 2.6
② 3.2
③ 4.0
④ 5.0

풀이 332.3 고압 가공전선의 굵기 및 종류
고압 가공전선은 인장강도 8.01[kN] 이상의 고압 절연전선, 특고압 절연전선 또는 지름 5[mm] 이상의 경동선의 고압 절연전선, 특고압 절연전선을 사용하여야 한다. **답 ④**

89 가공전선로의 지지물의 강도계산에 적용하는 풍압하중은 빙설이 많은 지방이외의 지방에서 저온계절에는 어떤 풍압하중을 적용하는가? (단, 인가가 연접되어 있지 않다고 한다.)

① 갑종풍압하중
② 을종풍압하중
③ 병종풍압하중
④ 을종과 병종풍압하중을 혼용

풀이 331.6 풍압하중의 종별과 적용

지 역		고온계절	저온계절
빙설이 많은 지방 이외의 지방		갑종	병종
빙설이 많은 지방	일반지역	갑종	을종
	해안지방, 기타 저온 계절에 최대 풍압이 생기는 지역	갑종	갑종과 을종 중 큰 값 선정
인가가 많이 연접되어 있는 장소		병종	병종

답 ③

90 백열전등 또는 방전등에 전기를 공급하는 옥내 전로의 대지전압은 몇 [V] 이하이어야 하는가? (단, 백열전등 또는 방전등 및 이에 부속하는 전선은 사람이 접촉할 우려가 없도록 시설한 경우이다.)

① 60
② 110
③ 220
④ 300

풀이 231.6 옥내전로의 대지 전압의 제한
백열전등 또는 방전등에 전기를 공급하는 옥내의 전로의 대지전압은 300[V] 이하여야 한다. **답 ④**

91 가공전선로의 지지물에 시설하는 지선으로 연선을 사용할 경우 소선은 최소 몇 가닥 이상이어야 하는가?

① 3
② 5
③ 7
④ 9

풀이 331.11 지선의 시설
가. 가공전선로의 지지물로 사용하는 철탑은 지선을 사용하여 그 강도를 분담시켜서는 안 된다.
나. 지선의 안전율은 2.5 이상일 것. 이 경우에 허용 인장하중의 최저는 4.31[kN]으로 한다.
다. 지선에 연선을 사용할 경우에는 다음에 의할 것.
　① 소선 3가닥 이상의 연선일 것.
　② 소선의 지름이 2.6[mm] 이상의 금속선을 사용한 것일 것.
라. 지중부분 및 지표상 0.3[m]까지의 부분에는 내식성이 있는 것 또는 아연도금을 한 철봉을 사용하고 쉽게 부식되지 않는 근가에 견고하게 붙일 것.
마. 도로를 횡단하여 시설하는 지선의 높이는 지표상 5[m] 이상으로 하여야 한다. **답 ①**

92 특고압 가공전선로의 지지물에 첨가하는 통신선 보안장치에 사용되는 피뢰기의 동작전압은 교류 몇 [V] 이하인가?

① 300
② 600
③ 1000
④ 1500

풀이 362.5 특고압 가공전선로 첨가설치 통신선의 시가지 인입 제한
특고압 가공전선로의 지지물에 시설하는 통신선 또는 이것에 직접 접속하는 통신선인 경우에는 다음의 보안장치일 것.

특고압용 제1종 보안장치

S_2 : 인입용 고압개폐기

RP_1 : 교류 300[V] 이하에서 동작하고, 최소 감도 전류가 3[A] 이하로서 최소 감도전류 때의 응동시간이 1사이클 이하이고 또한 전류 용량이 50[A], 20초 이상인 자복성(自復性)이 있는 릴레이 보안기

DR_2 : 특고압용 배류 중계 코일(선로측 코일과 옥내측 코일 사이 및 선로측 코일과 대지 사이의 절연내력은 교류 6[kV]의 시험전압으로 시험하였을 때 연속하여 1분간 이에 견디는 것일 것.)

L_1 : 교류 1[kV] 이하에서 동작하는 피뢰기

E_1 , E_2 , E_3 : 접지

A : 교류 300[V] 이하에서 동작하는 방전갭

H : 250[mA] 이하에서 동작하는 열코일　　　답 ③

93 태양전지 발전소에 시설하는 태양전지 모듈, 전선 및 개폐기 기타 기구의 시설기준에 대한 내용으로 틀린 것은?

① 충전부분은 노출되지 아니하도록 시설할 것

② 옥내에 시설하는 경우에는 전선을 케이블 공사로 시설할 수 있다.

③ 태양전지 모듈의 프레임은 지지물과 전기적으로 완전하게 접속하여야 한다.

④ 태양전지 모듈을 병렬로 접속하는 전로에는 과전류차단기를 시설하지 않아도 된다.

풀이 522 태양광설비의 시설

가. 전선은 공칭단면적 2.5[mm²] 이상의 연동선 또는 이와 동등 이상의 세기 및 굵기의 것일 것.

나. 배선설비 공사는 옥내에 시설할 경우에는 합성수지관공사, 금속관공사, 금속제 가요전선관공사, 케이블공사 의 규정에 준하여 시설할 것.

다. 모듈을 병렬로 접속하는 전로에는 그 주된 전로에 단락전류가 발생할 경우에 전로를 보호하는 과전류차단기 또는 기타 기구를 시설할 것

라. 태양전지 모듈에 접속하는 부하측의 태양전지 어레이에서 전력변환장치에 이르는 전로에는 그 접속점에 근접하여 개폐기 기타 이와 유사한 기구(부하전류를 개폐할 수 있는 것에 한한다)를 시설할 것　　답 ④

94 저압 가공전선로 또는 고압 가공전선로와 기설 가공 약전류 전선로가 병행하는 경우에는 유도작용에 의한 통신상의 장해가 생기지 아니하도록 전선과 기설 약전류 전선간의 이격거리는 몇 [m] 이상이어야 하는가? (단, 전기철도용 급전선로는 제외한다.)

① 2　　　② 4　　　③ 6　　　④ 8

풀이 332.1 가공약전류전선로의 유도장해 방지

저압 가공전선로 또는 고압 가공전선로와 기설 가공약전류전선로가 병행하는 경우에는 유도작용에 의하여 통신상의 장해가 생기지 않도록 전선과 기설 약전류전선간의 이격거리는 2[m] 이상이어야 한다.　　답 ①

95 중성점 직접 접지식 전로에 접속되는 최대사용전압 161[kV]인 3상 변압기 권선(성형결선)의 절연내력시험을 할 때 접지시켜서는 안 되는 것은?

① 철심 및 외함

② 시험되는 변압기의 부싱

③ 시험되는 권선의 중성점 단자

④ 시험되지 않는 각 권선(다른 권선이 2개 이상 있는 경우에는 각 권선)의 임의의 1단자

풀이 135 변압기 전로의 절연내력

권선의 종류	시험 전압	시험 방법
최대 사용전압이 60[kV]를 초과하는 권선(성형결선의 것에 한한다)으로서 중성점 직접접지식전로에 접속하는 것.	최대 사용전압의 0.72배의 전압	시험되는 권선의 중성점단자, 다른 권선(다른 권선이 2개 이상 있는 경우에는 각 권선)의 임의의 1단자, 철심 및 외함을 접지하고 시험되는 권선의 중성점 단자 이외의 임의의 1단자와 대지 사이에 시험전압을 연속하여 10분간 가한다.

답 ②

出題기준 변경 및 개정된 관계 법규에 따라 삭제된 문제가 있어 20문항이 안됩니다.

고 또한 특고압의 모선이 단일모선인 경우에는 그 러하지 아니하다.　**답** ①

81 345[kV] 송전선을 사람이 쉽게 들어가지 않는 산지에 시설할 때 전선의 지표상 높이는 몇 [m] 이상으로 하여야 하는가?

① 7.28　　　　② 7.56
③ 8.28　　　　④ 8.56

풀이 333.7 특고압 가공전선의 높이

전압의 범위	일반 장소	도로 횡단	철도 또는 궤도횡단	횡단보도교
35[kV] 이하	5[m]	6[m]	6.5[m]	4[m](특고압 절연전선 또는 케이블 사용)
35[kV] 초과 160[kV] 이하	6[m]	6[m]	6.5[m]	5[m](케이블 사용)
	산지 등에서 사람이 쉽게 들어갈 수 없는 장소 : 5[m] 이상			
160[kV] 초과	일반장소	가공전선의 높이 = 6 + 단수 × 0.12[m]		
	철도 또는 궤도횡단	가공전선의 높이 = 6.5 + 단수 × 0.12[m]		
	산지	가공전선의 높이 = 5 + 단수 × 0.12[m]		

※ 단수 = $\dfrac{전압[kV]-160}{10}$ … 단수 계산에서 소수점 이하는 절상

- 160[kV]를 초과하는 특고압 가공 전선의 지표상 높이는 산지 등에서는 5[m]에, 160[kV]를 넘는 10[kV] 또는 그 단수마다 12[cm]를 가한 값
- 단수 = $\dfrac{345-160}{10} = 18.5 \rightarrow$ 19단

∴ 전선의 지표상 높이 = $5 + 19 \times 0.12 = 7.28$[m]　**답** ①

82 변전소에서 오접속을 방지하기 위하여 특고압 전로의 보기 쉬운 곳에 반드시 표시해야 하는 것은?

① 상별표시　　　② 위험표시
③ 최대전류　　　④ 정격전압

풀이 351.2 특고압전로의 상 및 접속 상태의 표시
가. 발전소·변전소 또는 이에 준하는 곳의 특고압전로 에는 그의 보기 쉬운 곳에 상별 표시를 하여야 한다.
나. 발전소·변전소 또는 이에 준하는 곳의 특고압전로 에 대하여는 그 접속 상태를 모의모선의 사용 기타 의 방법에 의하여 표시하여야 한다. 다만, 이러한 전 로에 접속하는 특고압전선로의 회선수가 2 이하이

83 전력보안 가공통신선의 시설 높이에 대한 기준 으로 옳은 것은?

① 철도의 궤도를 횡단하는 경우에는 레일면 상 5[m] 이상
② 횡단보도교 위에 시설하는 경우에는 그 노 면상 3[m] 이상
③ 도로(차도와 도로의 구별이 있는 도로는 차 도) 위에 시설하는 경우에는 지표상 2[m] 이상
④ 교통에 지장을 줄 우려가 없도록 도로 (차 도와 도로의 구별이 있는 도로는 차도) 위 에 시설하는 경우에는 지표상 2[m]까지로 감할 수 있다.

풀이 362.2 전력보안통신선의 시설 높이와 이격거리
전력 보안 가공통신선(이하 "가공통신선"이라 한다)의 높이는 다음을 따른다.

구 분		지상고	비고
도로 (차도)	일반적인 경우	5.0[m] 이상	
	교통에 지장을 안 주는 경우	4.5[m] 이상	
철도 또는 궤도 횡단 시		6.5[m] 이상	레일면상
횡단보도교 위		3.0[m] 이상	그 노면상
기타		3.5[m] 이상	

답 ②

84 가반형의 용접전극을 사용하는 아크 용접장치 의 용접변압기의 1차측 전로의 대지전압은 몇 [V] 이하이어야 하는가?

① 60　　　　② 150
③ 300　　　　④ 400

풀이 241.10 아크 용접기
가반형의 용접 전극을 사용하는 아크 용접장치는 다음 에 따라 시설하여야 한다.
가. 용접변압기는 절연변압기일 것.
나. 용접변압기의 1차측 전로의 대지전압은 300[V] 이 하일 것.
다. 용접변압기의 1차측 전로에는 용접 변압기에 가까 운 곳에 쉽게 개폐할 수 있는 개폐기를 시설할 것.

라. 용접기 외함 및 피용접재 또는 이와 전기적으로 접속되는 받침대·정반 등의 금속체는 규정에 준하여 접지공사를 하여야 한다. 🔲③

85 전기온상용 발열선은 그 온도가 몇 [℃]를 넘지 않도록 시설하여야 하는가?

① 50　　　　② 60
③ 80　　　　④ 100

풀이 241.5 전기온상 등
　가. 전기온상에 전기를 공급하는 전로의 대지전압은 300[V] 이하일 것.
　나. 발열선은 그 온도가 80[℃]를 넘지 않도록 시설 할 것.
　다. 발열선과 조영재 사이의 이격거리는 0.025[m] 이상으로 할 것.
　라. 발열선의 지지점 간의 거리는 1[m] 이하일 것. 다만, 발열선 상호 간의 간격이 0.06[m] 이상인 경우에는 2[m] 이하로 할 수 있다. 🔲③

86 사용전압이 154[kV]인 가공전선로를 제1종 특고압 보안공사로 시설할 때 사용되는 경동연선의 단면적은 몇 [mm²] 이상이어야 하는가?

① 55　　　　② 100
③ 150　　　　④ 200

풀이 333.22 특고압 보안공사
　제1종 특고압 보안공사는 다음에 따라야 한다.

사용전압	전　　선
100[kV] 미만	인장강도 21.67[kN] 이상의 연선 또는 단면적 55[mm²] 이상의 경동연선
100[kV] 이상 300[kV] 미만	인장강도 58.84[kN] 이상의 연선 또는 단면적 150[mm²] 이상의 경동연선
300[kV] 이상	인장강도 77.47[kN] 이상의 연선 또는 단면적 200[mm²] 이상의 경동연선

🔲③

87 고압용 기계기구를 시가지에 시설할 때 지표상 몇 [m] 이상의 높이에 시설하고, 또한 사람이 쉽게 접촉할 우려가 없도록 하여야 하는가?

① 4.0　　　　② 4.5
③ 5.0　　　　④ 5.5

풀이 341.8 고압용 기계기구의 시설
　고압용 기계기구는 다음의 어느 하나에 해당하는 경우와 발전소·변전소·개폐소 또는 이에 준하는 곳에 시설하는 경우 이외에는 시설하여서는 아니 된다.
　가. 기계기구의 주위에 규정에 준하여 울타리·담 등을 시설하는 경우
　나. 기계기구를 지표상 4.5[m](시가지 외에는 4[m]) 이상의 높이에 시설하고 또한 사람이 쉽게 접촉할 우려가 없도록 시설하는 경우
　다. 옥내에 설치한 기계기구를 취급자 이외의 사람이 출입할 수 없도록 설치한 곳에 시설하는 경우
　라. 기계기구를 콘크리트제의 함 또는 규정에 따른 접지공사를 한 금속제 함에 넣고 또한 충전부분이 노출되지 아니하도록 시설하는 경우 🔲②

88 발전기, 전동기, 조상기, 기타 회전기(회전변류기 제외)의 절연내력 시험전압은 어느 곳에 가하는가?

① 권선과 대지 사이
② 외함과 권선 사이
③ 외함과 대지 사이
④ 회전자와 고정자 사이

풀이 133 회전기 및 정류기의 절연내력

종　류		시험전압	시험 방법
회전기	발전기·전동기·조상기·기타회전기 7[kV] 이하	1.5배 (최저 500[V])	권선과 대지 사이에 연속하여 10분간
	7[kV] 초과	1.25배 (최저 10,500[V])	
	회전 변류기	직류측의 최대 사용 전압의 1배의 교류 전압(최저 500[V])	

🔲①

89 특고압 지중전선이 지중 약전류전선 등과 접근하거나 교차하는 경우에 상호 간의 이격거리가 몇 [cm] 이하인 때에는 두 전선이 직접 접촉하지 아니하도록 특고압 지중 전선과 지중 약전류 전선 등 사이에 견고한 내화성의 격벽을 설치하여야 하는가?

① 15　　　　② 20
③ 30　　　　④ 60

풀이 334.6 지중전선과 지중약전류전선 등 또는 관과의 접근 또는 교차

지중전선이 다음 조건의 이격거리 이하로 설치되는 경우에는 상호간에 내화성의 격벽을 설치하여야 한다.

조 건	전 압	이격거리
지중 약전류 전선과 접근 또는 교차하는 경우	저압 또는 고압	0.3[m]
	특고압	0.6[m]
가연성, 유독성의 유체를 내포하는 관과 접근 또는 교차	특고압	1[m]
	25[kV] 이하, 다중접지방식	0.5[m]
기타의 관과 접근 또는 교차	특고압	0.3[m]

답 ④

90 고압 옥내배선의 공사방법으로 틀린 것은?

① 케이블공사
② 합성수지관공사
③ 케이블 트레이공사
④ 애자공사(건조한 장소로서 전개된 장소에 한한다.)

풀이 342.1 고압 옥내배선 등의 시설
　가. 고압 옥내배선은 다음에 따라 시설하여야 한다.
　　① 애자사용공사(건조한 장소로서 전개된 장소에 한한다)
　　② 케이블공사
　　③ 케이블트레이공사
　나. 전선은 공칭단면적 6[mm²] 이상의 연동선　답 ②

91 조상설비에 내부고장, 과전류 또는 과전압이 생긴 경우 자동적으로 차단되는 장치를 해야 하는 전력용 커패시터의 최소 뱅크용량은 몇 [kVA]인가?

① 10000　　　　② 12000
③ 13000　　　　④ 15000

풀이 351.5 조상설비의 보호장치
조상설비에는 그 내부에 고장이 생긴 경우에 보호하는 장치를 표와 같이 시설하여야 한다.

설비 종별	뱅크 용량의 구분	자동적으로 전로로부터 차단하는 장치
전력용 커패시터 및 분로리액터	500[kVA] 초과 15,000[kVA] 미만	• 내부에 고장이 생긴 경우 • 과전류가 생긴 경우
	15,000[kVA] 이상	• 내부에 고장이 생긴 경우 • 과전류가 생긴 경우 • 과전압이 생긴 경우
조상기	15,000[kVA] 이상	• 내부에 고장이 생긴 경우

답 ④

92 사용전압이 440[V]인 이동기중기용 접촉전선을 애자공사에 의하여 옥내의 전개된 장소에 시설하는 경우 사용하는 전선으로 옳은 것은?

① 인장강도가 3.44[kN] 이상인 것 또는 지름 2.6[mm]의 경동선으로 단면적이 8[mm²] 이상인 것
② 인장강도가 3.44[kN] 이상인 것 또는 지름 3.2[mm]의 경동선으로 단면적이 18[mm²] 이상인 것
③ 인장강도가 11.2[kN] 이상인 것 또는 지름 6[mm]의 경동선으로 단면적이 28[mm²] 이상인 것
④ 인장강도가 11.2[kN] 이상인 것 또는 지름 8[mm]의 경동선으로 단면적이 18[mm²] 이상인 것

풀이 232.81 옥내에 시설하는 저압 접촉전선 배선
전선은 인장강도 11.2[kN] 이상의 것 또는 지름 6[mm]의 경동선으로 단면적이 28[mm²] 이상인 것일 것. 다만, 사용전압이 400[V] 이하인 경우에는 인장강도 3.44[kN] 이상의 것 또는 지름 3.2[mm] 이상의 경동선으로 단면적이 8[mm²] 이상인 것을 사용할 수 있다.
답 ③

93 옥내에 시설하는 사용 전압이 400[V] 초과 1000[V] 이하인 전개된 장소로서 건조한 장소가 아닌 기타의 장소의 관등회로 배선공사로서 적합한 것은?

① 애자공사　　　　② 금속몰드공사
③ 금속덕트공사　　④ 합성수지몰드공사

풀이 234.11 1[kV] 이하 방전등
관등회로의 사용전압이 400[V] 초과이고, 1[kV] 이하인 배선은 그 시설 장소에 따라 표 중 어느 한 방법에 의하여야 한다.

시설장소의 구분		공사의 종류
전개된 장소	건조한 장소	애자공사·합성수지몰드공사 또는 금속몰드공사
	기타의 장소	애자공사
점검할 수 있는 은폐된 장소	건조한 장소	애자공사·합성수지몰드공사 또는 금속몰드 공사
	기타의 장소	애자공사

답 ①

94 저압 가공전선으로 사용할 수 없는 것은?

① 케이블　　　　② 절연전선
③ 다심형 전선　　④ 나동복 강선

풀이 222.5 저압 가공전선의 굵기 및 종류
　　　가. 저압 가공전선은 나전선(중성선 또는 다중접지된 접지측 전선으로 사용하는 전선에 한한다), 절연전선, 다심형 전선 또는 케이블을 사용하여야 한다.
　　　나. 전선의 굵기

전 압	조 건	전선의 굵기 및 인장강도
400[V] 이하	절연전선	인장강도 2.3[kN] 이상의 것 또는 지름 2.6[mm] 이상의 경동선
	케이블 이외	인장강도 3.43[kN] 이상의 것 또는 지름 3.2[mm] 이상의 경동선
400[V] 초과인 저압 (케이블 이외)	시가지에 시설	인장강도 8.01[kN] 이상의 것 또는 지름 5[mm] 이상의 경동선
	시가지 외에 시설	인장강도 5.26[kN] 이상의 것 또는 지름 4[mm] 이상의 경동선

　　　다. 사용전압이 400[V] 초과인 저압 가공전선에는 인입용 비닐절연전선을 사용하여서는 안 된다.
답 ④

95 가공전선로의 지지물에 시설하는 지선의 시설 기준으로 틀린 것은?

① 지선의 안전율을 2.5 이상으로 할 것
② 소선은 최소 5가닥 이상의 강심 알루미늄 연선을 사용할 것
③ 도로를 횡단하여 시설하는 지선의 높이는 지표상 5[m] 이상으로 할 것
④ 지중부분 및 지표상 30[cm]까지의 부분에는 내식성이 있는 것을 사용할 것

풀이 331.11 지선의 시설
　　　가공전선로의 지지물에 시설하는 지선은 다음에 따라야 한다.
　　　가. 지선의 안전율은 2.5 이상일 것. 이 경우에 허용 인장하중의 최저는 4.31[kN]으로 한다.
　　　나. 지선에 연선을 사용할 경우에는 다음에 의할 것.
　　　　① 소선 3가닥 이상의 연선일 것.
　　　　② 소선의 지름이 2.6[mm] 이상의 금속선을 사용한 것일 것.
　　　다. 지중부분 및 지표상 0.3[m]까지의 부분에는 내식성이 있는 것 또는 아연도금을 한 철봉을 사용하고 쉽게 부식되지 않는 근가에 견고하게 붙일 것.
　　　라. 도로를 횡단하여 시설하는 지선의 높이는 지표상 5[m] 이상으로 하여야 한다.
답 ②

96 특고압 가공전선로 중 지지물로서 직선형의 철탑을 연속하여 10기 이상 사용하는 부분에는 몇 기 이하마다 내장 애자장치가 되어 있는 철탑 또는 이와 동등이상의 강도를 가지는 철탑 1기를 시설하여야 하는가?

① 3　　　　　　② 5
③ 7　　　　　　④ 10

풀이 333.16 특고압 가공전선로의 내장형 등의 지지물 시설
　　　특고압 가공전선로 중 지지물로서 직선형의 철탑을 연속하여 10기 이상 사용하는 부분에는 10기 이하마다 장력에 견디는 애자장치가 되어 있는 철탑 또는 이와 동등 이상의 강도를 가지는 철탑 1기를 시설하여야 한다.
답 ④

97 접지도체를 사람이 접촉할 우려가 있는 곳에 시설하는 경우, 「전기용품 및 생활용품 안전관리법」을 적용받는 합성수지관(두께 2[mm] 미만의 합성수지제 전선관 및 난연성이 없는 콤바인덕트관을 제외한다)으로 덮어야 하는 범위로 옳은 것은?

① 접지도체의 지하 30[cm]로부터 지표상 1[m]까지의 부분
② 접지도체의 지하 50[cm]로부터 지표상 1.2[m]까지의 부분
③ 접지도체의 지하 60[cm]로부터 지표상 1.8[m]까지의 부분
④ 접지도체의 지하 75[cm]로부터 지표상 2[m]까지의 부분

풀이 142.3.1 접지도체
　　　접지도체는 지하 0.75[m] 부터 지표 상 2[m] 까지 부분은 합성수지관(두께 2[mm] 미만의 합성수지제 전선관 및 가연성 콤바인덕트관은 제외한다) 또는 이와 동등 이상의 절연효과와 강도를 가지는 몰드로 덮어야 한다.
답 ④

98 사용전압이 400[V] 이하인 저압 가공전선은 케이블인 경우를 제외하고는 지름이 몇 [mm] 이상이어야 하는가?

① 3.2　　　　　② 3.6
③ 4.0　　　　　④ 5.0

풀이 222.5 저압 가공전선의 굵기 및 종류
　가. 저압 가공전선은 나전선(중성선 또는 다중접지된 접지측 전선으로 사용하는 전선에 한한다), 절연전선, 다심형 전선 또는 케이블을 사용하여야 한다.
　나. 전선의 굵기

전 압	조 건	전선의 굵기 및 인장강도
400[V] 이하	절연전선	인장강도 2.3[kN] 이상의 것 또는 지름 2.6[mm] 이상의 경동선
	케이블 이외	인장강도 3.43[kN] 이상의 것 또는 지름 3.2[mm] 이상의 경동선
400[V] 초과인 저압 (케이블 이외)	시가지에 시설	인장강도 8.01[kN] 이상의 것 또는 지름 5[mm] 이상의 경동선
	시가지 외에 시설	인장강도 5.26[kN] 이상의 것 또는 지름 4[mm] 이상의 경동선

답 ①

출제기준 변경 및 개정된 관계 법규에 따라
삭제된 문제가 있어 20문항이 안됩니다.

2020년 · 4회 _전기기사·공사기사

81 과전류차단기로 시설하는 퓨즈 중 고압전로에 사용하는 비포장 퓨즈는 정격전류 2배 전류 시 몇 분 안에 용단되어야 하는가?

① 1분　　　　② 2분
③ 5분　　　　④ 10분

풀이 341.10 고압 및 특고압 전로 중의 과전류차단기의 시설
　가. 과전류차단기로 시설하는 퓨즈 중 고압전로에 사용하는 포장 퓨즈는 정격전류의 1.3배의 전류에 견디고 또한 2배의 전류로 120분 안에 용단되는 것이어야 한다.
　나. 과전류차단기로 시설하는 퓨즈 중 고압전로에 사용하는 비포장 퓨즈는 정격전류의 1.25배의 전류에 견디고 또한 2배의 전류로 2분 안에 용단되는 것이어야 한다.

답 ②

82 옥내에 시설하는 저압전선에 나전선을 사용할 수 있는 경우는?

① 버스덕트 공사에 의하여 시설하는 경우
② 금속덕트 공사에 의하여 시설하는 경우
③ 합성수지관 공사에 의하여 시설하는 경우
④ 후강전선관 공사에 의하여 시설하는 경우

풀이 231.4 나전선의 사용제한
옥내에 시설하는 저압전선에는 나전선을 사용하여서는 아니 된다. 다만, 다음 중 어느 하나에 해당하는 경우에는 그러하지 아니하다.
　가. 애자공사에 의하여 전개된 곳에 다음의 전선을 시설하는 경우
　　① 전기로용 전선
　　② 전선의 피복 절연물이 부식하는 장소에 시설하는 전선
　나. 버스덕트공사에 의하여 시설하는 경우
　다. 라이팅덕트공사에 의하여 시설하는 경우
　라. 접촉전선을 시설하는 경우

답 ①

83 고압 가공전선로에 사용하는 가공지선은 지름 몇 [mm] 이상의 나경동선을 사용하여야 하는가?

① 2.6　　　　② 3.0
③ 4.0　　　　④ 5.0

풀이 332.6 고압 가공전선로의 가공지선
고압 가공전선로에 사용하는 가공지선은 인장강도 5.26[kN] 이상의 것 또는 지름 4[mm] 이상의 나경동선을 사용한다.

답 ③

84 그림은 전력선 반송통신용 결합장치의 보안장치이다. 여기에서 CC는 어떤 커패시터인가?

① 결합 커패시터
② 전력용 커패시터
③ 정류용 커패시터
④ 축전용 커패시터

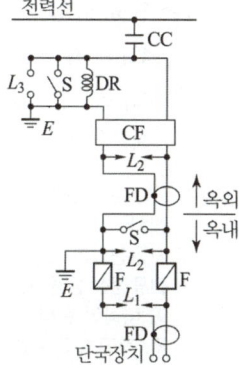

풀이 362.11 전력선 반송 통신용 결합장치의 보안장치
전력선 반송통신용 결합 커패시터에 접속하는 회로에는 그림의 보안장치 또는 이에 준하는 보안장치를 시설하여야 한다.

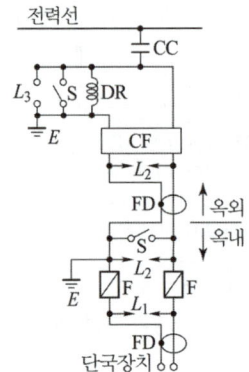

전력선 반송 통신용 결합 장치의 보안장치

- FD : 동축 케이블
- F : 정격 전류 10[A] 이하의 포장 퓨즈
- DR : 전류 용량 2[A] 이상의 배류 선륜
- L_1 : 교류 300[V] 이하에서 동작하는 피뢰기
- L_2 : 동작 전압이 교류 1,300[V]를 넘고 1,600[V] 이하로 조정된 방전갭
- L_3 : 동작 전압이 교류 2[kV]를 넘고 3[kV] 이하로 구상 방전갭
- S : 접지용 개폐기
- CF : 결합 필터
- CC : 결합 콘덴서(결합 안테나를 포함한다)
- E : 접지   답 ①

85 사용전압이 35000[V] 이하인 특고압 가공전선과 가공약전류 전선을 동일 지지물에 시설하는 경우, 특고압 가공전선로의 보안공사로 적합한 것은?

① 고압 보안공사
② 제1종 특고압 보안공사
③ 제2종 특고압 보안공사
④ 제3종 특고압 보안공사

풀이 333.19 특고압 가공전선과 가공약전류전선 등의 공용 설치
사용전압이 35[kV] 이하인 **특고압 가공전선과 가공약전류전선 등을 동일 지지물에 시설**하는 경우에는 다음에 따라야 한다.
가. 특고압 가공전선로는 **제2종 특고압 보안공사**에 의할 것.
나. 특고압 가공전선은 가공약전류전선 등의 위로하고 별개의 완금류에 시설할 것.   답 ③

86 수소냉각식 발전기 및 이에 부속하는 수소냉각 장치의 시설에 대한 설명으로 틀린 것은?

① 발전기안의 수소의 밀도를 계측하는 장치를 시설할 것
② 발전기안의 수소의 순도가 85[%] 이하로 저하한 경우에 이를 경보하는 장치를 시설할 것
③ 발전기안의 수소의 압력을 계측하는 장치 및 그 압력이 현저히 변동한 경우에 이를 경보하는 장치를 시설할 것
④ 발전기는 기밀구조의 것이고 또한 수소가 대기압에서 폭발하는 경우에 생기는 압력에 견디는 강도를 가지는 것일 것

풀이 351.10 수소냉각식 발전기 등의 시설
수소냉각식의 발전기·조상기 또는 이에 부속하는 수소 냉각 장치는 다음 각 호에 따라 시설하여야 한다.
가. 발전기 또는 조상기는 기밀구조의 것이고 또한 수소가 대기압에서 폭발하는 경우에 생기는 **압력에 견디는 강도**를 가지는 것일 것.
나. 발전기축의 밀봉부에는 질소 가스를 봉입할 수 있는 장치 또는 발전기 축의 밀봉부로부터 누설된 수소 가스를 안전하게 외부에 방출할 수 있는 장치를 시설할 것.
다. 발전기 내부 또는 조상기 내부의 **수소의 순도가 85[%] 이하로 저하한 경우에 이를 경보하는 장치**를 시설할 것.
라. 발전기 내부 또는 조상기 내부의 **수소의 압력을 계측**하는 장치 및 그 압력이 현저히 변동한 경우에 이를 경보하는 장치를 시설할 것.
마. 발전기 내부 또는 조상기 내부의 수소의 온도를 계측하는 장치를 시설할 것.
바. 발전기 내부 또는 조상기 내부로 수소를 안전하게 도입할 수 있는 장치 및 발전기안 또는 조상기안의 수소를 안전하게 외부로 방출할 수 있는 장치를 시설할 것.
사. 발전기 또는 조상기에 붙인 유리제의 점검 창 등은 쉽게 파손되지 아니하는 구조로 되어 있을 것.
          답 ①

87 목장에서 가축의 탈출을 방지하기 위하여 전기 울타리를 시설하는 경우 전선은 인장강도가 몇 [kN] 이상의 것이어야 하는가?

① 1.38   ② 2.78
③ 4.43   ④ 5.93

풀이 241.1 전기울타리

가. 전기울타리용 전원장치에 전원을 공급하는 전로의 사용전압은 250[V] 이하이어야 한다.

나. 전기울타리는 사람이 쉽게 출입하지 아니하는 곳에 시설할 것.

다. 전선은 인장강도 1.38[kN] 이상의 것 또는 지름 2[mm] 이상의 경동선일 것.

라. 전선과 이를 지지하는 기둥 사이의 이격거리는 25[mm] 이상일 것.

마. 전선과 다른 시설물(가공 전선을 제외한다) 또는 수목과의 이격거리는 0.3[m] 이상일 것. **답** ①

88 다음 ( )에 들어갈 내용으로 옳은 것은?

> 가공전선로는 무선설비의 기능에 계속적이고 또한 중대한 장해를 주는 ( )가 생길 우려가 있는 경우에는 이를 방지하도록 시설하여야 한다.

① 전파
② 혼촉
③ 단락
④ 정전기

풀이 331.1 전파장해의 방지

가공전선로는 무선설비의 기능에 계속적이고 또한 중대한 장해를 주는 전파를 발생할 우려가 있는 경우에는 이를 방지하도록 시설하여야 한다. **답** ①

89 제2종 특고압 보안공사 시 지지물로 사용하는 철탑의 경간을 400[m] 초과로 하려면 몇 [mm²] 이상의 경동연선을 사용하여야 하는가?

① 38
② 55
③ 82
④ 95

풀이 333.22 특고압 보안공사

지지물의 종류	제2종 특고압 보안공사	인장강도 38.05[kN] 이상 또는 95[mm²] 이상인 경동연선
목주·A종 철주 또는 A종 철근 콘크리트주	100[m]	100[m]
B종 철주 또는 B종 철근 콘크리트주	200[m]	250[m]
철탑	400[m] (단주인 경우에는 300[m])	600[m] 이하

답 ④

90 최대사용전압이 7[kV]를 초과하는 회전기의 절연내력 시험은 최대사용전압의 몇 배의 전압 (10500[V] 미만으로 되는 경우에는 10500[V]) 에서 10분간 견디어야 하는가?

① 0.92
② 1
③ 1.1
④ 1.25

풀이 133 회전기 및 정류기의 절연내력

종 류		시험전압	시험 방법
회전기	발전기·전동기·조상기·기타회전기 / 7[kV] 이하	1.5배 (최저 500[V])	권선과 대지 사이에 연속하여 10분간
	7[kV] 초과	1.25배 (최저 10,500[V])	
	회전 변류기	직류측의 최대 사용 전압의 1배의 교류 전압(최저 500[V])	

답 ④

91 버스 덕트 공사에 의한 저압 옥내배선 시설공사에 대한 설명으로 틀린 것은?

① 덕트(환기형의 것을 제외)의 끝부분은 막지 말 것

② 덕트에 접지공사를 할 것

③ 덕트(환기형이 것을 제외)의 내부에 먼지가 침입하지 아니하도록 할 것

④ 덕트 상호 간 및 전선 상호 간은 견고하고 또한 전기적으로 완전하게 접속할 것

풀이 232.61 버스덕트공사

가. 덕트 상호 간 및 전선 상호 간은 견고하고 또한 전기적으로 완전하게 접속할 것.

나. 덕트를 조영재에 붙이는 경우에는 덕트의 지지점 간의 거리를 3[m](수직으로 붙이는 경우에는 6[m]) 이하로 하고 또한 견고하게 붙일 것.

다. 덕트(환기형의 것을 제외한다)의 끝부분은 막을 것.

라. 덕트(환기형의 것을 제외한다)의 내부에 먼지가 침입하지 아니하도록 할 것.

마. 덕트는 접지공사를 할 것 **답** ①

92 교량의 윗면에 시설하는 고압 전선로는 전선의 높이를 교량의 노면상 몇 [m] 이상으로 하여야 하는가?

① 3
② 4
③ 5
④ 6

풀이 335.6 교량에 시설하는 전선로
교량의 윗면에 시설하는 고압 전선로는 전선의 높이를 **교량의 노면상 5[m] 이상**으로 하여 시설할 것.
답 ③

93 저압의 전선로 중 절연부분의 전선과 대지간의 절연저항은 사용전압에 대한 누설전류가 최대 공급전류의 얼마를 넘지 않도록 유지하여야 하는가?

① $\dfrac{1}{1000}$ ② $\dfrac{1}{2000}$

③ $\dfrac{1}{3000}$ ④ $\dfrac{1}{4000}$

풀이 저압의 전선로 중 대지간의 절연 저항은 사용 전압에 대한 **누설 전류가 최대 공급 전류의 1/2000을 넘지 않도록 유지**하여야 한다(기술기준 제27조).
답 ②

94 지중전선로에 사용하는 지중함의 시설기준으로 틀린 것은?

① 지중함은 견고하고 차량 기타 중량물의 압력에 견디는 구조일 것
② 지중함은 그 안의 고인 물을 제거할 수 있는 구조로 되어 있을 것
③ 지중함의 뚜껑은 시설자 이외의 자가 쉽게 열 수 없도록 시설할 것
④ 폭발성의 가스가 침입할 우려가 있는 것에 시설하는 지중함으로서 그 크기가 $0.5[\text{m}^3]$ 이상인 것에는 통풍장치 기타 가스를 방산시키기 위한 적당한 장치를 시설할 것

풀이 334.2 지중함의 시설
지중전선로에 사용하는 지중함은 다음에 따라 시설하여야 한다.
가. 지중함은 견고하고 차량 기타 중량물의 압력에 견디는 구조일 것.
나. 지중함은 그 안의 고인 물을 제거할 수 있는 구조로 되어 있을 것.
다. 폭발성 또는 연소성의 가스가 침입할 우려가 있는 것에 시설하는 지중함으로서 그 **크기가 $1[\text{m}^3]$ 이상인 것에는 통풍장치 기타 가스를 방산시키기 위한 적당한 장치**를 시설할 것.
라. 지중함의 뚜껑은 시설자 이외의 자가 쉽게 열 수 없도록 시설할 것.
답 ④

95 발전소에서 계측하는 장치를 시설하여야 하는 사항에 해당하지 않는 것은?

① 특고압용 변압기의 온도
② 발전기의 회전수 및 주파수
③ 발전기의 전압 및 전류 또는 전력
④ 발전기의 베어링(수중 메탈을 제외한다) 및 고정자의 온도

풀이 351.6 계측장치
발전소에서는 다음의 사항을 계측하는 장치를 시설하여야 한다.
가. **발전기의 전압 및 전류 또는 전력**
나. **발전기의 베어링 및 고정자의 온도**
다. 주요 변압기의 전압 및 전류 또는 전력
라. **특고압용 변압기의 온도**
답 ②

96 사람이 상시 통행하는 터널 안의 배선(전기기계기구 안의 배선, 관등회로의 배선, 소세력 회로의 전선은 제외)의 시설기준에 적합하지 않은 것은? (단, 사용전압이 저압의 것에 한한다.)

① 합성수지관 공사로 시설하였다.
② 공칭단면적 $2.5[\text{mm}^2]$의 연동선을 사용하였다.
③ 애자공사 시 전선의 높이는 노면상 $2[\text{m}]$로 시설하였다.
④ 전로에는 터널의 입구 가까운 곳에 전용 개폐기를 시설하였다.

풀이 242.7.1 사람이 상시 통행하는 터널 안의 배선의 시설
사람이 상시 통행하는 터널 안의 배선(전기기계기구 안의 배선, 관등회로의 배선 및 소세력 회로의 전선을 제외한다.)은 그 사용전압이 저압의 것에 한하고 또한 다음에 따라 시설하여야 한다.
가. **합성수지관공사**, 금속관공사, 금속제가요전선관공사, 케이블공사 및 애자공사에 의할 것
나. 전선은 **공칭단면적 $2.5[\text{mm}^2]$의 연동선**과 동등 이상의 세기 및 굵기의 절연전선(옥외용 비닐절연전선 및 인입용 비닐절연전선을 제외한다)을 사용하여 애자공사에 의하여 시설하고 또한 이를 **노면상 $2.5[\text{m}]$ 이상의 높이**로 할 것.
다. **전로에는 터널의 입구에 가까운 곳에 전용 개폐기를 시설할 것.**
답 ③

97 가공전선로의 지지물에 하중이 가하여지는 경우에 그 하중을 받는 지지물의 기초 안전율은 얼마 이상이어야 하는가? (단, 이상 시 상정하중은 무관)

① 1.5   ② 2.0

③ 2.5   ④ 3.0

풀이 331.7 가공전선로 지지물의 기초의 안전율
가공전선로의 지지물에 하중이 가하여지는 경우에 그 하중을 받는 지지물의 기초의 안전율은 2(이상 시 상정하중이 가하여지는 철탑의 기초에 대하여는 1.33) 이상이어야 한다. 답 ②

98 금속제 외함을 가진 저압의 기계기구로서 사람이 쉽게 접촉될 우려가 있는 곳에 시설하는 경우 전기를 공급받는 전로에 지락이 생겼을 때 자동적으로 전로를 차단하는 장치를 설치하여야 하는 기계기구의 사용전압이 몇 [V]를 초과하는 경우인가?

① 30   ② 50

③ 100   ④ 150

풀이 211.2.3 누전차단기의 시설
금속제 외함을 가지는 사용전압이 50[V]를 초과하는 저압의 기계 기구로서 사람이 쉽게 접촉할 우려가 있는 곳에 시설하는 것에 전기를 공급하는 전로에는 전원의 자동차단에 의한 저압전로의 보호대책으로 누전차단기를 시설하여야 한다. 답 ②

99 케이블 트레이공사에 사용하는 케이블 트레이에 대한 기준으로 틀린 것은?

① 안전율은 1.5 이상으로 하여야 한다.

② 비금속제 케이블 트레이는 수밀성 재료의 것이어야 한다.

③ 금속제 케이블 트레이 계통은 기계적 및 전기적으로 완전하게 접속하여야 한다.

④ 금속제 케이블 트레이는 접지공사를 하여야 한다.

풀이 232.41 케이블트레이공사
케이블트레이공사는 케이블을 지지하기 위하여 사용하는 금속재 또는 불연성 재료로 제작된 유닛 또는 유닛의 집합체 및 그에 부속하는 부속재 등으로 구성된 견고한 구조물을 말하며 사다리형, 펀칭형, 메시형, 바닥밀폐형 기타 이와 유사한 구조물을 포함하여 적용한다.

가. 케이블 트레이의 안전율은 1.5 이상으로 하여야 한다.

나. 금속재의 것은 적절한 방식처리를 한 것이거나 내식성 재료의 것이어야 한다.

다. 비금속제 케이블 트레이는 난연성 재료의 것이어야 한다.

라. 금속제 케이블 트레이 계통은 기계적 및 전기적으로 완전하게 접속하여야 하며 금속제 트레이는 접지공사를 하여야 한다. 답 ②

> 출제기준 변경 및 개정된 관계 법규에 따라 삭제된 문제가 있어 20문항이 안됩니다.

문제의 번호는 실제 시험문제의 번호와 같게 하였습니다.

2021년 - 1회_ 전기기사·공사기사

81 전기철도차량에 전력을 공급하는 전차선의 가선방식에 포함되지 않는 것은?

① 가공방식　　② 강체방식
③ 제3레일방식　　④ 지중조가선방식

풀이 431.1 전차선 가선방식
전차선의 가선방식은 열차의 속도 및 노반의 형태, 부하전류 특성에 따라 적합한 방식을 채택하여야 하며, 가공방식, 강체방식, 제3레일방식을 표준으로 한다.

답 ④

82 수소냉각식 발전기 및 이에 부속하는 수소냉각 장치에 대한 시설기준으로 틀린 것은?

① 발전기 내부의 수소의 온도를 계측하는 장치를 시설할 것
② 발전기 내부의 수소의 순도가 70[%] 이하로 저하한 경우에 경보를 하는 장치를 시설할 것
③ 발전기는 기밀구조의 것이고 또한 수소가 대기압에서 폭발하는 경우에 생기는 압력에 견디는 강도를 가지는 것일 것
④ 발전기 내부의 수소의 압력을 계측하는 장치 및 그 압력이 현저히 변동한 경우에 이를 경보하는 장치를 시설할 것

풀이 351.10 수소냉각식 발전기 등의 시설
수소냉각식의 발전기·조상기 또는 이에 부속하는 수소 냉각 장치는 다음 각 호에 따라 시설하여야 한다.
가. 발전기 또는 조상기는 기밀구조의 것이고 또한 수소가 대기압에서 폭발하는 경우에 생기는 압력에 견디는 강도를 가지는 것일 것.
나. 발전기축의 밀봉부에는 질소 가스를 봉입할 수 있는 장치 또는 발전기 축의 밀봉부로부터 누설된 수소 가스를 안전하게 외부에 방출할 수 있는 장치를 시설할 것.
다. 발전기 내부 또는 조상기 내부의 수소의 순도가 85[%] 이하로 저하한 경우에 이를 경보하는 장치를 시설할 것.

라. 발전기 내부 또는 조상기 내부의 수소의 압력을 계측하는 장치 및 그 압력이 현저히 변동한 경우에 이를 경보하는 장치를 시설할 것.
마. 발전기 내부 또는 조상기 내부의 수소의 온도를 계측하는 장치를 시설할 것.
바. 발전기 내부 또는 조상기 내부로 수소를 안전하게 도입할 수 있는 장치 및 발전기안 또는 조상기안의 수소를 안전하게 외부로 방출할 수 있는 장치를 시설할 것.
사. 발전기 또는 조상기에 붙인 유리제의 점검 창 등은 쉽게 파손되지 아니하는 구조로 되어 있을 것.

답 ②

83 저압전로의 보호도체 및 중성선의 접속방식에 따른 접지계통의 분류가 아닌 것은?

① IT 계통　　② TN 계통
③ TT 계통　　④ TC 계통

풀이 203.1 계통접지 구성
1. 저압전로의 보호도체 및 중성선의 접속 방식에 따라 접지계통은 다음과 같이 분류한다.
　가. TN 계통　　나. TT 계통　　다. IT 계통
2. 계통접지에서 사용되는 문자의 정의는 다음과 같다.
　가. 제1문자 – 전원계통과 대지의 관계
　　T : 한 점을 대지에 직접 접속
　　I : 모든 충전부를 대지와 절연시키거나 높은 임피던스를 통하여 한 점을 대지에 직접 접속
　나. 제2문자 – 전기설비의 노출도전부와 대지의 관계
　　T : 노출도전부를 대지로 직접 접속. 전원계통의 접지와는 무관
　　N : 노출도전부를 전원계통의 접지점(교류 계통에서는 통상적으로 중성점, 중성점이 없을 경우는 선도체)에 직접 접속
　다. 그 다음 문자(문자가 있을 경우) – 중성선과 보호도체의 배치
　　S : 중성선 또는 접지된 선도체 외에 별도의 도체에 의해 제공되는 보호 기능
　　C : 중성선과 보호 기능을 한 개의 도체로 겸용 (PEN 도체)

답 ④

84 교통신호등 회로의 사용전압이 몇 [V]를 넘는 경우는 전로에 지락이 생겼을 경우 자동적으로 전로를 차단하는 누전차단기를 시설하는가?

① 60　　② 150　　③ 300　　④ 450

풀이 234.15 교통신호등
교통신호등 제어장치의 2차측 배선의 최대사용전압은 300[V] 이하이어야 한다.

234.15.4 누전차단기
교통신호등 회로의 사용전압이 150[V]를 넘는 경우는 전로에 지락이 생겼을 경우 자동적으로 전로를 차단하는 누전차단기를 시설할 것. **답** ②

85 터널 안의 전선로의 저압전선이 그 터널 안의 다른 저압전선(관등회로의 배선은 제외한다.)·약전류전선 등 또는 수관·가스관이나 이와 유사한 것과 접근하거나 교차하는 경우, 저압전선을 애자공사에 의하여 시설하는 때에는 이격거리가 몇 [cm] 이상이어야 하는가? (단, 전선이 나전선이 아닌 경우이다.)

① 10　　　　② 15
③ 20　　　　④ 25

풀이 335.2 터널 안 전선로의 전선과 약전류전선 등 또는 관 사이의 이격거리
터널 안의 전선로의 저압전선이 그 터널 안의 다른 저압전선(관등회로의 배선은 제외한다.)·약전류전선 등 또는 수관·가스관이나 이와 유사한 것과 접근하거나 교차하는 경우, 저압전선을 애자공사에 의하여 시설하는 때에는 이격거리가 0.1[m](나전선인 경우에는 0.3[m]) 이상이어야 한다. **답** ①

86 저압 절연전선으로 「전기용품 및 생활용품 안전관리법」의 적용을 받는 것 이외에 KS에 적합한 것으로서 사용할 수 없는 것은?

① 450/750[V] 고무절연전선
② 450/750[V] 비닐절연전선
③ 450/750[V] 알루미늄절연전선
④ 450/750[V] 저독성 난연 폴리올레핀절연전선

풀이 122.1 절연전선
저압 절연전선은
가. 450/750[V] 비닐절연전선
나. 450/750[V] 저독성난연 폴리올레핀 절연전선
다. 450/750[V] 저독성난연 가교폴리올레핀 절연전선
라. 450/750[V] 고무절연전선 **답** ③

87 사용전압이 154[kV]인 모선에 접속되는 전력용 커패시터에 울타리를 시설하는 경우 울타리의 높이와 울타리로부터 충전부분까지 거리의 합계는 몇 [m] 이상 되어야 하는가?

① 2　　② 3　　③ 5　　④ 6

풀이 351.1 발전소 등의 울타리·담 등의 시설
가. 울타리·담 등의 높이는 2[m] 이상으로 하고 지표면과 울타리·담 등의 하단 사이의 간격은 0.15[m] 이하로 할 것.
나. 울타리·담 등의 높이와 울타리·담 등으로부터 충전부분까지 거리의 합계는 표에서 정한 값 이상으로 할 것.

사용전압의 구분	울타리·담 등의 높이와 울타리·담 등으로부터 충전 부분까지의 거리의 합계
35[kV] 이하	5[m]
35[kV] 초과 160[kV] 이하	6[m]
160[kV] 초과	• 거리의 합계 = 6 + 단수 × 0.12[m] • 단수 = $\dfrac{사용전압[kV]-160}{10}$ 단수 계산에서 소수점 이하는 절상

답 ④

88 태양광설비에 시설하여야 하는 계측기의 계측 대상에 해당하는 것은?

① 전압과 전류　　② 전력과 역률
③ 전류와 역률　　④ 역률과 주파수

풀이 522.3.6 태양광설비의 계측장치
태양광설비에는 전압, 전류 및 전력을 계측하는 장치를 시설하여야 한다. **답** ①

89 금속제 가요전선관 공사에 의한 저압 옥내배선의 시설기준으로 틀린 것은?

① 가요전선관 안에는 전선에 접속점이 없도록 한다.
② 옥외용 비닐절연전선을 제외한 절연전선을 사용한다.
③ 점검할 수 없는 은폐된 장소에는 1종 가요전선관을 사용할 수 있다.
④ 2종 금속제 가요전선관을 사용하는 경우에 습기 많은 장소에 시설하는 때에는 비닐피복 2종 가요전선관으로 한다.

풀이 232.13 금속제 가요전선관공사
가. 전선은 절연전선(옥외용 비닐 절연전선을 제외한다)일 것.
나. 전선은 연선일 것. 다만, 단면적 10[mm²](알루미늄선은 단면적 16[mm²]) 이하인 것은 그러하지 아니하다.
다. 가요전선관 안에는 전선에 접속점이 없도록 할 것.
라. **가요전선관은 2종 금속제 가요전선관일 것.** **답** ③

90 전선의 단면적이 38[mm²]인 경동연선을 사용하고 지지물로는 B종 철주 또는 B종 철근 콘크리트주를 사용하는 특고압 가공전선로를 제3종 특고압 보안공사에 의하여 시설하는 경우 경간은 몇 [m] 이하이어야 하는가?

① 100   ② 150
③ 200   ④ 250

풀이 333.22 특고압 보안공사
제3종 특고압 보안공사는 다음에 따라야 한다.
가. 특고압 가공전선은 연선일 것.
나. 경간은 표에서 정한 값 이하일 것.

지지물의 종류	제3종 특고압 보안공사	전선의 굵기에 따른 경간	
목주·A종 철주 또는 A종 철근 콘크리트주	100[m]	인장강도 14.51 [kN] 이상 또는 38[mm²] 이상인 경동연선	150[m]
B종 철주 또는 B종 철근 콘크리트주	**200[m]**	인장강도 21.67 [kN] 이상 또는 55[mm²] 이상인 경동연선	250[m]
철탑	400[m] (단주인 경우에는 300[m])		600[m] 이하 (단주인 경우에는 400[m])

답 ③

91 저압 전로에서 정전이 어려운 경우 등 절연저항 측정이 곤란한 경우 저항성분의 누설전류가 몇 [mA] 이하이면 그 전로의 절연성능은 적합한 것으로 보는가?

① 1   ② 2   ③ 3   ④ 4

풀이 132 전로의 절연저항 및 절연내력
가. 사용전압이 저압인 전로에서 정전이 어려운 경우 등 절연저항 측정이 곤란한 경우에는 **누설전류를 1[mA] 이하로 유지**하여야 한다.

나. 고압 및 특고압의 전로는 규정된 시험전압을 전로와 대지 사이(다심케이블은 심선 상호 간 및 심선과 대지 사이)에 연속하여 10분간 가하여 절연내력을 시험하였을 때에 이에 견디어야 한다. **답** ①

92 사용전압이 22.9[kV]인 가공전선로를 시가지에 시설하는 경우 전선의 지표상 높이는 몇 [m] 이상인가? (단, 전선은 특고압 절연전선을 사용한다.)

① 6   ② 7   ③ 8   ④ 10

풀이 333.1 시가지 등에서 특고압 가공전선로의 시설

사용전압의 구분	지표상의 높이
35[kV] 이하	10[m] (전선이 **특고압 절연전선인 경우에는 8[m]**)
35[kV] 초과	10[m]에 35[kV]를 초과하는 10[kV] 또는 그 단수마다 12[cm]를 더한 값

답 ③

93 "리플프리(Ripple−free)직류"란 교류를 직류로 변환할 때 리플성분의 실효값이 몇 [%] 이하로 포함된 직류를 말하는가?

① 3   ② 5   ③ 10   ④ 15

풀이 112 용어정의
"**리플프리(Ripple−free) 직류**"란 교류를 직류로 변환할 때 리플성분의 **실효값이 10 [%] 이하로 포함된 직류**를 말한다. **답** ③

94 가공전선로의 지지물에 시설하는 지선으로 연선을 사용할 경우, 소선(素線)은 몇 가닥 이상이어야 하는가?

① 2   ② 3   ③ 5   ④ 9

풀이 331.11 지선의 시설
가. 가공전선로의 지지물로 사용하는 철탑은 지선을 사용하여 그 강도를 분담시켜서는 안 된다.
나. 지선의 안전율은 2.5 이상일 것. 이 경우에 허용 인장하중의 최저는 4.31[kN]으로 한다.
다. 지선에 연선을 사용할 경우에는 다음에 의할 것.
① **소선 3가닥 이상의 연선**일 것.
② 소선의 지름이 2.6[mm] 이상의 금속선을 사용한 것일 것. **답** ②

95 사용전압이 22.9[kV]인 가공전선로의 다중접지한 중성선과 첨가 통신선의 이격거리는 몇 [cm] 이상이어야 하는가? (단, 특고압 가공전선로는 중성선 다중접지식의 것으로 전로에 지락이 생긴 경우 2초 이내에 자동적으로 이를 전로로부터 차단하는 장치가 되어 있는 것으로 한다.)

① 60　　② 75　　③ 100　　④ 120

풀이 362.2 전력보안통신선의 시설 높이와 이격거리
가. 통신선은 가공전선의 아래에 시설할 것.
나. 이격거리

가공전선		통신선		
		일반	절연전선	광섬유케이블
중성선	25[kV] 이하, 다중접지중성선	0.6[m] 이상		
저압 가공전선	일반	0.6[m] 이상		
	절연전선 또는 케이블		0.3[m] 이상	
	인입선			0.15[m] 이상
고압 가공전선	일반	0.6[m] 이상		
	케이블		0.3[m] 이상	
특고압 가공전선	일반	1.2[m] 이상		
	케이블		0.3[m] 이상	
	25[kV] 이하, 다중 접지방식	0.75[m] 이상		

답 ①

96 다음 ( )에 들어갈 내용으로 옳은 것은?

> 지중전선로는 기설 지중약전류전선로에 대하여 (ⓐ) 또는 (ⓑ)에 의하여 통신상의 장해를 주지 않도록 기설 약전류전선로로부터 충분히 이격시키거나 기타 적당한 방법으로 시설하여야 한다.

① ⓐ 누설전류, ⓑ 유도작용
② ⓐ 단락전류, ⓑ 유도작용
③ ⓐ 단락전류, ⓑ 정전작용
④ ⓐ 누설전류, ⓑ 정전작용

풀이 334.5 지중약전류전선의 유도장해 방지
지중전선로는 기설 지중약전류전선로에 대하여 **누설전류 또는 유도작용**에 의하여 통신상의 장해를 주지 않도록 기설 약전류전선로로부터 충분히 이격시키거나 기타 적당한 방법으로 시설하여야 한다. **답** ①

97 사용전압 22.9[kV]인 가공전선이 삭도와 제1차 접근상태로 시설되는 경우, 가공전선과 삭도 또는 삭도용 지주 사이의 이격거리는 몇 [m] 이상으로 하여야 하는가? (단, 전선으로는 특고압 절연전선을 사용한다.)

① 0.5　　② 1
③ 2　　④ 2.12

풀이 333.25 특고압 가공전선과 삭도의 접근 또는 교차
특고압 가공전선이 삭도와 제1차 접근상태로 시설되는 경우에는 다음에 따라야 한다.
가. 특고압 가공전선로는 제3종 특고압 보안공사에 의할 것.
나. 특고압 가공전선과 삭도 또는 삭도용 지주 사이의 이격거리는 표에서 정한 값 이상일 것.

사용전압	전선의 종류	이격거리
35[kV] 이하	표 준	2[m]
	특고압 절연전선 사용	1[m]
	케이블	0.5[m]
35[kV] 초과 60[kV] 이하		2[m]
60[kV] 초과	• 이격거리 = 2 + 단수×0.12[m] • 단수 = $\frac{(전압[kV]-60)}{10}$ 단수 계산에서 소수점 이하는 절상	

답 ②

98 저압 옥내배선에 사용하는 연동선의 최소 굵기는 몇 [mm²]인가?

① 1.5　　② 2.5
③ 4.0　　④ 6.0

풀이 231.3 저압 옥내배선의 사용전선
가. **저압 옥내배선의 전선 : 단면적 2.5[mm²] 이상의 연동선**
나. 옥내배선의 사용 전압이 400[V] 이하인 경우는 다음에 의하여 시설할 수 있다.
① 전광표시 장치 또는 제어 회로
• 단면적 1.5[mm²] 이상의 연동선
• 단면적 0.75[mm²] 이상인 다심케이블 또는 다심 캡타이어 케이블을 사용하고 또한 과전류가 생겼을 때에 자동적으로 전로에서 차단하는 장치를 시설
② 진열장 또는 이와 유사한 것의 내부 배선 : 단면적 0.75[mm²] 이상인 코드 또는 캡타이어케이블
답 ②

99 전격살충기의 전격격자는 지표 또는 바닥에서 몇 [m] 이상의 높은 곳에 시설하여야 하는가?

① 1.5 ② 2 ③ 2.8 ④ 3.5

풀이 241.7 전격살충기
전격살충기는 다음에 의하여 시설하여야 한다.
가. 전격살충기의 전격격자는 지표 또는 바닥에서 3.5 [m] 이상의 높은 곳에 시설할 것. 다만, 2차측 개방 전압이 7[kV] 이하의 절연변압기를 사용하고 보호 격자에 사람이 접촉될 경우 절연변압기의 1차측 전로를 자동적으로 차단하는 보호장치를 시설한 것은 지표 또는 바닥에서 1.8[m]까지 감할 수 있다.
나. 전격살충기의 전격격자와 다른 시설물(가공전선은 제외한다) 또는 식물과의 이격거리는 0.3[m] 이상 일 것. **답** ④

100 전기철도의 설비를 보호하기 위해 시설하는 피뢰기의 시설기준으로 틀린 것은?

① 피뢰기는 변전소 인입측 및 급전선 인출측에 설치하여야 한다.

② 피뢰기는 가능한 한 보호하는 기기와 가깝게 시설하되 누설전류 측정이 용이하도록 지지대와 절연하여 설치한다.

③ 피뢰기는 개방형을 사용하고 유효보호거리를 증가시키기 위하여 방전개시전압 및 제한전압이 낮은 것을 사용한다.

④ 피뢰기는 가공전선과 직접 접속하는 지중케이블에서 낙뢰에 의해 절연파괴의 우려가 있는 케이블 단말에 설치하여야 한다.

풀이 451.3 피뢰기 설치장소
1. 다음의 장소에 피뢰기를 설치하여야 한다.
   가. 변전소 인입측 및 급전선 인출측
   나. 가공전선과 직접 접속하는 지중케이블에서 낙뢰에 의해 절연파괴의 우려가 있는 케이블 단말
2. 피뢰기는 가능한 한 보호하는 기기와 가깝게 시설하되 누설전류 측정이 용이하도록 지지대와 절연하여 설치한다.

451.4 피뢰기의 선정
피뢰기는 다음의 조건을 고려하여 선정한다.
1. 피뢰기는 밀봉형을 사용하고 유효 보호거리를 증가시키기 위하여 방전개시전압 및 제한전압이 낮은 것을 사용한다.
2. 유도뢰서지에 대하여 2선 또는 3선의 피뢰기 동시동작이 우려되는 변전소 근처의 단락 전류가 큰 장소에는 속류차단능력이 크고 또한 차단성능이 회로조건의 영향을 받을 우려가 적은 것을 사용한다. **답** ③

---

81 지중 전선로를 직접 매설식에 의하여 차량 기타 중량물의 압력을 받을 우려가 있는 장소에 시설하는 경우 매설 깊이는 몇 [m] 이상으로 하여야 하는가?

① 0.6 ② 1 ③ 1.5 ④ 2

풀이 334.1 지중전선로의 시설
가. 지중 전선로는 전선에 케이블을 사용하고 또한 관로식·암거식 또는 직접 매설식에 의하여 시설하여야 한다.
나. 지중 전선로를 관로식 또는 암거식에 의하여 시설하는 경우에는 다음에 따라야 한다.
   ① 관로식에 의하여 시설하는 경우에는 매설 깊이를 1.0[m] 이상, 중량물의 압력을 받을 우려가 없는 곳은 0.6[m] 이상
   ② 암거식에 의하여 시설하는 경우에는 견고하고 차량 기타 중량물의 압력에 견디는 것을 사용할 것.
다. 지중 전선로를 직접 매설식에 의하여 시설하는 경우에는 매설 깊이를 차량 기타 중량물의 압력을 받을 우려가 있는 장소에는 1.0[m] 이상, 기타 장소에는 0.6[m] 이상 **답** ②

82 지중 전선로에 사용하는 지중함의 시설기준으로 틀린 것은?

① 조명 및 세척이 가능한 장치를 하도록 할 것

② 견고하고 차량 기타 중량물의 압력에 견디는 구조일 것

③ 그 안의 고인 물을 제거할 수 있는 구조로 되어 있을 것

④ 뚜껑은 시설자 이외의 자가 쉽게 열 수 없도록 시설할 것

풀이 334.2 지중함의 시설
지중전선로에 사용하는 지중함은 다음에 따라 시설하여야 한다.
가. 지중함은 견고하고 차량 기타 중량물의 압력에 견디는 구조일 것.
나. 지중함은 그 안의 고인 물을 제거할 수 있는 구조로 되어 있을 것.
다. 폭발성 또는 연소성의 가스가 침입할 우려가 있는 것에 시설하는 지중함으로서 그 크기가 1[m³] 이상

인 것에는 통풍장치 기타 가스를 방산시키기 위한 적당한 장치를 시설할 것.

라. 지중함의 **뚜껑은 시설자 이외의 자가 쉽게 열 수 없도록** 시설할 것.　**답** ①

83 돌침, 수평도체, 메시도체의 요소 중에 한 가지 또는 이를 조합한 형식으로 시설하는 것은?

① 접지극시스템
② 수뢰부시스템
③ 내부피뢰시스템
④ 인하도선시스템

풀이 152.1 수뢰부시스템
수뢰부시스템의 선정은 돌침, 수평도체, 메시도체의 요소 중에 한 가지 또는 이를 조합한 형식으로 시설하여야 한다.　**답** ②

84 일반 주택의 저압 옥내배선을 점검하였더니 다음과 같이 시설되어 있었을 경우 시설기준에 적합하지 않은 것은?

① 합성수지관의 지지점 간의 거리를 2[m]로 하였다.
② 합성수지관 안에서 전선의 접속점이 없도록 하였다.
③ 금속관공사에 옥외용 비닐절연전선을 제외한 절연전선을 사용하였다.
④ 인입구에 가까운 곳으로서 쉽게 개폐할 수 있는 곳에 개폐기를 각 극에 시설하였다.

풀이 232.11 합성수지관공사
관의 지지점 간의 거리는 1.5[m] 이하로 하고, 또한 그 지지점은 관의 끝·관과 박스의 접속점 및 관 상호 간의 접속점 등에 가까운 곳에 시설할 것.　**답** ①

85 하나 또는 복합하여 시설하여야 하는 접지극의 방법으로 틀린 것은?

① 지중 금속구조물
② 토양에 매설된 기초 접지극
③ 케이블의 금속외장 및 그 밖에 금속피복
④ 대지에 매설된 강화콘크리트의 용접된 금속보강재

풀이 142.2 접지극의 시설 및 접지저항
접지극은 다음의 방법 중 하나 또는 복합하여 시설하여야 한다.
가. 콘크리트에 매입 된 기초 접지극
나. 토양에 매설된 기초 접지극
다. 토양에 수직 또는 수평으로 직접 매설된 금속전극(봉, 전선, 테이프, 배관, 판 등)
라. 케이블의 금속외장 및 그 밖에 금속피복
마. 지중 금속구조물(배관 등)
바. 대지에 매설된 철근콘크리트의 용접된 금속 보강재. 다만, **강화콘크리트는 제외**한다.　**답** ④

86 전식방지대책에서 매설금속체측의 누설전류에 의한 전식의 피해가 예상되는 곳에 고려하여야 하는 방법으로 틀린 것은?

① 절연코팅
② 배류장치 설치
③ 변전소 간 간격 축소
④ 저준위 금속체를 접속

풀이 461.4 전기 부식 방지
가. 전기철도측의 전기 부식 방지를 위해서는 다음 방법을 고려하여야 한다.
　① 변전소 간 간격 축소
　② 레일본드의 양호한 시공
　③ 장대레일채택
　④ 절연도상 및 레일과 침목사이에 절연층의 설치
나. **매설금속체측의 누설전류에 의한 전식의 피해가 예상되는 곳**은 다음 방법을 고려하여야 한다.
　① **배류장치 설치**
　② **절연코팅**
　③ 매설금속체 접속부 절연
　④ **저준위 금속체를 접속**
　⑤ 궤도와의 이격거리 증대
　⑥ 금속판 등의 도체로 차폐　**답** ③

87 사용전압이 154[kV]인 전선로를 제1종 특고압 보안공사로 시설할 때 경동연선의 굵기는 몇 [mm²] 이상이어야 하는가?

① 55　　　　② 100
③ 150　　　④ 200

풀이 333.22 특고압 보안공사
제1종 특고압 보안공사는 다음에 따라야 한다.

사용전압	전 선
100[kV] 미만	인장강도 21.67[kN] 이상의 연선 또는 단면적 55[mm²] 이상의 경동연선
100[kV] 이상 300[kV] 미만	인장강도 58.84[kN] 이상의 연선 또는 단면적 150[mm²] 이상의 경동연선
300[kV] 이상	인장강도 77.47[kN] 이상의 연선 또는 단면적 200[mm²] 이상의 경동연선

답 ③

88 다음 ( )에 들어갈 내용으로 옳은 것은?

> 동일 지지물에 저압 가공전선(다중접지된 중성선은 제외한다.)과 고압 가공전선을 시설하는 경우 고압 가공전선을 저압 가공전선의 (㉠)로 하고, 별개의 완금류에 시설 해야하며, 고압 가공전선과 저압 가공전선 사이의 이격거리는 (㉡)[m] 이상으로 한다.

① ㉠ 아래 ㉡ 0.5 ② ㉠ 아래 ㉡ 1
③ ㉠ 위 ㉡ 0.5 ④ ㉠ 위 ㉡ 1

풀이 332.8 고압 가공전선 등의 병행설치
저압 가공전선(다중접지된 중성선은 제외한다. 이하 같다)과 고압 가공전선을 동일 지지물에 시설하는 경우에는 다음에 따라야 한다.
가. 저압 가공전선을 고압 가공전선의 아래로 하고 별개의 완금류에 시설할 것.
나. 저압 가공전선과 고압 가공전선 사이의 이격거리는 0.5[m] 이상일 것.
다. 다음의 어느 하나에 해당하는 경우에는 "가" 및 "나"에 의하지 아니할 수 있다.
 ① 고압 가공전선에 케이블을 사용하고, 또한 그 케이블과 저압 가공전선 사이의 이격거리를 0.3[m] 이상으로 하여 시설하는 경우
 ② 저압 가공인입선을 분기하기 위하여 저압 가공전선을 고압용의 완금류에 견고하게 시설하는 경우
답 ③

89 플로어덕트공사에 의한 저압 옥내배선에서 연선을 사용하지 않아도 되는 전선(동선)의 단면적은 최대 몇 [mm²]인가?

① 2 ② 4 ③ 6 ④ 10

풀이 232.32 플로어덕트공사
가. 전선은 절연전선(옥외용 비닐 절연전선을 제외한다)일 것.

나. 전선은 연선일 것. 다만, 단면적 10[mm²](알루미늄선은 단면적 16[mm²]) 이하인 것은 그러하지 아니하다.
다. 플로어덕트 안에는 전선에 접속점이 없도록 할 것. 다만, 전선을 분기하는 경우에 접속점을 쉽게 점검할 수 있을 때에는 그러하지 아니하다.
라. 덕트 상호 간 및 덕트와 박스 및 인출구와는 견고하고 또한 전기적으로 완전하게 접속할 것.
마. 박스 및 인출구는 마루 위로 돌출하지 아니하도록 시설하고 또한 물이 스며들지 아니하도록 밀봉할 것.
바. 덕트의 끝부분은 막을 것.
사. 덕트는 접지공사를 할 것.
답 ④

90 전기설비기술기준에서 정하는 안전원칙에 대한 내용으로 틀린 것은?

① 전기설비는 감전, 화재 그 밖에 사람에게 위해를 주거나 물건에 손상을 줄 우려가 없도록 시설하여야 한다.
② 전기설비는 다른 전기설비, 그 밖의 물건의 기능에 전기적 또는 자기적인 장해를 주지 않도록 시설하여야 한다.
③ 전기설비는 경쟁과 새로운 기술 및 사업의 도입을 촉진함으로써 전기사업의 건전한 발전을 도모하도록 시설하여야 한다.
④ 전기설비는 사용목적에 적절하고 안전하게 작동하여야 하며, 그 손상으로 인하여 전기공급에 지장을 주지 않도록 시설하여야 한다.

풀이 안전원칙(기술기준 제2조)
① 전기설비는 감전, 화재 그 밖에 사람에게 위해(危害)를 주거나 물건에 손상을 줄 우려가 없도록 시설하여야 한다.
② 전기설비는 사용목적에 적절하고 안전하게 작동하여야 하며, 그 손상으로 인하여 전기 공급에 지장을 주지 않도록 시설하여야 한다.
③ 전기설비는 다른 전기설비, 그 밖의 물건의 기능에 전기적 또는 자기적인 장해를 주지 않도록 시설하여야 한다.
답 ③

91 전압의 종별에서 교류 600[V]는 무엇으로 분류하는가?

① 저압 ② 고압
③ 특고압 ④ 초고압

풀이 111 통칙
전압의 구분은 다음과 같다.

분 류	전압의 범위
저압	• 직류 : 1.5[kV] 이하 • 교류 : 1[kV] 이하
고압	• 직류 : 1.5[kV]를 초과하고, 7[kV] 이하 • 교류 : 1[kV]를 초과하고, 7[kV] 이하
특고압	7[kV]를 초과

답 ①

92 풍력터빈에 설비의 손상을 방지하기 위하여 시설하는 운전상태를 계측하는 계측장치로 틀린 것은?

① 조도계 ② 압력계
③ 온도계 ④ 풍속계

풀이 532.3.7 계측장치의 시설
풍력터빈에는 설비의 손상을 방지하기 위하여 운전 상태를 계측하는 다음의 계측장치를 시설하여야 한다.
1. 회전속도계
2. 나셀(nacelle) 내의 진동을 감시하기 위한 진동계
3. 풍속계 4. 압력계 5. 온도계
답 ①

93 옥내 배선공사 중 반드시 절연전선을 사용하지 않아도 되는 공사방법은? (단, 옥외용 비닐절연전선은 제외한다.)

① 금속관공사
② 버스덕트공사
③ 합성수지관공사
④ 플로어덕트공사

풀이 231.4 나전선의 사용 제한
옥내에 시설하는 저압전선에는 나전선을 사용하여서는 아니 된다. 다만, 다음 중 어느 하나에 해당하는 경우에는 그러하지 아니하다.
가. 애자공사에 의하여 전개된 곳에 다음의 전선을 시설하는 경우
① 전기로용 전선
② 전선의 피복 절연물이 부식하는 장소에 시설하는 전선
나. 버스덕트공사에 의하여 시설하는 경우
다. 라이팅덕트공사에 의하여 시설하는 경우
라. 접촉 전선을 시설하는 경우
답 ②

94 시가지에 시설하는 사용전압 170[kV] 이하인 특고압 가공전선로의 지지물이 철탑이고 전선이 수평으로 2 이상 있는 경우에 전선 상호 간의 간격이 4[m] 미만인 때에는 특고압 가공전선로의 경간은 몇 [m] 이하이어야 하는가?

① 100 ② 150
③ 200 ④ 250

풀이 333.1 시가지 등에서 특고압 가공전선로의 시설

지지물의 종류	경 간
A종 철주 또는 A종 철근 콘크리트주	75[m]
B종 철주 또는 B종 철근 콘크리트주	150[m]
철 탑	400[m] (단주인 경우에는 300[m]) 다만, 전선이 수평으로 2 이상 있는 경우에 전선 상호간의 간격이 4[m] 미만인 때에는 250[m]

답 ④

95 사용전압이 170[kV] 이하의 변압기를 시설하는 변전소로서 기술원이 상주하여 감시지는 않으나 수시로 순회하는 경우 기술원이 상주하는 장소에 경보장치를 시설하지 않아도 되는 경우는?

① 옥내 및 옥외변전소에 화재가 발생한 경우
② 제어회로의 전압이 현저히 저하한 경우
③ 운전조작에 필요한 차단기가 자동적으로 차단한 후 재폐로한 경우
④ 수소냉각식 조상기는 그 조상기 안의 수소의 순도가 90[%] 이하로 저하한 경우

풀이 351.9 상주 감시를 하지 아니하는 변전소의 시설
다음의 경우에는 변전제어소 또는 기술원이 상주하는 장소에 경보장치를 시설할 것.
가. 운전조작에 필요한 차단기가 자동적으로 차단한 경우(차단기가 재폐로한 경우를 제외한다)
나. 주요 변압기의 전원측 전로가 무전압으로 된 경우
다. 제어 회로의 전압이 현저히 저하한 경우
라. 옥내 및 옥외변전소에 화재가 발생한 경우
마. 출력 3,000[kVA]를 초과하는 특고압용변압기는 그 온도가 현저히 상승한 경우
바. 특고압용 타냉식변압기는 그 냉각장치가 고장난 경우
사. 조상기는 내부에 고장이 생긴 경우

아. 수소냉각식조상기는 그 조상기 안의 수소의 순도가 90% 이하로 저하한 경우, 수소의 압력이 현저히 변동한 경우 또는 수소의 온도가 현저히 상승한 경우

자. 가스절연기기의 절연가스의 압력이 현저히 저하한 경우 　답 ③

---

96 특고압용 타냉식 변압기의 냉각장치에 고장이 생긴 경우를 대비하여 어떤 보호장치를 하여야 하는가?

① 경보장치　　　　② 속도조정장치
③ 온도시험장치　　④ 냉매흐름장치

풀이 351.4 특고압용 변압기의 보호장치
특고압용의 변압기에는 그 내부에 고장이 생겼을 경우에 보호하는 장치를 표와 같이 시설하여야 한다.

뱅크 용량의 구분	동작조건	장치의 종류
5,000[kVA] 이상 10,000[kVA] 미만	변압기 내부고장	자동차단장치 또는 경보장치
10,000[kVA] 이상	변압기 내부고장	자동차단장치
타냉식 변압기(변압기의 권선 및 철심을 직접 냉각시키기 위하여 봉입한 냉매를 강제 순환시키는 냉각 방식을 말한다.)	냉각장치에 고장이 생긴 경우 또는 변압기의 온도가 현저히 상승한 경우	경보장치

답 ①

---

97 특고압 가공전선로의 지지물로 사용하는 B종 철주, B종 철근콘크리트주 또는 철탑의 종류에서 전선로의 지지물 양쪽의 경간의 차가 큰 곳에 사용하는 것은?

① 각도형　　　　② 인류형
③ 내장형　　　　④ 보강형

풀이 333.11 특고압 가공전선로의 철주·철근 콘크리트주 또는 철탑의 종류
특고압 가공전선로의 지지물로 사용하는 B종 철근·B종 콘크리트주 또는 철탑의 종류는 다음과 같다.
가. 직선형 : 전선로의 직선 부분(3° 이하의 수평 각도 이루는 곳 포함)에 사용되는 것
나. 각도형 : 전선로 중 수평 각도 3°를 넘는 곳에 사용되는 것
다. 인류형 : 전 가섭선을 인류하는 곳에 사용하는 것
라. 내장형 : 전선로 지지물 양측의 경간 차가 큰 곳에 사용하는 것
마. 보강형 : 전선로 직선 부분을 보강하기 위하여 사용하는 것 답 ③

---

98 아파트 세대 욕실에 "비데용 콘센트"를 시설하고자 한다. 다음의 시설방법 중 적합하지 않은 것은?

① 콘센트는 접지극이 없는 것을 사용한다.
② 습기가 많은 장소에 시설하는 콘센트는 방습장치를 하여야 한다.
③ 콘센트를 시설하는 경우에는 절연변압기(정격용량 3[kVA] 이하인 것에 한한다.)로 보호된 전로에 접속하여야 한다.
④ 콘센트를 시설하는 경우에는 인체감전보호용 누전차단기(정격감도전류 15[mA] 이하, 동작시간 0.03초 이하의 전류동작형의 것에 한한다.)로 보호된 전로에 접속하여야 한다.

풀이 234.5 콘센트의 시설
욕조나 샤워시설이 있는 욕실 또는 화장실 등 인체가 물에 젖어있는 상태에서 전기를 사용하는 장소에 콘센트를 시설하는 경우에는 다음에 따라 시설하여야한다.
가. 인체감전보호용 누전차단기(정격감도전류 15[mA] 이하, 동작시간 0.03[초] 이하의 전류동작형의 것에 한한다) 또는 절연 변압기(정격용량 3[kVA] 이하인 것에 한한다)로 보호된 전로에 접속하거나, 인체감전보호용 누전차단기가 부착된 콘센트를 시설하여야 한다.
나. 콘센트는 접지극이 있는 방적형 콘센트를 사용하여 규정에 준하여 접지하여야 한다. 답 ①

---

99 고압 가공전선로의 가공지선에 나경동선을 사용하려면 지름 몇 [mm] 이상의 것을 사용하여야하는가?

① 2.0　　　　② 3.0
③ 4.0　　　　④ 5.0

풀이 332.6 고압 가공전선로의 가공지선
고압 가공전선로에 사용하는 가공지선은 인장강도 5.26[kN] 이상의 것 또는 지름 4[mm] 이상의 나경동선을 사용한다. 답 ③

---

100 변전소의 주요 변압기에 계측장치를 시설하여 측정하여야 하는 것이 아닌 것은?

① 역률　　　　② 전압
③ 전력　　　　④ 전류

풀이 351.6 계측장치

변전소 또는 이에 준하는 곳에는 다음의 사항을 계측하는 장치를 시설하여야 한다. 다만, 전기철도용 변전소는 주요 변압기의 전압을 계측하는 장치를 시설하지 아니할 수 있다.

가. 주요 변압기의 전압 및 전류 또는 전력

나. 특고압용 변압기의 온도 **답** ①

2021년 - 3회 _ 전기기사

81 저압 옥상전선로의 시설기준으로 틀린 것은?

① 전개된 장소에 위험의 우려가 없도록 시설할 것

② 전선은 지름 2.6[mm] 이상의 경동선을 사용할 것

③ 전선은 절연전선(옥외용 비닐절연전선은 제외)을 사용할 것

④ 전선은 상시 부는 바람 등에 의하여 식물에 접촉하지 아니하도록 시설하여야 한다.

풀이 221.3 옥상전선로

저압 옥상전선로는 전개된 장소에 다음에 따르고 또한 위험의 우려가 없도록 시설하여야 한다.

가. 전선은 인장강도 2.30[kN] 이상의 것 또는 지름 2.6[mm] 이상의 경동선을 사용할 것.

나. 전선은 절연전선(OW전선을 포함한다.) 또는 이와 동등 이상의 절연효력이 있는 것을 사용할 것.

다. 전선은 조영재에 견고하게 붙인 지지주 또는 지지대에 절연성·난연성 및 내수성이 있는 애자를 사용하여 지지하고 또한 그 지지점 간의 거리는 15[m] 이하일 것.

라. 전선과 그 저압 옥상 전선로를 시설하는 조영재와의 이격거리는 2[m](전선이 고압절연전선, 특고압 절연전선 또는 케이블인 경우에는 1[m]) 이상일 것. **답** ③

82 이동형의 용접 전극을 사용하는 아크용접장치의 시설기준으로 틀린 것은?

① 용접변압기는 절연변압기일 것

② 용접변압기의 1차측 전로의 대지전압은 300[V] 이하일 것

③ 용접변압기의 2차측 전로에는 용접변압기에 가까운 곳에 쉽게 개폐할 수 있는 개폐기를 시설할 것

④ 용접변압기의 2차측 전로 중 용접변압기로부터 용접전극에 이르는 부분의 전로는 용접 시 흐르는 전류를 안전하게 통할 수 있는 것일 것

풀이 241.10 아크 용접기

가반형의 용접 전극을 사용하는 아크 용접장치는 다음에 따라 시설하여야 한다.

가. 용접변압기는 절연변압기일 것.

나. 용접변압기의 1차측 전로의 대지전압은 300[V] 이하일 것.

다. 용접변압기의 1차측 전로에는 용접 변압기에 가까운 곳에 쉽게 개폐할 수 있는 개폐기를 시설할 것.

라. 용접기 외함 및 피용접재 또는 이와 전기적으로 접속되는 받침대·정반 등의 금속체는 규정에 준하여 접지공사를 하여야 한다. **답** ③

83 사용전압이 15[kV] 초과 25[kV] 이하인 특고압 가공전선로가 상호 간 접근 또는 교차하는 경우 사용전선이 양쪽 모두 나전선이라면 이격거리는 몇 [m] 이상이어야 하는가? (단, 중성선 다중접지 방식의 것으로서 전로에 지락이 생겼을 때에 2초 이내에 자동적으로 이를 전로로부터 차단하는 장치가 되어 있다.)

① 1.0　　　　② 1.2

③ 1.5　　　　④ 1.75

풀이 333.32 25[kV] 이하인 특고압 가공전선로의 시설

사용전압이 15[kV]를 초과하고 25[kV] 이하인 특고압 가공전선로(중성선 다중접지식의 것으로서 전로에 지락이 생겼을 때에 2초 이내에 자동적으로 이를 전로로부터 차단하는 장치가 되어 있는 것에 한한다.)가 상호 간 접근 또는 교차하는 경우 이격거리

사용전선의 종류	이격거리
어느 한쪽 또는 양쪽이 나전선인 경우	1.5[m]
양쪽이 특고압 절연전선인 경우	1.0[m]
한쪽이 케이블이고 다른 한쪽이 케이블이거나 특고압 절연전선인 경우	0.5[m]

답 ③

84 최대사용전압이 1차 22000[V], 2차 6600[V]의 권선으로서 중성점 비접지식 전로에 접속하는 변압기의 특고압측 절연내력 시험전압은?

① 24000[V]
② 27500[V]
③ 33000[V]
④ 44000[V]

풀이 135 변압기 전로의 절연내력

권선의 종류 (최대사용전압)	접지방식	시험전압 (최대사용 전압의 배수)	최저 시험전압
1. 7[kV] 이하		1.5배	500[V]
	다중접지	0.92배	500[V]
2. 7[kV] 초과 25[kV] 이하	다중접지	0.92배	
3. 7[kV] 초과 60[kV] 이하 (2란의 것 제외)		1.25배	10.5[kV]
4. 60[kV] 초과	비접지	1.25배	
5. 60[kV] 초과 (6란의 것 제외)	접지식	1.1배	75[kV]
6. 60[kV] 초과	직접접지	0.72배	
7. 170[kV] 초과	직접접지	0.64배	

시험전압은 최대 사용전압에 배수를 곱하고 그 값을 권선과 대지 사이 10분간 시험한다.
시험전압 = 22,000 × 1.25 = 27,500[V] **답** ②

85 가공전선로의 지지물로 볼 수 없는 것은?

① 철주
② 지선
③ 철탑
④ 철근 콘크리트주

풀이 • 지지물은 폭풍우, 지진, 뇌, 눈 등의 자연재해로부터 가공전선로를 안전하게 지지하여야 한다. 따라서 지지물은 전선을 지지하는데 충분한 강도를 가져야 하며 오랜 기간에도 견딜 수 있는 것이어야 한다.
• 지지물의 종류로서는 **철탑, 철근콘크리트주, 철주**, 목주 등이 있으며, 이외에도 강판조립주 라든가 MC철탑(콘크리트가 충진되어 있는 강관철탑) 및 알루미늄탑 등도 있다. **답** ②

86 점멸기의 시설에서 센서등(타임스위치 포함)을 시설하여야 하는 곳은?

① 공장
② 상점
③ 사무실
④ 아파트 현관

풀이 234.6 점멸기의 시설
다음의 경우에는 **센서등(타임스위치 포함)을 시설하여야** 한다.
가. 관광숙박업 또는 숙박업(여인숙업을 제외한다)에 이용되는 객실의 입구등은 1분 이내에 소등되는 것.
나. 일반주택 및 **아파트 각 호실의 현관등**은 3분 이내에 소등되는 것. **답** ④

87 순시조건($t \leq 0.5$초)에서 교류 전기철도 급전시스템에서의 레일 전위의 최대 허용접촉전압(실효값)으로 옳은 것은?

① 60[V]
② 65[V]
③ 440[V]
④ 670[V]

풀이 461.2 레일 전위의 위험에 대한 보호
교류 전기철도 급전시스템에서의 레일 전위의 최대 허용 접촉전압은 표의 값 이하여야 한다. 단, 작업장 및 이와 유사한 장소에서는 최대 허용 접촉전압을 25[V](실효값)를 초과하지 않아야 한다.

교류 전기철도 급전시스템의 최대 허용 접촉전압

시간 조건	최대 허용 접촉전압(실효값)
순시조건($t \leq 0.5$초)	670[V]
일시적 조건(0.5초$< t \leq 300$초)	65[V]
영구적 조건($t > 300$초)	60[V]

답 ④

88 전기저장장치의 이차전지에 자동으로 전로로부터 차단하는 장치를 시설하여야 하는 경우로 틀린 것은?

① 과저항이 발생한 경우
② 과전압이 발생한 경우
③ 제어장치에 이상이 발생한 경우
④ 이차전지 모듈의 내부 온도가 상승할 경우

풀이 511.2.7 제어 및 보호장치
전기저장장치의 이차전지는 다음에 따라 자동으로 전로로부터 차단하는 장치를 시설하여야 한다.
가. **과전압**, 저전압 또는 과전류가 **발생한 경우**
나. **제어장치에 이상이 발생한 경우**
다. **이차전지 모듈의 내부 온도가 상승할 경우**
답 ①

89 뱅크용량이 몇 [kVA] 이상인 조상기에는 그 내부에 고장이 생긴 경우에 자동적으로 이를 전로로부터 차단하는 보호장치를 하여야 하는가?

① 10000　　　　② 15000
③ 20000　　　　④ 25000

풀이 351.5 조상설비의 보호장치
조상설비에는 그 내부에 고장이 생긴 경우에 보호하는 장치를 표와 같이 시설하여야 한다.

설비 종별	뱅크 용량의 구분	자동적으로 전로로부터 차단하는 장치
전력용 커패시터 및 분로리액터	500[kVA] 초과 15,000[kVA] 미만	• 내부에 고장이 생긴 경우 • 과전류가 생긴 경우
	15,000[kVA] 이상	• 내부에 고장이 생긴 경우 • 과전류가 생긴 경우 • 과전압이 생긴 경우
조상기	15,000[kVA] 이상	• 내부에 고장이 생긴 경우

답 ②

90 전주외등의 시설 시 사용하는 공사방법으로 틀린 것은?

① 애자공사
② 케이블공사
③ 금속관공사
④ 합성수지관공사

풀이 234.10.3 배선
배선은 단면적 2.5[mm²] 이상의 절연전선 또는 이와 동등 이상의 절연효력이 있는 것을 사용하고 다음 배선 방법 중에서 시설하여야 한다.
1. 케이블공사
2. 합성수지관공사
3. 금속관공사

답 ①

91 농사용 저압 가공전선로의 지지점 간 거리는 몇 [m] 이하이어야 하는가?

① 30　　　　② 50
③ 60　　　　④ 100

풀이 222.22 농사용 저압 가공전선로의 시설
가. 사용전압은 저압일 것.
나. 저압 가공전선은 인장강도 1.38[kN] 이상의 것 또는 지름 2[mm] 이상의 경동선일 것.

다. 저압 가공전선의 지표상의 높이는 3.5[m] 이상일 것. 다만, 저압 가공전선을 사람이 쉽게 출입하지 못하는 곳에 시설하는 경우에는 3[m]까지로 감할 수 있다.
라. 목주의 굵기는 말구 지름이 0.09[m] 이상일 것.
마. 전선로의 지지점 간 거리는 30[m] 이하일 것.

답 ①

92 특고압 가공전선로에서 발생하는 극저주파 전계는 지표상 1[m]에서 몇 [kV/m] 이하이어야 하는가?

① 2.0　　　　② 2.5
③ 3.0　　　　④ 3.5

풀이 유도장해 방지(기술기준 제17조)
특고압 가공전선로에서 발생하는 극저주파 전자계는 지표상 1[m]에서 전계가 3.5[kV/m] 이하, 자계가 83.3[μT] 이하가 되도록 시설하는 등 상시 정전유도 및 전자유도 작용에 의하여 사람에게 위험을 줄 우려가 없도록 시설하여야 한다.

답 ④

93 단면적 55[mm²]인 경동연선을 사용하는 특고압 가공전선로의 지지물로 장력에 견디는 형태의 B종 철근 콘크리트주를 사용하는 경우, 허용 최대 경간은 몇 [m] 인가?

① 150　　　　② 250
③ 300　　　　④ 500

풀이 333.21 특고압 가공전선로의 경간 제한
특고압 가공전선로의 경간은 표에서 정한 값 이하이어야 한다.

지지물의 종류	표준 경간 22[mm²] 이상의 경동연선	인장강도 21.67[kN] 이상 또는 단면적 50[mm²] 이상의 경동연선
목주·A종 철주 또는 A종 철근 콘크리트주	150[m] 이하	300[m] 이하
B종 철주 또는 B종 철근 콘크리트주	250[m] 이하	500[m] 이하
철 탑	600[m] 이하 (단주인 경우 400[m])	600[m] 이하

답 ④

94 저압 옥측전선로에서 목조의 조영물에 시설할 수 있는 공사 방법은?

① 금속관 공사
② 버스덕트공사
③ 합성수지관공사
④ 케이블공사(무기물 절연(MI) 케이블을 사용하는 경우)

풀이 221.2 옥측전선로
저압 옥측전선로는 다음의 공사방법에 의할 것.
가. 애자공사(전개된 장소에 한한다.)
나. **합성수지관공사**
다. 금속관공사(목조 이외의 조영물에 시설하는 경우에 한한다)
라. 버스덕트공사[목조 이외의 조영물(점검할 수 없는 은폐된 장소는 제외한다)에 시설하는 경우에 한한다]
마. 케이블공사(연피 케이블·알루미늄피 케이블 또는 무기물 절연 케이블을 사용하는 경우에는 목조 이외의 조영물에 시설하는 경우에 한한다.)
답 ③

95 시가지에 시설하는 154[kV] 가공전선로를 도로와 제1차 접근상태로 시설하는 경우, 전선과 도로와의 이격거리는 몇 [m] 이상이어야 하는가?

① 4.4 ② 4.8 ③ 5.2 ④ 5.6

풀이 333.24 특고압 가공전선과 도로 등의 접근 또는 교차
특고압 가공전선이 **도로·횡단보도교·철도 또는 궤도**(이하 "도로 등"이라 한다)와 **제1차 접근 상태로** 시설되는 경우에는 다음에 따라야 한다.
가. 특고압 가공전선은 제3종 특고압 보안공사에 의할 것.
나. 특고압 가공전선과 도로 등 사이의 이격거리는 표에서 정한 값 이상일 것. 다만, 특고압 절연전선을 사용하는 사용전압이 35[kV] 이하의 특고압 가공전선과 도로 등 사이의 수평 이격거리가 1.2[m] 이상인 경우에는 그러하지 아니하다.

사용전압의 구분	이격거리
35[kV] 이하	3[m]
35[kV] 초과	• **이격거리 = 3 + 단수 × 0.15[m]** • 단수 = $\dfrac{(전압[kV]-35)}{10}$ 단수 계산에서 소수점 이하는 절상

• 단수 = $\dfrac{154-35}{10}$ = 11.9 → 12단
• 이격거리 = 3 + 12 × 0.15 = 4.8[m]
답 ②

96 귀선로에 대한 설명으로 틀린 것은?

① 나전선을 적용하여 가공식으로 가설을 원칙으로 한다.
② 사고 및 지락 시에도 충분한 허용전류용량을 갖도록 하여야 한다.
③ 비절연보호도체, 매설접지도체, 레일 등으로 구성하여 단권변압기 중성점과 공통접지에 접속한다.
④ 비절연보호도체의 위치는 통신유도장해 및 레일전위의 상승의 경감을 고려하여 결정하여야 한다.

풀이 431.5 귀선로
1. 귀선로는 비절연보호도체, 매설접지도체, 레일 등으로 구성하여 단권변압기 중성점과 공통접지에 접속한다.
2. 비절연보호도체의 위치는 통신유도장해 및 레일전위의 상승의 경감을 고려하여 결정하여야 한다.
3. 귀선로는 사고 및 지락 시에도 충분한 허용전류용량을 갖도록 하여야 한다.
답 ①

97 큰 고장전류가 구리 소재의 접지도체를 통하여 흐르지 않을 경우 접지도체의 최소 단면적은 몇 [mm²] 이상이어야 하는가? (단, 접지도체에 피뢰시스템이 접속되지 않는 경우이다.)

① 0.75 ② 2.5 ③ 6 ④ 16

풀이 142.3.1 접지도체
가. 접지도체의 최소 단면적은 다음과 같다.
(1) **구리는 6[mm²] 이상**
(2) 철제는 50[mm²] 이상
나. 접지도체에 피뢰시스템이 접속되는 경우, 접지도체의 단면적
(1) 구리는 16[mm²] 이상
(2) 철제는 50[mm²] 이상
답 ③

98 변전소에 울타리·담 등을 시설할 때, 사용전압이 345[kV]이면 울타리·담 등의 높이와 울타리·담 등으로부터 충전부분까지의 거리의 합계는 몇 [m] 이상으로 하여야 하는가?

① 8.16 ② 8.28
③ 8.40 ④ 9.72

풀이 351.1 발전소 등의 울타리·담 등의 시설

사용전압의 구분	울타리·담 등의 높이와 울타리·담 등으로부터 충전 부분까지의 거리의 합계
35[kV] 이하	5[m]
35[kV] 초과 160[kV] 이하	6[m]
160[kV] 초과	• 거리의 합계 = 6 + 단수 × 0.12[m] • 단수 = $\dfrac{\text{사용전압[kV]}-160}{10}$ 단수 계산에서 소수점 이하는 절상

• 단수 $= \dfrac{345-160}{10} = 18.5 \rightarrow$ 19단

• 충전 부분까지의 거리 $= 6 + 19 \times 0.12 = 8.28$[m]

답 ②

99 전력보안 가공통신선을 횡단보도교 위에 시설하는 경우 그 노면상 높이는 몇 [m] 이상인가? (단, 가공전선로의 지지물에 시설하는 통신선 또는 이에 직접 접속하는 가공통신선은 제외한다.)

① 3　　　② 4　　　③ 5　　　④ 6

풀이 362.2 전력보안통신선의 시설 높이와 이격거리

전력 보안 가공통신선(이하 "가공통신선"이라 한다)의 높이는 다음을 따른다.

구 분		지상고	비고
도로 (차도)	일반적인 경우	5.0[m] 이상	
	교통에 지장을 안 주는 경우	4.5[m] 이상	
철도 또는 궤도 횡단 시		6.5[m] 이상	레일면상
횡단보도교 위		3.0[m] 이상	그 노면상
기타		3.5[m] 이상	

답 ①

100 케이블트레이 공사에 사용할 수 없는 케이블은?

① 연피 케이블　　② 난연성 케이블
③ 캡타이어 케이블　　④ 알루미늄피 케이블

풀이 232.41.1 시설 조건

가. 연피케이블, 알루미늄피 케이블 등 난연성 케이블
나. 기타 케이블(적당한 간격으로 연소(延燒)방지 조치를 하여야 한다.)
다. 금속관 혹은 합성수지관 등에 넣은 절연전선

답 ③

2021년 - 4회 _ 공사기사

81 풍력발전설비의 시설기준에 대한 설명으로 틀린 것은?

① 간선의 시설 시 단자의 접속은 기계적, 전기적 안전성을 확보하도록 하여야 한다.
② 나셀 등 풍력발전기 상부시설에 접근하기 위한 안전한 시설물을 강구하여야 한다.
③ 100[kW] 이상의 풍력터빈은 나셀 내부의 화재 발생 시, 이를 자동으로 소화할 수 있는 화재방호설비를 시설하여야 한다.
④ 풍력발전기에서 출력배선에 쓰이는 전선은 CV선 또는 TFR-CV선을 사용하거나 동등 이상의 성능을 가진 제품을 사용하여야 한다.

풀이 531.3 화재방호설비 시설

500[kW] 이상의 풍력터빈은 나셀 내부의 화재 발생 시, 이를 자동으로 소화할 수 있는 화재방호설비를 시설하여야 한다.

답 ③

82 의료장소의 안전을 위한 비단락보증 절연변압기에 대한 설명으로 옳은 것은?

① 정격출력은 5[kVA] 이하이다.
② 정격출력은 10[kVA] 이하이다.
③ 2차측 정격전압은 직류 250[V] 이하이다.
④ 2차측 정격전압은 교류 350[V] 이하이다.

풀이 242.10.3 의료장소의 안전을 위한 보호 설비

그룹 1 및 그룹 2의 의료 IT 계통은 다음과 같이 시설할 것.

가. 전원측에 따라 이중 또는 강화절연을 한 비단락보증 절연변압기를 설치하고 그 2차측 전로는 접지하지 말 것.
나. 비단락보증 절연변압기의 2차측 정격전압은 교류 250[V] 이하로 하며 공급방식 및 정격출력은 단상 2선식, 10[kVA] 이하로 할 것.
다. 비단락보증 절연변압기의 과부하 및 온도를 지속적으로 감시하는 장치를 적절한 장소에 설치할 것.
라. 의료 IT 계통의 절연상태를 지속적으로 계측, 감시하는 장치를 다음과 같이 설치할 것.
　(1) 절연 감시장치를 설치하여 절연저항이 50[kΩ]까지 감소하면 표시설비 및 음향설비로 경보를

발하도록 할 것.

(2) 표시설비 및 음향설비를 적절한 장소에 배치하여 의료진에 의하여 지속적으로 감시될 수 있도록 할 것.

(3) 수술실 등의 내부에 설치되는 음향설비가 의료행위에 지장을 줄 우려가 있는 경우에는 기능을 정지시킬 수 있는 구조일 것.

마. 의료 IT 계통의 분전반은 의료장소의 내부 혹은 가까운 외부에 설치할 것. **답** ②

83 변전소에서 사용전압 154[kV] 변압기를 옥외에 시설할 때 취급자 이외의 사람이 들어가지 않도록 시설하는 울타리는 울타리의 높이와 울타리에서 충전부분까지의 거리의 합계를 몇 [m] 이상으로 하여야 하는가?

① 5 　　　　　　② 5.5
③ 6 　　　　　　④ 6.5

풀이 351.1 발전소 등의 울타리·담 등의 시설

가. 울타리·담 등의 높이는 2[m] 이상으로 하고 지표면과 울타리·담 등의 하단 사이의 간격은 0.15[m] 이하로 할 것.

나. 울타리·담 등의 높이와 울타리·담 등으로부터 충전부분까지 거리의 합계는 표에서 정한 값 이상으로 할 것.

사용전압의 구분	울타리·담 등의 높이와 울타리·담 등으로부터 충전 부분까지의 거리의 합계
35[kV] 이하	5[m]
35[kV] 초과 160[kV] 이하	6[m]
160[kV] 초과	• 거리의 합계 = 6 + 단수 × 0.12[m] • 단수 = $\dfrac{\text{사용전압[kV]}-160}{10}$ 단수 계산에서 소수점 이하는 절상

답 ③

84 동기조상기를 시설하는 경우 계측하는 장치를 시설하여 계측하는 대상으로 틀린 것은?

① 동기조상기의 전압
② 동기조상기의 전력
③ 동기조상기의 회전자의 온도
④ 동기조상기의 베어링의 온도

풀이 351.6 계측장치

발전소에서는 다음의 사항을 계측하는 장치를 시설하여

야 한다.

가. 발전기의 전압 및 전류 또는 전력
나. 발전기의 베어링 및 고정자의 온도
다. 주요 변압기의 전압 및 전류 또는 전력
라. 특고압용 변압기의 온도 **답** ③

85 케이블 트레이공사에 사용하는 케이블 트레이에 적합하지 않은 것은?

① 케이블 트레이의 안전율은 1.5 이상이어야 한다.
② 금속재의 것은 내식성 재료의 것으로 하지 않아도 된다.
③ 전선의 피복 등을 손상시킬 돌기 등이 없이 매끈하여야 한다.
④ 지지대는 트레이 자체 하중과 포설된 케이블 하중을 충분히 견딜 수 있는 강도를 가져야 한다.

풀이 232.41 케이블트레이공사

케이블트레이공사는 케이블을 지지하기 위하여 사용하는 금속재 또는 불연성 재료로 제작된 유닛 또는 유닛의 집합체 및 그에 부속하는 부속재 등으로 구성된 견고한 구조물을 말하며 사다리형, 펀칭형, 메시형, 바닥밀폐형 기타 이와 유사한 구조물을 포함하여 적용한다.

가. 케이블 트레이의 안전율은 1.5 이상으로 하여야 한다.
나. 금속재의 것은 적절한 방식처리를 한 것이거나 내식성 재료의 것이어야 한다.
다. 비금속제 케이블 트레이는 난연성 재료의 것이어야 한다.
라. 금속제 케이블 트레이 계통은 기계적 및 전기적으로 완전하게 접속하여야 하며 금속제 트레이는 접지공사를 하여야 한다. **답** ②

86 교통신호등 제어장치의 2차측 배선의 최대사용전압은 몇 [V] 이하이어야 하는가?

① 150 　　　　　② 250
③ 300 　　　　　④ 400

풀이 234.15 교통신호등

가. 교통신호등 제어장치의 2차측 배선의 최대사용전압은 300[V] 이하이어야 한다.
나. 교통신호등의 2차측 배선은 전선이 케이블인 경우 이외에는 공칭단면적 2.5[mm²] 연동선과 동등 이

상의 세기 및 굵기의 450/750[V] 일반용 단심비닐 절연전선 또는 450/750[V] 내열성에틸렌아세테이트 고무절연전선일 것.

다. 제어장치의 2차측 배선 중 전선(케이블은 제외한다)을 조가용선으로 조가하여 시설하는 경우 조가용선은 인장강도 3.7[kN]의 금속선 또는 지름 4[mm] 이상의 아연도철선을 2가닥 이상 꼰 금속선을 사용할 것.

라. 교통신호등의 제어장치의 금속제외함 및 신호등을 지지하는 철주에는 규정에 준하여 접지공사를 하여야 한다.

답 ③

87 피뢰설비 중 인하도선시스템의 건축물·구조물과 분리되지 않은 피뢰시스템인 경우에 대한 설명으로 틀린 것은?

① 인하도선의 수는 1가닥 이상으로 한다.

② 벽이 불연성 재료로 된 경우에는 벽의 표면 또는 내부에 시설할 수 있다.

③ 병렬 인하도선의 최대 간격은 피뢰시스템 등급에 따라 Ⅳ등급은 20[m]로 한다.

④ 벽이 가연성 재료인 경우에는 0.1[m] 이상 이격하고, 이격이 불가능 한 경우에는 도체의 단면적을 100[mm²] 이상으로 한다.

풀이 152.2 인하도선시스템

가. 건축물·구조물과 분리된 피뢰시스템인 경우
   (1) 뇌전류의 경로가 보호대상물에 접촉하지 않도록 하여야 한다.
   (2) 별개의 지주에 설치되어 있는 경우 각 지주마다 1가닥 이상의 인하도선을 시설한다.
   (3) 수평도체 또는 메시도체인 경우지지 구조물마다 1가닥 이상의 인하도선을 시설한다.

나. 건축물·구조물과 분리되지 않은 피뢰시스템인 경우
   (1) 벽이 불연성 재료로 된 경우에는 벽의 표면 또는 내부에 시설할 수 있다. 다만, 벽이 가연성 재료인 경우에는 0.1[m] 이상 이격하고, 이격이 불가능한 경우에는 도체의 단면적으로 100[mm²] 이상으로 한다.
   (2) 인하도선의 수는 2가닥 이상으로 한다.
   (3) 보호대상 건축물·구조물의 투영에 따른 둘레에 가능한 한 균등한 간격으로 배치한다. 다만, 노출된 모서리 부분에 우선하여 설치한다.
   (4) 병렬 인하도선의 최대 간격은 피뢰시스템 등급에 따라 Ⅰ·Ⅱ 등급은 10[m], Ⅲ 등급은 15[m], Ⅳ 등급은 20[m]로 한다.

답 ①

88 저압 가공전선이 도로·횡단보도교·철도 또는 궤도와 접근상태로 시설되는 경우, 저압 가공전선과 도로·횡단보도교·철도 또는 궤도 사이의 이격거리는 몇 [m] 이상이어야 하는가? (단, 저압 가공전선과 도로·횡단보도교·철도 또는 궤도와의 수평이격거리가 0.8[m]인 경우이다.)

① 3   ② 3.5

③ 4   ④ 4.5

풀이 332.12 고압 가공전선과 도로 등의 접근 또는 교차
222.12 저압 가공전선과 도로 등의 접근 또는 교차
저압 가공전선 또는 고압 가공전선이 도로·횡단보도교·철도·궤도·삭도 또는 저압 전차선(이하 "도로 등"이라 한다)과 접근상태로 시설되는 경우에는 다음에 따라야 한다.
1. 고압 가공전선로는 고압 보안공사에 의할 것.
2. 저·고압 가공전선과 도로 등의 이격거리는 표에서 정한 값 이상일 것. 다만, 가공전선과 도로·횡단보도교·철도 또는 궤도와의 수평 이격거리가 저압에서 1[m] 이상, 고압에서 1.2[m] 이상인 경우에는 그러하지 아니하다.

도로 등의 구분		저압	고압
도로·횡단보도교·철도 또는 궤도		3[m]	3[m]
삭도나 그 지주 또는 저압 전차선	고압절연 전선	0.3[m]	0.8[m]
	케이블	0.3[m]	0.4[m]
	기 타	0.6[m]	0.8[m]
저압 전차선로의 지지물	케이블	0.3[m]	0.3[m]
	기 타	0.3[m]	0.6[m]

답 ①

89 급전용변압기는 교류 전기철도의 경우 어떤 변압기의 적용을 원칙으로 하고, 급전계통에 적합하게 선정하여야 하는가?

① 3상 정류기용 변압기

② 단상 정류기용 변압기

③ 3상 스코트결선 변압기

④ 단상 스코트결선 변압기

풀이 421.4 변전소의 설비
1. 변전소 등의 계통을 구성하는 각종 기기는 운용 및 유지보수성, 시공성, 내구성, 효율성, 친환경성, 안전성 및 경제성 등을 종합적으로 고려하여 선정하여야 한다.

2. **급전용 변압기는** 직류 전기철도의 경우 3상 정류기용 변압기, **교류 전기철도의 경우 3상 스코트결선 변압기의 적용을 원칙으로 하고,** 급전계통에 적합하게 선정하여야 한다. **답** ③

90 내부피뢰시스템 중 금속제 설비의 등전위본딩에 대한 설명이다. 다음 (   )에 들어갈 내용으로 옳은 것은?

> 건축물·구조물에는 지하 (ⓐ)[m]와 높이 (ⓑ)[m]마다 환상도체를 설치한다. 다만, 철근콘크리트, 철골구조물의 구조체에 인하도선을 등전위본딩하는 경우 환상도체는 설치하지 않아도 된다.

① ⓐ 0.5, ⓑ 15　　② ⓐ 0.5, ⓑ 20
③ ⓐ 1.0, ⓑ 15　　④ ⓐ 1.0, ⓑ 20

풀이 153.2.2 금속제 설비의 등전위본딩
건축물·구조물에는 **지하 0.5[m]와 높이 20[m]마다** 환상도체를 설치한다. 다만 철근 콘크리트, 철골구조물의 구조체에 인하도선을 등전위본딩하는 경우 환상도체는 설치하지 않아도 된다. **답** ②

91 주택의 전기저장장치의 축전지에 접속하는 부하 측 옥내전로에 지락이 생겼을 때 자동적으로 전로를 차단하는 장치를 시설한 경우에 주택의 옥내전로의 대지전압은 직류 몇 [V]까지 적용할 수 있는가?

① 150　　② 300
③ 400　　④ 600

풀이 511.1.3 옥내전로의 대지전압 제한
주택의 전기저장장치의 축전지에 접속하는 부하 측 옥내배선을 다음에 따라 시설하는 경우에 **주택의 옥내전로의 대지전압은 직류 600[V]까지 적용할 수 있다.**
가. 전로에 지락이 생겼을 때 자동적으로 전로를 차단하는 장치를 시설할 것
나. 사람이 접촉할 우려가 없는 은폐된 장소에 합성수지관배선, 금속관배선 및 케이블배선에 의하여 시설하거나, 사람이 접촉할 우려가 없도록 케이블배선에 의하여 시설하고 전선에 적당한 방호장치를 시설할 것 **답** ④

92 인입용 비닐절연전선을 사용한 저압 가공전선을 횡단보도교 위에 시설하는 경우 노면상의 높이는 몇 [m] 이상으로 하여야 하는가?

① 3　　② 3.5
③ 4　　④ 4.5

풀이 332.5 고압 가공전선의 높이,
222.7 저압 가공전선의 높이
저·고압 가공전선의 높이는 다음에 따라야 한다.

설치장소		가공전선의 높이
도로횡단(번잡하지 않은 도로 제외)		지표상 6[m] 이상
철도 또는 궤도횡단		레일면상 6.5[m] 이상
횡단보도교 위	저압	노면상 3.5[m] 이상. 단, **절연전선의 경우 3[m] 이상**
	고압	노면상 3.5[m] 이상
일반장소		지표상 5[m] 이상. 단, 저압의 경우 절연전선 또는 케이블을 사용하여 교통에 지장이 없도록 하여 옥외조명용에 공급하는 경우 4[m]까지 감할 수 있다.
다리의 하부 기타 이와 유사한 장소		저압의 전기철도용 급전선은 지표상 3.5[m]까지로 감할 수 있다.

답 ①

93 사용전압이 22.9[kV]인 특고압 가공전선로에서 1[km]마다 중성선과 대지 사이의 합성전기저항 값은 몇 [Ω] 이하이어야 하는가? (단, 중성선 다중접지 방식의 것으로서 전로에 지락이 생겼을 때에 2초 이내에 자동적으로 이를 전로로부터 차단하는 장치가 되어 있는 것에 한한다.)

① 5　　② 10
③ 15　　④ 30

풀이 333.32 25[kV] 이하인 특고압 가공전선로의 시설
사용전압이 15[kV]를 초과하고 25[kV] 이하인 특고압 가공전선로(중성선 다중접지식의 것으로서 전로에 지락이 생겼을 때에 2초 이내에 자동적으로 이를 전로로부터 차단하는 장치가 되어 있는 것에 한한다)를 다음에 따라 시설하여야 한다.
가. 접지도체는 공칭단면적 6[mm²] 이상의 연동선
나. 접지공사는 각각 접지한 곳 상호 간의 거리는 전선로에 따라 150[m] 이하일 것
다. 각 접지도체를 중성선으로부터 분리하였을 경우의 각 접지점의 대지 전기저항 값과 1[km]마다 중성선

과 대지 사이의 합성 전기저항 값은 표에서 정한 값 이하일 것.

사용전압	각 접지점의 대지 전기저항치	1 [km]마다의 합성 전기저항치
15[kV] 이하	300 [Ω]	30 [Ω]
15[kV] 초과 25[kV] 이하	300 [Ω]	15 [Ω]

탑 ③

94 사용전압이 22.9[kV]인 특고압 가공전선이 건조물 등과 접근상태로 시설되는 경우 지지물로 A종 철근 콘크리트주를 사용하면 그 경간은 몇 [m] 이하이어야 하는가? (단, 중성선 다중접지 방식의 것으로서 전로에 지락이 생겼을 때에 2초 이내에 자동적으로 이를 전로로부터 차단하는 장치가 되어 있는 것에 한한다.)

① 100 ② 150
③ 250 ④ 400

풀이 333.32 25[kV] 이하인 특고압 가공전선로의 시설
사용전압이 15[kV]를 초과하고 25[kV] 이하인 특고압 가공전선로가 건조물·도로·횡단보도교·철도·궤도·삭도·가공약전류전선 등·안테나·저압이나 고압의 가공전선 또는 저압이나 고압의 전차선과 접근 또는 교차상태로 시설되는 경우의 경간은 표에서 정한 값 이하일 것.

지지물의 종류	경간
목주, A종 철주 또는 A종 철근 콘크리트	100[m]
B종 철주 또는 B종 철근 콘크리트주	150[m]
철탑	400[m]

탑 ①

95 직류회로에서 선 도체 겸용 보호도체를 말하는 것은?

① PEM ② PEL
③ PEN ④ PET

풀이 112 용어 정의
① "PEM 도체(protective earthing conductor and a mid-point conductor)"란 직류회로에서 중간도체 겸용 보호도체를 말한다.
② "PEL 도체(protective earthing conductor and a line conductor)"란 직류회로에서 선도체 겸용 보호도체를 말한다.

③ "PEN 도체(protective earthing conductor and neutral conductor)"란 교류회로에서 중성선 겸용 보호도체를 말한다. **탑** ②

96 지중 전선로에 있어서 폭발성 가스가 침입할 우려가 있는 장소에 시설하는 지중함은 크기가 몇 [m³] 이상일 때 가스를 방산시키기 위한 장치를 시설하여야 하는가?

① 0.25 ② 0.5
③ 0.75 ④ 1.0

풀이 334.2 지중함의 시설
지중 전선로를 시설하는 경우 폭발성 또는 연소성의 가스가 침입할 우려가 있는 곳에 시설하는 지중함으로 그 크기가 1 [m³] 이상인 것은 통풍 장치 기타 가스를 방산시키기 위한 장치를 하여야 한다. **탑** ④

97 특고압으로 시설할 수 없는 전선로는?

① 옥상전선로 ② 지중전선로
③ 가공전선로 ④ 수중전선로

풀이 331.14.2 특고압 옥상전선로의 시설
특고압 옥상전선로(특고압의 인입선의 옥상부분을 제외한다)는 시설하여서는 아니 된다. **탑** ①

98 사용전압이 60[kV] 이하인 경우 전화선로의 길이 12[km]마다 유도전류는 몇 [μA]를 넘지 않도록 하여야 하는가?

① 1 ② 2
③ 3 ④ 5

풀이 333.2 유도장해의 방지
가. 사용전압이 60[kV] 이하인 경우에는 전화선로의 길이 12[km]마다 유도전류가 2[μA]를 넘지 아니하도록 할 것.
나. 사용전압이 60[kV]를 초과하는 경우에는 전화선로의 길이 40[km] 마다 유도전류가 3[μA]을 넘지 아니하도록 할 것.
다. 특고압 가공전선로는 기설 통신선로에 대하여 상시 정전 유도작용에 의하여 통신상의 장해를 주지 아니하도록 시설하여야 한다. **탑** ②

99 발전기의 내부에 고장이 생긴 경우, 발전기를 자동적으로 전로로부터 차단하는 장치를 설치하여야 하는 발전기의 최소용량[kVA]은?

① 1000　　　　　② 1500
③ 10000　　　　　④ 15000

풀이 351.3 발전기 등의 보호장치
발전기에는 다음의 경우에 자동적으로 이를 전로로부터 차단하는 장치를 시설하여야 한다.
가. 발전기에 과전류나 과전압이 생긴 경우
나. 용량이 500[kVA] 이상의 발전기를 구동하는 수차의 압유 장치의 유압이 현저히 저하한 경우
다. 용량이 100[kVA] 이상의 발전기를 구동하는 풍차의 압유장치의 유압이 현저히 저하한 경우
라. 용량이 2,000[kVA] 이상인 수차 발전기의 스러스트 베어링의 온도가 현저히 상승한 경우
마. 용량이 10,000[kVA] 이상인 발전기의 내부에 고장이 생긴 경우
바. 정격출력이 10,000[kW]를 초과하는 증기터빈은 그 스러스트 베어링이 현저하게 마모되거나 그의 온도가 현저히 상승한 경우　　　　**답** ③

100 소세력 회로의 최대 사용전압이 15[V]라면, 절연변압기의 2차 단락전류는 몇 [A] 이하이어야 하는가?

① 1　　　　　② 3
③ 5　　　　　④ 8

풀이 241.14 소세력 회로
1. 소세력 회로에 전기를 공급하기 위한 변압기는 절연변압기이어야 한다.
2. 절연변압기의 2차 단락전류는 소세력 회로의 최대사용전압에 따라 표에서 정한 값 이하의 것일 것.

소세력 회로의 최대 사용전압의 구분	2차 단락전류	과전류차단기의 정격 전류
15[V] 이하	8[A]	5[A]
15[V]초과 30[V] 이하	5[A]	3[A]
30[V]초과 60[V] 이하	3[A]	1.5[A]

답 ④

문제의 번호는 실제 시험문제의 번호와 같게 하였습니다.

2022년 - 1회 _ 전기기사·공사기사

81 저압 가공전선이 안테나와 접근상태로 시설될 때 상호 간의 이격거리는 몇 [cm] 이상이어야 하는가? (단, 전선이 고압 절연전선, 특고압 절연전선 또는 케이블이 아닌 경우이다.)

① 60 　　　　② 80
③ 100 　　　 ④ 120

풀이 332.14 고압 가공전선과 안테나의 접근 또는 교차
저압 가공전선 또는 고압 가공전선이 안테나와 접근상태로 시설되는 경우에는 다음에 따라야 한다.
가. 고압 가공전로는 고압 보안공사에 의할 것.
나. 가공전선과 안테나 사이의 이격거리

사용전압 부분 공작물의 종류		저압	고압
안테나	일반적인 경우	0.6[m]	0.8[m]
	고압·특고압 절연전선	0.3[m]	0.8[m]
	케이블	0.3[m]	0.4[m]

답 ①

82 고압 가공전선으로 사용한 경동선은 안전율이 얼마 이상인 이도로 시설하여야 하는가?

① 2.0 　　　　② 2.2
③ 2.5 　　　　④ 3.0

풀이 332.4 고압 가공전선의 안전율
222.6 저압 가공전선의 안전율
가공전선이 케이블 이외인 경우 안전율이 다음 이상이 되는 이도로 시설하여야 한다.
가. 경동선 또는 내열 동합금선 : 2.2 이상
나. 그 밖의 전선 : 2.5
답 ②

83 사용전압이 22.9[kV]인 특고압 가공전선과 그 지지물·완금류·지주 또는 지선 사이의 이격거리는 몇 [cm] 이상이어야 하는가?

① 15 　　　　② 20
③ 25 　　　　④ 30

풀이 333.5 특고압 가공전선과 지지물 등의 이격거리
특고압 가공전선과 그 지지물·완금류·지주 또는 지선 사이의 이격거리는 표에서 정한 값 이상이어야 한다. 다만, 기술상 부득이한 경우에 위험의 우려가 없도록 시설한 때에는 표에서 정한 값의 0.8배까지 감할 수 있다.

사용전압	이격거리[cm]
15[kV] 미만	15
15[kV] 이상 25[kV] 미만	20
25[kV] 이상 35[kV] 미만	25
60[kV] 이상 70[kV] 미만	40
130[kV] 이상 160[kV] 미만	90

답 ②

84 급전선에 대한 설명으로 틀린 것은?

① 급전선은 비절연보호도체, 매설접지도체, 레일 등으로 구성하여 단권변압기 중성점과 공통접지에 접속한다.
② 가공식은 전차선의 높이 이상으로 전차선로 지지물에 병행 설치하며, 나전선의 접속은 직선접속을 원칙으로 한다.
③ 선상승강장, 인도교, 과선교 또는 교량 하부 등에 설치할 때에는 최소 절연이격거리 이상을 확보하여야 한다.
④ 신설 터널 내 급전선을 가공으로 설계할 경우 지지물의 취부는 C찬넬 또는 매입전을 이용하여 고정하여야 한다.

풀이 431.4 급전선로
• 급전선은 나전선을 적용하여 가공식으로 가설을 원칙으로 한다.
• ①번은 귀선로에 대한 설명이다. **답** ①

85 진열장 내의 배선으로 사용전압 400[V] 이하에 사용하는 코드 또는 캡타이어 케이블의 최소 단면적은 몇 [mm²]인가?

① 1.25 　　　　② 1.0
③ 0.75 　　　　④ 0.5

풀이 231.3 저압 옥내배선의 사용전선

가. 저압 옥내배선의 전선 : 단면적 2.5[mm²] 이상의 연동선

나. 옥내배선의 사용 전압이 400[V] 이하인 경우는 다음에 의하여 시설할 수 있다.

① 전광표시 장치 또는 제어 회로
- 단면적 1.5[mm²] 이상의 연동선
- 단면적 0.75[mm²] 이상인 다심케이블 또는 다심 캡타이어 케이블을 사용하고 또한 과전류가 생겼을 때에 자동적으로 전로에서 차단하는 장치를 시설

② 진열장 또는 이와 유사한 것의 내부 배선 : 단면적 0.75[mm²] 이상인 코드 또는 캡타이어케이블 **답** ③

86 최대사용전압이 23000[V]인 중성점 비접지식 전로의 절연내력 시험전압은 몇 [V]인가?

① 16560
② 21160
③ 25300
④ 28750

풀이 132 전로의 절연저항 및 절연내력

전로의 종류	접지방식	시험전압 (최대사용 전압의 배수)	최저 시험전압
1. 7[kV] 이하인 전로		1.5배	
2. 7[kV] 초과 25[kV] 이하	다중접지	0.92배	
3. 7[kV] 초과 60[kV] 이하 (2란의 것 제외)		1.25배	10.5[kV]
4. 60[kV] 초과	비접지	1.25배	
5. 60[kV] 초과 (6란, 7란의 것 제외)	접지식	1.1배	75[kV]
6. 60[kV] 초과(7란의 것 제외)	직접접지	0.72배	
7. 170[kV] 초과(발전소 또는 변전소 혹은 이에 준하는 장소에 시설하는 것.)	직접접지	0.64배	

※ 전로에 케이블을 사용하는 경우에는 직류로 시험할 수 있으며, 시험전압은 교류의 경우의 2배가 된다.

∴ 시험전압 = 23000 × 1.25 = 28750[V] **답** ④

87 지중 전선로를 직접 매설식에 의하여 시설할 때, 차량 기타 중량물의 압력을 받을 우려가 있는 장소인 경우 매설깊이는 몇 [m] 이상으로 시설하여야 하는가?

① 0.6
② 1.0
③ 1.2
④ 1.5

풀이 334.1 지중전선로의 시설

가. 지중 전선로는 전선에 케이블을 사용하고 또한 관로식·암거식 또는 직접 매설식에 의하여 시설하여야 한다.

나. 지중 전선로를 직접 매설식에 의하여 시설하는 경우에는 매설 깊이는

① 차량 기타 중량물의 압력을 받을 우려가 있는 장소 : 1.0[m] 이상

② 기타 장소 : 0.6[m] 이상 **답** ②

88 플로어덕트 공사에 의한 저압 옥내배선 공사 시 시설기준으로 틀린 것은?

① 덕트의 끝부분은 막을 것
② 옥외용 비닐절연전선을 사용할 것
③ 덕트 안에는 전선에 접속점이 없도록 할 것
④ 덕트 및 박스 기타의 부속품은 물이 고이는 부분이 없도록 시설하여야 한다.

풀이 232.32 플로어덕트공사

가. 전선은 절연전선(옥외용 비닐 절연전선을 제외한다)일 것.

나. 전선은 연선일 것. 다만, 단면적 10[mm²](알루미늄선은 단면적 16[mm²]) 이하인 것은 그러하지 아니하다.

다. 플로어덕트 안에는 전선에 접속점이 없도록 할 것. 다만, 전선을 분기하는 경우에 접속점을 쉽게 점검할 수 있을 때에는 그러하지 아니하다.

라. 덕트 상호 간 및 덕트와 박스 및 인출구와는 견고하고 또한 전기적으로 완전하게 접속할 것.

마. 박스 및 인출구는 마루 위로 돌출하지 아니하도록 시설하고 또한 물이 스며들지 아니하도록 밀봉할 것.

바. 덕트의 끝부분은 막을 것.

사. 덕트는 접지공사를 할 것. **답** ②

89 중앙급전 전원과 구분되는 것으로서 전력소비 지역 부근에 분산하여 배치 가능한 신·재생에너지 발전설비 등의 전원으로 정의되는 용어는?

① 임시전력원
② 분전반전원
③ 분산형전원
④ 계통연계전원

풀이 112 용어 정의

분산형 전원이란 중앙급전 전원과 구분되는 것으로서 전력소비지역 부근에 분산하여 배치 가능한 전원을 말한다. 상용전원의 정전시에만 사용하는 비상용 예비전원은 제외하며, 신·재생에너지 발전설비, 전기저장장치 등을 포함한다. **답** ③

90 애자공사에 의한 저압 옥측전선로는 사람이 쉽게 접촉될 우려가 없도록 시설하고, 전선의 지지점 간의 거리는 몇 [m] 이하이어야 하는가?

① 1 　　　　　　② 1.5
③ 2 　　　　　　④ 3

풀이 221.2 옥측전선로

애자공사에 의한 저압 옥측전선로는 다음에 의하고 또한 사람이 쉽게 접촉될 우려가 없도록 시설할 것

가. 전선의 단면적은 4[mm²] 이상의 연동 절연전선(옥외용 비닐절연전선 및 인입용 절연전선은 제외한다.)일 것.
나. 전선 상호 간의 간격 및 전선과 조영재 사이의 이격거리

전 압	전선 상호 간의 간격		전선과 조영재 사이의 이격거리	
	사용전압 400[V] 이하인 경우	사용전압 400[V] 초과인 경우	사용전압 400[V] 이하인 경우	사용전압 400[V] 초과인 경우
비나 이슬에 젖지 않는 장소	0.06[m] 이상	0.06[m] 이상	0.025[m] 이상	0.025[m] 이상
비나 이슬에 젖는 장소	0.06[m] 이상	0.12[m] 이상	0.025[m] 이상	0.045[m] 이상

다. 전선의 지지점 간의 거리는 2[m] 이하일 것.
라. 애자는 절연성·난연성 및 내수성이 있는 것일 것. **답** ③

91 저압 가공전선로의 지지물이 목주인 경우 풍압하중의 몇 배의 하중에 견디는 강도를 가지는 것이어야 하는가?

① 1.2 　　　　　② 1.5
③ 2 　　　　　　④ 3

풀이 222.8 저압 가공전선로의 지지물의 강도

지지물이 목주인 경우 안전율 및 말구의 지름

전압의 종별	안전율	말구의 지름
저 압	1.2	–
고 압	1.3	0.12[m] 이상
특고압	1.5	0.12[m] 이상

답 ①

92 교류 전차선 등 충전부와 식물 사이의 이격거리는 몇 [m] 이상이어야 하는가? (단, 현장여건을 고려한 방호벽 등의 안전조치를 하지 않은 경우이다.)

① 1 　　② 3 　　③ 5 　　④ 10

풀이 431.11 전차선 등과 식물사이의 이격거리

교류 전차선 등 충전부와 식물 사이의 이격거리는 5[m] 이상이어야 한다. 다만, 5[m] 이상 확보하기 곤란한 경우에는 현장여건을 고려하여 방호벽 등 안전조치를 하여야 한다. **답** ③

93 조상기에 내부 고장이 생긴 경우, 조상기의 뱅크용량이 몇 [kVA] 이상일 때 전로로부터 자동차단하는 장치를 시설하여야 하는가?

① 5000 　　　　　② 10000
③ 15000 　　　　④ 20000

풀이 351.5 조상설비의 보호장치

조상설비에는 그 내부에 고장이 생긴 경우에 보호하는 장치를 표와 같이 시설하여야 한다.

설비 종별	뱅크 용량의 구분	자동적으로 전로로부터 차단하는 장치
전력용 커패시터 및 분로리액터	500[kVA] 초과 15,000[kVA] 미만	• 내부에 고장이 생긴 경우 • 과전류가 생긴 경우
	15,000[kVA] 이상	• 내부에 고장이 생긴 경우 • 과전류가 생긴 경우 • 과전압이 생긴 경우
조상기	15,000[kVA] 이상	• 내부에 고장이 생긴 경우

답 ③

94 고장보호에 대한 설명으로 틀린 것은?

① 고장보호는 일반적으로 직접접촉을 방지하는 것이다.
② 고장보호는 인축의 몸을 통해 고장전류가 흐르는 것을 방지하여야 한다.
③ 고장보호는 인축의 몸에 흐르는 고장전류를 위험하지 않는 값 이하로 제한하여야 한다.
④ 고장보호는 인축의 몸에 흐르는 고장전류의 지속시간을 위험하지 않은 시간까지로 제한하여야 한다.

풀이 113.2 감전에 대한 보호

가. 기본보호

기본보호는 일반적으로 직접접촉을 방지하는 것으로 전기설비의 충전부에 인축이 접촉하여 일어날 수 있는 위험으로부터 보호되어야 한다.
① 인축의 몸을 통해 전류가 흐르는 것을 방지
② 인축의 몸에 흐르는 전류를 위험하지 않는 값 이하로 제한

나. 고장보호

일반적으로 기본절연의 고장에 의한 간접접촉을 방지하는 것으로 노출도전부에 인축이 접촉하여 일어날 수 있는 위험으로부터 보호되어야 한다.
① 인축의 몸을 통해 고장전류가 흐르는 것을 방지
② 인축의 몸에 흐르는 고장전류를 위험하지 않는 값 이하로 제한
③ 인축의 몸에 흐르는 고장전류의 지속시간을 위험하지 않은 시간까지로 제한　**답** ①

---

95 네온방전등의 관등회로의 전선을 애자공사에 의해 자기 또는 유리제 등의 애자로 견고하게 지지하여 조영재의 아랫면 또는 옆면에 부착한 경우 전선 상호 간의 이격거리는 몇 [mm] 이상이어야 하는가?

① 30　　　　② 60
③ 80　　　　④ 100

풀이 234.12 네온방전등

네온방전등에 공급하는 전로의 대지전압은 300[V] 이하로 하여야 하며, 관등회로의 배선은 애자공사로 다음에 따라서 시설하여야 한다. 다만, 네온방전등에 공급하는 전로의 대지전압이 150[V] 이하인 경우는 적용하지 아니한다.

가. 전선은 네온관용전선을 사용할 것.
나. 전선은 자기 또는 유리제 등의 애자로 견고하게 지지하여 조영재의 아랫면 또는 옆면에 부착하고 전선 상호간의 이격거리는 60[mm] 이상일 것.
다. 전선지지점간의 거리는 1[m] 이하로 할 것.
라. 애자는 절연성·난연성 및 내수성이 있는 것일 것.
　　　　　　　　　　　　　　　답 ②

---

96 수소냉각식 발전기에서 사용하는 수소 냉각 장치에 대한 시설기준으로 틀린 것은?

① 수소를 통하는 관으로 동관을 사용할 수 있다.
② 수소를 통하는 관은 이음매가 있는 강판이어야 한다.

③ 발전기 내부의 수소의 온도를 계측하는 장치를 시설하여야 한다.
④ 발전기 내부의 수소의 순도가 85[%] 이하로 저하한 경우에 이를 경보하는 장치를 시설하여야 한다.

풀이 351.10 수소냉각식 발전기 등의 시설

수소냉각식의 발전기·조상기 또는 이에 부속하는 수소 냉각 장치는 다음 각 호에 따라 시설하여야 한다.

가. 발전기 또는 조상기는 기밀구조의 것이고 또한 수소가 대기압에서 폭발하는 경우에 생기는 압력에 견디는 강도를 가지는 것일 것.
나. 발전기 내부 또는 조상기 내부의 수소의 순도가 85[%] 이하로 저하한 경우에 이를 경보하는 장치를 시설할 것.
다. 발전기 내부 또는 조상기 내부의 수소의 압력을 계측하는 장치 및 그 압력이 현저히 변동한 경우에 이를 경보하는 장치를 시설할 것.
라. 발전기 내부 또는 조상기 내부의 수소의 온도를 계측하는 장치를 시설할 것.
마. 수소를 통하는 관은 동관 또는 이음매 없는 강판이어야 하며 또한 수소가 대기압에서 폭발하는 경우에 생기는 압력에 견디는 강도의 것일 것.　**답** ②

---

97 전력보안통신설비인 무선통신용 안테나 등을 지지하는 철주의 기초 안전율은 얼마 이상이어야 하는가? (단, 무선용 안테나 등이 전선로의 주위상태를 감시할 목적으로 시설되는 것이 아닌 경우이다.)

① 1.3　② 1.5　③ 1.8　④ 2.0

풀이 364.1 무선용 안테나 등을 지지하는 철탑 등의 시설

전력보안통신설비인 무선통신용 안테나 또는 반사판을 지지하는 목주·철주·철근 콘크리트주 또는 철탑은 다음에 따라 시설하여야 한다. 다만, 무선용 안테나 등이 전선로의 주위상태를 감시할 목적으로 시설되는 것일 경우에는 그러하지 아니하다.

가. 목주는 풍압하중에 대한 안전율은 1.5 이상이어야 한다.
나. 철주·철근 콘크리트주 또는 철탑의 기초 안전율은 1.5 이상이어야 한다.　**답** ②

---

98 특고압 가공전선로의 지지물 양측의 경간의 차가 큰 곳에 사용하는 철탑의 종류는?

① 내장형　　　② 보강형
③ 직선형　　　④ 인류형

풀이 333.11 특고압 가공전선로의 철주·철근 콘크리트주 또는 철탑의 종류
특고압 가공전선로의 지지물로 사용하는 B종 철근·B종 콘크리트주 또는 철탑의 종류는 다음과 같다.
가. 직선형 : 전선로의 직선 부분(3° 이하의 수평 각도 이루는 곳 포함)에 사용되는 것
나. 각도형 : 전선로 중 수평 각도 3°를 넘는 곳에 사용되는 것
다. 인류형 : 전 가섭선을 인류하는 곳에 사용하는 것
라. **내장형 : 전선로 지지물 양측의 경간차가 큰 곳에 사용하는 것**
마. 보강형 : 전선로 직선 부분을 보강하기 위하여 사용하는 것　　**답** ①

99 사무실 건물의 조명설비에 사용되는 백열전등 또는 방전등에 전기를 공급하는 옥내전로의 대지전압은 몇 [V] 이하인가?

① 250　　　　　② 300
③ 350　　　　　④ 400

풀이 231.6 옥내전로의 대지 전압의 제한
백열전등 또는 방전등에 전기를 공급하는 **옥내의 전로의 대지전압은 300[V] 이하**이어야 한다.　**답** ②

100 전기저장장치를 전용건물에 시설하는 경우에 대한 설명이다. 다음 (　)에 들어갈 내용으로 옳은 것은?

> 전기저장장치 시설장소는 주변 시설(도로, 건물, 가연물질 등)로부터 (㉠)[m] 이상 이격하고 다른 건물의 출입구나 피난계단 등 이와 유사한 장소로부터는 (㉡)[m] 이상 이격하여야 한다.

① ㉠ 3, ㉡ 1　　　② ㉠ 2, ㉡ 1.5
③ ㉠ 1, ㉡ 2　　　④ ㉠ 1.5, ㉡ 3

풀이 512.1.5 전용건물에 시설하는 경우
전기저장장치를 일반인이 출입하는 건물과 분리된 별도의 장소에 시설하는 경우에는 다음에 따라 시설하여야 한다.
가. 전기저장장치 시설장소의 바닥, 천장(지붕), 벽면 재료는 불연재료이어야 한다. 단, 단열재는 준불연재료 또는 는 이와 동등 이상의 것을 사용할 수 있다.
나. 전기저장장치 시설장소는 지표면을 기준으로 높이 22[m] 이내로 하고 해당 장소의 출구가 있는 바닥

면을 기준으로 깊이 9[m] 이내로 하여야 한다.
다. 이차전지는 전력변환장치(PCS) 등의 다른 전기설비와 분리된 격실에 설치하고 다음에 따라야 한다.
① 이차전지실의 벽면 재료 및 단열재는 '가'의 것과 같아야 한다.
② 이차전지는 벽면으로부터 1[m] 이상 이격하여 설치하여야 한다. 단, 옥외의 전용 컨테이너에서 적정 거리를 이격한 경우에는 규정에 의하지 아니할 수 있다.
③ 이차전지와 물리적으로 인접 시설해야 하는 제어장치 및 보조설비(공조설비 및 조명설비 등)는 이차전지실 내에 설치할 수 있다.
④ 이차전지실 내부에는 가연성 물질을 두지 않아야 한다.
라. 인화성 또는 유독성 가스가 축적되지 않는 근거를 제조사에서 제공하는 경우에는 이차전지실에 한하여 환기시설을 생략할 수 있다.
마. **전기저장장치 시설장소는 주변 시설(도로, 건물, 가연물질 등)로부터 1.5[m] 이상 이격**하고 다른 건물의 출입구나 피난계단 등 이와 유사한 장소로부터는 3[m] 이상 이격**하여야 한다.　**답** ④

2022년 2회 _ 전기기사·공사기사

81 풍력터빈의 피뢰설비 시설기준에 대한 설명으로 틀린 것은?

① 풍력터빈에 설치한 피뢰설비(리셉터, 인하도선 등)의 기능저하로 인해 다른 기능에 영향을 미치지 않을 것
② 풍력터빈 내부의 계측 센서용 케이블은 금속관 또는 차폐케이블 등을 사용하여 뇌유도과전압으로부터 보호할 것
③ 풍력터빈에 설치하는 인하도선은 쉽게 부식되지 않는 금속선으로서 뇌격전류를 안전하게 흘릴 수 있는 충분한 굵기여야 하며, 가능한 직선으로 시설할 것
④ 수뢰부를 풍력터빈 중앙부분에 배치하되 뇌격전류에 의한 발열에 용손(溶損)되지 않도록 재질, 크기, 두께 및 형상 등을 고려할 것

풀이 532.3.5 피뢰설비
풍력터빈의 피뢰설비는 다음에 따라 시설하여야 한다.

가. 수뢰부를 풍력터빈 선단부분 및 가장자리 부분에 배치하되 뇌격전류에 의한 발열에 용손(溶損)되지 않도록 재질, 크기, 두께 및 형상 등을 고려할 것
나. 풍력터빈에 설치하는 인하도선은 쉽게 부식되지 않는 금속선으로서 뇌격전류를 안전하게 흘릴 수 있는 충분한 굵기여야 하며, 가능한 직선으로 시설할 것
다. 풍력터빈 내부의 계측 센서용 케이블은 금속관 또는 차폐케이블 등을 사용하여 뇌유도과전압으로부터 보호할 것
라. 풍력터빈에 설치한 피뢰설비(리셉터, 인하도선 등)의 기능저하로 인해 다른 기능에 영향을 미치지 않을 것 **답** ④

82

샤워시설이 있는 욕실 등 인체가 물에 젖어있는 상태에서 전기를 사용하는 장소에 콘센트를 시설할 경우 인체감전보호용 누전차단기의 정격 감도전류는 몇 [mA] 이하인가?

① 5 　　　　　② 10
③ 15 　　　　　④ 30

풀이 234.5 콘센트의 시설
욕조나 샤워시설이 있는 욕실 또는 화장실 등 인체가 물에 젖어있는 상태에서 전기를 사용하는 장소에 콘센트를 시설하는 경우에는 다음에 따라 시설하여야한다.
가. 인체감전보호용 누전차단기(정격감도전류 15[mA] 이하, 동작시간 0.03[초] 이하의 전류동작형의 것에 한한다) 또는 절연변압기(정격용량 3[kVA] 이하인 것에 한한다)로 보호된 전로에 접속하거나, 인체감전보호용 누전차단기가 부착된 콘센트를 시설하여야 한다.
나. 콘센트는 접지극이 있는 방적형 콘센트를 사용하여 규정에 준하여 접지하여야 한다. **답** ③

83

강관으로 구성된 철탑의 갑종 풍압하중은 수직 투영면적 1[m²]에 대한 풍압을 기초로 하여 계산한 값이 몇 [Pa]인가? (단, 단주는 제외한다.)

① 1255 　　　　② 1412
③ 1627 　　　　④ 2157

풀이 331.6 풍압하중의 종별과 적용

풍압을 받는 구분		풍압
철탑	단주 (완철류는 제외함) 원형의 것	588[Pa]
	기타의 것	1,117[Pa]
	강관으로 구성되는 것 (단주는 제외함)	1,255[Pa]
	기타의 것	2,157[Pa]

답 ①

84

통신상의 유도 장해방지 시설에 대한 설명이다. 다음 (   )에 들어갈 내용으로 옳은 것은?

> 교류식 전기철도용 전차선로는 기설 가공약전류 전선로에 대하여 (   )에 의한 통신상의 장해가 생기지 않도록 시설하여야 한다.

① 정전작용 　　　② 유도작용
③ 가열작용 　　　④ 산화작용

풀이 461.7 통신상의 유도 장해방지 시설
교류식 전기철도용 전차선로는 기설 가공약전류 전선로에 대하여 유도작용에 의한 통신상의 장해가 생기지 않도록 시설하여야 한다. **답** ②

85

한국전기설비규정에 따른 용어의 정의에서 감전에 대한 보호 등 안전을 위해 제공되는 도체를 말하는 것은?

① 접지도체 　　　② 보호도체
③ 수평도체 　　　④ 접지극도체

풀이 112 용어정의
보호도체(PE, Protective Conductor)"란 감전에 대한 보호 등 안전을 위해 제공되는 도체를 말한다. **답** ②

86

주택의 전기저장장치의 축전지에 접속하는 부하 측 옥내배선을 사람이 접촉할 우려가 없도록 케이블배선에 의하여 시설하고 전선에 적당한 방호장치를 시설한 경우 주택의 옥내전로의 대지전압은 직류 몇 [V]까지 적용할 수 있는가? (단, 전로에 지락이 생겼을 때 자동적으로 전로를 차단하는 장치를 시설한 경우이다.)

① 150 　② 300 　③ 400 　④ 600

풀이 511.1.3 옥내전로의 대지전압 제한
주택의 전기저장장치의 축전지에 접속하는 부하 측 옥내배선을 다음에 따라 시설하는 경우에 주택의 옥내전로의 대지전압은 직류 600[V]까지 적용할 수 있다.
가. 전로에 지락이 생겼을 때 자동적으로 전로를 차단하는 장치를 시설할 것
나. 사람이 접촉할 우려가 없는 은폐된 장소에 합성수지관배선, 금속관배선 및 케이블배선에 의하여 시설하거나, 사람이 접촉할 우려가 없도록 케이블배선에 의하여 시설하고 전선에 적당한 방호장치를 시설할 것 **답** ④

87 전압의 구분에 대한 설명으로 옳은 것은?

① 직류에서의 저압은 1000[V] 이하의 전압을 말한다.

② 교류에서의 저압은 1500[V] 이하의 전압을 말한다.

③ 직류에서의 고압은 3500[V]를 초과하고 7000[V] 이하인 전압을 말한다.

④ 특고압은 7000[V]를 초과하는 전압을 말한다.

풀이 111 통칙

전압의 구분은 다음과 같다.

분 류	전압의 범위
저압	• 직류 : 1.5[kV] 이하 • 교류 : 1[kV] 이하
고압	• 직류 : 1.5[kV]를 초과하고, 7[kV] 이하 • 교류 : 1[kV]를 초과하고, 7[kV] 이하
특고압	7[kV]를 초과

답 ④

88 고압 가공전선로의 가공지선으로 나경동선을 사용할 때의 최소 굵기는 지름 몇 [mm] 이상인가?

① 3.2

② 3.5

③ 4.0

④ 5.0

풀이 332.6 고압 가공전선로의 가공지선

고압 가공전선로에 사용하는 가공지선은 인장강도 5.26 [kN] 이상의 것 또는 지름 4[mm] 이상의 나경동선을 사용한다. **답** ③

89 특고압용 변압기의 내부에 고장이 생겼을 경우 자동차단장치 또는 경보장치를 하여야 하는 최소 뱅크용량은 몇 [kVA]인가?

① 1000

② 3000

③ 5000

④ 10000

풀이 351.4 특고압용 변압기의 보호장치

특고압용의 변압기에는 그 내부에 고장이 생겼을 경우에 보호하는 장치를 표와 같이 시설하여야 한다.

뱅크 용량의 구분	동작조건	장치의 종류
5,000[kVA] 이상 10,000[kVA] 미만	변압기 내부고장	자동차단장치 또는 경보장치

뱅크 용량의 구분	동작조건	장치의 종류
10,000[kVA] 이상	변압기 내부고장	자동차단장치
타냉식 변압기(변압기의 권선 및 철심을 직접 냉각시키기 위하여 봉입한 냉매를 강제 순환시키는 냉각방식을 말한다.)	냉각장치에 고장이 생긴 경우 또는 변압기의 온도가 현저히 상승한 경우	경보장치

답 ③

90 사용전압이 22.9[kV]인 가공전선이 철도를 횡단하는 경우, 전선의 레일면상의 높이는 몇 [m] 이상인가?

① 5

② 5.5

③ 6

④ 6.5

풀이 333.7 특고압 가공전선의 높이

전압의 범위	일반 장소	도로 횡단	철도 또는 궤도횡단	횡단보도교
35[kV] 이하	5[m]	6[m]	6.5[m]	4[m](특고압 절연전선 또는 케이블 사용)
35[kV] 초과 160[kV] 이하	6[m]	6[m]	6.5[m]	5[m](케이블 사용)
	산지 등에서 사람이 쉽게 들어갈 수 없는 장소 : 5[m] 이상			
160[kV] 초과	일반장소		가공전선의 높이 = 6 + 단수 × 0.12[m]	
	철도 또는 궤도횡단		가공전선의 높이 = 6.5 + 단수 × 0.12[m]	
	산지		가공전선의 높이 = 5 + 단수 × 0.12[m]	

※ 단수 = $\dfrac{(전압[kV]-160)}{10}$ … 단수 계산에서 소수점 이하는 절상

답 ④

91 합성수지관 및 부속품의 시설에 대한 설명으로 틀린 것은?

① 관의 지지점 간의 거리는 1.5[m] 이하로 할 것

② 합성수지제 가요전선관 상호 간은 직접 접속할 것

③ 접착제를 사용하여 관 상호 간을 삽입하는 깊이는 관의 바깥지름의 0.8배 이상으로 할 것

④ 접착제를 사용하지 않고 관 상호 간을 삽입하는 깊이는 관의 바깥지름의 1.2배 이상으로 할 것

풀이 232.11.3 합성수지관 및 부속품의 시설
가. 관 상호 간 및 박스와는 관을 삽입하는 깊이를 관의 바깥지름의 1.2배(접착제를 사용하는 경우에는 0.8배) 이상으로 하고 또한 꽂음 접속에 의하여 견고하게 접속할 것.
나. 관의 지지점 간의 거리는 1.5[m] 이하로 하고, 또한 그 지지점은 관의 끝·관과 박스의 접속점 및 관 상호 간의 접속점 등에 가까운 곳에 시설할 것.
다. 합성수지관을 금속제의 박스에 접속하여 사용하는 경우 또는 분진방폭형 가요성 부속을 사용 하는 경우에는 박스 또는 분진 방폭형 가요성 부속에 접지공사를 할 것. 다만, 사용전압이 400[V] 이하로서 다음 중 하나에 해당하는 경우에는 그러하지 아니하다.
① 건조한 장소에 시설하는 경우
② 옥내배선의 사용전압이 직류 300[V] 또는 교류 대지 전압이 150[V] 이하로서 사람이 쉽게 접촉할 우려가 없도록 시설하는 경우
라. 콤바인 덕트관은 직접 콘크리트에 매입(埋入)하여 시설하거나 옥내 전개된 장소에 시설하는 경우 이외에는 불연성 마감재 내부, 전용의 불연성 관 또는 덕트에 넣어 시설할 것.
마. 합성수지제 휨(가요) 전선관 상호 간은 직접 접속하지 말 것. **답** ②

92 가공전선로의 지지물에 시설하는 통신선 또는 이에 직접 접속하는 가공 통신선이 철도 또는 궤도를 횡단하는 경우 그 높이는 레일면상 몇 [m] 이상으로 하여야 하는가?

① 3　　② 3.5　　③ 5　　④ 6.5

풀이 362.2 전력보안통신선의 시설 높이와 이격거리
가공전선로의 지지물에 시설하는 통신선 또는 이에 직접 접속하는 가공 통신선의 높이는 다음에 따라야 한다.

시설 장소		가공전선로의 지지물에 시설	
		고·저압[m]	특고압[m]
도로횡단	일반적인 경우	6[m] 이상	6[m] 이상
	교통에 지장을 안 주는 경우	5[m] 이상	
철도 횡단(레일면상)		6.5[m] 이상	6.5[m] 이상
횡단 보도교 위	노면상	3.5[m] 이상	5[m] 이상
	절연전선 사용	3[m] 이상	
	광섬유 케이블 사용		4[m] 이상
기타의 장소	일반적인 경우 (절연전선 사용)	4[m] 이상	5[m] 이상
	광섬유 케이블 사용	3.5[m] 이상	

답 ④

93 전력보안통신설비의 조가선은 단면적 몇 [mm²] 이상의 아연도강연선을 사용하여야 하는가?

① 16　　② 38　　③ 50　　④ 55

풀이 362.3 조가선 시설기준
조가선은 단면적 38[mm²] 이상의 아연도강연선을 사용할 것. **답** ②

94 가요전선관 및 부속품의 시설에 대한 내용이다. 다음 (　)에 들어갈 내용으로 옳은 것은?

1종 금속제 가요전선관에는 단면적 (　) [mm²] 이상의 나연동선을 전체 길이에 걸쳐 삽입 또는 첨가하여 그 나연동선과 1종 금속제가요전선관을 양쪽 끝에서 전기적으로 완전하게 접속할 것. 다만, 관의 길이가 4[m] 이하인 것을 시설하는 경우에는 그러하지 아니하다.

① 0.75　　　② 1.5
③ 2.5　　　④ 4

풀이 232.13.3 가요전선관 및 부속품의 시설
가. 관 상호 간 및 관과 박스 기타의 부속품과는 견고하고 또한 전기적으로 완전하게 접속할 것.
나. 가요전선관의 끝부분은 피복을 손상하지 아니하는 구조로 되어 있을 것.
다. 2종 금속제 가요전선관을 사용하는 경우에 습기 많은 장소 또는 물기가 있는 장소에 시설하는 때에는 비닐 피복 2종 가요전선관일 것.
라. 1종 금속제 가요전선관에는 단면적 2.5[mm²] 이상의 나연동선을 전체 길이에 걸쳐 삽입 또는 첨가하여 그 나연동선과 1종 금속제가요전선관을 양쪽 끝에서 전기적으로 완전하게 접속할 것. 다만, 관의 길이가 4[m] 이하인 것을 시설하는 경우에는 그러하지 아니하다.
마. 가요전선관공사는 접지공사를 할 것. **답** ③

95 사용전압이 154[kV]인 전선로를 제1종 특고압 보안공사로 시설할 경우, 여기에 사용되는 경동연선의 단면적은 몇 [mm²] 이상이어야 하는가?

① 100　　② 125　　③ 150　　④ 200

풀이 333.22 특고압 보안공사
제1종 특고압 보안공사 시 전선의 단면적

사용전압	전 선
100[kV] 미만	인장강도 21.67[kN] 이상의 연선 또는 단면적 55[mm²] 이상의 경동연선
100[kV] 이상 300[kV] 미만	인장강도 58.84[kN] 이상의 연선 또는 단면적 150[mm²] 이상의 경동연선
300[kV] 이상	인장강도 77.47[kN] 이상의 연선 또는 단면적 200[mm²] 이상의 경동연선

답 ③

96 사용전압이 400[V] 이하인 저압 옥측전선로를 애자공사에 의해 시설하는 경우 전선 상호 간의 간격은 몇 [m] 이상이어야 하는가? (단, 비나 이슬에 젖지 않는 장소에 사람이 쉽게 접촉될 우려가 없도록 시설한 경우이다.)

① 0.025   ② 0.045
③ 0.06   ④ 0.12

풀이 221.2 옥측전선로
애자공사에 의한 저압 옥측전선로는 다음에 의하고 또한 사람이 쉽게 접촉될 우려가 없도록 시설할 것
가. 전선의 단면적은 4[mm²] 이상의 연동 절연전선(옥외용 비닐절연전선 및 인입용 절연전선은 제외한다.)일 것.
나. 전선 상호 간의 간격 및 전선과 조영재 사이의 이격거리

전 압	전선 상호 간의 간격		전선과 조영재 사이의 이격거리	
	사용전압 400[V] 이하인 경우	사용전압 400[V] 초과인 경우	사용전압 400[V] 이하인 경우	사용전압 400[V] 초과인 경우
비나 이슬에 젖지 않는 장소	0.06[m] 이상	0.06[m] 이상	0.025[m] 이상	0.025[m] 이상
비나 이슬에 젖는 장소	0.06[m] 이상	0.12[m] 이상	0.025[m] 이상	0.045[m] 이상

다. 전선의 지지점 간의 거리는 2[m] 이하일 것.
라. 애자는 절연성·난연성 및 내수성이 있는 것일 것.

답 ③

97 지중전선로는 기설 지중약전류전선로에 대하여 통신상의 장해를 주지 않도록 기설 약전류전선로로부터 충분히 이격시키거나 기타 적당한 방법으로 시설하여야 한다. 이때 통신상의 장해가 발생하는 원인으로 옳은 것은?

① 충전전류 또는 표피작용
② 충전전류 또는 유도작용
③ 누설전류 또는 표피작용
④ 누설전류 또는 유도작용

풀이 334.5 지중약전류전선의 유도장해 방지
지중전선로는 기설 지중약전류전선로에 대하여 누설전류 또는 유도작용에 의하여 통신상의 장해를 주지 않도록 기설 약전류전선로로부터 충분히 이격시키거나 기타 적당한 방법으로 시설하여야 한다. 답 ④

98 최대사용전압이 10.5[kV]를 초과 하는 교류의 회전기 절연내력을 시험하고자 한다. 이때 시험전압은 최대사용전압의 몇 배의 전압으로 하여야 하는가? (단, 회전변류기는 제외한다.)

① 1   ② 1.1
③ 1.25   ④ 1.5

풀이 133 회전기 및 정류기의 절연내력

종 류		시험전압	시험 방법
회전기	발전기·전동기·조상기·기타회전기	7[kV] 이하	1.5배 (최저 500[V])	권선과 대지 사이에 연속하여 10분간
		7[kV] 초과	1.25배 (최저 10.5[kV])	
	회전 변류기	직류측의 최대 사용전압의 1배의 교류 전압(최저 500[V])	

답 ③

99 폭연성 분진 또는 화약류의 분말에 전기설비가 발화원이 되어 폭발할 우려가 있는 곳에 시설하는 저압 옥내배선의 공사방법으로 옳은 것은? (단, 사용전압이 400[V] 초과인 방전등을 제외한 경우이다.)

① 금속관공사
② 애자사용공사
③ 합성수지관공사
④ 캡타이어 케이블공사

풀이 242.2.1 폭연성 분진 위험장소
폭연성 분진 또는 화약류의 분말이 전기설비가 발화원이 되어 폭발할 우려가 있는 곳에 시설하는 저압 옥내배선, 저압 관등회로 배선, 소세력 회로의 전선은 금속관공사 또는 케이블공사(캡타이어 케이블을 사용하는 것을 제외한다)에 의할 것. 답 ①

100 과전류차단기로 저압전로에 사용하는 범용의 퓨즈(「전기용품 및 생활용품 안전관리법」에서 규정하는 것을 제외한다)의 정격전류가 16[A]인 경우 용단전류는 정격전류의 몇 배인가? (단, 퓨즈(gG)인 경우이다.)

① 1.25   ② 1.5
③ 1.6   ④ 1.9

풀이 212.3.4 보호장치의 특성
1. 과전류 보호장치는 KS C 또는 KS C IEC 관련 표준(배선차단기, 누전차단기, 퓨즈 등의 표준)의 동작특성에 적합하여야 한다.
2. 과전류차단기로 저압전로에 사용하는 범용의 퓨즈는 표에 적합한 것이어야 한다.

표. 퓨즈(gG)의 용단특성

정격전류의 구분	시간	정격전류의 배수	
		불용단전류	용단전류
4[A] 이하	60분	1.5배	2.1배
4[A] 초과 16[A] 미만	60분	1.5배	1.9배
16[A] 이상 63[A] 이하	60분	1.25배	1.6배
63[A] 초과 160[A] 이하	120분	1.25배	1.6배
160[A] 초과 400[A] 이하	180분	1.25배	1.6배
400[A] 초과	240분	1.25배	1.6배

답 ③

2022년 − 3회 _ 전기기사 (CBT 복원)

81 전기저장장치를 시설하는 곳에서 계측장치를 시설하지 않아도 되는 것은?

① 주요변압기의 전압, 전류 및 전력
② 축전지 출력 단자의 전압, 전류, 전력
③ 축전지 출력 단자의 충방전 상태
④ 주요변압기의 온도

풀이 512.2.3 계측장치
전기저장장치를 시설하는 곳에는 다음의 사항을 계측하는 장치를 시설하여야 한다.
가. 축전지 출력 단자의 전압, 전류, 전력 및 충방전 상태
나. 주요 변압기의 전압 및 전류 또는 전력   **답** ④

82 특고압 지중전선이 지중 약전류전선 등과 접근하거나 교차하는 경우에 상호 간의 이격거리가 몇 [cm] 이하인 때에는 두 전선이 직접 접촉하지 아니하도록 특고압 지중 전선과 지중 약전류 전선 등 사이에 견고한 내화성의 격벽을 설치하여야 하는가?

① 15   ② 20
③ 30   ④ 60

풀이 334.6 지중전선과 지중약전류전선 등 또는 관과의 접근 또는 교차
지중전선이 다음 조건의 이격거리 이하로 설치되는 경우에는 상호간에 내화성의 격벽을 설치하여야 한다.

조 건	전 압	이격거리
지중 약전류 전선과 접근 또는 교차하는 경우	저압 또는 고압	0.3[m]
	특고압	0.6[m]
가연성, 유독성의 유체를 내포하는 관과 접근 또는 교차	특고압	1[m]
	25[kV] 이하, 다중접지방식	0.5[m]

답 ④

83 특고압을 직접 저압으로 변성하는 변압기를 시설하여서는 아니 되는 변압기는?

① 광산에서 물을 양수하기 위한 양수기용 변압기
② 전기로 등 전류가 큰 전기를 소비하기 위한 변압기
③ 교류식 전기철도용 신호회로에 전기를 공급하기 위한 변압기
④ 발전소·변전소·개폐소 또는 이에 준하는 곳의 소내용 변압기

풀이 341.3 특고압을 직접 저압으로 변성하는 변압기의 시설
특고압을 직접 저압으로 변성하는 변압기는 다음의 것 이외에는 시설하여서는 아니 된다.
가. 전기로 등 전류가 큰 전기를 소비하기 위한 변압기
나. 발전소·변전소·개폐소 또는 이에 준하는 곳의 소내용 변압기
다. 25[kV] 이하인 특고압 가공전선로(중성선 다중접지식의 것으로서 전로에 지락이 생겼을 때에 2초 이내에 자동적으로 이를 전로로부터 차단하는 장치가 되어 있는 것에 한한다.)에 접속 하는 변압기
라. 사용전압이 35[kV] 이하인 변압기로서 그 특고압측 권선과 저압측 권선이 혼촉한 경우에 자동적으로 변압기를 전로로부터 차단하기 위한 장치를 설치한

것.

마. 사용전압이 100[kV] 이하인 변압기로서 그 특고압측 권선과 저압측 권선 사이에 접지저항 값이 10[Ω] 이하인 금속제의 혼촉방지판이 있는 것.

바. **교류식 전기철도용 신호회로에 전기를 공급하기 위한 변압기** 답 ①

84 큰 고장전류가 구리 소재의 접지도체를 통하여 흐르지 않을 경우 접지도체의 최소 단면적은 몇 [mm²] 이상이어야 하는가? (단, 접지도체에 피뢰시스템이 접속되지 않는 경우이다.)

① 0.75   ② 2.5

③ 6   ④ 16

풀이 142.3.1 접지도체

가. **접지도체의 최소 단면적**은 다음과 같다.
  (1) **구리는 6[mm²] 이상**
  (2) 철제는 50[mm²] 이상
나. 접지도체에 피뢰시스템이 접속되는 경우, 접지도체의 단면적
  (1) 구리는 16[mm²] 이상
  (2) 철제는 50[mm²] 이상 답 ③

85 변압기 1차측 3300[V], 2차측 220[V]의 변압기 전로의 절연내력시험전압은 각각 몇 [V]에서 10분간 견디어야 하는가?

① 1차측 4950[V], 2차측 500[V]
② 1차측 4500[V], 2차측 400[V]
③ 1차측 4125[V], 2차측 500[V]
④ 1차측 3300[V], 2차측 400[V]

풀이 135 변압기 전로의 절연내력

권선의 종류 (최대사용전압)	접지방식	시험전압 (최대사용 전압의 배수)	최저 시험전압
1. 7[kV] 이하		1.5배	500[V]
	다중접지	0.92배	500[V]
2. 7[kV] 초과 25[kV] 이하	다중접지	0.92배	
3. 7[kV] 초과 60[kV] 이하 (2란의 것 제외)		1.25배	10.5[kV]
4. 60[kV] 초과	비접지	1.25배	
5. 60[kV] 초과(6란의 것 제외)	접지식	1.1배	75[kV]
6. 60[kV] 초과	직접접지	0.72배	
7. 170[kV] 초과	직접접지	0.64배	

• 1차측 시험전압 : 3300 × 1.5 = 4950[V]
• 2차측 시험전압 : 220 × 1.5 = 330[V] → 500[V]
  (∵ **최저시험전압은 500[V]**) 답 ①

86 저압 옥내배선 합성수지관공사 시 연선이 아닌 경우 사용할 수 있는 전선의 최대 단면적은 몇 [mm²]인가? (단, 알루미늄선은 제외한다.)

① 4   ② 6

③ 10   ④ 16

풀이 232.11 합성수지관공사

가. 전선은 절연전선(옥외용 비닐 절연전선을 제외한다)일 것.
나. **전선은 연선일 것. 다만, 다음의 것은 적용하지 않는다.**
  ① 짧고 가는 합성수지관에 넣은 것.
  ② **단면적 10[mm²](알루미늄선은 단면적 16[mm²]) 이하의 것.** 답 ③

87 일반주택 및 아파트 각 호실의 현관등은 몇 분 이내에 소등 되도록 타임스위치를 시설하여야 하는가?

① 3   ② 4

③ 5   ④ 6

풀이 234.6 점멸기의 시설

다음의 경우에는 센서등(타임스위치 포함)을 시설하여야 한다.

가. 관광숙박업 또는 숙박업(여인숙업을 제외한다)에 이용되는 객실의 입구등은 1분 이내에 소등되는 것.
나. **일반주택 및 아파트 각 호실의 현관등은 3분 이내에** 소등되는 것. 답 ①

88 옥내의 저압전선으로 나전선 사용이 허용되지 않는 경우는?

① 금속관공사에 의하여 시설하는 경우
② 버스 덕트 공사에 의하여 시설하는 경우
③ 라이팅 덕트 공사에 의하여 시설하는 경우
④ 애자공사에 의하여 전개된 곳에 전기로용 전선을 시설하는 경우

풀이 231.4 나전선의 사용 제한

옥내에 시설하는 저압전선에는 나전선을 사용하여서

는 아니 된다. 다만, 다음 중 어느 하나에 해당하는 경우에는 그러하지 아니하다.
가. 애자공사에 의하여 전개된 곳에 다음의 전선을 시설하는 경우
  ① 전기로용 전선
  ② 전선의 피복 절연물이 부식하는 장소에 시설하는 전선
나. 버스덕트공사에 의하여 시설하는 경우
다. 라이팅덕트공사에 의하여 시설하는 경우
라. 접촉 전선을 시설하는 경우　　　　**답** ①

89 발열선을 도로, 주차장 또는 조영물의 조영재에 고정시켜 시설하는 경우 발열선에 전기를 공급하는 전로의 대지전압은 몇 [V] 이하이어야 하는가?

① 100　　　　　② 150
③ 200　　　　　④ 300

풀이 241.12 도로 등의 전열장치
가. 발열선에 전기를 공급하는 전로의 대지전압은 300 [V] 이하일 것.
나. 발열선은 그 온도가 80[℃]를 넘지 아니하도록 시설할 것. 다만, 도로 또는 옥외주차장에 금속피복을 한 발열선을 시설할 경우에는 발열선의 온도를 120[℃] 이하로 할 수 있다.
다. 발열선은 다른 전기설비·약전류전선 등 또는 수관·가스관이나 이와 유사한 것에 전기적·자기적 또는 열적인 장해를 주지 아니하도록 시설할 것.
　　　　　　　　　　　　　　　　답 ④

90 석유류를 저장하는 장소의 전등배선에 사용하지 않는 공사방법은?

① 케이블공사　　　② 금속관공사
③ 애자공사　　　　④ 합성수지관공사

풀이 242.4 위험물 등이 존재하는 장소
셀룰로이드·성냥·석유류 기타 타기 쉬운 위험한 물질을 제조하거나 저장하는 곳에 시설하는 저압 옥내 전기설비는 다음에 따르고 또한 위험의 우려가 없도록 시설하여야 한다.
가. 이동전선은 접속점이 없는 0.6/1[kV] EP 고무 절연 클로로프렌 캡타이어 케이블 또는 0.6/1[kV] 비닐 절연 비닐캡타이어 케이블을 사용할 것.
나. 저압 옥내배선 등은 합성수지관공사(두께 2[mm] 미만의 합성수지 전선관 및 난연성이 없는 콤바인 덕트관을 사용하는 것을 제외한다)·금속관공사 또는 케이블공사에 의할 것.
　　　　　　　　　　　　　　　　답 ③

91 특고압 가공전선로의 경간은 지지물이 철탑인 경우 몇 [m] 이하이어야 하는가?
(단, 단주가 아닌 경우이다.)

① 400　　　　　② 500
③ 600　　　　　④ 700

풀이 333.21 특고압 가공전선로의 경간 제한
특고압 가공전선로의 경간은 표에서 정한 값 이하이어야 한다.

지지물의 종류	경간
목주·A종 철주 또는 A종 철근 콘크리트주	150[m]
B종 철주 또는 B종 철근 콘크리트주	250[m]
철탑	600[m] (단주인 경우에는 400[m])

　　　　　　　　　　　　　　　　답 ③

92 금속덕트공사에 의한 저압 옥내배선에서, 금속덕트에 넣은 전선의 단면적의 합계는 덕트 내부 단면적의 얼마이하이어야 하는가?

① 20[%] 이하　　② 30[%] 이하
③ 40[%] 이하　　④ 50[%] 이하

풀이 232.31 금속덕트공사
금속덕트에 넣은 전선의 단면적(절연피복의 단면적을 포함한다)의 합계는 덕트의 내부 단면적의 20[%](전광표시 기타 이와 유사한 장치 또는 제어회로 등의 배선만을 넣는 경우에는 50[%]) 이하일 것.　**답** ①

93 사용 전압이 35[kV] 이하인 특고압 가공 전선과 가공약전류 전선을 동일 지지물에 시설하는 경우 특고압 가공전선로의 보안공사로 알맞은 것은?

① 고압 보안공사
② 제1종 특고압 보안공사
③ 제2종 특고압 보안공사
④ 제3종 특고압 보안공사

풀이 333.19 특고압 가공전선과 가공약전류전선 등의 공용설치
사용전압이 35[kV] 이하인 특고압 가공전선과 가공약전류전선 등을 동일 지지물에 시설하는 경우에는 다음

에 따라야 한다.

가. 특고압 가공전선로는 제2종 특고압 보안공사에 의할 것.

나. 특고압 가공전선은 가공약전류전선 등의 위로하고 별개의 완금류에 시설할 것.

다. 특고압 가공전선은 케이블인 경우 이외에는 인장강도 21.67[kN] 이상의 연선 또는 단면적이 50[mm²] 이상인 경동연선일 것.

라. 특고압 가공전선과 가공약전류전선 등 사이의 이격거리는 2[m] 이상으로 할 것. 다만, 특고압 가공전선이 케이블인 경우에는 0.5[m]까지로 감할 수 있다. **답** ③

94 가공전선로에 사용하는 지지물의 강도 계산에 적용하는 풍압하중의 종별로 알맞은 것은?

① 갑종, 을종, 병종
② A종, B종, C종
③ 1종, 2종, 3종
④ 수평, 수직, 각도

풀이 331.6 풍압하중의 종별과 적용

가공전선로에 사용하는 지지물의 강도 계산에 적용하는 풍압하중은 다음의 3종으로 한다.

가. 갑종 풍압하중
구성재의 수직 투영면적 1[m²]에 대한 풍압을 기초로 하여 계산한 것.

나. 을종 풍압하중
전선 기타의 가섭선 주위에 두께 6[mm], 비중 0.9의 빙설이 부착된 상태에서 수직 투영면적 372[Pa](다도체를 구성하는 전선은 333[Pa]), 그 이외의 것은 갑종 풍압하중의 2분의 1을 기초로 하여 계산한 것.

다. 병종 풍압하중
갑종 풍압하중의 2분의 1을 기초로 하여 계산한 것. **답** ①

95 플로어덕트공사에 의한 저압 옥내배선에서 단선을 사용하여도 되는 전선(동선)의 단면적은 최대 몇 [mm²]인가?

① 2.5[mm²]
② 4[mm²]
③ 6[mm²]
④ 10[mm²]

풀이 232.32 플로어덕트공사

플로어덕트공사에 의한 저압 옥내 배선은 다음 각호에 의하여 시설한다.

가. 전선은 절연전선(옥외용 비닐 절연전선을 제외한다)일 것.

나. 전선은 연선일 것. 다만, 단면적 10[mm²](알루미늄선은 단면적 16[mm²]) 이하인 것은 그러하지 아니하다.

다. 플로어덕트 안에는 전선에 접속점이 없도록 할 것. 다만, 전선을 분기하는 경우에 접속점을 쉽게 점검할 수 있을 때에는 그러하지 아니하다. **답** ④

96 발전소에서 개폐기 또는 차단기에 사용하는 압축공기 장치는 수압을 연속하여 10분간 가하여 시험하였을 때 최고 사용압력 몇 배의 수압에 견디고 새지 않아야 하는가?

① 1.1배
② 1.25배
③ 1.5배
④ 2배

풀이 341.15 압축공기계통

발전소·변전소·개폐소 또는 이에 준하는 곳에서 개폐기 또는 차단기에 사용하는 압축공기장치는 최고 사용압력의 1.5배의 수압(최고 사용압력의 1.25배의 기압)을 연속하여 10분간 가하여 시험을 하였을 때에 이에 견디고 또한 새지 아니할 것. **답** ③

97 옥내에 시설하는 전동기가 과전류로 손상될 우려가 있을 경우 자동적으로 이를 저지하거나 경보하는 장치를 하여야 한다. 정격출력이 몇 [kW] 이하인 전동기에는 이와 같은 과부하 보호장치를 시설하지 않아도 되는가?

① 0.2
② 0.75
③ 3
④ 5

풀이 212.6.3 저압전로 중의 전동기 보호용 과전류보호장치의 시설

옥내에 시설하는 전동기에는 전동기가 손상될 우려가 있는 과전류가 생겼을 때에 자동적으로 이를 저지하거나 이를 경보하는 장치를 하여야 한다. 다만, 다음의 어느 하나에 해당하는 경우에는 그러하지 아니하다.

가. 전동기를 운전 중 상시 취급자가 감시할 수 있는 위치에 시설하는 경우

나. 전동기의 구조나 부하의 성질로 보아 전동기가 손상될 수 있는 과전류가 생길 우려가 없는 경우

다. 단상전동기로써 그 전원측 전로에 시설하는 과전류차단기의 정격전류가 16[A](배선용 차단기는 20[A]) 이하인 경우

라. 정격 출력이 0.2[kW] 이하의 전동기 **답** ①

98 전기욕기에 전기를 공급하는 전원 장치는 전기욕기용으로 내장되어 있는 2차측 전로의 사용전압을 몇 [V] 이하로 한정하고 있는가?

① 6   ② 10

③ 12   ④ 15

풀이 241.2 전기욕기

전기욕기에 전기를 공급하기 위한 전기욕기용 전원장치(내장되는 전원 변압기의 2차측 전로의 사용전압이 10[V] 이하의 것에 한한다)는 안전기준에 적합하여야 한다. **답** ②

99 방전등용 변압기의 2차 단락전류나 관등회로의 동작전류가 몇 [mA] 이하인 방전등을 시설하는 경우 방전등용 안정기의 외함 및 방전등용 전등기구의 금속제 부분에 옥내 방전등 공사의 접지공사를 하지 않아도 되는가? 단, 방전등용 안정기를 외함에 넣고 또한 그 외함과 방전등용 안정기를 넣을 방전등용 전등기구를 전기적으로 접속하지 않도록 시설한다고 한다.

① 25[mA]   ② 50[mA]

③ 75[mA]   ④ 100[mA]

풀이 234.11.5 접지

1. 방전등용 안정기의 외함 및 전등기구의 금속제부분에는 규정에 준하여 접지공사를 하여야 한다.
2. 상기의 접지공사는 다음에 해당될 경우는 생략할 수 있다.
   가. 관등회로의 사용전압이 대지전압 150[V] 이하의 것을 건조한 장소에서 시공할 경우
   나. 관등회로의 사용전압이 400[V] 이하 또는 변압기의 정격 2차 단락전류 혹은 회로의 동작전류가 50[mA] 이하의 것으로 안정기를 외함에 넣고, 이것을 조명기구와 전기적으로 접속되지 않도록 시설할 경우 **답** ②

100 다음 통신설비의 식별표시에 대한 설명 중 옳지 않은 것은?

① 분기주, 인류주는 매 전주에 설비표시명판을 시설하여야 한다.

② 직선주는 전주 10경간마다 설비표시명판을 시설하여야 한다.

③ 전력구내 행거는 50[m] 간격으로 설비표시명판을 시설하여야 한다.

④ 모든 통신기기에는 식별이 용이하도록 인식용 표찰을 부착하여야 한다.

풀이 365.1 통신설비의 식별표시

통신설비의 식별은 다음에 따라 표시하여야 한다.
가. 모든 통신기기에는 식별이 용이하도록 인식용 표찰을 부착하여야 한다.
나. 통신사업자의 설비표시명판은 플라스틱 및 금속판 등 견고하고 가벼운 재질로 하고 글씨는 각인하거나 지워지지 않도록 제작된 것을 사용하여야 한다.
다. 설비표시명판 시설기준
　(1) 배전주에 시설하는 통신설비의 설비표시명판은 다음에 따른다.
　　(가) 직선주는 전주 5경간마다 시설할 것.
　　(나) 분기주, 인류주는 매 전주에 시설할 것.
　(2) 지중설비에 시설하는 통신설비의 설비표시명판은 다음에 따른다.
　　(가) 관로는 맨홀마다 시설할 것.
　　(나) 전력구내 행거는 50[m] 간격으로 시설할 것. **답** ②

2022년 - 4회 _ 공사기사 (CBT 복원)

81 다음 설명의 ( )안에 알맞은 내용은?

> 분산형전원설비 사업자의 한 사업장의 설비용량 합계가 ( )[kVA] 이상일 경우에는 송·배전계통과 연계지점의 연결 상태를 감시 또는 유효전력, 무효전력 및 전압을 측정할 수 있는 장치를 시설할 것

① 100   ② 150

③ 200   ④ 250

이 503.2.1 전기 공급방식 등

분산형전원설비의 전기 공급방식, 측정 장치 등은 다음과 같은 기준에 따른다.

1. 분산형전원설비의 전기 공급방식은 전력계통과 연계되는 전기 공급방식과 동일할 것
2. 분산형전원설비 사업자의 한 사업장의 설비 용량 합계가 250[kVA] 이상일 경우에는 송·배전계통과 연계지점의 연결 상태를 감시 또는 유효전력, 무효전력 및 전압을 측정할 수 있는 장치를 시설할 것 **답** ④

82 철도·궤도 또는 자동차도의 전용터널 안의 전선로를 저압 절연전선을 사용하여 애자사용배선에 의하여 시설하는 경우 이를 레일면상 또는 노면상 몇 [m] 이상의 높이로 유지하여야 하는가?

① 2 　　　　② 2.5
③ 3 　　　　④ 3.5

풀이 335.1 터널 안 전선로의 시설
철도·궤도 또는 자동차도 전용터널 안의 전선로

전압	전선의 굵기	시공방법	애자사용 공사 시 높이
저압	인장강도 2.30[kN] 이상의 절연전선 또는 2.6[mm] 이상의 경동선의 절연전선	• 합성수지관공사 • 금속관공사 • 금속제가요전선관 공사 • 케이블공사 • 애자사용공사	노면상, 레일면상 2.5[m] 이상
고압	인장강도 5.26[kN] 이상 또는 4[mm] 이상의 경동선	• 케이블공사 • 애자사용공사	노면상, 레일면상 3[m] 이상
특고압		• 케이블공사	

답 ②

83 전로에 대한 설명 중 옳은 것은?

① 통상의 사용 상태에서 전기를 절연한 곳
② 통상의 사용 상태에서 전기를 접지한 곳
③ 통상의 사용 상태에서 전기가 통하고 있는 곳
④ 통상의 사용 상태에서 전기가 통하고 있지 않은 곳

풀이 기술기준 제3조 정의
"전로"란 통상의 사용 상태에서 전기가 통하고 있는 곳을 말한다. 답 ③

84 시가지 또는 그 밖에 인가가 밀집한 지역에 154 [kV] 가공전선로의 전선을 시설하고자 한다. 이때 가공전선을 지지하는 애자장치의 50[%] 충격섬락전압 값이 그 전선의 근접한 다른 부분을 지지하는 애자장치 값의 몇 [%] 이상이어야 하는가?

① 75 　　　　② 100
③ 105 　　　　④ 110

풀이 333.1 시가지 등에서 특고압 가공전선로의 시설
특고압 가공전선로는 전선이 케이블인 경우 또는 전선로를 다음과 같이 시설하는 경우에는 시가지 그 밖에 인가가 밀집한 지역에 시설할 수 있다.
1. 사용전압이 170[kV] 이하인 전선로를 다음에 의하여 시설하는 경우
　가. 특고압 가공전선을 지지하는 애자장치는 다음 중 어느 하나에 의할 것.
　　⑴ 50[%] 충격섬락전압 값이 그 전선의 근접한 다른 부분을 지지하는 애자장치 값의 110[%] (사용전압이 130[kV]를 초과하는 경우는 105[%]) 이상인 것.
　　⑵ 아킹혼을 붙인 현수애자·장간애자 또는 라인포스트애자를 사용하는 것.
　　⑶ 2련 이상의 현수애자 또는 장간애자를 사용하는 것.
　　⑷ 2개 이상의 핀애자 또는 라인포스트애자를 사용하는 것. 답 ③

85 합성수지몰드는 홈의 폭 및 깊이가 몇 [mm]이하의 것이어야 하는가? (단, 사람이 쉽게 접촉할 우려가 없도록 시설하는 경우이다.)

① 35 　　　　② 40
③ 45 　　　　④ 50

풀이 232.21 합성수지몰드공사
　가. 전선은 절연전선(옥외용 비닐 절연전선을 제외한다)일 것.
　나. 합성수지몰드 안에는 전선에 접속점이 없도록 할 것. 다만, 합성수지몰드 안의 전선을 합성 수지제의 조인트 박스를 사용하여 접속할 경우에는 그러하지 아니하다.
　다. 합성수지몰드는 홈의 폭 및 깊이가 35[mm] 이하의 것일 것. 다만, 사람이 쉽게 접촉할 우려가 없도록 시설하는 경우에는 폭이 50[mm] 이하의 것을 사용할 수 있다. 답 ④

86 다음 장주의 종류에서 수평배열에 해당하지 않는 장주는?

① 보통장주 　　　　② 창출장주
③ 랙크장주 　　　　④ 편출장주

풀이 • 수평배열 : 보통장주, 창출장주, 편출장주
• 수직배열 : 랙크장주, D형 랙크장주 답 ③

87 발전소 등의 울타리·담 등을 시설할 때 사용 전압이 154[kV]인 경우 울타리·담 등의 높이 와 울타리·담 등으로부터 충전부분까지의 거 리의 합계는 몇 [m] 이상이어야 하는가?

① 5　　　　　　　② 6
③ 8　　　　　　　④ 10

풀이 341.4 특고압용 기계기구의 시설
특고압용 기계기구 충전부분의 지표상 높이

사용전압의 구분	울타리·담 등의 높이와 울타리·담 등으로부터 충전 부분까지의 거리의 합계
35[kV] 이하	5[m]
35[kV] 초과 160[kV] 이하	6[m]
160[kV] 초과	• 거리의 합계 = 6 + 단수 × 0.12[m] • 단수 = $\dfrac{\text{사용전압[kV]}-160}{10}$ 단수 계산에서 소수점 이하는 절상

답 ②

88 전력보안통신 설비인 무선통신용 안테나를 지 지하는 목주는 풍압하중에 대한 안전율이 얼마 이상이어야 하는가? (단, 무선용 안테나 등이 전선로의 주위상태를 감시할 목적으로 시설되 는 것은 아닌 경우이다.)

① 1.0　　　　　　② 1.2
③ 1.5　　　　　　④ 2.0

풀이 364.1 무선용 안테나 등을 지지하는 철탑 등의 시설
전력보안통신설비인 무선통신용 안테나 또는 반사판 을 지지하는 목주·철주·철근 콘크리트주 또는 철탑 은 다음에 따라 시설하여야 한다. 다만, 무선용 안테나 등이 전선로의 주위상태를 감시할 목적으로 시설되는 것일 경우에는 그러하지 아니하다.
가. 목주는 풍압하중에 대한 안전율은 1.5 이상이어야 한다.
나. 철주·철근 콘크리트주 또는 철탑의 기초 안전율은 1.5 이상이어야 한다.

답 ③

89 변압기에 의하여 특고압전로에 결합되는 고압 전로에는 사용전압의 몇 배 이하인 전압이 가 하여진 경우에 방전하는 장치를 그 변압기의 단자에 가까운 1극에 설치하여야 하는가?

① 3　　　　　　　② 4
③ 5　　　　　　　④ 6

풀이 322.3 특고압과 고압의 혼촉 등에 의한 위험방지 시설
변압기에 의하여 특고압전로에 결합되는 고압전로에 는 사용전압의 3배 이하인 전압이 가하여진 경우에 방 전하는 장치를 그 변압기의 단자에 가까운 1극에 설치 하여야 한다.

답 ①

90 케이블 공사로 저압 옥내배선을 시설하려고 한 다. 캡타이어 케이블을 사용하여 조영재의 아 랫면에 따라 붙이고자 할 때 전선의 지지점 간 의 거리는 몇 [m] 이하로 하여야 하는가?

① 1　　　　　　　② 2
③ 3　　　　　　　④ 5

풀이 232.51 케이블공사
케이블 배선에 의한 저압 옥내배선은 다음에 따라 시설 하여야 한다.
가. 전선은 케이블 및 캡타이어케이블일 것.
나. 전선을 조영재의 아랫면 또는 옆면에 따라 붙이는 경우 전선의 지지점 간의 거리
① 케이블 : 2[m](사람이 접촉할 우려가 없는 곳에서 수직으로 붙이는 경우에는 6[m]) 이하
② 캡타이어 케이블 : 1[m] 이하

답 ①

91 사무실 건물의 조명설비에 사용되는 백열전등 또는 방전등에 전기를 공급하는 옥내전로의 대 지전압은 몇 [V] 이하인가?

① 250　　　　　　② 300
③ 350　　　　　　④ 400

풀이 231.6 옥내전로의 대지 전압의 제한
백열전등 또는 방전등에 전기를 공급하는 옥내의 전로 의 대지전압은 300[V] 이하여야 한다.

답 ②

92 지중 전선로를 직접 매설식에 의하여 시설하는 경우에 차량 및 기타 중량물의 압력을 받을 우 려가 있는 장소의 매설 깊이는 몇 [m] 이상인 가?

① 1.0　　　　　　② 1.2
③ 1.5　　　　　　④ 1.8

풀이 334.1 지중전선로의 시설

가. 지중 전선로는 전선에 케이블을 사용하고 또한 관로식·암거식 또는 직접 매설식에 의하여 시설하여야 한다.

나. 지중 전선로를 직접 매설식에 의하여 시설하는 경우에는 매설 깊이는
① 차량 기타 **중량물의 압력을 받을 우려가 있는 장소 : 1.0[m] 이상**
② 기타 장소 : 0.6[m] 이상 **답** ①

93 고압 가공전선로의 경간이 100[m]를 초과하는 경우 고압 가공전선은 지름 몇 [mm] 이상의 경동선을 사용하여야 하는가?

① 2.6 　　　　② 3.2
③ 4 　　　　④ 5

풀이 332.9 고압 가공전선로 경간의 제한

고압 가공전선로의 경간이 100[m] 를 초과하는 경우에는 그 부분의 전선로는 다음에 따라 시설하여야 한다.

가. 고압 가공전선은 인장강도 8.01[kN] 이상의 것 또는 지름 5[mm] 이상의 경동선의 것.

나. 목주의 풍압하중에 대한 안전율은 1.5 이상일 것. **답** ④

94 저압 옥내배선의 사용전압이 220[V]인 전광표시등회로를 금속관공사에 의하여 시공하였다. 여기에 사용되는 배선은 단면적이 몇 [mm²] 이상의 캡타이어 케이블을 사용하여도 되는가? (단, 진열장 또는 이와 유사한 것의 내부 배선이다.)

① 0.75 　　　　② 1.5
③ 2.0 　　　　④ 2.5

풀이 231.3 저압 옥내배선의 사용전선

가. 저압 옥내배선의 전선 : 단면적 2.5[mm²] 이상의 연동선

나. 옥내배선의 사용 전압이 400[V] 이하인 경우는 다음에 의하여 시설할 수 있다.
① 전광표시 장치등 또는 제어 회로
　• 단면적 1.5[mm²] 이상의 연동선
　• 단면적 0.75[mm²] 이상인 다심케이블 또는 다심 캡타이어 케이블을 사용하고 또한 과전류가 생겼을 때에 자동적으로 전로에서 차단하는 장치를 시설
② 진열장 또는 이와 유사한 것의 내부 배선 : **단면적 0.75[mm²] 이상인 코드 또는 캡타이어케이블** **답** ①

95 전기욕기에 전기를 공급하는 전원 장치는 전기욕기용으로 내장되어 있는 2차측 전로의 사용전압을 몇 [V] 이하로 한정하고 있는가?

① 6 　　② 10 　　③ 12 　　④ 15

풀이 241.2 전기욕기

전기욕기에 전기를 공급하기 위한 전기욕기용 전원장치(내장되는 전원 **변압기의 2차측 전로의 사용전압이 10[V] 이하**의 것에 한한다)는 안전기준에 적합하여야 한다. **답** ②

96 전기울타리의 시설에 관한 규정 중 틀린 것은?

① 전선과 수목 사이의 이격거리는 50[cm]이상이어야 한다.
② 전기울타리는 사람이 쉽게 출입하지 아니하는 곳에 시설하여야 한다.
③ 전선은 인장강도 1.38[kN]이상의 것 또는 지름 2[mm] 이상의 경동선이어야 한다.
④ 전기울타리용 전원 장치에 전기를 공급하는 전로의 사용전압은 250[V]이하이어야 한다.

풀이 241.1 전기울타리

가. 전기울타리용 전원장치에 전원을 공급하는 전로의 사용전압은 250[V] 이하이어야 한다.

나. 전기울타리는 사람이 쉽게 출입하지 아니하는 곳에 시설할 것.

다. 전선은 인장강도 1.38[kN] 이상의 것 또는 지름 2[mm] 이상의 경동선일 것.

라. 전선과 이를 지지하는 기둥 사이의 이격거리는 25[mm] 이상일 것.

마. **전선과 다른 시설물(가공 전선을 제외한다) 또는 수목과의 이격거리는 0.3[m] 이상**일 것. **답** ①

97 태양전지 모듈의 시설에 대한 설명으로 옳은 것은?

① 충전부분은 노출하여 시설할 것
② 출력배선은 극성별로 확인 가능토록 표시할 것
③ 전선은 공칭단면적 1.5[mm²] 이상의 연동선을 사용할 것
④ 전선을 옥내에 시설할 경우에는 애자공사에 준하여 시설할 것

풀이 520 태양광발전설비

가. 태양전지 모듈, 전선, 개폐기 및 기타 기구는 **충전부분이 노출되지 않도록** 시설하여야 한다.

나. 모듈의 **출력배선은 극성별로 확인할 수 있도록** 표시할 것

다. 전선은 **공칭단면적 2.5[mm²] 이상의 연동선** 또는 이와 동등 이상의 세기 및 굵기의 것일 것.

라. 모듈을 병렬로 접속하는 전로에는 그 주된 전로에 단락전류가 발생할 경우에 전로를 보호하는 과전류차단기 또는 기타 기구를 시설할 것

마. 배선설비 공사는 옥내에 시설할 경우에는 **합성수지관공사, 금속관공사, 금속제가요전선관공사, 케이블공사의 규정**에 준하여 시설할 것. **답** ②

98 3상4선식 22.9[kV] 중성점 다중접지 전로의 절연내력 시험 전압은 최대 사용전압의 몇 배의 전압인가?

① 0.64　　　　② 0.72
③ 0.92　　　　④ 1.25

풀이 132 전로의 절연저항 및 절연내력

전로의 종류	접지방식	시험전압 (최대사용 전압의 배수)	최저 시험전압
1. 7[kV] 이하인 전로		1.5배	
2. 7[kV] 초과 25[kV] 이하	다중접지	0.92배	
3. 7[kV] 초과 60[kV] 이하 (2란의 것 제외)		1.25배	10.5[kV]
4. 60[kV] 초과	비접지	1.25배	
5. 60[kV] 초과 (6란, 7란의 것 제외)	접지식	1.1배	75[kV]
6. 60[kV] 초과(7란의 것 제외)	직접접지	0.72배	
7. 170[kV] 초과(발전소 또는 변전소 혹은 이에 준하는 장 소에 시설하는 것.)	직접접지	0.64배	

답 ③

99 가공전선로에 사용하는 지지물의 강도 계산에 적용하는 병종풍압하중은 갑종풍압하중의 몇 [%]를 기초로 하여 계산한 것인가?

① 30　　　　② 50
③ 80　　　　④ 110

풀이 331.6 풍압하중의 종별과 적용

가. 갑종 풍압하중 : 구성재의 수직 투영면적 1[m²]에 대한 풍압을 기초로 하여 계산한 것.

나. 을종 풍압하중 : 전선 기타의 가섭선 주위에 두께 6[mm], 비중 0.9의 빙설이 부착된 상태에서 수직 투영면적 372[Pa](다도체를 구성하는 전선은 333[Pa]), 그 이외의 것은 갑종풍압하중의 2분의 1을 기초로 하여 계산한 것.

다. **병종 풍압하중 : 갑종풍압하중의 2분의 1을 기초로** 하여 계산한 것. **답** ②

100 사용전압이 35[kV] 이하인 특고압 가공전선이 건조물과 제2차 접근상태로 시설되는 경우에 특고압 가공전선로는 제 몇 종 특고압 보안공사를 하여야 하는가?

① 제1종 특고압 보안공사
② 제2종 특고압 보안공사
③ 제3종 특고압 보안공사
④ 제4종 특고압 보안공사

풀이 333.23 특고압 가공전선과 건조물의 접근

가. 제1차 접근 상태 : 제3종 특고압 보안 공사

나. **제2차 접근 상태**
① **35[kV] 이하 : 제2종 특고압 보안 공사**
② 35[kV] 초과 400[kV] 미만 : 제1종 특고압 보안 공사 **답** ②

문제의 번호는 실제 시험문제의 번호와 같게 하였습니다.

81 다음 중 케이블트렌치에 적합한 구조가 아닌 것은?

① 케이블트렌치의 바닥 및 측면에는 방수처리하고 물이 고이지 않도록 할 것

② 케이블트렌치는 외부에서 고형물이 들어가지 않도록 IP2X 이상으로 시설할 것

③ 케이블트렌치의 뚜껑, 받침대 등 금속재는 방식처리를 하지 않도록 할 것

④ 케이블트렌치 굴곡부 안쪽의 반경은 통과하는 전선의 허용곡률반경 이상이어야 하고 배선의 절연피복을 손상시킬 수 있는 돌기가 없는 구조일 것

풀이 232.24 케이블트렌치는 다음에 적합한 구조이어야 한다.

가. 케이블트렌치의 바닥 또는 측면에는 전선의 하중에 충분히 견디고 전선에 손상을 주지 않는 받침대를 설치할 것

나. 케이블트렌치의 뚜껑, 받침대 등 금속재는 내식성의 재료이거나 방식처리를 할 것

다. 케이블트렌치 굴곡부 안쪽의 반경은 통과하는 전선의 허용곡률반경 이상이어야 하고 배선의 절연피복을 손상시킬 수 있는 돌기가 없는 구조일 것

라. 케이블트렌치의 뚜껑은 바닥 마감면과 평평하게 설치하고 장비의 하중 또는 통행하중 등 충격에 의하여 변형되거나 파손되지 않도록 할 것

마. 케이블트렌치의 바닥 및 측면에는 방수처리하고 물이 고이지 않도록 할 것

바. 케이블트렌치는 외부에서 고형물이 들어가지 않도록 IP2X 이상으로 시설할 것 **답** ③

82 전주외등에 사용하는 조명기구로서 적합하지 않은 것은?

① 기구의 부착밴드 및 부착용 부속금구류는 쉽게 뗄 수 없는 것일 것.

② 기구는 「전기용품 및 생활용품 안전관리법」에 적합한 것.

③ 기구는 전구를 쉽게 갈아 끼울 수 있는 구조일 것.

④ 기구의 인출선은 도체단면적이 0.75[mm²] 이상일 것.

풀이 234.10 전주외등

234.10.2 조명기구 및 부착금구

조명기구(이하 "기구"라 한다) 및 부착금구는 다음에 적합하여야 한다.

1. 기구는 「전기용품 및 생활용품 안전관리법」또는 「산업표준화법」에 적합한 것.

2. 기구는 광원의 손상을 방지하기 위하여 원칙적으로 갓 또는 글로브가 붙은 것.

3. 기구는 전구를 쉽게 갈아 끼울 수 있는 구조일 것.

4. 기구의 인출선은 도체단면적이 0.75[mm²] 이상일 것.

5. 기구의 부착밴드 및 부착용 부속금구류는 아연도금하여 방식 처리한 강판제 또는 스테인레스제이고, 또한 쉽게 부착할 수도 있고 뗄 수도 있는 것일 것.

6. 가로등, 보안등에 LED 등기구를 사용하는 경우에는 KS C 7658(LED 가로등 및 보안등기구의 안전 및 성능요구사항)에 적합한 것을 시설할 것. **답** ①

83 유도장해 방지에 대한 설명으로 옳지 않은 것은?

① 교류 특고압 가공전선로에서 발생하는 극저주파 전자계는 지표상 1[m]에서 전계가 3.5[kV/m] 이하, 자계가 83.3[μT] 이하가 되도록 시설하여야 한다.

② 직류 특고압 가공전선로에서 발생하는 직류전계는 지표면에서 25[kV/m] 이하가 되도록 하여야 한다.

③ 직류 특고압 가공전선로에서 발생하는 직류자계는 지표상 1[m]에서 1,000,000[μT] 이하가 되도록 시설하여야 한다.

④ 전력보안 통신설비는 가공전선로로부터의 정전유도작용 또는 전자유도작용에 의하여 사람에 위험을 줄 우려가 없도록 시설하여야 한다.

풀이 기술기준 제3조

직류자계(DC Magnetic Fields)란 0[Hz]인 직류전로에서 형성되는 정자계(Static Magnetic Fields)를 말한다.

기술기준 제17조(유도장해 방지)

① 교류 특고압 가공전선로에서 발생하는 극저주파 전자계는 지표상 1[m]에서 전계가 3.5[kV/m] 이하, 자계가 83.3[μT] 이하가 되도록 시설하고, 직류 특고압 가공전선로에서 발생하는 직류전계는 지표면에서 25[kV/m] 이하, **직류자계는 지표상 1[m]에서 400,000[μT] 이하가 되도록 시설**하는 등 상시 정전유도(靜電誘導) 및 전자유도(電磁誘導) 작용에 의하여 사람에게 위험을 줄 우려가 없도록 시설하여야 한다. 다만, 논밭, 산림 그 밖에 사람의 왕래가 적은 곳에서 사람에 위험을 줄 우려가 없도록 시설하는 경우에는 그러하지 아니하다.

② 특고압의 가공전선로는 전자유도작용이 약전류전선로(전력보안 통신설비는 제외한다)를 통하여 사람에 위험을 줄 우려가 없도록 시설하여야 한다.

③ 전력보안 통신설비는 가공전선로로부터의 정전유도작용 또는 전자유도작용에 의하여 사람에 위험을 줄 우려가 없도록 시설하여야 한다. **답** ③

84 특고압 가공 전선로의 전선으로 케이블을 사용하는 경우의 시설로서 틀린 것은?

① 케이블은 조가용선에 행거로서 시설한다.

② 케이블은 조가용선에 접촉시키고 비닐 테이프 등을 30[cm] 이상의 간격으로 감아 붙인다.

③ 조가용선은 단면적 22[mm²]의 아연도 강연선 이상의 세기 및 굵기의 연선을 사용한다.

④ 조가용선 및 케이블의 피복에 사용한 금속체에는 접지 공사를 한다.

풀이 333.3 특고압 가공케이블의 시설

특고압 가공전선로는 그 전선에 케이블을 사용하는 경우에는 다음에 따라 시설하여야 한다.

가. 케이블은 다음의 어느 하나에 의하여 시설할 것.
① 조가용선에 행거에 의하여 시설할 것. 이 경우에 행거의 간격은 0.5[m] 이하로 하여 시설하여야 한다.
② 조가용선에 접촉시키고 그 위에 쉽게 부식되지 아니하는 **금속 테이프 등을 0.2[m] 이하**의 간격을 유지시켜 나선형으로 감아 붙일 것.

나. 조가용선은 인장강도 13.93[kN] 이상의 연선 또는 단면적 22[mm²] 이상의 아연도강연선일 것.

다. 조가용선 및 케이블의 피복에 사용하는 금속체에는 규정에 준하여 접지공사를 할 것. **답** ②

85 주택용 배선차단기의 순시트립범위에 해당하지 않은 것은? 단, 여기서 I_n은 차단기 정격전류이다.

① $3I_n$ 초과 ~ $5I_n$ 이하

② $5I_n$ 초과 ~ $10I_n$ 이하

③ $10I_n$ 초과 ~ $20I_n$ 이하

④ $20I_n$ 초과 ~ $30I_n$ 이하

풀이 212.3.4 보호장치의 특성
순시트립에 따른 구분(주택용 배선차단기)

형	순시트립범위
B	$3I_n$ 초과 ~ $5I_n$ 이하
C	$5I_n$ 초과 ~ $10I_n$ 이하
D	$10I_n$ 초과 ~ $20I_n$ 이하

비고 1. B, C, D : 순시트립전류에 따른 차단기 분류
2. I_n : 차단기 정격전류 **답** ④

86 다음 중 전로의 중성점 접지의 목적으로 거리가 먼 것은?

① 대지전압의 저하

② 이상전압의 억제

③ 손실전력의 감소

④ 보호장치의 확실한 동작의 확보

풀이 322.5 전로의 중성점의 접지
① 보호 장치의 확실한 동작의 확보
② 이상 전압의 억제
③ 대지전압의 저하를 위하여
전로의 중성점에 접지공사를 한다. **답** ③

87 최대 사용전압이 6600[V]인 3상 발전기의 권선과 대지 사이의 절연내력 시험전압은 최대 사용전압의 몇 배인가?

① 1.75 ② 1.0

③ 1.25 ④ 1.5

풀이 133 회전기 및 정류기의 절연내력

종 류			시험전압	시험방법
회전기	발전기·전동기·조상기·기타회전기	7[kV] 이하	1.5배 (최저 500[V])	권선과 대지 사이에 연속하여 10분간
		7[kV] 초과	1.25배 (최저 10,500[V])	
	회전 변류기		직류측의 최대 사용 전압의 1배의 교류 전압(최저 500[V])	

답 ④

88 배전 선로의 전압이 22900[V]이며 중성선에 다중 접지하는 전선로의 절연 내력 시험 전압은 최대 사용 전압의 몇 배인가?

① 0.72   ② 0.92
③ 1.1   ④ 1.25

풀이 132 전로의 절연저항 및 절연내력

전로의 종류	접지방식	시험전압 (최대사용 전압의 배수)	최저 시험전압
1. 7[kV] 이하인 전로		1.5배	
2. 7[kV] 초과 25[kV] 이하	다중접지	0.92배	
3. 7[kV] 초과 60[kV] 이하 (2란의 것 제외)		1.25배	10.5[kV]
4. 60[kV] 초과	비접지	1.25배	
5. 60[kV] 초과 (6란, 7란의 것 제외)	접지식	1.1배	75[kV]
6. 60[kV] 초과(7란의 것 제외)	직접접지	0.72배	
7. 170[kV] 초과(발전소 또는 변전소 혹은 이에 준하는 장소에 시설하는 것.)	직접접지	0.64배	

답 ②

89 단상교류 25,000[V]인 경우 전차선로의 충전부와 차량 간의 동적 절연이격 거리는 몇 [mm] 이상인가?

① 25   ② 100
③ 150   ④ 170

풀이 431.3 전차선로의 충전부와 차량 간의 최소 절연이격

시스템 종류	공칭전압(V)	동적(mm)	정적(mm)
직류	750	25	25
	1,500	100	150
단상교류	25,000	170	270

답 ④

90 터널 안의 전선로의 저압전선이 그 터널 안의 다른 저압전선(관등회로의 배선은 제외한다.)·약전류전선 등 또는 수관·가스관이나 이와 유사한 것과 접근하거나 교차하는 경우, 저압전선을 애자공사에 의하여 시설하는 때에는 이격거리가 몇 [cm] 이상이어야 하는가? (단, 전선이 나전선이 아닌 경우이다.)

① 10   ② 15
③ 20   ④ 25

풀이 335.2 터널 안 전선로의 전선과 약전류전선 등 또는 관 사이의 이격거리
터널 안의 전선로의 저압전선이 그 터널 안의 다른 저압전선(관등회로의 배선은 제외한다.)·약전류전선 등 또는 수관·가스관이나 이와 유사한 것과 접근하거나 교차하는 경우, 저압전선을 애자공사에 의하여 시설하는 때에는 이격거리가 0.1[m](나전선인 경우에는 0.3[m]) 이상이어야 한다. **답** ①

91 전기철도차량에 전력을 공급하는 전차선의 가선방식에 포함되지 않는 것은?

① 가공방식   ② 강체방식
③ 제3레일방식   ④ 지중조가선방식

풀이 431.1 전차선 가선방식
전차선의 가선방식은 열차의 속도 및 노반의 형태, 부하전류 특성에 따라 적합한 방식을 채택하여야 하며, 가공방식, 강체방식, 제3레일방식을 표준으로 한다.
답 ④

92 전기철도의 설비를 위한 보호협조 사항으로 옳지 않은 것은?

① 전차선로용 애자를 섬락사고로부터 보호하고 접지전위 상승을 억제하기 위하여 적정한 보호설비를 구비하여야 한다.
② 보호계전방식은 신뢰성, 선택성, 협조성, 적절한 동작, 양호한 감도, 취급 및 보수점검이 용이하도록 구성하여야 한다.
③ 가공 선로측에서 발생한 지락 및 사고전류의 파급을 방지하기 위하여 피뢰기를 설치하여야 한다.
④ 급전선로는 안정도 향상, 자동복구, 정전시간 감소를 위하여 COS를 구비하여야 한다.

풀이 451 설비보호의 일반사항
451.1 보호협조
1. 사고 또는 고장의 파급을 방지하기 위하여 계통 내에서 발생한 사고전류를 검출하고 차단장치에 의해서 신속하고 순차적으로 차단할 수 있는 보호시스템을 구성하며 설비계통 전반의 보호협조가 되도록 하여야 한다.
2. 보호계전방식은 신뢰성, 선택성, 협조성, 적절한 동작, 양호한 감도, 취급 및 보수점검이 용이하도록 구성하여야 한다.
3. 급전선로는 안정도 향상, 자동복구, 정전시간 감소를 위하여 보호계전방식에 자동재폐로 기능을 구비하여야 한다.
4. 전차선로용 애자를 섬락사고로부터 보호하고 접지전위 상승을 억제하기 위하여 적절한 보호설비를 구비하여야 한다.
5. 가공 선로측에서 발생한 지락 및 사고전류의 파급을 방지하기 위하여 피뢰기를 설치하여야 한다.
답 ④

93 풀용 수중 조명등에 전기를 공급하기 위하여 사용되는 절연 변압기 1차측 및 2차측 전로의 사용 전압은 각각 최대 몇 [V]인가?

① 300, 100   ② 400, 150
③ 200, 150   ④ 600, 300

풀이 234.14 수중조명등
수영장 기타 이와 유사한 장소에 사용하는 수중조명등(이하 "수중조명등"이라 한다)
에 전기를 공급하기 위해서는 절연변압기를 사용하고, 그 사용전압은 다음에 의하여야 한다.
1. 절연변압기의 1차측 전로의 사용전압은 400[V] 이하일 것.
2. 절연변압기의 2차측 전로의 사용전압은 150[V] 이하일 것.
답 ②

94 2차측 개방 전압이 1만 볼트인 절연 변압기를 사용한 전격 살충기는 전격 격자가 지표 상 또는 마루 위 몇 [m] 이상의 높이에 설치하여야 하는가?

① 1.5   ② 1.8
③ 2.8   ④ 3.5

풀이 241.7 전격살충기
전격살충기는 다음에 의하여 시설하여야 한다.
가. 전격살충기의 전격격자는 지표 또는 바닥에서 3.5[m] 이상의 높은 곳에 시설할 것. 다만, 2차측 개방 전압이 7[kV] 이하의 절연변압기를 사용하고 보호

격자에 사람이 접촉될 경우 절연변압기의 1차측 전로를 자동적으로 차단하는 보호장치를 시설한 것은 지표 또는 바닥에서 1.8[m]까지 감할 수 있다.
나. 전격살충기의 전격격자와 다른 시설물(가공전선은 제외한다) 또는 식물과의 이격거리는 0.3[m] 이상일 것.
답 ④

95 가공전선로의 지지물에 사용하는 지선의 시설과 관련된 내용으로 틀린 것은?

① 지선에 연선을 사용하는 경우 소선(素線) 3가닥 이상의 연선 일 것
② 지선의 안전율은 2.5 이상, 허용 인장하중의 최저는 3.31[kN]으로 할 것
③ 지선에 연선을 사용하는 경우 소선의 지름이 2.6[mm] 이상의 금속선을 사용한 것일 것
④ 가공전선로의 지지물로 사용하는 철탑은 지선을 사용하여 그 강도를 분담시키지 않을 것

풀이 331.11 지선의 시설
가. 가공전선로의 지지물로 사용하는 철탑은 지선을 사용하여 그 강도를 분담시켜서는 안 된다.
나. 지선의 안전율은 2.5 이상일 것. 이 경우에 허용 인장하중의 최저는 4.31[kN]으로 한다.
다. 지선에 연선을 사용할 경우에는 다음에 의할 것.
① 소선 3가닥 이상의 연선일 것.
② 소선의 지름이 2.6[mm] 이상의 금속선을 사용한 것일 것.
답 ②

96 사용전압이 170[kV] 이하의 변압기를 시설하는 변전소로서 기술원이 상주하여 감시하지는 않으나 수시로 순회하는 경우 기술원이 상주하는 장소에 경보장치를 시설하지 않아도 되는 경우는?

① 옥내 및 옥외변전소에 화재가 발생한 경우
② 제어회로의 전압이 현저히 저하한 경우
③ 운전조작에 필요한 차단기가 자동적으로 차단한 후 재폐로한 경우
④ 수소냉각식 조상기는 그 조상기 안의 수소의 순도가 90[%] 이하로 저하한 경우

풀이 351.9 상주 감시를 하지 아니하는 변전소의 시설
다음의 경우에는 변전제어소 또는 기술원이 상주하는 장소에 경보장치를 시설할 것.

가. 운전조작에 필요한 차단기가 자동적으로 차단한 경우(차단기가 재폐로한 경우를 제외한다)

나. 주요 변압기의 전원측 전로가 무전압으로 된 경우

다. 제어 회로의 전압이 현저히 저하한 경우

라. 옥내 및 옥외변전소에 화재가 발생한 경우

마. 출력 3,000[kVA]를 초과하는 특고압용 변압기는 그 온도가 현저히 상승한 경우

바. 특고압용 타냉식변압기는 그 냉각장치가 고장난 경우

사. 조상기는 내부에 고장이 생긴 경우

아. 수소냉각식조상기는 그 조상기 안의 수소의 순도가 90% 이하로 저하한 경우, 수소의 압력이 현저히 변동한 경우 또는 수소의 온도가 현저히 상승한 경우

자. 가스절연기기의 절연가스의 압력이 현저히 저하한 경우 **답** ③

---

97 전기철도차량의 회생제동 사용을 중단해야 하는 경우가 아닌 것은?

① 전차선로 지락이 발생한 경우

② 회생전력을 다른 전기장치에서 흡수할 수 있는 경우

③ 전차선로에서 전력을 받을 수 없는 경우

④ 선로전압이 장기 과전압 보다 높은 경우

풀이 441.5 회생제동

1. 전기철도차량은 다음과 같은 경우에 회생제동의 사용을 중단해야 한다.

   가. 전차선로 지락이 발생한 경우

   나. 전차선로에서 전력을 받을 수 없는 경우

   다. 선로전압이 장기 과전압 보다 높은 경우

2. 회생전력을 다른 전기장치에서 흡수할 수 없는 경우에는 전기철도차량은 다른 제동시스템으로 전환되어야 한다.

3. 전기철도 전력공급시스템은 회생제동이 상용제동으로 사용이 가능하고 다른 전기철도차량과 전력을 지속적으로 주고받을 수 있도록 설계되어야 한다. **답** ②

---

98 급전용변압기는 교류 전기철도의 경우 어떤 변압기의 적용을 원칙으로 하고, 급전계통에 적합하게 선정하여야 하는가?

① 3상 정류기용 변압기

② 단상 정류기용 변압기

③ 3상 스코트결선 변압기

④ 단상 스코트결선 변압기

풀이 421.4 변전소의 설비

1. 변전소 등의 계통을 구성하는 각종 기기는 운용 및 유지보수성, 시공성, 내구성, 효율성, 친환경성, 안전성 및 경제성 등을 종합적으로 고려하여 선정하여야 한다.

2. 급전용 변압기는 직류 전기철도의 경우 3상 정류기용 변압기, 교류 전기철도의 경우 3상 스코트결선 변압기의 적용을 원칙으로 하고, 급전계통에 적합하게 선정하여야 한다. **답** ③

---

99 저·고압가공전선이 철도를 횡단하는 경우 레일면상에서 몇 [m] 이상으로 유지 되어야 하는가?

① 5.5   ② 6

③ 6.5   ④ 7.0

풀이 332.5 고압 가공전선의 높이

222.7 저압 가공전선의 높이

저·고압 가공전선의 높이는 다음에 따라야 한다.

설치장소		가공전선의 높이
도로횡단(번잡하지 않은 도로 제외)		지표상 6[m] 이상
철도 또는 궤도횡단		레일면상 6.5[m] 이상
횡단 보도교 위	저압	노면상 3.5[m] 이상. 단, 절연전선의 경우 3[m] 이상
	고압	노면상 3.5[m] 이상
일반장소		지표상 5[m] 이상. 단, 저압의 경우 절연전선 또는 케이블을 사용하여 교통에 지장이 없도록 하여 옥외조명용에 공급하는 경우 4[m]까지 감할 수 있다.
다리의 하부 기타 이와 유사한 장소		저압의 전기철도용 급전선은 지표상 3.5[m]까지 감할 수 있다.

답 ③

---

100 배전선로에서의 전력보안통신설비를 하여야 하는 곳의 기준으로 틀린 것은?

① 154[kV] 계통 구간(가공, 지중, 해저)

② 22.9[kV] 계통에 연결되는 분산전원형 발전소

③ 폐회로 배전 등 신 배전방식 도입 개소

④ 배전자동화, 원격검침, 부하감시 등 지능형전력망 구현을 위해 필요한 구간

풀이 362.1 전력보안통신설비의 시설 요구사항
배전선로에서 전력보안통신설비의 시설 장소는 다음에 따른다.
가. 22.9[kV]계통 배전선로 구간(가공, 지중, 해저)
나. 22.9[kV]계통에 연결되는 분산전원형 발전소
다. 폐회로 배전 등 신 배전방식 도입 개소
라. 배전자동화, 원격검침, 부하감시 등 지능형전력망 구현을 위해 필요한 구간
답 ①

2023년 - 1회 _ 공사기사

81 한국전기설비규정에 준한 전선의 식별에서 N상은 어떤 색을 쓰고 있는가?

① 청색 　　　　② 검은색
③ 노란색 　　　④ 갈색

풀이 121.2 전선의 식별

상(문자)	L1	L2	L3	N	보호도체
색상	갈색	흑색	회색	청색	녹색-노란색

답 ①

82 가공전선로의 지지물에 하중이 가하여지는 경우에 그 하중을 받는 지지물의 기초 안전율은 얼마 이상이어야 하는가? (단, 이상 시 상정하중은 무관)

① 1.5 　　　　② 2.0
③ 2.5 　　　　④ 3.0

풀이 331.7 가공전선로 지지물의 기초의 안전율
가공전선로의 지지물에 하중이 가하여지는 경우에 그 하중을 받는 지지물의 기초의 안전율은 2(이상 시 상정하중이 가하여지는 철탑의 기초에 대하여는 1.33) 이상이어야 한다.
답 ②

83 중성점 직접접지식 전로에 연결되는 최대사용전압이 69[kV]인 전로의 절연내력 시험전압은 최대사용전압의 몇 배인가?

① 1.25 　　　　② 0.92
③ 0.72 　　　　④ 1.5

풀이 132 전로의 절연저항 및 절연내력

전로의 종류	접지방식	시험전압 (최대사용전압의 배수)	최저 시험전압
1. 7[kV] 이하인 전로		1.5배	
2. 7[kV] 초과 25[kV] 이하	다중접지	0.92배	
3. 7[kV] 초과 60[kV] 이하 (2란의 것 제외)		1.25배	10.5[kV]
4. 60[kV] 초과	비접지	1.25배	
5. 60[kV] 초과 (6란, 7란의 것 제외)	접지식	1.1배	75[kV]
6. 60[kV] 초과(7란의 것 제외)	직접접지	0.72배	
7. 170[kV] 초과(발전소 또는 변전소 혹은 이에 준하는 장소에 시설하는 것.)	직접접지	0.64배	

※ 전로에 케이블을 사용하는 경우에는 직류로 시험할 수 있으며, 시험전압은 교류의 경우의 2배가 된다.
답 ③

84 저압의 이동용 전기기계의 금속제 외함을 접지할 경우 다심 코드 및 다심 캡타이어케이블의 일심 이외의 가요성이 있는 연동연선으로 접지공사 시 접지선의 단면적은 몇 [mm²] 이상이어야 하는가?

① 0.75 　　　　② 1.5
③ 6 　　　　　④ 10

풀이 142.3.1 접지도체
이동하여 사용하는 전기기계기구의 금속제 외함 등의 접지시스템의 경우는 다음의 것을 사용하여야 한다.

접지도체	접지선의 종류	접지선의 단면적
특고압 · 고압 전기설비 중성점 접지	• 클로로프렌캡타이어케이블 (3종 및 4종) • 클로로설포네이트폴리에틸렌캡타이어 케이블의 일심(3종 및 4종) • 다심캡타이어케이블의 차폐 기타의 금속제	10[mm²]
저압 전기설비	다심 코드 또는 다심 캡타이어케이블의 일심	0.75[mm²]
	다심코드 및 다심 캡타이어케이블의 일심 이외의 가요성이 있는 연동연선	1.5[mm²]

답 ②

85 사용전압이 22.9[kV]인 특고압 가공전선이 도로를 횡단하는 경우, 지표상 높이는 최소 몇 [m] 이상인가?

① 4.5   ② 5   ③ 5.5   ④ 6

풀이 333.7 특고압 가공전선의 높이

전압의 범위	일반 장소	도로 횡단	철도 또는 궤도횡단	횡단보도교
35[kV] 이하	5[m]	6[m]	6.5[m]	4[m](특고압 절연전선 또는 케이블 사용)
35[kV] 초과 160[kV] 이하	6[m]	6[m]	6.5[m]	5[m](케이블 사용)
	산지 등에서 사람이 쉽게 들어갈 수 없는 장소 : 5[m] 이상			
160[kV] 초과	일반장소	가공전선의 높이 = 6 + 단수 × 0.12[m]		
	철도 또는 궤도횡단	가공전선의 높이 = 6.5 + 단수 × 0.12[m]		
	산지	가공전선의 높이 = 5 + 단수 × 0.12[m]		

※ 단수 = $\dfrac{(전압[kV]-160)}{10}$ … 단수 계산에서 소수점 이하는 절상

답 ④

86 22.9[kV] 특고압 가공전선이 상부 조영재 위쪽에서 접근하는 경우 전선과 상부 조영재간의 이격거리[m]는 얼마 이상이어야 하는가? (단, 케이블인 경우이다.)

① 0.8   ② 1.0   ③ 1.2   ④ 2.0

풀이 333.23 특고압 가공전선과 건조물의 접근
특고압 가공전선이 건조물과 제1차 접근상태로 시설되는 경우에는 다음에 따라야 한다.
가. 특고압 가공전선로는 제3종 특고압 보안공사에 의할 것.
나. 사용전압이 35[kV] 이하인 특고압 가공전선과 건조물의 조영재 이격거리는 표에서 정한 값 이상일 것.

건조물과 조영재의 구분	전선종류	접근형태	이격거리
상부 조영재	특고압 절연전선	위쪽	2.5[m]
		옆쪽 또는 아래쪽	1.5[m] (전선에 사람이 쉽게 접촉할 우려가 없도록 시설한 경우는 1[m])
	케이블	위쪽	1.2[m]
		옆쪽 또는 아래쪽	0.5[m]
	기타전선		3[m]

건조물과 조영재의 구분	전선종류	접근형태	이격거리
기타 조영재	특고압 절연전선		1.5[m] (전선에 사람이 쉽게 접촉할 우려가 없도록 시설한 경우는 1[m])
	케이블		0.5[m]
	기타전선		3[m]

답 ③

87 전기 울타리의 시설에 관한 설명으로 틀린 것은?

① 전원장치에 전기를 공급하는 전로의 사용전압은 600[V] 이하이어야 한다.
② 사람이 쉽게 출입하지 아니하는 곳에 시설한다.
③ 전선은 지름 2[mm] 이상의 경동선을 사용한다.
④ 수목 사이의 이격거리는 30[cm] 이상이어야 한다.

풀이 241.1 전기울타리
가. 전기울타리용 전원장치에 전원을 공급하는 전로의 사용전압은 250[V] 이하이어야 한다.
나. 전기울타리는 사람이 쉽게 출입하지 아니하는 곳에 시설할 것.
다. 전선은 인장강도 1.38[kN] 이상의 것 또는 지름 2[mm] 이상의 경동선일 것.
라. 전선과 이를 지지하는 기둥 사이의 이격거리는 25[mm] 이상일 것.
마. 전선과 다른 시설물(가공 전선을 제외한다) 또는 수목과의 이격거리는 0.3[m] 이상일 것. **답** ①

88 금속덕트공사에 의한 저압 옥내배선공사시설에 대한 설명으로 틀린 것은?

① 덕트에 접지공사를 한다.
② 금속 덕트는 두께 1.0[mm] 이상인 철판으로 제작하고 덕트 상호간에 완전하게 접속한다.
③ 덕트를 조영재에 붙이는 경우 덕트 지지점 간의 거리를 3[m] 이하로 견고하게 붙인다.
④ 금속 덕트에 넣은 전선의 단면적의 합계가 덕트의 내부 단면적의 20[%] 이하가 되도록 한다.

풀이 232.31 금속덕트공사

가. 전선은 절연전선(옥외용 비닐절연전선을 제외한다)일 것.

나. 금속덕트에 넣은 전선의 단면적(절연피복의 단면적을 포함한다)의 합계는 **덕트의 내부 단면적의 20[%]**(전광표시 장치, 기타 이와 유사한 장치 또는 제어회로 등의 배선만을 넣는 경우에는 50[%]) **이하**일 것.

다. 덕트 상호 간은 견고하고 또한 전기적으로 완전하게 접속할 것.

라. 덕트를 조영재에 붙이는 경우에는 **덕트의 지지점 간의 거리를 3[m]**(수직으로 붙이는 경우에는 6[m]) **이하**로 할 것.

마. 덕트의 끝부분은 막을 것.

바. 폭이 50[mm]를 초과하고 또한 **두께가 1.2[mm] 이상인 철판** 또는 금속제의 것.

사. **덕트는 접지공사를 할 것**.　　　　**답** ②

---

89 일반주택 및 아파트 각 호실의 현관등은 몇 분 이내에 소등되는 타임스위치를 시설하여야 하는가?

① 1분　② 3분　③ 5분　④ 10분

풀이 234.6 점멸기의 시설

다음의 경우에는 센서등(타임스위치 포함)을 시설하여야 한다.

가. 관광숙박업 또는 숙박업(여인숙업을 제외한다)에 이용되는 객실의 입구등은 1분 이내에 소등되는 것.

나. 일반주택 및 **아파트 각 호실의 현관등은 3분 이내에 소등**되는 것.　　　　**답** ②

---

90 뱅크용량이 몇 [kVA] 이상인 조상기에는 그 내부에 고장이 생긴 경우에 자동적으로 이를 전로로부터 차단하는 보호장치를 하여야 하는가?

① 10000　　② 15000

③ 20000　　④ 25000

풀이 351.5 조상설비의 보호장치

조상설비에는 그 내부에 고장이 생긴 경우에 보호하는 장치를 표와 같이 시설하여야 한다.

설비 종별	뱅크 용량의 구분	자동적으로 전로로부터 차단하는 장치
전력용 커패시터 및 분로리액터	500[kVA] 초과 15,000[kVA] 미만	• 내부에 고장이 생긴 경우 • 과전류가 생긴 경우
	15,000[kVA] 이상	• 내부에 고장이 생긴 경우 • 과전류가 생긴 경우 • 과전압이 생긴 경우
조상기	15,000[kVA] 이상	• 내부에 고장이 생긴 경우

답 ②

---

91 가공전선로의 지지물에 시설하는 통신선 또는 이에 직접 접속하는 가공 통신선이 철도 또는 궤도를 횡단하는 경우 그 높이는 레일면상 몇 [m] 이상으로 하여야 하는가?

① 3　　　　　　② 3.5

③ 5　　　　　　④ 6.5

풀이 362.2 전력보안통신선의 시설 높이와 이격거리

가공전선로의 지지물에 시설하는 통신선 또는 이에 직접 접속하는 가공 통신선의 높이는 다음에 따라야 한다.

시설 장소		가공전선로의 지지물에 시설	
		고·저압[m]	특고압[m]
도로횡단	일반적인 경우	6[m] 이상	6[m] 이상
	교통에 지장을 안 주는 경우	5[m] 이상	
철도 횡단(레일면상)		6.5[m] 이상	6.5[m] 이상
횡단 보도교 위	노면상	3.5[m] 이상	5[m] 이상
	절연전선 사용	3[m] 이상	
	광섬유 케이블 사용		4[m] 이상
기타의 장소	일반적인 경우 (절연전선 사용)	4[m] 이상	5[m] 이상
	광섬유 케이블 사용	3.5[m] 이상	

답 ④

---

92 풍력터빈의 피뢰설비 시설기준에 대한 설명으로 틀린 것은?

① 풍력터빈에 설치한 피뢰설비(리셉터, 인하도선 등)의 기능저하로 인해 다른 기능에 영향을 미치지 않을 것

② 풍력터빈 내부의 계측 센서용 케이블은 금속관 또는 차폐케이블 등을 사용하여 뇌유도과전압으로부터 보호할 것

③ 풍력터빈에 설치하는 인하도선은 쉽게 부식되지 않는 금속선으로서 뇌격전류를 안전하게 흘릴 수 있는 충분한 굵기여야 하며, 가능한 직선으로 시설할 것

④ 수뢰부를 풍력터빈 중앙부분에 배치하되 뇌격전류에 의한 발열에 용손(溶損)되지 않도록 재질, 크기, 두께 및 형상 등을 고려할 것

풀이 532.3.5 피뢰설비
풍력터빈의 피뢰설비는 다음에 따라 시설하여야 한다.
가. **수뢰부를 풍력터빈 선단부분 및 가장자리 부분에 배치**하되 뇌격전류에 의한 발열에 용손(溶損)되지 않도록 재질, 크기, 두께 및 형상 등을 고려할 것
나. 풍력터빈에 설치하는 인하도선은 쉽게 부식되지 않는 금속선으로서 뇌격전류를 안전하게 흘릴 수 있는 충분한 굵기여야 하며, 가능한 직선으로 시설할 것
다. 풍력터빈 내부의 계측 센서용 케이블은 금속관 또는 차폐케이블 등을 사용하여 뇌유도과전압으로부터 보호할 것
라. 풍력터빈에 설치한 피뢰설비(리셉터, 인하도선 등)의 기능저하로 인해 다른 기능에 영향을 미치지 않을 것   **답 ④**

93 저압 옥내전로의 인입구에 가까운 곳으로서 쉽게 개폐할 수 있는 곳에 개폐기를 시설하여야 한다. 그러나 사용전압이 400[V] 이하인 옥내전로로서 다른 옥내전로에 접속하는 길이가 몇 [m] 이하인 경우는 개폐기를 생략할 수 있는가? (단, 정격전류가 16[A] 이하인 과전류 차단기 또는 정격전류가 16[A]를 초과하고 20[A] 이하인 배선용 차단기로 보호되고 있는 것에 한한다.)

① 15   ② 20   ③ 25   ④ 30

풀이 212.6.2 저압 옥내전로 인입구에서의 개폐기의 시설
가. 저압 옥내전로에는 인입구에 가까운 곳으로서 쉽게 개폐할 수 있는 곳에 개폐기를 각 극에 시설하여야 한다.
나. 사용전압이 400[V] 이하인 옥내 전로로서 다른 옥내전로(정격전류가 16[A] 이하인 과전류 차단기 또는 정격전류가 16[A]를 초과하고 20[A] 이하인 배선용 차단기로 보호되고 있는 것에 한한다)에 접속하는 길이 **15[m] 이하**의 전로에서 전기의 공급을 받는 것은 **개폐기를 생략** 할 수 있다.   **답 ①**

94 사용전압이 22.9[kV]인 특고압 가공전선이 건조물 등과 접근상태로 시설되는 경우 지지물로 A종 철근 콘크리트주를 사용하면 그 경간은 몇 [m] 이하이어야 하는가? (단, 중성선 다중접지 방식의 것으로서 전로에 지락이 생겼을 때에 2초 이내에 자동적으로 이를 전로로부터 차단하는 장치가 되어 있는 것에 한한다.)

① 100   ② 150   ③ 250   ④ 400

풀이 333.32 25[kV] 이하인 특고압 가공전선로의 시설
사용전압이 15[kV]를 초과하고 25[kV] 이하인 특고압 가공전선로가 건조물·도로·횡단보도교·철도·궤도·삭도·가공약전류전선 등·안테나·저압이나 고압의 가공전선 또는 저압이나 고압의 전차선과 접근 또는 교차상태로 시설되는 경우의 경간은 표에서 정한 값 이하일 것.

지지물의 종류	경간
목주, A종 철주 또는 A종 철근 콘크리트	100[m]
B종 철주 또는 B종 철근 콘크리트주	150[m]
철탑	400[m]

답 ①

95 다음 중 케이블트렌치에 적합한 구조가 아닌 것은?

① 케이블트렌치의 바닥 및 측면에는 방수처리하고 물이 고이지 않도록 할 것
② 케이블트렌치는 외부에서 고형물이 들어가지 않도록 IP2X 이상으로 시설할 것
③ 케이블트렌치의 뚜껑, 받침대 등 금속재는 방식처리를 하지 않도록 할 것
④ 케이블트렌치 굴곡부 안쪽의 반경은 통과하는 전선의 허용곡률반경 이상이어야 하고 배선의 절연피복을 손상시킬 수 있는 돌기가 없는 구조일 것

풀이 232.24 케이블트렌치는 다음에 적합한 구조이어야 한다.
가. 케이블트렌치의 바닥 또는 측면에는 전선의 하중에 충분히 견디고 전선에 손상을 주지 않는 받침대를 설치할 것
나. 케이블트렌치의 뚜껑, 받침대 등 **금속재는 내식성의 재료이거나 방식처리를 할 것**
다. 케이블트렌치 굴곡부 안쪽의 반경은 통과하는 전선의 허용곡률반경 이상이어야 하고 배선의 절연피복을 손상시킬 수 있는 돌기가 없는 구조일 것
라. 케이블트렌치의 뚜껑은 바닥 마감면과 평평하게 설치하고 장비의 하중 또는 통행하중 등 충격에 의하여 변형되거나 파손되지 않도록 할 것
마. 케이블트렌치의 바닥 및 측면에는 방수처리하고 물이 고이지 않도록 할 것
바. 케이블트렌치는 외부에서 고형물이 들어가지 않도록 IP2X 이상으로 시설할 것   **답 ③**

96 전주외등에 사용하는 조명기구로서 적합하지 않은 것은?

① 기구의 부착밴드 및 부착용 부속금구류는 쉽게 뗄 수 없는 것일 것.

② 기구는 「전기용품 및 생활용품 안전관리법」에 적합한 것.

③ 기구는 전구를 쉽게 갈아 끼울 수 있는 구조일 것.

④ 기구의 인출선은 도체단면적이 0.75[mm²] 이상일 것.

풀이 234.10 전주외등
234.10.2 조명기구 및 부착금구
조명기구(이하 "기구"라 한다) 및 부착금구는 다음에 적합하여야 한다.
1. 기구는 「전기용품 및 생활용품 안전관리법」또는 「산업표준화법」에 적합한 것.
2. 기구는 광원의 손상을 방지하기 위하여 원칙적으로 갓 또는 글로브가 붙은 것.
3. 기구는 전구를 쉽게 갈아 끼울 수 있는 구조일 것.
4. 기구의 인출선은 도체단면적이 0.75[mm²] 이상일 것.
5. 기구의 부착밴드 및 부착용 부속금구류는 아연도금하여 방식 처리한 강판제 또는 스테인레스제이고, 또한 **쉽게 부착할 수도 있고 뗄 수도 있는 것일 것.**
6. 가로등, 보안등에 LED 등기구를 사용하는 경우에는 KS C 7658(LED 가로등 및 보안등기구의 안전 및 성능요구사항)에 적합한 것을 시설할 것. **답** ①

97 주택용 배선차단기의 순시트립범위에 해당하지 않은 것은? 단, 여기서 I_n은 차단기 정격전류이다.

① $3I_n$ 초과 ~ $5I_n$ 이하

② $5I_n$ 초과 ~ $10I_n$ 이하

③ $10I_n$ 초과 ~ $20I_n$ 이하

④ $20I_n$ 초과 ~ $30I_n$ 이하

풀이 212.3.4 보호장치의 특성
순시트립에 따른 구분(주택용 배선차단기)

형	순시트립범위
B	$3I_n$ 초과 ~ $5I_n$ 이하
C	$5I_n$ 초과 ~ $10I_n$ 이하

형	순시트립범위
D	$10I_n$ 초과 ~ $20I_n$ 이하

비고 1. B, C, D : 순시트립전류에 따른 차단기 분류
2. I_n : 차단기 정격전류 **답** ④

98 유도장해방지에 대한 설명으로 옳지 않은 것은?

① 교류 특고압 가공전선로에서 발생하는 극저주파 전자계는 지표상 1[m]에서 전계가 3.5[kV/m] 이하, 자계가 83.3[μT] 이하가 되도록 시설하여야 한다.

② 직류 특고압 가공전선로에서 발생하는 직류전계는 지표면에서 25[kV/m] 이하가 되도록 하여야 한다.

③ 직류 특고압 가공전선로에서 발생하는 직류자계는 지표상 1[m]에서 1,000,000[μT] 이하가 되도록 시설하여야 한다.

④ 전력보안 통신설비는 가공전선로로부터의 정전유도작용 또는 전자유도작용에 의하여 사람에 위험을 줄 우려가 없도록 시설하여야 한다.

풀이 기술기준 제3조
직류자계(DC Magnetic Fields)란 0[Hz]인 직류전로에서 형성되는 정자계(Static Magnetic Fields)를 말한다.
기술기준 제17조(유도장해 방지)
① 교류 특고압 가공전선로에서 발생하는 극저주파 전자계는 지표상 1[m]에서 전계가 3.5[kV/m] 이하, 자계가 83.3[μT] 이하가 되도록 시설하고, 직류 특고압 가공전선로에서 발생하는 직류전계는 지표면에서 25[kV/m] 이하, **직류자계는 지표상 1[m]에서 400,000[μT] 이하가 되도록** 시설하는 등 상시 정전유도(靜電誘導) 및 전자유도(電磁誘導) 작용에 의하여 사람에게 위험을 줄 우려가 없도록 시설하여야 한다. 다만, 논밭, 산림 그 밖에 사람의 왕래가 적은 곳에서 사람에 위험을 줄 우려가 없도록 시설하는 경우에는 그러하지 아니하다.
② 특고압의 가공전선로는 전자유도작용이 약전류전선로(전력보안 통신설비는 제외한다)를 통하여 사람에 위험을 줄 우려가 없도록 시설하여야 한다.
③ 전력보안 통신설비는 가공전선로로부터의 정전유도작용 또는 전자유도작용에 의하여 사람에 위험을 줄 우려가 없도록 시설하여야 한다. **답** ③

99 전기철도의 설비를 위한 보호협조 사항으로 옳지 않은 것은?

① 전차선로용 애자를 섬락사고로부터 보호하고 접지전위 상승을 억제하기 위하여 적정한 보호설비를 구비하여야 한다.

② 보호계전방식은 신뢰성, 선택성, 협조성, 적절한 동작, 양호한 감도, 취급 및 보수점검이 용이하도록 구성하여야 한다.

③ 가공 선로측에서 발생한 지락 및 사고전류의 파급을 방지하기 위하여 피뢰기를 설치하여야 한다.

④ 급전선로는 안정도 향상, 자동복구, 정전시간 감소를 위하여 COS를 구비하여야 한다.

풀이 451 설비보호의 일반사항
451.1 보호협조
1. 사고 또는 고장의 파급을 방지하기 위하여 계통 내에서 발생한 사고전류를 검출하고 차단장치에 의해서 신속하고 순차적으로 차단할 수 있는 보호시스템을 구성하며 설비계통 전반의 보호협조가 되도록 하여야 한다.
2. 보호계전방식은 신뢰성, 선택성, 협조성, 적절한 동작, 양호한 감도, 취급 및 보수점검이 용이하도록 구성하여야 한다.
3. 급전선로는 안정도 향상, 자동복구, 정전시간 감소를 위하여 보호계전방식에 자동재폐로 기능을 구비하여야 한다.
4. 전차선로용 애자를 섬락사고로부터 보호하고 접지전위 상승을 억제하기 위하여 적정한 보호설비를 구비하여야 한다.
5. 가공 선로측에서 발생한 지락 및 사고전류의 파급을 방지하기 위하여 피뢰기를 설치하여야 한다.
답 ④

100 과전류차단기로 저압전로에 사용하는 범용의 퓨즈(「전기용품 및 생활용품 안전관리법」에서 규정하는 것을 제외한다)의 정격전류가 16[A]인 경우 용단전류는 정격전류의 몇 배인가? (단, 퓨즈(gG)인 경우이다.)

① 1.25
② 1.5
③ 1.6
④ 1.9

풀이 212.3.4 보호장치의 특성
1. 과전류 보호장치는 KS C 또는 KS C IEC 관련 표준(배선차단기, 누전차단기, 퓨즈 등의 표준)의 동작특

성에 적합하여야 한다.
2. 과전류차단기로 저압전로에 사용하는 범용의 퓨즈는 표에 적합한 것이어야 한다.

표. 퓨즈(gG)의 용단특성

정격전류의 구분	시간	정격전류의 배수	
		불용단전류	용단전류
4[A] 이하	60분	1.5배	2.1배
4[A] 초과 16[A] 미만	60분	1.5배	1.9배
16[A] 이상 63[A] 이하	60분	1.25배	1.6배
63[A] 초과 160[A] 이하	120분	1.25배	1.6배
160[A] 초과 400[A] 이하	180분	1.25배	1.6배
400[A] 초과	240분	1.25배	1.6배

답 ③

2023년 - 2회 _ 전기기사

81 한국전기설비규정 용어에서 "제2차 접근상태"란 가공전선이 다른 시설물과 접근하는 경우에 그 가공전선이 다른 시설물의 위쪽 또는 옆쪽에서 수평거리로 몇 [m] 미만인 곳에 시설되는 상태를 말하는가?

① 2
② 3
③ 4
④ 5

풀이 112 용어 정의
"제2차 접근상태"란 가공 전선이 다른 시설물과 접근하는 경우에 그 가공 전선이 다른 시설물의 위쪽 또는 옆쪽에서 수평 거리로 3[m] 미만인 곳에 시설되는 상태를 말한다.

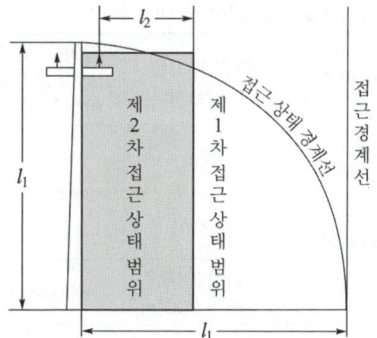

답 ②

82 사용전압이 60[kV] 이하인 특고압 가공전선로는 상시정전유도작용(常時靜電誘導作用)에 의한 통신상의 장해가 없도록 시설하기 위하여 전화선로의 길이 12[km]마다 유도전류는 몇 [μA]를 넘지 않도록 하여야 하는가?

① 1   ② 2
③ 3   ④ 5

풀이 333.2 유도장해의 방지
가. 사용전압이 60[kV] 이하인 경우에는 전화선로의 길이 12[km] 마다 유도전류가 2[μA]를 넘지 아니하도록 할 것.
나. 사용전압이 60[kV]를 초과하는 경우에는 전화선로의 길이 40[km] 마다 유도전류가 3[μA]을 넘지 아니하도록 할 것.
다. 특고압 가공전선로는 기설 통신선로에 대하여 상시 정전 유도 작용에 의하여 통신상의 장해를 주지 아니하도록 시설하여야 한다. **답** ②

83 전선의 단면적이 95[mm²]인 경동연선을 사용하고 지지물로는 A종 철주 또는 A종 철근 콘크리트주를 사용하는 특고압 가공전선로를 제2종 특고압 보안공사에 의하여 시설하는 경우 경간은 몇 [m] 이하이어야 하는가?

① 100   ② 150
③ 200   ④ 250

풀이 333.22 특고압 보안공사
제2종 특고압 보안공사는 다음에 따라야 한다.
가. 특고압 가공전선은 연선일 것.
나. 지지물로 사용하는 목주의 풍압하중에 대한 안전율은 2 이상일 것.
다. 경간은 표에서 정한 값 이하일 것.

지지물의 종류	제2종 특고압 보안공사	인장강도 38.05[kN] 이상 또는 95[mm²] 이상인 경동연선
목주·A종 철주 또는 A종 철근 콘크리트주	100[m]	100[m]
B종 철주 또는 B종 철근 콘크리트주	200[m]	250[m]
철탑	400[m] (단주인 경우에는 300[m])	600[m] 이하

답 ①

84 154[kV] 특고압 가공전선로를 시가지에 경동연선으로 시설할 경우 단면적은 몇 [mm²] 이상인가?

① 100   ② 150
③ 200   ④ 250

풀이 333.1 시가지 등에서 특고압 가공전선로의 시설
사용전압이 170[kV] 이하인 전선로에서의 전선의 굵기

사용전압의 구분	전선의 단면적
100[kV] 미만	인장강도 21.67[kN] 이상의 연선 또는 단면적 55[mm²] 이상의 경동연선
100[kV] 이상	인장강도 58.84[kN] 이상의 연선 또는 단면적 150[mm²] 이상의 경동연선

답 ②

85 일반적으로 저압 옥내간선에서 분기하여 전기사용기계기구에 이르는 저압 옥내전로는 저압 옥내간선과의 분기점에서 전선의 길이가 몇 [m] 이하인 곳에 과부하 보호장치를 시설하여야 하는가?(단, 단락의 위험과 화재 및 인체에 대한 위험성이 최소화 되도록 시설된 경우)

① 0.5   ② 1.0
③ 2.0   ④ 3.0

풀이 212.4.2 과부하 보호장치의 설치 위치
가. 과부하 보호장치는 전로 중 도체의 단면적, 특성, 설치방법, 구성의 변경으로 도체의 허용전류 값이 줄어드는 곳(이하 분기점이라 함)에 설치해야 한다.
나. 과부하 보호장치는 분기점(O)에 설치해야 하나, 분기점(O)점과 분기회로의 과부하 보호장치(P_2) 설치점 사이의 배선 부분에 다른 분기회로나 콘센트 회로가 접속되어 있지 않고, 다음 중 하나를 충족하는 경우에는 변경이 있는 배선에 설치할 수 있다.
① 분기회로에 대한 단락보호가 이루어지고 있는 경우 : 분기 회로의 보호장치 P_2는 분기회로의 분기점(O)으로부터 부하측으로 거리에 구애 받지 않고 이동하여 설치할 수 있다.

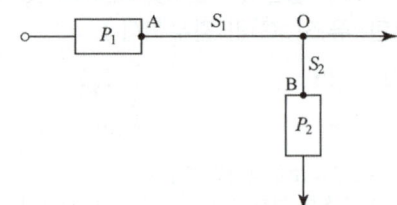

② 단락의 위험과 화재 및 인체에 대한 위험성이 최소화 되도록 시설된 경우 : 분기회로의 보호장치 (P_2)는 분기회로의 분기점(O)으로부터 3[m]까지 이동하여 설치할 수 있다.

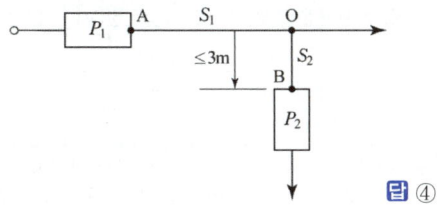

답 ④

86 화약류 저장소의 전기설비의 시설기준으로 틀린 것은?

① 전로의 대지전압은 150[V] 이하일 것
② 전기기계기구는 전폐형의 것일 것
③ 전용 개폐기 및 과전류차단기는 화약류저장소 밖에 설치할 것
④ 전로에 지락이 생겼을 때에 자동적으로 전로를 차단하거나 경보하는 장치를 시설하여야 한다.

풀이 242.5 화약류 저장소 등의 위험장소
화약류 저장소 안에는 전기설비를 시설해서는 안 된다. 다만, 백열전등이나 형광등 또는 이들에 전기를 공급하기 위한 전기설비(개폐기 및 과전류 차단기를 제외한다)는 다음에 따라 시설하는 경우에는 그러하지 아니하다.
가. 전로에 대지전압은 300[V] 이하일 것.
나. 전기기계기구는 전폐형의 것일 것.
다. 전로에 지락이 생겼을 때에 자동적으로 전로를 차단하거나 경보하는 장치를 시설하여야 한다.

답 ①

87 뱅크용량이 몇 [kVA] 이상인 조상기에는 그 내부에 고장이 생긴 경우에 자동적으로 이를 전로로부터 차단하는 보호장치를 하여야 하는가?

① 10000
② 15000
③ 20000
④ 25000

풀이 351.5 조상설비의 보호장치
조상설비에는 그 내부에 고장이 생긴 경우에 보호하는 장치를 표와 같이 시설하여야 한다.

설비 종별	뱅크 용량의 구분	자동적으로 전로로부터 차단하는 장치
전력용 커패시터 및 분로리액터	500[kVA] 초과 15,000[kVA] 미만	• 내부에 고장이 생긴 경우 • 과전류가 생긴 경우
	15,000[kVA] 이상	• 내부에 고장이 생긴 경우 • 과전류가 생긴 경우 • 과전압이 생긴 경우
조상기	15,000[kVA] 이상	• 내부에 고장이 생긴 경우

답 ②

88 특고압의 기계기구·모선 등을 옥외에 시설하는 변전소의 구내에 취급자 이외의 자가 들어가지 못하도록 시설하는 울타리·담 등의 높이는 몇 [m] 이상으로 하여야 하는가?

① 2
② 2.2
③ 2.5
④ 3

풀이 351.1 발전소 등의 울타리·담 등의 시설
가. 울타리·담 등의 높이는 2[m] 이상으로 하고 지표면과 울타리·담 등의 하단 사이의 간격은 0.15[m] 이하로 할 것.
나. 울타리·담 등의 높이와 울타리·담 등으로부터 충전부분까지 거리의 합계는 표에서 정한 값 이상으로 할 것.

사용전압의 구분	울타리·담 등의 높이와 울타리·담 등으로부터 충전 부분까지의 거리의 합계
35[kV] 이하	5[m]
35[kV] 초과 160[kV] 이하	6[m]
160[kV] 초과	• 거리의 합계 = 6 + 단수 × 0.12[m] • 단수 = $\frac{\text{사용전압[kV]}-160}{10}$ 단수 계산에서 소수점 이하는 절상

답 ①

89 변전소의 주요 변압기에 계측장치를 시설하여 측정하여야 하는 것이 아닌 것은?

① 역률
② 전압
③ 전력
④ 전류

풀이 351.6 계측장치
변전소 또는 이에 준하는 곳에는 다음의 사항을 계측하는 장치를 시설하여야 한다. 다만, 전기철도용 변전소는 주요 변압기의 전압을 계측하는 장치를 시설하지 아니할 수 있다.

가. 주요 변압기의 전압 및 전류 또는 전력
나. 특고압용 변압기의 온도　　　　　**답** ①

90 직류방식의 전차선로에서 공칭전압과 각 전압별 최고, 최저 전압 및 장기 과전압이 옳은 것은?

① 공칭전압 750[V]에서 지속성 최저전압 350[V]

② 공칭전압 750[V]에서 지속성 최고전압 950[V]

③ 공칭전압 1500[V]에서 비지속성 최고전압 1950[V]

④ 공칭전압 1500[V]에서 장기 과전압 2550[V]

풀이 411.2 전차선로의 전압
직류방식: 사용전압과 각 전압별 최고, 최저전압은 다음의 표에 따라 선정하여야 한다. 다만, 비지속성 최고전압은 지속시간이 5분 이하로 예상되는 전압의 최고값으로 하되, 기존 운행 중인 전기철도차량과의 인터페이스를 고려한다.

직류방식의 급전전압

구분	지속성 최저전압 [V]	공칭 전압 [V]	지속성 최고전압 [V]	비지속성 최고전압 [V]	장기 과전압 [V]
DC (평균값)	500 900	750 1,500	900 1,800	950(1) 1,950	1,269 2,538

(1) 회생제동의 경우 1,000[V]의 비지속성 최고전압은 허용 가능하다.　　　　　**답** ③

91 사용전압이 저압인 전로의 전선 상호간 및 전로와 대지 사이의 절연저항은 DC 시험전압 250 [V]에서 몇 [MΩ] 이상이어야 하는가? 단, 전로의 사용전압은 SELV 및 PELV인 경우이다.

① 0.5　　　　　② 1.0
③ 1.5　　　　　④ 2.0

풀이 저압전로의 절연성능(기술기준 제52조)
전기사용 장소의 사용전압이 저압인 전로의 전선 상호간 및 전로와 대지 사이의 절연저항은 개폐기 또는 과전류차단기로 구분할 수 있는 전로마다 다음 표에서 정한 값 이상이어야 한다. 다만, 전선 상호간의 절연저항은 기계기구를 쉽게 분리가 곤란한 분기회로의 경우 기기 접속 전에 측정할 수 있다. 또한, 측정 시 영향을 주

거나 손상을 받을 수 있는 SPD 또는 기타 기기 등은 측정 전에 분리시켜야 하고, 부득이하게 분리가 어려운 경우에는 시험전압을 250[V] DC로 낮추어 측정할 수 있지만 절연저항 값은 1[MΩ] 이상이어야 한다.

전로의 사용전압[V]	DC 시험전압[V]	절연저항[MΩ]
SELV 및 PELV	250	0.5
FELV, 500[V] 이하	500	1.0
500[V] 초과	1,000	1.0

[주] 특별저압(extra low voltage : 2차 전압이 AC 50[V], DC 120[V] 이하)으로 SELV(비접지회로 구성) 및 PELV(접지회로 구성)은 1차와 2차가 전기적으로 절연된 회로, FELV는 1차와 2차가 전기적으로 절연되지 않은 회로　**답** ①

92 가공 전선로와 지중 전선로가 접속되는 곳에 시설하여야 하는 것은?

① 조상기　　　　　② 분로 리액터
③ 피뢰기　　　　　④ 정류기

풀이 341.13 피뢰기의 시설
고압 및 특고압의 전로 중 다음에 열거하는 곳 또는 이에 근접한 곳에는 피뢰기를 시설하여야 한다.
① 발전소・변전소 또는 이에 준하는 장소의 가공전선 인입구 및 인출구
② 특고압 가공전선로에 접속하는 배전용 변압기의 고압측 및 특고압측
③ 고압 및 특고압 가공전선로로부터 공급을 받는 수용장소의 인입구
④ 가공전선로와 지중전선로가 접속되는 곳　**답** ③

93 철도 또는 궤도를 횡단하는 저고압가공전선의 높이는 레일면상 몇 [m] 이상인가?

① 5.5　　　　　② 6.5
③ 7.5　　　　　④ 8.5

풀이 332.5 고압 가공전선의 높이
222.7 저압 가공전선의 높이
저・고압 가공전선의 높이는 다음에 따라야 한다.

설치장소		가공전선의 높이
도로횡단(번잡하지 않은 도로 제외)		지표상 6[m] 이상
철도 또는 궤도횡단		레일면상 6.5[m] 이상
횡단 보도교 위	저압	노면상 3.5[m] 이상. 단, 절연전선의 경우 3[m] 이상
	고압	노면상 3.5[m] 이상

설치장소	가공전선의 높이
일반장소	지표상 5[m] 이상. 단, 저압의 경우 절연전선 또는 케이블을 사용하여 교통에 지장이 없도록 하여 옥외조명용에 공급하는 경우 4[m]까지 감할 수 있다.
다리의 하부 기타 이와 유사한 장소	저압의 전기철도용 급전선은 지표상 3.5[m]까지로 감할 수 있다.

답 ②

94 수소냉각식 발전기안 또는 조상기안의 수소의 순도가 몇 [%] 이하로 저하한 경우 이를 경보하는 장치를 시설하도록 하고 있는가?

① 90[%]　　　　② 85[%]
③ 80[%]　　　　④ 75[%]

풀이 351.10 수소냉각식 발전기 등의 시설
발전기 내부 또는 조상기 내부의 수소의 순도가 85[%] 이하로 저하한 경우에 이를 경보하는 장치를 시설할 것.

답 ②

95 단면적 55[mm²]인 경동연선을 사용하는 특고압 가공전선로의 지지물로 장력에 견디는 형태의 B종 철근 콘크리트주를 사용하는 경우, 허용 최대 경간은 몇 [m]인가?

① 150　　　　② 250
③ 300　　　　④ 500

풀이 333.21 특고압 가공전선로의 경간 제한
특고압 가공전선로의 경간은 표에서 정한 값 이하이어야 한다.

지지물의 종류	표준 경간 22[mm²] 이상의 경동연선	인장강도 21.67[kN] 이상 또는 단면적 50[mm²] 이상의 경동연선
목주·A종 철주 또는 A종 철근 콘크리트주	150[m] 이하	300[m] 이하
B종 철주 또는 B종 철근 콘크리트주	250[m] 이하	500[m] 이하
철탑	600[m] 이하 (단주인 경우 400[m])	600[m] 이하

답 ④

96 고압 또는 특고압 가공전선과 금속제의 울타리가 교차하는 경우 교차점과 좌, 우로 몇 [m] 이내의 개소에 규정에 의한 접지공사를 하여야 하는가? (단, 전선에 케이블을 사용하는 경우는 제외한다.)

① 25　　　　② 35
③ 45　　　　④ 55

풀이 351.1 발전소 등의 울타리·담 등의 시설
고압 또는 특고압 가공전선(전선에 케이블을 사용하는 경우는 제외함)과 금속제의
울타리·담 등이 교차하는 경우에 금속제의 울타리·담 등에는 교차점과 좌, 우로 45[m] 이내의 개소에 규정에 의한 접지공사를 하여야 한다.
또한 울타리·담 등에 문 등이 있는 경우에는 접지공사를 하거나 울타리·담 등과 전기적으로 접속하여야한다. 다만, 토지의 상황에 의하여 규정에 의한 접지저항값을 얻기 어려울 경우에는 100[Ω] 이하로 하고 또한 고압 가공전선로는 고압보안공사, 특고압 가공전선로는 제2종 특고압 보안공사에 의하여 시설할 수 있다.

답 ③

97 고압 옥내배선에서 가스계량기 및 가스관의 이음부와 전력량계 및 개폐기의 최소 이격거리는 몇 [cm] 이상인가?

① 60　　　　② 50
③ 40　　　　④ 30

풀이 342.1 고압 옥내배선 등의 시설
고압 옥내배선이 다른 고압 옥내배선·저압 옥내전선·관등회로의 배선·약전류 전선 등 또는 수관·가스관이나 이와 유사한 것과 접근하거나 교차하는 경우 이격거리
가. 다른 고압 옥내배선·저압 옥내전선·관등회로의 배선·약전류 전선 : 15[cm]
나. 수관·가스관이나 이와 유사한 것과 접근하거나 교차하는 경우 : 15[cm]
다. 애자사용공사에 의하여 시설하는 저압 옥내전선이 나전선인 경우 : 30[cm]
라. 가스계량기 및 가스관의 이음부와 전력량계 및 개폐기 : 60[cm]

답 ①

98 금속제 가요전선관공사에 의한 저압 옥내배선으로 틀린 것은?

① 2종 금속제 가요전선관을 사용하였다.
② 전선으로 옥외용 비닐 절연전선을 사용하였다.
③ 규격에 적당한 지름 4[mm²]의 단선을 사용하였다.
④ 접지공사를 하였다.

풀이 232.13 금속제 가요전선관공사
가. 전선은 절연전선(옥외용 비닐 절연전선을 제외한다)일 것.
나. 전선은 연선일 것. 다만, 단면적 10[mm²](알루미늄선은 단면적 16[mm²]) 이하인 것은 그러하지 아니하다.
다. 가요전선관 안에는 전선에 접속점이 없도록 할 것.
라. 가요전선관은 2종 금속제 가요전선관일 것.
마. 규정에 준하여 접지공사를 할 것. **답** ②

99 발전소 또는 변전소로부터 다른 발전소 또는 변전소를 거치지 아니하고 전차선로에 이르는 전선을 무엇이라 하는가?

① 급전선
② 전기철도용 급전선
③ 급전선로
④ 전기철도용 급전선로

풀이 112 용어 정의
"**전기철도용 급전선**"이란 전기철도용 변전소로부터 다른 전기철도용 변전소 또는 전차선에 이르는 전선을 말한다. **답** ②

100 진열장 안 배선은 외부에서 보기 쉬운 곳에 한하여 코드 또는 캡타이어 케이블을 조영재에 접촉하여 시설할 수 있다. 전선의 단면적은 몇 [mm²] 이상인 것으로 시설하여야 하는가?

① 0.75   ② 1.0
③ 1.25   ④ 1.5

풀이 231.3 저압 옥내배선의 사용전선
가. 저압 옥내배선의 전선 : 단면적 2.5[mm²] 이상의 연동선
나. 옥내배선의 사용 전압이 400[V] 이하인 경우는 다음에 의하여 시설할 수 있다.

① 전광표시 장치 또는 제어 회로
• 단면적 1.5[mm²] 이상의 연동선
• 단면적 0.75[mm²] 이상인 다심케이블 또는 다심 캡타이어 케이블을 사용하고 또한 과전류가 생겼을 때에 자동적으로 전로에서 차단하는 장치를 시설
② 진열장 또는 이와 유사한 것의 내부 배선 : 단면적 0.75[mm²] 이상인 코드 또는 캡타이어케이블 **답** ①

2023년 - 2회 _ 공사기사

81 두 개 이상의 전선을 병렬로 사용하는 각 전선의 굵기는 동선을 사용하는 경우 몇 [mm²] 이상 이어야 하는가?(단, 같은 도체, 같은 재료, 같은 길이 및 같은 굵기의 전선이다.)

① 35   ② 50
③ 70   ④ 95

풀이 123 전선의 접속
두 개 이상의 전선을 병렬로 사용하는 경우에는 다음에 의하여 시설할 것.
가. 병렬로 사용하는 각 전선의 굵기는 **동선 50[mm²]** 이상 또는 알루미늄 70[mm²] 이상으로 하고, 전선은 같은 도체, 같은 재료, 같은 길이 및 같은 굵기의 것을 사용할 것.
나. 같은 극의 각 전선은 동일한 터미널러그에 완전히 접속할 것.
다. 같은 극인 각 전선의 터미널러그는 동일한 도체에 2개 이상의 리벳 또는 2개 이상의 나사로 접속할 것.
라. 병렬로 사용하는 전선에는 각각에 퓨즈를 설치하지 말 것.
마. 교류회로에서 병렬로 사용하는 전선은 금속관 안에 전자적 불평형이 생기지 않도록 시설할 것.
답 ②

82 주택의 전기저장장치의 축전지에 접속하는 부하 측 옥내전로에 지락이 생겼을 때 자동적으로 전로를 차단하는 장치를 시설한 경우에 주택의 옥내전로의 대지전압은 직류 몇 [V]까지 적용할 수 있는가?

① 150   ② 300
③ 400   ④ 600

풀이 511.1.3 옥내전로의 대지전압 제한
주택의 전기저장장치의 축전지에 접속하는 부하 측 옥내배선을 다음에 따라 시설하는 경우에 주택의 옥내전로의 대지전압은 직류 600[V] 까지 적용할 수 있다.
가. 전로에 지락이 생겼을 때 자동적으로 전로를 차단하는 장치를 시설할 것
나. 사람이 접촉할 우려가 없는 은폐된 장소에 합성수지관배선, 금속관배선 및 케이블배선에 의하여 시설하거나, 사람이 접촉할 우려가 없도록 케이블배선에 의하여 시설하고 전선에 적당한 방호장치를 시설할 것 **답** ④

83 사무실 건물의 조명설비에 사용되는 백열전등 또는 방전등에 전기를 공급하는 옥내전로의 대지전압은 몇 [V] 이하인가?

① 250
② 300
③ 350
④ 400

풀이 231.6 옥내전로의 대지 전압의 제한
백열전등 또는 방전등에 전기를 공급하는 옥내의 전로의 대지전압은 300[V] 이하이어야 한다. **답** ②

84 철도·궤도 또는 자동차도 전용 터널 안의 전선로를 시설할 때 고압전선은 지름 몇 [mm] 이상의 경동선을 사용하여야 하는가?

① 2.6[mm]
② 3.2[mm]
③ 4[mm]
④ 4.5[mm]

풀이 335.1 터널 안 전선로의 시설
철도·궤도 또는 자동차도 전용터널 안의 전선로

전압	전선의 굵기	시공방법	애자사용공사 시 높이
저압	인장강도 2.30[kN] 이상 또는 2.6[mm] 이상의 경동선의 절연전선	• 합성수지관공사 • 금속관공사 • 금속제가요전선관 공사 • 케이블공사 • 애자사용공사	노면상, 레일면상 2.5[m] 이상
고압	인장강도 5.26[kN] 이상 또는 4[mm] 이상의 경동선	• 케이블공사 • 애자사용공사	노면상, 레일면상 3[m] 이상
특고압		• 케이블공사	

답 ③

85 고압 가공전선로의 경간이 100[m]를 초과하는 경우 고압 가공전선은 지름 몇 [mm] 이상의 경동선을 사용하여야 하는가?

① 2.6
② 3.2
③ 4
④ 5

풀이 332.9 고압 가공전선로 경간의 제한
고압 가공전선로의 경간이 100[m] 를 초과하는 경우에는 그 부분의 전선로는 다음에 따라 시설하여야 한다.
가. 고압 가공전선은 인장강도 8.01[kN] 이상의 것 또는 지름 5[mm] 이상의 경동선의 것.
나. 목주의 풍압하중에 대한 안전율은 1.5 이상일 것. **답** ④

86 고압가공전선이 가공약전류 전선과 접근하는 경우 고압가공전선과 가공약전류 전선 사이의 이격거리는 몇 [cm] 이상이어야 하는가? (단, 전선이 케이블인 경우이다.)

① 15
② 30
③ 40
④ 80

풀이 332.13 고압 가공전선과 가공약전류전선 등의 접근 또는 교차
222.13 저압 가공전선과 가공약전류전선 등의 접근 또는 교차
저압 가공전선 또는 고압 가공전선이 가공약전류전선 또는 가공 광섬유 케이블과 접근상태로 시설되는 경우에는 다음에 따라야 한다.
가. 고압 가공전선은 고압 보안공사에 의할 것.
나. 저·고압 가공전선과 가공약전류 전선과의 이격거리는 표에서 정한 값 이상일 것.

가공전선 약전류 전선	저압가공전선		고압가공전선	
	저압 절연전선	고압 절연전선 또는 케이블	절연전선	케이블
일반	0.6[m]	0.3[m]	0.8[m]	0.4[m]
절연전선 또는 통신용 케이블인 경우	0.3[m]	0.15[m]		

답 ③

87 사용전압이 154[kV]인 특고압 가공전선이 도로를 횡단하는 경우, 지표상 높이는 최소 몇 [m] 이상인가?

① 4.5
② 5
③ 5.5
④ 6

풀이 333.7 특고압 가공전선의 높이

전압의 범위	일반 장소	도로 횡단	철도 또는 궤도횡단	횡단보도교
35[kV] 이하	5[m]	6[m]	6.5[m]	4[m](특고압 절연전선 또는 케이블 사용)
35[kV] 초과 160[kV] 이하	6[m]	6[m]	6.5[m]	5[m](케이블 사용)
	산지 등에서 사람이 쉽게 들어갈 수 없는 장소 : 5[m] 이상			
160[kV] 초과	일반장소		가공전선의 높이 = 6 + 단수 × 0.12[m]	
	철도 또는 궤도횡단		가공전선의 높이 = 6.5 + 단수 × 0.12[m]	
	산지		가공전선의 높이 = 5 + 단수 × 0.12[m]	

※ 단수 = $\dfrac{전압[kV]-160}{10}$ … 단수 계산에서 소수점 이하는 절상

답 ④

88 아파트 세대 욕실에 "비데용 콘센트"를 시설하고자 한다. 다음의 시설방법 중 적합하지 않은 것은?

① 콘센트는 접지극이 없는 것을 사용한다.
② 습기가 많은 장소에 시설하는 콘센트는 방습장치를 하여야 한다.
③ 콘센트를 시설하는 경우에는 절연변압기(정격용량 3[kVA] 이하인 것에 한한다.)로 보호된 전로에 접속하여야 한다.
④ 콘센트를 시설하는 경우에는 인체감전보호용 누전차단기(정격감도전류 15[mA] 이하, 동작시간 0.03초 이하의 전류동작형의 것에 한한다.)로 보호된 전로에 접속하여야 한다.

풀이 234.5 콘센트의 시설
욕조나 샤워시설이 있는 욕실 또는 화장실 등 인체가 물에 젖어있는 상태에서 전기를 사용하는 장소에 콘센트를 시설하는 경우에는 다음에 따라 시설하여야한다.
가. 인체감전보호용 누전차단기(정격감도전류 15[mA] 이하, 동작시간 0.03[초] 이하의 전류동작형의 것에 한한다) 또는 절연 변압기(정격용량 3[kVA] 이하인 것에 한한다)로 보호된 전로에 접속하거나, 인체감전보호용 누전차단기가 부착된 콘센트를 시설하여야 한다.
나. 콘센트는 접지극이 있는 방적형 콘센트를 사용하여 규정에 준하여 접지하여야 한다.
답 ①

89 태양전지 발전소에 시설하는 태양전지 모듈, 전선 및 개폐기의 시설에 대한 설명으로 잘못된 것은?

① 태양전지 모듈에 접속하는 부하 측 전로에는 개폐기를 시설할 것
② 옥측에 시설하는 경우 금속관공사, 합성수지관공사, 애자공사로 배선할 것
③ 태양전지 모듈을 병렬로 접속하는 전로에 과전류차단기를 시설할 것
④ 전선은 공칭단면적 2.5[mm^2] 이상의 연동선을 사용할 것

풀이 522 태양광설비의 시설
가. 전선은 공칭단면적 2.5[mm^2] 이상의 연동선 또는 이와 동등 이상의 세기 및 굵기의 것일 것.
나. 배선설비 공사는 옥내에 시설할 경우에는 합성수지관공사, 금속관공사, 금속제 가요전선관공사, 케이블공사 의 규정에 준하여 시설할 것.
다. 모듈을 병렬로 접속하는 전로에는 그 주된 전로에 단락전류가 발생할 경우에 전로를 보호하는 과전류차단기 또는 기타 기구를 시설할 것
라. 태양전지 모듈에 접속하는 부하측의 태양전지 어레이에서 전력변환장치에 이르는 전로에는 그 접속점에 근접하여 개폐기 기타 이와 유사한 기구(부하전류를 개폐할 수 있는 것에 한한다)를 시설할 것
답 ②

90 전식방지대책에서 매설금속체측의 누설전류에 의한 전식의 피해가 예상되는 곳에 고려하여야 하는 방법으로 틀린 것은?

① 절연코팅
② 배류장치 설치
③ 변전소 간 간격 축소
④ 저준위 금속체를 접속

풀이 461.4 전기 부식 방지
가. 전기철도측의 전기 부식 방지를 위해서는 다음 방법을 고려하여야 한다.
① 변전소 간 간격 축소
② 레일본드의 양호한 시공
③ 장대레일채택
④ 절연도상 및 레일과 침목사이에 절연층의 설치
나. 매설금속체측의 누설전류에 의한 전식의 피해가 예상되는 곳은 다음 방법을 고려하여야 한다.
① 배류장치 설치
② 절연코팅
③ 매설금속체 접속부 절연

④ 저준위 금속체를 접속
⑤ 궤도와의 이격거리 증대
⑥ 금속판 등의 도체로 차폐 　답 ③

91 단상교류 25,000[V]인 경우 전차선로의 충전부와 차량간의 정적 절연이격 거리는 최소 몇 [mm] 이상인가?

① 100　　　　　② 150
③ 170　　　　　④ 270

풀이 431.3 전차선로의 충전부와 차량 간의 최소 절연이격

시스템 종류	공칭전압(V)	동적(mm)	정적(mm)
직류	750	25	25
	1,500	100	150
단상교류	25,000	170	270

답 ④

92번 문제는 개정된 관계 법규에 따라 삭제 되었습니다.

93 저압 옥측전선로에서 목조의 조영물에 시설할 수 있는 공사 방법은?

① 금속관 공사
② 버스덕트공사
③ 합성수지관공사
④ 케이블공사(무기물 절연(MI) 케이블을 사용하는 경우)

풀이 221.2 옥측전선로
저압 옥측전선로는 다음의 공사방법에 의할 것.
가. 애자공사(전개된 장소에 한한다.)
나. **합성수지관공사**
다. 금속관공사(목조 이외의 조영물에 시설하는 경우에 한한다)
라. 버스덕트공사[목조 이외의 조영물(점검할 수 없는 은폐된 장소는 제외한다)에 시설하는 경우에 한한다]
마. 케이블공사(연피 케이블·알루미늄피 케이블 또는 무기물 절연 케이블을 사용하는 경우에는 목조 이외의 조영물에 시설하는 경우에 한한다.)　답 ③

94 지중 전선로를 직접 매설식에 의하여 시설하는 경우에 차량 및 기타 중량물의 압력을 받을 우려가 있는 장소의 매설 깊이는 몇 [m] 이상인가?

① 1.0　　　　　② 1.2
③ 1.5　　　　　④ 1.8

풀이 334.1 지중전선로의 시설
가. 지중 전선로는 전선에 케이블을 사용하고 또한 관로식·암거식 또는 직접 매설식에 의하여 시설하여야 한다.
나. 지중 전선로를 직접 매설식에 의하여 시설하는 경우에는 매설 깊이는
① 차량 기타 중량물의 압력을 받을 우려가 있는 장소 : 1.0[m] 이상
② 기타 장소 : 0.6[m] 이상　　답 ①

95 35[kV] 기계 기구, 모선 등을 옥외에 시설하는 변전소의 구내에 취급자 이외의 사람이 들어가지 않도록 울타리를 시설하는 경우에 울타리의 높이와 울타리로부터 충전 부분까지의 거리의 합계는 몇 [m]인가?

① 5　　　　　② 6
③ 7　　　　　④ 8

풀이 351.1 발전소 등의 울타리·담 등의 시설
가. 울타리·담 등의 높이는 2[m] 이상으로 하고 지표면과 울타리·담 등의 하단 사이의 간격은 0.15[m] 이하로 할 것.
나. 울타리·담 등의 높이와 울타리·담 등으로부터 충전부분까지 거리의 합계는 표에서 정한 값 이상으로 할 것.

사용전압의 구분	울타리·담 등의 높이와 울타리·담 등으로부터 충전 부분까지의 거리의 합계
35[kV] 이하	5[m]
35[kV] 초과 160[kV] 이하	6[m]
160[kV] 초과	• 거리의 합계 = 6 + 단수 × 0.12[m] • 단수 = $\dfrac{\text{사용전압[kV]}-160}{10}$ 단수 계산에서 소수점 이하는 절상

답 ①

96 수소냉각식 발전기 및 이에 부속하는 수소냉각
장치에 관한 시설이 잘못 된 것은?

① 발전기는 기물구조의 것이고 또한 수소가
대기압에서 폭발하는 경우에 생기는 압력
에 견디는 강도를 가지는 것일 것

② 발전기 안의 수소의 순도가 70[%] 이하로
저하한 경우에 이를 경보하는 장치를 시설
할 것

③ 발전기 안의 수소의 온도를 계측하는 장치
를 시설할 것

④ 발전기 안의 수소의 압력을 계측하는 장치
및 그 압력이 현저히 변동한 경우에 이를
경보하는 장치를 시설할 것

풀이 351.10 수소냉각식 발전기 등의 시설
발전기 내부 또는 조상기 내부의 수소의 순도가 85[%]
이하로 저하한 경우에 이를 경보하는 장치를 시설할
것. **답** ②

97 수소냉각식 발전기안 또는 조상기안의 수소의
순도가 몇 [%] 이하로 저하한 경우 이를 경보하
는 장치를 시설하도록 하고 있는가?

① 90[%]   ② 85[%]
③ 80[%]   ④ 75[%]

풀이 351.10 수소냉각식 발전기 등의 시설
발전기 내부 또는 조상기 내부의 수소의 순도가 85[%]
이하로 저하한 경우에 이를 경보하는 장치를 시설할
것. **답** ②

98 뱅크용량이 몇 [kVA] 이상인 조상기에는 그 내
부에 고장이 생긴 경우에 자동적으로 이를 전로
로부터 차단하는 보호장치를 하여야 하는가?

① 10000   ② 15000
③ 20000   ④ 25000

풀이 351.5 조상설비의 보호장치
조상설비에는 그 내부에 고장이 생긴 경우에 보호하는
장치를 표와 같이 시설하여야 한다.

설비 종별	뱅크 용량의 구분	자동적으로 전로로부터 차단하는 장치
전력용 커패시터 및 분로리액터	500[kVA] 초과 15,000[kVA] 미만	• 내부에 고장이 생긴 경우 • 과전류가 생긴 경우
	15,000[kVA] 이상	• 내부에 고장이 생긴 경우 • 과전류가 생긴 경우 • 과전압이 생긴 경우
조상기	15,000[kVA] 이상	• 내부에 고장이 생긴 경우

답 ②

99 직류방식의 전차선로에서 공칭전압과 각 전압
별 최고, 최저 전압 및 장기 과전압이 옳은 것은?

① 공칭전압 750[V]에서 지속성 최저전압
350[V]

② 공칭전압 750[V]에서 지속성 최고전압
950[V]

③ 공칭전압 1500[V]에서 비지속성 최고전압
1950[V]

④ 공칭전압 1500[V]에서 장기 과전압
2550[V]

풀이 411.2 전차선로의 전압
직류방식: 사용전압과 각 전압별 최고, 최저전압은 다
음의 표에 따라 선정하여야 한다. 다만, 비지속성 최고
전압은 지속시간이 5분 이하로 예상되는 전압의 최고
값으로 하되, 기존 운행 중인 전기철도차량과의 인터페
이스를 고려한다.

직류방식의 급전전압

구분	지속성 최저전압 [V]	공칭전압 [V]	지속성 최고전압 [V]
DC (평균값)	500	750	900
	900	1,500	1,800

구분	비지속성 최고전압 [V]	장기 과전압 [V]
DC (평균값)	950(1)	1,269
	1,950	2,538

(1) 회생제동의 경우 1,000[V]의 비지속성 최고전압은 허용 가
능하다. **답** ③

100 다음 통신설비의 식별표시에 대한 설명 중 옳지 않은 것은?

① 모든 통신기기에는 식별이 용이하도록 인식용 표찰을 부착하여야 한다.

② 배전선로의 직선주에 시설하는 통신설비의 설비표시명판은 전주 10경간마다 시설하여야 한다.

③ 통신사업자의 설비표시명판은 플라스틱 및 금속판 등 견고하고 가벼운 재질로 하고 글씨는 각인하거나 지워지지 않도록 제작된 것을 사용하여야 한다.

④ 배전선로의 분기주, 인류주에 시설하는 통신설비의 설비표시명판은 매 전주에 시설하여야 한다.

풀이 365.1 통신설비의 식별표시
통신설비의 식별은 다음에 따라 표시하여야 한다.
가. 모든 통신기기에는 식별이 용이하도록 인식용 표찰을 부착하여야 한다.
나. 통신사업자의 설비표시명판은 플라스틱 및 금속판 등 견고하고 가벼운 재질로 하고 글씨는 각인하거나 지워지지 않도록 제작된 것을 사용하여야 한다.
다. 설비표시명판 시설기준
　(1) 배전주에 시설하는 통신설비의 설비표시명판은 다음에 따른다.
　　(가) 직선주는 전주 5경간마다 시설할 것.
　　(나) 분기주, 인류주는 매 전주에 시설할 것.
　(2) 지중설비에 시설하는 통신설비의 설비표시명판은 다음에 따른다.
　　(가) 관로는 맨홀마다 시설할 것.
　　(나) 전력구내 행거는 50[m] 간격으로 시설할 것.
답 ②

2023년 - 3회 _ 전기기사

81 직선형의 철탑을 사용한 특고압 가공전선로가 연속하여 10기 이상 사용하는 부분에는 몇 기 이하마다 내장 애자장치가 되어 있는 철탑 1기를 시설하여야 하는가?

① 5기　　② 10기
③ 15기　　④ 20기

풀이 333.16 특고압 가공전선로의 내장형 등의 지지물 시설
특고압 가공전선로 중 지지물로서 직선형의 철탑을 연속하여 10기 이상 사용하는 부분에는 10기 이하마다 장력에 견디는 애자장치가 되어 있는 철탑 또는 이와 동등 이상의 강도를 가지는 철탑 1기를 시설하여야 한다. **답** ②

82 특고압가공전선로의 지지물로 사용하는 B종 철주, B종 철근콘크리트주 또는 철탑의 종류에서 전선로 지지물의 양쪽 경간의 차가 큰 곳에 사용하는 것은?

① 각도형　　② 인류형
③ 내장형　　④ 보강형

풀이 333.11 특고압 가공전선로의 철주·철근 콘크리트주 또는 철탑의 종류
특고압 가공전선로의 지지물로 사용하는 B종 철근·B종 콘크리트주 또는 철탑의 종류는 다음과 같다.
가. 직선형 : 전선로의 직선 부분(3° 이하의 수평 각도 이루는 곳 포함)에 사용되는 것
나. 각도형 : 전선로 중 수평 각도 3°를 넘는 곳에 사용되는 것
다. 인류형 : 전 가섭선을 인류하는 곳에 사용하는 것
라. 내장형 : 전선로 지지물 양측의 경간차가 큰 곳에 사용하는 것
마. 보강형 : 전선로 직선 부분을 보강하기 위하여 사용하는 것 **답** ③

83 저압 옥상전선로에 시설하는 전선은 지름 몇 [mm]의 경동선 또는 이와 동등 이상의 세기 및 굵기의 것이어야 하는가?

① 1.6　② 2.0　③ 2.6　④ 3.2

풀이 221.3 옥상전선로
전선은 인장강도 2.30[kN] 이상의 것 또는 지름 2.6[mm] 이상의 경동선을 사용할 것. **답** ③

84 중성선 다중접지식의 것으로 전로에 지기가 생겼을 때 2초 이내에 자동적으로 이를 전로로부터 차단하는 장치가 되어 있는 22.9[kV] 가공전선로를 상부 조영재의 위쪽에서 접근상태로 시설하는 경우, 가공전선과 건조물과의 최소 이격거리는 몇 [m]인가? 단, 전선으로는 나전선을 사용한다고 한다.

① 1.2　　② 2　　③ 2.5　　④ 3

풀이 333.32 25[kV] 이하인 특고압 가공전선로의 시설

사용전압이 15[kV]를 초과하고 25[kV] 이하인 특고압 가공전선로(중성선 다중접지식의 것으로서 전로에 지락이 생겼을 때에 2초 이내에 자동적으로 이를 전로로부터 차단하는 장치가 되어 있는 것에 한한다)가 건조물과 접근하는 경우에 특고압 가공전선과 건조물의 조영재 사이의 이격거리는 표에서 정한 값 이상일 것.

건조물의 조영재	접근 형태	전선의 종류	이격거리
상부 조영재	위쪽	나전선	3.0[m]
		특고압 절연전선	2.5[m]
		케이블	1.2[m]
	옆쪽 또는 아래쪽	나전선	1.5[m]
		특고압 절연전선	1.0[m]
		케이블	0.5[m]
기타의 조영재		나전선	1.5[m]
		특고압 절연전선	1.0[m]
		케이블	0.5[m]

답 ④

85 변압기 1차측 3300[V], 2차측 220[V]의 변압기 전로의 절연내력시험전압은 각각 몇 [V]에서 10분간 견디어야 하는가?

① 1차측 4950[V], 2차측 500[V]
② 1차측 4500[V], 2차측 400[V]
③ 1차측 4125[V], 2차측 500[V]
④ 1차측 3300[V], 2차측 400[V]

풀이 135 변압기 전로의 절연내력

권선의 종류 (최대사용전압)	접지방식	시험전압 (최대사용 전압의 배수)	최저 시험전압
1. 7[kV] 이하		1.5배	500[V]
	다중접지	0.92배	500[V]
2. 7[kV] 초과 25[kV] 이하	다중접지	0.92배	
3. 7[kV] 초과 60[kV] 이하 (2란의 것 제외)		1.25배	10.5[kV]
4. 60[kV] 초과	비접지	1.25배	
5. 60[kV] 초과(6란의 것 제외)	접지식	1.1배	75[kV]
6. 60[kV] 초과	직접접지	0.72배	
7. 170[kV] 초과	직접접지	0.64배	

• 1차측 시험전압 : $3300 \times 1.5 = 4950$[V]
• 2차측 시험전압 : $220 \times 1.5 = 330$[V] → 500[V]
  (∵ 최저시험전압은 500[V]) **답** ①

86 전기욕기에 전기를 공급하는 전원 장치는 전기욕기용으로 내장되어 있는 2차측 전로의 사용전압을 몇 [V] 이하로 한정하고 있는가?

① 6
② 10
③ 12
④ 15

풀이 241.2 전기욕기

전기욕기에 전기를 공급하기 위한 전기욕기용 전원장치(내장되는 전원 변압기의 2차측 전로의 사용전압이 10[V] 이하의 것에 한한다)는 안전기준에 적합하여야 한다. **답** ②

87 전광표시 장치에 사용하는 저압 옥내배선을 금속관공사로 시설할 경우 연동선의 단면적은 몇 [mm²] 이상 사용하여야 하는가?

① 0.75
② 1.25
③ 1.5
④ 2.5

풀이 231.3.1 저압 옥내배선의 사용전선

가. 저압 옥내배선의 전선 : 단면적 2.5[mm²] 이상의 연동선
나. 옥내배선의 사용 전압이 400[V] 이하인 경우는 다음에 의하여 시설할 수 있다.
  ① 전광표시 장치 또는 제어 회로
    • 단면적 1.5[mm²] 이상의 연동선
    • 단면적 0.75[mm²] 이상인 다심케이블 또는 다심 캡타이어 케이블을 사용하고 또한 과전류가 생겼을 때에 자동적으로 전로에서 차단하는 장치를 시설
  ② 진열장 또는 이와 유사한 것의 내부 배선 : 단면적 0.75[mm²] 이상인 코드 또는 캡타이어케이블 **답** ③

88 진열장 내의 배선으로 사용전압 400[V] 이하에 사용하는 코드 또는 캡타이어 케이블의 최소 단면적은 몇 [mm²]인가?

① 1.25
② 1.0
③ 0.75
④ 0.5

풀이 234.8 진열장 또는 이와 유사한 것의 내부 배선

가. 사용전압 : 400[V] 이하
나. 전선의 굵기 : 단면적 0.75[mm²] 이상
다. 전선의 종류 : 코드 또는 캡타이어 케이블 **답** ③

89 가공 전선로의 지지물에 지선을 시설하려고 한다. 이 지선의 최저 기준으로 옳은 것은?

① 소선 굵기 : 2.0[mm], 안전율 : 3.0,
　허용 인장 하중 : 2.15[kN]

② 소선 굵기 : 2.6[mm], 안전율 : 2.5,
　허용 인장 하중 : 4.31[kN]

③ 소선 굵기 : 1.6[mm], 안전율 : 2.0,
　허용 인장 하중 : 4.31[kN]

④ 소선 굵기 : 2.6[mm], 안전율 : 1.5,
　허용 인장 하중 : 3.23[kN]

풀이 331.11 지선의 시설
가. 가공전선로의 지지물로 사용하는 철탑은 지선을 사용하여 그 강도를 분담시켜서는 안 된다.
나. 지선의 안전율은 2.5 이상일 것. 이 경우에 허용 인장하중의 최저는 4.31[kN]으로 한다.
다. 지선에 연선을 사용할 경우에는 다음에 의할 것.
　① 소선 3가닥 이상의 연선일 것.
　② 소선의 지름이 2.6[mm] 이상의 금속선을 사용한 것일 것. **답** ②

90 전력보안통신설비의 조가선은 단면적 몇 [mm²] 이상의 아연도강연선을 사용하여야 하는가?

① 16　　② 38　　③ 50　　④ 55

풀이 362.3 조가선 시설기준
조가선은 단면적 38[mm²] 이상의 아연도강연선을 사용할 것. **답** ②

91 발열선을 도로, 주차장 또는 조영물의 조영재에 고정시켜 시설하는 경우, 발열선에 전기를 공급하는 전로의 대지전압은 몇 [V] 이하이어야 하는가?

① 220[V]　　　② 300[V]
③ 380[V]　　　④ 600[V]

풀이 241.12 도로 등의 전열장치
발열선을 도로, 주차장 또는 조영물의 조영재에 고정시켜 시설하는 경우에는 다음에 따라야 한다.
가. 발열선에 전기를 공급하는 전로의 대지전압은 300[V] 이하일 것.
나. 발열선은 그 온도가 80[℃]를 넘지 아니하도록 시설할 것. 다만, 도로 또는 옥외주차장에 금속피복을 한 발열선을 시설할 경우에는 발열선의 온도를 120[℃] 이하로 할 수 있다. **답** ②

92 급전용변압기는 교류 전기철도의 경우 어떤 변압기의 적용을 원칙으로 하고, 급전계통에 적합하게 선정하여야 하는가?

① 3상 정류기용 변압기
② 단상 정류기용 변압기
③ 3상 스코트결선 변압기
④ 단상 스코트결선 변압기

풀이 421.4 변전소의 설비
1. 변전소 등의 계통을 구성하는 각종 기기는 운용 및 유지보수성, 시공성, 내구성, 효율성, 친환경성, 안전성 및 경제성 등을 종합적으로 고려하여 선정하여야 한다.
2. 급전용 변압기는 직류 전기철도의 경우 3상 정류기용 변압기, 교류 전기철도의 경우 3상 스코트결선 변압기의 적용을 원칙으로 하고, 급전계통에 적합하게 선정하여야 한다. **답** ③

93 철탑의 강도계산에 사용하는 이상 시 상정하중이 가하여지는 경우의 그 이상 시 상정 하중에 대한 철탑의 기초에 대한 안전율은 얼마 이상이어야 하는가?

① 1.2　　　　② 1.33
③ 1.5　　　　④ 2

풀이 331.7 가공전선로 지지물의 기초의 안전율
가공전선로의 지지물에 하중이 가하여지는 경우에 그 하중을 받는 지지물의 기초의 안전율은 2(이상 시 상정 하중에 대한 철탑의 기초에 대하여는 1.33) 이상이어야 한다. **답** ②

94 전기울타리의 접지전극과 다른 접지 계통의 접지전극의 거리는 몇 [m] 이상이어야 하는가?

① 1　　② 2　　③ 3　　④ 4

풀이 241.1.7 접지
1. 전기울타리 전원장치의 외함 및 변압기의 철심은 규정에 준하여 접지공사를 하여야 한다.
2. 전기울타리의 접지전극과 다른 접지 계통의 접지전극의 거리는 2[m] 이상이어야 한다. 다만, 충분한 접지망을 가진 경우에는 그러하지 아니 한다.
3. 가공전선로의 아래를 통과하는 전기울타리의 금속부분은 교차지점의 양쪽으로부터 5[m] 이상의 간격을 두고 접지하여야 한다. **답** ②

95 주택용 배선용 차단기의 정격전류를 I_n이라고 할 때, 순시트립에 따른 구분에서 순시트립범위가 $10I_n$ 초과 ~ $20I_n$ 이하인 것은 차단기 분류에서 어떤 형인가?

① A형　　　　② B형
③ C형　　　　④ D형

풀이 212.3.4 보호장치의 특성
순시트립에 따른 구분(주택용 배선용 차단기)

형	순시트립범위
B	$3I_n$ 초과 ~ $5I_n$ 이하
C	$5I_n$ 초과 ~ $10I_n$ 이하
D	$10I_n$ 초과 ~ $20I_n$ 이하

비고 1. B, C, D : 순시트립전류에 따른 차단기 분류
　　 2. I_n : 차단기 정격전류　　　**답** ④

96 전기저장장치를 전용건물 이외의 장소에 시설하는 경우로서 일반인이 출입하는 건물의 부속공간에 시설하는 경우 이차전지랙과 랙 사이는 몇 [m] 이상 이격하여야 하는가?(단, 옥상에는 설치하지 않는 경우이다.)

① 0.8　　　　② 1
③ 1.5　　　　④ 3

풀이 512.1.6 전용건물 이외의 장소에 시설하는 경우
전기저장장치를 일반인이 출입하는 건물의 부속공간에 시설(옥상에는 설치할 수 없다)하는 경우에는 다음에 따라 시설하여야 한다.
가. 전기저장장치 시설장소는 내화구조이어야 한다.
나. 이차전지모듈의 직렬 연결체의 용량은 50[kWh] 이하로 하고 건물 내 시설 가능한 이차전지의 총 용량은 600[kWh] 이하이어야 한다.
다. 이차전지랙과 랙 사이는 1[m] 이상 이격하고, 랙과 벽면 사이는 전면부의 경우 1[m] 이상, 측면과 후면부의 경우 0.8[m] 이상 이격하여야 한다.
라. 이차전지실은 건물 내 다른 시설(수전설비, 가연물질 등)로부터 1.5[m] 이상 이격하고 각 실의 출입구나 피난계단 등 이와 유사한 장소로부터 3[m] 이상 이격하여야 한다.
마. 배선설비가 이차전지실 벽면을 관통하는 경우 관통부는 해당 구획부재의 내화성능을 저하시키지 않도록 충전(充塡)하여야 한다.　　**답** ②

97 회로의 전원 측에 설치된 1개의 보호장치에 의한 단락보호가 효과적이지 못하다면, 병렬도체가 3가닥 이상인 경우 단락보호장치는 어디에 설치하여야 하는가?

① 각 병렬도체의 전원 측
② 각 병렬도체의 부하 측
③ 각 병렬도체의 전원 측과 부하측
④ 회로의 부하측

풀이 212.5.4 병렬도체의 단락보호
1. 여러 개의 병렬도체를 사용하는 회로의 전원 측에 1개의 단락보호장치가 설치되어있는 조건에서, 어느 하나의 도체에서 발생한 단락고장이라도 효과적인 동작이 보증되는 경우, 해당 보호장치 1개를 이용하여 그 병렬도체 전체의 단락보호장치로 사용할 수 있다.
2. 1개의 보호장치에 의한 단락보호가 효과적이지 못하면, 다음 중 1가지 이상의 조치를 취해야 한다.
　가. 배선은 기계적인 손상 보호와 같은 방법으로 병렬도체에서의 단락위험을 최소화할 수 있는 방법으로 설치하고, 화재 또는 인체에 대한 위험을 최소화 할 수 있는 방법으로 설치하여야 한다.
　나. 병렬도체가 2가닥인 경우 단락보호장치를 각 병렬도체의 전원측에 설치해야 한다.
　다. 병렬도체가 3가닥 이상인 경우 단락보호장치는 각 병렬도체의 전원 측과 부하 측에 설치해야 한다.　　**답** ③

98 저압 옥측전선로에서 목조의 조영물에 시설할 수 있는 공사방법은?

① 금속관공사
② 버스덕트공사
③ 합성수지관공사
④ 연피 또는 알루미늄 케이블공사

풀이 221.2 옥측전선로
저압 옥측전선로는 다음의 공사방법에 의할 것.
가. 애자공사(전개된 장소에 한한다.)
나. 합성수지관공사
다. 금속관공사(목조 이외의 조영물에 시설하는 경우에 한한다)
라. 버스덕트공사[목조 이외의 조영물(점검할 수 없는 은폐된 장소는 제외한다)에 시설하는 경우에 한한다]
마. 케이블공사(연피 케이블·알루미늄피 케이블 또는 무기물 절연 케이블을 사용하는 경우에는 목조 이외의 조영물에 시설하는 경우에 한한다.)　　**답** ③

99 특고압 가공전선로의 지지물 양측의 경간의 차가 큰 곳에 사용하는 철탑의 종류는?

① 내장형 ② 보강형
③ 직선형 ④ 인류형

풀이 333.11 특고압 가공전선로의 철주·철근 콘크리트주 또는 철탑의 종류
특고압 가공전선로의 지지물로 사용하는 B종 철근·B종 콘크리트주 또는 철탑의 종류는 다음과 같다.
가. 직선형 : 전선로의 직선 부분(3° 이하의 수평 각도 이루는 곳 포함)에 사용되는 것
나. 각도형 : 전선로 중 수평 각도 3°를 넘는 곳에 사용되는 것
다. 인류형 : 전 가섭선을 인류하는 곳에 사용하는 것
라. 내장형 : 전선로 지지물 양측의 경간차가 큰 곳에 사용하는 것
마. 보강형 : 전선로 직선 부분을 보강하기 위하여 사용하는 것
답 ①

100 고압 가공전선로의 전선으로 사용한 경동선은 안전율이 얼마 이상인 이도로 시설하여야 하는가?

① 2.0 ② 2.2
③ 2.5 ④ 3.0

풀이 332.4 고압 가공전선의 안전율
222.6 저압 가공전선의 안전율
가공전선이 케이블 이외인 경우 안전율이 다음 이상이 되는 이도로 시설하여야 한다.
가. 경동선 또는 내열 동합금선 : 2.2 이상
나. 그 밖의 전선 : 2.5
답 ②

2023년 · 4회 _ 공사기사

81 단상교류 25,000[V]인 전차선로의 충전부와 차량 간의 동적 절연이격 거리는 최소 몇 [mm] 이상 이어야 하는가?

① 25 ② 100
③ 150 ④ 170

풀이 431.3 전차선로의 충전부와 차량 간의 최소 절연이격

시스템 종류	공칭전압(V)	동적(mm)	정적(mm)
직류	750	25	25
	1,500	100	150
단상교류	25,000	170	270

답 ④

82 소세력 회로의 전선을 조영재에 붙여 시설하는 경우 전선은 케이블(통신용 케이블을 포함한다)인 경우 이외에는 공칭단면적 몇 [mm²] 이상의 연동선 또는 이와 동등 이상의 세기 및 굵기의 것이어야 하는가?

① 0.5 ② 1
③ 1.5 ④ 2.5

풀이 241.14.3 소세력 회로의 배선
소세력 회로의 전선을 조영재에 붙여 시설하는 경우
가. 전선은 케이블(통신용 케이블을 포함한다)인 경우 이외에는 공칭단면적 $1[mm^2]$ 이상의 연동선 또는 이와 동등 이상의 세기 및 굵기의 것일 것.
나. 전선은 코드·캡타이어 케이블 또는 케이블일 것.
답 ②

> 83번 문제는 개정된 관계 법규에 따라 삭제 되었습니다.

84 수소냉각식 발전기 및 이에 부속하는 수소냉각 장치의 시설에 대한 설명으로 틀린 것은?

① 발전기안의 수소의 밀도를 계측하는 장치를 시설할 것
② 발전기안의 수소의 순도가 85[%] 이하로 저하한 경우에 이를 경보하는 장치를 시설할 것
③ 발전기안의 수소의 압력을 계측하는 장치 및 그 압력이 현저히 변동한 경우에 이를 경보하는 장치를 시설할 것
④ 발전기는 기밀구조의 것이고 또한 수소가 대기압에서 폭발하는 경우에 생기는 압력에 견디는 강도를 가지는 것일 것

풀이 351.10 수소냉각식 발전기 등의 시설
수소냉각식의 발전기·조상기 또는 이에 부속하는 수소 냉각 장치는 다음 각 호에 따라 시설하여야 한다.
가. 발전기 또는 조상기는 기밀구조의 것이고 또한 수소가 대기압에서 폭발하는 경우에 생기는 압력에 견디는 강도를 가지는 것일 것.
나. 발전기축의 밀봉부에는 질소 가스를 봉입할 수 있는 장치 또는 발전기 축의 밀봉부로부터 누설된 수소 가스를 안전하게 외부에 방출할 수 있는 장치를 시설할 것.
다. 발전기 내부 또는 조상기 내부의 수소의 순도가 85[%] 이하로 저하한 경우에 이를 경보하는 장치를 시설할 것.
라. 발전기 내부 또는 조상기 내부의 수소의 압력을 계측하는 장치 및 그 압력이 현저히 변동한 경우에 이를 경보하는 장치를 시설할 것.
마. 발전기 내부 또는 조상기 내부의 수소의 온도를 계측하는 장치를 시설할 것.
바. 발전기 내부 또는 조상기 내부로 수소를 안전하게 도입할 수 있는 장치 및 발전기안 또는 조상기안의 수소를 안전하게 외부로 방출할 수 있는 장치를 시설할 것.
사. 발전기 또는 조상기에 붙인 유리제의 점검 창 등은 쉽게 파손되지 아니하는 구조로 되어 있을 것.
답 ①

85 옥내의 네온 방전등 공사에 대한 설명으로 틀린 것은?

① 네온방전등에 공급하는 전로의 대지전압은 300[V] 이하로 하여야 한다.
② 관등회로의 배선에서 전선 상호간의 이격거리는 60[mm] 이상일 것.
③ 관등회로의 배선은 애자공사로 시설하여야 한다.
④ 네온변압기는 2차측을 직렬 또는 병렬로 접속하여 사용한다.

풀이 234.12 네온방전등
네온방전등에 공급하는 전로의 대지전압은 300[V] 이하로 하여야 한다.
1. 네온변압기는 2차측을 직렬 또는 병렬로 접속하여 사용하지 말 것
2. 관등회로의 배선은 애자공사로 다음에 따라서 시설하여야 한다.
가. 전선은 네온관용전선을 사용할 것.
나. 전선은 자기 또는 유리제 등의 애자로 견고하게 지지하여 조영재의 아랫면 또는 옆면에 부착하고 전선 상호간의 이격거리는 60[mm] 이상일 것.

다. 전선지지점간의 거리는 1[m] 이하로 할 것.
라. 애자는 절연성·난연성 및 내수성이 있는 것일 것
답 ④

86 저압 옥측전선로의 공사에서 목조 조영물에 시설이 가능한 공사는?

① 금속피복을 한 케이블 공사
② 합성수지관공사
③ 금속관공사
④ 버스덕트공사

풀이 221.2 옥측전선로
저압 옥측전선로는 다음의 공사방법에 의할 것.
가. 애자공사(전개된 장소에 한한다.)
나. 합성수지관공사
다. 금속관공사(목조 이외의 조영물에 시설하는 경우에 한한다.
라. 버스덕트공사(목조 이외의 조영물(점검할 수 없는 은폐된 장소는 제외한다)에 시설하는 경우에 한한다.
마. 케이블공사(연피 케이블·알루미늄피 케이블 또는 무기물 절연 케이블을 사용하는 경우에는 목조 이외의 조영물에 시설하는 경우에 한한다.)
답 ②

87 사무실 건물의 조명설비에 사용되는 백열전등 또는 방전등에 전기를 공급하는 옥내전로의 대지전압은 몇 [V] 이하인가?

① 250　　　　② 300
③ 350　　　　④ 400

풀이 231.6 옥내전로의 대지 전압의 제한
백열전등 또는 방전등에 전기를 공급하는 옥내의 전로의 대지전압은 300[V] 이하여야 한다.
답 ②

88 고압가공전선이 철도를 횡단하는 경우 레일면 상에서 몇 [m] 이상으로 유지 되어야 하는가?

① 5.5　　　　② 6
③ 6.5　　　　④ 7.0

풀이 332.5 고압 가공전선의 높이
222.7 저압 가공전선의 높이
저·고압 가공전선의 높이는 다음에 따라야 한다.

설치장소		가공전선의 높이
도로횡단(번잡하지 않은 도로 제외)		지표상 6[m] 이상
철도 또는 궤도횡단		레일면상 6.5[m] 이상
횡단 보도교 위	저압	노면상 3.5[m] 이상. 단, 절연전선의 경우 3[m] 이상
	고압	노면상 3.5[m] 이상
일반장소		지표상 5[m] 이상. 단, 저압의 경우 절연전선 또는 케이블을 사용하여 교통에 지장이 없도록 하여 옥외조명용에 공급하는 경우 4[m]까지 감할 수 있다.
다리의 하부 기타 이와 유사한 장소		저압의 전기철도용 급전선은 지표상 3.5 [m]까지로 감할 수 있다.

답 ③

89 사용전압이 154[kV]인 전선로를 제1종 특고압 보안공사로 시설할 경우, 여기에 사용되는 경동연선의 단면적은 몇 [mm²] 이상이어야 하는가?

① 100 ② 125
③ 150 ④ 200

풀이 333.22 특고압 보안공사
제1종 특고압 보안공사 시 전선의 단면적

사용전압	전 선
100[kV] 미만	인장강도 21.67[kN] 이상의 연선 또는 단면적 55[mm²] 이상의 경동연선
100[kV] 이상 300[kV] 미만	인장강도 58.84[kN] 이상의 연선 또는 단면적 150[mm²] 이상의 경동연선
300[kV] 이상	인장강도 77.47[kN] 이상의 연선 또는 단면적 200[mm²] 이상의 경동연선

답 ③

90 지중 전선로를 직접 매설식에 의하여 시설하는 경우에 차량 및 기타 중량물의 압력을 받을 우려가 있는 장소의 매설 깊이는 몇 [m] 이상인가?

① 1.0 ② 1.2
③ 1.5 ④ 1.8

풀이 334.1 지중전선로의 시설
가. 지중 전선로는 전선에 케이블을 사용하고 또한 관

로식·암거식 또는 직접 매설식에 의하여 시설하여야 한다.
나. 지중 전선로를 직접 매설식에 의하여 시설하는 경우에는 매설 깊이는
① 차량 기타 중량물의 압력을 받을 우려가 있는 장소 : 1.0[m] 이상
② 기타 장소 : 0.6[m] 이상

답 ①

91 주택의 전기저장장치의 축전지에 접속하는 부하 측 옥내전로에 지락이 생겼을 때 자동적으로 전로를 차단하는 장치를 시설한 경우에 주택의 옥내전로의 대지전압은 직류 몇 [V]까지 적용할 수 있는가?

① 150 ② 300
③ 400 ④ 600

풀이 511.1.3 옥내전로의 대지전압 제한
주택의 전기저장장치의 축전지에 접속하는 부하 측 옥내배선을 다음에 따라 시설하는 경우에 주택의 옥내전로의 대지전압은 직류 600[V] 까지 적용할 수 있다.
가. 전로에 지락이 생겼을 때 자동적으로 전로를 차단하는 장치를 시설할 것
나. 사람이 접촉할 우려가 없는 은폐된 장소에 합성수지관배선, 금속관배선 및 케이블배선에 의하여 시설하거나, 사람이 접촉할 우려가 없도록 케이블배선에 의하여 시설하고 전선에 적당한 방호장치를 시설할 것

답 ④

92 특고압 가공전선로의 지지물 양측의 경간의 차가 큰 곳에 사용하는 철탑의 종류는?

① 내장형 ② 보강형
③ 직선형 ④ 인류형

풀이 333.11 특고압 가공전선로의 철주·철근 콘크리트주 또는 철탑의 종류
특고압 가공전선로의 지지물로 사용하는 B종 철근·B종 콘크리트주 또는 철탑의 종류는 다음과 같다.
가. 직선형 : 전선로의 직선 부분(3° 이하의 수평 각도 이루는 곳 포함)에 사용되는 것
나. 각도형 : 전선로 중 수평 각도 3°를 넘는 곳에 사용되는 것
다. 인류형 : 전 가섭선을 인류하는 곳에 사용하는 것
라. 내장형 : 전선로 지지물 양측의 경간차가 큰 곳에 사용하는 것
마. 보강형 : 전선로 직선 부분을 보강하기 위하여 사용하는 것

답 ①

93 회로의 전원 측에 설치된 1개의 보호장치에 의한 단락보호가 효과적이지 못하다면, 병렬도체가 3가닥 이상인 경우 단락보호장치는 어디에 설치하여야 하는가?

① 각 병렬도체의 전원 측
② 각 병렬도체의 부하 측
③ 각 병렬도체의 전원 측과 부하측
④ 회로의 부하측

풀이 212.5.4 병렬도체의 단락보호
1. 여러 개의 병렬도체를 사용하는 회로의 전원 측에 1개의 단락보호장치가 설치되어있는 조건에서, 어느 하나의 도체에서 발생한 단락고장이라도 효과적인 동작이 보증되는 경우, 해당 보호장치 1개를 이용하여 그 병렬도체 전체의 단락보호장치로 사용할 수 있다.
2. 1개의 보호장치에 의한 단락보호가 효과적이지 못하면, 다음 중 1가지 이상의 조치를 취해야 한다.
   가. 배선은 기계적인 손상 보호와 같은 방법으로 병렬도체에서의 단락위험을 최소화할 수 있는 방법으로 설치하고, 화재 또는 인체에 대한 위험을 최소화 할 수 있는 방법으로 설치하여야 한다.
   나. 병렬도체가 2가닥인 경우 단락보호장치를 각 병렬도체의 전원측에 설치해야 한다.
   다. 병렬도체가 3가닥 이상인 경우 단락보호장치는 각 병렬도체의 전원 측과 부하 측에 설치해야 한다. **답** ③

94 주택용 배선용 차단기의 정격전류를 I_n이라고 할 때, 순시트립에 따른 구분에서 순시트립범위가 $10 I_n$ 초과 ~ $20 I_n$ 이하인 것은 차단기 분류에서 어떤 형 인가?

① A형   ② B형
③ C형   ④ D형

풀이 212.3.4 보호장치의 특성
순시트립에 따른 구분(주택용 배선용 차단기)

형	순시트립범위
B	$3 I_n$ 초과 ~ $5 I_n$ 이하
C	$5 I_n$ 초과 ~ $10 I_n$ 이하
D	$10 I_n$ 초과 ~ $20 I_n$ 이하

비고 1. B, C, D : 순시트립전류에 따른 차단기 분류
   2. I_n : 차단기 정격전류 **답** ④

95 전로의 보호 장치의 확실한 동작을 위해 고압 전로의 중성점을 접지하는 경우, 접지도체로 연동선을 사용한다면 공칭단면적은 몇 [mm²] 이상인가?

① 6   ② 8
③ 16   ④ 22

풀이 322.5 전로의 중성점의 접지
가. 전로의 보호 장치의 확실한 동작의 확보, 이상 전압의 억제 및 대지전압의 저하를 위하여 특히 필요한 경우에 전로의 중성점에 접지공사를 할 경우 접지도체는 공칭단면적 16[mm²] 이상의 연동선으로서 고장시 흐르는 전류가 안전하게 통할 수 있는 것을 사용하고 또한 손상을 받을 우려가 없도록 시설할 것.
나. 저압전로에 시설하는 보호 장치의 확실한 동작을 확보하기 위하여 특히 필요한 경우에 전로의 중성점에 접지공사를 할 경우 접지도체는 공칭단면적 6[mm²] 이상의 연동선으로서 고장시 흐르는 전류가 안전하게 통할 수 있는 것을 사용하여야 한다. **답** ③

96 전기저장장치를 전용건물 이외의 장소에 시설하는 경우로서 일반인이 출입하는 건물의 부속 공간에 시설하는 경우 이차전지랙과 랙 사이는 몇 [m] 이상 이격하여야 하는가? (단, 옥상에는 설치하지 않는 경우이다.)

① 0.8   ② 1
③ 1.5   ④ 3

풀이 512.1.6 전용건물 이외의 장소에 시설하는 경우
전기저장장치를 일반인이 출입하는 건물의 부속공간에 시설(옥상에는 설치할 수 없다)하는 경우에는 다음에 따라 시설하여야 한다.
가. 전기저장장치 시설장소는 내화구조이어야 한다.
나. 이차전지모듈의 직렬 연결체의 용량은 50[kWh] 이하로 하고 건물 내 시설 가능한 이차전지의 총 용량은 600[kWh] 이하이어야 한다.
다. 이차전지랙과 랙 사이는 1[m] 이상 이격하고, 랙과 벽면 사이는 전면부의 경우 1[m] 이상, 측면과 후면부의 경우 0.8[m] 이상 이격하여야 한다.
라. 이차전지실은 건물 내 다른 시설(수전설비, 가연물질 등)로부터 1.5[m] 이상 이격하고 각 실의 출입구나 피난계단 등 이와 유사한 장소로부터 3[m] 이상 이격하여야 한다.
마. 배선설비가 이차전지실 벽면을 관통하는 경우 관통부는 해당 구획부재의 내화성능을 저하시키지 않도록 충전(充填)하여야 한다. **답** ②

97 급전용변압기는 교류 전기철도의 경우 어떤 변압기의 적용을 원칙으로 하고, 급전계통에 적합하게 선정하여야 하는가?

① 3상 정류기용 변압기
② 단상 정류기용 변압기
③ 3상 스코트결선 변압기
④ 단상 스코트결선 변압기

풀이 421.4 변전소의 설비
1. 변전소 등의 계통을 구성하는 각종 기기는 운용 및 유지보수성, 시공성, 내구성, 효율성, 친환경성, 안전성 및 경제성 등을 종합적으로 고려하여 선정하여야 한다.
2. 급전용 변압기는 직류 전기철도의 경우 3상 정류기용 변압기, 교류 전기철도의 경우 3상 스코트결선 변압기의 적용을 원칙으로 하고, 급전계통에 적합하게 선정하여야 한다. **답** ③

98 변압기 1차측 3300[V], 2차측 220[V]의 변압기 전로의 절연내력시험전압은 각각 몇 [V]에서 10분간 견디어야 하는가?

① 1차측 4950[V], 2차측 500[V]
② 1차측 4500[V], 2차측 400[V]
③ 1차측 4125[V], 2차측 500[V]
④ 1차측 3300[V], 2차측 400[V]

풀이 135 변압기 전로의 절연내력

권선의 종류 (최대사용전압)	접지방식	시험전압 (최대사용 전압의 배수)	최저 시험전압
1. 7[kV] 이하		1.5배	500[V]
	다중접지	0.92배	500[V]
2. 7[kV] 초과 25[kV] 이하	다중접지	0.92배	
3. 7[kV] 초과 60[kV] 이하 (2란의 것 제외)		1.25배	10.5[kV]
4. 60[kV] 초과	비접지	1.25배	
5. 60[kV] 초과(6란의 것 제외)	접지식	1.1배	75 [kV]
6. 60[kV] 초과	직접접지	0.72배	
7. 170[kV] 초과	직접접지	0.64배	

• 1차측 시험전압 : 3300 × 1.5 = 4950[V]
• 2차측 시험전압 : 220 × 1.5 = 330[V] → 500[V]
(∵ 최저시험전압은 500[V]) **답** ①

99 발열선을 도로, 주차장 또는 조영물의 조영재에 고정시켜 시설하는 경우, 발열선에 전기를 공급하는 전로의 대지전압은 몇 [V] 이하이어야 하는가?

① 220[V]   ② 300[V]
③ 380[V]   ④ 600[V]

풀이 241.12 도로 등의 전열장치
발열선을 도로, 주차장 또는 조영물의 조영재에 고정시켜 시설하는 경우에는 다음에 따라야 한다.
가. 발열선에 전기를 공급하는 전로의 대지전압은 300[V] 이하일 것
나. 발열선은 그 온도가 80[℃]를 넘지 아니하도록 시설할 것. 다만, 도로 또는 옥외주차장에 금속피복을 한 발열선을 시설할 경우에는 발열선의 온도를 120[℃] 이하로 할 수 있다. **답** ②

100 고압 가공전선로의 전선으로 사용한 경동선은 안전율이 얼마 이상인 이도로 시설하여야 하는가?

① 2.0   ② 2.2
③ 2.5   ④ 3.0

풀이 332.4 고압 가공전선의 안전율,
222.6 저압 가공전선의 안전율
가공전선이 케이블 이외인 경우 안전율이 다음 이상이 되는 이도로 시설하여야 한다.
가. 경동선 또는 내열 동합금선 : 2.2 이상
나. 그 밖의 전선 : 2.5 **답** ②

문제의 번호는 실제 시험문제의 번호와 같게 하였습니다.

2024년 - 1회 _전기기사·공사기사

81 옥외설비의 절연유 유출방지설비에 대한 사항으로 중 옳지 않은 것은?

① 절연유 유출 방지설비의 선정은 기기에 들어 있는 절연유의 양, 빗물 및 화재보호시스템의 용수량, 근접 수로 및 토양조건을 고려하여야 한다.

② 벽, 집유조 및 집수탱크에 관련된 배관은 액체가 침투하지 않는 것이어야 한다.

③ 집유조 및 집수탱크는 바닥을 통하여 수로로 절연유 및 냉각액을 흘러 보낼 수 있어야 한다.

④ 절연유 및 냉각액에 대한 집유조 및 집수탱크의 용량은 물의 유입으로 지나치게 감소되지 않아야 하며, 자연배수 및 강제배수가 가능하여야 한다.

풀이 311.7 절연유 누설에 대한 보호
옥외설비의 절연유 유출방지설비
가. 절연유 유출 방지설비의 선정은 기기에 들어 있는 절연유의 양, 빗물 및 화재보호시스템의 용수량, 근접 수로 및 토양조건을 고려하여야 한다.
나. 집유조 및 집수탱크가 시설되는 경우 집수탱크는 최대 용량 변압기의 유량에 대한 집유능력이 있어야 한다.
다. 벽, 집유조 및 집수탱크에 관련된 배관은 액체가 침투하지 않는 것이어야 한다.
라. 절연유 및 냉각액에 대한 집유조 및 집수탱크의 용량은 물의 유입으로 지나치게 감소되지 않아야 하며, 자연배수 및 강제배수가 가능하여야 한다.
마. 다음의 추가적인 방법으로 수로 및 지하수를 보호하여야 한다.
　(1) 집유조 및 집수탱크는 바닥으로부터 절연유 및 냉각액의 유출을 방지하여야 한다.
　(2) 배출된 액체는 흐르는 물 분리장치를 통하여야 하며 이 목적을 위하여 액체의 비중을 고려하여야 한다.　**답** ③

82 사용전압이 400[V] 이하인 경우의 저압 보안공사에 전선으로 경동선을 사용할 경우 지름은 몇 [mm] 이상인가?

① 2.6　　　　② 3.5
③ 4.0　　　　④ 5.0

풀이 222.10 저압 보안공사
저압 보안공사시 전선은 케이블인 경우 이외에는 인장강도 8.01[kN] 이상의 것 또는 지름 5[mm](사용전압이 400[V] 이하인 경우에는 인장강도 5.26[kN] 이상의 것 또는 지름 4[mm] 이상의 경동선) 이상의 경동선이어야 한다.　**답** ③

83 옥내 배선공사 중 반드시 절연전선을 사용하지 않아도 되는 공사방법은? (단, 옥외용 비닐절연전선은 제외한다.)

① 금속관공사　　② 버스덕트공사
③ 합성수지관공사　④ 플로어덕트공사

풀이 231.4 나전선의 사용 제한
옥내에 시설하는 저압전선에는 나전선을 사용하여서는 아니 된다. 다만, 다음 중 어느 하나에 해당하는 경우에는 그러하지 아니하다.
가. 애자공사에 의하여 전개된 곳에 다음의 전선을 시설하는 경우
　① 전기로용 전선
　② 전선의 피복 절연물이 부식하는 장소에 시설하는 전선
나. 버스덕트공사에 의하여 시설하는 경우
다. 라이팅덕트공사에 의하여 시설하는 경우
라. 접촉 전선을 시설하는 경우　**답** ②

84 고압 지중전선이 지중 약전류전선 등과 접근하거나 교차하는 경우에 이격거리가 몇 [cm] 이하인 때에는 양 전선 사이에 견고한 내화성의 격벽을 설치하는 경우 이외에는 지중전선을 견고한 불연성 또는 난연성의 관에 넣어 그 관이 지중 약전류전선 등과 직접 접촉되지 않도록 하여야 하는가?

① 15　　　　② 20
③ 30　　　　④ 40

풀이 334.6 지중전선과 지중약전류전선 등 또는 관과의 접근 또는 교차
지중전선이 다음 조건의 이격거리 이하로 설치되는 경우에는 상호간에 내화성의 격벽을 설치하여야 한다.

조 건	전 압	이격거리
지중 약전류 전선과 접근 또는 교차하는 경우	저압 또는 고압	0.3[m]
	특고압	0.6[m]
가연성, 유독성의 유체를 내포하는 관과 접근 또는 교차	특고압	1[m]
	25[kV] 이하, 다중접지방식	0.5[m]
기타의 관과 접근 또는 교차	특고압	0.3[m]

답 ③

---

85 지중전선로의 매설방법이 아닌 것은?

① 관로식
② 인입식
③ 암거식
④ 직접 매설식

풀이 334.1 지중전선로의 시설
가. 지중 전선로는 전선에 케이블을 사용하고 또한 관로식·암거식 또는 직접 매설식에 의하여 시설하여야 한다.
나. 지중 전선로를 직접 매설식에 의하여 시설하는 경우에는 매설 깊이는
① 차량 기타 중량물의 압력을 받을 우려가 있는 장소 : 1.0[m] 이상
② 기타 장소 : 0.6[m] 이상

답 ②

---

86 급전선에 대한 설명으로 틀린 것은?

① 비절연보호도체, 매설접지도체, 레일 등으로 구성하여 단권변압기 중성점과 공통접지에 접속한다.
② 급전선은 나전선을 적용하여 가공식으로 가설을 원칙으로 한다.
③ 선상승강장, 인도교, 과선교 또는 교량 하부 등에 설치할 때에는 최소 절연이격거리 이상을 확보하여야 한다.
④ 신설 터널 내 급전선을 가공으로 설계할 경우 지지물의 취부는 C찬넬 또는 매입전을 이용하여 고정하여야 한다.

풀이 431.4 급전선로
1. 급전선은 나전선을 적용하여 가공식으로 가설을 원칙으로 한다. 다만, 전기적 이격거리가 충분하지 않거나 지락, 섬락 등의 우려가 있을 경우에는 급전선을 케이블로 하여 안전하게 시공하여야 한다.
2. 가공식은 전차선의 높이 이상으로 전차선로 지지물에 병가하며, 나전선의 접속은 직선접속을 원칙으로 한다.
3. 신설 터널 내 급전선을 가공으로 설계할 경우 지지물의 취부는 C찬넬 또는 매입전을 이용하여 고정하여야 한다.
4. 선상승강장, 인도교, 과선교 또는 교량 하부 등에 설치할 때에는 최소 절연이격거리 이상을 확보하여야 한다.
• ①번은 귀선로에 대한 설명이다.

답 ①

---

87 귀선로에 대한 설명으로 틀린 것은?

① 단권변압기 중성점과 단독접지에 접속한다.
② 사고 및 지락 시에도 충분한 허용전류용량을 갖도록 하여야 한다.
③ 비절연보호도체, 매설접지도체, 레일 등으로 구성한다.
④ 비절연보호도체의 위치는 통신유도장해 및 레일전위의 상승의 경감을 고려하여 결정하여야 한다.

풀이 431.5 귀선로
1. 귀선로는 비절연보호도체, 매설접지도체, 레일 등으로 구성하여 단권변압기 중성점과 공통접지에 접속한다.
2. 비절연보호도체의 위치는 통신유도장해 및 레일전위의 상승의 경감을 고려하여 결정하여야 한다.
3. 귀선로는 사고 및 지락 시에도 충분한 허용전류용량을 갖도록 하여야 한다.

답 ①

---

88 66[kV] 가공전선과 6[kV] 가공전선을 동일 지지물에 병행설치하여 시설하는 경우 이격거리는 몇 [m] 이상이어야 하는가? 단, 특고압 전선은 케이블 사용 이외의 조건이다.

① 1
② 2
③ 3
④ 4

풀이 333.17 특고압 가공전선과 저고압 가공전선 등의 병행설치

전 압	표 준	특고압에 케이블 사용 및 저·고압에 절연전선 또는 케이블 사용
35 [kV] 이하	1.2 [m] 이상	0.5 [m] 이상
35 [kV] 초과 100 [kV] 미만	2 [m] 이상	1 [m] 이상

답 ②

89 철도 또는 궤도를 횡단하는 저고압가공전선의 높이는 레일면상 몇 [m] 이상인가?

① 5.5   ② 6.5
③ 7.5   ④ 8.5

풀이 332.5 고압 가공전선의 높이
222.7 저압 가공전선의 높이

설치장소		가공전선의 높이
도로횡단(번잡하지 않은 도로 제외)		지표상 6[m] 이상
철도 또는 궤도횡단		레일면상 6.5[m] 이상
횡단 보도교 위	저압	노면상 3.5[m] 이상. 단, 절연전선의 경우 3[m] 이상
	고압	노면상 3.5[m] 이상
일반장소		지표상 5[m] 이상. 단, 저압의 경우 절연전선 또는 케이블을 사용하여 교통에 지장이 없도록 하여 옥외조명용에 공급하는 경우 4[m]까지 감할 수 있다.
다리의 하부 기타 이와 유사한 장소		저압의 전기철도용 급전선은 지표상 3.5[m]까지로 감할 수 있다.

답 ②

90 사용전압 22.9[kV]인 가공전선과 지지물과의 이격거리는 일반적으로 몇 [cm] 이상이어야 하는가?

① 5   ② 10
③ 15   ④ 20

풀이 333.5 특고압 가공전선과 지지물 등의 이격거리
특고압 가공전선과 그 지지물·완금류·지주 또는 지선 사이의 이격거리는 표에서 정한 값 이상이어야 한다. 다만, 기술상 부득이한 경우에 위험의 우려가 없도록 시설한 때에는 표에서 정한 값의 0.8배까지 감할 수 있다.

사용전압	이격거리[cm]
15[kV] 미만	15
15[kV] 이상 25[kV] 미만	20
25[kV] 이상 35[kV] 미만	25
60[kV] 이상 70[kV] 미만	40
130[kV] 이상 160[kV] 미만	90

답 ④

91 공칭전압 직류 750[V]인 경우 전차선과 건조물 간의 동적 절연이격 거리는 몇 [mm] 이상인가?

① 25   ② 100
③ 150   ④ 170

풀이 431.2 전차선로의 충전부와 건조물 간의 절연이격
전차선과 건조물 간의 최소 절연이격거리

시스템 종류	공칭전압 (V)	동적(mm)		정적(mm)	
		비오염	오염	비오염	오염
직류	750	25	25	25	25
	1,500	100	110	150	160
단상교류	25,000	170	220	270	320

답 ①

92 최대사용전압 22.9[kV]인 3상 4선식 다중접지방식의 지중전선로의 절연내력시험을 직류로 할 경우 시험전압은 몇 [V]인가?

① 16448   ② 21068
③ 32796   ④ 42136

풀이 132 전로의 절연저항 및 절연내력

전로의 종류	접지방식	시험전압 (최대사용전압의 배수)	최저 시험전압
1. 7[kV] 이하인 전로		1.5배	
2. 7[kV] 초과 25[kV] 이하	다중접지	0.92배	
3. 7[kV] 초과 60[kV] 이하 (2란의 것 제외)		1.25배	10.5[kV]
4. 60[kV] 초과	비접지	1.25배	
5. 60[kV] 초과 (6란, 7란의 것 제외)	접지식	1.1배	75[kV]
6. 60[kV] 초과(7란의 것 제외)	직접접지	0.72배	
7. 170[kV] 초과(발전소 또는 변전소 혹은 이에 준하는 장소에 시설하는 것.)	직접접지	0.64배	

※ 전로에 케이블을 사용하는 경우에는 **직류로 시험할 수 있으며, 시험전압은 교류의 경우의 2배**가 된다.
∴ 시험전압 = 22900 × 0.92 × 2 = 42136[V]　**답** ④

93 저압 가공전선이 도로 등과 접근상태로 시설되는 경우 저압 가공전선과 저압 전차선로의 지지물과의 이격거리는 몇 [m] 이상이어야 하는가? (단, 저압 가공전선과 도로와의 수평 이격거리가 1[m] 미만이라고 한다.)

① 0.3　　　　　　　② 0.4
③ 0.6　　　　　　　④ 0.8

풀이 332.12 고압 가공전선과 도로 등의 접근 또는 교차
222.12 저압 가공전선과 도로 등의 접근 또는 교차
저압 가공전선 또는 고압 가공전선이 도로·횡단보도교·철도·궤도·삭도 또는 저압 전차선(이하 "도로 등"이라 한다)과 접근상태로 시설되는 경우에는 다음에 따라야 한다.
1. 고압 가공전선로는 고압 보안공사에 의할 것.
2. 저·고압 가공전선과 도로 등의 이격거리는 표에서 정한 값 이상일 것. 다만, 가공전선과 도로·횡단보도교·철도 또는 궤도와의 수평 이격거리가 저압에서 1[m] 이상, 고압에서 1.2[m] 이상인 경우에는 그러하지 아니하다.

도로 등의 구분		저압	고압
도로·횡단보도교·철도 또는 궤도		3[m]	3[m]
삭도나 그 지주 또는 저압 전차선	고압절연 전선	0.3[m]	0.8[m]
	케이블	0.3[m]	0.4[m]
	기 타	0.6[m]	0.8[m]
저압 전차선로의 지지물	케이블	0.3[m]	0.3[m]
	기 타	0.3[m]	0.6[m]

답 ①

94 고압 또는 특고압의 기계기구·모선 등을 옥외에 시설하는 발전소·변전소·개폐소 또는 이에 준하는 곳에 시설하는 울타리·담 등의 하단과 지표면 사이의 간격은 몇 [m] 이하로 하여야 하는가?

① 0.12　　　　　　② 0.15
③ 0.3　　　　　　　④ 0.5

풀이 351.1 발전소 등의 울타리·담 등의 시설
울타리·담 등의 높이는 2[m] 이상으로 하고 **지표면과 울타리·담 등의 하단 사이의 간격은 0.15[m]** 이하로 할 것.　**답** ②

95 교통신호등 제어장치의 2차측 배선의 최대 사용전압은 몇 [V] 이하이어야 하는가?

① 110　　　　　　　② 220
③ 300　　　　　　　④ 380

풀이 234.15 교통신호등
가. **교통신호등 제어장치의 2차측 배선의 최대 사용전압은 300[V] 이하**이어야 한다.
나. 전선은 케이블인 경우 이외에는 공칭단면적 2.5[mm²] 연동선과 동등 이상의 세기 및 굵기의 450/750[V] 일반용 단심 비닐절연전선 또는 450/750[V] 내열성 에틸렌아세테이트 고무절연전선일 것.
다. 교통신호등의 전구에 접속하는 인하선은 다음에 의하여 시설하여야 한다.
① 전선의 지표상의 높이는 2.5[m] 이상일 것.
② 전선을 애자공사에 의하여 시설하는 경우에는 전선을 적당한 간격마다 묶을 것.
라. 교통신호등 회로의 사용전압이 150[V]를 넘는 경우는 전로에 지락이 생겼을 경우 자동적으로 전로를 차단하는 누전차단기를 시설할 것.
마. 교통신호등의 제어장치의 금속제외함 및 신호등을 지지하는철주에는 규정에 준하여 접지공사를 하여야 한다.　**답** ③

96 특고압용의 개폐기, 차단기, 피뢰기 기타 이와 유사한 기구로서 동작 시에 아크가 생기는 것은 목재의 벽 또는 천정 기타의 가연성 물체로부터 몇 [m] 이상 떼어놓아야 하는가? (단, 사용전압이 35[kV] 초과인 경우이다.)

① 1　　　　　　　　② 1.2
③ 1.5　　　　　　　④ 2

풀이 341.7 아크를 발생하는 기구의 시설
고압용 또는 특고압용의 개폐기·차단기·피뢰기 기타 이와 유사한 기구로서 동작 시에 아크가 생기는 것은 목재의 벽 또는 천장 기타의 가연성 물체로부터 표에서 정한 값 이상 이격하여 시설하여야 한다.

기구 등의 구분	이격거리
고압용의 것	1[m] 이상
특고압용의 것	2[m] 이상(사용전압이 35[kV] 이하의 특고압용의 기구 등으로서 동작할 때에 생기는 아크의 방향과 길이를 화재가 발생할 우려가 없도록 제한하는 경우에는 1[m] 이상)

　답 ④

97 주택 등 저압 수용 장소에서 고정 전기설비에 TN-C-S 접지방식으로 접지공사 시 중성선 겸용 보호도체(PEN)를 알루미늄으로 사용할 경우 단면적은 몇 [mm²] 이상이어야 하는가?

① 2.5　② 6　③ 10　④ 16

풀이 142.4.2 주택 등 저압수용장소 접지
저압수용장소에서 계통접지가 TN-C-S 방식인 경우 중성선 겸용 보호도체(PEN)는 고정 전기설비에만 사용할 수 있고, 그 도체의 단면적이 구리는 10[mm²] 이상, 알루미늄은 16[mm²] 이상이어야 하며, 그 계통의 최고전압에 대하여 절연되어야 한다. **답** ④

98 교류계통에서 누전차단기에 의한 추가적 보호를 하여야 하는 콘센트의 정격전류는 몇 [A] 이하여야 하는가? (단, 일반적으로 사용되며 일반인이 사용하는 콘센트이다.)

① 16　② 20　③ 32　④ 63

풀이 211.2.3 추가적인 보호
다음에 따른 교류계통에서는 누전차단기에 의한 추가적 보호를 하여야 한다.
가. 일반적으로 사용되며 일반인이 사용하는 정격전류 20[A] 이하 콘센트
나. 옥외에서 사용되는 정격전류 32 [A] 이하 이동용 전기기기 **답** ②

99 60[kV] 이하인 특고압 가공전선과 고압 가공전선이 1차 접근상태로 시설되는 경우 최소 이격거리는 몇 [m]인가? (단, 케이블을 사용하지 않는다고 한다.)

① 1　　　② 1.2
③ 1.5　　④ 2

풀이 333.26 특고압 가공전선과 저고압 가공전선 등의 접근 또는 교차
특고압 가공전선이 가공약전류전선 등 저압 또는 고압의 가공전선이나 저압 또는 고압의 전차선(이하에서 "저고압 가공전선 등"이라 한다)과 제1차 접근상태로 시설되는 경우
가. 특고압 가공전선로는 제3종 특고압 보안공사에 의할 것.
나. 특고압 가공전선과 저고압 가공 전선 등 또는 이들의 지지물이나 지주 사이의 이격거리는 표에서 정한 값 이상일 것.

사용전압의 구분	이격거리
60[kV] 이하	2[m]
60[kV] 초과	• 이격거리 = 2 + 단수 × 0.12[m] • 단수 = $\dfrac{(전압[kV] - 60)}{10}$ 단수 계산에서 소수점 이하는 절상

답 ④

100 제2종 특고압 보안공사의 기준으로 틀린 것은?

① 특고압 가공전선은 연선일 것
② 지지물이 목주일 경우 그 경간은 100[m] 이하일 것
③ 지지물이 A종 철주일 경우 그 경간은 150[m] 이하일 것
④ 지지물로 사용하는 목주의 풍압하중에 대한 안전율은 2 이상일 것

풀이 333.22 특고압 보안공사
제2종 특고압 보안공사는 다음에 따라야 한다.
가. 특고압 가공전선은 연선일 것.
나. 지지물로 사용하는 목주의 풍압하중에 대한 안전율은 2 이상일 것.
다. 경간은 표에서 정한 값 이하일 것

지지물의 종류	경　간
목주 · A종 철주 또는 A종 철근 콘크리트주	100[m]
B종 철주 또는 B종 철근 콘크리트주	200[m]
철탑	400[m](단주인 경우에는 300[m])

답 ③

2024년 - 2회 _ 전기기사 · 공사기사

81 급전용변압기는 교류 전기철도의 경우 어떤 변압기의 적용을 원칙으로 하고, 급전계통에 적합하게 선정하여야 하는가?

① 3상 정류기용 변압기
② 단상 정류기용 변압기
③ 3상 스코트결선 변압기
④ 단상 스코트결선 변압기

풀이 421.4 변전소의 설비

1. 변전소 등의 계통을 구성하는 각종 기기는 운용 및 유지보수성, 시공성, 내구성, 효율성, 친환경성, 안전성 및 경제성 등을 종합적으로 고려하여 선정하여야 한다.
2. 급전용 변압기는 직류 전기철도의 경우 3상 정류기용 변압기, 교류 전기철도의 경우 3상 스코트결선 변압기의 적용을 원칙으로 하고, 급전계통에 적합하게 선정하여야 한다. **답** ③

---

82 한국전기설비규정에 준한 전선의 식별에서 N상은 어떤 색을 쓰고 있는가?

① 파란색
② 검은색
③ 노란색
④ 갈색

풀이 121.2 전선의 식별

상(문자)	L1	L2	L3	N	보호도체
색상	갈색	검은색	회색	파란색	녹색-노란색

답 ①

---

83 풍력터빈의 피뢰설비 시설기준에 대한 설명으로 틀린 것은?

① 풍력터빈에 설치한 피뢰설비(리셉터, 인하도선 등)의 기능저하로 인해 다른 기능에 영향을 미치지 않을 것
② 풍력터빈 내부의 계측 센서용 케이블은 금속관 또는 차폐케이블 등을 사용하여 뇌유도과전압으로부터 보호할 것
③ 풍력터빈에 설치하는 인하도선은 쉽게 부식되지 않는 금속선으로서 뇌격전류를 안전하게 흘릴 수 있는 충분한 굵기여야 하며, 가능한 직선으로 시설할 것
④ 수뢰부를 풍력터빈 중앙부분에 배치하되 뇌격전류에 의한 발열에 용손(溶損)되지 않도록 재질, 크기, 두께 및 형상 등을 고려할 것

풀이 532.3.5 피뢰설비

풍력터빈의 피뢰설비는 다음에 따라 시설하여야 한다.
가. 수뢰부를 풍력터빈 선단부분 및 가장자리 부분에 배치하되 뇌격전류에 의한 발열에 용손(溶損)되지 않도록 재질, 크기, 두께 및 형상 등을 고려할 것
나. 풍력터빈에 설치하는 인하도선은 쉽게 부식되지 않는 금속선으로서 뇌격전류를 안전하게 흘릴 수 있는

충분한 굵기여야 하며, 가능한 직선으로 시설할 것
다. 풍력터빈 내부의 계측 센서용 케이블은 금속관 또는 차폐케이블 등을 사용하여 뇌유도과전압으로부터 보호할 것
라. 풍력터빈에 설치한 피뢰설비(리셉터, 인하도선 등)의 기능저하로 인해 다른 기능에 영향을 미치지 않을 것 **답** ④

---

84 중성점 접지식 전선로에 접속한 66[kV] 변압기의 절연내력 시험전압[kV]은?

① 72.6
② 75.0
③ 82.5
④ 99.0

풀이 135 변압기 전로의 절연내력

권선의 종류 (최대사용전압)	접지방식	시험전압 (최대사용 전압의 배수)	최저 시험전압
1. 7[kV] 이하		1.5배	500[V]
	다중접지	0.92배	500[V]
2. 7[kV] 초과 25[kV] 이하	다중접지	0.92배	
3. 7[kV] 초과 60[kV] 이하 (2란의 것 제외)		1.25배	10.5[kV]
4. 60[kV] 초과	비접지	1.25배	
5. 60[kV] 초과 (6란의 것 제외)	접지식	1.1배	75 [kV]
6. 60[kV] 초과	직접접지	0.72배	
7. 170[kV] 초과	직접접지	0.64배	

최대 사용전압이 60[kV] 이상인 중성점 접지식인 경우 최대 사용전압의 1.1배를 곱한다.
시험시험전압 $= 66 \times 1.1 = 72.6$[kV]
그러나 최저 시험전압이 75[kV]이므로 75[kV]의 시험전압을 가하여야 한다. **답** ②

---

85 ACSR 전선을 사용전압 직류 1500[V]의 가공급전선으로 사용할 경우 안전율은 얼마 이상이 되는 이도로 시설하여야 하는가?

① 2.0
② 2.1
③ 2.2
④ 2.5

풀이 332.4 고압 가공전선의 안전율
222.6 저압 가공전선의 안전율
가공전선이 케이블 이외인 경우 안전율이 다음 이상이 되는 이도로 시설하여야 한다.
가. 경동선 또는 내열 동합금선 : 2.2 이상
나. 그 밖의 전선 : 2.5 **답** ④

86 금속덕트공사에 의한 저압 옥내배선공사시설에 대한 설명으로 틀린 것은?

① 금속덕트 안에는 전선에 접속점이 없도록 할 것.
② 금속덕트 안에는 전선의 피복을 손상할 우려가 있는 것을 넣지 아니할 것.
③ 금속덕트에 넣은 전선의 단면적(절연피복의 단면적을 포함한다)의 합계는 덕트의 내부 단면적의 15[%](전광표시장치 기타 이와 유사한 장치 또는 제어회로 등의 배선만을 넣는 경우에는 50[%]) 이하일 것.
④ 금속덕트에 의하여 저압 옥내배선이 건축물의 방화 구획을 관통하거나 인접 조영물로 연장되는 경우에는 그 방화벽 또는 조영물 벽면의 덕트 내부는 불연성의 물질로 차폐하여야 함.

풀이 232.31 금속덕트공사
금속덕트에 넣은 전선의 단면적(절연피복의 단면적을 포함한다)의 합계는 덕트의 내부 단면적의 20[%](전광표시 장치 기타 이와 유사한 장치 또는 제어회로 등의 배선만을 넣는 경우에는 50[%]) 이하일 것. **답** ③

87 저압의 이동용 전기기계의 금속제 외함을 접지할 경우 다심 코드 및 다심 캡타이어케이블의 일심 이외의 가요성이 있는 연동연선으로 접지공사 시 접지선의 단면적은 몇 [mm²] 이상이어야 하는가?

① 0.75 ② 1.5
③ 6 ④ 10

풀이 142.3.1 접지도체
이동하여 사용하는 전기기계기구의 금속제 외함 등의 접지시스템의 경우는 다음의 것을 사용하여야 한다.

접지도체	접지선의 종류	접지선의 단면적
특고압·고압 전기설비 중성점 접지	• 클로로프렌캡타이어케이블 (3종 및 4종) • 클로로설포네이트폴리에틸렌캡타이어 케이블의 일심(3종 및 4종) • 다심캡타이어케이블의 차폐 기타의 금속제	10[mm²]

접지도체	접지선의 종류	접지선의 단면적
저압 전기설비	다심 코드 또는 다심 캡타이어케이블의 일심	0.75[mm²]
	다심코드 및 다심 캡타이어케이블의 일심 이외의 가요성이 있는 연동연선	1.5[mm²]

답 ②

88 사용전압 22.9[kV]의 가공전선이 철도를 횡단하는 경우, 전선의 레일면상의 높이는 몇 [m] 이상인가?

① 5 ② 5.5
③ 6 ④ 6.5

풀이 333.7 특고압 가공전선의 높이

전압의 범위	일반 장소	도로 횡단	철도 또는 궤도횡단	횡단보도교
35[kV] 이하	5[m]	6[m]	6.5[m]	4[m](특고압 절연전선 또는 케이블 사용)
35[kV] 초과 160[kV] 이하	6[m]	6[m]	6.5[m]	5[m](케이블 사용)
	산지 등에서 사람이 쉽게 들어갈 수 없는 장소 : 5[m] 이상			
160[kV] 초과	일반장소	가공전선의 높이 = 6 + 단수 × 0.12[m]		
	철도 또는 궤도횡단	가공전선의 높이 = 6.5 + 단수 × 0.12[m]		
	산지	가공전선의 높이 = 5 + 단수 × 0.12[m]		

※ 단수 = $\frac{전압[kV]-160}{10}$ … 단수 계산에서 소수점 이하는 절상

답 ④

89 3300[V] 고압 가공전선을 교통이 번잡한 도로를 횡단하여 시설하는 경우 지표상 높이를 몇 [m] 이상으로 하여야 하는가?

① 5.0 ② 5.5
③ 6.0 ④ 6.5

풀이 332.5 고압 가공전선의 높이
222.7 저압 가공전선의 높이
저·고압 가공전선의 높이는 다음에 따라야 한다.

설치장소		가공전선의 높이
도로횡단(번잡하지 않은 도로 제외)		지표상 6[m] 이상
철도 또는 궤도횡단		레일면상 6.5[m] 이상
횡단 보도교 위	저압	노면상 3.5[m] 이상. 단, 절연전선의 경우 3[m] 이상
	고압	노면상 3.5[m] 이상
일반장소		지표상 5[m] 이상. 단, 저압의 경우 절연전선 또는 케이블을 사용하여 교통에 지장이 없도록 하여 옥외조명용에 공급하는 경우 4[m]까지 감할 수 있다.
다리의 하부 기타 이와 유사한 장소		저압의 전기철도용 급전선은 지표상 3.5 [m]까지로 감할 수 있다.

답 ③

90 가공전선로의 지지물에 하중이 가하여지는 경우에 그 하중을 받는 지지물의 기초 안전율은 얼마 이상이어야 하는가? (단, 이상 시 상정하중은 무관)

① 1.5 　　　　② 2.0
③ 2.5 　　　　④ 3.0

풀이 331.7 가공전선로 지지물의 기초의 안전율
가공전선로의 지지물에 하중이 가하여지는 경우에 그 하중을 받는 지지물의 **기초의 안전율은 2**(이상 시 상정하중이 가하여지는 철탑의 기초에 대하여는 1.33) 이상이어야 한다.

답 ②

91 직류 전기철도 시스템이 매설 배관 또는 케이블과 인접할 경우 누설전류를 피하기 위해 최대한 이격시켜야 하는데, 주행레일과 최소 몇 [m] 이상의 거리를 유지하여야 하는가?

① 0.5 　　　　② 1
③ 1.5 　　　　④ 2

풀이 461.5 누설전류 간섭에 대한 방지
직류 전기철도 시스템이 매설 배관 또는 케이블과 인접할 경우 누설전류를 피하기 위해 최대한 이격시켜야 하며, **주행레일과 최소 1[m] 이상의 거리를 유지**하여야 한다.

답 ②

92 상주 감시를 요하지 아니하는 변전소에서 그 온도가 현저히 상승한 경우 기술원 주재소에 경보하는 장치를 시설하여야 할 특고압용 변압기의 출력은 얼마인가?

① 1,000[kVA] 넘는 것
② 2,000[kVA] 넘는 것
③ 3,000[kVA] 넘는 것
④ 5,000[kVA] 넘는 것

풀이 351.9 상주 감시를 하지 아니하는 변전소의 시설
다음의 경우에는 **변전제어소 또는 기술원이 상주하는 장소에 경보장치를 시설할 것.**
가. 운전조작에 필요한 차단기가 자동적으로 차단한 경우
나. 주요 변압기의 전원측 전로가 무전압으로 된 경우
다. 제어 회로의 전압이 현저히 저하한 경우
라. **출력 3,000 [kVA]를 초과하는 특고압용변압기는 그 온도가 현저히 상승한 경우**
마. 특고압용 타냉식변압기는 그 냉각장치가 고장난 경우
바. 조상기는 내부에 고장이 생긴 경우
사. 수소냉각식조상기는 그 조상기 안의 수소의 순도가 90[%] 이하로 저하한 경우, 수소의 압력이 현저히 변동한 경우 또는 수소의 온도가 현저히 상승한 경우

답 ③

93 고압가공전선로의 지지물로 철탑을 사용한 경우 최대경간은 몇 [m] 이하이어야 하는가?

① 300 　　　　② 400
③ 500 　　　　④ 600

풀이 332.9 고압 가공전선로 경간의 제한
고압 가공전선로의 경간은 표에서 정한 값 이하이어야 한다.

지지물의 종류	경　간
목주·A종 철주 또는 A종 철근 콘크리트주	150[m]
B종 철주 또는 B종 철근 콘크리트주	250[m]
철 탑	600[m] (단주인 경우에는 400[m])

답 ④

94 66[kV] 가공 전선로에 6[kV] 가공전선을 동일 지지물에 시설하는 경우 특고압 가공전선은 케이블인 경우를 제외하고 인장 강도가 몇 [kN] 이상의 연선이어야 하는가?

① 5.26[kN] ② 8.31[kN]
③ 14.5[kN] ④ 21.67[kN]

풀이 333.17 특고압 가공전선과 저고압 가공전선 등의 병행설치
사용전압이 35[kV]을 초과하고 100[kV] 미만인 특고압 가공전선과 저압 또는 고압 가공전선을 동일 지지물에 시설하는 경우에는 다음에 따라 시설하여야 한다.
가. 특고압 가공전선로는 제2종 특고압 보안공사에 의할 것.
나. 특고압 가공전선은 케이블인 경우를 제외하고는 인장강도 21.67[kN] 이상의 연선 또는 단면적이 50[mm²] 이상인 경동연선일 것.
다. 특고압 가공전선로의 지지물은 철주·철근 콘크리트주 또는 철탑일 것. **답** ④

95 22.9[kV] 특고압 가공전선이 상부 조영재 위쪽에서 접근하는 경우 전선과 상부 조영재간의 이격거리[m]는 얼마 이상이어야 하는가? (단, 케이블인 경우이다.)

① 0.8 ② 1.0
③ 1.2 ④ 2.0

풀이 333.23 특고압 가공전선과 건조물의 접근
특고압 가공전선이 건조물과 제1차 접근상태로 시설되는 경우에는 다음에 따라야 한다.
가. 특고압 가공전선로는 제3종 특고압 보안공사에 의할 것.
나. 사용전압이 35[kV] 이하인 특고압 가공전선과 건조물의 조영재 이격거리는 표에서 정한 값 이상일 것.

건조물과 조영재의 구분	전선종류	접근형태	이격거리
상부 조영재	특고압 절연전선	위쪽	2.5[m]
		옆쪽 또는 아래쪽	1.5[m] (전선에 사람이 쉽게 접촉할 우려가 없도록 시설한 경우는 1[m])
	케이블	위쪽	1.2[m]
		옆쪽 또는 아래쪽	0.5[m]
	기타전선		3[m]

답 ③

96 저압 옥내전로의 인입구에 가까운 곳으로서 쉽게 개폐할 수 있는 곳에 개폐기를 시설하여야 한다. 그러나 사용전압이 400[V] 이하인 옥내전로로서 다른 옥내전로에 접속하는 길이가 몇 [m] 이하인 경우는 개폐기를 생략할 수 있는가? (단, 정격전류가 16[A] 이하인 과전류 차단기 또는 정격전류가 16[A]를 초과하고 20[A] 이하인 배선용 차단기로 보호되고 있는 것에 한한다.)

① 15 ② 20
③ 25 ④ 30

풀이 212.6.2 저압 옥내전로 인입구에서의 개폐기의 시설
가. 저압 옥내전로에는 인입구에 가까운 곳으로서 쉽게 개폐할 수 있는 곳에 개폐기를 각 극에 시설하여야 한다.
나. 사용전압이 400[V] 이하인 옥내 전로로서 다른 옥내전로(정격전류가 16[A] 이하인 과전류 차단기 또는 정격전류가 16[A]를 초과하고 20[A] 이하인 배선용 차단기로 보호되고 있는 것에 한한다)에 접속하는 길이 15[m] 이하의 전로에서 전기의 공급을 받는 것은 개폐기를 생략할 수 있다. **답** ①

97 관광숙박업 또는 숙박업을 하는 객실의 입구등에 조명용 전등을 설치할 때는 몇 분 이내에 소등되는 타임스위치를 시설하여야 하는가?

① 1 ② 2
③ 3 ④ 10

풀이 234.6 점멸기의 시설
다음의 경우에는 센서등(타임스위치 포함)을 시설하여야 한다.
가. 관광숙박업 또는 숙박업(여인숙업을 제외한다)에 이용되는 객실의 입구등은 1분 이내에 소등되는 것.
나. 일반주택 및 아파트 각 호실의 현관등은 3분 이내에 소등되는 것. **답** ①

98 단상교류 25,000[V]인 경우 전차선로의 충전부와 차량 간의 동적 절연이격 거리는 몇 [mm] 이상인가?

① 25 ② 100
③ 150 ④ 170

풀이 431.3 전차선로의 충전부와 차량 간의 최소 절연이격

시스템 종류	공칭전압(V)	동적(mm)	정적(mm)
직류	750	25	25
	1,500	100	150
단상교류	25,000	170	270

답 ④

99 전기울타리의 시설에 관한 규정 중 틀린 것은?

① 전선과 수목 사이의 이격거리는 50[cm] 이상이어야 한다.

② 전기울타리는 사람이 쉽게 출입하지 아니하는 곳에 시설하여야 한다.

③ 전선은 인장강도 1.38[kN] 이상의 것 또는 지름 2[mm] 이상의 경동선이어야 한다.

④ 전기울타리용 전원 장치에 전기를 공급하는 전로의 사용전압은 250[V] 이하이어야 한다.

풀이 241.1 전기울타리

가. 전기울타리용 전원장치에 전원을 공급하는 전로의 사용전압은 250[V] 이하이어야 한다.

나. 전기울타리는 사람이 쉽게 출입하지 아니하는 곳에 시설할 것.

다. 전선은 인장강도 1.38[kN] 이상의 것 또는 지름 2[mm] 이상의 경동선일 것.

라. 전선과 이를 지지하는 기둥 사이의 이격거리는 25[mm] 이상일 것.

마. 전선과 다른 시설물(가공 전선을 제외한다) 또는 수목과의 이격거리는 0.3[m] 이상일 것. **답** ①

100 특고압 지중전선이 가연성이나 유독성의 유체를 내포하는 관과 접근하기 때문에 상호간에 견고한 내화성의 격벽을 시설하였다. 상호 간의 이격거리가 몇 [m] 이하인 경우인가?

① 0.4　　　　② 0.6

③ 0.8　　　　④ 1

풀이 334.6 지중전선과 지중약전류전선 등 또는 관과의 접근 또는 교차

지중전선이 다음 조건의 이격거리 이하로 설치되는 경우에는 상호간에 내화성의 격벽을 설치하여야 한다.

조 건	전 압	이격거리
지중 약전류 전선과 접근 또는 교차하는 경우	저압 또는 고압	0.3[m]
	특고압	0.6[m]
가연성, 유독성의 유체를 내포하는 관과 접근 또는 교차	특고압	1[m]
	25[kV] 이하, 다중접지방식	0.5[m]
기타의 관과 접근 또는 교차	특고압	0.3[m]

답 ④

2024년 - 3회 _ 전기기사·공사기사

81 정격전류가 63[A] 초과인 경우 배선용 차단기(주택용)는 정격전류의 몇 배의 전류에 견뎌야 하는가?

① 1.05　② 1.13　③ 1.3　④ 1.45

풀이 212.3.4 보호장치의 특성

과전류트립 동작시간 및 특성(주택용 배선용 차단기)

정격전류의 구분	시 간	정격전류의 배수 (모든 극에 통전)	
		부동작 전류	동작 전류
63[A] 이하	60분	1.13배	1.45배
63[A] 초과	120분	1.13배	1.45배

답 ②

82 저압 옥내배선에 사용하는 연동선의 최소 굵기는 몇 [mm²]인가?

① 1.5　② 2.5　③ 4.0　④ 6.0

풀이 231.3 저압 옥내배선의 사용전선

가. 저압 옥내배선의 전선 : 단면적 2.5[mm²] 이상의 연동선

나. 옥내배선의 사용 전압이 400[V] 이하인 경우는 다음에 의하여 시설할 수 있다.

① 전광표시 장치 또는 제어 회로
  • 단면적 1.5[mm²] 이상의 연동선
  • 단면적 0.75[mm²] 이상인 다심케이블 또는 다심 캡타이어 케이블을 사용하고 또한 과전류가 생겼을 때에 자동적으로 전로에서 차단하는 장치를 시설

② 진열장 또는 이와 유사한 것의 내부 배선 : 단면적 0.75[mm²] 이상인 코드 또는 캡타이어케이블

답 ②

83 고압가공전선로의 지지물에 시설하는 통신선의 높이는 도로를 횡단하는 경우 교통에 지장을 줄 우려가 없다면 지표상 몇 [m]까지로 감할 수 있는가?

① 4   ② 4.5   ③ 5   ④ 6

풀이 362.2 전력보안통신선의 시설 높이와 이격거리
가공전선로의 지지물에 시설하는 통신선 또는 이에 직접 접속하는 가공 통신선의 높이는 다음에 따라야 한다.

시설 장소		가공전선로의 지지물에 시설	
		고·저압[m]	특고압[m]
도로횡단	일반적인 경우	6[m] 이상	6[m] 이상
	교통에 지장을 안 주는 경우	**5[m] 이상**	
철도 횡단(레일면상)		6.5[m] 이상	6.5[m] 이상
횡단 보도교 위	노면상	3.5[m] 이상	5[m] 이상
	절연전선 사용	3[m] 이상	
	광섬유 케이블 사용		4[m] 이상
기타의 장소	일반적인 경우 (절연전선 사용)	4[m] 이상	5[m] 이상
	광섬유 케이블 사용	3.5[m] 이상	

답 ③

84 고압가공전선이 철도를 횡단하는 경우 레일면 상에서 몇 [m] 이상으로 유지 되어야 하는가?

① 5.5   ② 6   ③ 6.5   ④ 7.0

풀이 332.5 고압 가공전선의 높이
222.7 저압 가공전선의 높이
저·고압 가공전선의 높이는 다음에 따라야 한다.

설치장소		가공전선의 높이
도로횡단(번잡하지 않은 도로 제외)		지표상 6[m] 이상
철도 또는 궤도횡단		**레일면상 6.5[m] 이상**
횡단 보도교 위	저압	노면상 3.5[m] 이상. 단, 절연전선의 경우 3[m] 이상
	고압	노면상 3.5[m] 이상
일반장소		지표상 5[m] 이상. 단, 저압의 경우 절연전선 또는 케이블을 사용하여 교통에 지장이 없도록 하여 옥외조명용에 공급하는 경우 4[m]까지 감할 수 있다.
다리의 하부 기타 이와 유사한 장소		저압의 전기철도용 급전선은 지표상 3.5[m]까지로 감할 수 있다.

답 ③

85 전기용 알루미늄에 미량의 지르코늄(Zr)을 첨가하여 내열성능을 향상시킨 내열 강심알루미늄 합금연선의 약호는?

① HDCC   ② ACSR
③ CNCV   ④ TACSR

풀이 내열 강심알루미늄연선(TACSR)
알루미늄에 극소량의 지르코늄(Zr)을 첨가한 합금연선으로 내열성이 우수하다. ACSR 전선과 비교해 보면
• ACSR의 연속 허용온도가 90[℃]인데 비하여 TACSR은 150[℃]이다.
• ACSR에 비하여 전류용량이 1.5 ∼ 1.6배 크다.

답 ④

86 고압 및 특고압 가공전선로로부터 공급을 받는 수용 장소의 인입구에 반드시 시설하여야 하는 것은?

① 댐퍼   ② 아킹혼
③ 조상기   ④ 피뢰기

풀이 341.13 피뢰기의 시설
고압 및 특고압의 전로 중 다음에 열거하는 곳 또는 이에 근 접한 곳에는 피뢰기를 시설하여야 한다.
가. 발전소·변전소 또는 이에 준하는 장소의 가공전선 인입구 및 인출구
나. 특고압 가공전선로에 접속하는 배전용 변압기의 고압측 및 특고압측
다. 고압 및 특고압 가공전선로로부터 공급을 받는 수용장소의 인입구
라. 가공전선로와 지중전선로가 접속되는 곳   **답** ④

87 도로 또는 옥외 주차장에 표피전류 가열장치를 시설하는 경우 발열선에 전기를 공급하는 전로의 대지전압은 교류 몇 [V] 이하여야 하는가? (단, 주파수가 60[Hz]의 것에 한한다.)

① 150   ② 300
③ 400   ④ 600

풀이 241.12.4 표피전류 가열장치의 시설
도로 또는 옥외 주차장에 표피전류 가열장치를 시설하는 경우에
가. 발열선에 전기를 공급하는 전로의 대지전압은 교류 (주파수가 60 [Hz]의 것에 한한다) 300 [V] 이하일 것.
나. 발열선과 소구경관은 전기적으로 접속하지 아니할 것.

다. 소구경관은 다음에 의하여 시설할 것.
   (1) 소구경관은 배관용 탄소강관에 적합한 것일 것.
   (2) 소구경관은 그 온도가 120 [℃]를 넘지 아니하도록 시설할 것.
   (3) 소구경관에 부속하는 박스는 강판으로 견고하게 제작한 것일 것.
   (4) 소구경관 상호 간 및 소구경관과 박스의 접속은 용접에 의할 것.
라. 발열선은 그 온도가 120 [℃]를 넘지 아니하도록 시설할 것.　**답** ②

88 주택의 전기저장장치의 축전지에 접속하는 부하 측 옥내전로에 지락이 생겼을 때 자동적으로 전로를 차단하는 장치를 시설한 경우에 주택의 옥내전로의 대지전압은 직류 몇 [V]까지 적용할 수 있는가?

① 150　② 300
③ 400　④ 600

풀이 511.1.3 옥내전로의 대지전압 제한
주택의 전기저장장치의 축전지에 접속하는 부하 측 옥내배선을 다음에 따라 시설하는 경우에 주택의 옥내전로의 대지전압은 직류 600[V]까지 적용할 수 있다.
가. 전로에 지락이 생겼을 때 자동적으로 전로를 차단하는 장치를 시설할 것
나. 사람이 접촉할 우려가 없는 은폐된 장소에 합성수지관배선, 금속관배선 및 케이블배선에 의하여 시설하거나, 사람이 접촉할 우려가 없도록 케이블배선에 의하여 시설하고 전선에 적당한 방호장치를 시설할 것　**답** ④

89 변압기에 의하여 특고압전로에 결합되는 고압전로에는 혼촉 등에 의한 위험 방지 시설로 어떤 것을 그 변압기의 단자에 가까운 1극에 설치하여야 하는가?

① 댐퍼　② 절연 애자
③ 퓨즈　④ 방전 장치

풀이 322.3 특고압과 고압의 혼촉 등에 의한 위험방지 시설
변압기에 의하여 특고압전로에 결합되는 고압전로에는 사용전압의 3배 이하인 전압이 가하여진 경우에 방전하는 장치를 그 변압기의 단자에 가까운 1극에 설치하여야 한다.　**답** ④

90 사용전압이 154[kV]인 가공 송전선의 시설에서 전선과 식물과의 이격거리는 일반적인 경우에 몇 [m] 이상으로 하여야 하는가?

① 2.8　② 3.2
③ 3.6　④ 4.2

풀이 333.30 특고압 가공전선과 식물의 이격거리

사용전압의 구분	이격거리
60[kV] 이하	2 [m]
60[kV] 초과	• 이격거리 = 2 + 단수 × 0.12[m] • 단수 = $\frac{(전압[kV]-60)}{10}$ 단수 계산에서 소수점 이하는 절상

• 단수 $= \frac{154-60}{10} = 9.4 \rightarrow 10$단
• 이격거리 $= 2 + 10 \times 0.12 = 3.2$[m]　**답** ②

91 고압 옥내배선이 수관·가스관이나 이와 유사한 것과 접근하거나 교차하는 경우의 이격거리는 최소 몇 [cm] 이상이어야 하는가?

① 10　② 15　③ 20　④ 25

풀이 342.1 고압 옥내배선 등의 시설
고압 옥내배선이 다른 고압 옥내배선·저압 옥내전선·관등회로의 배선·약전류 전선 등 또는 수관·가스관이나 이와 유사한 것과 접근하거나 교차하는 경우 이격거리
가. 다른 고압 옥내배선·저압 옥내전선·관등회로의 배선·약전류 전선 : 15[cm]
나. 수관·가스관이나 이와 유사한 것과 접근하거나 교차하는 경우 : 15[cm]
다. 애자공사에 의하여 시설하는 저압 옥내전선이 나전선인 경우 : 30[cm]
라. 가스계량기 및 가스관의 이음부와 전력량계 및 개폐기 : 60[cm]　**답** ②

92 금속제 가요전선관공사에 대한 설명으로 틀린 것은?

① 옥외용 비닐절연전선을 사용하여 시설할 것
② 가요전선관 안에는 전선에 접속점이 없도록 할 것
③ 안쪽 면은 전선의 피복을 손상하지 아니하도록 매끈한 것일 것
④ 관의 끝부분은 피복을 손상하지 아니하는 구조로 되어 있을 것

풀이 232.13 금속제 가요전선관공사
1. 전선은 절연전선(옥외용 비닐절연전선을 제외한다) 일 것.
2. 전선은 연선일 것. 다만, 단면적 10[mm²](알루미늄선은 단면적 16[mm²]) 이하인 것은 그러하지 아니하다.
3. 가요전선관 안에는 전선에 접속점이 없도록 할 것.
4. 안쪽 면은 전선의 피복을 손상하지 아니하도록 매끈한 것일 것.
5. 관 상호 간 및 관과 박스 기타의 부속품과는 견고하고 또한 전기적으로 완전하게 접속할 것.
6. 가요전선관의 끝부분은 피복을 손상하지 아니하는 구조로 되어 있을 것.
7. 습기 많은 장소 또는 물기가 있는 장소에 시설하는 때에는 비닐 피복 가요전선관일 것. **답** ①

93 저압가공전선이 건조물의 상부 조영재 옆쪽으로 접근하는 경우 저압가공전선과 건조물의 조영재 사이의 이격거리는 몇 [m] 이상이어야 하는가? (단, 전선에 사람이 쉽게 접촉할 우려가 없도록 시설한 경우와 전선이 고압 절연전선, 특고압 절연전선 또는 케이블인 경우는 제외한다.)

① 0.6 ② 0.8
③ 1.2 ④ 2.0

풀이 332.11 고압 가공전선과 건조물의 접근
222.11 저압 가공전선과 건조물의 접근
저압 가공전선 또는 고압 가공전선이 건조물과 접근 상태로 시설되는 경우에는 다음에 따라야 한다.
가. 고압 가공전선로는 고압 보안공사에 의할 것.
나. 저·고압 가공전선과 건조물의 조영재 사이의 이격거리는 표에서 정한 값 이상일 것.

사용전압 부분 공작물의 종류			저압[m]	고압[m]
건조물	상부 조영재 위쪽	일반적인 경우	2	2
		전선이 고압절연전선	1	2
		전선이 케이블인 경우	1	1
	기타 조영재 또는 상부조영재의 옆쪽 또는 아래쪽	일반적인 경우	1.2	1.2
		전선이 고압절연전선	0.4	1.2
		전선이 케이블인 경우	0.4	0.4
		사람이 쉽게 접근할 수 없도록 시설한 경우	0.8	0.8

답 ③

94 사용전압 22.9[kV]인 가공전선로의 중성선 다중접지식에 사용되는 접지선의 굵기는 단면적 몇 [mm²]의 연동선 또는 이와 동등 이상의 굵기로서 고장전류를 안전하게 통할 수 있는 것이어야 하는가? 단, 전로에 지기가 생긴 경우 2초 안에 전로로부터 자동 차단하는 장치를 하였다.

① 2.5 ② 4.0
③ 6.0 ④ 16

풀이 333.32 25[kV] 이하인 특고압 가공전선로의 시설
사용전압이 15[kV]를 초과하고 25[kV] 이하인 특고압 가공전선로(중성선 다중접지식의 것으로서 전로에 지락이 생겼을 때에 2초 이내에 자동적으로 이를 전로로부터 차단하는 장치가 되어 있는 것에 한한다.)의 중성선의 **접지도체는 공칭단면적 6[mm²] 이상의 연동선** 또는 이와 동등 이상의 세기 및 굵기의 쉽게 부식하지 않는 금속선으로서 고장 시에 흐르는 전류가 안전하게 통할 수 있는 것일 것. **답** ③

95 사용전압이 154[kV]인 전선로를 제1종 특고압 보안공사로 시설할 경우, 여기에 사용되는 경동연선의 단면적은 몇 [mm²] 이상이어야 하는가?

① 100 ② 125
③ 150 ④ 200

풀이 333.22 특고압 보안공사
제1종 특고압 보안공사 시 전선의 단면적

사용전압	전선
100[kV] 미만	인장강도 21.67[kN] 이상의 연선 또는 단면적 55[mm²] 이상의 경동연선
100[kV] 이상 300[kV] 미만	인장강도 58.84[kN] 이상의 연선 또는 단면적 150[mm²] 이상의 경동연선
300[kV] 이상	인장강도 77.47[kN] 이상의 연선 또는 단면적 200[mm²] 이상의 경동연선

답 ③

96 특고압 가공전선로의 지지물 양측의 경간의 차가 큰 곳에 사용하는 철탑의 종류는?

① 내장형 ② 보강형
③ 직선형 ④ 인류형

풀이 333.11 특고압 가공전선로의 철주·철근 콘크리트주 또는 철탑의 종류
특고압 가공전선로의 지지물로 사용하는 B종 철근·B종 콘크리트주 또는 철탑의 종류는 다음과 같다.
가. 직선형 : 전선로의 직선 부분(3° 이하의 수평 각도 이루는 곳 포함)에 사용되는 것
나. 각도형 : 전선로 중 수평 각도 3°를 넘는 곳에 사용되는 것
다. 인류형 : 전 가섭선을 인류하는 곳에 사용하는 것
라. 내장형 : 전선로 지지물 양측의 경간차가 큰 곳에 사용하는 것
마. 보강형 : 전선로 직선 부분을 보강하기 위하여 사용하는 것 **답** ①

97 다음 설명의 (　)안에 알맞은 내용은?

> 고압가공전선이 다른 고압가공전선과 접근상태로 시설되거나 교차하여 시설되는 경우에 고압가공전선 상호 간의 이격거리는 (　) 이상, 하나의 고압가공전선과 다른 고압가공전선로의 지지물 사이의 이격거리는 (　) 이상일 것

① 80[cm], 50[cm]　② 80[cm], 60[cm]
③ 60[cm], 30[cm]　④ 40[cm], 30[cm]

풀이 332.17 고압 가공전선 상호 간의 접근 또는 교차
고압 가공전선과 다른 고압 가공 전선과의 이격거리

구분	고압가공전선	
	일반	케이블
고압가공전선	0.8[m]	0.4[m]
고압가공전선로의 지지물	0.6[m]	0.3[m]

답 ②

98 전선을 접속하는 경우 전선의 세기(인장하중)는 몇 [%] 이상 감소되지 않아야 하는가?

① 10　② 15　③ 20　④ 25

풀이 123 전선의 접속
전선을 접속하는 경우에는 전선의 전기저항을 증가시키지 아니하도록 접속 하여야 하며, 또한 다음에 따라야 한다.
가. 전선의 세기를 20[%] 이상 감소시키지 아니할 것.
나. 접속부분은 접속관 기타의 기구를 사용할 것.
다. 접속부분의 절연전선에 절연전선의 절연물과 동등 이상의 절연효력이 있는 것으로 충분히 피복할 것. **답** ③

99 전로를 대지로부터 절연을 하여야 하는 것은 다음 중 어느 것인가?

① 전기로　② 전기욕기
③ 전기다리미　④ 전해조

풀이 131 전로의 절연 원칙
다음과 같이 **절연할 수 없는 부분**
① 시험용 변압기, 전력선 반송용 결합 리액터, 전기울타리용 전원장치, 엑스선발생장치, 전기부식방지용 양극, 단선식 전기 철도의 귀선 등 전로의 일부를 대지로부터 절연하지 아니하고 전기를 사용하는 것이 부득이한 것.
② 전기욕기·전기로·전기보일러·전해조 등 대지로부터 절연하는 것이 기술상 곤란한 것. **답** ③

100 특수장소에 시설하는 전선로의 기준으로 틀린 것은?

① 교량의 윗면에 시설하는 저압전선로는 교량 노면상 5[m] 이상으로 할 것
② 교량에 시설하는 고압전선로에서 전선과 조영재 사이의 이격거리는 20[cm] 이상일 것
③ 저압전선로와 고압전선로를 같은 벼랑에 시설하는 경우 고압전선과 저압전선 사이의 이격거리는 50[cm] 이상일 것
④ 벼랑과 같은 수직부분에 시설하는 전선로는 부득이한 경우에 시설하며, 이 때 전선의 지지점 간의 거리는 15[m] 이하이어야 한다.

풀이 335.6 교량에 시설하는 전선로
가. 교량의 윗면에 시설하는 것은 전선의 높이를 교량의 노면상 5[m] 이상으로 하여 시설할 것.
나. 전선과 조영재 사이의 이격거리는 전선이 케이블인 경우 이외에는 0.3[m] 이상일 것.

335.8 급경사지에 시설하는 전선로의 시설
가. 전선의 지지점 간의 거리는 15[m] 이하일 것.
나. 저압 전선로와 고압 전선로를 같은 벼랑에 시설하는 경우에는 고압 전선로를 저압 전선로의 위로하고 또한 고압전선과 저압 전선 사이의 이격거리는 0.5[m] 이상일 것. **답** ②

문제의 번호는 실제 시험문제의 번호와 같게 하였습니다.

2025년 - 1회 _ 전기기사·공사기사

81 발전소, 변전소, 개폐소의 시설부지조성을 위해 산지를 전용할 경우에 전용하고자 하는 산지의 평균 경사도는 몇 도 이하이어야 하는가?

① 10
② 15
③ 20
④ 25

풀이 기술기준 제21조의 2(발전소 등의 부지 시설조건)
부지조성을 위해 산지를 전용할 경우에는 전용하고자 하는 산지의 평균 경사도가 25도 이하여야 하며, 산지 전용면적 중 산지전용으로 발생되는 절·성토 경사면의 면적이 100분의 50을 초과해서는 아니 된다.

답 ④

82 차량 기타 중량물의 압력을 받을 우려가 있는 장소에 지중전선로를 직접 매설식으로 시설하는 경우 매설깊이는 몇 [m] 이상이어야 하는가?

① 0.8
② 1.0
③ 1.2
④ 1.5

풀이 334.1 지중전선로의 시설
가. 지중 전선로는 전선에 케이블을 사용하고 또한 관로식·암거식 또는 직접 매설식에 의하여 시설하여야 한다.
나. 지중 전선로를 직접 매설식에 의하여 시설하는 경우에는 매설 깊이는
① 차량 기타 중량물의 압력을 받을 우려가 있는 장소 : 1.0[m] 이상
② 기타 장소 : 0.6[m] 이상

답 ②

83 154[kV]인 특고압가공전선로를 인가가 밀집한 지역에 시설할 경우 전선로에 사용되는 전선의 단면적이 몇 [mm²] 이상의 경동연선이어야 하는가?

① 38
② 55
③ 100
④ 150

풀이 333.1 시가지 등에서 특고압 가공전선로의 시설

사용전압의 구분	전선의 단면적
100[kV] 미만	인장강도 21.67[kN] 이상의 연선 또는 단면적 55[mm²] 이상의 경동연선
100[kV] 이상	인장강도 58.84[kN] 이상의 연선 또는 단면적 150[mm²] 이상의 경동연선

답 ④

84 고압 보안공사에서 지지물이 A종 철주인 경우 경간은 몇 [m] 이하인가?

① 100
② 150
③ 250
④ 400

풀이 332.10 고압 보안공사
고압 보안공사는 다음에 따라야 한다.
가. 전선은 케이블인 경우 이외에는 인장강도 8.01[kN] 이상의 것 또는 지름 5[mm] 이상의 경동선일 것.
나. 목주의 풍압하중에 대한 안전율은 1.5 이상일 것.
다. 경간은 표에서 정한 값 이하일 것.

지지물의 종류	경 간
목주·A종 철주 또는 A종 철근 콘크리트주	100[m] 이하
B종 철주 또는 B종 철근 콘크리트주	150[m] 이하
철 탑	400[m] 이하

답 ①

85 건축물 외부의 전기사용장소에서 그 전기사용장소에서의 전기사용을 목적으로 조영물에 고정시켜 시설하는 전선을 무엇이라고 하는가?

① 옥내배선
② 옥외배선
③ 옥측배선
④ 가공인입선

풀이 112 용어정의
① 옥내배선 : 건축물 내부의 전기사용장소에 고정시켜 시설하는 전선을 말한다.

② 옥외배선 : 건축물 외부의 전기사용장소에서 그 전기사용장소에서의 전기사용을 목적으로 고정시켜 시설하는 전선을 말한다.
③ **옥측배선** : 건축물 외부의 전기사용장소에서 그 전기사용장소에서의 전기사용을 목적으로 조영물에 고정시켜 시설하는 전선을 말한다.
④ 가공인입선 : 가공전선로의 지지물로부터 다른 지지물을 거치지 아니하고 수용장소의 붙임점에 이르는 가공전선을 말한다. 답 ③

86 다음은 무엇에 관한 설명인가?

> 발전기·원동기·연료전지·태양전지·해양에너지발전설비·전기저장장치 그 밖의 기계기구[비상용 예비전원을 얻을 목적으로 시설하는 것 및 휴대용 발전기를 제외한다]를 시설하여 전기를 생산[원자력, 화력, 신재생에너지 등을 이용하여 전기를 발생시키는 것과 양수발전, 전기저장장치와 같이 전기를 다른 에너지로 변환하여 저장 후 전기를 공급하는 것]하는 곳을 말한다.

① 변전소　　　② 발전소
③ 개폐소　　　④ 급전소

풀이 기술기준 제3조(정의)
① **발전소** : 발전기·원동기·연료전지·태양전지·해양에너지발전설비·전기저장장치 그 밖의 기계기구[비상용 예비전원을 얻을 목적으로 시설하는 것 및 휴대용 발전기를 제외한다]를 시설하여 전기를 생산[원자력, 화력, 신재생에너지 등을 이용하여 전기를 발생시키는 것과 양수발전, 전기저장장치와 같이 전기를 다른 에너지로 변환하여 저장 후 전기를 공급하는 것]하는 곳을 말한다.
② 변전소 : 변전소의 밖으로부터 전송받은 전기를 변전소 안에 시설한 변압기·전동발전기·회전변류기·정류기 그 밖의 기계기구에 의하여 변성하는 곳으로서 변성한 전기를 다시 변전소 밖으로 전송하는 곳을 말한다.
③ 개폐소 : 개폐소 안에 시설한 개폐기 및 기타 장치에 의하여 전로를 개폐하는 곳으로서 발전소·변전소 및 수용장소 이외의 곳을 말한다.
④ 급전소 : 전력계통의 운용에 관한 지시 및 급전조작을 하는 곳을 말한다. 답 ②

87 전기철도차량의 집전장치와 접촉하여 전력을 공급하기 위한 전선을 무엇이라 하는가?

① 급전선　　　② 급전선로
③ 전차선　　　④ 전차선로

풀이 402 전기철도의 용어 정의
① 전기철도용 급전선 : 전기철도용 변전소로부터 다른 전기철도용 변전소 또는 전차선에 이르는 전선을 말한다.
② 전기철도용 급전선로 : 전기철도용 급전선 및 이를 지지하거나 수용하는 시설물을 말한다.
③ **전차선** : 전기철도차량의 집전장치와 접촉하여 전력을 공급하기 위한 전선을 말한다.
④ 전차선로 : 전기철도차량에 전력을 공급하기 위하여 선로를 따라 설치한 시설물로서 전차선, 급전선, 귀선과 그 지지물 및 설비를 총괄한 것을 말한다. 답 ③

88 35[kV] 기계 기구, 모선 등을 옥외에 시설하는 변전소의 구내에 취급자 이외의 사람이 들어가지 않도록 울타리를 시설하는 경우에 울타리의 높이와 울타리로부터 충전 부분까지의 거리의 합계는 몇 [m]인가?

① 5　　　② 6
③ 7　　　④ 8

풀이 351.1 발전소 등의 울타리·담 등의 시설
가. 울타리·담 등의 높이는 2[m] 이상으로 하고 지표면과 울타리·담 등의 하단 사이의 간격은 0.15[m] 이하로 할 것.
나. 울타리·담 등의 높이와 울타리·담 등으로부터 충전부분까지 거리의 합계는 표에서 정한 값 이상으로 할 것.

사용전압의 구분	울타리·담 등의 높이와 울타리·담 등으로부터 충전 부분까지의 거리의 합계
35[kV] 이하	5[m]
35[kV] 초과 160[kV] 이하	6[m]
160[kV] 초과	• 거리의 합계 = 6 + 단수 × 0.12[m] • 단수 = $\dfrac{\text{사용전압[kV]}-160}{10}$ 단수 계산에서 소수점 이하는 절상

답 ①

89 전기욕기에 전기를 공급하는 전원 장치는 전기욕기용으로 내장되어 있는 2차측 전로의 사용 전압을 몇 [V] 이하로 한정하고 있는가?

① 6　　　　　　② 10
③ 12　　　　　　④ 15

풀이 241.2 전기욕기
전기욕기에 전기를 공급하기 위한 전기욕기용 전원장치(내장되는 전원 **변압기의 2차측 전로의 사용전압이 10[V] 이하**의 것에 한한다)는 안전기준에 적합하여야 한다.　**답** ②

90 라이팅덕트공사에 의한 저압 옥내배선에서 덕트의 지지점 간의 거리는 몇 [m] 이하인가?

① 2　　　　　　② 3
③ 4　　　　　　④ 5

풀이 232.71 라이팅덕트공사
가. **덕트의 지지점 간의 거리는 2[m] 이하**로 할 것.
나. 덕트의 끝부분은 막을 것.
다. 덕트의 개구부는 아래로 향하여 시설할 것.
라. 덕트를 사람이 용이하게 접촉할 우려가 있는 장소에 시설하는 경우에는 전로에 지락이 생겼을 때에 자동적으로 전로를 차단하는 장치를 시설할 것.　**답** ①

91 주택용 배선차단기의 정격전류를 I_n이라고 할 때, B형의 순시트립범위는 어떻게 되는가?

① $3I_n$ 초과 ~ $5I_n$ 이하
② $5I_n$ 초과 ~ $10I_n$ 이하
③ $10I_n$ 초과 ~ $20I_n$ 이하
④ $20I_n$ 초과 ~ $30I_n$ 이하

풀이 212.3.4 보호장치의 특성
순시트립에 따른 구분(주택용 배선차단기)

형	순시트립범위
B	$3I_n$ 초과 ~ $5I_n$ 이하
C	$5I_n$ 초과 ~ $10I_n$ 이하
D	$10I_n$ 초과 ~ $20I_n$ 이하

비고 1. B, C, D : 순시트립전류에 따른 차단기 분류
2. I_n : 차단기 정격전류　**답** ①

92 우리나라 전기철도의 전력수급조건 및 전차선로의 전압에 대하여 옳지 않은 것은?

① 주파수(실효값)는 60[Hz]이다.
② 직류방식에서 최고 비영구 전압은 지속시간이 3분 이하로 예상되는 전압의 최고값으로 한다.
③ 공칭전압(수전전압)은 22.9[kV], 154[kV], 345[kV]가 있다.
④ 교류방식에서 최저 비영구 전압은 지속시간이 2분 이하로 예상되는 전압의 최저값으로 한다.

풀이 411.1 전력수급조건
공칭전압(수전전압) (kV) : 교류 3상 22.9, 154, 345

411.2 전차선로의 전압
1. **직류방식 : 최고 비영구 전압은 지속시간이 5분 이하로 예상되는 전압의 최고값으로 하되,** 기존 운행 중인 전기철도차량과의 인터페이스를 고려한다.
2. **교류방식** : 주파수(실효값)는 60[Hz], 최저 비영구 전압은 지속시간이 2분 이하로 예상되는 전압의 최저값으로 하되, 기존 운행 중인 전기철도차량과의 인터페이스를 고려한다.　**답** ②

93 저압 옥내전로의 인입구에 가까운 곳으로서 쉽게 개폐할 수 있는 곳에 개폐기를 시설하여야 한다. 그러나 사용전압이 400[V] 이하인 옥내전로로서 다른 옥내전로에 접속하는 길이가 몇 [m] 이하인 경우는 개폐기를 생략할 수 있는가? (단, 정격전류가 16[A] 이하인 과전류 차단기 또는 정격전류가 16[A]를 초과하고 20[A] 이하인 배선용 차단기로 보호되고 있는 것에 한한다.)

① 15　　　　　　② 20
③ 25　　　　　　④ 30

풀이 212.6.2 저압 옥내전로 인입구에서의 개폐기의 시설
가. 저압 옥내전로에는 인입구에 가까운 곳으로서 쉽게 개폐할 수 있는 곳에 개폐기를 각 극에 시설하여야 한다.
나. 사용전압이 400[V] 이하인 옥내 전로로서 다른 옥내전로(정격전류가 16[A] 이하인 과전류 차단기 또는 정격전류가 16[A]를 초과하고 20[A] 이하인 배선용 차단기로 보호되고 있는 것에 한한다)에 접속하는 길이 **15[m] 이하**의 전로에서 전기의 공급을 받는 것은 **개폐기를 생략** 할 수 있다.　**답** ①

94 풍력터빈의 피뢰설비 시설기준에 대한 설명으로 틀린 것은?

① 풍력터빈에 설치한 피뢰설비(리셉터, 인하도선 등)의 기능저하로 인해 다른 기능에 영향을 미치지 않을 것

② 풍력터빈 내부의 계측 센서용 케이블은 금속관 또는 차폐케이블 등을 사용하여 뇌유도과전압으로부터 보호할 것

③ 풍력터빈에 설치하는 인하도선은 쉽게 부식되지 않는 금속선으로서 뇌격전류를 안전하게 흘릴 수 있는 충분한 굵기여야 하며, 가능한 직선으로 시설할 것

④ 수뢰부를 풍력터빈 중앙부분에 배치하되 뇌격전류에 의한 발열에 용손(溶損)되지 않도록 재질, 크기, 두께 및 형상 등을 고려할 것

풀이 532.3.5 피뢰설비
풍력터빈의 피뢰설비는 다음에 따라 시설하여야 한다.
가. **수뢰부를 풍력터빈 선단부분 및 가장자리 부분에 배치**하되 뇌격전류에 의한 발열에 용손(溶損)되지 않도록 재질, 크기, 두께 및 형상 등을 고려할 것
나. 풍력터빈에 설치하는 인하도선은 쉽게 부식되지 않는 금속선으로서 뇌격전류를 안전하게 흘릴 수 있는 충분한 굵기여야 하며, 가능한 직선으로 시설할 것
다. 풍력터빈 내부의 계측 센서용 케이블은 금속관 또는 차폐케이블 등을 사용하여 뇌유도과전압으로부터 보호할 것
라. 풍력터빈에 설치한 피뢰설비(리셉터, 인하도선 등)의 기능저하로 인해 다른 기능에 영향을 미치지 않을 것 **답** ④

95 사용전압이 22.9[kV]인 특고압 가공전선이 도로를 횡단하는 경우, 지표상 높이는 최소 몇 [m] 이상인가?

① 4.5 ② 5
③ 5.5 ④ 6

풀이 333.7 특고압 가공전선의 높이

전압의 범위	일반 장소	도로 횡단	철도 또는 궤도횡단	횡단보도교
35[kV] 이하	5[m]	6[m]	6.5[m]	4[m](특고압 절연전선 또는 케이블 사용)

전압의 범위	일반 장소	도로 횡단	철도 또는 궤도횡단	횡단보도교
35[kV] 초과 160[kV] 이하	6[m]	6[m]	6.5[m]	5[m](케이블 사용)
	산지 등에서 사람이 쉽게 들어갈 수 없는 장소 : 5[m] 이상			
160[kV] 초과	일반장소		가공전선의 높이 = 6 + 단수 × 0.12[m]	
	철도 또는 궤도횡단		가공전선의 높이 = 6.5 + 단수 × 0.12[m]	
	산지		가공전선의 높이 = 5 + 단수 × 0.12[m]	

※ 단수 = $\dfrac{(전압[kV]-160)}{10}$ … 단수 계산에서 소수점 이하는 절상

답 ④

96 화약류 저장소에 백열전등이나 형광등 또는 이들에 전기를 공급하기 위한 전기설비(개폐기 및 과전류 차단기를 제외한다)를 시설할 때 전로의 대지전압은 몇 [V] 이하여야 하는가?

① 150 ② 300
③ 500 ④ 750

풀이 242.5 화약류 저장소 등의 위험장소
화약류 저장소 안에는 전기설비를 시설해서는 안 된다. 다만, 백열전등이나 형광등 또는 이들에 전기를 공급하기 위한 전기설비(개폐기 및 과전류 차단기를 제외한다)는 다음에 따라 시설하는 경우에는 그러하지 아니하다.
가. **전로에 대지전압은 300[V] 이하일 것.**
나. 전기기계기구는 전폐형의 것일 것.
다. 전로에 지락이 생겼을 때에 자동적으로 전로를 차단하거나 경보하는 장치를 시설하여야 한다.
답 ②

97 가공전선로의 지지물에 사용하는 지선의 시설과 관련된 내용으로 옳지 않은 것은?

① 지선의 안전율은 2.5 이상일 것

② 지중부분 및 지표상 0.3[m]까지의 부분에는 내식성이 있는 철봉을 사용하고 쉽게 부식되지 않는 근가에 견고하게 붙일 것

③ 소선의 지름 2.6[mm] 이상인 금속선 5가닥 이상의 연선일 것

④ 지선근가는 지선의 인장하중을 견디도록 시설할 것

풀이 331.11 지선의 시설
가공전선로의 지지물에 시설하는 지지선은 다음에 따라야 한다.
가. 지선의 안전율은 2.5 이상일 것. 이 경우에 허용 인장하중의 최저는 4.31[kN]으로 한다.
나. 지선에 연선을 사용할 경우에는 다음에 의할 것.
　① 소선 3가닥 이상의 연선일 것.
　② 소선의 지름이 2.6[mm] 이상의 금속선을 사용한 것일 것.
다. 지중부분 및 지표상 0.3[m]까지의 부분에는 내식성이 있는 것 또는 아연도금을 한 철봉을 사용하고 쉽게 부식되지 않는 전주 버팀대에 견고하게 붙일 것. 다만, 목주에 시설하는 지지선에 대해서는 적용하지 않는다.
라. 지지선의 전주 버팀대는 지지선의 인장하중을 견디도록 시설할 것.　**답** ③

98 아파트 세대 욕실에 "비데용 콘센트"를 시설하고자 한다. 다음의 시설방법 중 적합하지 않은 것은?

① 콘센트는 접지극이 없는 것을 사용한다.
② 습기가 많은 장소에 시설하는 콘센트는 방습장치를 하여야 한다.
③ 콘센트를 시설하는 경우에는 절연변압기(정격용량 3[kVA] 이하인 것에 한한다.)로 보호된 전로에 접속하여야 한다.
④ 콘센트를 시설하는 경우에는 인체감전보호용 누전차단기(정격감도전류 15[mA] 이하, 동작시간 0.03초 이하의 전류동작형의 것에 한한다.)로 보호된 전로에 접속하여야 한다.

풀이 234.5 콘센트의 시설
욕조나 샤워시설이 있는 욕실 또는 화장실 등 인체가 물에 젖어있는 상태에서 전기를 사용하는 장소에 콘센트를 시설하는 경우에는 다음에 따라 시설하여야한다.
가. 인체감전보호용 누전차단기(정격감도전류 15[mA] 이하, 동작시간 0.03[초] 이하의 전류동작형의 것에 한한다) 또는 절연 변압기(정격용량 3[kVA] 이하인 것에 한한다)로 보호된 전로에 접속하거나, 인체감전보호용 누전차단기가 부착된 콘센트를 시설하여야 한다.
나. 콘센트는 접지극이 있는 방적형 콘센트를 사용하여 규정에 준하여 접지하여야 한다.　**답** ①

99 태양전지 발전소에 시설하는 태양전지 모듈, 전선 및 개폐기 기타 기구의 시설기준에 대한 내용으로 틀린 것은?

① 충전부분은 노출되지 아니하도록 시설할 것
② 옥내에 시설하는 경우에는 전선을 케이블공사로 시설할 수 있다.
③ 태양전지 모듈의 프레임은 지지물과 전기적으로 완전하게 접속하여야 한다.
④ 태양전지 모듈을 병렬로 접속하는 전로에는 과전류차단기를 시설하지 않아도 된다.

풀이 522 태양광설비의 시설
가. 전선은 공칭단면적 2.5[mm²] 이상의 연동선 또는 이와 동등 이상의 세기 및 굵기의 것일 것.
나. 배선설비 공사는 옥내에 시설할 경우에는 합성수지관공사, 금속관공사, 금속제 가요전선관공사, 케이블공사의 규정에 준하여 시설할 것.
다. 모듈을 병렬로 접속하는 전로에는 그 주된 전로에 단락전류가 발생할 경우에 전로를 보호하는 과전류차단기 또는 기타 기구를 시설할 것
라. 태양전지 모듈에 접속하는 부하측의 태양전지 어레이에서 전력변환장치에 이르는 전로에는 그 접속점에 근접하여 개폐기 기타 이와 유사한 기구(부하전류를 개폐할 수 있는 것에 한한다)를 시설할 것
　답 ④

100 다음 통신설비의 식별표시에 대한 설명 중 옳지 않은 것은?

① 분기주, 인류주는 매 전주에 설비표시명판을 시설하여야 한다.
② 직선주는 전주 10경간마다 설비표시명판을 시설하여야 한다.
③ 전력구내 행거는 50[m] 간격으로 설비표시명판을 시설하여야 한다.
④ 모든 통신기기에는 식별이 용이하도록 인식용 표찰을 부착하여야 한다.

풀이 365.1 통신설비의 식별표시
통신설비의 식별은 다음에 따라 표시하여야 한다.
가. 모든 통신기기에는 식별이 용이하도록 인식용 표찰을 부착하여야 한다.
나. 통신사업자의 설비표시명판은 플라스틱 및 금속판 등 견고하고 가벼운 재질로 하고 글씨는 각인하거나 지워지지 않도록 제작된 것을 사용하여야 한다.

다. **설비표시명판 시설기준**
　(1) 배전주에 시설하는 통신설비의 설비표시명판은 다음에 따른다.
　　㉮ **직선주는 전주 5경간마다 시설할 것.**
　　㉯ 분기주, 인류주는 매 전주에 시설할 것.
　(2) 지중설비에 시설하는 통신설비의 설비표시명판은 다음에 따른다.
　　㉮ 관로는 맨홀마다 시설할 것.
　　㉯ 전력구내 행거는 50[m] 간격으로 시설할 것.
　　　　　　　　　　　　　　　　　　답 ②

2025년 – 2회 _ 전기기사·공사기사

81 66[kV] 가공전선과 6[kV] 가공전선을 동일 지지물에 병행 설치하는 경우, 특고압가공전선으로 사용하는 경동연선의 굵기는 몇 [mm²] 이상이어야 하는가?

① 22　　　　　② 38
③ 50　　　　　④ 100

풀이 333.17 특고압 가공전선과 저고압 가공전선 등의 병행설치
사용전압이 35[kV]을 초과하고 100[kV] 미만인 특고압 가공전선과 저압 또는 고압 가공전선을 동일 지지물에 시설하는 경우에는 다음에 따라 시설하여야 한다.
가. 특고압 가공전선로는 제2종 특고압 보안공사에 의할 것.
나. 특고압 가공전선은 케이블인 경우를 제외하고는 인장강도 21.67[kN] 이상의 연선 또는 **단면적이 50 [mm²] 이상인 경동연선**일 것.
다. 특고압 가공전선로의 지지물은 철주·철근 콘크리트주 또는 철탑일 것
　　　　　　　　　　　　　　　　　　답 ③

82 전기저장장치를 전용건물 이외의 장소에 시설하는 경우로서 일반인이 출입하는 건물의 부속공간에 시설하는 경우 이차전지랙과 랙 사이는 몇 [m] 이상 이격하여야 하는가? (단, 옥상에는 설치하지 않는 경우이다.)

① 0.8　　　　　② 1
③ 1.5　　　　　④ 3

풀이 512.1.6 전용건물 이외의 장소에 시설하는 경우
전기저장장치를 일반인이 출입하는 건물의 부속공간에 시설(옥상에는 설치할 수 없다)하는 경우에는 다음에 따라 시설하여야 한다.
가. 전기저장장치 시설장소는 내화구조이어야 한다.
나. 이차전지모듈의 직렬 연결체의 용량은 50[kWh] 이하로 하고 건물 내 시설 가능한 이차전지의 총 용량은 600[kWh] 이하이어야 한다.
다. **이차전지랙과 랙 사이는 1[m] 이상 이격**하고, 랙과 벽면 사이는 전면부의 경우 1[m] 이상, 측면과 후면부의 경우 0.8[m] 이상 이격하여야 한다.
라. 이차전지실은 건물 내 다른 시설(수전설비, 가연물질 등)로부터 1.5[m] 이상 이격하고 각 실의 출입구나 피난계단 등 이와 유사한 장소로부터 3[m] 이상 이격하여야 한다.
마. 배선설비가 이차전지실 벽면을 관통하는 경우 관통부는 해당 구획부재의 내화성능을 저하시키지 않도록 충전(充塡)하여야 한다.
　　　　　　　　　　　　　　　　　　답 ②

83 전력보안통신설비인 무선통신용 안테나 등을 지지하는 철주의 기초 안전율은 얼마 이상이어야 하는가? (단, 무선용 안테나 등이 전선로의 주위상태를 감시할 목적으로 시설되는 것이 아닌 경우이다.)

① 1.3　　　　　② 1.5
③ 1.8　　　　　④ 2.0

풀이 364.1 무선용 안테나 등을 지지하는 철탑 등의 시설
전력보안통신설비인 무선통신용 안테나 또는 반사판을 지지하는 목주·철주·철근 콘크리트주 또는 철탑은 다음에 따라 시설하여야 한다. 다만, 무선용 안테나 등이 전선로의 주위상태를 감시할 목적으로 시설되는 것일 경우에는 그러하지 아니하다.
가. 목주는 풍압하중에 대한 안전율은 1.5 이상이어야 한다.
나. **철주·철근 콘크리트주 또는 철탑의 기초 안전율은 1.5 이상**이어야 한다.
　　　　　　　　　　　　　　　　　　답 ②

84 주택 등 저압 수용 장소에서 고정 전기설비에 TN-C-S 접지방식으로 접지공사 시 중성선 겸용 보호도체(PEN)를 알루미늄으로 사용 할 경우 단면적은 몇 [mm²] 이상이어야 하는가?

① 2.5　　　　　② 6
③ 10　　　　　④ 16

풀이 142.4.2 주택 등 저압수용장소 접지
저압수용장소에서 계통접지가 TN-C-S 방식인 경우 중성선 겸용 보호도체(PEN)는 고정 전기설비에만 사용할 수 있고, 그 도체의 단면적이 구리는 10[mm²] 이상, 알루미늄은 16[mm²] 이상이어야 하며, 그 계통의 최고전압에 대하여 절연되어야 한다. **답** ④

85 고압 또는 특고압의 기계기구・모선 등을 옥외에 시설하는 발전소・변전소・개폐소 또는 이에 준하는 곳에 시설하는 울타리・담 등의 하단과 지표면 사이의 간격은 몇 [m] 이하로 하여야 하는가?

① 0.12   ② 0.15
③ 0.3   ④ 0.5

풀이 351.1 발전소 등의 울타리・담 등의 시설
울타리・담 등의 높이는 2[m] 이상으로 하고 지표면과 울타리・담 등의 하단 사이의 간격은 0.15[m] 이하로 할 것. **답** ②

86 가반형의 용접전극을 사용하는 아크 용접장치의 용접변압기의 1차측 전로의 대지전압은 몇 [V] 이하이어야 하는가?

① 60   ② 150
③ 300   ④ 400

풀이 241.10 아크 용접기
가반형의 용접 전극을 사용하는 아크 용접장치는 다음에 따라 시설하여야 한다.
가. 용접변압기는 절연변압기일 것.
나. 용접변압기의 1차측 전로의 대지전압은 300[V] 이하일 것.
다. 용접변압기의 1차측 전로에는 용접 변압기에 가까운 곳에 쉽게 개폐할 수 있는 개폐기를 시설할 것.
라. 용접기 외함 및 피용접재 또는 이와 전기적으로 접속되는 받침대・정반 등의 금속체는 규정에 준하여 접지공사를 하여야 한다. **답** ③

87 공칭전압 직류 750[V]인 경우 전차선과 건조물 간의 동적 절연이격 거리는 몇 [mm] 이상인가?

① 25   ② 100
③ 150   ④ 170

풀이 431.2 전차선로의 충전부와 건조물 간의 절연이격
전차선과 건조물 간의 최소 절연이격거리

시스템 종류	공칭전압 (V)	동적(mm)		정적(mm)	
		비오염	오염	비오염	오염
직류	750	25	25	25	25
	1,500	100	110	150	160
단상교류	25,000	170	220	270	320

답 ①

88 최대 사용전압이 22.9[kV]인 중성선 다중 접지식 가공전선로의 전로와 대지 사이의 절연내력 시험전압은 몇 [V]인가?

① 16488   ② 21068
③ 22900   ④ 28625

풀이 135 변압기 전로의 절연내력

권선의 종류 (최대사용전압)	접지방식	시험전압 (최대사용전압의 배수)	최저 시험전압
1. 7[kV] 이하		1.5배	500[V]
	다중접지	0.92배	500[V]
2. 7[kV] 초과 25[kV] 이하	다중접지	0.92배	
3. 7[kV] 초과 60[kV] 이하 (2란의 것 제외)		1.25배	10.5[kV]
4. 60[kV] 초과	비접지	1.25배	
5. 60[kV] 초과(6란의 것 제외)	접지식	1.1배	75[kV]
6. 60[kV] 초과	직접접지	0.72배	
7. 170[kV] 초과	직접접지	0.64배	

∴ 시험시험전압 $= 22900 \times 0.92 = 21068$[kV] **답** ②

89 전기철도차량의 회생제동 사용을 중단해야 하는 경우가 아닌 것은?

① 전차선로 지락이 발생한 경우
② 회생전력을 다른 전기장치에서 흡수할 수 있는 경우
③ 전차선로에서 전력을 받을 수 없는 경우
④ 선로전압이 장기 과전압보다 높은 경우

풀이 441.5 회생제동
1. 전기철도차량은 다음과 같은 경우에 회생제동의 사용을 중단해야 한다.
가. 전차선로 지락이 발생한 경우
나. 전차선로에서 전력을 받을 수 없는 경우

다. 선로전압이 장기 과전압 보다 높은 경우
2. 회생전력을 다른 전기장치에서 흡수할 수 없는 경우에는 전기철도차량은 다른 제동시스템으로 전환되어야 한다.
3. 전기철도 전력공급시스템은 회생제동이 상용제동으로 사용이 가능하고 다른 전기철도차량과 전력을 지속적으로 주고받을 수 있도록 설계되어야 한다.
답 ②

90 전차선로에서 사용하는 직류방식의 급전전압 표준으로 잘못된 것은?

① 공칭전압 : 750[V], 1500[V]
② 최저 영구전압 : 600[V], 900[V]
③ 최고 영구전압 : 900[V], 1800[V]
④ 최고 비영구전압 : 950[V], 1950[V]

풀이 411.2 전차선로의 전압

직류방식의 급전전압

구분	지속성 최저전압 [V]	공칭 전압 [V]	지속성 최고전압 [V]	비지속성 최고전압 [V]	장기 과전압 [V]
DC (평균값)	500	750	900	950(1)	1,269
	900	1,500	1,800	1,950	2,538

(1) 회생제동의 경우 1,000[V]의 최고 비영구 전압은 허용 가능하다.
답 ②

91 다음 중 고압 옥내배선의 시설에 있어서 적당하지 않은 것은?

① 애자사용공사에 사용하는 애자는 난연성일 것
② 고압 옥내배선과 저압 옥내배선을 다르게 하기 위하여 색깔 있는 것을 사용할 것
③ 전선이 관통할 때 절연관에 넣을 것
④ 전선과 조영재와의 이격 거리는 4.5[cm]로 할 것

풀이 342.1 고압 옥내배선 등의 시설(애자사용공사에 의한 고압 옥내배선)
① 전선 상호 간의 간격은 0.08[m] 이상, 전선과 조영재 사이의 이격거리는 0.05[m] 이상일 것
② 애자사용공사에 사용하는 애자는 절연성·난연성 및 내수성의 것일 것.
③ 고압 옥내배선은 저압 옥내배선과 쉽게 식별되도록 시설할 것.
④ 전선이 조영재를 관통하는 경우에는 그 관통하는 부분의 전선을 전선마다 각각 별개의 난연성 및 내수성이 있는 견고한 절연관에 넣을 것. **답** ④

92 지중 전선로를 직접 매설식에 의하여 시설할 때, 중량물의 압력을 받을 우려가 있는 장소에 저압 또는 고압의 지중전선을 견고한 트라프 기타 방호물에 넣지 않고도 부설할 수 있는 케이블은?

① PVC 외장 케이블
② 콤바인 덕트 케이블
③ 염화비닐 절연 케이블
④ 폴리에틸렌 외장 케이블

풀이 334.1 지중전선로의 시설
지중 전선로를 직접 매설식에 의하여 시설하는 경우에 지중 전선을 견고한 트라프 기타 방호물에 넣어 시설하여야 한다. 단, 다음의 어느 하나에 해당하는 경우에는 지중전선을 견고한 트라프 기타 방호물에 넣지 아니하여도 된다.
① 저압 또는 고압의 지중전선을 차량 기타 중량물의 압력을 받을 우려가 없는 경우에 그 위를 견고한 판 또는 몰드로 덮어 시설하는 경우
② 저압 또는 고압의 지중전선에 콤바인덕트 케이블 또는 개장한 케이블을 사용하여 시설하는 경우
답 ②

93 고압용의 개폐기, 차단기, 피뢰기 기타 이와 유사한 기구로서 동작 시에 아크가 생기는 것은 목재의 벽 또는 천정 기타의 가연성 물체로부터 몇 [m] 이상 떼어놓아야 하는가?

① 1　　　　　② 1.2
③ 1.5　　　　④ 2

풀이 341.7 아크를 발생하는 기구의 시설
고압용 또는 특고압용의 개폐기·차단기·피뢰기 기타 이와 유사한 기구로서 동작 시에 아크가 생기는 것은 목재의 벽 또는 천장 기타의 가연성 물체로부터 표에서 정한 값 이상 이격하여 시설하여야 한다.

기구 등의 구분	이격거리
고압용의 것	1[m] 이상
특고압용의 것	2[m] 이상(사용전압이 35[kV] 이하의 특고압용의 기구 등으로서 동작할 때에 생기는 아크의 방향과 길이를 화재가 발생할 우려가 없도록 제한하는 경우에는 1[m] 이상)

 답 ①

94 주택용 배선차단기의 순시트립범위에 해당하지 않은 것은? 단, 여기서 I_n은 차단기 정격전류이다.

① $3I_n$ 초과 ~ $5I_n$ 이하

② $5I_n$ 초과 ~ $10I_n$ 이하

③ $10I_n$ 초과 ~ $20I_n$ 이하

④ $20I_n$ 초과 ~ $30I_n$ 이하

풀이 212.3.4 보호장치의 특성
순시트립에 따른 구분(주택용 배선차단기)

형	순시트립범위
B	$3I_n$ 초과 ~ $5I_n$ 이하
C	$5I_n$ 초과 ~ $10I_n$ 이하
D	$10I_n$ 초과 ~ $20I_n$ 이하

비고 1. B, C, D : 순시트립전류에 따른 차단기 분류
    2. I_n : 차단기 정격전류   **답** ④

95 전선의 접속법 중 두 개 이상의 전선을 병렬로 사용하는 경우에 대한 설명으로 틀린 것은?

① 병렬로 사용하는 각 전선의 굵기는 알루미늄 50[mm²] 이상 또는 동선 70[mm²] 이상이어야 한다.

② 같은 극의 각 전선의 터미널러그에 완전히 접속해야 한다.

③ 병렬로 사용하는 전선에는 각각에 퓨즈를 설치하면 안된다.

④ 병렬로 사용하는 각 전선은 같은 도체, 같은 재료, 같은 길이 및 같은 굵기의 것을 사용해야 한다.

풀이 123 전선의 접속
전선을 접속하는 경우에는 전선의 전기저항을 증가시키지 아니하도록 접속 하여야 하며, 또한 다음에 따라야 한다.
가. 절연전선 상호ㆍ절연전선과 코드, 캡타이어 케이블과 접속하는 경우에는
  ① 전선의 세기를 20[%] 이상 감소시키지 아니할 것.
  ② 접속부분은 접속관 기타의 기구를 사용할 것.
  ③ 접속부분의 절연전선에 절연전선의 절연물과 동등 이상의 절연효력이 있는 것으로 충분히 피복할 것.
나. 코드 상호, 캡타이어 케이블 상호 또는 이들 상호를 접속하는 경우에는 코드 접속기ㆍ접속함 기타의 기구를 사용할 것.

다만 공칭단면적이 10[mm²] 이상인 캡타이어 케이블 상호를 규정에 준하여 접속하는 경우에는 기구를 사용하지 않을 수 있다.
다. 두 개 이상의 전선을 병렬로 사용하는 경우에는
  ① 병렬로 사용하는 각 전선의 굵기는 **동선 50[mm²] 이상 또는 알루미늄 70[mm²] 이상**으로 하고, 전선은 같은 도체, 같은 재료, 같은 길이 및 같은 굵기의 것을 사용할 것
  ② 같은 극의 각 전선의 터미널러그에 완전히 접속할 것
  ③ 병렬로 사용하는 전선에는 각각에 퓨즈를 설치하지 말 것   **답** ①

96 케이블의 일부가 아닌 경우 또는 선로도체와 함께 수납되지 않은 본딩도체는 구리도체인 경우 몇 [mm²] 이상이어야 하는가? (단, 기계적 보호가 없는 경우이다.)

① 0.75   ② 2.5

③ 4   ④ 16

풀이 143.3.2 보조 보호등전위본딩 도체
1. 두 개의 노출도전부를 접속하는 보호본딩도체의 도전성은 노출도전부에 접속된 더 작은 보호도체의 도전성보다 커야 한다.
2. 노출도전부를 계통외도전부에 접속하는 보호본딩도체의 도전성은 같은 단면적을 갖는 보호도체의 1/2 이상이어야 한다.
3. 케이블의 일부가 아닌 경우 또는 선로도체와 함께 수납되지 않은 본딩도체는 다음 값 이상 이어야 한다.
가. 기계적 보호가 된 것은 구리도체 2.5[mm²], 알루미늄 도체 16[mm²]
나. **기계적 보호가 없는 것은 구리도체 4[mm²]**, 알루미늄 도체 16[mm²]   **답** ③

97 조가선의 시설기준으로 틀린 것은?

① 조가선은 2조까지만 시설할 것

② 조가선은 설비 안전을 위하여 전주와 전주 사이에서 접속할 것

③ 끝부분의 배전주와 끝부분에서 첫 번째 지지물 전에 있는 배전주에 시설하는 조가선은 장력에 견디는 형태로 시설할 것

④ 조가선은 부식되지 않는 별도의 금속 부속품을 사용하고 조가선 끝부분은 날카롭지 않게 할 것

풀이 362.3 조가선 시설기준
조가선은 다음과 같이 시설한다.
① 조가선은 설비 안전을 위하여 전주와 전주 사이에서 접속하지 말 것.
② 조가선은 부식되지 않는 별도의 금속 부속품을 사용하고 조가선 끝부분은 날카롭지 않게 할 것.
③ 끝부분의 배전주와 끝부분에서 첫 번째 지지물 전에 있는 배전주에 시설하는 조가선은 장력에 견디는 형태로 시설할 것.
④ 조가선은 2조까지만 시설할 것.
⑤ 과도한 장력에 의한 전주손상을 방지하기 위하여 전주 간 거리 50[m] 기준 0.4[m] 정도의 처짐정도를 반드시 유지하고, 지표상 시설 높이 기준을 준수하여 시공할 것. **답** ②

98 전광표시 장치에 사용하는 저압 옥내배선을 금속관공사로 시설할 경우 단면적은 몇 [mm²] 이상의 연동선을 사용하여야 하는가? (단, 사용전압이 400[V] 이하인 경우이다.)

① 0.75 ② 1.25
③ 1.5 ④ 2.5

풀이 231.3.1 저압 옥내배선의 사용전선
가. 저압 옥내배선의 전선 : 단면적 2.5[mm²] 이상의 연동선
나. 옥내배선의 사용 전압이 400[V] 이하인 경우는 다음에 의하여 시설할 수 있다.
① 전광표시 장치 또는 제어 회로
• 단면적 1.5[mm²] 이상의 연동선
• 단면적 0.75[mm²] 이상인 다심케이블 또는 다심 캡타이어 케이블을 사용하고 또한 과전류가 생겼을 때에 자동적으로 전로에서 차단하는 장치를 시설
② 진열장 또는 이와 유사한 것의 내부 배선 : 단면적 0.75[mm²] 이상인 코드 또는 캡타이어케이블 **답** ③

99 진열장 내의 배선으로 사용전압 400[V] 이하에 사용하는 코드 또는 캡타이어 케이블의 최소 단면적은 몇 [mm²]인가?

① 1.25 ② 1.0
③ 0.75 ④ 0.5

풀이 234.8 진열장 또는 이와 유사한 것의 내부 배선
가. 사용전압 : 400[V] 이하
나. 전선의 굵기 : 단면적 0.75[mm²] 이상
다. 전선의 종류 : 코드 또는 캡타이어 케이블 **답** ③

100 사용 중 예상치 못한 회로의 개방이 위험 또는 큰 손상을 초래할 수 있는 부하에 전원을 공급하는 회로에서 과부하 보호장치를 생략할 수 없는 회로는?

① 회전기의 여자회로
② 전자석 크레인의 전원회로
③ 전류변성기의 2차회로
④ 안전설비(주거침입경보, 가스누출경보 등)의 부하회로

풀이 212.4.3 과부하보호장치의 생략
사용 중 예상치 못한 회로의 개방이 위험 또는 큰 손상을 초래할 수 있는 다음과 같은 부하에 전원을 공급하는 회로에 대해서는 과부하 보호장치를 생략할 수 있다.
① 회전기의 여자회로
② 전자석 크레인의 전원회로
③ 전류변성기의 2차회로
④ 소방설비의 전원회로
⑤ 안전설비(주거침입경보, 가스누출경보 등)의 전원회로 **답** ④

2025년 - 3회 _ 전기기사·공사기사

81 단상교류 25,000[V]인 경우 전차선로의 충전부와 차량 간의 정적 절연이격 거리는 몇 [mm] 이상인가?

① 100 ② 150
③ 170 ④ 270

풀이 431.3 전차선로의 충전부와 차량 간의 최소 절연이격

시스템 종류	공칭전압(V)	동적(mm)	정적(mm)
직류	750	25	25
	1,500	100	150
단상교류	25,000	170	270

답 ④

82 조상설비에 내부고장, 과전류 또는 과전압이 생긴 경우 자동적으로 차단되는 장치를 해야 하는 전력용 커패시터의 최소 뱅크용량은 몇 [kVA]인가?

① 10000 ② 12000
③ 13000 ④ 15000

풀이 351.5 조상설비의 보호장치
조상설비에는 그 내부에 고장이 생긴 경우에 보호하는 장치를 표와 같이 시설하여야 한다.

설비 종별	뱅크 용량의 구분	자동적으로 전로로부터 차단하는 장치
전력용 커패시터 및 분로리액터	500[kVA] 초과 15,000[kVA] 미만	• 내부에 고장이 생긴 경우 • 과전류가 생긴 경우
	15,000[kVA] 이상	• 내부에 고장이 생긴 경우 • 과전류가 생긴 경우 • 과전압이 생긴 경우
조상기	15,000[kVA] 이상	• 내부에 고장이 생긴 경우

답 ④

83 주택의 전기저장장치의 축전지에 접속하는 부하 측 옥내전로에 지락이 생겼을 때 자동적으로 전로를 차단하는 장치를 시설한 경우에 주택의 옥내전로의 대지전압은 직류 몇 [V]까지 적용할 수 있는가?

① 150 ② 300
③ 400 ④ 600

풀이 511.1.3 옥내전로의 대지전압 제한
주택의 전기저장장치의 축전지에 접속하는 부하 측 옥내배선을 다음에 따라 시설하는 경우에 주택의 옥내전로의 대지전압은 직류 600[V]까지 적용할 수 있다.
가. 전로에 지락이 생겼을 때 자동적으로 전로를 차단하는 장치를 시설할 것
나. 사람이 접촉할 우려가 없는 은폐된 장소에 합성수지관배선, 금속관배선 및 케이블배선에 의하여 시설하거나, 사람이 접촉할 우려가 없도록 케이블배선에 의하여 시설하고 전선에 적당한 방호장치를 시설할 것

답 ④

84 사용전압이 400[V] 이하인 경우의 저압 보안공사에 전선으로 경동선을 사용할 경우 지름은 몇 [mm] 이상인가?

① 2.6 ② 3.5
③ 4.0 ④ 5.0

풀이 222.10 저압 보안공사
저압 보안공사시 전선은 케이블인 경우 이외에는 인장강도 8.01[kN] 이상의 것 또는 지름 5[mm](사용전압이 400[V] 이하인 경우에는 인장강도 5.26[kN] 이상의 것 또는 지름 4[mm] 이상의 경동선) 이상의 경동선이어야 한다.

답 ③

85 고압 가공전선과 건조물의 상부 조영재와의 옆쪽 이격거리는 몇 [m] 이상인가? (단, 전선에 사람이 쉽게 접촉할 우려가 있고 케이블이 아닌 경우이다.)

① 1.0 ② 1.2
③ 1.5 ④ 2.0

풀이 332.11 고압 가공전선과 건조물의 접근
222.11 저압 가공전선과 건조물의 접근
저압 가공전선 또는 고압 가공전선이 건조물과 접근 상태로 시설되는 경우에는 다음에 따라야 한다.
가. 고압 가공전선로는 고압 보안공사에 의할 것.
나. 저·고압 가공전선과 건조물의 조영재 사이의 이격거리는 표에서 정한 값 이상일 것.

사용전압 부분 공작물의 종류			저압[m]	고압[m]
건조물	상부 조영재 위쪽	일반적인 경우	2	2
		전선이 고압절연전선	1	2
		전선이 케이블인 경우	1	1
	기타 조영재 또는 상부조영재의 옆쪽 또는 아래쪽	일반적인 경우	1.2	1.2
		전선이 고압절연전선	0.4	1.2
		전선이 케이블인 경우	0.4	0.4
		사람이 쉽게 접근할 수 없도록 시설한 경우	0.8	0.8

답 ②

86 소세력 회로의 전선을 조영재에 붙여 시설하는 경우 전선은 케이블(통신용 케이블을 포함한다)인 경우 이외에는 공칭단면적 몇 [mm²] 이상의 연동선 또는 이와 동등 이상의 세기 및 굵기의 것이어야 하는가?

① 0.5 ② 1
③ 1.5 ④ 2.5

풀이 241.14.3 소세력 회로의 배선
소세력 회로의 전선을 조영재에 붙여 시설하는 경우
가. 전선은 케이블(통신용 케이블을 포함한다)인 경우 이외에는 공칭단면적 1[mm²] 이상의 연동선 또는

이와 동등 이상의 세기 및 굵기의 것일 것.

나. 전선은 코드·캡타이어 케이블 또는 케이블일 것.
답 ②

87 저압 옥측전선로에서 목조의 조영물에 시설할 수 있는 공사방법은?

① 금속관공사
② 버스덕트공사
③ 합성수지관공사
④ 연피 또는 알루미늄 케이블공사

풀이 221.2 옥측전선로
저압 옥측전선로는 다음의 공사방법에 의할 것.
가. 애자공사(전개된 장소에 한한다.)
나. 합성수지관공사
다. 금속관공사(목조 이외의 조영물에 시설하는 경우에 한한다.)
라. 버스덕트공사[목조 이외의 조영물(점검할 수 없는 은폐된 장소는 제외한다.)에 시설하는 경우에 한한다.]
마. 케이블공사(연피 케이블·알루미늄피 케이블 또는 무기물 절연 케이블을 사용하는 경우에는 목조 이외의 조영물에 시설하는 경우에 한한다.)
답 ③

88 수소냉각식 발전기안 또는 조상기안의 수소의 순도가 몇 [%] 이하로 저하한 경우 이를 경보하는 장치를 시설하도록 하고 있는가?

① 90[%]
② 85[%]
③ 80[%]
④ 75[%]

풀이 351.10 수소냉각식 발전기 등의 시설
발전기 내부 또는 조상기 내부의 수소의 순도가 85[%] 이하로 저하한 경우에 이를 경보하는 장치를 시설할 것.
답 ②

89 금속제 외함을 가진 저압의 기계기구로서 사람이 쉽게 접촉될 우려가 있는 곳에 시설하는 경우 전기를 공급받는 전로에 지락이 생겼을 때 자동적으로 전로를 차단하는 장치를 설치하여야 하는 기계기구의 사용전압이 몇 [V]를 초과하는 경우인가?

① 30
② 50
③ 100
④ 150

풀이 211.2.3 누전차단기의 시설
금속제 외함을 가지는 사용전압이 50[V]를 초과하는 저압의 기계 기구로서 사람이 쉽게 접촉할 우려가 있는 곳에 시설하는 것에 전기를 공급하는 전로에는 전원의 자동차단에 의한 저압전로의 보호대책으로 누전차단기를 시설하여야 한다.
답 ②

90 사용전압이 440[V]인 이동기중기용 접촉전선을 애자공사에 의하여 옥내의 전개된 장소에 시설하는 경우 사용하는 전선으로 옳은 것은?

① 인장강도가 3.44[kN] 이상인 것 또는 지름 2.6[mm]의 경동선으로 단면적이 8[mm²] 이상인 것
② 인장강도가 3.44[kN] 이상인 것 또는 지름 3.2[mm]의 경동선으로 단면적이 18[mm²] 이상인 것
③ 인장강도가 11.2[kN] 이상인 것 또는 지름 6[mm]의 경동선으로 단면적이 28[mm²] 이상인 것
④ 인장강도가 11.2[kN] 이상인 것 또는 지름 8[mm]의 경동선으로 단면적이 18[mm²] 이상인 것

풀이 232.81 옥내에 시설하는 저압 접촉전선 배선
전선은 인장강도 11.2[kN] 이상의 것 또는 지름 6[mm]의 경동선으로 단면적이 28[mm²] 이상인 것일 것. 다만, 사용전압이 400[V] 이하인 경우에는 인장강도 3.44[kN] 이상의 것 또는 지름 3.2[mm] 이상의 경동선으로 단면적이 8[mm²] 이상인 것을 사용할 수 있다.
답 ③

91 22.9[kV] 특고압 가공전선이 상부 조영재 위쪽에서 접근하는 경우 전선과 상부 조영재간의 이격거리[m]는 얼마 이상이어야 하는가? (단, 케이블인 경우이다.)

① 0.8
② 1.0
③ 1.2
④ 2.0

풀이 333.23 특고압 가공전선과 건조물의 접근
특고압 가공전선이 건조물과 제1차 접근상태로 시설되는 경우에는 다음에 따라야 한다.
가. 특고압 가공전선로는 제3종 특고압 보안공사에 의할 것.

나. 사용전압이 35[kV] 이하인 특고압 가공전선과 건조물의 조영재 이격거리는 표에서 정한 값 이상일 것.

건조물과 조영재의 구분	전선종류	접근형태	이격거리
상부 조영재	특고압 절연전선	위쪽	2.5[m]
		옆쪽 또는 아래쪽	1.5[m] (전선에 사람이 쉽게 접촉할 우려가 없도록 시설한 경우는 1[m])
	케이블	위쪽	1.2[m]
		옆쪽 또는 아래쪽	0.5[m]
	기타전선		3[m]

답 ③

---

92 철도·궤도 또는 자동차도 전용 터널 안의 전선로를 시설할 때 고압전선은 지름 몇 [mm] 이상의 경동선을 사용하여야 하는가?

① 2.6[mm] 　　② 3.2[mm]
③ 4[mm] 　　　④ 4.5[mm]

풀이 335.1 터널 안 전선로의 시설
철도·궤도 또는 자동차도 전용터널 안의 전선로

전압	전선의 굵기	시공방법	애자공사 시 높이
저압	인장강도 2.30[kN] 이상 또는 2.6[mm] 이상의 경동선의 절연전선	• 합성수지관공사 • 금속관공사 • 금속제가요전선관 공사 • 케이블공사 • 애자공사	노면상, 레일면상 2.5[m] 이상
고압	인장강도 5.26[kN] 이상 또는 4[mm] 이상의 경동선	• 케이블공사 • 애자공사	노면상, 레일면상 3[m] 이상
특고압		• 케이블공사	

답 ③

---

93 두 개 이상의 전선을 병렬로 사용하는 각 전선의 굵기는 동선을 사용하는 경우 몇 [mm²] 이상이어야 하는가? (단, 같은 도체, 같은 재료, 같은 길이 및 같은 굵기의 전선이다.)

① 35 　　　　② 50
③ 70 　　　　④ 95

풀이 123 전선의 접속
두 개 이상의 전선을 병렬로 사용하는 경우에는 다음에 의하여 시설할 것.
가. 병렬로 사용하는 각 전선의 굵기는 동선 50[mm²] 이상 또는 알루미늄 70[mm²] 이상으로 하고, 전선은 같은 도체, 같은 재료, 같은 길이 및 같은 굵기의 것을 사용할 것.
나. 같은 극의 각 전선은 동일한 터미널러그에 완전히 접속할 것.
다. 같은 극인 각 전선의 터미널러그는 동일한 도체에 2개 이상의 리벳 또는 2개 이상의 나사로 접속할 것.
라. 병렬로 사용하는 전선에는 각각에 퓨즈를 설치하지 말 것.
마. 교류회로에서 병렬로 사용하는 전선은 금속관 안에 전자적 불평형이 생기지 않도록 시설할 것. **답** ②

---

94 발전소·변전소·개폐소의 개폐기 또는 차단기에 사용하는 압축공기장치에서 사용압력이 10[kgf/cm²]인 경우, 주 공기탱크에 설치하는 압력계의 최고 눈금은 몇 [kgf/cm²] 이하인 것이어야 하는가?

① 1.5[kgf/cm²] 　② 3[kgf/cm²]
③ 10[kgf/cm²] 　④ 30[kgf/cm²]

풀이 341.15 압축공기계통
발전소·변전소·개폐소 또는 이에 준하는 곳에서 개폐기 또는 차단기에 사용하는 압축공기장치에서 주 공기탱크 또는 이에 근접한 곳에는 사용압력의 1.5배 이상 3배 이하의 최고 눈금이 있는 압력계를 시설할 것.
압력계 = 사용압력×1.5∼3 = 10[kfg/cm²]×1.5∼3
= 15[kfg/cm²] 이상∼30[kfg/cm²] 이하
답 ④

---

95 옥내에 시설하는 저압용 배전반 및 분전반 등을 시설할 때 다음 중 옳지 않은 것은?

① 배전반 및 분전반의 기구 및 전선은 쉽게 점검할 수 있도록 하여야 한다.
② 노출된 충전부가 있는 배전반 및 분전반은 취급자 이외의 사람이 쉽게 출입할 수 없도록 설치하여야 한다.
③ 한 개의 분전반에는 한 가지 전원만 공급하여야 한다.
④ 주택용 분전반은 신발장, 옷장 등의 은폐된 장소에 시설하여야 한다.

풀이 232.84 옥내에 시설하는 저압용 배분전반 등의 시설
옥내에 시설하는 저압용 배·분전반의 기구 및 전선은 쉽게 점검할 수 있도록 하고 다음에 따라 시설할 것.
가. 노출된 충전부가 있는 배전반 및 분전반은 취급자 이외의 사람이 쉽게 출입할 수 없도록 설치하여야 한다.
나. 한 개의 분전반에는 한 가지 전원(1회선의 간선)만 공급하여야 한다. 다만, 안전 확보가 되도록 격벽을 설치하고 사용전압을 쉽게 식별할 수 있도록 그 회로의 과전류차단기 가까운 곳에 그 사용전압을 표시하는 경우에는 그러하지 아니하다.
다. 주택용 분전반은 노출된 장소(신발장, 옷장 등의 은폐된 장소에는 시설할 수 없다)에 시설하며 앞면판은 탈락되지 않는 구조일 것.
라. 옥내에 설치하는 배전반 및 분전반은 불연성 또는 난연성이 있도록 시설할 것. **답** ④

96 옥내에 시설하는 저압전선에 나전선을 사용할 수 있는 경우는?
① 버스덕트 공사에 의하여 시설하는 경우
② 금속덕트 공사에 의하여 시설하는 경우
③ 합성수지관 공사에 의하여 시설하는 경우
④ 후강전선관 공사에 의하여 시설하는 경우

풀이 231.4 나전선의 사용제한
옥내에 시설하는 저압전선에는 나전선을 사용하여서는 아니 된다. 다만, 다음 중 어느 하나에 해당하는 경우에는 그러하지 아니하다.
가. 애자공사에 의하여 전개된 곳에 다음의 전선을 시설하는 경우
① 전기로용 전선
② 전선의 피복 절연물이 부식하는 장소에 시설하는 전선
나. 버스덕트공사에 의하여 시설하는 경우
다. 라이팅덕트공사에 의하여 시설하는 경우
라. 접촉전선을 시설하는 경우 **답** ①

97 가공인입선 및 수용장소의 조영물의 옆면 등에 시설하는 전선으로서 그 수용장소의 인입구에 이르는 부분의 전선을 무엇이라고 하는가?
① 인입선 ② 옥외배선
③ 옥측배선 ④ 배전간선

풀이 정의(기술기준 제3조)
"인입선"이란 가공인입선[가공전선로의 지지물로부터 다른 지지물을 거치지 아니하고 수용장소의 붙임점에 이르는 가공전선(가공전선로의 전선을 말한다. 이하 같다)을 말한다] 및 수용장소의 조영물(토지에 정착한 시설물 중 지붕 및 기둥 또는 벽이 있는 시설물을 말한다. 이하 같다)의 옆면 등에 시설하는 전선으로서 그 수용장소의 인입구에 이르는 부분의 전선을 말한다. **답** ①

98 교량의 윗면에 시설하는 고압 전선로는 전선의 높이를 교량의 노면상 몇 [m] 이상으로 하여야 하는가?
① 3 ② 4
③ 5 ④ 6

풀이 335.6 교량에 시설하는 전선로
교량의 윗면에 시설하는 고압 전선로는 전선의 높이를 교량의 노면상 5[m] 이상으로 하여 시설할 것. **답** ③

99 지중전선로의 매설방법이 아닌 것은?
① 관로식 ② 인입식
③ 암거식 ④ 직접 매설식

풀이 334.1 지중전선로의 시설
가. 지중 전선로는 전선에 케이블을 사용하고 또한 관로식·암거식 또는 직접 매설식에 의하여 시설하여야 한다.
나. 지중 전선로를 직접 매설식에 의하여 시설하는 경우에는 매설 깊이는
① 차량 기타 중량물의 압력을 받을 우려가 있는 장소 : 1.0[m] 이상
② 기타 장소 : 0.6[m] 이상 **답** ②

100 전기철도의 설비를 보호하기 위해 시설하는 피뢰기의 시설기준으로 틀린 것은?
① 피뢰기는 변전소 인입측 및 급전선 인출측에 설치하여야 한다.
② 피뢰기는 가능한 한 보호하는 기기와 가깝게 시설하되 누설전류 측정이 용이하도록 지지대와 절연하여 설치한다.
③ 피뢰기는 개방형을 사용하고 유효보호거리를 증가시키기 위하여 방전개시전압 및 제한전압이 낮은 것을 사용한다.
④ 피뢰기는 가공전선과 직접 접속하는 지중 케이블에서 낙뢰에 의해 절연파괴의 우려가 있는 케이블 단말에 설치하여야 한다.

풀이 451.3 피뢰기 설치장소
1. 다음의 장소에 피뢰기를 설치하여야 한다.
　가. 변전소 인입측 및 급전선 인출측
　나. 가공전선과 직접 접속하는 지중케이블에서 낙뢰
　　에 의해 절연파괴의 우려가 있는 케이블 단말
2. 피뢰기는 가능한 한 보호하는 기기와 가깝게 시설하
되 누설전류 측정이 용이하도록 지지대와 절연하여
설치한다.

451.4 피뢰기의 선정
피뢰기는 다음의 조건을 고려하여 선정한다.
1. 피뢰기는 밀봉형을 사용하고 유효 보호거리를 증가
시키기 위하여 방전개시전압 및 제한전압이 낮은 것
을 사용한다.
2. 유도뢰서지에 대하여 2선 또는 3선의 피뢰기 동시동
작이 우려되는 변전소 근처의 단락 전류가 큰 장소에
는 속류차단능력이 크고 또한 차단성능이 회로조건
의 영향을 받을 우려가 적은 것을 사용한다. **답** ③

전기산업기사 · 공사산업기사

2016-2025

전기설비기술기준
과년도문제 및 CBT 복원문제

동일출판사 홈페이지에서 무료 동영상 강의를 보실 수 있습니다.
– 각 년도 4회차 문제의 동영상은 지원하지 않습니다.

문제의 번호는 실제 시험문제의 번호와 같게 하였습니다.

2016년 - 1회 _ 전기산업기사·공사산업기사

81 지중전선로의 전선으로 적합한 것은?

① 케이블
② 동복강선
③ 절연전선
④ 나경동선

풀이 334.1 지중전선로의 시설
지중 전선로는 전선에 케이블을 사용하고 또한 관로식·암거식 또는 직접 매설식에 의하여 시설하여야 한다.
답 ①

82 저압 옥내배선에 사용되는 연동선의 굵기는 일반적인 경우 몇 [mm²] 이상이어야 하는가?

① 2
② 2.5
③ 4
④ 6

풀이 231.3 저압 옥내배선의 사용전선
가. 저압 옥내배선의 전선 : 단면적 2.5[mm²] 이상의 연동선
나. 옥내배선의 사용 전압이 400[V] 이하인 경우는 다음에 의하여 시설할 수 있다.
① 전광표시 장치 또는 제어 회로
• 단면적 1.5[mm²] 이상의 연동선
• 단면적 0.75[mm²] 이상인 다심케이블 또는 다심 캡타이어 케이블을 사용하고 또한 과전류가 생겼을 때에 자동적으로 전로에서 차단하는 장치를 시설
② 진열장 또는 이와 유사한 것의 내부 배선 : 단면적 0.75[mm²] 이상인 코드 또는 캡타이어케이블
답 ②

83 과전류차단기를 설치하지 않아야 할 곳은?

① 수용가의 인입선 부분
② 고압 배전선로의 인출장소
③ 직접 접지계통에 설치한 변압기의 접지선
④ 역률조정용 고압 병렬콘덴서 뱅크의 분기선

풀이 341.11 과전류차단기의 시설 제한
접지공사의 접지도체, 다선식 전로의 중성선 및 전로의 일부에 접지공사를 한 저압 가공전선로의 접지측 전선에는 과전류차단기를 시설하여서는 안 된다.

다만, 다음의 경우에는 예외로 한다.
가. 다선식 전로의 중성선에 시설한 과전류차단기가 동작한 경우에 각 극이 동시에 차단될 때
나. 저항기·리액터 등을 사용하여 접지공사를 한 때에 과전류차단기의 동작에 의하여 그 접지도체가 비접지 상태로 되지 아니할 때
답 ③

84 금속관공사에 대한 기준으로 틀린 것은?

① 저압 옥내배선에 사용하는 전선으로 옥외용 비닐절연전선을 사용하였다.
② 저압 옥내배선의 금속관 안에는 전선에 접속점이 없도록 하였다.
③ 콘크리트에 매설하는 금속관의 두께는 1.2[mm]를 사용하였다.
④ 금속관에 접지공사를 하였다.

풀이 232.12 금속관공사
가. 전선은 절연전선(옥외용 비닐절연전선을 제외한다)일 것.
나. 전선은 연선일 것. 다만, 다음의 것은 적용하지 않는다.
① 짧고 가는 금속관에 넣은 것.
② 단면적 10[mm²](알루미늄선은 단면적 16[mm²]) 이하의 것.
다. 관의 두께는 다음에 의할 것.
① 콘크리트에 매설하는 것은 1.2[mm] 이상
② 콘크리트 매설 이외의 것은 1[mm] 이상
라. 관에는 접지공사를 할 것.
답 ①

85 버스덕트공사에 대한 설명 중 옳은 것은?

① 버스 덕트 끝부분을 개방할 것
② 덕트를 수직으로 붙이는 경우 지지점 간 거리는 12[m] 이하로 할 것
③ 덕트를 조영재에 붙이는 경우 덕트의 지지점 간 거리는 6[m] 이하로 할 것
④ 덕트에 접지공사를 할 것

풀이 232.61 버스덕트공사
가. 덕트 상호 간 및 전선 상호 간은 견고하고 또한 전기적으로 완전하게 접속할 것.
나. 덕트를 조영재에 붙이는 경우에는 덕트의 지지점 간의 거리를 3[m](수직으로 붙이는 경우에는 6[m]) 이

하로 하고 또한 견고하게 붙일 것.
다. 덕트(환기형의 것을 제외한다)의 **끝부분은 막을 것**.
라. 덕트(환기형의 것을 제외한다)의 내부에 먼지가 침입하지 아니하도록 할 것.
마. **덕트는 접지공사를 할 것**. **답** ④

86 옥내배선에서 나전선을 사용할 수 없는 것은?

① 전선의 피복 전열물이 부식하는 장소의 전선
② 취급자 이외의 자가 출입할 수 없도록 설비한 장소의 전선
③ 전용의 개폐기 및 과전류차단기가 시설된 전기기계기구의 저압전선
④ 애자공사에 의하여 전개된 장소에 시설하는 경우로 전기로용 전선

풀이 231.4 나전선의 사용 제한
옥내에 시설하는 저압전선에는 나전선을 사용하여서는 아니 된다. 다만, 다음 중 어느 하나에 해당하는 경우에는 그러하지 아니하다.
가. 애자공사에 의하여 전개된 곳에 다음의 전선을 시설하는 경우
  ① **전기로용 전선**
  ② 전선의 **피복 절연물이 부식하는 장소**에 시설하는 전선
나. **버스덕트공사**에 의하여 시설하는 경우
다. **라이팅덕트공사**에 의하여 시설하는 경우
라. **접촉 전선**을 시설하는 경우 **답** ③

87 154[kV]용 변성기를 사람이 접촉할 우려가 없도록 시설하는 경우에 충전부분의 지표상의 높이는 최소 몇 [m] 이상이어야 하는가?

① 4   ② 5   ③ 6   ④ 8

풀이 341.4 특고압용 기계기구의 시설
특고압용 기계기구 충전부분의 지표상 높이

사용전압의 구분	울타리·담 등의 높이와 울타리·담 등으로부터 충전 부분까지의 거리의 합계
35[kV] 이하	5[m]
35[kV] 초과 160[kV] 이하	6[m]
160[kV] 초과	• 거리의 합계 = 6 + 단수 × 0.12[m] • 단수 = $\dfrac{\text{사용전압}[kV]-160}{10}$ 단수 계산에서 소수점 이하는 절상

답 ③

88 시가지 등에서 특고압가공전선로의 시설에 대한 내용 중 틀린 것은?

① A종 철주를 지지물로 사용하는 경우의 경간은 75[m] 이하이다.
② 사용전압이 170[kV] 이하인 전선로를 지지하는 애자장치는 2련 이상의 현수애자 또는 장간애자를 사용한다.
③ 사용전압이 100[kV]를 초과하는 특고압가공전선에 지락 또는 단락이 생겼을 때에는 1초 이내에 자동적으로 이를 전로로부터 차단하는 장치를 시설한다.
④ 사용전압이 170[kV] 이하인 전선로를 지지하는 애자장치는 50[%] 충격섬락전압 값이 그 전선의 근접한 다른 부분을 지지하는 애자장치 값의 100[%] 이상인 것을 사용한다.

풀이 333.1 시가지 등에서 특고압 가공전선로의 시설
사용전압이 170[kV] 이하인 특고압 가공전선로를 시가지 그 밖에 인가가 밀집한 지역에 시설하기 위한 특고압 가공전선을 지지하는 애자장치는 다음 중 어느 하나에 의할 것.
가. **50[%] 충격섬락전압 값이 그 전선의 근접한 다른 부분을 지지하는 애자장치 값의 110[%]**(사용전압이 130[kV]를 초과하는 경우는 105[%]) **이상인 것**.
나. 아킹혼을 붙인 현수애자·장간애자 또는 라인포스트애자를 사용하는 것.
다. 2련 이상의 현수애자 또는 장간애자를 사용하는 것.
라. 2개 이상의 핀애자 또는 라인포스트애자를 사용하는 것. **답** ④

89 전력보안 통신설비인 무선용 안테나 등을 지지하는 철주의 기초의 안전율이 얼마 이상이어야 하는가?

① 1.3   ② 1.5   ③ 1.8   ④ 2.0

풀이 364.1 무선용 안테나 등을 지지하는 철탑 등의 시설
전력보안통신설비인 무선통신용 안테나 또는 반사판을 지지하는 목주·철주·철근 콘크리트주 또는 철탑은 다음에 따라 시설하여야 한다. 다만, 무선용 안테나 등이 전선로의 주위상태를 감시할 목적으로 시설되는 것일 경우에는 그러하지 아니하다.
가. 목주는 풍압하중에 대한 안전율은 1.5 이상이어야 한다.
나. **철주·철근 콘크리트주 또는 철탑의 기초 안전율은 1.5 이상**이어야 한다. **답** ②

90 345[kV] 가공전선로를 제1종 특고압 보안공사에 의하여 시설할 때 사용되는 경동연선의 굵기는 몇 [mm²] 이상이어야 하는가?

① 100
② 125
③ 150
④ 200

풀이 333.22 특고압 보안공사
제1종 특고압 보안공사 시 전선의 단면적

사용전압	전 선
100[kV] 미만	인장강도 21.67[kN] 이상의 연선 또는 단면적 55[mm²] 이상의 경동연선
100[kV] 이상 300[kV] 미만	인장강도 58.84[kN] 이상의 연선 또는 단면적 150[mm²] 이상의 경동연선
300[kV] 이상	인장강도 77.47[kN] 이상의 연선 또는 단면적 200[mm²] 이상의 경동연선

답 ④

91 차단기에 사용하는 압축공기장치에 대한 설명 중 틀린 것은?

① 공기압축기를 통하는 관은 용접에 의한 잔류응력이 생기지 않도록 할 것
② 주 공기탱크에는 사용압력 1.5배 이상 3배 이하의 최고 눈금이 있는 압력계를 시설할 것
③ 공기압축기는 최고사용압력의 1.5배 수압을 연속하여 10분간 가하여 시험하였을 때 이에 견디고 새지 아니할 것
④ 공기탱크는 사용압력에서 공기의 보급이 없는 상태로 차단기의 투입 및 차단을 연속하여 3회 이상 할 수 있는 용량을 가질 것

풀이 341.15 압축공기계통
발전소・변전소・개폐소 또는 이에 준하는 곳에서 개폐기 또는 차단기에 사용하는 압축공기장치는 사용 압력에서 공기의 보급이 없는 상태로 개폐기 또는 차단기의 투입 및 차단을 연속하여 1회 이상 할 수 있는 용량을 가지는 것일 것. 답 ④

92 사용전압이 22900[V]인 가공전선이 건조물과 제2차 접근상태로 시설되는 경우에 이 특고압 가공전선로의 보안공사는 어떤 종류의 보안공사로 하여야 하는가?

① 고압 보안공사
② 제1종 특고압 보안공사
③ 제2종 특고압 보안공사
④ 제3종 특고압 보안공사

풀이 333.23 특고압 가공전선과 건조물의 접근
가. 건조물과 제1차 접근상태 : 제3종 특고압 보안공사
나. 건조물과 제2차 접근상태
   ① 사용전압이 35[kV] 이하 : 제2종 특고압 보안공사
   ② 사용전압이 35[kV] 초과 400[kV] 미만 : 제1종 특고압 보안공사 답 ③

93 비접지식 고압전로와 접속되는 변압기의 외함에 실시하는 접지공사의 접지극으로 사용할 수 있는 건물 철골의 대지 전기저항의 최댓값[Ω]은 얼마인가?

① 2
② 3
③ 5
④ 10

풀이 142.2 접지극의 시설 및 접지저항
가. 지중에 매설되어 있고 대지와의 전기저항 값이 3[Ω] 이하의 값을 유지하고 있는 금속제 수도관로가 규정에 따르는 경우 접지극으로 사용이 가능하다.
나. 대지와의 사이에 전기저항 값이 2[Ω] 이하인 값을 유지하는 건축물・구조물의 철골 기타의 금속제는 접지공사의 접지극으로 사용할 수 있다. 답 ①

94 저압 수상전선로에 사용되는 전선은?

① 무기물 절연 케이블
② 알루미늄피 케이블
③ 클로로프렌시스 케이블
④ 클로로프렌 캡타이어 케이블

풀이 335.3 수상전선로의 시설
수상전선로를 시설하는 경우 사용전압이 저압 또는 고압인 것에 한 하며 사용되는 전선은 다음과 같다.
가. 저압 : 클로로프렌 캡타이어 케이블
나. 고압 : 캡타이어 케이블 답 ④

95 22.9[kV] 특고압으로 가공전선과 조영물이 아닌 다른 시설물이 교차하는 경우, 상호 간의 이격거리는 몇 [cm]까지 감할 수 있는가? (단, 전선은 케이블이다.)

① 50
② 60
③ 100
④ 120

풀이 333.28 특고압 가공전선과 다른 시설물의 접근 또는 교차

특고압 절연전선 또는 케이블을 사용하는 사용전압이 35 [kV] 이하의 특고압 가공전선과 다른 시설물 사이의 이격거리

다른 시설물의 구분	접근형태	이격거리
조영물의 상부조영재	위쪽	2[m] (전선이 케이블인 경우에는 1.2[m])
	옆쪽 또는 아래쪽	1[m] (전선이 케이블인 경우에는 0.5[m])
조영물의 상부조영재 이외의 부분 또는 조영물 이외의 시설물		1[m] (전선이 케이블인 경우에는 0.5[m])

답 ①

96 가공전선로의 지지물에 시설하는 지선의 안전율과 허용인장하중의 최저값은?

① 안전율은 2.0 이상,
　 허용인장하중 최저값은 4[kN]
② 안전율은 2.5 이상,
　 허용인장하중 최저값은 4[kN]
③ 안전율은 2.0 이상,
　 허용인장하중 최저값은 4.4[kN]
④ 안전율은 2.5 이상,
　 허용인장하중 최저값은 4.31[kN]

풀이 331.11 지선의 시설
가. 지선의 안전율은 2.5 이상일 것. 이 경우에 허용 인장하중의 최저는 4.31[kN]으로 한다.
나. 지선에 연선을 사용할 경우에는 다음에 의할 것.
① 소선 3가닥 이상의 연선일 것.
② 소선의 지름이 2.6[mm] 이상의 금속선을 사용한 것일 것. 　답 ④

97 단락전류에 의하여 생기는 기계적 충격에 견디는 것을 요구하지 않는 것은?

① 애자　　　　② 변압기
③ 조상기　　　④ 접지선

풀이 발전기 등의 기계적 강도(기술기준 제23조)
① 발전기, 변압기, 조상기, 모선 또는 이를 지지하는 애자는 단락전류에 의하여 생기는 기계적 충격에 견디어야 한다.
② 수차 또는 풍차 발전기의 회전 부분은 무구속 속도

에 대하여 증기터빈, 가스터빈, 내연기관은 비상 속도에 견디어야 한다. 　답 ④

> 출제기준 변경 및 개정된 관계 법규에 따라 삭제된 문제가 있어 20문항이 안됩니다.

2016년 - 2회 _ 전기산업기사·공사산업기사

81 특고압가공전선로의 지지물 양쪽의 경간의 차가 큰 곳에 사용되는 철탑은?

① 내장형철탑　　② 직선형철탑
③ 인류형철탑　　④ 보강형철탑

풀이 333.11 특고압 가공전선로의 철주·철근 콘크리트주 또는 철탑의 종류
특고압 가공전선로의 지지물로 사용하는 B종 철근·B종 콘크리트주 또는 철탑의 종류는 다음과 같다.
가. 직선형 : 전선로의 직선 부분(3° 이하의 수평 각도 이루는 곳 포함)에 사용되는 것
나. 각도형 : 전선로 중 수평 각도 3°를 넘는 곳에 사용되는 것
다. 인류형 : 전 가섭선을 인류하는 곳에 사용하는 것
라. 내장형 : 전선로 지지물 양측의 경간차가 큰 곳에 사용하는 것
마. 보강형 : 전선로 직선 부분을 보강하기 위하여 사용하는 것 　답 ①

82 특고압가공전선이 건조물과 1차 접근상태로 시설되는 경우를 설명한 것 중 틀린 것은?

① 상부 조영재와 위쪽으로 접근 시 케이블을 사용하면 1.2[m] 이상 이격거리를 두어야 한다.
② 상부 조영재와 옆쪽으로 접근 시 특고압 절연전선을 사용하면 1.5[m] 이상 이격거리를 두어야 한다.
③ 상부 조영재와 아래쪽으로 접근 시 특고압 절연전선을 사용하면 1.5[m] 이상 이격거리를 두어야 한다.
④ 상부 조영재와 위쪽으로 접근 시 특고압 절연전선을 사용하면 2.0[m] 이상 이격거리를 두어야 한다.

풀이 333.23 특고압 가공전선과 건조물의 접근
특고압 가공전선이 건조물과 제1차 접근상태로 시설되는 경우에는 다음에 따라야 한다.
가. 특고압 가공전선로는 제3종 특고압 보안공사에 의할 것.
나. 사용전압이 35[kV] 이하인 특고압 가공전선과 건조물의 조영재 이격거리는 표에서 정한 값 이상일 것.

건조물과 조영재의 구분	전선종류	접근형태	이격거리
상부 조영재	특고압 절연전선	위쪽	2.5[m]
		옆쪽 또는 아래쪽	1.5[m] (전선에 사람이 쉽게 접촉할 우려가 없도록 시설한 경우는 1[m])
	케이블	위쪽	1.2[m]
		옆쪽 또는 아래쪽	0.5[m]
	기타전선		3[m]
기타 조영재	특고압 절연전선		1.5[m] (전선에 사람이 쉽게 접촉할 우려가 없도록 시설한 경우는 1[m])
	케이블		0.5[m]
	기타전선		3[m]

답 ④

83 가공전선로의 지지물에 취급자가 오르고 내리는데 사용하는 발판 볼트 등은 지표상 몇 [m] 미만에 사설하여서는 아니 되는가?

① 1.2
② 1.8
③ 2.2
④ 2.5

풀이 331.4 가공전선로 지지물의 철탑오름 및 전주오름 방지
가공전선로의 지지물에 취급자가 오르고 내리는데 사용하는 발판 볼트 등을 지표상 1.8[m] 미만에 시설하여서는 아니 된다.
답 ②

84 계통연계하는 분산형전원을 설치하는 경우에 이상 또는 고장발생 시 자동적으로 분산형전원을 전력계통으로부터 분리하기 위한 장치를 시설해야 하는 경우가 아닌 것은?

① 역률 저하 상태
② 단독운전 상태
③ 분산형전원의 이상 또는 고장
④ 연계한 전력계통의 이상 또는 고장

풀이 503.2.3 계통 연계용 보호장치의 시설
계통 연계하는 분산형전원설비를 설치하는 경우 다음에 해당하는 이상 또는 고장 발생 시 자동적으로 분산형전원설비를 전력계통으로부터 분리하기 위한 장치 시설 및 해당 계통과의 보호협조를 실시하여야 한다.
가. 분산형전원설비의 이상 또는 고장
나. 연계한 전력계통의 이상 또는 고장
다. 단독운전 상태
답 ①

85 고압가공전선 상호 간이 접근 또는 교차하여 시설되는 경우, 고압가공전선 상호 간의 이격거리는 몇 [cm] 이상이어야 하는가? (단, 고압가공전선은 모두 케이블이 아니라고 한다.)

① 50
② 60
③ 70
④ 80

풀이 332.17 고압 가공전선 상호 간의 접근 또는 교차
고압 가공전선이 다른 고압 가공 전선과 접근상태로 시설되거나 교차하여 시설되는 경우에는 다음에 따라 시설하여야 한다.
가. 고압 가공전선로는 고압 보안공사에 의할 것.
나. 고압 가공전선과 다른 고압 가공 전선과의 이격거리

구분	고압가공전선	
	일반	케이블
고압가공전선	0.8[m]	0.4[m]
고압가공전선로의 지지물	0.6[m]	0.3[m]

답 ④

86 저압 옥내배선의 사용전압이 220[V]인 전광표시등회로를 금속관공사에 의하여 시공하였다. 여기에 사용되는 배선은 단면적이 몇 [mm²] 이상의 연동선을 사용하여도 되는가?

① 1.5
② 2.0
③ 2.5
④ 3.0

풀이 231.3 저압 옥내배선의 사용전선
가. 저압 옥내배선의 전선 : 단면적 2.5[mm²] 이상의 연동선
나. 옥내배선의 사용 전압이 400[V] 이하인 경우는 다음에 의하여 시설할 수 있다.
① 전광표시 장치등 또는 제어 회로
• 단면적 1.5[mm²] 이상의 연동선
• 단면적 0.75[mm²] 이상인 다심케이블 또는 다심 캡타이어 케이블을 사용하고 또한 과전류가 생겼을 때에 자동적으로 전로에서 차단하는

장치를 시설
② 진열장 또는 이와 유사한 것의 내부 배선 : 단면적 0.75[mm²] 이상인 코드 또는 캡타이어케이블
답 ①

87 합성수지관공사 시 관 상호 간 및 박스와의 접속은 관에 삽입하는 깊이를 관 바깥지름의 몇 배 이상으로 하여야 하는가? (단, 접착제를 사용하지 않는 경우이다.)

① 0.5 ② 0.8
③ 1.2 ④ 1.5

풀이 232.11 합성수지관공사
관 상호 간 및 박스와는 관을 삽입하는 깊이를 관의 바깥지름의 1.2배(접착제를 사용하는 경우 0.8배) 이상으로 할 것.
답 ③

88 고저압 혼촉에 의한 위험방지시설로 가공공동지선을 설치하여 시설하는 경우에 각 접지선을 가공공동지선으로부터 분리하였을 경우의 각 접지선과 대지 간의 전기저항 값은 몇 [Ω] 이하로 하여야 하는가?

① 75 ② 150
③ 300 ④ 600

풀이 322.1 고압 또는 특고압과 저압의 혼촉에 의한 위험방지 시설
가공공동지선과 대지 사이의 합성 전기저항 값은 1[km]를 지름으로 하는 지역 안마다 규정에 의해 접지저항 값을 가지는 것으로 하고 또한 각 접지도체를 가공공동지선으로부터 분리하였을 경우의 각 접지도체와 대지 사이의 전기저항값은 300[Ω] 이하로 할 것.
답 ③

89 금속제 외함을 가진 저압의 기계기구로서 사람이 쉽게 접촉할 우려가 있는 곳에 시설하는 것에 전기를 공급하는 전로에 지락이 생겼을 때에 자동적으로 차단하는 장치를 설치하여야 한다. 사용전압이 몇 [V]를 초과하는 기계기구의 경우인가?

① 25 ② 30
③ 40 ④ 50

풀이 211.2.3 누전차단기의 시설
전원의 자동차단에 의한 저압전로의 보호대책으로 누전차단기를 시설해야할 대상은 다음과 같다.
가. 금속제 외함을 가지는 사용전압이 50[V]를 초과하는 저압의 기계 기구로서 사람이 쉽게 접촉할 우려가 있는 곳에 시설하는 것에 전기를 공급하는 전로.
나. 주택의 인입구 등 다른 절에서 누전차단기 설치를 요구하는 전로
다. 특고압전로, 고압전로 또는 저압전로와 변압기에 의하여 결합되는 사용전압 400[V] 초과의 저압전로
답 ④

90 전기설비기술기준의 안전원칙에 관계없는 것은?

① 에너지 절약 등에 지장을 주지 아니하도록 할 것
② 사람이나 다른 물체에 위해 손상을 주지 않도록 할 것
③ 기기의 오동작에 의한 전기 공급에 지장을 주지 않도록 할 것
④ 다른 전기설비의 기능에 전기적 또는 자기적인 장해를 주지 아니하도록 할 것

풀이 안전 원칙(기술기준 제2조)
① 전기설비는 감전, 화재 그 밖에 사람에게 위해(危害)를 주거나 물건에 손상을 줄 우려가 없도록 시설하여야 한다.
② 전기설비는 사용목적에 적절하고 안전하게 작동하여야 하며, 그 손상으로 인하여 전기 공급에 지장을 주지 않도록 시설하여야 한다.
③ 전기설비는 다른 전기설비, 그 밖의 물건의 기능에 전기적 또는 자기적인 장해를 주지 않도록 시설하여야 한다.
답 ①

91 전력보안통신설비로 무선용안테나 등의 시설에 관한 설명으로 옳은 것은?

① 항상 가공전선로의 지지물에 시설한다.
② 피뢰침설비가 불가능한 개소에 시설한다.
③ 접지와 공용으로 사용할 수 있도록 시설한다.
④ 전선로의 주위상태를 감시할 목적으로 시설한다.

풀이 364.2 무선용 안테나 등의 시설 제한
무선용 안테나 등은 전선로의 주위 상태를 감시하거나

배전자동화, 원격검침 등 지능형전력망을 목적으로 시설하는 것 이외에는 가공전선로의 지지물에 시설하여서는 아니 된다.　**답** ④

---

92 저압 옥내배선에 사용하는 연동선의 최소 굵기는 몇 [mm²] 이상인가?

① 1.5　　　　　　② 2.5
③ 4.0　　　　　　④ 6.0

풀이 231.3 저압 옥내배선의 사용전선
　가. 저압 옥내배선의 전선 : **단면적 2.5[mm²] 이상의 연동선**
　나. 옥내배선의 사용 전압이 400[V] 이하인 경우는 다음에 의하여 시설할 수 있다.
　　① 전광표시 장치 또는 제어 회로
　　　• 단면적 1.5[mm²] 이상의 연동선
　　　• 단면적 0.75[mm²] 이상인 다심케이블 또는 다심 캡타이어 케이블을 사용하고 또한 과전류가 생겼을 때에 자동적으로 전로에서 차단하는 장치를 시설
　　② 진열장 또는 이와 유사한 것의 내부 배선 : 단면적 0.75[mm²] 이상인 코드 또는 캡타이어케이블　**답** ②

---

93 호텔 또는 여관 각 객실의 입구등을 설치할 경우 몇 분 이내에 소등되는 타임스위치를 시설해야 하는가?

① 1　　　② 2　　　③ 3　　　④ 10

풀이 234.6 점멸기의 시설
　다음의 경우에는 센서등(타임스위치 포함)을 시설하여야 한다.
　가. 관광숙박업 또는 숙박업(여인숙업을 제외한다)에 이용되는 객실의 입구등은 1분 이내에 소등되는 것.
　나. 일반주택 및 **아파트 각 호실의 현관등은 3분 이내에 소등**되는 것.　**답** ①

---

94 고압가공전선이 철도를 횡단하는 경우 레일면상에서 몇 [m] 이상으로 유지 되어야 하는가?

① 5.5　　　　　　② 6
③ 6.5　　　　　　④ 7.0

풀이 332.5 고압 가공전선의 높이
　222.7 저압 가공전선의 높이
　저·고압 가공전선의 높이는 다음에 따라야 한다.

설치장소		가공전선의 높이
도로횡단(번잡하지 않은 도로 제외)		지표상 6[m] 이상
철도 또는 궤도횡단		**레일면상 6.5[m] 이상**
횡단 보도교 위	저압	노면상 3.5[m] 이상. 단, 절연전선의 경우 3[m] 이상
	고압	노면상 3.5[m] 이상
일반장소		지표상 5[m] 이상. 단, 저압의 경우 절연전선 또는 케이블을 사용하여 교통에 지장이 없도록 하여 옥외조명용에 공급하는 경우 4[m]까지 감할 수 있다.
다리의 하부 기타 이와 유사한 장소		저압의 전기철도용 급전선은 지표상 3.5[m]까지로 감할 수 있다.

답 ③

---

95 타냉식 특고압용 변압기에는 냉각장치에 고장이 생긴 경우를 대비하여 어떤 장치를 하여야 하는가?

① 경보장치　　　　② 속도조정장치
③ 온도시험장치　　④ 냉매흐름장치

풀이 351.4 특고압용 변압기의 보호장치
　특고압용의 변압기에는 그 내부에 고장이 생겼을 경우에 보호하는 장치를 표와 같이 시설하여야 한다.

뱅크 용량의 구분	동작조건	장치의 종류
5,000[kVA] 이상 10,000[kVA] 미만	변압기 내부고장	자동 차단 장치 또는 경보장치
10,000[kVA] 이상	변압기 내부고장	자동 차단 장치
타냉식 변압기(변압기의 권선 및 철심을 직접 냉각시키기 위하여 봉입한 냉매를 강제 순환시키는 냉각 방식을 말한다.)	**냉각장치에 고장**이 생긴 경우 또는 변압기의 온도가 현저히 상승한 경우	**경보장치**

답 ①

---

96 특고압가공전선이 삭도와 제2차 접근상태로 시설할 경우 특고압가공전선로에 적용하는 보안공사는?

① 고압 보안공사
② 제1종 특고압 보안공사
③ 제2종 특고압 보안공사
④ 제3종 특고압 보안공사

풀이 333.25 특고압 가공전선과 삭도의 접근 또는 교차
가. 특고압 가공전선이 삭도와 제1차 접근상태 : 제3종 특고압 보안공사
나. 특고압 가공전선이 삭도와 제2차 접근상태 : 제2종 특고압 보안공사 **답** ③

97 가반형의 용접전극을 사용하는 아크 용접장치의 용접변압기의 1차 측 전로의 대지전압은 몇 [V] 이하이어야 하는가?

① 220
② 300
③ 380
④ 440

풀이 241.10 아크 용접기
가반형의 용접 전극을 사용하는 아크 용접장치는 다음에 따라 시설하여야 한다.
가. 용접변압기는 절연변압기일 것.
나. 용접변압기의 1차측 전로의 대지전압은 300[V] 이하일 것.
다. 용접변압기의 1차측 전로에는 용접 변압기에 가까운 곳에 쉽게 개폐할 수 있는 개폐기를 시설할 것.
라. 용접기 외함 및 피용접재 또는 이와 전기적으로 접속되는 받침대·정반 등의 금속체는 규정에 준하여 접지공사를 하여야 한다. **답** ②

98 과전류차단기를 시설할 수 있는 곳은?

① 접지공사의 접지선
② 다선식 전로의 중성선
③ 단상 3선식 전로의 저압측 전선
④ 접지공사를 한 저압가공전선로의 접지측 전선

풀이 341.11 과전류차단기의 시설 제한
접지공사의 접지도체, 다선식 전로의 중성선 및 전로의 일부에 접지공사를 한 저압 가공전선로의 접지측 전선에는 과전류차단기를 시설하여서는 안 된다.
다만, 다음의 경우에는 예외로 한다.
가. 다선식 전로의 중성선에 시설한 과전류차단기가 동작한 경우에 각 극이 동시에 차단될 때
나. 저항기·리액터 등을 사용하여 접지공사를 한 때에 과전류차단기의 동작에 의하여 그 접지도체가 비접지 상태로 되지 아니할 때 **답** ③

99 철탑의 강도 계산에 사용하는 이상 시 상정하중의 종류가 아닌 것은?

① 수직하중
② 좌굴하중
③ 수평 횡하중
④ 수평 종하중

풀이 333.14 이상 시 상정하중
철탑의 강도계산에 사용하는 이상 시 상정하중은 풍압이 전선로에 직각방향으로 가하여지는 경우의 하중과 전선로의 방향으로 가하여지는 경우의 수직하중, 수평 횡하중, 수평 종하중을 계산하여 각 부재에 대한 이들의 하중 중 그 부재에 큰 응력이 생기는 쪽의 하중을 채택한다. **답** ②

> 출제기준 변경 및 개정된 관계 법규에 따라 삭제된 문제가 있어 20문항이 안됩니다.

2016년 - 3회 _ 전기산업기사

81 옥내배선의 사용전압이 220[V]인 경우 금속관 공사의 기술기준으로 옳은 것은?

① 금속관에는 접지공사를 하였다.
② 전선은 옥외용 비닐절연전선을 사용하였다.
③ 금속관과 접속부분의 나사는 3턱 이상으로 나사결합을 하였다.
④ 콘크리트에 매설하는 전선관의 두께는 1.0[mm]를 사용하였다.

풀이 232.12 금속관공사
가. 전선은 절연전선(옥외용 비닐절연전선을 제외한다)일 것.
나. 전선은 연선일 것. 다만, 다음의 것은 적용하지 않는다.
① 짧고 가는 금속관에 넣은 것.
② 단면적 10[mm²](알루미늄선은 단면적 16[mm²]) 이하의 것.
다. 관의 두께는 다음에 의할 것.
① 콘크리트에 매설하는 것은 1.2[mm] 이상
② 콘크리트 매설 이외의 것은 1[mm] 이상
라. 관에는 접지공사를 할 것.
마. 전선관과의 접속부분의 나사는 5턱 이상 완전히 나사결합이 될 수 있는 길이일 것. **답** ①

82 폭발성 또는 연소성의 가스가 침입할 우려가 있는 지중함에 그 크기가 몇 [m³] 이상의 것은 통풍장치 기타 가스를 방산시키기 위한 적당한 장치를 시설하여야 하는가?

① 0.9　② 1.0　③ 1.5　④ 2.0

풀이 334.2 지중함의 시설
지중전선로에 사용하는 지중함은 다음에 따라 시설하여야 한다.
가. 지중함은 견고하고 차량 기타 중량물의 압력에 견디는 구조일 것.
나. 지중함은 그 안의 고인 물을 제거할 수 있는 구조로 되어 있을 것.
다. 폭발성 또는 연소성의 가스가 침입할 우려가 있는 것에 시설하는 지중함으로서 그 크기가 1[m³] 이상인 것에는 통풍장치 기타 가스를 방산시키기 위한 적당한 장치를 시설할 것.
라. 지중함의 뚜껑은 시설자이외의 자가 쉽게 열 수 없도록 시설할 것.　**답** ②

83 차량, 기타 중량물의 압력을 받을 우려가 없는 장소에 지중전선로를 직접 매설식에 의하여 매설하는 경우에는 매설 깊이를 몇 [cm] 이상으로 하여야 하는가?

① 40　② 60　③ 80　④ 100

풀이 334.1 지중전선로의 시설
가. 지중 전선로는 전선에 케이블을 사용하고 또한 관로식·암거식 또는 직접 매설식에 의하여 시설하여야 한다.
나. 지중 전선로를 직접 매설식에 의하여 시설하는 경우에는 매설 깊이를 차량 기타 중량물의 압력을 받을 우려가 있는 장소에는 1.0[m] 이상, 기타 장소에는 0.6[m] 이상으로 하고 또한 지중 전선을 견고한 트라프 기타 방호물에 넣어 시설하여야 한다.
답 ②

84 전력용 커패시터의 용량 15000[kVA] 이상은 자동적으로 전로로부터 차단하는 장치가 필요하다. 자동적으로 전로로부터 차단하는 장치가 필요한 사유로 틀린 것은?

① 과전류가 생긴 경우
② 과전압이 생긴 경우
③ 내부에 고장이 생긴 경우
④ 절연유의 압력이 변화하는 경우

풀이 351.5 조상설비의 보호장치
조상 설비에는 그 내부에 고장이 생긴 경우에 보호하는 장치를 표와 같이 시설하여야 한다.

설비 종별	뱅크 용량의 구분	자동적으로 전로로부터 차단하는 장치
전력용 커패시터 및 분로리액터	500[kVA] 초과 15,000[kVA] 미만	• 내부에 고장이 생긴 경우 • 과전류가 생긴 경우
	15,000[kVA] 이상	• 내부에 고장이 생긴 경우 • 과전류가 생긴 경우 • 과전압이 생긴 경우
조상기 (調相機)	15,000[kVA] 이상	• 내부에 고장이 생긴 경우

답 ④

85 고압 가공전선로의 지지물로 철탑을 사용한 경우 최대경간은 몇 [m] 이하이어야 하는가?

① 300　② 400
③ 500　④ 600

풀이 332.9 고압 가공전선로 경간의 제한
고압 가공전선로의 경간은 표에서 정한 값 이하이어야 한다.

지지물의 종류	경간
목주·A종 철주 또는 A종 철근 콘크리트주	150[m]
B종 철주 또는 B종 철근 콘크리트주	250[m]
철탑	600[m]

답 ④

86 무선용 안테나를 지지하는 목주의 풍압하중에 대한 안전율은?

① 1.2 이상　② 1.5 이상
③ 2.0 이상　④ 2.2 이상

풀이 364.1 무선용 안테나 등을 지지하는 철탑 등의 시설
전력보안통신설비인 무선통신용 안테나 또는 반사판을 지지하는 목주·철주·철근 콘크리트주 또는 철탑은 다음에 따라 시설하여야 한다. 다만, 무선용 안테나 등이 전선로의 주위상태를 감시할 목적으로 시설되는 것일 경우에는 그러하지 아니하다.
가. 목주는 풍압하중에 대한 안전율은 1.5 이상이어야 한다.
나. 철주·철근 콘크리트주 또는 철탑의 기초 안전율은 1.5 이상이어야 한다.　**답** ②

87 목주, A종 철주 및 A종 철근 콘크리트주 지지물을 사용할 수 없는 보안공사는?

① 고압 보안공사
② 제1종 특고압 보안공사
③ 제2종 특고압 보안공사
④ 제3종 특고압 보안공사

풀이 333.22 특고압 보안공사
제1종 **특고압 보안공사**에서 전선로의 지지물로는 B종 철주·B종 철근 콘크리트주 또는 철탑을 사용할 것 **(목주나 A종은 사용 불가)**   **답 ②**

88 특고압가공전선로의 지지물로 사용하는 목주의 풍압하중에 대한 안전율은 얼마 이상이어야 하는가?

① 1.2   ② 1.5
③ 2.0   ④ 2.5

풀이 333.10 특고압 가공전선로의 목주 시설
332.7 고압 가공전선로의 지지물의 강도
222.8 저압 가공전선로의 지지물의 강도
지지물이 목주인 경우 안전율 및 말구의 지름

전압의 종별	안전율	말구의 지름
저 압	1.2	–
고 압	1.3	0.12[m] 이상
특고압	1.5	0.12[m] 이상

답 ②

89 진열장 안의 사용전압이 400[V] 이하인 저압 옥내배선으로 외부에서 보기 쉬운 곳에 한하여 시설할 수 있는 전선은? (단, 진열장은 건조한 곳에 시설하고 또한 진열장 내부를 건조한 상태로 사용하는 경우이다.)

① 단면적이 $0.75[\text{mm}^2]$ 이상인 코드 또는 캡타이어 케이블
② 단면적이 $0.75[\text{mm}^2]$ 이상인 나전선 또는 캡타이어 케이블
③ 단면적이 $1.25[\text{mm}^2]$ 이상인 코드 또는 절연전선
④ 단면적이 $1.25[\text{mm}^2]$ 이상인 나전선 또는 다심형전선

풀이 231.3 저압 옥내배선의 사용전선
가. 저압 옥내배선의 전선 : 단면적 $2.5[\text{mm}^2]$ 이상의 연동선
나. 옥내배선의 사용 전압이 400[V] 이하인 경우는 다음에 의하여 시설할 수 있다.
  ① 전광표시 장치 또는 제어 회로
    • 단면적 $1.5[\text{mm}^2]$ 이상의 연동선
    • 단면적 $0.75[\text{mm}^2]$ 이상인 다심케이블 또는 다심 캡타이어 케이블을 사용하고 또한 과전류가 생겼을 때에 자동적으로 전로에서 차단하는 장치를 시설
  ② **진열장 또는 이와 유사한 것의 내부 배선 : 단면적 $0.75[\text{mm}^2]$ 이상인 코드 또는 캡타이어케이블**   **답 ①**

90 저압 옥내배선을 금속제 가요전선관공사에 의해 시공하고자 한다. 이 가요전선관에 설치하는 전선으로 단선을 사용할 경우 그 단면적은 최대 몇 $[\text{mm}^2]$ 이하이어야 하는가? (단, 알루미늄선은 제외한다.)

① 2.5   ② 4
③ 6   ④ 10

풀이 232.13 금속제가요전선관공사
가. 전선은 절연전선(옥외용 비닐 절연전선을 제외한다)일 것.
나. 전선은 연선일 것. 다만, **단면적 $10[\text{mm}^2]$**(알루미늄선은 단면적 $16[\text{mm}^2]$) **이하**인 것은 그러하지 아니하다.
다. 가요전선관 안에는 전선에 접속점이 없도록 할 것.
라. 가요전선관은 2종 금속제 가요전선관일 것   **답 ④**

91 ACSR선을 사용한 고압가공전선의 이도계산에 적용되는 안전율은?

① 2.0   ② 2.2
③ 2.5   ④ 3

풀이 332.4 고압 가공전선의 안전율
고압 가공전선은 케이블인 경우 이외에는 그 안전율이 **경동선 또는 내열 동합금선은 2.2 이상, 그 밖의 전선은 2.5 이상**이 되는 이도로 시설하여야 한다.   **답 ③**

92 변압기의 고압측 전로의 1선 지락전류가 4[A]일 때, 일반적인 경우의 접지저항값은 몇 [Ω] 이하로 유지되어야 하는가?

① 18.75   ② 22.5

③ 37.5   ④ 52.5

풀이 142.5 변압기 중성점 접지
변압기의 중성점접지 저항 값은 다음에 의한다.
일반적으로 변압기의 고압·특고압측 전로 1선 지락전류로 150을 나눈 값과 같은 저항 값 이하

$$R = \frac{150}{\text{변압기의 고압측 또는}} [\Omega]$$
$$\text{특고압측의 1선 지락전류}$$

$$= \frac{150}{4} = 37.5 [\Omega] \qquad \text{답 ③}$$

93 KS C IEC 60364에서 충전부 전체를 대지로부터 절연시키거나 한 점에 임피던스를 삽입하여 대지에 접속시키고, 전기기기의 노출 도전성 부분 단독 또는 일괄적으로 접지하거나 또는 계통 접지로 접속하는 접지계통을 무엇이라 하는가?

① TT 계통

② IT 계통

③ TN-C 계통

④ TN-S 계통

풀이 203.1 계통접지 구성
가. TN계통
　① TN-S 계통은 계통 전체에 대해 별도의 중성선 또는 PE 도체를 사용한다.
　② TN-C 계통은 그 계통 전체에 대해 중성선과 보호도체의 기능을 동일도체로 겸용한 PEN 도체를 사용한다.
　③ TN-C-S계통은 계통의 일부분에서 PEN 도체를 사용하거나, 중성선과 별도의 PE 도체를 사용하는 방식이 있다.
나. TT 계통
　전원의 한 점을 직접 접지하고 설비의 노출도전부는 전원의 접지전극과 전기적으로 독립적인 접지극에 접속시킨다.
다. IT 계통
　충전부 전체를 대지로부터 절연, 한 점을 임피던스를 통해 대지에 접속시킨다. 전기설비의 노출도전부를 단독 또는 일괄적으로 계통의 PE 도체에 접속시킨다. 배전계통에서 추가접지가 가능하다. 답 ②

94 발전기·변압기·조상기·계기용변성기·모선 또는 이를 지지하는 애자는 어떤 전류에 의하여 생기는 기계적 충격에 견디는 것인가?

① 지상전류

② 유도전류

③ 충전전류

④ 단락전류

풀이 발전기 등의 기계적 강도(기술기준 제23조)
　① 발전기, 변압기, 조상기, 모선 또는 이를 지지하는 애자는 **단락전류에 의하여 생기는 기계적 충격에 견디어야 한다.**
　② 수차 또는 풍차 발전기의 회전 부분은 무구속 속도에 대하여 증기터빈, 가스터빈, 내연기관은 비상 속도에 견디어야 한다. 답 ④

95 화약류 저장소에 전기설비를 시설할 때의 사항으로 틀린 것은?

① 전로의 대지전압이 400[V] 이하이어야 한다.

② 개폐기 및 과전류차단기는 화약류저장소 밖에 둔다.

③ 옥내배선은 금속관공사 또는 케이블공사에 의하여 시설한다.

④ 전기기계기구는 전폐형의 것일 것

풀이 242.5 화약류 저장소 등의 위험장소
화약류 저장소 안에는 전기설비를 시설해서는 안 된다. 다만, 백열전등이나 형광등 또는 이들에 전기를 공급하기 위한 전기설비(개폐기 및 과전류 차단기를 제외한다)는 다음에 따라 시설하는 경우에는 그러하지 아니하다.
가. **전로에 대지전압은 300[V] 이하일 것.**
나. 전기기계기구는 전폐형의 것일 것.
다. 전로에 지락이 생겼을 때에 자동적으로 전로를 차단하거나 경보하는 장치를 시설하여야 한다.
답 ①

> 출제기준 변경 및 개정된 관계 법규에 따라
> 삭제된 문제가 있어 20문항이 안됩니다.

2016년 전기산업기사·공사산업기사 **517**

2016년 - 4회 _ 공사산업기사

81 가공전선로의 지지물에 시설하는 지선의 시설 기준에 대한 설명 중 옳은 것은?

① 지선의 안전율은 2.5 이상일 것
② 연선을 사용하는 경우 소선 4가닥 이상의 연선일 것
③ 지중 부분 및 지표상 100[cm]까지의 부분은 철봉을 사용할 것
④ 도로를 횡단하여 시설하는 지선의 높이는 지표상 4[m] 이상으로 할 것

풀이 331.11 지선의 시설
가. 지선의 안전율은 2.5 이상일 것. 이 경우에 허용 인장하중의 최저는 4.31 [kN]으로 한다.
나. 지선에 연선을 사용할 경우에는 다음에 의할 것.
  ① 소선 3가닥 이상의 연선일 것.
  ② 소선의 지름이 2.6[mm] 이상의 금속선을 사용한 것일 것.
다. 지중부분 및 지표상 0.3[m] 까지의 부분에는 내식성이 있는 것 또는 아연도금을 한 철봉을 사용하고 쉽게 부식되지 않는 근가에 견고하게 붙일 것.
라. 도로를 횡단하여 시설하는 지선의 높이는 지표상 5[m] 이상으로 하여야 한다. 다만, 기술상 부득이한 경우로서 교통에 지장을 초래할 우려가 없는 경우에는 지표상 4.5[m] 이상, 보도의 경우에는 2.5[m] 이상으로 할 수 있다. **답** ①

82 특고압 가공전선로의 지지물 양측의 경간의 차가 큰 곳에 사용하는 철탑의 종류는?

① 내장형   ② 보강형
③ 직선형   ④ 인류형

풀이 333.11 특고압 가공전선로의 철주·철근 콘크리트주 또는 철탑의 종류
특고압 가공전선로의 지지물로 사용하는 B종 철근·B종 콘크리트주 또는 철탑의 종류는 다음과 같다.
가. 직선형 : 전선로의 직선 부분(3° 이하의 수평 각도 이루는 곳 포함)에 사용되는 것
나. 각도형 : 전선로 중 수평 각도 3°를 넘는 곳에 사용되는 것
다. 인류형 : 전 가섭선을 인류하는 곳에 사용하는 것
라. 내장형 : 전선로 지지물 양측의 경간차가 큰 곳에 사용하는 것
마. 보강형 : 전선로 직선 부분을 보강하기 위하여 사용하는 것 **답** ①

83 154[kV] 전선로를 제1종 특고압 보안공사로 시설할 때 경동연선의 굵기는 몇 [mm²] 이상이어야 하는가?

① 55   ② 100
③ 150   ④ 200

풀이 333.22 특고압 보안공사
제1종 특고압 보안공사는 다음에 따라야 한다.

사용전압	전선
100[kV] 미만	인장강도 21.67[kN] 이상의 연선 또는 단면적 55[mm²] 이상의 경동연선
100[kV] 이상 300[kV] 미만	인장강도 58.84[kN] 이상의 연선 또는 단면적 150[mm²] 이상의 경동연선
300[kV] 이상	인장강도 77.47[kN] 이상의 연선 또는 단면적 200[mm²] 이상의 경동연선

답 ③

84 고압 가공전선으로 경동선 또는 내열 동합금선을 사용할 경우에 이도의 최소 안전율은? (단, 빙설이 많지 않은 지방에서 그 지방의 평균온도에서 전선의 중량과 그 전선의 수직투영면적 1[m²]당 745[Pa]의 수평풍압과의 합성하중을 지지하는 경우임)

① 2.2   ② 2.5
③ 2.7   ④ 3.0

풀이 332.4 고압 가공전선의 안전율
고압 가공전선은 케이블인 경우 이외에는 그 안전율이 경동선 또는 내열 동합금선은 2.2 이상, 그 밖의 전선은 2.5 이상이 되는 이도로 시설하여야 한다. **답** ①

85 애자공사에 의한 고압 옥내배선을 할 때 전선을 조영재의 면을 따라 붙이는 경우, 전선의 지지점 간의 거리는 몇 [m] 이하이어야 하는가?

① 2   ② 3
③ 4   ④ 5

풀이 342.1 고압 옥내배선 등의 시설

전압	전선과 조영재와의 이격거리	전선 상호 간격	전선 지지점 간의 거리	
			조영재의 윗면 또는 옆면에 따라 시설	조영재에 따라 시설하지 않는 경우
고압	5[cm] 이상	8[cm] 이상	2[m] 이하	6[m] 이하

답 ①

86 전기자동차 충전설비 시설에 대한 설명 중 틀린 것은?

① 과전류 차단기를 각 극에 설치한다.
② 충전장치와 전기자동차의 접속에는 연장 코드를 사용한다.
③ 전로의 지락이 생겼을 때 자동으로 그 전로를 차단하는 장치를 시설한다.
④ 커플러의 접지극은 투입 시 먼저 접속되고 차단 시 나중에 분리되는 구조로 한다.

풀이 241.17 전기자동차 전원설비
가. 전용의 개폐기 및 과전류 차단기를 각 극(과전류 차단기는 다선식 전로의 중성극을 제외한다)에 시설하고 또한 전로에 지락이 생겼을 때 자동적으로 그 전로를 차단하는 장치를 시설하여야 한다.
나. **충전장치와 전기자동차의 접속에는 연장코드를 사용하지 말 것.**
다. 충전 케이블은 유연성이 있는 것으로서 통상의 충전전류를 흘릴 수 있는 충분한 굵기의 것일 것.
라. 전기자동차 커플러[충전 케이블과 전기자동차를 접속 가능하게 하는 장치로서 충전 케이블에 부착된 커넥터와 전기자동차의 접속구두 부분으로 구성되어 있다]는 다음에 적합할 것.
  ① 다른 배선기구와 대체 불가능한 구조로서 극성이 구분이 되고 접지극이 있는 것일 것.
  ② 접지극은 투입 시 제일 먼저 접속되고, 차단 시 제일 나중에 분리되는 구조일 것.
  ③ 의도하지 않은 부하의 차단을 방지하기 위해 잠금 또는 탈부착을 위한 기계적 장치가 있는 것일 것.
  ④ 전기자동차 커넥터가 전기자동차 접속구로부터 분리될 때 충전 케이블의 전원공급을 중단시키는 인터록 기능이 있는 것일 것. **답** ②

87 금속제 가요전선관공사에 의한 저압 옥내배선의 시설방법으로 기술기준에 적합한 것은?

① 옥외용 비닐절연전선을 사용하였다.
② 2종 금속제 가요전선관을 사용하였다.
③ 가요전선관에는 접지공사를 하지 않았다.
④ 전선은 연동선으로 단면적 16[mm²]의 단선을 사용하였다.

풀이 232.13 금속제가요전선관공사
가. 전선은 절연전선(옥외용 비닐 절연전선을 제외한다)일 것.
나. 전선은 연선일 것. 다만, **단면적 10[mm²]**(알루미늄선은 단면적 16[mm²]) **이하**인 것은 그러하지 아니하다.
다. 가요전선관 안에는 전선에 접속점이 없도록 할 것.
라. 가요전선관은 2종 금속제 가요전선관일 것.
마. 가요전선관배선에는 **접지공사를 할 것.** **답** ②

88 특고압 지중전선이 가연성이나 유독성의 유체를 내포하는 관과 접근하기 때문에 상호간에 견고한 내화성의 격벽을 시설하였다. 상호 간의 이격거리가 몇 [m] 이하인 경우인가?(단, 사용전압이 25[kV] 이하인 다중접지방식 지중전선로는 제외한다.)

① 0.4   ② 0.6
③ 0.8   ④ 1.0

풀이 334.6 지중전선과 지중약전류전선 등 또는 관과의 접근 또는 교차
지중전선이 다음 조건의 이격거리 이하로 설치되는 경우에는 상호간에 내화성의 격벽을 설치하여야 한다.

조 건	전 압	이격거리
지중 약전류 전선과 접근 또는 교차하는 경우	저압 또는 고압	0.3[m]
	특고압	0.6[m]
가연성, 유독성의 유체를 내포하는 관과 접근 또는 교차	특고압	1[m]
	25[kV] 이하, 다중접지방식	0.5[m]
기타의 관과 접근 또는 교차	특고압	0.3[m]

답 ④

89 고주파 이용 설비에서 다른 고주파 이용 설비에 누설되는 고주파 전류의 허용한도는 측정장치 또는 이에 준하는 측정 장치로 2회 이상 연속하여 10분간 측정하였을 때에 각각 측정값의 최댓값에 대한 평균값이 몇 [dB]인가? (단, 1[mW]를 0[dB]로 한다.)

① 20   ② −20
③ −30   ④ 30

풀이 341.5 고주파 이용 전기설비의 장해방지
고주파 이용 전기설비에서 다른 고주파 이용 전기설비에 누설되는 고주파 전류의 허용한도는 측정 장치로 2회 이상 연속하여 10분간 측정하였을 때에 각각 측정값의 최대값에 대한 평균값이 −30 [dB] (1 [mW]를 0 [dB]로 한다)일 것 **답** ③

90 옥내에 시설하는 사용전압이 400[V] 이하인 조명용 전원코드로 고무코드를 사용할 경우, 단면적이 몇 [mm²] 이상인 것을 사용하여야 하는가?

① 0.75　　　　　② 2

③ 3.5　　　　　④ 5.5

풀이 234.3 코드 및 이동전선

　가. 조명용 전원코드 또는 이동전선은 단면적 0.75[mm²] 이상의 코드 또는 캡타이어케이블을 용도에 따라서 선정하여야 한다.

　나. 옥내에서 조명용 전원코드 또는 이동전선을 습기가 많은 장소에 시설할 경우에는 고무코드(사용전압이 400[V] 이하인 경우에 한함) 또는 0.6/1 [kV] EP 고무 절연 클로로프렌캡타이어케이블로서 단면적이 0.75[mm²] 이상인 것이어야 한다.　**답** ①

91 농사용 저압 가공전선로의 경간은 몇 [m] 이하이어야 하는가?

① 30　　　　　② 50

③ 60　　　　　④ 100

풀이 222.22 농사용 저압 가공전선로의 시설

　가. 사용전압은 저압일 것.

　나. 저압 가공전선은 인장강도 1.38[kN] 이상의 것 또는 지름 2[mm] 이상의 경동선일 것.

　다. 저압 가공전선의 지표상의 높이는 3.5[m] 이상일 것. 다만, 저압 가공전선을 사람이 쉽게 출입하지 못하는 곳에 시설하는 경우에는 3[m]까지 감할 수 있다.

　라. 목주의 굵기는 말구 지름이 0.09[m] 이상일 것.

　마. 전선로의 지지점 간 거리는 30[m] 이하일 것.　**답** ①

92 발전소에는 운전보안상 각종의 계측장치를 시설하여야 한다. 이때 계측대상이 아닌 것은?

① 주요 변압기의 역률

② 발전기의 고정자 온도

③ 특고압용 변압기의 온도

④ 주요 변압기의 전압 및 전류 또는 전력

풀이 351.6 계측장치

발전소에서는 다음의 사항을 계측하는 장치를 시설하여야 한다.

　가. 발전기의 전압 및 전류 또는 전력

　나. 발전기의 베어링 및 고정자의 온도

　다. 주요 변압기의 전압 및 전류 또는 전력

　라. 특고압용 변압기의 온도　**답** ①

93 화약류 저장소의 전기설비 시설에 있어서 틀린 것은?

① 전기기계기구는 전폐형으로 시설한다.

② 케이블이 손상될 우려가 없도록 시설한다.

③ 전용개폐기 및 과전류 차단기는 화약류 저장소 안에 둔다.

④ 전로의 대지전압은 300[V] 이하일 것.

풀이 242.5 화약류 저장소 등의 위험장소

화약류 저장소 안에는 전기설비를 시설해서는 안 된다. 다만, 조명기구에 전기를 공급하기 위한 전기설비(개폐기 및 과전류 차단기를 제외한다)는 다음에 따라 시설하는 경우에는 그러하지 아니하다.

　가. 전로의 대지전압은 300 [V] 이하일 것.

　나. 전기기계기구는 전폐형의 것일 것.

　다. 전로에 지락이 생겼을 때에 자동적으로 전로를 차단하거나 경보하는 장치를 시설하여야 한다.

즉, 개폐기나 과전류 차단기는 화약류 저장소 안에는 설치할 수 없다.　**답** ③

94 고압 가공인입선의 높이는 그 전선의 아래쪽에 위험표시를 하였을 경우에 지표상 몇 [m]까지로 감할 수 있는가?

① 2.5　　　　　② 3

③ 3.5　　　　　④ 4

풀이 331.12.1 고압 가공인입선의 시설

고압 가공인입선의 높이는 지표상 5[m]로 하여야 한다. 그러나 그 고압 가공인입선이 케이블 이외의 것인 때에는 그 전선의 아래쪽에 위험 표시를 하면 고압 가공인입선의 높이는 지표상 3.5[m]까지로 감할 수 있다.　**답** ③

95 사용전압이 저압인 전로에서 정전이 어려운 경우 등 절연저항 측정이 곤란한 경우에 누설전류를 몇 [mA] 이하로 유지하여야 하는가?

① 0.5　　　　　② 1

③ 2　　　　　④ 3

풀이 132 전로의 절연저항 및 절연내력
사용전압이 저압인 전로에서 정전이 어려운 경우 등 절연저항 측정이 곤란한 경우에는 누설전류를 1[mA] 이하로 유지하여야 한다. 답 ②

96 변전소에 울타리·담 등을 시설할 때, 사용전압이 345[kV]이면 울타리·담 등의 높이와 울타리·담 등으로부터 충전부분까지의 거리의 합계는 몇 [m] 이상으로 하여야 하는가?

① 6.48
② 8.16
③ 8.40
④ 8.28

풀이 341.4 특고압용 기계기구의 시설
특고압용 기계기구 충전부분의 지표상 높이

사용전압의 구분	울타리·담 등의 높이와 울타리·담 등으로부터 충전 부분까지의 거리의 합계
35[kV] 이하	5[m]
35[kV] 초과 160[kV] 이하	6[m]
160[kV] 초과	• 거리의 합계 = 6 + 단수 × 0.12[m] • 단수 = $\dfrac{\text{사용전압}[kV]-160}{10}$ 단수 계산에서 소수점 이하는 절상

• 단수 $= \dfrac{345-160}{10} = 18.5 \to 19$단
• 거리 $= 6 + (19 \times 0.12) = 8.28$[m] 답 ④

97 교류에서 고압의 범위는?

① 1[kV]를 초과하고 7[kV] 이하인 것
② 750[V]를 초과하고 7[kV] 이하인 것
③ 600[V]를 초과하고 7.5[kV] 이하인 것
④ 750[V]를 초과하고 7.5[kV] 이하인 것

풀이 111 통칙
전압의 구분은 다음과 같다.

분 류	전압의 범위
저압	• 직류 : 1.5[kV] 이하 • 교류 : 1[kV] 이하
고압	• 직류 : 1.5[kV]를 초과하고, 7[kV] 이하 • 교류 : 1[kV]를 초과하고, 7[kV] 이하
특고압	7[kV]를 초과

답 ①

98 변압기에 의하여 특고압 전로에 결합되는 고압 전로에는 사용전압의 몇 배 이하의 전압이 가하여진 경우에 방전장치를 시설하여야 하는가?

① 2
② 3
③ 4
④ 5

풀이 322.3 특고압과 고압의 혼촉 등에 의한 위험방지 시설
변압기에 의하여 특고압전로에 결합되는 고압전로에는 사용전압의 3배 이하인 전압이 가하여진 경우에 방전하는 장치를 그 변압기의 단자에 가까운 1극에 설치하여야 한다. 답 ②

출제기준 변경 및 개정된 관계 법규에 따라
삭제된 문제가 있어 20문항이 안됩니다.

문제의 번호는 실제 시험문제의 번호와 같게 하였습니다.

2017년 - 1회 _ 전기산업기사·공사산업기사

81 고압가공전선로의 가공지선으로 나경동선을 사용할 경우 지름 몇 [mm] 이상으로 시설하여야 하는가?

① 2.5   ② 3

③ 3.5   ④ 4

풀이 332.6 고압 가공전선로의 가공지선
고압 가공전선로에 사용하는 가공지선은 인장강도 5.26 [kN] 이상의 것 또는 지름 4[mm] 이상의 나경동선을 사용한다.　　답 ④

82 저압 옥내배선을 금속덕트공사로 할 경우 금속 덕트에 넣는 전선의 단면적(절연피복의 단면적 포함)의 합계는 덕트의 내부 단면적의 몇 [%]까지 할 수 있는가?

① 20   ② 30

③ 40   ④ 50

풀이 232.31 금속덕트공사
금속덕트에 넣은 전선의 단면적(절연피복의 단면적을 포함한다)의 합계는 덕트의 내부 단면적의 20[%](전광 표시 장치, 기타 이와 유사한 장치 또는 제어회로 등의 배선만을 넣는 경우에는 50[%]) 이하일 것.　　답 ①

83 타냉식 특고압용 변압기의 냉각장치에 고장이 생긴 경우 시설해야 하는 보호장치는?

① 경보장치

② 온도측정장치

③ 자동차단장치

④ 과전류 측정장치

풀이 351.4 특고압용 변압기의 보호장치
특고압용의 변압기에는 그 내부에 고장이 생겼을 경우에 보호하는 장치를 표와 같이 시설하여야 한다.

뱅크 용량의 구분	동작조건	장치의 종류
5,000[kVA] 이상 10,000[kVA] 미만	변압기 내부고장	자동 차단 장치 또는 경보장치
10,000[kVA] 이상	변압기 내부고장	자동 차단 장치
타냉식 변압기(변압기의 권선 및 철심을 직접 냉각시키기 위하여 봉입한 냉매를 강제 순환시키는 냉각 방식을 말한다.)	냉각장치에 고장이 생긴 경우 또는 변압기의 온도가 현저히 상승한 경우	경보장치

답 ①

84 다음 (㉮), (㉯)에 들어갈 내용으로 옳은 것은?

> 지중전선로는 기설 지중 약전류 전선로에 대하여 (㉮) 또는 (㉯)에 의하여 통신상의 장해를 주지 않도록 기설 약전류 전선로로부터 충분히 이격시키거나 기타 적당한 방법으로 시설하여야 한다.

① ㉮ 정전용량 ㉯ 표피작용

② ㉮ 정전용량 ㉯ 유도작용

③ ㉮ 누설전류 ㉯ 표피작용

④ ㉮ 누설전류 ㉯ 유도작용

풀이 334.5 지중약전류전선의 유도장해 방지
지중전선로는 기설 지중약전류전선로에 대하여 누설 전류 또는 유도작용에 의하여 통신상의 장해를 주지 않도록 충분히 이격시키거나 기타 적당한 방법으로 시설하여야 한다.　　답 ④

85 변전소의 주요 변압기에서 계측하여야 하는 사항 중 계측장치가 꼭 필요하지 않은 것은? (단, 전기철도용 변전소의 주요 변압기는 제외한다.)

① 전압   ② 전류

③ 전력   ④ 주파수

풀이 351.6 계측장치
변전소 또는 이에 준하는 곳에는 다음의 사항을 계측하

는 장치를 시설하여야 한다.
가. 주요 변압기의 전압 및 전류 또는 전력
나. 특고압용 변압기의 온도 **답** ④

86 B종 철주 또는 B종 철근 콘크리트주를 사용하는 특고압가공전선로의 경간은 몇 [m] 이하이어야 하는가?

① 150 ② 250
③ 400 ④ 600

풀이 333.21 특고압 가공전선로의 경간 제한
특고압 가공전선로의 경간은 표에서 정한 값 이하이어야 한다.

지지물의 종류	경 간
목주·A종 철주 또는 A종 철근 콘크리트주	150[m] 이하
B종 철주 또는 B종 철근 콘크리트주	250[m] 이하
철 탑	600[m] 이하 (단주인 경우에는 400[m] 이하)

답 ②

87 전력보안 통신선 시설에서 가공전선로의 지지물에 시설하는 가공통신선에 직접 접속하는 통신선의 종류로 틀린 것은?

① 조가용선
② 절연전선
③ 광섬유 케이블
④ 일반통신용 케이블 이외의 케이블

풀이 362.1 전력보안통신설비의 시설 요구사항
가공 전선로의 지지물에 시설하는 가공 통신선에 직접 접속하는 통신선(옥내에 시설하는 것을 제외한다)은 절연전선, 일반통신용 케이블 이외의 케이블 또는 광섬유 케이블이어야 한다. **답** ①

88 옥내의 네온 방전등 공사의 방법으로 옳은 것은?

① 전선 상호 간의 간격은 5[cm] 이상일 것
② 관등회로의 배선은 애자공사에 의할 것
③ 전선의 지지점 간의 거리는 2[m] 이하로 할 것

④ 관등회로의 배선은 점검할 수 없는 은폐된 장소에 시설할 것

풀이 234.12 네온방전등
네온방전등에 공급하는 전로의 대지전압은 300[V] 이하로 하여야 하며, 다음에 의하여 시설하여야 한다.
가. 네온변압기는 옥내배선과 직접 접촉하여 시설할 것.
나. 관등회로의 배선은 애자공사로 다음에 따라서 시설하여야 한다.
① 전선은 네온관용전선을 사용할 것.
② 전선은 자기 또는 유리제 등의 애자로 견고하게 지지하여 조영재의 아랫면 또는 옆면에 부착하고 전선 상호간의 이격거리는 60[mm] 이상일 것.
③ 전선지지점간의 거리는 1 [m] 이하로 할 것.
④ 애자는 절연성·난연성 및 내수성이 있는 것일 것. **답** ②

89 무대·무대마루 밑·오케스트라박스·영사실 기타 사람이나 무대 도구가 접촉할 우려가 있는 곳에 시설하는 저압 옥내배선·전구선 또는 이동전선은 사용전압이 몇 [V] 이하이어야 하는가?

① 100 ② 200
③ 300 ④ 400

풀이 242.6 전시회, 쇼 및 공연장의 전기설비
무대·무대마루 밑·오케스트라 박스·영사실 기타 사람이나 무대 도구가 접촉할 우려가 있는 곳에 시설하는 저압 옥내배선, 전구선 또는 이동전선은 사용전압이 400[V] 이하이어야 한다. **답** ④

90 저압가공전선로와 기설 가공약전류전선로가 병행하는 경우에는 유도작용에 의하여 통신상의 장해가 생기지 아니하도록 전선과 기설 약전류전선 간의 이격거리는 몇 [m] 이상이어야 하는가?

① 1 ② 2
③ 2.5 ④ 4.5

풀이 332.1 가공약전류전선로의 유도장해 방지
저압 가공전선로 또는 고압 가공전선로와 기설 가공약전류전선로가 병행하는 경우에는 유도작용에 의하여 통신상의 장해가 생기지 않도록 전선과 기설 약전류전선간의 이격거리는 2[m] 이상이어야 한다. **답** ②

91 22.9[kV] 전선로를 제1종 특고압 보안공사로 시설할 경우 전선으로 경동연선을 사용한다면 그 단면적은 몇 [mm²] 이상의 것을 사용하여야 하는가?

① 38 ② 55
③ 80 ④ 100

> **풀이** 333.22 특고압 보안공사
> 제1종 특고압 보안공사 시 전선의 단면적

사용전압	전 선
100[kV] 미만	인장강도 21.67[kN] 이상의 연선 또는 단면적 55[mm²] 이상의 경동연선
100[kV] 이상 300[kV] 미만	인장강도 58.84[kN] 이상의 연선 또는 단면적 150[mm²] 이상의 경동연선
300[kV] 이상	인장강도 77.47[kN] 이상의 연선 또는 단면적 200[mm²] 이상의 경동연선

> **답** ②

92 특고압으로 시설할 수 없는 전선로는?

① 지중전선로 ② 옥상전선로
③ 가공전선로 ④ 수중전선로

> **풀이** 331.14.2 특고압 옥상전선로의 시설
> 특고압 옥상전선로(특고압의 인입선의 옥상부분을 제외한다)는 시설하여서는 아니 된다. **답** ②

93 금속관공사에 의한 저압 옥내배선의 방법으로 틀린 것은?

① 전선으로 연선을 사용하였다.
② 옥외용 비닐절연전선을 사용하였다.
③ 콘크리트에 매설하는 관은 두께 1.2[mm] 이상을 사용하였다.
④ 금속관은 접지공사를 하였다.

> **풀이** 232.12 금속관공사
> 가. 전선은 절연전선(옥외용 비닐절연전선을 제외한다)일 것.
> 나. 전선은 연선일 것. 다만, 다음의 것은 적용하지 않는다.
> ① 짧고 가는 금속관에 넣은 것.
> ② 단면적 10[mm²](알루미늄선은 단면적 16[mm²]) 이하의 것.
> 다. 관의 두께는 다음에 의할 것.
> ① 콘크리트에 매설하는 것은 1.2 [mm] 이상
> ② 콘크리트 매설 이외의 것은 1 [mm] 이상
> 라. 관에는 접지공사를 할 것. **답** ②

94 변압기 1차 측 3300[V], 2차 측 220[V]의 변압기 전로의 절연내력시험전압은 각각 몇 [V]에서 10분간 견디어야 하는가?

① 1차 측 4950[V], 2차 측 500[V]
② 1차 측 4500[V], 2차 측 400[V]
③ 1차 측 4125[V], 2차 측 500[V]
④ 1차 측 3350[V], 2차 측 400[V]

> **풀이** 135 변압기 전로의 절연내력

권선의 종류 (최대사용전압)	접지방식	시험전압 (최대사용전압의 배수)	최저 시험전압
1. 7[kV] 이하		1.5배	500[V]
	다중접지	0.92배	500[V]
2. 7[kV] 초과 25[kV] 이하	다중접지	0.92배	
3. 7[kV] 초과 60[kV] 이하 (2란의 것 제외)		1.25배	10.5[kV]
4. 60[kV] 초과	비접지	1.25배	
5. 60[kV] 초과 (6란의 것 제외)	접지식	1.1배	75[kV]
6. 60[kV] 초과	직접접지	0.72배	
7. 170[kV] 초과	직접접지	0.64배	

> ① 1차 측 시험전압 = 3300 × 1.5 = 4950[V]
> ② 2차 측 시험전압 = 220 × 1.5 = 330[V]
> 최저 시험전압은 500[V]이므로 500[V]의 시험전압을 가하여야 한다. **답** ①

95 가공전선로의 지지물에 취급자가 오르고 내리는데 사용하는 발판 볼트 등은 지표상 몇 [m] 미만에 사설하여서는 아니 되는가?

① 1.2 ② 1.5
③ 1.8 ④ 2

> **풀이** 331.4 가공전선로 지지물의 철탑오름 및 전주오름 방지
> 가공전선로의 지지물에 취급자가 오르고 내리는데 사용하는 발판 볼트 등을 지표상 1.8 [m] 미만에 시설하여서는 아니 된다. **답** ③

96 22.9[kV] 특고압 가공전선로의 시설에 있어서 중성선을 다중접지하는 경우에 각각 접지한 곳 상호 간의 거리는 전선로에 따라 몇 [m] 이하이어야 하는가?

① 150 ② 300
③ 400 ④ 500

풀이 333.32 25[kV] 이하인 특고압 가공전선로의 시설
사용전압이 15[kV]를 초과하고 25[kV] 이하인 특고압 가공전선로(중성선 다중접지식의 것으로서 전로에 지락이 생겼을 때에 2초 이내에 자동적으로 이를 전로로부터 차단하는 장치가 되어 있는 것에 한한다)를 다음에 따라 시설하여야 한다.

가. 접지도체는 공칭단면적 6[mm²] 이상의 연동선

나. 접지공사는 각각 접지한 곳 상호 간의 거리는 전선로에 따라 150[m] 이하일 것.

다. 각 접지도체를 중성선으로부터 분리하였을 경우의 각 접지점의 대지 전기저항값과 1[km]마다 중성선과 대지 사이의 합성 전기저항값은 표에서 정한 값 이하일 것.

사용전압	각 접지점의 대지 전기저항치	1[km]마다의 합성 전기저항치
15[kV] 이하	300 [Ω]	30 [Ω]
15[kV] 초과 25[kV] 이하	300 [Ω]	15 [Ω]

답 ①

97 혼촉 사고 시에 1초를 초과하고 2초 이내에 자동차단되는 6.6[kV] 전로에 결합된 변압기 저압측의 전압이 220[V]인 경우 접지저항값[Ω]은? (단, 고압측 1선 지락전류는 30[A]라 한다.)

① 5　　　　　　② 10
③ 20　　　　　④ 30

풀이 142.5 변압기 중성점 접지
변압기의 고압·특고압측 전로 또는 사용전압이 35[kV] 이하의 특고압전로가 저압측 전로와 혼촉하고 저압전로의 대지전압이 150[V]를 초과하는 경우는 저항 값은 다음에 의한다.

가. 1초 초과 2초 이내에 고압·특고압 전로를 자동으로 차단하는 장치를 설치할 때는 300을 나눈 값 이하

$$R = \frac{300}{\text{고압 측 또는 특고압 측의 1선 지락전류}}[\Omega]$$

나. 1초 이내에 고압·특고압 전로를 자동으로 차단하는 장치를 설치할 때는 600을 나눈 값 이하

$$R = \frac{600}{\text{고압 측 또는 특고압 측의 1선 지락전류}}[\Omega]$$

$$\therefore R = \frac{300}{\text{1선 지락 전류}} = \frac{300}{30} = 10[\Omega]$$

답 ②

98 저압가공전선 또는 고압가공전선이 도로를 횡단할 때 지표상의 높이는 몇 [m] 이상으로 하여야 하는가? (단, 농로 기타 교통이 번잡하지 않은 도로 및 횡단보도교는 제외한다.)

① 4　　　　　　② 5
③ 6　　　　　　④ 7

풀이 332.5 고압 가공전선의 높이,
222.7 저압 가공전선의 높이
저·고압 가공전선의 높이는 다음에 따라야 한다.

설치장소		가공전선의 높이
도로횡단(번잡하지 않은 도로 제외)		지표상 6[m] 이상
철도 또는 궤도횡단		레일면상 6.5[m] 이상
횡단 보도교 위	저압	노면상 3.5[m] 이상. 단, 절연전선의 경우 3[m] 이상
	고압	노면상 3.5[m] 이상
일반장소		지표상 5[m] 이상. 단, 저압의 경우 절연전선 또는 케이블을 사용하여 교통에 지장이 없도록 하여 옥외조명용에 공급하는 경우 4[m]까지 감할 수 있다.
다리의 하부 기타 이와 유사한 장소		저압의 전기철도용 급전선은 지표상 3.5[m]까지 감할 수 있다.

답 ③

> 출제기준 변경 및 개정된 관계 법규에 따라 삭제된 문제가 있어 20문항이 안됩니다.

2017년 - 2회 _ 전기산업기사·공사산업기사

81 변전소의 주요 변압기에 시설하지 않아도 되는 계측 장치는?

① 전압계　　　　② 역률계
③ 전류계　　　　④ 전력계

풀이 351.6 계측장치
변전소 또는 이에 준하는 곳에는 다음의 사항을 계측하는 장치를 시설하여야 한다.

가. 주요 변압기의 전압 및 전류 또는 전력

나. 특고압용 변압기의 온도

답 ②

82 애자공사에 의한 고압 옥내배선을 시설하고자 할 경우 전선과 조영재 사이의 이격거리는 몇 [cm] 이상인가?

① 3   ② 4
③ 5   ④ 6

풀이 342.1 고압 옥내배선 등의 시설

전압	전선과 조영재와의 이격거리	전선 상호 간격	전선 지지점 간의 거리	
			조영재의 윗면에 또는 옆면에 따라 시설	조영재에 따라 시설하지 않는 경우
고압	5[cm] 이상	8[cm] 이상	2[m] 이하	6[m] 이하

답 ③

83 특고압전선로에 접속하는 배전용 변압기의 1차 및 2차 전압은?

① 1차 : 35[kV] 이하, 2차 : 저압 또는 고압
② 1차 : 50[kV] 이하, 2차 : 저압 또는 고압
③ 1차 : 35[kV] 이하, 2차 : 특고압 또는 고압
④ 1차 : 50[kV] 이하, 2차 : 특고압 또는 고압

풀이 341.2 특고압 배전용 변압기의 시설
특고압 전선로에 접속하는 배전용 변압기를 시설하는 경우에는 특고압 전선에 특고압 절연전선 또는 케이블을 사용하고 또한 다음에 따라야 한다.
가. 변압기의 1차 전압은 35[kV] 이하, 2차 전압은 저압 또는 고압일 것.
나. 변압기의 특고압측에 개폐기 및 과전류차단기를 시설할 것
다. 변압기의 2차 전압이 고압인 경우에는 고압측에 개폐기를 시설하고 또한 쉽게 개폐할 수 있도록 할 것.
답 ①

84 특고압가공전선로의 지지물 중 전선로의 지지물 양쪽의 경간의 차가 큰 곳에 사용하는 철탑은?

① 내장형 철탑
② 인류형철탑
③ 보강형철탑
④ 각도형철탑

풀이 333.11 특고압 가공전선로의 철주·철근 콘크리트주 또는 철탑의 종류
특고압 가공전선로의 지지물로 사용하는 B종 철근·B종 콘크리트주 또는 철탑의 종류는 다음과 같다.
가. 직선형 : 전선로의 직선 부분(3° 이하의 수평 각도 이루는 곳 포함)에 사용되는 것
나. 각도형 : 전선로 중 수평 각도 3°를 넘는 곳에 사용되는 것
다. 인류형 : 전 가섭선을 인류하는 곳에 사용하는 것
라. 내장형 : 전선로 지지물 양측의 경간차가 큰 곳에 사용하는 것
마. 보강형 : 전선로 직선 부분을 보강하기 위하여 사용하는 것
답 ①

85 폭연성 분진 또는 화약류의 분말이 전기설비가 발화원이 되어 폭발할 우려가 있는 곳에 시설하는 저압 옥내전기설비를 케이블공사로 할 경우 관이나 방호장치에 넣지 않고 노출로 설치할 수 있는 케이블은?

① 무기물 절연 케이블
② 고무절연 비닐 시스케이블
③ 폴리에틸렌절연 비닐 시스케이블
④ 폴리에틸렌절연 폴리에틸렌 시스케이블

풀이 242.2.1 폭연성 분진 위험장소
케이블공사에 의하는 때에는 전선은 개장된 케이블 또는 무기물 절연 케이블을 사용하는 경우 이외에는 관 기타의 방호 장치에 넣어 사용할 것.
답 ①

86 풀용 수중조명등의 시설공사에서 절연변압기는 그 2차 측 전로의 사용전압이 몇 [V] 이하인 경우에는 1차 권선과 2차 권선 사이에 금속제의 혼촉방지판을 설치하여야 하여야 하는가?

① 30[V]   ② 40[V]
③ 50[V]   ④ 60[V]

풀이 234.14 수중조명등
수중조명등의 절연변압기는 그 2차측 전로의 사용전압이 30 [V] 이하인 경우는 1차권선과 2차권선 사이에 금속제의 혼촉방지판을 설치하고, 규정에 준하여 접지공사를 하여야 한다.
답 ①

87 지선을 사용하여 그 강도를 분담시켜서는 아니 되는 가공전선로 지지물은?

① 목주 ② 철주
③ 철탑 ④ 철근콘크리트주

풀이 331.11 지선의 시설
가. 가공전선로의 지지물로 사용하는 철탑은 지선을 사용하여 그 강도를 분담시켜서는 안 된다.
나. 가공전선로의 지지물로 사용하는 철주 또는 철근 콘크리트주는 지선을 사용하지 않는 상태에서 2분의 1 이상의 풍압하중에 견디는 강도를 가지는 경우 이외에는 지선을 사용하여 그 강도를 분담시켜서는 안 된다. **답** ③

88 수소냉각식 발전기 및 이에 부속하는 수소냉각 장치 시설에 대한 설명으로 틀린 것은?

① 발전기 안의 수소의 온도를 계측하는 장치를 시설할 것
② 발전기 안의 수소의 순도가 70[%] 이하로 저하한 경우에 이를 경보하는 장치를 시설할 것
③ 발전기 안의 수소의 압력의 계측하는 장치 및 그 압력이 현저히 변동한 경우에 이를 경보하는 장치를 시설할 것
④ 발전기는 기밀구조의 것이고 또한 수소가 대기압에서 폭발하는 경우에 생기는 압력에 견디는 강도를 가지는 것일 것

풀이 351.10 수소냉각식 발전기 등의 시설
수소냉각식의 발전기·조상기 또는 이에 부속하는 수소 냉각 장치는 발전기 내부 또는 조상기 내부의 수소의 순도가 85 [%] 이하로 저하한 경우에 이를 경보하는 장치를 시설할 것. **답** ②

89 옥내에 시설하는 전동기에 과부하 보호장치의 시설을 생략할 수 없는 경우는?

① 정격출력이 0.75[kW]인 전동기
② 전동기의 구조나 부하의 성질로 보아 전동기가 소손할 수 있는 과전류가 생길 우려가 없는 경우
③ 전동기가 단상의 것으로 전원측 전로에 시

설하는 배선용 차단기의 정격전류가 20[A] 이하인 경우
④ 전동기가 단상의 것으로 전원측 전로에 시설하는 과전류차단기의 정격전류가 16[A] 이하인 경우

풀이 212.6.3 저압전로 중의 전동기 보호용 과전류보호장치의 시설
옥내에 시설하는 전동기에는 전동기가 손상될 우려가 있는 과전류가 생겼을 때에 자동적으로 이를 저지하거나 이를 경보하는 장치를 하여야 한다. 다만, 다음의 어느 하나에 해당하는 경우에는 그러하지 아니하다.
가. 전동기를 운전 중 상시 취급자가 감시할 수 있는 위치에 시설하는 경우
나. 전동기의 구조나 부하의 성질로 보아 전동기가 손상될 수 있는 과전류가 생길 우려가 없는 경우
다. 단상전동기로써 그 전원측 전로에 시설하는 과전류 차단기의 정격전류가 16[A](배선용 차단기는 20[A]) 이하인 경우
라. 정격 출력이 0.2[kW] 이하의 전동기 **답** ①

90 가공전선로의 지지물에 시설하는 통신선 또는 이에 직접 접속하는 가공통신선의 높이에 대한 설명 중 틀린 것은?

① 도로를 횡단하는 경우에는 지표상 6[m] 이상으로 한다.
② 철도 또는 궤도를 횡단하는 경우에는 레일면상 6[m] 이상으로 한다.
③ 횡단보도교의 위에 시설하는 경우에는 그 노면상 5[m] 이상으로 한다.
④ 도로를 횡단하는 경우, 저압이나 고압의 가공전선로의 지지물에 시설하는 통신선이 교통에 지장을 줄 우려가 없는 경우에는 지표상 5[m]까지로 감할 수 있다.

풀이 362.2 전력보안통신선의 시설 높이와 이격거리
가공전선로의 지지물에 시설하는 통신선 또는 이에 직접 접속하는 가공 통신선의 높이는 다음에 따라야 한다.

시설 장소		가공전선로의 지지물에 시설	
		고·저압[m]	특고압[m]
도로횡단	일반적인 경우	6[m] 이상	6[m] 이상
	교통에 지장을 안 주는 경우	5[m] 이상	
철도 횡단(레일면상)		6.5[m] 이상	6.5[m] 이상

시설 장소		가공전선로의 지지물에 시설	
		고 · 저압[m]	특고압[m]
횡단 보도교 위	노면상	3.5[m] 이상	5[m] 이상
	절연전선 사용	3[m] 이상	
	광섬유 케이블 사용		4[m] 이상
기타의 장소	일반적인 경우 (절연전선 사용)	4[m] 이상	5[m] 이상
	광섬유 케이블 사용	3.5[m] 이상	

답 ②

풍압을 받는 구분				풍압[Pa]
		목주		588
지지물	철근 콘크리트주	원형의 것		588
		기타의 것		882
	철탑	단주 (완철류는 제외함)	원형의 것	588
			기타의 것	1,117
		강관으로 구성되는 것(단주는 제외함)		1,255
		기타의 것		2,157

답 ②

91 아크가 발생하는 고압용 차단기는 목재의 벽 또는 천장, 기타의 가연성 물체로부터 몇 [m] 이상 이격하여야 하는가?

① 0.5
② 1
③ 1.5
④ 2

풀이 341.7 아크를 발생하는 기구의 시설
고압용 또는 특고압용의 개폐기 · 차단기 · 피뢰기 기타 이와 유사한 기구로서 동작 시에 아크가 생기는 것은 목재의 벽 또는 천장 기타의 가연성 물체로부터 표에서 정한 값 이상 이격하여 시설하여야 한다.

기구 등의 구분	이격거리
고압용의 것	1[m] 이상
특고압용의 것	2[m] 이상(사용전압이 35[kV] 이하의 특고압용의 기구 등으로서 동작할 때에 생기는 아크의 방향과 길이를 화재가 발생할 우려가 없도록 제한하는 경우에는 1[m] 이상)

답 ②

92 가공전선로의 지지물에 원형 철근콘크리트주인 경우 갑종 풍압하중은 몇 [Pa]를 기초로 하여 계산하는가?

① 294
② 588
③ 627
④ 1078

풀이 331.6 풍압하중의 종별과 적용

풍압을 받는 구분			풍압[Pa]
		목주	588
지지물	철주	원형의 것	588
		삼각형 또는 마름모형의 것	1,412
		강관에 의하여 구성되는 4각형의 것	1,117
		기타의 것으로 복재가 전후면에 겹치는 경우	1,627
		기타의 것으로 겹치지 않은 경우	1,784

93 지중전선로를 관로식에 의하여 시설하는 경우에는 매설 깊이를 몇 [m] 이상으로 하여야 하는가?

① 0.6
② 1.0
③ 1.2
④ 1.5

풀이 334.1 지중전선로의 시설
가. 지중 전선로는 전선에 케이블을 사용하고 또한 관로식 · 암거식 또는 직접 매설식에 의하여 시설하여야 한다.
나. 지중 전선로를 직접 매설식에 의하여 시설하는 경우에는 매설 깊이를 차량 기타 중량물의 압력을 받을 우려가 있는 장소에는 1.0[m] 이상, 기타 장소에는 0.6[m] 이상으로 하고 또한 지중 전선을 견고한 트라프 기타 방호물에 넣어 시설하여야 한다. 답 ②

94 100[kV] 미만인 특고압가공전선로를 인가가 밀집한 지역에 시설할 경우 전선로에 사용되는 전선의 단면적이 몇 [mm²] 이상의 경동연선이어야 하는가?

① 38
② 55
③ 100
④ 150

풀이 333.1 시가지 등에서 특고압 가공전선로의 시설

사용전압의 구분	전선의 단면적
100[kV] 미만	인장강도 21.67[kN] 이상의 연선 또는 단면적 55[mm²] 이상의 경동연선
100[kV] 이상	인장강도 58.84[kN] 이상의 연선 또는 단면적 150[mm²] 이상의 경동연선

답 ②

95 터널 내에 교류 220[V]의 애자공사로 전선을 시설할 경우 노면으로부터 몇 [m] 이상의 높이로 유지해야 하는가?

① 2   ② 2.5
③ 3   ④ 4

풀이 335.1 터널 안 전선로의 시설
철도·궤도 또는 자동차도 전용터널 안의 전선로

전압	전선의 굵기	시공방법	애자사용 공사 시 높이
저압	인장강도 2.30[kN] 이상 또는 2.6[mm] 이상의 경동선의 절연전선	• 합성수지관공사 • 금속관공사 • 금속제가요전선관 공사 • 케이블공사 • 애자사용공사	노면상, 레일면상 2.5[m] 이상
고압	인장강도 5.26[kN] 이상 또는 4[mm] 이상의 경동선	• 케이블공사 • 애자사용공사	노면상, 레일면상 3[m] 이상
특고압		• 케이블공사	

답 ②

┌─────────────────────────────────────┐
│ 출제기준 변경 및 개정된 관계 법규에 따라 │
│ 삭제된 문제가 있어 20문항이 안됩니다. │
└─────────────────────────────────────┘

2017년 - 3회 _ 전기산업기사

81 저압 절연전선을 사용한 220[V] 저압가공전선이 안테나와 접근상태로 시설되는 경우 가공전선과 안테나 사이의 이격거리는 몇 [cm] 이상이어야 하는가? (단, 전선이 고압 절연전선, 특고압 절연전선 또는 케이블인 경우는 제외한다.)

① 30   ② 60
③ 100   ④ 120

풀이 332.14 고압 가공전선과 안테나의 접근 또는 교차
저압 가공전선 또는 고압 가공전선이 안테나와 접근상태로 시설되는 경우에는 다음에 따라야 한다.
가. 고압 가공전선로는 고압 보안공사에 의할 것.
나. 가공전선과 안테나 사이의 이격거리

사용전압 부분 공작물의 종류		저압	고압
안 테 나	일반적인 경우	0.6[m]	0.8[m]
	전선이 고압절연전선	0.3[m]	0.8[m]
	전선이 케이블인 경우	0.3[m]	0.4[m]

답 ②

82 금속 덕트에 넣은 전선의 단면적의 합계는 덕트의 내부 단면적의 몇 [%] 이하이어야 하는가?

① 10   ② 20
③ 32   ④ 48

풀이 232.31 금속덕트공사
금속덕트에 넣은 전선의 단면적(절연피복의 단면적을 포함한다)의 합계
가. 일반적인 경우 : 덕트 내부 단면적의 20[%] 이하
나. 전광표시장치 또는 제어회로 만의 배선만을 넣는 경우 : 50[%] 이하   **답** ②

83 지선을 사용하여 그 강도를 분담시키면 안 되는 가공전선로의 지지물은?

① 목주   ② 철주
③ 철탑   ④ 철근 콘크리트주

풀이 331.11 지선의 시설
가. 가공전선로의 지지물로 사용하는 철탑은 지선을 사용하여 그 강도를 분담시켜서는 안 된다.
나. 가공전선로의 지지물로 사용하는 철주 또는 철근 콘크리트주는 지선을 사용하지 않는 상태에서 2분의 1 이상의 풍압하중에 견디는 강도를 가지는 경우 이외에는 지선을 사용하여 그 강도를 분담시켜서는 안 된다.   **답** ③

84 저압가공인입선 시설 시 도로를 횡단하여 시설하는 경우 노면상 높이는 몇 [m] 이상으로 하여야 하는가?

① 4   ② 4.5
③ 5   ④ 5.5

풀이 221.1.1 저압 인입선의 시설
저압 가공인입선의 높이
가. 도로(차도와 보도의 구별이 있는 도로인 경우에는 차도)를 횡단하는 경우 : 노면상 5[m] (기술상 부득이한 경우에 교통에 지장이 없을 때에는 3[m]) 이상

나. 철도 또는 궤도를 횡단하는 경우 : 레일면상 6.5[m] 이상

다. 횡단보도교 위에 시설하는 경우 : 노면상 3[m] 이상

탑 ③

---

85 60[kV] 이하의 특고압가공전선과 식물과의 이격거리는 몇 [m] 이상이어야 하는가?

① 2   ② 2.12

③ 2.24   ④ 2.36

풀이 333.30 특고압 가공전선과 식물의 이격거리

사용전압의 구분	이격거리
60[kV] 이하	2[m]
60[kV] 초과	• 이격거리 = 2 + 단수 × 0.12[m] • 단수 = $\dfrac{(\text{전압}[kV]-60)}{10}$ 단수 계산에서 소수점 이하는 절상

탑 ①

---

86 전기부식방지 시설에서 전원장치를 사용하는 경우로 옳은 것은?

① 전기부식방지 회로의 사용전압은 교류 60[V] 이하일 것

② 지중에 매설하는 양극(+)의 매설깊이는 50[cm] 이상일 것

③ 지표 또는 수중에서 1[m] 간격의 임의의 2점간의 전위차는 7[V]를 넘지 말 것

④ 수중에 시설하는 양극(+)과 그 주위 1[m] 이내의 거리에 있는 임의점과의 사이의 전위차는 10[V]를 넘지 말 것

풀이 241.16 전기부식방지 시설

가. 전기부식방지용 전원장치에 전기를 공급하는 전로의 사용전압은 저압이어야 한다.

나. 전기부식방지용 변압기는 절연변압기 일 것

다. 전기부식방지 회로(전기부식방지용 전원장치로부터 양극 및 피방식체까지의 전로를 말한다.)의 사용전압은 직류 60[V] 이하일 것.

라. 지중에 매설하는 양극의 매설깊이는 0.75[m] 이상일 것.

마. 수중에 시설하는 양극과 그 주위 1[m] 이내의 거리에 있는 임의 점과의 사이의 전위차는 10[V]를 넘지 아니할 것.

바. 지표 또는 수중에서 1[m] 간격의 임의의 2점간의 전위차가 5[V]를 넘지 아니할 것.

탑 ④

---

87 345[kV] 변전소의 충전 부분에서 5.98[m] 거리에 울타리를 설치할 경우 울타리 최소 높이는 몇 [m]인가?

① 2.1   ② 2.3

③ 2.5   ④ 2.7

풀이 351.1 발전소 등의 울타리·담 등의 시설

사용전압의 구분	울타리·담 등의 높이와 울타리·담 등으로부터 충전 부분까지의 거리의 합계
35[kV] 이하	5[m]
35[kV] 초과 160[kV] 이하	6[m]
160[kV] 초과	• 거리의 합계 = 6 + 단수 × 0.12[m] • 단수 = $\dfrac{\text{사용전압}[kV]-160}{10}$ 단수 계산에서 소수점 이하는 절상

• 단수 = $\dfrac{345-160}{10}$ = 18.5 → 19단

• 거리의 합계 = 6 + (19 × 0.12) = 8.28[m]

• 울타리에서 충전 부분까지 거리는 5.98[m]이므로 울타리 최소 높이 = 8.28 − 5.98 = 2.3[m]   **탑** ②

---

88 동기발전기를 사용하는 전력계통에 시설하여야 하는 장치는?

① 비상 조속기

② 분로 리액터

③ 동기검정장치

④ 절연유 유출방지설비

풀이 351.6 계측장치

동기발전기를 시설하는 경우에는 동기검정장치를 시설하여야 한다. 다만, 동기발전기의 용량이 그 발전기를 연계하는 전력계통의 용량과 비교하여 현저히 적은 경우에는 그러하지 아니하다.   **탑** ③

---

89 특고압 가공전선로의 지지물에 시설하는 통신선 또는 이에 직접 접속하는 통신선 중 옥내에 시설하는 부분은 몇 [V] 초과의 저압 옥내배선의 규정에 준하여 시설하도록 하고 있는가?

① 150   ② 300

③ 380   ④ 400

풀이 362.7 특고압 가공전선로 첨가설치 통신선에 직접 접속하는 옥내 통신선의 시설

특고압 가공전선로의 지지물에 시설하는 통신선(광섬

유 케이블을 제외한다) 또는 이에 직접 접속하는 통신
선 중 옥내에 시설하는 부분은 400[V] 초과의 저압옥
내 배선시설에 준하여 시설하여야 한다.　**답** ④

90 제2종 특고압 보안공사 시 B종 철주를 지지물
로 사용하는 경우 경간은 몇 [m] 이하인가?

① 100　　　　② 200
③ 400　　　　④ 500

풀이 333.22 특고압 보안공사
제2종 특고압 보안공사는 다음에 따라야 한다.
가. 특고압 가공전선은 연선일 것.
나. 지지물로 사용하는 목주의 풍압하중에 대한 안전율
은 2 이상일 것.
다. 경간은 표에서 정한 값 이하일 것

지지물의 종류	경간
목주·A종 철주 또는 A종 철근 콘크리트주	100[m]
B종 철주 또는 B종 철근 콘크리트주	200[m]
철탑	400[m](단주인 경우에는 300[m])

답 ②

91 전체의 길이가 18[m]이고, 설계하중이 6.8[kN]
인 철근 콘크리트주를 지반이 튼튼한 곳에 시설
하려고 한다. 기초 안전율을 고려하지 않기 위해
서는 묻히는 깊이를 몇 [m] 이상으로 시설하여
야 하는가?

① 2.5　② 2.8　③ 3　④ 3.2

풀이 331.7 가공전선로 지지물의 기초의 안전율
가공전선로의 지지물에 하중이 가하여지는 경우에 그
하중을 받는 지지물의 기초의 안전율은 2(이상 시 상정
하중이 가하여지는 철탑의 기초에 대하여는 1.33) 이상
이어야 한다. 다만, 다음에 따라 시설하는 경우에는 적
용하지 않는다.

설계 하중 / 전장	6.8[kN] 이하	6.8[kN] 초과 ~9.8[kN] 이하	9.8[kN] 초과 ~14.72[kN] 이하
15[m] 이하	전장 ×1/6[m] 이상	전장×1/6 +0.3[m] 이상	전장×1/6 +0.5[m] 이상
15[m] 초과	2.5[m] 이상	2.8[m] 이상	–
16[m] 초과 ~20[m] 이하	2.8[m] 이상	–	–
15[m] 초과 ~18[m] 이하	–	–	3[m] 이상
18[m] 초과	–	–	3.2[m] 이상

답 ②

92 케이블트레이공사에 대한 설명으로 틀린 것은?

① 금속제의 것은 내식성 재료의 것이어야 한다.
② 케이블 트레이의 안전율은 1.25 이상이어
야 한다.
③ 비금속제 케이블 트레이는 난연성 재료의
것이어야 한다.
④ 전선의 피복 등을 손상시킬 돌기 등이 없이
매끈하여야 한다.

풀이 232.41 케이블트레이공사
가. 케이블 트레이의 안전율은 1.5 이상으로 하여야 한다.
나. 금속재의 것은 적절한 방식처리를 한 것이거나 내
식성 재료의 것이어야 한다.
다. 비금속제 케이블 트레이는 난연성 재료의 것이어야
한다.
라. 금속제 케이블 트레이 계통은 기계적 및 전기적으
로 완전하게 접속하여야 하며 금속제 트레이는 접
지공사를 하여야 한다.
마. 전선의 피복 등을 손상시킬 돌기 등이 없이 매끈하
여야 한다.　**답** ②

93 변전소를 관리하는 기술원이 상주하는 장소에
경보장치를 시설하지 아니하여도 되는 것은?

① 조상기 내부에 고장이 생긴 경우
② 주요 변압기의 전원측 전로가 무전압으로
된 경우
③ 특고압용 타냉식변압기의 냉각장치가 고
장 난 경우
④ 출력 2000[kVA] 특고압용 변압기의 온도
가 현저히 상승한 경우

풀이 351.9 상주 감시를 하지 아니하는 변전소의 시설
다음의 경우에는 변전제어소 또는 기술원이 상주하는
장소에 경보장치를 시설할 것.
가. 운전조작에 필요한 차단기가 자동적으로 차단한 경우
나. 주요 변압기의 전원측 전로가 무전압으로 된 경우
다. 제어 회로의 전압이 현저히 저하한 경우
라. 출력 3,000 [kVA]를 초과하는 특고압용변압기는
그 온도가 현저히 상승한 경우
마. 특고압용 타냉식변압기는 그 냉각장치가 고장난 경
우
바. 조상기는 내부에 고장이 생긴 경우
사. 수소냉각식조상기는 그 조상기 안의 수소의 순도가
90[%] 이하로 저하한 경우, 수소의 압력이 현저히
변동한 경우 또는 수소의 온도가 현저히 상승한 경
우　**답** ④

94 의료장소의 수술실에서 전기설비의 시설에 대한 설명으로 틀린 것은?

① 의료용 절연변압기의 정격출력은 10[kVA] 이하로 한다.

② 의료용 절연변압기의 2차 측 정격전압은 교류 250[V] 이하로 한다.

③ 절연 감시장치를 설치하여 절연저항이 50[kΩ]까지 감소하면 표시설비 및 음향설비로 경보를 발하도록 한다.

④ 전원측에 강화절연을 한 의료용 절연변압기를 설치하고 그 2차 측 전로는 접지한다.

풀이 242.10.3 의료장소의 안전을 위한 보호 설비
그룹 1 및 그룹 2의 의료 IT 계통은 다음과 같이 시설할 것.
가. 전원 측에 따라 이중 또는 강화절연을 한 비단락보증 절연변압기를 설치하고 그 2차 측 전로는 접지하지 말 것.
나. 비단락보증 절연변압기의 2차 측 정격전압은 교류 250[V] 이하로 하며 공급방식 및 정격출력은 단상 2선식, 10[kVA] 이하로 할 것.
다. 비단락보증 절연변압기의 과부하 및 온도를 지속적으로 감시하는 장치를 적절한 장소에 설치할 것.
라. 의료 IT 계통의 절연저항을 계측, 지시하는 절연 감시장치를 설치하여 절연저항이 50[kΩ]까지 감소하면 표시설비 및 음향 설비로 경보를 발하도록 할 것. 답 ④

95 1[kV] 이하 방전등에 저압으로 전기를 공급하는 옥내의 전로의 대지전압은 몇 [V] 이하이어야 하는가?

① 100　　　　② 200
③ 300　　　　④ 400

풀이 234.11 1[kV] 이하 방전등
관등회로의 사용전압이 1[kV] 이하인 방전등에 전기를 공급하는 전로의 대지전압은 300[V] 이하로 하여야 한다. 답 ③

96 저압가공인입선 시설 시 사용할 수 없는 전선은?

① 절연전선, 케이블

② 지름 2.6[mm] 이상의 인입용 비닐절연전선

③ 인장강도 1.2[kN] 이상의 인입용 비닐절연전선

④ 사람의 접촉우려가 없도록 시설하는 경우 옥외용 비닐절연전선

풀이 221.1.1 저압 인입선의 시설
저압 가공인입선은 다음에 따라 시설하여야 한다.
가. 전선은 절연전선 또는 케이블일 것.
나. 전선이 절연전선인 경우
① 경간이 15[m] 초과 : 인장강도 2.30[kN] 이상의 것 또는 지름 2.6[mm] 이상의 인입용 비닐절연전선일 것.
② 경간이 15[m] 이하 : 인장강도 1.25[kN] 이상의 것 또는 지름 2[mm] 이상의 인입용 비닐절연전선일 것.
다. 전선이 옥외용 비닐 절연 전선인 경우에는 사람이 접촉할 우려가 없도록 시설할 것. 답 ③

97 고압가공전선로의 가공지선으로 나경동선을 사용하는 경우의 지름은 몇 [mm] 이상이어야 하는가?

① 3.2　　　　② 4
③ 5.5　　　　④ 6

풀이 332.6 고압 가공전선로의 가공지선
고압 가공전선로에 사용하는 가공지선은 인장강도 5.26[kN] 이상의 것 또는 지름 4[mm] 이상의 나경동선을 사용한다. 답 ②

> 출제기준 변경 및 개정된 관계 법규에 따라 삭제된 문제가 있어 20문항이 안됩니다.

2017년 - 4회 _공사산업기사

81 사용전압 154[kV]의 가공전선과 식물 사이의 이격거리는 최소 몇 [m] 이상이어야 하는가?

① 2　　　　② 2.6
③ 3.2　　　　④ 3.8

풀이 333.30 특고압 가공전선과 식물의 이격거리

사용전압의 구분	이 격 거 리
60[kV] 이하	2[m]
60[kV] 초과	• 이격거리 = 2 + 단수 × 0.12[m] • 단수 = $\dfrac{\text{사용전압[kV]}-60}{10}$ 단수 계산에서 소수점 이하는 절상

• 단수 = $\dfrac{154-60}{10}=9.4 \rightarrow$ 10단

• 이격거리 = $2+0.12\times10=3.2$[m] 탭 ③

82 저압 가공전선의 시설 기준으로 틀린 것은?

① 사용전압 400[V] 초과의 저압가공전선에는 인입용 비닐절연전선을 사용하여 시설할 수 있다.
② 사용전압 400[V] 이하인 저압가공전선은 2.6[mm] 이상의 절연전선을 사용하여 시설할 수 있다.
③ 사용전압 400[V] 초과의 저압가공전선을 시가지 외에 가설하는 경우 지름 4[mm] 이상의 경동선을 사용하여야 한다.
④ 사용전압 400[V] 이하인 저압가공전선으로 다심형 전선을 사용하는 경우 접지를 한 조가용선으로 사용하여야 한다.

풀이 222.5 저압 가공전선의 굵기 및 종류
　가. 저압 가공전선은 나전선(중성선 또는 다중접지된 접지측 전선으로 사용하는 전선에 한한다), 절연전선, 다심형 전선 또는 케이블을 사용하여야 한다.
　나. 전선의 굵기

전 압	조 건	전선의 굵기 및 인장강도
400 [V] 이하	절연전선	인장강도 2.3[kN] 이상의 것 또는 지름 2.6[mm] 이상의 경동선
	케이블 이외	인장강도 3.43[kN] 이상의 것 또는 지름 3.2[mm] 이상의 경동선
400 [V] 초과인 저압(케이 블 이외)	시가지에 시설	인장강도 8.01[kN] 이상의 것 또는 지름 5[mm] 이상의 경동선
	시가지 외에 시설	인장강도 5.26[kN] 이상의 것 또는 지름 4[mm] 이상의 경동선

　다. 사용전압이 400 [V] 초과인 저압 가공전선에는 인입용 비닐절연전선을 사용하여서는 안 된다. 탭 ①

83 저압 옥내배선을 금속관공사에 의하여 시설하는 경우에 대한 설명 중 옳은 것은?

① 전선은 옥외용 비닐 절연전선을 사용하여야 한다.
② 전선은 굵기에 관계없이 연선을 사용하여야 한다.
③ 콘크리트에 매설하는 금속관의 두께는 1.2[mm] 이상이어야 한다.
④ 관에는 접지공사를 생략하였다.

풀이 232.12 금속관공사
　가. 전선은 절연전선(옥외용 비닐절연전선을 제외한다)일 것.
　나. 전선은 연선일 것. 다만, 다음의 것은 적용하지 않는다.
　　① 짧고 가는 금속관에 넣은 것.
　　② 단면적 10[mm²](알루미늄선은 단면적 16[mm²]) 이하의 것.
　다. 전선은 금속관 안에서 접속점이 없도록 할 것.
　라. 관의 두께는 다음에 의할 것.
　　① 콘크리트에 매설하는 것은 1.2[mm] 이상
　　② 콘크리트 매설 이외의 것 : 1[mm] 이상
　마. 관에는 접지공사를 할 것. 탭 ③

84 가공전선로의 지지물에 시설하는 통신선 또는 이에 직접 접속하는 가공통신선의 높이는 도로를 횡단하는 경우에는 지표상 몇 [m] 이상이어야 하는가?

① 5.5　　　② 6
③ 6.5　　　④ 7

풀이 362.2 전력보안통신선의 시설 높이와 이격거리
가공전선로의 지지물에 시설하는 통신선 또는 이에 직접 접속하는 가공 통신선의 높이는 다음에 따라야 한다.

시설 장소		가공전선로의 지지물에 시설	
		고·저압[m]	특고압[m]
도로횡단	일반적인 경우	6[m] 이상	6[m] 이상
	교통에 지장을 안 주는 경우	5[m] 이상	
철도 횡단 (레일면상)		6.5[m] 이상	6.5[m] 이상
횡단 보도교 위	노면상	3.5[m] 이상	5[m] 이상
	절연전선 사용	3[m] 이상	
	광섬유 케이블 사용		4[m] 이상
기타의 장소	일반적인 경우 (절연전선 사용)	4[m] 이상	5[m] 이상
	광섬유 케이블 사용	3.5[m] 이상	

탭 ②

85 발전소, 변전소, 개폐소 또는 이에 준하는 장소 이외에 시설된 특고압 전선로에 접속하는 배전용 변압기의 1차 및 2차 전압은?

① 1차 : 35[kV] 이하, 2차 : 저압 또는 고압

② 1차 : 50[kV] 이하, 2차 : 저압 또는 고압

③ 1차 : 35[kV] 이하, 2차 : 특고압 또는 고압

④ 1차 : 50[kV] 이하, 2차 : 특고압 또는 고압

풀이 341.2 특고압 배전용 변압기의 시설
특고압 전선로 에 접속하는 배전용 변압기를 시설하는 경우에는 특고압 전선에 특고압 절연전선 또는 케이블을 사용하고 또한 다음에 따라야 한다.
가. 변압기의 1차 전압은 35[kV] 이하, 2차 전압은 저압 또는 고압일 것.
나. 변압기의 특고압측에 개폐기 및 과전류차단기를 시설할 것.
다. 변압기의 2차 전압이 고압인 경우에는 고압측에 개폐기를 시설하고 또한 쉽게 개폐할 수 있도록 할 것.
답 ①

86 저압옥내배선을 애자공사에 의하여 조영재의 옆면에 따라 시설하는 경우 전선 지지점 간의 거리는 몇 [m] 이하이어야 하는가?

① 1 　　　　② 2
③ 6 　　　　④ 8

풀이 232.56 애자공사
가. 전선의 종류 : 절연 전선. 단, 옥외용 비닐 절연 전선 (OW) 및 인입용 비닐 절연 전선(DV)은 제외한다.
나. 이격 거리

전 압		전선과 조영재와의 이격 거리	전선 상호 간격	전선 지지점 간의 거리	
				조영재의 윗면 또는 옆면에 따라 시설	조영재에 따라 시설하지 않는 경우
저압	400[V] 이하	2.5[cm] 이상			–
	400[V] 초과	건조한 장소 2.5[cm] 이상	6[cm] 이상	2[m] 이하	6[m] 이하
		기타의 장소 4.5[cm] 이상			

답 ②

87 지중 전선로를 직접 매설식에 의하여 차량 기타 중량물의 압력을 받을 우려가 있는 장소에 시설하는 경우 매설 깊이는 몇 [m] 이상으로 하여야 하는가?

① 1 　　　　② 1.2
③ 1.5 　　　④ 2

풀이 334.1 지중전선로의 시설
가. 지중 전선로는 전선에 케이블을 사용하고 또한 관로식·암거식 또는 직접 매설식에 의하여 시설하여야 한다.
나. 지중 전선로를 직접 매설식에 의하여 시설하는 경우에는 매설깊이를 차량 기타 중량물의 압력을 받을 우려가 있는 장소에는 1.0 [m] 이상, 기타 장소에는 0.6 [m] 이상으로 하고 또한 지중 전선을 견고한 트라프 기타 방호물에 넣어 시설하여야 한다. **답** ①

88 사용전압이 15[kV] 이하인 특고압 가공전선로의 중성선의 다중접지 및 중성선의 시설 기준을 설명한 것 중 틀린 것은?

① 접지한 곳 상호 간의 거리는 전선로에 따라 300[m] 이하로 한다.

② 다중접지한 중성선은 저압전로의 접지측 전선이나 중성선과 공용할 수 있다.

③ 각 접지도체를 중성선으로부터 분리하였을 경우의 각 접지점의 대지 전기저항값은 100[Ω] 이하로 한다.

④ 접지도체를 공칭단면적 6[mm^2] 이상의 연동선 또는 이와 동등 이상의 세기 및 굵기의 쉽게 부식하지 않는 금속선으로 한다.

풀이 333.32 25[kV] 이하인 특고압 가공전선로의 시설
사용전압이 15[kV] 이하인 특고압 가공전선로의 중성선의 다중접지 및 중성선의 시설은 다음에 의할 것.
가. 접지도체는 공칭단면적 6[mm^2] 이상의 연동선
나. 접지한 곳 상호 간의 거리는 전선로에 따라 300[m] 이하일 것.
다. 특고압 가공전선로의 다중접지를 한 중성선은 저압 가공전선의 규정에 준하여 시설할 것.
라. 다중접지한 중성선은 저압전로의 접지측 전선이나 중성선과 공용할 수 있다.
마. 각 접지도체를 중성선으로부터 분리하였을 경우의 각 접지점의 대지 전기저항치 및 1[km] 마다의 중성선과 대지 사이의 합성 전기저항치

사용전압	각 접지점의 대지 전기저항치	1[km]마다의 합성 전기저항치
15[kV] 이하	300[Ω]	30[Ω]
15[kV] 초과 25[kV] 이하	300[Ω]	15[Ω]

답 ③

89 3상 220[V] 유도전동기의 권선과 대지간의 절연내력시험 시험전압과 견디어야 할 최소시간으로 옳은 것은?

① 220[V], 5분 　　② 275[V], 10분
③ 330[V], 20분 　　④ 500[V], 10분

풀이 133 회전기 및 정류기의 절연내력

종 류		시험전압	시험 방법
회전기	발전기 · 전동기 · 조상기 · 기타회전기 7[kV] 이하	1.5배 (최저 500[V])	권선과 대지 사이에 연속하여 10분간
	7[kV] 초과	1.25배 (최저 10,500[V])	
	회전 변류기	직류측의 최대 사용 전압의 1배의 교류 전압(최저 500[V])	

∴ 시험전압 = 220 × 1.5 = 330[V]
최저 시험 전압이 500 [V]이므로 시험 전압은 500 [V]가 되어야 한다.　　답 ④

90 전로의 중성점을 접지하는 목적이 아닌 것은?

① 고전압 침입 예방
② 이상 시 전위상승 억제
③ 부하전류의 경감으로 전선을 절약
④ 보호계전장치 등의 확실한 동작의 확보

풀이 322.5 전로의 중성점의 접지
① 보호 장치의 확실한 동작의 확보
② 이상 전압의 억제
③ 대지전압의 저하를 위하여
전로의 중성점에 접지공사를 한다.　　답 ③

91 변전소의 주요 변압기에 반드시 시설하지 않아도 되는 계측 장치는?

① 전류계　　② 전압계
③ 전력계　　④ 역률계

풀이 351.6 계측장치
변전소 또는 이에 준하는 곳에는 다음의 사항을 계측하는 장치를 시설하여야 한다.
가. 주요 변압기의 전압 및 전류 또는 전력
나. 특고압용 변압기의 온도　　답 ④

92 인입용 비닐절연전선을 사용한 저압 가공전선은 횡단보도교 위에 시설하는 경우 노면상의 높이는 몇 [m] 이상으로 하여야 하는가?

① 3　　② 3.5　　③ 4　　④ 4.5

풀이 332.5 고압 가공전선의 높이
222.7 저압 가공전선의 높이
저 · 고압 가공전선의 높이는 다음에 따라야 한다.

설치장소		가공전선의 높이
도로횡단(번잡하지 않은 도로 제외)		지표상 6[m] 이상
철도 또는 궤도횡단		레일면상 6.5[m] 이상
횡단 보도교 위	저압	노면상 3.5[m] 이상. 단, 절연전선의 경우 3[m] 이상
	고압	노면상 3.5[m] 이상
일반장소		지표상 5[m] 이상. 단, 저압의 경우 절연전선 또는 케이블을 사용하여 교통에 지장이 없도록 하여 옥외조명용에 공급하는 경우 4[m]까지 감할 수 있다.
다리의 하부 기타 이와 유사한 장소		저압의 전기철도용 급전선은 지표상 3.5 [m]까지로 감할 수 있다.

답 ①

93 조명용 전등의 시설에 대한 설명으로 틀린 것은?

① 가정용 전등은 등기구마다 점멸이 가능하도록 한다.
② 국부조명설비는 그 조명대상에 따라 점멸할 수 있도록 시설한다.
③ 가로등에 시설하는 고압방전등은 그 효율이 50[lm/W] 이상의 것이어야 한다.
④ 관광진흥법과 공중위생법에 의한 숙박업에 이용되는 객실의 입구등은 1분 이내에 소등되도록 한다.

풀이 234.6 점멸기의 시설
점멸기는 다음에 의하여 설치하여야 한다.
가. 점멸기는 전로의 비접지측에 시설하고 분기개폐기

에 배선용차단기를 사용하는 경우는 이것을 점멸기로 대용할 수 있다.

나. 가정용전등은 매 등기구마다 점멸이 가능하도록 할 것. 다만, 장식용 등기구(상들리에, 스포트라이트, 간접조명등, 보조등기구 등) 및 발코니 등기구는 예외 할 수 있다.

다. 국부 조명설비는 그 조명대상에 따라 점멸할 수 있도록 시설할 것.

마. 다음의 경우에는 센서등(타임스위치 포함)을 시설하여야 한다.
① 관광숙박업 또는 숙박업(여인숙업을 제외한다)에 이용되는 객실의 입구등은 1분 이내에 소등되는 것.
② 일반주택 및 아파트 각 호실의 현관등은 3분 이내에 소등되는 것. **답 ③**

94 유희용 전차의 시설에서 전차안의 전로 및 전기공급설비의 시설방법 중 틀린 것은?

① 전로의 사용전압은 직류 60[V] 이하, 교류 40[V] 이하일 것
② 유희용 전차에 전기를 공급하는 전로에는 전용개폐기를 시설할 것
③ 전로와 대지 절연저항은 사용전압에 대한 누설전류 규정 전류의 2000분의 1을 넘지 않을 것
④ 유희용 전차 안에 승압용 변압기를 시설하는 경우에는 그 변압기의 2차 전압은 150[V] 이하일 것

풀이 241.8 유희용 전차
가. 유희용 전차에 전기를 공급하기 위하여 사용하는 변압기의 1차 전압은 400[V] 이하이어야 한다.
나. 유희용 전차에 전기를 공급하는 전원장치의 2차측 단자의 최대사용전압은 직류의 경우 60[V] 이하, 교류의 경우 40[V] 이하일 것.
다. 접촉전선은 제3레일 방식에 의하여 시설할 것.
라. 유희용 전차의 전차 내에서 승압하여 사용하는 경우 변압기는 절연변압기를 사용하고 2차 전압은 150[V] 이하로 할 것.
마. 유희용 전차에 전기를 공급하는 전로에는 전용의 개폐기를 시설하여야 한다.
바. 유희용 전차에 전기를 공급하는 접촉전선과 대지 사이의 절연저항은 사용전압에 대한 누설전류가 레일의 연장 1[km]마다 100[mA]를 넘지 않도록 유지하여야 한다.
사. 유희용 전차안의 전로와 대지 사이의 절연저항은 사용전압에 대한 누설전류가 규정 전류의 5,000분의 1을 넘지 않도록 유지하여야 한다. **답 ③**

95 일반주택 및 아파트 각 호실의 현관등과 같은 조명용 백열전등을 설치할 때에는 타임스위치를 시설하여야 한다. 몇 분 이내에 소등되는 것이어야 하는가?

① 3   ② 5   ③ 7   ④ 10

풀이 234.6 점멸기의 시설
다음의 경우에는 센서등(타임스위치 포함)을 시설하여야 한다.
가. 관광숙박업 또는 숙박업(여인숙업을 제외한다)에 이용되는 객실의 입구등은 1분 이내에 소등되는 것.
나. 일반주택 및 아파트 각 호실의 현관등은 3분 이내에 소등되는 것. **답 ①**

96 시가지에 시설하는 154[kV] 가공전선로에는 지락 또는 단락이 발생한 경우 몇 초 이내에 자동적으로 이를 전로로부터 차단하는 장치를 시설하여야 하는가?

① 1   ② 2   ③ 3   ④ 5

풀이 333.1 시가지 등에서 특고압 가공전선로의 시설
사용전압이 100[kV]를 초과하는 특고압 가공전선에 지락 또는 단락이 생겼을 때에는 1초 이내에 자동적으로 이를 전로로부터 차단하는 장치를 시설할 것. **답 ①**

97 특고압 가공전선로 중 지지물로 직선형의 철탑을 연속하여 10기 이상 사용하는 부분에는 몇 기 이하마다 내장 애자장치가 되어 있는 철탑 또는 이와 동등 이상의 강도를 가지는 철탑 1기를 시설하여야 하는가?

① 1   ② 3   ③ 5   ④ 10

풀이 333.16 특고압 가공전선로의 내장형 등의 지지물 시설
특고압 가공전선로 중 지지물로서 직선형의 철탑을 연속하여 10기 이상 사용하는 부분에는 10기 이하마다 장력에 견디는 애자장치가 되어 있는 철탑 또는 이와 동등 이상의 강도를 가지는 철탑 1기를 시설하여야 한다. **답 ④**

> 출제기준 변경 및 개정된 관계 법규에 따라
> 삭제된 문제가 있어 20문항이 안됩니다.

문제의 번호는 실제 시험문제의 번호와 같게 하였습니다.

81 철근 콘크리트주로서 전장이 15[m]이고, 설계 하중이 8.2[kN]이다. 이 지지물을 논이나 기타 지반이 연약한 곳 이외에 기초 안전율의 고려 없이 시설하는 경우에 그 묻히는 깊이는 기준 보다 몇 [cm]를 가산하여 시설하여야 하는가?

① 10   ② 30

③ 50   ④ 70

풀이 31.7 가공전선로 지지물의 기초의 안전율

가공전선로의 지지물에 하중이 가하여지는 경우에 그 하중을 받는 지지물의 기초의 안전율은 2(이상 시 상정 하중에 대한 철탑의 기초에 대하여는 1.33) 이상이어야 한다. 다만, 다음에 따라 시설하는 경우에는 적용하지 않는다.

설계 하중 전장	6.8[kN] 이하	6.8[kN] 초과 ~9.8[kN] 이하	9.8[kN] 초과 ~14.72[kN] 이하
15[m] 이하	전장 ×1/6[m] 이상	전장 × 1/6 +0.3[m] 이상	전장 × 1/6 +0.5[m] 이상
15[m] 초과	2.5[m] 이상	2.8[m] 이상	–
16[m] 초과 ~20[m] 이하	2.8[m] 이상	–	–
15[m] 초과 ~18[m] 이하	–	–	3[m] 이상
18[m] 초과	–	–	3.2[m] 이상

답 ②

82 금속관공사에 의한 저압 옥내배선 시설에 대한 설명으로 틀린 것은?

① 인입용 비닐절연전선을 사용했다.

② 옥외용 비닐절연전선을 사용했다.

③ 짧고 가는 금속관에 연선을 사용했다.

④ 단면적 10[mm²] 이하의 전선을 사용했다.

풀이 232.12 금속관공사

가. 전선은 절연전선(옥외용 비닐절연전선을 제외한다) 일 것.

나. 전선은 연선일 것. 다만, 다음의 것은 적용하지 않는

다.

① 짧고 가는 금속관에 넣은 것.

② 단면적 10[mm²](알루미늄선은 단면적 16[mm²]) 이하의 것.

다. 관의 두께는 다음에 의할 것.

① 콘크리트에 매설하는 것은 1.2[mm] 이상

② 콘크리트 매설 이외의 것은 1[mm] 이상

라. 관에는 접지공사를 할 것. **답 ②**

83 전가섭선에 관하여 각 가섭선의 상정 최대장력 의 33[%]와 같은 불평균 장력의 수평종분력에 의한 하중을 더 고려하여야 할 철탑의 유형은?

① 직선형   ② 각도형

③ 내장형   ④ 인류형

풀이 333.13 상시 상정하중

인류형·내장형 또는 보강형·직선형·각도형의 철 주·철근 콘크리트주 또는 철탑의 경우에는 다음에 따 라 가섭선 불평균 장력에 의한 수평 종하중을 가산한 다.

가. 인류형의 경우에는 전가섭선에 관하여 각 가섭선의 상정 최대 장력과 같은 불평균 장력의 수평 종분력 에 의한 하중

나. 내장형·보강형의 경우에는 전가섭선에 관하여 각 가섭선의 상정 최대장력의 33[%]와 같은 불평균 장 력의 수평 종분력에 의한 하중

다. 직선형의 경우에는 전가섭선에 관하여 각 가섭선의 상정 최대 장력의 3[%] 와 같은 불평균 장력의 수평 종분력에 의한 하중.(단 내장형은 제외한다)

라. 각도형의 경우에는 전가섭선에 관하여 각 가섭선의 상정 최대 장력의 10[%]와 같은 불평균 장력의 수평 종분력에 의한 하중 **답 ③**

84 케이블트레이공사에 사용되는 케이블 트레이 가 수용된 모든 전선을 지지할 수 있는 적합한 강도의 것일 경우 케이블 트레이의 안전율은 얼마 이상으로 하여야 하는가?

① 1.1   ② 1.2

③ 1.3   ④ 1.5

풀이 232.41 케이블트레이공사
　가. 케이블 트레이의 안전율은 1.5 이상으로 하여야 한다.
　나. 금속재의 것은 적절한 방식처리를 한 것이거나 내식성 재료의 것이어야 한다.
　다. 비금속제 케이블 트레이는 난연성 재료의 것이어야 한다.
　라. 금속제 케이블 트레이 계통은 기계적 및 전기적으로 완전하게 접속하여야 하며 금속제 트레이는 접지공사를 하여야 한다.
　마. 전선의 피복 등을 손상시킬 돌기 등이 없이 매끈하여야 한다.　　**답** ④

85 고압가공전선로에 케이블을 조가용선에 행거로 시설할 경우 그 행거의 간격은 몇 [cm] 이하로 하여야 하는가?

① 50　　　　　　② 60
③ 70　　　　　　④ 80

풀이 332.2 가공케이블의 시설
　저압 가공전선 또는 고압 가공전선에 케이블을 사용하는 경우에는 다음에 따라 시설하여야 한다.
　가. 케이블은 조가용선에 행거로 시설할 것. 이 경우에는 사용전압이 고압인 때에는 행거의 간격은 0.5[m] 이하로 하는 것이 좋다.
　나. 조가용선은 인장강도 5.93[kN] 이상의 것 또는 단면적 22[mm²] 이상인 아연도강연선일 것.
　다. 조가용선 및 케이블의 피복에 사용하는 금속체에는 접지공사를 할 것.
　라. 조가용선을 케이블에 접촉시켜 금속 테이프를 감는 경우에는 20[cm] 이하의 간격으로 나선상으로 한다.

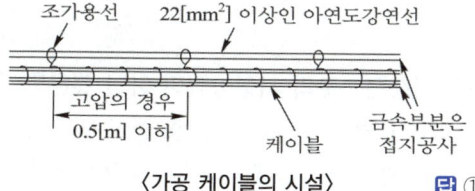

〈가공 케이블의 시설〉　　**답** ①

86 케이블공사에 의한 저압 옥내배선의 시설방법에 대한 설명으로 틀린 것은?

① 전선은 케이블 및 캡타이어케이블로 한다.
② 콘크리트 안에는 전선에 접속점을 만들지 아니한다.
③ 전선을 넣는 방호장치의 금속제 부분에는

접지공사를 한다.
④ 전선을 조영재의 옆면에 따라 붙이는 경우 전선의 지지점 간의 거리를 케이블은 3[m] 이하로 한다.

풀이 232.51 케이블공사
　케이블 배선에 의한 저압 옥내배선은 다음에 따라 시설하여야 한다.
　가. 전선은 케이블 및 캡타이어케이블일 것.
　나. 전선을 조영재의 아랫면 또는 옆면에 따라 붙이는 경우 전선의 지지점 간의 거리
　　① 케이블 : 2[m](사람이 접촉할 우려가 없는 곳에서 수직으로 붙이는 경우에는 6[m]) 이하
　　② 캡타이어 케이블 : 1[m] 이하　　**답** ④

87 태양전지 발전소에 태양전지 모듈 등을 시설할 경우 사용 전선(연동선)의 공칭단면적은 몇 [mm²] 이상인가?

① 1.6　　　　　　② 2.5
③ 5　　　　　　④ 10

풀이 522 태양광설비의 시설
　가. 전선은 공칭단면적 2.5[mm²] 이상의 연동선 또는 이와 동등 이상의 세기 및 굵기의 것일 것.
　나. 배선설비 공사는 옥내에 시설할 경우에는 합성수지관공사, 금속관공사, 케이블공사의 규정에 준하여 시설할 것.　　**답** ②

88 66[kV] 특고압 가공전선과 저압 가공전선을 동일 지지물에 병행설치하여 시설하는 경우 이격거리는 몇 [m] 이상이어야 하는가? 단, 특고압 전선은 케이블 사용 이외의 조건이다.

① 1　　　　　　② 2
③ 3　　　　　　④ 4

풀이 333.17 특고압 가공전선과 저고압 가공전선 등의 병행설치

전 압	표 준	특고압에 케이블 사용 및 저·고압에 절연전선 또는 케이블 사용
35 [kV] 이하	1.2 [m] 이상	0.5 [m] 이상
35 [kV] 초과 100 [kV] 미만	2 [m] 이상	1 [m] 이상

답 ②

89 변압기의 고압측 1선 지락전류가 30[A]인 경우에 접지공사의 최대 접지저항 값은 몇 [Ω]인가? (단, 고압 측 전로가 저압 측 전로와 혼촉하는 경우 1초 이내에 자동적으로 차단하는 장치가 설치되어 있다.)

① 5
② 10
③ 15
④ 20

풀이 142.5 변압기 중성점 접지
변압기의 고압 측 또는 사용전압이 35[kV] 이하의 특고압전로가 저압 측 전로와 혼촉하고 저압전로의 대지전압이 150[V]를 초과하는 경우 1초 이내에 고압·특고압 전로를 자동으로 차단하는 장치를 설치할 경우 접지저항값

$$R = \frac{600}{\text{고압 측 또는 특고압 측의 1선 지락전류}} [\Omega]$$

즉, 1초 이내에 자동적으로 차단하는 장치가 설치되어 있으므로

접지 저항값 $R = \frac{600}{30} = 20[\Omega]$

답 ④

90 전광표시 장치에 사용하는 저압 옥내배선을 금속관공사로 시설할 경우 연동선의 단면적은 몇 [mm²] 이상 사용하여야 하는가?

① 0.75
② 1.25
③ 1.5
④ 2.5

풀이 231.3.1 저압 옥내배선의 사용전선
가. 저압 옥내배선의 전선 : 단면적 2.5[mm²] 이상의 연동선
나. 옥내배선의 사용 전압이 400 [V] 이하인 경우는 다음에 의하여 시설할 수 있다.
  ① 전광표시 장치 또는 제어 회로
  • 단면적 1.5[mm²] 이상의 연동선
  • 단면적 0.75[mm²] 이상인 다심케이블 또는 다심 캡타이어 케이블을 사용하고 또한 과전류가 생겼을 때에 자동적으로 전로에서 차단하는 장치를 시설
  ② 진열장 또는 이와 유사한 것의 내부 배선 : 단면적 0.75[mm²] 이상인 코드 또는 캡타이어케이블

답 ③

91 고압가공전선로에 사용하는 가공지선은 인장강도 5.26[kN] 이상의 것 또는 지름이 몇[mm] 이상의 나경동선을 사용하여야 하는가?

① 2.6
② 3.2
③ 4.0
④ 5.0

풀이 332.6 고압 가공전선로의 가공지선
고압 가공전선로에 사용하는 가공지선은 인장강도 5.26[kN] 이상의 것 또는 지름 4[mm] 이상의 나경동선을 사용한다.

답 ③

92 전력보안 통신용 전화설비를 시설하지 않아도 되는 것은?

① 원격감시제어가 되지 아니하는 발전소
② 원격감시제어가 되지 아니하는 변전소
③ 2개 이상의 급전소 상호 간과 이들을 통합 운용하는 급전소 간
④ 발전소로서 전기공급에 지장을 미치지 않고, 휴대용 전력보안통신 전화설비에 의하여 연락이 확보된 경우

풀이 362.1 전력보안통신설비의 시설 요구사항
발전소·변전소 및 개폐소와 기술원 주재소 간에는 전력보안통신 설비의 시설이 요구된다.
다만, 다음 어느 항목에 적합하고 또한 휴대용 또는 이동용 전력 보안통신 전화 설비에 의하여 연락이 확보된 경우에는 그러하지 아니하다.
가. 발전소로서 전기의 공급에 지장을 미치지 않는 것.
나. 상주감시를 하지 않는 변전소(사용전압이 35[kV] 이하의 것에 한한다.)로서 그 변전소에 접속되는 전선로가 동일 기술원 주재소에 의하여 운용되는 곳.

답 ④

93 지중전선로의 시설방식이 아닌 것은?

① 관로식
② 압착식
③ 암거식
④ 직접매설식

풀이 334.1 지중전선로의 시설
가. 지중 전선로는 전선에 케이블을 사용하고 또한 관로식·암거식 또는 직접 매설식에 의하여 시설하여야 한다.
나. 지중 전선로를 직접 매설식에 의하여 시설하는 경우에는 매설 깊이를 차량 기타 중량물의 압력을 받을 우려가 있는 장소에는 1.0[m] 이상, 기타 장소에는 0.6[m] 이상으로 하고 또한 지중 전선을 견고한 트라프 기타 방호물에 넣어 시설하여야 한다.

답 ②

94 지중전선로에 사용하는 지중함의 시설기준으로 틀린 것은?

① 조명 및 세척이 가능한 장치를 하도록 할 것
② 그 안의 고인 물을 제거할 수 있는 구조일 것
③ 견고하고 차량 기타 중량물의 압력에 견딜 수 있을 것
④ 뚜껑은 시설자 이외의 자가 쉽게 열 수 없도록 할 것

풀이 334.2 지중함의 시설
지중전선로에 사용하는 지중함은 다음에 따라 시설하여야 한다.
가. 지중함은 견고하고 차량 기타 **중량물의 압력에 견디는 구조**일 것.
나. 지중함은 그 안의 **고인 물을 제거할 수 있는 구조**로 되어 있을 것.
다. 폭발성 또는 연소성의 가스가 침입할 우려가 있는 것에 시설하는 지중함으로서 그 크기가 1[m³] 이상인 것에는 통풍장치 기타 가스를 방산시키기 위한 적당한 장치를 시설할 것.
라. 지중함의 **뚜껑은 시설자이외의 자가 쉽게 열 수 없도록** 시설할 것. 답 ①

95 특고압 가공전선은 케이블인 경우 이외에는 단면적이 몇 [mm²] 이상의 경동연선이어야 하는가?

① 8   ② 14
③ 22   ④ 30

풀이 333.4 특고압 가공전선의 굵기 및 종류
특고압 가공전선은 케이블인 경우 이외에는 인장강도 8.71[kN] 이상의 연선 또는 **단면적이 22[mm²] 이상의 경동연선** 또는 동등이상의 인장강도를 갖는 알루미늄전선이나 절연전선이어야 한다. 답 ③

96 345[kV] 변전소의 충전 부분에서 6[m]의 거리에 울타리를 설치하려고 한다. 울타리의 최소 높이는 약 몇 [m]인가?

① 2   ② 2.28
③ 2.57   ④ 3

풀이 351.1 발전소 등의 울타리·담 등의 시설
가. 울타리·담 등의 높이는 2[m] 이상으로 하고 지표면과 울타리·담 등의 하단 사이의 간격은 0.15[m]

이하로 할 것.
나. 울타리·담 등의 높이와 울타리·담 등으로부터 충전부분까지 거리의 합계는 표에서 정한 값 이상으로 할 것.

사용전압의 구분	울타리·담 등의 높이와 울타리·담 등으로부터 충전 부분까지의 거리의 합계
35[kV] 이하	5[m]
35[kV] 초과 160[kV] 이하	6[m]
160[kV] 초과	• 거리의 합계 = 6 + 단수 × 0.12[m] • 단수 = $\dfrac{\text{사용전압[kV]}-160}{10}$ 단수 계산에서 소수점 이하는 절상

• 단수 = $\dfrac{345-160}{10} = 18.5 \rightarrow 19$단
• 거리의 합계 = 6 + (19 × 0.12) = 8.28[m]
• 울타리에서 충전 부분까지 거리는 6[m]이므로 울타리 최소 높이 = 8.28 − 6 = 2.28[m] 답 ②

97 최대사용전압이 23,000[V]인 중성점 비접지식 전로의 절연내력시험전압은 몇 [V]인가?

① 16560   ② 21160
③ 25300   ④ 28750

풀이 132 전로의 절연저항 및 절연내력

전로의 종류	접지방식	시험전압 (최대사용 전압의 배수)	최저 시험전압
1. 7[kV] 이하인 전로		1.5배	
2. 7[kV] 초과 25[kV] 이하	다중접지	0.92배	
3. 7[kV] 초과 60[kV] 이하 (2란의 것 제외)		1.25배	10.5[kV]
4. 60[kV] 초과	비접지	1.25배	
5. 60[kV] 초과 (6란, 7란의 것 제외)	접지식	1.1배	75[kV]
6. 60[kV] 초과(7란의 것 제외)	직접접지	0.72배	
7. 170[kV] 초과(발전소 또는 변전소 혹은 이에 준하는 장소에 시설하는 것.)	직접접지	0.64배	

∴ 시험전압 = $23,000 \times 1.25 = 28,750$[V] 답 ④

출제기준 변경 및 개정된 관계 법규에 따라 삭제된 문제가 있어 20문항이 안됩니다.

81 사용전압이 1 [kV] 이하인 방전등에 전기를 공급하는 옥내전로의 대지전압은 몇 [V] 이하이어야 하는가?

① 150　　　　② 220
③ 300　　　　④ 600

풀이 234.11 1[kV] 이하 방전등
관등회로의 사용전압이 1[kV] 이하인 방전등을 옥내에 시설할 경우 방전등에 전기를 공급하는 전로의 대지전압은 300 [V] 이하로 하여야 한다.　**답** ③

82 특고압가공전선로에 사용하는 철탑 중에서 전선로의 지지물 양쪽의 경간의 차가 큰 곳에 사용하는 철탑의 종류는?

① 각도형　　　② 인류형
③ 보강형　　　④ 내장형

풀이 333.11 특고압 가공전선로의 철주·철근 콘크리트주 또는 철탑의 종류
특고압 가공전선로의 지지물로 사용하는 B종 철근·B종 콘크리트주 또는 철탑의 종류는 다음과 같다.
가. 직선형 : 전선로의 직선 부분(3° 이하의 수평 각도 이루는 곳 포함)에 사용되는 것
나. 각도형 : 전선로 중 수평 각도 3°를 넘는 곳에 사용되는 것
다. 인류형 : 전 가섭선을 인류하는 곳에 사용하는 것
라. 내장형 : 전선로 지지물 양측의 경간차가 큰 곳에 사용하는 것
마. 보강형 : 전선로 직선 부분을 보강하기 위하여 사용하는 것　**답** ④

83 저압가공전선이 가공약전류 전선과 접근하여 시설될 때 저압가공전선과 가공약전류 전선 사이의 이격거리는 몇 [cm] 이상이어야 하는가?

① 40　　　　② 50
③ 60　　　　④ 80

풀이 332.13 고압 가공전선과 가공약전류전선 등의 접근 또는 교차
222.13 저압 가공전선과 가공약전류전선 등의 접근 또는 교차
저압 가공전선 또는 고압 가공전선이 가공약전류전선 또는 가공 광섬유 케이블과 접근상태로 시설되는 경우에는 다음에 따라야 한다.
가. 고압 가공전선은 고압 보안공사에 의할 것.
나. 저·고압 가공전선과 가공약전류 전선과의 이격거리는 표에서 정한 값 이상일 것.

가공전선 약전류 전선	저압가공전선		고압가공전선	
	저압 절연전선	고압 절연전선 또는 케이블	절연전선	케이블
일반	60[cm]	30[cm]	80[cm]	40[cm]
절연전선 또는 통신용 케이블인 경우	30[cm]	15[cm]		

답 ③

84 345[kV] 가공 송전선로를 평야에 시설할 때, 전선의 지표상의 높이는 몇 [m] 이상으로 하여야 하는가?

① 6.12　　　② 7.36
③ 8.28　　　④ 9.48

풀이 333.7 특고압 가공전선의 높이

전압의 범위	일반 장소	도로 횡단	철도 또는 궤도횡단	횡단보도교
35[kV] 이하	5[m]	6[m]	6.5[m]	4[m](특고압 절연전선 또는 케이블 사용)
35[kV] 초과 160[kV] 이하	6[m]	6[m]	6.5[m]	5[m](케이블 사용)
	산지 등에서 사람이 쉽게 들어갈 수 없는 장소 : 5[m] 이상			
160[kV] 초과	일반장소	가공전선의 높이 = 6 + 단수 × 0.12[m]		
	철도 또는 궤도횡단	가공전선의 높이 = 6.5 + 단수 × 0.12[m]		
	산지	가공전선의 높이 = 5 + 단수 × 0.12[m]		

• 단수 $= \dfrac{345-160}{10} = 18.5 \to$ 19단
• 지표상 높이 $= 6 + 19 \times 0.12 = 8.28$[m]　**답** ③

85 저압 옥내배선의 사용전선으로 틀린 것은?

① 단면적 2.5[mm²] 이상의 연동선

② 진열장 내부배선 시 단면적 0.75[mm²] 이상의 캡타이어케이블

③ 사용전압 400[V] 이하의 전광표시장치 배선 시 단면적 1.5[mm²] 이상의 연동선

④ 사용전압 400[V] 이하의 전광표시장치 배선 시 단면적 0.5[mm²] 이상의 다심케이블

풀이 231.3 저압 옥내배선의 사용전선

가. 저압 옥내배선의 전선 : 단면적 2.5[mm²] 이상의 연동선

나. 옥내배선의 사용 전압이 400[V] 이하인 경우는 다음에 의하여 시설할 수 있다.

① 전광표시 장치 또는 제어 회로
  • 단면적 1.5[mm²] 이상의 연동선
  • 단면적 0.75[mm²] 이상인 다심케이블 또는 다심 캡타이어 케이블을 사용하고 또한 과전류가 생겼을 때에 자동적으로 전로에서 차단하는 장치를 시설

② 진열장 또는 이와 유사한 것의 내부 배선 : 단면적 0.75[mm²] 이상인 코드 또는 캡타이어케이블 **답** ④

86 고압가공전선로의 경간은 B종 철근 콘크리트주로 시설하는 경우 몇 [m] 이하로 하여야 하는가?

① 100   ② 150
③ 200   ④ 250

풀이 332.9 고압 가공전선로 경간의 제한

고압 가공전선로의 경간은 표에서 정한 값 이하이어야 한다.

지지물의 종류	경 간
목주·A종 철주 또는 A종 철근 콘크리트주	150[m]
B종 철주 또는 B종 철근 콘크리트주	250[m]
철 탑	600[m]

답 ④

87 금속제 가요전선관공사에 의한 저압 옥내배선 시설에 대한 설명으로 틀린 것은?

① 옥외용 비닐전선을 제외한 절연전선을 사용한다.

② 가요전선관은 2종 금속제 가요전선관을 사용하였다.

③ 중량물의 압력 또는 기계적 충격을 받을 우려가 없도록 시설한다.

④ 옥내배선의 사용전압이 400[V] 이하인 경우에는 접지공사를 하지 않아도 된다.

풀이 232.13 금속제 가요전선관공사

가. 전선은 절연전선(옥외용 비닐 절연전선을 제외한다)일 것.

나. 전선은 연선일 것. 다만, 단면적 10[mm²](알루미늄선은 단면적 16[mm²]) 이하인 것은 그러하지 아니하다.

다. 가요전선관 안에는 전선에 접속점이 없도록 할 것.

라. 가요전선관은 2종 금속제 가요전선관일 것

마. 가요전선관배선에는 접지공사를 할 것. **답** ④

88 가공전선로의 지지물 중 지선을 사용하여 그 강도를 분담시켜서는 안 되는 것은?

① 철탑   ② 목주
③ 철주   ④ 철근콘크리트주

풀이 331.11 지선의 시설

가. 가공전선로의 지지물로 사용하는 철탑은 지선을 사용하여 그 강도를 분담시켜서는 안 된다.

나. 가공전선로의 지지물로 사용하는 철주 또는 철근콘크리트주는 지선을 사용하지 않는 상태에서 2분의 1 이상의 풍압하중에 견디는 강도를 가지는 경우 이외에는 지선을 사용하여 그 강도를 분담시켜서는 안 된다. **답** ①

89 최대 사용전압이 23[kV]인 권선으로서 중성선 다중접지방식의 전로에 접속되는 변압기권선의 절연내력시험 시험전압은 약 몇 [kV]인가?

① 21.16   ② 25.3
③ 28.75   ④ 34.5

풀이 135 변압기 전로의 절연내력

권선의 종류 (최대사용전압)	접지방식	시험전압 (최대사용전압의 배수)	최저 시험전압
1. 7[kV] 이하		1.5배	500[V]
	다중접지	0.92배	500[V]
2. 7[kV] 초과 25[kV] 이하	다중접지	0.92배	
3. 7[kV] 초과 60[kV] 이하 (2란의 것 제외)		1.25배	10.5[kV]

권선의 종류 (최대사용전압)	접지방식	시험전압 (최대사용 전압의 배수)	최저 시험전압
4. 60[kV] 초과	비접지	1.25배	
5. 60[kV] 초과 (6란의 것 제외)	접지식	1.1배	75[kV]
6. 60[kV] 초과	직접접지	0.72배	
7. 170[kV] 초과	직접접지	0.64배	

※ 최대 사용전압 × 0.92이므로
23[kV] × 0.92 = 21.16[kV]

답 ①

90 목주, A종 철주 및 A종 철근 콘크리트주를 사용할 수 없는 보안공사는?

① 고압 보안공사
② 제1종 특고압 보안공사
③ 제2종 특고압 보안공사
④ 제3종 특고압 보안공사

풀이 333.22 특고압 보안공사
제1종 특고압 보안공사에서 전선로의 지지물로는 B종 철주·B종 철근 콘크리트주 또는 철탑을 사용할 것 (목주나 A종은 사용 불가) 답 ②

91 사용전압이 380[V]인 옥내배선을 애자공사로 시설할 때 전선과 조영재 사이의 이격거리는 몇 [cm] 이상이어야 하는가?

① 2
② 2.5
③ 4.5
④ 6

풀이 232.56 애자공사
가. 전선의 종류 : 절연 전선. 단, 옥외용 비닐 절연 전선 (OW) 및 인입용 비닐 절연 전선(DV)은 제외한다.
나. 이격 거리

전 압		전선과 조영재와의 이격 거리	전선 상호 간격	전선 지지점 간의 거리	
				조영재의 윗면 또는 옆면에 따라 시설	조영재에 따라 시설하지 않는 경우
저압	400[V] 이하	2.5[cm] 이상	6[cm] 이상	2[m] 이하	–
	400[V] 초과	건조한 장소	2.5[cm] 이상			6[m] 이하
		기타의 장소	4.5[cm] 이상			

답 ②

92 과전류차단기로 저압전로에 사용하는 30[A] 퓨즈는 수평으로 붙인 경우에 정격전류의 몇 배의 전류에 견뎌야 하는가?

① 1.1
② 1.25
③ 1.6
④ 2.0

풀이 212.3.4 보호장치의 특성
1. 과전류 보호장치는 KS C 또는 KS C IEC 관련 표준 (배선차단기, 누전차단기, 퓨즈 등의 표준)의 동작특성에 적합하여야 한다.
2. 과전류차단기로 저압전로에 사용하는 범용의 퓨즈는 표에 적합한 것이어야 한다.

표. 퓨즈(gG)의 용단특성

정격전류의 구분	시간	정격전류의 배수	
		불용단전류	용단전류
4[A] 이하	60분	1.5배	2.1배
4[A] 초과 16[A] 미만	60분	1.5배	1.9배
16[A] 이상 63[A] 이하	60분	1.25배	1.6배
63[A] 초과 160[A] 이하	120분	1.25배	1.6배
160[A] 초과 400[A] 이하	180분	1.25배	1.6배
400[A] 초과	240분	1.25배	1.6배

답 ②

93 전력보안통신 설비인 무선통신용 안테나를 지지하는 목주는 풍압하중에 대한 안전율이 얼마 이상이어야 하는가?

① 1.0
② 1.2
③ 1.5
④ 2.0

풀이 364.1 무선용 안테나 등을 지지하는 철탑 등의 시설
전력보안통신설비인 무선통신용 안테나 또는 반사판을 지지하는 목주·철주·철근 콘크리트주 또는 철탑은 다음에 따라 시설하여야 한다. 다만, 무선용 안테나 등이 전선로의 주위상태를 감시할 목적으로 시설되는 것일 경우에는 그러하지 아니하다.
가. 목주는 풍압하중에 대한 안전율은 1.5 이상이어야 한다.
나. 철주·철근 콘크리트주 또는 철탑의 기초 안전율은 1.5 이상이어야 한다. 답 ③

94 특고압가공전선로의 경간은 지지물이 철탑인 경우 몇 [m] 이하이어야 하는가?
(단, 단주가 아닌 경우이다.)

① 400
② 500
③ 600
④ 700

풀이 333.21 특고압 가공전선로의 경간 제한
특고압 가공전선로의 경간은 표에서 정한 값 이하이어야 한다.

지지물의 종류	경 간
목주 · A종 철주 또는 A종 철근 콘크리트주	150 [m] 이하
B종 철주 또는 B종 철근 콘크리트주	250 [m] 이하
철 탑	600 [m] 이하(단주인 경우에는 400[m] 이하)

답 ③

95 "조상설비"에 대한 용어의 정의로 옳은 것은?

① 전압을 조정하는 설비를 말한다.
② 전류를 조정하는 설비를 말한다.
③ 유효전력을 조정하는 전기 기계기구를 말한다.
④ 무효전력을 조정하는 전기 기계기구를 말한다.

풀이 조상설비 : 무효전력을 조정하는 전기 기계기구를 말한다.
답 ④

> 출제기준 변경 및 개정된 관계 법규에 따라
> 삭제된 문제가 있어 20문항이 안됩니다.

2018년 - 3회 _ 전기산업기사

81 사용전압이 22.9[kV]인 가공전선과 지지물 사이의 이격거리는 몇 [cm] 이상이어야 하는가?

① 5 ② 10
③ 15 ④ 20

풀이 333.5 특고압 가공전선과 지지물 등의 이격거리
특고압 가공전선과 그 지지물 · 완금류 · 지주 또는 지선 사이의 이격거리는 표에서 정한 값 이상이어야 한다. 다만, 기술상 부득이한 경우에 위험의 우려가 없도록 시설한 때에는 표에서 정한 값의 0.8배까지 감할 수 있다.

사용전압	이격거리[cm]
15[kV] 미만	15
15[kV] 이상 25[kV] 미만	20
25[kV] 이상 35[kV] 미만	25
60[kV] 이상 70[kV] 미만	40
130[kV] 이상 160[kV] 미만	90

답 ④

82 농사용 저압가공전선로의 시설에 대한 설명으로 틀린 것은?

① 전선로의 경간은 30[m] 이하일 것
② 목주의 굵기는 말구 지름이 9[cm] 이상일 것
③ 저압가공전선의 지표상 높이는 5[m] 이상일 것
④ 저압가공전선은 지름 2[mm] 이상의 경동선일 것

풀이 222.22 농사용 저압 가공전선로의 시설
가. 사용전압은 저압일 것.
나. 저압 가공전선은 인장강도 1.38[kN] 이상의 것 또는 지름 2[mm] 이상의 경동선일 것.
다. 저압 가공전선의 지표상의 높이는 3.5[m] 이상일 것. 다만, 저압 가공전선을 사람이 쉽게 출입하지 못하는 곳에 시설하는 경우에는 3[m] 까지로 감할 수 있다.
라. 목주의 굵기는 말구 지름이 0.09[m] 이상일 것.
마. 전선로의 지지점 간 거리는 30[m] 이하일 것.
답 ③

83 수소 냉각식 발전기 · 조상기 또는 이에 부속하는 수소 냉각 장치의 시설방법으로 틀린 것은?

① 발전기안 또는 조상기안의 수소의 순도가 70[%] 이하로 저하한 경우에 경보장치를 시설할 것
② 발전기 또는 조상기는 기밀구조의 것이고 또한 수소가 대기압에서 폭발하는 경우 생기는 압력에 견디는 강도를 가지는 것일 것
③ 발전기안 또는 조상기안의 수소의 압력을 계측하는 장치 및 그 압력이 현저히 변동할 경우에 이를 경보하는 장치를 시설할 것
④ 발전기축의 밀봉부에는 질소 가스를 봉입할 수 있는 장치와 누설한 수소가스를 안전하게 외부에 방출할 수 있는 장치를 설치할 것

풀이 351.10 수소냉각식 발전기 등의 시설
수소냉각식의 발전기·조상기 또는 이에 부속하는 수소 냉각 장치는 발전기 내부 또는 조상기 내부의 **수소의 순도가 85[%] 이하로 저하**한 경우에 이를 **경보하는 장치를** 시설할 것. **답** ①

84 폭연성 분진 또는 화약류의 분말이 전기설비가 발화원이 되어 폭발할 우려가 있는 곳에 시설하는 저압 옥내배선의 공사방법으로 옳은 것은?

① 금속관공사
② 애자공사
③ 합성수지관공사
④ 캡타이어 케이블 공사

풀이 242.2.1 폭연성 분진 위험장소
폭연성 분진(마그네슘·알루미늄·티탄·지르코늄) 또는 **화약류의 분말이** 전기설비가 발화원이 되어 폭발할 우려가 있는 곳에 시설하는 저압 옥내배선, 저압 관등회로 배선, 소세력 회로의 전선은 **금속관공사 또는 케이블공사(캡타이어 케이블을 사용하는 것을 제외한다)**에 의할 것. **답** ①

85 전력계통의 운용에 관한 지시 및 급전조작을 하는 곳은?

① 급전소
② 개폐소
③ 변전소
④ 발전소

풀이 가. 급전소 : **전력계통의 운용에 관한 지시 및 급전조작을 하는 곳**
나. 개폐소 : 개폐소 안에 시설한 개폐기 및 기타 장치에 의하여 전로를 개폐하는 곳으로서 발전소·변전소 및 수용장소 이외의 곳
다. 변전소 : 변전소의 밖으로부터 전송받은 전기를 변전소 안에 시설한 변압기·전동발전기·회전변류기·정류기 그 밖의 기계기구에 의하여 변성하는 곳으로서 변성한 전기를 다시 변전소 밖으로 전송하는 곳
라. 발전소 : 발전기·원동기·연료전지·태양전지·해양에너지발전설비·전기저장장치 그 밖의 기계기구를 시설하여 전기를 생산하는 곳 **답** ①

86 가공전선로의 지지물에 취급자가 오르고 내리는데 사용하는 발판 볼트 등은 지표상 몇 [m] 미만에 시설하여서는 아니 되는가?

① 1.2
② 1.5
③ 1.8
④ 2.0

풀이 331.4 가공전선로 지지물의 철탑오름 및 전주오름 방지
가공전선로의 지지물에 취급자가 오르고 내리는데 사용하는 **발판 볼트 등을 지표상 1.8[m] 미만에 시설하여서는 아니 된다.** **답** ③

87 금속몰드공사에 대한 설명으로 틀린 것은?

① 몰드에는 접지공사를 하지말 것
② 접속점을 쉽게 점검할 수 있도록 시설할 것
③ 황동제 또는 동제의 몰드는 폭이 5[cm] 이하, 두께 0.5[mm] 이상인 것일 것
④ 몰드 안의 전선을 외부로 인출하는 부분은 몰드의 관통 부분에서 전선이 손상될 우려가 없도록 시설할 것

풀이 232.22 금속몰드공사
가. 전선은 절연전선(옥외용 비닐절연 전선을 제외한다)일 것.
나. 금속몰드 안에는 전선에 접속점이 없도록 할 것. 다만, 금속제 조인트 박스를 사용할 경우에는 접속할 수 있다.
다. 황동제 또는 동제의 몰드는 폭이 50[mm] 이하, 두께 0.5[mm] 이상
라. 몰드에는 규정에 준하여 접지공사를 할 것. **답** ①

88 그룹 2의 의료장소에 상용전원 공급이 중단될 경우 15초 이내에 최소 몇 [%]의 조명에 비상전원을 공급하여야 하는가?

① 30
② 40
③ 50
④ 60

풀이 242.10.5 의료장소내의 비상전원
상용전원 공급이 중단될 경우 의료행위에 중대한 지장을 초래할 우려가 있는 전기설비 및 의료용 전기기기에는 다음에 따라 비상전원을 공급하여야 한다.
가. 절환시간 0.5초 이내에 비상전원을 공급하는 장치 또는 기기
① 0.5초 이내에 전력공급이 필요한 생명유지장치
② 그룹 1 또는 그룹 2의 의료장소의 수술등, 내시경, 수술실 테이블, 기타 필수 조명

나. 절환시간 15초 이내에 비상전원을 공급하는 장치 또는 기기
  ① 15초 이내에 전력공급이 필요한 생명유지장치
  ② 그룹 2의 의료장소에 최소 50[%]의 조명, 그룹 1의 의료장소에 최소 1개의 조명
다. 절환시간 15초를 초과하여 비상전원을 공급하는 장치 또는 기기
  ① 병원기능을 유지하기 위한 기본 작업에 필요한 조명
  ② 그 밖의 병원 기능을 유지하기 위하여 중요한 기기 또는 설비　**답 ③**

89 전선을 접속하는 경우 전선의 세기(인장하중)는 몇 [%] 이상 감소되지 않아야 하는가?

① 10
② 15
③ 20
④ 25

풀이 123 전선의 접속
전선을 접속하는 경우에는 전선의 전기저항을 증가시키지 아니하도록 접속 하여야 하며, 또한 다음에 따라야 한다.
가. 전선의 세기를 20[%] 이상 감소시키지 아니할 것.
나. 접속부분은 접속관 기타의 기구를 사용할 것.
다. 접속부분의 절연전선에 절연전선의 절연물과 동등 이상의 절연효력이 있는 것으로 충분히 피복할 것.
답 ③

90 고압 보안공사 시에 지지물로 A종 철근 콘크리트주를 사용할 경우 경간은 몇 [m] 이하이어야 하는가?

① 50
② 100
③ 150
④ 400

풀이 332.10 고압 보안공사
고압 보안공사는 다음에 따라야 한다.
가. 전선은 케이블인 경우 이외에는 인장강도 8.01[kN] 이상의 것 또는 지름 5[mm] 이상의 경동선일 것.
나. 목주의 풍압하중에 대한 안전율은 1.5 이상일 것.
다. 경간은 표에서 정한 값 이하일 것.

지지물의 종류	경 간
목주 · A종 철주 또는 A종 철근 콘크리트주	100[m] 이하
B종 철주 또는 B종 철근 콘크리트주	150[m] 이하
철 탑	400[m] 이하

답 ②

91 154[kV] 가공전선을 사람이 쉽게 들어갈 수 없는 산지(山地)에 시설하는 경우 전선의 지표상 높이는 몇 [m] 이상으로 하여야 하는가?

① 5.0
② 5.5
③ 6.0
④ 6.5

풀이 333.7 특고압 가공전선의 높이

전압의 범위	일반 장소	도로 횡단	철도 또는 궤도횡단	횡단보도교
35[kV] 이하	5[m]	6[m]	6.5[m]	4[m](특고압 절연전선 또는 케이블 사용)
35[kV] 초과 160[kV] 이하	6[m]	6[m]	6.5[m]	5[m](케이블 사용)
	산지 등에서 사람이 쉽게 들어갈 수 없는 장소 : 5[m] 이상			
160[kV] 초과	일반장소		가공전선의 높이 $= 6 + $ 단수 $\times$ 0.12[m]	
	철도 또는 궤도횡단		가공전선의 높이 $= 6.5 + $ 단수 $\times$ 0.12[m]	
	산지		가공전선의 높이 $= 5 + $ 단수 $\times$ 0.12[m]	

답 ①

92 조상기의 보호장치로서 내부고장 시에 자동적으로 전로로부터 차단되는 장치를 설치하여야 하는 조상기 용량은 몇 [kVA] 이상인가?

① 5000
② 7500
③ 10000
④ 15000

풀이 351.5 조상설비의 보호장치
조상 설비에는 그 내부에 고장이 생긴 경우에 보호하는 장치를 표와 같이 시설하여야 한다.

설비 종별	뱅크 용량의 구분	자동적으로 전로로부터 차단하는 장치
전력용 커패시터 및 분로리액터	500[kVA] 초과 15,000[kVA] 미만	• 내부에 고장이 생긴 경우 • 과전류가 생긴 경우
	15,000[kVA] 이상	• 내부에 고장이 생긴 경우 • 과전류가 생긴 경우 • 과전압이 생긴 경우
조상기 (凋相機)	15,000[kVA] 이상	• 내부에 고장이 생긴 경우

답 ④

93 154[kV] 가공전선로를 제1종 특고압 보안공사에 의하여 시설하는 경우 사용전선의 단면적은 몇 [mm²] 이상의 경동선이어야 하는가?

① 35   ② 50

③ 95   ④ 150

풀이 333.22 특고압 보안공사
제1종 특고압 보안공사의 전선 굵기

사용전압	전 선
100[kV] 미만	인장강도 21.67[kN] 이상의 연선 또는 단면적 55[mm²] 이상의 경동연선
100[kV] 이상 300[kV] 미만	인장강도 58.84[kN] 이상의 연선 또는 단면적 150[mm²] 이상의 경동연선
300[kV] 이상	인장강도 77.47[kN] 이상의 연선 또는 단면적 200[mm²] 이상의 경동연선

답 ④

94 인가가 많이 연접되어 있는 장소에 시설하는 가공전선로의 구성재에 병종 풍압하중을 적용할 수 없는 경우는?

① 저압 또는 고압가공전선로의 지지물
② 저압 또는 고압가공전선로의 가섭선
③ 사용전압이 35[kV] 이상의 전선에 특고압 가공전선로에 사용하는 케이블 및 지지물
④ 사용전압이 35[kV] 이하의 전선에 특고압 절연전선을 사용하는 특고압가공전선로의 지지물

풀이 331.6 풍압하중의 종별과 적용
인가가 많이 연접되어 있는 장소에 시설하는 가공전선로의 구성재 중 다음의 풍압하중에 대하여는 규정에 불구하고 갑종 풍압하중 또는 을종 풍압하중 대신에 병종 풍압하중을 적용할 수 있다.
가. 저압 또는 고압 가공전선로의 지지물 또는 가섭선
나. 사용전압이 35[kV] 이하의 전선에 특고압 절연전선 또는 케이블을 사용하는 특고압 가공전선로의 지지물, 가섭선 및 특고압 가공전선을 지지하는 애자장치 및 완금류

답 ③

95 지선 시설에 관한 설명으로 틀린 것은?

① 지선의 안전율은 2.5 이상이어야 한다.
② 철탑은 지선을 사용하여 그 강도를 분담시켜야 한다.

③ 지선에 연선을 사용할 경우 소선 3가닥 이상의 연선이어야 한다.
④ 지선근가는 지선의 인장하중에 충분히 견디도록 시설하여야 한다.

풀이 331.11 지선의 시설
가. 가공전선로의 지지물로 사용하는 철탑은 지선을 사용하여 그 강도를 분담시켜서는 안 된다.
나. 지선의 안전율은 2.5 이상일 것. 이 경우에 허용 인장하중의 최저는 4.31[kN]으로 한다.
다. 지선에 연선을 사용할 경우에는 다음에 의할 것.
　① 소선 3가닥 이상의 연선일 것.
　② 소선의 지름이 2.6[mm] 이상의 금속선을 사용한 것일 것.
라. 지중부분 및 지표상 0.3[m]까지의 부분에는 내식성이 있는 것 또는 아연도금을 한 철봉을 사용하고 쉽게 부식되지 않는 근가에 견고하게 붙일 것.

답 ②

96 횡단보도교 위에 시설하는 경우 그 노면상 전력보안가공통신선의 높이는 몇 [m] 이상인가?

① 3   ② 4   ③ 5   ④ 6

풀이 362.2 전력보안통신선의 시설 높이와 이격거리
전력 보안 가공통신선(이하 "가공통신선"이라 한다)의 높이는 다음을 따른다.

구 분		지상고	비고
도로 (차도)	일반적인 경우	5.0[m] 이상	
	교통에 지장을 안 주는 경우	4.5[m] 이상	
철도 또는 궤도 횡단 시		6.5[m] 이상	레일면상
횡단보도교 위		3.0[m] 이상	그 노면상
기타		3.5[m] 이상	

답 ①

97 전격살충기의 시설방법으로 틀린 것은?

① 전기용품안전 관리법의 적용을 받은 것을 설치한다.
② 전용개폐기를 가까운 곳에 쉽게 개폐할 수 있게 시설한다.
③ 전격격자가 지표상 3.5[m] 이상의 높이가 되도록 시설한다.
④ 전격격자와 다른 시설물 사이의 이격거리는 50[cm] 이상으로 한다.

풀이 241.7 전격살충기

전격살충기는 다음에 의하여 시설하여야 한다.

가. 전격살충기의 전격격자는 지표 또는 바닥에서 3.5 [m] 이상의 높은 곳에 시설할 것. 다만, 2차측 개방 전압이 7[kV] 이하의 절연변압기를 사용하고 보호 격자에 사람이 접촉될 경우 절연변압기의 1차측 전로를 자동적으로 차단하는 보호장치를 시설한 것은 지표 또는 바닥에서 1.8[m]까지 감할 수 있다.

나. 전격살충기의 전격격자와 다른 시설물(가공전선은 제외한다) 또는 식물과의 이격거리는 0.3[m] 이상 일 것. 目 ④

98 옥내에 시설하는 사용전압 400[V] 이하의 이동전선으로 사용할 수 없는 전선은?

① 면절연전선

② 고무코드전선

③ 용접용 케이블

④ 고무절연 클로로프렌 캡타이어 케이블

풀이 234.3 코드 및 이동전선

가. 조명용 전원코드 또는 이동전선은 단면적 0.75[mm²] 이상의 코드 또는 캡타이어케이블을 용도에 따라서 선정하여야 한다.

나. 옥내에서 조명용 전원코드 또는 이동전선을 습기가 많은 장소에 시설할 경우에는 고무코드(사용전압이 400[V] 이하인 경우에 한함) 또는 0.6/1[kV] EP 고무 절연 클로로프렌캡타이어케이블로서 단면적이 0.75[mm²] 이상인 것이어야 한다. 目 ①

> 출제기준 변경 및 개정된 관계 법규에 따라
> 삭제된 문제가 있어 20문항이 안됩니다.

2018년 – 4회 _ 공사산업기사

81 저고압 가공전선이 철도를 횡단하는 경우 레일 면상 높이는 몇 [m] 이상이어야 하는가?

① 4 ② 5

③ 5.5 ④ 6.5

풀이 332.5 고압 가공전선의 높이
222.7 저압 가공전선의 높이

저·고압 가공전선의 높이는 다음에 따라야 한다.

설치장소		가공전선의 높이
도로횡단(번잡하지 않은 도로 제외)		지표상 6[m] 이상
철도 또는 궤도횡단		레일면상 6.5[m] 이상
횡단 보도교 위	저압	노면상 3.5[m] 이상. 단, 절연전선의 경우 3[m] 이상
	고압	노면상 3.5[m] 이상
일반장소		지표상 5[m] 이상. 단, 저압의 경우 절연전선 또는 케이블을 사용하여 교통에 지장이 없도록 하여 옥외조명용에 공급하는 경우 4[m]까지 감할 수 있다.
다리의 하부 기타 이와 유사한 장소		저압의 전기철도용 급전선은 지표상 3.5 [m]까지로 감할 수 있다.

目 ④

82 기계기구 및 전선을 보호하기 위하여 과전류차단기를 전로 중에 시설할 수 있는 곳은?

① 접지공사의 접지도체

② 다선식 전로의 중성선

③ 저압 옥내배선의 전원선

④ 전로의 일부에 접지공사를 한 저압 가공전선로의 접지측 전선

풀이 341.11 과전류차단기의 시설 제한

접지공사의 접지도체, 다선식 전로의 중성선 및 전로의 일부에 접지공사를 한 저압 가공전선로의 접지측 전선에는 과전류차단기를 시설하여서는 안 된다. 다만, 다음의 경우에는 예외로 한다.

가. 다선식 전로의 중성선에 시설한 과전류차단기가 동작한 경우에 각 극이 동시에 차단될 때

나. 저항기·리액터 등을 사용하여 접지공사를 한 때에 과전류차단기의 동작에 의하여 그 접지도체가 비접지 상태로 되지 아니할 때 目 ③

83 고압용의 개폐기·차단기·피뢰기 기타 이와 유사한 기구로서 동작 시에 아크가 생기는 것은 가연성 물체로부터 몇 [m] 이상 이격하여야 하는가?

① 0.5 ② 1

③ 1.5 ④ 2

풀이 341.7 아크를 발생하는 기구의 시설

고압용 또는 특고압용의 개폐기·차단기·피뢰기 기타 이와 유사한 기구로서 동작 시에 아크가 생기는 것

은 목재의 벽 또는 천장 기타의 가연성 물체로부터 표에서 정한 값 이상 이격하여 시설하여야 한다.

기구 등의 구분	이격거리
고압용의 것	1[m] 이상
특고압용의 것	2[m] 이상(사용전압이 35[kV] 이하의 특고압용의 기구 등으로서 동작할 때에 생기는 아크의 방향과 길이를 화재가 발생할 우려가 없도록 제한하는 경우에는 1[m] 이상)

답 ②

84 전력 보안통신 설비인 무선 통신용 안테나 또는 반사판을 지지하는 철주, 철근 콘크리트주 또는 철탑의 기초의 안전율은 얼마 이상이어야 하는가?

① 1.2 ② 1.3
③ 1.5 ④ 2.2

풀이 364.1 무선용 안테나 등을 지지하는 철탑 등의 시설
전력보안통신설비인 무선통신용 안테나 또는 반사판을 지지하는 목주·철주·철근 콘크리트주 또는 철탑은 다음에 따라 시설하여야 한다. 다만, 무선용 안테나 등이 전선로의 주위상태를 감시할 목적으로 시설되는 것일 경우에는 그러하지 아니하다.
가. 목주는 풍압하중에 대한 안전율은 1.5 이상이어야 한다.
나. 철주·철근 콘크리트주 또는 철탑의 기초 안전율은 1.5 이상이어야 한다. 답 ③

85 고압 옥상 전선로의 전선이 다른 시설물과 접근하거나 교차하는 경우에는 고압 옥상 전선로의 전선과 이들 사이의 이격거리는 몇 [cm] 이상이어야 하는가?

① 30 ② 40
③ 50 ④ 60

풀이 331.14.1 고압 옥상전선로의 시설
가. 고압 옥상전선로(고압 인입선의 옥상부분은 제외한다.)는 케이블을 사용하고 전선을 전개된 장소에서 조영재에 견고하게 붙인 지지주 또는 지지대에 의하여 지지하고 또한 조영재 사이의 이격거리를 1.2[m] 이상으로 시설 하여야 한다.
나. 고압 옥상 전선로의 전선이 다른 시설물(가공전선을 제외한다)과 접근하거나 교차하는 경우에는 고압 옥상 전선로의 전선과 이들 사이의 이격거리는

0.6[m] 이상이어야 한다.
다. 고압 옥상전선로의 전선은 상시 부는 바람 등에 의하여 식물에 접촉하지 아니하도록 시설하여야 한다. 답 ④

86 저압 가공인입선에 사용할 수 없는 전선은?

① 나전선
② 케이블
③ 절연전선
④ 인입용 비닐절연전선

풀이 221.1.1 저압 인입선의 시설
저압 가공인입선은 다음에 따라 시설하여야 한다.
가. 전선은 절연전선 또는 케이블일 것.
나. 전선이 절연전선인 경우
 ① 경간이 15[m] 초과 : 인장강도 2.30[kN] 이상의 것 또는 지름 2.6[mm] 이상의 인입용 비닐절연전선일 것.
 ② 경간이 15[m] 이하 : 인장강도 1.25[kN] 이상의 것 또는 지름 2[mm] 이상의 인입용 비닐절연전선일 것. 답 ①

87 최대 사용전압이 154[kV]인 중성점 직접 접지식 전로의 절연내력 시험전압은 약 몇 [kV] 인가?

① 110.88 ② 141.68
③ 169.40 ④ 192.50

풀이 132 전로의 절연저항 및 절연내력

전로의 종류	접지방식	시험전압(최대사용전압의 배수)	최저 시험전압
1. 7[kV] 이하인 전로		1.5배	
2. 7[kV] 초과 25[kV] 이하	다중접지	0.92배	
3. 7[kV] 초과 60[kV] 이하 (2란의 것 제외)		1.25배	10.5[kV]
4. 60[kV] 초과	비접지	1.25배	
5. 60[kV] 초과 (6란, 7란의 것 제외)	접지식	1.1배	75[kV]
6. 60[kV] 초과(7란의 것 제외)	직접접지	0.72배	
7. 170[kV] 초과(발전소 또는 변전소 혹은 이에 준하는 장소에 시설하는 것.)	직접접지	0.64배	

∴ 시험전압 $= 154 \times 0.72 = 110.88$[kV] 답 ①

88 22.9[kV] 특고압 가공전선과 그 지지물·완금류·지주 또는 지선 사이의 이격거리는 몇 [cm] 이상이어야 하는가?

① 15 ② 20
③ 25 ④ 30

풀이 333.5 특고압 가공전선과 지지물 등의 이격거리
특고압 가공전선과 그 지지물·완금류·지주 또는 지선 사이의 이격거리는 표에서 정한 값 이상이어야 한다. 다만, 기술상 부득이한 경우에 위험의 우려가 없도록 시설한 때에는 표에서 정한 값의 0.8배까지 감할 수 있다.

사용전압	이격거리[cm]
15[kV] 미만	15
15[kV] 이상 25[kV] 미만	20
25[kV] 이상 35[kV] 미만	25
60[kV] 이상 70[kV] 미만	40
130[kV] 이상 160[kV] 미만	90

답 ②

89 급경사지에 시설하는 전선로의 시설에 대한 설명으로 틀린 것은?

① 전선의 지지점 간 거리는 15[m] 이하로 한다.
② 전선에 사람이 접촉할 우려가 있는 곳에 시설하는 경우에는 적당한 방호장치를 시설한다.
③ 저압과 고압 전선로를 같은 벼랑에 시설하는 경우에는 저압 전선로를 고압 전선로 위에 시설한다.
④ 전선은 케이블인 경우 이외에는 벼랑에 견고하게 붙인 금속제 완금류에 절연성·난연성 및 내수성의 애자로 지지한다.

풀이 335.8 급경사지에 시설하는 전선로의 시설
가. 급경사지에 시설하는 저압 또는 고압의 전선로는 기술상 부득이한 경우 이외에는 시설하여서는 안 된다.
나. 전선로는 다음에 따르고 시설하여야 한다.
① 전선의 지지점 간의 거리는 15[m] 이하일 것.
② 저압 전선로와 고압 전선로를 같은 벼랑에 시설하는 경우에는 고압 전선로를 저압 전선로의 위로하고 또한 고압전선과 저압전선 사이의 이격거리는 0.5[m] 이상일 것.
답 ③

90 154[kV] 가공전선로를 시가지에 시설하는 경우 특고압 가공전선에 지락 또는 단락이 생기면 몇 초 이내에 자동적으로 이를 전로로부터 차단하는 장치를 시설하는가?

① 1 ② 2
③ 3 ④ 5

풀이 333.1 시가지 등에서 특고압 가공전선로의 시설
사용전압이 100[kV]를 초과하는 특고압 가공전선에 지락 또는 단락이 생겼을 때에는 1초 이내에 자동적으로 이를 전로로부터 차단하는 장치를 시설할 것.
답 ①

91 저압 옥내간선에서 분기하여 차단기를 설치하는 경우 분기점으로부터 차단기의 설치 거리는 원칙적으로 몇 [m] 이하인가? 단, 분기점과 분기회로의 과부하 보호장치 설치점 사이의 배선 부분에 다른 분기회로나 콘센트 회로가 접속되어 있지 않고,단락의 위험과 화재 및 인체에 대한 위험성이 최소화 되도록 시설된 경우이다.

① 3 ② 4
③ 5 ④ 6

풀이 212.4.2 과부하 보호장치의 설치 위치
가. 과부하 보호장치는 전로 중 도체의 단면적, 특성, 설치방법, 구성의 변경으로 도체의 허용전류 값이 줄어드는 곳(이하 분기점이라 함)에 설치해야 한다.
나. 과부하 보호장치는 분기점(O)에 설치해야 하나, 분기점(O)점과 분기회로의 과부하 보호장치(P_2) 설치점 사이의 배선 부분에 다른 분기회로나 콘센트 회로가 접속되어 있지 않고, 다음 중 하나를 충족하는 경우에는 변경이 있는 배선에 설치할 수 있다.
① 분기회로에 대한 단락보호가 이루어지고 있는 경우 : 분기 회로의 보호장치 P_2는 분기회로의 분기점(O)으로부터 부하측으로 거리에 구애 받지 않고 이동하여 설치할 수 있다.

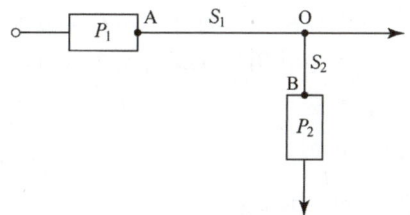

② 단락의 위험과 화재 및 인체에 대한 위험성이 최소화 되도록 시설된 경우 : 분기회로의 보호장치

(P_2)는 분기회로의 분기점(O)으로부터 3[m]까지 이동하여 설치할 수 있다.

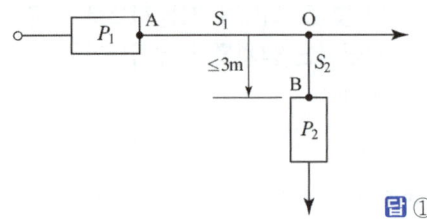

답 ①

92 유희용 전차의 시설방법으로 틀린 것은?

① 유희용 전차에 전기를 공급하는 전로에는 전용 개폐기를 시설할 것

② 유희용 전차에 전기를 공급하기 위하여 사용하는 접촉전선은 제3레일 방식에 의하여 시설할 것

③ 유희용 전차에 전기를 공급하는 전로의 사용전압은 직류의 경우 60[V] 이하, 교류의 경우는 40[V] 이하일 것

④ 유희용 전차 안에 승압용 변압기를 시설하는 경우 그 변압기의 2차 전압은 300[V] 이하일 것

풀이 241.8 유희용 전차

가. 유희용 전차에 전기를 공급하기 위하여 사용하는 변압기의 1차 전압은 400[V] 이하이어야 한다.

나. 유희용 전차에 전기를 공급하는 전원장치의 2차측 단자의 최대사용전압은 직류의 경우 60[V] 이하, 교류의 경우 40[V] 이하일 것.

다. 접촉전선은 제3레일 방식에 의하여 시설할 것.

라. 유희용 전차의 전차 내에서 승압하여 사용하는 경우 변압기는 절연변압기를 사용하고 2차 전압은 150[V] 이하로 할 것.

마. 유희용 전차에 전기를 공급하는 전로에는 전용의 개폐기를 시설하여야 한다. **답** ④

93 전격 살충기는 전격 격자가 지표상 또는 마루 위 몇 [m] 이상 되도록 설치하여야 하는가?

① 1.5 　　② 2.5

③ 3.5 　　④ 4.5

풀이 241.7 전격살충기

전격살충기는 다음에 의하여 시설하여야 한다.

가. 전격살충기의 전격격자는 지표 또는 바닥에서 3.5 m] 이상의 높은 곳에 시설할 것. 다만, 2차측 개방 전

압이 7[kV] 이하의 절연변압기를 사용하고 보호격자에 사람이 접촉될 경우 절연변압기의 1차측 전로를 자동적으로 차단하는 보호장치를 시설한 것은 지표 또는 바닥에서 1.8[m] 까지 감할 수 있다.

나. 전격살충기의 전격격자와 다른 시설물(가공전선은 제외한다) 또는 식물과의 이격거리는 0.3[m] 이상일 것. **답** ③

94 발전소에서 계측장치를 시설하지 않아도 되는 것은?

① 특고압용 변압기의 온도

② 특고압용 변압기유 절연내력

③ 발전기의 베어링 및 고정자 온도

④ 발전기의 전압 및 전류 또는 전력

풀이 351.6 계측장치

발전소에서는 다음의 사항을 계측하는 장치를 시설하여야 한다.

가. 발전기의 전압 및 전류 또는 전력

나. 발전기의 베어링 및 고정자의 온도

다. 주요 변압기의 전압 및 전류 또는 전력

라. 특고압용 변압기의 온도 **답** ②

95 22.9[kV]의 전압을 변압하는 변전소가 있다. 이 변전소에 울타리를 시설하고자 하는 경우, 울타리의 높이와 울타리로부터 충전부분까지의 거리의 합계는 몇 [m] 이상으로 하여야 하는가?

① 4 　　② 5

③ 6 　　④ 8

풀이 341.4 특고압용 기계기구의 시설

특고압용 기계기구 충전부분의 지표상 높이

사용전압의 구분	울타리·담 등의 높이와 울타리·담 등으로부터 충전 부분까지의 거리의 합계
35[kV] 이하	5[m]
35[kV] 초과 160[kV] 이하	6[m]
160[kV] 초과	• 거리의 합계 = 6 + 단수 × 0.12[m] • 단수 = $\dfrac{\text{사용전압[kV]}-160}{10}$ 단수 계산에서 소수점 이하는 절상

답 ②

96 중앙급전 전원과 구분되는 것으로서 전력소비 지역 부근에 분산하여 배치 가능한 전원을 무엇이라 하는가?

① 임시 전력원　　② 분산형 전원
③ 분전반 전원　　④ 계통 연계 전원

풀이 112 용어 정의
"분산형전원"이란 중앙급전 전원과 구분되는 것으로서 전력소비지역 부근에 분산하여 배치 가능한 전원을 말한다. 상용전원의 정전시에만 사용하는 비상용 예비전원은 제외하며, 신·재생에너지 발전설비, 전기저장장치 등을 포함한다.　　답 ②

97 진열장 내의 배선으로 사용전압 400[V] 이하에 사용하는 코드 또는 캡타이어 케이블의 최소 단면적은 몇 [mm²]인가?

① 1.25　　② 1.0
③ 0.75　　④ 0.5

풀이 234.8 진열장 또는 이와 유사한 것의 내부 배선
가. 사용전압 : 400[V] 이하
나. 전선의 굵기 : 단면적 0.75[mm²] 이상
다. 전선의 종류 : 코드 또는 캡타이어 케이블　답 ③

출제기준 변경 및 개정된 관계 법규에 따라
삭제된 문제가 있어 20문항이 안됩니다.

문제의 번호는 실제 시험문제의 번호와 같게 하였습니다.

2019년 − 1회 _ 전기산업기사·공사산업기사

81 전기부식방식 시설은 지표 또는 수중에서 1[m] 간격의 임의의 2점(양극의 주위 1[m] 이내의 거리에 있는 점 및 울타리의 내부점을 제외한다.)간의 전위차가 몇 [V]를 넘으면 안되는가?

① 5 　　② 10 　　③ 25 　　④ 30

풀이 241.16 전기부식방지 시설
　　가. 수중에 시설하는 양극과 그 주위 1[m] 이내의 거리에 있는 임의 점과의 사이의 전위차는 10[V]를 넘지 아니할 것.
　　나. **지표 또는 수중에서 1[m] 간격의 임의의 2점간의 전위차가 5[V]를 넘지 아니할 것.**　　**답** ①

82 건조한 장소로서 전개된 장소에 한하여 시설할 수 있는 고압 옥내배선의 방법은?

① 금속관공사
② 애자공사
③ 금속제 가요전선관공사
④ 합성수지관공사

풀이 342.1 고압 옥내배선 등의 시설
　　고압 옥내배선은 다음 중 하나에 의하여 시설할 것.
　　가. **애자사용공사(건조한 장소로서 전개된 장소에 한한다.)**
　　나. 케이블공사
　　다. 케이블트레이공사　　**답** ②

83 154/22.9[kV]용 변전소의 주요 변압기에 반드시 시설하지 않아도 되는 계측장치는?

① 전압계 　　　　② 전류계
③ 역률계 　　　　④ 온도계

풀이 351.6 계측장치
　　변전소 또는 이에 준하는 곳에는 다음의 사항을 계측하는 장치를 시설하여야 한다.
　　가. **주요 변압기의 전압 및 전류 또는 전력**
　　나. 특고압용 변압기의 온도　　**답** ③

84 22.9[kV] 특고압가공전선로의 중성선은 다중 접지를 하여야 한다. 각 접지선을 중성선으로부터 분리하였을 경우 1[km]마다 중성선과 대지 사이의 합성전기저항 값은 몇 [Ω] 이하인가? (단, 전로에 지락이 생겼을 때에 2초 이내에 자동적으로 이를 전로로부터 차단하는 장치가 되어 있다.)

① 5 　　　　　　② 10
③ 15 　　　　　　④ 20

풀이 333.32 25[kV] 이하인 특고압 가공전선로의 시설
　　각 접지도체를 중성선으로부터 분리하였을 경우의 각 접지점의 대지 전기저항 값과 1[km] 마다의 중성선과 대지사이의 합성전기저항 값은 표에서 정한 값 이하일 것.

사용전압	각 접지점의 대지 전기저항치	1[km]마다의 합성 전기저항치
15[kV] 이하	300[Ω]	30[Ω]
15[kV] 초과 25[kV] 이하	300[Ω]	15[Ω]

답 ③

85 가공전선로의 지지물에 지선을 시설하는 기준으로 옳은 것은?

① 소선 지름 : 1.6[mm], 안전율 : 2.0, 허용인장하중 : 4.31[kN]
② 소선 지름 : 2.0[mm], 안전율 : 2.5, 허용인장하중 : 2.11[kN]
③ 소선 지름 : 2.6[mm], 안전율 : 1.5, 허용인장하중 : 3.21[kN]
④ 소선 지름 : 2.6[mm], 안전율 : 2.5, 허용인장하중 : 4.31[kN]

풀이 331.11 지선의 시설
　　가. 가공전선로의 지지물로 사용하는 철탑은 지선을 사용하여 그 강도를 분담시켜서는 안 된다.
　　나. **지선의 안전율은 2.5 이상일 것. 이 경우에 허용 인장하중의 최저는 4.31 [kN]으로 한다.**
　　다. 지선에 연선을 사용할 경우에는 다음에 의할 것.
　　　① 소선 3가닥 이상의 연선일 것.
　　　② **소선의 지름이 2.6 [mm] 이상의 금속선을 사용한 것일 것.**　　**답** ④

86 고압가공전선이 가공약전류전선 등과 접근하는 경우에 고압가공전선과 가공약전류전선 사이의 이격거리는 몇 [cm] 이상이어야 하는가? (단, 전선이 케이블인 경우)

① 20 　　　　② 30
③ 40 　　　　④ 50

풀이 332.13 고압 가공전선과 가공약전류전선 등의 접근 또는 교차
222.13 저압 가공전선과 가공약전류전선 등의 접근 또는 교차

가공전선 약전류 전선	저압가공전선		고압가공전선	
	저압 절연전선	고압 절연전선 또는 케이블	절연전선	케이블
일반	0.6[m]	0.3[m]	0.8[m]	0.4[m]
절연전선 또는 통신용 케이블인 경우	0.3[m]	0.15[m]		

답 ③

87 시가지 등에서 특고압가공전선로를 시설하는 경우 특고압가공전선로용 지지물로 사용할 수 없는 것은? (단, 사용전압이 170[kV] 이하인 경우이다.)

① 철탑 　　　　② 목주
③ 철주 　　　　④ 철근 콘크리트주

풀이 333.1 시가지 등에서 특고압 가공전선로의 시설
특고압 가공 전선로를 시가지, 기타 인가가 밀집한 지역에 시설하는 경우 지지물은 목주를 사용할 수 없고 철주, 철근 콘크리트주, 또는 철탑을 사용한다. **답** ②

88 중성선 다중접지식의 것으로 전로에 지락이 생겼을 때에 2초 이내에 자동적으로 이를 전로로부터 차단하는 장치가 되어 있는 22.9 [kV] 가공전선로를 상부 조영재의 위쪽에서 접근상태로 시설하는 경우, 가공전선과 건조물과의 이격거리는 몇 [m] 이상이어야 하는가? (단, 전선으로는 나전선을 사용한다고 한다.)

① 1.2 　　　　② 1.5
③ 2.5 　　　　④ 3.0

풀이 333.32 25[kV] 이하인 특고압 가공전선로의 시설
사용전압이 15[kV]를 초과하고 25[kV] 이하인 특고압 가공전선로(중성선 다중접지식의 것으로서 전로에 지락이 생겼을 때에 2초 이내에 자동적으로 이를 전로로부터 차단하는 장치가 되어 있는 것에 한한다)가 건조물과 접근하는 경우에 특고압 가공전선과 건조물의 조영재 사이의 이격거리는 표에서 정한 값 이상일 것.

건조물의 조영재	접근 형태	전선의 종류	이격거리
상부 조영재	위쪽	나전선	3[m]
		특고압 절연전선	2.5[m]
		케이블	1.2[m]
	옆쪽 또는 아래쪽	나전선	1.5[m]
		특고압 절연전선	1.0[m]
		케이블	0.5[m]
기타의 조영재		나전선	1.5[m]
		특고압 절연전선	1.0[m]
		케이블	0.5[m]

답 ④

89 시가지에 시설하는 고압가공전선으로 경동선을 사용하려면 그 지름은 최소 몇 [mm]이어야 하는가?

① 2.6 　　　　② 3.2
③ 4.0 　　　　④ 5.0

풀이 332.3 고압 가공전선의 굵기 및 종류
고압 가공전선은 인장강도 8.01 [kN] 이상의 고압 절연전선, 특고압 절연전선 또는 지름 5[mm] 이상의 경동선의 고압 절연전선, 특고압 절연전선을 사용하여야 한다. **답** ④

90 케이블을 지지하기 위하여 사용하는 금속제 케이블 트레이의 종류가 아닌 것은?

① 사다리형 　　　　② 통풍 밀폐형
③ 펀칭형 　　　　④ 바닥 밀폐형

풀이 232.41 케이블트레이공사
케이블트레이공사는 케이블을 지지하기 위하여 사용하는 금속재 또는 불연성 재료로 제작된 유닛 또는 유닛의 집합체 및 그에 부속하는 부속재 등으로 구성된 견고한 구조물을 말하며 사다리형, 펀칭형, 메시형, 바닥밀폐형 기타 이와 유사한 구조물을 포함하여 적용한다. **답** ②

91 발전소·변전소 또는 이에 준하는 곳의 특고압 전로에는 그의 보기 쉬운 곳에 어떤 표시를 반드시 하여야 하는가?

① 모선(母線) 표시

② 상별(相別) 표시

③ 차단(遮斷) 위험표시

④ 수전(受電) 위험표시

풀이 351.2 특고압전로의 상 및 접속 상태의 표시

가. 발전소·변전소 또는 이에 준하는 곳의 **특고압전로에는 그의 보기 쉬운 곳에 상별 표시를 하여야 한다.**

나. 발전소·변전소 또는 이에 준하는 곳의 특고압전로에 대하여는 그 접속 상태를 모의모선의 사용 기타의 방법에 의하여 표시하여야 한다. 다만, 이러한 전로에 접속하는 특고압전선로의 회선수가 2 이하이고 또한 특고압의 모선이 단일모선인 경우에는 그러하지 아니하다. **답** ②

92 전력보안 통신용 전화설비를 시설하여야 하는 곳은?

① 2개 이상의 발전소 상호 간

② 원격 감시 제어가 되는 변전소

③ 원격 감시 제어가 되는 급전소

④ 원격 감시 제어가 되지 않는 발전소

풀이 362.1 전력보안통신설비의 시설 요구사항

발전소, 변전소 및 변환소 에서의 전력보안통신설비의 시설 장소는 다음에 따른다.

가. **원격감시제어가 되지 아니하는 발전소**·변전소·개폐소·전선로 및 이를 운용하는 급전소 및 급전분소 간

나. 2개 이상의 급전소(분소) 상호 간과 이들을 통합 운용하는 급전소(분소) 간

다. 수력설비의 안전상 필요한 양수소 및 강수량 관측소와 수력발전소 간

라. 동일 수계에 속하고 안전상 긴급 연락의 필요가 있는 수력발전소 상호 간

마. 동일 전력계통에 속하고 또한 안전상 긴급연락의 필요가 있는 발전소·변전소 및 개폐소 상호 간 **답** ④

93 6.6[kV] 지중전선로의 케이블을 직류전원으로 절연내력시험을 하자면 시험전압은 직류 몇 [V] 인가?

① 9900

② 14420

③ 16500

④ 19800

풀이 132 전로의 절연저항 및 절연내력

전로의 종류	접지방식	시험전압 (최대사용 전압의 배수)	최저 시험전압
1. 7[kV] 이하인 전로		1.5배	
2. 7[kV] 초과 25[kV] 이하	다중접지	0.92배	
3. 7[kV] 초과 60[kV] 이하 (2란의 것 제외)		1.25배	10.5[kV]
4. 60[kV] 초과	비접지	1.25배	
5. 60[kV] 초과 (6란, 7란의 것 제외)	접지식	1.1배	75[kV]
6. 60[kV] 초과(7란의 것 제외)	직접접지	0.72배	
7. 170[kV] 초과(발전소 또는 변전소 혹은 이에 준하는 장소에 시설하는 것.)	직접접지	0.64배	

※ 전로에 케이블을 사용하는 경우에는 **직류로 시험**할 수 있으며, 시험전압은 **교류의 경우의 2배**가 된다.

∴ 시험전압 = 6.6[kV]×1.5×2 = 19.8[kV]
= 19800[V] **답** ④

94 전기부식방지 시설을 시설할 때 전기부식방지용 전원 장치로부터 양극 및 피방식체까지의 전로의 사용전압은 직류 몇 [V] 이하이어야 하는가?

① 20

② 40

③ 60

④ 80

풀이 241.16 전기부식방지 시설

전기부식방지 회로(전기부식방지용 전원장치로부터 양극 및 피방식체까지의 전로를 말한다. 이하 같다)의 **사용전압은 직류 60[V] 이하일 것.** **답** ③

95 고압가공전선 상호 간의 접근 또는 교차하여 시설되는 경우, 고압가공전선 상호 간의 이격거리는 몇 [cm] 이상이어야 하는가? (단, 고압가공전선은 모두 케이블이 아니라고 한다.)

① 50

② 60

③ 70

④ 80

풀이 332.17 고압 가공전선 상호 간의 접근 또는 교차

고압 가공전선과 다른 고압 가공 전선과의 이격거리

구분	고압가공전선	
	일반	케이블
고압가공전선	0.8[m]	0.4[m]
고압가공전선로의 지지물	0.6[m]	0.3[m]

답 ④

96 과전류차단기로 시설하는 퓨즈 중 고압전로에 사용하는 비포장 퓨즈는 정격전류의 몇 배의 전류에 견디어야 하는가?

① 1.1 ② 1.25
③ 1.5 ④ 2

풀이 341.10 고압 및 특고압 전로 중의 과전류차단기의 시설
가. 과전류차단기로 시설하는 퓨즈 중 고압전로에 사용하는 포장 퓨즈는 정격전류의 1.3배의 전류에 견디고 또한 2배의 전류로 120분 안에 용단되는 것.
나. 과전류차단기로 시설하는 퓨즈 중 고압전로에 사용하는 비포장 퓨즈는 정격전류의 1.25배의 전류에 견디고 또한 2배의 전류로 2분 안에 용단되는 것.
답 ②

> 출제기준 변경 및 개정된 관계 법규에 따라
> 삭제된 문제가 있어 20문항이 안됩니다.

2019년 - 2회 _ 전기산업기사·공사산업기사

81 23[kV] 특고압가공전선로의 전로와 저압전로를 결합한 주상변압기의 2차 측 접지선의 굵기는 공칭단면적이 몇 [mm²] 이상의 연동선인가? (단, 특고압가공전선로는 중성선 다중접지식의 것을 제외한다.)

① 2.5 ② 6
③ 10 ④ 16

풀이 142.3.1 접지도체
중성점 접지용 접지도체는 공칭단면적 16[mm²] 이상의 연동선 또는 동등 이상의 단면적 및 세기를 가져야 한다. 다만, 다음의 경우에는 공칭단면적 6[mm²] 이상의 연동선 또는 동등 이상의 단면적 및 강도를 가져야 한다.
가. 7[kV] 이하의 전로
나. 사용전압이 25[kV] 이하인 특고압 가공전선로. 다만, 중성선 다중접지식의 것으로서 전로에 지락이 생겼을 때 2초 이내에 자동적으로 이를 전로로부터 차단하는 장치가 되어 있는 것.
답 ④

82 특고압가공전선로의 지지물 양쪽의 경간의 차가 큰 곳에 사용되는 철탑은?

① 내장형철탑 ② 인류형철탑
③ 각도형철탑 ④ 보강형철탑

풀이 333.11 특고압 가공전선로의 철주·철근 콘크리트주 또는 철탑의 종류
특고압 가공전선로의 지지물로 사용하는 B종 철근·B종 콘크리트주 또는 철탑의 종류는 다음과 같다.
가. 직선형 : 전선로의 직선 부분(3° 이하의 수평 각도 이루는 곳 포함)에 사용되는 것
나. 각도형 : 전선로 중 수평 각도 3°를 넘는 곳에 사용되는 것
다. 인류형 : 전 가섭선을 인류하는 곳에 사용하는 것
라. 내장형 : 전선로 지지물 양측의 경간차가 큰 곳에 사용하는 것
마. 보강형 : 전선로 직선 부분을 보강하기 위하여 사용하는 것
답 ①

83 고압가공전선이 경동선 또는 내열동합금선인 경우 안전율의 최솟값은?

① 2.0 ② 2.2
③ 2.5 ④ 4.0

풀이 332.4 고압 가공전선의 안전율
고압 가공전선은 케이블인 경우 이외에는 그 안전율이 경동선 또는 내열 동합금선은 2.2 이상, 그 밖의 전선은 2.5 이상이 되는 이도로 시설하여야 한다.
답 ②

84 사용전압 60000[V]인 특고압가공전선과 그 지지물·지주·완금류 또는 지선 사이의 이격거리는 몇 [cm] 이상이어야 하는가?

① 35 ② 40 ③ 45 ④ 65

풀이 333.5 특고압 가공전선과 지지물 등의 이격거리
특고압 가공전선과 그 지지물·완금류·지주 또는 지선 사이의 이격거리는 표에서 정한 값 이상이어야 한다. 다만, 기술상 부득이한 경우에 위험의 우려가 없도록 시설한 때에는 표에서 정한 값의 0.8배까지 감할 수 있다.

사용전압	이격거리[cm]
15[kV] 미만	15
15[kV] 이상 25[kV] 미만	20
25[kV] 이상 35[kV] 미만	25
60[kV] 이상 70[kV] 미만	40
130[kV] 이상 160[kV] 미만	90

 답 ②

85 특고압가공전선로의 지지물에 시설하는 통신선 또는 이것에 직접 접속하는 통신선일 경우에 설치하여야 할 보안장치로서 모두 옳은 것은?

① 특고압용 제2종 보안장치,
　고압용 제2종 보안장치
② 특고압용 제1종 보안장치,
　특고압용 제3종 보안장치
③ 특고압용 제2종 보안장치,
　특고압용 제3종 보안장치
④ 특고압용 제1종 보안장치,
　특고압용 제2종 보안장치

풀이 362.10 전력보안통신설비의 보안장치
특고압 가공전선로의 지지물에 시설하는 통신선 또는 이에 직접 접속하는 통신선에 접속하는 휴대전화기를 접속하는 곳 및 옥외전화기를 시설하는 곳에는 표준에 적합한 **특고압용 제1종 보안장치, 특고압용 제2종 보안장치** 또는 이에 준하는 보안장치를 시설하여야 한다.
답 ④

86 특고압가공전선로에서 발생하는 극저주파 전자계는 지표상 1[m]에서 전계가 몇 [kV/m] 이하가 되도록 시설하여야 하는가?

① 3.5　　　　② 2.5
③ 1.5　　　　④ 0.5

풀이 유도장해 방지(기술기준 제17조)
특고압가공전선로에서 발생하는 극저주파 전자계는 지표상 1[m]에서 **전계가 3.5[kV/m] 이하**, 자계가 83.3[μT] 이하가 되도록 시설하는 등 상시 정전유도 및 전자유도 작용에 의하여 사람에게 위험을 줄 우려가 없도록 시설하여야 한다.
답 ①

87 철탑의 강도 계산에 사용하는 이상 시 상정하중의 종류가 아닌 것은?

① 좌굴하중　　　② 수직하중
③ 수평 횡하중　　④ 수평 종하중

풀이 333.14 이상 시 상정하중
철탑의 강도계산에 사용하는 **이상 시 상정하중은 풍압**이 전선로에 직각방향으로 가하여지는 경우의 하중과 **전선로의 방향으로 가하여지는 경우의 수직하중, 수평 횡하중, 수평 종하중을 계산**하여 각 부재에 대한 이들의 하중 중 그 부재에 큰 응력이 생기는 쪽의 하중을 채택한다.
답 ①

88 고압 옥내배선을 애자공사로 하는 경우, 전선의 지지점 간의 거리는 전선을 조영재의 면을 따라 붙이는 경우 몇 [m] 이하이어야 하는가?

① 1　　② 2　　③ 3　　④ 5

풀이 342.1 고압 옥내배선 등의 시설

전압	전선과 조영재와의 이격거리	전선 상호 간격	전선 지지점 간의 거리	
			조영재의 윗면 또는 옆면에 따라 시설	조영재에 따라 시설하지 않는 경우
고압	5[cm] 이상	8[cm] 이상	2[m] 이하	6[m] 이하

답 ②

89 수소냉각식의 발전기 · 조상기에 부속하는 수소냉각 장치에서 필요 없는 장치는?

① 수소의 압력을 계측하는 장치
② 수소의 온도를 계측하는 장치
③ 수소의 유량을 계측하는 장치
④ 수소의 순도 저하를 경보하는 장치

풀이 351.10 수소냉각식 발전기 등의 시설
수소냉각식의 발전기 · 조상기 또는 이에 부속하는 수소 냉각 장치는 다음 각 호에 따라 시설하여야 한다.
가. 발전기 또는 조상기는 기밀구조의 것이고 또한 수소가 대기압에서 폭발하는 경우에 생기는 압력에 견디는 강도를 가지는 것일 것.
나. 발전기축의 밀봉부에는 질소 가스를 봉입할 수 있는 장치 또는 발전기 축의 밀봉부로부터 누설된 수소 가스를 안전하게 외부에 방출할 수 있는 장치를 시설할 것.
다. 발전기 내부 또는 조상기 내부의 **수소의 순도가 85[%] 이하로 저하**한 경우에 이를 **경보하는 장치**를 시설할 것.
라. 발전기 내부 또는 조상기 내부의 **수소의 압력을 계측하는 장치** 및 그 압력이 현저히 변동한 경우에 이를 경보하는 장치를 시설할 것.
마. 발전기 내부 또는 조상기 내부의 **수소의 온도를 계측하는 장치를 시설**할 것.
답 ③

90 사용전압 15[kV] 이하인 특고압가공전선로의 중성선 다중접지 시설은 각 접지선을 중성선으로부터 분리하였을 경우 1[km]마다의 중성선과 대지 사이의 합성 전기저항 값은 몇 [Ω] 이하이어야 하는가?

① 30　　② 50　　③ 400　　④ 500

풀이 333.32 25[kV] 이하인 특고압 가공전선로의 시설
각 접지도체를 중성선으로부터 분리하였을 경우의 각
접지점의 대지 전기저항 값과 1[km] 마다의 중성선과
대지 사이의 합성전기저항 값은 표에서 정한 값 이하일
것.

사용전압	각 접지점의 대지 전기저항치	1[km] 마다의 합성 전기저항치
15[kV] 이하	300[Ω]	30[Ω]
15[kV] 초과 25[kV] 이하	300[Ω]	15[Ω]

답 ①

91 동일 지지물에 저압가공전선(다중접지된 중성선은 제외)과 고압가공전선을 시설하는 경우 저압가공전선은?

① 고압가공전선의 위로 하고 동일 완금류에 시설

② 고압가공전선과 나란하게 하고 동일 완금류에 시설

③ 고압가공전선의 아래로 하고 별개의 완금류에 시설

④ 고압가공전선과 나란하게 하고 별개의 완금류에 시설

풀이 332.8 고압 가공전선 등의 병행설치
저압 가공전선(다중접지된 중성선은 제외한다. 이하 같다)과 고압 가공전선을 동일 지지물에 시설하는 경우에는 다음에 따라야 한다.
가. 저압 가공전선을 고압 가공전선의 아래로 하고 별개의 완금류에 시설할 것.
나. 저압 가공전선과 고압 가공전선 사이의 이격거리는 0.5[m] 이상일 것. **답** ③

92 저압 옥내배선과 옥내 저압용의 전구선의 시설 방법으로 틀린 것은?

① 쇼케이스 내의 배선에 0.75[mm²]의 캡타이어케이블을 사용하였다.

② 전광표시장치의 배선으로 0.75[mm²]의 다심케이블을 사용하였다.

③ 전광표시장치의 배선으로 1.5[mm²]의 연동선을 사용하고 합성수지관에 넣어 시설하였다.

④ 조명용 전원코드로 0.55[mm²]의 캡타이어케이블을 사용하였다.

풀이 231.3 저압 옥내배선의 사용전선
가. 저압 옥내배선의 전선 : 단면적 2.5[mm²] 이상의 연동선
나. 옥내배선의 사용 전압이 400[V] 이하인 경우는 다음에 의하여 시설할 수 있다.
① 전광표시 장치 또는 제어 회로
  • 단면적 1.5[mm²] 이상의 연동선
  • 단면적 0.75[mm²] 이상인 다심케이블 또는 다심 캡타이어 케이블을 사용하고 또한 과전류가 생겼을 때에 자동적으로 전로에서 차단하는 장치를 시설
② 진열장 또는 이와 유사한 것의 내부 배선 : 단면적 0.75[mm²] 이상인 코드 또는 캡타이어케이블
답 ④

93 저압 및 고압가공전선의 높이에 대한 기준으로 틀린 것은?

① 철도를 횡단하는 경우는 레일면상 6.5[m] 이상이다.

② 횡단보도교 위에 시설하는 경우 저압가공전선은 노면 상에서 3[m] 이상이다.

③ 횡단보도교 위에 시설하는 경우 고압가공전선은 그 노면 상에서 3.5[m] 이상이다.

④ 다리의 하부 기타 이와 유사한 장소에 시설하는 저압의 전기철도용 급전선은 지표상 3.5[m]까지로 감할 수 있다.

풀이 332.5 고압 가공전선의 높이
222.7 저압 가공전선의 높이
저·고압 가공전선의 높이는 다음에 따라야 한다.

설치장소		가공전선의 높이
도로횡단(번잡하지 않은 도로 제외)		지표상 6[m] 이상
철도 또는 궤도횡단		레일면상 6.5[m] 이상
횡단 보도교 위	저압	노면상 3.5[m] 이상. 단, 절연전선의 경우 3[m] 이상
	고압	노면상 3.5[m] 이상
일반장소		지표상 5[m] 이상. 단, 저압의 경우 절연전선 또는 케이블을 사용하여 교통에 지장이 없도록 하여 옥외조명용에 공급하는 경우 4[m]까지 감할 수 있다.
다리의 하부 기타 이와 유사한 장소		저압의 전기철도용 급전선은 지표상 3.5[m]까지로 감할 수 있다.

답 ②

94 "지중관로"에 포함되지 않는 것은?

① 지중전선로
② 지중 레일 선로
③ 지중 약전류 전선로
④ 지중 광섬유 케이블 선로

풀이 112 용어 정의
"지중 관로"란 지중 전선로 · 지중 약전류 전선로 · 지중 광섬유 케이블 선로 · 지중에 시설하는 수관 및 가스관과 이와 유사한 것 및 이들에 부속하는 지중함 등을 말한다.　　　　　　　　　　　　**답** ②

95 전체의 길이가 16[m]이고 설계하중이 6.8[kN] 초과 9.8[kN] 이하인 철근 콘크리트주를 논, 기타 지반이 연약한 곳 이외의 곳에 시설할 때, 묻히는 깊이를 2.5[m] 보다 몇 [cm] 가산하여 시설하는 경우에는 기초의 안전율에 대한 고려 없이 시설하여도 되는가?

① 10　　　　　　② 20
③ 30　　　　　　④ 40

풀이 331.7 가공전선로 지지물의 기초의 안전율
가공전선로의 지지물에 하중이 가하여지는 경우에 그 하중을 받는 지지물의 기초의 안전율은 2(이상 시 상정하중이 가하여지는 철탑의 기초에 대하여는 1.33) 이상이어야 한다. 다만, 다음에 따라 시설하는 경우에는 적용하지 않는다.

설계 하중 / 전장	6.8[kN] 이하	6.8[kN] 초과 ~9.8[kN] 이하	9.8[kN] 초과 ~14.72[kN] 이하
15[m] 이하	전장 × 1/6[m] 이상	전장 × 1/6 + 0.3[m] 이상	전장 × 1/6 + 0.5[m] 이상
15[m] 초과	2.5[m] 이상	2.5[m] + 0.3[m] 이상	–
16[m] 초과 ~20[m] 이하	2.8[m] 이상	–	–
15[m] 초과 ~18[m] 이하	–	–	3[m] 이상
18[m] 초과	–	–	3.2[m] 이상

답 ③

96 사용전압이 20[kV]인 변전소에 울타리 · 담 등을 시설하고자 할 때 울타리 · 담 등의 높이는 몇 [m] 이상이어야 하는가?

① 1　　　　　　② 2
③ 5　　　　　　④ 6

풀이 351.1 발전소 등의 울타리 · 담 등의 시설
고압 또는 특고압의 기계기구 · 모선 등을 옥외에 시설하는 발전소 · 변전소 · 개폐소 또는 이에 준하는 곳에서 울타리 · 담 등은 다음에 따라 시설하여야 한다.
가. 울타리 · 담 등의 높이는 2[m] 이상으로 하고 지표면과 울타리 · 담 등의 하단사이의 간격은 0.15[m] 이하로 할 것.
나. 울타리 · 담 등과 고압 및 특고압의 충전 부분이 접근하는 경우에는 울타리 · 담 등의 높이와 울타리 · 담 등으로부터 충전부분까지 거리의 합계는 표에서 정한 값 이상으로 할 것.

사용전압의 구분	울타리 · 담 등의 높이와 울타리 · 담 등으로부터 충전 부분까지의 거리의 합계
35[kV] 이하	5[m]
35[kV] 초과 160[kV] 이하	6[m]
160[kV] 초과	• 거리의 합계 = 6 + 단수 × 0.12[m] • 단수 = $\dfrac{\text{사용전압[kV]}-160}{10}$ 단수 계산에서 소수점 이하는 절상

답 ②

97 최대사용전압 440[V]인 전동기의 절연내력시험전압은 몇 [V]인가?

① 330　　　　　② 440
③ 500　　　　　④ 660

풀이 133 회전기 및 정류기의 절연내력

종류		시험전압	시험 방법
회전기	발전기 · 전동기 · 조상기 · 기타회전기	7[kV] 이하	1.5배 (최저 500[V])	권선과 대지 사이에 연속하여 10분간
		7[kV] 초과	1.25배 (최저 10,500[V])	
	회전 변류기		직류측의 최대 사용 전압의 1배의 교류 전압(최저 500[V])	

∴ 시험전압 = 440 × 1.5 = 660[V]　　**답** ④

2019년 - 3회 _ 전기산업기사

81 과전류차단기를 설치하지 않아야 할 곳은?

① 수용가의 인입선 부분
② 고압 배전선로의 인출장소
③ 직접 접지계통에 설치한 변압기의 접지선
④ 역률조정용 고압 병렬콘덴서 뱅크의 분기선

풀이 341.11 과전류차단기의 시설 제한
접지공사의 접지도체, 다선식 전로의 중성선 및 전로의 일부에 접지공사를 한 저압 가공전선로의 접지측 전선에는 과전류차단기를 시설하여서는 안 된다.
다만, 다음의 경우에는 예외로 한다.
가. 다선식 전로의 중성선에 시설한 과전류차단기가 동작한 경우에 각 극이 동시에 차단될 때
나. 저항기·리액터 등을 사용하여 접지공사를 한 때에 과전류차단기의 동작에 의하여 그 접지도체가 비접지 상태로 되지 아니할 때 **답** ③

82 사용전압 154[kV]의 가공전선을 시가지에 시설하는 경우 전선의 지표상의 높이는 최소 몇 [m] 이상이어야 하는가? (단, 발전소·변전소 또는 이에 준하는 곳의 구내와 구외를 연결하는 1경간 가공전선은 제외한다.)

① 7.44　　② 9.44
③ 11.44　　④ 13.44

풀이 333.1 시가지 등에서 특고압 가공전선로의 시설

사용전압의 구분	지표상의 높이
35[kV] 이하	10[m] (전선이 특고압 절연전선인 경우에는 8[m])
35[kV] 초과	10[m]에 35[kV]를 초과하는 10[kV] 또는 그 단수마다 12[cm]를 더한 값

• 단수 $= \frac{154-35}{10} = 11.9 \to 12$단
• 지표상의 높이 $= 10 + 12 \times 0.12 = 11.44$[m] **답** ③

83 특고압가공전선로의 지지물에 시설하는 가공통신 인입선은 조영물의 붙임점에서 지표상의 높이를 몇 [m] 이상으로 하여야 하는가? (단, 교통에 지장이 없고 또한 위험의 우려가 없을 때에 한한다.)

① 2.5　　② 3
③ 3.5　　④ 4

풀이 362.12 가공통신 인입선 시설
① 교통에 지장을 줄 우려가 없을 경우 가공통신 인입선 부분의 높이
• 차량이 통행하는 노면상의 높이 : 4.5[m] 이상
• 조영물의 붙임점에서의 지표상의 높이 : 2.5[m] 이상
② 특고압 가공전선로의 지지물에 시설하는 통신선
• 교통에 지장이 없고 또한 위험의 우려가 없을 때 : 5[m] 이상
• 조영물의 붙임점에서의 지표상의 높이 : 3.5[m] 이상
• 다른 가공약전류 전선 사이의 이격거리 : 60[cm] 이상 **답** ③

84 발전기의 보호장치에 있어서 과전류, 압유장치의 유압저하 및 베어링의 온도가 현저히 상승한 경우 자동적으로 이를 전로로부터 차단하는 장치를 시설하여야 한다. 해당되지 않는 것은?

① 발전기에 과전류가 생긴 경우
② 용량 10000[kVA] 이상인 발전기의 내부에 고장이 생긴 경우
③ 원자력발전소에 시설하는 비상용 예비발전기에 있어서 비상용 노심냉각장치가 작동한 경우
④ 용량 100[kVA] 이상의 발전기를 구동하는 풍차의 압유장치의 유압, 압축공기장치의 공기압이 현저히 저하한 경우

풀이 351.3 발전기 등의 보호장치
발전기에는 다음의 경우에 자동적으로 이를 전로로부터 차단하는 장치를 시설하여야 한다.
가. 발전기에 과전류나 과전압이 생긴 경우
나. 용량이 500[kVA] 이상의 발전기를 구동하는 수차의 압유 장치의 유압이 현저히 저하한 경우
다. 용량이 100[kVA] 이상의 발전기를 구동하는 풍차의 압유장치의 유압이 현저히 저하한 경우
라. 용량이 2,000[kVA] 이상인 수차 발전기의 스러스트 베어링의 온도가 현저히 상승한 경우

마. 용량이 10,000[kVA] 이상인 발전기의 내부에 고장
이 생긴 경우
바. 정격출력이 10,000[kW]를 초과하는 증기터빈은 그
스러스트 베어링이 현저하게 마모되거나 그의 온도
가 현저히 상승한 경우　　　　　　　**답** ③

85 지중 또는 수중에 시설되어 있는 금속체의 부식
을 방지하기 위한 전기부식방지 회로의 사용전
압은 직류 몇 [V] 이하이어야 하는가? (단, 전기
부식방지 회로는 전기부식방지용 전원장치로
부터 양극 및 피방식체까지의 전로를 말한다.)

① 30　　　　　　② 60
③ 90　　　　　　④ 120

풀이 241.16 전기부식방지 시설
전기부식방지 회로(전기부식방지용 전원장치로부터 양
극 및 피방식체까지의 전로를 말한다. 이하 같다)의 사용
전압은 직류 60[V] 이하일 것.　　　　**답** ②

86 특고압전선로에 사용되는 애자장치에 대한 갑종
풍압하중은 그 구성재의 수직 투영면적 1[m²]에
대한 풍압하중을 몇 [Pa]를 기초로 하여 계산한
것인가?

① 588　　　　　② 666
③ 946　　　　　④ 1039

풀이 331.6 풍압하중의 종별과 적용

풍압을 받는 구분	구성재의 수직 투영면적 1[m²]에 대한 풍압
목　　주	588[Pa]
애자장치(특별 전선용의 것에 한한다)	1,039[Pa]
목주·철주(원형의 것에 한한다) 및 철근 콘크리트주의 완금류(특고압전선로용의 것에 한한다)	단일재로서 사용하는 경우에는 1,196[Pa], 기타의 경우에는 1,627[Pa]

답 ④

87 특고압가공전선로에서 철탑(단주 제외)의 경간
은 몇 [m] 이하로 하여야 하는가?

① 400　　　　② 500
③ 600　　　　④ 700

풀이 333.21 특고압 가공전선로의 경간 제한

지지물의 종류	경　간
목주·A종 철주 또는 A종 철근 콘크리트주	150[m]
B종 철주 또는 B종 철근 콘크리트주	250[m]
철　탑	600[m] (단주인 경우에는 400[m])

답 ③

88 지중전선로를 직접 매설식에 의하여 시설하는
경우에 차량 및 기타 중량물의 압력을 받을 우
려가 있는 장소의 매설 깊이는 몇 [m] 이상인
가?

① 1.0　　　　② 1.2
③ 1.5　　　　④ 1.8

풀이 334.1 지중전선로의 시설
가. 지중 전선로는 전선에 케이블을 사용하고 또한 관
로식·암거식 또는 직접 매설식에 의하여 시설하
여야 한다.
나. 지중 전선로를 직접 매설식에 의하여 시설하는 경
우에는 매설 깊이를 차량 기타 중량물의 압력을 받
을 우려가 있는 장소에는 1.0[m] 이상, 기타 장소에
는 0.6[m] 이상으로 하고 또한 지중 전선을 견고한
트라프 기타 방호물에 넣어 시설하여야 한다.
답 ①

89 지중전선이 지중약전류 전선 등과 접근하거나
교차하는 경우에 상호 간의 이격거리가 저압
또는 고압의 지중전선이 몇 [cm] 이하일 때, 지
중전선과 지중약전류 전선 사이에 견고한 내화
성의 격벽(隔壁)을 설치하여야 하는가?

① 10　　　　② 20
③ 30　　　　④ 60

풀이 334.6 지중전선과 지중약전류전선 등 또는 관과의 접
근 또는 교차
지중전선이 다음 조건의 이격거리 이하로 설치되는 경
우에는 상호 간에 내화성의 격벽을 설치하여야 한다.

조　건	전　압	이격거리
지중 약전류 전선과 접근 또는 교차하는 경우	저압 또는 고압	0.3[m]
	특고압	0.6[m]

조 건	전 압	이격거리
가연성, 유독성의 유체를 내포하는 관과 접근 또는 교차	특고압	1[m]
	25[kV] 이하, 다중접지방식	0.5[m]
기타의 관과 접근 또는 교차	특고압	0.3[m]

답 ③

90 가공전선로의 지지물에 시설하는 지선의 안전율과 허용 인장하중의 최저값은?

① 안전율은 2.0 이상,
　허용 인장하중 최저값은 4[kN]
② 안전율은 2.5 이상,
　허용 인장하중 최저값은 4[kN]
③ 안전율은 2.0 이상,
　허용 인장하중 최저값은 4.4[kN]
④ 안전율은 2.5 이상,
　허용 인장하중 최저값은 4.31[kN]

풀이 331.11 지선의 시설
　가. 가공전선로의 지지물로 사용하는 철탑은 지선을 사용하여 그 강도를 분담시켜서는 안 된다.
　나. 지선의 **안전율은 2.5 이상**일 것. 이 경우에 **허용 인장하중의 최저는 4.31[kN]**으로 한다.
　다. 지선에 연선을 사용할 경우에는 다음에 의할 것.
　　① 소선 3가닥 이상의 연선일 것.
　　② 소선의 지름이 2.6[mm] 이상의 금속선을 사용한 것일 것.
　　　　　　　　　　　　　　　　　답 ④

91 건조한 장소로서 전개된 장소에 한하여 고압 옥내배선을 할 수 있는 것은?

① 금속관공사
② 애자공사
③ 합성수지관공사
④ 금속제 가요전선관공사

풀이 342.1 고압 옥내배선 등의 시설
　고압 옥내배선은 다음 중 하나에 의하여 시설할 것.
　가. 애자사용공사(**건조한 장소로서 전개된 장소에 한한다**)
　나. 케이블공사
　다. 케이블트레이공사　　　　　답 ②

92 피뢰기를 반드시 시설하지 않아도 되는 곳은?

① 발전소·변전소의 가공전선의 인출구
② 가공전선로와 지중전선로가 접속되는 곳
③ 고압가공전선로로부터 수전하는 차단기 2차 측
④ 특고압가공전선로로부터 공급을 받는 수용장소의 인입구

풀이 341.13 피뢰기의 시설
　가. 고압 및 특고압의 전로 중 다음에 열거하는 곳 또는 이에 근접한 곳에는 피뢰기를 시설하여야 한다.
　　① 발전소·변전소 또는 이에 준하는 장소의 **가공전선 인입구 및 인출구**
　　② 특고압 가공전선로에 접속하는 배전용 변압기의 고압측 및 특고압측
　　③ 고압 및 특고압 가공전선로부터 공급을 받는 **수용장소의 인입구**
　　④ **가공전선로와 지중전선로가 접속되는 곳**
　나. 다음의 어느 하나에 해당하는 경우에는 피뢰기를 시설하지 않아도 된다.
　　① 직접 접속하는 전선이 짧은 경우
　　② 피보호기기가 보호범위 내에 위치하는 경우
　　　　　　　　　　　　　　　　　답 ③

93 내부에 고장이 생긴 경우에 자동적으로 전로로부터 차단하는 장치가 반드시 필요한 것은?

① 뱅크용량 1000[kVA]인 변압기
② 뱅크용량 10000[kVA]인 조상기
③ 뱅크용량 300[kVA]인 분로 리액터
④ 뱅크용량 1000[kVA]인 전력용 커패시터

풀이 351.5 조상설비의 보호장치
　조상 설비에는 그 내부에 고장이 생긴 경우에 보호하는 장치를 표와 같이 시설하여야 한다.

설비 종별	뱅크 용량의 구분	자동적으로 전로로부터 차단하는 장치
전력용 커패시터 및 분로리액터	500[kVA] 초과 15,000[kVA] 미만	• 내부에 고장이 생긴 경우 • 과전류가 생긴 경우
	15,000[kVA] 이상	• 내부에 고장이 생긴 경우 • 과전류가 생긴 경우 • 과전압이 생긴 경우
조상기 (調相機)	15,000[kVA] 이상	• 내부에 고장이 생긴 경우

답 ④

94 백열전등 또는 방전등에 전기를 공급하는 옥내 전로의 대지전압은 몇 [V] 이하이어야 하는가?

① 150　　　　　　② 300
③ 400　　　　　　④ 600

풀이 231.6 옥내전로의 대지 전압의 제한
백열전등 또는 방전등에 전기를 공급하는 **옥내의 전로의 대지전압은 300[V] 이하**여야 한다. **답** ②

95 특고압 가공전선로에 사용하는 가공지선에는 지름 몇 [mm] 이상의 나경동선을 사용하여야 하는가?

① 2.6　　　　　　② 3.5
③ 4　　　　　　　④ 5

풀이 333.8 특고압 가공전선로의 가공지선
특고압 가공전선로에 사용하는 가공지선은 다음과 같다.
가. 인장강도 8.01[kN] 이상의 나선
나. **지름 5[mm] 이상의 나경동선**
다. 단면적 22[mm²] 이상의 나경동연선
라. 아연도강연선 22[mm²]
마. OPGW 전선 **답** ④

96 접지공사에 사용하는 접지선을 사람이 접촉할 우려가 있는 곳에 철주 기타의 금속체를 따라서 시설하는 경우에는 접지극을 그 금속체로부터 지중에서 몇 [m] 이상 이격시켜야 하는가? (단, 접지극을 철주의 밑면으로부터 30[cm] 이상의 깊이에 매설하는 경우는 제외한다.)

① 1　　　　　　② 2
③ 3　　　　　　④ 4

풀이 142.2 접지극의 시설 및 접지저항
접지극의 매설은 다음에 의한다.
가. 접지극은 지표면으로부터 지하 0.75[m] 이상으로 하되 동결 깊이를 감안하여 매설 깊이를 정해야 한다.
나. 접지도체를 철주 기타의 금속체를 따라서 시설하는 경우에는 접지극을 철주의 밑면으로부터 0.3[m] 이상의 깊이에 매설 하는 경우 이외에는 **접지극을 지중에서 그 금속체로부터 1[m] 이상 떼어 매설하여야** 한다.

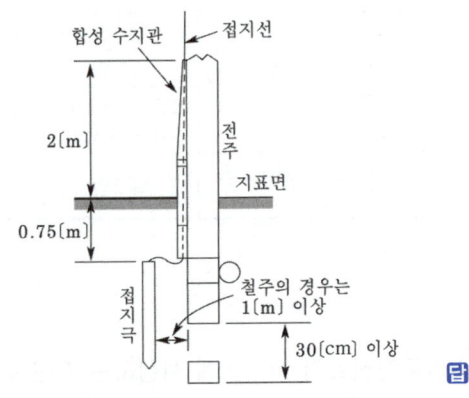

답 ①

> 출제기준 변경 및 개정된 관계 법규에 따라 삭제된 문제가 있어 20문항이 안됩니다.

2019년 - 4회 _ 공사산업기사

81 특고압권선과 고압권선 간에 혼촉방지판을 설치 할 때 이 혼촉방지판의 접지저항값은 몇 [Ω] 이하로 유지하여야 하는가?

① 10　　　　　　② 30
③ 50　　　　　　④ 100

풀이 322.3 특고압과 고압의 혼촉 등에 의한 위험방지 시설
변압기에 의하여 특고압전로에 결합되는 고압전로에는 사용전압의 3배 이하인 전압이 가하여진 경우에 방전하는 장치를 그 변압기의 단자에 가까운 1극에 설치하여야 한다. 다만, 다음의 경우 그러하지 아니하다.
가. 사용전압의 3배 이하인 전압이 가하여진 경우에 방전하는 피뢰기를 고압전로의 모선의 각 상에 시설한 경우
나. 특고압권선과 고압권선 간에 **혼촉방지판을 시설하여 접지저항 값이 10[Ω] 이하** 또는 변압기 중성점 접지의 규정에 따른 접지공사를 한 경우에는 그러하지 아니하다. **답** ①

82 고압 가공전선로에 사용하는 가공지선은 인장 강도 5.26[kN] 이상의 것 또는 지름 몇 [mm] 이상의 나경동선이어야 하는가?

① 2　　　　　　② 3
③ 4　　　　　　④ 5

풀이 332.6 고압 가공전선로의 가공지선
고압 가공전선로에 사용하는 가공지선은 인장강도 5.26 kN] 이상의 것 또는 **지름 4[mm] 이상의 나경동선**을 사용한다.
답 ③

83 사람이 접촉할 우려가 있는 접지공사에서 지하 75[cm]로부터 지표상 2[m]까지의 접지도체는 사람의 접촉우려가 없도록 하기 위하여 어느 것을 사용하여 보호하는가?

① 이음부분이 없는 플로어덕트
② 난연성이 없는 콤바인덕트관
③ 두께 2[mm] 이상의 합성수지관
④ 피막의 두께가 균일한 비닐포장지

풀이 142.3.1 접지도체
접지도체는 지하 0.75[m]부터 지표상 2[m]까지 부분은 합성수지관(**두께 2[mm] 미만의 합성수지제 전선관 및 가연성 콤바인덕트관은 제외한다**) 또는 이와 동등 이상의 절연효과와 강도를 가지는 몰드로 덮어야 한다.
답 ③

84 지중 전선로의 시설 방식이 아닌 것은?

① 관로식   ② 압착식
③ 암거식   ④ 직접 매설식

풀이 334.1 지중전선로의 시설
지중 전선로는 전선에 케이블을 사용하고 또한 **관로식 · 암거식 또는 직접 매설식에 의하여 시설**하여야 한다.
답 ②

85 한 수용장소의 인입선에서 분기하여 지지물을 거치지 않고 다른 수용 장소의 인입구에 이르는 부분의 전선을 무엇이라 하는가?

① 옥상배선   ② 옥외배선
③ 연접인입선   ④ 가공인입선

풀이 정의(기술기준 제3조)
"연접 인입선"이란 한 수용장소의 인입선에서 분기하여 지지물을 거치지 아니하고 다른 수용 장소의 인입구에 이르는 부분의 전선
답 ③

86 가공전선로의 지지물에 하중이 가하여지는 경우에 그 하중을 받는 지지물의 기초의 안전율은 얼마 이상이어야 하는가?

① 0.5   ② 1   ③ 1.5   ④ 2

풀이 331.7 가공전선로 지지물의 기초의 안전율
가공전선로의 지지물에 하중이 가하여지는 경우에 그 하중을 받는 **지지물의 기초의 안전율은 2**(단, 이상시 상정하중이 가하여지는 철탑의 기초에 대하여는 1.33) **이상** 이어야 한다.
답 ④

87 저압 옥내간선에서 분기하여 전기사용기계기구에 이르는 저압 옥내 전로는 저압 옥내간선과의 분기점에서 전선의 길이가 몇 [m] 이하인 곳에 개폐기 및 과전류차단기를 시설하여야 하는가? 단, 분기점과 분기회로의 과부하 보호장치 설치점 사이의 배선 부분에 다른 분기회로나 콘센트 회로가 접속되어 있지 않고,단락의 위험과 화재 및 인체에 대한 위험성이 최소화 되도록 시설된 경우이다.

① 2   ② 3   ③ 4   ④ 5

풀이 212.4.2 과부하 보호장치의 설치 위치
가. 과부하 보호장치는 도체의 허용전류 값이 줄어드는 곳(이하 분기점이라 함)에 설치해야 한다.
나. 설치위치의 예외
과부하 보호장치는 분기점(O)에 설치해야 하나, 분기점(O)점과 분기회로의 과부하 보호장치(P_2) 설치점 사이의 배선 부분에 다른 분기회로나 콘센트 회로가 접속되어 있지 않고, 다음 중 하나를 충족하는 경우에는 변경이 있는 배선에 설치할 수 있다.
① 분기회로에 대한 단락보호가 이루어지고 있는 경우 : 분기회로의 보호장치 P_2는 분기회로의 분기점(O)으로부터 부하 측으로 거리에 구애 받지 않고 이동하여 설치할 수 있다.

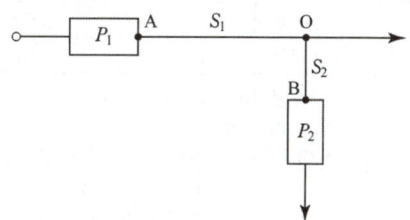

② **단락의 위험과 화재 및 인체에 대한 위험성이 최소화 되도록 시설된 경우 : 분기회로의 보호장치(P_2)는 분기회로의 분기점(O)으로부터 3[m]까지 이동하여 설치할 수 있다.**

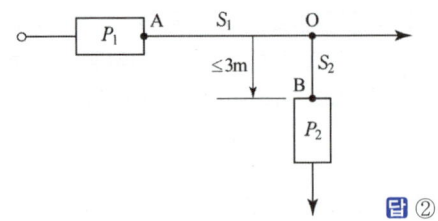

답 ②

88 66[kV] 가공전선이 건조물과 제1차 접근상태로 시설되는 경우 가공전선과 건조물 사이의 이격거리는 최소 몇 [m] 이상이어야 하는가? (단, 전선은 나전선으로 한다.)

① 3.0   ② 3.2
③ 3.4   ④ 3.6

풀이 333.23 특고압 가공전선과 건조물의 접근

특고압 가공전선이 건조물과 제1차 접근상태로 시설되는 경우에는 다음에 따라야 한다.

가. 특고압 가공전선로는 제3종 특고압 보안공사에 의할 것.

나. 사용전압이 35[kV] 이하인 특고압 가공전선과 건조물의 조영재 이격거리는 표에서 정한 값 이상일 것.

건조물과 조영재의 구분	전선종류	접근형태	이격거리
상부 조영재	특고압 절연전선	위쪽	2.5[m]
		옆쪽 또는 아래쪽	1.5[m] (전선에 사람이 쉽게 접촉할 우려가 없도록 시설한 경우는 1[m])
	케이블	위쪽	1.2[m]
		옆쪽 또는 아래쪽	0.5[m]
	기타전선		3[m]
기타 조영재	특고압 절연전선		1.5[m] (전선에 사람이 쉽게 접촉할 우려가 없도록 시설한 경우는 1[m])
	케이블		0.5[m]
	기타전선		3[m]

다. 사용전압이 35[kV]를 초과하는 경우 이격거리는 다음에 따를 것.
- 이격거리 = 35[kV] 이하인 경우 이격거리 + 단수 × 0.15[m]
- 단수 = $\dfrac{(\text{사용전압}[kV]-35)}{10}$
  … 단수계산에서 소수점 이하는 절상

따라서, 단수 = $\dfrac{66-35}{10}=3.1 \rightarrow 4$단

이격거리 = $3+4\times0.15=3.6$[m]   답 ④

89 최대 사용전압이 161[kV], 중성점 직접접지식 전로에 접속되는 변압기 전로의 절연내력 시험전압은 몇 [kV]인가? (단, 성형결선의 것에 한하며, 정류기에 접속하는 권선은 제외한다.)

① 115.92   ② 147.12
③ 187.10   ④ 201.25

풀이 135 변압기 전로의 절연내력

권선의 종류 (최대사용전압)	접지방식	시험전압 (최대사용전압의 배수)	최저 시험전압
1. 7[kV] 이하		1.5배	500[V]
	다중접지	0.92배	500[V]
2. 7[kV] 초과 25[kV] 이하	다중접지	0.92배	
3. 7[kV] 초과 60[kV] 이하 (2란의 것 제외)		1.25배	10.5[kV]
4. 60[kV] 초과	비접지	1.25배	
5. 60[kV] 초과 (6란의 것 제외)	접지식	1.1배	75 [kV]
6. 60[kV] 초과	직접접지	0.72배	
7. 170[kV] 초과	직접접지	0.64배	

※ 시험전압 = 161[kV] × 0.72 = 115.92[kV]   답 ①

90 지중에 매설된 금속제 수도관로를 접지공사의 접지극으로 사용하려고 할 경우로 틀린 것은?

① 대지와의 전기저항 값이 3[Ω] 이하로 유지되는 금속제 수도관로는 접지공사의 접지극으로 사용할 수 있다.

② 접지도체와 금속제 수도관로의 접속부를 사람이 접촉할 우려가 있는 곳에 설치하는 경우에는 손상을 방지하도록 방호장치를 설치하여야 한다.

③ 대지와의 사이에 전기저항 값이 3[Ω] 이하를 유지하는 건물의 철골은 경우에 따라 접지공사의 접지극으로 사용할 수 있다.

④ 접지도체와 금속제 수도관로의 접속부를 수도계량기로부터 수도 수용가측에 설치하는 경우에는 수도계량기를 사이에 두고 양측 수도관로를 전기적으로 확실하게 연결해야 한다.

142.2 접지극의 시설 및 접지저항
　　가. 지중에 매설되어 있고 대지와의 전기저항 값이 3
　　　[Ω] 이하의 값을 유지하고 있는 금속제 수도관로가
　　　규정에 따르는 경우 접지극으로 사용이 가능하다.
　　나. 대지와의 사이에 전기저항 값이 2[Ω] 이하인 값을
　　　유지하는 건축물·구조물의 철골 기타의 금속제는
　　　접지공사의 접지극으로 사용할 수 있다.　**답** ③

91 고압 가공전선이 사람이 거주 또는 근무하거나
빈번히 출입하거나 모이는 조영물과 접근 상태
로 시설되는 경우 고압 가공전선과 상부 조영
재의 옆쪽에서의 이격거리는 몇 [m] 이상이어
야 하는가? (단, 전선은 경동연선이라고 한다.)

① 0.4　　　　　② 1.0
③ 1.2　　　　　④ 2.0

풀이 332.11 고압 가공전선과 건조물의 접근
　　222.11 저압 가공전선과 건조물의 접근
　　저압 가공전선 또는 고압 가공전선이 건조물과 접근 상
　　태로 시설되는 경우에는 다음에 따라야 한다.
　　가. 고압 가공전선로는 고압 보안공사에 의할 것.
　　나. 저·고압 가공전선과 건조물의 조영재 사이의 이격
　　　거리는 표에서 정한 값 이상일 것.

사용전압 부분 공작물의 종류		저압[m]	고압[m]
건조물	상부 조영재 위쪽	일반적인 경우	2	2
		전선이 고압절연전선	1	2
		전선이 케이블인 경우	1	1
	기타 조영재 또는 상부조영재의 옆쪽 또는 아래쪽	일반적인 경우	1.2	1.2
		전선이 고압절연전선	0.4	1.2
		전선이 케이블인 경우	0.4	0.4
		사람이 쉽게 접근할 수 없도록 시설한 경우	0.8	0.8

답 ③

92 특고압 가공전선로의 지지물로 사용하는 B종
철근·B종 콘크리트주 또는 철탑의 종류 중 전
선로의 지지물 양쪽의 경간의 차가 큰 곳에 사
용하는 것은?

① 내장형　　　② 직선형
③ 인류형　　　④ 보강형

풀이 333.11 특고압 가공전선로의 철주·철근 콘크리트주
　　또는 철탑의 종류
　　특고압 가공전선로의 지지물로 사용하는 B종 철근·B
　　종 콘크리트주 또는 철탑의 종류는 다음과 같다.
　　가. 직선형 : 전선로의 직선 부분(3° 이하의 수평 각도
　　　이루는 곳 포함)에 사용되는 것
　　나. 각도형 : 전선로 중 수평 각도 3°를 넘는 곳에 사용
　　　되는 것
　　다. 인류형 : 전 가섭선을 인류하는 곳에 사용하는 것
　　라. 내장형 : 전선로 지지물 양측의 경간차가 큰 곳에 사
　　　용하는 것
　　마. 보강형 : 전선로 직선 부분을 보강하기 위하여 사용
　　　하는 것　**답** ①

93 사람이 접촉할 우려가 없도록 시설된 백열전등
또는 방전등 및 이에 부속하는 전선에 전기를 공
급하는 옥내 전로의 대지전압은 최대 몇 [V]인
가? (단, 주택의 옥내 전로를 제외한다.)

① 100　　　　　② 150
③ 300　　　　　④ 450

풀이 231.6 옥내전로의 대지 전압의 제한
　　백열전등 또는 방전등에 전기를 공급하는 옥내의 전로
　　의 대지전압은 300[V] 이하여야 한다.　**답** ③

94 특고압 가공전선로의 지지물로 사용되는 B종
철근·B종 콘크리트주의 각도형은 전선로 중
최소 몇 도를 초과하는 수평각도를 이루는 곳
에 사용하는가?

① 3　　　　　② 5
③ 8　　　　　④ 10

풀이 333.11 특고압 가공전선로의 철주·철근 콘크리트주 또
　　는 철탑의 종류
　　특고압 가공전선로의 지지물로 사용하는 B종 철근·B
　　종 콘크리트주 또는 철탑의 종류는 다음과 같다.
　　가. 직선형 : 전선로의 직선 부분(3° 이하의 수평 각도
　　　이루는 곳 포함)에 사용되는 것
　　나. 각도형 : 전선로 중 수평 각도 3°를 넘는 곳에 사용
　　　되는 것
　　다. 인류형 : 전 가섭선을 인류하는 곳에 사용하는 것
　　라. 내장형 : 전선로 지지물 양측의 경간차가 큰 곳에 사
　　　용하는 것
　　마. 보강형 : 전선로 직선 부분을 보강하기 위하여 사용
　　　하는 것　**답** ①

95 다도체를 구성하는 전선이 2가닥마다 수평으로 배열되고 또한 그 전선 상호 간의 거리가 전선의 바깥지름의 20배 이하인 경우 구성재의 수직 투영면적 1[m²]에 대한 풍압하중은 몇 [Pa]인가?

① 444　　　　　② 455
③ 666　　　　　④ 677

풀이 331.6 풍압하중의 종별과 적용

풍압을 받는 구분		구성재의 수직 투영면적 1[m²]에 대한 풍압[Pa]
전선 기타 가섭선	다도체(구성하는 전선이 2가닥마다 수평으로 배열되고 또한 그 전선 상호 간의 거리가 전선의 바깥지름의 20배 이하인 것에 한한다.)를 구성하는 전선을 구성하는 전선	666
	기타의 것	745
애자장치(특고압 전선용의 것에 한한다.)		1039

답 ③

96 아래 그림은 전력보안통신설비의 보안장치이다. RP₁에 대한 설명으로 틀린 것은?

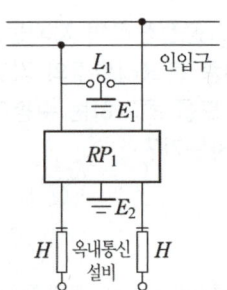

① 전류용량은 50[A]이다.
② 자복성(自復性)이 없는 릴레이 보안기이다.
③ 최소 감도전류 때의 응동시간이 1사이클 이하이다.
④ 교류 300[V] 이하에서 동작하고, 최소 감도전류가 3[A] 이하이다.

풀이 362.5 특고압 가공전선로 첨가설치 통신선의 시가지 인입 제한

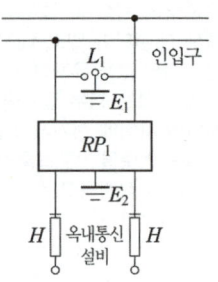

- H : 250[mA] 이하에서 동작하는 열 코일
- RP_1 : 교류 300[V] 이하에서 동작하고, 최소 감도전류가 3[A] 이하로서 최소 감도전류 때의 응동시간이 1사이클 이하이고 또한 전류 용량이 50[A], 20초 이상인 자복성(自復性)이 있는 릴레이 보안기
- L_1 : 교류 1[kV] 이하에서 동작하는 피뢰기
- E_1 및 E_2 : 접지

답 ②

97 금속제 가요전선관공사에 의한 저압 옥내배선의 시설 기준에 적합한 것은?

① 옥외용 비닐절연전선을 사용하였다.
② 2종 금속제 가요전선관을 사용하였다.
③ 가요전선관에 접지공사를 생략 하였다.
④ 전선은 연동선으로 단면적 16[mm²]의 단선을 사용하였다.

풀이 232.13 금속제 가요전선관공사
가. 전선은 절연전선(옥외용 비닐 절연전선을 제외한다)일 것.
나. 전선은 연선일 것. 다만, 단면적 10[mm²](알루미늄선은 단면적 16[mm²]) 이하인 것은 그러하지 아니하다.
다. 가요전선관 안에는 전선에 접속점이 없도록 할 것.
라. 가요전선관은 2종 금속제 가요전선관일 것
마. 가요전선관배선에는 접지공사를 할 것.　**답** ②

98 옥내에 시설하는 저압전선으로 나전선을 사용하고 공사방법으로 애자공사에 의하여 전개된 곳에 시설하는 방법이 아닌 것은?

① 전기로용 전선
② 금속덕트용 전선
③ 전선의 피복 절연물이 부식하는 장소에 시설하는 전선
④ 취급자 이외의 자가 출입할 수 없도록 설비한 장소에 시설하는 전선

풀이 231.4 나전선의 사용 제한
옥내에 시설하는 저압전선에는 나전선을 사용하여서
는 아니 된다. 다만, 다음 중 어느 하나에 해당하는 경우
에는 그러하지 아니하다.
가. 애자공사에 의하여 전개된 곳에 다음의 전선을 시
   설하는 경우
   ① 전기로용 전선
   ② 전선의 피복 절연물이 부식하는 장소에 시설하
     는 전선
나. 버스덕트공사에 의하여 시설하는 경우
다. 라이팅덕트공사에 의하여 시설하는 경우
라. 접촉 전선을 시설하는 경우   **답** ②

> 출제기준 변경 및 개정된 관계 법규에 따라
> 삭제된 문제가 있어 20문항이 안됩니다.

문제의 번호는 실제 시험문제의 번호와 같게 하였습니다.

2020년 — 1,2회 _ 전기산업기사·공사산업기사

81 가공전선로의 지지물에 지선을 시설하려는 경우 이 지선의 최저 기준으로 옳은 것은?

① 허용인장하중 : 2.11[kN],
   소선지름 : 2.0[mm], 안전율 : 3.0
② 허용인장하중 : 3.21[kN],
   소선지름 : 2.6[mm], 안전율 : 1.5
③ 허용인장하중 : 4.31[kN],
   소선지름 : 1.6[mm], 안전율 : 2.0
④ 허용인장하중 : 4.31[kN],
   소선지름 : 2.6[mm], 안전율 : 2.5

풀이 331.11 지선의 시설
가공전선로의 지지물에 시설하는 지선은 다음에 따라야 한다.
가. 지선의 안전율은 2.5 이상일 것. 이 경우에 허용 인장하중의 최저는 4.31[kN]으로 한다.
나. 지선에 연선을 사용할 경우에는 다음에 의할 것.
   ① 소선 3가닥 이상의 연선일 것.
   ② 소선의 지름이 2.6[mm] 이상의 금속선을 사용한 것일 것.
다. 지중부분 및 지표상 0.3[m]까지의 부분에는 내식성이 있는 것 또는 아연도금을 한 철봉을 사용하고 쉽게 부식되지 않는 근가에 견고하게 붙일 것.
라. 도로를 횡단하여 시설하는 지선의 높이는 지표상 5[m] 이상으로 하여야 한다.　　**답** ④

82 변압기에 의하여 특고압전로에 결합되는 고압전로에는 사용전압의 몇 배 이하인 전압이 가하여진 경우에 방전하는 장치를 그 변압기의 단자에 가까운 1극에 설치하여야 하는가?

① 3　　　　　　② 4
③ 5　　　　　　④ 6

풀이 322.3 특고압과 고압의 혼촉 등에 의한 위험방지 시설
변압기에 의하여 특고압전로에 결합되는 고압전로에는 사용전압의 3배 이하인 전압이 가하여진 경우에 방전하는 장치를 그 변압기의 단자에 가까운 1극에 설치하여야 한다.　　**답** ①

83 수상전선로의 시설기준으로 옳은 것은?

① 사용전압이 고압인 경우에는 클로로프렌 캡타이어 케이블을 사용한다.
② 수상전선로에 사용하는 부대(浮臺)는 쇠사슬 등으로 견고하게 연결한다.
③ 고압 수상전선로에 지락이 생길 때를 대비하여 전로를 수동으로 차단하는 장치를 시설한다.
④ 수상전선로의 전선은 부대의 아래에 지지하여 시설하고 또한 그 절연피복을 손상하지 아니하도록 시설한다.

풀이 335.3 수상전선로의 시설
수상전선로를 시설하는 경우에는 그 사용전압은 저압 또는 고압인 것에 한 한다.
가. 전선
   ① 저압 : 클로로프렌 캡타이어 케이블
   ② 고압 : 캡타이어 케이블
나. 수상전선로의 전선과 가공전선로 접속점의 높이
   ① 접속점이 육상에 있는 경우 : 지표상 5[m] 이상. 다만, 저압인 경우에 도로상 이외의 곳에 있을 때에는 지표상 4[m]
   ② 접속점이 수면상에 있는 경우 : 저압 4[m] 이상, 고압 5[m] 이상
다. 수상전선로의 사용전압이 고압인 경우에는 전로에 지락이 생겼을 때에 자동적으로 전로를 차단하기 위한 장치를 시설하여야 한다.
라. 수상전선로에 사용하는 부대(浮臺)는 쇠사슬 등으로 견고하게 연결한 것일 것.
마. 수상전선로의 전선은 부대의 위에 지지하여 시설하고 또한 그 절연피복을 손상하지 아니하도록 시설할 것.　　**답** ②

84 특고압 가공전선이 가공약전류 전선 등 저압 또는 고압의 가공전선이나 저압 또는 고압의 전차선과 제1차 접근상태로 시설되는 경우 60[kV] 이하 가공전선과 저고압 가공전선 등 또는 이들의 지지물이나 지주 사이의 이격거리는 몇 [m] 이상인가?

① 1.2　　　　　② 2
③ 2.6　　　　　④ 3.2

풀이 333.26 특고압 가공전선과 저고압 가공전선 등의 접근 또는 교차
특고압 가공전선이 가공약전류전선 등 저압 또는 고압의 가공전선이나 저압 또는 고압의 전차선(이하에서 "저고압 가공전선 등"이라 한다)과 제1차 접근상태로 시설되는 경우
가. 특고압 가공전선로는 제3종 특고압 보안공사에 의할 것.
나. 특고압 가공전선과 저고압 가공 전선 등 또는 이들의 지지물이나 지주 사이의 이격거리는 표에서 정한 값 이상일 것.

사용전압의 구분	이격거리
60[kV] 이하	2[m]
60[kV] 초과	• 이격거리 = 2 + 단수 × 0.12[m] • 단수 = $\dfrac{(\text{전압[kV]} - 60)}{10}$ 단수 계산에서 소수점 이하는 절상

답 ②

85 가공전선로의 지지물에는 취급자가 오르고 내리는데 사용하는 발판 볼트 등은 특별한 경우를 제외하고 지표상 몇 [m] 미만에는 시설하지 않아야 하는가?

① 1.5 ② 1.8
③ 2.0 ④ 2.2

풀이 331.4 가공전선로 지지물의 철탑오름 및 전주오름 방지
가공전선로의 지지물에 취급자가 오르고 내리는데 사용하는 발판 볼트 등을 지표상 1.8[m] 미만에 시설하여서는 아니 된다.   답 ②

86 옥내 고압용 이동전선의 시설기준에 적합하지 않은 것은?

① 전선은 고압용의 캡타이어케이블을 사용하였다.
② 전로에 지락이 생겼을 때에 자동적으로 전로를 차단하는 장치를 시설하였다.
③ 이동전선과 전기사용기계기구와는 볼트 조임 기타의 방법에 의하여 견고하게 접속하였다.
④ 이동전선에 전기를 공급하는 전로의 중성극에 전용 개폐기 및 과전류 차단기를 시설하였다.

풀이 342.2 옥내 고압용 이동전선의 시설
옥내에 시설하는 고압의 이동전선은 다음에 따라 시설하여야 한다.
가. 전선은 고압용의 캡타이어케이블일 것.
나. 이동전선에 전기를 공급하는 전로에는 전용 개폐기 및 과전류 차단기를 각극(과전류 차단기는 다선식 전로의 중성극을 제외한다)에 시설하고, 또한 전로에 지락이 생겼을 때에 자동적으로 전로를 차단하는 장치를 시설할 것.   답 ④

87 특고압 가공전선과 가공약전류 전선 사이에 보호망을 시설하는 경우 보호망을 구성하는 금속선 상호 간의 간격은 가로 및 세로를 각각 몇 [m] 이하로 시설하여야 하는가?

① 0.75 ② 1.0
③ 1.25 ④ 1.5

풀이 333.26 특고압 가공전선과 저고압 가공전선 등의 접근 또는 교차
보호망은 규정에 준하여 접지공사를 한 금속제의 망상 장치로 하고 또한 다음에 따라 시설하여야 한다.
가. 보호망을 구성하는 금속선은 그 외주 및 특고압 가공전선의 바로 아래에 시설하는 금속선에 인장강도 8.01[kN] 이상의 것 또는 지름 5[mm] 이상의 경동선을 사용하고 기타 부분에 시설하는 금속선에 인장강도 3.64[kN] 이상 또는 지름 4[mm] 이상의 아연도철선을 사용할 것.
나. 보호망을 구성하는 금속선 상호 간의 간격은 가로 세로 각 1.5[m] 이하일 것.
다. 보호망과 저고압 가공전선 등과의 수직 이격거리는 60[cm] 이상일 것.   답 ④

88 교통신호등의 시설기준에 관한 내용으로 틀린 것은?

① 제어장치의 금속제 외함에 접지공사를 한다.
② 교통신호등 회로의 사용전압은 300[V] 이하로 한다.
③ 교통신호등 회로의 인하선은 지표상 2[m] 이상으로 시설한다.
④ LED를 광원으로 사용하는 교통신호등의 설치는 KS C 7528 "LED 교통신호등"에 적합한 것을 사용한다.

풀이 234.15.4 교통신호등의 인하선
교통신호등의 전구에 접속하는 인하선은 다음에 의하여 시설하여야 한다.
가. 전선의 지표상의 높이는 2.5[m] 이상일 것. 다만, 전선을 금속관공사 또는 케이블공사에 의하여 시설하는 경우에는 그러하지 아니하다.
나. 전선을 애자공사에 의하여 시설하는 경우에는 전선을 적당한 간격마다 묶을 것. 답 ③

89 사람이 상시 통행하는 터널 안 배선의 시설기준으로 틀린 것은?

① 사용전압은 저압에 한한다.
② 전로에는 터널의 입구에 가까운 곳에 전용 개폐기를 시설한다.
③ 애자사용 공사에 의하여 시설하고 이를 노면상 2[m] 이상의 높이에 시설한다.
④ 공칭단면적 2.5[mm²] 연동선과 동등 이상의 세기 및 굵기의 절연전선을 사용한다.

풀이 242.7.1 사람이 상시 통행하는 터널 안의 배선의 시설
사람이 상시 통행하는 터널 안의 배선(전기기계기구 안의 배선, 관등회로의 배선 및 소세력 회로의 전선을 제외한다.)은 그 사용전압이 저압의 것에 한하고 또한 다음에 따라 시설하여야 한다.
가. 합성수지관공사, 금속관공사, 금속제가요전선관공사, 케이블공사 및 애자공사에 의할 것
나. 전선은 공칭단면적 2.5[mm²]의 연동선과 동등 이상의 세기 및 굵기의 절연전선(옥외용 비닐절연전선 및 인입용 비닐절연전선을 제외한다)을 사용하여 애자공사에 의하여 시설하고 또한 이를 노면상 2.5[m] 이상의 높이로 할 것.
다. 전로에는 터널의 입구에 가까운 곳에 전용 개폐기를 시설할 것. 답 ③

90 고압 가공전선이 교류 전차선과 교차하는 경우, 고압 가공전선으로 케이블을 사용하는 경우 이외에는 단면적 몇 [mm²] 이상의 경동연선(교류 전차선 등과 교차하는 부분을 포함하는 경간에 접속점이 없는 것에 한한다.)을 사용하여야 하는가?

① 14 ② 22
③ 30 ④ 38

풀이 332.15 고압 가공전선과 교류전차선 등의 접근 또는 교차
저압 가공전선 또는 고압 가공전선이 교류 전차선 등과 교차하는 경우에 저압 가공전선 또는 고압 가공전선이 교류 전차선 등의 위에 시설되는 때에는 다음에 따라야 한다.
가. 저압 가공전선에는 케이블을 사용하고 또한 이를 단면적 35[mm²] 이상인 아연강강 연선으로서 인장강도 19.61[kN] 이상인 것(교류 전차선 등과 교차하는 부분을 포함하는 경간에 접속점이 없는 것에 한한다)으로 조가하여 시설할 것.
나. 고압 가공전선은 케이블인 경우 이외에는 인장강도 14.51[kN] 이상의 것 또는 단면적 38[mm²] 이상의 경동연선(교류 전차선 등과 교차하는 부분을 포함하는 경간에 접속점이 없는 것에 한한다)일 것.
다. 고압 가공전선이 케이블인 경우에는 이를 단면적 38[mm²] 이상인 아연도강연선으로서 인장강도 19.61 [kN] 이상인 것(교류 전차선 등과 교차하는 부분을 포함하는 경간에 접속점이 없는 것에 한한다)으로 조가하여 시설할 것. 답 ④

91 1차 측 3300[V], 2차 측 220[V]인 변압기 전로의 절연내력 시험전압은 각각 몇 [V]에서 10분간 견디어야 하는가?

① 1차측 4950[V], 2차측 500[V]
② 1차측 4500[V], 2차측 400[V]
③ 1차측 4125[V], 2차측 500[V]
④ 1차측 3300[V], 2차측 400[V]

풀이 135 변압기 전로의 절연내력

권선의 종류 (최대사용전압)	접지방식	시험전압 (최대사용 전압의 배수)	최저 시험전압
1. 7[kV] 이하		1.5배	500[V]
	다중접지	0.92배	500[V]
2. 7[kV] 초과 25[kV] 이하	다중접지	0.92배	
3. 7[kV] 초과 60[kV] 이하 (2란의 것 제외)		1.25배	10.5[kV]
4. 60[kV] 초과	비접지	1.25배	
5. 60[kV] 초과 (6란의 것 제외)	접지식	1.1배	75[kV]
6. 60[kV] 초과	직접접지	0.72배	
7. 170[kV] 초과	직접접지	0.64배	

• 1차측 시험전압 = $3300 \times 1.5 = 4950$[V]
• 2차측 시험전압 = $220 \times 1.5 = 330$[V]
그러나 최저시험전압이 500[V]이므로 2차측 시험전압은 500[V]가 되어야 한다. 답 ①

92 저압 가공전선과 고압 가공전선을 동일 지지물에 시설하는 경우 이격거리는 몇 [cm] 이상이어야 하는가? (단, 각도주(角度柱)·분기주(分岐柱) 등에서 혼촉(混觸)의 우려가 없도록 시설하는 경우는 제외한다.)

① 50 ② 60
③ 70 ④ 80

풀이 332.8 고압 가공전선 등의 병행설치
저압 가공전선(다중접지된 중성선은 제외한다. 이하 같다)과 고압 가공전선을 동일 지지물에 시설하는 경우에는 다음에 따라야 한다.
가. 저압 가공전선을 고압 가공전선의 아래로 하고 별개의 완금류에 시설할 것.
나. 저압 가공전선과 고압 가공전선 사이의 이격거리는 0.5[m] 이상일 것.
다. 다음의 어느 하나에 해당하는 경우에는 "가" 및 "나"에 의하지 아니할 수 있다.
① 고압 가공전선에 케이블을 사용하고, 또한 그 케이블과 저압 가공전선 사이의 이격거리를 0.3[m] 이상으로 하여 시설하는 경우
② 저압 가공인입선을 분기하기 위하여 저압 가공전선을 고압용의 완금류에 견고하게 시설하는 경우 **답** ①

93 중성선 다중접지식의 것으로서 전로에 지락이 생겼을 때 2초 이내에 자동적으로 이를 전로로부터 차단하는 장치가 되어 있는 22.9[kV] 특고압 가공전선이 다른 특고압 가공전선과 접근하는 경우 이격거리는 몇 [m] 이상으로 하여야 하는가? (단, 양쪽이 나전선인 경우이다.)

① 0.5 ② 1.0
③ 1.5 ④ 2.0

풀이 333.32 25[kV] 이하인 특고압 가공전선로의 시설
사용전압이 15[kV]를 초과하고 25[kV] 이하인 특고압 가공전선로(중성선 다중접지식의 것으로서 전로에 지락이 생겼을 때에 2초 이내에 자동적으로 이를 전로로부터 차단하는 장치가 되어 있는 것에 한한다.)가 상호 간 접근 또는 교차하는 경우 이격거리

사용전선의 종류	이격거리
어느 한쪽 또는 양쪽이 나전선인 경우	1.5[m]
양쪽이 특고압 절연전선인 경우	1.0[m]
한쪽이 케이블이고 다른 한쪽이 케이블이거나 특고압 절연전선인 경우	0.5[m]

답 ③

94 고압 또는 특고압 가공전선과 금속제의 울타리가 교차하는 경우 교차점과 좌, 우로 몇 [m] 이내의 개소에 규정에 의한 접지공사를 하여야 하는가? (단, 전선에 케이블을 사용하는 경우는 제외한다.)

① 25 ② 35
③ 45 ④ 55

풀이 351.1 발전소 등의 울타리·담 등의 시설
고압 또는 특고압 가공전선(전선에 케이블을 사용하는 경우는 제외함)과 금속제의 울타리·담 등이 교차하는 경우에 금속제의 울타리·담 등에는 교차점과 좌, 우로 45[m] 이내의 개소에 규정에 의한 접지공사를 하여야 한다.
또한 울타리·담 등에 문 등이 있는 경우에는 접지공사를 하거나 울타리·담 등과 전기적으로 접속하여야한다. 다만, 토지의 상황에 의하여 규정에 의한 접지저항 값을 얻기 어려울 경우에는 100[Ω] 이하로 하고 또한 고압 가공전선로는 고압보안공사, 특고압 가공전선로는 제2종 특고압 보안공사에 의하여 시설할 수 있다. **답** ③

95 의료장소 중 그룹 1 및 그룹 2의 의료 IT 계통에 시설되는 전기설비의 시설기준으로 틀린 것은?

① 의료용 절연변압기의 정격출력은 10[kVA] 이하로 한다.
② 의료용 절연변압기의 2차측 정격전압은 교류 250[V] 이하로 한다.
③ 전원측에 강화절연을 한 의료용 절연변압기를 설치하고 그 2차측 전로는 접지한다.
④ 절연감시장치를 설치하여 절연저항이 50 [kΩ]까지 감소하면 표시설비 및 음향설비로 경보를 발하도록 한다.

풀이 242.10.3 의료장소의 안전을 위한 보호 설비
그룹 1 및 그룹 2의 의료 IT 계통은 다음과 같이 시설할 것.
가. 전원측에 따라 이중 또는 강화절연을 한 비단락보증 절연변압기를 설치하고 그 2차측 전로는 접지하지 말 것.
나. 비단락보증 절연변압기의 2차측 정격전압은 교류 250[V] 이하로 하며 공급방식 및 정격출력은 단상 2선식, 10[kVA] 이하로 할 것.
다. 비단락보증 절연변압기의 과부하 및 온도를 지속적으로 감시하는 장치를 적절한 장소에 설치할 것.

라. 의료 IT 계통의 절연상태를 지속적으로 계측, 감시하는 장치를 다음과 같이 설치할 것.
  ⑴ 절연 감시장치를 설치하여 절연저항이 50[kΩ]까지 감소하면 표시설비 및 음향설비로 경보를 발하도록 할 것.
  ⑵ 표시설비 및 음향설비를 적절한 장소에 배치하여 의료진에 의하여 지속적으로 감시될 수 있도록 할 것.
  ⑶ 수술실 등의 내부에 설치되는 음향설비가 의료행위에 지장을 줄 우려가 있는 경우에는 기능을 정지시킬 수 있는 구조일 것.
마. 의료 IT 계통의 분전반은 의료장소의 내부 혹은 가까운 외부에 설치할 것.
답 ③

96 전력 보안통신 설비인 무선통신용 안테나를 지지하는 목주의 풍압하중에 대한 안전율은 얼마 이상으로 해야 하는가?

① 0.5　　　　② 0.9
③ 1.2　　　　④ 1.5

풀이 364.1 무선용 안테나 등을 지지하는 철탑 등의 시설
전력보안통신설비인 무선통신용 안테나 또는 반사판을 지지하는 목주·철주·철근 콘크리트주 또는 철탑은 다음에 따라 시설하여야 한다. 다만, 무선용 안테나 등이 전선로의 주위상태를 감시할 목적으로 시설되는 것일 경우에는 그러하지 아니하다.
가. 목주는 풍압하중에 대한 안전율은 1.5 이상이어야 한다.
나. 철주·철근 콘크리트주 또는 철탑의 기초 안전율은 1.5 이상이어야 한다.
답 ④

> 출제기준 변경 및 개정된 관계 법규에 따라 삭제된 문제가 있어 20문항이 안됩니다.

2020년 - 3회 _ 전기산업기사·공사산업기사

81 제1종 특고압 보안공사로 시설하는 전선로의 지지물로 사용할 수 없는 것은?

① 목주　　　　② 철탑
③ B종 철주　　④ B종 철근 콘크리트주

풀이 333.22 특고압 보안공사
제1종 특고압 보안공사에서 전선로의 지지물은 B종 철주·B종 철근 콘크리트주 또는 철탑을 사용할 것.
즉, A종 철근콘크리트주 및 목주는 사용할 수 없다.
답 ①

82 154[kV] 가공전선과 식물과의 최소 이격거리는 몇 [m]인가?

① 2.8　　　　② 3.2
③ 3.8　　　　④ 4.2

풀이 333.30 특고압 가공전선과 식물의 이격거리

사용전압의 구분	이격거리
60[kV] 이하	2[m]
60[kV] 초과	2[m]에 사용전압이 60[kV]를 초과하는 10[kV] 또는 그 단수마다 12[cm]을 더한 값

단수 $n = \dfrac{154-60}{10} = 9.4 \rightarrow 10$단
이격거리 $= 2 + 10 \times 0.12 = 3.2$[m]
답 ②

83 다음 (　)의 ㉠, ㉡에 들어갈 내용으로 옳은 것은?

> "전기철도용 급전선"이란 전기철도용 (　㉠　)로부터 다른 전기철도용 (　㉠　) 또는 (　㉡　)에 이르는 전선을 말한다.

① ㉠ 급전소　㉡ 개폐소
② ㉠ 궤전선　㉡ 변전소
③ ㉠ 변전소　㉡ 전차선
④ ㉠ 전차선　㉡ 급전소

풀이 112 용어 정의
"전기철도용 급전선"이란 전기철도용 변전소로부터 다른 전기철도용 변전소 또는 전차선에 이르는 전선을 말한다
답 ③

84 저압 가공인입선 시설 시 도로를 횡단하여 시설하는 경우 노면상 높이는 몇 [m] 이상으로 하여야 하는가?

① 4　　　　② 4.5
③ 5　　　　④ 5.5

풀이 221.1.1 저압 인입선의 시설

저압 가공인입선의 높이는 다음에 의할 것.

가. 도로(차도와 보도의 구별이 있는 도로인 경우에는 차도)를 횡단하는 경우 : 노면상 5[m](기술상 부득이한 경우에 교통에 지장이 없을 때에는 3[m]) 이상

나. 철도 또는 궤도를 횡단하는 경우 : 레일면상 6.5[m] 이상

다. 횡단보도교의 위에 시설하는 경우 : 노면상 3[m] 이상

라. "가"에서 "다" 까지 이외의 경우 : 지표상 4[m] 이상 (기술상 부득이한 경우에 교통에 지장이 없을 때에는 2.5[m] 이상)

답 ③

85 기구 등의 전로의 절연내력 시험에서 최대 사용전압이 60[kV]를 초과하는 기구 등의 전로로서 중성점 비접지식 전로에 접속하는 것은 최대 사용전압의 몇 배의 전압에 10분간 견디어야 하는가?

① 0.72 ② 0.92

③ 1.25 ④ 1.5

풀이 136 기구 등의 전로의 절연내력

개폐기·차단기·전력용 커패시터·유도전압조정기·계기용변성기 기타의 기구의 전로 및 발전소·변전소·개폐소 또는 이에 준하는 곳에 시설하는 기계기구의 접속선 및 모선은 표 에서 정하는 시험전압을 충전부분과 대지 사이(다심케이블은 심선 상호 간 및 심선과 대지 사이)에 연속하여 10분간 가하여 절연내력을 시험하였을 때에 이에 견디어야 한다.

전로의 종류	접지방식	시험전압 (최대사용 전압의 배수)	최저 시험전압
1. 7[kV] 이하인 전로		1.5배	500[V]
2. 7[kV] 초과 25[kV] 이하	다중접지	0.92배	
3. 7[kV] 초과 60[kV] 이하 (2란의 것 제외)		1.25배	10.5[kV]
4. 60[kV] 초과	비접지	1.25배	
5. 60[kV] 초과 (6란, 7란의 것 제외)	접지식	1.1배	75[kV]
6. 60[kV] 초과(7란의 것 제외)	직접접지	0.72배	
7. 170[kV] 초과(발전소 또는 변전소 혹은 이에 준하는 장소에 시설하는 것.)	직접접지	0.64배	

답 ③

86 저압 가공전선(다중접지된 중성선은 제외한다)과 고압 가공전선을 동일 지지물에 시설하는 경우 저압 가공전선과 고압 가공전선 사이의 이격거리는 몇 [cm] 이상이어야 하는가? (단, 각도주(角度柱)·분기주(分岐柱) 등에서 혼촉(混觸)의 우려가 없도록 시설하는 경우가 아니다.)

① 50 ② 60

③ 80 ④ 100

풀이 332.8 고압 가공전선 등의 병행설치

저압 가공전선(다중접지된 중성선은 제외한다. 이하 같다)과 고압 가공전선을 동일 지지물에 시설하는 경우에는 다음에 따라야 한다.

가. 저압 가공전선을 고압 가공전선의 아래로 하고 별개의 완금류에 시설할 것.

나. 저압 가공전선과 고압 가공전선 사이의 이격거리는 0.5[m] 이상일 것.

다. 다음의 어느 하나에 해당하는 경우에는 "가" 및 "나"에 의하지 아니할 수 있다.

① 고압 가공전선에 케이블을 사용하고, 또한 그 케이블과 저압 가공전선 사이의 이격거리를 0.3[m] 이상으로 하여 시설하는 경우

② 저압 가공인입선을 분기하기 위하여 저압 가공전선을 고압용의 완금류에 견고하게 시설하는 경우

답 ①

87 폭연성 분진이 많은 장소의 저압 옥내배선에 적합한 배선공사방법은?

① 금속관 공사 ② 애자 공사

③ 합성수지관 공사 ④ 가요전선관 공사

풀이 242.2.1 폭연성 분진 위험장소

폭연성 분진(마그네슘·알루미늄·티탄·지르코늄) 또는 화약류의 분말이 전기설비가 발화원이 되어 폭발할 우려가 있는 곳에 시설하는 저압 옥내배선, 저압 관등회로 배선, 소세력 회로의 전선은 금속관공사 또는 케이블공사(캡타이어 케이블을 사용하는 것을 제외한다)에 의할 것.

답 ①

88 변압기에 의하여 154[kV]에 결합되는 3300[V] 전로에는 몇 배 이하의 사용전압이 가하여진 경우에 방전하는 장치를 그 변압기의 단자에 가까운 1극에 시설하여야 하는가?

① 2 ② 3

③ 4 ④ 5

풀이 322.3 특고압과 고압의 혼촉 등에 의한 위험방지 시설
변압기에 의하여 특고압전로에 결합되는 고압전로에는 사용전압의 3배 이하인 전압이 가하여진 경우에 방전하는 장치를 그 변압기의 단자에 가까운 1극에 설치하여야 한다. **답** ②

---

89 특고압 가공전선로의 지지물에 시설하는 통신선 또는 이에 직접 접속하는 통신선이 도로·횡단보도교·철도의 레일 등 또는 교류 전차선 등과 교차하는 경우의 시설기준으로 옳은 것은?

① 인장강도 4.0[kN] 이상의 것 또는 지름 3.5 [mm] 경동선일 것
② 통신선이 케이블 또는 광섬유 케이블일 때는 이격거리의 제한이 없다.
③ 통신선과 삭도 또는 다른 가공약전류 전선 등 사이의 이격거리는 20[cm] 이상으로 할 것
④ 통신선이 도로·횡단보도교·철도의 레일과 교차하는 경우에는 통신선은 지름 4[mm]의 절연전선과 동등 이상의 절연 효력이 있을 것

풀이 362.2 전력보안통신선의 시설 높이와 이격거리
특고압 가공전선로의 지지물에 시설하는 통신선 또는 이에 직접 접속하는 통신선이 도로·횡단보도교·철도의 레일·삭도·가공전선·다른 가공약전류 전선 등 또는 교류 전차선 등과 교차하는 경우에는 다음에 따라 시설하여야 한다.
가. 통신선이 도로·횡단보도교·철도의 레일 또는 삭도와 교차하는 경우에는 통신선은 연선의 경우 단면적 16[mm²](단선의 경우 지름 4[mm])의 절연전선과 동등 이상의 절연 효력이 있는 것, 인장강도 8.01[kN] 이상의 것 또는 연선의 경우 단면적 25[mm²](단선의 경우 지름 5[mm])의 경동선일 것.
나. 통신선과 삭도 또는 다른 가공약전류 전선 등 사이의 이격거리는 0.8[m](통신선이 케이블 또는 광섬유 케이블일 때는 0.4[m]) 이상으로 할 것. **답** ④

---

90 고압 가공전선으로 ACSR(강심알루미늄연선)을 사용할 때의 안전율은 얼마 이상이 되는 이도(弛度)로 시설하여야 하는가?

① 1.38   ② 2.1
③ 2.5   ④ 4.01

풀이 332.4 고압 가공전선의 안전율
222.6 저압 가공전선의 안전율
가공전선이 케이블 이외인 경우 안전율이 다음 이상이 되는 이도로 시설하여야 한다.
가. 경동선 또는 내열 동합금선 : 2.2 이상
나. 그 밖의 전선 : 2.5 **답** ③

---

91 절연내력시험은 전로와 대지 사이에 연속하여 10분간 가하여 절연내력을 시험하였을 때에 이에 견디어야 한다. 최대 사용전압이 22.9[kV]인 중성선 다중 접지식 가공전선로의 전로와 대지 사이의 절연내력 시험전압은 몇 [V]인가?

① 16488   ② 21068
③ 22900   ④ 28625

풀이 135 변압기 전로의 절연내력

권선의 종류 (최대사용전압)	접지방식	시험전압 (최대사용 전압의 배수)	최저 시험전압
1. 7[kV] 이하		1.5배	500[V]
	다중접지	0.92배	500[V]
2. 7[kV] 초과 25[kV] 이하	다중접지	0.92배	
3. 7[kV] 초과 60[kV] 이하 (2란의 것 제외)		1.25배	10.5[kV]
4. 60[kV] 초과	비접지	1.25배	
5. 60[kV] 초과 (6란의 것 제외)	접지식	1.1배	75[kV]
6. 60[kV] 초과	직접접지	0.72배	
7. 170[kV] 초과	직접접지	0.64배	

※ 전로에 케이블을 사용하는 경우에는 직류로 시험할 수 있으며, 시험 전압은 교류의 경우의 2배가 된다.
∴ 시험 전압 $= 22900 \times 0.92 = 21068$[V] **답** ②

---

92 시가지 또는 그 밖에 인가가 밀집한 지역에 154[kV] 가공전선로의 전선을 케이블로 시설하고자 한다. 이때 가공전선을 지지하는 애자장치의 50[%] 충격섬락전압 값이 그 전선의 근접한 다른 부분을 지지하는 애자장치 값의 몇 [%] 이상이어야 하는가?

① 75   ② 100
③ 105   ④ 110

풀이 333.1 시가지 등에서 특고압 가공전선로의 시설
특고압 가공전선로는 전선이 케이블인 경우 또는 전선

로를 다음과 같이 시설하는 경우에는 시가지 그 밖에 인가가 밀집한 지역에 시설할 수 있다.
1. 사용전압이 170[kV] 이하인 전선로를 다음에 의하여 시설하는 경우
　가. 특고압 가공전선을 지지하는 애자장치는 다음 중 어느 하나에 의할 것.
　　(1) 50[%] 충격섬락전압 값이 그 전선의 근접한 다른 부분을 지지하는 애자장치 값의 110[%] (사용전압이 130[kV]를 초과하는 경우는 105 [%]) 이상인 것.
　　(2) 아킹혼을 붙인 현수애자·장간애자 또는 라인포스트애자를 사용하는 것.
　　(3) 2련 이상의 현수애자 또는 장간애자를 사용하는 것.
　　(4) 2개 이상의 핀애자 또는 라인포스트애자를 사용하는 것.　　　　답 ③

93 뱅크용량 15000[kVA] 이상인 분로리액터에서 자동적으로 전로로부터 차단하는 장치가 동작하는 경우가 아닌 것은?
① 내부 고장 시
② 과전류 발생 시
③ 과전압 발생 시
④ 온도가 현저히 상승한 경우

풀이 351.5 조상설비의 보호장치
조상 설비에는 그 내부에 고장이 생긴 경우에 보호하는 장치를 표와 같이 시설하여야 한다.

설비 종별	뱅크 용량의 구분	자동적으로 전로로부터 차단하는 장치
전력용 커패시터 및 분로리액터	500[kVA] 초과 15,000[kVA] 미만	• 내부에 고장이 생긴 경우 • 과전류가 생긴 경우
	15,000[kVA] 이상	• 내부에 고장이 생긴 경우 • 과전류가 생긴 경우 • 과전압이 생긴 경우
조상기	15,000[kVA] 이상	• 내부에 고장이 생긴 경우

답 ④

94 욕조나 샤워시설이 있는 욕실 또는 화장실 등 인체가 물에 젖어있는 상태에서 전기를 사용하는 장소에 콘센트를 시설하는 경우에 적합한 누전차단기는?
① 정격감도전류 15[mA] 이하, 동작시간 0.03 초 이하의 전류동작형 누전차단기

② 정격감도전류 15[mA] 이하, 동작시간 0.03 초 이하의 전압동작형 누전차단기
③ 정격감도전류 20[mA] 이하, 동작시간 0.3 초 이하의 전류동작형 누전차단기
④ 정격감도전류 20[mA] 이하, 동작시간 0.3 초 이하의 전압동작형 누전차단기

풀이 234.5 콘센트의 시설
욕조나 샤워시설이 있는 욕실 또는 화장실 등 인체가 물에 젖어있는 상태에서 전기를 사용하는 장소에 콘센트를 시설하는 경우에는 다음에 따라 시설하여야한다.
가. 인체감전보호용 누전차단기(정격감도전류 15[mA] 이하, 동작시간 0.03[초] 이하의 전류동작형의 것에 한한다) 또는 절연변압기(정격용량 3[kVA] 이하인 것에 한한다)로 보호된 전로에 접속하거나, 인체감전보호용 누전차단기가 부착된 콘센트를 시설하여야 한다.
나. 콘센트는 접지극이 있는 방적형 콘센트를 사용하여 규정에 준하여 접지하여야 한다.　　　답 ①

95 풀장용 수중조명등에 전기를 공급하기 위하여 사용되는 절연변압기에 대한 설명으로 틀린 것은?
① 절연변압기 2차측 전로의 사용전압은 150 [V] 이하이어야 한다.
② 절연변압기의 2차측 전로에는 반드시 접지공사를 하며, 그 저항값은 5[Ω] 이하가 되도록 하여야 한다.
③ 절연변압기의 2차측 전로의 사용전압이 30[V] 이하인 경우에는 1차 권선과 2차 권선 사이에 금속제의 혼촉방지판이 있어야 한다.
④ 절연변압기의 2차측 전로의 사용전압이 30[V]를 초과하는 경우에는 그 전로에 지락이 생겼을 때에 자동적으로 전로를 차단하는 장치가 있어야 한다.

풀이 234.14 수중조명등
가. 수영장 기타 이와 유사한 장소에 사용하는 수중조명등에 전기를 공급하기 위해서는 절연변압기를 사용하고, 그 사용전압은 다음에 의하여야 한다.
① 1차측 전로의 사용전압은 400[V] 이하일 것.
② 2차측 전로의 사용전압은 150[V] 이하일 것.

나. 절연변압기의 2차 측 전로는 접지하지 말 것.
다. 절연변압기는 그 2차측 전로의 사용전압이 30[V] 이하인 경우는 1차권선과 2차권선 사이에 금속제의 혼촉방지판을 설치하고, 규정에 준하여 접지공사를 하여야 한다.
라. 절연변압기의 2차측 전로의 사용전압이 30[V]를 초과하는 경우에는 그 전로에 지락이 생겼을 때에 자동적으로 전로를 차단하는 정격감도전류 30[mA] 이하의 누전차단기를 시설하여야 한다. **답** ②

96
발전기를 구동하는 풍차의 압유장치의 유압, 압축공기장치의 공기압 또는 전동식 브레이드 제어장치의 전원전압이 현저히 저하한 경우 발전기를 자동적으로 전로로부터 차단하는 장치를 시설하여야 하는 발전기 용량은 몇 [kVA] 이상인가?

① 100 ② 300
③ 500 ④ 1000

풀이 351.3 발전기 등의 보호장치
발전기에는 다음의 경우에 자동적으로 이를 전로로부터 차단하는 장치를 시설하여야 한다.
가. 발전기에 과전류나 과전압이 생긴 경우
나. 용량이 500[kVA] 이상의 발전기를 구동하는 수차의 압유 장치의 유압이 현저히 저하한 경우
다. 용량이 100[kVA] 이상의 발전기를 구동하는 풍차의 압유장치의 유압이 현저히 저하한 경우
라. 용량이 2,000[kVA] 이상인 수차 발전기의 스러스트 베어링의 온도가 현저히 상승한 경우
마. 용량이 10,000[kVA] 이상인 발전기의 내부에 고장이 생긴 경우
바. 정격출력이 10,000[kW]를 초과하는 증기터빈은 그 스러스트베어링이 현저하게 마모되거나 그의 온도가 현저히 상승한 경우 **답** ①

97
가공전선로의 지지물에 사용하는 지선의 시설기준과 관련된 내용으로 틀린 것은?

① 지선에 연선을 사용하는 경우 소선(素線) 3가닥 이상의 연선일 것
② 지선의 안전율은 2.5 이상, 허용 인장하중의 최저는 3.31[kN]으로 할 것
③ 지선에 연선을 사용하는 경우 소선의 지름이 2.6[mm] 이상의 금속선을 사용한 것일 것

④ 가공전선로의 지지물로 사용하는 철탑은 지선을 사용하여 그 강도를 분담시키지 않을 것

풀이 331.11 지선의 시설
가. 가공전선로의 지지물로 사용하는 철탑은 지선을 사용하여 그 강도를 분담시켜서는 안 된다.
나. 지선의 안전율은 2.5 이상일 것. 이 경우에 허용 인장하중의 최저는 4.31[kN]으로 한다.
다. 지선에 연선을 사용할 경우에는 다음에 의할 것.
① 소선 3가닥 이상의 연선일 것.
② 소선의 지름이 2.6[mm] 이상의 금속선을 사용한 것일 것.
라. 지중부분 및 지표상 0.3[m]까지의 부분에는 내식성이 있는 것 또는 아연도금을 한 철봉을 사용하고 쉽게 부식되지 않는 근가에 견고하게 붙일 것.
마. 도로를 횡단하여 시설하는 지선의 높이는 지표상 5[m] 이상으로 하여야 한다. **답** ②

98
발열선을 도로, 주차장 또는 조영물의 조영재에 고정시켜 시설하는 경우, 발열선에 전기를 공급하는 전로의 대지전압은 몇 [V] 이하이어야 하는가?

① 220 ② 300
③ 380 ④ 600

풀이 241.12 도로 등의 전열장치
가. 발열선에 전기를 공급하는 전로의 대지전압은 300[V] 이하일 것.
나. 발열선은 그 온도가 80[℃]를 넘지 아니하도록 시설할 것. 다만, 도로 또는 옥외주차장에 금속피복을 한 발열선을 시설할 경우에는 발열선의 온도를 120[℃] 이하로 할 수 있다.
다. 발열선은 다른 전기설비·약전류전선 등 또는 수관·가스관이나 이와 유사한 것에 전기적·자기적 또는 열적인 장해를 주지 아니하도록 시설할 것. **답** ②

출제기준 변경 및 개정된 관계 법규에 따라 삭제된 문제가 있어 20문항이 안됩니다.

2020년 - 4회 _ 전기산업기사·공사산업기사

81 특고압 가공전선로 중 지지물로 직선형의 철탑을 연속하여 10기 이상 사용하는 부분에는 몇 기 이하마다 내장 애자 장치가 되어 있는 철탑 또는 이와 동등 이상의 강도를 가지는 철탑 1기를 시설하여야 하는가?

① 3 ② 5 ③ 7 ④ 10

풀이 333.16 특고압 가공전선로의 내장형 등의 지지물 시설
특고압 가공전선로 중 지지물로서 직선형의 철탑을 연속하여 10기 이상 사용하는 부분에는 10기 이하마다 장력에 견디는 애자장치가 되어 있는 철탑 또는 이와 동등 이상의 강도를 가지는 철탑 1기를 시설하여야 한다.
답 ④

82 발열선을 도로, 주차장 또는 조영물의 조영재에 고정시켜 시설하는 경우 발열선에 전기를 공급하는 전로의 대지전압은 몇 [V] 이하이어야 하는가?

① 100 ② 150 ③ 200 ④ 300

풀이 241.12 도로 등의 전열장치
가. 발열선에 전기를 공급하는 전로의 대지전압은 300 [V] 이하일 것.
나. 발열선은 그 온도가 80[℃]를 넘지 아니하도록 시설할 것. 다만, 도로 또는 옥외주차장에 금속피복을 한 발열선을 시설할 경우에는 발열선의 온도를 120[℃]이하로 할 수 있다.
다. 발열선은 다른 전기설비·약전류전선 등 또는 수관·가스관이나 이와 유사한 것에 전기적·자기적 또는 열적인 장해를 주지 아니하도록 시설할 것.
답 ④

83 태양전지 모듈의 시설에 대한 설명으로 옳은 것은?

① 충전부분은 노출하여 시설할 것
② 출력배선은 극성별로 확인 가능토록 표시할 것
③ 전선은 공칭단면적 1.5[mm²] 이상의 연동선을 사용할 것
④ 전선을 옥내에 시설할 경우에는 애자공사에 준하여 시설할 것

풀이 520 태양광발전설비
가. 태양전지 모듈, 전선, 개폐기 및 기타 기구는 충전부분이 노출되지 않도록 시설하여야 한다.
나. 모듈의 출력배선은 극성별로 확인할 수 있도록 표시할 것
다. 전선은 공칭단면적 2.5[mm²] 이상의 연동선 또는 이와 동등 이상의 세기 및 굵기의 것일 것.
라. 모듈을 병렬로 접속하는 전로에는 그 주된 전로에 단락전류가 발생할 경우에 전로를 보호하는 과전류차단기 또는 기타 기구를 시설할 것
마. 배선설비 공사는 옥내에 시설할 경우에는 합성수지관공사, 금속관공사, 금속제가요전선관공사, 케이블공사의 규정에 준하여 시설할 것.
답 ②

84 최대사용전압이 69[kV]인 중성점 비접지식 전로의 절연내력 시험전압은 몇 [kV]인가?

① 63.48 ② 75.9
③ 86.25 ④ 103.5

풀이 132 전로의 절연저항 및 절연내력

전로의 종류	접지방식	시험전압 (최대사용 전압의 배수)	최저 시험전압
1. 7[kV] 이하인 전로		1.5배	
2. 7[kV] 초과 25[kV] 이하	다중접지	0.92배	
3. 7[kV] 초과 60[kV] 이하 (2란의 것 제외)		1.25배	10.5[kV]
4. 60[kV] 초과	비접지	1.25배	
5. 60[kV] 초과 (6란, 7란의 것 제외)	접지식	1.1배	75[kV]
6. 60[kV] 초과(7란의 것 제외)	직접접지	0.72배	
7. 170[kV] 초과(발전소 또는 변전소 혹은 이에 준하는 장소에 시설하는 것.)	직접접지	0.64배	

※ 전로에 케이블을 사용하는 경우에는 직류로 시험할 수 있으며, 시험전압은 교류의 경우의 2배가 된다.
∴ 시험전압 = $69 \times 1.25 = 86.25$[kV] **답 ③**

85 저압 옥측전선로에서 목조의 조영물에 시설할 수 있는 공사방법은?

① 금속관공사
② 버스덕트공사
③ 합성수지관공사
④ 연피 또는 알루미늄 케이블공사

풀이 221.2 옥측전선로
저압 옥측전선로는 다음의 공사방법에 의할 것.
가. 애자공사(전개된 장소에 한한다.)
나. 합성수지관공사
다. 금속관공사(목조 이외의 조영물에 시설하는 경우에 한한다)
라. 버스덕트공사[목조 이외의 조영물(점검할 수 없는 은폐된 장소는 제외한다)에 시설하는 경우에 한한다]
마. 케이블공사(연피 케이블 · 알루미늄피 케이블 또는 무기물 절연 케이블을 사용하는 경우에는 목조 이외의 조영물에 시설하는 경우에 한한다)

답 ③

---

86 그림은 전력선 반송통신용 결합장치의 보안장치를 나타낸 것이다. ㉠, ㉡의 명칭으로 옳게 짝지어진 것은?

① ㉠ S, ㉡ FD
② ㉠ CF, ㉡ CC
③ ㉠ S, ㉡ CC
④ ㉠ CF, ㉡ FD

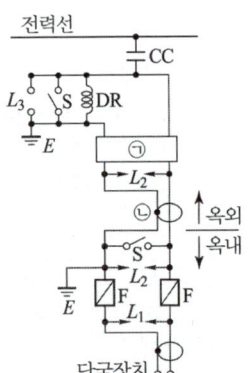

풀이 362.11 전력선 반송 통신용 결합장치의 보안장치
전력선 반송통신용 결합 커패시터에 접속하는 회로에는 그림의 보안장치 또는 이에 준하는 보안장치를 시설하여야 한다.

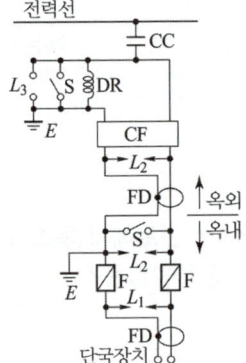

전력선 반송 통신용 결합 장치의 보안장치
• FD : 동축 케이블
• F : 정격 전류 10[A] 이하의 포장 퓨즈
• DR : 전류 용량 2[A] 이상의 배류 선륜
• L_1 : 교류 300[V] 이하에서 동작하는 피뢰기
• L_2 : 동작 전압이 교류 1,300[V]를 넘고 1,600[V] 이하로 조정된 방전갭
• L_3 : 동작 전압이 교류 2[kV]를 넘고 3[kV] 이하로 구상 방전갭
• S : 접지용 개폐기
• CF : 결합 필터
• CC : 결합 콘덴서(결합 안테나를 포함한다)
• E : 접지

답 ④

---

87 저압전로의 중성점에 접지도체로 시설하는 연동선의 공칭단면적은 몇 [mm²] 이상이어야 하는가?

① 4[mm²] 이상
② 6[mm²] 이상
③ 10[mm²] 이상
④ 16[mm²] 이상

풀이 322.5 전로의 중성점의 접지
가. 전로의 중성점 접지공사의 목적
① 보호 장치의 확실한 동작의 확보
② 이상 전압의 억제
③ 대지전압의 저하
나. 접지도체는 공칭단면적 16[mm²] 이상의 연동선(저압 전로의 중성점에 시설하는 것은 공칭단면적 6[mm²] 이상의 연동선)으로서 고장시 흐르는 전류가 안전하게 통할 수 있는 것을 사용하고 또한 손상을 받을 우려가 없도록 시설할 것.

답 ②

---

88 전선을 접속하는 방법으로 틀린 것은?

① 전기 저항이 증가되지 않아야 한다.
② 전선의 세기는 30[%] 이상 감소시키지 않아야 한다.
③ 접속 부분을 그 부분의 절연전선 절연물과 동등 이상의 절연 성능이 있는 것으로 충분히 피복할 것
④ 알루미늄을 접속할 때는 고시된 규격에 맞는 접속 기구를 사용한다.

풀이 123 전선의 접속
나전선 상호 또는 나전선과 절연전선 또는 캡타이어 케이블과 접속하는 경우
① 전선의 전기저항을 증가시키지 아니하도록 접속
② 전선의 세기(인장하중)를 20[%] 이상 감소시키지 아니할 것.
③ 전선 접속 시 접속부분을 그 부분의 절연전선의 절연물과 동등 이상의 절연성능이 있는 것으로 충분히 피복할 것.

답 ②

89 발전소의 개폐기 또는 차단기에 사용하는 압축공기장치의 주 공기탱크에 시설하는 압력계의 최고 눈금의 범위로 옳은 것은?

① 사용압력의 1배 이상 2배 이하

② 사용압력의 1.15배 이상 2배 이하

③ 사용압력의 1.5배 이상 3배 이하

④ 사용압력의 2배 이상 3배 이하

풀이 341.15 압축공기계통

발전소·변전소·개폐소 또는 이에 준하는 곳에서 개폐기 또는 차단기에 사용하는 압축공기장치는 다음에 따라 시설하여야 한다.

가. 공기압축기는 최고 사용압력의 1.5배의 수압(수압을 연속하여 10분간 가하여 시험을 하기 어려울 때에는 최고 사용압력의 1.25배의 기압)을 연속하여 10분간 가하여 시험을 하였을 때에 이에 견디고 또한 새지 아니할 것.

나. 주 공기탱크 또는 이에 근접한 곳에는 **사용압력의 1.5배 이상 3배 이하의 최고 눈금이 있는 압력계를 시설**할 것.

다. 사용 압력에서 공기의 보급이 없는 상태로 개폐기 또는 차단기의 투입 및 차단을 연속하여 1회 이상 할 수 있는 용량을 가지는 것일 것. **답** ③

90 상시 상정하중 중 풍압하중에 전가섭선에 관하여 각 가섭선의 상정 최대장력의 33[%]와 같은 불평균 장력의 수평 종분력에 의한 하중을 가산하여야 할 철탑은?

① 인류형　　　② 내장형

③ 보강형　　　④ 각도형

풀이 333.13 상시 상정하중

인류형·내장형 또는 보강형·직선형·각도형의 철주·철근 콘크리트주 또는 철탑의 경우에는 풍압하중에 가섭선 불평균 장력에 의한 수평 종하중을 가산한다.

① 인류형 : 전가섭선에 관하여 각 가섭선의 상정 최대 장력과 같은 불평균 장력의 수평 종분력에 의한 하중

② **내장형·보강형** : 전가섭선에 관하여 각 가섭선의 **상정 최대장력의 33[%]와 같은 불평균 장력의 수평 종분력에 의한 하중**

③ 직선형 : 전가섭선에 관하여 각 가섭선의 상정 최대 장력의 3[%]와 같은 불평균 장력의 수평 종분력에 의한 하중.(단 내장형은 제외한다)

④ 각도형 : 전가섭선에 관하여 각 가섭선의 상정 최대 장력의 10[%]와 같은 불평균 장력의 수평 종분력에 의한 하중. **답** ②

91 냉각장치에 고장이 생긴 경우 특고압용 타냉식 변압기의 보호장치는?

① 경보장치　　　② 과전류 측정장치

③ 온도 측정장치　　④ 자동차단장치

풀이 351.4 특고압용 변압기의 보호장치

특고압용의 변압기에는 그 내부에 고장이 생겼을 경우에 보호하는 장치를 표와 같이 시설하여야 한다.

뱅크 용량의 구분	동작조건	장치의 종류
5,000[kVA] 이상 10,000[kVA] 미만	변압기 내부고장	자동차단장치 또는 경보장치
10,000[kVA] 이상	변압기 내부고장	자동차단장치
타냉식 변압기(변압기의 권선 및 철심을 직접 냉각시키기 위하여 봉입한 냉매를 강제 순환시키는 냉각 방식을 말한다.)	냉각장치에 고장이 생긴 경우 또는 변압기의 온도가 현저히 상승한 경우	경보장치

답 ①

92 특고압가공전선로의 지지물에 시설하는 통신선 또는 이것에 직접 접속하는 통신선일 경우에 설치하여야 할 보안장치로서 모두 옳은 것은?

① 특고압용 제2종 보안장치, 고압용 제2종 보안장치

② 특고압용 제1종 보안장치, 특고압용 제3종 보안장치

③ 특고압용 제2종 보안장치, 특고압용 제3종 보안장치

④ 특고압용 제1종 보안장치, 특고압용 제2종 보안장치

풀이 362.10 전력보안통신설비의 보안장치

특고압가공전선로의 지지물에 시설하는 통신선 또는 이에 직접 접속하는 통신선에 접속하는 휴대전화기를 접속하는 곳 및 옥외 전화기를 시설하는 곳에는 **특고압용 제1종 보안장치, 특고압용 제2종 보안장치** 또는 이에 준하는 보안장치를 시설하여야 한다. **답** ④

93 전기욕기에 전기를 공급하기 위한 전원장치에 내장되어 있는 전원변압기의 2차 측 전로의 사용전압은 몇 [V] 이하인 것을 사용하여야 하는가?

① 5　　　② 10

③ 25　　　④ 35

풀이 전기욕기에 전기를 공급하기 위한 전기욕기용 전원장치는 내장되어 있는 전원변압기의 2차 측 전로의 사용 전압이 10[V] 이하인 것에 한한다. **답** ②

94 400[V] 이하의 저압 가공전선은 절연전선을 사용하는 경우 몇 [mm] 이상의 경동선을 사용해야 하는가?

① 1.6   ② 2.0
③ 2.6   ④ 3.2

풀이 222.5 저압 가공전선의 굵기 및 종류
  가. 저압 가공전선은 나전선(중성선 또는 다중접지된 접지측 전선으로 사용하는 전선에 한한다), 절연전선, 다심형 전선 또는 케이블을 사용하여야 한다.
  나. 전선의 굵기

전 압	조 건	전선의 굵기 및 인장강도
400[V] 이하	절연전선	인장강도 2.3[kN] 이상의 것 또는 지름 2.6[mm] 이상의 경동선
	케이블 이외	인장강도 3.43[kN] 이상의 것 또는 지름 3.2[mm] 이상의 경동선
400[V] 초과인 저압 (케이블 이외)	시가지에 시설	인장강도 8.01[kN] 이상의 것 또는 지름 5[mm] 이상의 경동선
	시가지 외에 시설	인장강도 5.26[kN] 이상의 것 또는 지름 4[mm] 이상의 경동선

답 ③

95 차량, 기타 중량물의 압력을 받을 우려가 없는 장소에 지중전선로를 직접 매설식에 의하여 매설하는 경우에는 매설 깊이를 몇 [cm] 이상으로 하여야 하는가?

① 40   ② 60
③ 80   ④ 100

풀이 334.1 지중전선로의 시설
  가. 지중 전선로는 전선에 케이블을 사용하고 또한 관로식・암거식 또는 직접 매설식에 의하여 시설하여야 한다.
  나. 지중 전선로를 직접 매설식에 의하여 시설하는 경우에는 매설 깊이는
    ① 차량 기타 중량물의 압력을 받을 우려가 있는 장소 : 1.0[m] 이상
    ② 기타 장소 : 0.6[m] 이상   **답** ②

96 고압 옥측전선로에 사용할 수 있는 전선은?

① 케이블   ② 나경동선
③ 절연전선   ④ 다심형 전선

풀이 331.13 옥측전선로
고압 옥측전선로는 전개된 장소에는 다음에 따라 시설하여야 한다.
  가. 전선은 케이블일 것.
  나. 케이블은 견고한 관 또는 트라프에 넣거나 사람이 접촉할 우려가 없도록 시설할 것.
  다. 케이블을 조영재의 옆면 또는 아랫면에 따라 붙일 경우에는 케이블의 지지점 간의 거리를 2[m](수직으로 붙일 경우에는 6[m]) 이하로 하고 또한 피복을 손상하지 아니하도록 붙일 것.   **답** ①

97 금속 덕트 공사에 의한 저압 옥내배선 공사 시설 기준에 적합하지 않는 것은?

① 금속 덕트에 넣은 전선의 단면적의 합계가 덕트의 내부 단면적의 20[%] 이하가 되게 하였다.
② 덕트 상호 및 덕트와 금속관과는 전기적으로 완전하게 접속했다.
③ 덕트를 조영재에 붙이는 경우 덕트의 지지점 간의 거리를 4[m] 이하로 견고하게 붙였다.
④ 덕트의 끝부분을 막았다.

풀이 232.31 금속덕트공사
  가. 전선은 절연전선(옥외용 비닐절연전선을 제외한다)일 것.
  나. 금속덕트에 넣은 전선의 단면적(절연피복의 단면적을 포함한다)의 합계는 덕트의 내부 단면적의 20[%](전광표시 장치, 기타 이와 유사한 장치 또는 제어회로 등의 배선만을 넣는 경우에는 50[%]) 이하일 것.
  다. 덕트 상호 간은 견고하고 또한 전기적으로 완전하게 접속할 것.
  라. 덕트를 조영재에 붙이는 경우에는 덕트의 지지점 간의 거리를 3[m](수직으로 붙이는 경우에는 6[m]) 이하로 할 것.
  마. 덕트의 끝부분은 막을 것.
  바. 폭이 50[mm]를 초과하고 또한 두께가 1.2[mm] 이상인 철판 또는 금속제의 것.
  사. 덕트는 접지공사를 할 것.   **답** ③

98 수상 전선로를 시설하는 경우 알맞은 것은?

① 사용전압이 고압인 경우에는 클로로프렌 캡타이어 케이블을 사용한다.

② 가공전선로의 전선과 접속하는 경우, 접속점이 육상에 있는 경우에는 지표상 4[m] 이상의 높이로 지지물에 견고하고 붙인다.

③ 가공전선로의 전선과 접속하는 경우, 접속점이 수면상에 있는 경우, 사용전압이 고압인 경우에는 수면상 5[m] 이상의 높이로 지지물에 견고하게 붙인다.

④ 고압 수상 전선로에 지락이 생길 때를 대비하여 전로를 수동으로 차단하는 장치를 시설한다.

풀이 335.3 수상전선로의 시설
수상전선로를 시설하는 경우에는 그 사용전압은 저압 또는 고압인 것에 한 한다.
가. 전선
　① 저압 : 클로로프렌 캡타이어 케이블
　② 고압 : 캡타이어 케이블
나. 수상전선로의 전선과 가공전선로 접속점의 높이
　① 접속점이 육상에 있는 경우 : 지표상 5[m] 이상. 다만, 저압인 경우에 도로상 이외의 곳에 있을 때에는 지표상 4[m]
　② 접속점이 수면상에 있는 경우 : 저압 4[m] 이상, 고압 5[m] 이상
다. 수상전선로의 사용전압이 고압인 경우에는 전로에 지락이 생겼을 때에 자동적으로 전로를 차단하기 위한 장치를 시설하여야 한다. **답** ③

출제기준 변경 및 개정된 관계 법규에 따라 삭제된 문제가 있어 20문항이 안됩니다.

문제의 번호는 실제 시험문제의 번호와 같게 하였습니다.

2021년 - 1회 _ 전기산업기사·공사산업기사

81 전기욕기에 전기를 공급하기 위한 전원장치에 내장되어 있는 전원변압기의 2차 측 전로의 사용전압은 몇 [V] 이하인 것을 사용하여야 하는가?

① 5　　② 10　　③ 25　　④ 35

풀이 241.2 전기욕기
전기욕기에 전기를 공급하기 위한 전기욕기용 전원장치(내장되는 전원 변압기의 2차측 전로의 사용전압이 10[V] 이하의 것에 한한다)는 안전기준에 적합하여야 한다.　　**답** ②

82 전력 보안 통신 설비인 무선 통신용 안테나 또는 반사판을 지지하는 철주, 철근 콘크리트 주 또는 철탑의 기초의 안전율은 얼마 이상이어야 하는가?

① 1.0　　② 1.2　　③ 1.5　　④ 2.0

풀이 364.1 무선용 안테나 등을 지지하는 철탑 등의 시설
전력보안통신설비인 무선통신용 안테나 또는 반사판을 지지하는 목주·철주·철근 콘크리트주 또는 철탑은 다음에 따라 시설하여야 한다. 다만, 무선용 안테나 등이 전선로의 주위상태를 감시할 목적으로 시설되는 것일 경우에는 그러하지 아니하다.
가. 목주는 풍압하중에 대한 안전율은 1.5 이상이어야 한다.
나. 철주·철근 콘크리트주 또는 철탑의 기초 안전율은 1.5 이상이어야 한다.　　**답** ③

83 전자개폐기의 조작회로 또는 초인벨, 경보벨 등에 접속하는 전로로서 최대 사용전압이 몇 60 [V] 이하인 것으로 대지전압이 몇 [V] 이하인 강전류 전기의 전송에 사용하는 전로와 변압기로 결합되는 것을 소세력회로라 하는가?

① 100　　② 150　　③ 300　　④ 440

풀이 241.14 소세력 회로

가. 전자 개폐기의 조작회로 또는 초인벨·경보벨 등에 접속하는 전로로서 최대 사용전압이 60[V] 이하인 것
나. 소세력 회로에 전기를 공급하기 위한 절연변압기의 사용전압은 대지전압 300[V] 이하로 하여야 한다.　　**답** ③

84 태양전지 모듈의 시설에 대한 설명으로 옳은 것은?

① 충전부분은 노출하여 시설할 것
② 출력배선은 극성별로 확인 가능토록 표시할 것
③ 전선은 공칭단면적 1.5[mm²] 이상의 연동선을 사용할 것
④ 전선을 옥내에 시설할 경우에는 애자공사에 준하여 시설할 것

풀이 520 태양광발전설비
가. 태양전지 모듈, 전선, 개폐기 및 기타 기구는 충전부분이 노출되지 않도록 시설하여야 한다.
나. 모듈의 출력배선은 극성별로 확인할 수 있도록 표시할 것
다. 전선은 공칭단면적 2.5[mm²] 이상의 연동선 또는 이와 동등 이상의 세기 및 굵기의 것일 것.
라. 모듈을 병렬로 접속하는 전로에는 그 주된 전로에 단락전류가 발생할 경우에 전로를 보호하는 과전류차단기 또는 기타 기구를 시설할 것
마. 배선설비 공사는 옥내에 시설할 경우에는 합성수지관공사, 금속관공사, 금속제가요전선관공사, 케이블공사의 규정에 준하여 시설할 것.　　**답** ②

85 저압 옥상전선로의 시설에 대한 설명으로 옳지 않은 것은?

① 전선과 옥상전선로를 시설하는 조영재와의 이격거리를 0.5[m]로 하였다.
② 전선은 상시 부는 바람 등에 의하여 식물에 접촉하지 않도록 시설하였다.
③ 전선은 절연전선을 사용하였다.
④ 전선은 지름 2.6[mm]의 경동선을 사용하였다.

풀이 221.3 옥상전선로
저압 옥상전선로는 전개된 장소에 다음에 따르고 또한 위험의 우려가 없도록 시설하여야 한다.
가. 전선은 인장강도 2.30[kN] 이상의 것 또는 지름 2.6[mm] 이상의 경동선을 사용할 것.
나. 전선은 절연전선(OW전선을 포함한다.) 또는 이와 동등 이상의 절연효력이 있는 것을 사용할 것.
다. 전선은 조영재에 견고하게 붙인 지지주 또는 지지대에 절연성·난연성 및 내수성이 있는 애자를 사용하여 지지하고 또한 그 지지점 간의 거리는 15[m] 이하일 것.
라. 전선과 그 저압 옥상 전선로를 시설하는 조영재와의 이격거리는 2[m](전선이 고압절연전선, 특고압절연전선 또는 케이블인 경우에는 1[m]) 이상일 것.
마. 저압 옥상전선로의 전선은 상시 부는 바람 등에 의하여 식물에 접촉하지 아니하도록 시설하여야 한다. **답 ①**

86 일반 주택 및 아파트 각 호실의 현관등으로 백열전등을 설치할 때에는 타임스위치를 설치하여 몇 분 이내에 소등되는 것이어야 하는가?
① 1 ② 2
③ 3 ④ 5

풀이 234.6 점멸기의 시설
다음의 경우에는 센서등(타임스위치 포함)을 시설하여야 한다.
가. 관광숙박업 또는 숙박업(여인숙업을 제외한다)에 이용되는 객실의 입구등은 1분 이내에 소등되는 것.
나. 일반주택 및 아파트 각 호실의 현관등은 3분 이내에 소등되는 것. **답 ③**

87 저압 옥내 배선은 일반적인 경우, 단면적 몇 [mm²] 이상의 연동선 이거나 이와 동등 이상의 세기 및 굵기의 것을 사용하여야 하는가?
① 2.5 ② 4.0
③ 6.0 ④ 10

풀이 231.3 저압 옥내배선의 사용전선
가. 저압 옥내배선의 전선 : 단면적 2.5[mm²] 이상의 연동선
나. 옥내배선의 사용 전압이 400[V] 이하인 경우는 다음에 의하여 시설할 수 있다.
① 전광표시 장치 또는 제어 회로
• 단면적 1.5[mm²] 이상의 연동선
• 단면적 0.75[mm²] 이상인 다심케이블 또는 다심 캡타이어 케이블을 사용하고 또한 과전류가

생겼을 때에 자동적으로 전로에서 차단하는 장치를 시설
② 진열장 또는 이와 유사한 것의 내부 배선 : 단면적 0.75[mm²] 이상인 코드 또는 캡타이어케이블 **답 ①**

88 유희용 전차의 시설방법으로 틀린 것은?
① 유희용 전차에 전기를 공급하는 전로에는 전용 개폐기를 시설할 것
② 유희용 전차에 전기를 공급하기 위하여 사용하는 접촉전선은 제3레일 방식에 의하여 시설할 것
③ 유희용 전차에 전기를 공급하는 전로의 사용전압은 직류의 경우 60[V] 이하, 교류의 경우는 40[V] 이하일 것
④ 유희용 전차 안에 승압용 변압기를 시설하는 경우 그 변압기의 2차 전압은 300[V] 이하일 것

풀이 241.8 유희용 전차
가. 유희용 전차에 전기를 공급하기 위하여 사용하는 변압기의 1차 전압은 400[V] 이하이어야 한다.
나. 유희용 전차에 전기를 공급하는 전원장치의 2차측 단자의 최대사용전압은 직류의 경우 60[V] 이하, 교류의 경우 40[V] 이하일 것.
다. 접촉전선은 제3레일 방식에 의하여 시설할 것.
라. 유희용 전차의 전차 내에서 승압하여 사용하는 경우 변압기는 절연변압기를 사용하고 2차 전압은 150[V] 이하로 할 것.
마. 유희용 전차에 전기를 공급하는 전로에는 전용의 개폐기를 시설하여야 한다. **답 ④**

89 전기저장장치를 시설하는 곳에서 계측장치를 시설하지 않아도 되는 것은?
① 주요변압기의 전압, 전류 및 전력
② 축전지 출력 단자의 전압, 전류, 전력
③ 축전지 출력 단자의 충방전 상태
④ 주요변압기의 온도

풀이 512.2.3 계측장치
전기저장장치를 시설하는 곳에는 다음의 사항을 계측하는 장치를 시설하여야 한다.
가. 축전지 출력 단자의 전압, 전류, 전력 및 충방전 상태
다. 주요 변압기의 전압 및 전류 또는 전력 **답 ④**

90 사용전압 66[kV] 가공전선과 6[kV] 가공전선을 동일 지지물에 시설하는 경우, 특고압 가공전선은 케이블인 경우를 제외하고는 단면적이 몇 [mm²]인 경동연선 또는 이와 동등 이상의 세기 및 굵기의 연선이어야 하는가?

① 22   ② 38
③ 50   ④ 100

풀이 333.17 특고압 가공전선과 저고압 가공전선 등의 병행 설치
사용전압이 35[kV]을 초과하고 100[kV] 미만인 특고압 가공전선과 저압 또는 고압 가공전선을 동일 지지물에 시설하는 경우에는 다음에 따라 시설하여야 한다.
가. 특고압 가공전선로는 제2종 특고압 보안공사에 의할 것.
나. 특고압 가공전선은 케이블인 경우를 제외하고는 인장강도 21.67[kN] 이상의 연선 또는 단면적이 50[mm²] 이상인 경동연선일 것.
다. 특고압 가공전선로의 지지물은 철주·철근 콘크리트주 또는 철탑일 것   **답** ③

91 최대 사용전압 15[V]를 넘고 30[V] 이하인 소세력 회로에 사용하는 절연변압기의 2차 단락전류 값이 제한을 받지 않을 경우는 2차측에 시설하는 과전류차단기의 용량이 몇 [A] 이하일 경우인가?

① 0.5   ② 1.5
③ 3.0   ④ 5.0

풀이 241.14 소세력 회로
1. 소세력 회로에 전기를 공급하기 위한 변압기는 절연변압기이어야 한다.
2. 절연변압기의 2차 단락전류는 소세력 회로의 최대사용전압에 따라 표에서 정한 값 이하의 것일 것.

소세력 회로의 최대 사용전압의 구분	2차 단락전류	과전류차단기의 경격 전류
15[V] 이하	8[A]	5[A]
15[V]초과 30[V] 이하	5[A]	3[A]
30[V]초과 60[V] 이하	3[A]	1.5[A]

답 ③

92 과전류 차단기로 시설하는 퓨즈 중 고압 전로에 사용하는 포장 퓨즈는 정격 전류의 2배의 전류를 계속 흘렸을 때에 몇 분 안에 용단되어야 하는가?

① 2   ② 20   ③ 60   ④ 120

풀이 341.10 고압 및 특고압 전로 중의 과전류차단기의 시설
과전류차단기로 시설하는 퓨즈 중 고압전로에 사용하는 포장 퓨즈는 정격전류의 1.3배의 전류에 견디고 또한 2배의 전류로 120분 안에 용단되는 것이어야 한다.   **답** ④

93 시가지에 시설하는 154[kV] 가공전선로에는 지락 또는 단락이 발생한 경우 몇 초 이내에 자동적으로 이를 전로로부터 차단하는 장치를 시설하여야 하는가?

① 1   ② 2   ③ 3   ④ 5

풀이 333.1 시가지 등에서 특고압 가공전선로의 시설
사용전압이 100[kV]를 초과하는 특고압 가공전선에 지락 또는 단락이 생겼을 때에는 1초 이내에 자동적으로 이를 전로로부터 차단하는 장치를 시설할 것.   **답** ①

94 발전소·변전소 또는 이에 준하는 곳의 특고압 전로에 대한 접속상태를 모의모선의 사용 또는 기타의 방법으로 표시 하여야 하는데, 그 표시의 의무가 없는 것은?

① 전선로의 회선수가 3회선 이하로서 복모선
② 전선로의 회선수가 2회선 이하로서 복모선
③ 전선로의 회선수가 3회선 이하로서 단일모선
④ 전선로의 회선수가 2회선 이하로서 단일모선

풀이 351.2 특고압전로의 상 및 접속 상태의 표시
발·변전소, 개폐소 등에 있어서는 보수의 편의를 도모하고 오조작, 오접속을 방지하기 위하여 특고압 전로에는 다음의 시설이 필요하다.
가. 보기 쉬운 곳에 상별표시를 한다.
나. 접속 상태를 모의 모선 등으로 표시한다. 다만, 단모선으로 회선수가 2 이하의 간단한 것은 예외로 한다.   **답** ④

95 최대사용전압이 380[V]인 3상 유도전동기의 절연내력은 몇 [V]의 시험전압에 견디어야 하는가?

① 475   ② 500
③ 570   ④ 760

풀이 133 회전기 및 정류기의 절연내력

종 류		시험전압	시험 방법
발전기·전동기·조상기·기타회전기	7[kV] 이하	1.5배 (최저 500[V])	권선과 대지 사이에 연속하여 10분간
	7[kV] 초과	1.25배 (최저 10,500[V])	
회전 변류기		직류측의 최대 사용 전압의 1배의 교류 전압(최저 500[V])	

∴ 시험전압 = 380 × 1.5 = 570[V]   **답** ③

96 계통연계하는 분산형전원을 설치하는 경우에 이상 또는 고장발생 시 자동적으로 분산형전원을 전력계통으로부터 분리하기 위한 장치를 시설해야 하는 경우가 아닌 것은?

① 역률 저하 상태
② 단독운전 상태
③ 분산형전원의 이상 또는 고장
④ 연계한 전력계통의 이상 또는 고장

풀이 503.2.3 계통 연계용 보호장치의 시설
계통 연계하는 분산형전원설비를 설치하는 경우 다음에 해당하는 이상 또는 고장 발생 시 자동적으로 분산형전원설비를 전력계통으로부터 분리하기 위한 장치시설 및 해당 계통과의 보호협조를 실시하여야 한다.
가. 분산형전원설비의 이상 또는 고장
나. 연계한 전력계통의 이상 또는 고장
다. 단독운전 상태   **답** ①

97 백열 전등 또는 방전등 및 이에 부속하는 전선은 사람이 접촉할 우려가 없는 경우 대지 전압이 최대 몇 [V]인가?

① 100 ② 150
③ 300 ④ 450

풀이 231.6 옥내전로의 대지 전압의 제한
백열전등 또는 방전등에 전기를 공급하는 옥내의 전로의 대지전압은 300[V] 이하여야 한다.   **답** ③

98 금속관 공사에 의한 저압 옥내 배선의 방법으로 틀린 것은?

① 옥외용 비닐 절연전선을 사용하였다.
② 전선으로 연선을 사용하였다.
③ 콘크리트에 매설하는 금속관의 두께는 1.2[mm]를 사용하였다.
④ 관에 접지공사를 하였다.

풀이 232.12 금속관공사
가. 전선은 절연전선(옥외용 비닐 절연전선을 제외한다)일 것.
나. 전선은 연선일 것. 다만, 다음의 것은 적용하지 않는다.
  ① 짧고 가는 금속관에 넣은 것.
  ② 단면적 10[mm²](알루미늄선은 단면적 16[mm²]) 이하의 것.
다. 관의 두께는 다음에 의할 것.
  ① 콘크리트에 매설하는 것은 1.2[mm] 이상
  ② 콘크리트 매설 이외의 것은 1[mm] 이상
라. 관에는 접지공사를 할 것.   **답** ①

99 가공전선로의 지지물에 지선을 시설할 때 옳은 방법은?

① 지선의 안전율을 2.0으로 하였다.
② 소선은 최소 2가닥 이상의 연선을 사용하였다.
③ 지중의 부분 및 지표상 20[cm]까지의 부분은 아연도금 철봉 등 내부식성 재료를 사용하였다.
④ 도로를 횡단하는 곳의 지선의 높이는 지표상 5[m]로 하였다.

풀이 331.11 지선의 시설
가. 지선의 안전율은 2.5 이상일 것. 이 경우에 허용 인장하중의 최저는 4.31[kN]으로 한다.
나. 지선에 연선을 사용할 경우에는 다음에 의할 것.
  ① 소선 3가닥 이상의 연선일 것.
  ② 소선의 지름이 2.6[mm] 이상의 금속선을 사용한 것일 것.
다. 지중부분 및 지표상 0.3[m]까지의 부분에는 내식성이 있는 것 또는 아연도금을 한 철봉을 사용하고 쉽게 부식되지 않는 근가에 견고하게 붙일 것.
라. 도로를 횡단하여 시설하는 지선의 높이는 지표상 5[m] 이상으로 하여야 한다. 다만, 기술상 부득이한 경우로서 교통에 지장을 초래할 우려가 없는 경우에는 지표상 4.5[m] 이상, 보도의 경우에는 2.5[m] 이상으로 할 수 있다.   **답** ④

100 전선 기타의 가섭선(架涉線) 주위에 두께 6[mm], 비중 0.9의 빙설이 부착된 상태에서 을종 풍압하중은 구성재의 수직 투영면적 1[m²]당 몇 [Pa]을 기초로 하여 계산하는가? (단, 다도체를 구성하는 전선이 아니라고 한다.)

① 333[Pa]　　　② 372[Pa]
③ 588[Pa]　　　④ 666[Pa]

풀이 331.6 풍압하중의 종별과 적용
　가. 갑종 풍압하중 : 구성재의 수직 투영면적 1[m²]에 대한 풍압을 기초로 하여 계산한 것.
　나. 을종 풍압하중 : 전선 기타의 가섭선 주위에 두께 6[mm], 비중 0.9의 빙설이 부착된 상태에서 **수직 투영면적 372[Pa]**(다도체를 구성하는 전선은 333[Pa]), 그 이외의 것은 갑종풍압하중의 2분의 1을 기초로 하여 계산한 것.
　다. 병종 풍압하중 : 갑종풍압하중의 2분의 1을 기초로 하여 계산한 것.　　**답** ②

2021년 - 2회 _ 전기산업기사·공사산업기사

81 갑종 풍압하중을 계산할 때 강관에 의하여 구성된 철탑에서 구성재의 수직투영면적 1[m²]에 대한 풍압하중은 몇 [Pa]를 기초로 하여 계산한 것인가? 단, 단주는 제외한다.

① 588[Pa]　　　② 1117[Pa]
③ 1255[Pa]　　　④ 2157[Pa]

풀이 331.6 풍압하중의 종별과 적용

풍압을 받는 구분		풍압[Pa]
철탑	단주 (완철류는 제외함) 원형의 것	588[Pa]
	단주 (완철류는 제외함) 기타의 것	1,117[Pa]
	강관에 의하여 구성 (단주는 제외함)	1,255[Pa]
	기타의 것	2,157[Pa]

답 ③

82 철탑의 강도 계산에 사용하는 이상 시 상정하중의 종류가 아닌 것은?

① 좌굴하중　　　② 수직하중
③ 수평 횡하중　　④ 수평 종하중

풀이 333.14 이상 시 상정하중
철탑의 강도계산에 사용하는 **이상 시 상정하중은** 풍압이 전선로에 직각방향으로 가하여지는 경우의 하중과 전선로의 방향으로 가하여지는 경우의 **수직하중, 수평 횡하중, 수평 종하중을 계산하여** 각 부재에 대한 이들의 하중 중 그 부재에 큰 응력이 생기는 쪽의 하중을 채택한다.　　**답** ①

83 고압가공인입선이 케이블 이외의 것으로서 그 아래에 위험표시를 하였다면 전선의 지표상 높이는 몇 [m]까지로 감할 수 있는가?

① 2.5　　　② 3.5
③ 4.5　　　④ 5.5

풀이 331.12.1 고압 가공인입선의 시설
　가. **고압 가공인입선의 높이는** 지표상 5[m]로 하여야 한다. 그러나 그 고압 가공인입선이 케이블 이외의 것인 때에는 그 **전선의 아래쪽에 위험표시를 하면 고압 가공인입선의 높이는 지표상 3.5[m]까지로 감할 수 있다.**
　나. 횡단보도교의 위에 시설하는 경우에는 그 노면상 3.5[m] 이상　　**답** ②

84 태양광설비에 시설하여야 하는 계측장치가 아닌 것은?

① 전압　　　② 전류
③ 역률　　　④ 전력

풀이 522.3.6 태양광설비의 계측장치
태양광설비에는 **전압, 전류 및 전력을 계측하는 장치를** 시설하여야 한다.　　**답** ③

85 조상기의 보호장치로서 내부고장 시에 자동적으로 전로로부터 차단하는 장치를 하여야 하는 조상기의 용량은 몇 [kVA] 이상인가?

① 5000　　　② 7500
③ 10000　　　④ 15000

풀이 351.5 조상설비의 보호장치
조상 설비에는 그 내부에 고장이 생긴 경우에 보호하는 장치를 표와 같이 시설하여야 한다.

설비 종별	뱅크 용량의 구분	자동적으로 전로로부터 차단하는 장치
전력용 커패시터 및 분로리액터	500[kVA] 초과 15,000[kVA] 미만	• 내부에 고장이 생긴 경우 • 과전류가 생긴 경우
	15,000[kVA] 이상	• 내부에 고장이 생긴 경우 • 과전류가 생긴 경우 • 과전압이 생긴 경우
조상기)	15,000[kVA] 이상	• 내부에 고장이 생긴 경우

답 ④

---

86 전기철도차량이 전차선로와 접촉한 상태에서 견인력을 끄고 보조전력을 가동한 상태로 정지해 있는 경우, 가공 전차선로의 유효전력이 200 [kW] 이상일 경우 총 역률은 얼마보다 작아서는 안되는가?

① 0.6 ② 0.7
③ 0.8 ④ 0.9

풀이 441.4 전기철도차량의 역률
전기철도차량이 전차선로와 접촉한 상태에서 견인력을 끄고 보조전력을 가동한 상태로 정지해 있는 경우, 가공 전차선로의 유효전력이 200[kW] 이상일 경우 **총 역률은 0.8보다는 작아서는 안된다.** 답 ③

---

87 지중전선로를 직접 매설식에 의하여 시설하는 경우에 그 매설 깊이를 차량 기타 중량물의 압력을 받을 우려가 없는 장소에 몇 [cm] 이상으로 하면 되는가?

① 40[cm] ② 60[cm]
③ 80[cm] ④ 120[cm]

풀이 334.1 지중전선로의 시설
가. 지중 전선로는 전선에 케이블을 사용하고 또한 관로식·암거식 또는 직접 매설식에 의하여 시설하여야 한다.
나. 지중 전선로를 직접 매설식에 의하여 시설하는 경우에는 매설 깊이는
  ① 차량 기타 중량물의 압력을 받을 우려가 있는 장소 : 1.0[m] 이상
  ② **기타 장소 : 0.6[m] 이상** 답 ②

---

88 사용전압이 35[kV] 이하인 특고압가공전선이 상부 조영재의 위쪽에서 제1차 접근상태로 시설되는 경우 특고압가공전선과 건조물의 조영재 이격거리는 몇 [m] 이상이어야 하는가? 단, 전선의 종류는 케이블이라고 한다.

① 0.5[m] ② 1.2[m]
③ 2.5[m] ④ 3.0[m]

풀이 333.23 특고압 가공전선과 건조물의 접근
특고압 가공전선이 건조물과 제1차 접근상태로 시설되는 경우에는 다음에 따라야 한다.
가. 특고압 가공전선로는 제3종 특고압 보안공사에 의할 것.
나. 사용전압이 35[kV] 이하인 특고압 가공전선과 건조물의 조영재 이격거리는 표에서 정한 값 이상일 것.

건조물과 조영재의 구분	전선 종류	접근 형태	이격거리
상부 조영재	특고압 절연 전선	위쪽	2.5[m]
		옆쪽 또는 아래쪽	1.5[m] (전선에 사람이 쉽게 접촉할 우려가 없도록 시설한 경우는 1[m])
	케이블	위쪽	1.2[m]
		옆쪽 또는 아래쪽	0.5[m]
	기타 전선		3[m]
기타 조영재	특고압 절연 전선		1.5[m] (전선에 사람이 쉽게 접촉할 우려가 없도록 시설한 경우는 1[m])
	케이블		0.5[m]
	기타 전선		3[m]

답 ②

---

89 내부고장이 발생하는 경우를 대비하여 자동차단장치 또는 경보장치를 시설하여야 하는 특고압용 변압기의 뱅크용량의 구분으로 알맞은 것은?

① 5000[kVA] 미만
② 5000[kVA] 이상 10000[kVA] 미만
③ 10000[kVA] 이상
④ 타냉식 변압기

풀이 351.4 특고압용 변압기의 보호장치
특고압용의 변압기에는 그 내부에 고장이 생겼을 경우에 보호하는 장치를 표와 같이 시설하여야 한다.

뱅크 용량의 구분	동작조건	장치의 종류
5,000[kVA] 이상 10,000[kVA] 미만	변압기 내부고장	자동 차단 장치 또는 경보장치
10,000[kVA] 이상	변압기 내부고장	자동 차단 장치
타냉식 변압기(변압기의 권선 및 철심을 직접 냉각시키기 위하여 봉입한 냉매를 강제 순환시키는 냉각 방식을 말한다.)	냉각장치에 고장이 생긴 경우 또는 변압기의 온도가 현저히 상승한 경우	경보장치

답 ②

90 그림은 전력선 반송통신용 결합장치의 보안장치이다. 그림에서 DR은 무엇인가?

① 접지형 개폐기
② 결합 필터
③ 방전갭
④ 배류 선륜

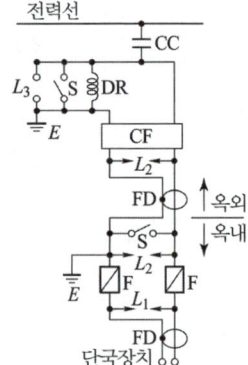

풀이 362.11 전력선 반송 통신용 결합장치의 보안장치
전력선 반송통신용 결합 커패시터에 접속하는 회로에는 그림의 보안장치 또는 이에 준하는 보안장치를 시설하여야 한다.

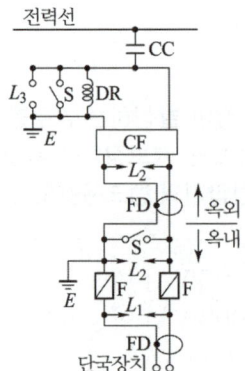

전력선 반송 통신용 결합 장치의 보안장치
• FD : 동축 케이블
• F : 정격 전류 10[A] 이하의 포장 퓨즈
• DR : 전류 용량 2[A] 이상의 **배류 선륜**
• L_1 : 교류 300[V] 이하에서 동작하는 피뢰기

• L_2 : 동작 전압이 교류 1,300[V]를 넘고 1,600[V] 이하로 조정된 방전갭
• L_3 : 동작 전압이 교류 2[kV]를 넘고 3[kV] 이하로 구상 방전갭
• S : 접지용 개폐기
• CF : 결합 필터
• CC : 결합 콘덴서(결합 안테나를 포함한다)
• E : 접지

답 ④

91 발전소 또는 변전소로부터 다른 발전소 또는 변전소를 거치지 아니하고 전차선로에 이르는 전선을 무엇이라 하는가?

① 급전선
② 전기철도용 급전선
③ 급전선로
④ 전기철도용 급전선로

풀이 112 용어 정의
"**전기철도용 급전선**"이란 전기철도용 변전소로부터 다른 전기철도용 변전소 또는 전차선에 이르는 전선을 말한다.

답 ②

92 배전선로의 전압이 22900[V]이며 중성선에 다중 접지하는 전선로의 절연내력 시험전압은 최대 사용전압의 몇 배인가?

① 0.72
② 0.92
③ 1.1
④ 1.25

풀이 132 전로의 절연저항 및 절연내력

전로의 종류	접지방식	시험전압 (최대사용 전압의 배수)	최저 시험전압
1. 7[kV] 이하인 전로		1.5배	
2. 7[kV] 초과 25[kV] 이하	다중접지	0.92배	
3. 7[kV] 초과 60[kV] 이하 (2란의 것 제외)		1.25배	10.5[kV]
4. 60[kV] 초과	비접지	1.25배	
5. 60[kV] 초과 (6란, 7란의 것 제외)	접지식	1.1배	75[kV]
6. 60[kV] 초과(7란의 것 제외)	직접접지	0.72배	
7. 170[kV] 초과(발전소 또는 변전소 혹은 이에 준하는 장소에 시설하는 것.)	직접접지	0.64배	

답 ②

93 3300[V]용 전동기의 절연내력시험은 몇 [V] 전압에서 권선과 대지 간에 연속하여 10분간 가하여 견디어야 하는가?

① 4,125 ② 4,950
③ 6,600 ④ 7,600

풀이 133 회전기 및 정류기의 절연내력

종 류		시험전압	시험 방법
회전기	발전기 · 전동기 · 조상기 · 기타회전기	**7[kV] 이하**	**1.5배 (최저 500[V])**	권선과 대지 사이에 연속하여 10분간
		7[kV] 초과	1.25배 (최저 10,500[V])	
	회전 변류기		직류측의 최대 사용 전압의 1배의 교류 전압(최저 500[V])	

∴ 시험 전압 $= 3300 \times 1.5 = 4,950[V]$ **답** ②

94 피뢰기를 설치하지 않아도 되는 곳은?

① 발 · 변전소의 가공 전선 인입구 및 인출구
② 가공 전선로의 말구 부분
③ 가공 전선로에 접속한 1차측 전압이 35[kV] 이하인 배전용 변압기의 고압측 및 특고압측
④ 특고압 가공 전선로로부터 공급을 받는 수용 장소의 인입구

풀이 341.13 피뢰기의 시설
고압 및 특고압의 전로 중 다음에 열거하는 곳 또는 이에 근접한 곳에는 피뢰기를 시설하여야 한다.
① 발전소 · 변전소 또는 이에 준하는 장소의 **가공전선 인입구 및 인출구**
② 특고압 가공전선로에 접속하는 **배전용 변압기의 고압측 및 특고압측**
③ 고압 및 특고압 가공전선로로부터 공급을 받는 **수용 장소의 인입구**
④ 가공전선로와 지중전선로가 접속되는 곳 **답** ②

95 특고압 가공 전선로의 지지물에 시설하는 통신선 또는 이에 직접 접속하는 통신선이 도로, 횡단 보도교, 철도, 궤도 또는 삭도와 교차하는 경우에는 통신선은 지름 몇 [mm]의 경동선이나 이와 동등 이상의 세기의 것이어야 하는가?

① 4 ② 4.5
③ 5 ④ 5.5

풀이 362.2 전력보안통신케이블의 지상고와 배전설비와의 이격거리
통신선이 도로 · 횡단보도교 · 철도의 레일 또는 삭도와 교차하는 경우에는 통신선은 연선의 경우 단면적 16[mm²](단선의 경우 지름 4[mm])의 절연전선과 동등 이상의 절연 효력이 있는 것, 인장강도 8.01[kN] 이상의 것 또는 연선의 경우 단면적 25[mm²](**단선의 경우 지름 5[mm])의 경동선일 것.** **답** ③

96 지중전선로의 매설방법이 아닌 것은?

① 관로식 ② 인입식
③ 암거식 ④ 직접 매설식

풀이 334.1 지중전선로의 시설
가. **지중 전선로는** 전선에 케이블을 사용하고 또한 **관로식 · 암거식 또는 직접 매설식에 의하여 시설**하여야 한다.
나. 지중 전선로를 직접 매설식에 의하여 시설하는 경우에는 매설 깊이를 차량 기타 중량물의 압력을 받을 우려가 있는 장소에는 1.0[m] 이상, 기타 장소에는 0.6[m] 이상으로 하고 또한 지중 전선을 견고한 트라프 기타 방호물에 넣어 시설하여야 한다. **답** ②

97 1차 22900[V], 2차 3300[V]의 변압기를 옥외에 시설할 때 구내에 취급자 이외의 사람이 들어가지 아니하도록 울타리를 시설하려고 한다. 이때 울타리의 높이는 몇 [m] 이상으로 하여야 하는가?

① 2[m] ② 3[m] ③ 4[m] ④ 5[m]

풀이 341.4 특고압용 기계기구의 시설
특고압용 기계기구는 다음의 규정에 의하여 시설하는 경우 이외에는 시설하여서는 아니 된다.
가. 기계기구의 주위에 규정에 준하여 울타리 · 담 등을 시설하는 경우
• **울타리 · 담 등의 높이 : 2[m] 이상**
• 지표면과 울타리 · 담 등의 하단사이의 간격 : 0.15[m] 이하
나. 기계기구를 지표상 5[m] 이상의 높이에 시설하고 충전부분의 지표상의 높이를 표에서 정한 값 이상으로 하고 또한 사람이 접촉할 우려가 없도록 시설하는 경우

사용전압의 구분	울타리 · 담 등의 높이와 울타리 · 담 등으로부터 충전 부분까지의 거리의 합계
35[kV] 이하	5[m]
35[kV] 초과 160[kV] 이하	**6[m]**

사용전압의 구분	울타리 · 담 등의 높이와 울타리 · 담 등으로부터 충전 부분까지의 거리의 합계
160[kV] 초과	• 거리의 합계 = 6 + 단수 × 0.12[m] • 단수 = $\dfrac{사용전압[kV]-160}{10}$ 단수 계산에서 소수점 이하는 절상

답 ①

98 사용전압이 380[V]인 옥내배선을 애자공사로 시설할 때 전선과 조영재 사이의 이격거리는 몇 [cm] 이상이어야 하는가?

① 2
② 2.5
③ 4.5
④ 6

풀이 232.56 애자공사
가. 전선의 종류 : 절연 전선. 단, 옥외용 비닐 절연 전선(OW) 및 인입용 비닐 절연 전선(DV)은 제외한다.
나. 이격 거리

전 압		전선과 조영재와의 이격거리	전선 상호 간격	전선 지지점 간의 거리	
				조영재의 윗면 또는 옆면에 따라 시설	조영재에 따라 시설하지 않는 경우
저 압	400[V] 이하	2.5[cm] 이상	6[cm] 이상	2[m] 이하	–
	400[V] 초과	건조한 장소	2.5[cm] 이상			6[m] 이하
		기타의 장소	4.5[cm] 이상			

답 ②

99 다음 중 전선 접속 방법이 잘못된 것은?

① 알루미늄과 동을 사용하는 전선을 접속하는 경우에는 접속 부분에 전기적 부식이 생기지 않아야 한다.
② 공칭단면적 10[mm²] 미만인 캡타이어 케이블 상호 간을 접속하는 경우에는 접속함을 사용할 수 없다.
③ 절연전선 상호 간을 접속하는 경우에는 접속부분을 절연 효력이 있는 것으로 충분히 피복하여야 한다.
④ 나전선 상호 간의 접속인 경우에는 전선의 세기를 20[%] 이상 감소시키지 않아야 한다.

풀이 123 전선의 접속
전선을 접속하는 경우에는 전선의 전기저항을 증가시키지 아니하도록 접속 하여야 하며, 또한 다음에 따라야 한다.
가. 절연전선 상호 · 절연전선과 코드, 캡타이어 케이블과 접속하는 경우에는
　① 전선의 세기를 20[%] 이상 감소시키지 아니할 것.
　② 접속부분은 접속관 기타의 기구를 사용할 것.
　③ 접속부분의 절연전선에 절연전선의 절연물과 동등 이상의 절연효력이 있는 것으로 충분히 피복할 것.
다. 코드 상호, 캡타이어 케이블 상호 또는 이들 상호를 접속하는 경우에는 코드 접속기 · 접속함 기타의 기구를 사용할 것 다만 **공칭단면적이 10[mm²] 이상인 캡타이어 케이블 상호를 규정에 준하여 접속하는 경우에는 기구를 사용하지 않을 수 있다.**
라. 도체에 알루미늄(알루미늄 합금을 포함한다.)을 사용하는 전선과 동(동합금을 포함한다.)을 사용하는 전선을 접속하는 등 전기 화학적 성질이 다른 도체를 접속하는 경우에는 접속부분에 전기적 부식이 생기지 않도록 할 것.

답 ②

100 다음 (㉮), (㉯) 에 들어갈 내용으로 옳은 것은?

> 지중전선로는 기설 지중 약전류 전선로에 대하여 (㉮) 또는 (㉯)에 의하여 통신상의 장해를 주지 않도록 기설 약전류 전선로로부터 충분히 이격시키거나 기타 적당한 방법으로 시설하여야 한다.

① ㉮ 정전용량 ㉯ 표피작용
② ㉮ 정전용량 ㉯ 유도작용
③ ㉮ 누설전류 ㉯ 표피작용
④ ㉮ 누설전류 ㉯ 유도작용

풀이 334.5 지중약전류전선의 유도장해 방지
지중전선로는 기설 지중약전류전선로에 대하여 **누설전류 또는 유도작용**에 의하여 통신상의 장해를 주지 않도록 충분히 이격시키거나 기타 적당한 방법으로 시설하여야 한다.

답 ④

2021년 - 3회 _ 전기산업기사

81 전기철도차량에 전력을 공급하는 전차선의 가선방식에 포함되지 않는 것은?

① 가공방식　② 강체방식
③ 제3레일방식　④ 지중조가선방식

풀이 431.1 전차선 가선방식
전차선의 가선방식은 열차의 속도 및 노반의 형태, 부하전류 특성에 따라 적합한 방식을 채택하여야 하며, 가공방식, 강체방식, 제3레일방식을 표준으로 한다.
답 ④

82 주택 등 저압 수용 장소에서 고정 전기설비에 TN-C-S 접지방식으로 접지공사 시 중성선 겸용 보호도체(PEN)를 알루미늄으로 사용 할 경우 단면적은 몇 [mm²] 이상이어야 하는가?

① 2.5　② 6
③ 10　④ 16

풀이 142.4.2 주택 등 저압수용장소 접지
저압수용장소에서 계통접지가 TN-C-S 방식인 경우 중성선 겸용 보호도체(PEN)는 고정 전기설비에만 사용할 수 있고, 그 도체의 단면적이 구리는 10[mm²] 이상, 알루미늄은 16[mm²] 이상이어야 하며, 그 계통의 최고전압에 대하여 절연되어야 한다.
답 ④

83 케이블트레이공사에 사용하는 케이블트레이의 최소 안전율은?

① 1.5　② 1.8
③ 2.0　④ 3.0

풀이 232.41 케이블트레이공사
가. 케이블 트레이의 안전율은 1.5 이상으로 하여야 한다.
나. 금속재의 것은 적절한 방식처리를 한 것이거나 내식성 재료의 것이어야 한다.
다. 비금속제 케이블 트레이는 난연성 재료의 것이어야 한다.
라. 금속제 케이블 트레이 계통은 기계적 및 전기적으로 완전하게 접속하여야 하며 금속제 트레이는 접지공사를 하여야 한다.
답 ①

84 특고압가공전선로의 지지물로 사용하는 목주의 풍압하중에 대한 안전율은 얼마 이상이어야 하는가?

① 1.2　② 1.5
③ 2.0　④ 2.5

풀이 333.10 특고압 가공전선로의 목주 시설
332.7 고압 가공전선로의 지지물의 강도
222.8 저압 가공전선로의 지지물의 강도
지지물이 목주인 경우 안전율 및 말구의 지름

전압의 종별	안전율	말구의 지름
저 압	1.2	–
고 압	1.3	0.12[m] 이상
특고압	1.5	0.12[m] 이상

답 ②

85 다음은 무엇에 관한 설명인가?

> 가공전선이 다른 시설물과 접근하는 경우에 그 가공전선이 다른 시설물의 위쪽 또는 옆쪽에 수평거리로 3[m] 미만인 곳에 시설되는 상태

① 제1차 접근상태
② 제2차 접근상태
③ 제3차 접근상태
④ 제4차 접근상태

풀이 112 용어 정의
"제2차 접근상태"란 가공 전선이 다른 시설물과 접근하는 경우에 그 가공 전선이 다른 시설물의 위쪽 또는 옆쪽에서 수평 거리로 3[m] 미만인 곳에 시설되는 상태를 말한다.

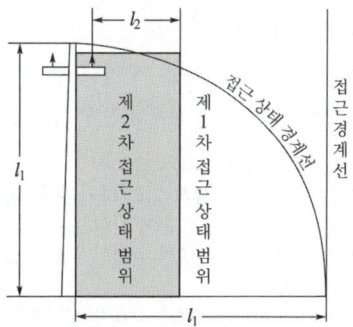

답 ②

86 전기저장장치에서의 제어 및 보호장치 시설기준에 대한 내용으로 틀린 것은?

① 전기저장장치의 접속점에는 쉽게 개폐할 수 없는 곳에 개방상태를 육안으로 확인할 수 있는 전용의 개폐기를 시설하여야 한다.

② 직류 전로에 과전류차단기를 설치하는 경우 직류 단락전류를 차단하는 능력을 가지는 것이어야 하고 "직류용" 표시를 하여야 한다.

③ 전기저장장치의 직류 전로에는 지락이 생겼을 때에 자동적으로 전로를 차단하는 장치를 시설하여야 한다.

④ 발전소 또는 변전소 혹은 이에 준하는 장소에 전기저장장치를 시설하는 경우 전로가 차단되었을 때에 경보하는 장치를 시설하여야 한다.

풀이 512 전기저장장치의 시설
① 전기저장장치의 접속점에는 쉽게 개폐할 수 있는 곳에 개방상태를 육안으로 확인할 수 있는 전용의 개폐기를 시설하여야 한다.
② 직류 전로에 과전류차단기를 설치하는 경우 직류 단락전류를 차단하는 능력을 가지는 것이어야 하고 "직류용" 표시를 하여야 한다.
③ 전기저장장치의 직류 전로에는 지락이 생겼을 때에 자동적으로 전로를 차단하는 장치를 시설하여야 한다.
④ 발전소 또는 변전소 혹은 이에 준하는 장소에 전기저장장치를 시설하는 경우 전로가 차단되었을 때에 경보하는 장치를 시설하여야 한다. **답** ①

87 석유류를 저장하는 장소의 전등 배선에서 사용할 수 없는 방법은?

① 애자공사   ② 케이블공사
③ 금속관공사   ④ 합성수지관공사

풀이 242.4 위험물 등이 존재하는 장소
셀룰로이드 · 성냥 · 석유류 기타 타기 쉬운 위험한 물질을 제조하거나 저장하는 곳에 시설하는 저압 옥내 전기설비는 다음에 따르고 또한 위험의 우려가 없도록 시설하여야 한다.
가. 이동전선은 접속점이 없는 0.6/1[kV] EP 고무 절연 클로로프렌 캡타이어 케이블 또는 0.6/1[kV] 비닐 절연 비닐캡타이어 케이블을 사용할 것.

나. 저압 옥내배선 등은 합성수지관공사(두께 2[mm] 미만의 합성수지 전선관 및 난연성이 없는 콤바인 덕트관을 사용하는 것을 제외한다) · 금속관공사 또는 케이블공사에 의할 것. **답** ①

88 고압가공전선로의 지지물이 B종 철주인 경우, 경간은 몇 [m] 이하이어야 하는가?

① 150   ② 200
③ 250   ④ 300

풀이 332.9 고압 가공전선로 경간의 제한
고압 가공전선로의 경간은 표에서 정한 값 이하이어야 한다.

지지물의 종류	경 간
목주 · A종 철주 또는 A종 철근 콘크리트주	150[m]
B종 철주 또는 B종 철근 콘크리트주	250[m]
철탑	600[m]

답 ③

89 지중전선로의 전선으로 적합한 것은?

① 케이블   ② 동복강선
③ 절연전선   ④ 나경동선

풀이 334.1 지중전선로의 시설
지중 전선로는 전선에 케이블을 사용하고 또한 관로식 · 암거식 또는 직접 매설식에 의하여 시설하여야 한다. **답** ①

90 지선을 사용하여 그 강도를 분담시켜서는 아니되는 가공전선로 지지물은?

① 목주   ② 철주
③ 철탑   ④ 철근콘크리트주

풀이 331.11 지선의 시설
가. 가공전선로의 지지물로 사용하는 철탑은 지선을 사용하여 그 강도를 분담시켜서는 안 된다.
나. 가공전선로의 지지물로 사용하는 철주 또는 철근 콘크리트주는 지선을 사용하지 않는 상태에서 2분의 1 이상의 풍압하중에 견디는 강도를 가지는 경우 이외에는 지선을 사용하여 그 강도를 분담시켜서는 안 된다. **답** ③

91 옥내의 네온 방전등 공사에 대한 설명으로 틀린 것은?

① 방전등용 변압기는 네온변압기일 것

② 관등회로의 배선은 점검할 수 없는 은폐장소에 시설할 것

③ 관등회로의 배선은 애자공사에 의하여 시설할 것

④ 방전등용 변압기의 외함에는 접지공사를 할 것

풀이 234.12.2 관등회로의 배선
관등회로의 배선은 애자공사로 다음에 따라서 시설하여야 한다.
가. 전선은 네온관용전선을 사용할 것.
나. 배선은 외상을 받을 우려가 없고 사람이 접촉될 우려가 없는 노출장소 또는 점검할 수 있는 은폐장소에 시설할 것.
다. 전선지지점간의 거리는 1[m] 이하로 할 것. **답** ②

92 고압가공전선로의 가공지선으로 나경동선을 사용하는 경우의 지름은 몇 [mm] 이상이어야 하는가?

① 3.2[mm] ② 4.0[mm]

③ 5.5[mm] ④ 6.0[mm]

풀이 332.6 고압 가공전선로의 가공지선
고압 가공전선로에 사용하는 가공지선은 인장강도 5.26 [kN] 이상의 것 또는 지름 4[mm] 이상의 나경동선을 사용한다. **답** ②

93 애자공사에 의한 고압 옥내배선 등의 시설에서 사용되는 연동선의 공칭단면적은 몇 [mm²] 이상인가?

① 6.0 ② 10

③ 16 ④ 25

풀이 342.1 고압 옥내배선 등의 시설
가. 고압 옥내배선은 다음에 따라 시설하여야 한다.
  ① 애자사용공사(건조한 장소로서 전개된 장소에 한한다)
  ② 케이블공사
  ③ 케이블트레이공사
나. 전선은 공칭단면적 6[mm²] 이상의 연동선 **답** ①

94 흥행장의 저압 전기 설비 공사로 무대, 무대 마루 밑, 오케스트라 박스, 영사실, 기타 사람이나 무대 도구가 접촉할 우려가 있는 곳에 시설하는 저압 옥내 배선, 전구선 또는 이동 전선은 사용 전압이 몇 [V] 이하이어야 하는가?

① 100 ② 200

③ 300 ④ 400

풀이 242.6 전시회, 쇼 및 공연장의 전기설비
무대·무대마루 밑·오케스트라 박스·영사실 기타 사람이나 무대 도구가 접촉할 우려가 있는 곳에 시설하는 저압 옥내배선, 전구선 또는 이동전선은 사용전압이 400[V] 이하이어야 한다. **답** ④

95 금속제 가요전선관공사에 의한 저압 옥내배선으로 틀린 것은?

① 2종 금속제 가요전선관을 사용하였다.

② 전선은 연선을 사용 하였다.

③ 전선으로 옥외용 비닐절연전선을 사용하였다.

④ 가요전선관은 접지공사를 하였다.

풀이 232.13 금속제가요전선관공사
가. 전선은 절연전선(옥외용 비닐 절연전선을 제외한다)일 것.
나. 전선은 연선일 것. 다만, 단면적 10[mm²](알루미늄선은 단면적 16[mm²]) 이하인 것은 그러하지 아니하다.
다. 가요전선관 안에는 전선에 접속점이 없도록 할 것.
라. 가요전선관은 2종 금속제 가요전선관일 것 **답** ③

96 가공 전선로의 지지물에 시설하는 지선은 소선이 최소 몇 가닥 이상의 연선이어야 하는가?

① 3 ② 5

③ 7 ④ 9

풀이 331.11 지선의 시설
가. 가공전선로의 지지물로 사용하는 철탑은 지선을 사용하여 그 강도를 분담시켜서는 안 된다.
나. 지선의 안전율은 2.5 이상일 것. 이 경우에 허용 인장하중의 최저는 4.31[kN]으로 한다.
다. 지선에 연선을 사용할 경우에는 다음에 의할 것.
  ① 소선 3가닥 이상의 연선일 것.
  ② 소선의 지름이 2.6[mm] 이상의 금속선을 사용한 것일 것. **답** ①

97 철도·궤도 또는 자동차도의 전용터널 안의 터널내 전선로의 시설방법으로 틀린 것은?

① 저압전선으로 지름 2.0[mm]의 경동선을 사용하였다.
② 고압전선은 케이블공사로 하였다.
③ 저압전선을 애자사용공사에 의하여 시설하고 이를 레일면 상 또는 노면상 2.5[m] 이상으로 하였다.
④ 저압전선을 금속제 가요전선관공사에 의하여 시설하였다.

풀이 335.1 터널 안 전선로의 시설
철도·궤도 또는 자동차도 전용터널 안의 전선로

전압	전선의 굵기	시공방법	애자사용공사 시 높이
저압	인장강도 2.30[kN] 이상 또는 2.6[mm] 이상의 경동선의 절연전선	• 합성수지관공사 • 금속관공사 • 금속제가요전선관 공사 • 케이블공사 • 애자사용공사	노면상, 레일면상 2.5[m] 이상
고압	인장강도 5.26[kN] 이상 또는 4[mm] 이상의 경동선	• 케이블공사 • 애자사용공사	노면상, 레일면상 3[m] 이상
특고압		• 케이블공사	

답 ①

98 접지공사에 사용하는 접지선을 사람이 접촉할 우려가 있는 곳에 시설하는 접지도체는 최소 어느 부분에 대하여 합성 수지관 또는 이와 동등 이상의 절연 효력 및 강도를 가지는 몰드로 덮게 되어 있는가?

① 지하 30[cm]로부터 지표상 1.5[m]까지의 부분
② 지하 50[cm]로부터 지표상 1.6[m]까지의 부분
③ 지하 75[cm]로부터 지표상 2[m]까지의 부분
④ 지하 90[cm]로부터 지표상 2.5[m]까지의 부분

풀이 142.3.1 접지도체
접지도체는 지하 0.75[m]부터 지표 상 2[m] 까지 부분은 합성수지관(두께 2[mm] 미만의 합성수지제 전선관

및 가연성 콤바인덕트관은 제외한다) 또는 이와 동등 이상의 절연효과와 강도를 가지는 몰드로 덮어야 한다.
답 ③

99 지중에 매설되어 있는 금속제 수도관로를 각종 접지공사의 접지극으로 사용하려면 대지와의 전기저항 값이 몇 [Ω] 이하의 값을 유지하여야 하는가?

① 1   ② 2   ③ 3   ④ 5

풀이 142.2 접지극의 시설 및 접지저항
가. 지중에 매설되어 있고 대지와의 전기저항 값이 3 [Ω] 이하의 값을 유지하고 있는 금속제 수도관로가 규정에 따르는 경우 접지극으로 사용이 가능하다.
나. 대지와의 사이에 전기저항 값이 2[Ω] 이하인 값을 유지하는 건축물·구조물의 철골 기타의 금속제는 접지공사의 접지극으로 사용할 수 있다. **답** ③

100 전기부식방지 시설을 시설할 때 전기부식방지용 전원 장치로부터 양극 및 피방식체까지의 전로의 사용전압은 직류 몇 [V] 이하이어야 하는가?

① 20   ② 40   ③ 60   ④ 80

풀이 241.16 전기부식방지 시설
전기부식방지 회로(전기부식방지용 전원장치로부터 양극 및 피방식체까지의 전로를 말한다. 이하 같다)의 사용전압은 직류 60[V] 이하일 것. **답** ③

2021년 · 4회 _ 공사산업기사

81 전력보안 통신용 전화설비를 시설하지 않아도 되는 것은?

① 원격감시제어가 되지 아니하는 발전소
② 원격감시제어가 되지 아니하는 변전소
③ 2개 이상의 급전소 상호 간과 이들을 통합 운용하는 급전소 간
④ 발전소로서 전기공급에 지장을 미치지 않고, 휴대용 전력보안통신 전화설비에 의하여 연락이 확보된 경우

풀이 362.1 전력보안통신설비의 시설 요구사항
발전소·변전소 및 개폐소와 기술원 주재소 간에는 전력보안통신 설비의 시설이 요구된다.
다만, 다음 어느 항목에 적합하고 또한 휴대용 또는 이동용 전력 보안통신 전화 설비에 의하여 연락이 확보된 경우에는 그러하지 아니하다.
가. 발전소로서 전기의 공급에 지장을 미치지 않는 것.
나. 상주감시를 하지 않는 변전소(사용전압이 35[kV] 이하의 것에 한한다.)로서 그 변전소에 접속되는 전선로가 동일 기술원 주재소에 의하여 운용되는 곳.
답 ④

82 타냉식 특고압용 변압기의 냉각장치에 고장이 생긴 경우 시설해야 하는 보호장치는?

① 경보장치 　　② 온도측정장치
③ 자동차단장치 　　④ 과전류 측정장치

풀이 351.4 특고압용 변압기의 보호장치
특고압용의 변압기에는 그 내부에 고장이 생겼을 경우에 보호하는 장치를 표와 같이 시설하여야 한다.

뱅크 용량의 구분	동작조건	장치의 종류
5,000[kVA] 이상 10,000[kVA] 미만	변압기 내부고장	자동 차단 장치 또는 경보장치
10,000[kVA] 이상	변압기 내부고장	자동 차단 장치
타냉식 변압기(변압기의 권선 및 철심을 직접 냉각시키기 위하여 봉입한 냉매를 강제 순환시키는 냉각 방식을 말한다.)	냉각장치에 고장이 생긴 경우 또는 변압기의 온도가 현저히 상승한 경우	경보장치

답 ①

83 금속관공사에 대한 기준으로 틀린 것은?

① 저압 옥내배선에 사용하는 전선으로 옥외용 비닐절연전선을 사용하였다.
② 저압 옥내배선의 금속관 안에는 전선에 접속점이 없도록 하였다.
③ 콘크리트에 매설하는 금속관의 두께는 1.2[mm]를 사용하였다.
④ 금속관에 접지공사를 하였다.

풀이 232.12 금속관공사
가. 전선은 절연전선(옥외용 비닐절연전선을 제외한다)일 것.
나. 전선은 연선일 것. 다만, 다음의 것은 적용하지 않는다.

① 짧고 가는 금속관에 넣은 것.
② 단면적 10[mm²](알루미늄선은 단면적 16[mm²]) 이하의 것.
다. 관의 두께는 다음에 의할 것.
① 콘크리트에 매설하는 것은 1.2[mm] 이상
② 콘크리트 매설 이외의 것은 1[mm] 이상
라. 관에는 접지공사를 할 것.
답 ①

84 단락전류에 의하여 생기는 기계적 충격에 견디는 것을 요구하지 않는 것은?

① 애자 　　② 변압기
③ 조상기 　　④ 접지선

풀이 발전기 등의 기계적 강도(기술기준 제23조)
① 발전기, 변압기, 조상기, 모선 또는 이를 지지하는 애자는 단락전류에 의하여 생기는 기계적 충격에 견디어야 한다.
② 수차 또는 풍차 발전기의 회전 부분은 무구속 속도에 대하여 증기터빈, 가스터빈, 내연기관은 비상 속도에 견디어야 한다.
답 ④

> 85번 문제는 개정된 관계 법규에 따라 삭제 되었습니다.

86 66[kV] 특고압가공전선로를 시가지에 설치할 때, 전선의 인장강도 21.67[kN] 이상의 연선 또는 단면적 최소 몇 [mm²] 이상의 경동 연선 또는 이와 동등 이상의 세기 및 굵기의 연선을 사용해야 하는가?

① 30 　　② 38
③ 50 　　④ 55

풀이 333.1 시가지 등에서 특고압 가공전선로의 시설
사용전압이 170[kV] 이하인 전선로에서의 전선의 굵기

사용전압의 구분	전선의 단면적
100[kV] 미만	인장강도 21.67[kN] 이상의 연선 또는 단면적 55[mm²] 이상의 경동연선
100[kV] 이상	인장강도 58.84[kN] 이상의 연선 또는 단면적 150[mm²] 이상의 경동연선

답 ④

87 저압 연접인입선은 폭 몇 [m]를 초과하는 도로를 횡단하지 않아야 하는가?

① 5

② 6

③ 7

④ 8

풀이 221.1.2 연접 인입선의 시설

저압 연접인입선은 다음에 따라 시설하여야 한다.

가. 인입선에서 분기하는 점으로부터 100[m]를 초과하는 지역에 미치지 아니할 것.

나. 폭 5[m]를 초과하는 도로를 횡단하지 아니할 것.

다. 옥내를 통과하지 아니할 것.　　　　**답** ①

88 사용전압이 60[kV] 이하인 특고압 가공 전선로는 상시정전유도작용에 의한 통신상의 장해가 없도록 시설하기 위하여 전화선로의 길이 12[km]마다 유도전류는 몇 [μA]를 넘지 않도록 하여야 하는가?

① 1[μA]

② 2[μA]

③ 3[μA]

④ 5[μA]

풀이 333.2 유도장해의 방지

가. 사용전압이 60[kV] 이하인 경우에는 전화선로의 길이 12[km]마다 유도전류가 2[μA]를 넘지 아니하도록 할 것.

나. 사용전압이 60[kV]를 초과하는 경우에는 전화선로의 길이 40[km]마다 유도전류가 3[μA]을 넘지 아니하도록 할 것.　　**답** ②

89 철도 또는 궤도를 횡단하는 저고압가공전선의 높이는 레일면 상 몇 [m] 이상이어야 하는가?

① 5.5

② 6.5

③ 7.5

④ 8.5

풀이 332.5 고압 가공전선의 높이,

222.7 저압 가공전선의 높이

저·고압 가공전선의 높이는 다음에 따라야 한다.

설치장소		가공전선의 높이
도로횡단(번잡하지 않은 도로 제외)		지표상 6[m] 이상
철도 또는 궤도횡단		레일면상 6.5[m] 이상
횡단 보도교 위	저압	노면상 3.5[m] 이상. 단, 절연전선의 경우 3[m] 이상
	고압	노면상 3.5[m] 이상

설치장소	가공전선의 높이
일반장소	지표상 5[m] 이상. 단, 저압의 경우 절연전선 또는 케이블을 사용하여 교통에 지장이 없도록 하여 옥외조명용으로 공급하는 경우 4[m]까지 감할 수 있다.
다리의 하부 기타 이와 유사한 장소	저압의 전기철도용 급전선은 지표상 3.5[m]까지 감할 수 있다.

답 ②

90 저압가공전선이 상부 조영재 위쪽에서 접근하는 경우 전선과 상부 조영재간의 이격거리[m]는 얼마 이상이어야 하는가? (단, 특고압 절연전선 또는 케이블인 경우이다.)

① 0.8

② 1.0

③ 1.2

④ 2.0

풀이 222.11 저압 가공전선과 건조물의 접근

332.11 고압 가공전선과 건조물의 접근

저압 가공전선 또는 고압 가공전선이 건조물과 접근 상태로 시설되는 경우에는 다음에 따라야 한다.

가. 고압 가공전선로는 고압 보안공사에 의할 것.

나. 저·고압 가공전선과 건조물의 조영재 사이의 이격거리는 표에서 정한 값 이상일 것.

사용전압 부분 공작물의 종류			저압[m]	고압[m]
건조물	상부 조영재 위쪽	일반적인 경우	2	2
		전선이 고압절연전선	1	2
		전선이 케이블인 경우	1	1
	기타 조영재 또는 상부조영재의 옆쪽 또는 아래쪽	일반적인 경우	1.2	1.2
		전선이 고압절연전선	0.4	1.2
		전선이 케이블인 경우	0.4	0.4
		사람이 쉽게 접근할 수 없도록 시설한 경우	0.8	0.8

답 ②

91 빙설이 적고 인가가 밀집된 도시에 시설하는 고압가공전선로 설계에 사용하는 풍압하중은?

① 갑종 풍압하중

② 을종 풍압하중

③ 병종 풍압하중

④ 갑종 풍압하중과 을종 풍압하중을 각 설비에 따라 혼용

풀이 331.6 풍압하중의 종별과 적용
인가가 많이 연접되어 있는 장소에 시설하는 가공전선로의 구성재 중 다음의 풍압하중에 대하여는 규정에 불구하고 갑종 풍압하중 또는 을종 풍압하중 대신에 **병종 풍압하중을 적용**할 수 있다.
가. 저압 또는 고압 가공전선로의 지지물 또는 가섭선
나. 사용전압이 35 [kV] 이하의 전선에 특고압 절연전선 또는 케이블을 사용하는 특고압 가공전선로의 지지물, 가섭선 및 특고압 가공전선을 지지하는 애자장치 및 완금류 **답** ③

전로의 사용전압[V]	DC 시험전압[V]	절연저항[MΩ]
SELV 및 PELV	250	0.5
FELV, 500[V]이하	500	1.0
500[V] 초과	1,000	1.0

[주] 특별저압(extra low voltage : 2차 전압이 AC 50[V], DC 120[V] 이하)으로 SELV(비접지회로 구성) 및 PELV(접지회로 구성)은 1차와 2차가 전기적으로 절연된 회로, FELV는 1차와 2차가 전기적으로 절연되지 않은 회로 **답** ①

92 전력보안통신설비로 무선용안테나 등의 시설에 관한 설명으로 옳은 것은?

① 항상 가공전선로의 지지물에 시설한다.
② 피뢰침설비가 불가능한 개소에 시설한다.
③ 접지와 공용으로 사용할 수 있도록 시설한다.
④ 전선로의 주위상태를 감시할 목적으로 시설한다.

풀이 364.2 무선용 안테나 등의 시설 제한
무선용 안테나 등은 **전선로의 주위 상태를 감시하거나 배전자동화, 원격검침 등 지능형전력망을 목적으로 시설**하는 것 이외에는 가공전선로의 지지물에 시설하여서는 아니 된다. **답** ④

93 사용전압이 저압인 전로의 전선 상호간 및 전로와 대지 사이의 절연저항은 DC 시험전압 250[V]에서 몇 [MΩ] 이상이어야 하는가? 단, 전로의 사용전압은 SELV 및 PELV인 경우이다.

① 0.5   ② 1.0
③ 1.5   ④ 2.0

풀이 저압전로의 절연성능(기술기준 제52조)
전기사용 장소의 사용전압이 저압인 전로의 전선 상호간 및 전로와 대지 사이의 절연저항은 개폐기 또는 과전류차단기로 구분할 수 있는 전로마다 다음 표에서 정한 값 이상이어야 한다. 다만, 전선 상호간의 절연저항은 기계기구를 쉽게 분리가 곤란한 분기회로의 경우 기기 접속 전에 측정할 수 있다. 또한, 측정 시 영향을 주거나 손상을 받을 수 있는 SPD 또는 기타 기기 등은 측정 전에 분리시켜야 하고, 부득이하게 분리가 어려운 경우에는 시험전압을 250[V] DC로 낮추어 측정할 수 있지만 절연저항 값은 1[MΩ] 이상이어야 한다.

94 수소냉각식 발전기 내부 또는 조상기 내부의 수소 순도가 몇 [%] 이하로 저하한 경우에 이를 경보하는 장치를 시설해야 하는가?

① 65   ② 75
③ 85   ④ 95

풀이 351.10 수소냉각식 발전기 등의 시설
수소냉각식의 발전기·조상기 또는 이에 부속하는 수소 냉각 장치는 발전기 내부 또는 조상기 내부의 **수소의 순도가 85[%] 이하로 저하한 경우에 이를 경보하는 장치를 시설**할 것. **답** ③

95 특고압가공전선이 삭도와 제2차 접근상태로 시설할 경우 특고압가공전선로는 어느 보안공사를 하여야 하는가?

① 고압 보안공사
② 제1종 특고압 보안공사
③ 제2종 특고압 보안공사
④ 제3종 특고압 보안공사

풀이 333.26 특고압 가공전선과 저고압 가공전선 등의 접근 또는 교차
특고압 가공전선이 가공약전류전선 등 저압 또는 고압의 가공전선이나 저압 또는 고압의 전차선(이하에서 "저고압 가공전선 등"이라 한다)과 접근상태로 시설되는 경우
가. 1차 접근상태로 시설되는 경우 : 제3종 특고압 보안공사
나. **2차 접근상태로 시설되는 경우 : 제2종 특고압 보안공사** **답** ③

96 지중 전선로에 있어서 폭발성 가스가 침입할 우려가 있는 장소에 시설하는 지중함은 크기가 몇 [m³] 이상일 때 가스를 방산시키기 위한 장치를 시설하여야 하는가?

① 0.25   ② 0.5
③ 0.75   ④ 1.0

풀이 334.2 지중함의 시설
지중전선로에 사용하는 지중함은 다음에 따라 시설하여야 한다.
가. 지중함은 견고하고 차량 기타 **중량물의 압력에 견디는 구조**일 것.
나. 지중함은 그 안의 **고인 물을 제거할 수 있는 구조**로 되어 있을 것.
다. 폭발성 또는 연소성의 가스가 침입할 우려가 있는 것에 시설하는 지중함으로서 그 **크기가 1[m³] 이상인 것에는 통풍장치 기타 가스를 방산시키기 위한 적당한 장치**를 시설할 것.
라. 지중함의 **뚜껑은 시설자이외의 자가 쉽게 열 수 없도록** 시설할 것.   **답** ④

97 발전기·전동기·조상기·기타 회전기(회전변류기 제외)의 절연내력 시험 시 시험전압은 권선과 대지 사이에 연속하여 몇 분 이상 가하여야 하는가?

① 10   ② 15   ③ 20   ④ 30

풀이 133 회전기 및 정류기의 절연내력

종 류		시험전압	시험 방법
회전기	발전기·전동기·조상기·기타회전기 7[kV] 이하	1.5배 (최저 500[V])	권선과 대지 사이에 연속하여 10분간
	7[kV] 초과	1.25배 (최저 10,500[V])	
	회전 변류기	직류측의 최대 사용전압의 1배의 교류전압(최저 500[V])	

답 ①

98 특고압 가공전선로에 사용하는 철탑 종류 중 전선로 지지물의 양측 경간의 차가 큰 곳에 사용하는 철탑은?

① 각도형 철탑   ② 인류형 철탑
③ 보강형 철탑   ④ 내장형 철탑

풀이 333.11 특고압 가공전선로의 철주·철근 콘크리트주 또는 철탑의 종류
특고압 가공전선로의 지지물로 사용하는 B종 철근·B종 콘크리트주 또는 철탑의 종류는 다음과 같다.
가. 직선형 : 전선로의 직선 부분(3° 이하의 수평 각도 이루는 곳 포함)에 사용되는 것
나. 각도형 : 전선로 중 수평 각도 3°를 넘는 곳에 사용되는 것
다. 인류형 : 전 가섭선을 인류하는 곳에 사용하는 것
라. **내장형** : 전선로 지지물 **양측의 경간차가 큰 곳에 사용하는 것**
마. 보강형 : 전선로 직선 부분을 보강하기 위하여 사용하는 것   **답** ④

99 차단기에 사용하는 압축공기장치에 대한 설명 중 틀린 것은?

① 공기압축기를 통하는 관은 용접에 의한 잔류응력이 생기지 않도록 할 것
② 주 공기탱크에는 사용압력 1.5배 이상 3배 이하의 최고 눈금이 있는 압력계를 시설할 것
③ 공기압축기는 최고사용압력의 1.5배 수압을 연속하여 10분간 가하여 시험하였을 때 이에 견디고 새지 아니할 것
④ 공기탱크는 사용압력에서 공기의 보급이 없는 상태로 차단기의 투입 및 차단을 연속하여 3회 이상 할 수 있는 용량을 가질 것

풀이 341.15 압축공기계통
발전소·변전소·개폐소 또는 이에 준하는 곳에서 개폐기 또는 차단기에 사용하는 압축공기장치는 사용 압력에서 **공기의 보급이 없는 상태**로 개폐기 또는 차단기의 **투입 및 차단**을 연속하여 **1회 이상** 할 수 있는 용량을 가지는 것일 것.   **답** ④

100 관등회로란 무엇인가?

① 분기점으로부터 안정기까지의 전로
② 스위치로부터 방전등까지의 전로
③ 스위치로부터 안정기까지의 전로
④ 방전등용 안정기로부터 방전관까지의 전로

풀이 112 용어 정의
"관등회로"란 방전등용 안정기 또는 방전등용 변압기로부터 방전관까지의 전로를 말한다.   **답** ④

문제의 번호는 실제 시험문제의 번호와 같게 하였습니다.

2022년 - 1회 _ 전기산업기사·공사산업기사

81 비접지식 고압전로와 접속되는 변압기의 외함에 실시하는 접지공사의 접지극으로 사용할 수 있는 건물 철골의 대지 전기저항의 최댓값[Ω]은 얼마인가?

① 2 ② 3
③ 5 ④ 10

풀이 142.2 접지극의 시설 및 접지저항
가. 지중에 매설되어 있고 대지와의 전기저항 값이 3 [Ω] 이하의 값을 유지하고 있는 금속제 수도관로가 규정에 따르는 경우 접지극으로 사용이 가능하다.
나. 대지와의 사이에 전기저항 값이 2[Ω] 이하인 값을 유지하는 건축물·구조물의 철골 기타의 금속제는 접지공사의 접지극으로 사용할 수 있다. **답** ①

82 특고압 옥내배선과 저압 옥내전선·관등회로의 배선 또는 고압 옥내전선 사이의 이격거리는 일반적으로 몇 [cm] 이상이어야 하는가?

① 15 ② 30
③ 45 ④ 60

풀이 342.4 특고압 옥내 전기설비의 시설
특고압 옥내배선은 다음에 따르고 또한 위험의 우려가 없도록 시설하여야 한다.
가. 사용전압은 100[kV] 이하일 것. 다만, 케이블트레이배선에 의하여 시설하는 경우에는 35[kV] 이하일 것.
나. 전선은 케이블일 것.
다. 특고압 옥내배선과 저압 옥내전선·관등회로의 배선 또는 고압 옥내전선 사이 : 0.6[m] 이상 **답** ④

83 특고압가공전선로에 사용하는 가공지선에는 지름 몇 [mm] 이상의 나경동선을 사용하여야 하는가?

① 2.6 ② 3.5
③ 4 ④ 5

풀이 333.8 특고압 가공전선로의 가공지선
특고압 가공전선로에 사용하는 가공지선은 다음과 같다.
가. 인장강도 8.01[kN] 이상의 나선
나. 지름 5[mm] 이상의 나경동선
다. 단면적 22[mm²] 이상의 나경동연선
라. 아연도강연선 22[mm²]
마. OPGW 전선 **답** ④

84 고압가공전선로의 지지물로 철탑을 사용하는 경우 최대 경간은 몇 [m]인가?

① 150 ② 200
③ 250 ④ 600

풀이 332.9 고압 가공전선로 경간의 제한
고압 가공전선로의 경간은 표에서 정한 값 이하이어야 한다.

지지물의 종류	경간
목주·A종 철주 또는 A종 철근 콘크리트주	150[m]
B종 철주 또는 B종 철근 콘크리트주	250[m]
철탑	600[m]

답 ④

85 과전류차단기를 시설할 수 있는 곳은?

① 접지공사의 접지선
② 다선식 전로의 중성선
③ 단상 3선식 전로의 저압측 전선
④ 접지공사를 한 저압가공전선로의 접지측 전선

풀이 341.11 과전류차단기의 시설 제한
접지공사의 접지도체, 다선식 전로의 중성선 및 전로의 일부에 접지공사를 한 저압 가공전선로의 접지측 전선에는 과전류차단기를 시설하여서는 안 된다.
다만, 다음의 경우에는 예외로 한다.
가. 다선식 전로의 중성선에 시설한 과전류차단기가 동작한 경우에 각 극이 동시에 차단될 때
나. 저항기·리액터 등을 사용하여 접지공사를 한 때에 과전류차단기의 동작에 의하여 그 접지도체가 비접지 상태로 되지 아니할 때 **답** ③

86 345[kV] 옥외 변전소에 울타리 높이와 울타리에서 충전부분까지 거리[m]의 합계는?

① 6.48 ② 8.16
③ 8.40 ④ 8.28

풀이 351.1 발전소 등의 울타리·담 등의 시설
가. 울타리·담 등의 높이는 2[m] 이상으로 하고 지표면과 울타리·담 등의 하단사이의 간격은 0.15[m] 이하로 할 것.
나. 울타리·담 등의 높이와 울타리·담 등으로부터 충전부분까지 거리의 합계는 표에서 정한 값 이상으로 할 것.

사용전압의 구분	울타리·담 등의 높이와 울타리·담 등으로부터 충전 부분까지의 거리의 합계
35[kV] 이하	5[m]
35[kV] 초과 160[kV] 이하	6[m]
160[kV] 초과	• 거리의 합계 $= 6 + $ 단수 $\times 0.12[m]$ • 단수 $= \dfrac{\text{사용전압[kV]}-160}{10}$ 단수 계산에서 소수점 이하는 절상

• 단수 $= \dfrac{345-160}{10} = 18.5 \to 19$단
• 이격거리 + 울타리높이 $= 6 + 19 \times 0.12 = 8.28[m]$

답 ④

87 옥내의 저압전선으로 나전선 사용이 허용되지 않는 경우는?

① 라이팅덕트공사에 의하여 시설하는 경우
② 버스덕트공사에 의하여 시설하는 경우
③ 애자공사에 의하여 전개된 곳에 시설하는 경우
④ 금속관공사에 의하여 시설하는 경우

풀이 231.4 나전선의 사용 제한
옥내에 시설하는 저압전선에는 나전선을 사용하여서는 아니 된다. 다만, 다음중 어느 하나에 해당하는 경우에는 그러하지 아니하다.
가. 애자공사에 의하여 전개된 곳에 다음의 전선을 시설하는 경우
① 전기로용 전선
② 전선의 피복 절연물이 부식하는 장소에 시설하는 전선
나. 버스덕트공사에 의하여 시설하는 경우
다. 라이팅덕트공사에 의하여 시설하는 경우
라. 접촉 전선을 시설하는 경우

답 ④

88 발전기의 용량에 관계없이 자동적으로 이를 전로로부터 차단하는 장치를 시설하여야 하는 경우는?

① 과전류 인입 ② 베어링 과열
③ 발전기 내부고장 ④ 유압의 과팽창

풀이 351.3 발전기 등의 보호장치
발전기에는 다음의 경우에 자동적으로 이를 전로로부터 차단하는 장치를 시설하여야 한다.
가. 발전기에 과전류나 과전압이 생긴 경우
나. 용량이 500[kVA] 이상의 발전기를 구동하는 수차의 압유 장치의 유압이 현저히 저하한 경우
다. 용량이 100[kVA] 이상의 발전기를 구동하는 풍차의 압유장치의 유압이 현저히 저하한 경우
라. 용량이 2,000[kVA] 이상인 수차 발전기의 스러스트 베어링의 온도가 현저히 상승한 경우
마. 용량이 10,000[kVA] 이상인 발전기의 내부에 고장이 생긴 경우
바. 정격출력이 10,000[kW]를 초과하는 증기터빈은 그 스러스트 베어링이 현저하게 마모되거나 그의 온도가 현저히 상승한 경우

답 ①

89 특고압전선로에 접속하는 배전용 변압기의 1차 및 2차 전압은?

① 1차 : 35[kV] 이하, 2차 : 저압 또는 고압
② 1차 : 50[kV] 이하, 2차 : 저압 또는 고압
③ 1차 : 35[kV] 이하, 2차 : 특고압 또는 고압
④ 1차 : 50[kV] 이하, 2차 : 특고압 또는 고압

풀이 341.2 특고압 배전용 변압기의 시설
특고압 전선로 에 접속하는 배전용 변압기를 시설하는 경우에는 특고압 전선에 특고압 절연전선 또는 케이블을 사용하고 또한 다음에 따라야 한다.
가. 변압기의 1차 전압은 35[kV] 이하, 2차 전압은 저압 또는 고압일 것.
나. 변압기의 특고압측에 개폐기 및 과전류차단기를 시설할 것
다. 변압기의 2차 전압이 고압인 경우에는 고압측에 개폐기를 시설하고 또한 쉽게 개폐할 수 있도록 할 것.

답 ①

90 다음 중 보호도체의 종류가 아닌 것은?

① PEL ② PEM
③ PEN ④ PES

풀이 112 용어 정의
• "PEN 도체(protective earthing conductor and neutral conductor)"란 교류회로에서 중성선 겸용 보호

도체를 말한다.
* "PEM 도체(protective earthing conductor and a mid-point conductor)"란 직류회로에서 중간도체 겸용 보호도체를 말한다.
* "PEL 도체(protective earthing conductor and a line conductor)"란 직류회로에서 선도체 겸용 보호도체를 말한다. **답** ④

91 최대사용전압 440[V]인 전동기의 절연내력시험전압은 몇 [V]인가?

① 330 ② 440 ③ 500 ④ 660

풀이 133 회전기 및 정류기의 절연내력

종류		시험전압	시험 방법
회전기	발전기·**전동기**·조상기·기타회전기	**7[kV] 이하** → **1.5배** (최저 500[V])	권선과 대지 사이에 연속하여 10분간
		7[kV] 초과 → 1.25배 (최저 10,500[V])	
	회전 변류기	직류측의 최대 사용 전압의 1배의 교류 전압(최저 500[V])	

∴ 시험전압 = 440 × 1.5 = 660[V] **답** ④

92 154[kV]의 특고압가공전선을 사람이 쉽게 들어갈 수 없는 산지(山地) 등에 시설하는 경우 지표상의 높이는 몇 [m] 이상으로 하여야 하는가?

① 4 ② 5 ③ 6.5 ④ 8

풀이 333.7 특고압 가공전선의 높이

전압의 범위	일반 장소	도로 횡단	철도 또는 궤도횡단	횡단보도교
35[kV] 이하	5[m]	6[m]	6.5[m]	4[m](특고압 절연전선 또는 케이블 사용)
35[kV] 초과 160[kV] 이하	6[m]	6[m]	6.5[m]	5[m](케이블 사용)
				산지 등에서 사람이 쉽게 들어갈 수 없는 장소 : 5[m] 이상
160[kV] 초과	일반장소			가공전선의 높이 = 6 + 단수 × 0.12[m]
	철도 또는 궤도횡단			가공전선의 높이 = 6.5 + 단수 × 0.12[m]
	산지			가공전선의 높이 = 5 + 단수 × 0.12[m]

※ 단수 = $\dfrac{(전압[kV]-160)}{10}$ … 단수 계산에서 소수점 이하는 절상

답 ②

93 저압가공전선이 상부 조영재 옆쪽에서 접근하는 경우 전선과 상부 조영재간의 이격거리[m]는 얼마 이상이어야 하는가? (단, 전선이 케이블인 경우이다.)

① 0.4 ② 0.8 ③ 1 ④ 1.2

풀이 332.11 고압 가공전선과 건조물의 접근
222.11 저압 가공전선과 건조물의 접근
저압 가공전선 또는 고압 가공전선이 건조물과 접근 상태로 시설되는 경우에는 다음에 따라야 한다.
가. 고압 가공전선로는 고압 보안공사에 의할 것.
나. 저·고압 가공전선과 건조물의 조영재 사이의 이격거리는 표에서 정한 값 이상일 것.

사용전압 부분 공작물의 종류			저압[m]	고압[m]
건조물	상부 조영재 위쪽	일반적인 경우	2	2
		전선이 고압절연전선	1	2
		전선이 케이블인 경우	1	1
	기타 조영재 또는 **상부조영재의 옆쪽 또는 아래쪽**	일반적인 경우	1.2	1.2
		전선이 고압절연전선	0.4	1.2
		전선이 케이블인 경우	**0.4**	0.4
		사람이 쉽게 접근할 수 없도록 시설한 경우	0.8	0.8

답 ①

94 전체의 길이가 18[m]이고, 설계하중이 6.8[kN]인 철근 콘크리트주를 지반이 튼튼한 곳에 시설하려고 한다. 기초 안전율을 고려하지 않기 위해서는 묻히는 깊이를 몇 [m] 이상으로 시설하여야 하는가?

① 2.5 ② 2.8 ③ 3 ④ 3.2

풀이 331.7 가공전선로 지지물의 기초의 안전율
가공전선로의 지지물에 하중이 가하여지는 경우에 그 하중을 받는 지지물의 기초의 안전율은 2(이상 시 상정하중에 대한 철탑의 기초에 대하여는 1.33) 이상이어야 한다. 다만, 다음에 따라 시설하는 경우에는 적용하지 않는다.

전장 / 설계 하중	6.8[kN] 이하	6.8[kN] 초과 ~9.8[kN] 이하	9.8[kN] 초과 ~14.72[kN] 이하
15[m] 이하	전장 × 1/6[m] 이상	전장 × 1/6 + 0.3[m] 이상	전장 × 1/6 + 0.5[m] 이상
15[m] 초과	2.5[m] 이상	2.8[m] 이상	–
16[m] 초과 ~20[m] 이하	**2.8[m] 이상**	–	–
15[m] 초과 ~18[m] 이하	–	–	3[m] 이상
18[m] 초과	–	–	3.2[m] 이상

답 ②

95 전선의 색상 중 틀린 것은?

① L1 : 갈색　　　② L2 : 흑색
③ L3 : 흰색　　　④ N : 청색

풀이 121.2 전선의 식별

상(문자)	L1	L2	L3	N	보호도체
색상	갈색	흑색	회색	청색	녹색-노란색

답 ③

96 저압가공인입선 시설 시 도로를 횡단하여 시설하는 경우 노면상 높이는 몇 [m] 이상으로 하여야 하는가?

① 4　　② 4.5　　③ 5　　④ 5.5

풀이 221.1.1 저압 인입선의 시설
저압 가공인입선의 높이
가. 도로(차도와 보도의 구별이 있는 도로인 경우에는 차도)를 횡단하는 경우 : 노면상 5[m] (기술상 부득이한 경우에 교통에 지장이 없을 때에는 3[m]) 이상
나. 철도 또는 궤도를 횡단하는 경우 : 레일면상 6.5[m] 이상
다. 횡단보도교 위에 시설하는 경우 : 노면상 3[m] 이상

답 ③

97 저압 연접 인입선은 인입선에서 분기하는 점으로부터 몇 [m]를 넘는 지역에 미치지 아니하여야 하는가?

① 60　　② 80　　③ 100　　④ 120

풀이 221.1.2 연접 인입선의 시설
저압 연접인입선은 다음에 따라 시설하여야 한다.
가. 인입선에서 분기하는 점으로부터 100[m]를 초과하는 지역에 미치지 아니할 것.
나. 폭 5[m]를 초과하는 도로를 횡단하지 아니할 것.
다. 옥내를 통과하지 아니할 것. **답** ③

98 케이블을 지지하기 위하여 사용하는 금속제 케이블 트레이의 종류가 아닌 것은?

① 사다리형　　　② 통풍 밀폐형
③ 펀칭형　　　　④ 바닥 밀폐형

풀이 232.41 케이블트레이공사
케이블트레이공사는 케이블을 지지하기 위하여 사용하는 금속재 또는 불연성 재료로 제작된 유닛 또는 유

닛의 집합체 및 그에 부속하는 부속재 등으로 구성된 견고한 구조물을 말하며 사다리형, 펀칭형, 메시형, 바닥밀폐형 기타 이와 유사한 구조물을 포함하여 적용한다.
답 ②

99 전선의 단면적이 38[mm²]인 동동연선을 사용하고 지지물로는 B종 철주 또는 B종 철근 콘크리트주를 사용하는 특고압가공전선로를 제3종 특고압 보안공사에 의하여 시설하는 경우의 경간은 몇 [m] 이하이어야 하는가?

① 100[m]　　　② 150[m]
③ 200[m]　　　④ 250[m]

풀이 332.10 고압 보안공사
제3종 특고압 보안공사는 다음에 따라야 한다.
가. 특고압 가공전선은 연선일 것.
나. 경간은 표에서 정한 값 이하일 것.

지지물의 종류	제3종 특고압 보안공사	전선의 굵기에 따른 경간	
목주·A종 철주 또는 A종 철근 콘크리트주	100[m]	인장강도 14.51 [kN] 이상 또는 38[mm²] 이상인 경동연선	150[m]
B종 철주 또는 B종 철근 콘크리트주	200[m]	인장강도 21.67 [kN] 이상 또는 55[mm²] 이상인 경동연선	250[m]
철탑	400[m] (단주인 경우에는 300[m])		600[m] 이하 (단주인 경우에는 400[m])

답 ③

100 중량물이 통과하는 장소에 비닐외장 케이블을 직접 매설식으로 시설하는 경우 매설 깊이는 몇 [m] 이상이어야 하는가?

① 0.8　　　② 1.0
③ 1.2　　　④ 1.5

풀이 334.1 지중전선로의 시설
가. 지중 전선로는 전선에 케이블을 사용하고 또한 관로식·암거식 또는 직접 매설식에 의하여 시설하여야 한다.
나. 지중 전선로를 직접 매설식에 의하여 시설하는 경우에는 매설 깊이를 차량 기타 중량물의 압력을 받을 우려가 있는 장소에는 1.0[m] 이상, 기타 장소에는 0.6[m] 이상으로 하고 또한 지중 전선을 견고한 트라프 기타 방호물에 넣어 시설하여야 한다.
답 ②

2022년 - 2회 _ 전기산업기사·공사산업기사

81 뱅크용량이 20000[kVA]인 전력용 커패시터에 자동적으로 전로로부터 차단하는 보호장치를 하려고 한다. 반드시 시설하여야 할 보호장치가 아닌 것은?

① 내부에 고장이 생긴 경우에 동작하는 장치
② 절연유의 압력이 변화할 때 동작하는 장치
③ 과전류가 생긴 경우에 동작하는 장치
④ 과전압이 생긴 경우에 동작하는 장치

풀이 351.5 조상설비의 보호장치
조상 설비에는 그 내부에 고장이 생긴 경우에 보호하는 장치를 표와 같이 시설하여야 한다.

설비 종별	뱅크 용량의 구분	자동적으로 전로로부터 차단하는 장치
전력용 커패시터 및 분로리액터	500[kVA] 초과 15,000[kVA] 미만	• 내부에 고장이 생긴 경우 • 과전류가 생긴 경우
	15,000[kVA] 이상	• 내부에 고장이 생긴 경우 • 과전류가 생긴 경우 • 과전압이 생긴 경우
조상기 (調相機)	15,000[kVA] 이상	• 내부에 고장이 생긴 경우

답 ②

82 고압가공전선과 식물과의 이격거리에 대한 기준으로 가장 적절한 것은?

① 고압가공전선의 주위에 보호망으로 이격시킨다.
② 식물과의 접촉에 대비하여 차폐선을 시설하도록 한다.
③ 고압가공전선을 절연전선으로 사용하고 주변의 식물을 제거시키도록 한다.
④ 식물에 접촉하지 아니하도록 시설하여야 한다.

풀이 332.19 고압 가공전선과 식물의 이격거리
고압 가공전선은 상시 부는 바람 등에 의하여 식물에 접촉하지 않도록 시설하여야 한다. **답** ④

83 버스덕트공사에 대한 설명 중 옳은 것은?

① 버스 덕트 끝부분을 개방할 것
② 덕트를 수직으로 붙이는 경우 지지점 간 거리는 12[m] 이하로 할 것
③ 덕트를 조영재에 붙이는 경우 덕트의 지지점 간 거리는 6[m] 이하로 할 것
④ 덕트에 접지공사를 할 것

풀이 232.61 버스덕트공사
가. 덕트 상호 간 및 전선 상호 간은 견고하고 또한 전기적으로 완전하게 접속할 것.
나. 덕트를 조영재에 붙이는 경우에는 덕트의 지지점 간의 거리를 3[m](수직으로 붙이는 경우에는 6[m]) 이하로 하고 또한 견고하게 붙일 것.
다. 덕트(환기형의 것을 제외한다)의 끝부분은 막을 것.
라. 덕트(환기형의 것을 제외한다)의 내부에 먼지가 침입하지 아니하도록 할 것.
마. 덕트는 접지공사를 할 것. **답** ④

84 수소냉각식 발전기안의 수소 순도가 몇 [%] 이하로 저하한 경우에 이를 경보하는 장치를 시설해야 하는가?

① 65   ② 75
③ 85   ④ 95

풀이 351.10 수소냉각식 발전기 등의 시설
수소냉각식의 발전기·조상기 또는 이에 부속하는 수소 냉각 장치는 발전기 내부 또는 조상기 내부의 수소의 순도가 85[%] 이하로 저하한 경우에 이를 경보하는 장치를 시설할 것. **답** ③

85 옥내에 시설하는 전동기에 과부하 보호장치의 시설을 생략할 수 없는 경우는?

① 정격출력이 0.75[kW]인 전동기
② 전동기의 구조나 부하의 성질로 보아 전동기가 소손할 수 있는 과전류가 생길 우려가 없는 경우
③ 전동기가 단상의 것으로 전원측 전로에 시설하는 배선용 차단기의 정격전류가 20[A] 이하인 경우
④ 전동기가 단상의 것으로 전원측 전로에 시설하는 과전류차단기의 정격전류가 16[A] 이하인 경우

풀이 212.6.3 저압전로 중의 전동기 보호용 과전류보호장치의 시설
옥내에 시설하는 전동기에는 전동기가 손상될 우려가 있는 과전류가 생겼을 때에 자동적으로 이를 저지하거나 이를 경보하는 장치를 하여야 한다. 다만, 다음의 어느 하나에 해당하는 경우에는 그러하지 아니하다.
가. 전동기를 운전 중 상시 취급자가 감시할 수 있는 위치에 시설하는 경우
나. 전동기의 구조나 부하의 성질로 보아 전동기가 손상될 수 있는 과전류가 생길 우려가 없는 경우
다. 단상전동기로써 그 전원측 전로에 시설하는 과전류차단기의 정격전류가 16[A](배선용 차단기는 20[A]) 이하인 경우
라. 정격 출력이 0.2[kW] 이하의 전동기 　**답** ①

86 지중전선로를 직접 매설식에 의하여 시설할 때, 중량물의 압력을 받을 우려가 있는 장소에 지중전선을 견고한 트라프 기타 방호물에 넣지 않고도 부설할 수 있는 케이블은?

① 염화비닐 절연 케이블
② 폴리에틸렌 외장 케이블
③ 콤바인 덕트 케이블
④ 알루미늄피 케이블

풀이 334.1 지중전선로의 시설
지중 전선로를 직접 매설식에 의하여 시설하는 경우에 지중 전선을 견고한 트라프 기타 방호물에 넣어 시설하여야 한다.
단, 다음의 어느 하나에 해당하는 경우에는 지중전선을 견고한 트라프 기타 방호물에 넣지 아니하여도 된다.
① 저압 또는 고압의 지중전선을 차량 기타 중량물의 압력을 받을 우려가 없는 경우에 그 위를 견고한 판 또는 몰드로 덮어 시설하는 경우
② 저압 또는 고압의 지중전선에 콤바인덕트 케이블 또는 개장한 케이블을 사용하여 시설하는 경우. 　**답** ③

87 지중전선로에 있어서 폭발성 가스가 침입할 우려가 있는 장소에 시설하는 지중함은 크기가 몇 [m³] 이상일 때 가스를 방산시키기 위한 장치를 시설하여야 하는가?

① 0.25
② 0.5
③ 0.75
④ 1.0

풀이 334.2 지중함의 시설
지중전선로에 사용하는 지중함은 다음에 따라 시설하여야 한다.
가. 지중함은 견고하고 차량 기타 중량물의 압력에 견디는 구조일 것.
나. 지중함은 그 안의 고인 물을 제거할 수 있는 구조로 되어 있을 것.
다. 폭발성 또는 연소성의 가스가 침입할 우려가 있는 것에 시설하는 지중함으로서 그 크기가 1[m³] 이상인 것에는 통풍장치 기타 가스를 방산시키기 위한 적당한 장치를 시설할 것.
라. 지중함의 뚜껑은 시설자이외의 자가 쉽게 열 수 없도록 시설할 것. 　**답** ④

88 교류 전차선 등 충전부와 식물 사이의 이격거리는 몇 [m] 이상이어야 하는가? (단, 현장여건을 고려한 방호벽 등의 안전조치를 하지 않은 경우이다.)

① 1
② 3
③ 5
④ 10

풀이 431.11 전차선 등과 식물사이의 이격거리
교류 전차선 등 충전부와 식물사이의 이격거리는 5[m] 이상이어야 한다. 다만, 5[m] 이상 확보하기 곤란한 경우에는 현장여건을 고려하여 방호벽 등 안전조치를 하여야 한다. 　**답** ③

89 66[kV] 특고압가공전선로를 케이블을 사용하여 시가지에 시설하려고 한다. 애자장치는 50[%] 충격섬락전압의 값이 다른 부분을 지지하는 애자장치의 몇 [%] 이상으로 되어야 하는가?

① 100
② 115
③ 110
④ 105

풀이 333.1 시가지 등에서 특고압 가공전선로의 시설
사용전압이 170[kV] 이하인 특고압 가공전선로를 시가지 그 밖에 인가가 밀집한 지역에 시설하기 위한 특고압 가공전선을 지지하는 애자장치는 다음 중 어느 하나에 의할 것.
가. 50[%] 충격섬락전압 값이 그 전선의 근접한 다른 부분을 지지하는 애자장치 값의 110[%](사용전압이 130[kV]를 초과하는 경우는 105[%]) 이상인 것.
나. 아킹혼을 붙인 현수애자·장간애자 또는 라인포스트애자를 사용하는 것.
다. 2련 이상의 현수애자 또는 장간애자를 사용하는 것.
라. 2개 이상의 핀애자 또는 라인포스트애자를 사용하는 것. 　**답** ③

90 연료전지 및 태양전지 모듈의 절연내력시험을 하는 경우 충전부분과 대지 사이에 어느 정도의 시험전압을 인가하여야 하는가? (단, 연속하여 10분간 가하여 견디는 것이어야 한다.)

① 최대사용전압의 1.5배의 직류전압 또는 1.25배의 교류전압

② 최대사용전압의 1.25배의 직류전압 또는 1.25배의 교류전압

③ 최대사용전압의 1.5배의 직류전압 또는 1배의 교류전압

④ 최대사용전압의 1.25배의 직류전압 또는 1배의 교류전압

풀이 134 연료전지 및 태양전지 모듈의 절연내력
연료전지 및 태양전지 모듈은 **최대사용전압의 1.5배의 직류전압 또는 1배의 교류전압(500[V] 미만으로 되는 경우에는 500[V])**을 충전부분과 대지사이에 연속하여 10분간 가하여 절연내력을 시험하였을 때에 이에 견디는 것이어야 한다. **답** ③

91 과전류차단기로 시설하는 퓨즈 중 고압전로에 사용하는 포장 퓨즈는 정격전류의 몇 배에 견디어야 하는가? (단, 퓨즈 이외의 과전류차단기와 조합하여 하나의 과전류차단기로 사용하는 것을 제외한다.)

① 1.1 ② 1.3
③ 1.5 ④ 1.7

풀이 341.10 고압 및 특고압 전로 중의 과전류차단기의 시설
가. 과전류차단기로 시설하는 퓨즈 중 고압전로에 사용하는 **포장 퓨즈는 정격전류의 1.3배의 전류에 견디고 또한 2배의 전류로 120분 안에 용단**되는 것이어야 한다.
나. 과전류차단기로 시설하는 퓨즈 중 고압전로에 사용하는 비포장 퓨즈는 정격전류의 1.25배의 전류에 견디고 또한 2배의 전류로 2분 안에 용단되는 것이어야 한다. **답** ②

92 금속관공사에서 절연 부싱을 사용하는 가장 주된 목적은?

① 관의 끝이 터지는 것을 방지
② 관의 단구에서 조영재의 접촉 방지
③ 관내 해충 및 이물질 출입 방지
④ 관의 단구에서 전선 피복의 손상 방지

풀이 232.12 금속관공사
관의 끝 부분에는 **전선의 피복을 손상하지 아니하도록** 적당한 구조의 부싱을 사용할 것. 다만, 금속관공사로부터 애자공사로 옮기는 경우에는 그 부분의 **관의 끝부분에는 절연부싱 또는 이와 유사한 것을 사용하여야 한다.** **답** ④

93 가공전선로의 지지물에 하중이 가하여지는 경우에 그 하중을 받는 지지물의 기초의 안전율은 일반적인 경우 얼마 이상이어야 하는가?

① 1.2 ② 1.5
③ 1.8 ④ 2

풀이 331.7 가공전선로 지지물의 기초의 안전율
가공전선로의 지지물에 하중이 가하여지는 경우에 그 하중을 받는 지지물의 **기초의 안전율은 2 이상**(단, 이상시 상정하중에 대한 철탑의 기초에 대하여는 1.33)이어야 한다. **답** ④

94 고압용의 개폐기, 차단기, 피뢰기 기타 이와 유사한 기구로서 동작 시에 아크가 생기는 것은 목재의 벽 또는 천정 기타의 가연성 물체로부터 몇 [m] 이상 떼어놓아야 하는가?

① 1 ② 1.2
③ 1.5 ④ 2

풀이 341.7 아크를 발생하는 기구의 시설
고압용 또는 특고압용의 개폐기·차단기·피뢰기 기타 이와 유사한 기구로서 동작 시에 아크가 생기는 것은 목재의 벽 또는 천장 기타의 가연성 물체로부터 표에서 정한 값 이상 이격하여 시설하여야 한다.

기구 등의 구분	이격거리
고압용의 것	1[m] 이상
특고압용의 것	2[m] 이상(사용전압이 35[kV] 이하의 특고압용의 기구 등으로서 동작할 때에 생기는 아크의 방향과 길이를 화재가 발생할 우려가 없도록 제한하는 경우에는 1[m] 이상)

답 ①

95 폭연성 분진 또는 화약류의 분말이 전기설비가 발화원이 되어 폭발할 우려가 있는 곳에 시설하는 저압 옥내전기설비를 케이블공사로 할 경우 관이나 방호장치에 넣지 않고 노출로 설치할 수 있는 케이블은?

① 무기물 절연 케이블
② 고무절연 비닐 시스케이블
③ 폴리에틸렌절연 비닐 시스케이블
④ 폴리에틸렌절연 폴리에틸렌 시스케이블

풀이 242.2.1 폭연성 분진 위험장소
케이블공사에 의하는 때에는 전선은 개장된 케이블 또는 무기물 절연 케이블을 사용하는 경우 이외에는 관기타의 방호 장치에 넣어 사용할 것. **답** ①

96 전광표시 장치에 사용하는 저압 옥내배선을 금속관공사로 시설할 경우 연동선의 단면적은 몇 [mm²] 이상 사용하여야 하는가?

① 0.75   ② 1.25
③ 1.5   ④ 2.5

풀이 231.3.1 저압 옥내배선의 사용전선
가. 저압 옥내배선의 전선 : 단면적 2.5[mm²] 이상의 연동선
나. 옥내배선의 사용 전압이 400[V] 이하인 경우는 다음에 의하여 시설할 수 있다.
① 전광표시 장치 또는 제어 회로
  • 단면적 1.5[mm²] 이상의 연동선
  • 단면적 0.75[mm²] 이상인 다심케이블 또는 다심 캡타이어 케이블을 사용하고 또한 과전류가 생겼을 때에 자동적으로 전로에서 차단하는 장치를 시설
② 진열장 또는 이와 유사한 것의 내부 배선 : 단면적 0.75[mm²] 이상인 코드 또는 캡타이어케이블 **답** ③

97 특고압가공전선로의 지지물 중 전선로의 지지물 양쪽의 경간의 차가 큰 곳에 사용하는 철탑은?

① 내장형 철탑   ② 인류형 철탑
③ 보강형 철탑   ④ 각도형 철탑

풀이 333.11 특고압 가공전선로의 철주 · 철근 콘크리트주 또는 철탑의 종류

특고압 가공전선로의 지지물로 사용하는 B종 철근 · B종 콘크리트주 또는 철탑의 종류는 다음과 같다.
가. 직선형 : 전선로의 직선 부분(3° 이하의 수평 각도 이루는 곳 포함)에 사용되는 것
나. 각도형 : 전선로 중 수평 각도 3°를 넘는 곳에 사용되는 것
다. 인류형 : 전 가섭선을 인류하는 곳에 사용하는 것
라. 내장형 : 전선로 지지물 양측의 경간차가 큰 곳에 사용하는 것
마. 보강형 : 전선로 직선 부분을 보강하기 위하여 사용하는 것 **답** ①

98 가반형의 용접전극을 사용하는 아크 용접장치를 시설할 때 용접변압기의 1차 측 전로의 대지전압은 몇 [V] 이하이어야 하는가?

① 200   ② 250
③ 300   ④ 600

풀이 241.10 아크 용접기
가반형의 용접 전극을 사용하는 아크 용접장치는 다음에 따라 시설하여야 한다.
가. 용접변압기는 절연변압기일 것.
나. 용접변압기의 1차측 전로의 대지전압은 300[V] 이하일 것.
다. 용접변압기의 1차측 전로에는 용접 변압기에 가까운 곳에 쉽게 개폐할 수 있는 개폐기를 시설할 것.
라. 용접기 외함 및 피용접재 또는 이와 전기적으로 접속되는 받침대 · 정반 등의 금속체는 규정에 준하여 접지공사를 하여야 한다. **답** ③

99 발전소에는 필요한 계측 장치를 시설하여야 한다. 다음 중 시설하지 않아도 되는 계측장치는?

① 발전기의 전압
② 주요 변압기의 역률
③ 발전기의 고정자 온도
④ 특고압용 변압기의 온도

풀이 351.6 계측장치
발전소에서는 다음의 사항을 계측하는 장치를 시설하여야 한다.
① 발전기의 전압 및 전류 또는 전력
② 발전기의 베어링 및 고정자의 온도
③ 주요 변압기의 전압 및 전류 또는 전력
④ 특고압용 변압기의 온도 **답** ②

100 사용전압 66[kV]의 가공전선을 시가지에 시설할 경우 전선의 지표상 최소 높이는 몇 [m]인가?

① 6.48 　　　　② 8.36
③ 10.48　　　　④ 12.36

풀이 333.1 시가지 등에서 특고압 가공전선로의 시설

사용전압의 구분	지표상의 높이
35[kV] 이하	10[m] (전선이 특고압 절연전선인 경우에는 8[m])
35[kV] 초과	10[m]에 35[kV]를 초과하는 10[kV] 또는 그 단수마다 12[cm]를 더한 값

- 단수 $= \dfrac{66-35}{10} = 3.1 \rightarrow 4$단
- 지표상의 높이 $= 10 + 4 \times 0.12 = 10.48$[m]　　**답** ③

2022년 – 3회 _ 전기산업기사

81 타냉식 특고압용 변압기의 냉각장치에 고장이 생긴 경우 시설해야 하는 보호장치는?

① 경보장치
② 온도측정장치
③ 자동차단장치
④ 과전류 측정장치

풀이 351.4 특고압용 변압기의 보호장치
특고압용의 변압기에는 그 내부에 고장이 생겼을 경우에 보호하는 장치를 표와 같이 시설하여야 한다.

뱅크 용량의 구분	동작조건	장치의 종류
5,000[kVA] 이상 10,000[kVA] 미만	변압기 내부고장	자동 차단 장치 또는 경보장치
10,000[kVA] 이상	변압기 내부고장	자동 차단 장치
타냉식 변압기(변압기의 권선 및 철심을 직접 냉각시키기 위하여 봉입한 냉매를 강제 순환시키는 냉각 방식을 말한다.)	냉각장치에 고장이 생긴 경우 또는 변압기의 온도가 현저히 상승한 경우	경보장치

답 ①

82 이차전지를 이용한 전기저장장치의 시설장소에 대한 요구사항으로 틀린 것은?

① 충전부분은 노출하여 시설하여야 한다.
② 전기저장장치를 시설하는 장소는 폭발성 가스의 축적을 방지하기 위한 환기시설을 갖추어야 한다.
③ 침수의 우려가 없도록 시설하여야 한다.
④ 전기저장장치의 이차전지, 제어반, 배전반의 시설은 기기 등을 조작 또는 보수·점검할 수 있는 충분한 공간을 확보하고 조명설비를 설치하여야 한다.

풀이 511.1.1 시설장소의 요구사항
가. 전기저장장치의 이차전지, 제어반, 배전반의 시설은 기기 등을 조작 또는 보수·점검할 수 있는 충분한 공간을 확보하고 조명설비를 설치하여야 한다.
나. 전기저장장치를 시설하는 장소는 폭발성 가스의 축적을 방지하기 위한 환기시설을 갖추고 제조사가 권장하는 온도·습도·수분·먼지 등의 운영환경을 상시 유지하여야 한다.
다. 이차전지, 전력변환장치, 제어, 통신 및 보호설비 등은 침수 및 누수의 우려가 없도록 시설하여야 한다.
라. 전기저장장치 시설장소에는 외벽 등 확인하기 쉬운 위치에 "전기저장장치 시설장소" 표지를 하고, 일반인의 출입을 통제하기 위한 잠금장치 등을 설치하여야 한다. **답** ①

83 지선을 사용하여 그 강도를 분담시켜서는 아니 되는 가공전선로 지지물은?

① 목주 　　　　② 철주
③ 철탑 　　　　④ 철근콘크리트주

풀이 331.11 지선의 시설
가. 가공전선로의 지지물로 사용하는 철탑은 지선을 사용하여 그 강도를 분담시켜서는 안 된다.
나. 가공전선로의 지지물로 사용하는 철주 또는 철근 콘크리트주는 지선을 사용하지 않는 상태에서 2분의 1 이상의 풍압하중에 견디는 강도를 가지는 경우 이외에는 지선을 사용하여 그 강도를 분담시켜서는 안 된다. **답** ③

84 백열전등 또는 방전등에 전기를 공급하는 옥내 전로의 대지전압은 몇 [V] 이하이어야 하는가?

① 150 　　　　② 300
③ 400 　　　　④ 600

풀이 231.6 옥내전로의 대지 전압의 제한
백열전등 또는 방전등에 전기를 공급하는 **옥내의 전로의 대지전압은 300[V] 이하**이어야 한다. **답** ②

---

85 옥내에 시설하는 저압전선으로 나전선을 사용할 수 있는 배선공사는? (단, 전개된 곳에 전기로용 전선을 시설하는 경우이다.)

① 합성수지관공사
② 금속관공사
③ 애자공사
④ 플로어덕트공사

풀이 231.4 나전선의 사용 제한
옥내에 시설하는 저압전선에는 나전선을 사용하여서는 아니 된다. 다만, 다음 중 어느 하나에 해당하는 경우에는 그러하지 아니하다.
가. 애자공사에 의하여 전개된 곳에 다음의 전선을 시설하는 경우
　① **전기로용 전선**
　② 전선의 **피복 절연물이 부식하는 장소**에 시설하는 전선
나. **버스덕트공사**에 의하여 시설하는 경우
다. **라이팅덕트공사**에 의하여 시설하는 경우
라. **접촉 전선**을 시설하는 경우 **답** ③

---

86 교류 전기철도 급전시스템에서 레일 전위의 최대 허용 접촉전압을 초과하는 경우 접촉전압을 감소시키는 방법이 아닌 것은?

① 보행 표면의 절연
② 접지극 추가 사용
③ 전도성 구조물 접지의 보강
④ 등전위 본딩

풀이 461.3 레일 전위의 접촉전압 감소 방법
교류 전기철도 급전시스템은 규정된 값을 초과하는 경우 다음 방법을 고려하여 접촉전압을 감소시켜야 한다.
가. 접지극 추가 사용
나. 등전위 본딩
다. 전자기적 커플링을 고려한 귀선로의 강화
라. 전압제한소자 적용
마. 보행 표면의 절연
바. 단락전류를 중단시키는데 필요한 트래핑 시간의 감소 **답** ③

---

87 가공전선로의 지지물에 취급자가 오르고 내리는데 사용하는 발판 볼트 등은 일반적으로 지표상 몇 [m] 미만에 시설하여서는 아니되는가?

① 1.2
② 1.5
③ 1.8
④ 2.0

풀이 331.4 가공전선로 지지물의 철탑오름 및 전주오름 방지
가공전선로의 지지물에 취급자가 오르고 내리는데 사용하는 **발판 볼트 등을 지표상 1.8[m] 미만에 시설하여서는 아니된다.** **답** ③

---

88 단상교류 25,000[V]인 경우 전차선로의 충전부와 차량 간의 동적 절연이격거리는 몇 [mm] 이상인가?

① 25
② 100
③ 150
④ 170

풀이 431.3 전차선로의 충전부와 차량 간의 최소 절연이격

시스템 종류	공칭전압(V)	동적(mm)	정적(mm)
직류	750	25	25
	1,500	100	150
단상교류	25,000	170	270

답 ④

---

89 주상변압기 전로의 절연내력을 시험할 때 최대사용전압이 23000[V]인 권선으로서 중성점접지식 전로(중성선을 가지는 것으로서 그 중성선에 다중접지를 한 것)에 접속하는 것의 시험전압은?

① 16560[V]
② 21160[V]
③ 25300[V]
④ 28750[V]

풀이 135 변압기 전로의 절연내력

권선의 종류 (최대사용전압)	접지방식	시험전압 (최대사용전압의 배수)	최저 시험전압
1. 7[kV] 이하		1.5배	500[V]
	다중접지	0.92배	500[V]
2. 7[kV] 초과 25[kV] 이하	다중접지	0.92배	
3. 7[kV] 초과 60[kV] 이하 (2란의 것 제외)		1.25배	10.5[kV]
4. 60[kV] 초과	비접지	1.25배	

권선의 종류 (최대사용전압)	접지방식	시험전압 (최대사용 전압의 배수)	최저 시험전압
5. 60[kV] 초과(6란의 것 제외)	접지식	1.1배	75[kV]
6. 60[kV] 초과	직접접지	0.72배	
7. 170[kV] 초과	직접접지	0.64배	

∴ 시험전압 $= 23,000 \times 0.92 = 21,160$[V] **답** ②

90 특고압가공전선이 다른 특고압가공전선과 교차하여 시설하는 경우는 제 몇 종 특고압 보안공사에 의하여야 하는가?

① 1종 특고압 보안공사
② 2종 특고압 보안공사
③ 3종 특고압 보안공사
④ 4종 특고압 보안공사

풀이 333.27 특고압 가공전선 상호 간의 접근 또는 교차
특고압 가공전선이 다른 특고압 가공전선과 접근상태로 시설되거나 교차하여 시설되는 경우 위쪽 또는 옆쪽에 시설되는 특고압 가공전선로는 제3종 특고압 보안공사에 의할 것. **답** ③

91 고압 가공전선로에 시설하는 피뢰기의 접지저항 값은 몇 [Ω]까지 허용되는가? 단, 피뢰기 접지공사의 접지선은 전용의 것으로 한다.

① 20　　　　② 30
③ 50　　　　④ 75

풀이 341.14 피뢰기의 접지
가. 고압 및 특고압의 전로에 시설하는 피뢰기 접지저항 값은 10[Ω] 이하로 하여야 한다.
나. 고압가공전선로에 시설하는 피뢰기의 접지공사의 접지선이 전용의 것인 경우에는 접지 저항치가 30[Ω]까지 허용된다. **답** ②

92 소맥분, 전분 기타의 가연성 분진이 존재하는 곳의 저압옥내배선으로 적합하지 않은 공사방법은?

① 케이블공사
② 두께 2[mm] 이상의 합성수지관공사
③ 금속관공사
④ 금속제 가요전선관공사

풀이 242.2.2 가연성 분진 위험장소
가연성 분진에 전기설비가 발화원이 되어 폭발할 우려가 있는 곳에 시설하는 저압 옥내 전기설비는 다음에 따르고 또한 위험의 우려가 없도록 시설하여야 한다.
가. 합성수지관공사(두께 2[mm] 미만의 합성 수지 전선관 및 난연성이 없는 콤바인 덕트관을 사용하는 것을 제외한다)
나. 금속관공사
다. 케이블공사 **답** ④

93 의료 장소에서 인접하는 의료장소와의 바닥면적 합계가 몇 [m²] 이하인 경우 등전위본딩 바를 공용으로 할 수 있는가?

① 30　　　　② 50
③ 80　　　　④ 100

풀이 242.10.4 의료장소 내의 접지 설비
의료장소마다 그 내부 또는 근처에 등전위본딩 바를 설치할 것. 다만, 인접하는 의료장소와의 바닥 면적 합계가 50[m²] 이하인 경우에는 등전위본딩 바를 공용할 수 있다. **답** ②

94 특고압가공전선로 중 지지물로 직선형의 철탑을 연속하여 10기 이상 사용하는 부분에는 몇 기 이하마다 내장 애자 장치가 있는 철탑 또는 이와 동등 이상의 강도를 가지는 철탑 1기를 시설하여야 하는가?

① 1　　　　② 3
③ 5　　　　④ 10

풀이 333.16 특고압 가공전선로의 내장형 등의 지지물 시설
특고압 가공전선로 중 지지물로서 직선형의 철탑을 연속하여 10기 이상 사용하는 부분에는 10기 이하마다 장력에 견디는 애자장치가 되어 있는 철탑 또는 이와 동등 이상의 강도를 가지는 철탑 1기를 시설하여야 한다. **답** ④

95 사용전압이 220[V]인 가공전선을 절연전선으로 사용하는 경우 그 최소 굵기는 지름 몇 [mm]인가?

① 2　　　　② 2.6
③ 3.2　　　　④ 4

풀이 222.5 저압 가공전선의 굵기 및 종류
   가. 저압 가공전선은 나전선(중성선 또는 다중접지된
      접지측 전선으로 사용하는 전선에 한한다), 절연전
      선, 다심형 전선 또는 케이블을 사용하여야 한다.
   나. 전선의 굵기

전 압	조 건	전선의 굵기 및 인장강도
400[V] 이하	절연전선	인장강도 2.3[kN] 이상의 것 또는 지름 2.6[mm] 이상의 경동선
	케이블 이외	인장강도 3.43[kN] 이상의 것 또는 지름 3.2[mm] 이상의 경동선
400[V] 초과인 저압 (케이블 이외)	시가지에 시설	인장강도 8.01[kN] 이상의 것 또는 지름 5[mm] 이상의 경동선
	시가지 외에 시설	인장강도 5.26[kN] 이상의 것 또는 지름 4[mm] 이상의 경동선

답 ②

96 옥내에 시설하는 사용전압 400[V] 이하의 이동
전선으로 사용할 수 없는 전선은?

① 면절연전선
② 고무코드전선
③ 용접용 케이블
④ 고무절연 클로로프렌 캡타이어 케이블

풀이 234.3 코드 및 이동전선
   가. 조명용 전원코드 또는 이동전선은 단면적 0.75[mm²]
      이상의 코드 또는 캡타이어케이블을 용도에 따라서
      선정하여야 한다.
   나. 옥내에서 조명용 전원코드 또는 이동전선을 습기가
      많은 장소에 시설할 경우에는 고무코드(사용전압이
      400[V] 이하인 경우에 한함) 또는 0.6/1[kV] EP 고
      무 절연 클로로프렌캡타이어케이블로서 단면적이
      0.75[mm²] 이상인 것이어야 한다.   **답** ①

97 전선의 접속법을 열거한 것 중 틀린 것은?

① 전선의 세기를 20[%] 이상 감소시키지 않
   는다.
② 접속 부분을 절연전선의 절연물과 동등 이
   상의 절연 효력이 있도록 충분히 피복한다.
③ 접속 부분은 접속관, 기타의 기구를 사용
   한다.
④ 두 개 이상의 전선을 병렬로 사용하는 경우
   각 전선의 굵기는 동선 35[mm²] 이상이어
   야 한다.

풀이 123 전선의 접속
   전선을 접속하는 경우에는 전선의 전기저항을 증가시
   키지 아니하도록 접속 하여야 하며, 또한 다음에 따라
   야 한다.
   가. 절연전선 상호・절연전선과 코드, 캡타이어 케이블
      과 접속하는 경우에는
      ① 전선의 세기를 20[%] 이상 감소시키지 아니할 것.
      ② 접속부분은 접속관 기타의 기구를 사용할 것.
      ③ 접속부분의 절연전선에 절연전선의 절연물과 동
         등 이상의 절연효력이 있는 것으로 충분히 피복
         할 것.
   나. 코드 상호, 캡타이어 케이블 상호 또는 이들 상호를
      접속하는 경우에는 코드 접속기・접속함 기타의 기
      구를 사용할 것.
      다만 공칭단면적이 10[mm²] 이상인 캡타이어 케이
      블 상호를 규정에 준하여 접속하는 경우에는 기구
      를 사용하지 않을 수 있다.
   다. 두 개 이상의 전선을 병렬로 사용하는 경우에는
      ① 병렬로 사용하는 각 전선의 굵기는 동선 50[mm²]
         이상 또는 알루미늄 70[mm²] 이상으로 하고, 전
         선은 같은 도체, 같은 재료, 같은 길이 및 같은 굵기
         의 것을 사용할 것
      ② 같은 극의 각 전선의 터미널러그에 완전히 접속
         할 것
      ③ 병렬로 사용하는 전선에는 각각에 퓨즈를 설치
         하지 말 것   **답** ④

98 저압 옥측전선로의 시설로 잘못된 것은?

① 철골주 조영물에 버스 덕트 공사로 시설
② 합성수지관공사로 시설
③ 목조 조영물에 금속관공사로 시설
④ 전개된 장소에 애자공사로 시설

풀이 221.2 옥측전선로
   저압 옥측전선로는 다음의 공사방법에 의할 것.
   가. 애자공사(전개된 장소에 한한다.)
   나. 합성수지관공사
   다. 금속관공사(목조 이외의 조영물에 시설하는 경우에
      한한다.)
   라. 버스덕트공사[목조 이외의 조영물(점검할 수 없는
      은폐된 장소는 제외한다.)에 시설하는 경우에 한한
      다.]
   마. 케이블공사(연피 케이블・알루미늄피 케이블 또는
      무기물 절연 케이블을 사용하는 경우에는 목조 이
      외의 조영물에 시설하는 경우에 한한다.)   **답** ③

99 동기발전기를 사용하는 전력계통에 시설하여야 하는 장치는?

① 비상 조속기
② 동기검정장치
③ 분로 리액터
④ 절연유 유출방지설비

[풀이] 351.6 계측장치
동기발전기를 시설하는 경우에는 동기검정장치를 시설하여야 한다. 다만, 동기발전기의 용량이 그 발전기를 연계하는 전력계통의 용량과 비교하여 현저히 적은 경우에는 그러하지 아니하다. [답] ②

100 인버터, 절연변압기 및 계통 연계 보호장치 등 전력변환장치를 옥외에 시설하는 경우 방수등급은 얼마 이상이어야 하는가?

① IPX2
② IPX3
③ IPX4
④ IPX5

[풀이] 522.2.2 전력변환장치의 시설
인버터, 절연변압기 및 계통 연계 보호장치 등 전력변환장치의 시설은 다음에 따라 시설하여야 한다.
가. 인버터는 실내·실외용을 구분할 것.
나. 각 직렬군의 태양전지 개방전압은 인버터 입력전압 범위 이내일 것.
다. 옥외에 시설하는 경우 방수등급은 IPX4 이상일 것. [답] ③

2022년 - 4회 _ 공사산업기사

81 전력보안 통신선을 횡단보도교의 위에 시설하는 경우에는 그 노면상 몇 [m] 이상의 높이에 시설하여야 하는가?

① 3
② 3.5
③ 4
④ 4.5

[풀이] 362.2 전력보안통신선의 시설 높이와 이격거리
전력 보안 가공통신선(이하 "가공통신선"이라 한다)의 높이는 다음을 따른다.

구 분		지상고	비고
도로 (차도)	일반적인 경우	5.0[m] 이상	
	교통에 지장을 안 주는 경우	4.5[m] 이상	
철도 또는 궤도 횡단 시		6.5[m] 이상	레일면상
횡단보도교 위		3.0[m] 이상	그 노면상
기타		3.5[m] 이상	

[답] ①

82 특고압 가공전선이 삭도와 제2차 접근 상태로 시설할 경우에 특고압 가공전선로는 어느 보안공사를 하여야 하는가?

① 고압 보안공사
② 제1종 특고압 보안공사
③ 제2종 특고압 보안공사
④ 제3종 특고압 보안공사

[풀이] 333.25 특고압 가공전선과 삭도의 접근 또는 교차
가. 특고압 가공전선이 삭도와 제1차 접근상태 : 특고압 가공전선로는 제3종 특고압 보안공사에 의할 것.
나. 특고압 가공전선이 삭도와 제2차 접근상태 : 특고압 가공전선로는 제2종 특고압 보안공사에 의할 것. [답] ③

83 건조한 장소에 시설하는 저압용의 개별 기계기구에 전기를 공급하는 전로 또는 개별 기계기구에 전기용품안전관리법의 적용을 받는 인체감전보호용 누전차단기를 시설하면 외함의 접지를 생략할 수 있다. 이 경우의 누전차단기의 정격으로 알맞은 것은?

① 정격감도전류 30[mA] 이하, 동작시간 0.03초 이하의 전류 동작형
② 정격감도전류 45[mA] 이하, 동작시간 0.01초 이하의 전류 동작형
③ 정격감도전류 300[mA] 이하, 동작시간 0.3초 이하의 전류 동작형
④ 정격감도전류 450[mA] 이하, 동작시간 0.1초 이하의 전류 동작형

[풀이] 142.7 기계기구의 철대 및 외함의 접지
전로에 시설하는 기계기구의 철대 및 금속제 외함에는 접지공사를 하여야 한다.
그러나 물기 있는 장소 이외의 장소에 시설하는 저압용

의 개별 기계기구에 전기를 공급하는 전로에 **인체감전 보호용 누전차단기**(정격감도전류가 30[mA] 이하, 동작시간이 0.03[초] 이하의 전류동작형에 한한다)를 시설하는 경우에는 **접지를 생략** 할 수 있다. 답 ①

84 다음 중 지선의 시설 목적으로 적절하지 않은 것은?

① 유도장해를 방지하기 위하여
② 지지물의 강도를 보강하기 위하여
③ 전선로의 안전성을 증가시키기 위하여
④ 불평형 장력을 줄이기 위하여

풀이 331.11 지선의 시설
가. 가공전선로의 지지물로 사용하는 철탑은 지선을 사용하여 그 강도를 분담시켜서는 안 된다.
나. 가공전선로의 지지물로 사용하는 철주 또는 철근 콘크리트주는 지선을 사용하지 않는 상태에서 2분의 1 이상의 풍압하중에 견디는 강도를 가지는 경우 이외에는 지선을 사용하여 그 강도를 분담시켜서는 안 된다.

따라서, **유도장해를 방지하기 위해서는 지선이 아닌 차폐선을 설치하여야 한다.** 답 ①

85 플로어덕트공사에 의한 저압 옥내배선에서 단선을 사용하여도 되는 전선(동선)의 단면적은 최대 몇 [mm²]인가?

① 2.5[mm²] ② 4.0[mm²]
③ 6.0[mm²] ④ 10[mm²]

풀이 232.32 플로어덕트공사
플로어덕트공사에 의한 저압 옥내 배선은 다음 각호에 의하여 시설한다.
가. 전선은 절연전선(옥외용 비닐 절연전선을 제외한다)일 것.
나. **전선은 연선일 것. 다만, 단면적 10[mm²](알루미늄선은 단면적 16[mm²]) 이하인 것은 그러하지 아니하다.**
다. 플로어덕트 안에는 전선에 접속점이 없도록 할 것. 다만, 전선을 분기하는 경우에 접속점을 쉽게 점검할 수 있을 때에는 그러하지 아니하다. 답 ④

86 사람이 상시 통행하는 터널 내 저압전선로의 애자공사 시 노면상 최소 높이는?

① 2.0[m] ② 2.2[m]
③ 2.5[m] ④ 3.0[m]

풀이 335.1 터널 안 전선로의 시설
사람이 상시 통행하는 터널 안의 전선로 사용전압은 저압 또는 고압에 한하며, 다음에 따라 시설하여야 한다.

전압	전선의 굵기	시공방법	애자사용 공사 시 높이
저압	인장강도 2.30[kN] 이상 또는 2.6[mm] 이상의 경동선의 절연전선	• 합성수지관공사 • 금속관공사 • 금속제가요전선관 공사 • 케이블공사 • 애자사용공사	노면상 2.5[m] 이상
고압		• 케이블공사	

답 ③

87 발전소에서 사용하는 차단기의 압축공기장치의 공기압축기는 최고 사용압력 몇 배의 수압을 연속하여 10분간 가하였을 때 견디고 새지 않아야 하는가?

① 1.2배 ② 1.25배
③ 1.5배 ④ 1.55배

풀이 341.15 압축공기계통
발전소 · 변전소 · 개폐소 또는 이에 준하는 곳에서 개폐기 또는 차단기에 사용하는 압축공기장치는 **최고 사용압력의 1.5배의 수압**(최고 사용압력의 1.25배의 기압)을 연속하여 10분간 가하여 시험을 하였을 때에 이에 견디고 또한 새지 아니할 것. 답 ③

88 제1종 특고압 보안 공사의 154[kV]에 있어서 가공전선으로 시설할 경우 단면적 몇 [mm²] 이상의 경동연선으로 시설하여야 하는가?

① 55 ② 150
③ 200 ④ 250

풀이 333.22 특고압 보안공사
제1종 특고압 보안공사 시 전선의 단면적

사용전압	전선
100[kV] 미만	인장강도 21.67[kN] 이상의 연선 또는 단면적 55[mm²] 이상의 경동연선
100[kV] 이상 300[kV] 미만	인장강도 58.84[kN] 이상의 연선 또는 단면적 150[mm²] 이상의 경동연선
300[kV] 이상	인장강도 77.47[kN] 이상의 연선 또는 단면적 200[mm²] 이상의 경동연선

답 ②

89 중성선 다중접지식의 것으로 전로에 지락이 생긴 경우에 2초안에 자동적으로 이를 차단하는 장치를 가지는 22.9[kV] 특고압가공전선로에서 각 접지점의 대지 전기저항 값이 300[Ω] 이하이며, 1[km]마다의 중성선과 대지 간의 합성전기저항 값은 몇 [Ω] 이하이어야 하는가?

① 10 ② 15 ③ 20 ④ 30

풀이 333.32 25[kV] 이하인 특고압 가공전선로의 시설
각 접지도체를 중성선으로부터 분리하였을 경우의 각 접지점의 대지 전기저항 값과 1[km]마다의 중성선과 대지 사이의 합성전기저항 값은 표에서 정한 값 이하일 것.

사용전압	각 접지점의 대지 전기저항치	1[km]마다의 합성 전기저항치
15[kV] 이하	300[Ω]	30[Ω]
15[kV] 초과 25[kV] 이하	300[Ω]	15[Ω]

답 ②

90 가공전선로의 지지물에 시설하는 통신선은 가공전선과의 이격거리를 몇 [cm] 이상 유지하여야 하는가? (단, 가공전선은 고압으로 케이블을 사용한다.)

① 30 ② 45 ③ 60 ④ 75

풀이 362.2 전력보안통신선의 시설 높이와 이격거리
가공전선과 첨가 통신선과의 이격거리
가. 통신선은 가공전선의 아래에 시설할 것.
나. 이격거리

가공전선		통신선		
		일반	절연전선	광섬유 케이블
중성선	25[kV] 이하, 다중접지중성선	0.6[m] 이상		
저압 가공전선	일반	0.6[m] 이상		
	절연전선 또는 케이블		0.3[m] 이상	
	인입선			0.15[m] 이상
고압 가공전선	일반	0.6[m] 이상		
	케이블		0.3[m] 이상	
특고압 가공전선	일반	1.2[m] 이상		
	케이블		0.3[m] 이상	
	25[kV] 이하, 다중 접지방식	0.75[m] 이상		

답 ①

91 35[kV]의 특고압 가공전선과 가공 약전류 전선을 동일 지지물에 시설하는 경우, 특고압 가공전선로는 몇 종 특고압 보안공사에 의하여야 하는가?

① 제1종 특고압 보안공사
② 제2종 특고압 보안공사
③ 제3종 특고압 보안공사
④ 제4종 특고압 보안공사

풀이 333.19 특고압 가공전선과 가공약전류전선 등의 공용설치
사용전압이 35[kV] 이하인 특고압 가공전선과 가공약전류전선 등 을 동일 지지물에 시설하는 경우 **특고압 가공전선로는 제2종 특고압 보안공사에 의할 것.**

답 ②

92 버스덕트공사에서 덕트를 조영재에 붙이는 경우 지지점간의 거리는?

① 2[m] 이하 ② 3[m] 이하
③ 4[m] 이하 ④ 5[m] 이하

풀이 232.61 버스덕트공사
덕트를 조영재에 붙이는 경우에는 **덕트의 지지점 간의 거리를 3 [m]**(수직으로 붙이는 경우에는 6[m]) 이하로 하고 또한 견고하게 붙일 것.

답 ②

93 전로의 중성점을 접지하는 목적에 해당되지 않는 것은?

① 보호장치의 확실한 동작의 확보
② 부하전류의 일부를 대지로 흐르게 하여 전선 절약
③ 이상전압의 억제
④ 대지전압의 저하

풀이 322.5 전로의 **중성점의 접지**
① 보호 장치의 확실한 동작의 확보
② 이상 전압의 억제
③ 대지전압의 저하를 위하여
전로의 중성점에 접지공사를 한다.

답 ②

> 94번 문제는 개정된 관계 법규에 따라 삭제 되었습니다.

95 애자공사에 의한 저압 옥내배선을 시설할 때 전선 상호 간의 간격은 몇 [cm] 이상이어야 하는가?

① 2   ② 4

③ 6   ④ 8

풀이 232.56 애자공사

가. 전선의 종류 : 절연 전선. 단, 옥외용 비닐 절연 전선(OW) 및 인입용 비닐 절연 전선(DV)은 제외한다.

나. 이격 거리

전 압		전선과 조영재와의 이격 거리	전선 상호 간격	전선 지지점 간의 거리	
				조영재의 윗면 또는 옆면에 따라 시설	조영재에 따라 시설하지 않는 경우
저압	400[V] 이하	2.5[cm] 이상	6[cm] 이상	2[m] 이하	–
	400[V] 초과	건조한 장소 2.5[cm] 이상			6[m] 이하
		기타의 장소 4.5[cm] 이상			

답 ③

96 저압 옥내간선에서 분기하여 전기사용기계기구에 이르는 저압 옥내 전로는 저압 옥내간선과의 분기점에서 전선의 길이가 몇 [m] 이하인 곳에 개폐기 및 과전류차단기를 시설하여야 하는가? 단, 분기점과 분기회로의 과부하 보호장치 설치점 사이의 배선 부분에 다른 분기회로나 콘센트 회로가 접속되어 있지 않고, 단락의 위험과 화재 및 인체에 대한 위험성이 최소화 되도록 시설된 경우이다.

① 2   ② 3

③ 4   ④ 5

풀이 212.4.2 과부하 보호장치의 설치 위치

가. 과부하 보호장치는 도체의 허용전류 값이 줄어드는 곳(이하 분기점이라 함)에 설치해야 한다.

나. 설치위치의 예외

과부하 보호장치는 분기점(O)에 설치해야 하나, 분

기점(O)점과 분기회로의 과부하 보호장치(P_2) 설치점 사이의 배선 부분에 다른 분기회로나 콘센트 회로가 접속되어 있지 않고, 다음 중 하나를 충족하는 경우에는 변경이 있는 배선에 설치할 수 있다.

① 분기회로에 대한 단락보호가 이루어지고 있는 경우 : 분기회로의 보호장치 P_2는 분기회로의 분기점(O)으로부터 부하 측으로 거리에 구애 받지 않고 이동하여 설치할 수 있다.

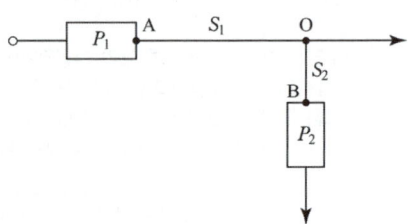

② 단락의 위험과 화재 및 인체에 대한 위험성이 최소화 되도록 시설된 경우 : 분기회로의 보호장치(P_2)는 분기회로의 분기점(O)으로부터 3[m]까지 이동하여 설치할 수 있다.

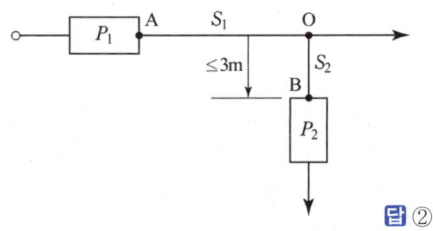

답 ②

97 변압기로서 특고압과 결합되는 고압전로의 혼촉에 의한 위험방지 시설은?

① 프라이머리 컷 아웃 스위치

② 접지공사

③ 퓨즈

④ 사용전압의 3배의 전압에서 방전하는 방전장치

풀이 322.3 특고압과 고압의 혼촉 등에 의한 위험방지 시설

변압기에 의하여 특고압전로에 결합되는 고압전로에는 사용전압의 3배 이하인 전압이 가하여진 경우에 방전하는 장치를 그 변압기의 단자에 가까운 1극에 설치하여야 한다.

답 ④

98 고주파 이용 설비에서 다른 고주파 이용 설비에 누설되는 고주파 전류의 허용한도는 측정 장치 또는 이에 준하는 측정 장치로 2회 이상 연속하여 10분간 측정하였을 때에 각각 측정값의 최댓값에 대한 평균값이 몇 [dB]인가? (단, 1[mW]를 0[dB]로 한다.)

① 20　　　　　　② −20

③ −30　　　　　④ 30

풀이 341.5 고주파 이용 전기설비의 장해방지
고주파 이용 전기설비에서 다른 고주파 이용 전기설비에 누설되는 고주파 전류의 허용한도는 측정 장치로 **2회 이상 연속하여 10분간 측정**하였을 때에 각각 측정값의 **최대값에 대한 평균값이 −30[dB]**(1[mW]를 0[dB]로 한다)일 것 **답** ③

99 전기 온상용 발열선은 그 온도가 몇 [℃]를 넘지 않도록 시설하여야 하는가?

① 50　　　　　　② 60

③ 80　　　　　　④ 100

풀이 241.5 전기온상 등
가. 전기온상에 전기를 공급하는 전로의 대지전압은 300[V] 이하일 것.
나. 발열선은 그 **온도가 80[℃]를 넘지 않도록** 시설할 것.
다. 발열선과 조영재 사이의 이격거리는 0.025[m] 이상으로 할 것.
라. 발열선의 지지점 간의 거리는 1[m] 이하일 것. 다만, 발열선 상호 간의 간격이 0.06[m] 이상인 경우에는 2[m] 이하로 할 수 있다. **답** ③

100 사용전압이 저압인 전로에서 정전이 어려운 경우 등 절연저항 측정이 곤란한 경우에 누설전류를 몇 [mA] 이하로 유지하여야 하는가?

① 0.5　　　　　　② 1

③ 2　　　　　　　④ 3

풀이 132 전로의 절연저항 및 절연내력
사용전압이 저압인 전로에서 정전이 어려운 경우 등 **절연저항 측정이 곤란한 경우에는 누설전류를 1[mA] 이하로 유지**하여야 한다. **답** ②

문제의 번호는 실제 시험문제의 번호와 같게 하였습니다.

2023년 - 1회 _ 전기산업기사·공사산업기사

81 저압 옥상전선로의 시설에 대한 설명이다. 옳지 못한 시설 방법은?

① 전선은 절연 전선을 사용하였다.

② 전선은 지름 2.6[mm]의 경동선을 사용하였다.

③ 전선은 지지점간의 거리를 20[m]로 하였다.

④ 전선과 식물과의 이격 거리를 20[cm] 이상으로 유지시켰다.

풀이 221.3 옥상전선로

저압 옥상전선로는 전개된 장소에 다음에 따르고 또한 위험의 우려가 없도록 시설하여야 한다.

가. 전선은 인장강도 2.30[kN] 이상의 것 또는 지름 2.6[mm] 이상의 경동선을 사용할 것.

나. 전선은 절연전선(OW전선을 포함한다.) 또는 이와 동등 이상의 절연효력이 있는 것을 사용할 것.

다. 전선은 조영재에 견고하게 붙인 지지주 또는 지지대에 절연성·난연성 및 내수성이 있는 애자를 사용하여 지지하고 또한 그 **지지점 간의 거리는 15[m] 이하**일 것.

라. 전선과 그 저압 옥상 전선로를 시설하는 조영재와의 이격거리는 2[m](전선이 고압절연전선, 특고압 절연전선 또는 케이블인 경우에는 1[m]) 이상일 것.

마. 저압 옥상전선로의 전선은 상시 부는 바람 등에 의하여 식물에 접촉하지 아니하도록 시설하여야 한다. **답** ③

82 철도·궤도 또는 자동차도의 전용터널 안의 터널내 전선로의 시설방법으로 틀린 것은?

① 저압전선으로 지름 2.0[mm]의 경동선을 사용하였다.

② 고압전선은 케이블공사로 하였다.

③ 저압전선을 애자사용공사에 의하여 시설하고 이를 레일면 상 또는 노면상 2.5[m] 이상으로 하였다.

④ 저압전선을 금속제 가요전선관공사에 의하여 시설하였다.

풀이 335.1 터널 안 전선로의 시설

철도·궤도 또는 자동차도 전용터널 안의 전선로

전압	전선의 굵기	시공방법	애자사용 공사 시 높이
저압	인장강도 2.30[kN] 이상 또는 2.6[mm] 이상의 경동선의 절연전선	• 합성수지관공사 • 금속관공사 • 금속제 가요전선 관 공사 • 케이블공사 • 애자사용공사	노면상, 레일면상 2.5[m] 이상
고압	인장강도 5.26[kN] 이상 또는 4[mm] 이상의 경동선	• 케이블공사 • 애자사용공사	노면상, 레일면상 3[m] 이상
특고압		• 케이블공사	

답 ①

83 고압가공인입선이 케이블 이외의 것으로서 그 아래에 위험표시를 하였다면 전선의 지표상 높이는 몇 [m]까지로 감할 수 있는가?

① 2.5 ② 3.5

③ 4.5 ④ 5.5

풀이 331.12.1 고압 가공인입선의 시설

가. **고압 가공인입선의 높이는** 지표상 5[m]로 하여야 한다. 그러나 그 고압 가공인입선이 케이블 이외의 것인 때에는 그 **전선의 아래쪽에 위험표시를 하면 고압 가공인입선의 높이는 지표상 3.5[m]까지로 감할 수 있다.**

나. 횡단보도교의 위에 시설하는 경우에는 그 노면상 3.5[m] 이상 **답** ②

84 일반주택 및 아파트 각 호실의 현관등은 몇 분 이내에 소등되는 타임스위치를 시설하여야 하는가?

① 1분 ② 3분

③ 5분 ④ 10분

풀이 234.6 점멸기의 시설

다음의 경우에는 센서등(타임스위치 포함)을 시설하여야 한다.

가. 관광숙박업 또는 숙박업(여인숙업을 제외한다)에 이용되는 객실의 입구등은 1분 이내에 소등되는 것.

나. 일반주택 및 아파트 각 호실의 현관등은 3분 이내에 소등되는 것. **답** ②

풀이 222.8 저압 가공전선로의 지지물의 강도
지지물이 목주인 경우 안전율 및 말구의 지름

전압의 종별	안전율	말구의 지름
저 압	1.2	–
고 압	1.3	0.12[m] 이상
특고압	1.5	0.12[m] 이상

답 ①

85 전력 보안통신 설비인 무선 통신용 안테나 또는 반사판을 지지하는 철주, 철근 콘크리트주 또는 철탑의 기초의 안전율은 얼마 이상이어야 하는가?

① 1.2   ② 1.3
③ 1.5   ④ 2.2

풀이 364.1 무선용 안테나 등을 지지하는 철탑 등의 시설
전력보안통신설비인 무선통신용 안테나 또는 반사판을 지지하는 목주·철주·철근 콘크리트주 또는 철탑은 다음에 따라 시설하여야 한다. 다만, 무선용 안테나 등이 전선로의 주위상태를 감시할 목적으로 시설되는 것일 경우에는 그러하지 아니하다.
가. 목주는 풍압하중에 대한 안전율은 1.5 이상이어야 한다.
나. **철주·철근 콘크리트주 또는 철탑의 기초 안전율은 1.5 이상**이어야 한다. **답** ③

88 전기철도차량에 전력을 공급하는 전차선의 가선방식에 포함되지 않는 것은?

① 가공방식   ② 강체방식
③ 제3레일방식   ④ 지중조가선방식

풀이 431.1 전차선 가선방식
전차선의 가선방식은 열차의 속도 및 노반의 형태, 부하전류 특성에 따라 적합한 방식을 채택하여야 하며, **가공방식, 강체방식, 제3레일방식을 표준**으로 한다. **답** ④

86 가공전선로의 지지물에 원형 철근콘크리트주인 경우 갑종 풍압하중은 몇 [Pa]를 기초로 하여 계산하는가?

① 294   ② 588
③ 627   ④ 1078

풀이 331.6 풍압하중의 종별과 적용

풍압을 받는 구분			풍압[Pa]
목주			588
지지물	철근 콘크리트주	원형의 것	588
		기타의 것	882
	철탑	단주(완철류는 제외함) 원형의 것	588
		단주(완철류는 제외함) 기타의 것	1,117
		강관으로 구성되는 것(단주는 제외함)	1,255
		기타의 것	2,157

답 ②

89 시가지내에 시설하는 154[kV] 가공 전선로에 지락 또는 단락이 생겼을 때 몇 초 안에 자동적으로 이를 전로로부터 차단하는 장치를 시설하여야 하는가?

① 1   ② 3   ③ 5   ④ 10

풀이 333.1 시가지 등에서 특고압 가공전선로의 시설
사용전압이 100[kV]를 초과하는 특고압 가공전선에 **지락 또는 단락이 생겼을 때에는 1초 이내에 자동적으로 이를 전로로부터 차단하는 장치**를 시설할 것. **답** ①

87 저압 가공전선로의 지지물이 목주인 경우 풍압하중의 몇 배의 하중에 견디는 강도를 가지는 것이어야 하는가?

① 1.2   ② 1.5
③ 2   ④ 3

90 유희용 전차의 시설방법으로 틀린 것은?

① 유희용 전차에 전기를 공급하는 전로에는 전용 개폐기를 시설할 것
② 유희용 전차에 전기를 공급하기 위하여 사용하는 접촉전선은 제3레일 방식에 의하여 시설할 것
③ 유희용 전차에 전기를 공급하는 전로의 사용전압은 직류의 경우 60[V] 이하, 교류의 경우는 40[V] 이하일 것
④ 유희용 전차 안에 승압용 변압기를 시설하는 경우 그 변압기의 2차 전압은 300[V] 이하일 것

풀이 241.8 유희용 전차

가. 유희용 전차에 전기를 공급하기 위하여 사용하는 변압기의 1차 전압은 400[V] 이하이어야 한다.

나. 유희용 전차에 전기를 공급하는 전원장치의 2차측 단자의 최대사용전압은 직류의 경우 60[V] 이하, 교류의 경우 40[V] 이하일 것.

다. 접촉전선은 제3레일 방식에 의하여 시설할 것.

라. 유희용 전차의 전차 내에서 승압하여 사용하는 경우 변압기는 절연변압기를 사용하고 2차 전압은 150 [V] 이하로 할 것.

마. 유희용 전차에 전기를 공급하는 전로에는 전용의 개폐기를 시설하여야 한다. **답** ④

91 다음 중 고압 옥내배선의 시설에 있어서 적당하지 않은 것은?

① 애자사용공사에 사용하는 애자는 난연성일 것

② 고압 옥내배선과 저압 옥내배선을 다르게 하기 위하여 색깔 있는 것을 사용할 것

③ 전선이 관통할 때 절연관에 넣을 것

④ 전선과 조영재와의 이격 거리는 4.5[cm] 로 할 것

풀이 342.1 고압 옥내배선 등의 시설(애자사용공사에 의한 고압 옥내배선)

① 전선 상호 간의 간격은 0.08[m] 이상, 전선과 조영재 사이의 이격거리는 0.05[m] 이상일 것.

② 애자사용공사에 사용하는 애자는 절연성·난연성 및 내수성의 것일 것.

③ 고압 옥내배선은 저압 옥내배선과 쉽게 식별되도록 시설할 것.

④ 전선이 조영재를 관통하는 경우에는 그 관통하는 부분의 전선을 전선마다 각각 별개의 난연성 및 내수성이 있는 견고한 절연관에 넣을 것. **답** ④

92 보호장치의 통상적인 동작전류는 도체 허용전류의 몇 배 이하이어야 하는가?

① 1.1　　　　　② 1.25

③ 1.45　　　　　④ 1.5

풀이 212.4.1 도체와 과부하 보호장치 사이의 협조

과부하에 대해 케이블(전선)을 보호하는 장치의 동작특성은 다음의 조건을 충족해야 한다.

$$I_B \le I_n \le I_Z, \quad I_2 \le 1.45 \times I_Z$$

I_B : 회로의 설계전류(선도체를 흐르는 설계전류 또는 함유율이 높은 영상분 고조파, 특히 제3고조파가

지속적으로 흐르는 경우 중성선에 흐르는 전류이다.)

I_Z : 케이블의 허용전류

I_n : 보호장치의 정격전류(사용현장에 적합하게 조정된 전류의 설정 값)

I_2 : 보호장치가 규약시간 이내에 유효하게 동작하는 것을 보장하는 전류

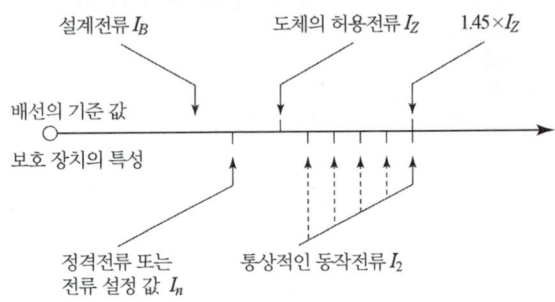

과부하 보호 설계 조건도 **답** ③

93 주택 등 저압 수용 장소에서 고정 전기설비에 TN-C-S 접지방식으로 접지공사 시 중성선 겸용 보호도체(PEN)를 알루미늄으로 사용 할 경우 단면적은 몇 [mm²] 이상이어야 하는가?

① 2.5　　　　　② 6

③ 10　　　　　④ 16

풀이 142.4.2 주택 등 저압수용장소 접지

저압수용장소에서 계통접지가 TN-C-S 방식인 경우 중성선 겸용 보호도체(PEN)는 고정 전기설비에만 사용할 수 있고, 그 도체의 단면적이 구리는 10[mm²] 이상, 알루미늄은 16[mm²] 이상이어야 하며, 그 계통의 최고전압에 대하여 절연되어야 한다. **답** ④

94 발전소, 변전소, 개폐소 또는 이에 준하는 장소 이외에 시설된 특고압 전선로에 접속하는 배전용 변압기의 1차 및 2차 전압은?

① 1차 : 35[kV] 이하, 2차 : 저압 또는 고압

② 1차 : 50[kV] 이하, 2차 : 저압 또는 고압

③ 1차 : 35[kV] 이하, 2차 : 특고압 또는 고압

④ 1차 : 50[kV] 이하, 2차 : 특고압 또는 고압

풀이 341.2 특고압 배전용 변압기의 시설

특고압 전선로에 접속하는 배전용 변압기를 시설하는 경우에는 특고압 전선에 특고압 절연전선 또는 케이블을 사용하고 또한 다음에 따라야 한다.

가. 변압기의 1차 전압은 35[kV] 이하, 2차 전압은 저압 또는 고압일 것.
나. 변압기의 특고압측에 개폐기 및 과전류차단기를 시설할 것.
다. 변압기의 2차 전압이 고압인 경우에는 고압측에 개폐기를 시설하고 또한 쉽게 개폐할 수 있도록 할 것. 답 ①

95 66[kV] 특고압 가공전선과 저압 가공전선을 동일 지지물에 병행설치하여 시설하는 경우 이격거리는 몇 [m] 이상이어야 하는가? 단, 특고압 전선은 케이블 사용 이외의 조건이다.

① 1 ② 2
③ 3 ④ 4

풀이 333.17 특고압 가공전선과 저고압 가공전선 등의 병행설치

전 압	표 준	특고압에 케이블 사용 및 저·고압에 절연전선 또는 케이블 사용
35[kV] 이하	1.2[m] 이상	0.5[m] 이상
35[kV] 초과 100[kV] 미만	2[m] 이상	1[m] 이상

답 ②

96 전기욕기에 전기를 공급하기 위한 전원장치에 내장되어 있는 전원변압기의 2차측 전로의 사용전압은 몇 [V] 이하인 것을 사용하여야 하는가?

① 5 ② 10
③ 25 ④ 35

풀이 241.2 전기욕기
전기욕기에 전기를 공급하기 위한 전기욕기용 전원장치(내장되는 전원 변압기의 2차측 전로의 사용전압이 10[V] 이하의 것에 한한다)는 안전기준에 적합하여야 한다. 답 ②

97 66[kV] 특고압 가공전선로를 케이블을 사용하여 시가지에 시설하려고 한다. 애자장치는 50[%] 충격섬락전압의 값이 다른 부분을 지지하는 애자장치의 몇 [%] 이상으로 되어야 하는가?

① 100 ② 115
③ 110 ④ 105

풀이 333.1 시가지 등에서 특고압 가공전선로의 시설
사용전압이 170[kV] 이하인 특고압 가공전선로를 시가지 그 밖에 인가가 밀집한 지역에 시설하기 위한 특고압 가공전선을 지지하는 애자장치는 다음 중 어느 하나에 의할 것.
가. 50[%] 충격섬락전압 값이 그 전선의 근접한 다른 부분을 지지하는 애자장치 값의 110[%](사용전압이 130[kV]를 초과하는 경우는 105[%]) 이상인 것.
나. 아킹혼을 붙인 현수애자·장간애자 또는 라인포스트애자를 사용하는 것.
다. 2련 이상의 현수애자 또는 장간애자를 사용하는 것.
라. 2개 이상의 핀애자 또는 라인포스트애자를 사용하는 것. 답 ③

98 지중에 매설되어 있는 금속제 수도관로를 각종 접지공사의 접지극으로 사용하려면 대지와의 전기저항 값이 몇 [Ω] 이하의 값을 유지하여야 하는가?

① 1 ② 2 ③ 3 ④ 5

풀이 142.2 접지극의 시설 및 접지저항
가. 지중에 매설되어 있고 대지와의 전기저항 값이 3[Ω] 이하의 값을 유지하고 있는 금속제 수도관로가 규정에 따르는 경우 접지극으로 사용이 가능하다.
나. 대지와의 사이에 전기저항 값이 2[Ω] 이하인 값을 유지하는 건축물·구조물의 철골 기타의 금속제는 접지공사의 접지극으로 사용할 수 있다. 답 ③

99 고압용의 개폐기, 차단기, 피뢰기 기타 이와 유사한 기구로서 동작 시에 아크가 생기는 것은 목재의 벽 또는 천정 기타의 가연성 물체로부터 몇 [m] 이상 떼어놓아야 하는가?

① 1 ② 1.2 ③ 1.5 ④ 2

풀이 341.7 아크를 발생하는 기구의 시설
고압용 또는 특고압용의 개폐기·차단기·피뢰기 기타 이와 유사한 기구로서 동작 시에 아크가 생기는 것은 목재의 벽 또는 천장 기타의 가연성 물체로부터 표에서 정한 값 이상 이격하여 시설하여야 한다.

기구 등의 구분	이격거리
고압용의 것	1[m] 이상
특고압용의 것	2[m] 이상(사용전압이 35[kV] 이하의 특고압용의 기구 등으로서 동작할 때에 생기는 아크의 방향과 길이를 화재가 발생할 우려가 없도록 제한하는 경우에는 1[m] 이상)

 답 ①

100 관등회로의 사용전압이 400[V] 초과이고, 1[kV] 이하인 배선은 애자공사일 경우 전선 상호간의 거리가 몇 [cm] 이상이어야 하는가?

① 3 　　　　　　② 6
③ 9 　　　　　　④ 2

풀이 234.11.4 관등회로의 배선
관등회로의 사용전압이 400[V] 초과이고, 1[kV] 이하인 배선은 애자공사일 경우 전선에 사람이 쉽게 접촉될 우려가 없도록 다음 표에 의하여 시설하여야 한다.

애자공사의 시설

공사 방법	전선 상호 간의 거리	전선과 조영재의 거리	전선 지지점간의 거리	
			관등회로의 전압이 400[V] 초과 600[V] 이하의 것	관등회로의 전압이 600[V] 초과 1[kV] 이하의 것
애자 공사	60[mm] 이상	25[mm] 이상 (습기가 많은 장소는 45[mm] 이상)	2[m] 이하	1[m] 이하

답 ②

2023년 - 2회 _ 전기산업기사·공사산업기사

81 지중 전선로를 직접 매설식에 의하여 차량 기타 중량물의 압력을 받을 우려가 있는 장소에 시설하는 경우 매설 깊이는 몇 [m] 이상으로 하여야 하는가?

① 1 　　　　　　② 1.2
③ 1.5 　　　　　④ 2

풀이 334.1 지중전선로의 시설
가. 지중 전선로는 전선에 케이블을 사용하고 또한 관로식·암거식 또는 직접 매설식에 의하여 시설하여야 한다.
나. 지중 전선로를 직접 매설식에 의하여 시설하는 경우에는 매설깊이를 차량 기타 중량물의 압력을 받을 우려가 있는 장소에는 1.0[m] 이상, 기타 장소에는 0.6[m] 이상으로 하고 또한 지중 전선을 견고한 트라프 기타 방호물에 넣어 시설하여야 한다.
답 ①

82 케이블트레이공사에 사용하는 케이블 트레이에 적합하지 않은 것은?

① 금속재의 것은 적절한 방식처리를 하거나 내식성 재료의 것이어야 한다.
② 비금속재 케이블 트레이는 난연성 재료가 아니어도 된다.
③ 케이블 트레이가 방화구획의 벽 등을 관통하는 경우에는 개구부에 연소방지시설을 하여야 한다.
④ 금속제 케이블 트레이 계통은 기계적 또는 전기적으로 완전하게 접속하여야 한다.

풀이 232.41 케이블트레이공사
케이블트레이공사는 케이블을 지지하기 위하여 사용하는 금속재 또는 불연성 재료로 제작된 유닛 또는 유닛의 집합체 및 그에 부속하는 부속재 등으로 구성된 견고한 구조물을 말하며 사다리형, 펀칭형, 메시형, 바닥밀폐형 기타 이와 유사한 구조물을 포함하여 적용한다.
가. 케이블 트레이의 안전율은 1.5 이상으로 하여야 한다.
나. 금속재의 것은 적절한 방식처리를 한 것이거나 내식성 재료의 것이어야 한다.
다. 비금속제 케이블 트레이는 난연성 재료의 것이어야 한다.
라. 금속제 케이블 트레이 계통은 기계적 및 전기적으로 완전하게 접속하여야 하며 금속제 트레이는 접지공사를 하여야 한다.
답 ②

83 사용전압이 몇 [kV] 이상의 중성점 직접접지식 전로에 접속하는 변압기를 설치하는 곳에는 절연유의 구외 유출 및 지하 침투를 방지하기 위한 설비를 갖추어야 하는가?

① 50 　　　　　　② 100
③ 150 　　　　　④ 200

풀이 기술기준 제20조 절연유
사용전압이 100[kV] 이상의 중성점 직접접지식 전로에 접속하는 변압기를 설치하는 곳에는 절연유의 구외 유출 및 지하 침투를 방지하기 위한 설비를 갖추어야 한다.
답 ②

84 조상기의 보호장치로서 내부고장 시에 자동적으로 전로로부터 차단되는 장치를 설치하여야 하는 조상기 용량은 몇 [kVA] 이상인가?

① 5000　　　　　② 7500
③ 10000　　　　 ④ 15000

풀이 351.5 조상설비의 보호장치
조상 설비에는 그 내부에 고장이 생긴 경우에 보호하는 장치를 표와 같이 시설하여야 한다.

설비 종별	뱅크 용량의 구분	자동적으로 전로로부터 차단하는 장치
전력용 커패시터 및 분로리액터	500[kVA] 초과 15,000[kVA] 미만	• 내부에 고장이 생긴 경우 • 과전류가 생긴 경우
	15,000[kVA] 이상	• 내부에 고장이 생긴 경우 • 과전류가 생긴 경우 • 과전압이 생긴 경우
조상기 (凋相機)	15,000[kVA] 이상	• 내부에 고장이 생긴 경우

답 ④

85 사용전압이 400[V]를 초과하는 저압가공전선에 사용 할 수 없는 전선은?

① 인입용 비닐절연전선
② 나전선(중성선 또는 다중접지된 접지측 전선으로 사용하는 전선에 한한다)
③ 케이블
④ 다심형 전선

풀이 222.5 저압 가공전선의 굵기 및 종류
가. 저압 가공전선은 나전선(중성선 또는 다중접지된 접지측 전선으로 사용하는 전선에 한한다), 절연전선, 다심형 전선 또는 케이블을 사용하여야 한다.
나. 사용전압이 400[V] 초과인 저압 가공전선에는 인입용 비닐절연전선을 사용하여서는 안 된다.

답 ①

86 수소냉각식 발전기 및 이에 부속하는 수소냉각 장치에 관한 시설기준 중 틀린 것은?

① 발전기안의 수소의 압력 계측장치 및 압력 변동에 대한 경보장치를 시설할 것
② 발전기안의 수소 온도를 계측하는 장치를 시설할 것
③ 발전기는 기밀구조이고 또한 수소가 대기압에서 폭발하는 경우에 생기는 압력에 견디는 강도를 가지는 것일 것
④ 발전기안의 수소의 순도가 70[%] 이하로 저하한 경우에 경보를 하는 장치를 시설할 것

풀이 351.10 수소냉각식 발전기 등의 시설
수소냉각식의 발전기·조상기 또는 이에 부속하는 수소 냉각 장치는 다음 각 호에 따라 시설하여야 한다.
가. 발전기 또는 조상기는 기밀구조의 것이고 또한 수소가 대기압에서 폭발하는 경우에 생기는 압력에 견디는 강도를 가지는 것일 것.
나. 발전기축의 밀봉부에는 질소 가스를 봉입할 수 있는 장치 또는 발전기 축의 밀봉부로부터 누설된 수소 가스를 안전하게 외부에 방출할 수 있는 장치를 시설할 것.
다. 발전기 내부 또는 조상기 내부의 수소의 순도가 85[%] 이하로 저하한 경우에 이를 경보하는 장치를 시설할 것.
라. 발전기 내부 또는 조상기 내부의 수소의 압력을 계측하는 장치 및 그 압력이 현저히 변동한 경우에 이를 경보하는 장치를 시설할 것.
마. 발전기 내부 또는 조상기 내부의 수소의 온도를 계측하는 장치를 시설할 것.

답 ④

87 가공전선로의 지지물에 취급자가 오르고 내리는 데 사용하는 발판못 등은 일반적으로 지표상 몇 [m] 미만에 시설하여서는 아니되는가?

① 1.2　　　　　② 1.5
③ 1.8　　　　　④ 2.0

풀이 331.4 가공전선로 지지물의 철탑오름 및 전주오름 방지
가공전선로의 지지물에 취급자가 오르고 내리는데 사용하는 발판 볼트 등을 지표상 1.8[m] 미만에 시설하여서는 아니 된다.

답 ③

88 사용전압이 170[kV]을 초과하는 특고압가공전선로를 시가지에 시설하는 경우 전선의 단면적은 몇 [mm²] 이상의 강심알루미늄 또는 이와 동등 이상의 인장강도 및 내 아크 성능을 가지는 연선을 사용하여야 하는가?

① 22　　　　　② 55
③ 150　　　　　④ 240

풀이 333.1 시가지 등에서 특고압 가공전선로의 시설

가. 사용전압이 170[kV] 이하인 전선로에서의 전선의 굵기

사용전압의 구분	전선의 단면적
100[kV] 미만	인장강도 21.67[kN] 이상의 연선 또는 단면적 55[mm²] 이상의 경동연선
100[kV] 이상	인장강도 58.84[kN] 이상의 연선 또는 단면적 150[mm²] 이상의 경동연선

나. 사용전압이 170[kV] 초과하는 전선로에서의 전선은 단면적 240[mm²] 이상의 강심알루미늄선 또는 이와 동등 이상의 인장강도 및 내(耐)아크 성능을 가지는 연선을 사용할 것. **답** ④

---

89 풀용 수중조명등의 시설공사에서 절연변압기는 그 2차 측 전로의 사용전압이 몇 [V] 이하인 경우에는 1차 권선과 2차 권선 사이에 금속제의 혼촉방지판을 설치하여 하여야 하는가?

① 30[V] ② 40[V]
③ 50[V] ④ 60[V]

풀이 234.14 수중조명등

수중조명등의 절연변압기는 그 2차측 전로의 사용전압이 30[V] 이하인 경우는 1차권선과 2차권선 사이에 금속제의 혼촉방지판을 설치하고, 규정에 준하여 접지공사를 하여야 한다. **답** ①

---

90 연료전지의 내압시험은 연료전지 설비의 내압 부분 중 최고 사용압력이 0.1[MPa] 이상의 부분은 최고 사용압력의 몇 배의 수압까지 가압하여 압력이 안정된 후 최소 10분간 유지하는 시험을 실시하였을 때 이것에 견디고 누설이 없어야 하는가?

① 1 ② 1.25
③ 1.5 ④ 2

풀이 542.1.3 연료전지설비의 구조

내압시험은 연료전지 설비의 내압 부분 중 최고 사용압력이 0.1[MPa] 이상의 부분은 최고 사용압력의 1.5배의 수압(수압으로 시험을 실시하는 것이 곤란한 경우는 최고 사용압력의 1.25배의 기압)까지 가압하여 압력이 안정된 후 최소 10분간 유지하는 시험을 실시하였을 때 이것에 견디고 누설이 없어야 한다. **답** ③

---

91 가공전선로의 지지물로서 길이 9[m], 설계하중이 6.8[kN] 이하인 철근 콘크리트주를 시설할 때 땅에 묻히는 깊이는 몇 [m] 이상으로 하여야 하는가?

① 1.2 ② 1.5
③ 2 ④ 2.5

풀이 331.7 가공전선로 지지물의 기초의 안전율

가공전선로의 지지물에 하중이 가하여지는 경우에 그 하중을 받는 지지물의 기초의 안전율은 2(이상 시 상정하중이 가하여지는 철탑의 기초에 대하여는 1.33) 이상이어야 한다. 다만, 다음에 따라 시설하는 경우에는 적용하지 않는다.

설계 하중 전장	6.8[kN] 이하	6.8[kN] 초과 ~9.8[kN] 이하	9.8[kN] 초과 ~14.72[kN] 이하
15[m] 이하	전장 × 1/6[m] 이상	전장 × 1/6 + 0.3[m] 이상	전장 × 1/6 + 0.5[m] 이상
15[m] 초과	2.5[m] 이상	2.8[m] 이상	–
16[m] 초과 ~20[m] 이하	2.8[m] 이상	–	–
15[m] 초과 ~18[m] 이하	–	–	3[m] 이상
18[m] 초과	–	–	3.2[m] 이상

$$\therefore \ 9[m] \times \frac{1}{6} = 1.5[m]$$ **답** ②

---

92 통신선에 직접 접속하는 옥내 통신 설비를 시설하는 곳에 반드시 하여야 하는 것은? 단, 통신선은 광섬유 케이블을 제외하며, 뇌 또는 전선과의 혼촉에 의하여 사람에게 위험의 우려는 있다고 한다.

① 유도 조절 장치
② 전류 제한 장치
③ 전력 절감 장치
④ 보안 장치

풀이 362.10 전력보안통신설비의 보안장치

통신선(광섬유 케이블을 제외한다)에 직접 접속하는 옥내통신 설비를 시설하는 곳에는 통신선의 구별에 따라 적합한 보안장치 또는 이에 준하는 보안장치를 시설하여야 한다. 다만, 통신선이 통신용 케이블인 경우에 뇌(雷) 또는 전선과의 혼촉에 의하여 사람에게 위험을 줄 우려가 없도록 시설하는 경우에는 그러하지 아니하다. **답** ④

93 지중 공가설비로 사용하는 광섬유 케이블 및 동축케이블은 지름 몇 [mm] 이하여야 하는가?

① 14 　　　　 ② 22
③ 30 　　　　 ④ 38

풀이 363.1 지중통신선로설비 시설
지중 공가설비로 사용하는 광섬유 케이블 및 동축케이블은 지름 22[mm] 이하일 것 　**답** ②

94 시가지에 시설하는 154[kV] 가공전선로를 도로와 제1차 접근상태로 시설하는 경우, 전선과 도로와의 이격거리는 몇 [m] 이상이어야 하는가?

① 4.4 　　　　 ② 4.8
③ 5.2 　　　　 ④ 5.6

풀이 333.24 특고압 가공전선과 도로 등의 접근 또는 교차
특고압 가공전선이 도로·횡단보도교·철도 또는 궤도와 제1차 접근 상태로 시설되는 경우에는 다음에 따라야 한다.
가. 특고압 가공전선로는 제3종 특고압 보안공사에 의할 것.
나. 특고압 가공전선과 도로 등 사이의 이격거리는 표에서 정한 값 이상일 것. 다만, 특고압 절연전선을 사용하는 사용전압이 35[kV] 이하의 특고압 가공전선과 도로 등 사이의 수평 이격거리가 1.2[m] 이상인 경우에는 그러하지 아니하다.

사용전압의 구분	이격거리
35 [kV] 이하	3 [m]
35 [kV] 초과	• 이격거리 = 3 + 단수×0.15 [m] • 단수 = $\frac{(전압\,[kV]-35)}{10}$ 단수 계산에서 소수점 이하는 절상

• 단수 = $\frac{154-35}{10}$ = 11.9 → 12단
• 이격거리 = $3+12\times0.15=4.8[m]$ 　**답** ②

95 동기발전기를 사용하는 전력계통에 시설하여야 하는 장치는?

① 비상 조속기
② 동기검정장치
③ 분로 리액터
④ 절연유 유출방지설비

풀이 351.6 계측장치
동기발전기를 시설하는 경우에는 동기검정장치를 시설하여야 한다. 다만, 동기발전기의 용량이 그 발전기를 연계하는 전력계통의 용량과 비교하여 현저히 적은 경우에는 그러하지 아니하다. 　**답** ②

96 금속제 가요전선관공사에 의한 저압 옥내배선의 시설방법으로 기술기준에 적합한 것은?

① 옥외용 비닐절연전선을 사용하였다.
② 2종 금속제 가요전선관을 사용하였다.
③ 가요전선관에는 접지공사를 하지 않았다.
④ 전선은 연동선으로 단면적 16[mm²]의 단선을 사용하였다.

풀이 232.13 금속제가요전선관공사
가. 전선은 절연전선(옥외용 비닐 절연전선을 제외한다)일 것.
나. 전선은 연선일 것. 다만, 단면적 10[mm²](알루미늄선은 단면적 16[mm²]) 이하인 것은 그러하지 아니하다.
다. 가요전선관 안에는 전선에 접속점이 없도록 할 것.
라. 가요전선관은 2종 금속제 가요전선관일 것.
마. 가요전선관배선에는 접지공사를 할 것. 　**답** ②

97 사람이 상시 통행하는 터널 내 저압전선로의 애자공사 시 노면상 최소 높이는?

① 2.0[m] 　　　　 ② 2.2[m]
③ 2.5[m] 　　　　 ④ 3.0[m]

풀이 335.1 터널 안 전선로의 시설
사람이 상시 통행하는 터널 안의 전선로 사용전압은 저압 또는 고압에 한하며, 다음에 따라 시설하여야 한다.

전압	전선의 굵기	시공방법	애자사용 공사 시 높이
저압	인장강도 2.30[kN] 이상 또는 2.6[mm] 이상의 경동선의 절연전선	• 합성수지관공사 • 금속관공사 • 금속제가요전선관 공사 • 케이블공사 • 애자사용공사	노면상 2.5[m] 이상
고압		• 케이블공사	

답 ③

98 345[kV] 변전소의 충전 부분에서 5.98[m] 거리에 울타리를 설치할 경우 울타리 최소 높이는 몇 [m]인가?

① 2.1   ② 2.3
③ 2.5   ④ 2.7

풀이 351.1 발전소 등의 울타리·담 등의 시설

사용전압의 구분	울타리·담 등의 높이와 울타리·담 등으로부터 충전 부분까지의 거리의 합계
35[kV] 이하	5[m]
35[kV] 초과 160[kV] 이하	6[m]
160[kV] 초과	• 거리의 합계 = 6 + 단수 × 0.12[m] • 단수 = $\dfrac{\text{사용전압[kV]}-160}{10}$ 단수 계산에서 소수점 이하는 절상

- 단수 = $\dfrac{345-160}{10} = 18.5 \rightarrow 19$단
- 거리의 합계 = $6 + (19 \times 0.12) = 8.28$[m]
- 울타리에서 충전 부분까지 거리는 5.98[m]이므로 울타리 최소 높이 = 8.28 − 5.98 = 2.3[m] **답** ②

99 고압가공 케이블을 설치하기 위한 조가용선은 단면적 몇 [mm²]인 아연도 철연선 또는 이와 동등 이상의 세기 및 굵기의 연선을 사용하여야 하는가?

① 8   ② 14
③ 22   ④ 30

풀이 332.2 가공케이블의 시설
저압 가공전선 또는 고압 가공전선에 케이블을 사용하는 경우에는 다음에 따라 시설하여야 한다.
가. 케이블은 조가용선에 행거로 시설할 것. 이 경우에는 사용전압이 고압인 때에는 행거의 간격은 0.5[m] 이하로 하는 것이 좋다.
나. 조가용선은 인장강도 5.93[kN] 이상의 것 또는 단면적 22[mm²] 이상인 아연도강연선일 것.
다. 조가용선 및 케이블의 피복에 사용하는 금속체에는 접지공사를 할 것.
라. 조가용선을 케이블에 접촉시켜 금속 테이프를 감는 경우에는 20[cm] 이하의 간격으로 나선상으로 한다.

답 ③

100 고압가공전선이 교류 전차선과 교차하는 경우, 고압가공전선으로 케이블을 사용하는 경우 이외에는 단면적 몇 [mm²] 이상의 경동연선을 사용하여야 하는가?

① 14   ② 22
③ 30   ④ 38

풀이 332.15 고압 가공전선과 교류전차선 등의 접근 또는 교차
222.15 저압 가공전선과 교류전차선 등의 접근 또는 교차
저압 가공전선 또는 고압 가공전선이 교류 전차선 등과 교차하는 경우에 저압 가공전선 또는 고압 가공전선이 교류 전차선 등의 위에 시설되는 때에는 다음에 따라야 한다.
가. 저압 가공전선에는 케이블을 사용하고 또한 이를 단면적 35[mm²] 이상인 아연도강연선으로서 인장강도 19.61[kN] 이상인 것으로 조가하여 시설할 것.
나. 고압 가공전선은 케이블인 경우 이외에는 인장강도 14.51[kN] 이상의 것 또는 단면적 38[mm²] 이상의 경동연선일 것. **답** ④

2023년 - 3회 _ 전기산업기사

81 관등회로란 무엇인가?

① 분기점으로부터 안정기까지의 전로
② 스위치로부터 방전등까지의 전로
③ 스위치로부터 안정기까지의 전로
④ 방전등용 안정기로부터 방전관까지의 전로

풀이 112 용어 정의
"관등회로"란 방전등용 안정기 또는 방전등용 변압기로부터 방전관까지의 전로를 말한다. **답** ④

82 전로의 사용전압이 FELV, 500[V] 이하인 저압 전로는 시험전압 DC 500[V]로 측정 하였을 때 절연저항 값은 몇 [MΩ] 이상이 되어야 하는가?

① 0.5   ② 1
③ 1.5   ④ 2

풀이 222.24 저압 직류 가공전선로

전로의 사용전압[V]	DC 시험전압[V]	절연저항[MΩ]
SELV 및 PELV	250	0.5
FELV, 500[V] 이하	500	1.0
500[V] 초과	1,000	1.0

답 ②

사용전압의 구분	전선의 단면적
100[kV] 미만	인장강도 21.67[kN] 이상의 연선 또는 단면적 55[mm²] 이상의 경동연선
100[kV] 이상	인장강도 58.84[kN] 이상의 연선 또는 단면적 150[mm²] 이상의 경동연선

답 ④

---

83 저압가공전선이 상부 조영재 위쪽에서 접근하는 경우 전선과 상부 조영재간의 이격거리[m]는 얼마 이상이어야 하는가? (단, 특고압 절연전선 또는 케이블인 경우이다.)

① 0.8　　　　② 1.0
③ 1.2　　　　④ 2.0

풀이 332.11 고압 가공전선과 건조물의 접근
222.11 저압 가공전선과 건조물의 접근
저압 가공전선 또는 고압 가공전선이 건조물과 접근 상태로 시설되는 경우에는 다음에 따라야 한다.
가. 고압 가공전선로는 고압 보안공사에 의할 것.
나. 저·고압 가공전선과 건조물의 조영재 사이의 이격거리는 표에서 정한 값 이상일 것.

사용전압 부분 공작물의 종류		저압[m]	고압[m]
건조물	상부 조영재 위쪽	일반적인 경우	2	2
		전선이 고압절연전선	1	2
		전선이 케이블인 경우	1	1
	기타 조영재 또는 상부조영재의 옆쪽 또는 아래쪽	일반적인 경우	1.2	1.2
		전선이 고압절연전선	0.4	1.2
		전선이 케이블인 경우	0.4	0.4
		사람이 쉽게 접근할 수 없도록 시설한 경우	0.8	0.8

답 ②

---

84 22.9[kV] 특고압가공전선로를 시가지에 설치할 때, 전선의 인장강도 21.67[kN] 이상의 연선 또는 단면적 최소 몇 [mm²] 이상의 경동연선 또는 이와 동등 이상의 세기 및 굵기의 연선을 사용해야 하는가?

① 30　　　　② 38
③ 50　　　　④ 55

풀이 333.1 시가지 등에서 특고압 가공전선로의 시설
사용전압이 170[kV] 이하인 전선로에서의 전선의 굵기

---

85 저압 연접인입선은 폭 몇 [m]를 초과하는 도로를 횡단하지 않아야 하는가?

① 5　　　　② 6
③ 7　　　　④ 8

풀이 221.1.2 연접 인입선의 시설
저압 연접인입선은 다음에 따라 시설하여야 한다.
가. 인입선에서 분기하는 점으로부터 100[m]를 초과하는 지역에 미치지 아니할 것.
나. 폭 5[m]를 초과하는 도로를 횡단하지 아니할 것.
다. 옥내를 통과하지 아니할 것.

답 ①

---

86 터널 내에 교류 220[V]의 애자공사로 전선을 시설할 경우 노면으로부터 몇 [m] 이상의 높이로 유지해야 하는가?

① 2　　　　② 2.5
③ 3　　　　④ 4

풀이 335.1 터널 안 전선로의 시설
철도·궤도 또는 자동차도 전용터널 안의 전선로

전압	전선의 굵기	시공방법	애자사용 공사 시 높이
저압	인장강도 2.30[kN] 이상 또는 2.6[mm] 이상의 경동선의 절연전선	• 합성수지관공사 • 금속관공사 • 금속제가요전선관 공사 • 케이블공사 • 애자공사	노면상, 레일면상 2.5[m] 이상
고압	인장강도 5.26[kN] 이상 또는 4[mm] 이상의 경동선	• 케이블공사 • 애자공사	노면상, 레일면상 3[m] 이상
특고압		• 케이블공사	

답 ②

87 발전기의 용량에 관계없이 자동적으로 이를 전로로부터 차단하는 장치를 시설하여야 하는 경우는?

① 과전류 인입　　② 베어링 과열
③ 발전기 내부고장　④ 유압의 과팽창

풀이 351.3 발전기 등의 보호장치
발전기에는 다음의 경우에 자동적으로 이를 전로로부터 차단하는 장치를 시설하여야 한다.
가. 발전기에 과전류나 과전압이 생긴 경우
나. 용량이 500[kVA] 이상의 발전기를 구동하는 수차의 압유 장치의 유압이 현저히 저하한 경우
다. 용량이 100[kVA] 이상의 발전기를 구동하는 풍차의 압유장치의 유압이 현저히 저하한 경우
라. 용량이 2,000[kVA] 이상인 수차 발전기의 스러스트 베어링의 온도가 현저히 상승한 경우
마. 용량이 10,000[kVA] 이상인 발전기의 내부에 고장이 생긴 경우
바. 정격출력이 10,000[kW]를 초과하는 증기터빈은 그 스러스트 베어링이 현저하게 마모되거나 그의 온도가 현저히 상승한 경우　**답** ①

88 전기저장장치를 시설하는 곳에서 계측장치를 시설하지 않아도 되는 것은?

① 주요변압기의 전압, 전류 및 전력
② 축전지 출력 단자의 전압, 전류, 전력
③ 축전지 출력 단자의 충방전 상태
④ 주요변압기의 온도

풀이 512.2.3 계측장치
전기저장장치를 시설하는 곳에는 다음의 사항을 계측하는 장치를 시설하여야 한다.
가. 축전지 출력 단자의 전압, 전류, 전력 및 충방전 상태
다. 주요 변압기의 전압 및 전류 또는 전력　**답** ④

89 다음 중에서 목주, A종 철주 및 A종 철근 콘크리트주를 전선로의 지지물로 사용할 수 없는 보안공사는?

① 고압 보안공사
② 제1종 특고압 보안공사
③ 제2종 특고압 보안공사
④ 제3종 특고압 보안공사

풀이 333.22 특고압 보안공사
제1종 특고압 보안공사에서 전선로의 지지물에는 B종 철주·B종 철근 콘크리트주 또는 철탑을 사용할 것.
(목주나 A종은 사용 불가).　**답** ②

90 다음 (㉮), (㉯)에 들어갈 내용으로 옳은 것은?

지중전선로는 기설 지중 약전류 전선로에 대하여 (㉮) 또는 (㉯)에 의하여 통신상의 장해를 주지 않도록 기설 약전류 전선로로부터 충분히 이격시키거나 기타 적당한 방법으로 시설하여야 한다.

① ㉮ 정전용량 ㉯ 표피작용
② ㉮ 정전용량 ㉯ 유도작용
③ ㉮ 누설전류 ㉯ 표피작용
④ ㉮ 누설전류 ㉯ 유도작용

풀이 334.5 지중약전류전선의 유도장해 방지
지중전선로는 기설 지중약전류전선로에 대하여 누설전류 또는 유도작용에 의하여 통신상의 장해를 주지 않도록 충분히 이격시키거나 기타 적당한 방법으로 시설하여야 한다.　**답** ④

91 제2종 특고압 보안공사 시 B종 철주 또는 B종 철근 콘크리트주를 지지물로 사용하는 경우 경간은 몇 [m] 이하인가?

① 100　　② 200
③ 400　　④ 500

풀이 333.22 특고압 보안공사
제2종 특고압 보안공사는 다음에 따라야 한다.
가. 특고압 가공전선은 연선일 것.
나. 지지물로 사용하는 목주의 풍압하중에 대한 안전율은 2 이상일 것.
다. 경간은 표에서 정한 값 이하일 것

지지물의 종류	경　간
목주·A종 철주 또는 A종 철근 콘크리트주	100[m]
B종 철주 또는 B종 철근 콘크리트주	200[m]
철탑	400[m](단주인 경우에는 300[m])

답 ②

92 고압 옥내배선의 공사법이 아닌 것은?

① 애자사용공사(건조한 장소로서 전개된 장소에 한한다.)

② 케이블 공사

③ 금속관공사

④ 케이블 트레이 공사

풀이 342.1 고압 옥내배선 등의 시설

가. 고압 옥내배선은 다음에 따라 시설하여야 한다.

① 애자사용공사(건조한 장소로서 전개된 장소에 한한다.)

② 케이블공사

③ 케이블트레이공사

나. 전선은 공칭단면적 6[mm²] 이상의 연동선 답 ③

93 금속관공사에 의한 저압 옥내배선 시설에 대한 설명으로 틀린 것은?

① 관의 끝부분 및 안쪽 면은 전선의 피복을 손상하지 아니하도록 매끈하여야 한다.

② 옥외용 비닐절연전선을 사용했다.

③ 저압 옥내배선의 금속관 안에는 전선에 접속점이 없도록 하였다.

④ 콘크리트에 매설하는 금속관의 두께는 1.2[mm]를 사용하였다.

풀이 232.12 금속관공사

가. 전선은 절연전선(옥외용 비닐절연전선을 제외한다)일 것.

나. 전선은 연선일 것. 다만, 다음의 것은 적용하지 않는다.

① 짧고 가는 금속관에 넣은 것.

② 단면적 10[mm²](알루미늄선은 단면적 16[mm²]) 이하의 것.

다. 관의 두께는 다음에 의할 것.

① 콘크리트에 매설하는 것은 1.2[mm] 이상

② 콘크리트 매설 이외의 것은 1[mm] 이상

라. 관에는 접지공사를 할 것. 답 ②

94 플로어덕트공사에 의한 저압 옥내배선에서 단선을 사용하여도 되는 전선(동선)의 단면적은 최대 몇 [mm²]인가?

① 2.5[mm²]

② 4.0[mm²]

③ 6.0[mm²]

④ 10[mm²]

풀이 232.32 플로어덕트공사

플로어덕트공사에 의한 저압 옥내 배선은 다음 각호에 의하여 시설한다.

가. 전선은 절연전선(옥외용 비닐 절연전선을 제외한다)일 것.

나. 전선은 연선일 것. 다만, 단면적 10[mm²](알루미늄선은 단면적 16[mm²]) 이하인 것은 그러하지 아니하다.

다. 플로어덕트 안에는 전선에 접속점이 없도록 할 것. 다만, 전선을 분기하는 경우에 접속점을 쉽게 점검할 수 있을 때에는 그러하지 아니하다. 답 ④

95 변전소를 관리하는 기술원이 상주하는 장소에 경보장치를 시설하지 아니하여도 되는 것은?

① 조상기 내부에 고장이 생긴 경우

② 주요 변압기의 전원측 전로가 무전압으로 된 경우

③ 특고압용 타냉식변압기의 냉각장치가 고장 난 경우

④ 출력 2000[kVA] 특고압용 변압기의 온도가 현저히 상승한 경우

풀이 351.9 상주 감시를 하지 아니하는 변전소의 시설

다음의 경우에는 변전제어소 또는 기술원이 상주하는 장소에 경보장치를 시설할 것.

가. 운전조작에 필요한 차단기가 자동적으로 차단한 경우

나. 주요 변압기의 전원측 전로가 무전압으로 된 경우

다. 제어 회로의 전압이 현저히 저하한 경우

라. 출력 3,000[kVA]를 초과하는 특고압용변압기는 그 온도가 현저히 상승한 경우

마. 특고압용 타냉식변압기는 그 냉각장치가 고장난 경우

바. 조상기는 내부에 고장이 생긴 경우

사. 수소냉각식조상기는 그 조상기 안의 수소의 순도가 90[%] 이하로 저하한 경우, 수소의 압력이 현저히 변동한 경우 또는 수소의 온도가 현저히 상승한 경우 답 ④

96 KS C IEC 60364에서 충전부 전체를 대지로부터 절연시키거나 한 점에 임피던스를 삽입하여 대지에 접속시키고, 전기기기의 노출 도전성 부분 단독 또는 일괄적으로 접지하거나 또는 계통 접지로 접속하는 접지계통을 무엇이라 하는가?

① TT 계통

② IT 계통

③ TN-C 계통

④ TN-S 계통

풀이 203.1 계통접지 구성
　가. TN 계통
　　① TN-S 계통은 계통 전체에 대해 별도의 중성선 또는 PE 도체를 사용한다.
　　② TN-C 계통은 그 계통 전체에 대해 중성선과 보호도체의 기능을 동일도체로 겸용한 PEN 도체를 사용한다.
　　③ TN-C-S 계통은 계통의 일부분에서 PEN 도체를 사용하거나, 중성선과 별도의 PE 도체를 사용하는 방식이 있다.
　나. TT 계통
　　전원의 한 점을 직접 접지하고 설비의 노출도전부는 전원의 접지전극과 전기적으로 독립적인 접지극에 접속시킨다.
　다. IT 계통
　　충전부 전체를 대지로부터 절연, 한 점을 임피던스를 통해 대지에 접속시킨다. 전기설비의 노출도전부를 단독 또는 일괄적으로 계통의 PE 도체에 접속시킨다. 배전계통에서 추가접지가 가능하다.
　　　　　　　　　　　　　　　　　　답 ②

97 지중전선로에 사용하는 지중함의 시설기준으로 틀린 것은?
　① 조명 및 세척이 가능한 장치를 하도록 할 것
　② 그 안의 고인 물을 제거할 수 있는 구조일 것
　③ 견고하고 차량 기타 중량물의 압력에 견딜 수 있을 것
　④ 뚜껑은 시설자 이외의 자가 쉽게 열 수 없도록 할 것

풀이 334.2 지중함의 시설
지중전선로에 사용하는 지중함은 다음에 따라 시설하여야 한다.
　가. 지중함은 견고하고 차량 기타 중량물의 압력에 견디는 구조일 것.
　나. 지중함은 그 안의 고인 물을 제거할 수 있는 구조로 되어 있을 것.
　다. 폭발성 또는 연소성의 가스가 침입할 우려가 있는 것에 시설하는 지중함으로서 그 크기가 1[m³] 이상인 것에는 통풍장치 기타 가스를 방산시키기 위한 적당한 장치를 시설할 것.
　라. 지중함의 뚜껑은 시설자 이외의 자가 쉽게 열 수 없도록 시설할 것.
　　　　　　　　　　　　　　　　　　답 ①

98 특고압 가공전선과 가공약전류 전선 사이에 보호망을 시설하는 경우 보호망을 구성하는 금속선 상호 간의 간격은 가로 및 세로를 각각 몇 [m] 이하로 시설하여야 하는가?
　① 0.75　② 1.0　③ 1.25　④ 1.5

풀이 333.26 특고압 가공전선과 저고압 가공전선 등의 접근 또는 교차
보호망은 규정에 준하여 접지공사를 한 금속제의 망상장치로 하고 또한 다음에 따라 시설하여야 한다.
　가. 보호망을 구성하는 금속선은 그 외주 및 특고압 가공전선의 바로 아래에 시설하는 금속선에 인장강도 8.01[kN] 이상의 것 또는 지름 5[mm] 이상의 경동선을 사용하고 기타 부분에 시설하는 금속선에 인장강도 3.64[kN] 이상 또는 지름 4[mm] 이상의 아연도철선을 사용할 것.
　나. 보호망을 구성하는 금속선 상호 간의 간격은 가로 세로 각 1.5[m] 이하일 것.
　다. 보호망과 저고압 가공전선 등과의 수직 이격거리는 60[cm] 이상일 것.
　　　　　　　　　　　　　　　　　　답 ④

99 교류 전차선 등 충전부와 식물 사이의 이격거리는 몇 [m] 이상이어야 하는가? (단, 현장여건을 고려한 방호벽 등의 안전조치를 하지 않은 경우이다.)
　① 1　　② 3　　③ 5　　④ 10

풀이 431.11 전차선 등과 식물 사이의 이격거리
교류 전차선 등 충전부와 식물 사이의 이격거리는 5[m] 이상이어야 한다. 다만, 5[m] 이상 확보하기 곤란한 경우에는 현장여건을 고려하여 방호벽 등 안전조치를 하여야 한다.
　　　　　　　　　　　　　　　　　　답 ③

100 발전기·변압기·조상기·계기용변성기·모선 또는 이를 지지하는 애자는 어떤 전류에 의하여 생기는 기계적 충격에 견디는 것인가?
　① 지상전류　　② 유도전류
　③ 충전전류　　④ 단락전류

풀이 발전기 등의 기계적 강도(기술기준 제23조)
　① 발전기, 변압기, 조상기, 모선 또는 이를 지지하는 애자는 단락전류에 의하여 생기는 기계적 충격에 견디어야 한다.
　② 수차 또는 풍차 발전기의 회전 부분은 무구속 속도에 대하여 증기터빈, 가스터빈, 내연기관은 비상 속도에 견디어야 한다.
　　　　　　　　　　　　　　　　　　답 ④

2023년 · 4회 _ 공사산업기사

81 전력계통에서 돌발적으로 발생하는 이상현상에 대비하여 중성점을 대지에 접속하는 것을 무엇이라 하는가?

① 보호접지　　　② 계통접지
③ 등전위본딩　　④ 접지도체

풀이 112 용어 정의
① 보호접지 : 고장 시 감전에 대한 보호를 목적으로 기기의 한 점 또는 여러 점을 접지하는 것을 말한다.
② 계통접지 : 전력계통에서 **돌발적으로 발생하는 이상현상**에 대비하여 대지와 계통을 연결하는 것으로, 중성점을 대지에 접속하는 것을 말한다.
③ 등전위본딩 : 등전위를 형성하기 위해 도전부 상호간을 전기적으로 연결하는 것을 말한다.
④ 접지도체 : 계통, 설비 또는 기기의 한 점과 접지극 사이의 도전성 경로 또는 그 경로의 일부가 되는 도체를 말한다.　　　　**답** ②

82 전선의 색상 중 옳은 것은?

① L1 : 청색　　　② L2 : 흑색
③ L3 : 갈색　　　④ N : 회색

풀이 121.2 전선의 식별

상(문자)	L1	L2	L3	N	보호도체
색상	갈색	흑색	회색	청색	녹색-노란색

답 ②

83 제1종 특고압 보안공사를 필요로 하는 가공전선로의 지지물로 사용할 수 있는 것은?

① A종 철근 콘크리트주
② B종 철근 콘크리트주
③ A종 철주
④ 목주

풀이 333.22 특고압 보안공사
제1종 특고압 보안공사에서 전선로의 지지물은 B종 철주 · B종 철근 콘크리트주 또는 철탑을 사용할 것.
답 ②

84 고압 보안공사를 할 때 지지물로 B종 철근 콘크리트주를 사용하면 그 경간은 몇 [m] 이하인가?

① 75　　　　② 100
③ 150　　　④ 200

풀이 332.10 고압 보안공사
고압 보안공사는 다음에 따라야 한다.
가. 전선은 케이블인 경우 이외에는 인장강도 8.01[kN] 이상의 것 또는 지름 5[mm] 이상의 경동선일 것.
나. 목주의 풍압하중에 대한 안전율은 1.5 이상일 것.
다. 경간은 표에서 정한 값 이하일 것.

지지물의 종류	경 간
목주 · A종 철주 또는 A종 철근 콘크리트주	100[m] 이하
B종 철주 또는 B종 철근 콘크리트주	150[m] 이하
철 탑	400[m] 이하

답 ③

85 저압전로의 중성점에 접지도체로 시설하는 연동선의 공칭단면적은 몇 $[mm^2]$ 이상이어야 하는가?

① $4[mm^2]$ 이상　　② $6[mm^2]$ 이상
③ $10[mm^2]$ 이상　④ $16[mm^2]$ 이상

풀이 322.5 전로의 중성점의 접지
가. 전로의 중성점 접지공사의 목적
① 보호 장치의 확실한 동작의 확보
② 이상 전압의 억제
③ 대지전압의 저하
나. 접지도체는 공칭단면적 $16[mm^2]$ 이상의 연동선(저압 전로의 중성점에 시설하는 것은 공칭단면적 $6[mm^2]$ 이상의 연동선)으로서 고장시 흐르는 전류가 안전하게 통할 수 있는 것을 사용하고 또한 손상을 받을 우려가 없도록 시설할 것.　**답** ②

86 조상기의 보호장치로서 내부고장 시에 자동적으로 전로로부터 차단되는 장치를 설치하여야 하는 조상기 용량은 몇 [kVA] 이상인가?

① 5000　　　② 7500
③ 10000　　④ 15000

풀이 351.5 조상설비의 보호장치
조상 설비에는 그 내부에 고장이 생긴 경우에 보호하는 장치를 표와 같이 시설하여야 한다.

설비 종별	뱅크 용량의 구분	자동적으로 전로로부터 차단하는 장치
전력용 커패시터 및 분로리액터	500[kVA] 초과 15,000[kVA] 미만	• 내부에 고장이 생긴 경우 • 과전류가 생긴 경우
	15,000[kVA] 이상	• 내부에 고장이 생긴 경우 • 과전류가 생긴 경우 • 과전압이 생긴 경우
조상기 (調相機)	15,000[kVA] 이상	• 내부에 고장이 생긴 경우

답 ④

87 풀용 수중조명등의 시설공사에서 절연변압기는 그 2차 측 전로의 사용전압이 몇 [V] 이하인 경우에는 1차 권선과 2차 권선 사이에 금속제의 혼촉방지판을 설치하여야 하여야 하는가?

① 30[V]   ② 30[V]
③ 60[V]   ④ 60[V]

풀이 234.14 수중조명등
수중조명등의 절연변압기는 그 2차측 전로의 사용전압이 30[V] 이하인 경우는 1차권선과 2차 권선 사이에 금속제의 혼촉방지판을 설치하고, 규정에 준하여 접지공사를 하여야 한다.
답 ①

88 수소냉각식 발전기 등의 시설기준으로 틀린 것은?

① 발전기안 또는 조상기안의 수소의 온도를 계측하는 장치를 시설할 것
② 발전기축의 밀봉부로부터 수소가 누설될 때 누설된 수소를 외부로 방출하지 않을 것
③ 발전기안 또는 조상기안의 수소의 순도가 85[%] 이하로 저하한 경우에 이를 경보하는 장치를 시설할 것
④ 발전기 또는 조상기는 수소가 대기압에서 폭발하는 경우에 생기는 압력에 견디는 강도를 가지는 것일 것

풀이 351.10 수소냉각식 발전기 등의 시설
수소냉각식의 발전기·조상기 또는 이에 부속하는 수소 냉각 장치는 다음 각 호에 따라 시설하여야 한다.

가. 발전기 또는 조상기는 기밀구조 것이고 또한 수소가 대기압에서 폭발하는 경우에 생기는 압력에 견디는 강도를 가지는 것일 것
나. 발전기축의 밀봉부에는 질소 가스를 봉입할 수 있는 장치 또는 발전기 축의 밀봉부로부터 누설된 수소 가스를 안전하게 외부에 방출할 수 있는 장치를 시설할 것
다. 발전기 내부 또는 조상기 내부의 수소의 순도가 85[%] 이하로 저하한 경우에 이를 경보하는 장치를 시설할 것
라. 발전기 내부 또는 조상기 내부의 수소의 압력을 계측하는 장치 및 그 압력이 현저히 변동한 경우에 이를 경보하는 장치를 시설할 것
마. 발전기 내부 또는 조상기 내부의 수소의 온도를 계측하는 장치를 시설할 것
바. 발전기 내부 또는 조상기 내부로 수소를 안전하게 도입할 수 있는 장치 및 발전기안 또는 조상기안의 수소를 안전하게 외부로 방출할 수 있는 장치를 시설할 것
사. 발전기 또는 조상기에 붙인 유리제의 점검 창 등은 쉽게 파손되지 아니하는 구조로 되어 있을 것
답 ②

89 정격전류가 63[A] 초과인 경우 배선용 차단기(주택용)는 정격전류의 몇 배의 전류에 견뎌야 하는가?

① 1.05   ② 1.13
③ 1.3   ④ 1.45

풀이 212.3.4 보호장치의 특성

과전류트립 동작시간 및 특성(주택용 배선용 차단기)

정격전류의 구분	시간	정격전류의 배수 (모든 극에 통전)	
		부동작 전류	동작 전류
63[A] 이하	60분	1.13배	1.45배
63[A] 초과	120분	1.13배	1.45배

답 ②

90 임시 전선로가 상부 조영제의 옆쪽에 접근상태로 시설하는 경우, 임시전선로와 건조물과의 이격거리는 몇 [m] 이상이어야 하는가?

① 0.3   ② 0.4
③ 1   ④ 1.2

풀이 335.10 임시 전선로의 시설

임시 전선로 시설(저압 방호구)의 이격거리

조영물 조영재의 구분		접근형태	이격거리
건조물	상부 조영재	위쪽	1[m]
		옆쪽 또는 아래쪽	0.4[m]
	상부이외의 조영재		0.4[m]
건조물 이외의 조영물	상부 조영재	위쪽	1[m]
		옆쪽 또는 아래쪽	0.4[m] (저압 가공전선은 0.3[m])
	상부이외의 조영재		0.4[m] (저압 가공전선은 0.3[m])

답 ②

91 지중에 매설되어 있는 금속제 수도관로를 각종 접지공사의 접지극으로 사용하려면 대지와의 전기저항 값이 몇 [Ω] 이하의 값을 유지하여야 하는가?

① 1 ② 2
③ 3 ④ 5

풀이 142.2 접지극의 시설 및 접지저항
가. 지중에 매설되어 있고 대지와의 전기저항 값이 3[Ω] 이하의 값을 유지하고 있는 금속제 수도관로가 규정에 따르는 경우 접지극으로 사용이 가능하다.
나. 대지와의 사이에 전기저항 값이 2[Ω] 이하인 값을 유지하는 건축물·구조물의 철골 기타의 금속제는 접지공사의 접지극으로 사용할 수 있다.
답 ③

92 상시 사람이 통행하는 터널 안의 교류 220[V]의 배선을 애자공사에 의하여 시설할 경우 전선은 노면상 몇 [m] 이상의 높이로 시설해야 하는가?

① 2.0 ② 2.5
③ 3.0 ④ 3.5

풀이 242.7.1 사람이 상시 통행하는 터널 안의 배선의 시설
가. 전압 : 저압
나. 전선 : 공칭단면적 2.5[mm²]의 연동선과 동등 이상의 세기 및 굵기의 절연전선(옥외용 비닐절연전선 및 인입용 비닐 절연전선을 제외한다)
다. 배선 : 애자공사
라. 높이 : 노면상 2.5[m] 이상의 높이
마. 전로에는 터널의 입구에 가까운 곳에 전용 개폐기를 시설할 것.
답 ②

93 ACSR선을 사용한 고압가공전선의 이도계산에 적용되는 안전율은?

① 2.0 ② 2.2
③ 2.5 ④ 3

풀이 332.4 고압 가공전선의 안전율
고압 가공전선은 케이블인 경우 이외에는 그 안전율이 경동선 또는 내열 동합금선은 2.2 이상, 그 밖의 전선은 2.5 이상이 되는 이도로 시설하여야 한다.
답 ③

94 저압 옥내 배선을 합성수지관공사에 의하여 실시하는 경우 사용할 수 있는 단선(동선)의 단면적은 최대 몇 [mm²]인가?

① 2.5 ② 6.0
③ 10 ④ 16

풀이 232.11 합성수지관공사
전선은 절연전선(OW 제외)으로 연선일 것 다만 짧고 가는 합성수지관에 넣은 것 또는 단면적 10[mm²](알루미늄선은 16[mm²]) 이하인 것은 단선을 사용할 수 있다.
답 ③

95 35[kV]의 특고압가공전선로를 시가지에 시설할 경우 지표상의 최저 높이는 몇 [m]이어야 하는가? (단, 전선은 특고압 절연전선이다.)

① 4 ② 5
③ 6 ④ 8

풀이 333.1 시가지 등에서 특고압 가공전선로의 시설

사용전압의 구분	지표상의 높이
35[kV] 이하	10[m] (전선이 특고압 절연전선인 경우에는 8[m])
35[kV] 초과	10[m]에 35[kV]를 초과하는 10[kV] 또는 그 단수마다 12[cm]를 더한 값

답 ④

96 지중 공가설비로 사용하는 광섬유 케이블 및 동축케이블은 지름 몇 [mm] 이하로 하여야 하는가?

① 8 ② 14
③ 22 ④ 30

풀이 363.1 지중통신선로설비 시설
지중 공가설비로 사용하는 광섬유 케이블 및 동축케이블은 **지름 22[mm] 이하일 것** **답** ③

97 저압 옥내 배선을 위한 금속관을 콘크리트에 매설할 때 적합한 관의 두께[mm]와 전선의 종류는?

① 1.0[mm] 이상, 옥외용 비닐 절연 전선
② 1.2[mm] 이상, 450/750[V] 이하 염화비닐절연전선
③ 1.0[mm] 이상, 450/750[V] 이하 염화비닐절연전선
④ 1.2[mm] 이상, 옥외용 비닐 절연 전선

풀이 232.12 금속관공사
금속관 공사는 옥외용 비닐절연전선을 제외한 **절연전선**으로 10[mm²](알루미늄선은 단면적 16[mm²]) 이하에 한하여 단선을 사용할 수 있으며 **콘크리트에 매설하는 금속관은 1.2[mm] 이상**이어야 한다. **답** ②

98 한국전기설비규정에 따라 이동형의 용접전극을 사용하는 아크용접장치의 시설 방법으로 틀린 것은?

① 용접변압기는 절연변압기일 것
② 용접변압기의 1차측 전로의 대지저압은 300 [V] 이하일 것
③ 피용접재 또는 이와 전기적으로 접속되는 받침대·정반 등의 금속체에는 접지공사를 하지 말 것
④ 용접변압기는 절연변압기의 1차측 전로에는 용접변압기에 가까운 곳에 쉽게 개폐할 수 있는 개폐기를 시설할 것

풀이 241.10 아크 용접기
가반형의 용접 전극을 사용하는 아크 용접장치는 다음에 따라 시설하여야 한다.
가. 용접변압기는 절연변압기일 것.
나. 용접변압기의 1차측 전로의 대지전압은 300[V] 이하일 것.
다. 용접변압기의 1차측 전로에는 용접변압기에 가까운 곳에 쉽게 개폐할 수 있는 개폐기를 시설할 것.
라. 용접기 외함 및 **피용접재 또는 이와 전기적으로 접속되는 받침대·정반 등의 금속체**는 규정에 준하여 **접지공사를 하여야 한다.** **답** ③

99 고압용의 개폐기, 차단기, 피뢰기 기타 이와 유사한 기구로서 동작 시에 아크가 생기는 것은 목재의 벽 또는 천정 기타의 가연성 물체로부터 몇 [m] 이상 떼어놓아야 하는가?

① 1 ② 1.2 ③ 1.5 ④ 2

풀이 341.7 아크를 발생하는 기구의 시설
고압용 또는 특고압용의 개폐기·차단기·피뢰기 기타 이와 유사한 기구로서 동작 시에 아크가 생기는 것은 목재의 벽 또는 천장 기타의 가연성 물체로부터 표에서 정한 값 이상 이격하여 시설하여야 한다.

기구 등의 구분	이격거리
고압용의 것	1 [m] 이상
특고압용의 것	2[m] 이상(사용전압이 35[kV] 이하의 특고압용의 기구 등으로서 동작할 때에 생기는 아크의 방향과 길이를 화재가 발생할 우려가 없도록 제한하는 경우에는 1[m] 이상)

답 ①

100 보호장치의 통상적인 동작전류는 도체 허용전류의 몇 배 이하여야 하는가?

① 1.1 ② 1.25 ③ 1.45 ④ 1.5

풀이 212.4.1 도체와 과부하 보호장치 사이의 협조
과부하에 대해 케이블(전선)을 보호하는 장치의 동작특성은 다음의 조건을 충족해야 한다.
$$I_B \leq I_n \leq I_Z, \quad I_2 \leq 1.45 \times I_Z$$
I_B : 회로의 설계전류(선도체를 흐르는 설계전류 또는 함유율이 높은 영상분 고조파, 특히 제3고조파가 지속적으로 흐르는 경우 중성선에 흐르는 전류이다.)
I_Z : 케이블의 허용전류
I_n : 보호장치의 정격전류(사용현장에 적합하게 조정된 전류의 설정 값)
I_2 : 보호장치가 규약시간 이내에 유효하게 동작하는 것을 보장하는 전류

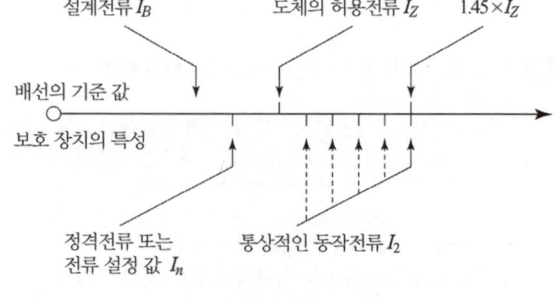

과부하 보호 설계 조건도 **답** ③

문제의 번호는 실제 시험문제의 번호와 같게 하였습니다.

2024년 - 1회 _ 전기산업기사·공사산업기사

81 건조물과 전차선, 급전선 및 전기철도차량 집전장치의 공기절연 이격거리는 시스템 종류 및 공칭전압에 따라 정적 및 동적 최소 절연이격거리 이상을 확보하여야 한다. 다음 빈 칸에 들어갈 공칭전압은?

시스템 종류	공칭전압 (V)	동적(mm)		정적(mm)	
		비오염	오염	비오염	오염
직류	( )	25	25	25	25

① 750
② 1,500
③ 3,000
④ 25,000

풀이 431.2 전차선로의 충전부와 건조물 간의 절연이격

시스템 종류	공칭전압 (V)	동적(mm)		정적(mm)	
		비오염	오염	비오염	오염
직류	750	25	25	25	25
	1,500	100	110	150	160
단상교류	25,000	170	220	270	320

답 ①

82 열차 설계속도가 $250 < V \le 300$[km/h], 속도 등급이 300킬로급인 경우, 전차선의 기울기는? 단, 구분장치 또는 분기 구간이 아닌 경우이다.

① 0
② 1
③ 2
④ 3

풀이 431.7 전차선의 기울기
전차선의 기울기는 해당 구간의 열차 통과 속도에 따라 표를 따른다. 다만 구분장치 또는 분기 구간에서는 전차선에 기울기를 주지 않아야 한다. 또한, 궤도면상으로부터 전차선 높이는 같은 높이로 가선하는 것을 원칙으로 하되 터널, 과선교 등 특정 구간에서 높이 변화가 필요한 경우에는 가능한 한 작은 기울기로 이루어져야 한다.

설계속도 V (km/시간)	속도등급	기울기 (천분율)
$300 < V \le 350$	350킬로급	0
$250 < V \le 300$	300킬로급	0
$200 < V \le 250$	250킬로급	1
$150 < V \le 200$	200킬로급	2
$120 < V \le 150$	150킬로급	3
$70 < V \le 120$	120킬로급	4
$V \le 70$	70킬로급	10

답 ①

83 풍력터빈에 설비의 손상을 방지하기 위하여 시설하는 운전상태를 계측하는 계측장치로 틀린 것은?

① 조도계
② 압력계
③ 온도계
④ 풍속계

풀이 532.3.7 계측장치의 시설
풍력터빈에는 설비의 손상을 방지하기 위하여 운전 상태를 계측하는 다음의 계측장치를 시설하여야 한다.
1. 회전속도계
2. 나셀(nacelle) 내의 진동을 감시하기 위한 진동계
3. 풍속계 4. 압력계 5. 온도계
답 ①

84 터널 내에 교류 220[V]의 애자공사로 전선을 시설할 경우 노면으로부터 몇 [m] 이상의 높이로 유지해야 하는가?

① 2
② 2.5
③ 3
④ 4

풀이 335.1 터널 안 전선로의 시설
철도·궤도 또는 자동차도 전용터널 안의 전선로

전압	전선의 굵기	시공방법	애자사용 공사 시 높이
저압	인장강도 2.30[kN] 이상 또는 2.6[mm] 이상의 경동선의 절연전선	• 합성수지관공사 • 금속관공사 • 금속제가요전선관 공사 • 케이블공사 • 애자공사	노면상, 레일면상 2.5[m] 이상

전압	전선의 굵기	시공방법	애자사용 공사 시 높이
고압	인장강도 5.26[kN] 이상 또는 4[mm] 이상의 경동선	• 케이블공사 • 애자공사	노면상, 레일면상 3[m] 이상
특고압		• 케이블공사	

답 ②

---

85 특고압가공전선로의 지지물 중 전선로의 지지물 양쪽의 경간의 차가 큰 곳에 사용하는 철탑은?

① 내장형 철탑　　② 인류형 철탑
③ 보강형 철탑　　④ 각도형 철탑

풀이 333.11 특고압 가공전선로의 철주·철근 콘크리트주 또는 철탑의 종류
특고압 가공전선로의 지지물로 사용하는 B종 철근·B종 콘크리트주 또는 철탑의 종류는 다음과 같다.
가. 직선형 : 전선로의 직선 부분(3° 이하의 수평 각도 이루는 곳 포함)에 사용되는 것
나. 각도형 : 전선로 중 수평 각도 3°를 넘는 곳에 사용되는 것
다. 인류형 : 전 가섭선을 인류하는 곳에 사용하는 것
라. 내장형 : 전선로 지지물 양측의 경간차가 큰 곳에 사용하는 것
마. 보강형 : 전선로 직선 부분을 보강하기 위하여 사용하는 것

답 ①

---

86 전로를 대지로부터 절연을 하여야 하는 것은 다음 중 어느 것인가?

① 전기로　　②　전기욕기
③ 전기다리미　　④ 전해조

풀이 131 전로의 절연 원칙
다음과 같이 절연할 수 없는 부분
① 시험용 변압기, 전력선 반송용 결합 리액터, 전기울타리용 전원장치, 엑스선발생장치, 전기부식방지용 양극, 단선식 전기 철도의 귀선 등 전로의 일부를 대지로부터 절연하지 아니하고 전기를 사용하는 것이 부득이한 것.
② 전기욕기·전기로·전기보일러·전해조 등 대지로부터 절연하는 것이 기술상 곤란한 것.

답 ③

---

87 전력계통의 일부가 전력계통의 전원과 전기적으로 분리된 상태에서 분산형전원에 의해서만 운전되는 상태를 무엇이라 하는가?

① 전부하 운전　　② 병렬운전
③ 단독운전　　④ 무부하 운전

풀이 112 용어정의
"단독운전"이란 전력계통의 일부가 전력계통의 전원과 전기적으로 분리된 상태에서 분산형전원에 의해서만 운전되는 상태를 말한다.

답 ③

---

88 전기 울타리의 시설에 관한 설명으로 틀린 것은?

① 전원장치에 전기를 공급하는 전로의 사용전압은 600[V] 이하이어야 한다.
② 사람이 쉽게 출입하지 아니하는 곳에 시설한다.
③ 전선은 지름 2[mm] 이상의 경동선을 사용한다.
④ 수목 사이의 이격거리는 30[cm] 이상이어야 한다.

풀이 241.1 전기울타리
가. 전기울타리용 전원장치에 전원을 공급하는 전로의 사용전압은 250[V] 이하이어야 한다.
나. 전기울타리는 사람이 쉽게 출입하지 아니하는 곳에 시설할 것.
다. 전선은 인장강도 1.38[kN] 이상의 것 또는 지름 2[mm] 이상의 경동선일 것.
라. 전선과 이를 지지하는 기둥 사이의 이격거리는 25[mm] 이상일 것.
마. 전선과 다른 시설물(가공 전선을 제외한다) 또는 수목과의 이격거리는 0.3[m] 이상일 것.

답 ①

---

89 지중 공가설비로 사용하는 광섬유 케이블 및 동축케이블은 지름 몇 [mm] 이하여야 하는가?

① 14　　② 22
③ 30　　④ 38

풀이 363.1 지중통신선로설비 시설
지중 공가설비로 사용하는 광섬유 케이블 및 동축케이블은 지름 22[mm] 이하일 것

답 ②

90 고압 가공전선으로 ACSR(강심알루미늄연선)을 사용할 때의 안전율은 얼마 이상이 되는 이도(弛度)로 시설하여야 하는가?

① 1.38 ② 2.1
③ 2.5 ④ 4.01

> **풀이** 332.4 고압 가공전선의 안전율
> 222.6 저압 가공전선의 안전율
> 가공전선이 케이블 이외인 경우 안전율이 다음 이상이 되는 이도로 시설하여야 한다.
> 가. 경동선 또는 내열 동합금선 : 2.2 이상
> 나. 그 밖의 전선 : 2.5
> **답** ③

91 특고압을 옥내에 시설하는 경우 그 사용전압의 최대한도는 몇 [kV] 이하인가? (단, 케이블 트레이공사는 제외)

① 25 ② 80 ③ 100 ④ 160

> **풀이** 342.4 특고압 옥내 전기설비의 시설
> 특고압 옥내배선의 사용전압은 100[kV] 이하일 것. 다만, 케이블트레이공사에 의하여 시설하는 경우에는 35[kV] 이하일 것.
> **답** ③

92 사용전압 22900[V]의 가공전선이 철도를 횡단하는 경우 전선의 궤조면상 높이는 몇 [m] 이상이어야 하는가?

① 5 ② 5.5 ③ 6 ④ 6.5

> **풀이** 333.7 특고압 가공전선의 높이

전압의 범위	일반 장소	도로 횡단	철도 또는 궤도횡단	횡단보도교
35[kV] 이하	5[m]	6[m]	6.5[m]	4[m](특고압 절연전선 또는 케이블 사용)
35[kV] 초과 160[kV] 이하	6[m]	6[m]	6.5[m]	5[m](케이블 사용)
	산지 등에서 사람이 쉽게 들어갈 수 없는 장소 : 5[m] 이상			
160[kV] 초과	일반장소	가공전선의 높이 = 6 + 단수 × 0.12[m]		
	철도 또는 궤도횡단	가공전선의 높이 = 6.5 + 단수 × 0.12[m]		
	산지	가공전선의 높이 = 5 + 단수 × 0.12[m]		

> ※ 단수 = $\dfrac{전압[kV]-160}{10}$ … 단수 계산에서 소수점 이하는 절상
> **답** ④

93 내부고장이 발생하는 경우를 대비하여 자동차단장치 또는 경보장치를 시설하여야 하는 특고압용 변압기의 뱅크용량의 구분으로 알맞은 것은?

① 5000[kVA] 미만
② 5000[kVA] 이상 10000[kVA] 미만
③ 10000[kVA] 이상
④ 타냉식 변압기

> **풀이** 351.4 특고압용 변압기의 보호장치
> 특고압용의 변압기에는 그 내부에 고장이 생겼을 경우에 보호하는 장치를 표와 같이 시설하여야 한다.

뱅크 용량의 구분	동작조건	장치의 종류
5,000[kVA] 이상 10,000[kVA] 미만	변압기 내부고장	자동 차단 장치 또는 경보장치
10,000[kVA] 이상	변압기 내부고장	자동 차단 장치
타냉식 변압기(변압기의 권선 및 철심을 직접 냉각시키기 위하여 봉입한 냉매를 강제 순환시키는 냉각 방식을 말한다.)	냉각장치에 고장이 생긴 경우 또는 변압기의 온도가 현저히 상승한 경우	경보장치

> **답** ②

94 전가섭선에 관하여 각 가섭선의 상정 최대장력의 33[%]와 같은 불평균 장력의 수평종분력에 의한 하중을 더 고려하여야 할 철탑의 유형은?

① 직선형 ② 각도형
③ 내장형 ④ 인류형

> **풀이** 333.13 상시 상정하중
> 인류형·내장형 또는 보강형·직선형·각도형의 철주·철근 콘크리트주 또는 철탑의 경우에는 다음에 따라 가섭선 불평균 장력에 의한 수평 종하중을 가산한다.
> 가. 인류형의 경우에는 전가섭선에 관하여 각 가섭선의 상정 최대 장력과 같은 불평균 장력의 수평 종분력에 의한 하중
> 나. 내장형·보강형의 경우에는 전가섭선에 관하여 각 가섭선의 상정 최대장력의 33[%]와 같은 불평균 장력의 수평 종분력에 의한 하중
> 다. 직선형의 경우에는 전가섭선에 관하여 각 가섭선의 상정 최대 장력의 3[%]와 같은 불평균 장력의 수평 종분력에 의한 하중.(단 내장형은 제외한다)
> 라. 각도형의 경우에는 전가섭선에 관하여 각 가섭선의 상정 최대 장력의 10[%]와 같은 불평균 장력의 수평 종분력에 의한 하중
> **답** ③

95 금속관공사에 의한 저압 옥내배선 시설에 대한 설명으로 틀린 것은?

① 관의 끝부분 및 안쪽 면은 전선의 피복을 손상하지 아니하도록 매끈하여야 한다.
② 옥외용 비닐절연전선을 사용했다.
③ 저압 옥내배선의 금속관 안에는 전선에 접속점이 없도록 하였다.
④ 콘크리트에 매설하는 금속관의 두께는 1.2[mm]를 사용하였다.

풀이 232.12 금속관공사
가. 전선은 절연전선(옥외용 비닐절연전선을 제외한다)일 것.
나. 전선은 연선일 것. 다만, 다음의 것은 적용하지 않는다.
① 짧고 가는 금속관에 넣은 것.
② 단면적 10[mm²](알루미늄선은 단면적 16[mm²]) 이하의 것.
다. 관의 두께는 다음에 의할 것.
① 콘크리트에 매설하는 것은 1.2[mm] 이상
② 콘크리트 매설 이외의 것은 1[mm] 이상
라. 관에는 접지공사를 할 것.　　　**답** ②

96 빙설이 적고 인가가 밀집된 도시에 시설하는 고압가공전선로의 지지물 설계에 사용하는 풍압하중은?

① 갑종 풍압하중
② 을종 풍압하중
③ 병종 풍압하중
④ 갑종 풍압하중과 을종 풍압하중을 각 설비에 따라 혼용

풀이 331.6 풍압하중의 종별과 적용
인가가 많이 연접되어 있는 장소에 시설하는 가공전선로의 구성재 중 다음의 풍압하중에 대하여는 규정에 불구하고 갑종 풍압하중 또는 을종 풍압하중 대신에 병종 풍압하중을 적용할 수 있다.
가. 저압 또는 고압 가공전선로의 지지물 또는 가섭선
나. 사용전압이 35 [kV] 이하의 전선에 특고압 절연전선 또는 케이블을 사용하는 특고압 가공전선로의 지지물, 가섭선 및 특고압 가공전선을 지지하는 애자장치 및 완금류　　　**답** ③

97 정격전류가 63[A] 이하인 경우 산업용 배선차단기의 동작 전류는 정격전류의 몇 배인가?

① 1.05　　　　　② 1.13
③ 1.3　　　　　　④ 1.45

풀이 212.3.4 보호장치의 특성

과전류트립 동작시간 및 특성(산업용 배선차단기)

정격전류의 구분	시 간	정격전류의 배수 (모든 극에 통전)	
		부동작 전류	동작 전류
63[A] 이하	60분	1.05배	1.3배
63[A] 초과	120분	1.05배	1.3배

답 ③

98 금속관공사에서 절연 부싱을 사용하는 가장 주된 목적은?

① 관의 끝이 터지는 것을 방지
② 관의 단구에서 조영재의 접촉 방지
③ 관내 해충 및 이물질 출입 방지
④ 관의 단구에서 전선 피복의 손상 방지

풀이 232.12 금속관공사
관의 끝 부분에는 전선의 피복을 손상하지 아니하도록 적당한 구조의 부싱을 사용할 것. 다만, 금속관공사로부터 애자공사로 옮기는 경우에는 그 부분의 관의 끝부분에는 절연부싱 또는 이와 유사한 것을 사용하여야 한다.　　　**답** ④

99 다음 ( )의 ㉠, ㉡에 들어갈 내용으로 옳은 것은?

> "전기철도용 급전선"이란 전기철도용 (㉠)로부터 다른 전기철도용 (㉠) 또는 (㉡)에 이르는 전선을 말한다.

① ㉠ 급전소　㉡ 개폐소
② ㉠ 궤전선　㉡ 변전소
③ ㉠ 변전소　㉡ 전차선
④ ㉠ 전차선　㉡ 급전소

풀이 112 용어 정의
"전기철도용 급전선"이란 전기철도용 변전소로부터 다른 전기철도용 변전소 또는 전차선에 이르는 전선을 말한다　　　**답** ③

100 22.9[kV] 특고압가공전선로를 시가지에 설치할 때, 전선의 인장강도 21.67[kN] 이상의 연선 또는 단면적 최소 몇 [mm²] 이상의 경동 연선 또는 이와 동등 이상의 세기 및 굵기의 연선을 사용해야 하는가?

① 30

② 38

③ 50

④ 55

풀이 333.1 시가지 등에서 특고압 가공전선로의 시설
사용전압이 170[kV] 이하인 전선로에서의 전선의 굵기

사용전압의 구분	전선의 단면적
100[kV] 미만	인장강도 21.67[kN] 이상의 연선 또는 단면적 55[mm²] 이상의 경동연선
100[kV] 이상	인장강도 58.84[kN] 이상의 연선 또는 단면적 150[mm²] 이상의 경동연선

답 ④

2024년 - 2회 _ 전기산업기사·공사산업기사

81 조상기의 보호장치로서 내부고장 시에 자동적으로 전로로부터 차단되는 장치를 설치하여야 하는 조상기 용량은 몇 [kVA] 이상인가?

① 5000

② 7500

③ 10000

④ 15000

풀이 351.5 조상설비의 보호장치
조상 설비에는 그 내부에 고장이 생긴 경우에 보호하는 장치를 표와 같이 시설하여야 한다.

설비 종별	뱅크 용량의 구분	자동적으로 전로로부터 차단하는 장치
전력용 커패시터 및 분로리액터	500[kVA] 초과 15,000[kVA] 미만	• 내부에 고장이 생긴 경우 • 과전류가 생긴 경우
	15,000[kVA] 이상	• 내부에 고장이 생긴 경우 • 과전류가 생긴 경우 • 과전압이 생긴 경우
조상기 (凋相機)	15,000[kVA] 이상	• 내부에 고장이 생긴 경우

답 ④

82 터널 등에 시설하는 사용전압이 220[V]인 저압의 전구선으로 300/300[V] 편조 고무 코드를 사용하는 경우 단면적은 몇 [mm²] 이상이어야 하는가?

① 0.5[mm²]

② 0.75[mm²]

③ 1.0[mm²]

④ 1.5[mm²]

풀이 242.7.2 터널 등의 전구선 또는 이동전선 등의 시설
터널 등에 시설하는 사용전압이 400[V] 이하인 저압의 전구선 또는 이동전선은 다음과 같이 시설하여야 한다.
가. 전구선은 단면적 0.75[mm²] 이상의 300/300[V] 편조 고무코드 또는 0.6/1 [kV] EP 고무 절연 클로로프렌 캡타이어 케이블일 것.
나. 이동전선은 300/300[V] 편조 고무코드, 비닐 코드 또는 캡타이어 케이블일 것.

답 ②

83 전자개폐기의 조작회로 또는 초인벨, 경보벨 등에 접속하는 전로로서 최대 사용전압이 60[V] 이하인 것으로 대지전압이 몇 [V] 이하인 강전류 전기의 전송에 사용하는 전로와 변압기로 결합되는 것을 소세력회로라 하는가?

① 100

② 150

③ 300

④ 440

풀이 241.14 소세력 회로
가. 전자 개폐기의 조작회로 또는 초인벨·경보벨 등에 접속하는 전로로서 최대 사용전압이 60[V] 이하인 것
나. 소세력 회로에 전기를 공급하기 위한 절연변압기의 사용전압은 대지전압 300[V] 이하로 하여야 한다.

답 ③

84 폭연성 분진 또는 화약류의 분말이 전기설비가 발화원이 되어 폭발할 우려가 있는 곳에 시설하는 저압 옥내배선의 공사방법으로 옳은 것은?

① 금속관공사

② 애자공사

③ 합성수지관공사

④ 캡타이어 케이블 공사

풀이 242.2.1 폭연성 분진 위험장소
폭연성 분진(마그네슘·알루미늄·티탄·지르코늄) 또는 화약류의 분말이 전기설비가 발화원이 되어 폭발할 우려가 있는 곳에 시설하는 저압 옥내배선, 저압 관등

회로 배선, 소세력 회로의 전선은 금속관공사 또는 케이블공사(캡타이어 케이블을 사용하는 것을 제외한다)에 의할 것.　　　　　　　　　　**답** ①

85 빙설의 정도에 따라 풍압하중을 적용하도록 규정하고 있는 내용 중 옳은 것은?

① 빙설이 많은 지방에서는 고온계절에는 갑종 풍압하중, 저온계절에는 을종 풍압하중을 적용한다.

② 빙설이 많은 지방에서는 고온계절에는 을종 풍압하중, 저온계절에는 갑종 풍압하중을 적용한다.

③ 빙설이 적은 지방에서는 고온계절에는 갑종 풍압하중, 저온계절에는 을종 풍압하중을 적용한다.

④ 빙설이 적은 지방에서는 고온계절에는 을종 풍압하중, 저온계절에는 갑종 풍압하중을 적용한다.

풀이 331.6 풍압하중의 종별과 적용

지　　　역		고온 계절	저온 계절
빙설이 많은 지방 이외의 지방		갑종	병종
빙설이 많은 지방	일반지역	갑종	을종
	해안지방 기타 저온계절에 최대풍압이 생기는 지역	갑종	갑종과 을종 중 큰 값 선정
인가가 많이 연접되어 있는 장소		병종	병종

답 ①

86 금속덕트공사에 의한 저압 옥내배선공사시설에 대한 설명으로 틀린 것은?

① 덕트에 접지공사를 한다.

② 금속 덕트는 두께 1.0[mm] 이상인 철판으로 제작하고 덕트 상호 간에 완전하게 접속한다.

③ 덕트를 조영재에 붙이는 경우 덕트 지지점 간의 거리를 3[m] 이하로 견고하게 붙인다.

④ 금속 덕트에 넣은 전선의 단면적의 합계가 덕트의 내부 단면적의 20[%] 이하가 되도록 한다.

풀이 232.31 금속덕트공사

가. 전선은 절연전선(옥외용 비닐절연전선을 제외한다)일 것.

나. 금속덕트에 넣은 전선의 단면적(절연피복의 단면적을 포함한다)의 합계는 덕트의 내부 단면적의 20[%](전광표시 장치, 기타 이와 유사한 장치 또는 제어회로 등의 배선만을 넣는 경우에는 50[%]) 이하일 것.

다. 덕트 상호 간은 견고하고 또한 전기적으로 완전하게 접속할 것.

라. 덕트를 조영재에 붙이는 경우에는 덕트의 지지점 간의 거리를 3[m](수직으로 붙이는 경우에는 6[m]) 이하로 할 것.

마. 덕트의 끝부분은 막을 것.

바. 폭이 50[mm]를 초과하고 또한 두께가 1.2[mm] 이상인 철판 또는 금속제의 것.

사. 덕트는 접지공사를 할 것.　　　　　**답** ②

87 지중 전선로를 직접 매설식에 의하여 차량 기타 중량물의 압력을 받을 우려가 있는 장소에 시설하는 경우 매설 깊이는 몇 [m] 이상으로 하여야 하는가?

① 1　　　　　　　　② 1.2

③ 1.5　　　　　　　④ 2

풀이 334.1 지중전선로의 시설

가. 지중 전선로는 전선에 케이블을 사용하고 또한 관로식·암거식 또는 직접 매설식에 의하여 시설하여야 한다.

나. 지중 전선로를 직접 매설식에 의하여 시설하는 경우에는 매설깊이를 차량 기타 중량물의 압력을 받을 우려가 있는 장소에는 1.0[m] 이상, 기타 장소에는 0.6[m] 이상으로 하고 또한 지중 전선을 견고한 트라프 기타 방호물에 넣어 시설하여야 한다.

답 ①

88 전기욕기에 전기를 공급하기 위한 전원장치에 내장되어 있는 전원변압기의 2차 측 전로의 사용전압은 몇 [V] 이하인 것을 사용하여야 하는가?

① 5　　　　　　　　② 10

③ 25　　　　　　　　④ 35

풀이 241.2 전기욕기

전기욕기에 전기를 공급하기 위한 전기욕기용 전원장치는 내장되어 있는 전원변압기의 2차 측 전로의 사용전압이 10[V] 이하인 것에 한한다.　**답** ②

89 특고압 가공전선로에 사용하는 철탑 중에서 전선로의 수평 각도가 3°를 넘는 곳에 사용하는 철탑은?

① 내장형 철탑   ② 인류형 철탑
③ 보강형 철탑   ④ 각도형 철탑

풀이 333.11 특고압 가공전선로의 철주·철근 콘크리트주 또는 철탑의 종류
특고압 가공전선로의 지지물로 사용하는 B종 철근·B종 콘크리트주 또는 철탑의 종류는 다음과 같다.
가. 직선형 : 전선로의 직선 부분(3° 이하의 수평 각도 이루는 곳 포함)에 사용되는 것
나. **각도형 : 전선로 중 수평 각도 3°를 넘는 곳에 사용**되는 것
다. 인류형 : 전 가섭선을 인류하는 곳에 사용하는 것
라. 내장형 : 전선로 지지물 양측의 경간차가 큰 곳에 사용하는 것
마. 보강형 : 전선로 직선 부분을 보강하기 위하여 사용하는 것
답 ④

90 철도 또는 궤도를 횡단하는 저고압가공전선의 높이는 레일면 상 몇 [m] 이상이어야 하는가?

① 5.5   ② 6.5
③ 7.5   ④ 8.5

풀이 332.5 고압 가공전선의 높이,
222.7 저압 가공전선의 높이
저·고압 가공전선의 높이는 다음에 따라야 한다.

설치장소		가공전선의 높이
도로횡단(번잡하지 않은 도로 제외)		지표상 6[m] 이상
철도 또는 궤도횡단		**레일면상 6.5[m] 이상**
횡단 보도교 위	저압	노면상 3.5[m] 이상. 단, 절연전선의 경우 3[m] 이상
	고압	노면상 3.5[m] 이상
일반장소		지표상 5[m] 이상. 단, 저압의 경우 절연전선 또는 케이블을 사용하여 교통에 지장이 없도록 하여 옥외조명용에 공급하는 경우 4[m]까지 감할 수 있다.
다리의 하부 기타 이와 유사한 장소		저압의 전기철도용 급전선은 지표상 3.5[m]까지로 감할 수 있다.

답 ②

91 시가지에 시설하는 154[kV] 가공전선로에는 지락 또는 단락이 발생한 경우 몇 초 이내에 자동적으로 이를 전로로부터 차단하는 장치를 시설하여야 하는가?

① 1   ② 2   ③ 3   ④ 5

풀이 333.1 시가지 등에서 특고압 가공전선의 시설
사용전압이 **100[kV]를 초과**하는 특고압 가공전선에 지락 또는 단락이 생겼을 때에는 **1초 이내**에 자동적으로 이를 전로로부터 차단하는 장치를 시설할 것.
답 ①

92 전선의 접속법 중 두 개 이상의 전선을 병렬로 사용하는 경우에 대한 설명으로 틀린 것은?

① 병렬로 사용하는 각 전선의 굵기는 동선 50[mm²] 이상 또는 알루미늄 70[mm²] 이상이어야 한다.
② 같은 극의 각 전선의 터미널러그에 완전히 접속해야 한다.
③ 병렬로 사용하는 전선에는 각각에 퓨즈를 설치해야 한다.
④ 병렬로 사용하는 각 전선은 같은 도체, 같은 재료, 같은 길이 및 같은 굵기의 것을 사용해야 한다.

풀이 123 전선의 접속
전선을 접속하는 경우에는 전선의 전기저항을 증가시키지 아니하도록 접속 하여야 하며, 또한 다음에 따라야 한다.
가. 절연전선 상호·절연전선과 코드, 캡타이어 케이블과 접속하는 경우에는
① 전선의 세기를 20[%] 이상 감소시키지 아니할 것.
② 접속부분은 접속관 기타의 기구를 사용할 것.
③ 접속부분의 절연전선에 절연전선의 절연물과 동등 이상의 절연효력이 있는 것으로 충분히 피복할 것.
나. 코드 상호, 캡타이어 케이블 상호 또는 이들 상호를 접속하는 경우에는 코드 접속기·접속함 기타의 기구를 사용할 것.
다만 공칭단면적이 10[mm²] 이상인 캡타이어 케이블 상호를 규정에 준하여 접속하는 경우에는 기구를 사용하지 않을 수 있다.
다. 두 개 이상의 전선을 병렬로 사용하는 경우에는
① 병렬로 사용하는 각 전선의 굵기는 동선 50[mm²] 이상 또는 알루미늄 70[mm²] 이상으로 하고, 전선은 같은 도체, 같은 재료, 같은 길이 및 같은 굵기의 것을 사용할 것

② 같은 극의 각 전선의 터미널러그에 완전히 접속할 것

③ 병렬로 사용하는 전선에는 각각에 퓨즈를 설치하지 말 것 **답** ③

93 철도 · 궤도 또는 자동차도 전용 터널 안의 전선로의 시설 중에서 기준에 적합하지 않은 것은?

① 저압 전선으로 지름 2.0[mm]의 경동선의 절연전선을 사용하였다.

② 저압 전선으로 인장강도 2.30[kN] 이상의 절연전선을 사용하였다.

③ 저압 전선을 애자사용공사에 의하여 시설하고 이를 노면상 2.5[m] 이상의 높이로 유지하였다.

④ 저압 전선을 금속제 가요전선관공사에 의하여 시설하였다.

풀이 335.1 터널 안 전선로의 시설
철도 · 궤도 또는 자동차도 전용터널 안의 전선로

전압	전선의 굵기	시공방법	애자사용공사 시 높이
저압	인장강도 2.30[kN] 이상 또는 2.6[mm] 이상의 경동선의 절연전선	• 합성수지관공사 • 금속관공사 • 금속제가요전선관 공사 • 케이블공사 • 애자사용공사	노면상, 레일면상 2.5 [m] 이상
고압	인장강도 5.26[kN] 이상 또는 4 [mm] 이상의 경동선	• 케이블공사 • 애자사용공사	노면상, 레일면상 3 [m] 이상
특고압		• 케이블공사	

답 ①

94 고압용 또는 특고압용 개폐기의 시설에 있어서 법규상의 규정이 아닌 사항은?

① 그 동작에 따라 개폐 상태를 표시하는 장치를 가져야 한다.

② 중력 등에 의하여 자연히 작동할 우려가 있는 것은 자물쇠 장치 등이 있어야 한다.

③ 고압용 또는 특고압용이라는 위험 표시를 하여야 한다.

④ 부하 전로를 차단하기 위한 것이 아닌 단로기 등은 부하 전류가 통하고 있을 경우에 개로될 수 없도록 시설한다.

풀이 341.9 개폐기의 시설
1. 전로 중에 개폐기를 시설하는 경우에는 그곳의 각 극에 설치하여야 한다.
2. 고압용 또는 특고압용의 개폐기는 그 작동에 따라 그 개폐상태를 표시하는 장치가 되어 있는 것이어야 한다.
3. 고압용 또는 특고압용의 개폐기로서 중력 등에 의하여 자연히 작동할 우려가 있는 것은 자물쇠장치 기타 이를 방지하는 장치를 시설하여야 한다.
4. 고압용 또는 특고압용의 개폐기로서 부하전류를 차단하기 위한 것이 아닌 개폐기는 부하전류가 통하고 있을 경우에는 개로할 수 없도록 시설하여야 한다.

답 ③

95 피뢰기 설치기준으로 옳지 않은 것은?

① 발전소 · 변전소 또는 이에 준하는 장소의 가공전선의 인입구 및 인출구

② 가공전선로와 특고압전선로가 접속되는 곳

③ 가공전선로에 접속한 1차 측 전압이 35[kV] 이하인 배전용 변압기의 고압측 및 특고압측

④ 고압 및 특고압가공전선로로부터 공급 받는 수용장소의 인입구

풀이 341.13 피뢰기의 시설
고압 및 특고압의 전로 중 다음에 열거하는 곳 또는 이에 근접한 곳에는 피뢰기를 시설하여야 한다.
가. 발전소 · 변전소 또는 이에 준하는 장소의 가공전선 인입구 및 인출구
나. 특고압 가공전선로에 접속하는 배전용 변압기의 고압측 및 특고압측
다. 고압 및 특고압 가공전선로로부터 공급을 받는 수용장소의 인입구
라. 가공전선로와 지중전선로가 접속되는 곳 **답** ②

96 태양광설비에 시설하여야 하는 계측장치가 아닌 것은?

① 전압
② 전류
③ 역률
④ 전력

풀이 522.3.3 태양광설비의 계측장치
태양광설비에는 전압, 전류 및 전력을 계측하는 장치를 시설하여야 한다. **답** ③

97 금속제 수도관로를 접지공사의 접지극으로 사용하는 경우에 대한 사항이다. (㉠), (㉡), (㉢)에 들어갈 수치로 알맞은 것은?

> 접지선과 금속제 수도관로의 접속은 안지름 (㉠)[mm] 이상인 금속제 수도관의 부분 또는 이로부터 분기한 안지름 (㉡) [mm] 미만인 금속제 수도관의 그 분기점으로부터 5[m] 이내의 부분에서 할 것. 다만, 금속제 수도관로와 대지 간의 전기저항치가 (㉢)[Ω] 이하인 경우에는 분기점으로부터의 거리는 5[m]를 넘을 수 있다.

① ㉠ 75, ㉡ 75, ㉢ 2
② ㉠ 75, ㉡ 50, ㉢ 2
③ ㉠ 50, ㉡ 75, ㉢ 4
④ ㉠ 50, ㉡ 50, ㉢ 4

풀이 142.2 접지극의 시설 및 접지저항
지중에 매설되어 있고 대지와의 전기저항 값이 3[Ω] 이하의 값을 유지하고 있는 금속제 수도관로와 접지도체의 접속은 금속제 수도관로의 **안지름이 75[mm] 이상인 부분** 또는 여기에서 분기한 안지름 **75[mm] 미만인 분기점으로부터 5[m] 이내의 부분**에서 하여야 한다. 다만, 금속제 수도관로와 대지 사이의 **전기저항 값이 2[Ω] 이하**인 경우에는 분기점으로부터의 **거리는 5[m]을 넘을 수 있다.** **답** ①

98 주택 등 저압 수용 장소에서 고정 전기설비에 TN-C-S 접지방식으로 접지공사 시 중성선 겸용 보호도체(PEN)를 알루미늄으로 사용 할 경우 단면적은 몇 [mm²] 이상이어야 하는가?

① 2.5   ② 6
③ 10   ④ 16

풀이 142.4.2 주택 등 저압수용장소 접지
저압수용장소에서 계통접지가 TN-C-S 방식인 경우 **중성선 겸용 보호도체(PEN)**는 고정 전기설비에만 사용할 수 있고, 그 도체의 단면적이 **구리는 10[mm²] 이상, 알루미늄은 16[mm²] 이상**이어야 하며, 그 계통의 최고전압에 대하여 절연되어야 한다. **답** ④

99 전력보안통신설비의 전원공급기 시설에 대한 다음 설명 중 옳지 않은 것은?

① 누전차단기를 내장하여야 한다.
② 지상에서 4[m] 이상 유지하여야 한다.
③ 전원공급기 시설 시 통신사업자는 기기 전면에 명판을 부착하여야 한다.
④ 기기주, 변대주 및 분기주 등 설비 복잡개소에는 전원공급기를 시설하여야 한다.

풀이 362.9 전원공급기의 시설
  1. 전원공급기는 다음에 따라 시설하여야 한다.
      가. 지상에서 4[m] 이상 유지할 것.
      나. 누전차단기를 내장할 것.
      다. 시설방향은 인도 측으로 시설하며 외함은 접지를 시행할 것.
  2. **기기주, 변대주 및 분기주 등 설비 복잡개소에는 전원공급기를 시설할 수 없다.**
  3. 전원공급기 시설 시 통신사업자는 기기 전면에 명판을 부착하여야 한다. **답** ④

100 지중 전선로의 매설방법이 아닌 것은?

① 관로식   ② 인입식
③ 암거식   ④ 직접 매설식

풀이 334.1 지중전선로의 시설
  가. 지중 전선로는 전선에 **케이블을 사용**하고 또한 **관로식·암거식 또는 직접 매설식에 의하여 시설**하여야 한다.
  나. 지중 전선로를 직접 매설식에 의하여 시설하는 경우에는 매설 깊이를 차량 기타 중량물의 압력을 받을 우려가 있는 장소에는 1.0[m] 이상, 기타 장소에는 0.6[m] 이상으로 하고 또한 지중 전선을 견고한 트라프 기타 방호물에 넣어 시설하여야 한다. **답** ②

2024년 - 3회 _ 전기산업기사·공사산업기사

81 저압 옥측전선로에서 목조의 조영물에 시설할 수 있는 공사방법은?

① 금속관공사
② 버스덕트공사
③ 합성수지관공사
④ 연피 또는 알루미늄 케이블공사

풀이 221.2 옥측전선로

저압 옥측전선로는 다음의 공사방법에 의할 것.

가. 애자공사(전개된 장소에 한한다.)

나. 합성수지관공사

다. 금속관공사(목조 이외의 조영물에 시설하는 경우에 한한다)

라. 버스덕트공사[목조 이외의 조영물(점검할 수 없는 은폐된 장소는 제외한다)에 시설하는 경우에 한한다]

마. 케이블공사(연피 케이블·알루미늄피 케이블 또는 무기물 절연 케이블을 사용하는 경우에는 목조 이외의 조영물에 시설하는 경우에 한한다.) **답** ③

---

82 직류 750[V]인 경우 전차선로의 충전부와 차량 간의 동적 절연이격 거리는 몇 [mm] 이상인가?

① 25 ② 100

③ 150 ④ 170

풀이 431.3 전차선로의 충전부와 차량 간의 최소 절연이격

시스템 종류	공칭전압(V)	동적(mm)	정적(mm)
직류	750	25	25
	1,500	100	150
단상교류	25,000	170	270

답 ①

---

83 다음 그림에서 L_1은 어떤 크기로 동작하는 기기의 명칭인가?

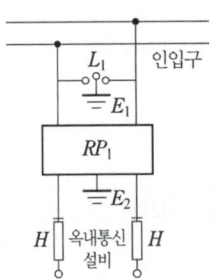

① 교류 1000[V] 이하에서 동작하는 단로기

② 교류 1000[V] 이하에서 동작하는 피뢰기

③ 교류 1500[V] 이하에서 동작하는 단로기

④ 교류 1500[V] 이하에서 동작하는 피뢰기

풀이 362.5 특고압 가공전선로 첨가설치 통신선의 시가지 인입 제한

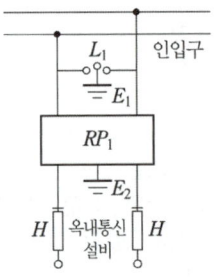

- H : 250[mA] 이하에서 동작하는 열 코일
- RP_1 : 교류 300[V] 이하에서 동작하고, 최소 감도 전류가 3[A] 이하로서 최소 감도전류 때의 응동시간이 1사이클 이하이고 또한 전류 용량이 50[A], 20초 이상인 자복성(自復性)이 있는 릴레이 보안기
- L_1 : 교류 1[kV] 이하에서 동작하는 피뢰기
- E_1 및 E_2 : 접지 **답** ②

---

84 고압 가공전선로의 지지물로 철탑을 사용한 경우 최대경간은 몇 [m] 이하이어야 하는가?

① 300 ② 400

③ 500 ④ 600

풀이 332.9 고압 가공전선로 경간의 제한

고압 가공전선로의 경간은 표에서 정한 값 이하이어야 한다.

지지물의 종류	경간
목주·A종 철주 또는 A종 철근 콘크리트주	150[m]
B종 철주 또는 B종 철근 콘크리트주	250[m]
철탑	600[m]

답 ④

---

85 지중 전선로에 있어서 폭발성 가스가 침입할 우려가 있는 장소에 시설하는 지중함은 크기가 몇 [m³] 이상일 때 가스를 방산시키기 위한 장치를 시설하여야 하는가?

① 0.25 ② 0.5

③ 0.75 ④ 1.0

풀이 334.2 지중함의 시설

지중전선로에 사용하는 지중함은 다음에 따라 시설하여야 한다.

가. 지중함은 견고하고 차량 기타 중량물의 압력에 견디는 구조일 것.

나. 지중함은 그 안의 고인 물을 제거할 수 있는 구조로 되어 있을 것.

다. 폭발성 또는 연소성의 가스가 침입할 우려가 있는 것에 시설하는 지중함으로서 그 **크기가 1[m³] 이상인 것에는 통풍장치 기타 가스를 방산시키기 위한 적당한 장치**를 시설할 것.

라. 지중함의 뚜껑은 시설자 이외의 자가 쉽게 열 수 없도록 시설할 것. **답 ④**

86 다음 중 파이프라인 등에 발열선을 시설하는 기준에 대한 설명으로 옳지 않은 것은?

① 발열선에 전기를 공급하는 전로의 사용전압은 400[V] 이하일 것

② 발열선은 사람이 접촉할 우려가 없고 또한 손상을 받을 우려가 없도록 시설할 것

③ 발열선은 그 온도가 피 가열 액체에 발화 온도의 90[%]를 넘지 않도록 시설할 것

④ 발열선 또는 발열선에 직접 접속하는 전선의 피복에 사용하는 금속체·파이프라인 등에는 접지공사를 할 것

풀이 241.11 파이프라인 등의 전열장치

가. 파이프라인 등의 전열장치 중 발열선을 파이프라인 등 자체에 고정하여 시설하는 경우 발열선에 전기를 공급하는 전로의 사용전압은 400[V] 이하로 하여야 한다.

나. 직접 가열장치에 전기를 공급하기 위해 전용의 절연변압기를 사용하고 또한 그 변압기의 부하측 전로는 접지해서는 안 된다.

다. 직접 가열장치에 있어서 **발열체는 그 온도가 피 가열 액체의 발화 온도의 80[%]를 넘지 아니하도록 시설할 것.**

라. 파이프라인 등의 전열장치에 시설하는 경우에는 접지공사를 하여야 한다. **답 ③**

87 발전소의 개폐기 또는 차단기에 사용하는 압축공기장치의 주 공기탱크에 시설하는 압력계의 최고 눈금의 범위로 옳은 것은?

① 사용압력의 1배 이상 2배 이하

② 사용압력의 1.15배 이상 2배 이하

③ 사용압력의 1.5배 이상 3배 이하

④ 사용압력의 2배 이상 3배 이하

풀이 341.15 압축공기계통

발전소·변전소·개폐소 또는 이에 준하는 곳에서 개폐기 또는 차단기에 사용하는 압축공기장치는 다음에 따라 시설하여야 한다.

가. 공기압축기는 최고 사용압력의 1.5배의 수압(수압을 연속하여 10분간 가하여 시험을 하기 어려울 때에는 최고 사용압력의 1.25배의 기압)을 연속하여 10분간 가하여 시험을 하였을 때에 이에 견디고 또한 새지 아니할 것.

나. 주 공기탱크 또는 이에 근접한 곳에는 **사용압력의 1.5배 이상 3배 이하의 최고 눈금이 있는 압력계를** 시설할 것.

다. 사용 압력에서 공기의 보급이 없는 상태로 개폐기 또는 차단기의 투입 및 차단을 연속하여 1회 이상 할 수 있는 용량을 가지는 것일 것. **답 ③**

88 옥내에 시설하는 저압전선으로 나전선을 절대로 사용할 수 없는 경우는?

① 금속덕트공사에 의하여 시설하는 경우

② 버스덕트공사에 의하여 시설하는 경우

③ 애자공사에 의하여 전개된 곳에 전기로용 전선을 시설하는 경우

④ 유희용 전차에 전기를 공급하기 위하여 접촉전선을 사용하는 경우

풀이 231.4 나전선의 사용 제한

옥내에 시설하는 저압전선에는 나전선을 사용하여서는 아니 된다. 다만, 다음 중 어느 하나에 해당하는 경우에는 그러하지 아니하다.

가. 애자공사에 의하여 전개된 곳에 다음의 전선을 시설하는 경우

① **전기로용 전선**

② 전선의 **피복 절연물이 부식하는 장소**에 시설하는 전선

나. **버스덕트공사**에 의하여 시설하는 경우

다. **라이팅덕트공사**에 의하여 시설하는 경우

라. **접촉 전선**을 시설하는 경우 **답 ①**

89 22.9[kV] 특고압으로 가공전선과 조영물이 아닌 다른 시설물이 교차하는 경우, 상호 간의 이격거리는 몇 [cm]까지 감할 수 있는가? (단, 전선은 케이블이다.)

① 50 ② 60

③ 100 ④ 120

풀이 333.28 특고압 가공전선과 다른 시설물의 접근 또는 교차

특고압 절연전선 또는 케이블을 사용하는 사용전압이 35[kV] 이하의 특고압 가공전선과 다른 시설물 사이의 이격거리

다른 시설물의 구분	접근형태	이격거리
조영물의 상부조영재	위쪽	2[m] (전선이 케이블인 경우에는 1.2[m])
	옆쪽 또는 아래쪽	1[m] (전선이 케이블인 경우에는 0.5[m])
조영물의 상부조영재 이외의 부분 또는 조영물 이외의 시설물		1[m] (전선이 케이블인 경우에는 0.5[m])

답 ①

90 고압 가공 전선로로부터 수전하는 수용가의 인입구에 시설하는 피뢰기의 접지 공사에 있어서 접지선이 피뢰기 접지 공사 전용의 것이면 접지 저항[Ω]은 얼마까지 허용되는가?

① 5   ② 10   ③ 30   ④ 75

풀이 341.14 피뢰기의 접지

가. 고압 및 특고압의 전로에 시설하는 피뢰기 접지저항 값은 10[Ω] 이하로 하여야 한다.

나. 고압가공전선로에 시설하는 피뢰기의 접지공사의 접지선이 전용의 것인 경우에는 접지 저항치가 30[Ω]까지 허용된다.   **답** ③

91 연료전지의 내압시험은 연료전지 설비의 내압 부분 중 최고 사용압력이 0.1[MPa] 이상의 부분은 최고 사용압력의 몇 배의 수압까지 가압하여 압력이 안정된 후 최소 10분간 유지하는 시험을 실시하였을 때 이것에 견디고 누설이 없어야 하는가?

① 1   ② 1.25   ③ 1.5   ④ 2

풀이 542.1.3 연료전지설비의 구조

내압시험은 연료전지 설비의 내압 부분 중 최고 사용압력이 0.1[MPa] 이상의 부분은 최고 사용압력의 1.5배의 수압(수압으로 시험을 실시하는 것이 곤란한 경우는 최고 사용압력의 1.25배의 기압)까지 가압하여 압력이 안정된 후 최소 10분간 유지하는 시험을 실시하였을 때 이것에 견디고 누설이 없어야 한다.   **답** ③

92 가공전선로에 사용하는 지지물의 강도 계산 시 구성재의 수직 투영면적 1[m²]에 대한 풍압을 기초로 적용하는 갑종풍압하중 값의 기준이 잘못된 것은?

① 목주 : 588[Pa]
② 원형 철주 : 588[Pa]
③ 철근콘크리트주 : 1117[Pa]
④ 강관으로 구성된 철탑 : 1255[Pa]

풀이 331.6 풍압하중의 종별과 적용

풍압을 받는 구분			풍압[Pa]
목주			588
지지물	철주	원형의 것	588
		삼각형 또는 마름모형의 것	1,412
		강관에 의하여 구성되는 4각형의 것	1,117
		기타의 것으로 복재가 전후면에 겹치는 경우	1,627
		기타의 것으로 겹치지 않은 경우	1,784
	철근 콘크리트주	원형의 것	588
		기타의 것	882

답 ③

93 저압 옥내간선에서 분기하여 전기사용기계기구에 이르는 저압 옥내 전로는 저압 옥내간선과의 분기점에서 전선의 길이가 몇 [m] 이하인 곳에 개폐기 및 과전류차단기를 시설하여야 하는가? 단, 분기점과 분기회로의 과부하 보호장치 설치점 사이의 배선 부분에 다른 분기회로나 콘센트 회로가 접속되어 있지 않고, 단락의 위험과 화재 및 인체에 대한 위험성이 최소화 되도록 시설된 경우이다.

① 2   ② 3   ③ 4   ④ 5

풀이 212.4.2 과부하 보호장치의 설치 위치

가. 과부하 보호장치는 도체의 허용전류 값이 줄어드는 곳(이하 분기점이라 함)에 설치해야 한다.

나. 설치위치의 예외

과부하 보호장치는 분기점(O)에 설치해야 하나, 분기점(O)점과 분기회로의 과부하 보호장치(P_2) 설치점 사이의 배선 부분에 다른 분기회로나 콘센트 회로가 접속되어 있지 않고, 다음 중 하나를 충족하는 경우에는 변경이 있는 배선에 설치할 수 있다.

① 분기회로에 대한 단락보호가 이루어지고 있는 경우 : 분기회로의 보호장치 P_2는 분기회로의 분기점(O)으로부터 부하 측으로 거리에 구애 받지 않고 이동하여 설치할 수 있다.

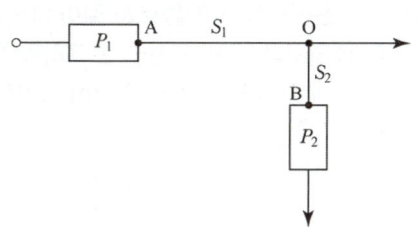

② 단락의 위험과 화재 및 인체에 대한 위험성이 최소화 되도록 시설된 경우 : 분기회로의 보호장치(P_2)는 분기회로의 분기점(O)으로부터 3[m]까지 이동하여 설치할 수 있다.

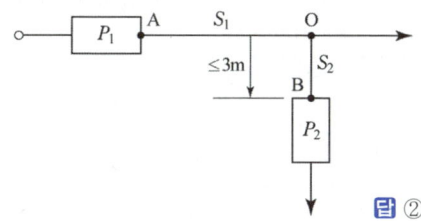

답 ②

94 고압 가공전선로에 사용하는 가공지선은 지름 몇 [mm] 이상의 나경동선을 사용하여야 하는가?

① 2.6   ② 3.0
③ 4.0   ④ 5.0

풀이 332.6 고압 가공전선로의 가공지선
고압 가공전선로에 사용하는 가공지선은 인장강도 5.26[kN] 이상의 것 또는 지름 4[mm] 이상의 나경동선을 사용한다.
답 ③

95 제작자에 의해 다른 정보가 주어지지 않은 경우 모든 방향에서 가연성 재료와 스포트라이트나 프로젝터와의 최소 이격 거리에 대한 설명 중 옳지 않은 것은?

① 정격용량 100[W] 이하: 0.3[m]
② 정격용량 100[W] 초과 300[W] 이하: 0.8[m]
③ 정격용량 300[W] 초과 500[W] 이하: 1.0[m]
④ 정격용량 500[W] 초과: 1.0[m] 초과

풀이 234.1.3 열 영향에 대한 주변의 보호
등기구의 주변에 발광과 대류 에너지의 열영향은 다음

을 고려하여 선정 및 설치하여야 한다.
가. 램프의 최대 허용 소모전력
나. 인접 물질의 내열성
  (1) 설치 지점
  (2) 열 영향이 미치는 구역
다. 등기구 관련 표시
라. 가연성 재료로부터 안전거리를 유지하여야 하며, 제작자에 의해 다른 정보가 주어지지 않으면, 스포트라이트나 프로젝터는 모든 방향에서 가연성 재료로부터 다음의 최소 거리를 두고 설치하여야 한다.
  (1) 정격용량 100[W] 이하: 0.5[m]
  (2) 정격용량 100[W] 초과 300[W] 이하: 0.8[m]
  (3) 정격용량 300[W] 초과 500[W] 이하: 1.0[m]
  (4) 정격용량 500[W] 초과: 1.0[m] 초과   답 ①

96 전력용 커패시터의 용량 15000[kVA] 이상은 자동적으로 전로로부터 차단하는 장치가 필요하다. 자동적으로 전로로부터 차단하는 장치가 필요한 사유로 틀린 것은?

① 과전류가 생긴 경우
② 과전압이 생긴 경우
③ 내부에 고장이 생긴 경우
④ 절연유의 압력이 변화하는 경우

풀이 351.5 조상설비의 보호장치
조상설비에는 그 내부에 고장이 생긴 경우에 보호하는 장치를 표와 같이 시설하여야 한다.

설비 종별	뱅크 용량의 구분	자동적으로 전로로부터 차단하는 장치
전력용 커패시터 및 분로리액터	500[kVA] 초과 15,000[kVA] 미만	• 내부에 고장이 생긴 경우 • 과전류가 생긴 경우
	15,000[kVA] 이상	• 내부에 고장이 생긴 경우 • 과전류가 생긴 경우 • 과전압이 생긴 경우
조상기 (調相機)	15,000[kVA] 이상	• 내부에 고장이 생긴 경우

답 ④

97 특고압가공전선이 도로, 횡단보도교, 철도와 제1차 접근상태로 시설되는 경우 특고압가공전선로는 제 몇 종 보안공사를 하여야 하는가?

① 제1종 특고압 보안공사
② 제2종 특고압 보안공사
③ 제3종 특고압 보안공사
④ 특별 제3종 특고압 보안공사

풀이 333.24 특고압 가공전선과 도로 등의 접근 또는 교차

가. 특고압 가공전선이 도로·횡단보도교·철도 또는 궤도와 제1차 접근 상태로 시설 : 특고압 가공전선로는 제3종 특고압 보안

나. 특고압 가공전선이 도로 등과 제2차 접근상태로 시설 : 특고압 가공전선로는 제2종 특고압 보안공사에 의할 것. **답** ③

98
사용전압이 저압인 전로에서 정전이 어려운 경우 등 절연저항 측정이 곤란한 경우에 누설전류를 몇 [mA] 이하로 유지하여야 하는가?

① 0.5　　② 1
③ 2　　④ 3

풀이 132 전로의 절연저항 및 절연내력

사용전압이 저압인 전로에서 정전이 어려운 경우 등 절연저항 측정이 곤란한 경우에는 누설전류를 1[mA] 이하로 유지하여야 한다. **답** ②

99
3상 4선식 22.9[kV] 중성선 다중접지식 가공전선로의 전로와 대지 사이의 절연내력시험전압은 몇 [V]인가?

① 11,450　　② 21,068
③ 25,190　　④ 28,625

풀이 132 전로의 절연저항 및 절연내력

전로의 종류	접지방식	시험전압 (최대사용전압의 배수)	최저 시험전압
1. 7[kV] 이하인 전로		1.5배	
2. 7[kV] 초과 25[kV] 이하	다중접지	0.92배	
3. 7[kV] 초과 60[kV] 이하 (2란의 것 제외)		1.25배	10.5[kV]
4. 60[kV] 초과	비접지	1.25배	
5. 60[kV] 초과 (6란, 7란의 것 제외)	접지식	1.1배	75[kV]
6. 60[kV] 초과(7란의 것 제외)	직접접지	0.72배	
7. 170[kV] 초과(발전소 또는 변전소 혹은 이에 준하는 장소에 시설하는 것.)	직접접지	0.64배	

∴ 시험전압 = 22,900 × 0.92 = 21,068[V] **답** ②

100
가공전선로의 지지물로서 길이 9[m], 설계하중이 6.8[kN] 이하인 철근 콘크리트주를 시설할 때 땅에 묻히는 깊이는 몇 [m] 이상으로 하여야 하는가?

① 1.2　　② 1.5
③ 2　　④ 2.5

풀이 331.7 가공전선로 지지물의 기초의 안전율

가공전선로의 지지물에 하중이 가하여지는 경우에 그 하중을 받는 지지물의 기초의 안전율은 2(이상 시 상정하중이 가하여지는 철탑의 기초에 대하여는 1.33) 이상이어야 한다. 다만, 다음에 따라 시설하는 경우에는 적용하지 않는다.

전장＼설계 하중	6.8[kN] 이하	6.8[kN] 초과 ~9.8[kN] 이하	9.8[kN] 초과 ~14.72[kN] 이하
15[m] 이하	전장 × 1/6[m] 이상	전장 × 1/6 + 0.3[m] 이상	전장 × 1/6 + 0.5[m] 이상
15[m] 초과	2.5[m] 이상	2.8[m] 이상	–
16[m] 초과 ~20[m] 이하	2.8[m] 이상	–	–
15[m] 초과 ~18[m] 이하	–	–	3[m] 이상
18[m] 초과	–	–	3.2[m] 이상

∴ $9[m] \times \frac{1}{6} = 1.5[m]$ **답** ②

문제의 번호는 실제 시험문제의 번호와 같게 하였습니다.

2025년 - 1회_ 전기산업기사·공사산업기사

81 전기 온상의 발열선의 지지점 간의 거리는 몇 [m] 이하여야 하는가?(단, 발열선 상호 간의 간격이 0.06[m] 미만인 경우이다.)

① 1 ② 1.5
③ 2 ④ 2.5

풀이 241.5 전기온상 등
가. 전기온상에 전기를 공급하는 전로의 대지전압은 300[V] 이하일 것.
나. 발열선은 그 온도가 80[℃]를 넘지 않도록 시설 할 것.
다. 발열선과 조영재 사이의 이격거리는 0.025[m] 이상으로 할 것.
라. 발열선의 지지점 간의 거리는 1[m] 이하일 것. 다만, 발열선 상호 간의 간격이 0.06[m] 이상인 경우에는 2[m] 이하로 할 수 있다. **답** ①

82 애자공사에 의한 저압 옥내배선을 시설할 때 전선 상호 간의 간격은 몇 [cm] 이상이어야 하는가?

① 2 ② 4
③ 6 ④ 8

풀이 232.56 애자공사
가. 전선의 종류 : 절연 전선. 단, 옥외용 비닐 절연 전선(OW) 및 인입용 비닐 절연 전선(DV)은 제외한다.
나. 이격 거리

전 압		전선과 조영재와의 이격 거리	전선 상호 간격	전선 지지점 간의 거리	
				조영재의 윗면 또는 옆면에 따라 시설	조영재에 따라 시설하지 않는 경우
저압	400[V] 이하	2.5[cm] 이상	6[cm] 이상	2[m] 이하	–
	400[V] 초과	건조한 장소 2.5[cm] 이상			6[m] 이하
		기타의 장소 4.5[cm] 이상			

답 ③

83 다음 (㉮), (㉯) 에 들어갈 내용으로 옳은 것은?

> 지중전선로는 기설 지중 약전류 전선로에 대하여 (㉮) 또는 (㉯)에 의하여 통신상의 장해를 주지 않도록 기설 약전류 전선로로부터 충분히 이격시키거나 기타 적당한 방법으로 시설하여야 한다.

① ㉮ 정전용량 ㉯ 표피작용
② ㉮ 정전용량 ㉯ 유도작용
③ ㉮ 누설전류 ㉯ 표피작용
④ ㉮ 누설전류 ㉯ 유도작용

풀이 334.5 지중약전류전선의 유도장해 방지
지중전선로는 기설 지중약전류전선로에 대하여 누설전류 또는 유도작용에 의하여 통신상의 장해를 주지 않도록 충분히 이격시키거나 기타 적당한 방법으로 시설하여야 한다. **답** ④

84 특고압 가공전선이 건조물과 제1차 접근상태로 시설되는 경우에 이 특고압 가공전선로의 보안공사는 어떤 종류의 보안공사로 하여야 하는가?

① 고압 보안공사
② 제1종 특고압 보안공사
③ 제2종 특고압 보안공사
④ 제3종 특고압 보안공사

풀이 333.23 특고압 가공전선과 건조물의 접근
가. 건조물과 제1차 접근상태 : 제3종 특고압 보안공사
나. 건조물과 제2차 접근상태
① 사용전압이 35[kV] 이하 : 제2종 특고압 보안공사
② 사용전압이 35[kV] 초과 400[kV] 미만 : 제1종 특고압 보안공사 **답** ④

85 전기철도차량에 전력을 공급하는 전차선의 가선방식에 포함되지 않는 것은?

① 가공방식 ② 강체방식
③ 제3레일방식 ④ 지중조가선방식

풀이 431.1 전차선 가선방식
전차선의 가선방식은 열차의 속도 및 노반의 형태, 부하전류 특성에 따라 적합한 방식을 채택하여야 하며, 가공방식, 강체방식, 제3레일방식을 표준으로 한다.
답 ④

86 전력보안통신설비의 전원공급기 시설에 대한 다음 설명 중 옳지 않은 것은?

① 누전차단기를 내장하여야 한다.
② 지상에서 4[m] 이상 유지하여야 한다.
③ 전원공급기 시설 시 통신사업자는 기기 전면에 명판을 부착하여야 한다.
④ 기기주, 변대주 및 분기주 등 설비 복잡개소에는 전원공급기를 시설하여야 한다.

풀이 362.9 전원공급기의 시설
1. 전원공급기는 다음에 따라 시설하여야 한다.
  가. 지상에서 4[m] 이상 유지할 것.
  나. 누전차단기를 내장할 것.
  다. 시설방향은 인도측으로 시설하며 외함은 접지를 시행할 것.
2. 기기주, 변대주 및 분기주 등 설비 복잡개소에는 전원공급기를 시설할 수 없다.
3. 전원공급기 시설 시 통신사업자는 기기 전면에 명판을 부착하여야 한다.
답 ④

87 금속덕트공사에 적당하지 않은 것은?

① 전선은 절연전선을 사용한다.
② 덕트의 끝부분은 항시 개방시킨다.
③ 덕트 안에는 전선의 접속점이 없도록 한다.
④ 덕트의 안쪽 면 및 바깥 면에는 산화방지를 위하여 아연도금을 한다.

풀이 232.31 금속덕트공사
가. 전선은 절연전선(옥외용 비닐절연전선을 제외한다)일 것.
나. 금속덕트에 넣은 전선의 단면적(절연피복의 단면적을 포함한다)의 합계는 덕트의 내부 단면적의 20[%](전광표시 장치 기타 이와 유사한 장치 또는 제어회로 등의 배선만을 넣는 경우에는 50[%]) 이하일 것.
다. 금속덕트 안에는 전선에 접속점이 없도록 할 것. 다만, 전선을 분기하는 경우에는 그 접속점을 쉽게 점검할 수 있는 때에는 그러하지 아니하다.

라. 덕트를 조영재에 붙이는 경우에는 덕트의 지지점 간의 거리를 3[m](수직으로 붙이는 경우에는 6[m]) 이하로 할 것.
마. 덕트의 끝부분은 막을 것.
바. 폭이 50[mm]를 초과하고 또한 두께가 1.2[mm] 이상인 철판 또는 금속제의 것.
사. 안쪽 면 및 바깥 면에는 산화 방지를 위하여 아연도금 또는 이와 동등 이상의 효과를 가지는 도장을 한 것일 것.
아. 덕트는 접지공사를 할 것.
답 ②

88 태양광발전이나 풍력발전 등이 현재 조건에서 가능한 최대의 전력을 생산할 수 있도록 인버터 제어를 이용하여 해당 발전원의 전압이나 회전속도를 조정하는 기능을 무엇이라 하는가?

① BIPV
② BAPV
③ MPPT
④ BMS

풀이 502 용어의 정의
① 건물일체형 태양광발전
  (BIPV : Building-Integrated Photovoltaic) : 태양광모듈을 건축물에 설치하여 건축 부자재의 역할 및 기능과 전력생산을 동시에 할 수 있는 설비
② 건물부착형 태양광발전
  (BAPV : Building-Attached Photovoltaic) : 건축물 경사 지붕 또는 외벽 등에 밀착하여 설치하는 태양광설비의 유형을 말한다.
③ 최대출력추종
  (MPPT : Maximum Power Point Tracking) : 태양광발전이나 풍력발전 등이 현재 조건에서 가능한 최대의 전력을 생산할 수 있도록 인버터 제어를 이용하여 해당 발전원의 전압이나 회전속도를 조정하는 기능을 말한다.
④ 전지관리시스템
  (BMS : Battery Management System) : 이차전지의 전압, 전류, 온도 등의 값을 측정하여 이차전지를 효율적으로 사용할 수 있도록 상위 시스템과의 통신을 통해 현재의 상태를 전송하며, 이상 징후 발생 시 내부 안전장치를 작동시키는 등 이차전지를 관리하는 시스템을 말한다.
답 ③

89 교량의 윗면에 시설하는 고압 전선로는 전선의 높이를 교량의 노면상 몇 [m] 이상으로 하여야 하는가?

① 3
② 4
③ 5
④ 6

풀이 335.6 교량에 시설하는 전선로

가. 교량의 윗면에 시설하는 것은 전선의 높이를 교량의 노면상 5[m] 이상으로 하여 시설할 것.

나. 전선과 조영재 사이의 이격거리는 전선이 케이블인 경우 이외에는 0.3[m] 이상일 것. **답** ③

90 22.9[kV] 특고압가공전선로의 중성선은 다중접지를 하여야 한다. 각 접지선을 중성선으로부터 분리하였을 경우 1[km]마다 중성선과 대지 사이의 합성전기저항 값은 몇 [Ω] 이하인가? (단, 전로에 지락이 생겼을 때에 2초 이내에 자동적으로 이를 전로로부터 차단하는 장치가 되어 있다.)

① 5　　　　　② 10
③ 15　　　　④ 20

풀이 333.32 25[kV] 이하인 특고압 가공전선로의 시설

각 접지도체를 중성선으로부터 분리하였을 경우의 각 접지점의 대지 전기저항 값과 1[km]마다의 중성선과 대지 사이의 합성전기저항 값은 표에서 정한 값 이하일 것.

사용전압	각 접지점의 대지 전기저항치	1[km]마다의 합성 전기저항치
15[kV] 이하	300[Ω]	30[Ω]
15[kV] 초과 25[kV] 이하	300[Ω]	15[Ω]

답 ③

91 정격전류가 63[A] 이하인 경우 산업용 배선차단기의 동작 전류는 정격전류의 몇 배인가?

① 1.05　　　② 1.13
③ 1.3　　　　④ 1.45

풀이 212.3.4 보호장치의 특성

과전류트립 동작시간 및 특성(산업용 배선차단기)

정격전류의 구분	시 간	정격전류의 배수 (모든 극에 통전)	
		부동작 전류	동작 전류
63[A] 이하	60분	1.05배	1.3배
63[A] 초과	120분	1.05배	1.3배

답 ③

92 다음 ( )의 ㉠, ㉡에 들어갈 내용으로 옳은 것은?

전로에 시설하는 기계기구의 철대 및 금속제 외함에는 접지공사를 하여야 하나 저압용 기계기구에 전기를 공급하는 전로의 전원측에 절연변압기(2차 전압이 (㉠)[V] 이하이며, 정격용량이 (㉡)[kVA] 이하인 것에 한한다)를 시설하고 또한 그 절연변압기의 부하측 전로를 접지하지 않은 경우에는 접지를 생략할 수 있다.

① ㉠ 300, ㉡ 3　　② ㉠ 300, ㉡ 5
③ ㉠ 500, ㉡ 3　　④ ㉠ 500, ㉡ 5

풀이 142.7 기계기구의 철대 및 외함의 접지

전로에 시설하는 기계기구의 철대 및 금속제 외함에는 접지공사를 하여야 하나 다음의 어느 하나에 해당하는 경우에는 접지를 생략할 수 있다.

가. 사용전압이 직류 300[V] 또는 교류 대지전압이 150[V] 이하인 기계기구를 건조한 곳에 시설하는 경우

나. 철대 또는 외함의 주위에 적당한 절연대를 설치하는 경우

다. 외함이 없는 계기용변성기가 고무·합성수지 기타의 절연물로 피복한 것일 경우

라. 2중 절연구조로 되어 있는 기계기구를 시설하는 경우

마. 저압용 기계기구에 전기를 공급하는 전로의 전원측에 절연변압기(2차 전압이 300[V] 이하이며, 정격용량이 3[kVA] 이하인 것에 한한다)를 시설하고 또한 그 절연변압기의 부하측 전로를 접지하지 않은 경우

바. 물기 있는 장소 이외의 장소에 시설하는 저압용의 개별 기계기구에 전기를 공급하는 전로에 인체감전보호용 누전차단기(정격감도전류가 30[mA] 이하, 동작시간이 0.03[초] 이하의 전류동작형에 한한다)를 시설하는 경우 **답** ①

93 저압 가공전선과 고압 가공전선을 동일 지지물에 시설하는 경우 이격거리는 몇 [cm] 이상이어야 하는가? (단, 각도주(角度柱)·분기주(分岐柱) 등에서 혼촉(混觸)의 우려가 없도록 시설하는 경우는 제외한다.)

① 50　　　　　② 60
③ 70　　　　　④ 80

풀이 332.8 고압 가공전선 등의 병행설치

저압 가공전선(다중접지된 중성선은 제외한다. 이하 같다)과 고압 가공전선을 동일 지지물에 시설하는 경우에

는 다음에 따라야 한다.

가. 저압 가공전선을 고압 가공전선의 아래로 하고 별개의 완금류에 시설할 것.

나. 저압 가공전선과 고압 가공전선 사이의 이격거리는 0.5[m] 이상일 것.

다. 다음의 어느 하나에 해당하는 경우에는 "가" 및 "나"에 의하지 아니할 수 있다.

① 고압 가공전선에 케이블을 사용하고, 또한 그 케이블과 저압 가공전선 사이의 이격거리를 0.3[m] 이상으로 하여 시설하는 경우

② 저압 가공인입선을 분기하기 위하여 저압 가공전선을 고압용의 완금류에 견고하게 시설하는 경우

답 ①

---

94 주택에 시설하는 전기저장장치는 이차전지에서 전력변환장치에 이르는 옥내 직류 전로를 사람이 접촉할 우려가 없도록 케이블배선에 의하여 시설하고 전선에 적당한 방호장치를 시설한 경우 주택의 옥내전로의 대지전압은 직류 몇 [V]까지 적용할 수 있는가? (단, 전로에 지락이 생겼을 때 자동적으로 전로를 차단하는 장치를 시설한 경우이다.)

① 150 　　　　 ② 300

③ 400 　　　　 ④ 600

풀이 511.1.3 옥내전로의 대지전압 제한

주택에 시설하는 전기저장장치는 이차전지에서 전력변환장치에 이르는 옥내 직류 전로를 다음에 따라 시설하는 경우에 주택의 옥내전로의 대지전압은 직류 600[V]까지 적용할 수 있다.

가. 전로에 지락이 생겼을 때 자동적으로 전로를 차단하는 장치를 시설할 것

나. 사람이 접촉할 우려가 없는 은폐된 장소에 합성수지관배선, 금속관배선 및 케이블배선에 의하여 시설하거나, 사람이 접촉할 우려가 있는 장소에 케이블배선에 의하여 시설하는 경우에는 전선에 적당한 방호장치를 시설할 것

답 ④

---

95 고압 보안공사 시에 지지물이 B종 철근 콘크리트주인 경우 경간은 몇 [m] 이하인가?

① 100 　　　　 ② 150

③ 250 　　　　 ④ 400

풀이 332.10 고압 보안공사

고압 보안공사는 다음에 따라야 한다.

가. 전선은 케이블인 경우 이외에는 인장강도 8.01[kN] 이상의 것 또는 지름 5[mm] 이상의 경동선일 것.

나. 목주의 풍압하중에 대한 안전율은 1.5 이상일 것.

다. 경간은 표에서 정한 값 이하일 것.

지지물의 종류	경 간
목주 · A종 철주 또는 A종 철근 콘크리트주	100[m] 이하
B종 철주 또는 B종 철근 콘크리트주	150[m] 이하
철 탑	400[m] 이하

답 ②

---

96 변압기에 의하여 특고압전로에 결합되는 고압전로에는 사용전압의 몇 배 이하인 전압이 가하여진 경우에 방전하는 장치를 그 변압기의 단자에 가까운 1극에 설치하여야 하는가?

① 3 　　　　 ② 4

③ 5 　　　　 ④ 6

풀이 322.3 특고압과 고압의 혼촉 등에 의한 위험방지 시설

변압기에 의하여 특고압전로에 결합되는 고압전로에는 사용전압의 3배 이하인 전압이 가하여진 경우에 방전하는 장치를 그 변압기의 단자에 가까운 1극에 설치하여야 한다.

답 ①

---

97 수소냉각식 발전기 및 이에 부속하는 수소냉각장치에 관한 시설기준 중 틀린 것은?

① 발전기안의 수소의 압력 계측장치 및 압력 변동에 대한 경보장치를 시설할 것

② 발전기안의 수소 온도를 계측하는 장치를 시설할 것

③ 발전기는 기밀구조이고 또한 수소가 대기압에서 폭발하는 경우에 생기는 압력에 견디는 강도를 가지는 것일 것

④ 발전기안의 수소의 순도가 70[%] 이하로 저하한 경우에 경보를 하는 장치를 시설할 것

풀이 351.10 수소냉각식 발전기 등의 시설

수소냉각식의 발전기 · 조상기 또는 이에 부속하는 수소 냉각 장치는 다음 각 호에 따라 시설하여야 한다.

가. 발전기 또는 조상기는 기밀구조의 것이고 또한 수소가 대기압에서 폭발하는 경우에 생기는 압력에 견디는 강도를 가지는 것일 것.

나. 발전기축의 밀봉부에는 질소 가스를 봉입할 수 있는 장치 또는 발전기 축의 밀봉부로부터 누설된 수소 가스를 안전하게 외부에 방출할 수 있는 장치를 시설할 것.

다. 발전기 내부 또는 조상기 내부의 수소의 순도가 85[%] 이하로 저하한 경우에 이를 경보하는 장치를 시설할 것.

라. 발전기 내부 또는 조상기 내부의 수소의 압력을 계측하는 장치 및 그 압력이 현저히 변동한 경우에 이를 경보하는 장치를 시설할 것.

마. 발전기 내부 또는 조상기 내부의 수소의 온도를 계측하는 장치를 시설할 것. 답 ④

98 사용전압이 20[kV]인 변전소에 울타리·담 등을 시설하고자 할 때 울타리·담 등의 높이는 몇 [m] 이상이어야 하는가?

① 1 ② 2
③ 5 ④ 6

풀이 351.1 발전소 등의 울타리·담 등의 시설
고압 또는 특고압의 기계기구·모선 등을 옥외에 시설하는 발전소·변전소·개폐소 또는 이에 준하는 곳에서 울타리·담 등은 다음에 따라 시설하여야 한다.
가. 울타리·담 등의 높이는 2[m] 이상으로 하고 지표면과 울타리·담 등의 하단 사이의 간격은 0.15[m] 이하로 할 것.
나. 울타리·담 등과 고압 및 특고압의 충전 부분이 접근하는 경우에는 울타리·담 등의 높이와 울타리·담 등으로부터 충전부분까지 거리의 합계는 표에서 정한 값 이상으로 할 것.

사용전압의 구분	울타리·담 등의 높이와 울타리·담 등으로부터 충전 부분까지의 거리의 합계
35[kV] 이하	5[m]
35[kV] 초과 160[kV] 이하	6[m]
160[kV] 초과	• 거리의 합계 = 6 + 단수 × 0.12[m] • 단수 = $\dfrac{\text{사용전압[kV]} - 160}{10}$ 단수 계산에서 소수점 이하는 절상

답 ②

99 보호도체의 전기적 연속성에서 보호도체의 보호에 대한 내용으로 옳지 않은 것은?

① 접속부는 납땜으로 접속해야 한다.
② 보호도체를 접속하는 나사는 다른 목적으로 겸용해서는 안 된다.
③ 기계적인 손상, 화학적·전기화학적 열화, 전기역학적·열역학적 힘에 대해 보호되어야 한다.
④ 나사접속·클램프접속 등 보호도체 사이 또는 보호도체와 타 기기 사이의 접속은 전기적연속성 보장 및 기계적강도와 보호를 구비하여야 한다.

풀이 142.3.2 보호도체
보호도체의 전기적 연속성은 다음에 의한다.
가. 보호도체의 보호는 다음에 의한다.
(1) 기계적인 손상, 화학적·전기화학적 열화, 전기역학적·열역학적 힘에 대해 보호되어야 한다.
(2) 나사접속·클램프접속 등 보호도체 사이 또는 보호도체와 타 기기 사이의 접속은 전기적연속성 보장 및 기계적강도와 보호를 구비하여야 한다.
(3) 보호도체를 접속하는 나사는 다른 목적으로 겸용해서는 안 된다.
(4) 접속부는 납땜(soldering)으로 접속해서는 안 된다. 답 ①

100 다음 ( )에 들어갈 내용으로 옳은 것은?

전차선로는 무선설비의 기능에 계속적이고 또한 중대한 장해를 주는 ( )가 생길 우려가 있는 경우에는 이를 방지하도록 시설하여야 한다.

① 정전유도 ② 전자유도
③ 누설전류 ④ 전자파

풀이 461.6 전자파 장해의 방지
전차선로는 무선설비의 기능에 계속적이고 또한 중대한 장해를 주는 전자파가 생길 우려가 있는 경우에는 이를 방지하도록 시설하여야 한다. 답 ④

2025년 - 2회 _ 전기산업기사·공사산업기사

81 구리 재질의 선도체 단면적이 50[mm²]인 경우, 보호도체의 재질이 선도체와 같다면 보호도체의 최소 단면적은 얼마인가?

① 10   ② 16   ③ 25   ④ 35

풀이 142.3.2 보호도체

선도체의 단면적 S(mm², 구리)	보호도체의 최소 단면적(mm², 구리)	
	보호도체의 재질	
	선도체와 같은 경우	선도체와 다른 경우
$S \leq 16$	S	$(k_1/k_2) \times S$
$16 < S \leq 35$	$16^{(a)}$	$(k_1/k_2) \times 16$
$S > 35$	$S^{(a)}/2$	$(k_1/k_2) \times (S/2)$

여기서,
$-k_1$: 선도체에 대한 k값
$-k_2$: 보호도체에 대한 k값
$- a$: PEN 도체의 최소단면적은 중성선과 동일하게 적용한다.

$$\therefore 최소 단면적 = \frac{50}{2} = 25[mm^2]$$ **답** ③

82 저압 또는 고압의 가공전선로와 기설 가공 약전류 전선로가 병행할 때 유도작용에 의한 통신상의 장해가 생기지 않도록 전선과 기설 약전류 전선 간의 이격거리는 몇 [m] 이상이어야 하는가? (단, 전기철도용 급전선과 단선식 전화선로는 제외한다.)

① 2   ② 3   ③ 4   ④ 6

풀이 332.1 가공약전류전선로의 유도장해 방지
저압 가공전선로 또는 고압 가공전선로와 기설 가공약전류전선로가 병행하는 경우에는 유도작용에 의하여 통신상의 장해가 생기지 않도록 전선과 기설 약전류전선간의 이격거리는 2[m] 이상이어야 한다.   **답** ①

83 60[kV] 초과인 정류기의 절연내력 시험은 직류측 최대 사용전압의 몇 배의 직류전압을 직류고전압측 단자와 대지 사이에 연속하여 10분간 가하여 이에 견디어야 하는가?

① 1배   ② 1.1배
③ 1.25배   ④ 1.5배

풀이 133 회전기 및 정류기의 절연내력

종류		시험 전압 (최대사용 전압의 배수)	최저 시험 전압	시험 방법
정류기	최대 사용전압 60[kV] 이하	직류측의 최대사용전압의 1배의 교류전압	500 [V]	충전부분과 외함 간에 연속하여 10분간 가한다.
	최대 사용전압 60[kV] 초과	교류측의 최대사용전압의 1.1배의 교류전압 또는 직류측의 최대사용전압의 1.1배의 직류전압		교류측 및 직류고전압측단자와 대지 사이에 연속하여 10분간 가한다.

답 ②

84 사용전압이 400[V] 이하인 저압 옥측전선로를 애자공사에 의해 시설하는 경우 전선 상호 간의 간격은 몇 [m] 이상이어야 하는가? (단, 비나 이슬에 젖지 않는 장소에 사람이 쉽게 접촉될 우려가 없도록 시설한 경우이다.)

① 0.025   ② 0.045
③ 0.06   ④ 0.12

풀이 221.2 옥측전선로
애자공사에 의한 저압 옥측전선로는 다음에 의하고 또한 사람이 쉽게 접촉될 우려가 없도록 시설할 것
가. 전선의 단면적은 4[mm²] 이상의 연동 절연전선(옥외용 비닐절연전선 및 인입용 절연전선은 제외한다.)일 것.
나. 전선 상호 간의 간격 및 전선과 조영재 사이의 이격거리

전압	전선 상호 간의 간격		전선과 조영재 사이의 이격거리	
	사용전압 400[V] 이하인 경우	사용전압 400[V] 초과인 경우	사용전압 400[V] 이하인 경우	사용전압 400[V] 초과인 경우
비나 이슬에 젖지 않는 장소	0.06[m] 이상	0.06[m] 이상	0.025[m] 이상	0.025[m] 이상
비나 이슬에 젖는 장소	0.06[m] 이상	0.12[m] 이상	0.025[m] 이상	0.045[m] 이상

다. 전선의 지지점 간의 거리는 2[m] 이하일 것.
라. 애자는 절연성·난연성 및 내수성이 있는 것일 것.
답 ③

85 그림은 전력선 반송통신용 결합장치의 보안장치이다. 그림에서 DR은 무엇인가?

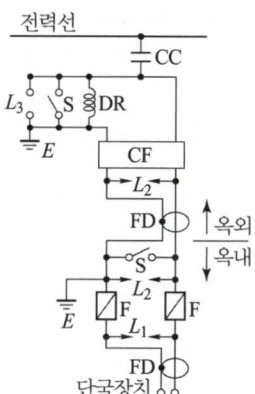

① 접지형 개폐기　　② 결합 필터
③ 방전갭　　　　　④ 배류선륜

362.11 전력선 반송 통신용 결합장치의 보안장치

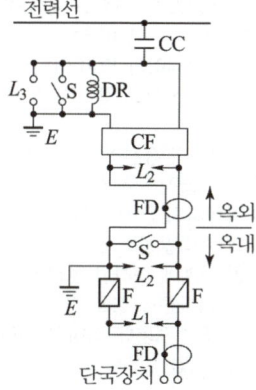

전력선 반송 통신용 결합
장치의 보안장치

전력선 반송통신용 결합 커패시터에 접속하는 회로에는 그림의 보안장치 또는 이에 준하는 보안장치를 시설하여야 한다.
• FD : 동축 케이블
• F : 정격전류 10[A] 이하의 포장 퓨즈
• DR : 전류 용량 2[A] 이상의 배류 선륜
• L_1 : 교류 300[V] 이하에서 동작하는 피뢰기
• L_2 : 동작 전압이 교류 1,300[V]를 넘고
　　1,600[V] 이하로 조정된 방전갭
• L_3 : 동작 전압이 교류 2[kV]를 넘고
　　3[kV] 이하로 조성된 구상 방전갭
• S : 접지용 개폐기
• CF : 결합 필터
• CC : 결합 콘덴서(결합 안테나를 포함한다)
• E : 접지 **답**④

86 금속제 수도관로를 접지공사의 접지극으로 사용하는 경우에 대한 사항이다. (㉠), (㉡), (㉢)에 들어갈 수치로 알맞은 것은?

> 접지선과 금속제 수도관로의 접속은 안지름 (㉠)[mm] 이상인 금속제 수도관의 부분 또는 이로부터 분기한 안지름 (㉡) [mm] 미만인 금속제 수도관의 그 분기점으로부터 5[m] 이내의 부분에서 할 것. 다만, 금속제 수도관로와 대지 간의 전기저항치가 (㉢)[Ω] 이하인 경우에는 분기점으로부터의 거리는 5[m]를 넘을 수 있다.

① ㉠ 75, ㉡ 75, ㉢ 2
② ㉠ 75, ㉡ 50, ㉢ 2
③ 4㉠ 50, ㉡ 75, ㉢ 4
④ ㉠ 50, ㉡ 50, ㉢ 4

142.2 접지극의 시설 및 접지저항
지중에 매설되어 있고 대지와의 전기저항 값이 3[Ω] 이하의 값을 유지하고 있는 금속제 수도관로와 접지도체의 접속은 금속제 수도관로의 안지름이 75[mm] 이상인 부분 또는 여기에서 분기한 안지름 75[mm] 미만인 분기점으로부터 5[m] 이내의 부분에서 하여야 한다. 다만, 금속제 수도관로와 대지 사이의 전기저항 값이 2[Ω] 이하인 경우에는 분기점으로부터의 거리는 5[m]을 넘을 수 있다. **답**①

87 저압가공전선 상호 간을 접근 또는 교차하여 시설하는 경우 전선 상호 간 이격거리 및 하나의 저압 가공전선과 다른 저압, 가공전선로의 지지물 사이의 이격거리는 각각 몇 [cm] 이상이어야 하는가? (단, 어느 한 쪽의 전선이 고압 절연전선, 특고압 절연전선 또는 케이블이 아닌 경우이다.)

① 전선 상호 간 : 30[cm],
　전선과 지지물 간 : 30[cm]
② 전선 상호 간 : 30[cm],
　전선과 지지물 간 : 60[cm]
③ 전선 상호 간 : 60[cm],
　전선과 지지물 간 : 30[cm]
④ 전선 상호 간 : 60[cm],
　전선과 지지물 간 : 60[cm]

풀이 222.16 저압 가공전선 상호 간의 접근 또는 교차
저압 가공전선이 다른 저압 가공전선과 접근상태로 시설되거나 교차하여 시설되는 경우 이격거리

전선의 종류구분	다른 저압 가공전선	
	전선 상호 간	지지물
저압 절연전선	0.6[m]	0.3[m]
어느 한 쪽의 전선이 고압·특고압절연전선 또는 케이블	0.3[m]	

답 ③

88 단상교류 공칭전압 25[kV]인 전차선과 차량 간의 동적 최소 절연이격거리는 몇 [mm] 이상인가?

① 25
② 100
③ 150
④ 170

풀이 431.3 전차선로의 충전부와 차량 간의 절연이격
전차선과 차량 간의 최소 절연이격거리

시스템 종류	공칭전압(V)	동적(mm)	정적(mm)
직류	750	25	25
	1,500	100	150
단상교류	25,000	170	270

답 ④

89 교통신호등 회로의 사용전압은 최대 몇 [V]인가?

① 100
② 200
③ 300
④ 400

풀이 234.15 교통신호등
사용전압은 300[V] 이하로서, 전선은 케이블을 제외하고 2.5[mm²]의 연동선 일 것. **답** ③

90 저압가공인입선에 사용하지 않는 전선은?

① 나전선
② 절연전선
③ 인입용 비닐절연전선
④ 케이블

풀이 221.1.1 저압인입선의 시설
인입선은 다음에 따라 시설하여야 한다.
가. 전선은 절연전선 또는 케이블일 것.
나. 전선이 절연전선인 경우

① 경간이 15[m] 초과 : 인장강도 2.30[kN] 이상의 것 또는 지름 2.6[mm] 이상의 인입용 비닐절연전선일 것.
② 경간이 15[m] 이하 : 인장강도 1.25[kN] 이상의 것 또는 지름 2[mm] 이상의 인입용 비닐절연전선일 것.
다. 전선이 옥외용 비닐 절연전선인 경우에는 사람이 접촉할 우려가 없도록 시설할 것. **답** ①

91 전력보안 통신용 전화설비를 시설하여야 하는 곳은?

① 2개 이상의 발전소 상호 간
② 원격 감시 제어가 되는 변전소
③ 원격 감시 제어가 되는 급전소
④ 원격 감시 제어가 되지 않는 발전소

풀이 362.1 전력보안통신설비의 시설 요구사항
발전소, 변전소 및 변환소 에서의 전력보안통신설비의 시설 장소는 다음에 따른다.
가. 원격감시제어가 되지 아니하는 발전소·변전소·개폐소·전선로 및 이를 운용하는 급전소 및 급전분소 간
나. 2개 이상의 급전소(분소) 상호 간과 이들을 통합 운용하는 급전소(분소) 간
다. 수력설비의 안전상 필요한 양수소 및 강수량 관측소와 수력발전소 간
라. 동일 수계에 속하고 안전상 긴급 연락의 필요가 있는 수력발전소 상호 간
마. 동일 전력계통에 속하고 또한 안전상 긴급연락의 필요가 있는발전소·변전소 및 개폐소 상호 간 **답** ④

92 다음 중 전로의 중성점 접지의 목적으로 거리가 먼 것은?

① 대지전압의 저하
② 이상전압의 억제
③ 손실전력의 감소
④ 보호장치의 확실한 동작의 확보

풀이 322.5 전로의 중성점의 접지
① 보호 장치의 확실한 동작의 확보
② 이상 전압의 억제
③ 대지전압의 저하를 위하여
전로의 중성점에 접지공사를 한다. **답** ③

93 아파트 세대 욕실에 "비데용 콘센트"를 시설하고자 한다. 다음의 시설방법 중 적합하지 않는 것은?

① 콘센트를 시설하는 경우에는 인체감전보호용 누전차단기로 보호된 전로에 접속할 것

② 습기가 많은 곳에 시설하는 배선기구는 방습장치를 시설할 것

③ 저압용 콘센트는 접지극이 없는 것을 사용할 것

④ 충전 부분이 노출되지 않을 것

풀이 234.5 콘센트의 시설
욕조나 샤워시설이 있는 **욕실 또는 화장실** 등 인체가 물에 젖어있는 상태에서 전기를 사용하는 장소에 콘센트를 시설하는 경우에는 다음에 따라 시설하여야 한다.
가. 인체감전보호용 누전차단기(정격감도전류 15[mA] 이하, 동작시간 0.03[초] 이하의 전류동작형의 것에 한한다) 또는 절연 변압기(정격용량 3[kVA] 이하인 것에 한한다)로 보호된 전로에 접속하거나, 인체감전보호용 누전차단기가 부착된 콘센트를 시설하여야 한다.
나. 콘센트는 **접지극이 있는 방적형 콘센트를 사용**하여 규정에 준하여 접지하여야 한다. **답** ③

94 전기 온상의 발열선의 온도는 몇 [℃]를 넘지 아니하도록 시설하여야 하는가?

① 70   ② 80   ③ 90   ④ 100

풀이 241.5 전기온상 등
가. 전기온상에 전기를 공급하는 전로의 대지전압은 300[V] 이하일 것.
나. **발열선은 그 온도가 80[℃]를 넘지 않도록 시설** 할 것.
다. 발열선과 조영재 사이의 이격거리는 0.025[m] 이상으로 할 것.
라. 발열선의 지지점 간의 거리는 1[m] 이하일 것. 다만, 발열선 상호 간의 간격이 0.06[m] 이상인 경우에는 2[m] 이하로 할 수 있다. **답** ②

95 고압가공전선로에 케이블을 조가용선에 행거로 시설할 경우 그 행거의 간격은 몇 [cm] 이하로 하여야 하는가?

① 50   ② 60   ③ 70   ④ 80

풀이 332.2 가공케이블의 시설
저압 가공전선 또는 고압 가공전선에 케이블을 사용하는 경우에는 다음에 따라 시설하여야 한다.
가. 케이블은 조가용선에 행거로 시설할 것. 이 경우에는 사용전압이 고압인 때에는 **행거의 간격은 0.5[m] 이하**로 하는 것이 좋다.
나. 조가용선은 인장강도 5.93[kN] 이상의 것 또는 단면적 22[mm²] 이상인 아연도강연선일 것.
다. 조가용선 및 케이블의 피복에 사용하는 금속체에는 접지공사를 할 것.
라. 조가용선을 케이블에 접촉시켜 금속 테이프를 감는 경우에는 20[cm] 이하의 간격으로 나선상으로 한다.

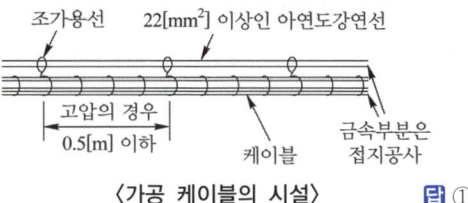

〈가공 케이블의 시설〉 **답** ①

96 전력 보안통신 설비인 무선 통신용 안테나 또는 반사판을 지지하는 철주, 철근 콘크리트주 또는 철탑의 기초의 안전율은 얼마 이상이어야 하는가?(단, 무선통신용 안테나 또는 반사판이 전선로의 주위상태를 감시할 목적으로 시설되는 것이 아닌 경우이다.)

① 1.2   ② 1.3
③ 1.5   ④ 2.2

풀이 364.1 무선용 안테나 등을 지지하는 철탑 등의 시설
전력보안통신설비인 무선통신용 안테나 또는 반사판을 지지하는 목주·철주·철근 콘크리트주 또는 철탑은 다음에 따라 시설하여야 한다. 다만, 무선용 안테나 등이 전선로의 주위상태를 감시할 목적으로 시설되는 것일 경우에는 그러하지 아니하다.
가. 목주는 풍압하중에 대한 안전율은 1.5 이상이어야 한다.
나. **철주·철근 콘크리트주 또는 철탑의 기초 안전율은 1.5 이상**이어야 한다. **답** ③

97 전선의 색상 중 틀린 것은?

① L1 : 갈색   ② L2 : 흑색
③ L3 : 흰색   ④ N : 청색

풀이 121.2 전선의 식별

상(문자)	L1	L2	L3	N	보호도체
색상	갈색	흑색	회색	청색	녹색-노란색

답 ③

98 22.9[kV] 특고압으로 가공전선과 조영물이 아닌 다른 시설물이 교차하는 경우, 상호 간의 이격거리는 몇 [cm]까지 감할 수 있는가? (단, 전선은 케이블이다.)

① 50   ② 60
③ 100   ④ 120

풀이 333.28 특고압 가공전선과 다른 시설물의 접근 또는 교차
특고압 절연전선 또는 케이블을 사용하는 사용전압이 35[kV] 이하의 특고압 가공전선과 다른 시설물 사이의 이격거리

다른 시설물의 구분	접근형태	이격거리
조영물의 상부조영재	위쪽	2[m] (전선이 케이블인 경우에는 1.2[m])
	옆쪽 또는 아래쪽	1[m] (전선이 케이블인 경우에는 0.5[m])
조영물의 상부조영재 이외의 부분 또는 조영물 이외의 시설물		1[m] (전선이 케이블인 경우에는 0.5[m])

답 ①

99 전력계통의 일부가 전력계통의 전원과 전기적으로 분리된 상태에서 분산형전원에 의해서만 운전되는 상태를 무엇이라 하는가?

① 전부하 운전
② 병렬운전
③ 단독운전
④ 무부하 운전

풀이 112 용어정의
"단독운전"이란 전력계통의 일부가 전력계통의 전원과 전기적으로 분리된 상태에서 분산형전원에 의해서만 운전되는 상태를 말한다.

답 ③

100 특고압 가공전선로에 사용하는 철탑 중에서 전선로의 수평 각도가 3°를 넘는 곳에 사용하는 철탑은?

① 내장형 철탑
② 인류형 철탑
③ 보강형 철탑
④ 각도형 철탑

풀이 333.11 특고압 가공전선로의 철주·철근 콘크리트주 또는 철탑의 종류
특고압 가공전선로의 지지물로 사용하는 B종 철근·B종 콘크리트주 또는 철탑의 종류는 다음과 같다.
가. 직선형 : 전선로의 직선 부분(3° 이하의 수평 각도 이루는 곳 포함)에 사용되는 것
나. 각도형 : 전선로 중 수평 각도 3°를 넘는 곳에 사용되는 것
다. 인류형 : 전 가섭선을 인류하는 곳에 사용하는 것
라. 내장형 : 전선로 지지물 양측의 경간차가 큰 곳에 사용하는 것
마. 보강형 : 전선로 직선 부분을 보강하기 위하여 사용하는 것

답 ④

2025년 - 3회 _ 전기산업기사·공사산업기사

81 특고압가공전선이 저고압가공전선과 제1차 접근상태로 시설하는 경우, 66[kV] 특고압가공전선과 저고압가공전선 사이의 이격거리는 몇 [m] 이상이어야 하는가?

① 2.0[m]   ② 2.12[m]
③ 2.2[m]   ④ 2.5[m]

풀이 333.26 특고압 가공전선과 저고압 가공전선 등의 접근 또는 교차
특고압 가공전선이 가공약전류전선 등 저압 또는 고압의 가공전선이나 저압 또는 고압의 전차선(이하에서 "저고압 가공전선 등"이라 한다)과 제1차 접근상태로 시설되는 경우
가. 특고압 가공전선로는 제3종 특고압 보안공사에 의할 것.
나. 특고압 가공전선과 저고압 가공 전선 등 또는 이들의 지지물이나 지주 사이의 이격거리는 표에서 정한 값 이상일 것.

사용전압의 구분	이격거리
60[kV] 이하	2[m]
60[kV] 초과	• 이격거리 = 2 + 단수 × 0.12[m] • 단수 = $\dfrac{(전압[kV] - 60)}{10}$ 단수 계산에서 소수점 이하는 절상

단수계산에서 소수점 이하는 절상한다.
이격거리 2[m] + 1 × 0.12[m] = 2.12　　　답 ②

82 지중 또는 수중에 시설되어 있는 금속체의 부식을 방지하기 위한 전기부식방지 회로의 사용전압은 직류 몇 [V] 이하이어야 하는가? (단, 전기부식방지 회로는 전기부식방지용 전원장치로부터 양극 및 피방식체까지의 전로를 말한다.)

① 30　　　　　　　　② 60
③ 90　　　　　　　　④ 120

풀이 241.16 전기부식방지 시설
전기부식방지 회로(전기부식방지용 전원장치로부터 양극 및 피방식체까지의 전로를 말한다. 이하 같다)의 사용전압은 직류 60[V] 이하일 것.　　　답 ②

83 발전기가 정격운전상태에 있을 때, 동기기 단자에서의 전압을 무엇이라 하는가?

① 접촉전압　　　　　② 사용전압
③ 정격전압　　　　　④ 공칭전압

풀이 112 용어 정의
"정격전압"이란 발전기가 정격운전상태에 있을 때, 동기기 단자에서의 전압을 말한다.　　　답 ③

84 사용전압이 400[V]를 초과하는 저압가공전선에 사용 할 수 없는 전선은?

① 인입용 비닐절연전선
② 나전선(중성선 또는 다중접지된 접지측 전선으로 사용하는 전선에 한한다)
③ 케이블
④ 다심형 전선

풀이 222.5 저압 가공전선의 굵기 및 종류
가. 저압 가공전선은 나전선(중성선 또는 다중접지된 접지측 전선으로 사용하는 전선에 한한다), 절연전선,

다심형 전선 또는 케이블을 사용하여야 한다.
나. 사용전압이 400[V] 초과인 저압 가공전선에는 인입용 비닐절연전선을 사용하여서는 안 된다.　답 ①

85 전차선로가 경동선인 경우 안전율은 얼마 이상인가?

① 1.0　　　　　　　　② 2.0
③ 2.2　　　　　　　　④ 2.5

풀이 431.10 전차선로 설비의 안전율
하중을 지탱하는 전차선로 설비의 강도는 작용이 예상되는 하중의 최악 조건 조합에 대하여 다음의 최소 안전율이 곱해진 값을 견디어야 한다.
1. 합금전차선의 경우 2.0 이상
2. 경동선의 경우 2.2 이상
3. 조가선 및 조가선 장력을 지탱하는 부품에 대하여 2.5 이상
4. 복합체 자재(고분자 애자 포함)에 대하여 2.5 이상
5. 지지물 기초에 대하여 2.0 이상
6. 장력조정장치 2.0 이상
7. 빔 및 브래킷은 소재 허용응력에 대하여 1.0 이상
8. 철주는 소재 허용응력에 대하여 1.0 이상
9. 브래킷의 애자는 최대 굽힘하중에 대하여 2.5 이상
10. 지지선은 선형일 경우 2.5 이상, 강봉형은 소재 허용응력에 대하여 1.0 이상　　　답 ③

86 특고압가공전선로에서 발생하는 극저주파 전자계는 지표상 1[m]에서 전계가 몇 [kV/m] 이하가 되도록 시설하여야 하는가?

① 3.5　　　　　　　　② 2.5
③ 1.5　　　　　　　　④ 0.5

풀이 유도장해 방지(기술기준 제17조)
특고압가공전선로에서 발생하는 극저주파 전자계는 지표상 1[m]에서 전계가 3.5[kV/m] 이하, 자계가 83.3[μT] 이하가 되도록 시설하는 등 상시 정전유도 및 전자유도 작용에 의하여 사람에게 위험을 줄 우려가 없도록 시설하여야 한다.　　　답 ①

87 과전류차단기를 시설할 수 있는 곳은?

① 접지공사의 접지선
② 다선식 전로의 중성선
③ 단상 3선식 전로의 저압측 전선
④ 접지공사를 한 저압가공전선로의 접지측 전선

풀이 341.11 과전류차단기의 시설 제한
접지공사의 접지도체, 다선식 전로의 중성선 및 전로의
일부에 접지공사를 한 저압 가공전선로의 접지측 전선
에는 과전류차단기를 시설하여서는 안 된다.
다만, 다음의 경우에는 예외로 한다.
　가. 다선식 전로의 중성선에 시설한 과전류차단기가 동
　　작한 경우에 각 극이 동시에 차단될 때
　나. 저항기 · 리액터 등을 사용하여 접지공사를 한 때에
　　과전류차단기의 동작에 의하여 그 접지도체가 비접
　　지 상태로 되지 아니할 때　**답** ③

88 급전용변압기는 교류 전기철도의 경우 어떤 변
압기의 적용을 원칙으로 하고, 급전계통에 적
합하게 선정하여야 하는가?

① 3상 정류기용 변압기
② 단상 정류기용 변압기
③ 3상 스코트결선 변압기
④ 단상 스코트결선 변압기

풀이 421.4 변전소의 설비
　1. 변전소 등의 계통을 구성하는 각종 기기는 운용 및
　　유지보수성, 시공성, 내구성, 효율성, 친환경성, 안전
　　성 및 경제성 등을 종합적으로 고려하여 선정하여야
　　한다.
　2. 급전용 변압기는 직류 전기철도의 경우 3상 정류기
　　용 변압기, 교류 전기철도의 경우 3상 스코트결선 변
　　압기의 적용을 원칙으로 하고, 급전계통에 적합하게
　　선정하여야 한다.　**답** ③

89 고압 지중케이블로서 직접 매설식에 의하여 콘
크리트제 기타 견고한 관 또는 트라프에 넣지
않고 부설할 수 있는 케이블은?

① 비닐외장케이블
② 고무외장케이블
③ 클로로프렌외장케이블
④ 콤바인덕트케이블

풀이 334.1 지중전선로의 시설
지중 전선로를 직접 매설식에 의하여 시설하는 경우에
지중 전선을 견고한 트라프 기타 방호물에 넣어 시설하
여야 한다.
단, 다음의 어느 하나에 해당하는 경우에는 지중전선을
견고한 트라프 기타 방호물에 넣지 아니하여도 된다.

① 저압 또는 고압의 지중전선을 차량 기타 중량물의
　압력을 받을 우려가 없는 경우에 그 위를 견고한 판
　또는 몰드로 덮어 시설하는 경우
② 저압 또는 고압의 지중전선에 콤바인덕트 케이블 또
　는 개장한 케이블을 사용하여 시설하는 경우
　　　　　　　　　　　　　　　　답 ④

90 345[kV] 변전소의 충전 부분에서 5.98[m] 거
리에 울타리를 설치할 경우 울타리 최소 높이
는 몇 [m]인가?

① 2.1　　　　　　　② 2.3
③ 2.5　　　　　　　④ 2.7

풀이 351.1 발전소 등의 울타리 · 담 등의 시설

사용전압의 구분	울타리 · 담 등의 높이와 울타리 · 담 등으로부터 충전 부분까지의 거리의 합계
35[kV] 이하	5[m]
35[kV] 초과 160[kV] 이하	6[m]
160[kV] 초과	• 거리의 합계 = 6 + 단수 × 0.12[m] • 단수 = $\dfrac{\text{사용전압[kV]} - 160}{10}$ 단수 계산에서 소수점 이하는 절상

• 단수 = $\dfrac{345 - 160}{10} = 18.5 \rightarrow 19$단
• 거리의 합계 = $6 + (19 \times 0.12) = 8.28$[m]
• 울타리에서 충전 부분까지 거리는 5.98[m]이므로
　울타리 최소 높이 = $8.28 - 5.98 = 2.3$[m]　**답** ②

91 특고압가공전선로의 지지물로 사용하는 목주
의 풍압하중에 대한 안전율은 얼마 이상이어야
하는가?

① 1.2　　　　　　　② 1.5
③ 2.0　　　　　　　④ 2.5

풀이 333.10 특고압 가공전선로의 목주 시설
332.7 고압 가공전선로의 지지물의 강도
222.8 저압 가공전선로의 지지물의 강도
지지물이 목주인 경우 안전율 및 말구의 지름

전압의 종별	안전율	말구의 지름
저 압	1.2	–
고 압	1.3	0.12[m] 이상
특고압	1.5	0.12[m] 이상

답 ②

92 전기철도의 변전소 설비에 대한 설명 중 옳지 않은 것은?

① 급전용변압기는 직류 전기철도의 경우 3상 정류기용 변압기의 적용을 원칙으로 한다.
② 교류 전기철도의 경우 3상 스코트결선 변압기의 적용을 원칙으로 한다.
③ 제어용 교류전원은 상용과 예비의 2계통으로 구성하여야 한다.
④ 제어반의 경우 아날로그전기방식을 원칙으로 하여야 한다.

풀이 421.4 변전소의 설비
1. 변전소 등의 계통을 구성하는 각종 기기는 운용 및 유지보수성, 시공성, 내구성, 효율성, 친환경성, 안전성 및 경제성 등을 종합적으로 고려하여 선정하여야 한다.
2. 급전용변압기는 직류 전기철도의 경우 3상 정류기용 변압기, 교류 전기철도의 경우 3상 스코트결선 변압기의 적용을 원칙으로 하고, 급전계통에 적합하게 선정하여야 한다.
3. 차단기는 계통의 장래계획을 고려하여 용량을 결정하고, 회로의 특성에 따라 기종과 동작책무 및 차단시간을 선정하여야 한다.
4. 개폐기는 선로 중 중요한 분기점, 고장발견이 필요한 장소, 빈번한 개폐를 필요로 하는 곳에 설치하며, 개폐상태의 표시, 잠금장치 등을 설치하여야 한다.
5. 제어용 교류전원은 상용과 예비의 2계통으로 구성하여야 한다.
6. 제어반의 경우 디지털계전기방식을 원칙으로 하여야 한다. **답** ④

93 사용전압이 25[kV] 이하인 다중접지방식 지중전선로를 관로식 또는 직접매설식으로 시설하는 경우, 그 간격은 몇 [m] 이상이 되도록 시설하여야 하는가? (단, 단, 압입공법을 적용한 경우가 아니며 지하매설 공간이 부족한 경우도 아니다.)

① 0.1　② 0.15
③ 0.3　④ 1.0

풀이 334.7 지중전선 상호 간의 접근 또는 교차
사용전압이 25[kV] 이하인 다중접지방식 지중전선로를 관로식 또는 직접매설식으로 시설하는 경우, 그 간격이 0.1[m] 이상이 되도록 시설하여야 한다. 다만, 다음 중 어느 하나에 따라 시설하는 경우에는 예외로 할 수 있다.

가. 관로식으로 시공시 지하매설 공간 부족으로 간격 확보가 곤란하여 관로 사이를 콘크리트 등 견고한 격벽 또는 채움재로 보강한 경우
나. 압입공법을 적용한 경우 **답** ①

94 시가지 또는 그 밖에 인가가 밀집한 지역에 154[kV] 가공전선로의 전선을 케이블로 시설하고자 한다. 이때 가공전선을 지지하는 애자장치의 50[%] 충격섬락전압 값이 그 전선의 근접한 다른 부분을 지지하는 애자장치 값의 몇 [%] 이상이어야 하는가?

① 75　② 100
③ 105　④ 110

풀이 333.1 시가지 등에서 특고압 가공전선로의 시설
특고압 가공전선로는 전선이 케이블인 경우 또는 전선로를 다음과 같이 시설하는 경우에는 시가지 그 밖에 인가가 밀집한 지역에 시설할 수 있다.
1. 사용전압이 170[kV] 이하인 전선로를 다음에 의하여 시설하는 경우
가. 특고압 가공전선을 지지하는 애자장치는 다음 중 어느 하나에 의할 것.
⑴ 50[%] 충격섬락전압 값이 그 전선의 근접한 다른 부분을 지지하는 애자장치 값의 110[%] (사용전압이 130[kV]를 초과하는 경우는 105[%]) 이상인 것.
⑵ 아킹혼을 붙인 현수애자·장간애자 또는 라인포스트애자를 사용하는 것.
⑶ 2련 이상의 현수애자 또는 장간애자를 사용하는 것.
⑷ 2개 이상의 핀애자 또는 라인포스트애자를 사용하는 것. **답** ③

95 가공전선로의 지지물에 시설하는 지선으로 연선을 사용할 경우 소선은 몇 가닥 이상이어야 하는가?

① 2　② 3
③ 5　④ 9

풀이 331.11 지선의 시설
가. 지선의 안전율은 2.5 이상일 것. 이 경우에 허용 인장하중의 최저는 4.31[kN]으로 한다.
나. 지선에 연선을 사용할 경우에는 다음에 의할 것.
① 소선 3가닥 이상의 연선일 것.
② 소선의 지름이 2.6[mm] 이상의 금속선을 사용한 것일 것. **답** ②

96 금속제 가요전선관공사에 의한 저압 옥내배선의 시설방법으로 기술기준에 적합한 것은?

① 옥외용 비닐절연전선을 사용하였다.
② 2종 금속제 가요전선관을 사용하였다.
③ 가요전선관에는 접지공사를 하지 않았다.
④ 전선은 연동선으로 단면적 $16[mm^2]$의 단선을 사용하였다.

풀이 232.13 금속제가요전선관공사
　가. 전선은 절연전선(옥외용 비닐 절연전선을 제외한다)일 것.
　나. 전선은 연선일 것. 다만, 단면적 $10[mm^2]$(알루미늄선은 단면적 $16[mm^2]$) 이하인 것은 그러하지 아니하다.
　다. 가요전선관 안에는 전선에 접속점이 없도록 할 것.
　라. 가요전선관은 2종 금속제 가요전선관일 것.
　마. 가요전선관배선에는 접지공사를 할 것. **답** ②

97 발전소 · 변전소 또는 이에 준하는 곳의 특고압전로에는 그의 보기 쉬운 곳에 어떤 표시를 반드시 하여야 하는가?

① 모선(母線) 표시
② 상별(相別) 표시
③ 차단(遮斷) 위험표시
④ 수전(受電) 위험표시

풀이 351.2 특고압전로의 상 및 접속 상태의 표시
　가. 발전소 · 변전소 또는 이에 준하는 곳의 특고압전로에는 그의 보기 쉬운 곳에 상별 표시를 하여야 한다.
　나. 발전소 · 변전소 또는 이에 준하는 곳의 특고압전로에 대하여는 그 접속 상태를 모의모선의 사용 기타의 방법에 의하여 표시하여야 한다. 다만, 이러한 전로에 접속하는 특고압전선로의 회선수가 2 이하이고 또한 특고압의 모선이 단일모선인 경우에는 그러하지 아니하다. **답** ②

98 수차 발전기는 스러스트 베어링의 온도가 현저히 상승하는 경우 자동적으로 이를 전로로부터 차단하는 장치를 시설하는데, 이때 수차 발전기의 최소 용량은?

① 500[kVA] 이상
② 1000[kVA] 이상
③ 1500[kVA] 이상
④ 2000[kVA] 이상

풀이 351.3 발전기 등의 보호장치
발전기에는 다음의 경우에 자동적으로 이를 전로로부터 차단하는 장치를 시설하여야 한다.
　가. 발전기에 과전류나 과전압이 생긴 경우
　나. 용량이 500[kVA] 이상의 발전기를 구동하는 수차의 압유장치의 유압이 현저히 저하한 경우
　다. 용량이 100[kVA] 이상의 발전기를 구동하는 풍차의 압유장치의 유압이 현저히 저하한 경우
　라. 용량이 2,000[kVA] 이상인 수차 발전기의 스러스트 베어링의 온도가 현저히 상승한 경우
　마. 용량이 10,000[kVA] 이상인 발전기의 내부에 고장이 생긴 경우
　바. 정격출력이 10,000[kW]를 초과하는 증기터빈은 그 스러스트 베어링이 현저하게 마모되거나 그의 온도가 현저히 상승한 경우 **답** ④

99 특고압 가공전선로의 지지물에 시설하는 통신선 또는 이에 직접 접속하는 통신선이 도로 · 횡단보도교 · 철도의 레일 등 또는 교류 전차선 등과 교차하는 경우의 시설기준으로 옳은 것은?

① 인장강도 4.0[kN] 이상의 것 또는 지름 3.5[mm] 경동선일 것
② 통신선이 케이블 또는 광섬유 케이블일 때는 이격거리의 제한이 없다.
③ 통신선과 삭도 또는 다른 가공약전류 전선 등 사이의 이격거리는 20[cm] 이상으로 할 것
④ 통신선이 도로 · 횡단보도교 · 철도의 레일과 교차하는 경우에는 통신선은 지름 4[mm]의 절연전선과 동등 이상의 절연 효력이 있을 것

풀이 362.2 전력보안통신선의 시설 높이와 이격거리
특고압 가공전선로의 지지물에 시설하는 통신선 또는 이에 직접 접속하는 통신선이 도로 · 횡단보도교 · 철도의 레일 · 삭도 · 가공전선 · 다른 가공약전류 전선 등 또는 교류 전차선 등과 교차하는 경우에는 다음에 따라 시설하여야 한다.
　가. 통신선이 도로 · 횡단보도교 · 철도의 레일 또는 삭도와 교차하는 경우에는 통신선은 연선의 경우 단면적 $16[mm^2]$(단선의 경우 지름 4[mm])의 절연전선과 동등 이상의 절연 효력이 있는 것, 인장강도 8.01[kN] 이상의 것 또는 연선의 경우 단면적 $25[mm^2]$(단선의 경우 지름 5[mm])의 경동선일 것.
　나. 통신선과 삭도 또는 다른 가공약전류 전선 등 사이의 이격거리는 0.8[m](통신선이 케이블 또는 광섬유 케이블일 때는 0.4[m]) 이상으로 할 것. **답** ④

100 공통접지공사 적용시 선도체의 단면적이 16 [mm²]인 경우 보호도체(PE)에 적합한 단면적은? (단, 보호도체의 재질이 선도체와 같은 경우)

① 4   ② 6

③ 10   ④ 16

풀이 142.3.2 보호도체

보호도체의 최소 단면적은 다음에 의한다.

선도체의 단면적 S(mm², 구리)	보호도체의 최소 단면적(mm², 구리)	
	보호도체의 재질	
	선도체와 같은 경우	선도체와 다른 경우
$S \leq 16$	S	$(k_1/k_2) \times S$
$16 < S \leq 35$	$16^{(a)}$	$(k_1/k_2) \times 16$
$S > 35$	$S^{(a)}/2$	$(k_1/k_2) \times (S/2)$

여기서,

− k_1 : 선도체에 대한 k값

− k_2 : 보호도체에 대한 k값

− a : PEN 도체의 최소단면적은 중성선과 동일하게 적용한다.

답 ④